EMC 제품설계

EMC FOR PRODUCT DESIGNERS

Fifth Edition

Tim Williams 지음

유태훈, 권종화 옮김

學山 도서출판

학산미디어

EMC For Product Designers 5th edition

This edition of EMC FOR PRODUCT DESIGNERS fifth edition by Tim Williams is published by arrangement with Elsevier Ltd through Agency-One, Seoul.

EMC 제품설계

: 법령(Legislation) 표준(Standard) 시험(Testing) 설계(Design)

지은이

팀 윌리엄스(Tim Williams)

전자 설계 엔지니어로 여러 회사에서 근무한 이후에 EMC 설계와 시험에 대한 상담과 교육을 전문으로 하는 컨설팅을 시작했다. 지금까지 30년 동안 EMC 지침과 관련 표준의 진행 상황을 계속해서 모니터링 하고 있다.

옮긴이

유태훈(thyoo@dongyang.ac.kr)

연세대학교에서 학사, 석사, 박사학위를 받았다. 삼성전자 정보통신 연구소의 연구원을 거쳐 현재 동양미래대학교 정보통신공학과 교수로 재직하고 있다. 2003~2004년 미국 시라큐스 대학(Syracuse University)에서 객원연구원(visiting scholar)으로 활동했다. 주요 연구 분야는 전자기 해석, 초고주파 시스템 해석과 설계, 안테나 해석과 설계, EMI/EMC 등이다. 지금까지 「EMC를 고려한 PCB 설계기술(M. I. Montrose)」(진한엠엔비, 2006), 「공학도를 위한 매트랩(H. Moore)」(생능출판사, 2014)」, 「전자기학(C.R. Paul)」(생능출판사, 2010), 「EMC 공학(H. W. Ott)」(학산미디어, 2014 학술원 우수학술도서 선정), 「전자기학(Arlon T. Adams, Jay Kyoon Lee)」(한빛아카데미, 2013), 「최신 안테나 공학(Y. Huang, K. Boyle)」(한빛아카데미, 2014), 「맥스웰방정식 완벽해부(D. Fleisch)」(학산미디어, 2016)를 비롯하여 다수의 전자기학, 안테나 공학, EMC 공학, 회로이론, 매트랩 원서를 우리말로 옮겼다.

권종화(hjkwon@etri.re.kr)

충남대학교에서 학사와 석사학위를, 연세대학교에서 박사학위를 받았다. 현재 한국전자통신연구원 통신미디어연구소 전파위성연구본부에서 전자파 분야 연구자로 재직하고 있다. 주요 연구 분야는 전자파적합성(EMC) 해석, 측정 및 대책, 기능 안전을 고려한 전자파적합성, 고출력 전자파 취약성 평가 및 방호기술, 전자파 측정 표준기술 등이다.

EMC 제품설계

: 법령(Legislation), 표준(Standard), 시험(Testing), 설계(Design)

발행일 | 2021년 4월 28일
저 자 | Tim Williams
역 자 | 유태훈 · 권종화
발행인 | 문정임
발행처 | 학산미디어
기 획 | 이덕선
표 지 | 장진희
편 집 | 장진희
주 소 | 서울특별시 노원구 동일로245가길 41
전 화 | 02-935-0670 / 010-3223-7340
팩 스 | 02-932-0670
이메일 | sorgento2000@hanmail.net
등록번호 | 제 25100-2011-000001호
ISBN | 979-11-85294-33-9 (93560)
정 가 | 40,000원

한국어판 발간에 부쳐

Preface to the Korean edition

The EMC of a product is important not only for reasons of compliance with mandatory standards; it is also an indicator of product quality. A product with good EMC must be inherently well-designed. Korean electronic products are known and used by people throughout the world and, as world-leading brands, they must be of pre-eminent quality. So, Korean design engineers have a responsibility to maintain this quality and that means understanding and designing-in good EMC. I am delighted that this book has been translated into Korean and I hope that its use will contribute to this worthy aim.

2021.3.18

Tim Williams

제품의 전자파적합성(EMC)이 중요한 까닭은 법적으로 EMC 표준을 반드시 준수해야 하기 때문입니다. 또한 EMC는 제품의 품질을 나타내는 지표이기도 합니다. 우수한 EMC를 가진 제품은 근본적으로 잘 설계되어야 합니다. 전 세계 사람들에게 잘 알려져 있으며 널리 사용되고 있는 한국의 전자제품은 세계를 선도하고 있는 브랜드로서 탁월한 품질을 가져야 합니다. 따라서 한국의 설계 엔지니어는 이러한 품질을 유지할 책임이 있습니다. 이를 위해서는 우수한 EMC란 무엇인지 이해하고 이를 반영하여 제품을 설계해야 합니다. 제가 쓴 책이 한국어로 번역된 것을 기쁘게 생각하며 이 책이 이처럼 중요한 목표를 달성하는 데 기여하길 바랍니다.

2021.3.18

팀 윌리엄스

옮긴이 머리말

우리는 지금 5G와 IoT로 대표되는 새로운 세상을 열어가고 있습니다. 정보통신기술(ICT)의 융합을 기반으로 하는 이 세상에서는 다양한 전기 · 전자제품들 상호간에 이루어지는 고속(high speed), 대용량(high capacity), 고밀도(high density), 저지연(low latency), 고신뢰성(high reliability)을 특징으로 하는 RF 통신을 통해 초연결(hyper-connectivity)이 이루어지고 있습니다. 여기에 사용되는 제품의 크기는 계속해서 작아지고 IC 패키지의 사이즈는 더욱 축소되고 각종 상호연결선(interconnect)들은 한없이 밀집하고 있습니다. 이러한 상황 속에서 제품의 전자파적합성(EMC)을 확보하는 일은 결코 쉽지 않은 도전입니다. 하지만 반드시 성공해야 할 과제이기도 합니다. "일단 기능에만 별문제가 없도록 제품을 제작만 하면 EMC 문제는 어떻게든 해결할 수 있을 거야"라는 자세가 통할 수 있을까요? 원서에서 알게 된 영어 표현을 인용해 보면 대답은 "돼지가 하늘을 날걸(Pigs might fly)!!"

이 책은 팀 윌리엄스(Tim Williams)가 30년간 EMC 분야에서 설계 컨설팅과 교육을 제공하면서 쌓아온 경험과 노하우를 집대성한 책입니다. 저자는 우수한 EMC 성능을 확보하기 위해서는 제품 개발에 앞서 맨 처음 규격을 설정하는 계획 단계에서 시작해서 가장 큰 영향을 미치는 설계 단계는 물론 개발, 생산, 시험, 설치 등 제품 제작의 모든 단계에 "EMC 원리를 적용"해야 함을 강조하고 있습니다. 특히 EMC 시험계획을 미리 수립하고 그 내용을 개발단계와 생산준비단계에 반영하고 진행을 관리하여 EMC 인증에 대비할 것을 권고하고 있습니다. 또한 EMC 인식은 제품 설계자와 개발 엔지니어에서 고위 경영진에 이르기까지 회사 내의 모든 구성원이 공유해야 한다고 힘주어 말합니다.

Academy of EMC라는 비영리 조직이 운영하는 웹페이지(https://www.academyofemc.com/emc-books)에는 EMC 분야의 좋은 책들이 추천되어 있습니다. 추천 목록에는 오트(Ott, Henry W.)의 「Electromagnetic Compatibility Engineering」(2009), 폴(Paul, Clayton R.)의 「Introduction to Electromagnetic Compatibility」(2006)와 함께 이 책 「EMC for Product Designers」(2017)이 들어있습니다. 이 웹페이지의 운영자 켈러(Keller, Reto)는 이 책을 다음과 같이 평가하며 추천하고 있습니다. 제가 말하고 싶은 내용이 그대로 담겨있네요.

The Most Comprehensive EMC Book

This book is amazing. Mr. Tim Williams deserves lots of respect. In my eyes, it is the most comprehensive EMC book these days. … If you are already familiar with electronics design and you just want to buy one single book about EMC: go for this one. Last but not least, this book is up-to-date.

- Up-to-date [2017]
- EMC explained with a minimum of math
- Very comprehensive and well structured

Reviewed and recommended for every EMC engineer by Reto Keller, 2019.

저는 회사 연구소에서 엔지니어로서 6년 동안 전자제품 설계 업무를 수행하였고, 이어서 30여 년 동안 대학에서 전자공학, RF 공학 분야를 강의하고 있습니다. 그동안 여러 좋은 책들이 '영어'로 쓰여 있어서 배움에 대한 열정이 가득하고 충분한 능력을 갖추고 있는 학생들이 어려움을 겪는 경우를 자주 볼 수 있었습니다. 제가 2013년에 「Electromagnetic Compatibility Engineering」을 우리말로 옮긴 것은 바로 이 때문이었습니다. 오트(Ott)가 쓴 이 책은 누구나 인정하는 좋은 EMC 책으로 이론과 실무를 이해하기 쉽게 다루고 있습니다. 감사하게도 이 책의 번역판은 EMC 종사자들로부터 호평을 받았습니다. 이후 여러 번 산업체 종사자들로부터 말과 이메일로 다른 EMC 책의 번역을 요청받고 적합한 책을 물색했습니다.

EMC의 목적은 전기 · 전자 제품이 현실에서 실제로 정상 작동하게 만드는 것입니다. 현실이란 게 본디 상황을 예측하기 어려운데다 어떤 상황이 발생해도 그 원인을 알아내기가 어려워 대처하기도 어렵습니다. 따라서 정확한 이론과 원리로 만들어진 단단한 개념의 토대 위에 다양한 실제 경험이 쌓여 나온 책이 아니라면 아무래도 현실과 동떨어질 수밖에는 없습니다. 이러한 조건에 딱 들어맞는 책이 윌리엄스(Williams)의 실력과 30년의 경험이 조화를 이룬 이 책이라 판단해 번역을 하게 되었습니다. 이 책은 앞에서 켈러가 평가한대로 현존하는 책들 중에서 가장 포괄적으로 EMC를 다루고 있는 책입니다. EMC 표준과 법령(1부), EMC 시험(2부), EMC 설계(3부)를 모두 다루고 있습니다. 번역을 하는 동안 그 방대한 EMC 주제를 무려 235개의 참고문헌을 인용해가며 철저하게 다루고 있음에 우선 한 번 놀랐습니다. 또 한 번 놀란 것은 내용상의 오류와 오탈자를 거의 찾아볼 수 없는 것이었습니다. 제가 원서에서 찾은 오류는 총 530쪽에서

- 172쪽, 그림 7.21: 오른쪽 화살표 위에 설명 “receive antenna position” 추가
- 205쪽: ∞ → ×.
- 215쪽, 2번째 줄: “electric field gradient” → “electric potential gradient”
- 334쪽: 표 13.1 30 dBmV/m, 37 dBmV/m → 30 , 37
- 411쪽, 그림 14.20 맨 위의 폰트 오류: 이상한 문자 → ①②…⑨
- 451쪽, 표 15.3 세 번째 칸: 2−10 m → 2−10 μ
- 525쪽, 아래서 6번째 줄: page 416 → page 418

와 같이 일곱 개가 전부였습니다. 그것도 두 개를 제외한 나머지는 모두 출판사에서 폰트를 제대로 처리하지 못한 탓이었습니다. 지금까지 10권이 넘는 책을 번역했지만 이번처럼 어려움을 겪은 일은 처음이었습니다. 1부의 주제인 ‘표준’과 ‘법령’은 설사 우리말로 쓰여 있어도 내용을 정확하게 이해하기가 쉽지 않았을 것인데다가, 표준과 법령에 쓰이는 ‘용어’와 ‘정의’는 특히 명확해야 하므로 원서의 영어에 정확히 해당하는 우리말 용어를 찾는 일이 만만치 않았습니다. 이러한 어려움을 해결하기 위해 원저자인 윌리엄스씨에게 직접 문의하는 방식을 취했습니다. 총 15번의 이메일을 주고받으면서 모든 의문점을 해결했는데, 그 과정에서 윌리엄스씨의 철저함과 친절에 다시 한 번 놀랐습니다. 30여개의 질문에 대해 배경지식을 포함한 자세한 설명과 함께 답을 해주었고 답장은 대부분 하루 안쪽, 늦어도 이틀을 넘지는 않았습니다. 좋은 EMC 성능이 좋은 제품 설계에서 나오듯이 좋은 책은 좋은 사람에게서 나온다는 어찌 보면 당연한 이치를 새삼 깨닫는 기회가 되었습니다. 여기에 감명 받아 이 한국어판에 대한 서문을 부탁했는데 역시 흔쾌히 응해주어 이 책에 싣게 되었습니다. 이 지면을 빌려 윌리엄스씨의 도움에 감사드립니다.

이번 번역은 쉽지 않았지만 그만큼 보람도 큰 작업이었습니다. 어려운 번역을 함께 해주신 한국전자통신연구원(ETRI)의 권종화 박사님께 감사드립니다. 별 수익을 거둘 수 없음을 알고도 오트 책에 이어 이번에 윌리엄스 책의 번역판을 출간하여 우리나라 EMC 분야의 발전에 큰 기여를 하신 학산미디어 이덕선 대표님께 감사드립니다. 이 책을 읽는 모든 분들에게 도움이 되기를 바랍니다.

2021년 4월

유 태 훈

머리말

TV는 전파 스펙트럼을 사용하여 방송신호를 수신합니다. 디지털 TV가 나오기 전, 아날로그 TV가 사용되던 시절에는 TV 화면에 작은 흰점들이 여기저기에 눈보라처럼 흩날리고, 색상이 왜곡되고 영상이 일그러지고 심하면 영상을 전혀 알아볼 수 없게 되는 경우를 종종 볼 수 있었는데, 이는 모두 전자파 장해(electromagnetic interference, EMI)로 인해 나타난 현상입니다. 디지털 TV를 시청하는 오늘날에도 전자파 장해는 여전히 발생하고 있지만 디지털 TV 화면에 나타나는 현상은 달라서, 크고 작은 네모 블록이 여기저기 빠르게 생겨났다 사라지는 일이 반복되고 심하면 화면이 멈춰버리는 식으로 나타납니다. 디지털 시대의 이런 현상은 어찌 보면 아날로그 시절보다 더 성가신 문제일 수도 있습니다.

어느 음악 애호가가 라디오에서 방송되는 음악을 정성들여 녹음하고 있는데 집밖에서 갑작스럽게 들려오는 전기드릴 소리 때문에 망쳐버리면 얼마나 화가 날까요? 중요한 프로그램을 시청하고 있는 도중에 크고 작은 사각형 블록이 화면 여기저기 깜빡이고 아예 화면이 정지하면 정말 짜증이 날겁니다. 시내에서 응급 상황이 발생하여 무선으로 도움을 요청했는데 주변에 있는 수천 대의 컴퓨터에서 방출되는 전자파 "스모그" 때문에 전파신호가 "오염"되어 통신이 불가능해진다면 이는 정말로 심각한 문제입니다.

오늘날에는 이처럼 전기, 전자 제품들에서 발생하는 바람직하지 않은 전자기 에너지가 가득한 환경에서, 정보를 전달하기 위해 전파 스펙트럼을 사용하는 다양한 방식의 무선 서비스가 이루어지고 있습니다. 이런 상황에서는 이른바 "전자파 적합성(electromagnetic compatibility, EMC)"이라는 문제가 발생합니다. 이 문제의 해결책은 "타협"입니다. 무선 서비스는 어느 정도까지는 방해를 허용해야 합니다. 그리고 방해를 일으키는 방출은 어떤 정해진 수준을 초과할 수 없는데, 이렇게 되도록 보통은 방해 에너지를 제한하거나 억제하는 방식을 사용합니다. 여기서 "타협"은 기본적으로 경제적 측면에서 상호 절충을 바탕으로 이루어집니다. 방해 전자파의 허용 방출 레벨을 낮게 설정할수록 낮은 출력의 무선 송신기를 사용해도 되지만 그 대신에 전자파 방출을 억제하는 데 드는 비용은 더욱 올라갈 것입니다. 반대로 고출력 무선 송신기의 사용을 허용하면 허용 방출 레벨을 높게 설정해도 되므로 방출 억제에 드는 비용은 낮아지는 대신 전파 스펙트럼의 사용이 비효율적이 될 것입니다. 지난 수십 년 동안 만들어져온, 방해의 허용 방출 레벨을 규정하는 다양한 표준들은 이와 같은 경제적 측면에서의 적절한 균형을 계속해서 시험하고 있는 셈입니다.

EMC 문제는 무선 서비스에 대한 방해에 국한되지 않습니다. 모든 종류의 전자장비는 외부에서 들어오는 전자파 방해로 인한 오작동에 취약합니다. 이러한 현상은 두 가지 이유 – 첫째, 일상생활의 모든 측면에서 전자제품들이 넘쳐나고 서로 간에 상호작용이 이루어지고 있으며, 둘째, 최신 장비들은 플라스틱 케이스를 사용하고 마이크로프로세서로 작동하고 있어 상대적으로 전자파에 대한 내성이 좋지 않다 – 로 더욱 두드러지게 나타나고 있습니다. 전자파 방해에 대한 내성은 이제 여러 종류의 전자기기, 특히 그 중에서도 안전상 또는 경제상 이유로 정확한 작동이 중단되는 일이 절대로 있어서는 안 되는 기기의 경우에는 중요한 사안이 되고 있습니다. 예를 들어, 자동차 및 항공 제어 시스템은 안전상의 이유로 내성이 중요한 기기이고 은행 및 통신 네트워크는 경제상의 이유로 내성이 중요한 기기입니다.

유럽연합 집행위원회에서는 EMC 보호 조치의 필요성을 인식하고 동시에 유럽연합 전역의 무역에 대한 보호주의 장벽을 제거하기 위해 1989년에 "전자파적합성과 관련된 회원국 법률의 근사화 지침(Directive on the approximation of the laws of the Member States relating to electromagnetic compatibility)"을 채택했습니다. 이 지침은 EMC 지침(EMC Directive: EMCD)으로 더 잘 알려져 있습니다. 이 지침은 지금까지 두 번 개정이 되어 제3판이 2016년에 발효되었습니다. EMCD는 이 책의 2장에서 자세히 다루고 있습니다.

전기제품이나 전자제품을 제조 또는 수입하는 모든 회사는 제품이 지침을 준수하도록 조치를 취해야합니다. 이 말은 기업의 모든 부분에서 EMC에 대한 인식을 가지고 있어야 함을 뜻합니다. 제품의 EMC는 의심할 여지없이 제품설계의 영향을 받으므로 EMC에 대한 인식은 설계부서와 개발부서 내에서 시작됩니다. 하지만 제품의 EMC는 각각의 제품들이 결합되는 방식에 따라서도 달라지므로 생산부서에도 영향을 미칩니다. 또한 설치방법에 따라 설치기술자와 서비스 기술자에게 영향을 주고 사용자를 대상으로 하는 문서에도 영향을 미칩니다. EMC는 각 아이템에 대해 확실히 보장되어야 하므로 시험부서에도 영향을 미칩니다. 또한 EMC는 제품의 판매 전략과 영업을 위한 문서에도 영향을 미칩니다. 궁극적으로 EMC는 회사의 성공과 법적책임에도 영향을 미치므로 고위 경영진은 반드시 EMC를 알고 있어야 합니다.

EMC에 대한 인식을 심어주고 기를 수 있는 방법에는 여러 가지가 있습니다. 그 중에서도 EMC 교육과정은 이러한 목적을 달성하는 데 좋은 출발점이 될 것입니다. 개발하는 제품에 대해 필요한 EMC 인증절차의 모든 과정을 처리해주는 컨설턴트를 고용할 수도 있지만 비용이 많이 들고 번거로울 뿐만 아니라 이렇게 한다고 해서 회사 내에서 EMC 인식이 향상되고 이러한 인식이 정말로 필요한 부서에 EMC와 관련한 전문지식이 쌓이는 것도 아닙니다. 관련되는 모든 직원을 EMC 교육 강좌에 보낼 수도 있겠죠. 이렇게 하면 EMC에 대한 인식은 확실히 높아지겠지만 장기적으로는 별다른 효과가 없을 수도 있습니다. 그 까닭은 EMC 기술을 제대로 이해하기 위해서는 많은 실무경험이 필요하기 때문이죠.

그래서 일반적으로 택하는 방식은 어느 한 사람, 또는 여력이 있으면 어느 한 그룹을 지정하여 회사에서 EMC 관련 전문지식의 중심 역할을 하게 하는 것입니다. 이러한 역할을 하는 사람이나 그룹의 책임은 EMC 지침과 기타 EMC 규격의 요건에 따라 회사에서 반드시 해야 하는 일들을 시행하는 것입니다. 궁극적으로는 EMC 센터가 없어도 되게 만들어야 합니다. 다시 말해, EMC 원칙들에 대한 지식이 운영부서마다 흘러넘치도록 하여 이러한 일들을 해당 부서가 당연히 해야 하는 업무로 만들어야 합니다. 하지만 이렇게 되려면 수년간의 지속적인 감독과 교육이 필요합니다. EMC 업무를 책임지는 사람이나 그룹이 수행하는 업무는 다음과 같습니다.

- 개발 단계와 시작품 제작 단계 전반에 걸쳐 새로운 제품설계가 이루어질 때마다 EMC 원칙을 지키고 있는지 검토하고 필요한 경우에는 설계 변경을 권고한다.
- 각 제품에 대한 EMC 시험계획과 관리계획을 세우고 이를 시행한다.
- 회사 내부에서 수행하거나 또는 회사 외부의 시험소와 연계하여 수행하는 사전 적합성시험과 정식 적합성시험을 감독한다.
- 회사 제품에 적용되는 EMC 표준과 법령에 대한 상세한 지식을 계속해서 확보한다.
- 판매, 영업, 생산, 시험, 설치 및 서비스 부서와 의사소통을 하면서 이들 부서의 전략이 EMC 요건과 잘 들어맞는지 확인한다.

이상의 업무를 보면 EMC 엔지니어가 감당해야 할 직무 범위를 알 수 있습니다. EMC 엔지니어의 직무범위는 품질관리 부서의 직무범위와 매우 유사하며 실제로도 이러한 부서와 통합되는 경우가 종종 있을 수 있습니다.

제5판 머리말

이 책의 첫판이 나온 이후 이번 제5판이 나오기까지 24년이 흘렀습니다. 첫판이 나온 당시에 EMC 지침(EMCD)은 아주 잘 작동하고 있었으며 대다수의 제조 회사는 이 지침을 잘 알고 있었습니다. 하지만 EMC라는 세계는 정지해있지 않습니다. EMCD는 대폭 개정되었고(두 번) 더욱 많은 새로운 제품표준들이 공표되었고 새로운 시험방법들이 확립되었으며 많은 내용들을 알아가면서 기존의 시험들을 개선하였습니다. 맥스웰 방정식은 바뀐 게 전혀 없지만 이를 적용하여 각 제품들의 EMC 적합성을 극대화하는 방법을 더 많이 알게 되었습니다. 클록속도의 증가와 제품과 패키지와 상호연결선의 사이즈 축소가 계속해서 진행되고 있습니다. 여러분이 이 책의 이전 판에서 다룬 내용을 이미 잘 알고 있어도 이번 제5판에서 상당히 많은 양의 새로운 자료를 찾아볼 수 있습니다.

이 책을 쓴 목적은 회사에 있는 EMC 센터의 업무를 돕기 위함입니다. 실제로도 이 책은 이 목적을 잘 달성하고 있는 것 같습니다. 제1판에서 제4판까지 제가 쓴 책들이 그동안 이렇게나 많이 추천되어왔다는 사실에 많이 놀랐습니다. 이 책은 EMC 엔지니어에게는 참고자료로, EMC라는 주제에 생소한 설계자와 기술자에게는 전반적인 이해를 돕는 참고도서로, 새로운 프로젝트와 "싸움"중인 개발 그룹에게는 일종의 "무기"로 사용할 수 있습니다.

이 책은 크게 세 부분으로 구성되어 있습니다. 제1부는 1장에서 6장까지로, EMC의 모든 측면을 포괄하기 위해 만들어진 법령체계와 표준체계를 설명합니다. 따라서 이러한 특성상, 1장~6장은 기술적인 내용은 다루지 않습니다. 1장에서는 방해라는 주제를 소개하고 2장에서는 EMC 지침(EMCD)과 이와 짝을 이루고 있는 지침인 무선장비지침(Radio Equipment Directive, RED)의 조항들을 설명하고 이들 지침을 준수하는 방법에 대해 살펴봅니다. 3장에서는 유럽 이외의 국가들의 주요 EMC 인증체계를 살펴봅니다. 4장은 표준을 제정하는 구조를 자세히 설명하고, 현재 사용되고 있으면서 지침의 준수와 관련이 있는 다양한 표준들을 설명합니다. 5장에서는 자동차, 군사, 항공우주 및 철도운송처럼 RED와 EMCD에 의해 직접적인 영향을 받지는 않지만 어느 정도 관련이 있는 부문에 대한 요건을 다룹니다. 이번 판에 새롭게 들어간 6장에서는 중요성이 점점 커지고 있는 주제인 전자파 적합성의 기능안전 측면을 검토합니다.

설계 엔지니어와 프로젝트 관리자들 모두는 자신들이 설계, 제작한 제품이 받게 될 시험에 대해 잘 이해하고 있어야 합니다. 이들은 제삼자인 시험소에서 수행되는 시험을 눈으로 직접 보는 것은 물론, 사전 적합성 시험과 전체 적합성 시험을 직접 수행할 가능성이 높습니다. 이 책의 제2부에서는 이러한 분야를 살펴봅니다. 7장에서는 표준에 규정되어 있으며 회사 내부와 외부 시험소에서 모두 따라야하는 RF 방출시험 방법을 다룹니다. 8장에서는 내성시험 방법을 다루는데, 여기에는 RF 내성, ESD, 과도현상 내성시험이 포함됩니다. 9장에서는 저주파 기법, 교류주전원 입력 고조파와 플리커 방출, 자기장 내성, 전압강하 및 정전 내성을 살펴봅니다. 2부의 마지막인 10장에서는 EMC 시험계획을 다룹니다. EMC 시험은 저절로 되는 것이 아니라 반드시 계획에 따라 시행되어야 함에도 불구하고, 유감스럽게도 10장에서 다루는 이 주제는 EMC 인증과 관련한 여러 측면 중에서 특히 무시되고 있습니다.

이 책의 제3부에서는 설계 단계에서 최소한의 비용으로 원하는 EMC 성능을 달성하는 기술에 대해 설명합니다. 일반적으로, 기존의 제품 설계에 차폐구조와 억제부품들을 추가해주면 EMC 표준의 요건을 충족할 수 있게 됩니다. 하지만 이 방법은 일종의 무차별적 대책으로 비용이 많이 들고 시간이 많이 걸리며 비효율적입니다. 이보다 훨씬 더 좋은 방법은 시작단계부터 적절한 원칙에 따라 설계하는 방식입니다. 이렇게 하면 제품이 단 한 번에 인증시험에 합격할 가능성이 높으며 설사 합격하지 못하더라도 쉽게 변경작업을 실행할 수 있습니다.

11장은 전자파를 방출하는 가해기기에서 피해기기로 이 전자파가 결합하여 장해를 일으키는 기본 원리를 다룹니다. 12장은 통상적인 차폐 방법이나 억제 방법을 사용하기에 앞서 적용할 수 있는 기법 – 장비와 PCB의 레이아웃과 접지방식 – 들을 자세히 살펴봅니다. 13장에서는 회로 구성, 부품, 소프트웨어 기능의 선택에 대해 설명합니다. 14장에서는 케이블 구성 및 종단, 필터링 방법 및 부품들을 포함하여 널리 받아들여지고 있는 "특별한" EMC 기술에 대해 자세히 설명합니다. 차폐이론과 차폐의 시행 — 이 두 가지는 항상 서로 관련되어 있는 것은 아닙니다 — 은 15장에서 다룹니다. 많은 제품들은 서로 결합해서 하나의 시스템을 구성하여 사용되므로 제품 설계자는 시스템 관련 EMC를 잘 이해할 필요가 있습니다. 특히 전원 스위칭 변환기가 일으키는 골치 아픈 EMC 문제를 다루기 위한 설치 시행방식에 대해 잘 알고 있어야 하는데, 이에 대한 내용은 16장에 요약되어 있습니다. 17장에서는 EMC 관리 및 제어 원칙에 대해 설명합니다. 책의 맨 뒤에 있는 부록에는 몇 가지 실제 사례 연구, CAD에 대한 설명과 함께 여러 가지 참고할만한 정보들이 한데 모여 있습니다.

이 책의 대부분은 "EMC를 위한 설계와 시험(Design and Test for EMC)" 세미나를 위해 준비했던 강의노트를 바탕으로 한 것입니다. 그동안 이 세미나에 참석하셨던 제품 설계자들에게 감사를 드립니다. 이 분들은 프레젠테이션을 개선하고 세심하게 다듬을 수 있도록 제게 계속해서 격려와 자극을 주셨습니다. 또한 많은 분들이 이 책의 발전에 도움을 주셨습니다. 특히 마빈(Andy Marvin) 교수와 도슨(John Dawson) 박사와 그들의 요크대학(York University) 동료들, 구드블루드(Dr Jasper Goedbloed) 박사와 란(Piet van der Laan) 교수의 연구에 감사드립니다. 저는 샤프너 EMC사(Schaffner EMC)[현재의 테세크사(Teseq)]와 TÜV SÜD사와 오랫동안 유익한 관계를 유지해 왔습니다. 특히 웹(Ken Webb), 라일리(David Riley), 디어링(John Dearing), 휴즈(Ray Hughes), 스미스(Nick Smith)씨에게는 계속적인 감사를 드립니다. 그리고 TÜV SÜD사에 재직하고 있는 도리(Pete Dorey)씨와 세계 각국에서 온 그의 동료들은 3장을 작성하는 데 많은 도움을 주었습니다. 같은 회사의 호튼(Sandie Houghton)씨는 그 회사에서 여러 해 동안 제가 강의한 교육과정을 수립하고 관리하는 데 굉장한 역할을 했습니다. 드몬포트대학(De Montfort University)의 더피(Alistair Duffy) 교수와 동료 컨설턴트인 아임슨(Dave Imeson), 암스트롱(Keith Armstrong), 포스터(Dave Foster), 에디스(Roy Ediss), 카터(Phil Carter)씨에게도 감사를 드립니다. 키스(Keith)씨는 특히 6장에 대한 정보를 제공하고 여러 가지 의견을 제시하는 등 많은 도움을 주었습니다. 언제나 그렇듯이 이 책에 대한 책임은 전적으로 저자인 제게 있습니다. 여러분에게 이 책이 도움이 되길 바랍니다.

2016년 5월

팀 윌리엄스(Tim Williams)

차례

Part 1 법령과 표준 Legislation and Standard

1장 개요 3

1.1 전자파 적합성(EMC)이란? 3
1.1.1 항공기 내 휴대용 전자기기 5
1.1.2 의료기기에 대한 전자파 장해 9
1.1.3 자동 온도조절기 12
1.1.4 "꽥꽥 오리" 장난감(quacking duck) 13

1.2 시스템 상호간 EMC와 시스템 내부 EMC 14
1.2.1 시스템 내부 EMC 14
1.2.2 시스템 상호간 EMC 15
1.2.3 시스템 내부 접근방식과 시스템 상호간 접근방식의 충돌 16

1.3 EMC 대상범위 16
1.3.1 제어 시스템의 오작동 16
1.3.2 데이터와 프로그램 처리의 내성 18
1.3.3 전파 수신에 대한 전자파 장해 19
1.3.4 교류 주전원의 방해 26
1.3.5 전력선 통신 27
1.3.6 기타 EMC 문제 34
1.3.7 적합성 격차(compatibility gap) 36

1.4 전자기장 및 인체 건강 37
1.4.1 ICNIRP 기본 제한 38
1.4.2 비열효과(athermal effect) 40
1.4.3 EMF 지침 41

2장 EMC와 무선 지침 43

2.1 역사 43
2.1.1 새로운 접근 지침 43
2.1.2 법령 제정의 배경 45
2.1.3 제1판 EMC 지침 45
2.1.4 제2판 EMC 지침 47
2.1.5 R&TTE 지침 48
2.1.6 새로운 입법 체계(New Legislative Framework) 49

2.2 제3판 EMC 지침 50
2.2.1 변경사항 51
2.2.2 적용대상 범위, 요건 및 예외 사항 52
2.2.3 CE 마크와 문서 작업 58
2.2.4 제조 품질 평가 63
2.2.5 고정설비(fixed installations) 65
2.2.6 시스템 71
2.2.7 이행, 집행 및 제재 72

2.3 무선장비 지침 75
2.3.1 적용대상 범위 75
2.3.2 요건 76

2.4 적합성 인증절차 79
2.4.1 자체 인증과 내부 생산관리 79
2.4.2 인증기관 83
2.4.3 RED 특수 요건 85
2.4.4 시험 85
2.4.5 표준의 사용 86

2.5 제품 제조업체의 적합성 획득을 위한 조치 90
A. 자체인증 (self-certification) 91
B. 인증기관의 참여 (Involvement of a Notified Body) 92

3장 국제 EMC 인증 요건 93

3.1 개요 93

3.2 미국: FCC 규정 94
3.2.1 승인 방법 95
3.2.2 시험 요건 96

3.3 캐나다 96

3.4 중국 97

3.4.1 CCC 97

3.5 호주와 뉴질랜드 99

3.5.1 절차 100

3.5.2 표준 101

3.6 러시아와 유라시아경제연합(EAEU) 101

3.6.1 기술 규정 102

3.6.2 표준 102

3.7 일본 102

3.7.1 가전제품 102

3.7.2 ITE 103

3.8 대만(Taiwan) 104

3.9 대한민국 104

4장 상용 표준(Commercial Standards) 105

4.1 표준화 기구 105

4.1.1 국제전기기술위원회 105

4.1.2 CENELEC과 ETSI 115

4.2 일반표준(generic standard) – 방출(emission) 120

4.2.1 EN 61000-6-3: 2007 + A1: 2011 120

4.2.2 EN 61000-6-4: 2007 + A1: 2011 121

4.3 주요 제품 표준 – 방출 122

4.3.1 EN 55011: 2009 + A1: 2010 122

4.3.2 EN 55014-1: 2006 + A1: 2009 + A2: 2011 124

4.3.3 EN 55022: 2010 125

4.3.4 EN 55032: 2015 126

4.4 일반표준 – 내성 128

4.4.1 EN 61000-6-1: 2007 128

4.4.2 EN 61000-6-2: 2005 129

4.5 기본 표준: EN 61000-3-X 및 -4-X 130

4.5.1 EN 61000-3-X 131

4.5.2 EN 61000-4-X 133

4.6 제품 표준 136
4.6.1 전기통신 네트워크 장비 138
4.6.2 무선 장비 139
4.6.3 의료 전기 장비 140
4.6.4 해상 항법 장비 141
4.6.5 기타 제품 표준 142
4.7 측정 표준 145
4.8 RF 방출 허용기준 146
4.8.1 1 GHz 이상에서의 허용기준 147

5장 기타 표준과 법령 149

5.1 자동차 149
5.1.1 국제연합 유럽경제위원회 규정 10(UNECE Reg 10) 및 자동차 EMC 지침 149
5.1.3 차량 제조업체 154
5.1.4 전문가 요구사항 156
5.2 군사(military) 157
5.2.1 DEF STAN 59-411 158
5.2.2 MIL STD 461 160
5.2.3 군용 장비 CE 표시 162
5.2.4 상용 기성제품(commercial off the shelf) 162
5.3 항공 우주 164
5.3.1 DO-160/ED-14 164
5.4 철도 166
5.4.1 철도 그룹 표준 167
5.4.2 런던 지하철 표준 168
5.4.3 EN 50121 169

6장 전자파적합성과 기능안전 173

6.1 기능안전을 위한 설계 174
6.1.1 IEC 61508 174
6.1.2 기법과 조치 175
6.1.3 기타 표준 176

6.2 안전에 대한 장해의 영향 176
6.2.1 EMC 시험의 적절성 177
6.3 EMI 하에서 안전 보장 기술 179
6.3.1 하드웨어 설계 179
6.3.2 소프트웨어 설계 182
6.3.3 설치 및 유지관리 182

Part 2 시험 Testing

7장 RF 방출 측정 189
7.1 방출 측정 계측기기 190
7.1.1 측정 수신기 190
7.1.2 스펙트럼 분석기 192
7.1.3 수신기 규격 196
7.2 변환기(transducer) 203
7.2.1 방사성 전자기장용 안테나 203
7.2.2 케이블 측정용 LISN과 프로브 210
7.2.3 근거리장 프로브 220
7.2.4 방출 시험용 GTEM 223
7.3 시험장 및 시설 225
7.3.1 방사성 방출 225
7.3.2 전도성 방출 234
7.4 시험 방법 235
7.4.1 시험 설정 235
7.4.2 시험 절차 238
7.4.3 1 GHz 이상 대역의 시험 241
7.4.4 군용 방출 시험 242
7.4.5 자동차 방출 시험 244
7.4.6 집적회로 방출 시험 245
7.5 측정 불확도(measurement uncertainty) 247
7.5.1 측정 불확도 적용 248
7.5.2 불확도 원인 249

8장 내성 시험 259

8.1 RF 내성 259

8.1.1 장비 259

8.1.2 시설 270

8.1.3 시험방법 274

8.1.4 전도성 RF 내성 279

8.1.5 RF 내성에 대한 측정 불확도 284

8.2 정전기 방전과 과도현상 내성 285

8.2.1 정전기 방전 286

8.2.2 전기적 빠른 과도현상(EFT) 버스트 290

8.2.3 서지 292

8.2.4 기타 과도현상 내성 시험 295

8.2.5 변동 원인 297

8.2.6 과도현상 시험의 측정 불확도 299

8.3 군용 내성 시험 300

8.3.1 연속 RF 내성 300

8.3.2 과도현상 내성 302

8.4 IC 내성 시험 303

8.4.1 RF 시험 방법 303

9장 저주파 현상 시험 309

9.1 주전원 고조파 및 플리커 방출 309

9.1.1 장비 310

9.1.2 시험조건 313

9.1.3 장비 분류 및 허용기준 314

9.1.4 플리커 317

9.2 자기장 및 전력 품질 내성 322

9.2.1 자기장 323

9.2.2 전압 강하 및 중단 326

10장 시험 계획 329

10.1 시험계획의 필요성 329

10.1.1 인가 요건 329

10.1.2 표준 요건 330
10.1.3 고객의 요구사항 331

10.2 시험계획서 내용 332
10.2.1 시험대상기기(EUT) 설명 332
10.2.2 시험 목적 설명 334
10.2.3 수행할 시험 335
10.2.4 EUT 실행 소프트웨어와 관련 장비 또는 시뮬레이터 336
10.2.5 시험 설비 요구사항 339
10.2.6 시험 설정의 세부사항 340
10.2.7 시험 결과 평가방법 342

10.3 내성 성능 기준 344
10.3.1 일반 기준(generic criteria) 344
10.3.2 일반 기준의 해석 345

Part 3 설계 Design

11장 전자파 잡음의 결합 메커니즘 349

11.1 전자파 잡음의 발생원과 피해기기 349
11.1.1 공통 임피던스 결합 351
11.1.2 분포 근거리장 결합(distributed near field coupling) 356
11.1.3 교류 주전원선 결합(mains coupling) 358
11.1.4 방사성 결합 359
11.1.5 결합 모드 363

11.2 잡음 방출 367
11.2.1 방사성 방출 367
11.2.2 전도성 방출 373

11.3 내성(immunity) 377
11.3.1 방사 전자기장 377
11.3.2 과도현상 383
11.3.3 정전기 방전 388
11.3.4 저주파 자기장 392
11.3.5 교류 주전원선의 공급전압 관련 현상 393

11.4 교류 주전원선의 고조파 395
11.4.1 교류전원 공급 기관의 문제 395
11.4.2 비선형 부하 396

12장 레이아웃과 접지 401
12.1 장비의 레이아웃과 접지 403
12.1.1 시스템 분할 403
12.1.2 접지접속(grounding) 405
12.1.3 접지 시스템 409
12.2 PCB 레이아웃 414
12.2.1 접지면이 없는 경우의 접지 레이아웃 415
12.2.2 접지면 사용방식-저가 PCB의 경우 418
12.2.3 접지면-다층 기판 427
12.2.4 I/O 접지와 회로 접지의 구성 436
12.2.5 PCB 설계 규칙 441

13장 디지털 회로와 아날로그 회로 설계 445
13.1 방출 억제(제어) 설계 445
13.1.1 푸리에 스펙트럼 446
13.1.2 방사 결합 449
13.1.3 디지털 회로의 방출 454
13.1.4 디지털 회로 디커플링 463
13.1.5 아날로그 회로: 방출 471
13.2 전원 스위칭 변환기 473
13.2.1 스위치방식 오프라인 교류전원공급 473
13.2.2 DC-DC 변환기 485
13.2.3 기타 전원 스위칭 회로 487
13.3 내성 확보를 위한 설계 488
13.3.1 디지털 회로: 장해 경로 489
13.3.2 논리 잡음내성 498
13.3.3 신호 무결성과 접지변동 502
13.3.4 마이크로프로세서 감시기능 504
13.3.5 방어적 프로그래밍 509

13.3.6 과도현상 내성 및 RF 내성 - 아날로그 회로 515

14장 인터페이스와 필터링 523

14.1 케이블과 커넥터 523

14.1.1 전파 모드 524
14.1.2 케이블 귀환 전류 525
14.1.3 누화 526
14.1.4 저주파 영역에서의 케이블 차폐 529
14.1.5 RF에서 케이블 차폐 532
14.1.6 케이블 차폐도체의 종류와 성능 535
14.1.7 차폐 케이블의 접속 539
14.1.8 차폐되지 않은 케이블 543
14.1.9 구조화된 케이블: UTP 대 STP 548

14.2 필터링과 잡음 억제 549

14.2.1 필터 구조 550
14.2.2 부품 556
14.2.3 교류 주전원 필터 564
14.2.4 I/O 필터링 573
14.2.5 과도신호 억제 577
14.2.6 접점 억제 582

15장 차폐(shielding) 585

15.1 차폐 이론 585

15.1.1 무한히 큰 장벽의 차폐 이론 586
15.1.2 저주파 자기장 589
15.1.3 개구부의 효과 591
15.1.4 접지 기준의 역할을 하는 차폐도체 596
15.1.5 영상면 597

15.2 차폐의 실시 599

15.2.1 차폐 하드웨어 599
15.2.2 전도성 코팅 604
15.2.3 창과 통풍 슬롯 606
15.2.4 PCB 위의 차폐도체 610
15.2.5 인클로저 차폐효과의 표준화 612

16장 시스템 EMC 613

16.1 시스템 EMC와 제품 EMC의 비교 613
16.1.1 인증 요건 614
16.1.2 기능상 요건 614

16.2 대지접지와 접합 615
16.2.1 대지접지의 목적 615
16.2.2 다목적 대지접지 설치방법 617
16.2.3 대지접지 도체 620
16.2.4 접합 방법 621

16.3 캐비닛, 큐비클, 챔버 624
16.3.1 대지접지 기준의 전달 임피던스 624
16.3.2 인클로저 내부의 레이아웃과 배치 625
16.3.3 전도성 하드웨어 629
16.3.4 차폐 인클로저의 설치와 유지보수 631

16.4 케이블링 632
16.4.1 케이블 분류, 분리, 배선 632
16.4.2 병렬대지접지 도체(PEC) 방법 635

16.5 스위칭 컨버터의 설치 637
16.5.1 방출 경로 638
16.5.2 출력 필터링 639
16.5.3 출력 케이블 642
16.5.4 예방조치 필요성 파악 643

16.6 낙뢰 방지 644
16.6.1 낙뢰현상이 전자장치에 미치는 영향 644
16.6.2 낙뢰보호 시스템(LPS) 설계 개요 647

17장 EMC 관리 651

17.1 EMC 프로세스 관리 651
17.1.1 EMC의 의미 652
17.1.2 EMC 조정자 653

17.2 설계 과정 654
17.2.1 제품 규격 654
17.2.2 설계 규칙 655

17.2.3 설계검토 656
17.2.4 EMC 중요 측면 식별 656
17.3 시험 관리 657
17.3.1 시험 실시 시기 657
17.3.2 시험은 회사 내부와 외부 중 어디에서? 660
17.3.3 보고서의 다양한 유형 663
17.4 생산 단계와 그 이후 단계의 규정준수 664
17.4.1 품질보증 정도 665
17.4.2 생산 QA 시험 665
17.4.3 엔지니어링 변경 제어 667
17.5 지침의 관리 계획 및 문서화 668
17.5.1 관리계획의 목적 668
17.5.2 EMC 평가 669
17.5.3 내용 670

부록 A **설계 점검항목(design checklist) 673**

부록 B **EMC용 CAD 677**

부록 C **EMC 사례 연구 683**

부록 D **유용한 테이블 및 공식 695**

부록 E **EU 및 EEA 국가 715**

주요 용어, 법령, 조직 717
IEC 표준 구조 및 구분 727
약어 용어집 729
참고문헌 733
찾아보기 749

Part 1

법령과 표준
Legislation and Standard

1
개요

1.1 전자파 적합성(EMC)이란?

전자파 장해(Electromagnetic interference, EMI)는 일종의 환경오염으로서, 그 심각성이 나날이 증가하고 있다. 전자파 장해(EMI)의 영향은 방송 수신시 '치직'하는 소리로 짜증을 유발하는 사소한 수준에서, 안전에 직결되는 중요한 제어 시스템에 오작동을 일으켜 치명적 사고를 불러오는 심각한 수준까지 매우 다양하다. 다양한 형태의 EMI는 전기 · 전자 장치에 오작동을 일으키고, 무선주파수(radio frequency, RF)[1] 스펙트럼의 적절한 사용을 방해하고, 인체에 직접적인 영향을 미칠 수 있다. 전자 시스템이 사회의 모든 부분에 점점 더 깊숙이 들어오면서 EMI가 영향을 미칠 가능성과 이로 인해 유발되는 심각한 EMI 사고의 가능성은 더욱 증가하고 있다.

전자파 장해(EMI)로 인한 영향이 존재하지 않는 상태를 전자파 적합성(Electromagnetic compatibility, EMC)이라고 한다. IEC(International Electrotechnical Commission, 국제전기기술위원회)의 IEV(International Electrotechnical Vocabulary, 국제 전기기술 용어집)[169]

1 (옮긴이) radio는 대부분의 경우에 무선(無線)이라고 번역한다. 한편, 우리나라 전파법에서는 radio wave를 가리키는 데 전파(電波)라는 용어를 사용한다. 이 법에서는 전파를 인공적인 유도(誘導) 없이 공간에 퍼져 나가는 전자파로서 국제전기통신연합(ITU)이 정한 범위의 주파수를 가진 것으로 정의하고 있다. 현재 ITU에서는 전파(radio wave)를 3000 GHz 이하의 주파수를 갖는 전자파로 정하고 있다(Electromagnetic waves of frequencies arbitrarily lower than 3000 GHz, propagated in space without artificial guide). 따라서 전파(電波, radio wave)는 적외선, 가시광선(빛), 자외선, X선, 감마선과 더불어 전자파(電磁波, electromagnetic wave)의 한 종류이다. 따라서 radio frequency(RF)를 번역하면 전파주파수 또는 무선주파수가 되는데, 이 책에서는 주로 무선주파수라는 용어를 쓰기로 한다.

에서 기술하고 있는 전자파 적합성(EMC)의 정의는 다음과 같다.

> 어떤 기기, 장비, 또는 시스템이 자신의 전자파 환경 안에서 만족스럽게 작동하면서, 같은 환경 안에 놓여 있는 다른 기기, 장비, 또는 시스템에 과도한 전자파 방해를 주지 않는 능력

전자파 적합성을 확보하지 못한 예를 몇 가지 들어보면 다음과 같다.

- 미국 버지니아주 노퍽(Norfolk)에서는 특정 방공 레이더 설치장소 부근을 지나가는 차량들(여러 자동차회사에서 제작한 다양한 모델의 차량)에서 이상 현상 — 계기판의 속도계가 0으로 떨어지거나 최대치로 올라가고, 전조등이 꺼지고 엔진이 멈춤 — 이 발생하였다.
- 특정 차량에서는 차량의 모바일 송신기가 사용될 때 중앙 도어 잠금장치와 전자식 선루프가 작동하였다.
- 또 다른 종류의 차량에서는 뒷유리의 히터(열선)가 켜지는 순간에 너무 많은 전자파 장해(간섭)를 일으켜 차량 라디오를 들을 수 없었다.
- 북런던(North London)의 브루크맨스 공원(Brookmans Park)에 있는 중파 송신기(medium wave transmitter) 부근에 설치된 새로운 전자식 푸시버튼 전화기에는 BBC 라디오 프로그램으로 인한 문제가 끊임없이 발생하였다.
- 호주 리버풀의 한 주택단지 주민들은 도로 건너편에 있는 ABC 방송 송신기에서 송출되는 전자파로 인해 전화통화가 끊기고 정상적인 TV 화면을 시청하지 못하고 전자 장비가 켜졌다 꺼졌다 하는 장해를 겪었다.
- 영국 도싯(Dorset)주의 랜솜(Rampisham) 마을에 있는 BBC 월드서비스(World Service) 송신기 근처에 거주하는 주민은 전기오르간(electric organ)[2]에서 "알아들을 수 없는 소리'가 나고 토스터(toaster)에서 방송 시그널 음악(signature tune)이 나오는 것을 들었다.
- 미국 공항에서 항공 안전 통신에 장해를 일으킨 전자파의 발생원을 추적한 결과, 전자파 장해를 일으킨 기기는 1마일 떨어진 곳에 있는 전자식 금전 등록기(electronic cash register)였다.
- 신발 판매점, 의류 판매점, 안경 판매점(보통, 두툼한 카펫이 깔려있고 나일론 소재의 윗옷을 입은 판매원이 근무하고 있는 장소)에서 사용되는 POS(point-of-sale, 판매시점관리) 장치가 먹통이 되거나, 데이터에 오류가 생기거나, 제멋대로 서랍이 열리는 일이 발생하였다.
- 주차 차단기 제어회로가 들어있는 캐비닛 근처에서, 압전식 담배 라이터(piezo-electric cigarette lighter)를 결 때 발생하는 방사 펄스(radiated pulse)[3]로 인해 차단기가 저절로 열

2 (옮긴이) 전자오르간(electronic organ)이라고도 함.

3 (옮긴이) 방사(放射)는 'radiation'을 우리말로 옮긴 것으로 '복사(輻射)'라고도 한다. 방사는 "사방으로 놓아(放) 쏘다(射)"는 뜻이고 '복사'는 "바큇살(輻) 모양으로 쏘다(射)"라는 뜻이다. 어느 용어나 한 지점에서 모든 방향으로 전자파를 쏘아 퍼뜨린다는 의미를 담고 있다. 원본을 복제한다는 뜻의 '복사(複寫)'가 워낙 널리 쓰이고 있으므로 이 책에서는 혼동을 피하기 위해 '방사'를 주로 쓰기로 한다.

려 운전자가 무료로 주차를 할 수 있었다.

- 국영 영국철도회사(British Rail)의 리버풀 스트리트(Liverpool Street) 역에 전기 기관차의 팬터그래프(pantograph)[4]의 높이를 낮추면 새로 설치된 신호제어장비에 전자파 장해가 발생하여 "페일 세이프(fail safe)"[5]용 신호등에 빨간불이 들어왔다.
- 유로스타 열차(Eurostar trains)는 런던 북부로 운행한 적이 없는데, 그 이유 중의 하나는 모터에서 발생한 잡음이 안전 신호전달 트랙 회로(safety signalling track circuits)에 전자파 장해를 일으키기 때문이었다.
- 헬싱키 전차(Helsinki trams)의 환풍기 팬(ventilation fan)에 연결된 가변속 구동기기(variable speed drive)가 운행경로를 따라 설치되어 있는 무선 및 기타 장비들에 전자파 장해를 일으켰다.
- 디지털 TV 셋톱박스가 조난 주파수(distress frequency)와 동일한 주파수에서 전자파 방출을 일으키는 바람에 항공기를 통한 해상구조 작업이 개시되었다.
- 기뢰제거함 HMAS 휴온(Huon)이 호위함 HMAS 앤잭(Anzac)을 근거리에서 앞질러 갈 때 앤잭의 레이더 전송으로 인해 휴온(Huon)의 조타장치가 말을 듣지 않아 이 두 척의 해군 함정이 충돌할 뻔 했다.

이밖에도 많은 사례들이 여러 해에 걸쳐 수집되었다. 키스 암스트롱(Keith Armstrong)이 수집한 잡지인 "EMC Journal"에 실린 칼럼 "Banana Skins"은 유익한 자료였다. 그리고 전(前) 영국 무선통신진흥원(UK Radio Communications Agency)의 EMC 그룹은 이 주제를 소개하는 EMC Awareness 웹페이지를 위탁 운영하였는데[225], 여기에도 많은 사례가 들어 있다. 지금부터 몇 가지 주제에 대해 좀 더 자세히 살펴보기로 하자.

1.1.1 항공기 내 휴대용 전자기기

휴대폰의 사용이 급속하게 확산되면서 휴대폰은 EMC에 심각한 위협을 주는 기기로 자리매김했다. 민간 항공기에 탑승한 승객들은 기내에서는 휴대폰의 사용이 허용되지 않음을 알리는 기내 방송에 익숙해져 있다. 하지만 승객들은 이러한 조치가 왜 필요한지에 대해서는 잘 모르고 있을 것이다. 국제민간항공조종자협회(International Federation of Air Line Pilots Association, IFALPA)의 계간지인 "International Quarterly Review"는 1983년 이후 승객들

4 (옮긴이) 철도차량이 외부로부터 고전력의 전기를 공급받기 위해 사용하는 집전장치. 팔(arm) 모양을 하고 있으며 차량 지붕에 설치함.

5 (옮긴이) 기기나 장치에 고장이나 오작동이 발생해도 이로 인한 피해가 시스템 전체로 확대되지 않게 해주는 "고장시 안전확보" 대책. 철도에서 선로나 관련 기기에 고장이 발생하면 신호등에 자동적으로 빨간색 불이 들어오게 하는 방식은 이러한 대책의 한 예이다.

이 기내에 휴대할 수 있는 전자기기로 인해 발생한 총 97건의 EMI 관련 사건을 보고하였다. 보고 내용을 인용하면 다음과 같다.

> "... 1990년까지 전자기기를 휴대하고 항공기에 탑승하는 사람들의 수가 상당히 증가했다. 이에 따라 저전압으로 작동하는 최근의 항공기 디지털 전자기기들은 잠재적으로 EMI에 더 취약했다.
>
> 지난 10년 동안의 데이터를 보면 EMI 방출을 겪을 가능성이 가장 높은 때는 크루즈 비행(순항비행, cruise flight)을 하는 중임을 알 수 있다. 그러나 여기에는 오해의 소지가 있다. 지난 3년 동안 보고된 사건의 43%가 순항비행 중에 발생했지만 상승단계(이륙)과 진입단계(착륙)에서도 거의 같은 비율로 사건이 발생하였다.
>
> 특히 주목할 점은 지난 3년 동안 컴퓨터, CD 플레이어(소형 디스크 플레이어, compact disc player), 휴대폰과 관련된 사건의 수가 급격히 증가했으며 이들 기기는 항공기의 비행을 제어하는 시스템에 전자파 장해를 일으킬 가능성이 더욱 높은 것으로 밝혀졌다는 사실이다.
>
> 겉으로 나타난, 계기(instrument) 또는 자동조종장치(autopilot)의 오작동이 EMI와 관련이 있음을 인식하기 어렵거나 불가능한 상황이 많이 있을 수 있다. 보고된 몇 가지 사건을 보면 항공기는 항로를 벗어나 있었지만 조종실 내의 계기에는 정상항로에 있다고 표시되어 있었다. 결국 항공 관제사들이 항공기가 정상항로를 벗어났음을 조종사들에게 알렸다. 실제 발생한 여러 EMI 사건들 중에는 이들이 EMI와 관련이 있음을 인식하지 못해 보고되지 않은 것들이 있었을 것으로 추정된다."

이 보고서에서 지적한 사항은 다음과 같다.

- 사건은 증가하는 추세다.
- 순항비행 단계를 포함한 비행의 모든 단계에서 전자파 장해에 노출된다.
- 많은 기기(전화, 컴퓨터, CD 플레이어, 비디오카메라, 스테레오)가 EMI를 일으킬 수 있다.
- 비행 중 둘 이상의 기기가 있는 경우가 많다.
- 승객들은 기기를 끄라는 지시가 있은 후에도 기기를 켠다.
- 승객들은 일부 기기(전화, 컴퓨터)의 사용을 숨긴다.
- 승객들은 이륙 직후와 착륙 직전에 기기를 켠다.[6]
- 전화는 대단히 중요한(위험한) 문제다.
- 승무원은 특정 기기의 유형과 위치를 기록하고 보고해야 한다.
- EMI를 방출하는 기기의 사용을 중단하면 항공기 시스템은 정상작동으로 복귀한다(위치측정(positioning)에 오류가 생긴 경우에는 항로 변경이 필요할 수 있음).

6 특히 승객들이 자신들의 개인적인 의사소통의 필요성을 승무원들의 단순한 요청보다 더 중요하게 여기는 경우에 그렇다. 참고문헌 [64]의 보고에 따르면 독일 외무장관을 태운 항공기가 "핵심 조종실 장비가 갑자기 멈춘 다음" 비상착륙을 해야 했다. 이 사건을 일으킨 유일한 원인은 '휴대폰 전송'이라는 주장이 제기되었다. 증언에 따르면 "승무원들의 거듭된 요청에도 불구하고 여전히 많은 기자들과 외국 사무직원들이 휴대폰을 사용하고 있었다."

- 승무원이 EMI를 발생시킬 수 있는 기기를 식별할 수 있도록 승무원에게 브리핑을 해주어야 한다.

2000년에, 영국민간항공관리국(Civil Aviation Authority)은 개트윅(Gatwick) 공항에 주기(parking)된 두 대의 항공기를 대상으로 시험을 실시했다. 이후 항공기의 엔진이 작동중인 동안에는 이동전화(휴대폰)의 사용금지가 강화되었다[64]. 시험결과, 휴대폰 위치의 작은 변화에 대해서도 장해 전자파의 레벨이 달라졌으며 탑승한 승객의 인원수도 전자파 레벨에 영향을 주는 것으로 드러났는데 이는 승객들이 전자파의 일부를 흡수했기 때문이다. 이후 수행된 후속 시험은 GSM 이동통신 주파수에서 다음과 같은 전자파 장해 현상이 발생할 수 있음을 보여주었다. 참고문헌[213]은 이 시험에 대한 자세한 내용이 담긴 공개 보고서이다.

- 나침반이 가리키는 방향이 멈춰있거나 실제 자북방위(magnetic bearings)를 가리키지 못함
- 지시기(표시기, indicator)에 불안정성 발생
- 디지털 VOR(VHF Omnidirectional Ranging, 초단파 전방향 무선표지)의 운항방향 표시기에 최대 5도까지의 오류가 발생
- VOR 운항 To/From 표시기에 반전(reversal)이 발생
- VOR과 ILS(Instrument Landing System, 계기 착륙 시스템)(VHF 주파수를 사용하는 항공항법 보조장치)의 경로이탈 표시기에 고장 유무 표시 오류가 발생
- ILS 로컬라이저(Localiser, 방위각장비) 수신기의 감도 저하
- 오디오 출력상의 배경 잡음(background noise)

실제로 발생한 이러한 유형의 많은 사건들이 NASA의 ASRS(Aviation safety Reporting System, 항공안전 보고 시스템) 데이터베이스에 기록되었다.

휴대용 전자기기의 사용 허가 방법

이러한 문제점에도 불구하고, 기내에서 휴대폰 사용을 허용해야 한다는 대중의 압력은 상당히 크다. 또한 전자파 장해가 실제로 문제를 일으키는 경우는 많지 않기 때문에 전자파 장해는 아예 문제될 게 없다는 인식을 갖게 되었다. 이러한 두 가지 문제를 처리하기 위해 일부 항공사들은 항공기에 설치한 피코셀 기지국과 지상망을 위성을 통해 연결하여 휴대폰을 실제로 사용할 수 있도록 하는 시스템을 시험 운영하였다. EMC 측면에서 이 시스템을 살펴보면 기지국의 커버리지(coverage, 통신가능영역)가 매우 좁아서 휴대폰은 아주 작은 전력으로 신호를 송출할 수 있으므로 전자파 장해의 상호작용을 제거할 수 있다는 기대를 가질 수 있다. 한편 미국연방항공국(Federal Aviation Administration, FAA)은 다음과 같은 방식으로 다른 휴

대용 전자기기(Portable electronic device, PED)들의 사용을 승인했다[233].

- 대부분의 상업용 항공기는 휴대용 전자기기(PED)의 무선 장해(간섭) 신호를 견뎌낼 수 있다.
- FAA는 항공사가 휴대용 전자기기에서 방출되는 무선 장해 신호를 견뎌낼 수 있는지 여부를 평가하기 위한 새로운 절차를 항공사에 제공해야 한다.
- 항공사가 자사의 항공기가 휴대용 전자기기에 대해 내성을 가지고 있음을 입증하면[7] 승객은 모든 비행고도에서 태블릿, 전자책 단말기, 스마트폰과 같은 휴대용 경량 전자기기를 사용할 수 있다.
- 악천후로 시정이 낮은(low visibility) 경우, 승무원은 승객에게 착륙 도중에는 사용 중인 기기를 끄도록 계속해서 지시해야 한다.

PED 항공제도정비위원회(Advisory and Rulemaking Committees, ARC)의 회원과 산업계와 FAA 전문가들은 입수 가능한 데이터를 사용하여 안전성 평가를 수행했다. 평가 결과, PED의 광범위한 사용이 허용되기에 충분한 수준의 안전을 확보하면서 PED를 다룰 수 있다는 결론이 나왔다. PED ARC 보고서에는 PED 사용의 기술측면, 운용측면, 안전통신측면을 비롯한 총 29가지 측면에서의 권고사항이 수록되어 있다. 미국연방통신위원회(FCC) 규정이 항공기내에서 휴대폰을 사용하는 통화는 어떤 경우에도 금지하고 있기 때문에 이 기관은 비행 중 음성통화를 위한 전자기기의 사용은 고려하지 않았다.

ARC의 권고에 따라 항공사는 다음 방식으로 PED의 사용을 확대할 수 있다.

- 승객의 PED 사용과 관련된 위험을 완화하기 위해 안전관리시스템(Safety Management System, SMS)의 위험도 분석(risk analysis)을 사용한다.
- 항공기가 PED 내성을 갖도록 한다.
- 승무원이 PED의 장해 가능성을 인식하고 이에 대응하도록 승무원을 교육시킨다.
- 일반 대중에게, PED 내성을 갖춘 항공기와 PED 사용정책에 대해 더욱 잘 알릴 수 있는 표준화된 메시지 전달방식을 개발한다.

같은 주제에 대해, 영국 민간항공관리국(Civil Aviation Authority, CAA)도 규칙을 채택했는데, CAP1066 [214]에는 다음과 같이 설명되어 있다. “항공사는 자사의 모든 항공기에 대해 요구되는 평가를 수행했음을 입증한 이후에, 전체 비행시간동안 승객들이 PED를 비행기 모드(Flight Mode)로 설정하여 사용하는 것을 승인해야 한다.”

7 여기에서 말하는 "PED 내성"은 항공기가 RTCA DO-307의 "PED(Portable Electronic Device) 내성을 위한 항공기 설계 및 인증"(2007년 11월)에 대해 인증을 받은 것을 의미한다.

1.1.2 의료기기에 대한 전자파 장해

생명을 위협하는 결과를 초래할 수 있는 또 다른 중요한 영역이 전자 의료기기의 EMC이다. 1995년의 분석기사[132]를 보면 세 가지 사고가 상세히 설명되어 있다. 또한 1979년에서 1993년 사이에 미국 식약청(Food and Drug Administration, FDA)에 보고된 100건 이상의 EMI 문제가 실려 있다. 이 기사는 다음과 같이 콕 집어서 말하고 있다.

> EMI와 관련한 전자 의료기기의 성능 저하는 사망, 중상을 초래했다. 또한 부적절하며 생명을 잃게 할 수도 있는 치료가 행해지게 했다.

다음은 몇 가지 사고조사 결과의 상세한 내용이다.

- 무호흡 감시기(apnea monitor): 무호흡 감시기의 핵심기능은 호흡이 정지될 때 경보음을 울리는 것이다. 이 기기는 병원에서 사용되는데, 장시간 지속되는 무호흡 증세를 보이거나 보일 위험성이 있는 유아에 대해서는 가정용으로도 종종 처방된다. 알 수 없는 어떤 이유로 무호흡 감시기가 제대로 작동하지 않아, 환자가 사망을 했는데도 경보음이 울리지 않았던 다수의 사건에 대한 보고가 이루어진 이후, 미국 의료기기 · 방사선보건센터(Center for Devices and Radiological Health, CDRH)에서는 방사 RF 장해에 대한 무호흡 감시기의 감응성(취약성)을 평가하였다. 대부분의 상업용 무호흡 감시기는 비교적 낮은 전기장 강도에 노출될 때조차도 호흡을 제대로 검출하지 못하는 것으로 밝혀졌는데, 이런 상황이 되면 무호흡이 일어나도 경보음이 울리지 않을 수 있다. 대부분의 무호흡 감시기는 1 V/m 이상의 전기장 강도에 취약한 것으로 확인되었으며, 그 중에서도 특정 모델 하나는 0.05 V/m 이상의 펄스 전기장에 취약했다.
- 마취기체 감시기(anaesthetic gas monitor): CDRH는 수술 중 발생한 마취기체 감시기의 표시 오류와 래치업(latch-up) 현상에 대한 보고서를 여러 차례 받았다. 이 가운데 EMI를 가능한 원인 중의 하나로 언급한 보고서는 전혀 없었다. 이들 보고서에 담긴 사건을 조사한 FDA 조사관들은 다음과 같은 사실을 알아냈다. 한 제조업체는 13개의 불만(민원) 사이트 목록을 가지고 있었다. 그 제조회사의 자체 조사 결과, 특정 유형의 전기수술(electrosurgery) 장치에서 발생한 전자파 장해가 마취기체 감시기와 중앙 질량분석기(central mass spectrometer) 사이의 통신링크를 교란시켜 수술 중 수술실에서 마취용 기체의 농도를 제대로 표시하지 못했다.
- 전동 휠체어(powered wheelchair): 대형 휠체어 제조업체의 품질관리(QA) 담당 관리자가 받은 보고에 따르면 경찰차, 소방차, 항구 경비선(순시선), CB(생활무전, citizen band)기기, 아마추어 무전기 근처에 있던 전동 휠체어가 저절로 도로나 부둣가를 벗어나 움직이는 일이 일어났다. CDRH 데이터베이스에는 휠체어가 의도하지 않은 작동을 한 사건사고

> 들 — 그 중 여러 건은 심각한 부상이 발생한 사건사고들 — 이 기록되어 있는데 이들 가운데 EMI를 원인으로 언급한 경우는 하나도 없었다. CDRH은 여러 제조업체의 다양한 전동식 휠체어와 스쿠터의 모션 컨트롤러(작동 제어장치)들의 EMI 감응성(취약성)을 조사하여 이들이 5 V/m ~ 15 V/m 범위의 전기장 강도에 취약하다는 사실을 알아냈다. 이 범위 중에서 낮은 쪽(5 V/m) 부근에 있는 전기장 강도에 대해서는 전기 브레이크가 풀리는(해제되는) 일이 발생하여 경사로에서 정지해있는 휠체어가 굴러 내리는 사고가 발생할 수 있었다. 이 값에서 전기장 강도가 점점 증가함에 따라 휠체어는 실제로 움직이기 시작했는데, 휠체어의 속도는 전기장 강도에 따라 변했다.

또 다른 문제는 보청기(hearing aids)에 미치는 영향으로 다음은 이와 관련하여 BSI 뉴스에 실린 내용이다.

> "보청기에 대한 전자파 장해(간섭) 문제는 예전부터 어느 정도 알려져 있었다. 디지털 휴대폰은 시간분할다중접속(Time Division Multiple Access, TDMA)이라는 무선 전송방식을 사용하는데, 이 방식은 전파주파수(RF)의 반송파(carrier)를 빠른 속도로 온/오프 스위칭을 하는 기법으로 작동한다. 보청기 사용자가 디지털 휴대폰에 가까이 있는 경우, 이 RF 반송파의 스위칭이 보청기 회로에 포착(수신)될 수 있다. 이렇게 해서 전자파 장해가 발생하는 경우, 보청기에 '웅웅' 거리는 잡음(소음, noise)이 발생하는데, 이 잡음의 크기는 아주 미약한 크기에서부터 보청기의 최대 볼륨에 해당하는 크기까지 변화한다. [전문가 표준 협의체(specialist standards panel)]는 디지털 휴대폰을, 전자파 장해를 일으킬 가능성이 있는 발생원으로 자세히 살펴보고 있으며, 이와 함께 TDMA 또는 이와 유사한 전송방식을 사용하는 모든 무선 시스템도 어느 정도 전자파 장해(간섭)를 일으킬 가능성이 있다고 판단했다."
>
> BSI 뉴스 1993년 12월

이상의 모든 사례는 해당 제품이 그 제품의 사용목적(용도)에 적합한 작동, 다시 말해 전자파 환경을 포함하여 그 제품이 사용되는 환경에서 정확하고 안전한 작동을 하지 못해서 일어난 일이다. 이들 보고서에는 명백한 안전 문제들이 드러나 있다.

1.1.2.1 병원 및 응급 서비스 무선 관리

많은 종류의 병원 장비는 휴대용 무선 송신기에서 발생하는 RF 방사에 취약하다. 여기에 속하는 병원 장비로는 심전도기(ECG, electrocardiogram), 뇌전도기(EEG, electroencephalogram), 산소포화도 및 맥박측정기(pulse oximeter), 기타 생리기능 감시장비(physiological monitoring equipment)와 같은 진단장비와, 주입펌프(infusion pump), 인공호흡기(ventilator), 제세동기 (defibrillator)와 같은 치료장비가 있다. 환자와 직접 접촉하는 생리기능 감시장비는 감도가 매우 뛰어나므로 전자파 장해에도 아주 취약하다. 물론 어떤 유형이든지, 그 유형에 속하는 모든 기기들 중에서 몇몇 모델들은 나머지 모델들의 평균 성능보다 더 좋은 성능을 일관되게 보여준다(즉 양호한 EMC 설계가 이루어졌음을 나타낸다). 이동통신용 송신기에서 사용하는 변조방식은 이들 장비의 전자파 장해 정도에 상당한 영향을 미친다. 예를 들어, 특정 외부 심장박동기(pacemaker)는 변조 주파수가 217 Hz이고 전기장 강도가 30 V/m인 GSM 신호는 잘 견뎌냈지만 변조 주파수가 17 Hz이고 전기장 강도가 3 V/m인 TETRA 신호에 대해서는 전자파 장해를 겪었다.

유럽에서는 긴급통신(emergency communications)에 TETRA 시스템을 사용하는 것이 의무화되어 있다. 이러한 상황에서 위에서 언급한 전자파 장해는 특히 환자와 직접 접촉되는 다수의 생명유지용 의료기기들을 탑재하고 있는 구급차(ambulance)에 대한 우려를 낳고 있다. 이에 따라 영국의 의약품 및 건강관리제품 규제기관(Medicines and Healthcare Products Regulatory Agency, MHRA)에서는 다음과 같은 사항을 권고하고 있다[216].

- 구급차 내부에서 휴대용 핸드세트(portable handset)와 휴대폰(cell phone)의 사용은 제한되어야 한다.
- 외부 심장박동기를 휴대한 환자를 이송하는 경우에는 특별한 보호조치가 필요하다.
- 응급 차량을 환자 치료구역 바로 바깥쪽에 주차할 때, 전자파 장해의 위험을 반드시 막아야 하는 경우에는 경고 표시를 하여 이를 알리고, 직원을 교육하고 주차 구역을 재배치하는 등의 조치를 취해야 한다.
- 사고현장에서 의료기기를 휴대하고 있는 환자를 치료할 때, 비상차량이 근처에 있을 경우에는 주의를 기울여야 한다.
- 이동통신 데이터 단말기 역시 휴대폰에 적용되는 모든 제한규정의 대상이 되어야 한다.

여러 연구들에서 의료기기를 시험한 결과를 바탕으로, 일반적인 휴대용 송신기와 의료장비 사이의 거리를 1 m ~ 1.5 m로 유지할 것을 권고했다. MHRA는 다양한 무선 단말기를 사용하여 총 178가지 모델의 의료기기를 시험했다. 그 결과, 전체적으로 시험대상 의료기기의 23%가 전자파 장해를 겪었다. 전자파 장해를 겪은 의료기기중 43%는 환자 치료에 직접적인 영향을 미쳤으며 그 정도는 심각한 것으로 평가되었다. 1 m 거리에서는 단지 4%만이 휴대폰에 대해 영향을 받는 것으로 나타났는데, 이 거리에서는 응급용 핸드세트(emergency handset, 응급용 송수신기)와 보안용 핸드세트(security handset, 보안용 송수신기)가 휴대폰보다 더 큰 영향을 미쳤다[217].

병원과 기타 의료 환경에서 무선통신의 사용을 통제하는 것이 어렵다는 사실은 MHRA의 안내문서[218]에 다음의 문장으로 잘 표현되어 있다. 이 문서는 자체적으로 이 주제에 대한 ISO 기술보고서(technical report)를 참조하고 있다[188].

> "과도한 규제 정책은 유익한 기술에 걸림돌로 작용할 수 있으며 환자, 방문객, 근무인력의 개인적 의사소통에 대한 증가하는 요구를 처리하지 못할 수 있다. 이와는 정반대로, 이동통신의 사용을 전혀 관리하지 않으면 환자를 위험에 빠뜨릴 수 있다."

이 안내문서는 의료 서비스 제공자들이 자신들의 의료 현장에서 무선주파수(RF) 스펙트럼의 사용을 관리하는 데에 필요한 효과적인 정책의 필요성을 강조한다. 이 문서에는 의료기기가 영향을 받지 않아서 제약(규제)이 적용되지 않는 구역과, 허가받은 관계자가 병원에 의해 허가된 통신기기를 사용할 수 있는 구역들에 대한 고려사항들도 들어있다. 의료기기에 전자파 장해의 영향을 받은 것으로 의심되는 사건이 일어나면 이를 반드시 보고해야 한다.

1.1.2.2 고주파요법(diathermy)과 전기수술(electrosurgery)

무선통신뿐만 아니라, 의료용 고주파요법과 전기수술은 상당한 전자파 장해 문제를 일으키는 원인으로 잘 알려져 있다. 대부분의 외과 의사들은 단순히 이 장해문제에 대처하는 방법만을 배운다. 물리치료에 사용되는 의료용 고주파요법(인체조직에 대한 온열작용)에서는 일반적으로 주파수가 27 MHz인 신호를 사용하는데, 이 신호의 RF전력은 최대 400 W까지 될 수 있다. 그러나 오늘날 펄스 신호를 사용하는 고주파요법의 경우, 평균 RF 전력은 40 W 정도에 불과하지만 이 정도의 레벨로도 많은 종류의 전자-의료 장비(electro-medical equipment), 그 중에서도 특히 모니터에 전자파 장해를 일으키기에는 충분하다.

1.1.3 자동 온도조절기

자동 온도조절기(thermostat)와 그 밖의 모든 종류의 자동 스위칭 접점에 결함이 생긴 경우, 이는 잡음과 관련한 많은 불만사항(민원)을 제기하게 만드는 원인이 된다. 전 영국 무선통신진흥원(UK Radio Communications Agency)은 자동 온도조절기나 이 기기에 부착되는 RF 억제부품에 의해 발생하는 많은 전자파 장해의 사례를 다루었다. 이 사례들 중의 약 90%에서는 가스보일러 내에 설치된 온도조절기 때문에 전자파 장해가 발생한 것이었다. 이 경우, 온도조절기는 열(온도)이 높은 환경에서 작동하기 때문에 실내에 설치된 온도조절기, 실린더의 온도조절기, 전환기 스위칭 밸브(diverter switching valve)와 같이 비교적 온건한 환경에서 사용되는 다른 가정용 온도 조절 장치보다 성능저하가 더욱 빠르게 일어나기 쉽다. 전자파 장해를 겪는 건물 안에서 전자파 장해를 일으키는 온도조절기가 발견되는 경우가 종종 있다. 특히 장해를 일으키는 온도조절기가 상당히 떨어진 위치에서 발견되었음에도 불구하고 장해가 발생하는 경우들도 있었다.

새로운 가전제품들은 "불연속 방해(discontinuous disturbance)" 방출에 대한 시험[현재 사용되는 통합표준(harmonized standard)[8]은 EN 55014-1]을 반드시 통과해야 한다. 그렇지만 시험을 통과했다고 해서 이들 제품이 수년 동안 작동한 이후에도 잡음이 없는 상태를 그대로 유지하리라는 보장은 없다. RF 방출의 허용기준(limit, 제한치)는 아주 복잡한 방식으로 자동 스위칭 작동의 반복율과 지속시간과 연관되어 있다.

예를 하나 들어보면, 보일러 가스 제어밸브에서 발생하는 전자파 장해 잡음은 자동 온도조절기가 대기상태에서 ON으로, 또는 ON에서 대기상태로 전환(switching, 스위칭)이 되는 순간에 발생한다. 낮은 전력의 단상 아크(arc, 불꽃)는 짧은 폭의 방사 버스트(burst)를 발생시킨다. 온도조절기가 제대로 작동하지 않으면 이 방사 버스트는 거칠고 신경을 거슬리게 하는 잡음으로 들릴 수 있다. 이 잡음은 수 초 동안 지속되는 게 보통이지만, 20초 이상 지속되는 경우도 있다. 이 현상은 일반적으로 10분마다 반복되는데, 결함이 있는 온도조절기가 분당 여러 번 아크(불꽃)를 발생시키는 경우도 있다. 이러한 유형의 전자파 장해는 본질적으로 단속적(생겼다 끊겼다 하는 식)으로 발생하는데, 이로 인한 영향은 대부분 470 MHz ~ 850 MHz 범위의 아날로그 TV 신호 수신에 장해를 일으키는 방식으로, 어떤 경우에는 88 MHz ~ 108 MHz 범위의 FM 라디오 수신에 장해를 일으키는 방식으로 나타난다.

결함이 있는 자동 온도조절기를 교체하면 문제가 해결되는 것이 보통이지만, 이보다 더 좋은 해결책은 이러한 유형의 모든 스위칭 접점에 잡음 억제 조치(설계)를 해주는 것이다. 이렇게 하면 스위칭이 이루어지는 순간에 아크가 발생하는 것을 막을 수 있으며 설계를 적절히 하게 되면 접점 수명이 연장되는 부수적인 효과도 거둘 수 있다. 하지만 제조업체에서는 비용이 추가되므로 이 방법을 좋게 생각하지 않는 것이 보통이다.

1.1.4 "꽥꽥 오리" 장난감(quacking duck)

EMC와 관련하여 좀 가벼운 이야기를 해보자면, 내가 경험했던 가장 사소한 EMC 문제는 '꽥꽥 오리(quacking duck) 장난감'이었다. 이 장난감은 5세 미만용으로 털로 덮인 오리 안에는 음성합성장치가 들어 있다. 이 장치는 "꽥꽥" 소리로 다양한 동요의 곡조를 흉내 내도록 프로그래밍이 되어있다. 이 오리 장난감 안의 특정부위에는 센서가 숨겨져 있다. 오리 장난감은 센서가 숨겨진 부위가 눌려질 때만 이런 식으로 노래를 부르고 그렇지 않으면 노래를 부르지

8 (옮긴이) 이 용어에 담긴 개념은 매우 중요하다. 국어사전에 따르면, '통일'은"여러 요소를 서로 같거나 일치되게 맞춤"을 뜻하며 '통합'은"여러 요소들이 조직되어 하나의 전체를 이룸"을 뜻한다. 곧 통합은 여러 요소들이 독자성을 갖지 않는 완전한 단일화를 의미하는 통일개념과 달리 여러 요소들이 독자성을 가지면서 전체를 이루는 것을 말 한다 독일통일과정에서 동서독 표준은 초기의 통합과정을 거쳐서 독일 표준으로 단일화가 되었으므로 '표준통일'이라고 말할 수 있지만 유럽표준의 경우에는 각국 표준들을 종합하여 유럽표준 전체를 이루는 것이므로 '표준통합'이라고 말하는 편이 정확하다. 이러한 의미에서 실제 유럽연합도 통합을 의미하는 조화harmonization)'라는 개념을 사용한다.(출처: 유럽 통합 과정에서 나타난 유럽 표준화 정책의 성격과 의미, 정병기, 한국EU학회, 2013년 12월). 이 책에서는 harmonized standard를 우리말로 옮길 때 '조화표준' 대신 이와 동일한 의미를 갖는 '통합표준'이라는 용어를 주로 사용했다.

않아야 한다. 크리스마스 선물용으로 포장을 해서 우리 집에 놔두었을 때 포장지 속의 이 장난감 오리는 조용히 잘 있었다. 나는 포장된 장난감 오리를 딸아이의 집으로 가져가 부엌 냉장고 위에 놓인 전자레인지(microwave oven) 옆쪽에 두었다. 그런데 이 크리스마스 선물은 아무도 그 근처에 가지 않았는데도 제멋대로 꽥꽥 거렸다. 이 당황스러운 순간이 지난 다음, 나는 가족들에게 자신의 정신상태를 의심하지는 말라고 말하면서 바로 이것이 EMC 불량 때문에 생긴 현상이라고 설명을 해주었다.

1.2 시스템 상호간 EMC와 시스템 내부 EMC

EMI(전자파 장해)의 위협은 앞에서 설명한 전자파 적합성(EMC)의 관행(practice)을 채택하여 제어(통제)한다. EMC의 개념 속에는 다음과 같이 서로 짝을 이루는 두 가지 측면이 들어있다.

- 전기 · 전자 시스템이 다른 시스템에 전자파 장해를 일으키지 않고 작동할 수 있는 능력을 말한다.
- 또한 전기 · 전자 시스템이 명시된 전자파 환경에서 의도한 대로 작동하는 능력을 말한다.

따라서 EMC는 해당 시스템이 작동하는 환경과 밀접하게 관련되어 있다. EMC를 효과적으로 성취하기 위해서는, 시스템은 예상되는 작동 전자파 환경, 즉 시스템이 위치한 장소에 존재하는 모든 "전자기적 현상들(electromagnetic phenomena)"을 대상으로 설계되고, 제조되고, 시험되어야 한다. 여기서, "전자기적(electromagnetic)"이라는 용어가 "높은" 주파수의 전기장과 자기장과 관련된 현상들임을 강조하는 경향이 있지만, 실제로 EMC의 정의 속에는 DC에서부터 교류 주전원 주파수를 거쳐 무선주파수(radio frequency, RF)와 초고주파(microwave)에 이르기까지 모든 주파수 범위와 모든 결합(전달) 경로들이 전부 들어가 있다. 그리고 "현상들(phenomena)"이라고 할 때는 전파와 관련된 현상들뿐만 아니라 과도현상과 전력선(교류전원선)과 관련된 방해들까지도 포함된다.

1.2.1 시스템 내부 EMC

EMC에는 두 가지 접근방식 – 시스템 내부 EMC(intra-system EMC)와 시스템 상호간 EMC(inter-system EMC) – 이 있다. EMC에 대한 접근 방식은 설치(installation) 특성에 따라 결정된다. 다수의 전자 시스템이나 전기 시스템이 항공기, 선박, 위성, 기타 차량처럼, 매우 좁은 설치 공간에 빽빽이 들어차 있는 경우에 EMC는 특히 문제가 된다. 이러한 경우에는 취약한 시스템이, 강한 전자기장을 방출하는 다른 시스템에 매우 가깝게 위치할 수 있으므로 전자파 적합성을 확보하기 위해서는 특별한 예방조치가 필요하다. 이러한 조치를 취하려면 시스템의 설치 환경과 전자파 장해를 방출하는 가해 시스템과, 이로 인해 장해를 입을 가능성이 있는 피해 시스템에 대한 상세한 지식이 필요하다. 군용, 항공우주용, 차량용 EMC 규격들은 이러한 요구를 충족하기 위해서 계속 발전되었으며, 이와 관련이 있는 특정 산업 부문에서 잘 확립되어 있다.

전체 시스템을 구성하고 있는 부분들 사이에 EMC 상호작용이 발생하고, 이 모든 상호작용의 특성을 규정하는 데 별다른 어려움이 없는 경우에는 시스템 내부 접근 방식으로 전체 시스템의 EMC 특성을 파악할 수 있다. 이 방식에서는, 시스템을 구성하는 제품 하나하나 단위로 경계를 정하는 것은 불필요하거나 바람직하지 않을 수도 있지만, 해당 시스템 내의 다른 부분들이 이들 개별 제품에 어떻게 영향을 미치거나 영향을 받는지는 고려할 필요가 있다. 이러한 영향에 대한 시스템 수준에서의 경감대책은 장비 수준에서와 마찬가지로 쉽게, 경우에 따라서는 더 쉽게 적용할 수 있다.

1.2.2 시스템 상호간 EMC

EMC에 대한 두 번째 접근 방식인 시스템 상호간 EMC에서는, 시스템이 특정 허용기준(limit, 제한치)을 벗어나지 않은, 전자기적으로 "유순한" 환경(electromagnetically benign environment)에서 작동한다고 가정한다. 또한 시스템이 다른 민감한 장비와 허용한도 이내로 가깝게 위치하지 않도록 제어(통제)된다고 가정한다. 이 접근 방식은 가정, 사무실, 산업체 및 이와 유사한 환경에서 사용되는 대부분의 전자장치에 적합하다. 예를 들어, 대부분의 시간 동안 개인용 컴퓨터(personal computer, PC)가 고출력 레이더 송신기 근처에서 작동하는 경우는 없으며, 이동통신용 무선 수신 안테나 바로 옆에 배치되는 경우도 없다. 이렇기 때문에 기기에서 방사되는 허용 방출 레벨과, 기기가 지속적으로 작동하기 위해 초과되어서는 안 될 적정한 방해 레벨, 이 두 가지에 대해 매우 다양한 허용기준(제한치)을 둘 수 있다. 이들 허용기준은 해당 기기가 판매되는 지역 — 주거(domestic), 상업(commercial), 산업(industrial) — 의 환경 등급(class)과 직접적으로 관계된다. 이러한 허용기준들과 이들 허용기준 요건들을 충족했음을 입증하는 방법(method)들을 근거로 만들어진 것이 하나하나의 표준(standard)이다. "홀로 놓여 있는" 제품의 EMC 성능을 확보하기 위해서, 표준들 가운데 어떤 표준은 방출(emission)을 대상으로, 또 어떤 표준은 내성(immunity)을 대상으로 삼는다. 이것은 시스템 내부 접근방식이 아닌 시스템 상호간 접근방식이다. 시스템 상호간 접근방식을 적용하는 과정에서 필요한 부분은 제품의 경계를 규정하는 것이다. 어디까지를 제품으로 경계 짓느냐 하는 문제는 일반적인 상용 가전기기의 경우에는 쉬운 일이지만 설치(installation)에 관련된 경우에는 상대적으로 어려운 일이다.

이러한 표준들을 준수한다고 해서 모든 상황에 대해 전자파 적합성이 보장되는 것은 아니다. 오히려 표준은 통상적인 조건에서 장비가 작동할 때, 그 장비가 전자파 장해를 일으키거나 전자파 장해의 영향을 받지 않을 확률(높을수록 좋은)을 설정하는 것이라 할 수 있다. 강력한 송신기의 근거리장 속에서 컴퓨터를 운영하는 경우처럼 적절한 EMC를 확보할 수 없는 특수한 상황이 현실 속에서는 일어날 수밖에 없는데, 이 경우에는 추가 보호 대책을 피할 수 없다.

1.2.3 시스템 내부 접근방식과 시스템 상호간 접근방식의 충돌

시스템 내부 접근방식과 시스템 상호간 접근방식이 서로 뒤섞여 있는 경우나 이들 두 방식이 서로 만나는 접점(경계)에서는 어려움이 발생한다. 이러한 상황은 상(업)용 장비(commercial equipment)를 상업 환경(commercial environment)과는 다른 환경, 예를 들어 차량이나 항공기 내에서 사용하는 경우에 일어날 수 있다. 이와 관련하여 앞에서, 승객들의 휴대용 전자기기(PED)를 예로 들어 살펴본 문제들에도 나타나 있듯이 PED가 일반요건을 준수하고 있다고 해서 위에서 예로 들은 다른 환경에서 사용하는 것이 적절하다고 할 수는 없다. 군용 프로젝트(military project)에서 상용 기성제품(commercial-off-the-shelf, COTS)을 조달할 수 있지만 이 제품의 EMC 성능요건은 군사용으로는 실질적으로 적합하지 않다. EMC 지침을 충족하려고 시도하는 과정에서, 시스템 내부 요건을 충족하기 위해 필수적인 적절한 접지방법과 접합방법을 제대로 적용하지 못할 수 있다.

제품 설계자의 관점에서, EMC 성능을 확보하기 위해 필요한 기법(방법)들 중 상당수는 두 가지 접근방식에 서로 유사하게, 또는 두 방식에 공통적으로 적용된다. 그렇지만 이들 기법들이 접근방식별로 완전히 구분되는 경우도 있으므로, 주어진 경우에 어떤 방식을 고려할지 명확히 할 필요가 있다.

1.3 EMC 대상범위

1.3.1 제어 시스템의 오작동

반도체 프로세서 기반의 제어 시스템은 예전에 많이 사용되었던 릴레이 논리 제어장치(relay logic controller)나 비례 제어장치(proportional controller)와 같은 전기기계(electromechanical) 장비나 아날로그 장비가 가지고 있는 많은 기능을 대체해왔다. 프로그램 가능 전자 시스템(programmable electronic system)은 특정 작업을 수행하기 위해 직접 배선(hard-wired)을 하는 방식을 사용하는 대신에, 소프트웨어 제어로 디지털 버스연결

구조(digital bus-linked architecture)를 통해 여러 신호들을 단일 하드웨어 버스로 다중화(multiplexing)하는 방식을 사용한다. 이러한 구조에서는 낮은 레벨의 에너지 소비로 논리상태 변화가 이루어지므로 전자파 장해에 더 취약할 뿐만 아니라, 전자파 장해를 영향을 예측하는 것도 불가능하다. 전자파 장해로 인해 무작위로 발생하는 랜덤 펄스(random pulse)는 내부 클록, 전송되는 데이터, 프로그램의 실행 상태에 대해 어떤 타이밍(timing)에 발생하느냐에 따라 시스템의 작동에 오류를 일으킬 수도 일으키지 않을 수도 있다. 연속적인 전자파 장해의 레벨이 논리 문턱값(임곗값)(logic threshold)보다 낮으면 장해로 인한 영향은 없을 수 있지만, 장해의 레벨이 더욱 증가하면 프로세서 작동은 완전히 엉망이 된다. 기능 복잡도가 증가하면 복합적이고 예상할 수 없는 형식으로 시스템 고장이 발생할 가능성이 있다.

장해가 제어 시스템에 가져오는 결과는 그 시스템이 제어하는 프로세스(process, 과정)의 중요도에 따라 달라진다. 어떤 경우에는 장해로 인한 비정상적인 제어가 단지 성가신 정도에 지나지 않은 결과만을 가져올 수 있지만, 다른 경우에는 경제적 손실을 가져오거나 심지어는 생명을 위협할 수도 있다. 이처럼 예상되는 장해 영향의 정도에 따라 전자파 적합성을 보장하기 위해 쏟는 노력의 수준은 달라진다. 6장에서는 EMC와 기능 안전(functional safety) 사이의 관계에 대해 자세히 설명한다.

1.3.1.1 현상

제어 시스템에 장해를 일으킬 수 있는 전자기 현상은 다음과 같다.

- 교류전원의 공급전압 중단(정전, interruption), 순간전압강하(dip), 서지(surge), 변동(fluctuation)
- 교류전원선, 신호선, 제어선을 통한 빠른 과도 과전압(fast transient overvoltage)(스파크와 서지)
- 장비 안으로 직접 결합(전달)되거나 장비와 연결된 케이블로 직접 결합되는 펄스(레이다) 형태 및 연속 형태의 RF 전자기장(radio frequency field)
- 대전된 물체나 사람으로부터의 정전기방전(electrostatic discharge, ESD)
- 저주파 자기장 또는 전기장.

이 현상들 각각의 스트레스 레벨(stress level)은 해당 현상이 어떤 지역 환경에서 발생하는가에 따라 달라지는데, 산업지역(industrial area)에서는 주거지역(residential area)이나 상업지역(commercial area)보다 이러한 외부조건이 더 큰 값(레벨)으로 발생한다. 군사, 자동차, 항공우주와 같은 특수한 환경에서는 일부 현상들이 훨씬 더 큰 레벨로 발생할 것으로 예상된다. 이 레벨들은 내성시험 표준들(standards for immunity testing)에 반영되어 있는데, 이에 대해서는 이 책의 뒤에 나오는 장에서 다루기로 한다.

전자기기 생산과정에서 주로 일어나는 문제 중의 하나인 ESD로 인해 부품이 손상되는 현상은 걱정하지 않아도 된다. 일단 부품들이 기기에 조립되면 설계를 특별히 엉터리로 하지 않은 이상 ESD로 인한 손상은 일어나지 않는다. 그러나 ESD 과도현상으로 인해 전원포트나 신호포트로 전달되는 과도전압이나 과도전류는, 실제로 부품들을 전혀 손상시키지 않고도(물론 손상되는 경우도 있다) 마이크로프로세서 회로나 클록 회로의 작동에 오류를 발생시킬 수 있다. 이건 바로 명백한 EMC 현상이다.

1.3.1.2 소프트웨어

소프트웨어 잘못으로 인한 오작동은 EMI로 인한 오작동과 혼동되는 경우가 많다. 특히 실시간 시스템(real-time system)의 경우, 중요한 소프트웨어가 실행되는 상태가 공교롭게도 외부에서 발생한 과도현상과 일치하면 오작동이 발생한다. 이런 오작동은 반복해서 일어나기 어렵거나 아예 반복되지 않으므로 이러한 유형의 오작동은 몇 년 동안이라도 현장 장비에 잠복해 있는 상태로 남아 있을 수 있다. 시스템 충돌, 잘못된 작동, 오류 데이터 등의 오작동 증상은 EMI에 의해 일어나는 증상들과 동일할 수 있다. 실제로 불량한 EMC 성능으로 인한 시스템의 오작동을, 소프트웨어 결함으로 인한 오작동과 구별해내기 위해서는 그 시스템이 설치된 환경의 특성을 잘 파악하는 방법밖에 없을 것이다.

1.3.2 데이터와 프로그램 처리의 내성

매우 넓은 범위에서 발생하는 EMC 문제들은 전자 제어장치는 물론이고 오디오, 비디오 자료나 데이터를 처리하는 다양한 유형의 시스템 — 주로 통신제품과 가전제품 — 에 영향을 주어 정상적인 작동을 방해한다. 여기서 전자파 장해로 인한 정상작동의 방해는 데이터 오류, 오디오나 비디오 프로그램의 성능저하로 나타난다.

이러한 결과를 가져오는 현상은 [1.3.1.1절]에서 언급한 현상과 동일하다. 최악의 경우, 장해로 인해 완전한 기능상실이 일어날 수 있다. 앞에서와 마찬가지로 디지털 기반 시스템에서는 과도 장해로 인해 프로세서의 프로그램 제어가 중단되어 이런 결과가 생긴다. 그러나 장해의 레벨이 이런 결과를 초래하는 값에 도달하기 전에도, 과도 RF 장해와 연속 RF 장해는 장비의 아날로그 부분에 영향을 미칠 수 있고 프로그램 내용 자체에 성가신 영향을 미칠 수 있는데, 특히 RF 장해신호가 복조되면서 비디오 화면을 왜곡시키거나 오디오 프로그램에서 이상하게 소리가 들리게 하는 결과가 나타날 수 있다. 라디오나 TV 옆에 휴대폰을 놓아두거나 그곳에서 통화를 하고 있을 때 발생하는 "윙윙"거리는 소리는 이러한 현상의 한 예이다. 또 다른 예는 RF 내성 요건이 제대로 확립되기 이전 시기에 흔히 발생했던 문제로서, 가정용 하이파이 앰프에 택시의 무선 송신기의 신호가 포착되거나, 고출력 지역 방송 송신기의 프로그램 송출신호가 초기 모델의 전자식 전화에 장해를 일으켰다.

발달된 선진사회에서는 데이터 통신에 대한 의존도가 높으므로, 전자파 장해가 통신망에 미치는 영향은 매우 중대한 문제이다. 따라서 통신망에 사용되는 장비 자체는 상당한 크기(레벨)를 갖는 모든 형태의 장해 현상을 견뎌낼 수 있는 내성을 가져야 한다. 예를 들어, 장비 수준과 시스템 수준 모두에서, 낙뢰로 인한 서지에 대한 교환 장비와 이동전화(휴대폰) 기지국의 내성은 통신망 운영자에 의해 세심하게 지정(명시)된다.

1.3.3 전파 수신에 대한 전자파 장해

진실로(악한 의도 없이) 전파 스펙트럼을 사용하는 사람이라면 자신과는 관련이 없는 장비의 작동으로 인해 자신의 전파 사용이 영향을 받을 것이라고는 생각하지는 않을 것이다. 일반적으로 수신기의 입력단에서 바람직한(의도한) 대상인 '신호(signal)'의 수신 신호강도(received signal strength)의 레벨은 1 μV에서 1 mV까지 다양하다. 원치 않는(의도치 않은) '장해신호(즉 잡음)'가 원하는 '신호'와 동일한 채널에 존재하는 경우, 이 장해 잡음의 레벨이 신호의 레벨과 비슷하거나 더 크면 원하는 신호는 잡음 속에 묻혀 사라져 버린다. 이러한 공통채널 간섭(장해)(co-channel interference)의 허용레벨은 원하는 프로그램(신호) 내용의 특성과 장해의 특성에 따라 결정된다. 예를 들어 아날로그 고성능 방송신호에 대한 연속적인 전자파 장해는 그 잡음레벨이 매우 낮은 경우에도 허용되지 않을 수 있는 반면, 압축된 음성신호를 전송하는 통신채널에서는 비교적 높은 레벨의 임펄스 장해 잡음이나 과도 장해 잡음도 허용될 수 있다. 디지털 변조 시스템에서는 공통채널 간섭에 대한 내성을 높이기 위해 다양한 기법을 사용할 수 있는데, 오류 검출 및 정정(error detection and correction)과 시분할 다중화(time division multiplexing)와 주파수분할 다중화(frequency division multiplexing) 기법들이 여기에 속한다. 과도현상 장해에 의해 데이터 패킷에 오류가 생기면 다른 시간슬롯(time slot)에서 재전송을 할 수 있으며 특정 주파수에 연속적인 장해가 존재하는 경우에는 그 주파수에 해당하는 채널을 송신 스펙트럼에서 삭제할 수 있다. 이러한 기법은 장해의 변동에 실시간으로 적응하며 이루어져야 하는데, 그래야 시간에 따른 장해의 변동에 대처할 수 있게 된다. 이러한 기법과 방식들을 적용하면 신호 데이터에 오류가 일어나는 것을 막을 수 있지만, 그 대신에 유효 대역폭이 감소하므로 신호 데이터의 전송속도 역시 감소한다.

아날로그 음성 방송은 DRM(Digital Radio Mondial), DAB(Digital Audio Broadcasting), T-DAB와 같은 디지털 음성방송으로 대체되고 있다. 이 가운데 DRM은 중파대역(MF band)과 단파대역(HF band)의 AM 라디오를 대체하기 위한 디지털 음성방송이며 DAB와 T-DAB는 초단파대역(VHF band)과 극초단파대역(UHF band)에서 작동하는 디지털 음성방송이다. 또한 아날로그 TV 방송은 UHF 대역에서 작동하는 DVB-T(Digital Video Broadcasting Terrestrial)라는 디지털 비디오방송으로 대체되고 있다. 이러한 디지털 방송 서비스들에 요구되는 RF 보호비(RF protection ratio)[9]는 아날로그 변조방식을 사용하는 무선 방송 서비스들보다 훨씬 낮다(디지털의 경우 DRM은 17 dB, DVB-T는 20 dB, DAB는 28 dB이며 아날로그의 경우 AM은 약 27 dB, FM은 약 48 dB, TV는 약 58 dB이다). 반면에 아무런 영향을 주지 않는 장해와 허용불가 장해(완전한 고장을 일으키는 장해) 사이의 폭은 아날로그 변조보다 좁다. 말하자면 디지털 시스템에 "우아한 고장(graceful failure)"(단계적, 점진적으로 고장이 나서 시스템 기능은 그럭저럭 유지되는 고장)이란 건 없다.

1.3.3.1 허용기준 설정

의도적이든 아니든 방사된 전자파 장해는 그 발생원으로부터 거리가 멀어짐에 따라 강도(세기, strength)가 감소한다. 자유공간(free space)[10]에서 방사된 전자파의 강도는 원거리장(far field)에서 측정하면 정확히 거리에 따라 반비례한다(근거리장과 원거리장에 대해서는 [11.1.4.2]절을 참조). 지표면이 불규칙해서 이로 인해 반사현상(clutter)이 생기면 회절 전자파의 음영(shadowing), 흡수(absorption), 산란(scattering), 발산(divergence), 초점이탈(defocussing) 등으로 인해 전자기장의 강도는 더욱 줄어들 것이다. CISPR 11의 부속서 D(Annex D)[179]에 따르면 30 MHz ~ 300 MHz의 주파수 범위에서 30 m 이상 떨어진 거리 d에서의 전자기파의 강도는 중앙값(median value)의 경우 $1/d^n$에 따라 변한다. 여기서 n은 탁 트인 교외지역에서는 1.3이고 장해물이 빽빽하게 들어찬 도시지역에서는 2.8이다. 이상적인 경우로, 원거리장의 자유공간에서는 n값은 1이다. 대략적인 추정을 위해 평균값으로 $n = 2.2$를 취할 수 있다. 이 값을 사용하면 간격을 10배 증가시킬 때 장해신호의 강도는 44 dB만큼 감소하게 된다. 근거리장(near field)에서 — 주파수가 30 MHz일 때 근거리장과 원거리장의 경계가 되는 전이거리(transition distance)는 1.6 m이며 주파수가 감소하면 전이거리는 더 커진다 — n 값은 전자파 장해를 방출하는 발생원의 세부 특성에 따라 달라지는데, 어떤 하나의 값으로 일반화할 수는 없지만 이론적으로는 2 ~ 3 사이의 값을 갖는다.

30 MHz 이하의 주파수 범위에서는 장해를 일으키는 가해 장비로부터의 방출은 그 장비에 연결된 케이블을 통해 이루어지는 것이 지배적이므로(가장 크므로) 이 범위에서의 방사성 방출 허용기준(제한치)은 등가 전압레벨이나 등가 전류레벨로 변환된다. 그러면 이 방출 허용기준은 이 등가 전압과 전류가 케이블에 존재할 때 HF 및 MF 대역의 수신에 위협을 주는 정도

9 (옮긴이) 명시된 조건 하에서 명시된 수신 품질을 얻는 데 필요한 수신기 입력에서의 신호-대-간섭비의 최솟값을 말한다.

10 (옮긴이) 자유공간(free space)이란 아무런 물질도 없는 공간(space that is free of matter)을 가리키는 용어이다. 자유공간은 전자기학에서 사용하는 추상적인 개념으로, 실제로 완벽한 자유공간인 매질은 존재하지 않는다. 그렇지만 공기(air)나 진공(vacuum)은 전자기적 특성이 자유공간과 거의 같으므로 근사적으로 자유공간으로 취급한다.

의 레벨에 해당된다. 이 주파수 범위에서 근처에 있는 안테나로의 전기장 결합이나 자기장 결합은, 영향을 받은 수신기의 교류 주전원 입력으로 전달되는 전도성 결합과 비교할 때 그 정도가 약하므로 중요성이 떨어지는 경우가 대부분이다.

의도치 않은(비의도적) 방출(unintentional emission)에 대한 허용기준(limit)은 수신기 입력에 대해 허용 가능한 장해 전자기장의 강도, 다시 말해 수신기가 방출원에서 공칭거리만큼 떨어져 있을 때, 특정 서비스에 대한 보호비(protection ratio)를 고려한 최소 신호강도에 근거하여 정해진다. 이렇게 하는 것이 매우 약한 신호를 수신할 수 있게 보호해주지는 못할 것이다. 또한 장해 방출원이 아주 가까이에 위치해 있는 경우에도 보호하기는 어려울 것이다. 그렇지만 이렇게 하면 장해가 일어나는 상황들은 대부분 막아줄 것이다. CISPR이 상(업)용 장비에 대해 발행한 모든 표준의 방출 허용기준은 이러한 방식으로 정해진다(4장 참조). CISPR 16-4-4는 장해 발생 가능성에 대한 통계적 근거를 포함하여 이러한 허용기준이 도출된 과정을 설명하고 있다.

지금까지 장해관련 불만사항(민원)의 통계를 특정한 허용기준을 설정하는 근거로 삼아왔다. CISPR 16-4-4의 제2판[186]은 디지털 통신의 출현으로 이러한 통계에만 의존하기가 점점 더 어려워지고 있음을 다음과 같이 지적하고 있다.

> "디지털 휴대폰이나 무선 LAN 수신기가 근처에 있는 장비에서 발생한 원치 않는 전자파 방출로 인해 자신들과 가장 가까운 위치에 있는 기지국이나 AP(access point, 무선 랜의 접속점)로부터 신호를 수신할 수 없는 경우, 사용자는 근처의 장비를 의심하지 않으며 장해의 발생 가능성도 생각하지 않는다. 사용자는 통신망의 커버리지(coverage, 통신가능 범위)가 나쁘다고 생각해서 다른 곳으로 이동해 전화를 걸거나 접속을 시도할 것이다. 또한 이러한 통신 시스템들은 일반적으로 주파수 가변능력(frequency agility)이 높기 때문에, 한 채널이 간섭을 받게 되면 시스템은 다른 채널을 선택할 것이다. 이때 다른 모든 채널이 점유되어 있으면 휴대폰은 통신망이 사용 중임을 표시한다. 이번에도 사용자는 통신망의 용량이 자신의 통화요청을 수용할 만큼 크지 않다고 생각할 것이며 EMC 문제임을 의심하지는 않을 것이다.
>
> 일반적으로 아날로그 시스템에서는 장해가 발생하면 이것을 소리로 들을 수 있다. 그렇지만 디지털 및 모바일 시스템의 경우에는 장해가 훨씬 덜 뚜렷하다[11](예를 들어 DVB용 TV에서 음성이 나오지 않고 화면이 정지해 있는 상황처럼). 오늘날 사용되는 디지털 변조에는 데이터 오류정정(data error correction), 주파수 가변 시스템(frequency agile system) 등과 같은 복잡한 탈출메커니즘(escape mechanism)이 구현되어 있다. 따라서 장해 상황이 실제로 감지되지 않은 경우에도 시스템은 이미 영향을 받았을 수 있다.

11 장해가 덜 "뚜렷하다"는 말이 무슨 뜻인지 의문을 제기할 수 있다. 이 말보다는 오히려 "뚜렷하게" 나타나는 결과가 장해때문이 확실하다고 하기가 더 어렵다고 하는 편이 더 적합한 표현이라 할 수 있다.

앞에서 자세히 설명한 이동용 무선수신기 사용의 일반화와 아날로그 무선에서 디지털 무선 서비스로의 전환과 같은 기술발전은 장해상황의 발생빈도를 줄이지는 못하지만 EMC 문제가 존재하고 있음을 알려주는 장해관련 불만사항(민원)이 제기될 가능성을 계속 감소시키고 있다.

1.3.3.2 오작동과 주파수 스펙트럼 보호

지금까지 설명한 내용에 따르자면, 무선 수신기가 아닌 장비가 오작동하지 않도록 보호해야 할 필요성에 의해 RF 방출 허용기준(제한치)이 정해지는 것은 아니라는 점이 분명해졌다. 바로 앞 절에서 살펴본 바와 같이 오작동이 일어나려면 상당히 높은 에너지 레벨(1 V/m～10 V/m 범위의 RF 전기장 강도)이 필요하다. 무선사용을 위해서는 이 레벨의 1/10～1/1000에 지나지 않는 10 μV/m～100 μV/m 정도의 훨씬 낮은 레벨의 전기장에 대해 주파수 스펙트럼을 보호해주어야 한다. 의도적으로 RF 스펙트럼을 사용하지 않는 두 장비 사이에서 RF 적합성이 존재하지 않는 (RF 비적합성) 경우는 매우 드물다. 장비는 근처에 위치한 의도적인 무선 송신기의 전자기장에 대해서는 반드시 장비 “내성”을 갖추어야 하는 것이 보통이다. 또한 장비로부터의 의도하지 않은 “방출”을 제한하여 근처에 있는 의도적인 무선 수신기의 작동을 보호해야 한다. 따라서 “방출”과 “내성”이라는 두 가지 주요 EMC 측면은 두 가지 서로 다른 주제를 다루는 것이다.

1.3.3.3 자유 방사 주파수

산업, 과학, 의료(industrial, scientific and medical, ISM)용 장비로 알려진 이 특별한 유형의 장비는 높은 레벨의 RF 에너지를 발생시키지만 이를 통신이 아닌 다른 용도로 사용한다. 여기에 속하는 장비로는 의료용 고주파요법(Medical diathermy) 장치와 RF 가열(heating) 장치가 있다. 이러한 장비에 방출 허용기준(제한치)을 두는 것은 비현실적일 것이다. 실제로 국제전기통신연합(ITU)은 이러한 용도로 사용할 수 있는 몇 개의 특별한 주파수를 지정했는데, 이 주파수[“자유 방사” 주파수(free radiation frequency)라고 불린다]들만을 사용하는 장비는 방출 제한을 받지 않는다. [표 1.1]에 여기에 속하는 주파수들을 수록하였다. 이 가운데, 433.92 MHz는 자동차 키 리모컨과 같은 단거리 장치에서 널리 사용되며 2.45 GHz는 전자레인지(microwave oven)와 Wi-Fi에서 더욱 광범위하게 사용되고 있다. 이러한 주파수를 사용하는 응용기기들은 반드시 어느 정도의 장해는 받아들일 준비가 되어 있어야 한다.

표 1.1 ITU 지정 산업, 과학, 의료(ISM)용 자유 방출 주파수 범위(출처: CISPR 11 [179])

중심 주파수 [MHz]	주파수 범위 [MHz]	비고
6.780	6.765 ~ 6.795	*
13.560	13.553 ~ 13.567	
27.120	26.957 ~ 27.283	
40.680	40.66 ~ 40.70	
433.920	433.05 ~ 434.79	*
2,450	2,400 ~ 2,500	
5,800	5,725 ~ 5,875	
24,125	24,000 ~ 24,250	
61,250	61,000 ~ 61,500	*
122,500	122,000 ~ 123,000	*
245,000	244,000 ~ 246,000	*

* 최대 방출 허용기준 설정을 검토 중에 있음
902~928 MHz의 주파수 범위도 2지역(Region 2)(미국, 캐나다, 그린란드)에서만 함께 허용된다.

1.3.3.4 동일 채널 간섭, 스퓨리어스 방출 및 차단

이 책에서 다루지는 않지만 무선 통신과 관련한 문제로 원치 않는 전송에 의한 동일채널 간섭(co-channel interference)이 있다. 이것은 흔히 EMC 문제로 간주된다. 이러한 동일채널 간섭 문제는 동일한 주파수로 사용이 승인된 두 개의 무선 시스템 사이에서 발생하는데, 두 시스템이 동일한 주파수를 사용한다는 데에는 이들이 충분한 거리만큼 서로 떨어져 있다는 조건이 전제된 것이다. 그렇지만 비정상적인 전파 상황(환경)은 장해가 나타날 정도까지 신호의 강도(세기)를 증가시킨다. 이 문제는 본질적으로 주파수 이용의 문제이다.

또한 수신기 근처의 송신기에서 방출된 신호에 의해 이 신호와는 다른 주파수로 조정(동조)되어 있는 수신기의 입력에 과부하가 걸리면 원하는 신호에 대한 감도저하(desensitization)[12]나 신호에 왜곡(distortion)이 발생할 수 있다. 송신기 출력 자체에는 승인(인가)된 주파수 성분과 함께 스퓨리어스(spurious)[13] 주파수 성분도 존재할 수 있으므로 송신기 형식승인(type approval)에서는 반드시 이 스퓨리어스 레벨에 대해 허용기준(제한치)을 설

12 (옮긴이) 통신에서 감도 저하[수신기 차단(receiver blocking)이라고도 함]는 수신기가 전자파 간섭에 의해 미약한 무선신호를 수신할 수 없게 되는 현상을 말한다. 여기서 미약한 무선신호란 신호의 세기가 약해도 전자파 간섭이 없으면 수신기가 충분히 수신할 수 있는 정도의 세기를 가진 신호를 말한다. 수신기 근처에, 수신기의 주파수와 크게 차이가 나지 않는 주파수로 강한 신호를 방출하는 송신기가 있는 경우에 발생한다. 이렇게 되면 송신신호에 의해 수신기에 과부하가 걸려 원하는 신호를 제대로 수신 할 수 없다.

13 (옮긴이) RECOMMENDATION ITU-R SM.329-7에서는 스퓨리어스 방출(spurious emission)을 다음과 같이 정의하고 있다. 필요 주파수 대역(할당채널) 바깥에 위치하며, 레벨을 감소시켜도 해당 정보의 전달에는 영향을 주지 않는 주파수 또는 주파수들에서의 방출. 스퓨리어스 방출에는 고조파 방출(harmonic emission), 기생방출(parasitic emission), 상호변조곱(intermodulation product), 주파수변조곱(frequency conversion product), 대역외 방출(out-of-band emission)이 포함됨. 변조과정에서 발생하는 대역폭 바로 바깥에 위치하는 주파수 또는 주파수들에서의 방출은 제외됨.

정해야 한다. 이 문제는 스펙트럼 관리 문제로 인식하는 것이 더 적절하며 "상호 간섭(mutual interference)"이라고 부르기도 한다.

이 주제는 하나의 기둥(mast)을 공유하는 통신 설비나 한 차량에 설치된 여러 개의 송신기/수신기 설비와 같이 동일한 플랫폼 위에 위치한 시스템 간의 상호작용에 있어서 특히 중요하다. 이 주제와 관련하여 다루어야 할 문제들은 다음과 같다.

- 송신기로부터의 스퓨리어스 방출과 고조파 방출: 의도하지 않은 주파수의 방출
- 송신기의 정확한 주파수 및 전력 제어
- 수신기의 스퓨리어스 응답: 의도하지 않은 주파수의 수신
- 수신기의 인접 채널 차단: 인접 채널의 큰 신호에 의한 의도치 않은 신호 손실
- 송신기와 수신기의 안테나 방사패턴상의 사이드로브(부엽, sidelobe)
- 송신기, 수신기 및 주변 구조물의 상호변조 효과(intermodulation effect). 이들 사이의 상호작용을 통해 여러 가지 주파수들이 생성됨.

1.3.3.5 화이트 스페이스(white space), LTE, 디지털 디비던드(digital dividend)

2015년까지 유럽에서는 아날로그 TV 전송을 디지털로 대체하는 사업이 완료되었다. 이러한 사업은 일반 TV 사용자들에게 TV 세트의 교체는 물론, 더 많은 채널과 서비스를 이용할 수 있는 확실한 혜택을 제공하였다. 주파수 관리당국은 이 사업을 위해 UHF 대역 내에서 소중한 주파수 공간을 확보해야했다. UHF 대역의 일부는 4세대 이동전화 시스템[4G 또는 LTE(Long Term Evolution)]에 이미 할당되어 있었다. 유럽연합(EU)의 경우, 할당된 주파수 영역은 업링크(uplink)의 경우 832 MHz～862 MHz, 다운링크(downlink)의 경우 791 MHz～821 MHz이다. EMC 커뮤니티(community, 관련단체)에서는 우려사항 – 기존 TV 세트가 최대 880 MHz의 TV 채널까지 수신하도록 설계되었기 때문에 4세대 이동전화 시스템에 할당된 주파수 대역에서의 방출에 기존 TV가 "무방비로 노출"될 것임 – 을 제기하였다. 따라서 4G 휴대전화 전송은 이러한 장비에 손쉽게 전자파 장해를 일으킬 가능성이 있다. 이러한 장해를 경험한 TV 사용자에게 무료로 필터를 지급하는 서비스를 제공하고, 이 서비스를 모든 사용자에게 공개적으로 알리기 위한 제도가 시행되었다.

한편 주파수 관리당국은 TV 서비스 전환을 통해 UHF 대역 내에서 확보한 주파수 영역으로부터 수익을 올릴 수 있는 방법을 모색하고 있다. 영국의 디지털 TV 방송 신호는 대역폭이 8 MHz인 채널을 최대 10개까지 다중화하여 송출되는데 이 다중화 신호는 470～790 MHz 주파수 영역에 할당되어있는 총 32개 채널을 통해 전송된다. 동일채널 간섭을 방지하려면 채널들의 커버리지 영역(통신가능 영역)을 지리적으로 분리해줄 필요가 있다. 따라서 특정 위치

에서는 대다수의 채널들이 사용되지 않는다. 물론 전국적으로 지역마다 실제로 차지하고 있는 채널은 다르다. 사용하지 않는 채널은 TV 수신에 장해를 일으킬 우려 없이 저전력 기기(low-power device)를 이용하여 그때그때 상황에 맞춰 사용할 수 있다. 이러한 방식의 채널 사용은 현재까지 여러 해 동안 무선마이크와 같이 프로그램 제작과 특별한 행사에 사용되는 기기에 대해 이루어졌다. 이를 위해서는 개인이 오프콤(Ofcom, Office of Communications, 영국의 방송통신 규제관련 정부기관)에 기기의 사용을 개별적으로 신청하면 된다.

사용되지 않은 주파수 스펙트럼을 TV 화이트 스페이스(White Space)라고 한다. 스펙트럼에서 이 주파수 영역은 [전파(propagation)의 측면에서] 매우 가치가 있기 때문에[14], 이 영역을 더욱 보편적으로 사용하기 위한 방안을 만들어야 한다는 압력이 계속 가해졌고, 그 결과 영국의 오프콤은 2016년 초에 화이트 스페이스 기기들(white space devices)을 허가 없이 사용할 수 있도록 허용하는 규정[222]을 제정했다. 이 기기들은 아주 새로운 기술적 조건들을 따라야 한다. 이 조건들 가운데 가장 중요한 것은 각 기기들이 운용(작동) 파라미터들(operational parameters)을 데이터베이스로 만들어 놓고 이를 수시로 참조해야 한다는 것이다. 이들 파라미터에는 주파수와 전력은 물론, 보고된 기기의 위치로부터 (거리상) 떨어진 위치에 대한 이들의 유효성도 포함된다.[15] 오프콤이 처음에 설정한 업데이트 기간은 15분이다.

미국 FCC는 2011년에 비슷한 조치를 취했지만 "무결점" 데이터베이스를 유지하는 데 어려움을 겪고 있는 것으로 보인다[103]. 영국에서 이 일이 어떻게 진행되는지 보는 것은 흥미로울 것이다.

1.3.3.6 영국 무선통신법 개정

오프콤은 이와 별도로 영국의 유서 깊은 무선전신법[Wireless Telegraphy (WT) Act]에 규정을 추가하는 것을 고려해왔다. 이 법은 2006년에 개정되긴 했지만 수십 년 동안 지속되어 왔다. 이 법은 다양한 유형의 비의도적 발생원(가해기기)으로부터의 전자파 장해를 관리(통제)하기 위한 것이다. 그런데 이 법은 발생원의 유형에 대해서는 규정을 하고 있지만(2.1.2절 참조), 규정에서 명시(지정)하지 않은 것에 대해서는 그게 무엇이든 단속(규제)조치를 허용하지 않는다. 이렇게 된 것은 오프콤이, EMC 지침이 WT 법을 대신할 것이라 기대했기 때문이었을 수 있지만, 실제 이렇게 되지는 않았다([2.2.2.2]절 참조). PLT(Power Line Telecommunication, 전력선통신) 사태(1.3.5.8절) 이후에 WT 법의 개정이 필요하다는 것이 명백해졌고, 2015년 초에 규제당국은 "기술발전에 더욱 탄력성 있게 대응하기 위해"라고 말

14 (옮긴이) TV 방송 주파수 대역(490~790 MHz) 중에서 방송에 사용되지 않는 TV 화이트 스페이스(TVWS)는 주파수가 높지 않아 마이크로파 주파수에 비해 전파의 전달거리가 길고, 회절도 잘 일어난다. 따라서 통신용으로 좋은 "전파특성"을 가지고 있다.

15 (옮긴이) (잠재적 장해 피해기기에 대한) 기기의 위치에 따라 주파수와 전력이 제어됨을 뜻함. 즉 기기와 피해기기의 위치가 서로 가까우면 특정 주파수에서 허용되는 전력은 낮아짐.

하면서 개정사항들에 대한 협의사항을 공표하였다. 이에 따라 2016년에는 새로운 규정이 등장했다[224].

1.3.4 교류 주전원의 방해

교류 주전원(power mains 또는 main power)[16]에는 교류 전원을 분배하는 과정에서 다양한 방해 현상들이 나타난다. 이러한 방해들은 전원공급망(배전망)에 있는 발생원들, 또는 같은 설비를 공유하는 다른 사용자들, 또는 같은 설비를 공유하는 다른 부하들에 의해 발생할 수 있다. 중단(정전)되는 일이 절대로 발생하지 않는 완벽한 전원공급은 이상적이긴 하지만 비용 대비 효과가 떨어진다. 전원공급에 드는 비용과 공급전원의 품질 사이의 균형은 국가의 규제 요건들에 의해 결정되는데, 이 요건들은 전원공급 전력회사들의 경험에 의해 조절된다. 대표적인 주전원 장해들(11.3.5절 참조)은 다음과 같다.

- **중기간 전압변동**(medium-term voltage variations): 배전망은 신호원(전원) 임피던스(source impedance)가 유한하며 배전망에서의 부하변동은 단자전압(terminal voltage)에 영향을 미친다. 유럽의 경우, 공칭전압에 대한 ±10% 변동은 정상적인 변동으로서 허용된다. 단 여기에 사용고객의 구내에서의 전압강하는 포함되지 않는다.
- **순간 전압변동**(voltage fluctuations): 단기간(short-term, 1초미만) 동안 매우 작은 진폭의 전압변동은 전기조명에서 플리커(flicker, 깜박임)라는 사람을 성가시게 하는 현상으로 감지되지만 전자 전원공급 회로에서는 별 문제 삼지 않고 무시한다. 고출력 부하 스위칭에 의한 플리커 발생은 규정에 의해 관리(통제)된다.
- **전압 순간강하 및 정전**(voltage dips and interruptions): 배전 시스템의 고장은 최대 100%까지 전압강하를 유발하지만 보호장치에 의해 신속하고 자동으로 제거되므로 전압은 시스템의 나머지 부분 전체에서 즉시 복구된다. 따라서 대부분의 고객은 순간 전압강하 현상을 경험할 수 있다. 이러한 전압 순간강하의 발생 빈도는 위치와 계절 요인에 따라 달라진다.
- **파형 왜곡**(waveform distortion): 교류전원 발생원에서 생산되는 교류 주전원은 순수한 사인 파형을 하고 있지만 비선형 부하로 유입되는 고조파 전류와 배전망의 리액턴스 성분에 의해 주전원 전압에는 왜곡이 생긴다. 비선형 부하의 역할을 하는 주요 장치가 전력 변

16 (옮긴이) 주전원(main power, 주전력)은 여러 분야에서 널리 사용되는 교류전력을 공급하는 전원을 말한다. 주전원이 공급하는 교류전력은 전기 기반시설(인프라)을 통해 가정, 회사, 공장에 전달된다. 이렇게 전달된 교류전원은 벽의 아웃렛(콘센트)에 꽂힌 가전제품, 텔레비전, 전등 등 일상생활에서 사용하는 다양한 전기, 전자 제품에 전력을 공급한다. 미국에서는 유틸리티전력(utility power), 가정용전력(household power), 가정용전기(household electricity), 전력선(power line), 벽전력(wall power), 선전력(line power), 교류전력(AC power), 도시전력(city power), 거리전력(street power) 등 여러 가지 이름으로 불린다. 영국에서는 “main power”를 일반적으로 “mains”라고 한다. 캐나다에서는 전체 교류전원의 절반이상이 수력전기(hydro-electricity)여서 흔히 “hydro”라고 한다. “mains”이란 용어는 배수시설(water distribution system)에서는 물을 운반하는 중앙집중식 급수 파이프이고 배전시설(power distribution system)에서는 교류전력을 운반하는 중앙집중식 전선이다.

환기와 전자 전원공급기이다. 배전망 구성 요소(부품)들의 공진으로 인해 비선형 부하에서 멀리 떨어져있는 위치에서는 고조파 왜곡이 실제로 더 심할 수 있다. 비선형 고조파 전류는 제한되어야 하며 장비는 공급전원 파형의 총 고조파 왜곡(total harmonic distortion, THD)이 10%를 초과하지 않으면 작동할 수 있어야 한다.

- 과도현상 및 서지(transients and surges): 유도성 회로에서 스위칭 동작에 의해 전류의 흐름이 갑자기 끊기면 수백 V의 전압이 발생하는 과도현상이 일어난다. 이러한 과도현상은 일반적으로 버스트(burst) 형태로 발생하며, 상승시간은 수 ns를 넘지 않는다. 다만 배전망의 유한한 대역폭으로 인해 국부적으로 발생된 과도현상은 매우 빠르게 감쇠된다. 드물기는 하지만 고장 상황으로 인해 2 kV를 초과하는 높은 진폭의 스파이크가 관찰되는 경우도 있다. 이보다 높은 전압의 서지도 낙뢰로 인해 발생하는데, 특히 시골지역의 노출된 가공선(overhead line)으로 이루어진 배전 시스템에서 빈번하게 발생한다.

이러한 방해현상들을 일으키는 발생원들은 적절한 내성을 확보하지 못한 시스템과 장비에 오작동을 일으킬 수 있다.

교류 주전원선 신호전달

통신매체로 교류 주전원의 배전망을 사용하는 것, 다시 말해 MS(mains signalling, 교류 주전원선 신호전달) 방식을 사용하는 것은 전자파 적합성을 확보하지 못하게 하는 또 하나의 원인이 된다. MS는 3 kHz ~ 150 kHz의 주파수 대역을 이용하여 교류 주전원선을 통해 교류공급전원과 겹쳐서(중첩하여) 신호를 전송하는데, 주전원공급 산업계 자체와 주전원 사용 고객 모두 이 방식을 사용한다. 유감스럽게도 이 주파수 대역은 전자 전력 변환기 – 스위치방식 전원공급기뿐만 아니라 가변속 모터 구동기, 인덕션 히터(induction heater, 유도발열장치), 형광등 인버터(fluorescent lamp inverter), 기타 이와 유사한 제품 – 가 가장 좋은 효율로 작동하는 주파수 대역이기도 하다. 현재 유럽전체에서 통용되고 있는, 150 kHz 이하에서 전도성 방출을 규제하는 표준은 조명장비에 대한 EN 55015 표준을 제외하면 거의 없는 편이다. 다만 EN 50065-1이 MS 장비 자체에 대한 주파수 할당, 출력 허용기준, 장해 허용기준을 설정하고 있다. 전반적으로, MS 시스템과 이들 전력 변환 장비 사이의 적합성 문제들이 증가할 것으로 예상된다.

1.3.5 전력선 통신

전력선 통신(Power Line Telecommunication, PLT)은 기존에 설치된 교류 주전원 공급 케이블을 통해 광대역 데이터를 전송하는 방법이다. PLT를 미국에서는 PLC(Power Line Communications), 또는 BPL(Broadband over Power Line, 광대역 전력선 통신)이라고 한다.

전력선 통신은 다음 두 가지 방법으로 사용할 수 있다.

- 서비스 공급자와 가정 사이의 데이터 링크를 구성하기 위해 전력선(교류 주전원선)을 가정에 연결
- 교류 주전원선에 연결된 기기들 사이의 데이터 상호전달을 위해 가정 안에서 네트워크를 형성

제1세대 PLT에서는 위의 두 가지 방법에 서로 다른 주파수 대역을 사용했다. 유럽 표준인 ETSI TS 101 867에서 명시된 바와 같이, 낮은 주파수 대역(1.6 MHz ~ 10 MHz)은 가정까지의 연결용으로, 높은 주파수 대역(10 MHz ~ 30 MHz)은 가정 내부의 연결용으로 지정되어 있다. PLT 시스템의 적절한 작동을 위해 일반적으로 허용되는 전력레벨은 −50 dBm/Hz ~ −40 dBm/Hz이다. 이들 주파수 범위에서 장해레벨 측정에 일반적으로 사용되는 방법과 마찬가지로 9kHz 대역폭으로 측정한다면 이 허용 전력레벨은 대략 −10 dBm ~ 0 dBm이 된다. 또 이 전력레벨은 전원망의 100 Ω 차동 저항(differential resistance) 양단에 대해서는 100 dBμV ~ 110 dBμV(0.1 V ~ 0.32 V)이다. 이 레벨은 주거 환경에서의 전도성 방출 허용기준과 상대적으로 비교된다. 여기서 이 전도성 방출 허용기준은 전자제품 설계자라면 모두까지는 아니어도 대부분이 잘 알고 있는 값인 60 dBμV인데, 이 허용기준치는 PLT의 허용 전력레벨의 1/100배에 지나지 않는다.

1.3.5.1 PLT의 역사와 정치

PLT는 케이블 회사와 전화 회사 등의 서비스 제공자(사업자)와는 다른 방식으로 가정에 광대역 연결(통신서비스)을 제공할 수 있기 때문에, 규제당국에서는 경쟁을 확대한다는 이유로 PLT에 대해서는 우호적으로 대해 왔다. 근거리 루프(local loop, 가입자선로), 다시 말해 "마지막 1마일(last mile)"(광대역 데이터를 가정이나 회사로 연결해주는 마지막 1마일 내외의 짧은 구간)은 통신 인프라(infrastructure)를 위해 경쟁하는 환경을 조성하는 과정에 있어서, 그 중에서도 특히 기존 통신사업자들이 장악하고 있는 상황을 깨뜨리는 데 있어서 장애물로 작용한다. 따라서 유럽의 관련당국에서는 이러한 장애물들을 제거할 가능성이 있을 것으로 예상되는 모든 기술을 권장하는데, PLT가 바로 여기에 확실하게 해당되는 기술이다.

한편, 일부 유럽 국가들은 전자파 장해의 위협이 확산될 경우에 이를 통제할 수 있는 규제를 시행했다. 독일에서는 NB30에 1.6 MHz ~ 30 MHz 범위에서 방사성 방출 허용기준을 제시하였다. 영국에서는 무선통신진흥원(Radio communications Agency)이 MPT1570 규격을 공표하였는데, 이 규격은 더 낮은 주파수 범위까지를 포함하였다. 이러한 조치로 인해 이들 나라에서는 당연히 PLT 활동에 제동이 걸렸다. 이렇게 된 것은 투자자들이, PLT를 지원하는

시스템들이 조만간 불법으로 판명이 날 수 있다는 점을 경계했기 때문이다. 또한 이러한 상황은 유럽연합 전체에 걸쳐 국가별로 접근 방식에 차이가 있음을 의미했기 때문이다.

2001년에 유럽연합 집행위원회(European Commission, EC)는 전기통신망(Telecommunication Networks)에 대한 EMC 표준을 제정하기 위해 표준화 기구들인 ETSI(European Telecommunications Standard Institute, 유럽 전기통신 표준협회)와 CENELEC(Committee European de Normalisation Electrotechnique, 유럽 전기 표준화 위원회)(mandate M/313)에 권한을 위임했다. EMC 표준화 작업은 두 표준화 기구의 공동 작업그룹(Joint Working Group)에 의해 이루어졌는데, 이 과정에서 수반되는 어려움 — 특히 통신망에서의 방사성 방출 허용기준에 대해 모든 참여 당사자들을 만족시킬 수 있는 합의안 도출의 어려움 — 으로 인해 이 작업은 결국 중단되었다. 그 이후 집행위원회는 2005년 4월에 다음과 같은 문구를 담은 권고안(Recommendation)을 발표하였다.

> 2. (생략)... 회원국들은 광대역 전력선 통신 시스템의 구축과 이러한 시스템을 이용한 전자통신 서비스의 제공에 장애가 되는 규제, 그 중에서도 특히 전력공급회사로부터의 모든 부당한 규제를 제거해야 한다.
>
> 3. 전력선 통신 시스템의 적합성 추정(presumption of conformity)을 획득하는 데 사용되는 표준들이 89/336/EEC 지침 하에 통합될 때까지 회원국들은 다음과 같은 전력선 통신 시스템에 대해서는 그 지침을 준수하는 것으로 간주해야 한다.
>
> - 지침을 준수하는 장비로 구성되며, 의도된 목적에 맞게 사용되는 전력선 통신 시스템
> - 지침의 필수 요건들을 충족하도록 설계된 양호한 공학적 관행(good engineering practices)에 따라 설치되고 작동되는 전력선 통신 시스템
>
> 양호한 공학적 관행에 대한 문서는 시스템이 운용되는 동안에는 점검(검사)을 위해 해당 국가의 관계당국의 처분에 따라 보관하고 있어야 한다.

"양호한 공학적 관행(good engineering practices)"이라는 문구는 고정설비(fixed installation)와 관련하여 [2.2.5.4절]에서 찾아볼 수 있다.

1.3.5.2 HF 스펙트럼의 사용

대략 1 MHz에서 30 MHz까지의 주파수 대역(MF 대역과 HF 대역)은 장거리 통신을 지원할 수 있다는 점에서 다른 대역과는 특별히 구별된다. 따라서 이 주파수 대역은 방송사들과 그 밖의 많은 사용자들에게 중요하다. 국제 방송사는 HF 대역의 공간파[17] 전파(sky-wave

17 (옮긴이) 전파는 지상파(ground wave)와 공중파(sky wave)로 나눌 수 있다. 지상파는 다시 지표파(surface wave)와 공간파(space wave)로 나눠진다. 지표파는 지표면을 따라 전파하며 공간파는 송신 안테나에서 수신안테나로 공간을 직접 전파한다. 공중파는 전리층에 반사되면서 전파한다. 텔레비전과 라디오 방송에 사용하는 전파는 지상파이지만 공중(公衆, 일반대중)을 대상으로 사용하는 전파라는 의미에서 공중파(公衆波, public wave)라고 부르기도 하는데, 하늘과 땅 사이를 가리키는 공중(空中)과 혼동되므로 공중파 대신 지상파를 사용하는 것이 바람직하다.

propagation) 덕분에 통해 방송 대상 지역 내에 송신기가 없어도 대상 국가에 전파를 도달하게 할 수 있다. 이것은 해당 국가의 관계당국의 협조 없이도 청취자들에게 접근할 수 있다는 것을 의미하기 때문에 정치적인 결과를 불러온다. 예를 들어, BBC의 월드 서비스(World Service)라는 라디오 프로그램은 몇 개의 HF 주파수로 방송되고 있어서, 자유 미디어(언론)가 없는 나라의 많은 사람들이 이 방송을 청취하고 있다.

이동 통신국이 지상 기반 VHF 방송국의 통신가능 범위에 벗어나 있는 곳에서는 HF 대역을 사용하여 장거리 방송통신, 항공통신, 해양통신을 한다.

1.3.5.3 PLT의 장해 능력

PLT 시스템에서 방출되는 전자파 장해는 일반적인 장해 제어(억제) 체제의 밖에 놓여 있다. 이 때문에 교류 주전원 공급선으로 주입되는 잡음 양에 허용기준(제한치)을 적용하게 되는데, 이에 대해서는 곧 살펴볼 것이다. PLT에서의 주된 방출은 뜻하지 않게 교류전원 공급선으로 우연히 주입되는 것이 아니라 의도적으로 주입된다. 이러한 상황은 형광등 인버터나 컴퓨터의 전원 공급장치의 경우와 마찬가지이다. 액세스 PLT(access-PLT)[18] 시스템으로 인해 발생하는 장해는 대체로 간헐적이 아니라 연속적으로 발생되며, PLT를 사용하고 있는 지역에 있는 변전소에서 교류전원을 공급받는 모든 가정들에 영향을 줄 수 있다. 이 영향은 해당 가정들이 PLT 가입자든 아니든 상관없이 받게 된다. 심지어는 가정 내 시스템(실내 PLT 시스템)도 동일한 교류전원 인입구(service entrance)에 연결된 가정들에게든 가입 여부에 관계없이 모두 장해를 일으킬 수 있다.

장해신호는 모뎀의 출력이 점유하고 있는 스펙트럼 전체에 걸쳐 넓은 대역에 퍼져있다. 따라서 주어진 주파수 영역 내에서 장해신호만을 제거하는 것은 불가능할 것이다. 어떤 시스템은 대기 상태에서 펄스 형태의 신호를 발생하는데, 이 신호는 시스템이 실제로 데이터를 전송할 때 발생하는 연속적인 잡음에 비해, 느끼기에 따라서 덜 성가실 수도, 더 성가실 수도 있다. 또 어떤 시스템은 낮은 주파수의 반송파를 사용하므로 전체 주파수 범위에 내에서 연속적인 가청음이 나타날 수 있다.

배선 품질에 따른 영향

주거용 주택까지 설치하는 교류 주전원 배선과 주거용 주택 내부에 설치하는 교류 주전원 배선은 높은 주파수의 신호를 전달하기 위한 것은 결코 아니다. 어떤 주파수들에서는 신호가 거의 손실 없이 전달되지만 다른 주파수들에서는 아주 큰 손실이 생겨 신호가 거의 전달되지 않

18 (옮긴이) PLT 시스템에는 전력공급 변전소와 사용자(고객) 사이의 "마지막 1마일"을 담당하는 "액세스 PLT(accessPLT)"와 건물 내에서 전기 콘센트 통해 액세스 PLT로부터 오는 데이터를 전달하는 "실내 PLT(indoor PLT)"의 두 가지 유형이 있다.

을 수 있다. 이러한 특성들은 시간에 따라 변동될 수 있는데, 이는 사용자들이 다양한 가전제품들의 플러그를 아웃렛(콘센트)에 꽂는 방식으로 교류 주전원에 연결하여 사용하기 때문이다. 이러한 사실에 비추어보면 시스템이 제대로 작동하기 위해서는 신호의 진폭은 배전망에 이미 존재하는 장해신호를 극복할 수 있을 만큼 충분히 커야 한다. 또한 시간에 따라 변하는 간섭특성과 배전망의 감쇠특성에 적응해야 한다. 현재의 PLT 시스템은 이런 식으로 작동하도록 설계되어있다.

주전원 배선에서 일어나는 방사의 양을 결정하는 중요한 파라미터로 케이블의 "종방향 변환 손실(Longitudinal Conversion Loss, LCL)"이 있다. 이에 대해서는 [14.1.9.1절]에서 다룬다. 간단히 말해, 종방향 변환손실은 원하는 데이터 전송으로 인해 도선(wire) 양단(사이)에 나타나는 "의도한" 전압레벨과, 모든 도선들에서 공통모드로 나타나는 신호레벨 사이의 비이다. 여기서 "의도한" 도선 양단의 전압은 거의 방사하지 않으며, 모든 도선들에 공통모드로 나타나는 전압은 케이블의 "누설(leakage)"을 나타내는 것으로서 방사에서 가장 큰 부분을 차지한다. 광대역 신호를 전송하는 데이터 케이블에 대해서는 양호한 LCL을 갖도록 매우 엄격하게 명시하여, 데이터 신호로부터 RF 누출이 낮게 유지될 수 있게 하고 있다. 이러한 케이블의 대표적인 예가 이더넷(Ethernet) 케이블이다. 교류 주전원 배선의 경우에는 이렇게 하고 있지 않다. 케이블 설계에서 LCL에 영향을 주는 가장 중요한 측면은 케이블을 구성하는 두 도선의 "물리적 평형(physical balance)"이다. 각 도체(도선)는 서로서로 매우 가깝게(강하게) 결합되어(tightly coupled), 각 도체와 환경 사이의 상호 작용(결합)이 상쇄될 수 있어야 한다. 이렇게 도체들의 상호작용이 상쇄될 수 있도록 데이터 케이블은 잘 통제(제어)된 방식으로 서로 밀착해 꼬여 있다. 교류 주전원 배선은 이러한 방식으로는 제어하지 않으며 이러한 원칙을 직접적으로 위반해가며 설치되는 일이 아주 흔하다.

1.3.5.4 PLT는 다른 장해 발생원과 동일한가?

PLT를 옹호하는 사람들은 방출 인증과 관련하여 PLT 시스템이 충족해야 하는 요건과 정보기술, 조명, 가전제품 등의 기기에 적용되는 요건 사이에는 어떻게든 동등성이 있어야 한다고 말한다. CISPR의 전도성 방출 허용기준(제한치)은 지금까지 HF 스펙트럼을 보호하는 데 충분했으므로 어떤 시스템 허용기준도, 기존의 허용기준 레벨들보다 더 부담이 되어서는 안 된다는 주장이 있다. 그러나 이 주장은 다음과 같은 여러 가지 중요한 사항을 간과하고 있다.

- 피해기기는 PLT의 장해로부터 벗어날 수 없다. 전체 도로 또는 전체 건물이 PLT를 위해 배선되어 있으면, 장해가 널리 퍼지므로 피해기기의 위치를 옮겨도 제대로 작동하지 않을 것이다. CISPR의 허용기준은 국부(한정된 범위 내에 위치한) 가해기기로부터 떨어뜨리면 장해를 완화하는 것이 가능하다는 점을 가정하고 있다.

- PLT는 항상 켜져 있다. CISPR 허용기준에는 가해기기와 피해기기가 시간상 일치하지 않을 가능성을 고려하는 완화(relaxation, 더 느슨한 규정)가 들어가 있다. PLT의 경우, 이러한 완화를 고려해서는 안 된다.
- EMC 엔지니어는 CISPR의 전도성 허용기준(제한치)을 준수하는 제품들은 대부분 2 MHz 이상의 주파수 영역에서 최소 20 dB의 충분한 여유(margin)를 가진다는 사실을 알고 있다. CISPR 허용기준이 HF 수신을 확실히 보호하려면 이 요소를 간과해서는 안 된다. PLT 제품은 이만큼의 여유(값)를 가지지 못하기 때문이다.

실제로, PLT 모뎀이 작동중일 때는 현재 CISPR에서 시행 중인 교류 주전원선의 전도성 방출 허용기준보다 큰 값을 방출한다.

1.3.5.5 누적 효과

PLT 시스템과 아주 가까이에 있는 피해 수신기에 대한 위협만이 무선관리와 관련된 유일한 위협은 아니다. PLT가 어떤 국가 내에서 광범위하게 시행된다면 가용 총 방사전력은 발생원에서 떨어진 거리에서 바닥잡음(noise floor)을 증가시키기에 충분할 것이다. 도시 전체가 PLT를 위해 배선된 경우를 생각해보자. 그러면 이는 거대한 송신기처럼 작동하고, 여기서 방출된 RF 에너지는 이온층에서 반사되어 도시 전체를 향해 되돌아온다. 이러한 도시 상공을 비행하는 항공기는 HF 신호를 수신하는 능력이 떨어지게 될지도 모른다. 영국의 민간항공관리국(Civil Aviation Authority)은 "항공 서비스가 유선 통신 서비스로부터 위협을 받고 있다"고 우려를 표명했다. 이 현상에 대해서는 여러 가지 HF 전파 모델(propagation model)이 확립되어 있으며 실제로 일어날 가능성이 있는 결과를 모델링해내기 위한 많은 연구들이 수행되었다. 이러한 연구들과 관련한 문제는, 통계적으로 인정될 수 있을 만큼 충분한 수의 시스템이 설치될 때까지는 예측에 사용되는 방사모델(전파모델과는 다른 것임)의 유효성을 검증하는 것이 불가능하기 때문에 어느 정도의 기간 동안은 이론상으로만 남아있어야 한다는 것이다. 게다가 이러한 조건이 충족될 때쯤이면 새로운 시스템이 너무 많이 나와 있을 것이며, 따라서 이를 막는 것은 불가능해질 것이다.

1.3.5.6 PLT 장치의 인증 상황

앞에서 인용한 PLT에 대한 EC의 권고(Recommendation)는 "지침을 준수하는 장비로 구성"된 시스템을 가리킨다. 이제 질문의 핵심은 "어떤 방법으로, PLT 모뎀이 EMC 지침을 준수하게 만들 수 있는가"이다. PLT 모뎀들 중에는 유럽에서 CE 마크를 받고 시장에서 이미 판매되고 있는 것들도 있었는데, 이는 제조사들이 자신들이 만든 모뎀이 EMC 지침의 필수 요건을 충족한다고 믿었음을 뜻한다. 그러나 이러한 기기들에는 그 기기에 해당되는 특별한 표준이 없었고 실제로 이들 기기는 통상적인 표준을 충족할 수 없었다. 실제로 기존의 제품들은 기술문서(Technical Construction File, TCF) 방법[제1차 EMC 지침(EMC Directive)에 따라, [2.1.3절] 참조]을 사용했는데, 이는 규제기관(Competent Body, CB)[19]에서 필수 요건을 충족한다는 적합성 인증서를 발급했음을 의미한다. 조사에 따르면 적어도 하나의 TCF는 어떤 한 표준 초안을 참조했는데, 이 표준 초안은 나중에 표준위원회에서 거부되었다.

1.3.5.7 문호 개방

교류 주전원선은, 여기에 연결된 모든 장치들이 EMC 지침을 완전히 준수하는 경우에도 이미 다른 장치들로부터 발생한 잡음들을 전달하고 있다고 가정해야 하는데, 이러한 잡음들의 크기는 일반적인 전도성 방출 허용기준(제한치)에 가까운 레벨일 수 있다. PLT가 제대로 작동하려면 PLT의 신호는 당연히 이 최소 잡음 레벨보다는 커야 한다. 실제로도 수십 dB만큼 차이가 나지 않으면 PLT는 제대로 작동하지 않을 수 있다. 그러나 ITE(information technology equipment, 정보기술장비), 의료제품, 가전제품, 조명 등 그 밖의 교류 주전원선에 연결되는 장비는 표준의 허용기준을 따른다.

EU 내의 시장에 출시된 제품의 대부분은 이러한 유형의 장비들인데, PLT가 이와 같은 특별한 대우를 받은 까닭을 알려달라는 장비 제조사들의 요청을 막은 것은 무엇인가? 만약 PLT가 노골적으로 허용기준을 무시할 수 있다면 제조업체들도 말할 것이다, 우리도 그럴 수 있다고. 하지만 제조사들이 그렇게 한다면, 장해가 통제되지 않은 채 교류 주전원 배선으로 확산되는 길을 터 주게 될 것이 뻔하다. 좀 더 직설적으로 말해보면, 그것은 수십 년에 걸쳐 확립된 장해 통제의 원칙을 뭉개버리는 것이다.

이것은 PLT 문제의 핵심에 자리 잡고 있는 모순을 드러낸다. PLT는 RF 방해를 교류 주전원선에 인가하는 것이 허용되는 특별한 상황(경우)에서만 운용할 수 있다. 사실 PLT는 EMC 지침의 맥락에서 보면 특별한 경우로 간주되어야만 한다. PLT는 "무선 및 통신 장비와 기타 장치가 의도한 대로 작동할 수 있는 레벨"을 초과하는 전자파 방해를 발생시켜서는 안 된다는 요건을 준수할 수 없다.

1.3.5.8 EN 표준(standard)

영국에서 PLT에 대한 논란은 2009년에 최고조에 이르렀다. 규제기관인 오프콤(Ofcom)은 일련의 문서[221]을 발행했다. 그 내용은 간단히 말해 PLT 모뎀은 EMC 지침의 필수 요건을 위반하지 않으므로 이에 대한 규제조치는 취해지지 않으리라 믿는다는 것이었다. 이것은 '조사

19 (옮긴이) 'Competent Body'는 EMC 지침에서 언급하는 기술보고서와 인증서를 발행할 책임을 가진 기관으로서 국가에서 지정함. 제조업체가 EMC 지침에 대한 적합성을 평가하고 신고하도록 돕는 일을 수행. competent는 사전적으로 "권한이 있는"의 뜻으로 'Competent Body(CB)'는 우리말로는 관계기관 또는 규제기관으로 번역됨.

된 장치는 필수 요건을 충족하지 못한다'는 결론이 담긴 보고서를 EMC 시험소로부터 받았음에도 나온 문서였다. 정보공개요청(Freedom of Information request)을 해서 이렇게 한 이유를 찾았는데, 이를 그대로 인용해보면 다음과 같다.

- 보고서의 결론은 특별히 PLT 장치에만 해당되는 표준이 아닌 EN 55022([4.3.3절] 참조)에 대해 평가한 결과에 근거한 것이다.
- 시험과 분석은 복잡하고 고도로 기술적이다(매우 전문적이다). 이 때문에 제품들이 어떤 경우에 필수 요건을 충족하지 못할지에 대한 불확실성이 있다.
- 이러한 유형의 장치에 직접 적용되는 적합한 EU 통합 표준이 없었다.
- 해당 제조자가 인증기관의 승인(Notified Body Opinion)[20]을 획득하였다
- 준수하지 못한다는(비준수) 증거사례가 명확하지 않다는 점을 고려할 때, 현실적으로 유죄판결이 내려질 가망이 없었다.

이러한 내용들이, 표준에서 명시한 허용기준을 명백히 위반한 경우에도 규제(단속)조치를 취하지 않은 근거라면(오프콤의 이러한 입장에도 불구하고 EN 55022 표준을 PLT 장치에 적용한다는 것이 CISPR 위원회의 분명한 견해였다), 일반적인 전자제품들에서 많이 볼 수 있는 것처럼 제품의 위반정도가 미미한 경우에 집행기관들이 자신들의 규제행위를 어떻게 정당화할 수 있을지 모르겠다. 2장에 설명되어 있듯이 EMC 지침은 어떤 경우에는 다른 법적 관점에서 문제가 있을 수 있다. 그렇지만 그 사이 몇 년 동안에 명령(mandate) M/313에 따라 표준이 발행되었다(EN 50561- 1:2013 [168]). 이 표준은 이들 장치에서 장해가 발생하는 방식에 대해서 많은 제한(규제)사항들을 두긴 했지만 이들 장치에서 발생할 수 있는 높은 레벨의 장해를 합법화했다. 애석하게도 HF 스펙트럼의 사용자, 특히 아마추어 무선(amateur radio) 통신사 및 단파 청취자들은 자신들의 거주 지역, 특히 도시 환경에서의 증가하는 바닥잡음(배경잡음, noise floor)에 익숙해져 있다. 이러한 상황은 오로지 PLT 때문만은 아니다. 다양한 종류의 스위치방식 변환기(switchmode converter)가 널리 보급되어 사용되고 있고, 이들 중 일부만이 실제로 방출 허용기준(2.2.7.3절 참조)을 충족하는 상황은 HF 대역을 사실상 장비들의 장해에 의해 희생된 주파수 영역으로 바꾸어 놓고 말았다.

1.3.6 기타 EMC 문제

앞에서 살펴본 문제들은 상용 EMC 요건을 충족하기 위해 실시하는 제품 설계에 직접 영향을 주는 것들이었다. 지금부터는 이들을 제외한 몇 가지 다른 측면들에 대해 간단히 알아보기로 하자.

20 (옮긴이) 'Notified Body'는 유럽연합 집행위원회에 통지(등록)된 기관으로서 EMC 지침에 따른 적합성 평가를 실시하고, EU-형식 증명서를 발행함. 'notified'는 사전적으로 "통지(등록)된"의 뜻으로 'Notified Body'는 우리말로 인증기관으로 번역됨.

1.3.6.1 전기폭발기기(EED) 및 가연성 대기

EMC의 첫 번째 측면은 석유화학 공장에서 가연성 대기의 발화 위험, 또는 입사하는 RF 에너지로 인해 채석장과 같은 장소에서 전기폭발기기(electro-explosive device, EED)가 폭발하는 위험이다. 대형 금속 구조물은 전자기장을 수신하는 안테나처럼 작동하므로, 강한 전자기장이 구조물에 입사하면 이 구조물에는 전류가 유도된다. 이러한 구조물이 서로 붙었다 떨어졌다를 되풀이 하면 이 과정에서 스파크가 발생한다. 스파크의 발생 위치에 인화성 증기가 존재하고 스파크가 충분한 에너지를 가지고 있으면 이 증기가 점화된다. 증기마다 최소 점화에너지가 다른데, 수소/공기가 가장 민감하다. 스파크에 존재하는 에너지는 전기장 강도에 따라 달라지므로 결국 송신기로부터의 거리와 금속 구조물(수신 안테나 역할을 하는)의 안테나 효율에 따라 달라진다. CLC/TR 50427 [165]는 위험의 종류와 특성에 대해 설명하고 위험을 경감하기 위한 가이드라인을 제시하고 있다.

이와 비슷하게, 전기폭발기기(EED)는 폭발에 필요한 전력을 공급하는 전원과 긴 도선으로 연결되어 있는 것이 보통인데, 이 긴 도선은 안테나처럼 작동할 수 있다. EED 근처에 있는 송신기에서 방출되는 전자기장의 강도가 충분히 큰 경우에는 긴 도선에 유도된 전류에 의해 화약이 예상보다 빨리 폭발할 수 있다. 가연성 대기에서 점화가 이루어지는 경우와 마찬가지로, 조기 폭발의 위험성은 송신기와 EED 사이의 거리와 EED에 연결된 수신 도선의 효율에 따라 달라진다. RF 에너지에 대한 민감성(취약성)을 줄이기 위해, 필요한 경우 EED를 필터링할 수 있다. CLC/TR 50426 [166]에서는 EED에 대한 위험을 설명하고 있다.

1.3.6.2 데이터 보안

EMC의 두 번째 측면은 기밀 데이터의 보안이다. 데이터 처리 장비에서 방출되는 낮은 레벨의 RF 방출은 장비가 전송하는 정보[예를 들어 VDU(영상표시장치, visual display unit) 화면으로 전달되는 영상신호]로 변조될 수 있다. 감도가 뛰어난 장비를 가지고 있는 제3자는 보안 구역 외부에서 이 신호를 감지할 수 있다. 이 사람이 자신의 목적을 이루기 위해 변조된 이 신호를 복조하게 되면 전체 시스템의 보안을 훼손할 수 있다. 이러한 위협에 대해서는 이미 정부 기관들이 잘 인식하고 있어서 템페스트 체계(Tempest scheme) 하에서 수년에 걸쳐 이러한 신호 방출을 통제하는 규격들이 확립되어 왔다. 상업 기관들, 특히 금융 분야의 기관들은 이제 이 문제를 인식하기 시작하고 있다.

1.3.6.3 전자기 무기

강력한 광대역 방사 펄스를 의도적으로 발생시켜 특정 범위 내에 있는 잠재적으로 취약한 모든 전자기기의 작동을 잘못되게 만들 수 있는데 이러한 펄스가 실제로 사용될 수 있을 것이라는 생각이 신빙성을 얻고 있다. 모든 사회가 전자 시스템에 대해 거의 전적으로 의존하고 있기 때문에 많은 컴퓨터 네트워크의 운용을 동시에 중단시키는 공격은 정말로 심각한 결과를 가져올 수 있다. 미국을 비롯한 여러 국가의 군 연구원들은 약어로 IEMI(intentional EMI, 의도성 전자파장해)라고 하는 기술을 연구하고 있는 것으로 알려져 있다. 이 기술 수준보다 낮은 수준의 기기들의 경우. 외부의 많은 조직이나 개인들이 이 기기에 접근할 수 있는 범위에 있다고 예상할 수 있다.

물론, 선정적인 언론에서는 이런 생각을 바탕으로 신나게 떠들어 댄다 – "컴퓨터 칩을 튀기다(frying computer chips)"와 같은 구절이 아무렇게나 사용된다. 현실적으로 넓은 영역에 영향을 주는 펄스를 발생시키는 데 필요한 에너지의 양은 너무 커서 손상(damage)까지는 아니고 작동이 중단되는 정도만 일어날 가능성이 높다. 이러한 결과는 고고도 핵폭발의 영향과 완벽하게 같은데, 이러한 핵폭발은 ns 이하의 핵 전자기 펄스(nuclear electromagnetic pulse, NEMP)를 발생시키며 이로 인해 수백 평방킬로미터(km^2)에 달하는 지역 전체의 전자기기와 시스템이 멈춰 선다. 지금 군 연구자들의 생각은 이러한 연구를 좀 더 신중하게 진행하는 것이다. 이러한 무기의 한계는 불확실성에 있다. 공격 대상으로 삼은 전자제품들이 어떤 유형이며 이들이 얼마나 잘 보호되고 있는지 정확히 알지 못한다면, 무기의 공격이 가져올 손상을 예측하기란 어렵다. 국부적 정전기 방전(ESD)에 영향을 받지 않는 장비는 전자기 무기의 공격에 대해 양호한 내성을 가질 가능성이 높다.

한편, 무선 통신은 재밍(전파방해, jamming) 전자파에 쉽게 방해를 받을 수 있는데, 이 주제는 군사 규범에 잘 규명되어 있다. 특히 고출력 광대역 재머(방해전파 발신기, jammer)를 탑재하도록 특별히 설계된 군용 항공기가 있다. 항공기에 탑재된 이들 재머가 "전쟁이 벌어지고 있는 현장"에서 열정적으로 사용되고 있는 광경을 상상하기란 그다지 어렵지 않다(이런 항공기 중에는 재머를 켰을 때 엔진 가동이 중단되는 상황을 겪은 경우도 있었다고 전해진다). 이러한 상황에서 방사 방출 허용기준으로 상용(commercial)기준을 적용하는 문제는 학문적 관심사에 지나지 않는다.

1.3.7 적합성 격차(compatibility gap)

전자파 영향에 대한 전자장비의 감응성(susceptibility, 취약성)이 증가하고 있는 것은 전자기 환경의 오염이 증가하는 것과 그 궤를 같이 하고 있다. 오늘날에는 새로운 과제들, 그리고 이전에는 전기기계적 방식이나 아날로그 방식으로 처리했던 과제들을 처리하기 위해 마이크로프로세서 방식의 VLSI 기술을 사용하고 있고 이에 따라 전자파를 방출하는 발생원들이 더 적은 에너지로도 장해를 발생시킬 수 있는데, 이러한 상황이 부분적으로 감응성에 영향을 주고 있다. 또한 무선통신이 곳곳에 확산되고, 이에 따라 비의도적 방출기와 무선 수신기가 같은 장소에서 사용되고 있다. 이로 인해 무선수신에 장해가 발생할 수 있는 기회가 더 많아지는 것도 감응성에 영향을 준다.

아울러, 무선통신이 많아지면 송신기가 늘어나고, 이에 따라 장비는 평균적으로 더 큰 강도의 RF 전자기장에 노출된다. 한 연구[29]에 따르면 스위스 바덴(Baden)의 한 지역에서 일년 동안 이러한 전자기장의 강도를 측정했는데, 단파대역(shortwave band)에서 배경 전기장 강도(background field strength)는 통상적으로 1 V/m 수준에 근접하였고 때때로 이 값을 초과하기도 하였다. 또한, 디지털 전자기기의 확산은 낮은 레벨의 방출을 증가시키는데, 이것은 마치 "스모그(smog)"처럼 무선수신에 영향을 준다.

이러한 개념을 [그림 1.1]의 그래프에 표시한 전자파 적합성 "격차(gap)"로 설명해보기로 한다. 여기에 표시한 "격차(gap)"는 절대적인 레벨을 나타내는 것은 아니고 다만 레벨의 차이를 개념적으로 표시한 것이다. "방출"이라고 표시한 현상과 "내성"이라고 표시한 현상은 아주 특별한 경우가 아니면 서로 상호 작용을 하는 경우는 없다. 그러나 장비 내성과 무선송신(송신기 최대출력) 사이의 간격, 그리고 장비 방출과 무선수신(수신기 최소출력) 사이의 간격을 유지하는 것은 EMC 표준들을 적용하는 목적이며 EMC 지침을 시행한 결과 중 하나이기도 하다.

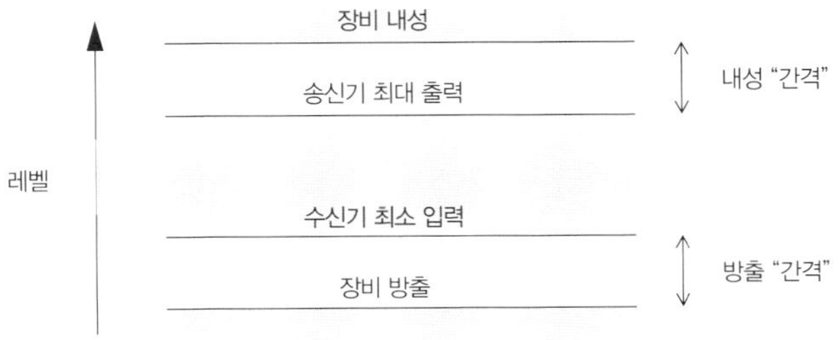

그림 1.1 EMC 격차

1.4 전자기장 및 인체 건강

이 책은 전자제품의 EMC에 대해 다루고 있다. 그런데 EMC 엔지니어가 자주 질문을 받는 주제가 있는데 바로 건강에 미치는 전자기장의 직접적인 영향과 관련된 문제이다. 무선장비 지침(Radio Equipment Directive, RED)에 따른 이 문제의 적용, 그리고 높은 레벨로 수행하는 방사성 RF 내성 시험과 이 문제의 연관성, 이렇게 두 가지를 제외한 나머지 사항들은 이 책에서 자세히 다루지 않는다.

높은 레벨의 전자파 에너지가 인체 조직에 영향을 줄 수 있다는 것은 의심할 여지가 없는 사실이다. 이 말은 전자파 에너지가 어떤 레벨보다 낮으면 "안전하다"고 간주할 수 있고 그보다 높으면 "위험하다"고 간주할 수 있으므로 위험을 초래하는 레벨의 전자파 에너지에 노출이 되지 않도록 반드시 통제가 이루어져야 함을 의미한다. 전부는 아니더라도 대부분의 규제 허용기준이 고수해야 하는 노출 레벨은 ICNIRP 가이드라인(Guideline) [210]에 규정되어 있다.

1.4.1 ICNIRP 기본 제한

국제비이온화방사방호위원회(International Commission for Non-Ionizing Radiation Protection, ICNIRP)는 비정부 전문가 기구이다. 이 위원회의 안내서(guidance document)[21]는 알려진 단기 건강영향과 즉각적 건강영향을 언급하고 있는데, 그 내용은 다음과 같다.

- 말초신경 및 근육의 자극
- 전도성을 가진 부분과의 접촉에 의한 감전 및 화상
- 에너지 흡수로 인한 인체 조직의 발열

에너지 흡수와 관련하여, 전자기장은 다음 네 가지 주파수 범위로 구분할 수 있다.

- **대략 100 kHz～20 MHz 범위의 주파수:** 사람 몸통에서의 흡수는 주파수가 낮아짐에 따라 빠르게 감소하며 목과 다리에서는 상당한 흡수가 일어난다.
- **대략 20 MHz～300MHz 범위의 주파수:** 몸 전체에서 비교적 높은 흡수가 일어날 수 있으며 신체의 일부(예: 머리)에서 일어나는 공진을 고려하면 흡수되는 값은 더욱 높을 수 있다.
- **대략 300 MHz～수 GHz 범위의 주파수:** 상당한 크기의 국소적이며 비균일한 흡수가 일어난다.
- **대략 10 GHz 이상의 주파수:** 주로 몸의 표면에서 에너지 흡수가 일어난다.

ICNIRP 지침의 레벨은 다음 내용을 근거로 설정된다.

> 이용 가능한 실험 증거에 따르면 몸 전체에 대해 1 W kg^{-1}～4 W kg^{-1}의 SAR 값을 발생시키는 EMF에 휴면중인 사람이 약 30분 동안 노출되면 체온이 1℃ 미만으로 증가하였다. 동물 실험 데이터는 동일한 범위의 SAR값에서 행동 반응이 나타나기 시작함을 보여주었다. 4 W kg^{-1}을 초과하는 SAR 값을 발생시키는 더 강한 전자기장에 노출되면 신체의 체온 조절 능력을 무력화하고 신체조직의 발열이 유해한 수준으로 일어나게 만든다.

21 (옮긴이) "guidance(안내, 지도)" : 안내(내용이나 사정을 소개하여 알려줌)하는 행위. "instruction(설명, 지시)" : 정보나 지식을 설명하거나 가르치거나 제공하는 행위 "directive(지침, 명령)"는 행동을 수행하거나 목표에 도달하는 방법을 제시하는 지시 또는 가이드라인(조항이나 규제범위). guidance document(안내서, 지도서), instruction(설명서, 지시서)은 법령을 효과적으로 집행하기 위한 문서들로서 일종의 비입법적 규칙(nonlegislative rule)

> 설치류와 인간을 제외한 영장류 모델을 대상으로 한 많은 실험실 수준의 연구는 1℃~2℃를 넘는 온도상승을 일으키는 몸 전체 또는 일부의 발열에 의해 신체조직의 손상이 광범위하게 일어남을 실제로 보여주었다. 어떤 신체조직의 열 손상에 대한 민감도는 해당 조직의 유형에 따라 크게 다르지만 가장 민감한 신체조직에 대해 비가역적(돌이킬 수 없는) 결과를 가져오는 문턱값(임곗값)은 정상적인(보통의) 환경 조건에서 4 W kg^{-1}보다 크다. 이러한 실험 데이터는 직업인 노출제한(occupational exposure restriction) 값인 0.4 W kg^{-1}에 대한 근거가 되고 있는데, 이 값은 높은 주위 온도, 습도 또는 신체 활동 수준과 같은 또 다른 제한 조건에 대해 더욱 큰 안전 여유(safety margin)를 제공한다.

SAR은 전자파 인체 흡수율(Specific Absorption Rate)의 약어로, ICNIRP 지침에서 기본제한(Basic Restriction)으로 제시되는 척도이다. SAR 값은 인체에 흡수되는 단위 질량당 전력을 나타내며 단위는 W kg^{-1}(W/kg)이다. EMF의 노출에 대한 기본적인 제한을 나타내는 데 사용되는 물리량은 전류밀도, SAR, 전력밀도인데, 이들 값은 주파수별로 명시된다. 건강에 좋지 않은 영향을 주는 것을 막기 위해서는 이러한 기본제한에 대해 명시된 값을 초과하지 않아야 한다.

1.4.1.1 기준 레벨

노출의 "기준레벨(reference level)"은 물리량(전기장 강도 또는 자기장 강도)의 측정값과 비교하기 위해 제공된다. ICNIRP 지침에 명시된 모든 기준레벨을 준수하면 기본제한항목들의 준수를 보장할 수 있다.

많은 상황에서, 실제 인체를 대상으로 한 SAR 측정은 가능하지 않거나[인체에 대해 침습측정(invasive measurement)[22]을 수행해야 하므로] 경제적으로 타당성이 없을 것이다. 이러한 경우에는 사람들이 실제로 노출되는 전자기장을 직접 측정하고 이를 기준레벨과 비교하는 방법을 사용할 수 있다. 여기서 알아두어야 할 중요한 사실은 기준레벨은 제한치가 아니며, 이 기준레벨을 초과한 노출 전자기장은 반드시 종합적으로 조사해야 한다는 것이다. 노출과 관련한 기본 제한규정들이 충족되고 노출에 간접적인 영향을 미치는 요소들이 배제될 수 있는 경우, 이 노출 전자기장의 강도는 기준레벨보다 낮을 수 있다(이렇게 되면 조사할 필요는 없다). 기준레벨이 적용되는 대표적인 환경으로, 일반인이나 작업자들이 기지국 송신기에서 송출하는 전자기장에 노출되는 경우를 들 수 있다(휴대용 송신기의 평가는 아님). EMC 시험소에서 실시하는 방사성 RF 내성시험의 경우에도 전자기장 노출이 인체에 미치는 영향을 고려할 필요성이 있다(8.1.3.5절 참조).

22 (옮긴이) 측정장비의 일부를 인체 내 조직 안으로 들여보내 측정하는 방법

1.4.1.2 SAR 측정

기준레벨은 휴대용 송신기에는 적합하지 않은데, 그 이유는 결합이 송신 안테나의 근거리장에서 일어나기 때문이다. 이러한 상황에서는 사람의 머리나 몸체를 대신하는 팬텀(phantom)을 사용하여 SAR을 직접 측정해야 한다. 팬텀은 신체조직의 전자기적 특성을 그대로 흉내 내 만든 액체(실제로 설탕, 소금, 물의 혼합물임)로 채워져 있어서 관련 주파수에서 인체와 동일한 유전특성(dielectric property)을 나타낸다. 또한 머리 팬텀의 내부에 특수한 전기장 프로브(E-field probe)를 위치시킬 수 있다. 팬텀을 사용한 측정방법은 현재 휴대폰에 대해 잘 확립되어 있으며, 인체 근처에서 사용되는 여러 가지 유형의 무선송신기로 그 적용 대상이 확장되고 있다. 이 방법은 EMC 측정과 유사하지만 차이점이 훨씬 더 많다. 일반적인 EMC 시험소에서 이 측정을 수행하는 경우는 비교적 적으며, 대부분은 휴대폰 제조업체 자체에서 수행한다.

1.4.2 비열효과(athermal effect)

일부 사람들은 훨씬 낮은 레벨의 RF가 자신의 건강에 영향을 미쳤던 경험을 가지고 있다. 이 영향은 신체조직의 발열로 인한 것이 아니다. 이 영향에 대해서는 여전히 많은 논란이 벌어지고 있는데, ICNIRP 지침이나 실제로 공식적으로 발표된 다른 문서에서는 이를 다루고 있지 않다. ICNIRP 자체에서는 "노출제한 설정을 위한 기초를 제공하기에는 현 상황에서 입수(활용) 가능한 데이터가 충분하지 않다"고 말하고 있다. 휴대폰 전송에서 사용하는 주파수와 변조방식을 비롯하여 다양한 주파수와 변조방식이 생물학적 시스템에 미치는 몇 가지 영향을 증명했다고 주장하는 연구들이 많이 발표되었지만 이러한 ICNIRP의 입장은 몇 년 동안 변함없이 유지되어 왔다. 이 연구 내용에는 다음 두 가지 문제가 있는 것으로 보인다.

- 많은 실험 데이터가 비판을 받고 있으며 재실험을 해도 동일한 데이터를 얻는 것이 어렵거나 불가능한 것으로 확인되었다.
- 낮은 레벨의 전자파 에너지가 의심할 여지없이 건강에 심각한 위험을 주는 것으로 나타날 경우, 이는 무선전송당국의 입장에서는 많은 무선기반 시스템의 운영을 하룻밤 사이에 중단해야할 수도 있음을 의미하는 것이다. 당국 안에 이러한 어려움에 주도적으로 맞서는 일에 적합한 사람이 아무도 없다는 사실은 놀랄만한 일이 아니다.

그럼에도 불구하고, 이렇게 낮은 레벨의 RF에 의해 건강상의 위험이 존재한다고 믿는 상당히 많은 여론이 있다. 늘어나는 이동 전화 기지국 설비들로 알 수 있듯이 무선 전송 인프라(infrastructure, 기반시설)는 지속적으로 확장되고 있는데, 이러한 여론은 이에 대해 반대하는 활동을 하고 있다. 이 여론에 대해, 거의 모든 전자장치의 RF 방출을 측정하는 표준의 초안이 작성되었다고 답변을 하는 것은 부적절한 대응이 될 가능성이 크다. 이러한 표준은 본질적으로 안전 표준이기 때문에 무선장비지침(Radio Equipment Directive, RED)의 맥락에서만 적절할 뿐이다.

1.4.3 EMF 지침

2013년에 EC는 이전의 물리적 요인 지침(Physical Agents Directive) 2004/40/EC(최종적으로 시행되지 않았음)을 폐지하고 전자기장으로 인한 위험에 노출되는 작업자에 대한 최소 보건 및 안전 요건을 명시한 지침 2013/35/EU [201]을 발표하였다. 이 지침은 2016년 7월 1일까지는 EU 회원국에 의해 전환(transposition)될 예정이다. 영국에서는 보건안전관리국(Health and Safety Executive)이 이 지침의 집행(규제) 권한을 가진다. 이 지침은 노출 허용기준과 규제(관리) 레벨(action level, AL)에 대해 ICNIRP 가이드라인을 사용한다. 이 지침은 89/391/EEC 지침[작업에서의 전반적인 안전보건 지침(Health and Safety at Work Directive]의 맥락에서, 고용주들로 하여금 작업자들을 위해 이러한 레벨들에 대한 위험도 평가(risk assessment)를 수행하고 이러한 위험들을 최소화하기 위한 예방 조치를 취하도록 요구한다. 이 요건에 대한 안내는 2016년 봄 현재까지 발표되지 않았다.

2

EMC와 무선 지침

2.1 역사

1990년대 초까지 유럽 전역 대부분에 존재했던 완화된 EMC 체제는 1992년 1월 1일 유럽 연합 집행위원회(European Commission)에서 EMC 지침(EMC Directive, EMCD) 89/336/EEC을 채택함에 따라 사라지게 되었다[191]. 이 지침은 당시 "브뤼셀에서 나온 것 중 가장 포괄적이고, 복잡하며, 논란의 여지가 있는 지침"으로 널리 받아들여졌다[33]. 결국 EMCD 제1판은 2004년 말에 공표된 제2판으로 대체되었고, 제2판 역시 이후 2016년에 발효된 제3판으로 대체되었다. 이와 동시에, 2000년 이후로 EMCD와 함께 해온 무선 및 통신 단말장비 지침(Radio and Telecomm Terminal Equipment Directive, R&TTED)은 무선장비지침(Radio Equipment Directive, RED)으로 대체되었다. 이번 2장에서는 새로운 지침의 조항들과 이들을 준수하기 위해 제조업체에서는 어떤 일들을 수행하고 있는지 살펴본다. 이에 앞서 유럽 지침의 배경과 이전의 EMC 및 R&TTE 지침의 역사를 먼저 알아보자.

2.1.1 새로운 접근 지침

단일유럽시장(Single European Market)을 창출하는 목적은 다양한데, 이 중에서 핵심이 되는 목표는 유럽국가들[1] 사이에서의 상품의 자유로운 이동이다. 모든 회원국들은 품질, 안전, 소

---

1 [부록 E]에 EU와 EEA 회원국 명단을 수록하였다.

비자 보호 등을 위해 상품의 제조에 관한 표준과 의무를 부과한다. 만일 절차와 요건에서 세부적인 차이가 있게 되면 제조업자들은 다른 국가의 시장에 맞게 자신들의 제품을 변경해야 하는데, 이는 곧바로 무역에 대한 기술 장벽으로 작용하여 유럽시장을 분열시키고 비용을 증가시킨다.

처음에 집행위원회는 제품들이 유럽공동체 전체에서 자유롭게 판매되기 전에 충족해야 하는 상세한 요건들을 제공하는 지침을 제안함으로써 이러한 장벽들을 제거하려고 노력했다. 그러나 각 지침의 세부 성격(유형)과, 이를 채택하기 위해서는 만장일치가 필요하다는 점을 고려할 때 이러한 노력의 목표를 달성하기는 어려운 것으로 판명되었다. 1985년에 유럽연합(EU)의 각료이사회 (Council of Ministers)는 "기술 통합 및 표준에 대한 새로운 접근법(New Approach to Technical Harmonisation and Standards)"을 추진하는 결의안을 채택했다.

"새로운 접근법(New Approach)" 하에서는, 지침들의 역할은 제품이 EU내의 어느 곳에서나 판매되기 위해서 사전에 충족해야 하는 필수요건을 제시하는 것으로 제한된다. 기술적 세부사항들은 유럽 표준화 기구인 CEN, CENELEC, ETSI가 작성한 표준(standard)에 의해 제공된다. 이들 표준을 준수하면 각 지침의 필수요건을 준수함이 입증되는 것으로 본다. 각 지침에서 다루는 모든 제품들은 필수요건을 반드시 충족해야 한다. 표준을 준수하고, 이를 나타내는 라벨을 부착한 모든 제품들은 유럽연합 내에서 자유롭게 유통될 수 있고, 어떠한 회원국도 기술적 이유로 이러한 제품들의 등록을 거부할 수 없다.

"새로운 접근법"에 대한 결정은 가중 다수결 투표방식(qualified majority voting)으로 이루어지므로 만장일치의 필요성은 사라지고 채택 과정은 신속하게 진행된다.

2000년 초 유럽연합 집행위원회는 새로운 접근법 지침(New Approach Directives)을 비교적 조화로운 방식으로 시행하는 방법을 제시한 문서["블루 가이드(Blue Guide)"]를 발간하였다. 이 문서에 따르면 새로운 접근법 지침은 다음의 요소들을 포함하고 있다[192].

- 지침의 범위
- 필수요건의 서술
- 필수요건 충족방법
- 적합성 증빙 방법
- 허용되는 경과규정(transitional arrangement, 이행조치들)
- 자유로운 유통 자격을 확인하는 서류
- 제품이 필수요건을 충족하지 못할 경우, 회원국들이 해당 제품을 시장에서 회수(철수)할 것을 요구할 수 있는 보호절차(safeguard procedure)

새로운 지침을 위한 제안을 유럽연합 각료이사회에 상정하는 것은 유럽연합 집행위원회의 책임이다. 집행위원회의 DG3(Directorate-General III)은 전기 부문에서 지침에 대한 전반적인 책임을 진다. 제안된 지침의 채택 여부에 대한 실제 결정은 각료이사회에서 가중 다수결 투표(qualified majority vote)로 이루어진다. 제안된 지침 또는 채택된 지침의 본문은 유럽연합의 공식저널(관보)인 Official Journal of the European Union(OJEU)에 공표(발표)된다. 지침 초안에 대한 협의는 일반적으로 유럽의 대표 기관들과 정부 전문가들로 구성된 특별위원회를 통해 이루어진다.

2.1.2 법령 제정의 배경

영국에서, 이전의 EMC 관련 법령(legislation)은 무선통신만으로 범위를 제한하였다. 1949년 무선전신법(Wireless Telegraphy Act) 제10조(section 10)에 따라, 무선통신에 전자파 장해를 일으킬 수 있는 무선 장비 및 비무선 장비를 모두 통제할 목적으로 규제를 할 수 있다. 이러한 규정은 스파크(불꽃) 점화 시스템, 전자의료 장치, RF 가열장치, 가전제품, 형광등, CB 라디오에서 발생하는 전자파 장해 방출을 다루는 다양한 행정명령들(Statutory Instrument, SI)의 형식을 취하였다(이 문제와 관련한 [1.3.3.6절]의 설명 참조). SI들은 국제표준 및 유럽표준과 밀접하게 연계되어 있는 영국표준들을 적용했다. 무선장비의 장해에 대한 내성 관련 법령을 만들 수 있는 권한이 있었지만, 이 권한은 한 번도 사용되지 않았다.

유럽 수준에서 특정 유형의 장비에서의 방출량을 통제하기 위해 몇 년에 걸쳐 다양한 지침이 채택되었다. 1972년 6월에 채택된 지침(Directive) 72/245/EEC는 자동차 내 스파크 점화 엔진에 의해 발생하는 장해를 규제하였다. 이후 다양한 후속 지침에 의해 개정된 76/889/EEC 지침과 76/890/EEC 지침이 가전제품과 휴대용 공구, 형광등 및 조명기기로부터의 장해에 적용되었다. 이들 두 지침은 제1판 EMC 지침에 의해 대체되어 폐기되었다. 앞에서 영국을 예로 들어 설명한 바와 같이, 이러한 지침의 조항(규정)은 해당 국가의 법령으로서 시행되어야 한다.

이전에 만들어진 이들 법령은, 무선장비에 대한 장해뿐만 아니라 내성 및 방출까지 다루는 EMC 지침과는 대상범위에 있어서 비교가 되지 않는다. 또한 이전의 법령은 R&TTE 지침과는 직접적인 관계가 전혀 없다.

2.1.3 제1판 EMC 지침

89/336/EEC 지침은 4년 동안의 연장된 전환(이행)기간을 거쳐 1996년에 전면적으로 시행되었다. 시행 초기에 제조업자들은 EMC의 법적요건과 기술적 사안을 모두 파악하기 위해 상당

히 가파른 학습 곡선을 따라야 했다. 많은 제조업자들은 이전에 이러한 문제를 다루어본 적이 없었다. 유럽연합 집행위원회는 처음부터 제조사가 자사 제품의 적합성에 대해 책임을 질 수 있을 것이라고 확실하게 추정했다. 그렇지만 실제로는 많은 제조업자들에게 이것은 새롭게 다루어야 할 사안이었고, 추가 부담이 상당했으므로 지침은 순조롭게 시행되지 못했다. 집행위원회가 1997년에 상세한 안내문서[193]를 공표하면서 그동안 제기되었던 많은 오해를 해소하였고, 2000년에 들어서면서 전기, 전자 회사 내에서 지침에 대한 이해가 대체로 자리를 잡았다.

지침의 집행이 진행되는 과정은 회원국에 따라 서로 동등하지 않았다. 지침 그 자체는 지침을 시행함에 있어서 어떤 특정한 접근법을 지시하지 않았다. 그래서 회원국들은 자국의 특정한 문화와 유럽 주도의 법률에 대한 태도에 따라 서로 다른 접근법을 취했다. 이 때문에 "교통 신호등" 원칙[2]과 상당히 비슷하게 진행되어, 유럽 전체에 걸쳐 경기장의 기울기는 상당히 큰 폭으로 변동하였다(어느 한 국가에게는 일방적으로 유리하고, 다른 국가에는 불리한 제도나 질서가 있어, 공정한 경쟁이 불가능한 상황이 되었다). 영국에서는 단속(규제)업무는 거래표준 당국(Trading Standards authorities)에게 맡겨졌다. 이 기관은 불량 거래자와, 장난감과 같은 소비자 제품의 안전 문제를 훨씬 더 많이 다루는데도 말이다. 몇 안 되는 거래 표준 담당자조차도 EMC 문제에 대해서는 아는 것이 별로 없다고 생각하곤 했다. 이러한 상황에다 부족한 재원 문제가 겹쳐서 영국에서는 지침을 집행하는 범위와 규모에 제한이 있을 수밖에 없었다.

사실, 기업들이 지침을 따르게 만드는 압력의 상당 부분은 집행당국이 아니라 고객들로부터 왔다. 예를 들어보자. 소비자 부문에서 전기 제품 시장은 대부분 몇몇 대형 국내 또는 국외의 소매업체들이 지배하고 있다. 이들은 거래조건의 하나로 정확한 적합성 신고서(declarations of conformity, DoC)[3]를 요구한다. 산업계측(industrial instrumentation)과 같은 비소비자 제품의 다수는 최종사용자가 아닌 시스템 통합(system integration, SI) 사업자에 판매된다. 다시 한 번 이들은 지침에 대해 취하는 자신들의 입장의 일환으로서 제품 공급업체에 EMC 적합성을 요청할 필요가 있음을 알게 된다.

제1판 EMC 지침에는 EMC 적합성을 획득할 수 있는 두 가지 경로(방법)가 있었다. 첫 번째는, 통합규격을 적용하여 자체인증을 받는 방법인데, 대부분의 경우에서는 이 방법을 사용

---

2 북유럽 국가에서는 신호등 준수가 "필수"지만 중부 유럽에서는 "권고" 정도의 의미이다. 남부 유럽에서 신호등은 그저 장식용에 지나지 않는다.

3 (옮긴이) declaration에는 (정부나 단체의) 선언(문)과 함께 (자세한 정보를 담은) 신고서라는 뜻도 있다. declaration of independence는 독립 "선언(문)"이라고 하지만 국세청에 보고하는 declaration of income(소득 신고서), 입국시 작성하는 customs declaration(세관 신고서)는 '신고서'의 의미로 사용한다. Declaration of Conformity(DoC)의 경우, 우리나라에서는 적합성 신고서와 적합성 선언서의 두 가지가 혼용되고 있다. 적합성 선언서라는 표현은 신고서에 견주면 아무래도 조금 어색하다. 이 책에서는 주로 신고서라는 용어를 쓰고 필요시 선언(서)도 함께 쓰기로 한다.

했다. 두 번째는 기술문서(Technical Construction File, TCF)를 작성하고 이를 평가받는 방법으로, 제조업체에서 표준을 사용하지 않았거나 사용할 수 없는 경우에는 이 방법을 이용한다. 이 방법은 규제기관(Competent Body)의 심리를 받아야 한다.

2.1.3.1 SLIM

1998년에 EMC 지침은 SLIM(Simpler Legislation for the Internal Market, 역내 시장을 위한 간소화 입법) 절차에 따라 심의에 부쳐졌다. 10명의 정부 전문가들이 지침의 개선과 단순화를 위한 권고안을 작성하는 책임을 맡았다.

이들의 보고서는 특히 다음 영역을 자세히 살펴봤다.

- 기능 안전 – EMC 지침의 일부가 아님을 분명히 밝힘
- 내성 요건 – 유지하되 명확하게 해야 함
- 표준 – 전략검토위원회를 설치함.
- 대형 기계 및 설비 – 적합성 평가 대상이 아님
- 특정한 환경 유형의 정의

SLIM 권고안은 EMC 지침을 전면적으로 재작성하는 데에 근거가 되었다. 하지만 SLIM 전문가 그룹이 권고한 모든 사항들이 아무런 변경 없이 제2판에 그대로 수용되었다고 생각하는 것은 잘못이다. 실제로 제2판은 완전히 새로운 해석이 필요한 새로운 측면을 매우 많이 도입했다.

2.1.4 제2판 EMC 지침

EMC 지침 2004/108/EC [194]의 제2판은 2004년 12월 31일에 공표되었다. 채택을 위한 일정은 다음과 같았다.

- 발효: 2005년 1월 20일
- 전환: 회원국은 2007년 7월 20일부터 규정을 적용한다. 이날부터 2004/108/EC 준수를 주장하는 장비는 출시될 수 있다.
- 89/336/EEC 지침은 2007년 7월 20일부로 폐지된다.
- 전환 조항: 회원국은 2009년 7월 20일 이전에 출시된 장비에 대해서는 89/336/EEC 지침의 준수를 약속해야한다.

2.1.4.1 변경 사항

기본적인 요건은 세부 문구를 제외하고는 바뀌지 않았다. 그러나 준수(인증)를 위한 방법은 바뀌었다. 제1판에서는 통합표준을 "적용"하지 않은 경우에는 기술문서(TCF)를 작성하고 이것이 규제(관할)기관(CB)의 심의를 통과해야 했지만, 제2판에서는 TCF 방법이 삭제되었다. 가장 중요한 요건은 제조업체가 자신의 제품에 대해 "EMC 평가"를 수행하고 문서화하는 것이었다. 다음 설명은 이 방법이 여전히 통합표준을 준수하는 방법과 관련이 있음을 보여준다: "유럽연합 공식저널(관보)(OJEU)에서 발행한 문서들을 근거로 하여 관련 통합표준을 올바르게 적용하는 것은 전자파 적합성 평가를 수행한 것과 동등하다(마찬가지이다). 그러나 "통합표준의 준수(compliance, 인증)는 강제사항이 아니며", 준수가 제공하는 "적합성 추정(presumption of conformity)"은 적용되는 통합표준의 적용(대상)범위와 이러한 통합표준(들)에서 다루는 관련 기본요건들로 제한된다는 점 또한 명확히 밝혔다.

여기서, 실제로 이루어진 변화는 관련 통합표준 모두를 올바르게 적용하지 않은 경우에는 여전히 EMC 평가를 수행해야 한다는 사실이다. 하지만 규제기관(CB)과 같은 제3자가 이 평가를 검토해야 한다는 요건은 없다. 반면에, 이러한 검토는 자발적으로 이루어질 수 있었고, EMC 지침에서는 "인증기관(NB)"이 이전의 지침관할기관(Directive's Competent Bodies)과 거의 동일한 조건으로 지정되는 것을 허용하였다. 그렇지만 인증기관을 이용할지 여부는 전적으로 제조사의 생각과 판단에 달린 문제이다.

또 다른 큰 변화는 고정설비에 대한 관리체제였다. EMC 지침에 의해 규제되는 장비의 범주에는 장치(apparatus)와 고정설비(fixed installation)라는 두 유형이 있었다. 각 유형에 대해 별도의 규제조항을 둘 수 있게 허용한 것이 그 변화였다. "장치"에는 이동설비와 시스템을 포함하여 기존 지침에서 대상으로 했던 거의 모든 것이 포함되었다. 이러한 장치들은 지침의 전체 규정을 모두 따라야 했지만 "유순한 장비(benign apparatus)"[4]는 여기에서 제외된다는 조항이 신설되었다. 반면에, 고정설비는 대부분의 적합성 평가절차의 대상이 되지 않았지만 그 대신 신설된 요건들을 반드시 따라야 했다.

2.1.5 R&TTE 지침

무선 및 통신 단말장비(Radio & Telecommunications Terminal Equipment, R&TTE) 지침 99/5/EC[199]은 2000년 4월 8일에 발효되었다. 전환기간은 이날부터 2001년 4월 7일까지였다. 4월 7일 이후에는 적용 대상인 모든 장비가 규정을 준수해야 했다. 이 지침은 이전의 통신

4 (옮긴이) EMC 측면에서 "본질적으로 유순한(inherently benign)" 장비를 말한다. 여기서 본질적으로 유순하다는 것은 규정된 레벨 이상의 과도한 전자파를 방출하지 않고 일반적인 전자파 방해가 존재하는 환경에서 정상적으로 작동함을 뜻한다. benign을 '유순한' 대신 '양호한'으로 옮길 수도 있지만 '양호한'은 이미 'good'에 대해 할당하여 '유순한'을 사용하였음을 밝힌다.

장비 지침인 98/13/EC에서 발전된 버전이다. R&TTE 지침의 적용대상 범위에는 모든 통신 단말 장비(TTE)와 모든 무선 장비가 포함되었다. 또한 이 지침은 이들 장비에 대한 EMC 지침을 대체하였다. 그렇지만 EMC 요건들이 그대로 유지되었다는 점에서는 별다른 차이가 없었다고 할 수 있다.

이러한 상황은 이전에 국가 및 유럽 전체의 형식승인 제도의 대상이었던 무선 통신 장비들이 규제되는 방식의 근본적인 변화를 보여주었다. R&TTE 지침에서 다룬 목표는 기본적으로 간단하면서도 완화된 절차, 최소한의 필수요건, 유럽연합 집행위원회(EC) 접근방식과의 일관성, 시장 요구에 대해 즉각적으로 대응하는 것이었다. 이러한 측면들은 TTE 지침 98/13/EC와 그 이전 지침인 91/263/EC에서는 성공적으로 다뤄지지 못했다. 그 요인으로는 부분적으로 국가별로 이행하는 과정상에서의 차이를 들 수 있고, 또 다른 요인으로는 부담되는 적합성 평가 체제와 지나치게 엄격한 필수요건을 들 수 있다. 유럽 내의 다양한 국가별 무선 형식승인 제도에 대한 상호인정(mutual recognition) 또한 부족했다. 위원회는 이러한 요인들이 통신 시장 내에서의 성장과 혁신을 억누르는 것으로 보았다. R&TTE 지침은 이러한 사안을 다루기 위한 것이었다.

유럽 내에서 유무선 통신 시스템의 급격한 성장을 감안하면, R&TTE 지침은 대체적으로 성공적이었다고 할 수 있다. 또한 무선 시스템 사이의 장해(간섭) 문제를 확대하지 않고, 또한 통신 네트워크 무결성에 영향을 주지 않으면서 이러한 성공을 확실히 이루어냈다. 이는 이전의 형식승인 제도가 실제로 쓸데없이 엄격했음을 간접적으로 드러낸다.

2.1.6 새로운 입법 체계(New Legislative Framework)

2008년에 유럽연합 집행위원회는 "현행 규칙을 강화 및 완성하고, 이의 적용 및 집행의 실질적 측면을 개선하는 것"을 목적으로 "새로운 입법 체계(New Legislative Framework, NLF)"를 제안했다. NLF가 다루려고 했던 문제들을 설명해보면 다음과 같다 [200].

> 유럽연합 통합 법령을 실제로 실행하면서 알게 된 것은 이 법령을 이행(implementation)하고 집행(enforcement)[5]하는 데 있어서 여러 가지 단점과 모순(불일치)이 확실히 존재한다는 사실이었다. 이로 인한 결과는 다음과 같았다.
>
> - 시장에 비준수(non-compliant) 제품이나 위험한 제품이 존재하였음. 이는 CE 마크에 대한 신뢰도 저하로 이어짐.

5 (옮긴이) implementation과 enforcement은 둘 다 무언가를 실행한다는 의미를 담고 있다. 하지만 법률 분야에서는 이 두 용어가 구별된다. implementation(이행)은 법률의 효력을 나타나게 하는 것이고 enforcement(집행)은 이행된 법률을 사람들이 따르도록 만드는(강제하는) 것이다.

- 규칙을 회피하는(법령을 위반하는) 경제 사업자(economic operator)가 아니라 법령을 준수하는 경제 사업자에게 경쟁상의 불이익이 발생하였음.
- 비준수 제품에 대한 회원국별 동등하지 않은 대우. 법령집행 관행상의 차이로 인해 경제 사업자간의 경쟁이 왜곡됨
- 국가 관계당국이 인증 평가기관을 지정하는 데 있어서의 상이한 관행
- 특정 인증기관(NB)의 질(quality)에 대한 문제

더구나, 동일한 제품에 여러 개의 법령이 동시에 적용되는 경우가 빈번해지면서 규제 환경은 점점 더 복잡해졌다. 이러한 법령들 사이의 불일치로 인해 경제 사업자와 관계당국이 해당 법령을 올바르게 해석하여 적용하는 것이 점점 더 어려워지고 있다.

이와 같은 아주 솔직한 평가를 다른 말로 바꾸어 말하면 다음과 같다: "사람들이 우리가 공들여 만든 법을 무시하는 것 같네. 그렇다면 법을 새로 만들지 뭐. 그러면 다 해결될 거야!"

EMCD는 개정될 예정은 아니었다. 그렇지만 이 지침은 새로운 입법 체계 내에서 다시 새롭게 구성해야할 필요가 있는 열 가지 지침 목록에 들어갔다. 위원회의 배경문서(background paper)[6]는 다시:

> 2004/108/EC 지침을 포함하여 다수의 다른 유럽연합 통합지침의 경우, 이 기간 내에 부문별 문제들을 해결하기 위해 개정이 이루어질 것으로는 예상되지 않았다. 그럼에도 불구하고 이들 부분에서 비인증기관과 인증기관에 관련한 문제들을 처리하기 위해, 또한 제품에 대한 전반적인 규제 환경의 일관성을 위해, 한 패키지 안에 있는 이 지침들을 새로운 입법체계(NLF) 조항들에 맞춰 조정하기로 결정했다.

이러한 재조정의 결과는 다음 절에 요약되어 있다.

2.2 제3판 EMC 지침

제3판 EMC 지침인 2014/30/EU[195]은 2014년 2월 26일에 공표되었다. 이 지침의 주요 일정은 다음과 같다.

- 회원국들은 2016년 4월 19일까지 규정을 변경하고 2016년 4월 20일부터 이를 적용해야 한다.
- 일반 사람들은 2016년 4월 20일 이전에 시판되었고 제2판 지침을 준수하는 장비를 존중해야 한다.
- 제2판은 2016년 4월 20일부로 폐지된다.

6 (옮긴이) 사람들이 특정 주제나 상황을 이해하는 데 도움이 되는 관계, 전후 사정, 역사적 정보를 담은 문서

지금부터는 제3판의 주요 조항들을 설명한다.

2.2.1 변경사항

엄밀하게 말해, 제3판은 제2판과 매우 비슷하다. 고정설비의 필수요건과 특정요건은 그대로 유지된다. 그러나 가장 눈에 띄는 것은 지침의 분량이다. 제2판은 14쪽 분량으로, 18개의 조(Article), 한 쪽짜리 부속서(Annex) 7개, 23개의 서문 조항(preamble clause)(서문은 지침이 왜 필요한지, 지침을 어떤 방식으로 운용하는지 하는지에 대한 설명서임)이 있었다. 제3판은 28페이지 분량으로, 47개 조, 한 쪽짜리 부속서 8개, 60개의 서문 조항이 들어있다. 따라서 법령이 더 간단해졌다고 주장하기는 어렵다.

한 가지 분명한 변화는 지침의 적용범위에 대한 것이다: 무선장비 지침(RED)이 이전 판을 폐지한 결과, 통신단말장비는 EMC 지침의 범위에 포함되었고, 방송 수신기는 빠졌다.

이를 제외한 나머지 변화들은 주로 행정과 관련된 것이다. 제20조(article 20)부터 제36조까지는 인증기관(NB)과 이를 지정하는 관련당국의 책임에 관한 것이다. 인증기관은 이제 인가(accreditation)[7]를 받아야 하며, 평가 중인 제품의 제조자로부터의 인증기관의 독립성에 대한 요건이 공식화되었다. NLF는 소위 "경제 사업자(economic operator)"라고 불리는 새로운 범주의 조직체를 고안했다. 경제 사업자에는 이전 제2판과 마찬가지로 제조(업)자, 권한을 위임받은 대리인, 수입업자가 포함되는데, 제3판에는 "유통업자"가 추가되었다. 이들에게는 저마다, 특히 적합성 평가 과정이 올바르게 수행되는 것을 보장할 목적으로 제정된 명시된 의무가 있다. 제3판에는 대량 생산의 준수(적합성)를 보장하는 내용에 관한 언급(서술)이 있다.

이전에는 요건에서 가장 큰 부분을 차지하고 있었던 것은 항상 제조업자의 책임이었다. 이제 여러분이 수입업자나 유통업자를 통해 제품을 판매하는 경우에는 제조업자가 똑바로 의무를 다했는지를 확인해야 책임은 이들 수입업자나 유통업자들에 있다. 또한 이들 업자들이 제조업자가 의무를 다하지 않았다고 판단하면 업자들은 제조업자를 관계당국에 신고할 수 있다. 이러한 방식이 실제로 어떻게 작동하는지 보는 것은 흥미로운 일이 될 것이다.

또 하나의 새로운 행정 조항은 제38조 "위험을 제공하는 장치를 국가 수준에서 취급하는 절차(Procedure for dealing with apparatus presenting a risk at national level)"이다. 이 조항을 근거로 회원국의 관계당국은 "장치가 공공의 이익 보호 측면에 위험을 가져온다고 믿을 만한 충분한 이유가 있는 경우", 제품에 대한 리콜이나 변경을 요구하는 조치를 일방적으

7 (옮긴이) certification, accreditation, conformity, recognition은 거의 비슷한 의미로 사용되는데, 다음 문장을 보고 그 차이점을 생각해보기 바란다. 인증(certification)은 제품, 프로세스, 또는 서비스가 명시된(지정된) 요구 사항을 준수(conformity)하는지 제3자가 서면으로 보증하는 것을 나타낸다. 반면 인가(accreditation)은 특정 표준(standard)에 맞춰 운용할 수 있는 권한을 권위 있는 기관(정부기관 또는 공식기관)이 공식적으로 인정(recognition)하는 것이다.

로 취할 수 있다. 이러한 일방적 조치 관련 조항이 새롭게 들어간 것을 보면, 이전 지침은 최종 사용자에게 제품이 인도되는 시점까지만 적용되고 그 이후에는 더 이상 적용되지 않았다는 점에서 이전 지침이 실패했음을 확실히 인정한 것으로 보인다. 이 문제는 다음 쪽에서 더 논의하기로 한다.

2.2.2 적용대상 범위, 요건 및 예외 사항

2014/30/EU 지침은 전자파 방해를 일으키거나 전자파 방해로부터 영향을 받을 것으로 보이는 "장치(apparatus)"에 적용된다. 장치의 정의를 말해보면, "단 하나의 기능 단위(functional unit)로서, 상업적으로 이용 가능한 완성된 모든 기기(appliance)[8] 또는 기기들의 조합"으로 장치는 최종 사용자를 대상으로 한다. 기본적으로는 전력의 공급원이 공공 교류 주전원이든, 배터리 전원이든, 특수한 전원이든 관계없이 전기로 작동하는 모든 것이 장치에 포함된다. 구체적인 예외는 [2.2.2.3절]에 설명되어 있다.

주파수나 결합 방법과 관계없이 성능을 저하시킬 수 있는 전자기 현상이면 어떤 것이든 전자파 방해(electromagnetic disturbance)이다. 따라서 케이블에 따라 전도되는 방출과 방사성 방출, 그리고 전자기장에 대한 내성, 교류 주전원 방해, 전도성 과도현상, 전도성 RF, 정전기 방전, 낙뢰 서지가 모두 전자파 방해에 속한다. 어떤 특정한 현상도 지침의 적용범위에서 배제되지 않는다.

2.2.2.1 필수요건

지침의 필수요건(제6조와 부속서 I)에 따라 장치는 최신 기술을 고려하여 다음과 같이 설계되고 제작되어야 한다.

- 장치에서 발생하는 전자파 방해는 무선 및 통신 장비(RTE), 또는 기타 장비가 의도한 대로 작동할 수 없게 하는 레벨을 초과할 수 없다.
- 장치가 의도한 용도에 사용될 때 예상되는 전자파 방해에 대한 내성 레벨을 가지고 있어서 그 의도한 용도에서 허용되지 않는 성능 저하 없이 작동할 수 있다.

이 필수조건의 의도는 다른 사용자의 무선 및 통신 장비뿐만 아니라, 정보기술장비(ITE)나 제어 장비와 같이 전자파 방해에 취약할 수 있는 모든 장비의 작동을 보호하려는 것이다. 동시에 모든 장비는 그것이 놓여 사용될 것으로 합리적으로 예상할 수 있는 어떤 전자기 환

8 (옮긴이) 운영 체제(OS), 응용 소프트웨어의 설치, 설정 등을 행하지 않고 구입해서 전원을 접속하면 곧바로 사용할 수 있는 기기를 말함. 커피메이커, 세탁기, 냉장고, 전기난로, 다리미 등 대부분의 가전제품이 여기에 속한다. 그래서 가전제품을 home appliance 라고 한다.

경 — 즉 어떤 위치에서 관측할 수 있는 모든 전자기 현상 — 에서도 올바르게 기능할 수 있어야 한다. 이러한 요건에도 불구하고, 모든 회원국은 장치의 서비스와 관련하여, 특정 장소에 현재 존재하거나 존재할 것으로 예측되는 EMC 문제를 극복하하기 위한 특별한 조치, 또는 공공(공중)통신(public telecommunications) 및 안전 서비스를 보호하는 특별한 조치를 취할 권리를 가진다. 필수요건의 준수 여부는 "EMC 평가(EMC assessment)"의 결과와 문서를 통해 입증될 것이다. 이에 대해서는 [2.4]절에서 논의한다.

2.2.2.2 제품의 판매 및 사용

이 지침은 시판되거나 서비스를 개시하는 모든 장치에 적용된다.

시장 출시

여기서 말하는 "시장(market)"은 유럽경제지역(EEA)의 임의의 시장 또는 시장 전체를 의미한다. 어느 한 국가 내에서 준수하는 것으로 확인된 제품은 나머지 모든 국가 내에서 자동적으로 준수하는 것으로 간주된다. "출시(placing on the market)"는 EEA 내에서 제품을 최초로 사용(구입)할 수 있게 한다는 것을 의미한다. 따라서 지침에서는 EEA 내에서 제조된 신제품만 대상으로 하지만 제3국에서 수입한 신제품과 중고제품에도 모두 적용된다. EEA 내에서 중고로 판매되는 제품은 이 지침의 대상범위에 포함되지 않는다. 제품이 최종 사용자에게 도달하기 전에 유통망을 거치는 상황은 제품을 제조업체로부터 유통망으로 전달하여 제품을 사용할 수 있게 하는 것이다. 제품을 EEA에서 제조하거나 수입하고 이어서 제3국으로 수출하는 경우에는 이 제품은 시판되지 않은 것이다.

이 지침은 언제 설계되었는지, 단 하나(한번)만(one-off) 생산된 제품인지 대량으로 만들어진 제품인지에 상관없이 동일한 제품 유형의 개별 아이템(item)[9] 모두에 적용된다. 따라서 1996년 이전에 출시된 제품 계열의 아이템은 1996년 1월 1일 이후에 제1판 지침의 조항을 준수해야 한다. 다시 말해, 지침이 발효되기 전에 통용된 설계를 면제해주는 "조부조항(grandfather clause)"[10]은 없다. 그러나 1996년 1월 1일 이전에 이미 사용되고 있었던 제품은 소급해서 지침을 준수할 필요가 없다. EMC 지침 제2판에 대한 경과조치로, 2007년 7월 20일부터 2009년 7월 20일까지 두 가지 준수(인증) 방법 중 하나를 통해 인증을 받는 것이 허용된다. 제3판 EMC 지침에 대해서도 동일한 원칙이 적용된다.

---

9 (옮긴이) item은 "물품목록", "보유물품들", "유사물품들"과 같은 어떤 하나의 전체(일종의 세계)를 구성하는 다양한 물건(물품)들 가운데 하나를 가리킨다(예: 주방 아이템, 게임 아이템). 이런 뜻을 가진 우리말 단어를 찾기 어려워 이 책에서는 발음대로 '아이템'이라는 용어를 사용하기로 한다.

10 (옮긴이) 조부조항은 이전 규칙은 기존의 일부 상황에는 계속 적용되지만 새로운 규칙은 향후 모든 상황에 적용되는 조항을 말한다. 새로운 규칙에서 면제된 사람들은 조부권리(grandfather right)를 가졌다고 말한다. 이러한 조부권리는 정해진 시간동안 연장되거나 특정 상황에서는 사라질 수 있다. 예를 들어, 조부권리를 가진 발전소는 규제가 더욱 강해진 새로운 오염 법에서 면제될 수 있지만, 향후 발전소가 확장되면 면제는 취소되고 새로운 오염 법이 적용을 받는다.(출처: 위키백과)

재판매되기 전에 변경된 제품의 경우, 전반적인 상황은 명확하지 않다. 장비의 작동수명이 지나기 전에 변경된 중고장비가 EU 시장에 시판되면 해당 변경이 장치의 EMC 성능에 영향을 미치는 정도에 따라 그 준수(인증) 절차가 달라진다. 장치가 유지, 관리되고 변경되었지만 EMC 측면에서 그 정도가 크지 않은 경우는 “수리됨(reconditioned)”이라고 하며, EMCD의 조항이 적용되지 않는다. 장비가 이보다 실질적으로 변경된 경우는 "업그레이드됨(upgraded)"이라고 하며, EMCD가 적용된다. 어느 쪽을 선택할 것인가는 제품 변경을 실행하고 그 제품을 시판하는 사람, 또는 새로운 EMC 평가를 수행할 (것으로 예상되는) 사람, 또는 이들도 아니면 최초 평가의 결론을 검증할 (것으로 예상되는) 사람의 손에 달려 있다.

제조자가 EEA 외부에 거주하는 경우, 지침의 준수를 입증하는 인증서의 유지와 관리 책임은 EEA 내에 최초로 제품을 시판하는 사람, 다시 말해 제조자가 위임한 대리인 또는 수입업자에게 있다. 시스템 개발자와 같이 기존의 완제품으로부터 새로운 완제품을 생산하는 사람은 누구나 그 새로운 완제품의 제조자로 간주된다.

서비스 개시

“서비스 개시(taking into service)”는 최종 사용자가 EEA에서 제품을 처음 사용하는 것을 뜻한다[192]. 제품을 시장에 출시하지 않고 사용하는 경우, 예를 들어 제조업체가 최종 사용자인 경우에도 EMC 지침의 보호요건은 여전히 적용된다. 이는 제품이 필수요건을 준수하지 않거나 실제로 또는 잠재적으로 장해 문제를 일으키는 경우에 그 제품이 사용되는 것을 막기 위해 제재할 수 있는 권한이 여전히 각 회원국에 있어야 함을 뜻한다.

그러나 이러한 문제는 법적으로 논쟁거리를 만들 것으로 보인다. 영국에서, 오프콤(Ofcom)은 일단 제품이 사용자의 손에 넘어가면 EMC 지침(적어도 제2판)을 집행할 수 없다고 결론지었다. 이에 따라 Ofcom은 무선전신법(WTA)에 따라 새로운 규정을 만들자고 제안했다. Ofcom이 이렇게 한 이유를 인용해보면 다음과 같다[223].

> 규정안(Proposed Regulations)은 시판되기 전 또는 사용되기 전이면서, EMC 지침 또는 R&TTE 지침(및 이행 체제)의 적용(대상)범위인 장치에 적용되지만, 규정안이 효력을 발휘하는 시점에서 해당 장치는 더 이상 이러한 통합지침의 대상이 되지 않을 것이다. 이는 장비가 이미 시판되었거나 시판되어 사용 중이고 최종 사용자에게 도달했기 때문이다.
>
> 규정안은 EMC 지침과 R&TTE 지침에서 다루는 적용범위를 벗어난 상황을 다룬다. 이는 장치를 사용할 수 있게 된 이후에, 그리고 최종 사용자가 장치를 사용하고 있는 중에 해당 장치에서 전자파 방해가 발생하는 상황(환경)을 대상으로 하기 때문이다.

다시 말해, EMCD 및 다른 새로운 접근법 지침(New Approach Directives, NAD)은 실제로 지침을 준수하지 않는 제품을 시장에 들어오지 못하게 하는 것에만 관심이 있다. 일단 제품이 시장 안으로 들어오면, 이 지침은 더 이상 적용되지 않는다. 이렇게 되면 사실상 EMCD를 거의 집행할 수 없게 된다는 결론을 피하기 어렵다: 사용자가 제품을 사용하기 전까지 제품이 전자파 방해를 일으키는지, 전자파 방해를 겪는지 어떻게 증명할 수 있는가? Ofcom은 "특별조치"(2.2.2.1절 참조)와 관련한 안전장치가 지침의 목적에 적합하지 않다고 판단한 것으로 보인다. 제3판에는 제38조 "국가 수준에서 위험을 가져오는 장치를 다루는 절차(Procedure for dealing with apparatus presenting a risk at national level)"가 추가되었다. 이것은 위에서 언급한 문제를 해결하기 위한 시도로 생각할 수 있다. 새로운 세계무역협정(World Trade Agreement, WTA) 규정[224]이 나오는 데 1년이 넘게 걸렸는데 이는 변호사들이 제3판을 이행하는 방법을 이해하느라 그랬던 것이 아닌가 싶다.

2.2.2.3 예외

지침의 대상범위에는 몇 가지 명시된 예외가 있다. 구체적으로, 자신이 직접 제작한 아마추어 무선 장비는 제외된다. R&TTE 지침 – 현재 무선 장비 지침(RED) – 의 대상범위에 해당하는 장비 또한 제외되는데, 이는 이 지침이 해당 장비의 EMC 조항에 대한 EMCD의 필수 요건을 다시 언급하기 때문이다. 제외되는 또 다른 장비로는 민간 항공분야의 관습법(일반규칙), 다시 말해 항공기에 사용될 장비에 대한 규정(EC) No. 216/2008에서 언급하는 항공 제품(product), 부분(part)[11] 및 기기(appliance)이다. 무역 전시회에 전시하기 위한 장비는 경고장을 부착하는 경우, 그리고 "전자파 방해를 방지하기 위한 적절한 조치"를 취하는 경우에는 이 지침을 준수하지 않아도 된다.

유순한 장비(benign equipment)

가장 넓은 범위로 지정된 배제 대상은 전자기적으로 "유순한" 장비(electromagnetically benign equipment)이다. 이것은 "본질적으로" 다음과 같은 특성을 가진 장비를 말한다.

(a) 무선 및 통신 장비(RTE)와 기타 장비가 의도한 용도대로 작동할 수 있는 레벨을 초과하는 전자파 방출을 만들어 내거나 전자파 방출에 기여하지 않는다(원인이 되지 않는다).
(b) 의도된 용도대로 사용될 때 수반되는 통상적인 전자파 방해가 존재하는 경우에도 허용할 수 없는 성능저하 없이 작동한다.

이러한 두 가지 조건은 반드시 충족해야 한다. 두 조건을 충족하는 장비는 지침의 적용에서 완전히 제외된다. 일반적으로, 이러한 장비가 되기 위해서는 전원공급 방해(전도성 방해)

11 (옮긴이) part와 유사한 용어로 component가 있다. 일반적으로 part는 전체(whole)의 일부(fraction)을 가리킨다. 한편, component는 어떤 개체(entity, TV, 컴퓨터와 같은 기기)의 각 부분(part)을 구성하고 있는 "독립적인(self-contained)" 물체(object)이다. 이 책에서는 'part'는 '부분'으로, 'component'는 '부품'으로 옮긴다.

나 RF 방해(방사성 방해)를 발생하지 않는 특성을 반드시 가져야 한다. 대부분의 전자 장비는 이 기준들 중 하나 또는 둘 모두를 충족시키지 못하기 때문에 유순한 장비로 간주될 수 없다. 그렇지만 스위치, 퓨즈, 유도 모터 및 필라멘트 램프와 같은 일부 간단한 전기 장비는 유순한 장비로 간주될 수 있다.

전반적인 상황은 유럽연합 집행위원회(EC)의 지침에 의해 약간 모호해진다. 예를 들어, 이 지침은 "오로지 지속시간이 짧은 과도 방해만을 발생하는 보호장비(protection equipment)", 그리고 "노화과정(ageing process)의 결과일 수 있으며 다른 기술적 조치들로 통제할 수 있는 국부적 절연스트레스(insulation stress)에 의해서만 생길 가능성이 있는 방해원(source of disturbance)들이 들어있는 고전압 타입의 장비(high voltage type of equipment)"의 경우, 이들 기기(device)[12]가 전파 수신에 영향을 미칠 수 있는 방해를 만들어 내더라도 허용한다.

기타 지침들

예외 사항 중 마지막 남은 하나는, 다른 지침이나 규정에서 EMC 요건의 적용대상이 되는 유형(형식, type)의 장치에 대한 것이다. 적용대상 장치의 범위는 필수 EMC 요건들의 전체 또는 일부에서 명시적으로 지정한 것들로서, 다음 장치들 또는 이들의 후속장치(신장치)나 대체 장치이다.

- 90/385/EEC 능동 체내삽입형 의료기기(active implantable medical devices)
- 98/79/EC 체외 의료기기(in vitro medical devices)
- 93/42/EEC 의료기기(medical devices)
- 72/245/EEC 차량 EMC, 이 지침은 95/54/EC, 2004/104 EC, 그리고 현 UNECE 규정 10(Regulation 10)으로 순차적으로 개정됨. 필수안전과 관련 없는 애프터마켓[13] 장비(non-safety-critical aftermarket equipment)에 대해서는 [5.1.1.2절]을 참조할 것.
- 75/322/EEC 농업용 또는 산림용 트랙터(agricultural or forestry tractors) EMC, 2000/2/EC로 개정됨.
- 97/24/EC 2륜 및 3륜 구동 자동차(two- and three-wheel motor vehicles)
- 96/98/EC 해양 장비(marine equipment)

12 (옮긴이) 기기(device)는 특별한 용도로 만들어진 장비(equipment)이다. 예: 폭발기기(explosive device), 압력측정기기(device for measuring pressure). 장비는 특정 활동(일)을 하는 데 사용되는 물품이나 기기의 그룹이다. 예: 사무실 장비(office equipment), 스포츠 장비(sport equipment)

13 (옮긴이) "애프터 마켓"은 고객이 1차 시장 제품(원래 장비)과 관련된 제품과 서비스를 구매하는 2차 시장, 또는 1차 시장 제품을 보완하는 제품과 서비스를 구매하는 2차 시장을 말함. 다른 식으로 말해보면 어떤 제품 또는 서비스를 구매하는 고객이 그 제품 또는 서비스 관련 후속 제품을 구매할 가능성이 있는 모든 시장을 말함. 따라서 "애프터 마켓 제품"에는 주로 원래 제품에 대해 부품 교체, 업그레이드, 유지 보수를 하는 사용되는 제품 및 서비스가 포함됨. 예: 면도기에 장착되는 일회용 면도날, 컴퓨터 프린터에 장착하는 프린터 카트리지, 자동차에 설치하는 안개등과 스테레오 등 (출처: 위키피디아)

• 90/384/EEC 비자동 무게(질량)계기(저울)(non-automatic weighing instruments)[14]

또한, 계측기기 지침(Measuring Instruments Directive) 2004/22/EC의 적용대상에 포함되며 이 지침에 따라 CE 마크와 “M” 마크를 획득한 장비는 내성에 대해서는 제외된다. 이와 같은 제외는 다소간의 복잡성을 띄게 되는데, 이는 일부 계측기기에 대해서는 MI 지침의 준수가 자율에 맡겨져 있기 때문이다. MI 지침과 비자동 계량기기 지침의 경우, 방출요건에 관한 한 EMC 지침이 여전히 적용된다. 위의 목록에 있는 여러 지침은 NLF에 따라 개정이 되었거나 개정이 이루어지고 있는 중이다.

2.2.2.4 부품(component)

(지침의 대상에 포함되지 않는) “부품(component)”[15]은 어떤 경우에 (지침의 대상에 포함되는) “장치(apparatus)”가 되는가에 대한 질문에 대한 답변은 아직까지는 정해지지 않은 상태다. 집행위원회의 1997년 가이드라인은 “직접기능(direct function)”이라는 개념을 도입했다. 직접기능이란 제조업체가 최종 사용자를 위해 사용설명서(instruction)에 명시한 사용목적을 수행하는 어떤 기능을 말한다. 이 기능은 기술에 대해서는 아무 것도 모르는 사용자에 의해 수행될 수 있는 조정이나 연결 이외의 추가 조정이나 연결 없이도 이용할 수 있는 기능이다. 직접 기능이 없는 부품은 분명히 장치가 아니므로 지침의 대상범위 밖에 있다. 따라서 집적회로(IC)와 저항과 같은 개별 소형 부품은 확실히 지침의 대상이 아니다.

유감스럽게도, 제2판 EMC 지침은 장치가 의미하는 바를 규정하는데 있어서 기존의 구분방법을 완전히 없애버렸다. 이제 나오는 질문은 이렇다. 장치(apparatus)란, 최종 사용자에 의해 어떤 장치와의 결합용으로 시장에 출시된 기기(device)인가?, 또는 최종 사용자가 직접 사용하도록 만들어지지 않았어도 이 지침의 방식을 따라야 할 가능성이 있는 기기(device)인가? 대답이 ‘예’라면 그 기기(device)는 장치(apparatus)가 되므로 지침에서 요구하는 모든 절차를 따라야 한다. 대답이 ‘아니’라면, 이러한 부품(component)들은 최종제품의 준수에 책임이 있는 제조업체들에 의해 장치와 결합해서 사용하는 것들이어야 한다.

어떤 부품이 장치 내부에서 결합되기 위한 단 하나의 목적으로만 사용되는 경우, 그 부품이 복잡하더라도 이 부품의 제조자는 반드시 장비 제조자에게 해당 부품의 사용방법과 결합방법을 알려줘야 한다. 이러한 방식의 부품 구분은 기판수준(board-level) 제품들과 하위조립품(sub-assembly)들의 제조자에게는 중요하다. 이들 제품들과 조립품들은 저마다 고유한 기

14 (옮긴이) 사용자가 측정과정의 일부에 관여하는 기기. 예: 주방 저울, 슈퍼마켓 계산대 저울 등 (출처: 위키피디아)

15 (옮긴이) 장치(apparatus)나 기기(device)는 특정 목적을 위해 만들어진 기계 또는 전기 장비(equipment)이다. 반면에 부품(component)은 장치의 각 부분(part)을 구성하는 요소이다. 일반적으로, 장치는 자체적으로 작동하지만 부품이 작동하려면 다른 부품(들)이 필요하다.

능을 갖출 수 있고 별도로 판매될 수 있지만 이들이 장치 내부에 설치되지 않고 별도로 사용되어서는 안 된다.

개인용 컴퓨터(PC)용으로 제3자(제조자)가 공급하는 플러그인(plug-in) 카드(기판)를 사용자가 PC에 삽입하여 사용하는 상황은 명확히 설명할 수 있다. 이러한 기판은 어떤 용도로 사용되든 호스트 컴퓨터가 필요한 것은 분명하지만 최종 사용자를 대상으로 하여 시장에 출시되므로 CE 마크를 부착해야 한다. 이 플러그인 카드는 "대표하는(representative)" 호스트 컴퓨터에 삽입해서 시험해야 하고, 그 결과에 따라 인증 여부가 결정되어야 할 것이다. 이러한 관점은 특히 EN 55022 및 EN 55032와 같이 이러한 모듈을 다루는 방법에 대한 구체적인 권고가 포함되어 있는 통합표준 속에 고스란히 녹아들어갔다.

다른 장치와의 결합을 위해 OEM(Original Equipment Manufacturer, 주문자 상표부착방식 제조업체)에 공급되고 최종사용자에게도 공급되는 제품 – 예를 들어, 몇 가지 종류의 산업용 센서 – 의 경우, 각각의 아이템은 장치로 간주되어 개별적으로 인증을 받아야 한다. 제조업체가 그 아이템은 OEM에만 오로지 판매된다고 주장할 수 있다면 그것은 부품(component)이다. 이 같은 구분은 많은 공급업체에서 EMC에 대해 제품이 제대로 지정되었음을 보증하는 책임을 회피하기 위해 만들어졌다("절대 아니야, 그 지침은 우리에겐 적용되지 않아, 우린 부품을 만들거든"). 그러나 어쨌든 이들 공급업체의 고객은 EMC 성능규격을 요구하기 때문에, 공급업체로서의 책임을 다하려면 공급업체는 이런 태도를 계속 유지해서는 안 된다.

2.2.3 CE 마크와 문서 작업

제조자나 제조자가 위임한 대리인(authorized representative)은 지침의 보호요건이 충족되었음을 증명해야 한다. 이를 위해서는 두 가지가 필요하다.

- 제조자는 적합성신고서(declaration of conformity)를 발행한다. 이 신고서는 반드시 최종 제조일 이후 10년 동안 집행기관이 계속 이용할 수 있어야 한다.(제1판에서는 제조일이 아닌 시장에서의 최종 판매일이었다. 즉 기준일이 미묘하게 변경되었다)
- 장비에 CE 마크를 부착하거나 이것이 불가능한 경우에는 포장 및 첨부 문서에 부착한다.

2.2.3.1 CE 마크

이 마크(mark)는 [그림 2.1]과 같이 CE라는 글자로 이루어져 있다. 마크의 높이는 최소 5 mm가 되어야 하며 "알아보기 쉽고, 읽기 쉽고, 지워지지 않게" 부착해야 하지만 부착방법은 별도로 명시되어 있지 않다. 제품에 부착된 CE 마크는 해당 장비가 EMC 지침뿐만 아니라 제품과 관련하여 CE 마크를 획득하는 데 요구되는 모든 지침의 요건을 준수함을 나타낸다. 예를 들어, CE 마크를 부착한 전기 장난감은 장난감 안전지침(Toy Safety Directive)과 EMC 지침(EMCD)을 모두 준수함을 나타낸다. 또한 많은 전기 제품들이 저전압 지침(Low Voltage Directive)의 적용대상이어서 CE 마크는 이 지침도 준수함을 나타낸다. 하지만 적용 지침이 과도(전환) 기간 중에 있을 때는 준수를 알릴 필요가 없다. 제품이 준수하는 이러한 준수 지침"들"은 적합성신고서와 같은 적절한 문서에 반드시 기록되어야 한다.

유럽 시장 진출을 희망하는 모든 제품은 반드시 CE 마크를 받아야 하는데, 이러한 상황을 고려할 때 CE 마크는 품질 표시(quality mark)가 절대 아니라는 점을 지적할 필요가 있다. 대부분의 경우에, CE 마크가 유효한지 여부를 확인하는 제3자의 관리감독이 없기 때문에 CE 마크는 승인 마크도 아니다. CE 마크의 획득 여부는 기술적 관점에서는 별다른 의미가 없다. 제품의 성능에 대해 알고 싶다면 제품에 부착된 CE 마크 외에 더 많은 정보를 요구해야 한다.

그림 2.1 CE 마크

2.2.3.2 적합성 신고서(DoC)

유럽연합 적합성 신고서(EC Declaration of Conformity)는 모든 경우에 필요하다. 적합성 신고서에는 다음 항목이 반드시 포함되어있어야 한다.

- 신고대상 장치에 대한 설명[제품명, 형식(type), 배치번호(batch number) 또는 일련번호(제조번호)]과 제품의 소급성(traceability, 제품의 이력 추적)을 가능하게 하는 증명(식별) 자료
- 제조자 또는 제조가가 위임한 대리인의 이름과 주소
- 신고 대상이 관련 법령을 따르고 해당 신고서가 전적으로 제조업체의 책임아래 발행된다는 문구
- 해당 규격(specification)에 대한 적합성 신고가 이루어진 날짜
- 해당되는 경우, 인증기관의 세부정보
- 신고일 및 서명자 신분확인

단 하나의 적합성 신고서에 제품에 적용되는 모든 지침을 전부 포함하는 방식으로 신고서를 작성할 수 있다. 따라서 해당 지침 각각에 대해 적합성 신고서를 따로따로 작성할 필요는 없

다. 적합성 신고서 양식은 EMC 지침의 부속서 IV에 명시되어 있다.

EMC 지침에 따르면 장비의 개별 아이템마다 적합성 신고서의 실제 사본을 동반할 필요가 없다. 무선장비 지침(RED)과 이전의 R&TTE 지침에는 기기별로 신고서를 동반해야 했다. 아마도 이러한 차이에 대해 정확히 알지 못하는 일부 국가의 집행담당자로 인해 발생할 것으로 예상되는 문제를 방지하기 위해, 많은 제조업자는 어쨌든 적합성 신고서를 문서에 포함시키는 안전한 방법을 취한다. 적합성 신고서상에 CE 마크가 있어야 한다는 요건은 없지만, 그렇다고 해서 이것이 금지된 것은 아니다.

2.2.3.3 기재항목(description)

장치에 대한 설명(기재항목)은 간단명료해야 한다. 장비에 형식번호(type number)가 있다고 가정하면 이 형식번호에 대한 언급하는 것이 시작점이 되어야 한다(근거자료가 있는 경우). EMC 지침 제3판은 장치의 식별에 관해서 구체적이다. 장치를 서로 구별하는 "형식(type), 배치번호(batch number), 일련번호(serial number) 또는 기타 정보"로 해당 장치를 식별해야 한다. 그 다음, 적합성 신고상의 기재항목에는 이러한 식별 항목을 모두 포함하도록 하여 신고서를 통해 장치를 분명히 식별할 수 있어야 한다.

형식(type)을 개정(revision) 또는 수정(modification)[16]해야 하는 경우에는 어려움이 발생할 수 있다. 어떤 단계에서 수정이나 업데이트를 하는 경우에는 새 장비로 간주되어 인증을 다시 받아야 하는가? 적합성 신고서에 1996년에 출시된 소프트웨어 버전 1.0의 위젯 3000(Widget 3000)이 언급되어 있는 경우, 2003년에 출시된 버전 3.2의 위젯 3000S가 적합성 신고서에 계속 언급되어야 하는가? 합리적인 방식은 수정이 EMC 성능에 영향을 미쳤는지 여부를 결정하고, 만일 영향을 미쳤다면 새 장비에 대해 적합성 신고서를 재 발행하는 것이다. 그러나 이렇게 하려면 수정된 장치를 다시 시험해야 하는데 이는 비용상 불이익을 수반한다. 또는 소폭의 변경이 성능에 영향을 줄 것인지 여부에 대해 공학적 판단을 해야 한다. 분명한 것은, EMC 요건의 넓은 적용범위가 의미하는 바는 제품의 EMC 성능에 아무런 영향을 주지 않는 수정은 극소수에 지나지 사실이다. 제3판 지침이 제조업자에 대한 부과하는 의무는 중에는 다음과 같은 명시적(새로운) 요건이 있다.

> 장치 설계나 특성의 변경, 그리고 장치의 적합성 신고에 언급(서술)되는 통합표준 또는 기술규격의 변경은 적절하게 고려되어야 한다.

16 (옮긴이) 개정(改正, revision)과 수정(修正, modification)의 주요 차이점은 다음과 같다. 개정은 원본의 전부 또는 일부를 고치는 경우를 말한다. 수정은 틀린 데를 바로잡는다는 본래의 의미 외에도 약간의 변경(change)까지를 포함해 말한다.

2.2.3.4 서명자(signatory)

권한을 부여받은 서명자가 신고된 내용의 세부사항들을 판단할 수 있는 능력을 반드시 가지고 있어야 하는 것은 아니다. 서명자는 제조업체 또는 수입업체의 책임자 중의 한 명인 것이 보통인데, 이는 지침에서 사용된 문구에서, 제조자나 제조자가 위임한 대리인으로 한정해서 서명자로서의 권한을 부여하기 때문이다. 소규모 기업의 경우 기술 책임자는 해당 제품의 EMC 성능의 세부사항을 이해할 수 있을 정도로 해당 제품에 아주 가까이 있을 수 있지만, 중간규모나 대규모 기업의 경우 책임자는 아마도 제품개발 엔지니어와 제조 엔지니어, 그리고(또는) EMC 시험 직원이나 관리 직원의 기술적 조언에 의존할 것이다. 이런 기업들은 신고서 작성에 참여하는 모든 사람에 대해 각자 맡아야 할 책임의 수준을 명확하게 규정해야 한다.

2.2.3.5 규격(specifications)

대부분의 경우, 적합성 신고가 이루어진 해당 규격에 대한 서술내용은 장치에 적용된 일련의 통합표준들 — 어떤 버전을 사용했는지 구별하기 위해 날짜가 적힌 — 일 것이다. 통합표준이 부분적으로만 사용되었거나 전혀 사용되지 않은 경우에는 상세한 기술적 EMC 평가결과를 제공하는 기술문서(2.4.1.3절 참조)에 대한 언급이 있어야 하며 또한 적용된 비통합표준이나 규격에 대해 이들을 식별할 수 있는 언급이 있어야 한다.

규격들에 대한 언급은 반드시 이들 규격에 따라 제품을 시험해야 하는지 여부에 대해 질문을 불러온다. 이 질문에 대한 대답으로는 다음 세 가지가 가능하다. 첫 번째 나올 수 있는 대답은, 제품이 본질적으로 지침의 요건을 충족하므로 시험이 필요하지 않을 것으로 본다는 대답이다. 예를 들어 간단한 선형 비안정 독립형 전원공급기(linear unregulated stand-alone power supply)에서 발생하는 고조파 전류의 레벨이, 통제할(제한할) 레벨보다 낮은 경우에는 이런 대답이 가능하다. 시험을 하지 않는 쪽이 공학적인 면에서 좋은 판단이라고 서명자를 설득할 수 있는 경우도 있지만, 많은 전자 제품은 이러한 선택을 할 수 없다.

두 번째는 기존 시험 결과를 근거로 적합성 신고를 할 수 있다는 대답이다. 예를 들어 기존의 비통합표준을 이미 준수하고 있는 경우에는 추가로 시험을 하지 않거나 부분적인 시험만 하여도 제품이 해당되는 통합표준을 충족할 것이라고 말할 수 있을 만큼 충분히 자신을 가질 수 있다.

마지막은 통합표준에 따라 전부 다 시험해야 한다는 대답이다. 정교한 제품(sophisticated product)[17]의 경우 시험을 하는 데 시간이 많이 걸리고 비용도 비쌀 것이며, 어떤 시험을 적용

17 (옮긴이) 제조를 하는 데 더 많은 많은 지식, 경험, 교육과 높은 기술이 필요한 제품.

할 것인가에 대해 복잡한 판단이 따라올 수 있다. 하지만 신제품의 경우 시험은 필수일 것이다. EMC 지침 제2판에서는 또 하나의 힘든 관문이 추가되었다. 이것은 서문(preamble)에 다음과 같은 문장으로 쓰여 있었다.

> 통합표준의 준수란, 통합표준이 설명하거나 언급하는 방법에 의해 통합표준의 조항들을 준수하고 그것을 입증하는 것을 의미한다.

이 말은 사실상 통합표준의 언급과 함께 적합성 신고를 할 때마다 그 모든 복잡성과 비용을 감수하고 모든 적합성 시험 방법을 반드시 따라야 함을 뜻하는 것으로 보였다. 이 책의 후반부에서 논의되는 사전적합성 시험(precompliance testing)이라는 개념은, 제1판 지침이 이행되었던 여러 해 동안에는 성공적으로 사용되었지만, 이후 폐지된 것처럼 보였다. 그러나 제3판에서는 위의 제2판 서술이 없어졌다. 이와 같은 현재 상황은, 통합기준이 “부분적으로“ 적용되었고 이 부분적 적용이 효과가 있었음을 입증하는 기술문서에 작성된 짧은 서술을 근거로 하여 사전적합성 시험이 계속 유지되는 결과를 가져올 가능성이 있다. 근본적으로 제조업체는 통합표준을 완전히 따르지 않을 경우의 위험성과 그렇게 하는 경우의 (회사 비용 측면에서의) 위험성을 비교, 평가한다.

물론 네 번째 가능한 대답은 아예 시험하지 않는다는 대답이다; 단지 신청서를 만들고, CE 마크를 붙이고, 아무도 눈치 채지 못하기를 바란다. 물론 제대로 된 회사라면 이 길을 택하지는 않을 것이다. 오히려 경쟁업체들이 그렇게 할 가능성이, 제대로 된 회사의 시장 지위를 평가하는 요소가 될 수 있다.

2.2.3.6 기타 정보

사용자에게 계속 정보를 제공하려는 유럽연합 집행위원회(EC)의 전체적인 바람에 따라 EMC 지침 제2판은 각 장치와 함께 제공되는 정보에 대한 새로운 요건을 만들었다. 이 요건에는 장치 식별과 제조업체의 이름 및 주소와 더불어 다음 항목이 포함되어야 한다.

- 장치가 사용되기 시작하는 시점부터 보호요건을 준수하는 것을 보장할 수 있도록 장치가 조립, 설치, 유지보수 또는 사용될 때 취해야 하는 모든 특정 예방조치에 대한 정보
- 주거 지역에서 보호요건의 준수가 보장되지 않는 장치의 사용 제한을 명확하게 표시(장치를 사용하려는 사람이 쉽게 이해할 수 있도록)
- 장치를 용도에 맞게 사용할 수 있도록 하기 위해 필요한 정보

장치에 대한 정보가 제공되지 않는 경우, 사용자는 EMC 측면에 관한 특별한 고려 없이 장치를 설치, 사용 및 유지 관리를 할 수 있으며, 이렇게 해도 장치는 여전히 보호요건을 준수할 것이라고 가정한다. 이것은 사용자로서 자연스러운 태도로 나쁘다고 할 수는 없다. 그렇지만

예를 들어, 장치의 준수에 필요한, 특정 케이블이나 접지 체계(방식)에 관한 정보가 사용자에게 명확하게 제공된다면 사용자가 이러한 케이블이나 접지방식의 사용을 요구할 수 있는 가능성이 존재한다.

주거지역 제한은 한동안 집행위원회에게는 어려운 문제였다. 이 문제는 IT 장비의 방출 표준인 CISPR 22/EN 55022에 서술되어 있는 A등급(Class A) 장비와 관련한 다음의 경고 문구에서 비롯된 것이다.

> 이러한 장비는 판매에 있어 제한을 받아서는 안 되지만 사용설명서에 다음 경고가 포함되어야 한다.
>
> **경고**
> 이것은 A등급 제품이다. 가정환경(domestic environment)에서 이 제품은 RF(전파) 간섭을 일으킬 수 있으며, 이렇게 된 경우에 사용자는 적절한 조치를 취해야 한다.

이 문구가 변호사들에게 골칫거리인 이유는, 정확히 말해 A등급 장비를 절대로 가정환경용으로 판매하거나 가정환경에서 사용해서는 안 되기 때문이다. 이 문구는 국제(CISPR) 버전 표준에 있으며, 국가별로 서로 다른 법적 요건을 가지고 있는 다른 비유럽 국가들은 이 문구가 삭제되는 것을 원하지 않는다. 채택된 절충안은, CISPR 22의 EN 수정 버전에서 "이러한 장비는 판매에 있어 제한을 받아서는 안 된다"는 문구를 삭제하고 새로운 EMC 지침에서 "주거지역(residential area)에서 장비를 위한 보호요건의 준수가 제조업체에 의해 보장되지 않는 경우, 이 장비에는 이러한 사용 제한에 대한 명확한 언급(표시)을 덧붙여야 한다"는 요건을 추가하였다. CISPR 22의 대체 표준인 CISPR 32에서는 경고 통지의 필요성은 유지되었지만 "판매에 있어 제한을 받아서는"이라는 문구가 삭제되었다.

2.2.4 제조 품질 평가

지침은 실제로 존재하는 모든 개별 완제품을 다루지만, 반드시 표시해야 하는 모든 EMC 특성에 대해, 대량생산(series production)[18]된 각각의 아이템을 전부 다 시험하는 것은 비현실적일 것이다.

2.2.4.1 통계적 관리

EMC 지침 제3판은 부속서 II에서 "제조업체는 필요한 모든 '조치'를 취하여 제조과정과 그 과정의 공정에 대한 감시를 통해 제조된 장비가 기술문서와 … 해당 장치에 적용되는 입법문

18 (옮긴이) mass production과 series production은 둘 다 대량생산을 뜻한다. 두 용어의 차이는 mass production는 일단 시작되면 중단 없이 제품생산이 이루어지는 반면, series production은 필요에 따라 한 품목을 생산한 다음 중지하여 생산설비를 조정하고 이어서 다른 품목에 대해서도 생산-중지-조정의 과정을 거치는 사이사이 중단이 존재하는 대량생산 방식이다.

서(legal instrument) 요건을 확실히 준수하도록 해야 한다"고 규정하고 있다. 여기서 언급한 '조치'가 어떤 것인지 정하는 구체적인 방법은 지침이나 이전의 가이드라인에 언급되어 있지 않다.

CISPR 샘플링 방식

EMC 지침이 채택되기 전 여러 해 동안 CISPR(4.1.1.2절 참조) 표준위원회는 생산 품질 시험의 필요성을 인식했으며, 샘플링 방식을 EN 55011, EN 55014, EN 55022의 근거를 이루는 RF 방출표준에 포함시켰다. 이렇게 하는 목적은 최소한 대량 생산의 80%와 신뢰도 80%라는 이른바 80/80 규칙에 대해 허용기준 요건을 확실히 준수할 수 있도록 하기 위함이다. 실제로, 80/80 규칙을 완전하게 준수하려면 제조자는 제품의 약 95%가 명시된 허용기준 요건을 준수하는 것을 목표로 삼아야 한다.

첫 번째 방식에서는 3개에서 12개 사이의 동일한 아이템에서 발생하는 실제 방출레벨을 측정하고 측정결과로부터 평균과 표준편차를 구해야 한다. 허용기준 레벨은 다음 식으로 표시된다.

$$L \geq \overline{X} + k \cdot S_n \tag{2.1}$$

여기서 $\overline{X}$는 측정된 방출레벨의 산술평균이고 S_n은 측정된 방출레벨의 표준편차이며 k는 비중심 t-분포(non-central −distribution)에서 유도한 상수로, 샘플(sample, 표본)의 개수에 따라 2.04와 1.2 사이의 값을 갖는다.

샘플 아이템들 사이의 방출레벨에 별 차이가 없으면(즉 S_n값이 작으면) 허용기준에 대한 여유(margin, 마진)는 작아도 된다. 반대로 방출레벨이 서로 크게 차이가 나면 허용기준 대한 여유가 커야한다. 이 샘플링(표본추출) 방법은 방출 측정에만 적용할 수 있으며 내성 측정에는 사용할 수 없다.

두 번째 샘플링 방법은 방출과 내성 모두에 적용할 수 있는 것으로, 개별 샘플 기기에 대한 시험 불합격을 기록하는 것을 기반으로 한다. [표 2.1]에 따라, 명시된 제한치 이하의 내성 레벨을 갖거나 방출 허용기준을 초과하는 샘플 기기의 수가 사이즈가 n인 샘플에서 c를 초과해서는 안 된다는 조건으로부터 준수 여부를 판단한다. 이 시험은 이항 분포(binomial distribution)에 기초하여 80/80 규칙에 따라 첫 번째와 동일한 결과를 산출한다.

표 2.1 샘플 사이즈가 n일 때 허용 가능한 불합격 횟수 c

샘플 사이즈 n	7	14	20	26	32
불합격 횟수 c	0	1	2	3	4

위의 샘플링 방식뿐만 아니라 공표된 EN 표준에서도 단 하나의 아이템에 대해서 단 하나의 시험(single test)을 허용한다. 그러나 그 다음에는 생산에서 무작위로 선택한 샘플에 대해 때때로 후속 시험이 필요하다고 조언한다. 물론 "단 하나의 아이템(one item only)" 이라는 방식은 대부분의 경우에 사용된다. 비록 많은 생산량을 가진 제조업체들, 그 중에서도 특히 자체 시험 설비를 갖춘 제조업체들은 여러 개의 샘플에 대해 시험을 수행하여 준수 수준을 강화하고 보호하지만 말이다.

중요한 것은 CISPR 표준에 따라, 어느 한 샘플링 방법 또는 다른 샘플링 방법에 맞춰 시험이 수행된 이후에야 판매 금지가 이루어진다는 점이다. 이것은 집행당국에게 항상 시장 감시 활동에서 다수의 샘플의 시험을 수행해야하는 부담(책임)을 주는 것으로 보인다.

2.2.5 고정설비(fixed installations)

EMC 지침이 설비에 어떻게 적용되는가에 관한 문제는 최초 지침이 논의 대상이 된 이래로 계속해서 중요한 쟁점이었다.

> … 결국, 장치들을 조립하여 이루어진 시스템과 관련된 중요한 문제가 있다. 경우에 따라 시스템의 EMC는 그 시스템을 구성하는 부분들(장치들)의 EMC와는 다를 수 있으며, 그렇게 판매되는 시스템은 지침에 따라 별도의 인증이 필요하다. 시스템에 대한 적절한 실제적 시험 방법이 표준에 포함되어 있음이 확인되면 대부분 문제는 해결된다. 그러나 일부 시스템은 판매 단계 이후 한참을 지난 다음에야 (시스템이 설치되어 운용되는) "현장"에서만 시험할 수 있다. 비슷한 문제는 대규모 자본장비(capital equipment)[19]의 "일회성"아이템들에도 해당된다. 현재는 법적 의미를 명확히 하기 위해 노력하고 있으며 다시 보고할 것이다.
>
> 1989년 2월 28일 통상산업부(DTI, Department of Trade and Industry)의 케첼(John Ketchell)이 EMC 지침을 도입하기에 앞서 협상의 진척 상황에 대해 이해 당사자들에게 보낸 회람의 내용

> 설비에 대한 EMC 지침의 적용은 지난 4년 동안 얻은 경험에 비추어볼 때 매우 논란이 많은 사안이다.
>
> EMC 지침 6.5.2.1 적용에 대한 유럽연합 집행위원회 가이드라인, 1997년 7월

제1판 EMC 지침이 유지된 기간 동안 시스템과 설비는 논쟁의 대상이었다. 따라서 제2판에서 설비에 대한 준수(인증)체제가 크게 바뀐 것은 별로 놀랍지 않다.

2.2.5.1 EMC 지침 제2판의 변경사항

EMC 지침 제2판은 별도의 절(section)에서 고정설비를 다음과 같이 정의하였다.

19 (옮긴이) 제품을 제조하고 서비스를 제공하는 데 사용되는 장비, 기계, 건물 등을 말함

> 고정설비(Fixed installation)는 사전에 정의된 위치에서 영구적으로 사용하기 위해 조립되고, 설치되고, 계획된 여러 유형의 장비와, (해당되는 경우) 기타 기기와의 특별한 결합물을 의미한다.

이 문장은 고정설비를 이동설비(mobile installation)와 구분하고 있다. 이동설비란 "어떤 지역 안에서 이동하고 작동하도록 만들어진 장치와, (해당되는 경우) 기타 기기와의 특별한 결합물"이라는 자신만의 정의를 가지고 있다. 이동설비는 다른 장치와 동일한 준수(인증)체제의 대상이다. 고정설비는 보호요건을 충족하기 위하여, "양호한 공학적 관행(Good Engineering Practice, GEP)"을 적용하고 설비를 구성하는 부품들의 사용목적에 대한 정보를 따라야 한다. 이러한 양호한 공학적 관행은 문서로 만들어야 하며, 이 문서들은 고정설비가 작동 중인 동안은 책임자(들)가 보유하고 있어야 한다. 그렇지만 고정설비는 CE 마크가 필요하지 않으며 적합성 신고의 대상이 되지 않아도 된다. 또한 특별히 명시된 고정설비와 결합되는 장치는 지침의 특정 측면들을 준수하지 않아도 된다.

이러한 상황은 고정설비와 고정설비에 포함되는 장치를 규제하는 방식에 중대한 변화를 보여주었다. EMC 지침 제3판에서도 이 상황은 그대로다. 이것이 나타내는 것은, 설비운영자는 고정설비가 관련 필수요건을 확실히 준수하게 하는 데 책임이 있는 "책임자(responsible person)"를 지정해야 한다는 사실이다. 이 사실이 운영자 모두에게 해당되는 것은 아니지만 대부분의 운영자에게는 새로운 것이었다. 또 하나는 "양호한 공학적 관행"이라는 모호한 용어가 구체화되어야 한다는 사실이다. 아직도 설비에 대한 통합표준은 없다. 그렇지만 집행위원회는 표준이 반드시 제정될 것이라고 확실히 예상한 바 있다.

완전한 설비에 지침을 적용하는데 있어서 가장 큰 딜레마는 법적으로 타당한 시험을 수행하는 것이 어렵다는 것인데, 이는 EMC 현상의 특성상 상호연결(interconnection)을 제대로 고려하지 않고 설비를 구성하고 있는 부분들만을 시험하는 것은 무의미하다는 점을 생각하면 이해할 수 있다. EMC 지침 제1판에서는 기술문서(TCF)에서 두 가지 주요 가능성을 검토하였다. 첫째는 시스템을 자체적으로 규정을 준수하는 개별 아이템들로 구축하고, 설치 방법은 이러한 준수가 침해되지 않도록 공급자의 지시에 따르도록 하는 것이다. 기술문서(TCF)는 이를 보장하는 설치 도면과 작업 지침을 참조할 것이다. 이 방법은 새로운 체제에서 계속되고 확장된다.

둘째는 일단 설비를 조립한 다음 이것이 규정을 준수함을 입증하기 위해 제한된 현장 시험을 수행하는 것이다. 이 방법은 포괄적이라고 하기에는 부족하므로, EMC 위협을 정의하는 매트릭스 형식으로 작성된 상당한 양의 문서, 그리고 수행된 시험이 타당한 이유를 포함하여 규정을 준수함을 주장하는 근거를 가지고 그 부족함을 메워야 한다. 새로운 체제는 어떤 구체적인 방식의 시험을 언급하지 않는다.

2.2.5.2 적용대상범위

고정설비에 대해 앞에서 설명한 정의에 따르면 고정설비는 단일한 기능 단위(single functional unit)가 아니라는 점에서, 다시 말해 고정설비는 "여러 유형의 장치가 특정한 방식으로 결합된 것"이므로 대규모시스템(2.2.6절에서 설명)과는 구별된다. 또한 고정설비는 시판되지 않으며 유럽연합(EU) 내에서 "자유로운 이동"을 누릴 수 없다는 점에서도 대형시스템과는 차이가 난다. 고정설비는 "사전에 정의된 위치에서 영구적으로 사용하기 위해 조립되고, 설치되고, 계획된 것"이다. "영구적으로 사용하기 위해"이라는 문구는 해석상 문제를 일으켰는데, 어떤 사람들은 이 문구가 '하루 24시간 사용함'을 의미한다고 생각했다. 실제로, 가능한 해석은 모두 지속기간과 관련이 있다. 설비를 구성하는 부분들이 예상 수명주기 동안 정의된(지정된) 위치에서 사용되는 것이 서비스 개시 시점에 의도된 경우라면 요건은 충족된다. 정의된 위치가 아닌 다른 위치에서 사용하기 위해 이동할 것으로 예상되었다면 요건은 충족되지 않는다.

고정설비는 작동 수명주기 동안 그 자체로 수정(변경)이 이루어질 것이고, 이러한 수정은 원래의 사용목적을 무효로 만들지 않을 것으로 여겨진다. 이러한 설비(예: 통신센터)들은 실제로도 지속적으로 변경되고 있는데, 이를 막는 방향으로 법령을 만들 수는 없다. 그러나 요건에는 EMC 차원에서 이러한 변경의 영향을 항상 고려하고 적절하게 문서화해야 한다는 의도가 담겨있다.

고정설비를 고려할 때 제기되는 문제는 설비를 구분하는 경계가 무엇인지, 따라서 어떤 부분을 고려해야 하는지, 그리고 실제로 이 문제에 책임을 져야 하는 주체는 누구인지이다. 예를 들어, 전원공급 네트워크와 통신선로 네트워크를 가진 구내(構內, campus)에서는 어디까지가 설비의 "경계(edge)인가? 도체(도선, conductor)의 인입구(service entrance)를 쉽게 찾을 수 있는 경우도 있지만 항상 그런 것은 아니며, 인입구가 방사성 현상들(radiated phenomena)의 경계임을 확실히 보여주지도 않는다. 경계를 알면 전자기 환경을 규정할 수 있지만, 아무리 구분하기 좋은 조건이라 해도 경계가 모호한 사례가 많을 것이다. 이러한 문제에 해당되는 또 따른 예로 "중첩된(nested)" 설비, 즉 큰 설비 내에 작은 설비들이 여럿 들어있는 경우를 떠올릴 수 있다. 이 경우에 큰 설비와 작은 설비는 경계와 책임이 다르다. 영국 통상산업부(Department of Trade and Industry, DTI)의 협의서[204]에서는 이러한 상황에서 발생하는 설비 간 방해의 경우, "책임자 사이에서 추가 협력이 이루어져야 해결책을 찾을 가능성이 있다"고 씁쓸하게 지적하고 있다.

앞에서는 고정설비의 일반적인 정의가 불러온 결과를 살펴봤는데, 지금부터 한 가지 결과를 더 살펴보기로 하자. 여기서 이 정의의 논리적 목적까지 추구한다면 극적인 결과가 나올 수 있다. 현재까지 설비의 규모나 범위에 대한 하한선은 사실상 존재한 적이 없다. 역사적으로 이 정의는 통신센터, 공장, 발전소 또는 변전소 등과 같은 큰 시설(premises)을 포함하기 위한 것이었음은 분명하다. 그러나 실제로는, 한 위치에서만 사용되는 "여러 유형의 장비들의 특별한 결합물"은 그 위치가 어디이든 모두 적용 범위에 속하므로 책임자와 양호한 관행을 담은 문서가 필요하다. 이 정의의 적용범위는 전기장비나 전자장비가 지정된 한 장소에 설치되기만 하면 개별 상점, 사무실, 심지어는 가정까지 그 규모를 작게 해나갈 수 있다.

2.2.5.3 책임자

EMC 지침의 19.1항은 다음을 요구한다.

> 양호한 공학적 관행은 문서화되어야 하며 문서는 국가 관계당국의 처분에 따라 책임 있는 담당자에 의해 보관되어야 한다.

또한 19.3항은 다음과 같다.

> 회원국은 고정설비의 적합성을 확립하는 데 책임이 있는 담당자 또는 담당자들을 식별하는 데 필요한 조항을 제정해야 한다.

영국에서 통상산업부(DTI)는 책임이 있는 담당자의 정의를 "관련 고정설비의 소유권이나 통제를 통해, 설비구성이 사용될 때 그 설비구성이 보호요건을 준수함을 결정할 수 있는 사람"으로 하는 초안을 작성했다. 이 정의는 상황에 따라 서로 다른 주체가 책임이 있는 담당자가 될 수 있음을 인정하는 것이다. 예를 들어 어떤 경우에는 시설의 소유자가, 다른 경우에는 설치 운영자가, 또 다른 경우에는 설치 관리자가, 이런 식으로 될 수 있다. 운영자는 설비의 사용을 시작하기 전에 책임자가 누구인지 알 수 있게(식별할 수 있게) 해야 하는데, 이는 계약으로 정해지는 것이 보통이다.

위에 소개한 통상산업부(DTI) 정의가 나타내는 것은 다음과 같다. 주어진 상황에 대해 주체로 정해진 사람이 누구이든, 요구되는 판단을 내릴 수 있도록 설비에서 생긴 EMC 문제들을 충분히 이해해야 하며 아울러 요구되는 책임을 질 수 있는 충분한 지위(seniority)에 있어야 한다. 주위를 둘러보면 설비를 관리하는 전형적인 조직에 이러한 개인, 그룹 또는 부서가 존재하는 경우는 매우 드물다는 사실은 쉽게 알 수 있다, 물론 몇몇 예외는 있는데, 예를 들어 [5.4절]에 설명하는 것처럼 철도산업과 같이 이미 설비 관련 EMC를 다루고 있는 몇몇 산업부문의 그룹은 물론, 규모가 큰 통신조직은 그 그룹이나 조직 내에 충분한 기술적 역량을 가지고 있다.

따라서 다음 두 가지 결과 중 하나를 예상할 수 있다.

- 조직은 자신의 책임을 진지하게 받아들이고, 새로운 규정이 말하는 문서의 급증 가능성에 대처하기 위해 개인, 컨설턴트를 책임자로 고용하거나 조직 내 그룹을 책임부서로 지정할 것임.
- 조직은 새로운 규정의 범위와 규정에 담겨있는 내용에 관한 이해가 아주 적을 것이고 규정의 집행은 매우 약해서 이로 인해 설비가 새로운 규정을 준수하게 되는 일은 (아예 없다고는 할 수 없지만) 거의 없을 것임.

2.2.5.4 양호한 공학적 관행(Good engineering practices, GEP)

EMC 지침에는, '공학적 관행은 문서화되어야 한다'는 문구 속에 담긴 의미를 제외하고는 "양호한 공학적 관행(GEP)"이라는 구절이 무엇을 뜻하는지에 정의가 없다. 전기설비를 위해 확립된 여러 가지 양호한 관행들이 있지만, 이 관행들은 EMC에 대해서는 의미 있는 어떤 것도 말하고 있지 않으며 필수요건을 준수하는 데 별로 유용하지는 않을 것이다. '양호한 공학적 관행'이 "양호한 EMC 공학적 관행(good EMC engineering practices)"을 의미한다는 데에 합의가 새롭게 이루어지고는 있지만 여기에 대해서는 해석의 여지가 매우 넓다. 현재까지 이러한 해석은 매우 일반화되어 있는데, 그 예를 몇 개만 들어보면 IEC 61000-5 시리즈의 표준 등 몇몇 IEC 문서와 GEP를 주제로 다룬 몇몇 책들, 그리고 본 저자가 쓴 책[19]이 있다. 실제로 더욱 상세한 자료의 대부분은 군사시스템(military systems)에 적용되며, 이들을 EMC 지침과 관련하여 적용하기에는 부적절하거나 어려울 수 있다.

책임자가 문서로 만든 공학적 관행이 EMC에 상당한 악영향을 미친다는 이유를 들어, 책임자를 비준수(non-compliance) 혐의로 기소할 가능성은 거의 없다고 보면 틀림없다. 만에 하나 책임자를 기소하더라도 실제로 법정에서 혐의를 증명하는 일은 비용이 많이 들고 아무리 잘해봐야 결과는 불확실할 것이다. 예를 들어, 많은 시스템 설계자와 설치자는 단일점(한점) 접지접속 방식으로 길이가 긴 도선을 사용해서 한쪽 끝만 케이블의 차폐도체를 종단하는 예전부터 이어져 내려온 관행을, 양호한 관행으로 생각하여 사용한다. 하지만 실제로 이 관행은 관심 주파수 대역에서 EMC 지침의 보호요건을 준수하는 데 필요한 양호한 EMC에는 오히려 해가 된다. 그렇지만 이를 입증하기 위해서는 길고 복잡하며 결론이 나지 않을 확률이 높은 기술적 주장들이 필요할 것이고, 이렇게 되면 효과적인 집행 조치는 불가능하게 될 것이다. 이제 남은 것은 "설비를 구성하는 부품들의 사용목적에 관한 정보를 따라야(준수해야) 한다"는 요건이다. 이 요건은 이들 부품 중의 어느 하나라도 EMC와 관련이 있는 설비와 작동을 제한하는 경우에는 이들 부품은 요건을 준수해야 하고, 부품이 준수한다는 이 사실을 문서화해야 한다는 것으로 귀결된다.

문서에 필요한 세부사항의 수준은 고정설비의 복잡성에 따라 달라질 것이다. 세부사항들은 양호한 관행이 준수되었는지 여부를 집행당국이 판단할 수 있을 만큼 충분해야 한다. 이러한 요건을 해석할 때, 집행당국은 EMC의 전문기관이 아님을 명심해야 한다(영국의 경우에는 분명한 사실이다).

채택 가능한 양호한 관행에 대해 주의해야 할 한 가지 사항은 [1.2절]에서 이미 설명한 대로 시스템 내부 EMC와 시스템 간 EMC 사이의 구분이다. EMC 지침은 고정설비와 외부 세계 사이의 방해, 즉 시스템 간 EMC만을 대상으로 한다. 따라서 EMC 지침은 설비의 소유자와 운영자에게 큰 관심사이지만, 설비 내 다양한 부분들의 상호 적합성을 보장하는, 시스템 내부 EMC를 위한 양호한 관행 그 자체는 EMC 지침과는 관련이 없다.

2.2.5.5 명시된 장치

명시된(지정된) 고정설비 내부에 결합될 목적으로 제작된 장치 – 이것이 아니라면 단일 기능 단위로서 최종 사용자가 상업적으로 이용할 수 없는 장치 – 는 다음 사항을 준수할 필요가 없다.

- 필수요건
- 준수(인증) 평가 절차
- 기술문서와 EC 적합성 신고서 – 그러나 일부 기술문서는 필요함
- CE 마크 표시

이렇게 장치 사이에 차이를 두는 근거는, 명시된 고정설비만을 위해 제작된 장치에 대한 준수(인증)의 평가는 해당 설비와 따로 분리하여 수행할 필요가 없으며 경우에 따라서는 가능하지 않다는 점에 있다. 일반적으로 사용할 수 있는 범용 장치에는 이러한 면제가 적용되지 않는다. 장치는, 지정된 장치를 제조한 제조자와, 해당 장치가 내부에 사용된 고정설비를 책임지는 사람 사이에 직접적인 연계가 있는 경우에만 이러한 혜택을 받을 수 있다. 결국 제공자와 고객 사이의 관계(십중팔구, 계약에 의해 맺어지는 관계)가 필요하다. 정보 요건은 여전히 그대로여서, 장치는 완전히 식별할 수 있어야 하고 제조자의 이름과 주소가 포함되어야 한다. 장치는 어느 고정설비에 사용될 목적으로 제작되는지, 그리고 "장치의 EMC 특성"은 어떠한지를 정확하게 문서화해야 하며, "설비의 적합성을 손상시키지 않도록 장치를 고정설비에 통합하기 위해 취해야 할 예방조치"을 반드시 표시하여 "설비의 적합성을 손상시키는 일이 없게 해야 한다."

설비의 EMC 특성을 정확하게 기술하기 위해서는 해당 설비의 제조자가 설비의 전자기 환경을 아주 잘 알고 있어야 한다. 필요한 세부사항의 수준, 그리고 정보가 가져야 하는 형식은

제시되지 않는데, 이는 고정설비를 일반표준(generic standard)[20]에 따라 가정, 상업, 경공업 또는 산업용 전자기 환경을 가진 것으로 분류할 필요가 없음을 뜻하는 것일 수 있다. 그러나 이렇게 해서는 설비의 적합성을 손상하지 않는 제품을 설계하기에 충분하지 않다. 마찬가지로 EMC를 확보하기 위해 취해야 할 예방조치를 표시하는 것은 단지 잘 알려진 전자파 방해 저감(mitigation) 조치를 죽 나열하고 설치자로 하여금 어떤 조치를 수행할지 결정하게 하려는 의도일 수 있다. 또는 설비의 모든 측면에 대한 명확하고 자세한 지침을 설치자에게 제공하려는 의도일 수 있다. 이 사안들은 모두 이전에는 없던 아주 새로운 것들이고 이용할 수 있는 지침이 너무 제한적이어서, 현재로서는 요건을 제대로 처리하는 데 필요한 일반적인 관행이 허용 가능한 범위에서 어떻게 개발될 수 있을지 알 수 없다.

명시된 장치에 대한 면제를 이용할 수 있는 예를 들어보면 다음과 같다.

- 특정 규격에 따라 만들어지고 제조업체가 동등하다고 간주하는 고정설비 또는 고정설비들에 사용될 목적으로 만들어진 명시된 장치
- 고객이 제공한 규격에 따라 설계되고 주어진 고정설비에 사용될 목적으로 만들어진 장치
- 고정설비에서 고객의 명시된 요구 또는 특정 위치의 특수성(specificity)에 맞춰 일반 모델(generic model)로부터 변화시킨 장비
- 소규모 연속생산(series production)으로 제작되어 명확한 유형의 설비 내에 통합되기 위해 전달(배달)되는 장치, 최종 위치에서 적절한 EMC 조정을 필요로 하는 각 아이템

2.2.6 시스템

고정설비는 EEA 내에서 "자유로운 이동을 누릴 수" 있는 시스템(즉 이동설비)과는 대조적으로, EEA 내에서 자유로운 이동을 누릴 수 없다. 고정설비에 속하는 대표적인 시스템은 컴퓨터 워크스테이션으로 이 시스템은 PC, 모니터, 키보드, 프린터, 기타 주변기기 등의 아이템(item)으로 구성된다. 각 아이템을 개별적으로 판매하려면 아이템별로 따로따로 시험을 해서 인증을 받아야 한다. 아이템들을 단일 패키지 묶어 판매하려면 역시 패키지 단위로 시험하고 인증을 받아야 한다.

---

20 (옮긴이) '일반'이라는 뜻을 가진 영어 단어에는 'general'과 'generic', 이렇게 두 가지가 있다. 일반(general)에는 종합(여러 가지를 한데 모아 합함), 보편(모든 것에 두루 미치거나 통함), 범용(여러 분야나 용도로 쓰는 것), 포괄(일정 대상이나 현상을 어떤 범위 안에 모두 끌어넣음) 등의 의미가 모두 담겨 있다. 또 다른 일반(generic)은 구체적(특정적, specific)이지 않은 것을 의미하는데, 브랜드(상표)이름이 없는 제품을 가리킬 때도 사용된다. general은 개념, generic은 개체를 가리키는 경향이 있다. 사용례는 다음과 같다. Generally speaking, most people do not consider generic products to be as good as their brand name alternatives.('일반적'으로 말해, 대부분의 사람들은 '브랜드'제품이 '일반'제품보다 좋다고 생각한다. A general pharmacy store in the USA like CVS or Walgreens might sell both brand-name and generic medicines.[편의점이나 월그린과 같은 미국의 '일반' 약국 상점[약품은 물론 약국과 관련 없는 물품까지도 판매한다는 점에서의 일반임]은 브랜드 의약품과 '일반' 의약품을 모두 판매한다.
* 이 책에서는 generic은 '일반'으로 general은 '일반적' 또는 '일반적인'으로 번역하여, 독자들이 구별할 수 있도록 한다.

유감스럽게도 이러한 정의는 "시장에서 판매"되는 — 즉 계약에 따라 고객에게 공급되는 — 단일 시스템을 제작하는 사람들에게는 도움이 되지 않는다. 여기서 단일 시스템은 별도의 장치 아이템들로 구성되지만 실제로는 단일 기능 단위로 판매되며, 반드시 규정된 위치에서 사용되기 위해 제작될 필요는 없다. 많은 산업, 상업, 공공설비 계약이 이 범주에 속한다. 공표된 해석에 따르면 전체 조립품은 하나의 시스템으로 간주되어야 하므로 하나의 패키지로서 준수를 해야 한다. 현재의 상황으로는 대규모 시스템(large system)만을 특별히 대상으로 하는 표준은 없다.[21] 다시 말해, 일부 방출 표준들(예를 들어, CISPR 11)이 설치 현장에서의 측정을 허용하지만 시험장(test site)에서 시험을 하는 것은 실제적으로는 불가능하다. 측정 위치에서는 설비 외부의 장해와 설비로 인한 장해를 구별하기 어렵고 물리적 설치 조건(상태)의 변동성(variability)에 의해 반사가 일어나고 정재파가 만들어져 측정이 왜곡되므로 이러한 방식의 측정은 그 자체로 의심스럽다. 내성표준에는 대규모 시스템에 대한 조항들은 없으므로 표준이 없는 상태에서 EMC 평가를 수행해야 한다. 이와 같은 경우에 지침의 필수요건을 해석하는 방법에 대한 안내는 거의 없다.

2.2.7 이행, 집행 및 제재

회원국은 EMC 지침의 대상인 장치가 적절하게 설치되고 유지보수되고 의도된 목적에 맞게 사용되는 경우에 지침의 요건을 충족하면, EMC를 이유로 해당 장치의 자유로운 유통을 방해할 수 없다. 회원국은 CE 마크를 부착하고 제조자가 EMC 평가를 수행하고 문서화한 장치는 보호요건을 준수하지 않는다는 증거가 없는 한 실제로 보호요건을 준수한다고 가정해야 한다.

한편, 회원국은 준수하지 않는 것으로 판명된 장치가 시판되거나 사용되지 않도록 보장하고 준수하지 않는 장치를 시장에서 회수하기 위한 적절한 조치를 취해야 한다. 제2판 EMC 지침의 요건을 각 회원국에서 자국의 법률로 바꾸는 입법조치를 2007년 1월 20일까지 완료해야 했다.

영국에서 법률의 집행제도에는 집행당국이 EMC 요건을 준수하지 않는다고 믿는 특정 장치의 공급이나 사용을 금지하는 "중지통지(suspension notices)"라는 사안이 있다. 통지(notice)는 상황의 긴급성에 따라 즉시 효력이 발생하기도 있고 그렇지 않기도 하다. 통지를 받은 당사자는 항소절차를 통해 통지를 취소해달라고 청할 수 있다. 집행당국도 중지통지에 이어 장치의 파기, 수정, 또는 처분과 함께 장치의 몰수를 법원에 신청할 수 있으며 집행 당국의 공무원(담당자)에게는 구내에 들어가 장치와 문서를 검사 또는 압수할 권한이 부여될 수 있다.

21 단 ETSI EN 300 127 V 1.2.1 : 1999, "물리적으로 규모가 큰 통신 시스템의 방사성 방출시험" 표준은 여기에 해당하지 않는다. 이 표준은 그 제목이 나타내는 것과는 달리 물리적으로 대규모인 시스템을 시험하는 방법은 언급하지 않지만 "최소 대표 시스템(minimum representative system)"을 결정하는 방법을 명시한다. 이 시스템은 야외시험장(open area test site)에서 시험할 수 있다.

2.2.7.1 위반

EMC 법령에는 형사제재(criminal sanctions)가 포함되어 있다. 그러나 장치가 실제로 요건을 준수하는지 여부를 판단하기란 쉽지 않기 때문에, 영국의 입법자(국회의원)들은 준수하지 않은 장비를 공급하거나 사용하는 것을 절대적인 범죄행위로 규정하지 않았다. 사용자나 소매업자가 문제의 제품이 준수하는지 아닌지를 알 것이라고 기대하는 것은 무리다. 예를 들어, CE 마크를 오용(남용)하거나 허위 또는 잘못된 정보를 제공하는 일을 막고 금지통지를 위반하는 행위를 형사처분하기 위해서는 다른 영역에서의 범죄행위가 있어야 한다.

2.2.7.2 관행

두 가지 중요한 질문 — 집행이 어떤 방식으로 작동되는지, 모든 회원국에서 지침은 동일하게 집행되는지[이른바 "평평한 운동장(level playing field, 공평한 경쟁 환경)인지] — 이 있다. 이 두 가지 질문은 EU 회원국의 각 정부가 이러한 과업을 수행하기 위해 준비하는 자원(재원)과 직접적으로 관계된다. 앞에서 영국 통상산업부(DTI)는 집행(단속) 활동 노력은 민원(고소)중심으로 이루어졌음을 지적한 바 있다. 당시에는 장치의 실제 사용으로 발생하는 장해에 대한 민원들의 조사는 물론이고, 장치의 사용에 문제가 있는지 여부에 관계없이 장치가 지침의 요건을 준수하지 않는다고 제기하는 민원에도 열려있다(널리 받아들이고 있다)고들 하였다. 그렇지만 이는 Ofcom이 끝까지 따르지는 않았을 방식으로 보인다. 경쟁업체의 장비 샘플을 시험하는 업체들이 장비에 대한 민원을 제기할 수 있으며, 업체에서 이들 장비 샘플이 요건을 준수하지 않음을 알아낸 경우에는 당국에 "일러바칠(shopping)"수도 있다. 물론 유리집에 사는 사람들은 함부로 돌을 던져서는 안 되겠지만(People who live in glass houses shouldn't throw stones, 그럴 자격이 있는지 먼저 살펴봐야겠지만).

한편, 독일의 집행당국은 법률위반에 대응하기 위해서는 무작위 현장 점검(random spot checks)의 방식으로 시장에서 정보를 얻을 필요가 있다는 점을 언급했다[123]. 독일은 제1판 EMC 지침이 제정되기 이전에 독일전기기술자협회(Verband Deutscher Elektrotrchniker, VDE) 강제 표준의 형식으로 RF 방출을 제어(억제)하기 위한 강력한 체제를 이미 가지고 있었는데, 이는 현재 지침 준수를 입증하기 위해 사용되는 EN 표준보다 더욱 엄격했다. 독일인들은 EMC 지침이 자신들이 가진 체제의 효과를 약화시킬 수 있다고 우려했다. 따라서 EMC 지침이 철저히 시행되어야 한다고 주장했다.

여러 회원국들 사이에 존재하는 집행관행의 차이는 무역에 대한 기술적 장벽을 줄이겠다고 천명한 지침의 의도와는 반대로 작용하는 것임이 명백하다. 새로운 입법 체계(New Legislative Framework, NLF) (2.1.6)는 이 문제를 고심해서 처리하려고 시도했다. 이 체계의 표준화된 집행조항은 EMC 지침 제3판 37조에 기술되어 있다.

2.2.7.3 시장 감시 활동

2004년부터 EC의 행정협력단체(ADministrative Co-Operation group, ADCO)는 EU 전역에 걸쳐 일련의 감시활동을 펼쳐 다양한 분야에서 적절하게 규정을 준수하는 제품들 가운데 방해를 일으키는 능력 면에서 특히 나쁜 것으로 확인된 제품의 비율을 조사했다. 감시활동별 보고서들[205]은 공개되어 있어서 쉽게 입수할 수 있다. 보고서에는 경각심을 불러일으키는 내용이 담겨있다. 보고서를 통해 다른 것은 몰라도 새로운 입법 체계(NLF)의 필요성이 부분적으로 확인되었다. [표 2.2]에 입수한 통계가 요약되어 있다. 표의 수치는 각각의 경우에 시험한 총 제품 수에 대한 백분율을 나타낸다.

각각의 감시활동 보고서는 조사결과를 유럽전역과 제품의 원산지인 다른 국가들에 널리 알리는 권고로 끝을 맺고 있다. 사람들은 이것이 좋은 생각인지 궁금해 했다; 이러한 수치로부터 이끌어낼 수 있는 거의 유일한 결론은 적합성을 획득하면 좋지만 필수는 아닌 것으로 보인다는 것이다.

표 2.2 시장 감시활동 결과

분야	1차: 에너지 절약 램프	2차: 전동 공구	3차: 가전 제품	4차: LED 조명기구	5차: 스위칭 전원 공급기	6차: 태양 전지판 인버터
연도	2004/2005	2007/2008	2009/2010	2011	2012/2013	2014
RF 방출 불합격 비율	23%	20%	28%	38%	44%	67%
고조파 불합격 비율	23%	N/A	N/A	46%	N/A	N/A
내성 불합격 비율	N/A	N/A	31%	9%	N/A	N/A
잘못된 DofC 비율	10%	21%	20%	35%	26%	24%
DofC 없는 비율	50%	16%	19%	25%	24%	25%
총 비준수 비율	N/A	50%	65%	83%	N/A	91%

N/A = 해당사항 없음

2.2.7.4 해석

이미 앞에서 살펴본 바와 같이, EMC 지침이 나타내는 의미(즉 EMC 지침에 담긴 의도)가 매우 넓으므로 지침의 많은 조항들을 해석의 대상이 될 수밖에 없다. 이처럼 조항들을 해석하는 일은 것은 EC나 국가의 이행당국의 기능이라고 예상할 수 있다. 하지만 해석에 대한 상세한 질문들에 대해 이들 당국에서 내놓는 답을 얻는 일은 매우 어려웠는데, 특히 기술적인 차원의 문제인 경우에는 더더욱 그랬다. 1997년에 나온 가이드라인(Guideline)은 해석을 하는 데 상당한 도움이 되었지만, 훨씬 더 많은 난해한 기술적 문제들은 다루고 있지 않다.

제2판 EMC 지침에 대해서는 안내문서(guidance document)[203]가 있는데, 이 문서는 이번 장의 전체에 걸쳐 곳곳에서 언급되고 있다. 제3판 지침에 대한 안내문서는 아직 만들어지지 않았다. 영국에서는 EMC 시험소협회(EMC Test Laboratories Association, EMCTLA)라는 이름의 단체가 결성되었다. 이 단체의 주요 목적은 제1판 EMC 지침에 따른 기술문서(TCF)에 대한 평가가 서로 다른 규제기관들(competent bodies)에서 이루어질 때 그 결과의 균일성을 타당한 범위 안에서 보장하기 위함이다. EMC 시험소협회(EMCTLA) 내에, 지침의 이행에 관한 문의에 답하고 전문적인 안내문서를 발행하는 실무그룹(working group)을 설치하였다. 이 안내문서는 상당히 많은 발행부수를 가지고 있으며 통일된 해석을 내리기 위한 근거가 될 수 있다. 이와 같은 안내문서는 EMCTLA의 웹사이트(www.emctla.com)에서 입수할 수 있다. 기술문서(TCF)를 사용한 준수방법이 사라졌음에도 불구하고 이와 관련이 있는 많은 것들이 여전히 존재한다. EMCTLA는 EU 내부에, 이러한 통일화 방법을 확산하는 역할을 하는 범유럽 인증기관 협회(pan-European Association of Notified Bodies)를 설립하는 데에 중요한 역할을 했다.

2.3 무선장비 지침

2.3.1 적용대상 범위

앞서 살펴본 바와 같이, 무선장비지침(RED)[198]은 R&TTE 지침 1999/5/EC의 후속 지침이다. 새로운 지침의 적용대상 범위를 나타내는 몇 가지 중요한 정의는 다음과 같다.

- RE(Radio Equipment, 무선장비): 무선통신과(또는) 무선측위(radiodetermination)를 목적으로 의도적으로 전파를 방출하거나 수신하는 전기 또는 전자 제품, 또는 무선통신이나 무선 측위를 위해 의도적으로 전파를 방출하거나 수신하기 위해 안테나 등의 부속품을 갖추어야 하는 전기 또는 전자 제품
- 무선통신(radio communication): 전파를 이용하는 통신
- 무선측위(radiodetermination): 전파(電波, radio wave)의 전파(傳播, propagation) 특성을 이용하여 물체의 위치, 속도, 그리고(또는) 기타 특성을 결정하거나 이들 파라미터와 관련되는 정보를 취득하는 것
- 전파(電波, radio wave): 인공적인 유도(guide) 없이 공간을 전파하는 주파수 3,000 GHz 미만인 전자파
- 무선 인터페이스(radio interface): 규정에 따르는 무선주파수의 사용 규격

변경 사항을 두 가지만 들면, 하한 주파수(이전 하한은 9 kHz)가 사라졌으며 "전파측위"가 적용대상으로 명시되었다는 것이다. 이에 따라 레이다(radar)와 전파식별(Radio Frequency Identification, RFID)(단거리 용도임)과 같은 응용도 결국 적용 대상이 된다. 방송수신기(broadcast receiver)는 이제 EMC 지침이 아닌 무선장비 지침(RED)의 적용대상에 포함된다. 적용 대상에서 빠지는 예외 장비는 다음과 같다.

- "국가안전과 관련한 활동인 경우에는 국가의 경제안녕을 포함하여", 오직 국가의 공공안녕, 국가안보, 국가안전, 그리고 형법 분야에서의 국가활동의 목적으로만 사용되는 무선장비
- 해양 장비, 항공 제품(자체 규정의 대상임)
- 전문 연구개발(R&D)을 위해 맞춤 제작된 평가 키트
- 아마추어 무선 장비

제3판 EMC 지침과 마찬가지로, 무선장비 지침(RED)은 이전 판에 비해 눈에 띄게 양이 늘어나서, 총 45쪽(R&TTE, 19쪽), 52개 조항(R&TTE, 22개), 75개의 서문 조항(R&TTE, 46개), 8개의 부속서(R&TTE, 7개)로 되어 있다. 다시 말하지만, 이 가운데 일부는 새로운 입법 체계(NLF)로 인해 만들어졌다.

대상범위와 관련하여 중요한 점은 무선 인터페이스가 있는 제품은 모두 포함된다는 것이다. 이때 해당 제품에서 무선 인터페이스가 제품의 주요 기능인지 여부는 상관이 없다. 따라서 블루투스, GPS, 셀룰러 무선(cellular radio), 무선 LAN, RFID 등의 무선모듈을 내장하는 모든 제품은 EMC 지침이 아닌 RE 지침의 대상이다.

2.3.2 요건

모든 경우에 대해, 다음의 세 가지 필수 요건이 존재한다.

- 저전압 지침(Low Voltage Directive) 2014/35/EU에 들어있는 안전 요건과 관련한 목적(적용되는 하한 전압 제한치는 없음).
- 2014/30/EU에 포함된 EMC 관련 보호요건
- 유해한 방해를 피할 수 있도록 스펙트럼을 효과적으로 사용, 그리고 스펙트럼의 효율적인 사용을 지원

또한 "특정한 범주"는 집행위원회의 처분(재량)에 따라 다음 사항을 준수하라는 요구를 받을 수 있다.

- 부속품(accessories), 그 중에서도 특히 일반 충전기와 상호연동(interworking)

- 네트워크를 통해 EU 전 지역에 걸쳐 다른 무선 장비와 상호연동
- 허용할 수 없는 서비스 저하를 초래할 수 있는 네트워크에 대한 손상을 방지, 또는 네트워크 자원의 잘못된 사용을 방지
- 데이터 보호와 사용자 개인정보 보호를 위한 안전장치
- 사기행위로부터 보호하게 해주는 특정한 기능을 지원
- 응급서비스의 이용(접근)을 보장해주는 특정한 기능을 지원
- 장애가 있는 사용자가 아주 쉽게 사용할 수 있게 해주는 특정한 기능의 지원

무선 장비 지침(RED)을 공표할 당시에는 이러한 "특정한 범주"가 무엇인지 명시하지 않았다. 이로서 집행위원회는 "위임법률(delegated act)"을 채택할 권리를 스스로 확보하였다. 집행위원회는 이 법률을 근거로 향후 어떤 시점에 이 범주를 명시할 수 있다. 위의 요건 가운데 몇 가지는 1999년에 작성된 R&TTED에 처음 들어간 이후 계속 이어지고 있지만 한 번도 이행된 적이 없다. 그러나 무선장비 지침(RED)[206]을 발표했던 보도자료를 믿는다면, 휴대폰용 일반 충전기에 대한 규칙의 도입 가능성은 새로운 입법이 이루어지게 하는 데 있어서 가장 중요한 요인이었다.

2.3.2.1 안전과 EMC

무선장비 지침(RED) 요건은 저전압 지침(LVD)의 안전 요건과 EMC 지침(EMCD)의 EMC 요건을 모두 포함한다. LVD를 적용하기 위해 하한 전압 제한치(50 V AC 또는 75 V DC)를 없앤 것은 적용대상 범위를 확장하는 데 중요한 역할을 하였다. 이로 인해 휴대용 배터리 구동 장치에도 안전요건이 적용된다.

예를 들어보자. 이 지침은 인간의 건강에 대한 위험을 방지하기 위해 방사 허용기준(제한치)의 법적 적용을 요구한다. 따라서 이동식 휴대용 송신기는 전자파 흡수율(Specific Absorption Rate, SAR, [1.4.1.2절] 참조) 평가를 받아야 한다. 휴대폰뿐만 아니라 무선 송신기, 심지어 다른 유형의 전기, 전자 장치에 대해서도 이러한 평가를 적용하려는 움직임이 강하다. 이전의 R&TTE 지침과 LVD 지침 아래서 통합된 표준들이 바로 이러한 목적을 위해 발행되었다. 이러한 표준들이 방사성 방출의 실제 시험을 반드시 요구하는 것은 아니다. 상황에 따라서는 이 시험이 가장 비용이 적게 들지는 않더라도 준수를 입증하는 가장 간단한 방법인 경우가 많이 있을 것이다. 이러한 표준들이 인간의 건강을 보호하는 데 기여하는 정도가 이행에 드는 비용에 비례하는 것이 맞는지에 대해서는 논쟁의 여지가 있다.

하한 전압 기준(제한치)의 폐지로 인해 무선장비 지침(RED) 하에서의 안전성은 장치에 공급되는 교류 주전원에 대한 평가에만 머무르지 않고 더욱 확장된다. 감전의 위협은 안전성의 한 측면에 지나지 않는다. 예를 들어, 배터리로 인한 화재나 그 밖의 위험도 고려할 필요가 있

을 수 있다. 또한 방송 수신기가 무선장비 지침(RED)의 범위에 포함되었기 때문에 이것은 이제 방송 수신기에 대한 추가 요건이 되었다.

무선 EMC는 4장에서 설명하는 대로 EN 301 489 시리즈 표준에 의해 다뤄지는 것이 일반적이다. 이것들은 제한된 수준에서 명시되는(semi-specific) 무선 성능기준과 송신주파수와 수신주파수 부근에서 제외대역(exclusion band)[22]의 적용을 허용한다.

2.3.2.2 효과적인 스펙트럼 사용

해로운 장해를 피하기 위해서는 주파수의 효과적 사용이 필요하다. 무선 송신기의 형식승인(type approval)은 주파수의 효과적 사용에 대한 추가 요건으로 바뀌었다. 추가 요건은, 국가의 관계당국이 인허가 절차를 통해 지역적 주파수 관리라는 이유를 내세워 규제를 가하는 것을 막지는 않고 있다. 하지만 이러한 방식을 통해 형식승인 제도를 시행하려고 해서는 안 된다. 스펙트럼 사용에 대한 기술요건에는 송신기 전력 및 주파수 제어, 수신기의 스퓨리어스 방출(spurious emission) 및 응답, 점유 대역폭 등의 파라미터가 포함된다. 이러한 요건은 더욱 일반적인 형식의 무선 장비에 대한 통합 ETSI 표준에 상세히 열거되어 있다.

2.3.2.3 등록과 SDR

무선장비 지침(RED)의 제4조(article 4)와 제5조는 R&TTE 지침에서는 볼 수 없었던 두 가지 새로운 사항을 소개하고 있다. 제4조는 "무선장비와 소프트웨어 결합물의 준수에 대한 정보의 제공"을 허용한다. 집행위원회가 SDR(Software Defined Radio, 소프트웨어 정의 무선)[23]이 준수제도에 잠재적 문제를 일으킬 것이라는 조언을 듣고 이를 해결하기 위한 조항(article)을 선제적으로 마련하려 했다는 것은 분명한 사실이다. 마찬가지로, 제5조는 "2018년 6월 12일부터 제조자는 중앙 집중 시스템(central system) 내에서 필수요건에 대한 낮은 수준의 준수로 인해 영향을 받는 무선장비의 범주들에 속한 무선장비 형식들을...이 범주들 속에 있는 무선장비들이 시판되기에 앞서 등록해야 한다고 규정하고 있다. 여기서 "낮은 수준의 준수로 인해 영향을 받는"이라는 문구는 여러 가지 방식으로 해석할 수 있다.

그러나 어느 경우에도 장비의 "특정한 범주"가 이들 요건의 영향을 받을 수 있다는 말은 없다. 집행위원회는 추가될 가능성이 있는 필수요건과 마찬가지로 사람들이 이들 조항을 처리하는 문제를 해결하고 나면 "위임법률(delegated acts)"를 공표할 것이다.

22 (옮긴이) 방사 RF에 대한 방사시험과 내성시험이 수행되지 않는 주파수 대역

23 (옮긴이) 하드웨어, 즉 단말기나 칩을 바꾸지 않고 소프트웨어 조작만으로도 셀룰러, PCS, 와이브로, 무선 LAN, 위성통신과 같은 다양한 무선 통신서비스를 하나의 단말기에서 이용할 수 있도록 하는 기술이다.(출처: LG주간경제 2007. 1. 10)

2.4 적합성 인증절차

RED나 EMCD의 필수적인 보호요건은 그 자체가 너무 포괄적이어서 제조업체는 자신의 제품이 이 요건들을 충족했다고 곧바로 신고할 수 없다. 따라서 각 지침의 부속서들은 제조업체가 이 요건들을 준수할 수 있도록 더욱 상세한 방법(표 2.3)을 제공한다.

표 2.3 적합성 인증 방법

	부속서 II	부속서 III	부속서 IV
	자체인증 + 내부 제품 관리 (control)	EU 형식 시험: NB에 의한 문서의 평가 + 내부 생산 관리	완전한 품질보증 (Full Quality Assurance)
RED	M은 기술문서를 작성한다. 통합표준을 사용해도 된다. 무선 표준을 완전히 적용하지 않으면 이 방식은 허용되지 않는다.	M은 기술문서를 NB에 제공한다: 충족되면 NB는 인증서를 제공한다.	M은 설계, 제작, 검사, 시험을 위한 품질시스템을 운영한다. NB에 의한 감시의 대상이다.
EMCD	M은 EMC 평가를 수행한다. 통합표준을 사용해도 된다.	M은 무엇을 검사하는지 NB에게 상세히 알린다. 충족되면 NB는 인증서를 제공한다.	해당사항 없음

M: 유럽연합(EU) 내의 제조업체 또는 위임받은 대리인; NB: M이 선택한 인증기관

2.4.1 자체 인증과 내부 생산관리

대부분의 제조업체가 따를 것으로 예상되는 방법은 부속서 II에 제시되어 있는 이른 바 "내부 생산관리를 통한 자체 인증" 방법이다. EMC의 경우, 제조업체는 첫 번째로 다음을 수행해야 한다.

> 필수요건을 충족하기 위한 목적으로 관련 현상에 근거하여 장치의 전자파 적합성 평가 …. 전자파 적합성 평가는 예정된 모든 통상적 작동조건을 고려해야 한다. 장비가 여러 다른 구성을 취할 수 있는 경우 전자파 적합성 평가는 제조자에 의해 장치의 대표적인 사용방식으로 인정된 가능한 모든 구성으로 … 장치가 보호요건을 충족하는지 확인해줄 수 있어야 한다.

평가가, 실제 장치가 보호요건을 충족함을 증명한다는 전제하에 제조자는 다음을 수행해야 한다.

> 장치가 본 지침의 필수요건을 준수한다는 증거를 제공하는 기술문서를 작성해야 하며, 해당 장치가 마지막으로 제조된 날짜로부터 최소 10년 동안 관계당국의 처분(재량)에 따라 기술문서를 보관해야 한다.

문서에 대한 요건은 규제기관(Competent Body; CB)과 같은 제3자가 관여하는지 여부에 관계없이 제조자 자신의 목적을 위해 CE 마크 문서를 파일로 보관하기 때문에 이전 판의 지침을 따른 것과 다름없다. 문서 작성을 완료한 다음에 적합성 신고를 하고 이를 10년 동안 유지할 준비를 한다. 그런 다음에는 각 제품이 기술문서에 따라 제조되고 필수요건(즉, "내부 생산

관리")을 준수하여 제조되는 것을 보장하면서 CE 마크를 자유롭게 부착하고 장치를 판매할 수 있다.

부속서 II의 방법은 전파 스펙트럼 요건에 대해 통합표준을 사용하는 경우에는 EMCD와 RED와 거의 동일하다.

2.4.1.1 EMC 평가

우리는 이제 "EMC 평가(EMC assessment)"라는 문구가 의도하는 바를 해석해야 한다. 부속서 II.2는 특히 "보호요건을 충족하기 위한 목적으로 관련 있는 현상에 근거하여"라고 분명하게 말하고 있다. 또한 평가에는 모든 구성과 통상적 작동 조건이 포함되어야 함을 명확히 하고 있다. 제1판 지침에서는 통합표준을 적용하거나 기술문서(TCF)를 작성하고 이를 규제기관(CB)에 제출해야 했다. 후속 지침에서는 자신의 행위에 대한 모든 책임은 자신의 손에 있다. 집행위원회의 견해는 아주 분명하다. 제1판 EMC 지침으로 제조업체들을 부드럽게 다루었기 때문에, 제조업체들이 성장하여 자신들의 제품의 EMC를 스스로 처리할 때가 왔다는 것이다.

EMC 평가에서 통합표준의 사용은 법으로 정해진 것은 아니다. 그러나 통합표준이 사용되지 않거나 부분적으로만 사용되는 경우, 보호요건이 충족되었음을 어떻게 보여줄 것인지 결정해야 한다. 즉, 평가는 최소한 다음 사항을 검토해야 한다.

- 장치의 작동 조건과 용도에 대한 설명
- 장치가 사용될 환경
- 다뤄지는 전자기 현상과 적용된 적합성 수준
- 장치의 성능 기준
- 기술, 방출 허용기준과 내성 스트레스 레벨이 들어있는 시험계획
- 사용된 EMC 설계 및 설치 기술
- 주거지역에서 사용에 대한 규제(또는 금지)와 설치에 대한 예방조치를 담고 있는 사용자의 정보요건
- 최악상황 기준(worst case criteria)을 사용하여 장치의 변형(변경)에 대한 시험 선택 매트릭스를 정의

다른 가이드라인이 없는 경우, 이것은 그 자체로 하나의 실질적인 관행(exercise)이 될 수 있다. 따라서 지금부터는 표준에 대해 설명하기로 한다.

2.4.1.2 통합표준의 적용

EMC 지침 13조에 따르면

> 유럽연합의 공식저널(관보)[24](Official Journal of the European Union, OJEU)에 언급(서술)된 통합표준들이나 그 표준들의 일부를 준수하는 장비는 통합표준들이나 그 표준들의 일부에 포함된 부속서 I에 명시된 필수요건을 준수하는 것으로 간주(추정)해야 한다.

그러나

> 이러한 적합성 추정(presumption of conformity)은 적용되는 통합표준의 대상범위와, 이러한 통합표준(들)에 들어있는 관련 필수요건에 대한 준수로 한정된다.

통합표준은 유럽연합의 관보(OJEU)에 발표된 CENELEC, CEN 또는 ETSI 표준이다. 영국에서 통합표준은 BS EN 표준으로 발행된다. 각 회원국은 이와 비슷한 통합표준을 발행하는 시스템을 가지고 있다. 이 시스템은 자국의 표준기관에 의해 관리된다. ETSI 표준은 ETSI에서 직접 (무료로) 입수할 수 있지만, CENELEC 자체에서는 입수할 수 없다. 가장 널리 사용되는 표준들에 대해서는 4장에 자세히 설명되어 있으며, [2.4.5]절에서는 표준의 사용을 다룬다.

제조업체의 관점으로 볼 때, EMC 평가에 표준을 사용하거나 RED 기술문서를 작성하는 경우에 얻을 수 있는 잠재적 이점은 평가 프로세스가 단순화된다는 것이다. 독립된(별개의) 시험소가 수행하는 시험에 대해서 법으로 정해진 요건은 없다. 유일한 요건은 제조업체가 준수의 대상이 되는 표준을 참고하여 적합성 신고(2.2.3.2절 참조)를 하는 것이다. 일반적으로, 제조업체 스스로가 제품이 표준의 요건들을 실제로 충족한다는 것을 확신하기 위해서는 당연히 제품을 시험해야 한다. 하지만, 이 시험은 회사 자체에서도 할 수 있다. 이러한 시험을 하는 데 충분한 전문 지식이나 시설을 사내에 가지고 있는 업체들은 많지 않을 것이다. 따라서 제품을 독립된 시험소로 가져갈 수밖에 없을 것이다. 이에 대해서는 [2.4.3절]과 [17.3절]에서 더욱 자세히 살펴본다. 그러나 장기적인 목표는 나머지 개발 부서나 품질 부서 내에서 EMC와 무선 설계와 시험관련 전문지식을 통합하고 제품군에 어느 표준을 적용할지 결정하는 것이다. 그래서 제품을 납품하기 전에 제품의 자체인증 가능성을 제품의 기능시험의 통과 가능성과 비슷하게 만드는 것이다.

24 (옮긴이) 관보(官報)는 정부가 일반에게 새로운 법의 공표나 정부의 정책 결정을 고시하는 공식 문서임. government gazette, official gazette, official journal, official newspaper, official monitor, official bulletin와 같이 다양한 용어로 불리는데, 유럽연합에서는 official journal을 사용함.

2.4.1.3 기술문서

문서는 어떤 특정 제품이 보호요건을 충족한다는 주장을 뒷받침해야 한다. 시판을 위한 요건은 "기술문서가 이미 준비되었으며 이를 이용할 수 있다"이다.

내용

지침의 부속서는 문서의 일반적인 내용을 명시한다. 문서의 전체적인 목적은 "평가해야 할 필수요건에 대해 장치의 준수를 가능하게 하는 것"이다. 문서에 담기는(기재되는) 내용은 다음과 같다.

- 장치에 대한 종합적 설명(실제 장치와 문서 내용이 서로 분명하게 연관성을 갖도록 하는 것이 이 설명(기재내용)의 목적 가운데 하나임)
- 전체적, 또는 부분적으로 적용되는 통합표준의 목록 (있는 경우에)
- 제조자가 통합표준을 적용하지 않았거나 부분적으로만 적용한 경우, 지침의 필수요건을 충족하기 위해 취한 조치에 대한 서술과 설명

위의 세 가지 중에서 세 번째는 말할 것도 없이 [2.4.1.1]절에서 설명한 EMC 평가의 기록내용이다. 현재, (EMCD와 RED 모두에) 표준에 대한 준수의 "증거"에 관해서는 요건이 없다는 점에 주목해야 한다. 오직 장치에 적용하는 표준의 목록(list)만 요구한다. 여기에 시험 보고서도 추가될 수 있기는 하다.

이미 언급한 바와 같이 시판되는 제품은 반드시 "문서에 따라(부합하여) 제조"되어야 한다. 이 말은 제품은 수명주기 동안에 변경되고 발전하므로 문서도 여기에 보조를 맞춰야 한다는 것을 의미한다. 어쨌든 필요한 경우에는 이러한 공학적 변경을 평가하여 제품의 EMC에 미치는 영향을 알아내야 한다. 기술 문서의 내용에 영향을 미치는 모든 변경 사항에 따라 기술문서의 내용도 적절히 바뀌어야 한다.

문서의 목적이 더할 나위 없이 명확한 경우에도, 필수요건의 준수 여부를 누가 평가할 것인가 ─ 다시 말해 문서는 누구를 위해 작성되는가 ─ 라는 문제는 명확하지 않다. EMC의 전문적 사항들에 대해 기초적인 지식만 대충 가진 집행관리가 해야 할 것인가 아니면 엄청나게 단단한 물질에 구멍을 뚫을 준비가 되어 있고 실제 뚫을 수 있는 사람 ─ 다시 말해, 높은 전문지식을 가진 EMC 컨설턴트 ─ 이 해야 할 것인가? 아마도 이 결정은 어떠한 집행(단속) 조치가 취해지고 있는가에 따라 달라질 것이다; 결국 이러한 상황을 예측하고 문서의 기술적 수준을 적절하게 설정하는 것은 기술을 가진 문서 작성자, 바로 여러분의 몫이다.

2.4.2 인증기관

EMC 지침이 제1판에서 제2판으로 넘어가면서 생긴 가장 큰 변화는 규정준수 방법으로서 제1판의 기술문서 방법이 없어지고 이에 따라 규제기관(Competent Body, CB)도 사라진 것이다. 지금은 이를 인증기관(Notified Body, NB)이 대체하고 있으며, 제조업체가 인증기관(NB)을 이용하는 것은 전적으로 자발적이다.

RED와 EMCD 모두 부속서 III에서 "유럽연합 형식시험(EU-type examination)"을 위한 인증기관의 이용에 대해 설명한다(부속서 II는 위에서 논의한 자체인증/내부 생산관리 절차이다).

> EU 형식시험은 인증기관이 장치의 기술적 설계를 검사하고 장치의 기술적인 설계가 필수요건을 충족하는지 검증하고 증명하는 준수 평가 절차의 역할을 한다.
>
> EU 형식시험은 샘플(설계 형식)에 대한 검사 없이 기술문서의 검사를 통해 장치의 기술적 설계의 적정성 평가를 실시해야 한다. [EMC 지침만 해당] 제조자 또는 제조자로부터 권한을 위임받은 대리인이 명시한 필수요건 중의 몇 가지 부분으로 한정할 수 있다.…
>
> 인증기관(NB)은 검사가 요구되는 필수요건의 부분들과 관련하여 [EMC 지침만 해당] 장치의 기술적 설계의 적정성을 평가하기 위해 기술문서를 검토해야 한다.
>
> 형식이, 해당 장치에 적용되는 본 지침의 요건을 충족하는 경우, 인증기관(NB)은 제조자에게 EU 형식시험 인증서(examination certificate)를 발급해야 한다.…

이 지점에서 주목해야 할 몇 가지 특징이 있다.

2.4.2.1 제조업체의 지위

(EMC 지침의 경우) 인증기관(NB)의 이용 여부는 전적으로 제조업체의 재량에 달려 있다. 또한 제조업체가 인증기관에 무엇을 하라고 지시할 수는 있으나 그 반대는 허용되지 않는다. 제조업체는 인증기관에 문서 전체를 평가하도록 요청할 수 있다. 이때 평가는 필수요건의 전체 또는 일부에 대해 이루어진다. 물론 인증기관이 발행하는 보고서는 검토한 측면만을 다루게 될 것이다. 예를 들어, 여러분은 제품이 방출 허용기준을 준수해서 아주 흡족하긴 해도 그 제품이 내성요건을 준수하는 방법에 대한 의견을 원할 수도 있다.

RED에 대해서는 이러한 선택권이 없다. RED 부속서 III의 경우, 인증기관은 전체 기술문서를 자세히 검토하여 무선 표준이 완전히 적용되지 않은 경우에는 법에 따라 반드시 개입을 해야 한다. 그러나 두 경우 모두 문서만 검토한다는 점에 주목해야 한다. 평가는 "샘플 검사 없이" 수행된다.

제조업자들은 어떤 인증기관이라도 자유롭게 선택할 수 있다. 장치를 제조하는 국가, 또는 장치가 납품되거나, 판매되거나 또는 사용되는 국가에 위치해있는 인증기관을 반드시 선택할 필요는 없다. 제조자가 자신의 제품 중 하나에 대해 인증기관의 서비스를 이용한 경우에, 또 하나의 제품이나 최초 평가를 받은 제품에서 변경이 이루어진 제품의 검사를 위해 동일한 인증기관을 이용할 의무는 없다. 그러나 새로운 입법 체계(NLF)는 인증기관에 대한 요건과 인증기관이 발생하는 인증서와 관련하여 반드시 해야 할 사항을 눈에 띠게 강화했다: 구체적으로 살펴보자.

> 각 인증기관(notified body)은 발급했거나 철회한 EU 형식시험 인증서와 그 인증서의 모든 추가사항들에 관해 인증당국(notifying authority)에 알려야 하며 정기적으로 또는 요청이 있을 때에는, 거부되거나 보류되거나 아니면 제한된 이러한 인증서 목록과(이나) 그 인증서의 모든 추가사항들을 인증당국에 제공해야 한다.

2.4.2.2 제조업체의 인증기관 이용 시점

언뜻 보기에 NB의 컨설팅을 받는 것은 별로 의미가 없는 것 같다. 비용만 추가될 뿐 효력도 거의 없으며 많은 경우에 준수절차의 요건도 아니다.

기술문서(TCF) 방법의 일반적인 사용과 제1판 지침하에서 규제기관(CB)의 개입은 고정설비의 적합성을 인증하기 위한 것이었다. 앞서 살펴본 바와 같이, 설비에 대한 요건은 대폭 변경되었다. 그리고 인증기관은 요구되는 양호한 관행(good practice)을 평가하는 데 아무런 역할도 하지 않는다. 이 역할은 인증기관의 가장 유용한 기능 중 하나일 텐데도 말이다. 실제로도 인증기관은 규제기관처럼 이러한 일을 수행하는 과정에서 경험을 쌓아왔다. 인증기관의 역할은 오로지 장치의 적합성을 평가하는 것으로 제한된다.

인증기관은 제품의 EMC 평가를 수행하거나 기술문서 자체를 만들어낼 수 없다. 즉 부속서 II의 절차를 결코 대체하지 않는다. 이 절차는 제조업체의 수중에 여전히 남아있다. 인증기관은 사실상 "보고서를 준비하고 검증역할을 수행하는" 절차에는 관여하지 않는 독립성이 요구된다. (결과에 서명할 준비가 된 경우, 한 인증기관에게 문서를 작성하게 하고 다른 인증기관에게는 이를 평가하게 하는 계약을 막을 수 없다.)

인증기관을 참여하게 만드는 상황은, 제조업체가 자신의 제품 준수과정에 대해 자신감을 가질 수 있도록 제3자에게서 확인을 받을 필요가 있는 경우, 또는 장비가 너무 복잡해서 평가를 하려면 전문적 지도가 필요한 경우일 것이다. 이와 같은 경우에서 이러한 역할의 대부분은 유능한 EMC 컨설턴트가 할 수 있다. 인증기관의 이용은 법적 권한에 따라 맺은 약속을 단지 공식적으로 승인하는 것이다. 그러나 인증기관의 진술서(보고서)는 향후 집행조치(단속조치)에 맞서 보호해주는 장치의 하나로 볼 수 있으며, 일부 제조업체는 이러한 보험을 드는 데 필요한 지출을 할 준비가 되어있을 것이다. 또한 이것은 몇몇 경우에, 추가적인 마케팅 수단으로 고려해볼 수도 있다.

2.4.3 RED 특수 요건

이전의 R&TTE 지침에는 무선 장비에 대해 명시된 여러 가지 요건이 있었다. 특히 반드시 "제약규정"이 있어야 판매할 수 있는 2등급(Class 2) 장비는 원 안에 있는 느낌표가 있는 경고 기호(ⓘ)로 식별할 필요가 있었다. 이용가능한 통합표준의 수(종류)로 인해, 부속서 II 방법을 통해 적합성을 획득할 수 있는 장비 등급의 수가 증가하면서 이러한 규제는 해제되었다. 현재 RED에는 경고 기호를 필요로 하는 장비는 없으며 등급에 관한 구분도 없다. 마찬가지로, 통합되지 않은 주파수를 사용하는 장비를 시판할 때는 각 국가의 관계당국에 "사전 통지"를 해야 한다는 기존의 요건은 폐기되었다. 향후 특정 형식(type)의 장비들을 등록하거나 분류할 필요성을 식별하기 위한 위임 법령이나 시행 법령(2.3.2절 참조)이 나올 가능성이 있다. 하지만 이는 법령의 개시 시점에는 RED에 들어가지는 않는다.

EMC 지침과 대조적으로, RED는 적합성 신고서를 장비에 첨부할 것을 요구한다. 그러나 적합성 신고서는 무선(radio)이 RED를 준수하고 있다는 서술과, 나중에 전문(full text)을 찾아볼 수 있도록 인터넷 주소만 기재된 "간단한" 신고서일 수 있다. 여기에는 "용도에 맞게 무선 장비를 사용하는 데 필요한" 안내와 안전 정보가 반드시 제공되어야 하며, 송신기의 경우 주파수 대역(들)과 최대 RF 전력도 반드시 기재되어야 한다.

2.4.4 시험

전기난방기나 휴대용 전등(손전등)과 같이 본질적으로 방해를 일으키지 않거나 방해에 취약하지 않을 것이 분명한 유순한 제품의 경우를 제외하면, 각 제조업체는 제품들이 지침을 준수하는지 확인하기 위해 제품에 대해 어느 정도까지는 EMC 시험을 해야 한다. 2장 이후의 장들에서는 EMC 시험 방법을 상세히 살펴본다. 표준의 최종 요건을 충족할 수 있도록, 시험의 범위에는 교류 주전원의 고조파, 전도성 RF 방출과 방사성 RF 방출, RF 내성, 과도현상 내성, 정전기 방전 내성, 전원선 방해 내성 시험이 모두 들어가야 한다. 인증수준으로 이와 같은 전자기 현상을 전부 다룰 수 있는 시험시설은 대기업을 제외한 기업들의 경우에는 예산 범위를 훨씬 넘어선다. 차폐실과(이나) 야외시험장(OATS)과 전체 시험장비들이 모두 필요할 뿐만 아니라, 시설을 운영하는 직원들도 필요하다. 또한 그 자체로 대부분의 개발부서나 시험부서에서는 일반적으로 찾아볼 수 없는 수준의 기술과 경험과 역량이 필요하다. 대기업은 이러한 성격의 사내 설비에 (수십억 원 규모의) 투자를 가능하게 하는 생산제품 수량과 가용자본을 보유할 수 있다. 실제로 유럽 전역에서 여러 회사가 이러한 투자를 감행했다. EMC 지침은 이러한 사내 시험 시설의 운영에 대해서 외적 제약을 별도로 두지 않고 있다. 시험에 대한 관리 옵션과 시험 방법은 [17.3절]에 설명되어 있다.

2.4.5 표준의 사용

통합표준의 준수는 EMC 평가의 수행과 "동등"하다(2.4.1.2절 참조). 이러한 메커니즘(방식)은 시험대상 제품에 적용할 수 있는 표준들의 이용가능성(availability)에 따라 달라진다. 적절한 표준에 대한 자세한 내용은 4장에서 다룬다. 이 절에서는 표준의 일반적 이용가용성과 적용가능성(applicability)에 대해 살펴본다.

EMC 지침 제1판을 채택하기 전에 EMC 표준 체제는 다소 단편적(부분적이면서 간헐적)인 방식으로 전개되었다. 기존의 표준들은 다음과 같이 여러 개의 범주로 분류되어 있다.

- RFI: 정보기술장비(ITE), 자동차 점화장치, 가전제품 또는 형광등과 같은 특정 방해원으로부터 무선 스펙트럼을 보호하기 위한 목적
- 교류 주전원 방출: 특히 고조파 전류와 단기변동(short-term variation) 등으로부터 저전압 배전망을 보호하기 위한 목적
- 제품별 및 산업별: 방해로부터 공정계측(process instrumentation) 또는 법정계량(legal metrology)과 같은 특정한 형식 제품의 내성을 보장하거나 해양장비와 같이 특정 환경에서 사용될 장비로부터의 방출을 규제하기 위한 목적

이러한 표준들은 지침에 의해 무효가 되지 않는다; CENELEC에 의해 통합된 표준들은 그들의 적용(대상)범위에 속하는 제품에 적용될 수 있으며, 표준들의 적용범위와 필수요건의 범위가 허용하는 한에서는 적어도 준수를 입증하는 데에는 충분한 것으로 간주된다.

2.4.5.1 일반표준(generic standard)

초창기에 EMC 지침에는 제품별 표준이 개발되지 않은 산업부문이 많았다. 많은 제품들에 대해서는 새로운 개념이었던 내성(immunity)에 대해서는 더더욱 그러했다. 가능한 모든 부문에서 이러한 공백을 메우기 위해 CENELEC은 일반표준(generic standard)의 개발에 높은 우선순위를 부여했다. 이러한 표준은 특정 제품이나 제품군과는 관련이 없는, 적용범위가 넓은 표준으로, 지침의 필수요건을 나타내기 위한 것이다. 일반표준은 두 그룹으로 나뉜다. 하나는 내성에 대한 일반표준이고 다른 하나는 방출에 대한 일반표준이다. 내성과 방출은 환경 등급(class)마다 별도의 표준을 가지고 있다(표 2.4).

표 2.4 일반표준

환경	주거, 상업, 경공업	산업
방출	EN 61000-6-3	EN 61000-6-4
내성	EN 61000-6-1	EN 61000-6-2

관련 제품별 표준이 존재하는 경우, 이 표준은 일반표준보다 우선한다. 그러나 특정한 제품에 대해 여러 가지 표준을 필요로 하는 경우는 상당히 흔하다. 예를 들어 화재경보기는 교류 주전원 고조파 방출에 대한 제품 표준 하나, 내성에 대한 또 다른 제품 표준 하나, 그리고 방출에 대한 일반표준으로 다루어질 수 있다. 화재경보기는 이 모든 표준을 충족해야 지침을 준수한다고 주장할 수 있다. 포괄적 제품 표준(즉 일반표준)이 개발되었음에도 불구하고, 다른 여러 표준들을 조합하여 적용할 수 있다. 그래도 "틈새로 빠져나가는" 특이한 제품들은 항상 있을 것이다.

환경 등급

환경 등급은 구분은 명시된 환경 전체에 전체적으로 존재하는 전자기 상태(조건)에 근거하여 구분한다[138]. 1등급(class 1) 환경에 "경공업(light industrial)" 환경(작업장, 실험실, 서비스 센터)을 포함시키는 것은 일부 논란의 대상이 되었지만, 주거지역(residential location), 상업지역(commercial location), 경공업지역(light industrial location)의 전자기 상태 사이에는 큰 차이가 없다는 연구 결과가 발표되었다. 2등급 "산업" 환경의 장비는 전용 변압기(transformer) 또는 특수 전원(power source)에 연결되어 전원을 공급받는다고 간주한다. 이는 공공 교류 주전원망에서 전원을 공급받는다고 간주하는 1급 환경과는 다르다.

2.4.5.2 성능 기준

'내성'과 관련하여 특별히 문제가 되는 것은 시험대상 장비가, 시험에서 장비에 가해지는 자극에 대해 매우 다양한 반응을 나타낸다는 점이다. 이 반응은 측정된 변수들의 정확도 저하에서부터 장비의 총체적 오작동까지 여러 가지 양상으로 나타날 수 있다. '방출'의 경우에는 규정된 시험 허용기준과 비교가 가능하므로 이러한 문제는 존재하지 않는다. 내성의 경우 발생하는 다양한 반응 문제를 처리할 수 있도록, 일반 내성 표준(generic immunity standard)에는 시험결과를 평가하기 위한 세 가지 일반화된 성능기준(performance criteria, 요구성능)이 들어있다. 시험 보고서(성적서)에는 이 성능기준에 근거하여 EMC 시험 도중에, 아니면 EMC 시험 후에 시험의 결과로서 작성한 기능묘사(functional description) 내용과 성능기준에 대한 구체적인 정의가 담겨 있어야 한다. 이 성능기준의 정의는 [10.3절]에서 찾아볼 수 있다. 여기서 가장 중요한 것은 이 기준이 사용자가 합리적으로 예상하거나(expect), (사용자에게) 예상하라고 하는(is told to expect) 성능을 근거로 한 기준이라는 사실이다. 다시 말해, 내성 시험을 수행하는 동안 주어진 성능 손실을 명시하고 이를 사용자 문서에 기록하는데, 시험을 실시한 결과 장비가 실제로 불안전하게 되지 않으면 이 장비는 일반표준의 요건을 충족한 것이다.

2.4.5.3 기본표준 및 제품표준

일반표준(generic standard)에 정의된 시험은 오로지 국제적으로 승인을 받은, 현재 존재하는 표준에만 기초한다. 각각의 전자기 현상에 대해, 이러한 표준에 의해 주어진 시험 절차를 참조하고, 단일 시험 레벨 또는 허용기준을 설정한다. 어떠한 새로운 시험도 일반표준의 본문에 정의(설명)되어 있지 않다.

일반표준에서 참조하는 표준들, 예를 들어 CISPR 표준의 일부와 함께 EN 61000의 다양한 부(part)들은 "기본"표준("basic" standard)이라고 알려져 있다. 이 용어로부터 기본표준은 다른 표준들 – 예를 들어, 제품별 표준 – 을 만드는 모든 위원회의 큰 관심을 끌고 있으며 동시에 위원회에 큰 도움이 될 EMC 측면만을 전적으로 다루고 있음을 알 수 있다. 일반적으로 제품별 표준은 일반표준과 유사한 형식을 취한다. 제품별 표준의 허용기준(제한치)은 일반표준과 유사하지만 작동방식과 구성, 그리고 허용 가능한 것으로 간주되는 성능기준에 대해서는 더욱 구체적(명시적)일 것이다. 제품별 표준은 가능한 경우마다 시험 방법에 대해 기본표준을 참조할 것이다.

2.4.5.4 통합

이번 2장을 설명하면서 "통합된(harmonized)" 표준에 대해서 여러 번 언급했다. 이것은 유럽연합 집행위원회(EC)의 새로운 접근법(New Approach) 하에서 특별한 의미를 갖는다. 새로운 접근법(AP)은 EMC 지침과 무선지침뿐 아니라 다른 지침을 모두 포함한다. 그 의미와 구조는 새로운 접근법 지침(New Approach Directives)의 이행에 대해 다루는 위원회의 "블루가이드(blue guide)"[192]에 자세하게 설명되어 있다. 요약하면 다음과 같다.

> 통합표준은 유럽 표준기구들이 채택하는 유럽표준으로, 집행위원회와 유럽 표준 기구들 사이에 합의된 일반 가이드라인(General Guideline)에 따라 작성된다. 그리고 회원국들과의 협의를 거쳐 집행위원회에서 공표한 명령(mandate)을 따른다. 유럽표준은 반복적 또는 지속적인 적용을 위해 유럽 표준기관이 채택한 기술규격(technical specifications)으로, 유럽표준의 준수는 강제가 아니다. 이들 표준기구의 내부 규칙에 따르면, 유럽표준은 국가 차원으로 전환되어야 한다. 이와 같은 전환이 의도하는 바는, 전환대상인 유럽표준은 국가표준과 동일한 방식으로 효력을 가지며 유럽표준과 상충되는 모든 국가표준은 주어진 기간 내에 철회되어야 한다는 것이다.
>
> 새로운 접근법(New Approach)에 따르면, 유럽 표준기관이 명령에 따라 작성되거나 명령을 따르는 것으

> 로 확인된 유럽표준을 위원회에 공식적으로 제시하면 그때부터 통합표준이 존재하는 것으로 간주된다. 통합표준은 유럽표준들에 속해 있는 특정한 하나의 범주(유형)가 아니다. 새로운 접근법 지침에서 사용되는 용어들은 현재 유럽표준으로 존재하는 기술규격들의 법적 자격이 된다. 이 지침에 의해 이들 용어에는 특별한 의미가 부여되었다.

이상의 내용으로부터 국제(IEC) 표준 그 자체는 통합표준이 될 수 없고 오직 유럽 표준만 조화를 통해 통합표준이 될 수 있음을 알 수 있다. 유럽연합(EU) 관보(Official Journal)에서 통합표준을 언급하고 이를 발표하면 그 통합표준은 필수요건을 준수하는 것으로 추정한다. 통합표준을 언급하여 발표하는 목적은 적합성추정이 효력이 개시되는 날짜를 설정하는 것이다. 관보(OJ)의 기재사항에는 이러한 정보가 담겨있다. 관보의 기재사항은 간헐적으로 업데이트 되는데, 최신 정보는 유럽연합 집행위원회(EC)의 웹사이트, EUROPA에 있는 링크를 통해 찾아볼 수 있다.

사실, 이러한 체계 때문에 특정 표준의 적용으로 어려움이 발생하는 경우에는 관보에서의 발표가 상당한 중요성을 가진다. 이러한 어려움을 고려하여 표준의 개정이나 수정이 이루어졌다. 관보의 기재에 의해 통합이 되기 전까지는 새로운 버전의 표준을 합법적으로 사용할 수 없다. 2005년과 2006년에는 EN 55022의 적용으로 복잡한 상황이 발생하였다. 집행위원회가 적정 기간 내에 업데이트를 공표하지 않았기 때문에 이 상황은 더욱 악화되었다. 집행위원회가 나중에 이를 공표하자 오류(error)들이 발생하였다. 이러한 사태는 현재 존재하는 준수체계 시스템에 대한 많은 관련자들의 신뢰에 심각한 의문을 제기하게 했다고 말해도 별 무리는 없을 것이다.

2.4.5.5 적합성 추정(presumption of conformity)

이 용어의 의미는 중요하다: 여러분이 모든 관련 통합표준을 올바르게 적용하면 이는 지침의 필수요건들을 준수하는 것이라고 생각하겠지만 이렇게 한다고 해도 지침을 준수한다고 보장할 수 없다. 여러분이 지침을 올바르게 적용하더라도 표준에 결함이 있을 수 있다. 이는 제품이 요건을 준수함에도 불구하고 여전히 방해를 일으키거나 방해를 받을 수 있음을 의미한다. 여러 해 동안 표준이 문서로 잘 작성되었음에도 불구하고, 일부 표준에는 여전히 허점이 존재하는 것으로 알려져 있다. 여러분은 필수요건의 준수를 증명해야 하므로 피할 수 없는 위험요소는 항상 있게 마련이다. 가장 좋게 말해보면 여러분이 표준을 정확하게 적용했음을 증명할 수 있는 경우에 집행당국은 비준수를 입증하는 데 어려움을 겪을 가능성이 높다는 것이다.

적합성의 추정은 표준의 적용(대상)범위, 표준에서 다루는 관련 필수요건, 표준의 준수(단순히 표준의 적용이 아닌)로 제한된다. 비록 표준이 업데이트되면서 서서히 수가 늘어나고 있지만, 표준들 가운데 어떤 필수요건을 포함하는지 명시적으로 기술하고 있는 것은 그리 많지 않다. 유럽연합 관보(OJEU)에 여러분의 장치에 적용되는 표준의 제목이 기재되어 있다고 해서, 그 표준이 여러분이 원하는 것을 완벽하게 다루는 것은 아니다. 따라서 적절한 표준이나 표준들의 집합을 사용하고 있는지, 또는 선택한 표준에 포함되지 않는 측면까지 다루기 위해 EMC 평가를 확장해야 하는지 여부를 판단하기 위해서는 여전히 몇 가지 분석을 직접 수행하고 이를 문서로 작성해야 한다. 9장에 설명되어 있듯이, 여러분이 특정 제품의 관점에서 포괄적인 표준을 이해하기 위해서는 시험계획이 필요하다. 그래서 여러분은 어쨌든 그러한 분석을 미리 했어야 하는 것이다.

또 하나의 질문은 '통합표준의 "올바른 적용"이 무엇을 의미하는가?'이다. EMC 지침 제2판에서는, "올바른 적용"이란 책에 의해, 다시 말해 표준에 정해진 방법에 완전히 부합하는 방식으로 모든 일을 수행하는 것을 의미한다고 서술하였다(EMC 지침 제3판에서는 특정한 문장을 삭제하였다). 여러분이 이 일을 할 준비가 되어 있을 수도 있고, 시험소를 구해 그 시험소가 여러분을 대신해서 이 일을 할 수도 있다; 단 비용 지출이 합리적이어야 할 것이다. 만약 그렇지 않아서 "사전 적합성" 시험 방법만 사용하는 경우, 여러분의 EMC 평가에는 이러한 방법의 한계와 대처 방법에 대한 분석이 포함되어야 한다. 이는 이 시험에는 통합표준이 "부분적으로"만 적용되기 때문이다.

보호요건에 관련하여, EMC 지침의 전문(recital) 27은, 통합표준이 "유럽 연합에서 전자파 적합성과 관련하여 일반적으로 인정된 최신 기술을 반영하는 것"으로 여겨지고 있음을 나타낸다. 통합표준을 완전히 이용하지 않는 경우, 제조자는 보호해야 할 서비스와 장치가 겪을 수 있는 전자파 방해의 측면에서 최신 기술을 고려해야 한다.

2.5 제품 제조업체의 적합성 획득을 위한 조치

무선장비 지침과 EMC 지침은 모두 위험에 관한 것이다. 위험의 차원이란, 평가를 식별하고 수행하며 올바른 통합표준에 대해 시험하고 통합표준의 요건을 충족하는 측면에서 적합성을 입증하는 데 불충분한 조치를 취하거나, 이러한 일을 수행하는 데 너무 많은 시간과 노력을 소비하여 제품이 제시간에 맞춰 출시되지 않거나 예산을 초과하는 것이다.

이와 같은 사항을 잘 고려하여, 신제품에 대해 적합성 취득에 성공하여 CE 마크를 부착할 수 있으려면 다음과 같은 조치를 취해야 한다.

A. 자체인증 (self-certification)

1. 판매를 위한 규격을 보고, 어떤 형식의 제품이 될지, 어떤 환경 내에서 사용할 목적으로 판매가 될지 정한다. 어떤 부류의 장비이든 무선 송신기나 수신기가 들어있는 경우에는 RED가 적용된다. 그렇지 않으면 EMCD가 적용된다.
2. 해당되는 지침 하에서 유럽연합 관보(OJEU)에 발표된 제품별 EMC 또는 제품군 EMC 표준이 제품에 해당되는지 살펴보고 해당되면 이 표준을 적용한다. 만약 회사에서 특정한 하나의 용도로만 제품을 생산하거나 수입하는 경우, 모든 제품에는 동일한 제품 표준을 사용할 수 있을 것이다.
3. EMC 제품 표준을 적용하지 않거나, 표준이 일부 필수요건(보통, LF 방해 방출 및 내성, 과도현상 내성, RF 방출 및 내성)을 다루지 않는 경우, 일반표준(generic standard)에 명시된 시험을 적용할 수 있는지 확인하기 위해 일반표준을 살펴본다. 환경 등급의 분류는 어떤 전원공급장치와 연결되어 전력을 공급받는가에 따라 달라진다.
4. 통합표준을 적용할 수 없거나 부분적으로만 적용할 수 있는 경우, 필수요건을 다루기 위해 장비에 대해 상세한 EMC 평가를 해야 할 것이다. 이러한 평가는 다른 시험방법을 포함할 수도 그렇지 않을 수도 있다.
5. RED가 적용되는 경우, RED에 따라 안전 평가를 수행하고 문서화해야 한다. RED가 적용되지 않으면 장비에 공급되는 전원의 유형에 따라 저전압 지침(LVD)(전기 안전용)이 여전히 적용되어야 할 것이다.
6. 또한 RED가 적용되는 경우, 무선모듈이 관련 무선 통합표준을 이미 준수하고 있는지 여부를 살펴봐야 한다. 만일 준수하지 않는다면 이와 관련한 표준시험을 선택하고 적용할 필요가 있는지 살펴봐야 한다.
7. 어떤 표준을 사용할지 결정했으면, 다음에는 시험레벨과 이를 적용할 장비 포트(인클로저, 전원 리드, 신호/제어 리드)를 결정한다. 케이블 길이, EUT 구성, 환경 등급과 같은 요인들에 따라 시험의 적용가능성(applicability)이 정해지는데, 이와는 달리 선택의 여지가 없는 경우도 있을 것이다.
8. 이러한 정보로부터 EUT 및 관련 장치의 버전과 구성, 또 이들에 적용할 시험 및 합격/불합격 기준을 상세히 명시한 시험 계획을 작성할 수 있다. 시험계획은 10장에서 더 깊게 다룬다. 선택한 시험소나 사내 시험시설의 직원과 시험계획을 논의할 수 있으며, 이렇게 하는 것은 선택한 시험소와 계약을 하는 데 기반을 조성하고 동시에 지침의 조항에서 요구하는 기술문서 작성의 기초를 이룰 것이다.

9. 시험 계획의 요건이 정해지면 시험 허용기준(제한치)과 그 허용기준을 적용하는 지점들이 명시되므로 어느 정도까지는 비용대비 효과가 좋은 EMC 대책(조치)을 제품 설계에 사용할 수 있다.

10. 프로토타입(prototype, 시제품)과 양산전 생산단계(pre-production)를 거쳐 가며 설계가 진행되는 과정에서 사전 적합성 신뢰도 시험(pre-compliance confidence tests)을 통해 제품의 성능과 시험 계획의 타당성을 확인할 수 있다. 이 단계 동안에 설계계획과 시험계획을 반복적으로 수정하는 것이 일반적이다.

11. 일단 설계가 완료되고 이어서 제품 출시 직전인 시점에서는 한 개 이상의 생산 샘플을 대상으로 통합표준이나 자체평가(적절한 경우)에 대해 완전(full) 적합성 시험을 직접 수행하거나 시험소를 구해 대신 수행할 수 있으며, 그 결과는 기술문서에 기록된다. 신뢰도 시험이 충족된 경우, 이는 형식적인 절차에 지나지 않는다.

12. 이제는 제품과(이나) 포장이나 문서에 CE 마크를 자유롭게 표기할 수 있으며(다른 지침을 충족할 필요가 없는 경우), 권한이 부여된 서명자는 10년 동안 적합성 신고서에 서명할 수 있다. 다른 새로운 접근법 지침(NAD)이 적용되는 경우, 각각에 대해 그에 상당한(동등한) 절차를 따라야 한다. 이제 상품은 시판될 수 있다.

13. 제품이 대량생산되면 제조상태에 가해지는 어떤 변경에 대해서도 제품이 보호요건을 계속 준수하는지 확인하기 위한 조치를 취해야 한다.

B. 인증기관의 참여 (Involvement of a Notified Body)

이 방식은 위의 단계별 조치에 계속 이어진다.

14. 이론적으로 위의 8단계에서 문서 전체(full package)를 작성하고 나면 제품의 형식에 근거한 적용범위에 대해 해당 제품을 평가할 자격이 있는 인증기관(NB)을 선택한 다음, 작성한 문서를 인증기관에 제출한다. 이제 수 주 이내에 인증을 확인하는 서류를 받을 수 있다.

15. 실제로, 여러분은 훨씬 더 이른 단계에서, 다시 말해 앞의 1단계에서 인증기관(NB)을 선택하고, NB가 긍정적인 서류를 제공할 수 있도록 하기 위해 어떤 표준과(이나) 어떤 시험계획 내용을 허용할 것인지 NB와 함께 확인할 것이다. 또한 여러분은 NB의 관여 범위가 어떤 것이 될 것인지, 다시 말해 어떤 필수요건의 측면을 검토하도록 NB에게 요구할지에 대해서도 동의했을 것이다.

3 국제 EMC 인증 요건

이번 3장에서는 유럽연합(EU) 이외의 국가나 지역에서 채택하고 있는 EMC 인증(준수) 체제를 살펴본다. 여기서 살펴보는 내용은 2016년 봄 현재 해당 국가의 관련 기관에서 운영하는 웹페이지에서 최대한 확보한 것이다. "인증 규정은 그 특성상 자주 변경되므로 이 장에서 제공하는 정보를 최종적으로 확정된 것이라고 받아들여서는 안 된다: 상업적 결정(commercial decision)[1]을 내리기 전에는 목표시장(target market)[2]의 현재 상황에 대해 최신 정보를 확실하게 입수해야 한다." 여기서 유의할 점은 지금부터 살펴보는 내용은 무선이나 의료 장비 규정과는 큰 관련이 없다는 사실이다. 세계 여러 나라의 무선이나 의료 장비 규정은 EMC와의 관련성을 가지고 있으며 국가별로 각기 다른 관련당국에 의해 관리되고 있다. 또한 이 규정은 안전인증(safety certification)도 다루지 않는다. 안전인증은 적어도 여러 나라의 제도들을 적절히 적용하는 데 있어서만큼은 중요하다.

3.1 개요

EMC 인증(준수)을 요구하는 많은 국가들은 특정 인증 절차, 국제 표준과의 차이, 또는 자국 내 시험(in-country testing)을 통해 시장 진입을 제한하고 있다. 따라서 여러분이 전 세계를

1 (옮긴이) 조직의 기본 전략, 사명, 목표를 달성하는 데 도움이 되는 가치(value)를 창출하는 모든 결정.

2 (옮긴이) 제품이나 서비스가 목표로 하는 소비자들의 집단(group).

대상으로 제품을 판매하려고 하는 경우, 전적으로 CE 마크에만 기반을 둔 인증 전략만으로는 충분하지 않은 것이 거의 확실하다. 각 국가나 지역은 다음 사항을 결정할 권리를 보유한다.

- 제품을 시판하기 전에 EMC 인증 요건을 충족해야 하는 것을 법적으로 규정할지 여부
- EMC를 규제할 책임이 있는 당국의 지정
- 반드시 충족해야 하는 기술적 요건과 필요한 표준의 결정
- 인증 절차 및 서류작업(문서화)
- 승인을 위한 시험성적서의 내용
- 마크 획득을 위해 반드시 적용해야 하는 규격

이러한 움직임과 반대로, EMC 시험이 더욱 넓은 시장 영역을 포함할 수 있도록 약정(arrangement)과 협정(agreement)[3]을 간소화하고 있는데 이것이 바로 상호인정협정(Mutual Recognition Agreements, MRAs)이다. 국가 또는 지역 간의 다자간 협정은 서명 회원국의 시장 접근을 용이하게 하기 위한 것이다. MRA는 제품 시험, 인증 또는 두 가지 모두의 상호인정을 보장할 수 있으며, 한 지역이나 국가에서 이루어진 적합성 평가기관(Conformity Assessment Bodies, CAB) — EMC의 경우에는 대부분 인가된 시험소 — 에 의한 시험과 인증을 다른 지역이나 국가에서 인정하도록 할 수 있다.

따라서 전 세계를 대상으로 특정 제품에 대한 마케팅을 계획할 때 가장 먼저 해야 할 일 가운데 하나는 판매를 목표로 하는 지역에 적용되는 요건, 그리고 MRA를 통해 시험전략을 더욱 효과적으로 수립할 수 있는지를 알아보는 것이다.

3.2 미국: FCC 규정

미국의 경우, 무선 주파수 방해 요건은 라디오, 텔레비전, 위성, 케이블에 의한 주 사이의(inter-state), 또는 국가 사이의 통신을 규제할 책임이 있는 독립적 정부기관인 연방통신위원회(Federal Communications Commission, FCC)에 의해 관리(통제)된다. 요건들은 CFR(Code of Federal Regulations, 연방정부 규정집) 47에 상세하게 설명되어 있으며, 웹 사이트에서 전자문서(e-CFR)로 입수할 수 있다[235]. FCC 규정의 Part 15(제15부)는 주로 의도성 및 비의도성 방사 장치인 RF 기기에 적용하지

3 (옮긴이) 협정(agreement): 주로 정치적인 요소가 포함되지 않은 전문적, 기술적인 주제를 다룸으로써 조정하기가 어렵지 아니한 사안에 대한 합의에 많이 사용됨. 체결주체는 주로 정부임. 예: 투자보장협정(Investment Protection Agreement), 무역협정(Trade Agreement), 문화협정(Cultural Agreement) 등. 약정(arrangement): 사전적 의미는 '어떤 일을 약속하여 정함'으로 계약에서 정해진 내용(사항) 또는 계약 그 자체를 말함. 합의라고도 함. 예: 기관간 약정(agency to agency arrangement), 참고로 기관간 약정의 명칭으로 양해각서(MOU), 계획서(plan), 프로그램(programme) 등을 주로 사용함.

만, 초광대역(ultra-wideband), 광대역(broadband)의 전력선 기기 및 화이트 스페이스 기기와 같은 여러 가지 명시된 형식에 대해서도 Part 15를 구성하는 Subpart[4]들을 통해 적용한다.

의도하지 않은 방사 장치에 적용되는 Part 15 Subpart B는 전력선 반송파 시스템(power line carrier system), TV 수신기, TV 인터페이스 기기와 같이 특정 등급(class)의 기기를 대상으로 하는 clause들로 구성되어 있다. RF 에너지를 의도적으로 생성하는 산업, 과학, 의료 기기(ISM)는 Part 18에 수록되어 있다. 그러나 Part 15는 디지털 기기를 포함하고 있는 제품들에 주로 영향을 미친다.

3.2.1 승인 방법

"디지털 기기(digital device)"[이전의 정의로는 계산기기(computing device)]는 9 kHz를 초과하는 타이밍 신호나 펄스를 발생시켜 사용하고, 디지털 기술을 사용하는 모든 전자 기기나 전자 시스템으로 정의된다. 대상으로 하는 시장에 따라 다음과 같은 두 가지 등급으로 정의한다. A등급(class A)은 사업용(business use), 상업용(commercial use), 또는 산업용(industrial use)이며, B등급(class B)은 주거용(특히 일반인들을 대상으로 판매)이다. 각 등급에는 서로 다른 허용기준(제한치)이 적용되는데, B등급 기기에 대한 허용기준이 더욱 엄격하다. 미국에 장비를 판매하기 전에 제조업체는 규정의 Part 2(제2부)에 정의된 다음의 세 가지 방법 중 하나를 따라야 한다.

- 검증(Verification): 전적으로 자체 인증 프로세스임
- 적합성 신고((Declaration of Conformity, DoC): 공인 시험소에서 시험을 수행해야 한다는 점을 제외하면 검증과 유사함
- 인증(Certification): 제조업체가 시험 데이터, 설치 및 운영 지침, 수수료를 포함한 일련의 정보를, 승인서를 발행하는 전기통신 인증기관(Telecommunications Certification Body, TCB)에 보내야 함.

검증과 적합성 신고(DoC) 방법을 병합하자는 제안이 있으나 아직 제정되지는 않았다. 어떤 방법을 따라야 하는지는 규정(Regulation) paragraph 15.101(15.101항)에 열거된 제품 형식(type)에 따라 정해진다. (인증방법은 전기통신 제품에만 적용되는 것이 아니라는 점에 유의해야 한다.) 2000년 6월 이후 FCC는 스스로 인증방법에 직접 관여하는 것을 거절했다. 유럽

---

4 (옮긴이) 미국의 법령을 하나로 모은 법전(United States Code)의 구성 체계는 다음과 같다. Title 〉 Subtitle 〉 Chapter 〉 Subchapter 〉 Part 〉 Subpart 〉 Section 〉 Subsection 〉 Paragraph 〉 Subparagraph 〉 Clause 〉 Subclause 〉 Item 〉 Subitem. 참고로 한국법제연구원이 우리나라 법령을 영어로 번역할 때 쓰는 기준은 다음과 같다. 편(編) Part 〉 장(章) Chapter 〉 절(節) Section 〉 관(款) Sub-Section 〉 조(條) Article 〉 항(項) Paragraph 〉 호(號) Subparagraph 〉 목(目) Item. 따라서 미국의 법령 체계의 용어와 우리나라 법령 체계의 용어는 일대일로 대응되지는 않음을 알 수 있다.

연합과 미국 사이의 상호인정협정(MRA)에 따라 유럽의 시험소는 TCB 또는 DoC 방법에 대한 인증업무를 수행하는 인증기관 역할을 할 수 있다.

응용 분야에 따라서는 규정의 면제(예외)가 상당히 광범위하게 이루어진다. 대표적인 분야로 운송차량(transport vehicle), 산업용 공장(industrial plant) 또는 공공전력 제어시스템(public utility control system) 전용으로 사용되는 디지털기기(digital device)와, 산업용, 상업용 및 의료용 시험장비, 전문 의료용 컴퓨팅 장비, 그리고 가전기기에 사용되는 디지털기기가 포함된다. 또한 교류 주전원으로부터 전력을 공급받아 작동할 수 없는 저전력 기기(6 nW 미만), 전력을 사용하지 않는 보조기기(passive add-on devices), 최고 내부 주파수가 1.705 MHz 미만인 기기 등은 제외된다.

3.2.2 시험 요건

150 kHz ~ 30 MHz 범위의 주파수 대역에서는 교류 주전원 선로에 대한 전도성 장해에 대해, 30 MHz ~ 960 MHz 이상의 주파수 대역에서는 10 m 또는 3 m에서 측정하는 방사성 장해에 대해 허용기준(제한치, limit)이 적용된다. 이 허용기준은 CISPR에서 제정한 표준에 정해진 허용기준과 유사하지만 완전히 똑같지는 않다. 전도성 허용기준은 현재 CISPR 22에 맞추어 조정되었다. CISPR 22(제3판)의 방사성 허용기준을 대신 적용할 수 있지만, ANSI C63.4[227]의 시험 절차를 따라야 하며, 시험 중에는 미국의 교류 주전원 전압을 사용해야 한다.[5] 상한 주파수는 기기 내에서 사용되는 주파수에 따라 최대 40 GHz까지도 확장이 가능하다. 내부 클록(또는 기타) 주파수와 최대 측정 주파수 사이의 관계는 [4.8.1절]의 [표 4.4]에 수록되어 있다. 이 표를 보면 클록 주파수가 108 MHz를 초과하는 기기는 초고주파(microwave) 영역까지도 방출 시험을 해야 함을 알 수 있다.

3.3 캐나다

캐나다의 EMC 규정은 미국과 비슷하다. 캐나다에서는 캐나다산업부(Industry Canada, IC)에서 무선기기, 디지털기기 및 기타 비의도성 방사기기에 대한 인증 규정을 제정하고 있다. 대표적인 방출 표준은 ITE 제품에 대해 적용하는 방해유발 장비 표준(Interference-Causing Equipment Standard, ICES)인 ICES-003과 ISM 장비에 대한 표준인 ICES-001이다. 명시된 용도로 사용되는 일부 디지털 기기는 FCC와 마찬가지 방식으로 IC 기술 표준에서 면제(제

5 2006년 초 FCC는, 한 독일 회사가 자사 제품은 "CE를 준수함"이라고 하는 주장했음에도 불구하고 FCC 규정을 준수하지 않았다고 판단하여 그 회사에 100만 달러의 벌금을 부과했다. 당시 FCC는 "이러한 시험은 위원회의 기술 표준과 동등하지도 않고 기술 표준을 준수함을 입증하지 못한다"라고 말했다.

외)된다.

승인(approval)을 받으려면 모든 비의도성 방사기기에 대해 검증을 받아야 한다. 무선 제품을 제외하면 인가(accreditation)는 필요하지 않으며, 내성요건도 없다. 방출 허용기준은 ANSI 63.4 규정을 사용하여 9 kHz ~ 40 GHz의 주파수 범위 전체를 대상으로 하거나, CE 마크를 위한 시험처럼 CISPR 22 규정에 따라 6 GHz까지의 주파수 범위에 대해 선택할 수 있다.

3.4 중국

3.4.1 CCC

2001년 12월, 중국은 제품인증 강제규정(Regulations for Compulsory Product Certification)을 발표했다. 이 인증 시스템은 기존의 상품 검사용 품질 허가 시스템(Quality License System for Commodity Inspection)과 전기 장비에 대한 안전 인증 시스템(Safety Certification System for Electrical Equipment)을 대체하였다. 중국 강제 제품인증(China Compulsory Product Certification)은 약자로는 CCC 또는 3C로 쓴다. 이것은 법으로 정한 강제 안전 인증 시스템으로서 2002년 5월 1일부터 시행되고 있다. CCC 대상 품목은 [표 3.1]에 수록된 바와 같이 20개 범주로 구분된 135개 제품이다. 중국의 인증 시스템에 대한 정보는 인터넷에서 쉽게 입수할 수 있음에도 불구하고 경우에 따라서는 혼동을 불러일으키고 심지어는 모순되기도 한다. 또한 시스템에 속한 범주들 중 일부에는, EMC는 말할 것도 없고 전기관련 내용도 전혀 들어있지 않다는 점에 유의해야 한다. 이 시스템은 목록에 없는 아이템(item)에 대해서도 자발적인 인증을 받을 수 있게 허용하고 있다.

이 체계의 대상범위에 속하는 제품은 중국 시장에 진출하기 전에 CCC 마크를 부착해야 한다. 기기가 어떤 범주에 속하는지 확인한 후 인증에 필요한 법에 정해진 표준을 알아내야 한다. 일반적으로 CCC 인증에는 GB[6] 표준이 사용된다. 이 표준은 대체로 IEC 표준이나 EN 표준과 조화(통합)를 이루고 있지만 간혹 차이가 있는 경우도 있다.

신청 절차에서는 공식 신청서와 함께 증빙자료의 제출을 요구한다. 증빙자료에는 사용자 안내(user's guide)서 또는 작동 설명서(operating manual), 안전(safety) 및 EMC를 위한 주요 구성요소들의 목록과 마크 라벨, 인증 대상 제품의 작동과 취급과 보관과 용도에 관한 구체적 정보 등이 포함된다.

6 (옮긴이) GB는 국가표준(国家标准)의 중국어 발음 'Guo Jia Biao Zhun'에서 따온 약자이다.

신청이 승인되면 해당 제품은 중국 내의 지정 시험소에서 정식으로 시험을 받아야 한다. 향후에는 CCC 인증기관의 자격을 갖춘 중국 내의 외국 시험소가 하도급 계약을 통해 CCC 인증 서비스를 제공할 가능성도 있다. 중국의 시험소들은 EMC 문제를 해결하는 데 필요한 도움을 신속하게 제공하지 않으므로 인증시험을 통과하지 못해 승인과정이 수개월이나 지연될 수 있다. 이러한 이유를 감안하여, 여러분이 보낸 제품 샘플이 충분한 마진(margin, 여유)을 가지면서 표준들을 준수하는지 확인해야 한다. 이것은 시험소들 간에 존재하는 측정 불확도를 고려하면 반드시 필요하다. (불확도에 대해서는 [10.2.7]절에서 아주 자세히 설명되어 있음). 또한 규제기관(certification body, CB)은 해당 제품이 제조된 공장 소재지에 검사관을 파견해 초기 공장 품질 검사를 실시한다. CB가 시험성적서(test report)에 만족하고 제조자가 검사에 합격하면 성적서가 승인되어 CCC 인증서가 발행된다.

CCC 인증은 일반적으로 5년간 유효하며 품질관리와 제품의 일관성을 검증하는 사후 점검을 받아야 한다.

표 3.1 CCC 범주

범주	제목
1	전선 및 케이블 Electrical wires and cables
2	회로 스위치, 보호용 또는 연결용 전기기기 Circuit switches, electric devices for protection or connection
3	저전압 전기장치 Low–voltage electrical apparatus
4	저전력 모터 Low power motors
5	전동 공구 Electric tools
6	용접기 Welding machines
7	가전제품 및 유사 전기제품 Household and similar electrical appliances
8	음성 및 영상장치 (방송 서비스와 자동차용 음성 장치는 제외) Audio and video apparatus (not including the audio apparatus for broadcasting service and automobiles)
9	정보기술장비 Information technology equipment
10	조명 장치 (전압이 36V 이하인 조명 장치는 제외) Lighting apparatus (not including the lighting apparatus with the voltage lower than 36V)
11	자동차 및 안전 보조기기 Motor vehicles and safety accessories
12	자동차 타이어 Motor vehicle Tyres

13	보호용 안경 Safety Glasses
14	농업용 기계 Agricultural Machinery
15	전기통신 단말제품 Telecommunication Terminal Products
16	소방장비 Fire Fighting Equipment
17	안전 보호 제품 Safety Protection Products
18	무선랜 제품 Wireless LAN products
19	장식용 재료 Decoration Materials
20	장난감 Toys

3.5 호주와 뉴질랜드

호주에서의 EMC를 처리하는 당국은 호주 통신미디어청(Australian Communications and Media Authority, ACMA)이고, 뉴질랜드의 당국은 무선 스펙트럼 관리청(Radio Spectrum Management Agency)이다. 호주 시장에 공급되는 제품에 대한 ACMA 규제 체계는 다음 장비를 대상으로 한다.

- 전기통신 고객 장비(customer equipment, CE) 및 고객 케이블링(customer cabling, CC)
- 무선 통신 기기
- 전기 및 전자 기기, 차량 및 내연기관이 있는 기기의 전자파 적합성 성능
- 무선 송신기의 전자기 에너지(electromagnetic energy, EME)

이러한 각 장비는 표시고시(Labeling Notice, LN)라고 하는 입법문서(legislative instrument)를 채택하고 있다. 표시고시(LN)에는 호주에 공급되는 제품에 적용되는 기술표준 및 시험, 기록 관리 및 표시 요건[규정준수 마크(Regulatory Compliance Mark, RCM)] 등의 정보가 담겨있다. EMC 표시고시(LN)에 따라 기기는 저위험(Low-risk, Level 1), 중위험(Medium-risk, Level 2), 고위험(High-risk, Level 3)의 세 가지 위험등급으로 나뉜다.

각 위험등급에 따라, 제품이 해당되는 EMC 표준을 준수함을 입증하기 위해 공급자가 반드시 확보해야 증빙사항들이 결정된다. 위험등급은 해당되는 EMC 기술표준을 준수하지 않는 제품의 공급과 관련된 위험의 정도와 일치한다. 즉 위험등급이 높을수록 준수하지 않은 제품에 의해 발생하는 방해의 위험도 커진다. 위험이 클수록 준수 여부를 입증하기 위한 시험

및 기록 관리 요건은 더욱 엄격해진다.

저위험[1등급(Level 1)]과 중위험[2등급(Level 2)] 기기의 경우, 시험은 모든 시험기관이나 사내시험 시설에서 수행할 수 있다. 고위험[3등급(Level 3)] 기기는 인가를 받은 공인 시험기관에 의해 시험이 수행되어야 한다. 공인 시험기관은 호주의 국립시험기관협회(National Association of Testing Authorities, NATA)에서 인가한 시험기관이거나 NATA와 시험성적서 상호인정 협정을 체결한 국가의 공인기관에서 인가한 시험기관이다.

3.5.1 절차

EMC 규제 협정의 적용을 받는 제품의 공급자는 제품이 해당 기술 표준을 준수한다는 사실을 입증해주는 문서증거(준수기록)를 유지, 관리해야 한다. 이러한 요건은 EMC 표시고시(LN)에 명시되어 있다. 공급자가 확보하여 유지해야 하는 증거의 정도는 제품에서 예상되는 방해의 위험등급 — 고위험, 중위험, 저위험 — 에 따라 달라진다.

준수 등급은 다음과 같다.

- 고위험(3등급): CISPR 11 제2판에 따른 2군 ISM 장비(Group 2 ISM equipment); 라벨표시, 해당 표준에 대한 공인 시험 보고서(성적서), 적합성 신고(DofC)와 문서가 요구됨.
- 중위험(2등급): 고위험 기기가 아니면서 다음 기기를 포함하는 기기, 단 배터리로 전력을 공급받는(외부 전원공급장치에 연결이 불가능한) 기기; 스위칭 방식 전원 공급장치(Switching Mode Power Supply, SMPS), 트랜지스터 스위칭 회로, 마이크로프로세서, 정류자, 슬립-링 모터, 스위칭이나 비선형 모드로 작동하는 전자기기; 고위험 장비 요건과 동일하지만 시험 성적서의 인가는 필요 없음.
- 저위험(1등급): 고위험 기기나 중위험 기기에 해당되지 않으면서 배터리로 전력을 공급받는(배터리 구동) 모든 기기; 라벨표시와 적합성 신고(DofC)는 선택사항임.

EMC 표시고시(LN)에 따라서, EMC 규제합의의 대상이 되는 제품(저위험 기기는 제외)의 공급자(제조업체, 수입업체 또는 권한을 위임받은 대리인)는 이들 제품에 인증을 표시하는 라벨을 반드시 부착해야 호주 시장에 해당 제품을 공급할 수 있다. 제품이 해당 EMC 표준(들)을 준수하지 않고 공급자가 준수를 입증하는 문서로 된 자료를 보유하고 있지 않은 경우에는 제품에 적합성 라벨을 부착해서는 안 된다.

공급자 등록

공급자는 제품에 적합성 라벨을 부착하기 전에 "책임이 있는 공급자"로서 반드시 국가 데이터베이스에 등록해야 한다.

3.5.2 표준

호주 통신미디어청(ACMA)의 기술표준은 산업표준에 포함된 기술 성능요건을 직접 참조하는 입법문서(legislative instruments)이다. 현재 적용 가능한 모든 EMC 표준을 수록하고 있는 EMC 표준 목록을 ACMA 홈페이지에서 입수할 수 있다. EMC 규제협약의 대상인 모든 제품은 해당 기술표준을 준수해야 한다. 표준목록은 표준을 장비형식에 따라 분류하고 있는데, EU의 EMC 지침 목록과 유사하다 물론 EMC 지침만큼 적용범위가 넓지는 않다. 표준목록에는 호주/뉴질랜드 국가 버전, IEC 및 EN 버전에 대한 참고목록(reference)이 들어있으며 개정 전환일자도 포함되어 있다. 목록에 있는 많은 제품 표준들은 내성요건을 가지고 있다. 하지만 목록의 서문에는 다음의 내용에서 보듯이 이 점이 다소 불분명하게 서술되어 있다.

> ACMA는 방출과 관련된 성능요건만 법적으로 의무화한다. 따라서 ACMA의 목록에 있는 표준에 대한 준수는 (a) 무선통신에 대한 방해, 그리고 (b) 기기의 모든 사용 또는 모든 기능에 대한 방해와 관련된 표준 내에서 중요한 정도까지만 요구된다.

해당 표준이 적합성 신고서(DoC)에 서명한 시점에서 효력을 가지는 경우에는, 공급자는 만료된 산업표준에 따라 시험한 제품은 계속 공급할 수 있다. 몇 가지 주의할 사항은 있지만 공급자는 개정되거나 대체된 표준에 따라 제품을 재시험할 필요가 없다.

3.6 러시아와 유라시아경제연합(EAEU)

유라시아 경제연합(Eurasian Economic Union, EAEU)(구 관세동맹)으로 수출할 때는 관세동맹 기술규정(Customs Union Technical Regulations)에 대한 인증이 필요하다. 회원국은 러시아, 벨라루스, 카자흐스탄, 아르메니아, 키르기스스탄이다. 러시아는 여러 해 동안 GOST 인증 제도를 운영했다. 이는 점차 관세동맹 기술규정(CU TR)에 대한 인증으로 대체되고 있다. 기술규정은 EU 지침과 유사하며 전체 제품의 수명 주기에 대한 요건을 다룬다. 각 기술규정(TR)은 제품별 요건과 시험방법과 관련하여 GOST와 기타 표준의 도움을 받고 있다.

관세동맹 기술규정(CU TR)에 대한 평가를 성공적으로 통과한 제품은 EAC 적합성 마크[EAC는 Eurasian Conformity(유라시아 적합성)의 약어임]가 부착된다. EAC 마크는 EAEU에서 제조된 상품과 EAEU로 수출되는 제품에 부착된다. 해당 적합성 평가 문서는 회원국 내의 통관과 판매, 그리고(또는) 마케팅을 위해 준비되어 있어야 한다.

3.6.1 기술 규정

제품의 형식에 따라 현재 몇 가지 형식의 적합성 평가 — 국가 GOST 체계에 대한 인증이나 신고, 관세동맹 기술규정(TR) 인증, 또는 국가 등록(State Registration) 신고 – 가 마련되어 있다. EMC의 경우 관련 기술규정은 TR TC 020/2011[210]이다. 이는 EU의 EMC 지침 제1판과 어느 정도 유사하다. EMC 요건은 제4조(Article 4)에 나와 있다.

> 기술(technology)은 그 기술이 의도한대로 적용될 때는 설치, 작동(사용), 보관, 운송 및 유지보수에 대한 요건을 충족할 수 있도록 설계되고 제조되어야 한다.
>
> - 기술적 수단에 의해 발생하는 전자파 장해는 통신장비와 기타 장비가 자신들의 사용목적에 따라 확실히 작동할 수는 있는 수준(정도)을 초과해서는 안 된다.
> - 장비는, 자신이 사용되기로 되어 있는 전자기 환경에서 의도한 대로 작동할 수 있는 수준(정도)의 전자파 장해[잡음(noise)]에 대한 내성을 가져야 한다.

일부 형식의 장비에 대해 인증(compliance)을 받기 위해서는 증명(certification)이 필요하며, 그 외의 대부분의 장비에 대해서는 적합성 신고가 필요하다. 인증 요건은 많은 형식의 가전제품, 개인용 컴퓨터와 몇 가지 주변기기, 그리고 전기 악기에 적용된다. 그밖에 명시적으로 규정의 대상이 아닌 수동형 EMC 장비(passive-EMC equipment) 목록도 있다.

3.6.2 표준

러시아의 국가 표준화기구 GOST는 러시아연방국가표준위원회(State Committee for Quality Control and Standardization, 품질 관리 및 표준화를 위한 국가위원회)를 뜻하는 Gosstandart의 줄임말이다. 오늘날 EMC 표준은 IEC와 CISPR 문서를 반영하고 있다. 하지만 IEC와는 그 수준(자격)이 동등하지 않은 20세기의 구닥다리 러시아 표준이 여전히 많이 남아있다.

기술규정(TR) TC 020/2011의 부속서에는 이 규정에 따라 적용되는 (대부분) GOST 표준이 수록되어 있다. 일부 오래된 표준들은 국제표준보다 먼저 만들어졌지만 대부분은 IEC/CISPR 표준이나 EN과 조화(통합)를 이루고 있다.

3.7 일본

일본의 EMC 규제 체계는 크게 가전제품과 정보기술기기(ITE)로 나눌 수 있다.

3.7.1 가전제품

일본 경제산업성(Ministry of Economy, Trade and Industry, METI)은 무선주파수(RF) 방

출(전자파 장해) 등에 대한 규제를 통해 가전제품의 안전을 책임진다. 전기용품안전법(The Electrical Appliance and Material Safety Law)은 2001년 4월 1일에 시행되었다. 이 법에 따른 규제 대상 제품(특정전기용품, Specific Product: SP)은 PSE(Product Safety Electrical Appliance & Material) 마크를 취득하고 이를 부착해야 한다. 이들 제품의 대부분은 EMC보다는 안전성을 더 중요하게 여긴다. 비특정전기용품(Non-Specific Product: NP)에 속하는 다양한 형식의 제품들은 요건에 따라 자체검증이 가능하며 인증은 강제사항이 아니다. 제품에 대해 정해지는 RF 방출 허용기준(제한치)은 제품마다 다르지만 그에 상응하는 CISPR 표준과 유사하다. 내성은 요구되지 않는다.

"전기용품(electrical appliances and materials)"으로 분류되는 제품의 제조자나 수입업자는 법에 따라 사업의 개시를 경제산업성(METI)에 통지하고, 기술표준을 준수하고, 기타 의무를 이행해야 한다. 이러한 모든 의무 사항들을 이행한 기업만이 PSE 마크를 부착할 수 있다. 일본에서는 PSE 마크를 부착하지 않은 모든 전기용품의 판매가 법으로 금지되어 있다.

3.7.2 ITE

정보기술 EMC(Information Technology EMC) 규제 체계는 대부분의 공급자들을 대상으로 하여 거의 전부가 법으로 정해져 있을 정도로 매우 잘 확립되어 있음에도 이에 대한 준수가 "자발적"이라는 점에서 대부분의 다른 규정들과는 약간 다르다. 1985년 일본 경제단체 연합회(日本経済団體連合會, Japanese business associations)는 '정보기술기기에 대한 장해 자율규제 협의회[7](Voluntary Control Council for Interference, VCCI)'를 설립했다. 자율규제(Voluntary Control)는 일본 국내 시장에 운송되는 ITE에 대해 적용된다. VCCI 마크를 부착한 제품을 배송하고(하거나) 측정 시설(measurement site)을 VCCI에 등록하기 위해서는 먼저 VCCI의 회원(member)이 되어야 한다.

이러한 자율적 규제조치 하에서 회원은 일본 내에서 자신의 제품을 판매하기 전에 VCCI에서 명시한 허용기준을 충족하는지 확인해야 한다. 회원은 제품을 운송하기 전에 해당 제품의 ITE 등급에 따른 적합성 검증 보고서를 VCCI에 제출하고 해당 등급의 VCCI 마크를 제품에 부착해야 한다.

다음과 같이 회원 제조사는 기술요건에 대한 적합성을 검증하고 보고서를 제출해야 한다.

- 시험: ITE 제품에 대한 적합성 검증 시험을 수행하여 기술요건을 충족하는지 확인한다.

7 (옮긴이) 일본에서의 명칭은 '정보처리장치등전파장해자주규제협의회(情報処理装置等電波障害自主規制協議会)'이다.

적합성 검증 시험은 VCCI에 등록된 측정시설에서 수행해야 한다. VCCI 요건은 주로 CISPR 22에 기초하고 있다.

- **적합 등록:** 적합성 검증 시험을 수행하는 제조업체는 ITE 제품을 운송하기 전에 지정된 양식을 사용하여 작성한 "적합성 검증 보고서"를 위원회에 제출하여 승인을 받아야 한다. 회원 제조사가 적합성 검증 보고서를 제출한 ITE는 A등급 ITE 라벨과 B등급 ITE 마크/로고를 사용하여 표시해야 한다.

3.8 대만(Taiwan)

대만의 다양한 가전제품과 장비에 대한 안전과 EMC를 담당하는 기관은 표준검험국(經濟部標準檢驗局, Bureau of Standards, Metrology and Inspection, BSMI)이다. EMC 표준은 RF 방출에 대해서는 전반적으로 CISPR과 일치한다. 오디오 및 비디오 기기, ITE, 전원공급장치, 비디오 게임 및 사무기기, 가전제품, 조명기기 등 다양한 제품이 법적으로 의무 검사 대상이다. 중국 시스템과 러시아 시스템과 마찬가지로 특정 형식의 장비 목록이 제공된다. 시험은 BSMI이 직접 수행하거나, 대만 내의 지정 시험소나 해외의 지정 시험소에서 수행할 수 있다. 일부 형식의 제품의 경우에는 제조자가 문서를 준비하고 DofC를 작성하여 BSMI에 등록을 신청하면 등록번호를 받는 방식으로 적합성 신고를 할 수 있다. 여기서 등록번호는 반드시 제품에 부착해야 한다.

3.9 대한민국

대한민국에서 EMC는 과학기술정보통신부의 소속기관인 국립전파연구원(Radio Research Agency, RRA) 내 전파환경안전과(Electromagnetic Environment Safety Division)에서 규제하고 있다. 적합성 평가 체계는 반드시 적합성 인증을 받아야 하는 장비에 적용하는 "적합인증", 적합성 등록만 해도 되는 장비에 적용하는 "적합등록", 그리고 적합성 평가 기준이 아직 마련되지 않은 신규 장비에 적용하는 "잠정인증(interim of Conformity)"의 세 가지 범주로 구분한다. 첫 번째 범주에 속하는 장비로는 ITE, 가전제품, 의료 치료 장비, 산업 장비, 차내 장비 등이 있다. 상호인정협정(MRA)을 맺은 국가의 공인시험소나 지정시험소에서 한국어로 작성한 서류와 함께 시험성적서(test report)를 제출하면 인증을 받을 수 있다. 인증을 받은 제품은 KC 마크를 부착할 수 있다.[8]

---

8 (옮긴이) 국립전파연구원 웹사이트 https://www.rra.go.kr/ko/license/A_a_about.do를 방문하면 더욱 자세한 정보를 입수할 수 있다. 예를 들어, 적합인증 대상 장비로는 선박국용 레이다, 통합공공망용 무선설비, 이동통신용 무선설비의 기기, 레벨측정 레이다용 무선기기, IPTV 셋톱박스 등이 있고 적합등록 장비로는 컴퓨터, 모니터, 전기청소기, 전기세탁기, 전기담요 및 매트, 전동공구, 전동스쿠터, 조명기기 등과 계측기, 산업용 기기, 산업용 컴퓨터 등이 있다.

4

상용[1] 표준(Commercial Standards)

4.1 표준화 기구

상업적 용도(commercial purpose)에 대한 EMC 표준과 EU 지침에 사용되는 EMC 표준을 규정하는 책임을 맡고 있는 국제기구의 구조는 [그림 4.1]과 같다.

4.1.1 국제전기기술위원회

국제전기기술위원회(International Electrotechnical Commission, IEC)는 국제표준기구(International Standards Organization, ISO)와 긴밀하게 협력하며 운영된다. IEC는 각각의 국가에서 모든 전기기술의 이해관계를 완전히 대표할 것으로 예상되는 국가위원회(National Committee, NC)들로 구성되어 있다. 특정 제품부문을 다루는 기술위원회(Technical Committee, TC)와 산하 분과위원회(Sub-Committee, SC)에서 업무를 수행하며, 각 기술위원회의 사무국(secretariat)은 국가위원회들 가운데 어느 한 위원회에서 담당하는데, 이 위원회는 간사(총무)(Secretary)를 임명하고 필요한 자원[2]을 제공한다. 한다. IEC의 목적은 다음과

1 (옮긴이) commercial을 사전에서 찾아보면 '상업(商業)의', '상업적인', '이윤을 낳는', '이윤을 목적으로 한'으로 되어 있다. 좀 더 자세히 설명하면 좁게는 상품의 구매 및 판매와 관련이 있음을 가리키며, 넓게는 수익(이익) 창출을 목적으로 상품, 서비스, 돈, 정보 등의 경제적 가치가 거래되는 산업과 무역과 비즈니스의 모든 활동과 관계를 포괄적으로 가리킴. 이 책에서는 상업적인 목적으로 하는 일이라는 의미로 상용(商用)으로 옮겼다.

2 (옮긴이) 사무국에는 사무실, 문서, 통신시설, 컴퓨터 등의 자원들이 필요하다. 이 자원들은 IEC가 아니라 담당 국가위원회에서 제공한다.

같다. “표준화의 모든 문제에 대해 국제적인 협력을 촉진하는 것이다. … (이것은) 국제표준의 형식으로 권고안(recommendation)을 포함한 간행물을 발행함으로써 달성된다. 이렇게 발행된 간행물을 바탕으로 국가위원회는 국가표준을 제정할 것으로 예상된다”[92].

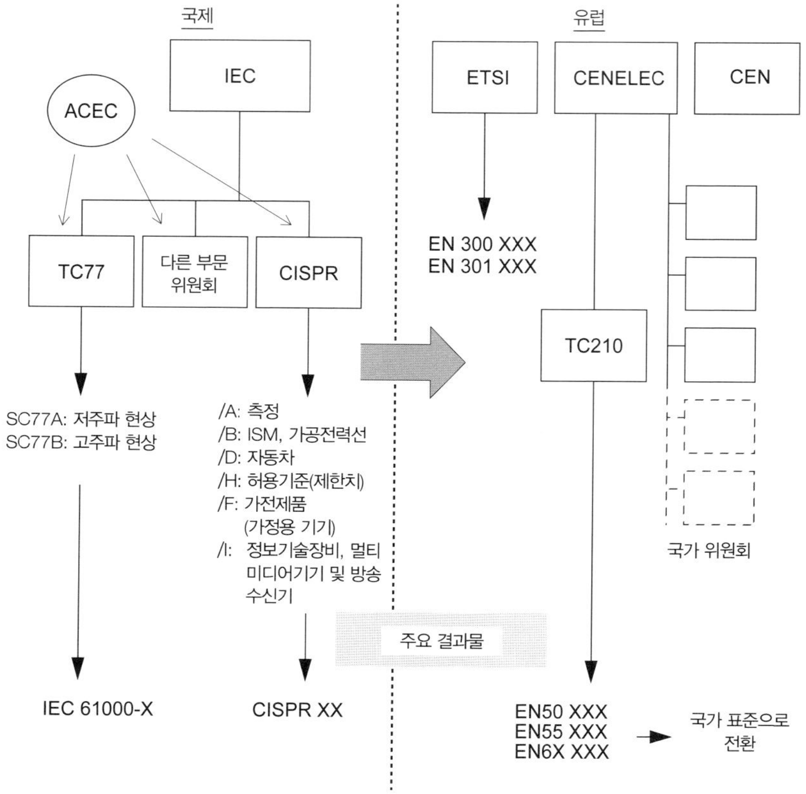

그림 4.1 EMC 표준 구조(EMC standards structure)

두 개의 IEC 기술위원회에서 EMC 업무를 전담하고 있으며 그 밖에도 40여개에 달하는 IEC 기술위원회가 해당 업무범위의 일부로서 EMC에 어느 정도는 관여하고 있다. 두 개의 EMC 전담 위원회는 네트워크를 포함하는 장비들 사이의 전자파 적합성(EMC)을 담당하는 TC77, 그리고 국제무선장해특별위원회(International Special Committee on Radio Interference)이다. 이 위원회의 명칭은 프랑스어로 된 줄임말인 CISPR로 나타낸다. 또한 상충되는 표준들이 새로 만들어지는 일이 생기지 않게 하는 역할을 맡은 EMC 자문 위원회(Advisory Committee on EMC, ACEC)도 있다.

IEC 표준 자체를 유럽연합(EU) 지침에 대한 법적 근거로 삼을 수는 없다. IEC 표준은 법적으로 말하자면 완전히 자율적이다. IEC 표준의 실질적 중요성은 이 표준이 통합(조화) EN 표준(harmonized EN standard)으로 직접 전환될 수 있다는 데 있다. 이렇게 되면 자체인증을 받는 방법으로 통합표준을 사용할 수 있다. 또는 제품별 표준이나 일반 통합 표준(generic harmonised standard)에서 통합 표준을 참조할 수 있다. 그리고 EU를 제외한 많은 나라들은 IEC 표준을 자국의 체계에 맞게 바꾼 다음, 법으로 규정된 적합성을 위해 이를 참조할 것이다.

표 4.1 IEC 61000 표준의 구성(plan)

IEC 61000–1	1부(Part 1): 일반(General) 일반적인 고려사항(개요, 기본 원리, 기능상 안전) 정의, 용어
IEC 61000–2	2부(Part 2): 전자기 환경(Environment) 전자기 환경 기술 전자기 환경 분류 적합성 레벨
IEC 61000–3	3부(Part 3): 허용기준(Limits) 방출 허용기준 내성 허용기준 (제품 위원회의 책임이 아닌 경우)
IEC 61000–4	4부(Part 4): 시험 및 측정기술(Testing and measurement techniques) 측정 기술 시험 기술
IEC 61000–5	5부(Part 5): 설치 및 완화 지침(Installation and mitigation guidelines) 설치 지침 완화 방법 및 기기
IEC 61000–6	제6부(Part 6): 일반표준(Generic standards)
IEC 61000–9	제9부(Part 9): 기타사항(Miscellaneous) (현재까지 표준 없음)

IEC 61000은 위의 구성에 따라 IEC TC77에 의해 별도의 부(part)로 나뉘어 발행된다. 각 부(Part)는 국제표준 또는 기술보고서로 발행될 수 있도록 다시 절(section)로 나뉘어 있다.

4.1.1.1 TC77

TC77은 기구의 성격으로 볼 때 "EMC를 위한 국제 연합"[105]이라고 할 수 있다. TC77가 전 세계적으로 전자파 적합성과 관련한 거의 모든 측면을 다루는 데 온 힘을 쏟고 있는 것은 분명하다. TC77의 구조는 [그림 4.2]와 같다. TC77은 규모가 크고 영향력을 가진 조직으로, CENELEC, ITU 및 여러 전력 관련 그룹과 같은 외부기관은 물론 CISPR를 비롯한 IEC 내 여러 제품 관련 위원회와 협력하고 있다.

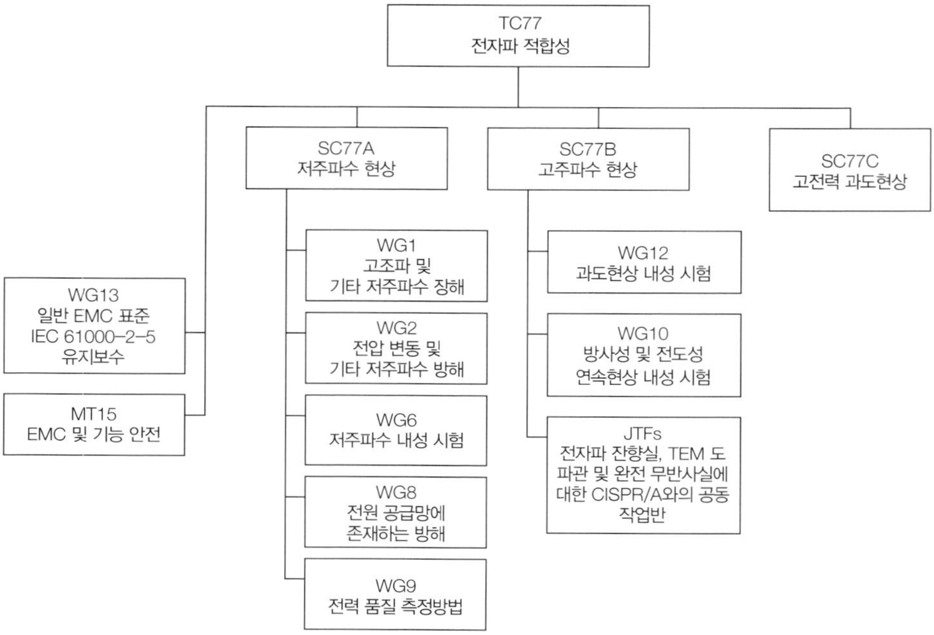

그림 4.2 IEC TC77 구조 (Structure of IEC TC77)

TC77가 만든 주요 결과물은 지금 있는 전자파 적합성에 관한 IEC 61000 시리즈 표준의 다양한 part(부)이다. IEC 61000 시리즈 표준은 [표 4.1]에 나타낸 구성에서 보듯이 단계적으로 발표되었는데, CISPR EMC와 제품별 EMC를 뺀 나머지 모든 자료를 포함하고 있다. IEC 61000 시리즈 중 제3부(part 3)와 제4부(part 4)의 일부 절(section)에 대한 자세한 설명은 [4.5절]에서 볼 수 있다. [표 4.3]은 2006년 가을까지 발행(publication)[3]되었거나 준비 중이었던 이 거대한 표준 시리즈의 전체 목록이다.

4.1.1.2 국제무선장해특별위원회(CISPR)

CISPR 표준은 방해를 일으킬 가능성이 있는 발생원(source)의 무선 방해 특성에 대한 허용기준과 측정을 다룬다. 이 표준은 IEC 61000 시리즈 표준과 계속 공존할 것으로 보인다. [표 4.2]에서 보듯이 CISPR에는 다수의 분과위원회(sub-committee)가 있다. 대부분의 분과위원회는 특정 제품 그룹과 관련되어 있으며 역사적 기반을 가지고 있다; 범유럽 법령이 만들어지기 전에는 [표 4.2]에 수록된 제품들은 방출과 관련하여 주요한 법적 규제의 대상이었다.

---

3 (옮긴이) publish(명사는 publication)은 발행하다, 발간하다, 출판하다, 발표하다, 공표하다 등 여러 가지로 번역할 수 있다. 이 가운데, 발표와 공표는 '어떤 사실이나 결과, 작품을 널리 드러내어 알린다'는 의미이다. 출판과 출간은 책, 신문, 잡지 등을 '인쇄'하여 내놓는다'는 의미이다. 발간은 책, 신문, 잡지 등을 '만들어 낸다'는 의미이므로 출판이나 출간보다는 범위가 넓다고 할 수 있다. 발행은 발간, 출판, 출간의 뜻 이외에 화폐, 증명서 등을 세상에 내놓아 널리 쓰도록 한다는 의미도 가지고 있으므로 범위가 더욱 넓다. 이 책에서는, 'publication of standards'라는 문구의 'publication'에, 표준을 '만들어', '인쇄하고', '세상에 내놓아', '사용하게' 한다는 의미를 모두 담은 경우에는 '발행'으로, 굳이 '사용하게'한다는 의미까지는 확장하지 않아도 되는 경우에는 '발표'로 번역하였다.

CISPR/A 분과위원회는 공통 시험 방법(common test method)과 측정장비 규격에 대한 개발자이며 동시에 감시자로서 중요한 역할을 한다. CISPR/E 분과위원회와 /G 분과위원회는 2001년에 CISPR/I 분과위원회로 통합되었다.

표 4.2 국제무선장해특별위원회(CISPR) 구조

위원회	제목/범위	주요 표준
A 분과위원회 (CISPR A)	전파 장해 측정 및 통계적 방법 Radio interference measurements and statistical methods	CISPR 16, CISPR 17, IEC61000-4-22
B 분과위원회 (CISPR B)	산업용 · 과학용 · 의료용 전파 이용장치, 가공전력선, 고저압기기 및 전기철도 Industrial, Scientific and Medical radio–frequency apparatus; Overhead power lines, high–voltage equipment and electric traction systems	CISPR 11, CISPR 18, CISPR 28
D 분과위원회 (CISPR D)	차량 및 내연엔진의 전기전자장비 Electrical/electronic equipment on vehicles and internal combustion engine powered devices	CISPR 12, CISPR 25
F 분과위원회 (CISPR F)	가전제품, 공구, 조명장비 및 유사장치 Household appliances, tools, lighting equipment and similar apparatus	CISPR 14, CISPR 15
H 분과위원회 (CISPR H)	무선서비스 보호를 위한 허용기준 Limits for the protection of radio services, generic emission standards	CISPR/TR 31, CISPR/TR 16-4-4, IEC 61000-6-3, -6-4
I 분과위원회 (CISPR I)	정보기술장비(ITE), 멀티미디어 장비 및 수신기 Information technology, multimedia equipment and receivers	CISPR 13, CISPR 20, CISPR 22, CISPR 24, CISPR 32, CISPR 35

CISPR 분과위원회(A와 H는 제외)의 모든 결과물은 제목에서 알 수 있듯이 전부 제품과 관련이 있다. 그렇지만, 방출표준 중에서 몇 가지 표준 – 특히 CISPR 11, 14 및 22 – 의 허용기준과 시험방법은 더욱 많은 제품표준에서 참조되고 있으므로 중요성이 훨씬 크다고 생각할 수 있다. 일반적으로, 주파수별 허용기준은 A등급과 B등급, 이렇게 두 가지로 합리적으로 분류된다(4.8절 참조). 이 분류 방법은 대부분의 표준에서 공통적으로 사용된다. 일반적으로 CISPR은 내성 표준에는 관심을 두지 않지만, 다음 몇 가지 표준 – 방송 수신기와 그 관련 장치의 내성표준인 CISPR 20, 정보기술장비(ITE)의 내성표준인 CISPR 24, 그리고 아직 발표되지는 않았지만 이 두 표준을 결합한 내성표준인 CISPR 35 – 은 예외이다. 적합한 표준을 선택하는 데 도움을 주는 안내문서[190]는 무료로 다운로드 받을 수 있다.

4.1.1.3 국제전기기술 용어집(IEV)

더욱 중요한 문서로 IEC 60050[169]의 제161장, 국제전기기술 용어집(International Electrotechnical Vocabulary)이 있다. 여기에는 영어, 프랑스어 및 러시아어로 된 EMC 용어의 정의가 들어있는데, 네덜란드어, 독일어, 이탈리아어, 폴란드어, 스페인어 및 스웨덴어로도 쓰여 있다.

표 4.3 IEC 61000 표준에서 출판되었거나 출판 계획 중인 부(part)

부	절	제목
1	일반(General)	
	1	기본 정의와 용어의 적용 및 해석 Application and interpretation of fundamental definitions and terms
	2	전자기 현상과 관련하여 장비를 포함한 전기, 전자 시스템의 기능 안전 확보 방법 Methodology for the achievement of the functional safety of electrical and electronic systems including equipment with regard to electromagnetic phenomena
	3	민간 장비와 시스템에 대한 고고도 전자파펄스의 영향 The effects of high–altitude EMP (HEMP) on civil equipment and systems
	4	2 kHz까지의 주파수 범위에서 장비로부터의 전원주파수 전도성 고조파 전류 방출 제한에 대한 역사적 근거 Historical rationale for the limitation of power–frequency conducted harmonic current emissions from equipment, in the frequency range up to 2 kHz
	5	민간 장비에 대한 고출력 전자기 영향 High power electromagnetic (HPEM) effects on civil systems
	6	측정 불확도 평가 안내 Guide to the assessment of measurement uncertainty
2	환경(Environment)	
	1	공공 전원공급 시스템에서 저주파 전도성 방해 및 신호전송에 대한 전자기 환경 Electromagnetic environment for low–frequency conducted disturbances and signalling in public power supply systems
	2	공공 저전압 전원공급 시스템에서 저주파 전도성 방해 및 신호전송에 대한 적합성 레벨 Compatibility levels for low–frequency conducted disturbances and signalling in public low–voltage power supply systems
	3	방사현상과 비망주파수 관련 전도현상 Radiated and non–network–frequency–related conducted phenomena
	4	산업 플랜트에서의 저주파 전도성 방해에 대한 적합성 레벨 Compatibility levels in industrial plants for low–frequency conducted disturbances
	5	전자기 환경 설명 및 분류 Description and classification of electromagnetic environments
	6	저주파 전도성 방해와 관련하여 산업 플랜트의 전원공급장치에서 방출레벨의 평가 Assessment of the emission levels in the power supply of industrial plants as regards low–frequency conducted disturbances
	7	다양한 환경에서의 저주파 자기장 Low frequency magnetic fields in various environments

	8	통계적 측정결과가 있는 공공 전원공급시스템상의 전압강하 및 순간정전 Voltage dips and short interruptions on public electric power supply systems with statistical measurement results
	9	고고도 전자파 펄스 환경의 설명 – 방사성 방해 Description of HEMP environment – Radiated disturbance
	10	고고도 전자파 펄스 환경의 설명 – 전도성 방해 Description of HEMP environment – Conducted disturbance
	11	고고도 전자파 펄스 환경의 분류 Classification of HEMP environments
	12	공공 중전압 전원공급시스템에서 저주파 전도성 방해 및 신호전송에 대한 적합성 레벨 Compatibility levels for low–frequency conducted disturbances and signalling in public medium–voltage power supply systems
	13	고출력 전자기 환경 – 방사 및 전도 High–power electromagnetic (HPEM) environments – Radiated and conducted
	14	공공배전망상의 과전압 Overvoltages on public electricity distribution networks
3	허용기준(Limits)	
	2	고조파 전류 방출 허용기준 (장비의 상당 입력 전류 16 A 이하) Limits for harmonic current emissions (equipment input current <= 16 A per phase)
	3	상당 정격전류가 16 A 이하이며 조건부 연결의 대상이 아닌 장비에 대해, 공공 저전압 공급 시스템에서의 전압변화, 전압변동, 플리커의 제한 Limitation of voltage changes, voltage fluctuations and flicker in public low–voltage supply systems, for equipment with rated current <= 16 A per phase and not subject to conditional connection
	4	정격 입력전류가 16 A 이상인 장비의 저전압 전원공급 시스템에서 고조파 전류의 방출 제한 Limitation of emission of harmonic currents in low–voltage power supply systems for equipment with rated current greater than 16 A
	5	정격 입력전류가 16 A 이상인 장비의 저전압 전원공급 시스템에서의 전압변동 및 플리커의 제한 Limitation of voltage fluctuations and flicker in low–voltage power supply systems for equipment with rated current greater than 16 A
	6	왜곡을 일으키는 설비를 MV, HV, EHV 전원시스템에 연결하는 경우에 대한 방출 허용기준 평가 Assessment of emission limits for the connection of distorting installations4) to MV, HV and EHV power systems
	7	변동을 일으키는 설비를 MV, HV, EHV 전원시스템에 연결하는 경우에 대한 방출 허용기준 평가 Assessment of emission limits for the connection of fluctuating installations to MV, HV and EHV power systems
	8	저전압 설비상의 신호전송, 방출레벨, 주파수 대역 및 전자파 방해 레벨 Signalling on low–voltage electrical installations, Emission levels, frequency bands and electromagnetic disturbance levels
	9	(상당 입력전력이 16 A 이하이고 설계상 상호고조파를 잘 발생하는) 장비의 고조파 전류 방출 허용기준 Limits for interharmonic current emissions (equipment with input power[5] <=16 A per phase and prone to produce interharmonics by design)
	10	2 ~ 9 kHz의 주파수 범위에서 방출 허용기준 Emission limits in the frequency range 2 ~ 9 kHz

	11	정격전류가 75 A 이하이며 조건부 연결의 대상인 장비에 대해, 공공 저전압 공급 시스템에서의 전압 변화, 전압 변동, 플리커의 제한 Limitation of voltage changes, voltage fluctuations and flicker in public low–voltage supply systems for equipment with rated current <= 75A and subject to conditional connection.
	12	상당 정격전류가 16 A와 75 A 이상인 공공 저전압 시스템에 연결되는 장비에 의해 발생하는 고조파 전류의 허용기준 Limits for harmonic currents produced by equipment connected to public low–voltage systems with input current >16 A and <=75 A per phase
	13	불평형 설비를 MV, HV, EHV 전원시스템에 연결하는 경우에 대한 방출 허용기준 평가 Assessment of emission limits for the connection of unbalanced installations to MV, HV and EHV power systems
	14	방해를 일으키는 설비를 LV 전원시스템과 연결하는 경우의 상호고조파, 전압변동, 불평형에 대한 방출 허용기준 평가 Assessment of emission limits for harmonics, interharmonics, voltage fluctuations and unbalance for the connection of disturbing installations to LV power systems
	15	LV망에 있는 분산 발전 시스템에 대한 저주파 전자파 내성과 전자파 방출 요건 평가 Assessment of low frequency electromagnetic immunity and emission requirements for dispersed generation systems in LV networks
4	시험 및 측정 기법(Testing and measurement techniques)	
	1	IEC 61000–4 시리즈 개요 Overview of IEC 61000–4 series
	2	정전기 방전 내성 시험 Electrostatic discharge immunity test
	3	방사성 전파(무선) 주파수 전자기장 내성 시험 Radiated radio frequency electromagnetic field immunity test
	4	전기적 빠른 과도현상/버스트 내성 시험 Electrical fast transient/burst immunity test
	5	서지 내성 시험 Surge immunity test
	6	전파(무선) 주파수 전자기장에 의해 유도되는 전도성 방해에 대한 내성 Immunity to conducted disturbances induced by radio frequency fields
	7	전원공급 시스템과 여기에 연결되는 장비에 대한 고조파 및 상호 고조파의 측정과 측정기기에 대한 일반안내 General guide on harmonics and interharmonics measurements and instrumentation, for power supply systems and equipment connected thereto
	8	전원 주파수 자기장 내성 시험 Power frequency magnetic field immunity test
	9	펄스 자기장 내성 시험 Pulse magnetic field immunity test
	10	감쇠 진동 자기장 내성 시험 Damped oscillatory magnetic field immunity test
	11	전압 강하, 순간 정전, 전압 변화 내성시험 Voltage dips, short interruptions and voltage variations immunity test
	12	링 파동 내성 시험 Ring wave immunity test
	13	교류전원 포트에서의 주전원 신호전송을 포함하여 고조파, 상호고주파 저주파 내성 시험 Harmonics and inter–harmonics including mains signalling at AC power port, low frequency immunity tests

	14	상당 입력전류가 16 A를 초과하지 않는 장비에 대한 전압변동 내성 시험 Voltage fluctuation immunity test for equipment with input current not exceeding 16 A per phase
	15	플리커 측정기 – 기능 및 설계 규격 Flickermeter – functional and design specifications
	16	0 ~ 150 kHz의 주파수 범위에서 전도성 공통모드 방해에 대한 내성 시험 Test for immunity to conducted, common mode disturbances in the frequency range 0 Hz to 150 kHz
	17	입력 전원포트의 리플 내성 시험 Ripple on DC input power port immunity test
	18	감쇠 진동파 내성시험 Damped oscillatory wave immunity test
	19	2 kHz ~ 150 kHz의 주파수 범위에서, 교류 전원포트에서 전도성 차동모드 방해와 신호전송에 대한 내성 시험 Test for immunity to conducted, differential mode disturbances and signalling in the frequency range 2kHz to 150kHz at AC power ports
	20	횡 전자기(TEM) 도파관 내에서의 방출 및 내성 시험 Emission and immunity testing in transverse electromagnetic (TEM) waveguides
	21	전자파 잔향실 시험 방법 Reverberation chamber test methods
	22	완전 무반사실에서의 방사성 방출 및 내성 측정 Radiated emissions and immunity measurements in fully anechoic rooms(FARs)
	23	HEMP 및 기타 방사성 방해에 대한 보호기기의 시험 방법 Test methods for protective devices for HEMP and other radiated disturbances
	24	HEMP 전도성 방해에 대한 보호기기의 시험 방법 Test methods for protective devices for HEMP conducted disturbance
	25	장비 및 시스템에 대한 HEMP 내성 시험 방법 HEMP immunity test methods for equipment and systems
	27	상당 입력전류가 16 A를 초과하지 않는 장비에 대한 불평형 내성 시험 Unbalance immunity test for equipment with input current not exceeding 16A per phase
	28	상당 입력전류가 16 A를 초과하지 않는 장비에 대한 전원 주파수 변화 내성 시험 Variation of power frequency immunity test for equipment with input current not exceeding 16A per phase
	29	직류 입력 전원포트에 대한 전압강하, 순간정전, 전압변화 내성 시험 Voltage dips, short interruptions and voltage variations on DC input power port immunity tests
	30	전원품질 측정방법 Power quality measurement methods
	31	교류 주전원 포트 광대역 전도성 방해 내성 시험 AC mains ports broadband conducted disturbance immunity test
	32	고고도 전자파 펄스 시뮬레이터 개요 High–altitude electromagnetic pulse (HEMP) simulator compendium
	33	고전력 과도 파라미터 측정방법 Measurement methods for high–power transient parameters
	34	상당 주전원 입력전류가 16 A를 초과하는 장비에 대한 전압강하, 순간정전, 전압변화 내성 시험 Voltage dips, short interruptions and voltage variations immunity tests for equipment with mains current more than 16 A per phase

	35	고출력 전자기 펄스 시뮬레이터 개요 HPEM Simulator Compendium
	36	장비 및 시스템에 대한 IEMI 내성 시험 방법 IEMI immunity test methods for equipment and systems
	37	고조파 방출 시험 시스템에 대한 교정 및 검증 규약 Calibration and verification protocol for harmonic emission compliance test systems
	38	전압 변동 및 플리커 준수 시험 시스템에 대한 교정 및 검증 규약 Test, verification and calibration protocol for voltage fluctuation and flicker compliance test systems
	39	근거리 방사 전자기장 – 내성 시험 Radiated fields in close proximity – immunity test
	40	비정상(非定常) 조건 아래서 전원품질 측정에 대한 디지털 방법 Digital methods for the measurement of power quantities under non stationary conditions
5	설치 및 저감 가이드라인(Installation and mitigation guidelines)	
	1	일반 고려사항 General considerations
	2	대지접지접속 및 케이블링 Earthing and cabling
	3	HEMP 보호 개념 HEMP protection concepts
	4	HEMP 방사성 방해에 대한 보호기기 규격 Specification for protective devices against HEMP radiated disturbance
	5	HEMP 전도성 방해에 대한 보호기기 규격 Specification of protective devices for HEMP conducted disturbance
	6	외부 EM 영향의 저감 Mitigation of external EM influences
	7	전자파 방해에 대한 인클로저의 보호 정도(EM 코드) Degrees of protection by enclosures against electromagnetic disturbances (EM code)
	8	분산 민간 인프라(기반시설)를 위한 HEMP 보호 방법 HEMP protection methods for the distributed civil infrastructure
	9	HEMP 및 HPEM에 대한 시스템 레벨 감응성 평가 System-level susceptibility assessments for HEMP and HPEM
	10	HEMP 및 IEMI 발행문서 적용 가이드 Guide to the Application of HEMP and IEMI Publications
6	일반표준(Generic standards)	
	1	주거, 상업, 경공업 환경에 대한 내성 Immunity for residential, commercial and light-industrial environments
	2	산업 환경에 대한 내성 Immunity for industrial environments
	3	주거, 상업, 경공업 환경에 대한 방출 표준 Emission standard for residential, commercial and light-industrial environments
	4	산업 환경에 대한 방출 Emission standard for industrial environments
	5	발전소와 변전소 환경에서 사용되는 장비에 대한 내성 Immunity for equipment used in power station and substation environments

	6	실내 장비에 대한 HEMP 내성 HEMP immunity for indoor equipment
	7	산업입지에 있는 안전관련 시스템(기능 안전성) 내에서 기능을 수행하기 위한 장비의 내성요건 Immunity requirements for equipment intended to perform functions in a safety–related system (functional safety) in industrial locations

(음영 처리된 부분은 2016년 초 현재 아직 발표되지 않음)

4.1.2 CENELEC과 ETSI

CENELEC(European Committee for Electrotechnical Standardization, 유럽전기표준화위원회)는 (많은 다른 기구들 중에서) 유럽연합 집행위원회(EC)로부터 권한을 위임을 받아 EMC 지침에 사용할 EMC 표준을 만들어 내는 유럽의 표준 개발 기구이다. 전기통신 장비에 대해서는 ETSI(European Telecommunications Standards Institute, 유럽전기통신표준협회)가 권한을 위임받은 표준기구이다. ETSI는 통신 네트워크 장비 — 즉 단말장비(terminal equipment)와는 반대로, 가입자용으로 만들어지지 않은 장비 — 와 무선통신 장비와 방송 송신기를 대상으로 하는 표준을 제정한다.

CENELEC와 ETSI는 가능하면 언제나 "병렬투표(parallel voting, 1인 2표제)"라고 하는 투표방식을 통해 IEC/CISPR 문서들을 기초로 사용하여 이러한 표준들을 개발한다. 이렇게 하는 것은 유럽 표준이 국제 요건에서 크게 어긋나지 않도록 하기 위해서이다. 이들 사이에 큰 차이가 나면 국제 무역에 어려움을 초래할 수 있을 것이다. EMC 표준을 마련하는 일을 담당하는 위원회는 TC210이다. 국가위원회 대표들은 매년 1회 정도 TC210에서 회의를 갖고 초안에 대한 기술적 이행에 대해 논의한다.

CENELEC는 유럽경제지역(EEA) 회원국 각각의 국가위원회들로 구성된다. 표준의 채택은 총 33개 회원국 국가위원회가 행사하는 국가별 차등투표(qualified weighted voting, 가중투표) 방식의 투표로 결정된다[43][147]. 회원국들 중 프랑스, 영국, 독일, 이탈리아가 10표, 스페인이 8표, 그 밖의 작은 국가들은 1～2표를 가진다. 하나의 표준이 승인되기 위해서는 두 가지 요건을 갖추어야 한다. 투표에서 찬성하는 국가 위원회의 수가 과반 이상을 차지해야 하고, 동시에 총 가중투표의 71% 이상이 찬성해야 한다.

국제표준이라는 용어에 어울리지 않을 수도 있지만, 모든 국가는 설령 투표에서 승인된 새로운 CENELEC 표준에 반대표를 던졌더라도 이 표준을 받아들여야 한다. 이러한 상황을 타

4 (옮긴이) distorting installations는 고조파와(나) 상호 고조파를 발생하는 설비(전원 또는 부하)를 뜻함.

5 (옮긴이) 원저자(Tim Williams)에 문의한 결과, '표준에서 전력을 16 A와 비교한 것은 이를 작성한 사람의 잘못으로 보인다'며 이에 덧붙여 'IEC61000-3-9는 발행된 적이 없으며 현재 IEC 웹사이트에는 "삭제됨(deleted)"라고 수록되어 있다'는 답변을 전해왔음.

6 (옮긴이) 최종 사용자 근처에 있는 전력망을 따라 건설된 고효율의 소형 발전 시스템

개하는 방법으로 공식적 국가조건(national condition)을 표준에 첨부할 수 있다. 예를 들어, CENELEC이 주전원 공급에 대한 통합표준으로 230 V를 결정한 경우에는 영국은 240 V를 특수 국가조건으로 신고(공표)하고 이를 유지할 수 있다.

영국에서는 영국표준협회(British Standards Institution, BSI) 소속 위원회 GEL210이 TC210 문서에 대한 영국의 입장을 밝힌다. BSI는 EMC와 이해관계가 있는 모든 조직에 GEL210의 회원이 되도록 요청할 의무가 있다. 실제로 이러한 요청은 대부분 무역협회의 대표를 통해 이루어진다.

CENELEC이 유럽 EMC 표준(EN 또는 HD로 시작하는 표준)을 개발하고 합의했으면 CENELEC의 모든 회원국은 동일한 국가표준을 만들 의무가 있다. EN은 한 글자 한 글자 정확히 국가표준으로 옮겨질 것이다. HD(harmonisation document, 통합문서)는 기술적 내용을 반영하기만 하면 글자 하나하나 똑같게 만들 필요는 없다. 유럽지침이라는 맥락에서 유럽 EMC 표준은 집행위원회에 통보되고 이어서 EN 참조 번호, 그리고 이와 동등한 국가표준이 유럽연합 관보(OJEU)에 발표된다. 이 표준이 시행되면 표준은 적절한 지침의 준수를 입증하는 데 사용되는 "관련(근거) 표준(relevant standard)"으로 간주된다(2.4.5.4절). 상충되는 국가표준은 제한된 기간 내에 철회되어야 한다.

표준 초안과 기존 표준의 수정안에 대해서는 이들 표준안이 실제로 발행되기 전에 일정 기간 동안 국가 위원회를 통해 공개적으로 의견을 개진할 수 있다. 이러한 방식을 통해 산업계는 (충분한 자원과 관심이 있는 경우) 표준의 내용에 영향을 미칠 수 있다. 이와 별개로 이 방식은, 제조자들이 자신의 제품이 받아야 할 표준의 시험과 허용기준 레벨을 선택하는 문제에 있어서, 해당 표준의 실제 발행일 이전에 정보에 근거하여 현명한 결정을 내릴 수 있게 해주는 추가 이점이 있다. 물론 발행되지 않은 표준에 대해 적합성을 공식적으로 선언(신고)하는 것은 불가능하다. 또한 경우에 따라서는 최종 발행된 표준이, 표준의 초안과 세부적으로 상당히 달라질 수 있다는 위험도 있다.

4.1.2.1 제품표준 및 일반표준

유럽 표준화 초기에는 이용 가능한 표준이 거의 없었고, 이들마저 제한된 유형의 제품만을 다루었다. 이러한 공백을 메우기 위해 CENELEC은 일련의 일반표준(generic standard)[EN 50081-1, 2와 EN 50082-1, 2]을 개발하였다. 이들 일반표준은 뒤를 이어 계속된 EMC 표준 개발의 기본 틀을 이루었다. 일반표준의 이러한 기능은 너무나 확실해서 실제로 이러한 일반표준들은 IEC로 넘겨지고 여기서 IEC 61000-6 시리즈의 구성요소들이 되어 다시 출판되었는데, 그 이후로 지금까지 계속 남아 있다.

그러나 [2.4.5절]에서 언급한 바와 같이 EMC 지침의 의도는 기본적으로 전체 "제품"표준(product standard) 범위 안에서 자체인증을 받을 수 있어야 한다는 것이다. 이미 발행되고 통합된 제품표준들인 경우, 이들 표준은 일반표준보다 우선한다. 그리고 특정 영역에 속하는 제품 형식(유형)의 EMC 측면을 다루는 명시적 표준들이나, 이미 존재하는 제품성능표준(product performance standard)에 추가된 EMC 절(section)들도 일반표준보다 우선하는 표준이 될 수 있다. 이들 표준의 전반적 의도는, 시험방법의 경우에 가능만 하다면 언제나 기본표준(IEC 61000-4-X 시리즈 또는 이와 동등한 자격을 가진 EN 표준 등)을 참조해야 하며, 표준에서 다루는 제품별 측면은 주로 어떤 레벨이나 허용기준(제한치)에 대해 어떤 시험을 수행할지, 또한 어떤 작동조건과 성능기준을 적용할지 규정하는 내용들로 이루어지게 하기 위해서이다. 이러한 표준들이 개발되게 만드는 동력은 산업 부문 자체에서 비롯되어야 한다.

이러한 방식을 통해 EMC 위원회 위원이 아니어도 표준의 개발에 기여할 수 있다(실제로도 기여할 것으로 예상하고 있다). 따라서 이러한 문서들을 만들어 내는 데 다양한 표준 기관들이 참여할 수 있다. 이러한 기관들에는 IEC 위원회와 ISO 위원회는 물론 CEN와 CENELEC과 ETSI 제품 위원회도 포함된다. IEC와 ISO의 제안은 병렬투표 절차를 거쳐 유럽 정부에 반영되고, 이렇게 만들어진 표준안은 CENELEC과 IEC 내부에서 동시에 회람되어 검토된다. 특정 분야를 대상으로 하는 EMC 제품표준이 현재 존재하고 있는지, 또는 앞으로 발행될 것인지 여부를 확인하려면 표준 개발 절차를 지속적으로 감시(모니터링)해야 하는데, 무역협회, 그리고 표준기관의 웹 사이트에서 찾아보는 방식이 가장 유용하다.

[4.2절]부터는 EMC 지침의 목적을 이루기 위한 통합표준이나 기본표준을 구성하는 표준들에 대한 전체적인 내용을 간략하게 설명한다. 이들 표준들은 그동안 유럽연합의 관보(OJEU)에 발표된 것들이다[197]. 지금부터는 ETSI 무선 표준에 대해 간단히 살펴본다. ETSI 표준은 그 자체로 많은 표준들로 이루어진 하나의 거대한 집합체이다.

4.1.2.2 ETSI 무선 표준

유럽연합 관보(OJEU)의 R&TTE 지침(현재는 RED)의 목록에는 무선장비용 EN 301 489 시리즈에 있는 30개 이상의 EMC 표준들이 포함되어 있다. 이 표준들은 1990년대 후반부터 제정되기 시작했으며, R&TTE 지침의 시행과 함께 수정되고 재정비되었다. ETSI는 EMC 표준 개발을 맨 처음부터 시작할 수 있었기 때문에 EMC 표준 문서 내부 또는 문서들 사이의 일관성과 조화가 다른 제품표준들에 견주어 훨씬 잘 이루어져있다. 제품표준들은 여러 자료로부터 만들어 졌으며 종종 상당한 양의 역사적 짐(historical baggage, 문제, 사건 등)을 지니고 있다.

제품이 무선기기를 포함하고 있는 경우에는 이들 표준 중에서 하나를 고려해야 한다. 선택한 표준은 일반적으로 방출과 내성을 모두 다루므로 그 자체를 독립된 하나의 단독 문서로서 사용할 수 있다. 또한 제외 대역(exclusion band)와 같은 특별한 사항을 다룬다. 이러한 특별한 사항들은 무선 수신기나 송신기에 일반적인 EMC 요건을 적용할 때 나타난다.

4.1.2.3 유럽 표준화 기구(CEN)

몇 가지 통합 EMC 표준이 CEN에 의해 공표되었다. 이 표준은 전기기술(electrotechnical)과 관련이 없는 주제를 다루는 유럽 표준화 기구다. CEN 표준에서 다루는 주요 제품들은 전기적인 측면을 가진 기계들이다. 이 표준은 번호체계를 이해하면 알아낼 수 있다. EN으로 시작하지만 CENELEC에 의해 사용되는 50XX, 55XXX 또는 6XXXX 시리즈에 들어가지 않는 것이 바로 이 표준이다.

4.1.2.4 표준 채택 일정

표준은 빈번하게 새로 제출되고 수정되므로, 어느 날짜까지는 해당 표준이 법적 효력을 가지는지를 정하는 공식체제가 있어야 한다. 유럽연합 관보(OJEU)에 발표한 날짜부터 바뀐 표준을 시행하는 것은 당연히 불가능하다. 공식체제는, 유럽연합 관보(OJEU)에 표(table)를 싣고 "대체된 표준의 적합성 추정 종료일(Date of cessation of presumption of conformity of the superseded standard)"이라고 쓰인 칸(column)에 날짜를 기입하는 방식이다. 일반적으로 적합성 추정의 종료일은 기존 표준의 종료일(Date Of Withdrawal, DOW)과 동일하다. 적합성 추정 종료일은 표준화 기구가 결정해서 EN 표준 버전에 발표한다. 그러나 몇몇 예외적인 경우에는 이와 다를 수 있다. 통상적으로 종료일(DOW)은 새로운 표준 또는 수정된 표준의 발행일로부터 2～3년 후가 된다.

신규 버전의 발행일로부터 기존 버전의 종료일까지의 기간 동안에는 자체인증을 하는 데, 기존 버전과 신규 버전 중 하나를 선택할 권한이 있다. 관보에 게재된 종료일까지는 신규 버전에서 요구하는 새로운 시험을 수행하는 등 반드시 적합성 신고서를 고쳐서 새롭게 해놓아야 한다. (새로운 표준의 요건이 더 완화되는 경우는 매우 드물다!). [그림 4.3]은 표준의 변경이 적용되는 과정을 보여주고 있다.

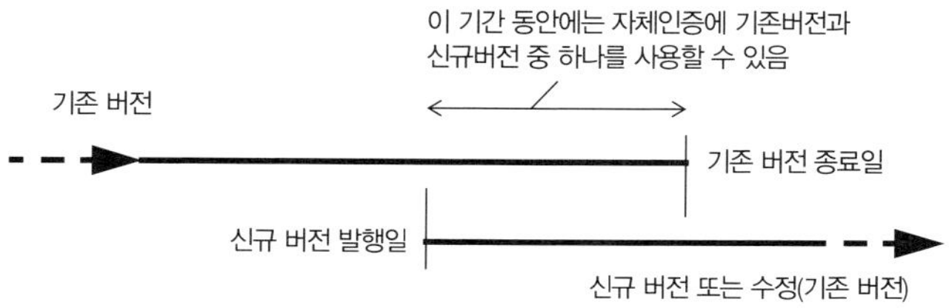

그림 4.3 표준 변경 적용과정

새로운 표준의 적용대상 범위가 기존 표준보다 좁은 경우에는 기재된 날짜에, (부분적으로) 대체되는 기존 표준을 가지고 새로운 표준의 적용범위에 들어가는 제품에 대해서 적합성 추정을 하는 것을 일은 하지 말아야 한다. 그 대신, (부분적으로) 대체된 기존 표준의 적용대상 범위에는 들어가 있지만 새로운 표준의 범위에는 속하지 않는 제품의 적합성 추정은 영향을 받지 않는다. 수정 표준인 경우, 참조표준이 되는 것은 EN XXXXX:YY, 그 이전의 수정 표준이 있으면 그 해당 표준, 그리고 새로 인용된 수정표준이다. 따라서 대체된 기존 표준에는 EN XXXXX:YY, 그리고 그 이전의 수정 표준이 있으면 그 수정 표준이 속하지만 새로 인용된 수정은 포함되지 않는다. 기재된 날짜에 대체된 기존 표준은 지침의 필수 요건에 대해 적합성 추정을 하는 것이 중단된다.

4.1.2.5 참조 날짜

EMC 지침을 위해 통합된 표준의 구조는 두 단계로 되어있다. 제품표준(product standard)과 일반표준(generic standard)에는 시험과 레벨의 목록이 나열되어 있으며 시험방법은 기본표준(basic standard)을 참조한다.[7] 여러분에게 필요한 모든 요건을 전부 다루기 위해서는 10개를 훌쩍 넘는, 경우에 따라서는 20개 이상의 개별 표준들을 모두 살펴봐야 하는데, 그래야 전체에 대한 완벽한 이해가 가능하다. 그러나 이 문서들은 각각 변경될 수 있으므로 모든 수정(amendment) 사항과 개정(revision) 사항을 계속 따라가며 이해하고 있어야 한다.[8] CENELEC/IEC 표준은 값이 비싸기 때문에 이러한 절차를 진행하는 데 적지 않은 예산을 소비할 수 있다. 그러나 중요한 것은 기본표준이 변경되고 이러한 변경이 이를 참조하는 제품표준에 즉각 반영되지는 않을 것이기 때문에 이러한 표준의 변경으로 인해 심각한 혼란이 일어날 가능성이 있다는 사실이다.

이러한 혼란에 대처하기 위해 CENELEC은 날짜가 있는 참조와 날짜가 없는 참조를 구분하였다. 각 CENELEC 표준에는 "해당 유럽 발행물에 사용되는 국제 출판물 인용표준(Normative references to international publications with their corresponding European publications)"이라는 제목의 부속서 ZA가 들어있다. 부속서 ZA는 유럽 출판물(표준)에서 내용을 기술하는 과정에 인용하는 문서들(표준의 전체 또는 일부)을, 본문에서 언급하는 IEC 표준들(일반적으로 IEC 본문에서 언급하는 표준과 글자 하나도 다르지 않고 동일)과 교차(상호) 참조할 수 있게 하고 있다. 예를 하나 들어보면, 본문에서 IEC 61000-4-3이라는 IEC 표준을 언급하면, 이 표준에 상응하는 EN 버전, 즉 부속서 ZA에서 인용하는 EN 61000-4-3

---

7 (옮긴이) 표준의 계층구조는 밑에서부터 '기본표준 → 일반표준 → 제품군표준 → 제품표준'이다. 위로 갈수록 특수성이 강화된다.

8 (옮긴이) 수정(amendment)은 법령의 목적을 더욱 잘 달성하기 위해 법령의 전반적인 계획과 목적은 그대로 지속하면서 잘못을 고치고 부적당한 내용을 빼고, 불충분한 내용을 추가하는 것 말함. 개정(revision)은 법령의 전체 또는 일부분을 변경하는 것을 말함. 간단히 말해 수정(amendment)은 이와 같이 법령의 세부사항의 정정인 반면, 개정(revision)은 법령의 근본적인 변화를 의미함.

표준을 실제로 사용해야 한다. 중요한 것은 부속서 ZA는 EN 표준에 대해 날짜를 인용할 수 있다. 부속서 ZA에는 다음과 같은 표준 구문이 기술되어 있다.

> 날짜가 있는 문서들에 대해서는, 발행물에 대한 수정이나 발행물의 개정에 의해 유럽표준에 통합된 경우, 그 모든 수정 발행물 또는 개정 발행물은 해당 유럽표준에 적용된다. 날짜가 없는 문서들에 대해서는, 가장 최신판 발행물이 적용된다(수정 발행물 포함).

따라서 이 규정에 의해, 특정 제품표준이나 일반표준을 사용할 때, 추후에 기본표준에 있는 시험 방법에 대해 이루어지는 개정에 관심을 기울여야 하는지 여부를 묻는 질문은 해결된다. — 이로 인해, 이후에 이루어진 개정으로 주파수 범위가 확장되거나 시험 파형의 규격이 강화되는 경우에는, 상황에 따라 적합성 취득을 위한 여러분의 자세는 크게 달라질 가능성이 있다. 다른 말로 하자면, 날짜가 없는 참조인 경우에는 최신판 표준을 사용해야 하며, 날짜가 있는 경우에는 반드시 지정된 버전의 표준을 적용해야 한다.

주의
법적으로 적합성 신고를 하기 위해 이 책의 다음 정보에만 전적으로 의존해서는 안 된다. 직접 적합한 표준을 입수하고 이를 참고하도록 한다.

4.2 일반표준(generic standard) – 방출(emission)

CENELEC은 매우 긴급하게 기준표준들을 개발했다[138][139]. 그렇지만 오늘날 이들 대부분이, 다수의 새로운 제품표준으로 대체되었다. 그럼에도 불구하고, 이처럼 많은 새로운 제품표준들은 자신들의 기본 접근방법을 수립하는 데 일반표준들을 참조해왔다. 아래에 수록된 모든 일반표준들은 필수 EMC 방출요건 또는 내성요건을 대표한다고 말할 수 있다.

4.2.1 EN 61000-6-3: 2007 + A1: 2011

제목 일반 방출 표준: 주거, 상업, 경공업 환경
(Generic emission standard: Residential, commercial and light industrial environment)

국제 표준 IEC 61000−6−3

적용범위 해당되는 제품 방출 표준 또는 제품군 방출 표준이 존재하지 않는 주거, 상업 및 경공업 환경에서 사용하기 위해 만들어진 모든 장치

[주의사항] 주거, 상업 및 경공업 환경에 설치된 기기는 공공 교류 주전원 배전망 또는 전용 직류 전원에 직접 연결되는 것으로 간주한다. 대표적인 설치 장소는

주거지역, 소매점, 시험실, 사업장, 실외지역 등이다.

시험 인클로저: 야외시험장(OATS) 또는 반무반사실(SAC)에서 CISPR16−2−3, B등급 허용기준의 측정방법에 따라 30～1000 MHz에서의 방사성 방출; 9 kHz 이상에서 작동하는 처리기기(processing device)를 포함하는 장치의 경우에는 최고 230 MHz까지만 시험; 케이블 없이 소형 배터리로 작동하는 장치는 IEC 61000−4−20에 따라 OATS나 SAC 대신 TEM 셀에서 시험 가능; 일부 탁상용 장비는 OATS나 SAC 대신 완전 무반사실(FAR)에서 가능

인클로저: OATS, SAC 또는 FAR에서 CISPR 16−2−3, B등급 허용기준의 측정방법에 따라 1~6 GHz에서의 방사성 방출; 가장 높은 내부 주파수에 따른 시험 조건별 최고 주파수(4.8.1절 참조)

AC 주전원 포트: CISPR 16−2−1, B등급에 따라 150 kHz～30 MHz에서 전도성 방출

관련성이 있는 경우, EN 55014−1에 따라 지정주파수들(spot frequencies)에서 측정한 AC 주전원 포트에서 불연속 장해

EN 61000−3−2 또는 −12에 따라 측정된 주전원 고조파 방출, EN 61000−3−3 또는 −11에 따라 측정된 플리커

국부 DC 회로망에, 또는 30 m 이상의 케이블을 통해 배터리에 연결하기 위한 용도의 DC 전원 포트: CISPR 16−2−1 A등급에 따라 150 kHz～30 MHz에서 전도성 방출

전기통신/네트워크 포트: EN 55022 B등급에 따라 ISN 또는 전류 프로브를 사용하여 150 kHz～30 MHz에서 전도성 전압 또는 전류

4.2.2 EN 61000-6-4: 2007 + A1: 2011

제목 일반 방출 표준: 산업 환경
(Generic emission standard: industrial environment)

국제 표준 IEC 61000−6−4

적용범위 해당되는 제품 방출 표준 또는 제품군 방출 표준이 존재하지 않는, 산업 환경에서 사용하기 위해 만들어진 모든 장치, 단 무선 송신기는 제외

[주의사항] 산업 환경에 설치된 기기는 공공 주전원 배전망에 연결되지 않고, 전용 배전 변압기를 갖춘 산업용 배전망에 연결되는 것으로 간주한다.

시험 인클로저: OATS 또는 SAC 내부 10 m 거리에서 CISPR 16-2-3, A등급 허용기준의 측정 방법에 따라 30~1,000 MHz에서 방사성 방출; 9 kHz 이상에서 작동하는 처리기기를 포함하는 장치의 경우에는 최대 230 MHz까지만 시험; 케이블 없이 소형 배터리로 작동하는 장비는 IEC 61000-4-20에 따라 OATS나 SAC 대신 TEM 셀에서 시험 가능; 일부 탁상용 장비는 OATS나 SAC 대신 완전 무반사실(FAR)에서 시험 가능

인클로저: OATS, SAC 또는 FAR에서 CISPR 16-2-3 A등급 허용기준의 측정 방법에 따라 1~6 GHz에서 방사성 방출; 가장 높은 내부 주파수에 대한 시험 조건별 최고 주파수(4.8.1절 참조)

AC 주전원 포트: CISPR 16-2-1 A등급에 따라 150 kHz~30 MHz에서 전도성 방출; 분당 5회 이상 나타나는 임펄스 잡음도 다룸.

전기통신/네트워크 포트: EN 55022 A등급에 따라 ISN 또는 전류 프로브를 사용하여 150 kHz~30 MHz에서 전도성 전압 또는 전류

4.3 주요 제품 표준 – 방출

EN 55011, EN 55014-1, EN 55022은 특별히 중요하다. 이 표준들은 그 자체로 제품(또는 "제품군")표준이다. 또한 이 표준들은 훨씬 더 넓은 범위에 대해 적용되는 RF 방출 시험방법과 허용기준(제한치)을 명시(규정)한다.

4.3.1 EN 55011: 2009 + A1: 2010

제목 산업용, 과학용, 의료용(ISM) 전파(무선) 주파수 장비 – 전파방해 특성 – 허용기준 및 측정 방법

(Industrial, scientific and medical (ISM) radio-frequency equipment – Radio disturbance characteristics – Limits and methods of measurement)

국제 표준 CISPR 11 제5판(변경)

적용범위 산업용, 과학용, 의료용(ISM), 가정용 또는 이와 유사한 용도로 국부적으로 RF 에너지를 발생하거나 사용하도록 설계된 장비; 전기통신 및 IT 분야의 응용 제품은 제외하거나 다른 CISPR 표준에서 다룬다.

A등급 장비는 가정 이외의 모든 시설에서 사용할 수 있으며 시험장 또는 사용현장에서 측정할 수 있다. B등급 장비는 가정 내 시설에서 사용하기에 적합하며 시

험장에서만 측정할 수 있다.

1종(Group 1) 장비는 2종(Group 2)이 아닌 표준 적용범위에 있는 모든 장비이다. 2종 장비는 재료의 검사, 분석 또는 처리를 목적으로 RF 에너지를 의도적으로 발생하거나 사용하는 장비다.

비고 EN 55011/CISPR 11의 적용범위는 몇 가지 사안에 대해 혼란을 가져왔는데, 특히 2종 장비(허용기준이 더 높음)와 1종 장비를 구별하는 문제가 그러했다. 제5판은 이러한 혼란을 수습하기 위해 눈에 띄게 개정되었다. 허용기준 체계를 바꾸어 고출력 장비에 대한 규제를 완화하고 소형장비에 대해 3 m의 측정거리를 새롭게 허용하였다. 유감스럽게도 방출요건을 도입하기 위해 EN 55011을 참조하는 제품표준들 중에는 범주를 선택하는 데 도움이 되는 안내나 언급이 없는 것들도 일부 있다.

시험 50 Ω/50 μH CISPR 의사전원회로망(Artificial Mains Network, AMN)을 사용하거나 AMN을 사용할 수 없는 경우에 전압 프로브를 사용하여 시험장에서 측정하는 150 kHz ~ 30 MHz에서의 주전원 단자 방해 전압; 1종 A등급은 20 kVA 이하의 정격입력전력에 대한 표준 허용기준을 가진다. 20 kVA 이상의 정격 입력전력에 대해서는 다음 조건에 따라 낮은 주파수에서 완화된(느슨한) 허용기준을 가진다; 1종 B등급, 전력 구분 없음. 표준 B등급 허용기준; 2종 A등급은 75 kVA 이하의 정격 입력전력에 대해서는 A등급 허용기준보다 높음, 75 kVA 이상의 정격 입력전력에 대해서는 훨씬 더 완화된 허용기준을 가짐; 2종 B등급, 전력 구분 없음, 표준 B등급 허용기준.

시험장에서 30 ~ 1,000 MHz에 대한 방사성 방출; 1종 A등급은 20kVA 이하의 정격 입력전력에 대해서는 표준 허용기준, 20kVA 이상의 정격 입력전력에 대해서는 완화된 허용기준; 1종 B등급, 전력 구분 없음, 표준 B등급 허용기준; 2종 A등급 장비는 완화된 허용기준을 가지며 0.15 ~ 1,000 MHz에서 측정; 2종 B등급 장비는 지정주파수 완화와 더불어 0.15 ~ 1,000 MHz에서 측정, 마그네트론 장비에 대해서는 평균 허용기준; 30 MHz 미만에서는 루프 안테나로 측정; 줄어든 거리인 3 m에서의 방사성 측정은, 장비가 케이블을 포함하여 지면 위 1.5 m 높이에 위치한 지름 1.2 m의 원통형 시험 공간 속에 들어가는 경우에만 허용된다.

0.15 ~ 30 MHz에서 유도 조리 기기에서 발생하는 자기장 강도에 대한 명시된 허용기준들(그러나 이 허용기준들은 현재 EN 55014-1에서 사용), 최고 230 MHz까지 스파크 부식 및 아크 용접 장비에 대한 완화된 허용기준, 400 MHz 이상에

서 작동하는 2군 장비로부터의 1 ~ 18 GHz에서의 방출 허용기준; A등급 기기에 대해 사용현장에서 측정되는 0.15 ~ 1,000 MHz에서의 별도의 방사성 허용기준, 전도성 측정은 필요하지 않다.

4.3.2 EN 55014-1: 2006 + A1: 2009 + A2: 2011

제목 전자파적합성 – 가전제품, 전기공구 및 유사 장치에 대한 요건 – 1부: 방출 – 제품군 표준
(Electromagnetic compatibility – Requirements for household appliances, electric tools and similar apparatus – Part 1: Emission – Product family standard)

국제 표준 CISPR 14-1 제5판

적용범위 모터와 스위칭기기 또는 조정기기(regulating device)에 의해 주(main) 기능이 수행되는 가전제품. 수정표준 A2는 유도 조리기기 추가

다른 CISPR 표준에서 다루는 장치(다기능 장비는 제외), 상당 25A 이상의 반도체 조정제어기, 독립(단독, stand-alone)형 전원 공급 장치는 제외.

시험 주전원 단말 방해 전압을, 50 Ω/50 μH CISPR 의사전원회로망(AMN)을 사용하여 148.5 kHz ~ 30 MHz에서 측정, 준첨두(quasi-peak) 검출 및 평균 검출, B등급 허용기준; 전기공구 및 조정제어기의 부하 단자에 대해서는 덜 엄격한 허용기준. 스위칭 작동을 통해 장해를 발생하는 제품의 경우, 지정주파수들에서 불연속 장해[클릭(click)[9], 시간 영역 정의가 복잡함]를 반드시 측정해야 한다.

다른 방법: 흡수 클램프를 사용하여 측정된 주전원 리드(도선, lead[10])들에 대해 30 ~ 300 MHz 범위에서 방해 전력 시험, 준첨두 및 평균 검출; 30 MHz 이상의 클록 주파수[11]가 없고, 200 MHz 이상에서의 방출이, 증가하는 마진(margin) 없이 처음의 허용기준보다 낮으면 추가 시험은 필요하지 않다.

---

9 (옮긴이) 연속방해(continuous disturbance)보다 지속시간이 짧은 방해. 연속과 불연속을 나누는 경계는 200 ms임. 또한 이전 방해 또는 후속 방해와의 시간간격이 200 ms 이상이어야 함(출처: www.afj-instruments.com)

10 (옮긴이) 리드(lead)는 전자 회로(망)에서 두 위치를 전기적으로 연결하도록 설계된 도체(도선, PCB 트랙(트레이스), 금속 패드(SMD 부품)를 말함. 이 밖에도 회로의 작동을 테스트하기 위한 계측기의 단자, 사람의 신체에 부착되는 심전도 측정기의 단자, 관통형(thru-hole) 부품 패키지의 "핀", BGA 패키지의 "볼"을 말함(출처: wikipedia). 우리말로는 '단자'로 옮김.
- [참고]우리말로는 terminal도 단자라고 하는데 lead와는 차이가 있음. terminal(단자)은 부품, 기기 또는 회로에서 도체가 끝나는 지점(끝점)을 말함. 입니다. 이 점을 다른 도체나 회로와 연결하기 위해 부착하는 커넥터도 terminal 이라고 할 수 있음. 전원의 두 극(pole)(양극과 음극)도 terminal이라고 함. terminal은 lead와는 달리 물리적 실체일 필요는 없으며 회로도상에 원으로 표시함.
- 이 책에서는 lead는 리드 또는 도선(도체)으로, terminal은 단자로 번역하여 독자들이 구별할 수 있도록 한다.

11 기기에서 집적회로 내부에서만 사용되는 신호를 제외한 모든 신호의 기본 주파수로 정의된다(4.8.1절 참조).

또는: OATS, SAC 또는 FAR에서 CISPR 16−2−3 방법에 따라 30∼1,000 MHz 범위에서 방사성 시험, 표준 방사성 B급 허용기준. 케이블이 없는 배터리 작동 장치에서도 IEC 61000−4−20에 따라 TEM 셀 측정이 허용된다. 방해 전력 시험 수행결과가 원래 허용기준에 대해서 성공적이었지만 여유를 확보한 상태에서 준수를 하지 못하는 경우에는 300 MHz∼1 GHz 대역에서 방사측정을 반드시 수행해야 한다.

배터리로 작동하는 장치는, 능동형 전자기기나 모터를 사용하지 않는 제품을 제외하고 모두 방사성 시험을 받아야 한다.

9 kHz 이하의 주파수에서 동작하는, 반도체 기기를 사용하는 조정제어기, 전기울타리 전력공급기(electric fence energizer), 정류기, 배터리 충전기, 컨버터는 제외된다.

비고 이 표준에는 CISPR 표준 중에서 거의 유일하게 방사성 시험과 300 MHz 이상의 시험이 없었기 때문에 수년 동안 부적합한 것으로 간주되었다. 수정표준 A1: 2009는 기존 표준을 수정하여 결국 위에 기술한 시험을 도입하였다. 산업계는 기존에 해 오던 것보다 더 많은 시험을 하지 않기 위해 치열한 노력을 기울여, 결국은 기존의 방해 전력 시험을 계속 수행할 수 있는 것으로 타협이 되었는데, (200∼300 MHz 대역에서 허용기준에 대해 0 dB에서 10 dB까지 변하는 마진이 남아있는 한) 이는 전형적인 임시변통 표준이다. 이렇게 타협한 것은 이 주파수 대역에 이러한 마진이 있고 고주파 클록이 없는 경우에는 300 MHz 이상의 방출에 대해서는 걱정할 필요가 없다고 믿기 때문인 것으로 보인다.

4.3.3 EN 55022: 2010

제목 정보기술장비 – 전파 방해 특성 – 허용기준 및 측정 방법
(Information technology equipment – Radio disturbance characteristics – Limits and methods of measurement)

국제 표준 CISPR 22 제6판(개정)

적용범위 주 기능이 데이터 입력, 저장, 화면표시, 검색, 전송, 처리, 스위칭 또는 제어(또는 이들의 조합)이면서 전형적으로 정보 전송을 위해 작동되는 하나 이상의 단자포트(terminal port)를 갖추고 있으며 정격 전원전압이 600 V를 초과하지 않는 장비

B등급 장비는 주로 가정환경에서 사용하도록 설계된다; A등급 장비는 B등급 허용기준을 충족하지 못하며 사용자 설명서에 경고알림을 반드시 해주어야 하는

장비이다. 이 표준에서는 가정환경에서 A등급 장비를 사용하는 것을 명시적으로 금지하지는 않는다는 점에 유의해야 한다.

시험 150 kHz ~ 30 MHz 범위에서 50 Ω/50 μH CISPR 의사전원회로망(AMN)을 사용하여 측정하는 주전원 단자 장해전압, 준첨두 검출 및 평균 검출

야외 시험장이나 대체 시험장에서 10 m(우선임) 또는 3 m(선택임) 거리에서 측정된 30 ~ 1,000 MHz 범위에 대해 준첨두 검출을 사용, 방사 장해 전자기장 강도. [4.8.1절]에서 설명한 조건부 시험 절차에 따라 3 m 거리에서의 첨두(peak) 허용기준 및 평균 허용기준에 대해 1 ~ 6 GHz 범위에서 시험이 필요하다.

"다중 사용자 통신망(예: PSTN, ISDN, xDSL 등), 근거리 통신망(예: 이더넷, 토큰링) 및 이와 유사한 망에 직접 연결하기 위해" 만들어진 것으로 정의되는 통신 포트에서 150 kHz ~ 30 MHz 범위의 전도 전류 또는 전압(150 Ω의 공통 모드 임피던스와 관련한 허용기준). 다양한 형식의 케이블 연결에 대해 다양한 측정 방법이 규정된다. – [7.2.2.5절] 참조

비고 EN 55022와 CISPR 22는 최근까지 상당한 혼란을 겪었다. 한 때, 여러 가지 이유로 해서 유럽 체제에서는 어떤 한 표준이 한 개정에서 다음 번 개정으로 순조롭게 승계되는 보통의 과정과는 반대로, 두 번째 버전부터 다섯 번째 버전까지 모든 버전을 적합성 선언(신고)에 사용할 수 있었다. 2013년 말부터는 제6판에서 이 문제가 잘 해결된 것으로 보인다. 그러나 이 표준 자체는 2017년 3월에 EN 55032/CISPR 32로 대체될 예정이다. 그렇기는 해도 여전히 많은 제품 표준이 이를 참조할 것이며, CISPR 22의 종료까지는 아직도 한참 남은 것으로 보인다.

4.3.4 EN 55032: 2015

제목 멀티미디어 장비 전자파적합성 – 방출 요건

Electromagnetic compatibility of multimedia equipment – Emission requirements

국제 표준 CISPR 32 제2판

적용범위 ITE, 오디오 또는 비디오 장비, 방송 수신기, 엔터테인먼트 조명 제어 장비 또는 이들의 조합으로 정의되는, 주로 전문적 용도에 사용되는 멀티미디어 장비로서, 전원전압이 600 V를 초과하지 않는 것. 오랫동안 CISPR 13 또는 22의 적용범위에 속해있던 장비는 이제는 확실하게 이 표준의 적용범위에 해당하므로, CISPR 13이나 22로부터 이 표준으로 인계된다.

시험 CISPR 13과 22에 명시된 것들이 합쳐지고 개정되어 A등급 또는 B등급 허용기준(제한치)이 적절하게 적용된다: 그러나 CISPR 22와는 달리 이 표준에서는, "주거용 환경에서 주로 사용되는 장비는 B급 허용기준을 만족해야 한다. 그 밖의 모든 장비는 A등급 허용기준을 준수해야 한다"고 기술하고 있다.

표준의 부속서 C와 CISPR 16-2-1에 따라 50 Ω/50 μH CISPR 의사전원회로망을 사용하는 방법으로 측정한 주전원 포트에서의 전도성 방출, 150 kHz~30 MHz 범위에서의 준첨두 및 평균 검출.

유선망 포트, 금속 차폐 또는 인장부재(tension members)[12]가 있는 광섬유 포트, 안테나 포트, 방송 수신기 튜너 포트(B등급만)에 대해서 공통모드(비대칭 모드) 전도성 방출; 비대칭 의사회로망(Asymmetric Artificial Network, AAN) 또는 전원선 임피던스 안정화 회로망(Impedance Stabilization Network, ISN)이나 전류 프로브, 또는 전류 프로브와 용량성 전압 프로브의 조합으로 150 kHz~30 MHz 범위에서 측정; 표준의 부속서 C와 CISPR 16-2-1에 따른 방법, [7.2.2.5절]의 설명 참조.

30~2,150 MHz 범위에서 방송 수신기 튜너 포트 및 RF 변조기 출력 포트에서 차동모드 전압 방출

SAC, OATS 또는 FAR 시험장에서 30 MHz~1 GHz 범위의 방사성 방출; [4.8.1절]에 기술된 조건부 측정절차에 따라 자유공간 OATS에서 1~6 GHz의 주파수 범위; 어떤 시험 장소를 선택하든 CISPR 16-1-4의 관련 요건에 대해 검증되어야 한다; CISPR 16-3-2에 따른 방법, 특정한 제한조건, 특히 시험공간에 대한 제한조건이 있는 경우에.

FM 수신기 및 가정용 실외 위성 수신 시스템에서 발생하는 국부 발진기 방출에 대해서는 자체 방사성 방출 요건이 있다.

비고 정보기술과 엔터테인먼트 기술이 결합된 – 이전에는 서로 관련이 없던 것으로 보였던 기능들이 "하나로 합쳐진(융합된)" – 소비자 제품의 개발이 이 표준의 개발을 이끌었다. 그러나 위원회의 작업그룹은 이를 기회삼아 시험체제에 여러 변경사항을 집어넣었다. 이런 기회가 없었으면 타성으로 인해 이런 변화는 이루어지지 않았을 것이다.

12 (옮긴이) 인장부재는 축방향으로 인장력을 받는 구조요소를 말한다.

특히 다음과 같이 언급할 만한 특징들이 많이 등장했다:

- 이 표준은 이전 표준보다는 현재의 'EMC 측정을 위한 최선의 관행'을 기반으로 한다. 따라서 특히 CISPR 13에 익숙한 사람은 CISPR 13에 기술된 모든 것이 시대에 뒤떨어진 것은 아님을 알 것이다. CISPR 16의 여러 부(part)가 널리 참조되고 있다.
- 일부 시험에서는 허용기준이 다른 대체 측정방법을 적절하게 허용한다. 즉 시험 방법과 결과의 엄격한 동등성보다는 전파 스펙트럼에 대한 동등한 보호가 원칙이다. 인증(준수)을 입증하기 위해 재측정이 필요한 경우, 일관성을 확보할 수 있도록 최초 선택한 측정 방법을 사용한다.
- 구조는 더욱 보편적인 요건들로 이루어진 비교적 짧은 본문을 가진 일반표준에 가깝다; 본문 다음에는 포트별로 허용기준과 조건을 표로 제공하는 부속서 A와, 시험방법에 대한 자세한 설명과 정보가 실린 부속서가 이어진다; 이와 같은 구조 덕분에 문서를 더 쉽게 사용할 수 있지만 그래도 이것은 여전히 매우 복잡한 문서이므로 신중한 연구가 필요하다.
- 관련된 측정 파라미터에는 허용오차가 주어진다: 이는 사소한 사항일 수 있지만 측정 불확도를 구하는 데는 중요하다.

4.4 일반표준 – 내성

4.4.1 EN 61000-6-1: 2007

제목 일반표준 6-1부: 주거, 상업 및 경공업 환경에 대한 내성
(Generic standards Part 6-1: Immunity for residential, commercial and light industry environments)

국제 표준 EC 61000-6-1

적용범위 해당되는 제품 내성 표준 또는 제품군 내성 표준이 존재하지 않는 주거, 상업 및 경공업 환경에서 사용하기 위해 만들어진 모든 장치
[주의사항] 이러한 모든 장치는 공공 주전원 배전망 또는 전용 직류 전원에 직접 연결되는 것으로 간주한다. 여기에는 배터리 작동 장치도 포함된다. 전형적인 설치 장소는 주거지역, 소매점, 시험실, 사업장, 실외 공공 여가활용 지역 등이다.

시험 IEC 61000-4-2에 따른 인클로저로의 정전기 방전, 8 kV (공기 방전) 또는 4kV(접촉 방전)

IEC 61000-4-3에 따른 방사성 RF 전자기장: 80~1,000 MHz에서 3 V/m, 1.4~2 GHz에서 3 V/m, 2.0~2.7 GHz에서 1 V/m; IEC 61000-4-20에 따른 TEM 셀 시험은 소형 EUT에만 사용 가능; IEC 61000-4-4에 따라 모든 기능 대지접지(earth), 전원 포트, 일부 I/O 포트에 대해 포트의 형식과 결합 방법에 따라 진폭 0.5 kV 또는 1 kV인 5/50 ns의 전기적 빠른 과도신호를 공통모드로 인가.

IEC 61000-4-5에 따라 AC 전원 입력포트에서 선로와 대지접지(line to earth) 사이에 2 kV, 선로와 선로(line to line) 사이에 1 kV의 서지를 인가하고 일부 DC 전원 입력포트에는 0.5 kV의 서지를 인가

IEC 61000-4-6에 따라 모든 전원포트와 접지포트 및 일부 I/O 포트에는 150 kHz~80 MHz 범위에서 진폭 3 Vrms인 공통모드 전파(무선) 주파수 신호 인가

IEC 61000-4-8에 따라 50/60 Hz인 진폭 3 A/m의 교류전원 주파수 자기장을 자기장에 취약한 기기들이 들어있는 장치에 한하여 인가

IEC 61000-4-11에 따라 AC 전원 입력포트에 대해 전압강하 및 정전: 1.5 주기 동안 전압 0%, B등급 기준; 0.5초 동안 70%, 5초 동안 0%, C등급 기준

[주의사항] 위에서 언급한 시험 중에서 많은 시험의 적용가능성은 해당 포트에 연결되는 선로의 허용길이에 따라 정해진다.

4.4.2 EN 61000-6-2: 2005

제목 일반 표준 6-2부: 산업 환경에 대한 내성
(Generic standards Part 6-2: Immunity for industrial environments)

국제 표준 IEC 61000-6-2

적용범위 해당되는 제품 내성 표준 또는 제품군 내성 표준이 존재하지 않는 산업 환경에서 사용되기 위해 만들어진 장치 중에서 무선 송신기를 제외한 모든 장치

[주의사항] 산업 환경에 설치된 장비는 공공 주전원 배전망에는 연결되지 않고 전용 배전 변압기를 갖춘 산업용 배전망에 연결되는 것으로 간주한다. 이 환경에서 배터리로 구동되는 장비도 포함된다.

시험 IEC 61000-4-2에 따른 인클로저에 대한 정전기 방전, 8 kV (공기 방전) 또는 4 kV(접촉 방전)

IEC 61000−4−3에 따른 방사성 RF 전자기장: 80～1,000 MHz에서 10 V/m, 단 방송대역인 108 MHz, 174～230 MHz 및 470～790 MHz에서 3 V/m, 1.4～2 GHz에서 3 V/m, 2.0～2.7 GHz에서 1 V/m; IEC 61000−4−20에 따라 소형 EUT에 대해 실시하는 GTEM이나 TEM 셀 시험은 선택적으로 허용된다.

IEC 61000−4−8에 따라 50/60 Hz인 진폭 30 A/m의 교류전원 주파수 자기장을 자기장에 취약한 기기를 포함한 장치에 한하여 인가

IEC 61000−4−4에 따라 모든 일부 신호포트와 직류 전원포트 및 교류 전원포트에 대해 포트의 형식과 결합 방법에 따라 진폭 1 kV 또는 2 kV인 5/50 ns의 전기적 빠른 과도신호 공통모드를 인가

IEC 61000−4−6에 따라 일부 신호포트와 모든 전원포트에 대해, 50 kHz～80 MHz 범위 중에서 47～68 MHz의 방송대역을 제외한 나머지 범위에서 80% AM 1 kHz로 변조한 진폭 10 Vrms인 공통모드 무선주파수를 인가

EN 61000−4−5에 따라 긴 케이블을 갖는 신호포트와 일부 DC 전원포트에는 500 V의 서지를, AC 전원 포트에는 1 kV 또는 2 kV의 서지를 인가

EN 61000−4−11에 따라 AC 전원 입력 포트에 대해 전압 강하 및 정전

[주의사항] 위에서 언급한 시험 중에서 많은 시험의 적용가능성은 해당 포트에 연결되는 선의 허용길이에 따라 정해진다.

4.5 기본 표준: EN 61000−3−X 및 −4−X

이 절에서는 시험 장비와 직접적인 관련이 있는 IEC/EN 61000 표준들만 고려하기로 한다([표 4.3]은 표준 전체를 보여주고 있다). 제2부(part 2) '전자기 환경'은 EMC의 여러 가지 환경적 측면을 이해하는 데 유용하지만 시험을 명시하지는 않는다. 제5부(part 5) '설치 및 완화 지침'은 주로 시스템 설치자를 대상으로 한다. 모든 IEC 표준과 동등한 자격의 유럽 표준 번호는 IEC 6XXXX 대신 EN 6XXXX로 표기하여 만든다. 표준은 (대부분) 기술적으로 동등하지만 — 이른바 유럽 "공통 변경(common modifications)"이 있을 수 있다 — 유럽 버전에는 인증을 목적으로 표준을 어떻게 적용해야 하는지를 명시하는 추가 서문이 있다.

현재 EN 61000−3−2, −3, −11 및 −12는 EMC 지침에 따라 통합되어 있다. 따라서 그 적용범위에 따라 직접 적용할 수 있고 또 그렇게 해야 한다. EN 61000−4 시리즈 표준들은 통합되지 않았으며 일반적인 시험방법만을 기술하고 있지만 일반표준이나 제품표준의 참조를 통해 광범위하게 적용된다.

4.5.1 EN 61000-3-X

제목 전자파적합성(EMC) - 3부: 허용기준[13]

Electromagnetic compatibility - Part 3: Limits

국제 표준 IEC 61000-3-X

-2: 2014 고조파 전류 방출의 허용기준 (Limits for harmonic current emissions)

적용범위 상당 16A까지의 입력전류가 흐르며, 공공 저전압 배전망(공칭 전압 220 V 또는 그 이상)에 연결하여 사용하는 전기, 전자 장비

시험 파형 분석기 및 분류기(分流器, current shunt)나 변압기를 사용하여 최고 2 kHz까지 50 Hz 고조파 전류 측정(9.1.1절 참조)

허용기준 A등급(평형 3상이면서, B등급, C등급, D등급에 속하지 않는 모든 장비): 40번째 고조파까지의 짝수 고조파와 홀수 고조파에 대한 절대 허용기준(제한치)

B등급(휴대용 공구와 비전문 아크용접 장비): A등급과 같지만 1.5배 높음

C등급(A등급인 백열등을 제외한 조명기기): 최고 39차 고조파까지 홀수 고조파와 2차 고조파에 대해서만 입력전류의 백분율로 표시되는 상대허용기준; 유효 입력전력이 25 W 이하인 방전조명장비는 파형제한이 있으며 3차와 5차 고조파의 기본전류에 대한 백분율이 D등급 허용기준이나 명시된 허용기준을 충족해야 한다.

D등급(개인용 컴퓨터와 모니터, TV 수신기 및 600 W 미만의 명시된 전력으로 압축기를 제어하는 가변속 구동기가 설치된 냉장고와 냉동고): 최고 39번째 고조파까지 홀수 고조파에 대해서만 mA/W 단위로 표시된 허용기준

관측기간에 걸쳐 고조파의 평균값은 허용기준을 준수해야 한다. 1.5초 마다 개별 측정은 특정 제한조건 하에서 1.5배 또는 2배만큼 완화(느슨하게)할 수 있다.

다음 장비에는 아무런 허용기준도 적용되지 않는다:

- 조명기기가 아니면서 정격전력이 75W 이하인 장비
- 총 정격전력이 1 kW 이상인 전문 장비;
- 전력정격이 200 W 이하면서 대칭적으로 제어되는 발열소자(symmetrically controlled heating element)[14]

---

13 EN 61000-3에는 "허용기준(제한치)"이라는 포괄적 제목이 있지만 CISPR 분야의 무선주파수 방출 허용기준을 참조하지 않으며 LF 방출만을 제공한다.

14 (옮긴이) 대칭제어(symmetrical control)란 교류 전압 또는 전류의 양(+)의 반주기와 음(-)의 반주기에서 동일한 방식으로 작동하도록 설계된 장치에 의한 제어를 말함.

- 정격전력이 1 kW 이하인 백열등용 개별 조광기(dimmer)
- 전자 변압기나 조광기가 들어있지 않은 백열등 조명기구는 시험 없이 요건을 충족하는 것으로 간주한다.

위와 같은 면제(예외)조건이 있지만, 비대칭 제어와 반파정류의 사용에 대해서는 명시적인 규제가 있다. 이전에 완전한(full) 적합성시험에서 허용기준(제한치)에 대해 마진을 확보하고 있는 경우에는 사소한 변경이나 업데이트(수정)가 이루어진 장비에는 간이 시험방법이 허용된다.

–3: 2013 조건부 연결이 허용되지 않는 상당 16 A 이하 기기의 공공 저전압 배전망에서의 전압 변경, 전압 변동 및 플리커에 대한 허용기준변경 (Limitation of voltage changes, voltage fluctuations and flicker in public LV supply systems, for equipment with rated current ≤16A perphase and not subject to conditional connection)

적용범위 상당 16 A까지 입력전류가 흐르며 공공 저전압 배전망(공칭 전압 220–250 V)에 연결하여 사용하는 전기, 전자기기.

시험 규정된 기준 임피던스를 통해 공급된 EUT에 대해, IEC 61000–4–15에 따라 플리커 측정기를 사용하거나 해석적 방법(analytical method)으로 전압변동을 측정(9.1.4절 참조)

허용기준 허용기준은 초당 또는 분당 전압변화 수(P_{st})를 기준으로 한 최대 허용 백분율 전압변화의 크기(d)에 적용된다. 일부 전압변화 허용기준은 전원을 켜는 순간의 전압변동에 적용된다. 따라서 이 표준은 허용 가능한 돌입전류(inrush current)를 제한한다. 그러나 이 표준의 제6.1호(para 6.1)에서는 "수동 스위칭에 의한 전압변화의 경우, 부호변화점(zero-crossing)들 사이의 10 ms 반주기마다 구한 최대 rms 입력 전류(돌입전류 포함)의 값이 20 A를 초과하지 않고, 돌입 후 전원전류의 변동범위가 1.5 A 내에 있는 경우에는 추가시험 없이 장비가 준수하는 것으로 간주한다"고 기술하고 있다. 또한 "큰 전압변동이나 플리커가 발생하지 않을 것으로 보이는 장비에 대해서는 시험을 할 필요가 없다."고 되어있다.

–11: 2000 공공 저전압 배전망에서의 전압 변동 및 플리커의 허용기준–75 A 이하의 정격 전류를 갖는 조건부 연결 장비 (Limitation of voltage changes, voltage fluctuations and flicker in public low–voltage supply systems – Equipment with rated current ≤75 A and subject to conditional connection)

이 표준은 상당 16 A보다 큰 높은 전력으로 작동하는 장비에 대한 IEC 61000–3–3과 동등한 표준이다. IEC 61000–3–3의 허용기준을 적용하지만 시험 발생원의 임피던스를 더욱 자유롭게 설정할 수 있으며, 결과에 따라 조건부 연결에 대한 실제 요건이 있음. IEC 61000-3-4를 근거로 하며 정격 입력전류가 75 A 미만인 장비에 여전히 관련된다.

-12: 2011 공공 저전압 시스템에 연결된 장비에서 발생하는 고조파 전류의 허용기준(16 A<상당 입력전류≤75 A) (Limits for harmonic currents produced by equipment connected to public low-voltage systems with input current>16 A and ≤75 A per phase)

이 표준은 상당 16 A 이상의 높은 전력으로 작동하는 장비에 대한 IEC 61000-3-2와 동등한 표준이다. [9.1.3.3절]의 설명을 참조하라.

4.5.2 EN 61000-4-X

이 절에서는 EN 61000-4 시리즈 표준 중에서 시험에 광범위하게 사용되는 표준만을 다룬다. 발행된 표준은 여기에서 다루는 표준보다 더 많다([4.1.1.3절]의 [표 4.3] 참조).

적용범위 전기, 전자 장비의 내성 시험 및 내성 측정 기법: 기본 EMC 표준

기준 시험 결과는 다음과 같이 분류한다.

- 명시된 허용기준 내에 들어가는 정상(통상적인) 성능
- 자체복구가 가능한 기능이나 성능의 일시적 저하 또는 손실
- 운영자의 개입이나 시스템 리셋(reset)이 필요한, 기능이나 성능의 일시적 저하 또는 손실
- 하드웨어나 소프트웨어 손상, 또는 데이터 손실로 인해 복구가 불가능한 기능 저하 또는 손실

-1: 2007 IEC61000-4 시리즈 개요 (Overview of IEC 61000-4 series)

표준의 의도는 시험 표준 그 자체는 물론이고, "IEC 61000-4 시리즈 내의 EMC 표준에 대해서 IEC 산하 기술 위원회나 기타 기관, 전기 · 전자 장비의 사용자 및 제조자에게 적용가능성을 지원하고, 관련 시험의 선택과 관련하여 일반적인 권고사항을 제공하는 것"이다.

-2: 2009 정전기 방전 (Electrostatic discharge)

국제 표준 IEC 61000-4-2

시험 통상적 사용 중에 사람이 접근할 수 있는, 사전 선택된 지점들에 가장 취약한(민감한) 극성으로 단일 방전을 최소 10번 인가. 가능하면 접촉방전 방법을 사용하고, 불가능한 경우에는 공기방전을 사용. 또한 수평 결합면과 수직 결합면에 10번의 단일 방전을 인가.

레벨 설치 및 환경 조건에 따라 2～15 kV(8 kV 접촉방전)의 가혹도 레벨(severity level)

–3: 2006 + A1: 2008 + A2: 2010 방사성 무선 주파수 전자기장 (Radiated radio frequency field)

국제 표준 IEC 61000–4–3

시험 대체 방법(사전 교정된 전자기장)을 사용하여 차폐 무반사 인클로저(챔버)에서 안테나에 의해 발생한 방사성 RF 전자기장을, 80～1,000 MHz 범위에서 선행 주파수의 1% 이내인 주파수 간격(step size)과, EUT가 반응하기 충분하도록 최소 0.5초의 체류시간(dwell time)으로 스위프(sweep)하면서 인가. EUT의 4개의 옆면(위, 아랫면이 영향을 미칠 수 있는 경우에는 이 두 면도 포함)에 대해 면 하나마다 안테나가 면을 향하게 하고 수평 편파와 수직 편파를 각각 측정하려면 총 8번(최대 12번)의 시험이 필요하다. 측정챔버 내부에서는 EUT 정면에 위치한 $1.5 \times 1.5\ m^2$ 면적(영역) 내 16개의 위치 중 12개 위치에서 −0/+6 dB 범위를 넘지 않는 전자기장 균일성이 요구된다.

800～960 MHz, 1.4～6 GHz(반드시 이 범위 전체일 필요는 없지만) 범위에서의 시험은 디지털 휴대폰에 대한 보호를 위해 포함된다.

레벨 예상되는 EMR 환경에 따라, 변조되지 않은 1 V/m, 3 V/m, 10 V/m(또는 그 이상)의 가혹도 레벨 인가. 실제 인가하는 신호는 1 kHz 사인파의 진폭을 80%로 변조함.

–4: 2012 전기적 빠른 과도현상 버스트 (Electrical fast transient burst)

등가 표준 IEC 61000–4–4

시험 펄스 반복률 5 kHz 또는 10 kHz, 주기 300 ms, 지속시간 15 ms인 5 ns/50 ns의 펄스 버스트를 전원공급 단자(보호용 대지접지 포함)와 기준 접지면 사이에, 두 극성 모두로 인가하거나 용량성 결합 클램프를 통해 입/출력 회로와 통신선로에 인가

레벨 전원공급 선로 상에 0.5 kV, 1 kV, 2 kV, 4kV의 가혹도 레벨 인가, 그리고 예상되는 환경과 설치조건에 따라 신호선로, 데이터선로, 제어선로에는 전원공급 선로에 인가되는 가혹도 레벨의 절반 인가

–5: 2014 서지 (Surge)

국제 표준 IEC 61000–4–5

시험 AC/DC 전원 선로상의 선로와 선로 사이(line-to-line, 선간) 출력 임피던스가 2 Ω인 서지 발생기로, 1.2/50 의 전압 또는 8/20 의 전류 파형 서지를 분당 1회 이하의 반복률로 최소 5개의 양의 서지와 5개의 음의 서지를 인가; 출력 임피던스 12 Ω, AC/DC 전원 선로상의 선로와 선로 사이; 출력 임피던스 42 Ω, AC/

DC 전원 선로상의 선로와 대지접지 사이(line-to-earth), 용량성 결합 어레스터 (arrester) 또는 기체충전 어레스터.

별도의 부속서는 10/700 파형을 사용하여 차폐되지 않은 실외 통신선로에 대한 서지 시험을 기술한다. 또한 제3판은 새로운 정보가 담긴 여러 개의 부속서를 가지고 있다.

레벨 설치 조건과 선로 유형에 따라 0.5 kV, 1 kV, 2 kV, 4 kV의 가혹도 레벨 선택; 이보다 낮은 시험 레벨 전압도 반드시 인가해야 함

–6: 2014 무선 주파수 전자기장에 의해 유도되는 전도성 방해 (Conducted disturbances induced by radio frequency fields)

국제 표준 IEC 61000–4–6

시험 RF 전압은 EUT의 케이블 포트에 결합/감결합 회로망(coupling/decoupling network, CDN)을 통해 1.5×10^{-3} decade/s보다 느리게 스위프하거나, 150 kHz ~ 80 MHz(230 MHz까지도 가능) 범위에서 기본 주파수의 1% 이하인 주파수 간격과 EUT가 반응하기에 충분한 체재시간(dwell time)으로 스위프하면서 인가. CDN이 적합하지 않거나 사용할 수 없는 경우, 대체 방법으로 EM 클램프 또는 전류 주입 프로브를 사용할 수 있다(전원공급 선로는 제외).

[주의사항] 80 ~ 230 MHz 범위에 대한 시험의 적용가능성은 IEC 61000–4–3과 겹친다. EUT의 치수에 따라 그 문서에 명시된 시험 대신 사용할 수 있다.

레벨 최종 설치장소의 EMR 환경에 따라 변조되지 않은 1, 3, 10 V emf(기전력)의 가혹도 레벨. 실제 인가하는 신호는 1 kHz 사인파의 진폭을 80%로 변조함.

–8: 2010 전원 주파수 자기장 (Power frequency magnetic field)

국제 표준 IEC 61000–4–8

시험 세 개의 직교 위치에서 EUT를 둘러싸기에 적절한 크기의 유도 코일을 통해 연속 및 짧은 지속기간의 전원주파수 자기장을 인가.

레벨 연속: 1 A/m, 3 A/m, 10 A/m, 30 A/m 또는 100 A/m; 짧은 지속시간(1 ~ 3초): 300 A/m 또는 1000 A/m, 이는 더 높은 가혹도 레벨에만 해당

–9: 1993 + A1: 2001 펄스 자기장 (Pulse magnetic field)

국제 표준 IEC 61000–4–9

시험 주로 전기발전소에 설치되는 전자 장비에 적용. 세 개의 직교 위치에서 EUT를 둘러싸기에 적절한 크기의 유도 코일을 통해, 10초 이상의 반복주기로 최소, 양의 6.4/16 μs 펄스 5개와 음의 6.4/16 μs 펄스 5개 인가

레벨 100 A/m, 300 A/m, 1,000 A/m

–10: 1993 + A1: 2001 감쇠 진동 자기장 (Damped oscillatory magnetic field)

국제 표준 IEC 61000–4–10

시험 주로 전기발전소에 설치되는 전자장비에 적용. 세 개의 직교 위치에서 EUT를 둘러싸기에 적합한 크기의 유도 코일을 통해, 1초 동안 초당 40 또는 400의 반복률로 3～6 사이클 후 첨두치(peak)의 50%로 감쇠되는 0.1 MHz 또는 1 MHz의 진동파를 인가

레벨 10, 30, 100 A/m

–11: 2004 전압 강하, 순간 정전 및 전압 변동 (Voltage dips, short interruptions and voltage variations)

국제 표준 IEC 61000–4–11

시험 저압 전원 공급망에 의해 전원을 공급받고 입력전류는 상당 16A를 초과하지 않으며 DC 망 또는 400 Hz AC 망에 연결되지 않는 전기 · 전자 장비

레벨 50 Hz 주파수, 0.5～250초의 지속시간 동안 공칭 전압의 0%, 40%, 70%, 80%의 레벨로, 입력 전압의 임의의 위상각에서 발생이 개시되는 전압강하 및 순간정전, 공칭 전압의 70% 레벨까지의 순간변동(선택 시험)

–12: 2006 링파 (Ring wave)

국제 표준 IEC 61000–4–12

시험 12 Ω 또는 30 Ω인 발생기로, 초기 전압 상승시간 0.5 μs, 첨두값(peak)에 대해 60%로 감소하는 100 kHz의 링파를, 결합/감결합 회로망을 통해 공통모드 또는 차동 모드로 전원공급 포트, 신호포트, 제어포트에 인가

레벨 0.5 kV, 1 kV, 2 kV 및 4 kV 공통모드, 차동 모드의 경우에는 이 값의 절반

4.6 제품 표준

다양한 표준들이 여기에 수록되어있다(EN 55011, 55014–1과 EN 55022는 예외로 한다. 이 세 표준은 기본적으로 “기본표준(basic standard)”처럼 운용되기 때문에 앞에서 따로따로 살펴보았다. [4.3.1절]~[4.3.3절] 참조). 이 절에서는 먼저 다른 영역에서는 볼 수 없는 특징을 가진 몇 가지 표준들을 자세히 살펴본다. 나머지 표준들은 작성될 당시 EMC 지침을 위해 통합된 것들로서 이 절의 뒷부분에 짧게 수록되어 있다.

제품표준의 선택

자체인증을 목적으로 제품표준을 선택할 때, 맨 처음에는 오로지 표준의 제목을 판단의 기준으로 삼으면 된다. (좀 더 정확하게 말해보면 다음과 같다. 무료로 입수할 수 있는 CISPR 가이드(Guide)[190]에는 CISPR 기반 표준들의 적용범위가 설명되어 있다; 그리고 새로운 접근법(New Approach)의 웹사이트(www.newapproach.org)에는 사용 가능한 표준들이 수록되어 있다. 하지만 가장 자세한 정보는 유럽연합 관보(OJEU) 목록에 실려 있는 표준의 제목들에서 찾을 수 있다.)

이상의 자료들만으로 충분한 경우도 있지만, 경우에 따라서는 가능성이 있는 여러 개의 표준들 중에서 어느 것이 가장 적합한지 확실하지 않을 수 있다. 전문가의 도움을 받지 않는 경우에는, 입수 가능한 모든 자료들을 확보하고, 최소한 표준들의 적용범위만큼은 전부 읽고 나서(표준의 맨 뒤에 있는 부속서까지 읽어야 하는 인내심을 발휘해야 할 경우가 많이 있을 것이다.), 이를 바탕으로 더욱 현명한 관점에서 선택을 하는 것이 유일한 방법이다. ETSI 표준은 웹사이트에서 무료로 다운로드할 수 있지만 IEC 기반의 표준은 저작권이 있어서 이렇게 할 수 없으므로 비용을 지불해야 한다. 무료로 입수할 수 있는 방법은 단 하나, IEC가 IEC 웹사이트에서 표준의 적용범위를 미리 볼 수 있게 해놓는 경우뿐이었는데, 몇몇 CENELEC 공급자들도 이 방식을 그대로 따랐다.

지난 10년 동안 많은 제품표준이 업데이트되었거나 대체되었다. 경험에 비춰보면 앞을 내다봤던 몇몇 제조업체들은 새로운 제품표준에 따라 미리 제품을 시험하고 있었지만 대부분은 그렇게 하지 않았다. 한 무리의 특정표준들이 일단 정해지고 나면 그 다음부터는 이들을 영구적으로 사용할 수 있다는 잘못된 인식이 널리 퍼져있는 것 같다. 이러한 상황은 표준 체제의 변화를 계속해서 따라 잡기 위해 들어가는 노력의 비용과 어려움을 고려하면 그리 놀라운 일도 아닐 것이다. 새로 나온 장비가 EN 50082-1:1992 표준을 준수한다고 주장하며 적합성신고서를 작성한 경우를 여전히 찾아볼 수 있다. EN 50082-1:1992 표준은 1997년에 제2판으로 대체되고, 이어서 2004년에는 또다시 EN 61000-6-1로 대체되었는데도 말이다. 앞으로 이 표준은 새로운 제품표준으로 또다시 대체될 수 있다. 게다가 EN 50082-1:1992 표준에서 명시하는 시험은 이후에 나온 버전이나 제품표준과 비교하면 아주 느슨하다. 이러한 상황은 다음 세 가지 조건 중 하나가 이루어지면 바로잡을 수 있다.

- 회사들은 새로운 표준을 사용하기 위해 적극적으로 노력한다.
- 회사보다 더욱 잘 알고 있는 고객이 새로운 표준을 준수할 것을 회사에 요구한다.
- 표준 발행일의 중요성을 잘 알고 있는 집행관에 의해 엄격한 시장 감시가 이루어진다 (2.2.7.3절 참조).

네 번째 조건이 있다면 돼지가 하늘을 날걸!(pigs might fly, 내 손에 장을 지진다)

4.6.1 전기통신 네트워크 장비

방출 및 내성: EN 300 386 V 1.6.1

제목 전자파적합성 및 무선 스펙트럼 문제(ERM): 전기통신망 장비; 전자파적합성(EMC) 요건
(Electromagnetic compatibility and radio spectrum matters (ERM); Telecommunication network equipment; Electromagnetic compatibility (EMC) requirements)

적용범위 스위칭 장비, 비무선 전송 장비 및 보조장비, 전원 공급 장비와 감시장비를 포함한 공공 전기통신망 내에서 사용하기 위해 만들어진 장비. 케이블 TV 장비와 광학증폭기는 제외. 전기통신망의 정의에 따라 종단점을 벗어난 곳에 있는 단말장비는 제외한다.

시험 방출: 150 kHz ~ 30 MHz 범위에서 주전원 포트와 DC 전원 포트 전도성 RF, 150 kHz ~ 30 MHz 범위에서 통신 포트 전도성 RF, EN 61000-3-2/12와 -3/11에 따른 고조파 및 플리커, 30 MHz ~ 1 GHz와 1 ~ 6 GHz 범위에서 EN 55022 조건부 시험 절차에 따른 방사성 RF

내성: 정전기 방전, 방사성 RF, 전도성 RF, 전압정전, 전기적 빠른 과도현상 버스트, 서지. 10/700 μs 서지는 실외 신호 선로용 포트에 인가한다. 각기 다른 방출과 내성 레벨을 갖는 두 가지 환경이 규정된다. 하나는 "전기통신 센터(telecommunication centre)"이고 나머지 하나는 "비전기통신 센터(other than telecommunication centre)"이다. 이 표준은 구체적인 성능 기준과 운영 조건을 규정한다.

비고 이 표준은 제품표준 고유의 불안정성(자주 변경됨)을 완벽하게 보여준다. 제1.4.1판은 2011년 7월 31일자로 대체되는 표준(제1.3.3판)의 적합성 추정 종료일와 함께 유럽연합 관보(OJEU)에 목록에 기재되어 있다. 동일한 목록에 제1.5.1판이 2014년 1월 31일자 종료일과 함께 기재되어 있으며, 제1.6.1판은 2015년 11월 30일자로 기재되어 있다. 적어도 이 경우에는 모든 버전을 비용 지불 없이 쉽게 이용할 수 있다.

4.6.2 무선 장비

방출 및 내성: EN 301 489-1 V1.9.2

제목 전자파적합성(EMC) 및 무선 스펙트럼 문제(ERM): 무선장비와 서비스에 대한 전자파적합성(EMC) 표준; 1부: 공통 기술 요건

(Electromagnetic compatibility and Radio spectrum Matters (ERM); ElectroMagnetic Compatibility (EMC) standard for radio equipment and services; Part 1: Common technical requirements)

적용범위 해양 환경이 아닌 주거, 상업, 경공업, 전기통신센터와 차량 환경에서 동작하는 무선통신 장비 및 모든 관련 부속장비

주파수 관리와 안전 문제는 다루지 않는다. 규범 부속서 B(normative annex B)는 자동차 EMC 지침 2004/104/EC와 관련하여 애프터마켓용 자동차 하위 조립품에 대한 요건을 제시한다. 규범부속서 C는 R&TTE 지침[현재의 무선장비 지침, 2.3절(section 2.3)]의 맥락에서 무선 및 비무선 기능을 포함하는 장비를 평가하는 방법에 대한 설명을 제공한다. 이것은 사실상 예를 들자면 모든 IT 제품이 Wi-Fi, Bluetooth 등의 연결기능을 갖추고 있다는 점에서 매우 중요하다. 제1부(part 1)는 공통 기술 요건을 제공하는 반면, 다른 부들은 특정 제품 형식과 관련된 정보를 제공한다.

시험 DC 전원 입출력 포트에 대한 변경된 적용을 포함하여 EN 55022에 따른 전도성 및 방사성 RF 방출; EN 61000-3-2/12와 -3/11에 따른 고조파 및 플리커

기본 표준에 따른 정전기 방전, 전기적 빠른 과도현상, 서지, 전원전압 변동, 전압 강하 및 정전, 차량용 전원공급 과도현상, 전도성 및 방사성 RF. 고정용, 차량용, 이동용의 세 가지 장비 등급이 확립되어 있어서 다양한 시험이 적절하게 적용된다. 또한 이 표준은 최소 성능기준을 설정하고 RF 내성 시험을 위한 입력 및 출력 송신기/수신기 시험 신호, 협대역 응답과 제외대역을 명시적으로 규정한다. 특히 안테나 포트는 EMC 시험에서 제외된다. 스퓨리어스 방출과 스퓨리어스 응답과 같은 주파수 스펙트럼 이용 파라미터도 제외된다.

4.6.3 의료 전기 장비

방출 및 내성: EN 60601-1-2: 2015

제목 의료 전기 장비 – 제1–2부: 안전에 관한 일반 요건 – 보조 표준: 전자파 방해 – 요건 및 시험

(Medical electrical equipment – part 1: General requirements for safety – 2. Collateral Standard: Electromagnetic disturbances – requirements and tests)

적용범위 의료 전기 장비 및 시스템, 의료 전기 제품에 사용되는 정보기술장비

이 부수적 표준(collateral_standard)은 대상이 되는 모든 장비에 대한 일반적인 EMC 요건과 시험을 규정한다. 특정 등급의 장비에 대한 요건들은 본 문서의 제2부(Part 2)에 수록되어 있는데, 이는 근본적으로 안전표준이다.

[주의사항] 의료 전기장비의 EMC는 EMC 지침이 아닌 의료기기 지침(Medical Devices Directive, MDD)에서 다루기 때문에 EMC 지침에 대한 통합표준은 아니다. 이 표준은 MDD에 대해서만 통합된다. 안전표준이므로 대부분의 EMC 표준보다 훨씬 포괄적이며 형식이 다르다. 특히, EMC 위험 관리원칙에 대한 지침을 포함한다(6장 참조).

시험 RF 방출: 1종 또는 2종과 A등급 또는 B등급으로 분류하여 일부 변경사항이 포함된 CISPR 11(EN 55011)에 따름

주전원 고조파 및 플리커: EN 61000–3–2 및 –3에 따름

내성 시험(Immunity tests):

정전기 방전: EN 61000–4–2에 따름

방사성 RF: EN 61000–4–3에 따름

전기적 빠른 과도현상: EN 61000–4–4에 따름

서지: EN 61000–4–5에 따름

전도성 RF: EN 61000–4–6에 따름

AC 전원 입력에 대한 전압강하 및 정전: EN 61000–4–11에 따름

전원 주파수 자기장: EN 61000–4–8에 따름

RF 무선통신 장비로부터 발생된 근거리장에 대한 새로운 내성시험이 포함된다.

[주의사항] 기본표준인 EN 61000–4 시리즈를 참조하는 모든 내성시험은 광범위한 변경과 명확화의 대상으로서 주의 깊게 검토해야 한다. 시험 레벨은 전문 의료 시설, 가정 의료 환경 및 특수 환경 등 의도한 사용 장소에 따라 분류된다.

4.6.4 해상 항법 장비

방출 및 내성: EN 60945: 2002

제목 해상 항법과 무선통신 장비 및 시스템 – 일반 요건 – 시험 방법과 요구되는 시험 결과

(Maritime navigation and radiocommunication equipment and systems – General requirements – Methods of testing and required test results)

국제 표준 IEC 60945

적용범위 국제 해양 생명 안전 협약(International Convention for Safety of Life at Sea, SOLAS)에서 요구하는 국제 해양 조난 및 안전 시스템의 일부를 구성하는 선박용 무선 및 항법 장비; EMC만의 경우에는 그 밖의 모든 다리장착장비(bridge-mounted equipment), 수신 안테나 인근 장비, 그리고 선박의 안전한 항해 및 무선통신을 방해할 수 있는 장비(즉, 대부분의 해상 전자 제품)

시험 이 표준은 단지 EMC를 일부로 포함하는 일반 성능요건을 명시한다. 이 표준은 EMC 지침에 따라 표준 내의 EMC 조항에 통합된다. 이 조항들을 다음과 같다.

- CISPR 16−1 LISN을 사용하여 10 kHz~30 MHz 범위의 AC/DC 전원 포트에서 수행되는 RF 방출: 자기장 루프를 사용하여 150 kHz~30 MHz 범위의 방사성 방출, CISPR 16−1 인증 시험장에서 3 m 거리에서 30 MHz~2 GHz 범위의 방사성 방출, 허용기준은 다른 어떤 CISPR 허용기준과도 일치하지 않는다. 156~165 MHz 범위(VHF 해양 대역)의 허용기준은 다른 CISPR 허용기준보다 훨씬 더 엄격하다. 또한 표준은 측정 방법의 다른 측면도 규정한다.
- 내성: EN 61000−4−6에 따라 150 kHz~80 MHz 범위에서 3 V 전도성 RF에 더해 특정한 지정주파수에서 10 V의 전도성 RF; EN 61000−4−3에 따른 80 MHz~2 GHz 범위에서 10 V/m의 방사성 RF; EN 61000−4−4에 따른 1 kV 또는 0.5 kV의 전기적 빠른 과도현상 버스트; EN 61000−4−5에 따라 AC 전원선로에만 인가하는 1 kV/0.5 kV의 서지; EN 61000−4−11에 따른 교류 전원 단기 변동과 정전; EN 61000−4−2에 따른 정전기 방전으로 접촉방전은 6 kV, 공기방전은 8 kV

4.6.5 기타 제품 표준

다음 표준 목록은 작성 당시 유럽연합 관보(Official Journal of the European Union, OJEU)에서 통합된 제품 표준 중에서 앞에서 다루지 않은 것들을 간단히 나타낸 것이다. 이는 매우 포괄적으로 보이지만, 버전 발행 일자를 포함하여 가장 최근의 상세한 사항에 대해서는 현재 버전의 OJEU 목록을 찾아보는 것이 좋다(웹사이트에서 쉽게 확인할 수 있다).

표준	제품 분야	비고
CENELEC		
EN 50065–1, –2	주전원 신호 장비 Mains signalling equipment	
EN 50083–2	케이블 사운드 및 TV 분배망 장비 Cable sound and TV distribution network equipment	
EN 50121–X	철도 응용 장비 Railway applications	5.4.3절 참조
EN 50130–4	화재, 침입자, 사회 등 경보 시스템 – 내성 Fire, intruder, social etc. alarm systems – immunity	
EN 50148	전자 요금 표시기 Electronic taximeters	
EN 50270	가스 감지 및 측정 장비 Gas detection and measurement equipment	
EN 50293	도로 교통 신호 시스템 Road traffic signal systems	
EN 50295	저전압(LV) 개폐기 및 제어 장치 LV switchgear and control gear	
EN 50370–1, –2	공작 기계 Machine tools	
EN 50412–2–1	PLC 장치 및 시스템 – 내성 PLC apparatus and systems – immunity	
EN 50428	가정 설치용 스위치 Switches for household installations	
EN 50470	교류(AC) 전기 계량장비 AC electricity metering equipment	
EN 50490	항공 지상 조명 제어 및 모니터링 Aeronautical ground lighting control and monitoring	
EN 50491–5	가정 및 건물 전자 시스템 Home and Building Electronic Systems	
EN 50498	차량용 애프터마켓 전자 장비 Aftermarket electronic equipment in vehicles	
EN 50512	공항 시각 주기유도시스템 Aerodrome advanced visual docking guidance systems	
EN 50529	유선 통신망 Wire–line telecommunications networks	여러 부(part)들

EN 50550	전원 주파수 과전압 보호 기기 Power frequency overvoltage protective device	
EN 50557	회로 차단기용 자동 개폐장치 Automatic reclosing devices for circuit breakers	
EN 50561–1	PLC 장치 – 방출 PLC apparatus – emissions	
CISPR(except 55103)		
EN 55012	차량, 보트 및 내연 기관 기기 Vehicles, boats and internal combustion engine devices	
EN 55013	방송 수신기 및 관련 장비 – 방출 Broadcast receivers and associated equipment – emissions	*
EN 55014–2	가전제품 – 내성 Household appliances – immunity	
EN 55015	조명 기기 – 방출 Lighting equipment – emissions	
EN 55020	방송 수신기 및 관련 장비 – 내성 Broadcast receivers and associated equipment – immunity	#
EN 55024	정보기술장비 – 내성 Information technology equipment – immunity	#
EN 55103–1	전문 AV 및 엔터테인먼트 조명 – 방출 Professional AV and entertainment lighting – emissions	*
EN 55103–2	전문 AV 및 엔터테인먼트 조명 – 내성 Professional AV and entertainment lighting – immunity	
주) #: 향후 EN 55035로 대체, *: EN 55032로 대체		
IEC		
EN 60034–1	회전 전기 기계 Rotating electrical machines	
EN 60204–31	재봉기계, 장치 및 시스템 Sewing machines, units and systems	
EN 60255–26	측정용 계전기 및 보호 장비 Measuring relays and protection equipment	
EN 60439–1	저전압 개폐기와 제어기 조합 Low–voltage switchgear and control gear assemblies	
EN 60669–2–1	가정용 등 고정 전기 설비용 스위치 Switches for household etc. fixed electrical installations	
EN 60730–X	가정용 등 자동 전기 제어 Automatic electrical controls for household etc. use	여러 부(part)들
EN 60870–2–1	원격 제어 장비 및 시스템 Telecontrol equipment and systems	
EN 60947–X	저압 개폐기 및 제어기 각종 부품 Low–voltage switchgear and control gear Various parts	여러 부(part)들
EN 60974–10	아크 용접 장비 Arc welding equipment	

EN 61008-1	가정용 및 유사 용도를 위한 통합 과전류 보호 기능이 없는 잔류 전류 작동 회로 차단기(RCCB) Residual current operated circuit-breakers without integral overcurrent protection for household and similar uses (RCCBs)	
EN 61009-1	가정용 및 유사 용도를 위한 통합 과전류 보호 기능이 있는 잔류 전류 작동 회로 차단기(RCBO) Residual current operated circuit-breakers with integral overcurrent protection for household and similar uses (RCBOs)	
EN 61131-2	프로그래밍 가능한 제어기 Programmable controllers	
EN 61204-3	저전압 직류(DC) 전원 공급 장치 Low voltage DC power supplies	
EN 61326	측정, 제어 및 실험실 장비 Measurement, control and laboratory equipment	여러 부(part)들
EN 61439	저전압(LV) 개폐기 및 제어기 조립부품 LV switchgear and controlgear assemblies	여러 부(part)들
EN 61543	잔류 전류 작동 보호기기(RCD) Residual current-operated protective devices (RCDs)	
EN 61547	조명 장비 - 내성 Lighting equipment - immunity	
EN 61557-12	저전압(LV) 분배 시스템 - 보호 조치 감시 LV distribution ystems - monitoring of protective measures	
EN 61800-3	조정가능 가변속 전력 구동 시스템 Adjustable speed electrical power drive systems	
EN 61812-1	산업용 시간 계전기 Time relays for industrial use	
EN 62020	잔류 전류 감시기(RCM) Residual current monitors (RCMs)	
EN 62026	저전압(LV) 개폐기 및 제어기-제어기-장치 인터페이스 LV switchgear and controlgear - controller-device interfaces	여러 부(part)들
EN 62040-2	무정전 전원 시스템 Uninterruptible power systems	
EN 62052, 53, 54	전기 계량 장비 Electricity metering equipment	여러 부(part)들
EN 62135-2	저항 용접 장비 Resistance welding equipment	
EN 62310-2	정적 전달 시스템 Static transfer systems	
EN 62423	잔류 전류 작동 회로 차단기 Residual current operated circuit breakers	
EN 62586	전력 품질 측정계기 Power quality measurement instruments	
EN 62606	아크 결함 감지 기기 Arc fault detection devices	

CEN		
EN 617 – 620	연속 취급 장비 및 시스템 Continuous handling equipment and systems	
EN 1155	회전문용 전기 구동식 홀드–오픈 장치 Electrically powered hold–open devices for swing doors	
EN 12015, 12016	승강기, 에스컬레이터 및 승객용 컨베이어 Lifts, escalators and passenger conveyors	
EN 12895	산업용 트럭 Industrial trucks	
EN 13241–1	차고문 및 출구 Garage doors and gates	
EN 13309	건설 기계류 Construction machinery	
EN 14010	전력 구동 자동차 주차용 장비 Equipment for power driven parking of motor vehicles	
EN ISO 14982	농업 및 임업 기계 Agricultural and forestry machines	
EN 16361	전동 보행자 문 Power operated pedestrian doors	

4.7 측정 표준

[4.6절]에는 아주 중요한 몇몇 EMC 표준이 빠져있다. 그 까닭은 이들 표준이 제품을 언급하기 않고 측정 허용기준을 직접 제시하지 않기 때문인데, 그 대신 이들은 측정기기, 측정시설 또는 측정방법을 정의한다.

CISPR 16-1-X	무선 방해 및 내성 측정 장치와 방법에 대한 규격 – 1부: 무선 방해 및 내성 측정 장치 (7.1절 참조) Specification for radio disturbance and immunity measuring apparatus and methods – Part 1: Radio disturbance and immunity measuring apparatus (see section 7.1)
CISPR 16-2-X	무선 방해 및 내성 측정 장치와 방법에 대한 규격 – 2부: 방해 및 내성 측정 방법 Specification for radio disturbance and immunity measuring apparatus and methods – Part 2: Methods of measurement of disturbances and immunity
CISPR 16–3–X	무선 방해 및 내성 측정 장치와 방법에 대한 규격 – 3부: CISPR 보고서 및 권고 사항 (방해 불만사항에 대한 통계 및 CISPR 허용기준의 중요성 및 결정 등에 대한 권고사항 포함) Specification for radio disturbance and immunity measuring apparatus and methods – Part 3: Reports and recommendations of CISPR (contains recommendations on statistics of disturbance complaints, on the significance and determination of CISPR limits, etc.)
CISPR 16-4-X	무선 방해 및 내성 측정 장치와 방법에 대한 규격 – 4부: EMC 측정 불확도 Specification for radio disturbance and immunity measuring apparatus and methods – Part 4: Uncertainty in EMC measurements

IEC 61000-4-7	전자파적합성(EMC) – 4–7부: 시험 및 측정 기술 – 전원 공급 시스템과 연결된 장비에 대한 고조파와 상호 고조파 측정 및 계측에 대한 일반적인 안내(9.1.1절 참조) Electromagnetic compatibility (EMC) – Part 4–7: Testing and measurement techniques – General guide on harmonics and interharmonics measurements and instrumentation, for power supply systems and equipment connected thereto (see section 9.1.1)
IEC 61000-4-15	전자파적합성(EMC) – 4부: 시험 및 측정 기술 – 15절: 플리커 측정기 – 기능 및 설계 규격 (9.1.4절 참조) Electromagnetic compatibility (EMC) – Part 4: Testing and measurement techniques – Section 15: Flickermeter – Functional and design specifications (see section 9.1.4)
EN 50147-1	무반사실, 1부: 차폐 감쇠 측정 (Anechoic chambers, Part 1: Shield attenuation measurement)

4.8 RF 방출 허용기준

EN 550XX 시리즈에 속하는 대부분의 표준은 전도성 방출과 방사성 방출에 대한 통합 허용기준 레벨(제한치)을 가지고 있다. 허용기준은 CISPR 문서들을 기반으로 만들어지기 때문에, 다른 사용자들이 사용하는 전파 스펙트럼을 보호한다는 동일한 목적 아래 하나하나마다 허용기준을 설정한다. 발생원과 방해(피해)를 받는 장비는 서로 정해진 최소 이격거리(separation distance)만큼 떨어져 있다고 가정한다.

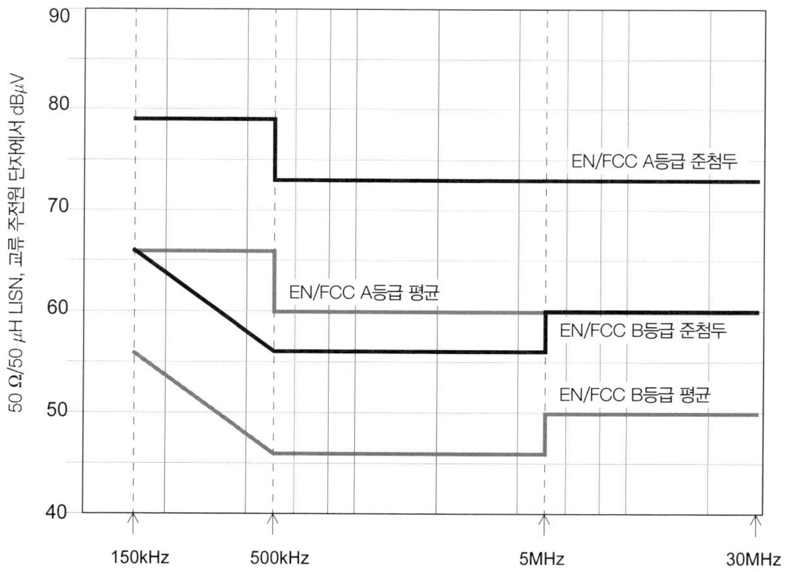

그림 4.4 전도성 방출 허용기준(제한치) (QP = 준첨두치, avge= 평균치)

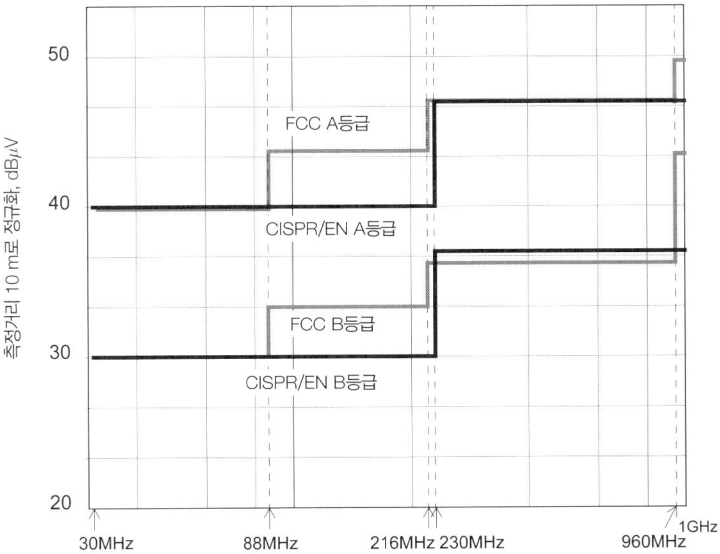

1 GHz 이상에서의 측정에 대해서는 [표 4.4] 참조

그림 4.5 방사성 방출 허용기준(제한치)

[그림 4.4]와 [그림 4.5]는 앞에서 살펴본 가장 일반적인 A등급(Class A) 제품과 B등급(Class B) 제품에 대한 허용기준을 보여주고 있다(FCC에 대한 설명은 [3.2절] 참조). 그래프에서 모든 방사성 방출 레벨은 측정거리 10 m로 정규화(normalization)한 것이다.

그림에서 EN A등급은 EN 55011와 EN 55022의 A등급과 EN 61000-6-4를 가리킨다. EN B등급은 EN 55011와 EN 55022의 B등급, EN 55014-1, EN 61000-6-3을 가리킨다. 모든 값은 CISPR 16-1-1 준첨두 검출기(quasi-peak detector)로 측정된다. 하지만, 전도성 방출은 표준에서 평균 검출기(average detector)로도 측정하도록 요구한다. 평균측정에 대한 허용기준은 준첨두 허용기준보다, A등급의 경우 13 dB, B등급의 경우 10 dB 낮다.

4.8.1 1 GHz 이상에서의 허용기준

3 m 거리에서 첨두 검출기와 평균 검출기를 이용하여 측정할 때, 1 GHz 이상의 주파수대역에서 허용기준은 [표 4.4]와 같다.

표 4.4 1GHz 이상 허용기준

주파수 [GHz]	A등급(Class A)		B등급(Class B)	
	평균(Average) dBμV/m	첨두(Peak) dBμV/m	평균(Average) dBμV/m	첨두(Peak) dBμV/m
1–3	56	76	50	70
3–6	60	80	54	74
FCC 1–40	60	80	54	74

CISPR 22와 이를 대체한 CISPR 32 표준에서의 측정은 EUT 내에서 발생하거나 사용하는 가장 높은 주파수의 값에 따라 달라지는 조건부 시험 방법에 근거하여 수행된다. 또는 EUT가 작동하거나 동조(tuning)되는 것에 따른 조건부 시험 방법에 기초한다[184].

EUT 내부 발생원의 최고 주파수가 108 MHz 미만일 경우, 측정은 1 GHz까지만 수행한다.

EUT 내부 발생원의 최고 주파수가 108 MHz～500 MHz인 경우, 측정은 최대 2 GHz까지만 수행한다.

EUT 내부 발생원의 최고 주파수가 500 MHz～1 GHz인 경우, 측정은 최대 5 GHz까지만 수행한다.

EUT 내부 발생원의 최고 주파수가 1 GHz 이상일 경우, 측정은 최고 주파수의 5배 주파수와 6 GHz 중 더 낮은 주파수까지만 수행한다.

이는 FCC 규정 제15.33부(part 15.33)에 기술된 의도하지 않은 방사기기에 대한 FCC 요건과 거의 일치한다(3.2절 참조). 6 GHz 이상의 주파수 범위에서 미국의 요건은 최고 주파수의 5번째 고조파와 40 GHz 중 더 낮은 주파수까지 시험을 수행하고, 최고 내부 주파수가 1.705 MHz 미만일 경우에는 최대 30 MHz까지만 시험한다.

"가장 높은 내부 주파수(highest internal frequency)"에 대한 실질적 정의는 실제 클록(또는 다른) 발진기(oscillator)의 주파수를 특별히 언급하는 것인지, 아니면 클록에 의해 발생되었지만 IC 내부에서 체배되어(정수배가 되어) – FPGA나 프로세서 내부에서 흔히 일어나는 상황임 – 높아진 주파수를 가리키는 것인지에 대한 문제로 한동안 분명하지 않았다. 현재는 CISPR 32의 정의에서 "오직 집적회로(IC) 내에서만 사용하는 주파수를 포함한다"고 명시적으로 기술하고 있다. 그러면 이제 가장 높은 내부 주파수에 대한 정의가 분명해진 것일까? 유감스럽게도 그렇지는 않다. CISPR 14-1에서는 (방사성 방출 시험의 적용을 결정하는) "클록 주파수"는 "기기에서 집적회로 내에서만 사용되는 신호를 제외한 나머지 모든 신호의 기본 주파수"로 정의된다. 여기서 우리가 얻을 수 있는 교훈은 어떤 상황에서도 표준들 사이에는 일관성이 있다고 무턱대고 가정해서는 안 된다는 사실이다.

5

기타 표준과 법령

4장에서는 IEC에서 제정한 표준들 중에서 EMC 지침과 무선장비 지침과 관련한 상용 표준을 다루었다. 이들 표준의 범위가 포괄적이긴 해도, 그렇다고 해서 EMC에 대해 찾을 수 있는 유일한 시험 표준이나 법령은 결코 아니다. 이번 5장에서는 자체 EMC 체계를 가지고 있는 자동차, 군사, 민간 항공우주, 철도 등 다양한 분야에 대해 살펴본다.

5.1 자동차

자동차 부문은 오래전부터 자체 EMC 요건을 가지고 있었다.

5.1.1 국제연합 유럽경제위원회 규정 10(UNECE Reg 10) 및 자동차 EMC 지침

유럽에서 전체 차량과 전장품에 대한 EMC는 자동차 EMC 지침에서 모두 다루었다. 이것은 새로운 접근법(New Approach) 지침이 아닌 형식승인 지침이었으며, 이 지침을 준수하는 제품은 CE 마크 대신 'e' 마크로 표시해야 한다.

5.1.1.1 제1판

최초의 자동차 EMC 지침(Automotive EMC Directive) 95/54/EC는 모든 차량과 전장품(자동차 전기/전자 하위조립품, electrical/electronic vehicle sub-assemblies, ESA)에 대해

EMC 형식 승인을 요구하였다. 이 지침은 점화 장해 방출(ignition interference emission)을 규제했던 초기의 지침 72/245/EEC을 수정한 것이었다. EMC 지침과는 달리, 이 지침의 부속서에는 적용 가능한 모든 기술요건과 시험방법이 포함되어 있었다. 이들 중 대부분은 4장에서 살펴본 상용 표준과는 상당히 다르다. 이 지침의 적용범위에 속하는 자동차 전자 제품들은 EMC 지침의 대상범위에서 자동으로 제외되어야 했다. 이에 따라, 새로운 차량에 설치할 목적으로 제작된 시스템이 지침의 적용범위에 포함되는 경우에는 지침을 적용하는 것이 너무나 명확했지만, 애프터마켓 제품(즉, 차량용으로 판매되지만 장비로서 원래 공급되지 않는 아이템)에 대해서는 혼란스러운 상황이었다. 전장품(sub-assembly)은 2002년 10월 1일까지는 자동차 지침에서 면제되었다.

5.1.1.2 제2판

제2판 자동차 EMC 지침 2004/104/EC[195]는 2004년 11월 13일에 발행되었다.

무엇이 달라졌는가?

주요 변경 사항은 다음과 같다.

- 2004/104/EC 지침은 안전 필수 기능(safety critical function)과 관련이 없는 애프터마켓 장비에 대해서는 종래의 제3자 형식승인을 대체하여 제조업체로부터 지침 89/336/EEC(EMC 지침, 제1판) 또는 1999/5/EC(R&TTE 지침)의 절차에 따라 자체신고를 할 수 있도록 허용하였으나 여전히 기술기관(Technical Service)[1] 평가의 적용을 받는다. 그러나 "이 신고는 반드시 ESA가 이 지침의 … 에 규정되어 있는 허용기준을 충족한다는 것을 포함하고 있어야 한다." 따라서 EMC 지침이나 R&TTE 지침의 자체 표준에 대해 단순히 CE 마크를 표시하는 것만으로는 충분하지 않았다. 적용 가능한 요건은 차량 환경과 부합해야 한다.
- 시험 조항과 기준 허용기준(제한치)은 방출시험에 대해서는 CISPR 표준(CISPR 12 및 25)을, 내성시험에 대해서는 ISO 표준(ISO 7637, 11451 및 11452)을 참조하였다. 시험 적용을 위한 추가 조건이 제공되었다(예를 들어, 800～2,000 MHz의 주파수 범위에서 GSM 펄스 변조에 대한 내성요건). 이것은 첫 번째 지침의 본문에 기술된 내성시험과 방출시험에 대한, 명시되었지만 혼란스러운 방법을 대부분 대체했다. 그러나 시험은 ISO 17025에 따라 인가된 시험소에서 수행되어야 했다.
- 새로운 지침은 전원선로를 따라 전도되는 과도현상 방해, 특히 ISO 7637-2에 따른 과도현상의 방출과 과도현상에 대한 내성 규정을 처음으로 포함했다.

1 (옮긴이) 기술기관(Technical Service)이란 국가의 승인기관을 대신하여 시험을 수행하는 시험기관 또는 초기평가와 그 밖의 시험이나 검사를 수행하는 인증평가 기관으로 지정한 조직 또는 기관을 뜻한다. 승인기관 자체로 기술기관의 기능을 수행할 수 있다.

- 이 지침은 안전과 관련된 기능과 부품(구성요소)에 특히 주의를 기울였다. 지침은 다음과 같은 "내성 관련 기능"의 개념을 도입했다.
  - 차량의 직접 제어와 관련된 기능
  - 운전자, 승객 및 기타 도로 이용자의 보호와 관련된 기능
  - 방해를 받을 때 운전자나 다른 도로 사용자에게 혼란을 일으키는 기능
  - 차량 데이터 버스 기능성(functionality)과 관련된 기능
  - 방해를 받을 때 법에 명시된 차량 데이터에 영향을 미치는 기능

  내성 시험 중에 이러한 "내성관련 기능"의 성능 저하가 없는 경우, 차량이나 장비는 내성 요건을 준수하는 것으로 간주된다. 이는 장비가 운전자가 차량을 직접 제어(통제)하는 데 영향을 미치지 않는 경우에는 내성시험을 요구하지 않은 95/54/EC보다 더욱 엄격했다.

간과해서는 안 될 또 다른 세부적인 문제들이 있다. 특히 차량 제조업체의 경우 "차량 제조업체는, 형식승인 시점에 차량에 RF 송신기가 장착되어 있지 않더라도 주파수 대역, 전력레벨, 안테나 위치, RF 송신기의 설치에 대한 사항을 자세하게 서술한 문서를 반드시 제공해야 한다. 이 문서는 차량에 보편적으로 사용되는 모든 이동 무선 서비스를 반드시 포함해야 한다. 이 문서의 정보는 형식 승인 후 공개적으로 입수할 수 있어야 한다(일반에게 공개되어야 한다). 차량 제조자는 RF 송신기의 설치가 차량 성능에 부정적인 영향을 주지 않는다는 증거를 반드시 제공해야 한다." 무선 송신기(휴대폰뿐만 아니라)를 애프터마켓 장치로 차량에 사용하는 문제는, 자신들이 만든 차량의 수명이 다 할 때까지 "모든" 종류의 무선 송신기들이 차량에 "정상적으로" 부착되어 사용될 수 있을 것으로는 기대할 수 없는 차량 제조업체들과, 자신들이 만든 제품의 승인을 각각의 차량마다 받아야 하는 것을 원하지 않는 무선 송신기 제조업체들 모두에게 어느 정도의 어려움을 초래할 것이다.

지정 주파수(spot frequency) 시험은 형식승인에 들어갈 용도로 제공되는 시험증거를 기술기관(Technical Service)이 검증해야 하는 경우에만 필요하다.

5.1.1.3 UNECE 규정 10

제5판을 작성하고 있을 당시, 자동차 EMC 지침은 국제연합 유럽경제위원회(United Nations Economic Commission for Europe, UNECE) 규정 10(Regulation 10)으로 대체되었다. 이규정은 지침 2004/104/EC의 거의 모든 내용을 그대로 받아들였다. 그러나 "차량과 전력망(전원망, power grid) 사이의 연결에서의 방출 및 내성의 규제(제어)와 관련된, 재충전 에너지 저장 시스템(Rechargeable Energy Storage System, REESS)의 충전에 사용하는 결합시스템을 제공하는 차량과 ESA에 대한 추가 요건"이 담긴 중요한 하나의 절(section)을 추가했다. 당연히 이것은 재충전을 하는 동안 전기자동차는 반드시 전력망에 연결되어야 함을 인정하는 것

이다. 이러한 유형의 EMC 환경은 차량이 도로에서 이동할 때 겪게 되는 환경과 상당히 다르다.

5.1.1.4 UNECE 10 시험

이 규정은 측정 방법에 대한 다양한 국제 표준을 참조하지만, 일부 내용은 변경되고 확장되었다. [표 5.1]은 ESA에 요구되는 시험을 보여주고 있다(차량 전체를 대상으로 하는 시험도 법적으로 의무사항이지만 여기에서는 설명하지 않는다).

표 5.1 ESA에 대한 UNECE Reg 10 시험

시험 형식	주파수 범위	시험 방법
방사성 광대역 방출 부속서 VII	30~1,000 MHz	CISPR 25: 2002, 전자파 반무반사실 또는 야외 시험장
방사성 협대역 방출 부속서 VIII	30~1,000 MHz	CISPR 25: 2002, 전자파 반무반사실 또는 야외 시험장
무선 주파수 내성 부속서 IX	20~2,000 MHz; 이 범위의 90% 이상에서는 최고 레벨 인가, 전체 범위에 대해서는 최고 레벨의 5/6 인가용	다음의 모든 조합 – ISO 11452–2: 2004에 따른 무반사실 시험 (30 V/m) – ISO 11452–3: Ed.3.0 2001에 따른 TEM 셀 시험 (75 V/m) – ISO 11452–4: 2005에 따른 벌크 전류 주입 시험 (60 mA) – ISO 11452–5: Ed.2.0 2002에 따른 스트립선로 시험 (60 V/m) 부속서 IX 4.5에 따른 800 mm 스트립선로 시험 (15 V/m)
전도성 과도현상 부속서 X	N/A	ISO 7637–2: 2002의 방법과 시험펄스 1, 2a, 2b, 3a, 3b 및 4를 사용하여 시험하는 방출과 내성

5.1.1.5 REESS 충전 모드 구성 추가 규격

전기 차량이 배터리 충전을 위해 전력망에 연결될 때, 완전히 다른 세트의 규격이 적용된다. 이들 규격은 자동차 제조업체에게는 매우 생소하지만 상업 부문에는 아주 익숙하며, 이 책의 4장을 살펴본 사람이라면 잘 알고 있는 것이다. 차량 전체와 ESA는 모두 전원포트에 대한 요건을 따라야 한다. (다른 구성에서 방사성 내성과 과도현상의 내성 및 방출 요건 이외에) 이 요건들을 간단한 형태로 적어보면 다음과 같다.

- IEC 61000–3–2 또는 61000–3–12에 따른 AC 전원 고조파 허용기준
- IEC 61000–3–3 또는 61000–3–11에 따른 AC 전원 전압 변화, 변동 및 플리커 허용기준
- IEC 61000–6–3에 따라 AC/DC 전원선로에 대한 150 kHz~30 MHz 전도성 RF 방출 허용기준

- IEC 61000-6-3에 따라 통신 포트(네트워크 및 통신 액세스)에 대한 전도성 RF 150 kHz ~30 MHz 허용기준
- IEC 61000-4-4에 따른 AC 또는 DC 전원선로에 대한 EFT/버스트 내성
- IEC 61000-4-5에 따른 AC 또는 DC 전원선로에 대한 서지 내성

그러나 DC 충전소에서 길이가 30 m 미만인 케이블을 차량/ESA에 사용하거나 "추가 참여자 없이 지역/개인 DC 충전소"에서 차량/ESA에 연결하는 경우에는 RF 전도성 방출 허용기준과 EFT/버스트 및 서지 내성을 적용할 필요가 없다.

5.1.2 ISO, CISPR 및 SAE 표준

차량과 그 구성품에 대해 일반적인 시험 방법을 제공하는 몇 가지 국제 표준이 있지만 그 자체는 법적으로 정해져 있지 않다. 이들 국제표준은 앞의 [표 5.1]에 나타나 있듯이 규정 10(Regulation 10)에서 참조한다. CISPR에는 차량 관련 방출 표준이 두 개 있으며, ISO가 발표한 내성 표준 시리즈가 있다. 이 내성 표준 시리즈는 미국자동차공학회(SAE)가 발행한 시리즈와 유사하다. 이 표준들은 상용 규격들보다 군용 규격들과 더욱 밀접하게 관련되어 있기는 하지만, 두 규격들 중 어느 것과도 동등하지 않다. 더욱 중요한 내성 시험은 [표 5.2]에, 두 개의 CISPR 방출 시험은 [표 5.3]에 나타내었다.

표 5.2 ISO 및 SAE 자동차 내성 시험

시험	ISO	SAE	요건	
정전기 방전	TR 10605	J1113-13	±4, 6, 7, 8 kV - 직접(접촉) 방전; ±4, 8, 14, 15 kV - 공기 방전 (차량 시험에는 추가로 ±25 kV 필요, 차량 외부에서 접근 가능한 시험 위치들에 대해)	
과도현상	ISO 7637-1, -2, -3	-	공급 및 신호 선로에 대한 전압 펄스: 유도성 부하 전원 차단 및 전류 차단, 스위칭 과도 현상, 공급 전압 강하, 부하 덤프, 점화 코일 전류 차단, 교류 발전기 전자기장 감쇠	
전도성 RF	ISO 11452-4	J1113-4	벌크 전류 주입	1~400 MHz, 25-40-60-80-100 mA
	ISO 11452-7	J1113-3	직접 RF 주입	250 kHz~500 MHz, 0.05-0.1-0.2-0.3-0.4-0.5 W
복사성 RF	ISO 11452-2	J1113-21	내부에 자유공간 전자기장 흡수체가 부착된 시험실(chamber)	10 kHz~18 GHz, 25-40-50-60-80-100 V/m
	ISO 11452-3 ISO 11452-5	J1113-24	TEM 셀, 스트립선로	10 kHz~200 MHz, 50-100-150-200 V/m
	ISO 11452-11	J1113-27	전자파 잔향실	500 MHz~2 GHz, 25-40-60-80-100 V/m

모든 RF 내성 시험은 동등한 첨두 시험 레벨을 가진 변조되지 않은 연속파(CW)와 80% AM 1kHz를 사용한다.

표 5.3 CISPR 자동차 방출 시험

	주파수	설명
CISPR 12: 오프 보드 수신기 보호	방사성 (Radiated), 30~1,000 MHz	3 m 또는 10 m 거리에 대해 주어지는 광대역 및 협대역 (B등급) 방출 허용기준 실외 시험장(표준 CISPR OATS가 아님) 또는 안테나 높이가 고정된 무반사 차폐실 내에서 측정
CISPR 25: 온 보드 수신기 보호	전도성 (Conducted): 0.15~108 MHz 내의 대역	5 μH/50 Ω±10% 의사 회로망, 최고 108 MHz까지 사용
	방사성 (Radiated): 0.15~1,000 MHz 내의 대역, 2.5 GHz로 주파수를 높일 수 있음	0.15~30 MHz, 1 m 수직 모노폴; 무반사 차폐실의 접지면 벤치위에 놓인 EUT로부터 1m 거리에서 30~1,000 MHz 대역, 쌍원뿔/로그주기 안테나 또는 이와 동등한 안테나; 또한 대체 방법인 TEM 셀 방법과 차량에 설치된 안테나에서 수신하는 방출 측정이 포함됨.

CISPR 12는 내연기관에 의해서 구동되거나 전기적으로 구동되는 차량과 보트와, 내연기관이 있는 "기기"(압축기, 전기톱 같은 기계류)에 적용된다. 전장품에 적용하기 보다는 전체 차량에 적용하는 시험이며, 차량으로부터 무선수신을 보호하기 위한 것이다. 이와 정반대로 CISPR 25는 차량의 무선 수신을 보호하기 위한 것이므로 다양한 무선 서비스에 대해 대역 내에 다양한 허용기준이 설정되어 있다. 여기에는 군용 표준(5.2절 참조)의 방법과 매우 유사한, 부품이나 모듈의 방출 측정과 차량과 함께 공급되는 유형의 안테나를 사용한 전체 차량의 방출 측정이 모두 포함된다.

5.1.3 차량 제조업체

자동차 전자장비 제조업체의 관점에서는 법령으로서의 EMC 요건의 중요성은 부차적이다. 이들 장비 공급자들이 가장 중요하게 고려하는 대상은 바로 고객이다. 주요 차량 제조업체들은 모두 실제 EMC 문제가 발생하는 현장에서의 (방해) 노출에 의존해온 오랜 관행을 통해 방출 허용기준(제한치)과 내성시험 레벨을 포함한 자체 EMC 시험 요건을 개발했으며, 자체 EMC 전문가를 통해 EMC 문제들을 해결하였다. 이 문서들은 대부분 국제 문서(표준)나 미국 문서(표준)을 바탕으로 하지만, 이들과 상당한 차이가 있는 경우도 종종 있으며, 더 엄격한 경우도 있다. 따라서 모든 차량 구성부품 공급업체는 여러 차량 제조업체(vehicle manufacturer, VM)에 그들의 장치를 공급할 수 있도록 미로처럼 복잡한 세부 요건과 시험 방법에 대해 협상해야 한다. [표 5.4]는 어느 한 차량 제조업체를 예로 들어, 업체에 대한 요건을 요약, 정리한 것이다. 장치의 형식은 다음과 같이 구분한다.

- 수동 모듈 (Passive Modules):
  - D: 기계적 스위치가 있는/없는 다이오드, 저항 사다리 회로망(resistor-ladder network), 또는 서미스터(thermistor)만 들어있는 모듈

- 유도성 기기(Inductive Devices):
  - R: 릴레이, 솔레노이드 및 경음기
- 전기 모터 (Electric Motors):
  - BM: 전자 부품이 없는 브러시 정류 직류 전기 모터
  - EM: 전자적으로 제어되는 전기 모터
- 능동 전자 모듈 (Active Electronic Modules):
  - A: 능동 전자기기가 들어 있는 부품
  - AS: 다른 모듈에 위치해 있는 안정화 전원 공급 장치에 의해 작동하는 전자 부품 또는 모듈. 이것은 보통, 제어기에 입력을 제공하는 센서임
  - AM: 자기장에 대한 감도가 높은 소자를 포함하거나 자기장에 대한 감도가 높은 외부 소자에 연결된 전자 부품 또는 모듈
  - AX: 패키지에 전기, 전자 제어 모터가 들어있거나 전기, 전자 제어 모터가 들어있는 외부 유도기기를 제어하는 전자 모듈. 일체형 구동 전자기기가 부착된 점화 코일도 포함
  - AW: 외부 배선이 없는 전자 모듈

이런 식의 기기 분류에 따라 각각의 시험이 적용되는 가능성의 정도는 기기마다 다르다. 또한 기기 사용의 다양한 측면에 따라 각기 다른 레벨이 적용된다. 이와 같은 문서들(다른 차량 제조업체도 유사한 규격을 가지고 있음)은 해당 부문에서, 표준화된 시험 방법을 가장 정교하게 구현하여 나타낸 것이라고 말하는 것이 타당할 것이다.

표 5.4 포드 자동차 회사의 부품 및 하위 시스템 EMC 규격[232]

형식	ID	적용	내용
		방출(Emissions)	
방사성 RF	RE 310	EM, 모든 A, 가능하면 D	0.15~160.5 MHz, CISPR 25 2008, ALSE 방법을 기준으로 함
전도성 RF	CE 420	BM, EM, A, AM, AX, 가능하면 D와 R	MW, FM 방송 대역, CISPR 25 2008을 기준으로 함
전도성 AF	CE 421	EM, A, AM, AX	100 Hz~150 kHz, 실내 전류 프로브 방법
전도성 과도현상	CE 410	R, BM, EM, AX	ISO 7637-2 방출을 기준으로 함
		방사성 내성(Radiated immunity)	
RF 내성	RI 112, RI 114, RI 115	EM, 모든 A, 가능하면 D	BCI(ISO 11452-4), 1~400 MHz; ALSE 방법(ISO 11452-2) 또는 전자파 잔향실 방법(IEC 61000-4-21), 360~3,1,00 MHz; 근거리장(ISO 11452-9), 360~2700 MHz
자기장	RI 140	AM, AW	MIL-STD-461E 기준, RS101 50 Hz~100 kHz

결합 과도현상(Coupled transients)			
유도성	RI 130	D, EM, AW를 제외한 모든 A	내부 채터링 계전기 방법, 하니스 시험을 위한 유도 결합
충전 시스템	RI 150	EM, AW를 제외한 모든 A	1~100 kHz (사인파) 실내 하니스 시험을 위한 유도 결합
전도성 내성 (Conducted immunity)			
연속 현상	CI 210	EM, A, AM, AX	전원공급장치에 실내 AF 리플 50 Hz~100 kHz
과도현상	CI 220, CI 221	D, EM, A, AM, AX	ISO 7637-2와 유사, 시험 펄스가 추가됨
부하 덤프	CI 222	D, EM, all A	ISO7637-2 펄스 5a와 5b
전원 주기	CI 230, CI 231	EM, A, AM, AX	실내, 엔진 시동시 전압 변동
접지 오프셋	CI 250	EM, A, AM, AX, AS	실내, AC 접지 전압 오프셋, 2 kHz~100 kHz (사인파와 과도현상)
전압 강하	CI 260	EM, AW를 제외한 모든 A	실내, 전압중단이나 다양한 파형으로부터 하드웨어 및 소프트웨어의 제어 복구의 검증
과전압	CI 270	AW와 AS를 제외한 모든 A	전원공급장치 또는 제어 회로에 −14, +19, +27 V
정전기 방전	CI 280	BM, R를 제외한 모든 것	ISO 10605:2008 기준

5.1.4 전문가 요구사항

특수 차량을 이용하는 몇 가지 분야에는 EMC에 더 많은 관심이 필요하다. 그 가운데 가장 중요한 분야는 경찰과 긴급 구조기관(구급대)이다. 이러한 조직에 물자를 대어주는 조달기관은 차량에 사용될 기기에 대해 기관 자체의 기술 제약조건을 부과한다. 이 요건들 중 일부는 매우 엄격하다. 주요 관심 사항은 다음과 같다.

- 통신에 사용되는 주파수 대역 내 방출; 생명 안전과 관련한 문제가 바로 통신에 달려있기 때문에, 허용가능 레벨(제한치)은 CISPR을 기반으로 한 일반적인 표준들에서 찾아볼 수 있는 레벨보다 훨씬 낮다(엄격하다). TETRA의 시행과 함께, 좁은 대역의 지정주파수 범위에 대해 완화(느슨함)를 허용하지 않은 채로 TETRA 수신 대역 전체를 깨끗하게(방해 없이) 유지해야 하기 때문에, 이러한 요건을 준수하기란 더욱 어려워졌다.
- 특히 안전과 관련된 단속 장비를 위한, 그리고 차량 사용자의 통제를 받지 않고 전송할 수 있는 TETRA 통신의 복잡성이 더해지면서 개인이 휴대하거나 차량에 설치되는 매우 다양한 송신기의 존재를 고려한 온보드 무선 송신기에 대한 내성.

5.2 군사(military)

예상한대로 군사장비(military equipment)는 EMC 규제의 대상이 아니다. 그 대신, 군사장비는 계약을 통해 조달되기 때문에 계약 협상 단계에서 EMC 표준(standard)을 적용할 수 있는데, 이는 통상적인 절차다. 이를 통해, 통상적으로 구매 이전에는 기술 협상이 이루어지지 않는 상업 제품의 경우처럼 일괄적으로 규격을 적용하지 않고, 특정 용도에 대해 규격을 세밀하게 조정하고 협상할 수 있다. 그러나 나중에 알게 되겠지만 법령 해석을 이유로 들어, 군사 계약(military contract)에 CE의 인증을 추가로 명시하는 것 또한 흔할 일이다.

결과적으로 군사표준은 지나치게 규범에 의존하지 않으면서도 광범위하게 맞닥뜨리는 특정 현상들을 일관된 방식으로 다루는 방향으로 진화했다. 시험소에서 공통되는 장비와 절차를 사용할 수 있도록 시험 방법이 정의되어 있지만 방출 허용기준, 적용되는 내성 시험레벨 및 주파수 범위와 같은 파라미터는 시험의 목적과 시험대상 제품에 맞게 조정할 수 있는 길이 부분적으로 열려있다.

미국 군대(미군)는 대부분의 서구(유럽과 북미) 제조업체의 주요 고객이기 때문에, 미국군(사)용 표준(Military Standard, MIL STD) 시리즈는 사실상의 조달 표준이 되었다. MIL-STD-461D는 각기 다른 목적에 대한 방출 허용기준과 내성 시험 수준을 명시하였고, MIL-STD-462D는 이에 해당하는 시험 방법을 정의하였다. 두 표준은 1999년 8월에 여러 변경사항들과 함께 MIL-STD-461E로 합쳐졌는데, 이 책을 쓰고 있을 당시의 최신 버전은 MIL-STD-461G이다.

미국 이외의 국가들은 이것에서 변형된 자체 군용 시험을 가지고 있다. 영국에서는 국방부에서 발행한 DEF STAN 59−411 시리즈가 미국 문서와 비슷한 여러 가지 시험은 물론 다른 형태의 실험도 제공한다. 또한 설치 가이드라인과 함께 프로젝트 계획과 문서화에 대한 요건도 제공한다.

선박, 항공기, 위성 또는 육상 차량 등의 "플랫폼(platform)"에서는 한 장비가 다른 장비들과 근접해서 동작해야 하기 때문에, 이들 분야에서는 오랫동안 방출과 내성 모두에 대한 EMC 요건이 더욱 엄격했다. 플랫폼 내부의 전자기 환경은 일반적으로 엄밀하게 정의할 수 있다. 대표적으로, 대형 모터와 작동장치(액추에이터, actuator) 등의 스위칭과 작동에 의해 발생하는 전원 공급 방해, 그리고 알려진 주파수 대역에서 동작하는 여러 무선 송신기기들이 이러한 환경에 포함된다. 또한 플랫폼 외부의 무선주파수 환경은 예측하기 어렵지만 플랫폼이 레이다와 전자전 송신기(electronic warfare transmitter)와 같은 매우 강력한 송신기기에 근접해 있고 직접적인 가시선(Line of Sight, LOS) 경로 내에 위치하는 경우에는 극히 좋지 않은 환경일 수 있다.

이러한 특성과 함께 각기 다른 환경적 제약조건들은 군용 시험과 상용 표준 시험 사이에 많은 차이가 존재하는 까닭을 설명해준다. 그렇다 해도 군용 시험이 상용 시험보다 여러 가지 면에서 훨씬 덜 규제하고 있다는 점이 눈에 띈다. 그 두 가지 예로, 근거리 방사성 방출 및 내성 시험 ― 안테나는 항상 접지면 벤치 위에 설치한 EUT에서 1 m 만큼 떨어져 있음 ― 의 사용, 그리고 케이블이 공진하는 주파수에서 전도성 방출 및 내성 측정을 위한 전류주입 프로브의 폭넓은 사용을 들 수 있다. 이 두 시험을 실시하면 측정 결과에 큰 불확도가 발생하는데, IEC/CISPR 시험방법에서는 이러한 불확도를 훨씬 더 신중하게 고려해왔다.

[7.4.4절]과 [8.3절]에서는 군용 방출시험 및 내성시험에서의 가장 중요한 기술적 특징을 설명한다. 지금부터 군사용 시험 요건들을 간추려 설명한다.

5.2.1 DEF STAN 59-411

이 그룹의 표준들은 다음과 같이 구성된다[219].

- 제1부: 관리 및 계획 ― 허용기준 선택을 포함하여 EMC 요건의 선택과 규격에 대한 정의와 조언을 제공; 시험 계획, 규제(통제) 계획 및 관리 책임에 대해 논의

  현장 교환 장치(Line Replaceable Unit, LRU)[2]와 하위 시스템 시험의 경우, 다음 세 가지 유형의 장비로 분류한다.
  - 1 유형 : 전자 부품이 포함된 기기 ― 모든 시험 필요
  - 2 유형: 모터, 발전기 및 전자기계 장치(3 유형에 속하는 아이템 제외) ― 전도성 및 방사성 방출, 과도현상 시험 필요
  - 3 유형: 릴레이, 솔레노이드 및 변압기 ― 가져오기/내보내기 데이터에 의한 과도현상과 전원 주파수 자기장 시험(imported/exported transients and power frequency magnetic field)만 필요
  - 지원 장비의 시험 설명
  - 허용기준 선정에 대한 조언
- 제2부: 전기, 자기 및 전자기 환경 ― 다양한 시나리오에 대해 전자기 환경을 정량화하고 식별하는 방법을 기술
- 제3부: 장비 및 하위 시스템에 대한 시험 방법 및 허용기준 ― 두 가지 범주로 나뉨.

---

2 (옮긴이) LRU (Line-Replaceable Unit)은 항공기, 선박 또는 우주선 등의 작동환경(1차 현장)에서 특수 도구를 사용하지 않고 신속하게 교체할 수 있도록 모듈식으로 제작된 부품을 말한다. 유지보수 작업을 환경이나 난이도 등에 따라 1차(1st line), 2차(2nd line), 3차(3rd line)로 나눈다(차수가 높아질수록 복잡). 이 중 항공기, 선박 등이 작동환경에 있는 동안에 수행되는 유지보수 활동을 1차 작업이라고 하며 비교적 간단한 작업이 여기에 속한다. 참고로 의료 분야에서 수행되는 1차, 2차, 3차 치료도 1st, 2nd, 3rd treatment라고 한다.

- 부속서 A: 착용용 및 휴대용 장비
- 부속서 B: LRU 및 하위 시스템 – 일반적으로 더욱 포괄적임
- 부속서 C는 위의 시험에 사용하는 EMC 시험 장비의 성능 요건을 명시

• 제4부: 플랫폼과 시스템 시험 및 시행 – 플랫폼과 대형 시스템에 대한 EMC 시험과 및 시험 요건
• 제5부: 육해공 장비(Tri-service) 설계와 설치에 대한 시행규칙 – 장비, 시스템 및 플랫폼에서 EMC를 위해 권장되는 설계 관행

다음에 나오는 [표 5.5]~[표 5.7]은 현재 제3부 부속서 B(Part 3 Annex B)에서 볼 수 있는 시험 메뉴를 간추려 정리한 것이다.

표 5.5 DEF STAN 59-411 방출 시험

시험	유형	주파수범위	시험 방법
DCE 01	1차(주) 전원선로상의 전도성 방출	20 Hz~150 MHz	차동 모드, 전류 프로브, LISN
DCE 02	제어선로, 신호선로, 그리고 2차(부) 전원선로사의 전도성 방출	20 Hz~150 MHz	모든 하니스상에 공통모드, 전류 프로브
DCE 03	1차 전원선로상의 외부 과도현상	N/A	접촉기(contactor)[3]와 기능적 스위칭(functional switching)[4]이 있는 오실로스코프
DRE 01	전기장 방사성 방출	10 kHz~18 GHz	차폐된 방에서 EUT로부터 1m 거리, 여러 가지 안테나
DRE 02	자기장 방사성 방출	20 Hz~200 kHz	EUT의 각 면으로부터 70 mm 거리의 탐색 코일
DRE 03	방사성 방출-설치된 안테나, 지상 시스템	1.6~30 MHz	EUT로부터 1m 거리에서 클랜스먼 로드 안테나(Clansman road antenna)[5] 또는 "L" 안테나

표 5.6 DEF STAN 59-411 과도현상 내성 시험

시험	과도현상 형식	적용성	레벨
DCS 04	유형 1: 2~30 MHz 스위칭	항공	500 V, 20 A 첨두(peak), 모든 케이블
	유형 2: 100 kHz 스위칭	항공	700 V, 30 A 첨두, 전원선로; 100 V, 5 A 첨두, 선호선로
DCS 05	유형 1N: 0.5~50 MHz 스위칭	지상 및 해양	10 A 첨두, 모든 케이블
	유형 1N: 비핵 전자파 펄스	지상 및 해양	100 A 첨두, 모든 케이블
DCS 06	유형 2: 100 kHz 스위칭	지상 및 해양	2 kV, 100 A 첨두, 전원선로

3 (옮긴이) 전원회로(power circuit)를 온/오프 하는 데 사용되는 전기제어 스위치.
4 (옮긴이) 회로가 정상동작 하는 중에 그 회로 또는 회로의 일부를 온/오프 하는 기능
5 (옮긴이) 클랜스먼(Clansman) 영국군이 사용했던 전투망 무선시스템(combat net radio system, CNR)을 말함. 사전적으로는 '친족'이라는 뜻임.

DCS 08	낙뢰 전자파펄스/비핵 전자파펄스	항공	3 kV, 30 A 첨두, 모든 케이블
DCS 09	직접 낙뢰	항공	2 kV, 10 kA 첨두, 모든 케이블
DCS 10	정전기 방전	지상, 해양 및 항공	최대 8 kV
DCS 12	낮은 주파수 스위칭	해양	최대 2.5 kV 첨두 (전원선로)

표 5.7 DEF STAN 59-411 연속 내성 시험

시험	기술	내성 시험	방법
DCS 01	전원 20 Hz~50 kHz	전원 공급 파형 상의 리플	전력선과 직렬로 변압기 결합
DCS 02	전원, 신호 및 제어, 50 kHz~400 MHz	국부 송신기에 의해 유도된 방해	전류 프로브에 의해 각 케이블 묶음에 사전 교정된 전류 주입, 1차 전원선로들도 개별적으로 시험해야 함.
DCS 03	제어 및 신호 20 Hz~50 kHz	인접 케이블상의 리플	시험 중인 케이블 주위를 3번 감은 시험 도선을 통과하는 전류,
DRS 01	자기장 20 Hz~100 kHz	변압기와 전력 케이블로부터의 자기장	EUT 면에서 5 cm 떨어진 교정된 방사 루프
DRS 02	전기장 10 kHz~18 GHz	전송된 전자기장	무반사 차폐실, 시험 중 전기장 센서 로 전기장을 모니터링, EUT의 경계에서 1m 떨어진 송신 안테나; 또는 항공 장비에 대해 100 MHz 이상의 대역에서 모드 교반 전자파 잔향실을 사용하는 대체 방법도 적용 가능
DRS 03	정자기 (자기장 DC)	고전력 DC 전류, 디가우징 전자기장	헬름홀츠 코일(Helmholtz coil) 조합을 통과하는 DC 전류

5.2.2 MIL STD 461

MIL STD 461 표준은 장비에 대한 주요 미국 군용 EMC 표준[230]이다. 비록 이것이 유일한 표준은 아니지만, 오랫동안 광범위하게 사용되어 오고 있다. 곧 알게 되겠지만 MIL STD 461의 일부 시험은 DEF STAN 59-411의 일부 시험과 비슷하다. 하지만, 그 외에도 여러 가지 방법들이 있으며 심지어 유사한 시험 사이에도 세부적으로는 차이가 있다. 2015년 12월에 발행된 최신 버전 G에는 CS117과 CS118(낙뢰 및 ESD 내성)이 추가되어 한동안 이 표준에 분명한 채 존재했던 틈새를 메웠다. 이밖에 주목할 만한 변경사항으로는, ANSI C63.2를 준수하는 경우에는 FFT 수신기의 사용이 구체적으로 허가(7.1.1.2절 참조)된다는 것과 이제 바닥 설치 장비(floor standing equipment) 구성을 위한 케이블 배선에 대해 더욱 구체적인 요건이 있다는 것이다.

표 5.8 MIL-STD-461G 방출 시험

시험	형식	주파수범위	시험 방법
CE 101	전원 리드에서 전도성 방출	30 Hz~10kHz	차동 모드, 전류 프로브 및 LISN
CE 102	전원 리드에서 전도성 방출	10 kHz~10 MHz	LISN 포트, 각 전원리드에서 전압 측정
CE 106	전도성 방출, 안테나 단자	EUT 작동에 따라 10 kHz~40 GHz	안테나 포트(단자)에 직접 연결 또는 결합기를 통해 안테나 포트에 연결
RE 101	자기장 방사성 방출	30 Hz~100 kHz	EUT의 각 면으로부터 70 mm 거리의 탐색 코일
RE 102	전기장 방사성 방출	10 kHz~18 GHz	여러 가지 안테나, EUT에서 1 m; 차폐실 우선
RE 103	방사성 방출-안테나 스퓨리어스 및 고조파 출력	EUT 작동에 따라 10 kHz~40 GHz	안테나가 내장된 송신기에 대한 CE106의 대체 방법

표 5.9 MIL-STD-461G 내성 시험

시험	기술	내성 시험	방법
CS 101	전원 리드, 30 Hz~150 kHz	전원 공급 장치 상의 리플	전원선로과 직렬로 변압기 결합
CS 103	안테나 포트, 상호 변조, 15 kHz~10 GHz	상호 변조로 발생하는 성분들의 존재	그때그때 상황에 따라 결정
CS 104	안테나 포트, 원하지 않는 신호 제거, 30 Hz~20 GHz	스퓨리어스 응답의 존재	그때그때 상황에 따라 결정
CS 105	안테나 포트, 교차 변조, 30 Hz~20 GHz	교차 변조로 발생하는 성분들 존재	그때그때 상황에 따라 결정
CS 109	구조 전류, 60 Hz~100 kHz	EUT 구조 내에 흐르는 전류	표면을 가로지르는 대각선 양끝에서 변압기에 의해 주입된 전류
CS 114	벌크 케이블 주입, 10 kHz~200 MHz	EUT 관련 케이블에 결합된 RF 신호	전류 프로브에 의해 각 케이블 묶음에 사전 교정된 전류 주입, 전원 리드 포함, 단 귀환리드는 제외
CS 115	벌크 케이블 주입, 임펄스 여기(excitation)	EUT 관련 케이블에 결합된 임펄스 신호	CS114와 동일하지만 30 Hz 반복률로 30 ns 펄스를 제공하는 임펄스 발생기 포함
CS 116	감쇠 정현파 과도 전류, 케이블 및 전원 리드, 10 kHz~100 MHz	배선의 여기(excitation)로 인해 케이블 및 전원 리드에 결합된 감쇠 정현파 과도현상	CS114와 동일하지만 최소 0.01, 0.1, 1, 10, 30 및 100 MHz에서 최소한 초당 한 번의 펄스를 제공하는 감쇠 사인파 발생기 포함
CS 117	낙뢰 유도 과도현상	상호연결 케이블 상의 다중 버스트 및 다중 스트로크 과도현상	DO-160 케이블 묶음 시험과 유사한 주입 변압기를 통해 인가되는 다양한 파형
CS 118	정전기 방전	인체 유도 정전기 방전	IEC 61000-4-2와 동일하지만 그 표준을 참조하지 않음
RS 101	자기장 30 Hz~100 kHz	변압기 및 전원 케이블로부터의 자기장	EUT 면에서 5 cm 떨어진 거리의 교정된 방사루프, 또는 교정된 헬름홀츠(Helmholtz) 코일 내부에 EUT 배치

RS 103	전기장 2 MHz~40 GHz	전송된 전자기장	무반사 차폐실, 시험 중 전기장 센서 로 전기장을 모니터링, EUT의 경계에서 1m 떨어진 송신 안테나; 또는 항공 장비에 대해 100 MHz 이상의 대역에서 모드 교반 전자파 잔향실을 사용하는 대체방법도 사용 가능
RS 105	과도 전자기장	단방향 펄스 방사성 전자기장, 2.3/23 ns 50 kV/m	TEM 셀, 평행판 전송선로 또는 이와 유사한 구조에 급전하는 과도 펄스 발생기

5.2.3 군용 장비 CE 표시

"군수품"을 유럽연합 법령의 적용대상에서 제외한 로마 조약(Treaty of Rome)의 조항으로 인해, 오랫동안 군사장비는 EU 내에서의 판매를 위해 CE 마크를 받을 필요가 없는 것으로 받아들여졌다. 그러나 이에 대해 법적인 문제가 제기되자 이런 식의 암묵적 합의는 상당부분 근거가 없는 것으로 드러났다. 국방 계약(defense contract)은 "근본적 안보 이익"에 근거할 때만 EU 법령의 적용대상에서 제외될 수 있으며, 이는 "회원국의 근본적 안보 이익을 보호하기 위해서는 면제가 필요하다는 증거를 제공하기를 원하는 회원국을 위한 것"이다. 이러한 해석은 유럽 방위 제품 시장의 법적 체계를 만든 국방 조달 지침(2009/81/EC)의 발표로 강화되었다.

대부분의 경우, 이러한 증거를 제공하는 데 필요한 서류작업은, 군용표준을 충족하는 제품이나 시스템이 CE 마크 인증을 위한 요건도 충족함을 입증하기 위해 필요한 추가 업무보다 더 큰 부담이 된다는 사실은 두 말할 필요가 없다. 대부분의 회사들은 그래서 더욱 쉬운 길을 택하고 어찌됐든 CE 마크를 취득한다. 군용표준은 대부분 작전(운영) 시나리오(operational scenario)를 다루기 위한 것이고, EMC 지침이나 무선 지침의 필수요건의 모든 측면을 다루지 않는다고 해서 이것은 반드시 쉬운 길이라고만은 할 수 없다. 따라서 어떤 경우에는 계약상의 군용표준과 통합 EN 표준 모두에 대해 동시시험(병렬시험, parallel testing)을 실시하는 것이 확장된 격차분석(갭 분석, gap analysis)보다는 실제로 가장 간단한 방법이다. 이 사안은 관련 당사자들에게 영향을 주었고, 이와 관련하여 CENELEC는 안내문서(guidance document)인 TR 50538:2010[167]을 발행하였다.

5.2.4 상용 기성제품(commercial off the shelf)

'군대는 최신기술을 최단기간 내에 가장 낮은 비용으로 이용할 수 있어야 한다'는 기대가 있다. 이로 인해 COTS(commercial-off-the-shelf) – 상용제품을 군사목적에 맞게 개조한 것 –

을 사용할 필요성이 종종 생긴다. 이렇게 되면 상용 제품(IT 장비, 전원 공급 장치, 계측기기 등)이 군용 EMC 요건을 따르지 않은 채 이용이 될 수밖에 없다. 상용제품들은 이 EMC 요건을 충족하도록 결코 설계되지 않았다. 이러한 문제를 MIL-STD-461에서는 다음과 같이 표현하였다.

> 상용 아이템의 사용은 적절한 설계 조치를 시행하여 EMI를 규제해야 하는 사정과, 바람직하지 않은 EMI 특성을 나타낼 수도 있는 기존 설계를 이용하려는 바람 사이에서 어느 쪽을 선택해야 하는가 하는 딜레마(곤란한 상황)를 제공한다.

지난 몇 년 동안 이러한 상황을 해결해나갈 방법을 모색하기 위한 상당한 노력이 있었다. 그 결과로 "격차 분석(gap analysis)"이라는 개념이 탄생했다. 격차 분석에서는 제품이 일반적으로 충족한다고 하는 상용 규격 — 보통, CE 마크 표시 체제 — 을 군용규격과 같은 더 엄격한 프로젝트 규격과 비교하고, 여기서 발견된 "격차(gap)"는 "저감조치"의 필요성을 입증하는 시험을 추가하여 채운다. 이는 군용 제품은 반드시 CE 인증 요건을 충족함을 입증해야만 하는, 이전 절에서 설명한 과정과는 정반대이다.

이 과정이 처음 만들어지자 프로젝트 관리자은 이에 관심을 보였다. 하지만 이 과정은 다음 두 장애물 중 하나에 걸려 넘어질 수 있다.

- 이 방식의 가능성에도 불구하고, 해당 제품은 그 제품이 충족한다고 주장하는 규격들의 세부사항을 실제로는 충족하지 못한다. 충족하는 경우에도 세부사항이 충분히 유용하다고는 주장하지 않는다. CE 마크 체제는 본질적으로 너무 느슨해서 오히려 이런 일이 생기지 않는 것이 놀랄 일이다.
- 필요하다고 판명된 "저감조치"는 의도된 용도로 제품을 사용할 수 없게 만든다. 예를 들어, 필요에 따라 추가된 필터링은 제품의 사이즈와 무게를 두 배로 증가시킬 수도 있다. 또는 추가된 차폐구조로 인해 전면 패널에 접근하기 위한 도어를 여는 것이 불가능해질 수 있다.

또한 격차 분석(gap analysis)은 모든 격차(gap)을 간단하게 알아내지 못하며, 이들 격차는 적합성 시험이 완료되고 나서야 마침내 드러난다. 여기에 소요되는 시간만큼 프로젝트의 진행이 늦어지면서 예산을 초과하는 일이 발생한다. 프로젝트를 전문으로 하는 기업이라면 EMC 요건의 분석이 지연되는 경우의 위험성을, 실제로 발생하기 전에 미리 알고 있을 것이라고 예상할 수 있다. 실제로도 이러한 문제를 초기에 발견해내는 사내 EMC 전문가를 가지고 있는 조직이 많이 있다. 그러나 그렇지 않은 조직도 많으며, 심지어는 가장 뛰어나다고 하는 조직에서조차도 사내 EMC 전문가가 필요한 분석을 제공할 기회를 항상 얻지는 못한다. COTS의 사용에는 많은 어려움이 따르며 이 경우에 EMC는 가장 중요한 요소일 수 있다.

5.3 항공 우주

민간 항공우주 기기에 대한 EMC 시험 요건은 유럽의 EUROCAE/ED-14와 미국의 RTCA/DO-160이라는 두 가지 문서에 정의되어 있다.

이 두 문서는 경비행기와 헬리콥터를 비롯하여 대형 여객기에 이르기까지 전부를 대상으로 하여, 제작된 항공 장비에 대한 일련의 최소 표준 환경 시험조건과 적용 가능한 시험절차를 기술한다. 이 두 문서는 글자 하나하나 똑같이 작성되어 있으며 모두 가끔씩 업데이트된다. 이 책을 쓰고 있을 당시를 기준으로 가장 최근의 문서는 2010년 12월에 발행된 G이다. 이 문서는 26개의 절(section)로 이루어져 있으며, 이 가운데 15~23절과 25절은 다양한 EMC 현상을 다룬다.

유럽 내에서는 항공기 자체는 EMC 지침에서 다루지 않는다. 항공기와 항공기의 장비에 적용되는 법령은 유럽 공동항공당국(JAA)이 감독하는 국가 항공당국의 감항성(堪航性, airworthiness)[6] 승인에 관한 것이다. 무선 지침과 EMC 지침의 적용범위에 대한 한 가지 예외는, 원래의 EMC 지침에서 EC 형식 검사 방법에 따라 요건을 준수할 것을 요구받는 항공 제품, 부품 및 기기이다. 이러한 적합성 인증절차는 영국에서는 민간항공관리국(CAA)이 인증기관(NB)의 자격으로 관리하였다. 승객이 소지한 전자장치(PED)는 당연히 이 표준에서 다루지 않는데, 이로 인해 PED가 항공기 제어 및 항법 시스템에 미칠 수도 있는 영향에 대한 우려가 지속되고 있다(1.1.1절 참조).

5.3.1 DO-160/ED-14

DO-160[231]에서 EMC 목적과 관련이 있는 다양한 절(section)들을 [표 5.10]에 간추려 정리하였다. 일부 절은 상대적으로 비교적 덜 까다로우며 잘 설정되어 있다. 최근 몇 년 동안 가장 큰 변화를 겪은 부분은 RF 내성에 관한 제20절(section 20)과 낙뢰 유도 과도현상에 관한 제22절이다[34][157]. 이 두 절은 현대 항공기에 합성(복합) 구조물과 전자식 비행 제어(fry-by-wire, FBW) 시스템을 도입할 때 새로 맞닥뜨리는 어려움에 대응하기 위한 것이다; 여기에는 더욱 큰 신뢰성의 확보가 필요한데, 이렇게 하는 과정에서 많은 하위 전기 시스템들은 방사성 전자기장과 낙뢰 전류로부터 더 못한 보호를 받는다. 방사성 RF 내성 시험은 모드 교반 전자파 잔향실을 사용한다. 잔향실 방법은 기존의 전자파 반무반사실 방법을 대체한 것으로, 특히 최고 시험 레벨 – 4~6 GHz의 주파수 대역에서 범주 F에 대한 펄스 전기장의 최고

6 (옮긴이) 항공기가 예상되는 비행 조건하에서 안전한 비행을 할 수 있는 능력을 말함. 이를 위해서는 항공기 또는 항공기의 장비가 비행에 적합한 안전성 기준을 충족해야 한다. 일본은 내공성(耐空性), 중국은 적항성(適航性), 북한은 비행유용성(飛行有用性)이란 용어를 사용한다.

레벨이 7,200 V/m－이 눈에 띈다.

5.3.1.1 낙뢰 유도 과도현상

낙뢰 요구사항은 제22절과 제23절로 나누어진다. 제23절은 매우 큰 고전압 시설에서, 외부 장착 장비가 있는 전체 항공기(whole aircraft) 시험에 대부분 적용된다. 제22절의 시험은 다섯 개의 레벨이 사용되는데, 그 중 가장 높은 레벨은 군용 표준의 항공기 요건에 명시된 레벨보다 훨씬 엄격하다. 제22절에는 다음과 같은 네 개의 설비 보호 구역이 제시되어있다.

- a 구역: 예를 들어 객실 내부와 같이 잘 보호되는 환경. 이러한 환경에 위치한 장비는 항공기 표면에서 가장 멀리 떨어져 있고 자신과 통신하는 시스템을 통해 보호되어야 하기 때문에 가장 낮은 시험레벨(1 등급)이 적용된다.
- 구역 b: 장비 전자 베이(bay)[7]와 같이 부분적으로 보호되는 환경은 항공기 기체 주위에 여기저기 분산되어 있으며 다른 구역이나 또 다른 전자 베이에 있는 장비와 케이블로 연결된다. 전자 베이들을 서로 연결하는 케이블들은 이들이 잘 보호된 환경을 통과하는지 여부에 관계없이 장비 베이 범주에 속하는 것으로 간주해야 한다. 이러한 장비는 2등급 시험레벨이 필요하다.
- 구역 c: 중간정도로 보호되는 환경은 잠재적으로 직접적인 전자파 장해의 영향을 받을 가능성이 있는 영역으로 간주된다. 조종석 구역이 이 범주에 속하며 여기에 설치된 장비는 3등급의 레벨로 시험을 받아야 한다.
- 구역 d: 도선 망(wire meshing)이 없는 복합재료를 상당히 많이 사용하여 제조한 기체에서는 심각한 전자기 영향이 발생할 가능성이 높다. 이 범주에 속하는 장비로는 착륙 기어 또는 엔진 또는 비행 제어 장치가 있다. 이들에 대해서는 4등급이나 5등급의 레벨로 시험할 것이 권고된다. 4등급의 시험레벨은 3등급의 2배 이상이고, 5등급의 경우에는 3등급 시험레벨의 5배 이상이다. 이러한 레벨(최대 3,200 V와 3,200 A, 두 값이 동시에 나오도록 해야 하는 것은 아님)로 시험을 하기 위해서는 시험장비 확보를 위해 상당한 투자를 해야 한다.

모든 케이블 묶음(cable bundle)에 대한 시험에서는 I_{Test}와 V_{Limit} 또는 V_{Test}와 I_{Limit} 값을 파라미터로 정의하여 EUT 케이블이 임펄스의 진폭에 미치는 잠재적 영향을 고려한다. "시험" 값은 가능한 한 도달해야 할 이상적인 값이다. "허용기준(제한치)" 값은 EUT에 전기적 과부하(electrical overstress, EOS)가 가해지는 것을 막기 위해 케이블 묶음 안에서 측정한 최대 허용 값이다. 이 값이 측정되면 시험이 완료된 것으로 간주된다. "시험" 값과 "허용기준"값은 발

---

7 (옮긴이) "bay"는 전기 장비가 배치된 폐쇄형 또는 개방형 칸막이 공간을 말함.

생기 임피던스를 규정하고 있지 않으므로 핀 주입 요건에 의해서만 주어진다. 케이블 묶음의 임피던스는 매우 중요하기 때문에, 케이블의 종류와 배선방식은 "시험" 값이나 "허용기준" 값 중 어느 값에 먼저 도달하는지에 영향을 준다.

표 5.10 DO-160G/ED-14G EMC 시험

절	시험	요구사항
제15절	자기 효과	나침반 지침의 편향 측정: 1도 편향을 일으키는 이격 거리
제16절	전원 입력	정상 및 비상 전원 조건: 가변 전압, 주파수 및 위상 불평형, 리플, 서지, 강하 및 정전, 고조파 방출
제17절	전압 스파이크	1차 전원 입력에 적용되는 두 가지 범주의 과도 파형; 구 MIL-STD-462D 방법 CS06과 유사 (현재는 사용되지 않음)
제18절	AF 전도성 내성	전원 입력에 차동모드 주입 AF, 최대 10 Hz~150 kHz; MIL-STD-461E 방법 CS101과 유사
제19절	유도 신호 내성	근거리장 결합을 통해 케이블 묶음에 유도되는 400 Hz~15 kHz 전기장 및 자기장, 억제되지 않은 릴레이 코일 스파이크, EUT에 대한 400 Hz 20 A 자기장 및 170 Vrms 전기장
제20절	RF 내성: 전도성	모든 상호 연결 케이블 묶음에 10 kHz~400 MHz의 사전 교정된 벌크 전류 주입; MIL-STD-461E 방법 CS114와 유사
	RF 내성: 방사성	MIL-STD-461E 방법 RS103, 또는 모드 교반 전자파 잔향실과 유사한 전자파 반무반사실에서 안테나로 100 MHz~18 GHz 범위
제21절	RF 방출: 전도성	1차 전원선과 상호 연결 케이블 묶음에 LISN 또는 전류 프로브를 사용하여 150 kHz~30 MHz 범위
	RF 방출: 방사성	2 MHz~6 GHz, EUT로부터 1 m 거리에서 다양한 안테나
제22절	낙뢰 유도 과도현상 내성	위치에 따라 5개의 등급(복합 항공기에서 노출된 위치에 있는 장비에는 4등급과 5등급이 가장 적합), 다중 스트로크와 다중 버스트를 포함한 여러 파형; 핀 주입, 케이블 묶음 유도와 접지 주입 기법
제23절	낙뢰 직접 영향	외부 장착 장비에 적용, 낙뢰 보호 구역에 따라 정의된 범주, 일반적으로 전원이 공급되지 않는 장비, 발생기는 수백 100 kV를 발생시켜야 함
제25절	정전기 방전	접지면에 접합된 EUT를 제외한 나머지는 모두 EC 61000-4-2에 따름. 그리고 15 kV로 공기 방전 인가

5.4 철도

유럽의 철도 산업은 EMC와 관련하여 다소 특이한 상황에 처해 있다. 한편에서는 운영상 안전을 확실히 보장해야 하는데, 또 다른 한편에서는 안전과는 아무런 상관이 없는 철도설비가 EMC 지침의 적용대상이다. 이는 영국의 기관 네트워크 레일(Network Rail)[8] 및 열차 운영자 자신, 그리고 철도 산업에 대한 장비 공급업자 모두에 대한 병행 준수요건[149]으로 이어진다.

8 (옮긴이) Network Rail은 영국 교통부(Department for Transport) 산하의 일반 공공 기관으로 영국에 있는 대부분의 철도 네트워크의 소유자이자 인프라 관리자이다.

5.4.1 철도 그룹 표준

영국의 철도 시스템에서는 철도조합 표준(Railway Group Standards, RGS)은 영국 철도조합(Railway Group)의 모든 회원들에게는 법적 의무사항이다. 철도조합의 회원은 유관기관뿐만 아니라 인프라 관리 기관[네트워크 레일(Network Rail)]과 열차 운영회사로 구성되어 있다. 경로(방식) 승인 과정(route acceptance process)의 준수는 철도안전관리규정(Railway Safety Case, RSC)을 통해 입증된다. RCS는 관련된 모든 RGS의 성공적인 적용을 근거로 하고 있다. EMC의 경우, EMC와 관련한 최상위 RGS는 GE/RT8015, "철도 인프라와 열차 사이의 전자파 적합성(Electromagnetic Compatibility between Railway Infrastructure and Trains)" [212]이다. 이 표준은 열차와 인프라 모두에 대해 방출 및 내성 허용기준에 대한 포괄적 요건을 제시한다. 기본레벨(default level)은 EN 50121 제3부(part 3), 제4부(part 4), 제5부(part 5)에 명시되어 있다. 하지만 철도 차량(rolling stock)은 알려진 인프라의 방출이나 내성에 근거한 추가 요건을 충족해야 한다는 주의 사항이 있다. 이는 결국 인프라 관리기관이 자신의 시스템에 대한 정보를 구축하고 유지해야 함을 의미한다. GE/RT8015에는 다음 사항과 같이 이에 대한 책임을 규정하는 데 상당한 지면이 할애되어 있다.

- EMI에 의해 안전 성능이 저하될 수 있는 모든 안전 관련 인프라 시스템의 식별
- 특히 안전 성능에 영향을 미치는 열차 방출의 특성과 레벨을 결정하기 위해 이러한 시스템의 감응성(susceptibility, 내성)을 분석
- 분석을 문서화하고 이를 철도 운영자와 이해관계자가 이용할 수 있게 하여 열차 운영자로 하여금 인프라 시스템과의 적합성을 입증할 수 있도록 하는 것
- 시스템의 내성이 악화되지 않도록 유지보수 및 시험 체제를 시행

이러한 방식을 시행한 이래 철도산업은 이용 가능한 모든 종류의 EMC 전문지식을 총 동원하려는 열망을 계속해서 보여주고 있다.

5.4.1.1 안전에 필수적인 대표적 인프라 및 열차 시스템

GE/RT8015는 EMI에 의해 영향을 받을 수 있고 분석에 포함되어야 하는 안전성능을 가지는 시스템과 장비의 유형(전부 다는 아님)을 제시한다.

인프라(Infrastructure)의 안전필수 시스템:

- 열차 감지 시스템 [트랙 회로 및 차축 계수기(axle counter) 포함]
- 연동 시스템(interlocking system)
- 신호 및 지점 운영 장비와 제어 회로

- 열차 경고 및 보호 시스템
- 통신 시스템[음성 및 데이터 전송, 감시 제어 및 데이터 수집(SCADA) 시스템 포함]
- 무선 시스템(음성 및 데이터 전송, 고정 및 이동 시스템 포함)

열차(Train)의 안전필수 시스템 :

- 제동 시스템
- 트랙션 제어 시스템(견인 제어 시스템, traction control systems, TCS)
- 틸트 제어 시스템(기울기 제어 시스템, tilt control system)
- 도어 제어 시스템
- 결합 시스템
- 통신 시스템
- 조명 시스템(내부 및 외부)
- 열차에 탑재된 지령 및 제어(지휘통제) 시스템(command and control system)의 요소

5.4.2 런던 지하철 표준

런던 지하철(London Underground, LU) 망에 설치된 장비에 대한 EMC 요건을 제공하는 기본 체계는 LU CED 공학 표준(Engineering Standard) 2-01018-001 A2(이전에는 E 1027)에 규정되어 있다. 이 표준의 목적은 LU가 EMC 지침 및 해당 영국 규정의 요건을 확실히 충족할 수 있게 만드는 것이다. 2-01018-001 A2는 책임과 절차를 설명하고 있는 최상위 문서다. 이 표준의 동반 안내문서(guidance document)인 EMC 최고관행 설명서(Manual of best practice) M1027(5-01018-001)는 EMC 요건과 관련한 더욱 자세한 기술 정보를 제공한다. M1027에 자세히 설명되어 있는 EMC 관리계획의 요건과 EMC 시험 계획의 요건은 최상위 문서에 포함되어 있다.

LU 공학 표준 문서들은 수석공학자이사회(Chief Engineer's Directorate)에서 발행하는데, 이들 중 다수의 문서들이 EMC와 관련이 있다. 이 문서들은 철도 차량(rolling stock)을 포함한 LU의 자산에 대한 관리 및 개선을 위해서 EMC를 확실히 보장해야 한다는 점을 강조한다. 간선 철도(mainline railway)의 철도조합 표준(RGS)과 달리, 런던 지하철의 최상위 표준 2-01018-001 A2는 처음 만들어졌을 때부터 LU가 EMC 지침 및 해당 영국 규정의 요건을 충족하는지 확인하는 것이 주된 목적임을 명확히 하고 있다. 또한 이 표준은 모든 특수 LU 요건을 필요로 하는 것은 물론 EN 50121의 해당되는 부(part)를 준수하는 것이 요건임을 말하고 있다.

5.4.3 EN 50121

이 문서는 1996년에 사전 표준으로 처음 발행된 이후, 2000년에 "철도 응용－전자파적합성(Railway applications －Electromagnetic compatibility)"이라는 전체 제목으로, 정식 표준으로 발행되었다. 이우 2006년에 개정되어 다시 발행되었는데 총 6부로 되어 있다.

5.4.3.1 EN 50121 구성

제1부: 일반

- 철도 시스템의 전반적인 전자기 상황(거동, behavior)을 기술하고 [일반(generic)] 내성 성능 기준을 제공하며 인프라와 열차 사이의 인터페이스(접점, interface)에서 EMC의 관리에 대해 논의한다.

제2부: 철도 시스템 전체에서 외부로의 방출

- 9 kHz～1 GHz 범위에서 철도 선로로부터의 10 m 떨어진 거리에서의 RF 방출 허용기준(제한치)을 설정하고, 측정 방법을 제공한다. 이렇게 하는 것은 절대 사소한 문제가 아닌데, 이는 측정이 실제 철도, 아니면 최소한 실제 철도를 대표하는 시험 선로 구간에서 이루어져야 하기 때문이다. 주변 환경이나 기상 조건이 측정에 심각한 영향을 미칠 수 있다. 가장 중요한 점으로, 견인장치가 최대 출력 또는 최대 속도로 작동할 때 최대 방출이 발생할 것으로 예상할 수 있다(두 상태는 서로 같지 않을 수 있음). 그러나 열차는 최대 속도로 몇 초 안에 측정지점을 지나게 될 것이다. 따라서 현실적으로 가능한 측정 시간 내에 최악상황(worst case)에서의 방출을 포착해 측정하려면 상당히 정교한 시험 방법을 개발해야 한다.

제3-1부: 철도 차량: 열차 및 완전한 차량

- 모든 유형의 철도 차량에 대한 방출 및 내성 요건을 설정한다. 적용범위는 기관차의 경우 미끄럼접점(슬라이딩 접점, sliding contact), 그리고 객차(coach)와 짐차(wagon)의 경우 AC 또는 DC 전원 커넥터와 같이 차량에서 에너지(전원)가 입력되고 출력되는 인터페이스 부분까지이다. 사실, 이 표준은 내성 요건을 제공하고 있지 않지만 다음과 같이 기술하고 있다.

  > 차량이 0.15 MHz~1 GHz 범위에서 20 V/m 레벨의 전기장에 대한 내성을 가져야 한다는 사실에 따라 이 표준의 제3-2부에 있는 내성시험과 허용기준(제한치)을 선정했다. 이 표준의 제3-2부의 허용기준을 사용하여 EMC 계획이 준비되고 시행되는 경우, 완전한 차량에 해당 장치를 조립하면 적합한 내성을 확보할 것으로 예상된다.

  방출 허용기준은 제2부에 명시된 것과 유사하지만 약간 낮다(엄격하다).

제3-2부: 철도 차량: 장치

- 철도 차량에 사용하도록 설계된 장치에 대한 방출 및 내성 요구를 적용한다. 이와 함께 견인(traction) 전원 포트 및 보조 전원 포트에 대한 허용기준을 수록한 별도의 전도성 방출표가 들어있는데, 여기서 전원 포트에는 허용기준이 적용되지 않으며 다른 포트들에 대한 허용기준은 상당히 완화된 값이다.

제4부: 신호 및 전기통신 장비의 방출 및 내성

- 신호 전달 및 전기통신에 대한 방출 및 내성 요건을 적용한다.

제5부: 고정 전원 공급 설비와 장치의 방출 및 내성

- 철도 전원 공급에 사용하기 위한 장치와 시스템에 대한 방출 및 내성 요건을 적용한다: 여기에는 전원 공급(급전)선(power feed), 보호 및 제어 회로가 있는 공급 장치 자체, 개폐소(開閉所, switching station), 변압기 및 개폐장치(switching gear)와 같은 선로측 아이템이 포함된다.

제3-2부, 제4부 및 제5부에서, IEC 61000-4 시리즈를 구성하는 보통의 기본표준(basic standard)은 일반표준(generic standard)처럼 주요 산업 스트레스 레벨(industrial stress level)이나 더 높은 레벨로 참조된다. 예를 들어, 제4부에서 RF 내성레벨은 20 V/m이고, 제5부에서는 전원선에 대한 EFT/버스트 및 서지 내성 레벨은 4 kV이다.

5.4.4 EN 50155

EN 50155는 EMC 표준이 아니며 EMC 지침에 따라 통합되지는 않지만, 철도 차량(rolling stock)에 사용되는 전자기기에 대한 일반적인 요건들을 설명한다. EN 50155는 EN 50121-3-2의 시험을 참조하는데 여기에 일부 다른 요건들, 특히 광범위한 공급 전압 허용오차의 필요성이 추가된다. 대부분의 경우, 정상 전압 범위는 공칭값의 0.7~1.25배이지만, 100 ms 동안은 공칭값의 0.6~1.4배 사이에서 최댓값을 가지는데, 이는 기능의 차이를 일으키지 않는다. 이 표준은 자체로 전기 인터페이스에 대해 갈바닉 절연(galvanic isolation)[9]을 요구하지는 않지만, 많은 응용분야에서 필수적이라는 강한 암시를 주며, 절연이 필요한 경우에 내전압 시험을 정의한다.

9 (옮긴이) 갈바닉 절연은 전기, 전자 시스템의 두 부분 사이에 직류 또는 원치 않는 교류전류(잡음전류)가 흐르는 것을 방지하기 위해 두 부분을 절연하는 것을 말한다. 따라서 두 부분사이에 직접적인 전도경로는 허용되지 않는다. 하지만 두 부분 사이의 정보교환은 커패시턴스, 인덕턴스, 전자기파와 같은 전기적 수단이나 광학적, 음향적 수단으로 이루어질 수 있다. 갈바닉 절연은 안전을 위해서도 사용되어 시스템의 고장이나 우발적인 사고로 인해 시스템의 고장전류가 사람의 신체를 통해 접지로 흐르는 것을 방지한다.

이러한 규격들과 일반적인 RF 방출, 내성 및 과도현상 내성 요건을 가진 전원 공급 규격들은 철도 장치 설계자로 하여금 인터페이스 설계를 하는 데 있어 상당한 주의를 기울이고 사전에 깊게 고려하게 하려는 의도를 가지고 있다.

6

전자파적합성과 기능안전

주의사항

6장은 기능안전(functional safety)을 전반적으로 살펴보기 위해 관련된 사항들을 간추려 작성한 것으로 이 과정에서 많은 문서들을 참조하였다. 6장은 기능안전에 대한 모든 내용을 전부 다루고 있지 않으며 최종적으로 확정된 것이 아니다. 따라서 안전 관련 시스템과 관련된 업무에 활발하게 참여하고 있는 경우에는 가장 최신의 문서를 참조할 것을 적극 권장된다.

이 책의 나머지 부분은 환경으로의 전자파 방해의 방출을 규제하고 환경에 존재하는 전자파 방해에 대한 내성을 규제하는 것과 관련이 있는 전자파적합성(EMC)를 다룬다. 내성을 규제한다는 것은 보통, 어떤 명시된 성능 수준을 유지하는 것과 관련이 있다. 내성 표준에 인용된 일반 성능 기준(10.3절 참조)에서는, "허용 가능한 성능 저하(acceptable degradation of performance)"를 언급하고 있는데, 이것은 장비 제조업체가 설정한 내성시험의 합격/불합격을 판단하는 기준이다. 이러한 표준들은 안전 고려사항을 명시적으로 면제해주고 있다.

그런데 시스템의 계속해서 안전하게 작동하기 위해서는 전자 장치들의 정확한 성능을 유지해야 하는 응용분야들이 많이 있다. '운송'과 '산업 공정 제어' 분야에서는 많은 기능들에 대해 "허용 가능한 저하"를 허용할 수 없다. 아니 오히려 전자기기의 성능을 저하시키고 안전하지 못한 상황을 만들어내는 모든 고장상태(fault condition)에 대비하는 조치를 취하는 것이 필수적이다. 이에 따라 어떤 제품이 그 전체에 대해 "안전 무결성 수준(Safety Integrity Level, SIL)" 인증을 받을 수 있게 하는 설계와 분석 기법들이 많이 개발되었고, 높은 무결성을 가지는 시스템을 설계하는 사람들은 이제 이 기법들을 잘 알고 있다.

그러나 최근까지도 이러한 분석에서는 EMI 영향을 거의 고려하지 않았다. 그동안 EMC 지침의 규격들을 준수하기만 하면 EMC 관련 안전도 충분하다고 간주했지만 이는 전혀 사실이 아니다. 다소 늦은 감이 있지만, 이 문제는 지금 해결되고 있는 중이다. 지금부터 기능 안전 설계가 EMC 차원에서 중요한 까닭에 대해 알아보자.

6.1 기능안전을 위한 설계

6.1.1 IEC 61508

지금까지 개발된 기능 안전 규격 중에서 가장 포괄적인 것은 IEC/EN 61508, "전기/전자/프로그램 가능 전자 안전 관련 시스템의 기능안전(Functional safety of electrical/electronic/programmable electronic safety-related systems)"[175]이다. 공정 산업, 원자력 산업, 철도, 자동차, 군사 등 여러 특수 분야들 또한 자체 표준들을 가지고 있다. IEC 61508은 하드웨어 및 체계적 안전 무결성을 기반으로 4개의 SIL을 정의한다. SIL 1등급은 신뢰성이 가장 낮고 SIL 4등급은 신뢰성이 가장 높다. SIL 1～SIL 4의 수준들에 해당 하는 값을 나타낸 것이 [표 6.1]이다.

표 6.1 고장 확률과 SIL 사이의 관계

안전 무결성 수준(SIL)	요구 시 고장 확률(낮은 요구 작동)	시간당 고장 확률(연속 작동)
1등급	10^{-1}～10^{-2}	10^{-5}～10^{-6}
2등급	10^{-2}～10^{-3}	10^{-6}～10^{-7}
3등급	10^{-3}～10^{-4}	10^{-7}～10^{-8}
4등급	10^{-4}～10^{-5}	10^{-8}～10^{-9}

장비에 적용되는 개발 공정에 대한 평가와 함께 위험한 고장의 최대 확률에 대한 분석결과에 따라 SIL이 할당된다. 주어진 시스템에 대해, "위험한 고장(dangerous failure)"이 무엇인가는 그 시스템을 개발하는 동안에 시스템의 무결성을 검증하는 데 사용하는 일단의 요건(a set of requirement)들을 통해 신중하게 정의되어야 한다. 위험도[1] 분석(risk analysis)은 시스템에 의해 생겨나는 위험(hazard)[2]을 찾아내야 하며, 전자적 수단 또는 기타 수단을 통해, 정해진 시간 내에 허용되는 "위험한 고장의 확률"을 얻을 때까지 위험성을 줄여야 한다. 특정 SIL 인증을 받은 장비를 사용하는 것은, 시스템 개발자들이, 이런 장비들을 포함하는 시스템

1, 2 (옮긴이) "hazard(위험)"는 해를 입힐 수 있는 어떤 것—전기, 화학 물질, 사다리 작업, 소음, 스트레스 등—을 말한다. "risk(위험도, 위험성)"는 어떤 위험(hazard)이 실제로 누군가에게 해를 입힐 가능성으로 높거나 낮은 것이다. risk analysis는 보통 '위험분석'이라고 하지만 risk와 hazard를 구별하기 위해 '위험도 분석'이나 '위험성 분석'으로 옮긴다.

이 그 자체로 시스템에 요구되는 SIL을 충족할 수 있음을 입증하는 방법의 일부분이다. 그러나 동일한 SIL을 가진 부품들을 사용한다고 해서 주어진 SIL을 가지는 안전 관련 시스템을 만들 수는 없다는 점에 유의해야 한다.

고장 확률을 수량화하는 것이 특정 SIL을 달성하기 위해 필요한 유일한 요건은 아니다. “안전 고장 비율”(Safe Failure Fraction, SFF)을 정량화하는 것도 필요하다. 이는 어떤 고장이 안전 상태로 복귀할 확률과 결국 “위험한 상태”로 될 확률을 비교한다.

6.1.2 기법과 조치

IEC 61508 표준은 여러 부(part)에서 요구에 대한 적합성을 입증하는데 사용할 수 있는 다양한 “기법과 조치(Techniques and Measures)”를 참조한다. 이는 전체 시스템의 수명주기(life-cycle)에 걸쳐 적용된다.

- 전반적인 안전 요건의 개발(개념, 적용범위, 정의, 위험 및 위험도 분석)
- 전기/전자/프로그램 가능(E/E/PE) 안전 관련 시스템에 대한 안전 요건의 할당과 규격
- 안전 관련 하드웨어 및 소프트웨어의 설계
- 안전 관련 시스템의 설치, 시운전 및 안전 검증
- 안전 관련 시스템의 운영, 유지보수, 수리, 변경 및 개조(retrofit), 해체 및 폐기

표준의 제2부는 E/E/PE 하드웨어의 설계 및 제조 방법을 명시하고 있다. 반면에 제3부는 시스템의 일부를 구성하는 소프트웨어에 대해서 마찬가지 형식으로 되어있다. 설계 방법과 조치는 특히 다음과 같은 사안들을 다루고 있다.

- 하드웨어 안전 무결성 구조적 제약사항들
- 무작위 하드웨어 고장의 영향에 대한 정량화
- 시스템 고장의 방지 및 관리
- 고장 감지시 시스템의 동작
- 데이터 통신
- 소프트웨어 구조, 언어, 지원 도구, 코드 구현, 모듈 및 통합 확인(verification) 및 검증(validation)[3]

3 (옮긴이) 검증(validation)은 제품, 서비스 또는 시스템이 고객과 이해관계자의 요구를 충족시키는지 여부를 확인하는 절차이다. 검증 과정에는 종종 외부 고객의 요구에 대한 적합성과 외부 고객의 동의(승인)가 포함된다. 확인(verification)은 제품, 서비스 또는 시스템이 규정, 요구조건, 규격 또는 부과된 조건을 준수하는지 여부에 대한 평가 과정이다. 확인은 내부 절차인 것이 보통이다. 다른 식으로 설명하면, 검증은 'you are building the right thing?'(제대로 된 것을 만들고 있는가?)으로, 확인은 'you are building the thing right?'(그것을 제대로 만들고 있는가?)'으로 구별할 수 있다. 제대로 된 것이란 사용자의 요구에 맞는 것을 뜻한다. 제대로 만든다는 것은 규정(규격)과 요건을 그대로 따른다는 의미이다. 규정과 요건에 잘못이 있는 경우, 확인만 하고 검증을 하지 않으면 '제대로 된 것'을 만들 수 없다. '제대로(규정대로) 만들었지만' 말이다.

설계 기법은 시스템 규격 정의에서 해체까지의 전체 수명주기를 포괄하는 전반적인 체계에 포함되어 있다. 비록 고장의 영향에 초점이 맞춰져 있기는 하지만, EMI로 인한 고장에 대해서는 명시적인 안내나 언급은 없다. 따라서 EMI 관련 사안을 다루기 위해 다른 여러 문서들이 작성되고 있다.

6.1.3 기타 표준

IEC 61508 표준과 그 하위 표준들은 기본 안전 표준으로 일컬어지고 있다. 원래 이 표준들은 IEC TC65, "산업 프로세스 측정, 제어 및 자동화(Industrial-process measurement, control and automation)"에 의해 산업 프로세스 제어(industrial process control)의 관점에서 개발되었다. 독립적 문서로 사용할 수 있지만, 다른 부문별 표준 또는 응용별 표준에서도 참조할 수 있도록 만들어졌다. 이러한 의도로 만들어진 표준으로는 안전 계측 시스템(Safety Instrumented Systems)에 대한 IEC 61511, 원자력 발전소 제어 시스템(Nuclear Power Plant Control System)에 대한 IEC 61513, 기계류(Machinery)에 대한 IEC 62061, 철도(Railways)에 대한 EN 50126/50128/509 시리즈 등 여러 가지가 있다. 항공 전자 부문(avionics sector)은 RTCA DO-254 표준을 사용하며, 자동차 산업은 ISO 26262를 사용하고, 영국 국방부(Ministry of Defence, MoD)는 DEF STAN 00−56을 사용한다.

의료 전자 산업은 안전 위험 관리를 위해 독자적인 길을 걸어왔다 그 원칙은 의료 전기 기기의 기본 안전과 성능에 대한 일반 요구사항을 다루는 기존 표준 IEC 60601−1에 문서화되었다. 이 표준에는 EMC에 대한 부수적 표준인 IEC 60601−1−2(4.6.3절 참조)이 있다. 이 표준은 제4판에서 EMC 관련 위험 관리 원칙이 들어가도록 바뀌었다.

6.2 안전에 대한 장해의 영향

이 책의 다른 부분에서는, 발생할 수 있는 장해 방해의 유형과 이로 인한 영향을 저감하기 위한 설계 방법을 살펴본다. 기능 안전을 확보한다는 관점에서, 다양한 방해들로 인해 안전 관련 고장이 발생하지 않도록 일련의 조치를 취해야 한다. 이 말은 처음에, 예를 들어 가까이에 있는 휴대폰과 같은 합리적으로 예측할 수 있는 방해에 대해서 장치가 사용되기로 의도된 환경을 평가해야 함을 뜻하는 것이다. 예상되는 방해로 인해 다음과 같은 사건들이 발생할 수 있다.

- 데이터 값이나 신호에 성능 저하, 왜곡, 지연, 가끔씩 끊김, 잘못이 생김
- 이들의 영향이 여러 신호나 데이터 채널에 동시에 미침

- 파형 왜곡, 과전압(overvoltage) 또는 부족전압(undervoltage) 또는 드롭아웃(dropout), 위상 불평형(phase imbalance), AC 전원공급 상의 주파수 변화 및 상호 고조파, DC 전원공급 상의 이와 비슷한 관련 영향
- 이들 영향이 다른 전원공급에 동시에 미침
- 장비 인클로저 내의 아날로그 신호와 디지털 처리 기능에 직접적인 영향을 미침

따라서 이를 위해서는 적절한 레벨로 수행한 관련 시험에서 안전 관련 성능 저하가 절대로 일어나지 않아야 하고 이러한 상태가 제품의 수명주기 전체에 걸쳐 유지되도록 설계와 평생 유지보수가 이루어져야 한다. 또한 설계 기법은 예상치 못한 전자파 방해들 또는 이들 방해들의 모든 조합으로 인해 수용할 수 없는 안전상의 위험이 일어나지 않도록 보장해야 한다. [6.3절]에서는 이러한 기법들을 추가로 살펴본다.

6.2.1 EMC 시험의 적절성

이러한 방해를 일으키는 현상에 대한 시험은 이 책의 8장에서 다룬다. 그러나 전형적인 상용 시험 레벨(값)은, 모든 환경에서, 발생 가능한 모든 현상이 가질 수 있는 최대 레벨(값) 전부를 아주 명시적으로 포함하고 있지는 않으며, 또한 시험 방법은 실제 시스템의 설치 상태를 정확하게 재현할 것을 명시적으로 요구하지 않는다. 또한 이러한 시험 방법들은 작동 중에 예상되는 각기 다른 다양한 환경 조건하에서 모두 수행되지도 않는다. 이와 반대로 하게 되면 준수라는 관점에서 볼 때 합리적이지 않을 것이다. 또한 수명주기 시작 시점에서 제품이나 시스템 하나를 대표로 하여 시험하는 것은 다른 제품이나 시스템들의 전체 수명주기 동안의 성능에 대해서는 아무 것도 말해주지 않는다. 또한 디지털 기계에서 나타날 가능성이 있는 모든 상태의 정확성을 모든 의도와 목적에 대해 완벽하게 시험하는 것은 불가능하다. 바로 이것이 IEC 61508에서 채택한 방식이 시험에만 의존하지 않는 이유 가운데 하나다. 따라서 내성 합격/불합격 기준에 대한 시험을 하는 것은 EMI 하에서 기능 안전 분석을 하는 데는 도움이 되지만 그것만으로는 결코 충분하지 않다.

EMC 내성 시험 결과를 효과적으로 사용하기 위해서는 인가한 단일 시험 레벨에 대해 단순히 "합격"이라는 사실 자체보다 훨씬 많은 정보가 필요하다. EMC 내성 시험은 EUT에 과도한 스트레스(overstress, 과도한 부하)를 주는 레벨에 대해 EUT가 어떻게 반응하는지에 대해서는 아무것도 말해주지 않는다. 필요한 것은 기기에 고장을 일으킬 수 있을 정도로 스트레스를 주는 레벨을 충분히 높게 하여 기기의 반응을 기록한 다음, 기기가 고장으로부터 안전하게 복구되도록 설계되었음을 증명하는 일이다. 또는 안전하지 못한 상태가 발생할 경우, 그것은 요구되는 SIL 등급을 달성하는 데 필요한 정도를 초과하는 스트레스 상태 하에서만 발생

할 가능성이 있다.

이러한 과도시험(過度試驗, over-testing) 방법은 상용표준 방법보다는 군사 표준 및 항공우주 표준 방법에서 훨씬 더 흔히 사용된다. 예를 들어, DEF STAN 59-411 시험 DCS02(50 kHz~400 MHz 범위에서 제어, 신호 및 전력 선로에 대한 전도성 내성)는 다음과 같이 기술하고 있다.

> 또한 이 시험은 시스템의 인수검사(acceptance trials) 중에 측정된 인접해있거나 가까이 있는 송신원에 의해 발생하는 룸(loom)[4](또는 케이블) 상의 전류 레벨과 비교할 때 적절한 안전 마진(margin, 여윳값)을 확보하는 데 도움을 주는 시스템에 대한 진폭/주파수 이상동작 특성(malfunction signature)을 제공한다.

이러한 시험 도중에, "시험용 샘플이 방해에 민감한 주파수에서는 내성 문턱값(threshold)이 결정될 때까지 신호 진폭을 줄여야 한다." 물론 내성(방해에 취약한 주파수)을 찾기 위해서는 시험을 수행하는 시험소가 이렇게 하는 데 적합한 능력을 갖추어야 한다. 그리고 실제로 제품의 신뢰성에 관심이 있는 회사들은 어떤 일이 일어나는지, 얼마나 많은 마진(여윳값)이 존재하는지 정확히 알아내기 위해 규격에 명시된 레벨에 비해 과도한 스트레스(stress)을 인가하는 경우가 매우 많을 것이다. 그러면 이러한 시험의 결과는 안전 무결성 평가를 위한 필수 자료가 된다. 그렇다 해도 유순한 환경 조건에서 단일 제품을 시험하는 것만으로는 한계가 있으며 양호한 관행을 설계에 적용하는 것은 필수적이다.

6.2.1.1 시험의 확장

여러분이, 8장에서 설명하는 표준화된 내성 시험을 수정하여 더 많은 조건과 종류로 시험 범위를 더욱 넓히려는 시도를 그 누구도 그 무엇도 막을 수는 없다. 물론 이는 여러분이 선택한 시험소가 이를 수용할 능력이 있다는 것을 전제로 한다. 특히 내성 문턱값을 알아내기 위해 앞에서 언급한 대로 시험 레벨을 크게 증가시키는 것도 하나의 방법이다. 이밖에도 다음 사항을 고려할 수 있다.

- 설계에 장해를 일으키기 쉬운 주파수나 파형으로 변조된 CW 방해; 이 방법은 이미 여러 RF 내성 표준에 작성되어 왔으므로 더욱 폭넓게 사용될 수 있었다.
- 한 번에 두 개 이상의 방해를 인가한다(예를 들어 전도성 시험이나 방사성 시험 중에 EUT에 상호변조를 일으키는 여러 개의 주파수)
- 과도현상 시험에서 다른 형태의 파형을 인가한다.
- 장비의 가능한 모든 상태를 더욱 많이 다루기 매우 많은 수의 과도현상 시험을 수행한다. 이 방법은 특히 CISPR 24/35을 포함하여 몇몇 제품별 시험 방법에 이미 기술되어 있다.

---

4 (옮긴이) 여러 도선들이나 케이블을 한 묶음으로 감싸는 구조물

6.3 EMI 하에서 안전 보장 기술

IEC 61508은 SIL 요건에 대한 준수를 입증하는 데 사용할 수 있는 여러 가지 고장방지(fault-tolerant) 설계기법을 기술하고 있다. 이러한 설계기법들이 명확하게 EMI에 의해 발생하는 고장을 처리하는 것을 목적으로 하지는 않았지만 이들 중 상당수는 이와 직접적인 관련이 있다. 이러한 설계기법들을 더욱 확장하며 IEC 61000-1-2의 부속서로서 발행한 것이 IET의 "EMC와 기능 안전에 대한 안내(guidance on EMC and Functional Safety)"[215]이다. 다음은 이 문서에 기술된 고장방지 설계기법을 간추려 정리한 것이다.

6.3.1 하드웨어 설계

6.3.1.1 견고한 보호

EMI 위험을 처리하기 위해 가능한 방법을 전부 동원하는 이른바 "무차별적 방식(brute force approach)"은 모든 인터페이스에 고성능 필터링, 갈바닉 절연(galvanic isolation), 차폐 케이블을 기법을 적용하고 안전 관련 장비를 양호하게 차폐된 인클로저(enclosure)로 완전히 둘러싸는 것이다. 이렇게 하는 것은 장비의 수명주기 전체에 걸쳐 전자파 방해로부터 인클로저 내의 장치들을 보호할 수 있도록 하기 위해서이다. 예측 가능한 모든 고장, 오용, 노화, 부품 허용 오차, 조립 오류, 그리고 발생 가능한 물리적 상태와 기후 상태에도 불구하고 전체 수명주기에 걸쳐 보호성능이 크게 저하되지 않을 만큼 충분히 견고해야 한다. 시스템의 중요한(위험한) 부분으로 들어오는 방해를 여러 가지 유형의 고장들이 일어나지 않는 수준까지 줄임으로써 SIL에 따른 기능 안전을 확보하기 위해 필요한 신뢰도로 이러한 특성들을 모두 획득할 수 있다.

이 방식은 효과적이며 고성능의 군사 응용에 자주 사용되지만, 이 책의 뒷부분에서 설명하는 더욱 극단적인 기법으로부터 미루어 짐작할 수 있듯이, 종종 터무니없이 크고 무겁고 비용이 많이 드는 것으로 밝혀질 것이다. 특히 부피가 큰 제품, 또는 무게나 사이즈에 민감한 제품의 경우에는 더더욱 그러하다.

이 기법은 시스템 구조를 준비하는 초기 단계에서 안전과 관련이 있는 부분과 안전과는 관련이 없는 부분을 주의 깊게 식별하고 분리함으로써 최적화할 수 있다. 그럼에도 불구하고 더욱 정교한 설계 기법과 조치들을 사용하여 EMI(에 대한) 복원력을 확보하는 것이 더 좋을 것이다.

6.3.1.2 경미한 보호

IEC 61508에 기술된 일반적인 높은 무결성(high-integrity) 설계 원칙은 많은 경우에 EMI 복원력의 관점에서 적용될 수 있다. [표 6.2]에는 이러한 기법들 가운데 일부를 수록되어 있다. 이 표는 참고문헌[215]에서 발췌한 것이다.

표 6.2 하드웨어 설계 기법

<table>
<tr><td rowspan="9">시스템 설계</td><td colspan="2">동일한 기능을 구현하는 데 (중복 채널들에 있는) 다양한 하드웨어를 사용</td></tr>
<tr><td colspan="2">동일한 기능을 구현하는 데 또는 감시 기능(monitoring function)을 구현하는 데 (중복 채널들에 있는) 다양한 소프트웨어를 사용</td></tr>
<tr><td colspan="2">전자파 방해로 인한 이상동작(malfunction) 부위를 더욱 잘 찾아내기 위해, 고장감지 및 사건데이터(event data) 기록을 통해 추후 진단에 사용</td></tr>
<tr><td rowspan="3">다음 방법으로 통신 링크의 전자파 방해에 대한 복원력 개선</td><td>데이터 손상을 감지하기 위해 중복 데이터(redundant data)를 이용한 오류 감지</td></tr>
<tr><td>특정 수준의 오류 정정을 달성하기 위해 충분한 중복 데이터 코드를 사용하여 오류를 감지하고 정정</td></tr>
<tr><td>손실된 패킷이나 중복된 패킷을 감지할 수 있도록 데이터 패킷마다 중복 시퀀스 코드를 추가</td></tr>
<tr><td colspan="2">시스템 또는 기능 상태 동기화 또는 재동기화</td></tr>
<tr><td colspan="2">재시도 횟수를 감시하여 지속적 장해로부터 보호</td></tr>
<tr><td colspan="2">전자파 방해를 독립적으로 감지하여 지속적 방해로부터 보호</td></tr>
<tr><td rowspan="5">작동 설계</td><td rowspan="3">작동가능성을 제한하여 전자파 방해가 고장을 일으킬 가능성을 제한</td><td>가능한 작동 방식 수 제한</td></tr>
<tr><td>특수 작동 모드 제공(예: 키 스위치로만 선택가능)</td></tr>
<tr><td>동작 요소 수 제한</td></tr>
<tr><td colspan="2">타당성 검사(plausibility check) 등을 통해 운용자 실수로부터 보호</td></tr>
<tr><td colspan="2">센서 신호에 대한 타당성 검사를 통해 하드웨어 또는 소프트웨어의 변경이나 조작으로부터 보호; 운영 체제에 의한 감지, 자동 시동 시험(start-up test)</td></tr>
<tr><td rowspan="7">실행 설계</td><td colspan="2">수명주기 동안 예상되는 낙뢰, 전자기 펄스 및 기타 고전력 방해 등 물리적 손상을 일으키는 전자파 방해에 대한 보호</td></tr>
<tr><td colspan="2">전자파 방해에 대해 근본적 내성을 갖도록 신호 및 데이터 전달에 광섬유 링크 사용</td></tr>
<tr><td rowspan="3">DC 전원 공급 장치/전력 변환기</td><td>과도전압(overvoltage) 및 부족전압(undervoltage)과 같은 고장 감지 및 제어</td></tr>
<tr><td>DC 전원 공급 장치에서 과도한 무선주파수 잡음 감지</td></tr>
<tr><td>충분한 에너지 저장(예: 배터리) 또는 백업 전원 공급 장치 (예: 발전기 또는 UPS)를 사용하여 전력 유지</td></tr>
<tr><td colspan="2">환기, 냉방 및 난방을 감시하여 전자파 방해의 영향을 받아왔는지를 감지</td></tr>
<tr><td colspan="2">최악의 환경 상태에 있는 경우에도 명시된 최대 정격보다 훨씬 낮은 수준에서 작동하도록 하드웨어 부품, 특히 전자파 억제 또는 보호 정격 감소</td></tr>
</table>

6.3.1.3 하드웨어 다이버시티(hardware diversity)

높은 무결성 설계에 공통적이면서 동시에 유용한 기법은 중복(redundancy)을 적용하는 것이다. 중복은 EMI를 방지하는 데 적용할 수 있다. 하지만 중복된 하드웨어가 '공통원인 방해(common-cause disturbance)', 즉 다른 채널들에 동일한 영향을 미치는 방해에 노출되지 않도록 해야 한다. 중복 채널(redundant channel)들에서 하드웨어 다이버시티를 위해 사용하는 원리와 방법에는 다음과 같은 것들이 있을 수 있다.

- 서로 다른 물리적 원리들 : 다르지만 서로 연관되어 있는 물리 파라미터들, 예를 들어, 밀폐된 용기의 온도와 압력; 온도를 측정하는 데 사용되는 저항 전압과 열전쌍 전압의 사용
- 서로 다른 디지털 구조(architecture) : 내부 구조가 서로 다른 프로세서들을 사용하거나 동일한 방정식을 푸는 데 서로 다른 기법을 사용하는 알고리즘들을 적용
- 서로 다른 물리적 구현 방법 : 차폐 케이블, 통신용 무선 또는 광섬유
- 공간적 분리: 국부적인 방해로 인해 모든 중복 채널들에 에러가 발생하는 일이 생기지 않게 함. 예를 들어, 장비 아이템들을 각기 다른 곳에 배치하고 케이블의 배선 경로를 다르게 함
- 서로 다른 회로설계 원리 : 전압, 전류, 주파수, 마크-스페이스 비(mark-space ration), 또는 디지털 부호(code) 등 서로 다른 물리량이나 방식으로 표현되는 신호의 값으로 작동되게 함
- 기능 다이버시티 : 동일한 결과를 얻는 데, 아날로그 기술, 디지털 기술, 광전자 기술 등서로 다른 기술을 사용. 기계, 유압 및 공압 기술은 모든 전자파 방해에 대해 내성을 가진다는 장점이 있음.
- 데이터 또는 신호의 반전(inversion): 예를 들어, 동일한 변수(variable)에 대해 한 채널은 아날로그 값이 증가하는 반면, 다른 채널은 값이 감소.
- 데이터 또는 신호에 대해 서로 다른 오프셋, 인코딩, 진폭 범위
- 서로 다른 데이터 채널이 동일한 클록에 동기화되는 경우에는 저마다 다른 클록 위상(clock phase)[5]에서 작동. 가장 이상적인 것은 중복 채널들을 완전히 비동기식으로 작동하는 것임
- 서로 다른 채널에 각기 다른 별개의 전원에서 전력을 제공

6.3.1.4 동시 방해

표준 EMC 시험이 이러한 방식으로 적용되더라도 방해와 고장이 한 번에 하나씩 발생한다는 규칙은 없다는 점을 기억해야 한다. 동시에 발생할 수 있는 현상을 예로 들어보면, 높은 주변온도, 진동, AC 전원공급장치의 왜곡 전압 파형, 여러 RF 전자기장, 부식된 차폐 개스킷, 케이블의 잘못된 사용, ESD 발생 등이다. 이러한 문제는 동시 현상으로 시험을 수행하여 해결하기 보다는 설계에 의해 해결해야 한다.

5 데이터가 포착(capture)되는 순간, 즉 에지(상승에지 또는 하강에지)를 말함.

6.3.2 소프트웨어 설계

높은 무결성을 가진 소프트웨어 설계를 위한 기법들은 잘 확립되어 있으며, 이들은 SIL 인증이 가능한 소프트웨어 제품을 개발하는 데 자연스럽게 이용될 것이다. 이 책의 뒷부분에서는 내성을 개선하기 위해 소프트웨어에 사용할 수 있는 몇 가지 일반적인 기법들을 설명하고 있다(13.3.5절 참조). 사실, 하드웨어와 소프트웨어 설계의 기법이 반드시 저마다 잘 구현되어야 하는 것은 아니다. 가장 효과적인 방법은 마이크로프로세서 기반 시스템에서는 모두 소프트웨어를 사용하고 일반 전기전자 회로에서는 모두 하드웨어를 사용하는 대신 프로그래밍 가능한 논리회로에서 펌웨어를 사용하는 것일 수 있다. 이를 위해서는 하드웨어 설계자와 소프트웨어 설계자는 안전 무결성 요건을 충족하기 위해 서로 협력해야 한다.

소프트웨어 설계자들은 그들의 가상 세계가 예상치 못한 외부 요인에 의해 쉽게 영향을 받을 수 있다는 사실을 명심해야 한다. 이는 소프트웨어 다이버시티 기술을 사용할 때, 전자파 방해는 물론 그 밖의 여러 원인들로 인한 고장을 고려해야 함을 의미한다. 소프트웨어 위험도 분석에서는 다음과 같이 리셋(reset), 래치업(latch-up), 충돌(crash)에 의한 영향을 고려해야 한다.

- 프로그램 가능 기기의 부분적 또는 전체적 리셋 또는 손상(오류)
- 프로그램 가능 기기에서 소프트웨어 및 펌웨어 무반응(중단, hang-up) 또는 충돌
- 비정상 상태로 빠지게 하는 반도체 하드웨어 기기의 래치업

6.3.3 설치 및 유지관리

안전관련 시스템이 EMI가 존재하는 상황에서 의도한 대로 기능을 수행하는 능력은 물리적 환경과 기후 환경에 대한 해당 시스템의 노출, 그리고 시스템 운용자나 제3자의 행동에 의해 저하될 수 있다. 따라서 위험도 분석은 안전관련 시스템이 수명주기 전체에 걸쳐 노출될 것으로 합리적으로 예상할 수 있는 물리적 환경, 기후 환경, 사용 환경을 반드시 고려해야 한다. 극단적인 온도, 공급 전압, 충격, 진동, 부하, 물리력 등은 필터링, 차폐 및 기타 EMI 저감 조치들의 성능을 저하시켜 내성을 감소시킬 수 있다. 예를 들어, 부품의 정격 내에서 합리적으로 예측 가능한 실제 주변 온도와 부하 전류 조건에서 EMI 필터의 감쇠 성능은 20 dB만큼까지도 저하될 수 있다([14.2.1절]에 있는 커패시턴스의 전압계수와 관련한 설명을 참조)

내성 저하는 노화, 습기 및 오염뿐만 아니라 제어기(controller)의 다중 작동, 도어 및 액세스 패널의 개폐 또는 온도 사이클링에 의해 발생하는 마모 및 박리(벗어짐) 또는 찢어짐에 의해서도 발생할 수 있다. 예를 들어 흔히 발생하는 노화 문제는 금속 접합부에서의 부식으로, 이는 EMI 차폐에 영향을 주고 필터링 및 기타 대지접지 접속의 성능을 저하시킬 수 있다.

장비의 작동 수명을 예측하는 합리적인 방법으로 가속 수명시험(accelerated life tests)이 권장되는데, 이 시험은 장비가 기대 사용 수명 기간 전체에 걸쳐 안전을 유지하기에 적절하게 설계되었는지 검증하는 데 도움이 된다. 이러한 시험을 수행하는 경우, 장비 또는 시스템의 EMC 특성을 시험 전과 시험 후에 대해 각각 평가한 다음, 그 결과를 근거로 하여 장비나 시스템의 위험도가 허용할 수 없는 수준까지 올라가 성능이 저하되는 일이 일어나지 않았음을 검증하는 것이 바람직하다.

EMI가 존재하는 경우 갖추고 있어야 하는 장비의 기능성(functionality)에 영향을 미칠 수 있는 고장과 사용/오용의 예를 들어보면 다음과 같다.

- 불량 접합(dry joint)[6] 또는 단락
- 커넥터의 간헐적 접촉
- 잘못된/허용오차를 벗어난 불량 전자 부품
- 차폐 또는 RF 접합과 관련된 잘못되고 느슨하고 부품이 누락된 패스너(fastner, 결합/고정 장치)
- 전도성 개스킷의 손상 또는 분실
- 과도 스트레스(overstress) 등에 의한 서지 보호기기의 고장
- 차폐 도어 또는 덮개가 열린 채로 남아 있는 경우
- 잘못된 유형의 케이블을 사용한 설치 또는 변경

6.3.3.1 설치 및 시운전

설치 및 시운전 설명서에는 다음 내용이 들어있어야 한다.

- 안전 관련 장비의 물리적 위치에 대한 제약사항
- 전원 케이블, 제어 케이블, 신호 케이블의 유형, 길이, 배치방법(routing), 차폐도체의 종단 방법에 대한 제약사항
- 사용할 커넥터의 유형 및 특별한 조립 요건
- 전원 공급 요건(전원 품질) 및 추가 전원 요건 (예: UPS)
- 필요한 모든 추가 차폐 방법, 필터링 방법, 설치 방법
- 필요한 모든 추가 과도 전압(overvoltage) 또는 과도전류(overcurrent) 보호와 설치 방법 (예: IEC 62305 시리즈의 적합한 낙뢰 보호 요건을 참조)
- 습도 제어 또는 운용자의 정전기 예방조치와 같은 모든 추가 정전기 방전 보호 요건

6 (옮긴이) "dry joint"는 접합(joint)이 제대로 되지 않아 전기적으로 완전히 개방되거나 간헐적으로 개방되거나, 높은 저항을 갖는 것을 말함. 보통, 납땜(soldering)에 의해 접합이 이루어지는 경우에 사용되는 용어임. 'cold joint', 'cold solder joint(냉납)'이라고도 함.

- 필요한 모든 추가 물리적 보호(예: 극한 물리적 조건이나 기후 조건의 가능성에 대비)
- 설치를 위한 대지접지(접지)와 접합 요건
- 사용되는 절차 및 자료
- 수명주기 전체에 걸쳐 부식에 대비한 모든 보호

6.3.3.2 전체 수명주기 유지관리

제약사항이나 추가 조치와 관련하여 제대로 된 설치와 시운전은 시스템을 처음 작동하기 전에, 그리고 SIL 요건에 따라 수명주기 동안 정기적으로 점검되어야 한다. EMC 보호 성능이 저하된 사실 자체는 시스템이 일상적으로 기능하고 있는 경우에는 겉으로 잘 드러나지 않는다. 예상치 못한 방해가 갑자기 발생할 경우에만 EMC 보호가 제대로 이루어지지 않고 있다는 사실이 확인된다. 따라서 보호용 부품에 대한 정기적인 점검이 필요하다. 또한 시스템은 이러한 작업을 허용하고 심지어는 장려할 수 있도록 설계돼야 한다. 다음 몇 가지 예를 통해 어떤 것이 필요한지 살펴보자.

억제기기(suppression device)의 무결성 확인

과도 전압 억제기(14.2.5절 참조)에는 개방, 단락 또는 성능 저하가 발생할 수 있다[146]. 억제기에 '개방(open)' 고장이 일어나면 장비는 겉으로는 정상적으로 작동하는 것처럼 보이지만 실제로는 보호되지 않는 상태로 작동하는 것이다. 이 상태는 반드시 감지되어야 하고 고쳐야 한다. 이러한 작업은 외부 시험 세트를 사용하여 정기적으로 시험하는 방식, 또는 특별한 회로를 설계해 넣어 지속적으로 감시를 하는 방식으로 수행할 수 있다(그림 6.1). 첫 번째 방식은 운영상의 복잡성을 가중시키고, 두 번째 선택은 설계상의 복잡성을 가중시킨다. 이러한 이유로 과도현상 억제기의 사용을 전적으로 피하고, 과도현상으로부터의 보호를 위해 엄격한 갈바니 절연과 같은 방법을 사용하는 것이 더 바람직할 수 있다.

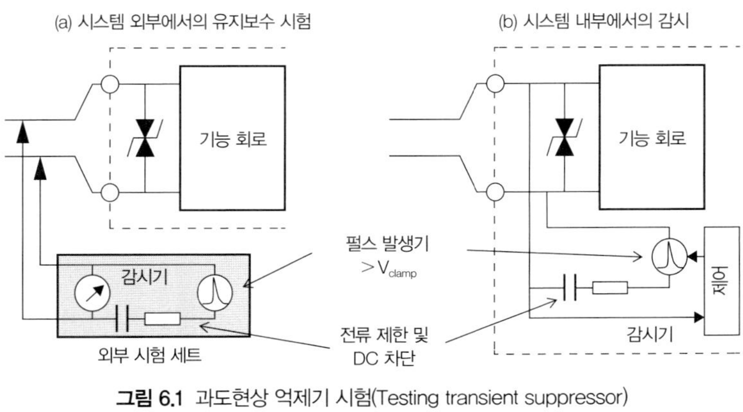

그림 6.1 과도현상 억제기 시험(Testing transient suppressor)

접지 접합의 무결성 확인

접합(bonding)은 구조 부품들의 전기적 무결성을 유지하기 위해 시스템에 널리 사용되지만, 효과적으로 유지되지 않으면 무결성이 악화될 수 있다. DEF STAN 59-411 제4부[219] clause B.3은 접지 접합을 점검하기 위한 포괄적 규격을 제공한다.

> 이 표준은 시험대상 설비(Installation Under Test, IUT)에서 장비, 2차 및 1차 장착 하드웨어와 플랫폼 사이의 매우 많은 지점에 존재하는 접지접합의 적합성을 입증하는 것과 관련이 있다. 이러한 접지접합은 다음 방법 중 하나 이상에 의해 이루어질 것이다.
>
> a) 시험대상 설비(IUT) 내에서 장비의 물리적 위치를 규정하는 데 사용되는 금속 하드웨어
>
> b) 특수 대지접지 브레이드(braid) 및 스트랩(strap)
>
> c) 장비들의 상호 연결에 사용되는 케이블 조립부의 외부 차폐도체
>
> 실제 대지접지 접합 시험은 간단하지만 정확히 무엇을 측정하고 어디를 측정하는지 식별하는 것이 매우 중요하다. 이러한 이유 때문에 일반적 시험 요건에는 IUT의 몇몇 측면에 대해 상당히 상세한 설명이 기술되어 있다.… 보호용 마감처리…를 손상시키지 않고 설치된 장비에 대해 이러한 조치들을 시험하는 것이 가능하도록 대지접지 접합 조치들을 구현하는 것은 장비 설계자와 설비 설계자의 책임이다. 접합 측정은 다음과 같이 하는 것이 권장된다. 일반 허용조건은 최대 2 mΩ이다.
>
> 차폐된 케이블 조립체: 케이블의 양쪽 끝에서 케이블의 차폐도체와 커넥터 백셸(back shell) 사이, 케이블을 고정하고 있는 커넥터 백셸(back shell)과 커넥터 몸체 사이의 접합 저항
>
> 장비: 커넥터 본체와 커넥터 몸체 바로 근처에 있는 장비 케이스 사이의 접합 저항. 장비에 대지접지 단자(terminal)가 제공된 경우, 단자 근처에서 단자와 케이스 사이의 접합 저항을 측정한다. 장비 케이스에 있는 분리 가능한 모든 부분(예: 뚜껑, 덮개 또는 전면 패널)과 케이스 본체 사이의 저항을 측정한다. 장착 하드웨어와 장비 접지단자(브레이드 용), 또는 장착 하드웨어와 관련 케이스 영역(기계적 방법용) 사이의 접합 저항은 따로따로 측정해야 한다.
>
> 장착 하드웨어: 장비 케이스와 양호한 접촉이 이루어져야 하는 지점(들)과 보조(2차) 장착 하드웨어와 양호한 접촉이 이루어져야 하는 지점(들)을 식별한 다음, 이 지점들 사이의 저항을 측정한다. 이와 비슷한 방법으로 보조(2차) 장착 하드웨어와 기본(1차) 장착 하드웨어 사이, 기본 장착 하드웨어와 기본 설치 대지접지 사이의 저항을 측정한다.

차폐 케이블의 무결성 점검

낮은 레벨의 신호와 관련한 인터페이스를 장해로부터 보호하는 데는 차폐 케이블의 무결성이 매우 중요하다. 이와 관련한 극단적인 예로 원자력 산업을 들 수 있다[70]: 원자로 노심에 있는 중성자 검출기는 원자로의 안전한 작동을 위해 필수적이이다. 검출기 출력은 마이크로볼트(μV) 단위의 광대역 펄스이다. 노심으로부터 제어 시스템까지 배선된 케이블에 대한 장해

는 부적절한 거짓 펄스를 발생시키거나 원하는 신호를 차단할 수 있으므로 케이블은 이를 막기 위해 매우 견고하게 차폐되어 있다. 차폐성능을 지속적으로 유지하는 것은 매우 중요하며, 이를 보장하기 위해 시스템에는 배선된 각 케이블과 나란한 결합 도선(coupling wire)이 함께 배치되어 있다(그림 6.2). 정기적으로 수행되는 유지보수 일정에 따라, 이 도선에 스위프 주파수 신호(sweep frequency signal)를 (당연히 원자로 전원이 꺼져 있는 동안에) 인가한 다음, 신호로 결합되는 누화(crosstalk)를 측정해야 한다. 이전까지 이루어진 시험 데이터와 비교하면 케이블 차폐 성능이 저하되었는지(바람직하지 않은 경우다) 아니면 저하되지 않았는지 알 수 있다. 성능 저하가 발생하면 보수조치가 필요하다.

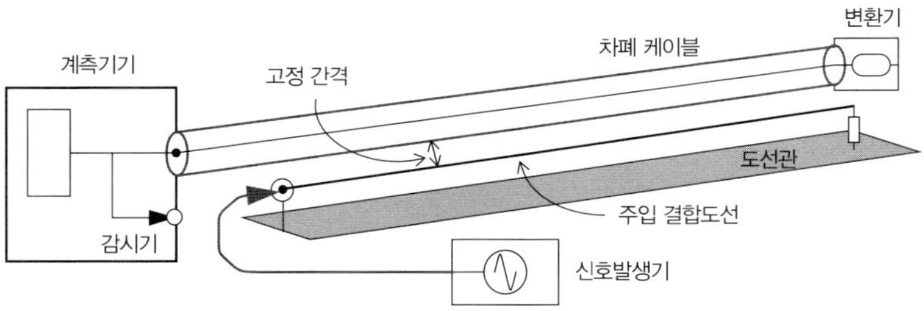

그림 6.2 차폐 케이블 주입 시험(Screened cable injection testing)

Part 2

시험
Testing

7

RF 방출 측정

전자파 적합성에서 가장 이해하기 어려운 측면 중 하나는 측정에 관련된 수많은 기법들이다. EMC 현상은 1 GHz를 훨씬 넘는 주파수까지 넓은 범위에 펼쳐져 있다. 이러한 상황은 낮은 주파수 대역과 디지털 작업에 대해 확립된 기존의 기법들을 별 쓸모없게 만든다. 개발 엔지니어와 시험 엔지니어는 자신에게 요구될 EMC 시험을 수행하거나, 아니면 하다못해 이해라도 하기 위해서는 고주파수 측정의 기본 사항들을 제대로 알고 있어야 한다. 이번 7장과 다음에 나오는 8장에서는 고주파수 EMC 시험에 사용되는 장비, 시험 방법, 그리고 오차와 불확도의 몇 가지 원인을 소개한다.

측정과 분석이 용이하도록, 상용 시험에서는 30 MHz 이상의 주파수 범위에서는 방사성 방출이 우세하고, 30 MHz 이하의 주파수 범위에서는 전도성 방출이 우세하다고 가정한다. 물론 30 MHz를 경계로 마법처럼 상황이 확 바뀌는 일은 절대로 일어나지 않는다. 그러나 전형적인 길이의 케이블에서는 30 MHz 이상에서 공진이 잘 발생하는 특성이 있기 때문에, 전도성 측정 결과가 비정상적으로 나온다. 반면에, 30 MHz 이하 대역에서 발생원과 측정점 사이의 거리가 $\lambda/2\pi$보다 가까운 경우(11.1.4.2절 참조), 방사성 전자기장 측정은 근거리장에서 이루어질 수밖에 없는데, 이로 인해 실제 상황과는 별 상관이 없는 결과가 나온다. 실제로 방해 문제를 조사한 결과, 주전원 단자에서 발생하는 잡음 전압을 제어하는 것이 장파 대역, 중파 대역 및 단파 대역의 전파 방해를 완화하는 데 성공적으로 작용했음이 밝혀졌다[89]. 더욱 높은 주파수 영역에서 주전원 배선은 전파 매체(도구)로서는 효율성이 낮으며, 지배적(크기가 가장 큰) 전파 모드는 주전원 배선에 바로 인접해 있는 장비나 배선에서 발생하는 방사가 된다. 군사, 항공우주, 자동차 시험을 고려하고 있다면 전원 공급용 배선(supply wiring)은 주된 경로로의 중요성은 상대적으로 덜하며, 이에 대한 전도성 방출 시험과 방사성 방출 시험 모두가 더욱 넓은 주파수 범위와 서로 겹쳐지는 주파수 범위에 걸쳐 수행된다.

방출시험에서 시험대상장비(EUT)는 제어된 전자기 환경 안에서 정상적(통상적)인 작동을 하는 상태로 구성되어야 한다. 시험의 목적이 시스템의 일부로서가 아닌 EUT 단독으로 시험하는 것일 경우, 보조 지원 장비(있는 경우)는 측정환경으로부터 차폐되어야 한다(10.2.4.4절 참조). 어떤 주변 신호(ambient signal)도 장비에 대해 명시된 시험 레벨보다 충분히 낮아야 한다.

7.1 방출 측정 계측기기

7.1.1 측정 수신기

적합성 인증 시험 측정은 EMC 측정을 하는 목적에 최적화되어 있는 측정 수신기를 사용하여 수행하는 것이 보통이다. 10 kHz～1 GHz 대역을 다루는 전체 수신기 시스템의 일반적인 비용은 15,000～60,000파운드(2,300～9,200만원) 정도이다.

7.1.1.1 스폿 주파수 수신기(spot frequency receiver)

초창기 측정 수신기는 수동으로 동조(tuning)하였고 운용자는 계측기 표시 장치의 화면에서 제한선(limit line) 가까이에 있는 각 주파수에서의 값을 읽어야 했다. 이러한 방법에서는 시간이 걸리고 오차가 생기기 쉽다. 현재의 수신기는 완전 자동화되어 있으며 이더넷, USB 또는 IEEE-488 표준 버스를 통해 소프트웨어로 제어할 수 있다; 따라서 PC에 설치된 프로그램은 전체 시험 주파수 범위에 걸쳐 일관성 있게 최소 시간으로 중간에 빠진 주파수 없이 정확한 파라미터로 측정을 수행할 수 있다. 결과는 PC의 메모리에 저장되며, 이후 원하는 대로 처리하거나 그래프로 나타낼 수 있다.

스펙트럼 분석기와 비교할 때 측정 수신기만이 갖는 특징은 다음과 같다.

- 스폿 주파수(spot frequency)에서 순시 수신기 출력 제공, 물론 고성능 장치도 스펙트럼 표시를 제공할 수 있다.
- 방출 허용기준(제한치)보다 훨씬 낮은 레벨의 신호를 잡음과 구별해낼 수 있는 매우 높은 감도
- 입력 회로의 견고성과 과부하에 대한 저항능력

- 대역폭, 검출기 및 신호 회로의 동적 범위(dynamic range)를 목적에 맞게 조정하여 특별히 CISPR 표준에 따라 측정할 수 있도록 제작
- 주파수 및 진폭 정확도가 저가 스펙트럼 분석기보다 우수
- 30 MHz 이하를 다루는 장치와 30 MHz 이상에서 수십 GHz까지을 다루는 장치로 구분되어 있음; 수 Hz에서 40 GHz까지의 전체 주파수 범위를 다루는 모델도 나와 있어서 특별히 재정적으로 여유가 있으면 이를 이용할 수 있음

7.1.1.2 FFT/시간 영역 수신기

고속 푸리에 변환(Fast Fourier Transform, FFT)은 시간 영역 파형의 이산 샘플에 대해 푸리에 변환(Fourier Transform)을 수행하는 알고리즘을 구현한 것이다. 포착(획득)된 신호의 시간영역 데이터는 FFT를 통해 주파수 영역에서 스펙트럼으로 표현된다. 나이퀴스트-섀넌(Nyquist-Shannon) 샘플링 정리(sampling theorem)에 따라 샘플링 주파수 t_s(t_s는 샘플링 주기)가 최대 신호 대역폭의 2배 이상이면 신호를 완전히 복원할 수 있다. 요즘 나오는 측정 수신기는 아날로그-디지털(AD) 변환이 매우 빠르게 수행할 수 있고, 충분한 메모리가 들어 있어서 대개 첫 번째 중간 주파수(IF) 증폭기에서 출력되는 스펙트럼의 한 조각(부분)을 받아들이고 이를 대략 몇 초 정도의 시간동안 저장한 다음, 이 결과에 대해 FFT를 수행한다.

스펙트럼 한 조각(부분, segment)을 포착(획득)한 다음, 충분한 시간 샘플 개수(대략 초당 2/RBW 개)(RBW가 좁으면 주어진 조각 폭에 대해 더 많은 메모리가 필요)와 검출기가 확실히 안정(settling)될 수 있을 만큼 충분한 시간이 주어지기만 하면, 모든 분해능 대역폭과 검출기 기능을 소급하여 분석에 적용할 수 있다. 가장 큰 장점은 특히 좁은 대역폭에 대해 측정 시간을 상당히 단축할 수 있다는 것인데, 이렇게 되려면 예전의 지정 주파수 수신기의 경우에는 느린 스텝 속도와 작은 스텝 크기를 필요로 한다; 또 다른 장점은 짧은 지속시간을 갖는 협대역 신호를 포착(획득)할 가능성이 상당히 높아진다는 것이다.

FFT에는 다음과 같은 사실과 단점이 있다.

- 과도 신호의 경우에는 데이터 획득창(capture window)과 과도신호 지속 폭 사이의 (비동기) 시간 관계에 따라 결과가 다르게 나타날 수 있음.
- 한정된 포착(획득) 기간으로 인해 "누설(leakage)"을 초래(입력 스펙트럼에는 없는 주파수들이 출력에 나타남)
- ADC 앞단에서 부적절한 대역폭 필터링을 하면 에일리어싱[aliasing, 위신호(僞信號)]이 발생함(샘플링 주파수 이상의 입력 주파수들은 출력 스펙트럼에서 서로 겹쳐짐).

- 획득된 각기 다른 조각에 대해 자동 범위조정 기능을 사용할 수 있지만 각 조각(segment)마다 동적범위(dynamic range)가 고정됨

그렇지만 이러한 문제들을 적절히 해결하는 최고급 수신기가 시중에 나와 있다. 이 수신기를 보유한 시험소는 합리적인 시간 내에 방출 시험을 효율적으로 수행할 수 있는 능력을 향상시킬 것으로 기대된다. FFT 수신기의 사용은 [7.4.2.3절]에서 더욱 자세히 살펴본다.

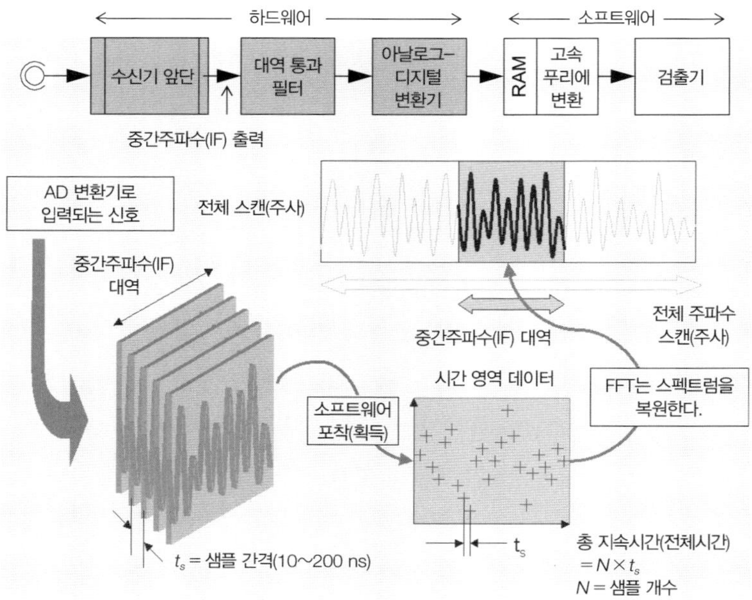

그림 7.1 FFT 수신기 구현

7.1.2 스펙트럼 분석기

아주 기본이 되는 기능만을 갖춘 스펙트럼 분석기는 측정 수신기보다 저렴할 수 있으며 [가격은 통상적으로 5,000~15,000파운드(770~2,300만원)지만 일부 제품은 1,000파운드(150만원) 정도의 가격에도 좋은 성능을 가지고 있음], "빠른 평가(quick-look)" 시험이나 진단 등에 널리 사용된다. 순시 스펙트럼 표시(instantaneous spectrum display)는 스펙트럼의 작은 부분에 대해 좁혀 들어갈 수 있는 기능으로 방해를 일으키는 방출의 주파수와 특성을 확인하는 데 매우 유용하다. 추적 신호발생기(tracking generator)와 연결하여 스펙트럼 분석기를 사용하면 회로망의 고주파 응답(high frequency response) 특성을 확인하는 데 유용하다.

기본 스펙트럼 분석기는 제한된 감도와 동적 범위, 그리고 과부하에 대한 취약성으로 인해 전체 적합성 인증(full compliance) 시험에서 측정 수신기(measuring receiver)를 완전히 대

체할 수는 없다. [그림 7.2(a)]는 전형적인 스펙트럼 분석기의 블록도이다. 입력 신호는 선행선택(advance selectivity)이나 선행증폭(pre-amplification, 전치증폭)[1]을 거치지 않고 분석기의 전체 주파수 대역을 모두 포함(cover)하는 믹서혼합기, (mixer)에 곧바로 전달된다. 이는 세 가지 결과를 가져온다. 첫째, 잡음지수(noise figure, NF)가 그다지 좋지 않게 되므로 변환기와 케이블로 인한 감쇠를 고려할 때 더 낮은(엄격한) 방출 허용기준에 대해 잡음에서 신호를 구별해내기에는 감도가 충분하지 않다(7.2.1.1절 참조). 둘째, 믹서는 매우 취약한 부품이므로, 입력에 순간적인 과도 신호나 연속적인 과부하가 가해지면 쉽게 손상된다. 입력을 보호해주는 예방조처를 하지 않으면 수리비용이 빠르게 증가하게 될 것이다. 셋째, 광대역 신호에 포함된 에너지는 검출기 대역폭 내의 에너지가 계측기기의 동적범위 이내에 있는 것으로 나타나는 경우에서조차도 믹서에 과부하를 가해 믹서가 비선형적으로 작동할 수 있다. 그러면 과부하로 인해 발생하는 이러한 상황을 알아채지 못한 상태에서 실제보다 더 낮은 값이 나오는 잘못된 측정을 하게 된다.

스펙트럼 분석기를 사용할 때 기억해야 할 한 가지 사항은 분석기가 표시하는 화면에는 주파수 영역은 물론 '시간영역' 정보도 들어있다는 사실이다. 이는 디스플레이에 표시된 주파수 범위를 스위프(sweep)하는 데 시간이 걸리기 때문이다. 이로 인해 광대역의 짧은 펄스들이 마치 별개의 주파수들에 있는 것처럼 화면에 나타날 수 있다. 분석기를 실시간으로 작동하는 경우라면 이것은 매우 유용한 진단 특성이지만, 다른 한편으로는 분석기 또는 측정 수신기에 표시된 화면의 스펙트럼을 보고 잘못된 결론을 내릴 수도 있게 된다.

7.1.2.1 전치선택기(preselector)

측정 수신기와 동등한 성능을 가진 계측기기를 찾을 수 있지만, 가격 역시 대략적으로 비슷하다. 그 까닭은 스펙트럼 분석기의 전단(front-end) 성능이 추적 전치선택기(tracking preselector)로 향상되었기 때문이다. 전치선택기[그림 7.2(b)]는 입력 보호장치, 전치증폭(pre-amplification), 그리고 장치의 국부 발진기(local oscillator)의 주파수에 고정(lock)되어 있는 스위프 동조형 필터(swept tuned filter)로 구성되어 있다. 전치 증폭기(pre-amplifier)는 시스템의 잡음성능을 시험 수신기의 잡음성능까지 향상시킨다. 또한 전치증폭기의 입력 보호장치는 심한 대역외 과부하(out-of-band overload) 발생 시 계측기기를 안전하게 사용할 수 있도록 하고, 필터는 믹서에 입력되는 광대역 신호의 에너지 총량을 감소시켜 유효 동적 범위를 개선한다.

1 (옮긴이) pre-amplification, pre-amplifier는 수신기 앞에 놓여 있는 증폭기로 수신기의 감도를 높이기 위해 사용하며 저잡음 특성이 요구된다. 여기서는 접두어 'pre-'를 문맥에 따라 '앞에 있다'는 의미로 '선행(先行)'이나 '앞에 놓여있다'는 의미로 전치(前置)로 번역하였다.

7.1.2.2 추적 발생기(tracking generator)

스펙트럼 분석기 안에 추적 발생기를 집어넣으면 가격은 크게 올라가지 않으면서도 측정 능력이 크게 넓어진다. 이를 사용하면 여러 가지 주파수에 민감한 측정(frequency-sensitive measurement)을 할 수 있는데, 이는 전체 EMC 시험을 수행하는 데 사용되는 설비가 갖추어야 할 특성이다.

추적 발생기(그림 7.2(c))는 일종의 신호 발생기로서, 출력 주파수가 스펙트럼 분석기의 측정 주파수에 고정되면서 같은 속도로 스위프(swept)된다. 발생기의 출력 진폭은 허용기준 내에서 일정하게 유지되는데, 일반적으로 100 kHz에서 수 GHz까지 ±1 dB 이내이다. 발생기의 출력을 회로망에 입력하고 회로망의 출력을 스펙트럼 분석기의 입력에 연결하면, 그 주파수에 따른 회로망의 진폭 응답이 분석기에 곧바로 나타난다. 그것은 벡터 네트워크 분석기(vector network analyzer)보다는 성능이 뒤지지만 네트워크 분석기가 보유한 기능 중의 일부를 훨씬 저렴한 비용으로 동일하게 제공한다. 추적 발생기의 동적범위는 이론적으로 분석기의 동적범위(최대 120 dB)와 같지만, 실제로는 시험 지그(test zig)에서 피드스루(관통, feed-through)를 일으키는 스트레이 결합(stray coupling)에 의해 이론값보다 좁은 범위로 제한된다.

추적 발생기와 스펙트럼 분석기를 조합(결합)해서 다음과 같이 EMC 측정과 관련된 몇 가지 시험에 사용할 수 있다.

- RF 케이블 손실 특성을 파악한다. 전체 범위의 방출을 측정할 때 주파수에 따른 케이블 감쇠를 계산에 넣어야 한다.
- 야외시험장 감쇠 교정(open site attenuation calibration)을 수행한다(7.3.1.2절). 주파수에 따른 두 개의 교정된 안테나 사이의 시험장 손실(site loss)은 야외시험장에 대한 필수 파라미터이다.
- 부품, 필터, 감쇠기 및 증폭기의 특성을 파악한다. 이는 효과적인 EMC 대책을 위한 핵심적 도구이다.
- 캐비닛 또는 인클로저의 차폐효과 시험을 수행
- 구조 공진 및 회로 공진을 알아낸다.

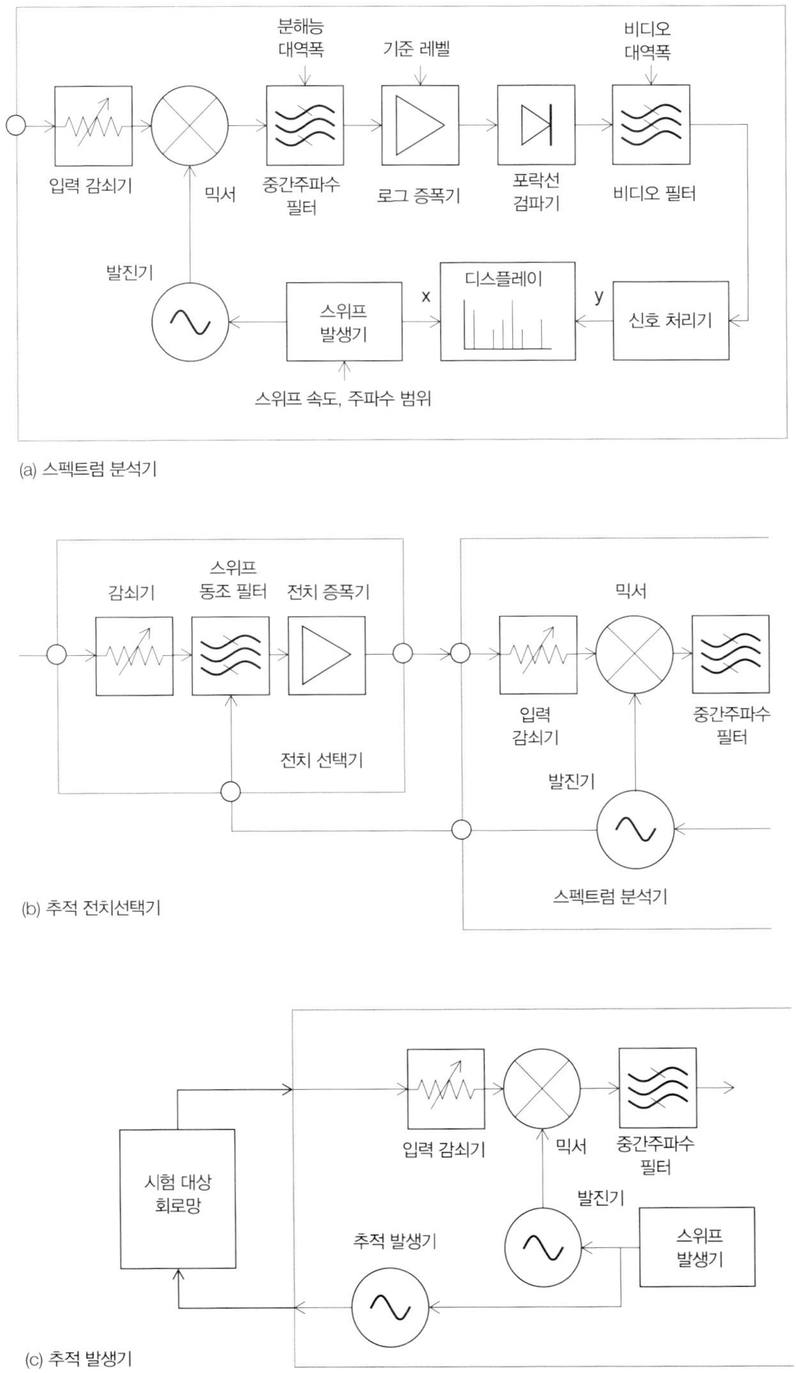

(a) 스펙트럼 분석기

(b) 추적 전치선택기

(c) 추적 발생기

그림 7.2 스펙트럼 분석기 블록 다이어그램

7.1.3 수신기 규격

측정 수신기와 스펙트럼 분석기 중 어느 것을 사용하든, 관련 표준에는 측정기기 성능에 대해 정해진 요건이 있다. "관련 표준"은 CISPR 관련 시험의 경우 CISPR 16−1−1, 군용시험의 경우 MIL-STD-461G 또는 DEF STAN 59−411이다.

7.1.3.1 대역폭

수신기의 대역폭과 검출기 응답에 따라 주어진 주파수에서 측정되는 장해 신호의 실제 값이 달라진다. 이들 파라미터는 CISPR 16−1−1[180]에 엄격하게 정의되어 있다. CISPR 16−1−1은 CISPR의 개발문서에 근거하여 작성된 모든 상용 방출표준에 의해 참조된다. CISPR 16−1−1은 9 kHz ~ 18 GHz의 측정 범위를 5개의 대역으로 분할하고, 분할한 대역마다 일정한 측정 대역폭을 정의한다(표 7.1). 군용요건은 CISPR를 직접 참조하지 않는다. 군용 수신기 규격은 DEF STAN 59−411과 MIL-STD-461G에 들어있다.

방출의 발생원들은 대체로 발진기와 신호 고조파와 같은 협대역(narrowband) 방출원과, 불연속 스위칭 동작, 정류자 모터 및 디지털 데이터 전송과 같은 광대역(broadband) 방출원, 이렇게 두 가지로 분류할 수 있다. 협대역과 광대역 사이의 실제 구분은 측정기의 대역폭과 비교할 때 신호가 얼마만큼의 대역폭을 점유하고 있는가에 따라 달라진다. 광대역 신호는 신호의 점유 대역폭이 측정기의 대역폭을 초과하는 신호이다. 따라서 20 MHz(CISPR B대역)에서 대역폭이 30 kHz인 신호는 광대역으로 분류되는 반면, 50 MHz(CISPR C대역)에서는 대역폭이 30 kHz로 동일한 신호가 협대역으로 분류된다.

표 7.1 수신기 대역폭 및 CISPR 준첨두 검출기(quasi-peak detector)

CISPR 대역			A	B	C, D	E
대역의 양쪽 경계(CISPR) 대역의 양쪽 경계(Military)	20 Hz–1 kHz	1–10 kHz	9–150 Hz	0.15–30 MHz	30MHz–1 GHz	1–18 GHz
–6 dB 기준 대역폭						
CISPR	N/A	N/A	200 Hz	9kHz	120kHz	1 MHz
Military	10 Hz	100 Hz	1 kHz	10 kHz	100kHz	
	준첨두 검출기					
	충전 시정수, ms		45	1	1	N/A
	방전 시정수, ms		500	160	550	
	과부하 인자, dB		24	30	43.5	

대역폭에 따른 잡음레벨

계측기기에 표시되는 광대역 신호의 레벨은 측정 대역폭에 따라 달라진다. 측정 대역폭이 증가하면 더 많은 신호가 그 안에 포함되므로 표시 레벨이 상승한다. 협대역 신호의 표시 레벨은 대역폭 측정의 영향을 받지 않는다. 물론 랜덤잡음(열잡음)은 본질적으로 광대역이기 때문에 수신기 또는 스펙트럼 분석기의 "잡음바닥(noise floor)"과 그 측정 대역폭 사이에는 직접적인 상관관계가 있다: 최소 잡음(최대 감도)은 가장 좁은 대역폭으로 얻게 된다. 잡음과 대역폭 사이의 관계는 식 (7.1)로 주어진다.

$$\text{잡음레벨 변화[dB]} = 10\log_{10}\left(\frac{BW_1}{BW_2}\right) \tag{7.1}$$

예를 들어 대역폭이 10 kHz에서 120 kHz로 변경되면 잡음바닥은 10.8 dB 만큼 증가한다.

7.1.3.2 검출기 기능

RF 방출 측정에는 첨두(peak), 준첨두(quasi-peak) 및 평균(average)과 같이 세 종류의 검출기가 널리 사용된다. 이들의 특성은 CISPR 16−1−1에 정의되어 있으며 주파수 대역에 따라 다르다.

장해 방출이 고정된 레벨로 지속되는 경우는 드물다. 반송파 신호는 진폭이 변조될 수 있으며, 반송파 또는 광대역 방출은 모두 펄스 형태가 될 수 있다. 다른 방식의 변조인 경우에는 표시되는 측정 레벨이 사용 중인 검출기의 유형에 따라 달라진다. [그림 7.3]은 다양한 신호 변조에 대해 세 종류의 검출기에서 표시되는 레벨을 보여주고 있다.

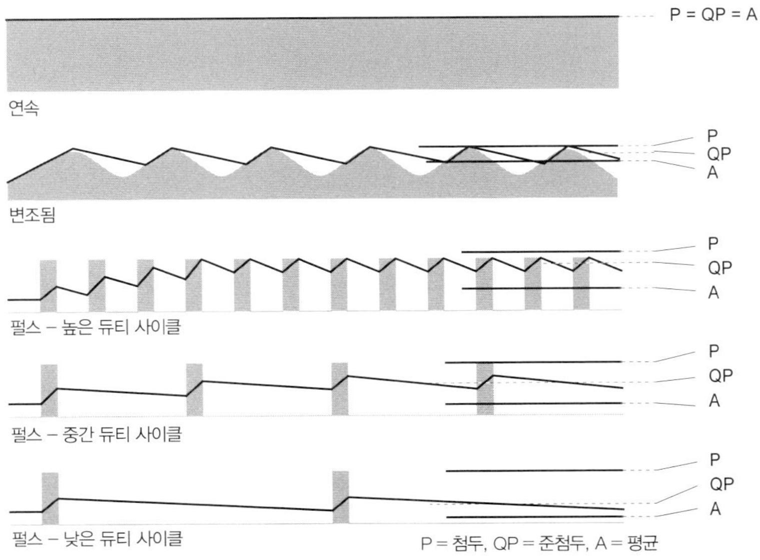

[주의] 검출기 기능은 신호의 변조 특성과 관련이 있다. 모든 검출기는 변조되지 않은 RF전압의 실횻값(RMS)에 반응한다.

그림 7.3 검출기의 종류에 따른 변조 파형별 표시 레벨

첨두 검출기(peak detector)

첨두 검출기는 신호의 첨둣값에 거의 순간적으로 반응하며 매우 빠르게 방전된다. 수신기가 단일 주파수를 유지하면 첨두 검출기의 출력은 신호의 “포락선(envelop)”을 그대로 따르게 되므로 종종 포락선 검출기(envelop detector)라고 불린다. 군용규격은 첨두 검출기를 상당히 많이 사용하지만 CISPR 방출표준은 1 GHz 미만의 주파수에 대해서는 첨두 검출기를 전혀 사용하지 않는다. 그러나 첨두 검출기의 빠른 응답 특성은 진단이나 “빠른 평가 시험(quick-look test)”에 아주 적합하며, [7.4.2]절에 설명되어 있듯이 인증 시험 측정을 빠르게 수행하는 데 사용할 수 있다.

평균 검출기(average detector)

평균 검출기는 이름에서 알 수 있듯이 신호의 평균값을 측정한다. 연속 신호의 경우에는 평균값과 첨둣값이 동일하지만, 펄스 또는 변조된 신호의 평균 레벨이 첨두 레벨보다 낮아지게 된다. 주요 CISPR 표준들의 전도성 방출에 대한 요건에서는 평균 검출기로 측정하는 경우의 허용기준(제한치)은 준첨두 검출기를 사용한 허용기준보다 10 – 13 dB 만큼 낮다. 이것은 결과적으로 평균 검출기에서 낮은 레벨을 나타내는 펄스 형태의 장해보다 연속 형태의 장해 방출을 더 불리하게 만들었다[90]. 스펙트럼 분석기에서 평균을 측정하는 간단한 방법은 검출기 뒷단의 “비디오” 대역폭(video bandwidth)을 예상되는 최저 변조 주파수 또는 최저 펄스 주파수보다 훨씬 낮게 줄이는 것이다[96].

준첨두 검출기(quasi-peak detector)

준첨두 검출기는 펄스 형태의 간섭에 대한 사람의 주관적 반응에 맞춰 조정한 가중 충전/방전 시간(표 7.1)을 가진 첨두 검출기의 일종이다. 낮은 펄스 반복 주파수(pulse repetition frequency, PRF)의 방해는 높은 PRF의 방해보다 전파를 수신할 때 주관적으로 덜 거슬린다고 한다. 따라서 준첨두 응답은 낮은 PRF에서 첨두 응답을 덜 중요하게 여긴다. 달리 말하면 펄스 형태의 방출의 경우, 첨둣값 측정보다 준첨둣값 측정에서 더 낮은 레벨로 표시될 것이다. 그러나 정확한 결과를 얻기 위해서는 측정시 준첨두 검출기의 충전 및 방전 시정수보다 상당히 오랜 시간동안 각 주파수에서 머물러야 한다.

CISPR 기반의 시험은 역사적으로 전파 스펙트럼에서 음성과 방송 사용자를 보호하기 위한 것이었기 때문에 준첨두 검출기의 사용에 상당히 중점을 둔다. 디지털 신호는 임펄스 형태의 간섭에 의해 전혀 다른 방식으로 영향을 받기 때문에 디지털 통신과 방송의 출현과 함께 이것이 바뀔 것이라는 견해가 있다.

RMS-평균 검출기(RMS-average detector)

CISPR 16-1-1에 새롭게 추가된 것은 RMS 검출기[모서리 주파수(corner frequency) f_c보다 높은 펄스 반복 주파수에 대해]와 평균 검출기(모서리 주파수 f_c보다 낮은 펄스 반복 주파수에 대해)의 조합인 가중 검출기(weighting detector)이다. 이 검출기는 모서리 주파수 이상에서는 10 dB/decade의 특성을, 모서리 주파수 이하에서는 20 dB/decade의 특성을 나타내는 펄스 응답 곡선을 갖는다. 이러한 검출기를 도입한 표준의 초안[187]은 다음과 같이 언급하고 있다.

> 오늘날 대부분의 방해 발생원은 반복되는 펄스를 포함하지 않을 수 있지만 여전히 많은 장비들이 (반복된 펄스를 갖는) 광대역 방출과 펄스 변조된 협대역 방출을 포함하고 있다. 또한 아날로그 무선통신서비스에서 디지털 무선통신서비스로의 전환도 상당히 많이 이루어졌으며, 지금도 부분적으로 계속해서 진행 중이다. 새로운 형식의 검출기 도입은 아날로그에서 디지털 무선통신시스템으로의 전환 후에 이루어질 수 있다. 이러한 전환은 주파수 범위의 문제로 간주될 수 있다: 디지털 무선통신시스템의 사용은 낮은 주파수대역보다는 1 GHz 이상에서 훨씬 더 빈번하게 이루어진다.

RMS-평균 검출기는 현재 정의는 되어 있지만 CISPR 13(대체될 예정)을 제외한 대부분의 CISPR 기반 표준에서는 아직 사용되고 있지 않다.

7.1.3.3 과부하 계수

낮은 듀티 사이클의 펄스 신호를 준첨두 검출기 또는 평균 검출기로 측정하면, 펄스의 듀티 사이클과, 준첨두 검출기와 PRF의 상대적인 시정수(time constant)에 따라 달라지는 인자(factor)만큼 첨두 레벨보다 낮은 레벨을 표시한다. 정확한 측정값을 얻으려면 검출기로 들어가는 신호가 검출기의 출력보다 훨씬 높은 레벨에서 왜곡되지 않아야 한다. PRF가 낮을수록 주어진 출력 레벨에 대한 신호의 첨둣값이 높아진다(그림 7.4). 통상적으로 입력 감쇠기는 신호가 가장 적절한 레벨로 수신기를 통과하도록 설정된다. 그렇지만 펄스 응답에 대해서는 수신기의 RF 단(stage)과 IF 단이 최대 43.5 dB 만큼 과부하되는 것에 대처하면서 선형성을 유지하는 능력을 갖출 것을 요구하고 있다. 이는 극히 까다로운 설계 요건이다. 제대로 된 측정 수신기의 가격이 비싼 까닭은 부분적으로 이 때문이며, 펄스 측정을 하는 데 스펙트럼 분석기가 적합하지 않은 이유 역시 이 때문이라고 할 수 있다.

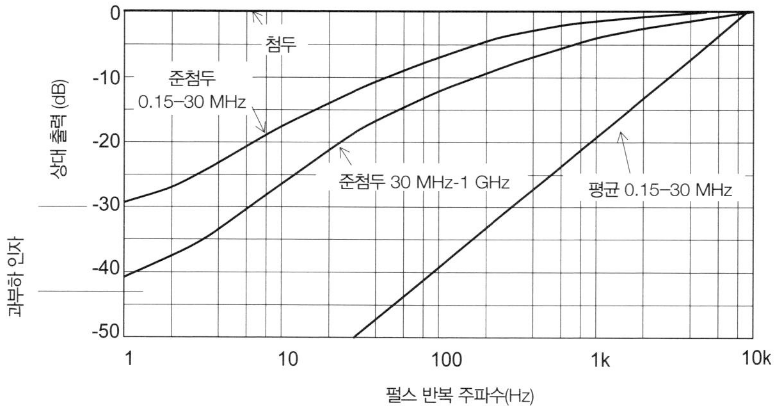

그림 7.4 CISPR 16-1 검출기의 PRF에 따른 상대적인 출력

또한 이는 평균 검출기로 측정할 수 있는 허용 가능 PRF 범위가 제한됨을 의미한다. 30 MHz까지 수신기의 과부하 인자는 30 dB가 되어야 한다. 평균 검출기에서는 300 Hz 미만의 PRF를 갖는 펄스신호에 대해서 이 정도의 과부하에 도달할 수 있을 것이다. 그러나 평균 허용기준은 준첨두 검출기를 사용한 측정이 임펄스성 장해에 적용되도록 설정되며, 평균 검출기는 변조나 광대역 잡음을 감안하여 연속 신호에만 적용된다(다음 절 참조).

7.1.3.4 측정 시간

각 측정 주파수에서 준첨두 검출기와 평균 검출기 출력이 각각 안정화되기까지는 비교적 긴 시간이 필요하다. 이 시간은 각 검출기의 시정수에 따라 달라지며 수백 밀리초 단위로 측정된다. 정해진 주파수 범위에서 측정을 수행할 때, 기존 방법은 공백 없이 전체 범위를 모두 다루기 위해 주파수 스텝의 크기를 측정 대역폭의 절반정도로 하고 주파수를 증가시켜간다(명시된 CISPR 필터 형태에 대해, 최적의 스텝 크기는 대략 대역폭의 0.6배이다. 여기서 최적의 스텝 크기란 임의의 신호를 측정할 때 정확도를 계속 유지할 수 있게 해주는 가장 큰 스텝 크기를 말한다. 전체 주파수 범위에 대해 완전한 측정 스캔을 하는 데 걸리는 시간은 인증 시험에 요구되는 시간과 마찬가지로 다음 식으로 주어진다.

$$T = \frac{\text{주파수 범위}}{\text{스텝크기}} \times \text{스폿주파수당 체제시간} \tag{7.2}$$

체제시간(dwell time)이 준첨두 시정수의 3배로 제한될 경우, 150 kHz ~ 30 MHz 대역에서의 완전한 준첨두 스위프를 수행하는데 걸리는 시간은 53분으로 밝혀졌다. 평균 측정을 수행하면 평균 허용기준(제한치)을 적용하는 방법이 아닌 경우에는 스캔 시간이 더욱 길어진다. 준첨두 허용기준과 평균 허용기준 사이의 차이는 최대 13 dB(CISPR 22, A등급)인데, 이 최대 차이는 1.8 kHz의 PRF에서 발생한다. 낮은 PRF의 경우에는 언제나 준첨두로 표시되는 값이 제일 중요하다. 따라서 평균 표시는 이 PRF 이상의 변조 또는 펄스 신호에 대해서만 정확하며, 이는 1 ms 정도로 체제시간이 짧은 경우에만 보장된다.

그러나 준첨두 검출기로 스위프하려면, 수신기에 전용 신호 처리 알고리즘이 없는 경우에 첨둣값을 획득하여 정확하게 표시하기 위해서는 체제시간을 늘려야 한다. 측정할 신호에 대해 알고 있지 못하는 경우, 체재시간은 최소 1초 이상이어야 한다. 이렇게 긴 체재시간은 나중에 [7.4절]에서 언급하겠지만 시험 방법에 영향을 미치는데, 스펙트럼 분석기를 사용하는 경우에 체제시간은 그에 상응하여 스위프 속도에 심각한 제약을 가한다[39].

7.1.3.5 입력 VSWR

모든 RF 측정계기에서는 입력 임피던스가 매우 중요하다. 이는 계측기기에서 측정하는 진폭 정확도가 안테나에서 연결용 케이블을 통해 수신기 입력으로 전달되는 전력에 따라 달라지기 때문이다. 시스템 임피던스는 변함없이 50 Ω으로 지정된다. 수신기(계측기기) 입력 임피던스 값이 정확히 50 Ω의 순수한 저항성분이면 전체 전력이 손실 없이 계측기기로 전송되므로 측정 오차는 발생하지 않는다. 수신기의 입력 임피던스가 50 Ω에서 조금이라도 달라지는 경우에는 달라진 정도에 비례하여 전력이 반사되므로 이른바 “부정합 오차(mismatch error)”가 발생한다.

실제로 수신기 입력 임피던스는 전체 주파수 범위에 걸쳐 완벽한 50 Ω을 유지할 수는 없다. 입력 임피던스가 50 Ω에서 벗어나는 정도를 전압정재파비[(Voltage Standing Wave Ratio, VSWR), 부속서 D의 [D.2.4절]와 [7.5.2.1절] 참조]라고 한다. VSWR은 다른 말로 반사손실(return loss) 또는 입력 반사계수(input reflection coefficient)라고 한다. VSWR이 1:1인 경우는 부정합이 없음을 의미한다. CISPR 16-1-1은 수신기가 입력 감쇠가 없을 때는 VSWR이 2:1보다 좋아야 하고, 10 dB 이상의 입력 감쇠가 있는 경우에는 1.2:1보다 좋을 것을 요구한다(1 GHz 이상에서는 3:1 또는 2:1). 입력 감쇠와 감도 사이에는 절충관계(trad-off)가 있다. 수신기는 적어도 10 dB 이상 입력신호를 감쇠시킨 상태로 작동해야 하는데, 이는 더 좋은 정합 성능과 더 높은 정확도를 제공하지만 잡음바닥(noise floor)을 허용기준(제한치)에 가깝게 만들어 정확도를 떨어뜨릴 수 있다. EMC 시험 엔지니어는 이러한 두 측면 사이에서 균형을 유지하도록 수신기를 설정해야 하는데, 주파수가 달라지면 그에 맞춰 설정을 다르게 해야 할 수 있다. [7.5절]에서 살펴보겠지만 측정 불확도 버짓(uncertainty budget)에서 이들로 인해 발생할 수 있는 오차를 고려해야 한다.

7.1.3.6 1 GHz 이상 대역의 계측

마이크로파 주파수대역에서는 수신 시스템의 감도가 악화된다. 측정은 스펙트럼 분석기와 전치증폭기(preamplifier)의 조합으로 수행되는 것이 보통인데, 경우에 따라서는 전치선택(preselection) 또는 필터링이 여기에 추가된다. 전자기장 강도(세기)는 수신기나 스펙트럼 분석기에서 측정된 전압에 안테나 인자(antenna factor), 케이블 손실 및 그 밖의 여러 가지 이득이나 감쇠를 추가로 고려하여 계산한다. 수신기의 종단(termination)에서 발생하는 열잡음(thermal noise)에 의해 결정되는 수신기 잡음바닥에 따라 측정 가능한 전자기장 강도의 하한이 정해진다(그림 7.8 참조).

1 GHz 이상에서의 표준 측정 대역폭은 측정속도와 잡음바닥을 서로 절충하여 정하는데 일반적으로 1 MHz이다. 앞단에 믹서가 있는 일반적인 마이크로파 스펙트럼 분석기는 분해능 대역폭이 1 MHz일 때, 잡음바닥은 1 GHz에서 약 25 dBμV부터 22 GHz에서 약 43 dBμV까지의 값을 가진다. 저잡음 전치증폭기(low noise preamplifier)를 사용하면 이러한 낮은 잡음성능을 개선할 수 있다. 2단으로 구성된 시스템의 잡음 지수(noise figure)는 다음 식으로 주어진다.

$$\text{총}NF = NF_1 + \frac{NF_2 - 1}{G_1} \tag{7.3}$$

여기서 NF_1은 전치증폭기의 잡음지수, G_1은 전치증폭기의 이득, NF_1는 스펙트럼 분석기의 잡음지수(단위는 dB가 아닌 선형단위)이다.

식 (7.3)은 전체 시스템 잡음 지수가 맨 앞단의 잡음지수와 이득에 의해 지배되고 있음을 보여준다. 이와 같은 측정 구성에서 전치증폭기(preamplifier)는 사실상 필수적이다. 전치증폭기에서 손실이 발생하면 시스템 잡음성능은 회복할 수 없을 정도로 저하된다. 반면에 전치증폭기 다음에서 발생한 손실은 이보다 훨씬 적은 영향을 미치기 때문에, 전치증폭기와 측정 안테나는 서로 매우 가깝게 위치해야 하며 둘 사이는 짧은 저손실 케이블로 연결해야 한다.

7.1.3.7 기타 계측기

스펙트럼 분석기나 수신기보다 훨씬 낮은 가격으로 이들이 가진 일부 기능을 동일하게 수행하는 계측기기가 시장에 등장했다. 스펙트럼 표시장치(분석기)로 변환되는 오실로스코프, PC와 결합(탑재)하여 신호처리와 표시기능의 대부분을 수행하는 PC의 애드온 장치가 여기에 속한다. 이러한 장치가 가지는 주파수 범위, 안정성, 대역폭 또는 감도 등에 대한 성능상의 한계를 잘 인식하고 있기만 하면 이러한 계측기기는 진단 목적으로 유용하다. 스펙트럼 분석기나 수신기 가격의 대부분은 대역폭을 결정하는 필터와 국부 발진기가 차지한다. 기술의 발전으로 몇몇 매우 좋은 성능의 저가 계측기기가 시장에 등장하기는 했지만, 대부분의 저가 계측기기들은 정확한 측정기기에 요구되는 성능을 갖추고 있지 못하다. 계측기기가 사용 목적에 적합한 성능을 갖추고 있는지 계측기기의 규격을 꼼꼼히 살펴봐야 한다.

진단 목적으로 스펙트럼 측정을 수행하는 경우에서조차도 주파수 안정성과 정확도는 필요하며 주파수 범위가 맞아야 한다(전도성 방출 진단의 경우 150 kHz ~ 30 MHz, 방사성 진단의 경우 30 MHz ~ 1 GHz 이상). 방출 허용기준레벨(제한치)에 가까이에서 작업을 하는 경우, 스펙트럼 분석기가 가진 감도와 비슷한 수준의 감도가 필요하다. 특정 방출 주파수들을 상세하게 시험하는 데 값싼 계측기기를 사용하려고 하면 역시 한계가 있다는 사실이 확연히 드러난다.

7.2 변환기(transducer)

RF 방출의 측정을 위해서는 측정되는 변수를 측정 장비의 입력에 결합(전달)하는 장치가 필요하다. 측정되는 변수들은 다음 네 가지 종류 중에서 하나이다.

- 방사성 전기장
- 방사성 자기장
- 전도성 케이블 전압
- 전도성 케이블 전류

지금부터 이들 변수들에 대한 변환기(transducer)에 대해 살펴보기로 하자.

7.2.1 방사성 전자기장용 안테나

7.2.1.1 VHF-UHF 안테나

전자기장의 기본이론은 [11.1.4.1절]에서 간추려 설명한다. 방사 전자기장 측정은 전자기장을 구성하고 있는 전기장(E) 성분 또는 자기장(H) 성분에 대해 이루어진다. 원거리장(far field)에서는 두 성분 중 어느 한 성분만으로도 전자기장이 가지고 있는 전력을 나타낼 수 있다. 원거리장에서 전기장과 자기장의 비는 전자기장이 존재하는 자유공간의 임피던스와 같다.

$$\frac{E}{H} = Z_0 = 120\pi\ \Omega = 377\ \Omega \tag{7.4}$$

그러나 근거리장(near field)에서는 전기장과 자기장의 관계는 복잡하므로 정확히 알려져 있지 않는 것이 일반적이다. 원거리장에서든 근거리장에서든 측정 수신기에 전기장이나 자기장을 결합(포착)하려면 안테나가 필요하다. 전기장 강도의 허용기준은 EUT로부터 정해진 거리만큼 떨어진 위치에서 단위거리당 전압, 즉 V/m 또는 μV/m 단위로 명시된다. 그런데, 측정

수신기는 50 Ω 입력에서 V 또는 μV 단위로 보정[2]되어 있으므로 안테나는 각 주파수에서 주어진 전기장 강도에 대해 50 Ω에 출력되는 전압으로 보정되어야 한다. 이러한 보정값을 안테나 인자(antenna factor)[3]라고 한다.

CISPR 16-1-4는 방사 측정을 위한 변환기를 정의한다. 오래전부터 기준 안테나로는 동조(조정) 다이폴 안테나(tuned dipole antenna)가 사용되고 있다. 이 안테나 대신 광대역 안테나를 사용할 수 있는데, 이 경우에는 주파수마다 안테나의 동작주파수를 다시 동조(조정)해 줄 필요가 없다. 1990년대 중반까지는 광대역 안테나로 가장 대표적인 것이, 30 MHz~300 MHz 범위에서는 바이코니컬 안테나(쌍원뿔 안테나, biconical antenna)이고, 300 MHz~1000 MHz 범위에서는 로그주기 안테나(log periodic antenna)였다(주파수 범위가 다른 것들도 있다).

하지만, 30 MHz ~ 1 GHz 범위, 또는 30 MHz에서 최대 3GHz까지의 범위를 포함하기 위해 쌍원뿔 안테나와 로그주기 안테나를 결합할 수 있다. 이 두 안테나는 전체 주파수 범위에 걸쳐 급전이 정확하게 이루어지도록 만들어주는 장치들과 함께 합쳐져 하나로 만들어진다. 이러한 안테나는 영국 요크 대학(York University)에서 최초로 설계된 것으로 현재는 상업적으로 나와 있어 구입이 가능하다. 이 안테나가 바로 바이로그 안테나(BiLog antenna)이다. 이 안테나의 장점은 시험소에서 특히 인정을 받고 있는데, 시험 도중에 안테나를 바꾸지 않고도 전체 시험 주파수 범위에서 방사성 방출(또는 내성) 시험을 수행할 수 있으므로, 시험 속도와 신뢰도가 향상된다. 이러한 점 때문에 바이로그 안테나는 현재 상용 시험에서 거의 보편적으로 사용되고 있으며 — 군용 규격은 규범적이어서 바이로그 안테나가 이 부문에 들어가 사용된 적은 없다 — 주요 EMC 안테나 제조업체에서 만든 다양한 종류의 바이로그 안테나들이 시중에 나와 있다.

동조 다이폴 안테나는 성능을 정확하게 예측할 수 있다는 장점이 있다. 그러나 특정한 스폿 주파수 영역(spot frequencies)에서만 사용할 수 있기 때문에 모든 측정에 사용되고 있지는 않다. 이 안테나는 광대역 안테나의 보정, 시험장(site) 조사, 시험장 감쇠(site attenuation) 측정, 그 밖의 더욱 전문적인 용도로 사용될 수 있다.

---

2 (옮긴이) 교정, 보정, 검정이란 용어를 구별해보자. 사전적 의미를 살펴보면 교정(矯正)은 틀어지거나 잘못된 것을 바로잡음, 보정(補正)은 실험, 관측 또는 근삿값 계산 따위에서 결과에 포함된 외부적 원인에 의한 오차를 없애고 참값에 가까운 값을 구하는 것. 검정(檢定)은 일정한 규정에 따라 자격이나 조건을 검사하여 결정함. 검정(檢正)이라고 쓰면 잘 조사하여 바르게 하는 일이다. 달리 표현하면 교정(calibration)이란 측정상의 잘못을 바로잡을 수 있도록 계측기를 기준장비(표준기)와 비교하여 바로잡는 것을 말하는데 교정의 결과로 계측기의 보정값, 불확도, 오차 등이 나온다. 이렇게 얻은 보정값으로 해당 계측기의 측정값을 보정(compensation 또는 calibration)한다. "계량에 관한 법률"에 따르면 검정(verification)은 상거래를 계량에 의하여 하는 경우에 사용하는 특정계량기에 대하여 국가공권력으로 강제검사를 하는 제도("계량에 관한 법률")인데 가정에서 사용하는 수도, 전기, 가스 등의 사용량을 계량하는 수도미터, 전력량계, 가스미터 등은 표시된 사용량만큼 요금을 부과하므로 엄격한 검사와 허용오차 등을 법으로 규정하고 있다.

3 (옮긴이) 어떤 안테나로 전기장 강도(E)가 입사하여 안테나에 연결된 50 Ω 부하(load)에 V_L의 전압이 발생할 때, 이 안테나의 안테나 인자는 E/V_L로 정의된다. 단위는 m^{-1}이다.

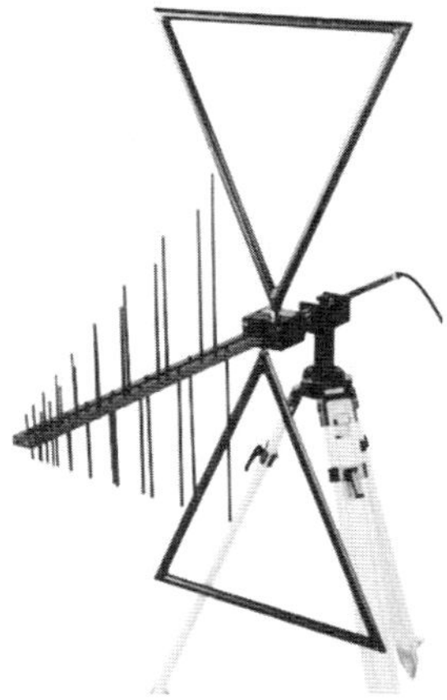

그림 7.5 바이로그 안테나

안테나 인자(antenna factor)

무선통신을 위해 안테나를 사용하는 사람들은 이득(gain)과 방향 응답특성(directional response)[지향성(directivity)]이라는 규격 항목들을 잘 알고 있다. 그런데 EMC 방출 측정에서 이러한 규격 항목들은 그다지 중요하지 않다. 안테나의 배치 방향은 항상 응답이 최대가 되는 방향으로 맞춰진다. 안테나에서 가장 중요한 파라미터는 안테나 인자(antenna factor)이다. 교정된 각각의 광대역 안테나에 대해서는 안테나마다 주파수에 대한 안테나 인자가 수록된 표(table)[전기장(E-field) 안테나의 경우 dB/m 단위로]가 제공된다. 안테나 교정에 대해서는 [7.5.2.3절]에서 자세히 다룬다. [그림 7.6]은 바이코니컬 안테나, 로그주기 안테나와 두 가지 유형의 바이로그 안테나의 전형적인 안테나 인자이다. 그림에서 알 수 있듯이 로그주기 형식의 안테나(로그주기와 바이로그 안테나)는 안테나 인자가 유사하며 특히 300 MHz 이상에서는 거의 차이가 없다. 로그주기 형식의 안테나는 치수가 동일하면 성능도 거의 동일하다. 바이코니컬(30~300 MHz) 부분은 "변경"이 가능하다. 기본 치수가 동일한 안테나들은 거의 비슷한 성능을 가진다. 따라서 모든 시험소의 시험실에서 거의 똑같이 설계된 안테나를 사용할 경우(실제로 그렇다) 안테나 그 자체로 인해 방사 전자기장 측정시 발생하는 시험실 내의 측정편차는 최소화된다.

계측기 단자에서 측정된 전압을 안테나에 포착되는 실제 전기장 강도로 변환하려면 측정된 전압에 안테나 인수와 케이블 감쇠를 더해주어야 한다(그림 7.7). 케이블 감쇠는 주파수의 함수이다. 일반적으로 야외시험장(open site)과 같이 큰 온도 변동이 있는 곳에 노출되어 있는 긴 케이블은 온도에 따라 손실이 약간 변동될 수 있다.

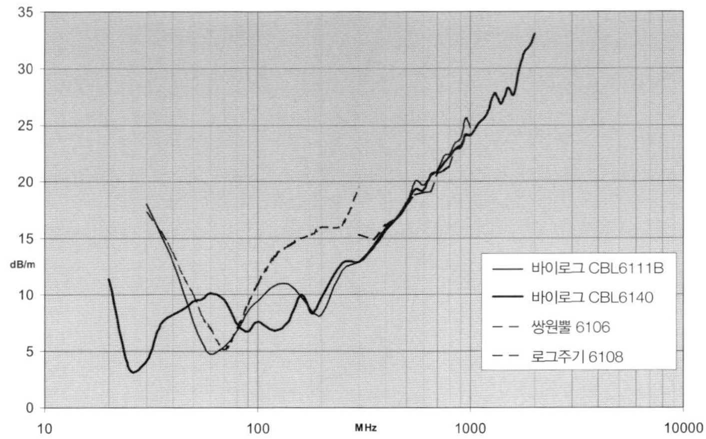

그림 7.6 전형적인 안테나 인자

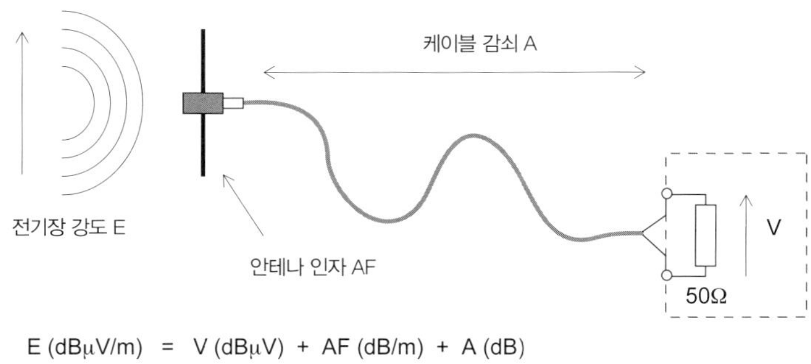

그림 7.7 전기장 강도를 측정 전압으로 변환하는 방법

시스템 감도

스펙트럼 분석기와 안테나를 사용하여 방사성 시험을 하는 경우, 심각한 문제가 발생할 수 있다. 방사성 방출 준수 시험은 10 m 거리에서 실시할 수 있으며, 일반적인 상용 표준에서 가장 엄격한 허용기준레벨은 CISPR/EN B등급(Class B) 레벨로, 이 값은 230 MHz 이하에서는 37 dBμV/m이고 230 MHz 이상에서는 30 dBμV/m이다. 측정 가능한 최소 레벨은 수신기 또는 분석기의 잡음바닥(noise floor)에 의해 결정되는데(7.1.3.1절 참조), 이 값은 대역폭이 120 kHz인 분석기의 경우에는 일반적으로 +13 dBμV/m이다. 전체 측정 시스템 감도를 구하려면 여기에 안테나 인자와 케이블 감쇠를 추가해 주어야 한다. 케이블 감쇠는 1 GHz에서 일반적으로 3 dB이고 여기에 이미 제시된 안테나 인자를 더하면 [그림 7.8]과 같이 전체 시스템의 잡음바닥은 1 GHz에서 41 dBμV/m까지 상승하는데 이는 허용기준레벨보다 4 dB 이상 높다.

감도에 대한 CISPR 16-1-1 요건에 따르면 잡음이 준수 측정의 정확도에 미치는 영향은

1 dB 미만이어야 한다. 따라서 잡음바닥 레벨은 측정값보다 최소 6 dB 아래에 위치해야 한다.

따라서 완전한(full) 적합성 인증 시험에서의 B등급 방사 측정은 스펙트럼 분석기만을 사용하여 수행할 수는 없다. 이 문제를 해결하는 방법으로 다음 세 가지를 선택할 수 있다. 측정 거리를 3 m로 줄인다. 그러면 허용기준은 10.5 dB 만큼 높아지지만 이로 인해 측정 불확도가 증가하고 위쪽 끝부분에서 충분한 마진(여유 margin)이 생기지 않는다. 또는 전치증폭기(preamplifier) 또는 전치선택기(preselector)를 사용한다. 그러면 시스템의 실효 잡음바닥을 전치증폭기의 이득만큼(보통, 20 dB ~ 25 dB) 낮출 수 있다. 또는 원래부터 감도가 매우 뛰어난 시험 수신기를 사용한다.

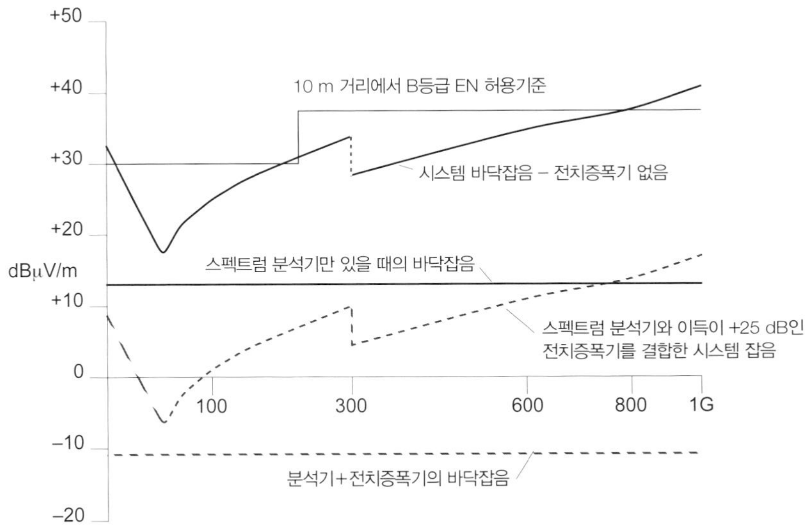

그림 7.8 전형적인 시스템 감도(쌍원뿔 안테나와 로그주기 안테나를 별도로 사용)

편파(polarization)

원거리장에서 전기장과 자기장은 서로 직교한다(부록 D, D.3.8절). 실제 환경에 따라 각 전자기장은 수직편파, 수평편파, 또는 수평과 수직 사이의 어떤 방향으로든 편파될 수 있다. 실제 편파는 전자기장을 방출하는 원천(즉 안테나)의 특성과 다른 물체로부터의 반사의 영향에 따라 달라진다. 안테나의 편파 평면이 입사 전자기장의 평면과 일치할 때(동일편파, co-polarization) 안테나의 응답은 최대가 되고 두 평면이 수직을 이룰 때(교차편파, cross polarization) 응답은 최소가 된다. 바이코니컬 안테나, 로그 주기 안테나, 그리고 바이로그 안테나의 편파 평면은 각 안테나의 소자들이 놓여 있는 평면과 일치한다. CISPR 방출 측정은 "실질적인 평면 편파(선형편파) 안테나"로 수행해야 하며, 한때 군용 RF 내성 시험에 사용된 광대역 형식인 로그 나선형 안테나(log spiral antenna)와 같은 원형 편파 안테나는 금지된다.

7.2.1.2 루프 안테나

대부분의 방사성 방출은 30 MHz ~ 1000 MHz 범위에서 측정한다. 일부 CISPR 표준은 30 MHz 이하에서 방사 측정을 요구한다. 이 경우에는 루프 안테나를 사용하여 자기장 강도를 측정한다. 자기장을 측정하면 주변 물체에 의해 쉽게 변동되는 전기장을 측정하는 것보다 근거리 영역에서의 반복성(repeatability)[4]이 더 좋아진다. 루프(그림 7.9(a))는 일종의 도선 코일로 패러데이 법칙에 따라 단자에서 전압이 발생한다.

$$E = 4\pi \times 10^{-7} \cdot N \cdot A \cdot 2\pi f \cdot H \tag{7.5}$$

여기서 N은 루프의 감은 횟수(권선 수), A는 루프의 면적(m^2), f는 측정 주파수(Hz), H는 자기장 강도(A/m)이다. 루프의 출력은 주파수에 따라 변하기 때문에 9 kHz에서 30 MHz 까지 1000배 이상의 넓은 주파수 범위에 걸쳐 측정하기란 쉽지 않다. 이 문제를 처리하기 위해 전체 주파수 범위를 좁은 대역들로 나누고 대역별 주파수 범위에 맞는 여러 종류의 "수동형(passive)" 루프들을 사용하여 이들을 교체해가며 측정하는 방법이 있는데, 이 방법은 당연히 시험 자동화에 적합하지 않다.

이러한 문제점은 안테나에 전치증폭기(preamp)를 연결하여 주파수 응답을 보정하고 루프 출력을 50 Ω에 정합시켜주는 방법으로 해결할 수 있다. 전치증폭기에는 배터리로 전원을 공급해주거나 시험 계측기에서 전원을 공급해줄 수 있다. 이러한 "능동형(active)" 루프는 전체 주파수 범위에 걸쳐 안테나 인자 값이 고르게(일정하게) 분포한다. 수동 루프와 비교하여 단점은 큰 신호에 의해 포화 상태가 될 수 있으므로, 만일 이 상태되면 이를 경고할 수 있도록, 어떤 형식이든 과부하 표시장치가 필요하다는 것이다.

반빈 루프(Van Veen loop)

루프 안테나의 단점은 저주파에서 감도가 떨어진다는 것이다. 이 때문에 루프 안테나를 사용하는 방법 대신 루프로 EUT를 실제로 둘러싸는 방법이 있다[31]. 지름이 2~4 m인 세 개의 루프가 서로서로 직교한 상태로 EUT 주위를 감싸고 있는데, 이 세 개의 직교 루프에 유도되는 전류를 전류 변환기(current transformer)가 감지한다. 이렇게 감지된 세 개의 신호를 시험 수신기에서 측정한다. 이 안테나를 대형 루프 안테나(large loop antenna, LLA) 또는 발명자의 이름을 본떠서 반빈 루프(Van Veen loop)라고 하는데, 조명장비 표준인 CISPR 15/EN 55015에 명시되어 있다.

---

4 (옮긴이) Repeatability(반복성)은 동일한 아이템을 동일한 사람이 동일한 계측기를 가지고 반복해서 측정하였을 때 발생하는 측정값의 변동을 말한다. 이와 비슷한 용어로 Reproducibility(재현성)은 동일한 아이템을 각기 다른 사람이 동일한 계측기를 가지고 반복해서 측정하였을 때 측정한 사람 사이의 측정값의 변동을 말한다. 측정시스템에서의 반복성과 재현성을 간단히 Gage R&R이라고 한다.

군용규격(MIL-STD) 루프

또 다른 형태의 루프 안테나는 저주파 군용 방출 시험용으로 사용된다. 이것은 종종 다른 방식으로 사용되기 때문에 "탐색 코일(search coil)"이라고 불리며, 7 cm의 일정한 거리에서 EUT의 표면 전체를 따라 스위프(sweep)한다. 안테나 표준설계는 권수(turn)는 36회, 지름은 13.3 cm이다. 이 방법은 MIL-STD-461G RE101와 DEF STAN 59-411 DRE02에 설명되어 있다. 이 방법은 상당히 복잡하다. EUT의 각 면마다 주파수 범위(DRE02의 경우, 20 Hz - 100 kHz)에서 가장 높은 레벨을 탐색하여 측정한다. 7 cm에서 허용기준레벨을 초과하면 거리를 늘려가며 그 허용기준레벨이 어떤 거리에서 나오는지 보고해야 한다.

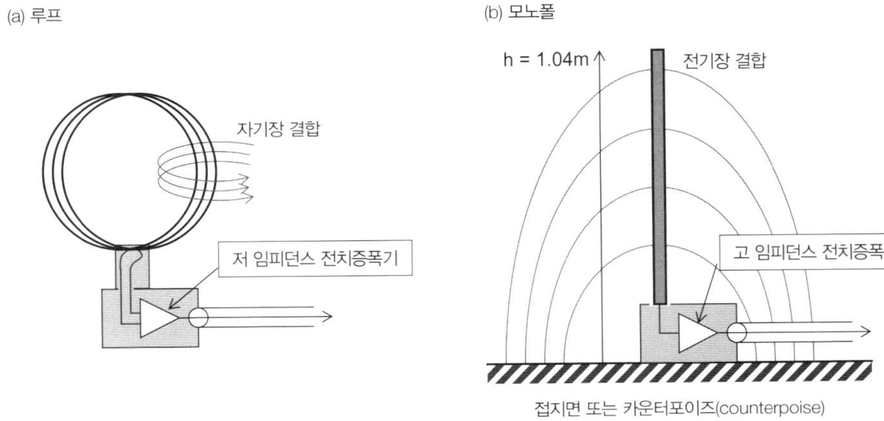

그림 7.9 저주파 안테나

7.2.1.3 전기 모노폴

루프(loop)에 대해 상보적인(complementary) 특성을 갖는 안테나가 모노폴(monopole)이다 (그림 7.9(b)). 일반적으로 30 MHz까지 주파수 범위에서 사용되는 모노폴은 접지면 또는 "카운터포이즈(counterpoise)"를 기준면으로 하는, 1.04 m(41인치)의 길이로 만든 단일 수직 막대이다. 모노폴은 수직편파로 전기장을 측정한다. 많은 CISPR 기반 시험에서는 사용되지 않으며, 자동차 방출표준 CISPR 12와 CISPR 25에서만 이 안테나가 사용된다. 또한 DEF STAN 59D-411와 이와 동등한 미국 표준인 MIL-STD-461G에 대한 시험에서 상당히 광범위하게 사용된다. 이러한 시험에서는 저주파에서 전기장 강도와 자기장 강도의 측정이 필요하다

모노폴 안테나는 전기적으로 짧고(모노폴 길이가 파장보다 훨씬 짧은 경우를 말함) 안테나의 신호원 임피던스는 수 pF의 커패시턴스와 유사하다. 따라서 루프와 마찬가지로 50 Ω 측정 시스템에 직접 연결하기에는 적합하지 않으므로, 전치증폭기를 사용하여 임피던스 정합을

해주고 안테나 인자를 고르게(일정하게) 해주어야 한다. 그 대신 이렇게 하면 측정 도중에 큰 신호 — 50 Hz 교류전원의 전기장 포함 — 에 의해 손상이나 전기적 과부하가 쉽게 일어날 수 있다. 따라서 여기서도 과부하 표시기가 필요하고 교류전원에 의한 전기장을 제거하기 위한 고역 통과 필터가 필요하다. 근거리 전기장은 거의 모든 전도성 물체에 의해 영향을 받을 수 있으므로 모노폴 안테나로 시험을 한 경우에는 EMC 시험 표준에 따라 측정을 수행한 경우조차도 정확성과 반복성은 좋지 않다.

7.2.1.4 1 GHz 이상에서 사용하는 안테나

다이폴 유형의 안테나는 주파수가 1 GHz 이상으로 증가하면 크기가 매우 작아지고 감도가 떨어지게 된다. 즉 안테나의 개구(aperture) 면적이 더욱 작아지는데, 개구면적은 안테나에 의해 에너지가 포착되는 부분을 나타내는 데 사용하는 용어이다. 최고 2 GHz, 경우에 따라서는 3 GHz까지는 다이폴 안테나 여러 개를 로그주기 구조로 하여 사용할 수 있으며 바이로그 구조의 경우에도 이 주파수 범위까지 사용할 수 있다. 그렇지만 이를 넘어서는 주파수 범위에서는 혼 안테나(horn antenna)를 사용하는 것이 보통이다. 혼 안테나의 사용은 1～18 GHz 범위에 대한 MIL-STD-461G 방사성 방출 시험에 분명하게 명시되어 있다(이 표준에서, 200 MHz～1 GHz 범위에 대해서는 큰 혼 안테나가 필요하다). 이러한 혼 안테나는 50 Ω의 동축케이블 임피던스를 혼 안테나 입구에서 평면파로 직접 변환하며, 구조에 따라 더 넓은 대역폭을 갖거나 높은 이득과 지향성을 가질 수 있는데, 넓은 대역폭과 높은 이득을 모두 갖는 경우는 드물다. 다이폴, 모노폴과 마찬가지로 혼 안테나는 전기장에 대해 보정된다.

높은 이득은 최고의 시스템 잡음 성능을 제공하지만, 지향성은 장점이자 단점일 수 있다. 지향성이 장점으로 작용하는 측면은, 안테나 축에서 벗어난 반사에 대해서는 감도가 떨어지기 때문에 차폐실의 무반사 성능이나 유전체의 반사에 의한 영향(이러한 영향은 특히 높은 주파수 영역에서 악화됨)이 측정에 결정적인 영향을 미치지 않는다는 점이다. 그러나 단점으로는 주어진 거리에서 전자기장을 포착하는 영역이 좁아지므로 대형 EUT는 한 번의 스위프로 측정할 수 없으며 여러 번 스위프을 하면서 안테나가 EUT의 다른 부분을 향하도록 해주어야 한다.

7.2.2 케이블 측정용 LISN과 프로브

7.2.2.1 의사전원 회로망

주전원 포트에 대해 전도성 전압 방출 시험을 수행하기 위해서는 의사전원 회로망(Artificial Mains Network, AMN) 또는 선로 임피던스 안정화 회로망(Line Impedance Stabilization

Network, LISN)이 필요하다. 이 회로망은 측정점에 대해 RF 대역에서 정의된 임피던스를 제공하고, 측정점을 계측기기에 연결하고, 교류 주전원 상에 존재하는 원치 않는 장해 신호로부터 시험대상 회로를 분리해준다. 가장 널리 사용되는 LISN 유형은 CISPR 16−1−2에 정의되어 있으며 각 전원선로의 선(hot)과 접지(ground) 사이에 50 μH + 5 Ω에 50 Ω이 병렬로 연결된 것과 등가인 임피던스를 제공한다(그림 7.10 참조). 단상 공급의 경우 임피던스가 V의 각 암(arm)에 나타나기 때문에 이를 "V 회로망"이라고 한다. 여기서 V의 베이스는 기준 접지라고 한다.

여기서 주목할 점은 30 MHz 이상에서는 임피던스가 정의되지 않는다는 것인데, 그 이유는 부분적으로 (군사 및 자동차 표준에서는 요구되지만) 상용 주전원 전도성 측정을, 30 MHz 이상에서는 요구하지 않으며 구성 부품들의 기생 리액턴스로 인해 예측 가능한 설계를 해내기가 어렵기 때문이다. 대체로 50 Ω/5 μH 회로망은 CISPR 표준에서 사용할 수 있으며, DEF STAN 59−411와 MIL-STD-461G에 따라 군사 및 자동차 시험에서도 유사한 버전이 널리 사용되고 있다. 소형 인덕터를 사용하기 때문에 더 높은 전류를 전달할 수 있고 임피던스도 최대 100 MHz 이상까지 제어할 수 있다. 군용 LISN의 임피던스는 최저 1 kHz까지, 최고 400 MHz까지 지정된다. 그것은 주로 DC 공급을 실제와 동일하게 구현해내기(시뮬레이션하기) 위한 것이지만 50 A 이상의 높은 전류 정격이 필요한 주전원 시험에도 포괄적으로 사용할 수 있다.

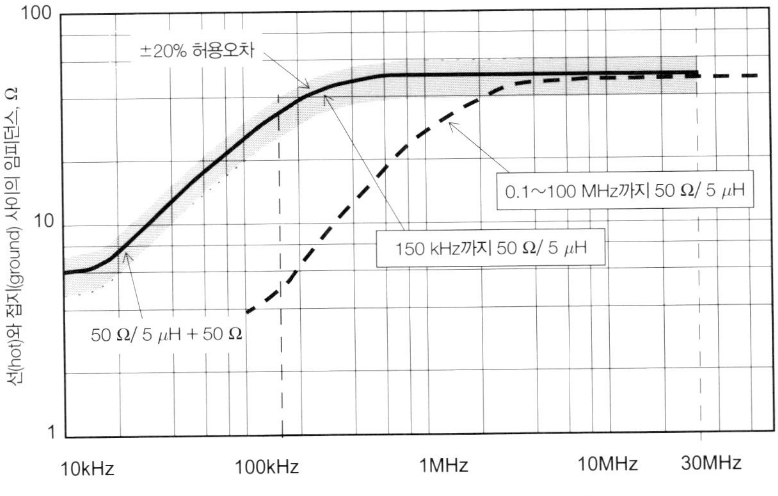

그림 7.10 주파수에 따른 LISN 임피던스 특성

CISPR 16−1−2는 LISN의 각 선로에 대해 회로를 제시하고 있는데(그림 7.11), 실제로 정의하는 것은 임피던스 특성뿐이다. 주전원의 임피던스를 결정하는 부품들은 측정용 계측기기 입력 임피던스, 50 μH 인덕터 및 5 Ω 저항기이다. 나머지 부품들은 들어오는 공급을 분리하

는 역할을 한다. 5 Ω 저항은 주파수 범위의 하단 끝에서만 영향력을 발휘한다. 실제로 “축약판” LISN이 있는데, 여기에는 5 Ω 저항과 250 μH 인덕터가 빠져있으며 사용 주파수는 150 kHz 이상으로 제한된다. 하지만 대부분의 상용 LISN은 모든 부품들이 전부 들어있으며 최저 9 kHz 주파수까지 사용이 가능하다. 주전원에서 공급하는 교류 전원 자체에 포함되어 있는 높은 레벨의 고조파로 인해 수신기가 영향을 받지 않도록 하기 위해 LISN 출력과 수신기 사이에는 차단주파수가 9 kHz인 고역통과필터(HPF)를 연결하는 경우가 흔히 있다. 물론 이 필터는 50 Ω의 임피던스를 유지해야 하며 측정 주파수 범위에서 정의된 삽입 손실(0 dB가 바람직)을 가지고 있어야 한다.

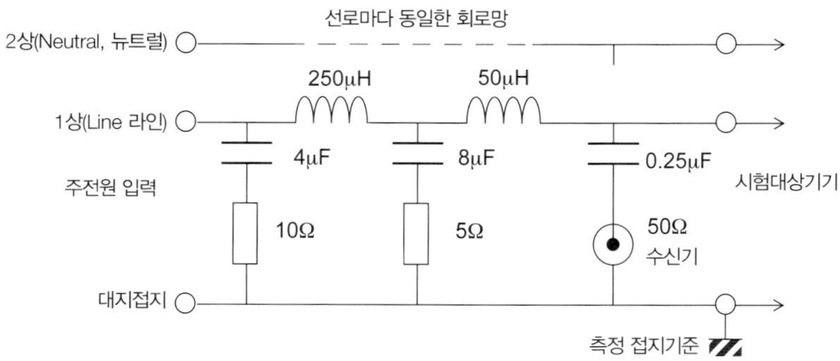

그림 7.11 선로에 대한 LISN 회로

CISPR 16-1-2[185]의 수정(amendment) 표준에서는 LISN 규격이 확장되었다. 확장된 규격은 다양한 측면들에 대한 임피던스 요건을 강화했는데, 특히 최고 30 MHz까지의 주파수 범위 전체에서 ±11.5° 보다 양호한 위상각 허용오차를 가져야 했다. 일부 LISN, 특히 대형 LISN의 경우에는 스트레이 커패시턴스(stray capacitance)로 인해 주파수 대역의 위쪽 끝부분에서는 이 요건을 충족하기 어려울 수 있다. 그럼에도 이러한 요건을 설정한 것은 전도성 방출 시험에 대한 전체 측정 불확도 버짓(uncertainty budget)을 계산하기 위해서는 LISN이 제공하는 임피던스 크기와 위상 값의 가능한 범위를 나타내는 어떤 경계를 만들 필요가 있기 때문이다. 하지만 이미 상당히 잘 규정된 시험 내에 이보다 큰 불확도의 원인이 되는 요소들이 다루어지지 않은 채 그대로 남아 있는 상황에서 이렇게 교정에 더욱 복잡함을 가져오는 것이 그럴만한 가치가 있는지에 대해서는 논란의 여지가 있어 보인다(7.5.2.2절).

전류 정격

사용자에게는 LISN의 가장 중요한 파라미터는 전류정격(current rating)이다. 인덕터가 공급전류와 직렬로 되어있는 구조에서는 얼마나 많은 전류를 통과할 수 있는지는 인덕터에 의해 결정된다. 인덕터에 아주 많은 전류가 흐르는 경우에 인덕터의 코어가 공기라면(공심 인덕터) 자기포화는 문제가 되지 않지만 인덕터의 코일은 이 전류로 과열될 수 있다. 대부분의 LISN

은 인덕터로 공심코일(air cored coil)을 사용하지만, 작은 사이즈의 인덕터에 자기 코어(일반적으로 철분분말로 제작)를 사용할 경우, 자기포화에 주의해야 하며 이는 기기의 임피던스 특성에 영향을 미칠 수 있다.

인덕터의 임피던스에 의한 또 다른 영향은 전원 공급선과 EUT 단자 사이에 나타날 수 있는 전압강하이다. 50 Hz에서 직렬로 연결된 총 인덕턴스가 600 μH인 경우에는 약 0.2 Ω의 임피던스를 제공한다. 이 임피던스가 장치를 통해 저항과 연결되고, 여기에 큰 전류가 흐르면 그 자체에 상당한 전압 강하가 나타날 수 있다; 그러나 전자 전원 공급기처럼 기기가 상당한 크기의 50 Hz 고조파 전류들이 주전원에서 흘러들어오게 만들면(11.4절 참조), 수백 Hz에서 수 Ω의 임피던스를 가진 인덕터에는 파형 왜곡과 함께 매우 큰 전압 강하가 나타날 수 있다. 그러면 이들은 EUT가 가진 여러 기능의 성능에 영향을 미칠 수 있다.

리미터(제한기, limiter)

스펙트럼 분석기의 입력 믹서(mixer)는 쉽게 손상될 수 있는 취약한 부품이다. 높은 레벨의 연속적인 입력신호에 영향을 받을 뿐만 아니라 과도현상에도 취약하다. 유감스럽게도 교류 공급 주전원은 이러한 과도현상을 잘 일으키는 발생원으로 그 레벨이 1 kV를 쉽게 넘어서는 경우도 있다. 이러한 과도현상은 LISN 회로에 의해 어느 정도는 감쇠가 되지만, 모든 과도현상을 안전 제한치 이내로 유지하는 것은 보장하지는 못한다. 더 중요한 것은 EUT 자체 내부에서 수행되는 스위칭 동작으로 인해 LISN 초크 코일(choke coil)을 통해 흐르는 전류가 중단되는 순간에는 과도현상이 발생할 수 있으며, 이러한 과도현상은 감쇠되지 않고 분석기에 직접 전달된다.

이러한 이유로 LISN과 스펙트럼 분석기 사이의 신호 케이블 안에는 과도현상 리미터(limiter)를 집어넣는 것이 필수적이다. 이렇게 하면 신호경로에 일반적으로 10 dB의 추가 손실이 더해진다. 이 손실을 LISN 자체의 변환기 인자(transducer factor)에 추가해주어야 하는데, 이는 제한기기가 정확한 임피던스를 통해 공급받아야 하기 때문이다. 이렇게 해주는 방법이 허용될 수 있는 것은 분석기 앞단(front end)에 대해 값비싼 수리비용을 지불하는 것보다는 이것이 비용이 적게 드는 방법이기 때문이다. 리미터 회로에는 일반적으로 간단한 백투백 방식의 다이오드 클리핑(back-to-back diode clipping scheme)을 사용한다. 일부 리미터에는 분석기로 전송되는 주파수 범위를 제한하는 필터가 함께 들어있기도 하다.

측정 수신기를 사용하는 경우에는 수신기의 앞단이 이미 보호되어 있으므로 리미터의 필요성이 덜 하지만 그래도 여전히 사용하는 것이 권장된다. 리미터는 한 가지 특별한 위험성을 가지고 있다. 측정 주파수 범위의 바깥에 있어서 허용기준을 적용하는 대상이 아닌 저주파 신호는 크기가 수 볼트에 달해도 법에 어긋난 것은 아니다. 이 전압에 대해 리미터는 연속적인

클리핑 동작을 수행하면서 고조파를 만들어낸다. 그러면 이 고조파는 대역 내 신호로서 잘못 측정된다. 이러한 상황이 일어날 수도 있다고 판단되면 이를 확인하기 위해 리미터 앞단에 감쇠나 추가 고역통과필터링을 추가로 달아준다.

대지접지 전류(earth current)

전원선로의 선(line)과 대지접지(earth) 사이에는 큰 값의 커패시턴스(총 12 μF 정도)가 지정된다. 이 커패시터에 230 V의 교류전압이 가해지면 안전 대지접지에는 약 0.9 A의 전류가 발생한다. 이러한 레벨의 전류는 치명적이므로 안전상의 이유로 장치는 대지접지에 확실하게 연결해주어야 한다. 이렇게 해주지 않으면 LISN의 케이스, 계측기기의 신호단자 및 시험을 받고 있는 장비(EUT) 모두에 교류전압이 걸려있을 수 있다. 이에 대한 예방조치로서 LISN을 영구 접지면에 볼트로 고정해두고 시험소에서는 여기저기 옮기지 않는 것이 좋다! 큰 대지접지 전류로 인해 발생하는 또 하나의 문제는 대지접지 누설전류(leakage current)나 잔류전류(residual current)용 회로차단기(circuit breaker)에 의해 보호되는 주전원 회로에 대해서는 LISN을 사용할 수 없다는 것이다. 이 두 가지 문제는 LISN 자체를 통한 추가 전압 강하를 고려하여 절연 변압기를 통해 주전원을 LISN에 공급하는 방법으로 해결할 수 있다(변압기의 크기가 적당한 경우).

LISN을 사용한 진단

LISN을 있는 그대로 사용하면 차동 모드[선과 선 사이(line-to-line)]와 공통 모드[선과 대지접지 사이(line-to-earth)] 방출을 구분하지 못한다. LISN은 단지 상 선로(phase line)와 대지접지 선로(earth line) 사이에 측정기를 연결하는 역할만 한다. LISN 회로(그림 7.12)를 변경하면 라이브(live) 선로의 전압과 뉴트럴(neutral) 선로 전압의 합 또는 차를 검출할 수 있는데, 이는 각각 공통모드 전압과 차동모드 전압에 해당한다[118]. 이것은 제품의 적합성 시험을 위해 반드시 측정해야 하는 것은 아니지만 제품의 주전원 포트에서 진단을 위한 시험을 할 때 매우 유용하다. 50 Ω 1:1 광대역 발룬(balun) 부품의 역할을 하는 변압기 TX1과 TX2는 선로 사이의 전압들을 서로 더하고 빼기 위해 연결이 전환된다. (또는 빠르고 상태 점검을 위한 검사에 대해서는 [12.2.1.3]절을 참조)

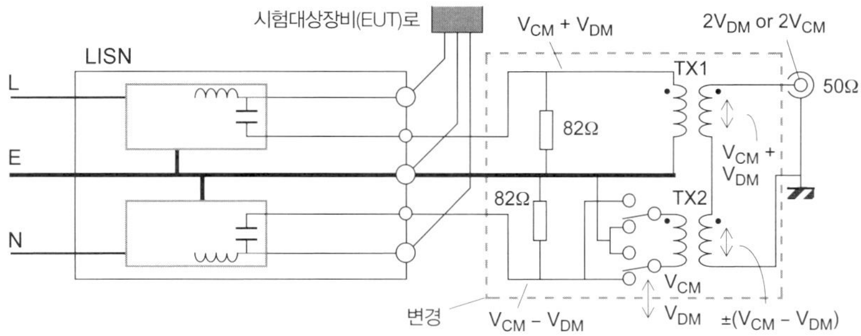

그림 7.12 차동모드 또는 공통모드를 측정할 수 있도록 변경된 LISN 회로

7.2.2.2 인공 손(Artificial hand)

몇몇 상황에서 전도성 시험에 사용해야 하는 보조 장치로 인공 손(의사 손)이 있다. 인공 손은 CISPR 16-1-2에 명시되어 있는데, 안전용 대지접지(safety earth)가 없으며 통상으로 손에 쥐고 사용하는 EUT의 시험에 이용한다. 인공 손은 사용자의 손이 측정에 미치는 영향을 모의하는(실제와 똑같게 하는) 것이다. 인공 손을 사용하는 대표적인 EUT는 전동공구, 조리용 믹서, 전화 송수화기(handset), 키보드이다. 인공 손은 금속 포일(metal foil)로 만든 일종의 띠(strip)로서, 폭은 6 cm 정도이며 1 m 길이의 도선을 통해 *C*값이 220 pF, *R*값이 510 Ω인 직렬 *RC* 회로소자에 연결된다. *RC* 회로의 반대편은 LISN의 기준 대지접지에 접지된다. 이 금속 포일로 사용자가 손으로 접촉하거나 손으로 잡는 EUT의 부분을 감싸는 것이 보통이다.

7.2.2.3 흡수 클램프 및 공통모드 흡수장치

30 MHz 이상의 방출 전자기장을 직접 측정하는 것은 물론, 연결된 케이블에서 공통모드로 발생한 방해를 측정할 수도 있다. 주로 주전원 케이블에만 연결되는 소형 장치에 주로 적용하는 표준 – 특히 CISPR 14-1/EN 55014-1 – 은 주전원 리드(lead)에 존재하는 장해 전력의 측정을 명시한다. 이 측정 방법은 시험을 하는 데 넓은 야외 공간이 필요하지 않다는 장점을 가지고 있지만, 상당히 넓은 차폐된 공간에서 시험을 해야 하고 측정 방법은 다소 까다롭다. 시험에 사용하는 변환기는 페라이트 클램프(ferrite clamp)라고 하는 흡수장치다.

페라이트 흡수 클램프는 흔히 MDS-21 클램프라고도 불리며 내성시험에 사용되는 전자기 클램프(EM clamp)와 외관은 비슷해도 실제로는 다르다. 페라이트 흡수 클램프는 가운데가 뚫려있는 2~3개의 페라이트 링으로 이루어진 전류변환기와 결합루프(coupling loop)로 구성되어 있는데, 클램프 속으로 케이블을 끼워 넣을 수 있도록 페라이트 링은 절반으로 나누어져 있다(그림 7.13). 흡수 클램프 바로 뒤에는 측정되는 주전원 케이블을 감싸서 고정시키는 페라이트 링을 추가로 배치하여 전력을 흡수하는 역할과 임피던스를 안정화하는 역할을 동시에 하게 한다. 흡수 클램프는 입력 전력에 대한 출력 전력, 다시 말해 삽입손실(insertion loss) 값으로 보정한다. 페라이트 흡수체의 사용목적은 시험 중인 리드(lead, 전원 케이블) 상에서 전류 변환기를 지나 아래쪽에서 일어나는 반사를 감쇠시키는 것이다; 이 효과가 100% 이루어지지는 않기 때문에 완전한 적합성 인증 시험에서는 최댓값을 찾아내기 위해 케이블을 따라 반파장, 즉 5 m 길이에 대해 측정할 것을 요구한다. 또한 전류변환기에서 측정기로 가는 리드(lead, 케이블)는 페라이트 링으로 감싸서 이 리드의 차폐도체에 흐르는 전류를 감쇠시킨다. 출력은 측정되는 케이블을 따라 공통모드로 흐르는 전류에 비례하므로, 이 출력은 잡음전력을 직접 측정한 것이라고 할 수 있다. 클램프는 입력 전력에 대한 출력 전력의 비를 구하여 2-포트 회로망으로 보정할 수 있다.

CISPR 16-1-3은 페라이트 클램프의 구성, 교정(보정) 및 사용에 대해 명시한다. 페라이트 클램프는 특정 인증 시험에서 사용하는 것은 물론 회로를 변경한 효과를 점검할 목적으로 단일 케이블에 대해 비교 측정을 반복해서 수행하는 데 사용할 수 있으므로 진단시험에도 적합하다.

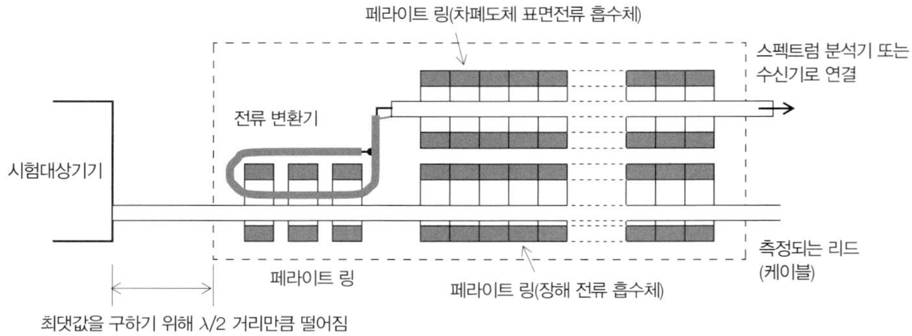

그림 7.13 페라이트 흡수 클램프

공통모드 흡수기기

클램프의 또 다른 용도로서, 방사성 방출 시험과 내성시험 모두에서 케이블에서 일어나는 공진을 감쇠하고 케이블 종단으로 인한 변동을 줄이는 데 널리 사용된다. 이 경우에는 클램프를 케이블의 맨 끝에 설치한다. 클램프를 이런 방식으로 사용하는 경우에는 클램프 출력은 아무데로도 연결하지 않는다. 이 방식은 클램프가 이미 준비되어 있는 경우에 간편하게 사용할 수 있는데, 특히 대형 스냅온(snap-on) 페라이트 슬리브 6~10개를 한 줄로 장착하여 사용하면 가장 효과적이다. 다른 방법으로는 "공통모드 흡수기기"(Common Mode Absorbing Device, CMAD)라고 하는 것을 구입해 사용할 수 있는데, 이는 페라이트 슬리브와 동일한 것이다. CISPR 22 제3판에 대한 수정(amendment) 표준 A1에서는 이 기기가 방사성 방출 시험장 밖으로 나가는 케이블에 적용된다. 적용 목적은 단순히 반대편(far-end)의 케이블 임피던스를 안정화하여 더욱 반복성이 좋은 시험을 만드는 것이었다.

이러한 좋은 목적에도 불구하고, 수정 표준은 큰 반대를 불러와 결국 폐지되었으며 후속판 표준에서는 케이블 공통모드 임피던스 안정화에 대해서는 언급하지 않고 있다. CMAD의 사용을 반대하는 여러 가지 이유들은 수정 표준의 목적에 대한 이해 부족을 보여주었다. 예를 들어, 이러한 클램프는 실제 설치에서는 결코 사용되지 않을 것이기 때문에 이를 사용하는 시험은 대표하는 시험이 될 수 없다는 주장이 제기되었다. 그러나 완벽하게 대표적이면서 동시에 완벽한 반복성을 가진 시험 설정이란 실제로 존재하지 않는다. CMAD의 장점은 EUT로부터 어떤 정해진 거리에서 높은 임피던스를 보장하여 반복성을 개선하고 동시에 이러한 임피던스가 발생하는 하나의 설치 상태를 나타낸다는 데에 있다.

수정 표준에 대한 반대 이유 중에서 타당성이 있는 것은, 당시에는 CMAD의 임피던스를 검증하는 방법이 공표되지 않았다는 점이다. 현재는 이를 검증하는 방법이 다뤄지고 있는데, CISPR 16−1−4 제3판에는 CMAD 임피던스 검증 방법이 포함되어 있다. 나는 개인적으로 방사성 시험에서 케이블 임피던스를 제어하기 위해 CMAD를 사용하는 것에 전적으로 찬성한다; 인증 시험이 이 문제를 다루기를 완강히 거부하고 있는 상황지만 그럼에도 불구하고 CMAD를 사용한다면 사전 적합성 측정을 반복하기가 더욱 쉬울 것이다.

7.2.2.4 전류 프로브

진단 검사에 유용한 또 하나의 기기가 전류 프로브(current probe)이다. 전류 프로브는 흡수체(absorber)가 없다는 점을 제외하면 흡수 클램프와 동일하다. 전류 프로브는 꽉 물어 장착하는 일종의 교정된 광대역 전류 변환기이다. 군용 규격은 케이블 묶음(cable loom)별로 각각 따로 사용하여 측정할 것을 요구한다. 통신 포트에 대한 시험 방법을 제공하는 CISPR 22/EN 55022의 후속 버전에서는 일부 시험에서 전류 프로브를 사용해야 한다. CISPR 16−1−2에는 전류 프로브의 규격이 들어있다. 전류 프로브에는 관련된 흡수체가 없기 때문에 시험대상 선로의 RF 공통모드 종단 임피던스는 임피던스 안정화 회로망에 의해 결정되는데, 이것이 선로에 전달되는 신호에 영향을 주지 않아야 한다.

페라이트 클램프와 전류 프로브는 모두 시험 중인 케이블에 직접 연결할 필요가 없고 30 MHz 미만의 주파수 범위에서는 방해를 최소로 한다는 큰 장점을 가진다. 이는 프로브에 의한 영향이 공통모드 임피던스를 약간 증가시키는 정도에 지나지 않기 때문이다. 그러나 더욱 높은 주파수에서는 선로 상의 정재파(standing wave) 때문에 프로브와 케이블 사이의 공통모드 결합 커패시턴스의 효과, 그리고 배선된 케이블 상에서 프로브의 정확한 위치가 중요해진다. 시험계획과 보고서(성적서)는 전류 프로브 케이스를 접지면에 접합하는 방법과 함께 이 위치를 정확하게 언급해야 한다. 이때 접합 성능에 따라 스트레이 커패시턴스가 달라진다.

7.2.2.5 통신 포트 전도성 방출에 대한 ISN 및 기타 방법

CISPR 22/EN 55022의 후속 버전들에서는 통신 포트 시험을 위한 조항들이 있다. 선호되는 방법은 '평형 비차폐 ISO/IEC 11801 데이터 케이블'의 특성을 모방해 설계된 임피던스 안정화 회로망(Impedance Stabilizing Network, ISN)[비대칭 의사 회로망(Asymmetrical Artificial Network, AAN)이라고도 함]을 특수하게 변형한 회로망을 사용하는 것이다. 이 회로망은 150 Ω의 공통모드 임피던스와 세심하게 제어된 종방향 손실(longitudinal conversion loss, LCL)을 가진다. LCL은 차동모드 신호에서 공통모드 장해 전류로 얼마나 변환되는지 알려주는 파라미터이다(14.1.9.1절 참조). 공표된 전류 허용기준과 전압 허용기준 모두 관련 임피던스는 150 Ω이다.

통신 포트(telecom port) 시험은 CISPR 22/EN 55022 제3판이 발행된 이래 계속 논란이 되어왔다. 근본적인 문제는 통신포트 시험이 LAN 인터페이스와 같은 포트들에 적용되기 때문에, 포트를 통과해 전달되기 위한 신호 — 즉, 100 Mb/s까지의 데이터 — 가 장해가 측정되는 주파수 범위와 동일한 주파수 범위에 있다는 점이다. 원하는 신호는 차동모드인 반면 장해는 공통모드이다. 그러므로 이더넷처럼 사용 네트워크에 의해 결정되는 주어진 데이터 진폭에 대해, 시험에서 측정하는 간섭은 적어도 부분적으로는 회로망의 LCL에 의해 결정되는데, 이 회로망은 특정 유형의 케이블을 대표하기 위한 측정에 사용된다. 측정되는 성분은 다음 두 가지이다.

- LCL에 의해 차동모드에서 공통모드로 변환되는 원하는 데이터
- 포트 설계의 결함에 의해 추가되는 외부에서 오는 모든 공통모드 잡음

물론 두 번째 성분은 통제(억제)되어야 하므로 측정이 필수적이지만 첫 번째 성분이 부적절하게 측정을 망치도록 해서는 안 된다. 따라서 LCL을 제외한 나머지 모든 파라미터들은 변하지 않으므로, 임피던스 안정화 회로망(ISN)의 LCL에 대해서는 매우 신중하게 지정을 해야 할 필요가 있다. 이 표준의 최초 버전은 이 문제와 ISN의 적정한 교정에 모두 충분한 주의를 기울이지 않았고, 따라서 문제가 정리되는 데는 시간이 걸렸다. EN 55022 제5판은 이 문제점을 바로잡았는데, [그림 7.15]에 그 LCL의 값들을 나타내었다. 한동안 이전 버전은 통신 포트 시험과 관련하여 완전한 적합성 인증 시험 항목으로는 받아들여질 수 없었다. 이 때문에 법정 이행 날짜는 계속 연기되었다.

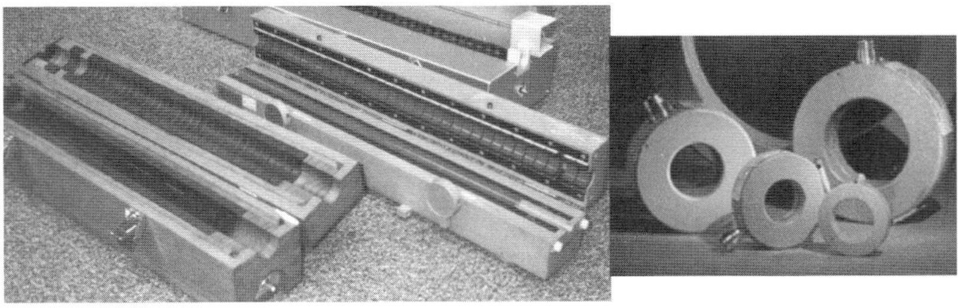

그림 7.14 흡수 클램프 및 전류 프로브

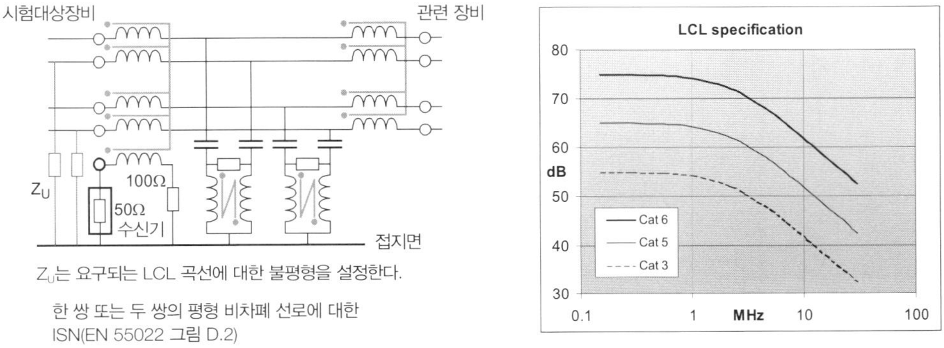

그림 7.15 ISN 회로의 예와 LCL 규격

통신포트 시험은 평형 비차폐 쌍으로 된 신호선로에 대해 지정된 파라미터를 가진 ISN을 사용하는 데는 물론, 다른 종류의 케이블을 사용하는 신호선로에도 적용된다. 이들 각각에 대해 ISN를 지정하는 것이 언제나 가능한 것은 아니다. 따라서 이 방법을 대신하는 비침습(non-invasive) 측정 방법의 필요성은 계속되었고 지금도 존재한다. 이들 시험방법은 CISPR 22/EN 55022 제5판의 부속서 C에서 설명하고 있는데, 다음과 같은 내용이 들어있다.

- IEC 61000-4-6(section.8.1.4)에 따른 전도성 내성시험에 사용되는 CDN과 같은 대체 ISN을 사용(C.1.1). 단 EUT가 CDN이 삽입된 상태에서 정상적으로 작동할 수 있어야 하며 CDN은 보정된 최소 LCL을 가지고 있어야 함.
- 차폐 케이블의 경우, 페라이트 감결합기(ferrite decoupler)와 함께 차폐도체의 바깥 표면에 150 Ω 부하를 사용(C.1.2)
- 전류 프로브와 용량성 전압 프로브를 조합하여 사용하고, 그 결과를 전류 및 전압 허용기준 모두와 비교(C.1.3)
- 전류 프로브만 사용하되, 프로브의 관련 장비 측 공통모드 임피던스는 각 시험 주파수에서 페라이트 감결합기로 명확하게 150 Ω으로 설정(C.1.4)

다양한 방법들이 [그림 7.16]에 설명되어 있다. 표준 자체에서 "C.1.4의 방법을 C.1.3의 방법과 조합하면 각각의 단점들로 인해 크게 고생하지 않고 두 가지 방법의 장점을 모두 이용할 수 있다"고 언급할 정도로 C.1.4의 방법이 번거롭기는 하지만, 그래도 CISPR 22/EN 55022 제5판에서는 이전 판에 견주어 개선이 이루어졌다. 그래도 사실, C.1.4 방법은 가능한 한 피하는 것이 현명하다. CISPR 22/EN 55022 제6판에서는 C.1.4를 완전히 없앴다. 이것의 후속 표준인 CISPR 32는 더욱 규범적(명시적)이다; 이 표준은 특정 유형의 케이블 포트에 사용하는 절차를 명시하는 표(표 C.1)를 가지고 있다. 이들은 다음에서 설명하는 C1.1, 1.2, 1.3을 수정 · 보완한 버전이며, C.1.4는 어디에서도 찾아볼 수 없다. C.1.3가 가진 특이한 사항으로는 전류 측정과 전압 측정을 모두 허용기준과 비교하고 전류측정 결과에 따라 전압 측정을 조정한다는 점이다. 몇몇 상황에서는 CDN을 사용하는 것이 가능하지만 IEC 61000−4−6에 따른 대체 기기인 ISN으로서의 CDN에 대한 언급은 더 이상 존재하지 않는다.

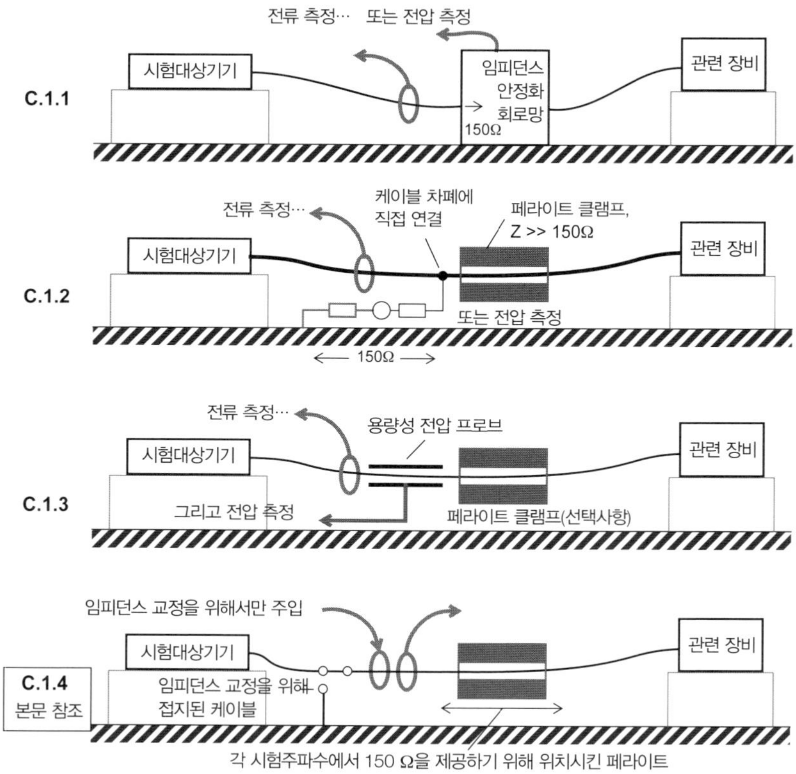

그림 7.16 여러 가지 통신 포트 측정 방법 (CISPR 22 제5판)

7.2.3 근거리장 프로브

제품에서 방출을 일으키는 발생원을 물리적으로 찾아내야 할 필요가 있는 상황은 매우 자주 일어난다. 이 경우에 근거리장 프로브[near field probe, "탐지 프로브(sniffer probe)라고도 함] 세트가 사용된다. 이런 이름으로 불리는 것은 이 프로브가 근거리장에서 전기장과 자기장의 강도를 검출하기 때문이다. 전기장과 자기장을 각각 따로 검출하기 위해서는 전기장 프로브(짧은 막대 구조)와 자기장 프로브(루프 구조), 이렇게 두 가지 종류가 필요하다. 동축 케이블을 써서 자신에게 알맞은 프로브를 직접 만들어 사용할 수 있을 정도로 그 구조가 간단하지만(그림 7.17) 교정된 프로브 세트를 구입해 사용할 수도 있다. 그림에 표시된 "개선된" 자기장 프로브는 전기장이 측정되는 것을 막기 위해 평형(balanced) 구조로 된 차폐구조로 되어 있다. 주파수 영역을 보여주는 화면에 나타내려면 스펙트럼 분석기에 연결하고, 시간영역을 보여주는 화면에 나타내려면 오실로스코프에 연결하면 된다. 어느 경우이든 적절한 감도를 유지하기 위해서는 전기장 프로브는 높은 임피던스를 갖는 입력에 연결되어야 한다.

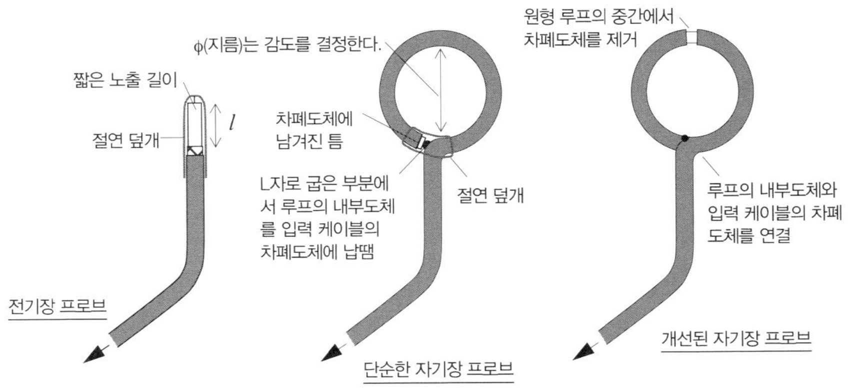

그림 7.17 손수 제작할 수 있는 근거리장 프로브

프로브의 감도와 공간상 정확도 사이에는 상충관계(trade-off)가 있다. 프로브가 작을수록 발생원을 더욱 정확하게 찾아낼 수 있지만 감도가 떨어진다. 저전력 회로에 대해 프로브를 사용하는 경우에는 전치증폭기로 감도를 높일 수 있다. 양호한 자기장 프로브는 전기장에는 반응을 하지 않으며 양호한 전기장 프로브는 자기장에 반응하지 않는다. 즉, 전기장 프로브는 dv/dt가 큰 노드를 감지하지만 전류경로는 감지하지 못한다. 반면에 자기장 프로브는 di/dt가 큰 전류경로는 감지하지만 전압 위치는 감지하지 못한다.

근거리장 프로브는 전자기장 강도에 대한 출력 전압 값으로 보정할 수 있다 – 루프(loop)의 경우, 전압은 패러데이 법칙인 $V = A \cdot dB/dt$에 의해 주어지며, 로드(rod)의 경우, 변환(안테나 인자)은 로드의 길이 l을 1 m로 나눈 값이다. 따라서 로드로 어떤 아이템을 측정하고 있는 것은 로드(안테나인자)와 아이템(일반적으로 알 수 없음) 사이에 커패시턴스가 연결된 것으로 볼 수 있다. 그러나 이러한 값들은 주의해서 사용해야 한다. 근거리장서는 발생원의 유형에 따라 전기장 또는 자기장 중 하나가 지배적이므로 측정값을 (야외시험장에서 측정하는)

원거리장 강도로부터 직접 추정[5](extrapolation)해낼 수가 없다. 방사하는 발생원들의 총합은 근거리장과 원거리장이 서로 다를 것이며, 프로브 자체가 자신이 측정하고 있는 전자기장을 왜곡시킬 것이다. 더 중요한 것은 인쇄회로기판(PCB)에서 발견한 특정한 "핫스팟(hot spot)"이 실제 방사 위치라고 생각하지만 실제로 방사는 케이블이나 복잡한 경로를 통해 이 핫스팟과 결합하는 다른 구조물에서 이루어지는 일이 종종 있다는 사실이다. 프로브는 절댓값을 측정하는 용도가 아닌 추적이나 비교 목적에 더욱 적합하다.

7.2.3.1 근거리장 주사장치

평면 주사장치(planar scanning device)는 근거리장 프로브를 특정한 용도로 구현한 것으로 예를 하나 들어보면 EMSCAN이 있다. 이것은 캐나다의 벨 노던 리서치사(Bell Northern Research)에서 개발하여 특허를 받은 장치로, 현재 캐나다의 이엠스캔사(EmScan)에 의해 판매되고 있다. 이 장치의 기본적 구조는 다층 PCB 상에 격자 형태로 배열된 작은 근거리장 전류 프로브를 평면에 배열한 것이다[26]. 각 전류 프로브의 출력은 소프트웨어 제어를 통해 스펙트럼 분석기로 전달되고, 분석기의 출력은 제어 워크스테이션에서 그래픽 형태의 화면으로 제공된다.

또 다른 방법은 단일 프로브의 위치를 스테핑 모터(stepper motor)를 사용하여 X-Y 플로터와 같은 방식으로 제어하는 방식이다. 이 방식을 채택한 장치가 스웨덴의 디텍터스사(Detectus)에서 판매되고 있다. 이 장치는 어떤 유형의 프로브(예를 들어, 열 프로브)라도 장착하여 사용할 수 있고 3차원으로 이동할 수 있다는 장점이 있지만, 물리적으로 위치를 옮겨야 하므로 훨씬 느리다.

이 장치는 주사장치 위에 놓인 인쇄회로기판 내에서 준-순시 RF 순환 전류의 분포를 2차원 그래프로 제공하는 데 사용된다. 이 장치는 기판의 어느 특정 위치에서 주파수에 따른 근거리장 진폭 그래프, 또는 주어진 주파수에서 전류 분포를 x-y 좌표 지도(map)형태로 제공할 수 있다. 이 장치는 설계자에게는 검사 중인 PCB에 대해 취한 개선 조치의 효과를 빠르고 반복성있게 보여줄 수 있는 반면, 생산 품질보증에서는 배치샘플(batch sample)들을, 알고 있는 양호한 표준과 비교, 평가하는 데 사용할 수 있다.

5 (옮긴이) 실험에서 얻은 데이터로부터 아직 실험하지 못한 경우를 예측하는 것. 수학적으로는 보간(내삽,interpolation과 외삽(extrapolation)의 두 가지가 있다. 보간은 특정한 두 점 안쪽에 놓여있는 점의 값을 구하는 방법이고, 외삽은 특정한 두 점 바깥에 놓여있는 점의 값을 구하는 방법이다.

7.2.4 방출 시험용 GTEM

방사성 RF 내성시험에서 GTEM의 사용은 [8.1.1.5절]에서 다룬다. 또한 몇 가지 사항에 주의하면 방출시험에도 사용할 수 있다. GTEM은 연속적으로 폭이 점점 좁아지는 구조로 된 사방이 막혀있는 특수 전송선로의 일종이다. GTEM은 광대역 RF 부하에 종단되어 있으며 내부 공간에는 TEM(transverse electromagnetic mode, 횡 전자기 모드) 전자파가 형성된다. 이러한 구조로 인해 공진이 일어나지 않으며 DC에서 1 GHz를 훨씬 넘어서까지 평탄한 주파수 응답을 가진다. 이 전송선로 내부에 배치된 EUT는 GTEM과 매우 잘 결합되어서 EUT에서의 방사성 방출은 GTEM 셀의 출력에서 직접 측정할 수 있다. GTEM 내부에 형성된 전자파의 모드가 TEM이므로 이는 전자파가 원거리장 상태임을 말해준다. 따라서 TEM 전자파 전파를 제공해야 하는 모든 시험환경에는 GTEM 사용이 대체 방법으로 허용될 수 있다. GTEM 기법의 큰 장점으로는 안테나나 시험장이 필요 없고, 단일 스위프로 전체 주파수 범위를 처리할 수 있으며, 주변잡음(ambient noise)이 제거된다는 것을 들 수 있다.

그러나 인증 시험은 측정결과가 OATS에서 시험하는 경우에 나오는 결과와 동일한 결과가 나오도록 방사성 방출 측정을 수행할 것을 요구한다(7.3절 참조). 이를 위해서는 GTEM 측정과 OATS 결과에 상관관계가 있어야 한다. 이 작업은 소프트웨어에 의해서 이루어지며 그 모형(model)은 참고문헌[155]에서 처음 설명되었다. 실제로, GTEM 셀 내에서는 세 개의 직교 방향마다 한 번씩 EUT에 대해 총 세 번의 주사(scan)가 이루어진다. 그런 다음 소프트웨어는 각 주파수에서 미소 등가 전기 다이폴 모멘트(electric dipole moment) 및 자기 다이폴 모멘트(magnetic dipole moment)를 도출한 다음, 이들 다이폴들로부터 적절한 시험 거리에서 원거리장 방사를 재계산한다.

이 모형의 한계는 "전기적으로 작은(electrically small)" EUT에만 적용된다는 점이다. 즉, EUT의 사이즈가 파장과 비교하여 작아야 한다. 이 모형에서는 연결 케이블들이 특별한 문제를 일으킨다. 그 까닭은 연결된 케이블들이 주요 방사 구조를 형성하는 경우가 많으며, EUT 자체가 전기적으로 작더라도 케이블이 전기적으로 작은 경우는 드물기 때문이다. 케이블이 없는 소형 EUT에 대해서는 양호한 상관관계가 있는 것으로 실험을 통해 확인되었지만[40][116], 대형 EUT 또는 연결된 케이블이 있는 EUT가 측정될 경우에 상관관계가 나빠진다.

현재 TEM 셀 내에서 방출과 내성 모두를 측정하는 표준은 IEC 61000-4-20[172]이다. 이 표준은 OATS 상관관계에 대해 더욱 상세히 언급하고 있다. 또한 방사성 시험을 위해 GTEM 셀을 포함, 모든 유형의 TEM 셀을 사용하는 것과 관련한 사항들에 대해 자세한 상세한 설명을 제공한다. 하지만 그 한계에 대해서도 제6절(Clause 6)에서 다음과 같이 분명히 언급하고 있다.

6.1 소형 EUT

EUT의 케이스에서 가장 큰 치수가 가장 높은 시험 주파수에서 한 파장(예: 1 GHz에서 λ = 300 mm)보다 작거나 EUT에 연결된 케이블이 없는 경우, 이 EUT는 '소형 EUT'로 정의된다. 그렇지 않은 다른 모든 EUT는 '대형 EUT'로 정의된다.

6.2 대형 EUT

다음과 같은 EUT는 대형 EUT로 정의된다.

- 외부로 나가는 케이블이 하나 이상 있는 소형 EUT
- 외부로 나가지 않는 케이블이 하나 이상 연결된 소형 EUT
- 케이블의 유무와 상관없이 가장 높은 시험 주파수에서 한 파장보다 큰 치수를 갖는 EUT
- 외부로 나가지 않는 상호연결 케이블을 가진 시험 구성에 배치된 소형 EUT들의 집합

이 표준은 이어서 방출 시험에 대한 "안내 목적"으로, "대형 EUT의 적합성 인증시험에 대해 다음 절차가 제안되었다"고 기술하고 있다(그 다음 절차가 수용되었는지는 여부는 언급하지 않음). 절차에는 "특정 EUT 형식"에 대한 다수의 OATS 측정과 다수의 TEM 셀 측정을 통계적으로 비교하는 것이 포함된다. 비교 결과, 두 측정 사이에 3 dB보다 양호한 상관관계가 있으면, 해당 제품 형식에 대해서는 TEM 셀 방법을 허용한다. 별로 놀랄 일은 아니지만, 이 방법을, 적합성을 선언하는 현실적인 방법으로 생각하는 시험소는 거의 없다. 다른 말로 하면, 사실상 모든 실제 EUT는 현재 버전으로는 처리할 수 없다.

실제로 GTEM은 케이블이 없는 소형 EUT를 시험하는 데 유용한 장치로, 집적회로에서의 직접 방출을 측정하는 것과 같이 몇 가지 특수한 경우에 적용할 수 있다. 기본표준(basic standard)의 하나인 IEC 61000-4-20은 특정 장비나 시스템에 적용하는 시험을 명시하지 않는다. 그 대신, 이 표준은 연관이 있는 모든 제품 위원회에 일반적인 기준을 제공하려는 의도로 작성된 것으로, 이 표준에 대한 인기는 기존의 제품 방출 표준들이 이 표준을 얼마나 광범위하게 참조하는가에 달려 있을 것이다. OATS 상관관계는 몇 가지 형식의 EUT에 대해서만 완전한 적용가능성이 제한되므로 EMC 시험에서 몇몇 틈새 분야가 아니면 GTEM이 쓰일 가능성은 낮다. 한편, 영국 국립물리연구소(National Physical Laboratory, NPL)의 전자기표준그룹(Electromagnetic Metrology Group)은 IEC 61000-4-20 측정의 실용성을 확장하는 GTEM에 대해 모범 관행 안내서(Best Practice Guide)[110]를 발간했다. GTEM을 사용하는 사람이면 누구라도 이 두 가지 문서를 참고자료로 가지고 있어야 한다.

7.3 시험장 및 시설

7.3.1 방사성 방출

7.3.1.1 CISPR 야외시험장

CISPR 기반 표준의 경우 방사성 방출 적합성시험에 대한 기준은 야외시험장(Open Area Test Site, OATS)이다. 최소 표준 OATS의 특성은 CISPR 22/EN 55022 및 CISPR 16-1-4에 정의되어 있으며, 시공에 대한 일부 지침은 ANSI C63.7[228]에 제시되어 있다. 이러한 시험장은 방출기(emitter)와 측정 안테나 사이에 통제(제어)된 RF 감쇠 특성["시험장 감쇠(site attenuation)"로 알려져 있음]을 제공한다. 측정에 영향을 주지 않도록 시험장 근처에는 RF를 반사할 수 있는 물체가 없어야 한다. 최초 CISPR 시험장 치수는 [그림 7.18]에 나타나 있다.

타원으로 된 영역은 평평해야 하고 가공선(overhead wires)을 포함하여 어떠한 반사 물체도 없어야 한다. 실제로 각기 다른 시험장들 사이에 양호한 반복성이 존재하기 위해서는 주변에 반사 물체가 없는 상당히 넓은 영역이 있어야 바람직하다. 따라서 제어 및 시험 계측기기가 설치된 공간은 시험장으로부터 어느 정도 떨어져 있어야 한다. 다른 방법은 지하실을 파거나(부지의 지하수면(water table)이 이를 허용하는 경우), 기존 건물의 평평한 지붕을 시험장으로 활용하고 이렇게 만들어진 공간을 접지면(ground plane) 바로 아래에 두는 것이다. 통째로 된 커다란 표면은 문제가 될 수 있지만, 대부분이 비전도성 재료로 만들어진 가구에 부착된 문 경첩, 문 손잡이, 지상의 조명기구, 볼트와 여러 가지 금속 장식들처럼 아주 작은 금속 조각들은 별문제가 되지 않을 것이다. 시험장은 주차장 바로 옆에 두어서는 안 된다!

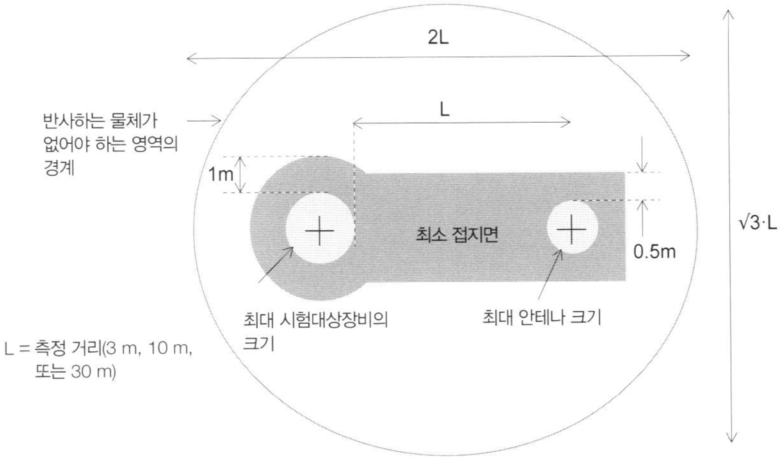

그림 7.18 CISPR 야외시험장

접지면(ground plane)

실제 땅의 표면에서 반사가 일어나는 것은 피할 수 없기 때문에 접지면의 사용을 통해 이러한 반사를 규격화한다. 최소 접지면 크기는 [그림 7.18]에 나와 있다. 다시 말하지만, 이 치수 이상으로 넓게 만들면 이론에 더욱 가까운 시험장 감쇠를 얻을 수 있다. 가장자리에서 일어나는 산란은 측정에 상당한 부정확성을 가져오는데, 시험영역의 가장자리 부분이 주변 토양 속으로 들어가게 끝처리를 하면 산란을 줄일 수 있다[97]. 접지면 공사에는 세심한 주의가 필요하다. 균일한 금속판을 서로 용접해서 만드는 것이 가장 좋지만 시험영역 전체를 이렇게 하는 것은 비실용적일 수 있다. 이 경우에는 도체를 접합하여 만든 도선그물망(wire mesh)이 적합한데, 이를 사용하면 배수가 잘 되며, 적절한 장력을 갖도록 제작하면 고온에서 뒤틀림이 생기는 것을 막을 수 있다. RF의 경우 최고 주파수에서 0.1λ(즉, 1 GHz의 경우 3 cm)보다 사이즈가 큰 빈 공간이나 틈이 없어야 한다. 보통의 도선그물망은 도선들이 서로 겹쳐지는 부분들을 접합(bond)하지 않은 경우에는 사용하기에 적합하지 한다. CISPR 16−1−4는 접지면의 표면 거칠기가 4.5 cm보다 좋아야 한다고 제시하고 있다. 어떤 종류의 손실 유전체도 표면을 덮고 있으면 안 된다. 바닥 페인트는 허용되지만 이것 말고는 아무 것도 안 된다.

측정 거리

EUT와 수신 안테나 사이의 측정 거리에 따라 시험장의 전체 규모(치수)가 정해지므로 결국 자동적으로 건설비용도 결정된다. 일반적으로 명시되는 거리는 3 m, 10 m, 30 m의 세 가지인데, 30 m는 실제로는 거의 사용되지 않는다. CISPR 22/EN 55022 및 관련 표준에서 측정거리는 EUT의 경계와 안테나의 기준점 사이로 정의된다. 허용기준은 보통 10 m 거리를 기준으로 명시되지만, 10 m에서 측정한 레벨이 3 m에서 측정된 레벨보다 10.5 dB 낮게 나온다는 가정 하에 3 m 거리에서 시험을 실시할 수 있다(전자기장 강도는 1/d에 비례 한다). 이러한 가정은 3 m의 거리가 근거리장에 가까워지는, 전체 측정 주파수 범위의 아래쪽 주파수 근처에서는 완전히 유효하지는 않다. 실제로 그동안 여러 시험소에서 얻은 경험에 비춰보면 1/d의 이론적 선형 관계는 실제 측정을 통해 얻은 결과에 견주어 낙관적이다. 그럼에도 불구하고 측정거리가 큰 경우에 소요되는 비용 때문에, 특히 밀폐된 챔버(chamber)에서는 3 m 거리 측정이 널리 사용된다.

기상 대책

야외 방출 시험에 영향을 미치는 주요 환경 요인은 날씨(weather)이다. 특히 북유럽 기후에서는 더더욱 그렇다. 악천후에도 시험을 계속할 수 있도록 날씨에 의한 영향은 막으면서 RF(전파)는 그대로 통과시키는 구조로 EUT를 덮어야 한다. 비용이 적게 드는 구조는 EUT만 덮을 수 있는 구조이지만 시험 영역 전체를 덮을 수 있도록 구조를 만들 수도 있다. 경우에 따라서는 3 m 영역은 전체를 덮으면서 완전한 10 m 시험을 위해 접지면을 외부로 확장하고 안테나를, 덮힌 영역 안에서 밖으로 이동할 수 있게 하는 절충 해법을 채택하기도 한다. 재료로는 유리섬유(fiberglass)가 가장 좋다. 일부 목재류는 반사계수가 놀라울 정도로 높고[99] 수분 함량에 따라 반사계수가 달라지기 때문에 목재는 별로 쓰이지 않는다. 비가 내리는 중이나 비가 그친 후 젖은 표면에서 반사율이 증가하는 점을 감안해야 한다. 또한 비와 눈이 빨리 흘러내릴 수 있게 하는 가파른 지붕 디자인도 고려해야 한다.

7.3.1.2 시험장 검증: NSA

시험장 감쇠(site attenuation)는 시험장에 정해진 측정거리만큼 두 개의 안테나를 서로 떨어뜨려 놓고 그 중 한 안테나는 송신을 하고, 나머지 안테나는 명시된 범위 사이에서 높이를 스위프(sweep)하면서 수신을 할 때, 두 안테나 단자 사이에서 측정된 삽입손실(insertion loss)을 말한다. 이때 두 안테나의 편파는 서로 동일해야 한다. 시험장 감쇠는 측정을 수행하는 각 주파수에서 감쇠 값을 dB 단위로 나타낸다. 이 값에서 송신 안테나 인자(antenna factor)와 수신 안테나 인자를 빼면 정규화 시험장 감쇠(Normalized Site Attenuation, NSA)를 얻을 수 있다. 정규화 시험장 감쇠는 안테나 또는 계측기기와 무관한 오직 시험장의 성능만을 나타낸다.

NSA 측정은 수평편파와 수직편파, 모두에 대해 수행되며, 송신 안테나는 (광대역 안테나의 경우) 1 m 높이에 위치하며 수신 안테나는 적절한 높이 범위 안에서 스위프된다. CISPR 표준은 3 m 시험장과 10 m 시험장에 대해 1～4 m 높이 사이를 주사(scan)하도록 명시하고 있다. 높이 주사(scan)의 목적은 엄밀한 의미의 시험에서처럼(7.4.2절), 직접파와 접지면 반사파가 서로 상쇄(소멸) 간섭을 일으켜 널(null, 0)이 나타나는 경우를 측정결과에서 제거하기 위함이다. 여기서 주의할 것은 이러한 높이 주사는 NSA 측정시험이나 방사성 방출시험에서 발생원에서 '직접' 방출되는 신호의 높이에 따른 변화를 측정하거나 수용하기 위한 것이 아니라는 사실이다.

[그림 7.19]에 NSA 교정에 사용되는 구조와 장치의 구성을 나타내었다. 그림에서 [1]점과 [2]점이 연결된 상태에서 신호를 기록하여 V_{DIRECT}를 얻고, 이어서 안테나의 높이 주사를 통해 안테나를 V_{SITE}를 얻는다. 그러면 NSA[dB]는 다음 식으로 주어진다.

$$NSA = V_{DIRECT} - V_{SITE} - A_{FT} - A_{FR} \tag{7.6}$$

여기서 A_{FT}와 A_{FR}은 각각 송신 안테나의 안테나 인자와 수신 안테나의 안테나 인자이다.

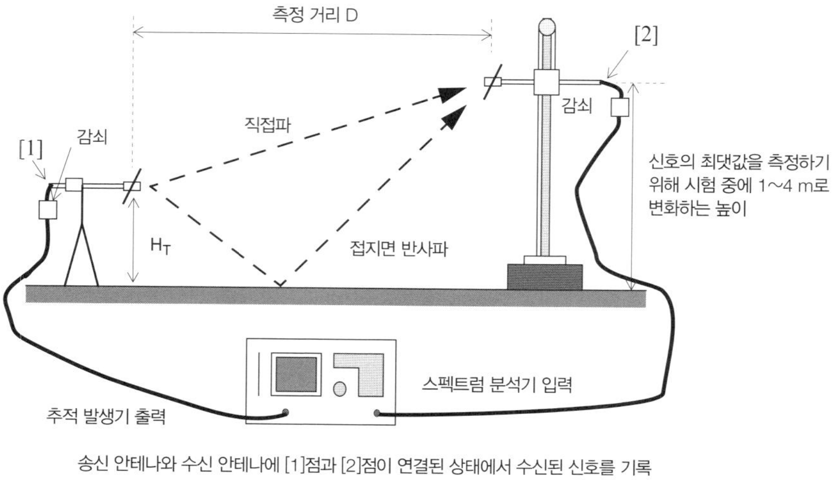

그림 7.19 NSA 측정을 위한 구조와 장치구성

CISPR 16-1-4 표준과 관련 표준들은 다음과 같이 기술하고 있다.

> 측정된 수직편파 NSA와 수평편파 NSA가 정규화 시험장 감쇠 이론값의 ±4 dB 이내이면, 측정 시험장은 허용 가능한 것으로 간주된다.

그리고 이어서 각 구조와 편파에 대해 주파수에 따른 이론값이 수록된 표를 제공하고 있다(수평편파와 수직편파에 대한 지면의 반사계수가 다르기 때문에 수평편파와 수직편파의 이론값은 서로 다름). 이 표의 값이 실제 시험장을 판단하는 기준이다. [7.3.1.1절]의 설명은 이러한 기준에 도달하는 방법을 나타내고 있다. 이 기준을 충족하는 모든 시험장은 적합성 인증 시험을 목적으로 사용할 수 있다. 반대로 ±4 dB 기준을 충족하지 않는 시험장은 아무리 잘 구성되어 있어도 적합성 인증 시험 목적으로는 사용할 수 없다. 이론값과의 편차는 특정 시험장의 성능을 "개선"하기 위한 "보정계수(correction factor)"로 사용할 수 없다는 점에 유의해야 한다. 그 까닭은 NSA는 특정 방출원과 관련이 있고 시험 중인 실제 장비에 대한 시험장 감쇠 특성이 상당히 다를 수 있기 때문이다.

±4 dB 기준을 선택하는 데 있어서 CISPR은 (안테나 인자, 신호 발생기 및 수신기, 케이블 등으로 인한) 계측기기 불확도가 전체의 3/4을 차지하고, 시험장 자체가 이상적 NSA에 대해 ±1 dB 이내일 것으로 예상할 수 있다고 가정한다. 이것은 NSA 측정을 수행하는 방법에 중대한 영향을 미친다. 계측기기 불확도를 가능한 한도까지 줄이면 시험장이 허용 가능으로 판명될 확률을 상당히 높일 수 있다. 반대로, 측정방법이 가정한 것보다 더 큰 불확도를 가지고 있다면, 완벽한 시험장이라도 기준을 충족하지 못할 것이다. NSA 교정을 수행하는 방법에 많은 주의를 기울여야 한다는 사실은 너무나 확실하다. 중요한 측면들은 다음과 같다.

- 안테나 인자 – 자유공간이 아닌 방법의 기하학적 구조에 적합
- 안테나 평형과 케이블 배치 – 안테나 케이블의 영향을 최소화
- 임피던스 부정합 – 각 안테나의 감쇠기 패드(attenuator pad)를 사용하여 부정합 오차를 최소화

7.3.1.3 차폐 챔버에서의 방사성 방출 측정

야외시험장은 특히 유럽의 관점에서 보면 주변(배경, ambient) 방사성 신호와 악천후라는 두 가지 중요한 단점이 있다. 실내 환경은 [7.5.2.5절]에서 다시 논의한다. 이러한 단점으로 인해 보호된 시설, 특히 차폐 챔버(screened chamber)의 사용이 선호되고 있다.

표준 CISPR 야외시험장(Open Area Test Site, OATS)의 대체 시험장들은, 그 사용으로 인해 발생하는 오차 때문에 결과가 무효가 되지 않는다면 사용이 허용된다. 예상할 수 있듯이, 대체 시험장에 대해 NSA 측정을 수행함으로써 이들의 적정성 여부를 판단한다. 하지만 여기에다, 가장 큰 EUT가 점유하게 될 공간(부피)에 대해 NSA를 검사해야 하는 요건이 더해진다. 이를 위해서는 최대 20번(2×5×2)까지 개별 NSA 스위프(sweep) — 2개의 높이에 대해 각각 수평면(중심, 왼쪽, 오른쪽, 앞, 뒤)에서 5개의 위치, 이를 수평편파와 수직편파 각각에 대해 — 가 필요하다. 허용기준은 이전과 마찬가지로 어떤 측정값도 이론적 시험장 감쇳값에서 ±4 dB를 초과하지 않아야 한다.

방사성 측정을 위한 흡수체 처리가 되어있지 않은 차폐 챔버에서는 6개의 표면 모두에서 반사가 발생하며 EUT에서 측정 안테나로의 시험장 감쇠 성능이 상당히 저하된다는 문제가 생긴다[83]. 주어진 경로에 대해 진폭 변동이 30 dB를 쉽게 초과하는 널(null)과 피크(peak)가 좁은 주파수 간격으로 계속해서 나타날 것이다. 또한 중요한 것은 서로 다른 경로에 대해서도 경로마다 각기 다른 널(null)과 피크(peak) 패턴이 나타날 것이라는 점인데, 챔버 내부에서의 작은 변화에 의해서도 이 패턴이 바뀔 수 있기 때문에 이러한 변동을 바로잡을 가능성은 실제로 없다. 벽면에 흡수체가 부착되지 않은 차폐 챔버 내에서 방사성 방출을 찾아내야 하는 경우, 방출이 존재하는 주파수는 찾을 수 있지만 이러한 방출의 진폭에 대해서는 어떤 확실한 결론을 내릴 수 없다는 점을 이해한 상태에서 방출을 조사해야 한다.

차폐 챔버에서 정확한 측정을 하기 위해서는 벽과 천장에서 일어나는 반사를 감쇠시켜야 한다. 시험방법은 접지면의 반사를 포함하기 때문에, 바닥은 반사가 일어나는 성질을 유지하고 있어야 하는데, 이러한 유형의 챔버를 "반무반사실(semi-anechoic chamber)"이라고 한다. 반무반사실은 바닥을 제외한 모든 벽면에 전파흡수체(Radio Absorbing Material, RAM)를 부착하여 최종 완성된다. RAM의 종류로는 페라이트 타일(ferrite tile), 탄소 함유 폼 피라미드(carbon loaded foam pyramid) 또는 이 두 가지의 조합을 들 수 있다. 이들 재료를 사용하

면 ±4 dB의 공간 NSA 요건을 충족하는 챔버를 건설하는 것이 가능하다. 이것이 가능하다는 사실은 그동안 이러한 챔버들을 매우 많이 구축하고 설치해온 많은 경험들이 말해주고 있다. 문제는 이 두 RAM 재료들이 모두 비싸서, RAM이 설치된 챔버의 비용은 최소 두 배로 증가할 것이라는 점이다. [표 7.2]는 세 가지 방법의 장단점을 비교한 것이다.

챔버에 흡수체를 부분적으로 부착하는 것도 가능하지만 이는 불완전한 결과를 가져온다 [27][59]. 그렇지만 이 방법은 사전 적합성 시험을 위해서 사용할 수는 있다. [그림 7.20]은 요구되는 기준을 크게 벗어나긴 해도 흡수체가 하나도 부착되지 않은 챔버에 비해 NSA가 훨씬 양호한 챔버의 예를 보여준다.

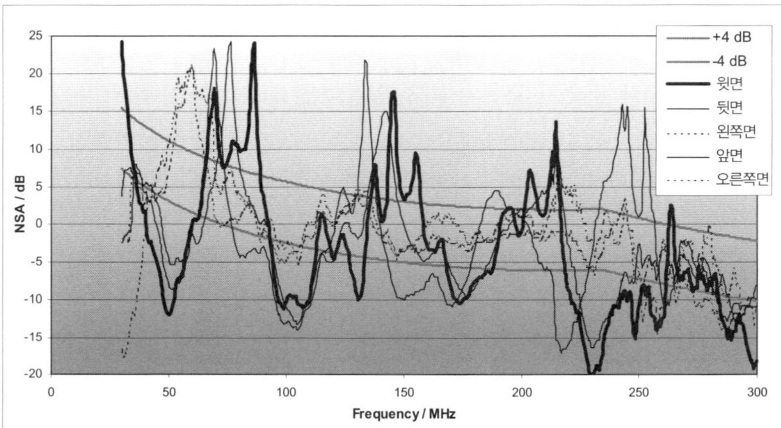

그림 7.20 흡수체 부착면에 따른 챔버의 NSA(수직 편파, 높이 1m)

표 7.2 흡수체 재료의 비교

	페라이트 타일	피라미트 폼	하이브리드
크기	챔버 내부 공간을 별로 차지하지 않음	챔버 내부 공간을 상당히 차지함	챔버 내부 공간을 약간 차지함
중량	무거움; 천장 보강 필요	보강 불필요	무거움; 천장 보강 필요
고정	필수사항 – 틈이 없어야 하며 견고하게 고정해야 함	특별한 사항 없음	필수사항 – 틈이 없어야 하며 견고하게 고정해야 함
내구성	튼튼함, 화재 위험 없음, 깨질 가능성	끝부분이 손상되기 쉬움, 화재 위험성 있음, 보호 가능	약간의 손상 및 화재 가능성
성능	중간 주파수대역에서는 양호, 양쪽 가장자리 대역에서는 불량	고주파에서는 양호, 저주파에서는 불량	전체 주파수 범위에서 최적화 가능

전자파 완전무반사실(Fully Anechoic Room, FAR)

지금까지 살펴본 챔버들은 모두 반사 접지면과 높이 주사(scan)를 사용하여 야외시험장(OATS)의 특성을 그대로 모방한 것들이었다. 이러한 점 때문에 이들 챔버들은, OATS를 대체하여 OATS와 동일한 표준에 따라 완전히 동일한 방식으로 사용할 수 있다. 그렇지만 OATS가 방사성 방출을 측정하는 최적의 방법인지에 관해 제기되는 의문은 피해가고 있다.

사실 이 방법들이 최적의 방법은 아니다. 야외시험장을 사용하는 방법들은 유럽에 견주어 주변신호(ambient signal)로 인한 어려움과 날씨로 인한 문제가 덜 심각한 미국에서 실제 시험 구성을 할 때 지면과 가깝게 배치해야 하는 요건을 처리하기 위한 방법으로 처음 제안된 것이다. 그러나 흡수체 재료의 개발로 바닥에도 흡수체가 있으면서 ±4 dB의 공간(volumetric) NSA 기준을 충족하는 소형 전자파 완전 무반사실(Fully Anechoic Room, FAR)을 건설하는 것이 상당히 실용적이면서 비용대비 효과가 좋은 방법이 되었다. 전자파 무반사실에서 실현할 수 있는 환경은 자유공간(free space)에 가깝다. 가장 중요한 장점은 접지면이 없기 때문에 안테나 높이 주사(scan)가 필요하지 않다는 것이다. 이는 시험에서 불확도를 일으키는 주요원인을 제거하며(7.5절 참조) 일반적으로 더 빠르고 정확한 측정을 가능하게 한다.

현재는 전자파 완전무반사실(FAR)에서의 시험 방법을 규정하는 표준과 무반사실 자체가 충족해야 하는 세부 기준이 있다. 이것들은 결국 (FAR의 유효성을 기술하는) CISPR 16−1−4[181]의 수정표준과 (시험 방법을 기술하는) CISPR 16−2−3[182]의 수정표준의 조합으로 나타났다. 앞으로 한동안은 표준 CISPR 시험 방법과 공존해야 할 것이기 때문에, 가능한 한 OATS 방법에 견줄만한 결과를 만들어내는 것을 보장하기 위해, 표준의 개발을 둘러싸고 많은 관심이 있어왔다. 이를 위해서는 허용기준 레벨(제한치)을 어떻게 조정해야 할지를(반사신호의 제거로 인해) 신중하게 검증하고 시험장 밖으로 나가는 케이블(off-site cable)의 종단을 적절한 방법으로 처리할 필요가 있다. 위의 두 문서 모두에 방출 허용기준은 설정되어 있지 않다.

7.3.1.4 1 GHz 이상 시험용 챔버

앞에서는 1 GHz까지의 방사성 측정에 대해 언급했지만, 이 주파수 이상의 범위에서 측정을 하는 데 필요한 설비를 정의할 필요도 있다.

1 GHz 이하에서 사용하는 것과 동일한 차폐 챔버를 사용할 수 있지만, 1 GHz 이상의 경우에는 CISPR 16−1−4에서 설명하는 시험장 정재파비(Site Voltage Standing-Wave Ratio, S_{VSWR})라는 파라미터를 측정하여 시험장 검증을 수행해야 한다. 검증 방법은 시험장, 수신 안테나, 시험 거리 및 접지면 상에 배치된 흡수체의 명시된 조합에 대해 주어진 시험 공간을 평가한다. 시험을 위해 놓여있는 수신 안테나 기둥(mast)과 회전 테이블(turn table)처럼 시험 공간 내에 있는 물체의 영향은 S_{VSWR} 절차에 의해 평가되고 그 절차 속에 포함된다. 이 절차의 목적은 임의의 EUT로 인해 발생할 수 있는 반사의 영향을 검사하는 것이다. 1 GHz 이하

의 NSA의 경우와 유사한 기본 구성(setup)이 사용되지만(그림 7.19) 그 방법은 다르다.

S_{VSWR}은 직접 수신되는 신호와, 반사된 다음에 수신되는 신호 사이의 간섭으로 인해 발생하는 신호 분포에서, 최소 수신 신호에 대한 최대 수신 신호의 비로, 다음 식으로 나타낼 수 있다.

$$S_{VSWR}[dB] = E_{max}[dB] - E_{min}[dB] = V_{max}[dB] - V_{min}[dB] \tag{7.7}$$

여기서, E_{max}와 E_{min}은 수신기 또는 스펙트럼 분석기에서 측정되는 최대 전기장 강도와 최소 전기장 강도이며, V_{max}와 V_{min}은 동일한 측정안테나를 통해 수신기 또는 스펙트럼 분석기에서 측정된 최대 전압과 최소 전압이다.

$S_{VSWR}[dB]$ 값은 각 주파수와 각 편파에 대해 총 6번의 측정에서 얻어진 결과로부터 신호의 최댓값과 최솟값을 따로따로 계산한다. 수신 안테나는 EUT 방출 측정에 사용되는 것과 동일한 종류(실제로 동일한 장치일 수 있음)이다. 송신 안테나는 검증이 수행되는 동안에 모든 반사 표면을 확실히 조사(照射, illumination)할 수 있어야 한다. 또한 송신 안테나는 많은 실제 EUT들이 보여주는 낮은 지향성 안테나 이득을 그대로 재현하기 위해(시뮬레이션하기 위해), 지정된 지향 특성을 가진 다이폴과 유사한 방사패턴을 가지고 있다. 송신 안테나와 수신 안테나는 모두 선형 편파이어야 한다.

챔버는 원통형 공간(부피)에 대해 검증되는데, 이 공간의 지름은 케이블을 포함, EUT 전체를 수용하는 데 필요한 최대치수이다. 다른 말로 하면, 시험소는 자신이나 고객이 원하는 최대 공간(부피)을 결정하고, 이어서 이 공간의 유효성 검증을 시도할 것이다. S_{VSWR}은 수신 안테나를 의도한 위치에 배치하고 일단의 정의된 위치들을 따라 송신원을 옮겨가면서 값을 구한다. 이 과정을 [그림 7.21]에 나타내었다. 중간 높이에서 수신 안테나로부터 앞쪽, 중심(지름 1.5m 이상), 왼쪽 및 오른쪽을 향하는 방사(바큇살처럼 뻗어 나가는) 방향을 따라 간격이 각각 수 cm 인 6개의 위치(총 24개)에 송신 안테나를 차례로 옮겨가며 측정한다. 상단이 중간보다 위로 50 cm 이상 높게 선택된 공간에 대해서는 앞쪽 방향에 대해 추가로 측정을 해주어야 한다. (또 다른 방법은 송신 안테나는 고정시켜놓고 수신 안테나를 시험 공간에서 움직이는 방법, 즉 송신 안테나와 수신 안테나의 움직임을 역으로 하는 방법이다.)

수평편파와 수직편파에 대해 각각 6개의 위치에서 측정한 한 세트의 전기장 강도의 최댓값과 최솟값의 dB 차이를 (거리에 따른 약간의 강도변화까지 보정하여) 계산하면 S_{VSWR}을 구할 수 있다. 시험에서 요구하는 각 위치에서 6 dB 미만의 S_{VSWR}을 가져야 챔버가 인증을 받을 수 있다. 측정은 순전히 비교 방식으로 이루어지기 때문에 측정 결과를 이론값과 비교할 필요가 없다.

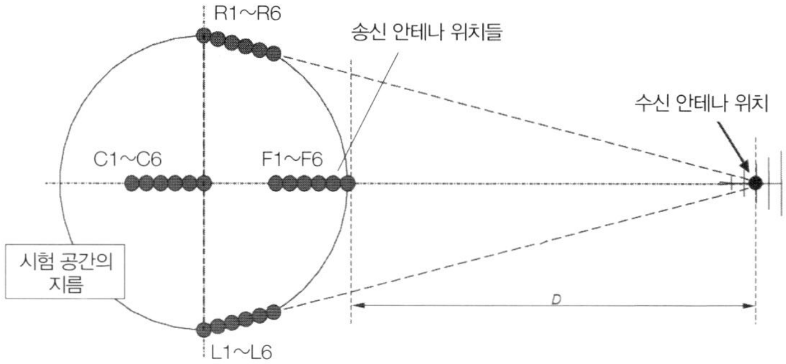

그림 7.21 S_{VSWR} 측정 위치

7.3.1.5 사전 적합성 시험 및 진단시험

EMC 지침에 대한 완전한 적합성은 통합 유럽 표준에 따라 시험하고 인증을 받음으로써 이룰 수 있다. 군사, 항공우주 및 자동차와 같은 다른 부문은 자체 표준을 가지고 있으므로 그에 따른 시험을 다시 필요로 한다. 그러나 이러한 시험들을 위해 필요한 장비와 시험시설은 상당히 정교해서 많은 기업들의 처지에서는 이를 이용하기 어려운 경우가 종종 있다. 그 대안은 제품을 대상으로 적절한 시험을 할 수 있도록 만들어진 시험장에 가져가는 것이지만, 그 자체로 비용이 많이 든다. 또 다른 대안은 사전에 한정된 시험을 하는 것이 바람직하다면 어느 정도의 예비시간을 최대로 활용하는 것이다.

이러한 사항을 고려하여 "사전 적합성(pre-compliance)" 시험이라는 개념이 생겼다. "사전 적합성"이란 표준 요구사항을 완전히 반영하지 못하는 시험 구성이나 시험기기로 생산 장비(또는 그에 아주 가까운 것)에 대해 실시하는 시험을 말한다. 사전 적합성 시험의 목적(17.3.1.1절 참조)은 다음과 같다.

- 최종 적합성 시험에서 예기치 않게 실패하는 기분 나쁜 일을 피하거나 예상하기 위해
- 최종 적합성 시험을 위한 최악상황(worst-case)의 EUT 구성을 적절히 정의하여 시간을 절약하기 위해
- 결과가 충분한 마진을 보이고 이 마진이 회사정책 측면이나 고객요구 측면에서 허용 가능한 경우 최종 적합성 시험을 대체하기 위해

진단 시험

전형적으로 어수선한 개발실 환경에서 정확한 방사성 측정을 할 수는 없겠지만, 방출 진단시험을 수행하고 비교시험을 수행할 수 있도록 개발실 한쪽 구석에 최소한으로 시험 구성을 구축할 수 있다. 예를 들어, 시험소에서 적합성 시험을 했는데 요구되는 특정 주파수 하나에서

허용기준보다 10 dB 높게 측정되었다면, 개발실로 돌아가서 이를 개선하기 위한 여러 가지 조치를 취하고 각 조처마다 15 dB의 개선(5 dB의 여유를 두었기 때문에 정확도에 대해 크게 걱정할 필요는 없음) 효과가 있는지 확인할 수 있다. 이 방법은, 물론 실패할 수 있지만 제한된 자원과 설비를 가진 기업들이 할 수 있는 최선의 대책인 경우가 많다.

다음 점검사항(checklist)는 이러한 종류의 사내 방사성 진단 작업을 하는 데 필요한 최소한의 시험 구성이다.

- 안테나와 EUT 뒤로 1 m 공간이 있어야 하며, 3 m 시험 영역을 위해 최소 5 m×3 m의 제한 없는 바닥 면적을 확보할 것
- 주변에서 EUT 이외에 방출을 일으킬 수 있는 전자장비(특히 컴퓨터)가 없을 것–EUT의 지원(부속) 장비는 시험 구역에서 잘 제거할 것
- 근처에 움직이는 반사물체가 없거나, 움직이는 물체가 있으면 반복성을 위해 물체의 위치를 정확하게 표시할 것.
- EUT 시험 영역의 한쪽 끝에 절연 테이블이나 절연 작업대를 둘 것
- 스펙트럼 분석기, 전치증폭기는 선택사항이며, 안테나 세트와 절연 삼각대 등의 장비를 반드시 갖출 것
- 안테나의 편파는 반사나 접지와의 근접으로 인한 오차를 감소시킬 수 있도록 일반적으로 수평편파로 하고, EUT 케이블은 테이블 윗면에 수평으로 펼쳐 놓고 테이프로 고정할 것

이런 방식으로 시험구성이 완료된 다음에는 주어진 EUT에 대해 측정할 때마다 시험구성이 절대로 변경되지 않아야 한다. 안테나가 고정된 높이에 있으면 바닥 반사를 가능한 한 감쇠시켜야 하기 때문에 접지면도 없어야 하고 바닥도 금속으로 되어 있으면 안 된다. 이렇게 하면 측정의 절대적 정확도를 구할 수는 없지만 반복성이 있는 측정을 할 수 있는 적절한 기회를 얻을 수 있다.

7.3.2 전도성 방출

방사성 방출과는 대조적으로, 전도성 측정은 최소한의 추가 설비가 필요하다. 유일한 필수 요건은 접지면의 사이즈가 최소 2 m×2 m이 되어야 하며, EUT의 외곽 경계보다 최소 0.5 m 더 길게 만들어야 한다. 주전원 LISN(7.2.2.1절)은 매우 짧은 스트랩으로 접지면에 효과적으로 접합되어야 한다. 국부 주전원 공급 장치의 잡음이 매우 심한 경우에는 교류전원을 LISN에 공급하기 전에 필터를 추가로 달아주거나 전용 공급원을 사용할 수 있다. 차폐실은 외부에서 오는 주변신호의 진폭을 최소로 할 수 있다. 차폐실은 어느 한쪽 벽이나 바닥이 접지면으로 사용될 수 있기 때문에 차폐실에서 측정을 하는 것이 편리하기는 하지만 필수는 아니다.

바닥설치용 장비가 아닌 경우에는 접지면에서 위로 40 cm 떨어진 절연 테이블 위에 올려두어야 한다.

EN 55014-1에 따라 흡수 클램프로 케이블 장해 전력을 시험하려면 클램프를 최소 반파장 ― 30 MHz에서 5 m ― 이상 케이블을 따라 이동시켜야 한다. 따라서 쭉 펴놓은 케이블을 따라 5 m 길이의 "트랙(racetrack)"이 필요하다. 클램프는 최댓값이 기록되는 동안 각 측정 주파수에서 케이블 길이를 따라 움직인다. 표준에는 차폐실에서 측정을 수행해야 하는지 여부에 대한 규정은 없다. 시험 대상 케이블은 차폐실에 강하게 결합하고 방사성 시험과 같은 방식으로 차폐실에 유도된 공진의 영향을 받게 되므로 ― 방사성 시험에서보다는 더 적게 영향을 받겠지만 ― 시험할 때마다 상당한 차이가 있을 수 있다. 반복성을 위해서는, 자유공간에 준한 환경이 좋지만, 이 경우에는 주변 신호(ambient signal)의 영향을 받게 될 것이다.

7.4 시험 방법

4장에서 언급한 모든 기본 표준의 주요 부분은 시험을 수행하는 방법들로 구성되어 있다. RF 주파수에서 측정을 통해 얻은 값들은 레이아웃(layout)과 시험방법에 따라 달라지기 때문에, 표준 결과를 만들어내기 위해서는 시험 방법에 대해 어느 정도는 상세히 명시해야 한다. 이번 절에서는 완전한 적합성 시험과 관련된 문제를 간추려 정리하고 있지만 실제로 시험을 수행하는 경우에는 관련 표준을 주의 깊게 참조할 것을 권장한다.

7.4.1 시험 설정

7.4.1.1 레이아웃

전도성 방출

전도성 방출의 경우, 가장 중요한 요건은 접지면과 LISN에 대한 EUT 배치, 그리고 주전원 케이블과 대지접지 연결(들)의 처리방식이다. 배치 방식은 EUT와 공통모드 결합 회로의 일부인 접지 기준 사이의 스트레이 결합 커패시턴스(stray coupling capacitance)에 영향을 미치기 때문에 엄격하게 관리(통제)를 해야 한다. 대부분의 경우에, 표준에서는 둘 사이가 0.4 m 거리만큼 떨어질 것을 요구한다. 케이블 연결에는 공통모드 인덕턴스의 제어(억제)가 필요한데, 이 말은 케이블 길이, 그리고 케이블과 접지면 사이의 최소 결합이 요건으로 명시되어 있음을 뜻하는 것이다. [그림 7.22]는 전도성 방출시험의 가장 대표적인 레이아웃을 보여주고 있다.

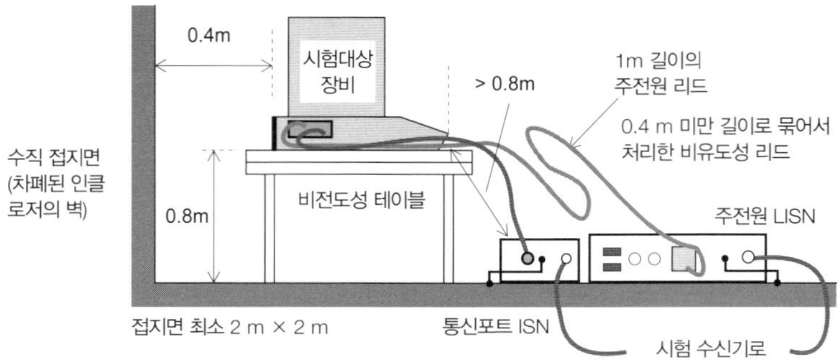

그림 7.22 전도성 방출 시험 배치

방사성 방출

EN 55022에 따른 방사성 방출은 EUT의 경계(boundary)가 측정 안테나로부터 명시된 거리만큼 떨어지도록 배치해야 한다. "경계(boundary)"는 EUT를 둘러싸는 "단순한 기하학적 모양을 그리는 가상의 직선 둘레"로 정의된다. 탁상용(tabletop) EUT는 접지면으로부터 높이가 0.8 m이어야 하며, 바닥설치용(floor-standing) EUT는 지면과 절연되어야 하고 지면으로부터 최대 15 cm 위에 위치해야 한다. EUT를 360° 회전시켜가며 최대 방출 방향을 찾아야 하는데, 보통은 회전테이블 위에 올려놓고 이 작업을 수행한다. 회전테이블에 비해 EUT가 너무 크면 EUT를 고정시키고 안테나를 회전시켜야 한다. [그림 7.23]은 방사성 시험을 위한 일반적인 레이아웃을 보여주고 있다.

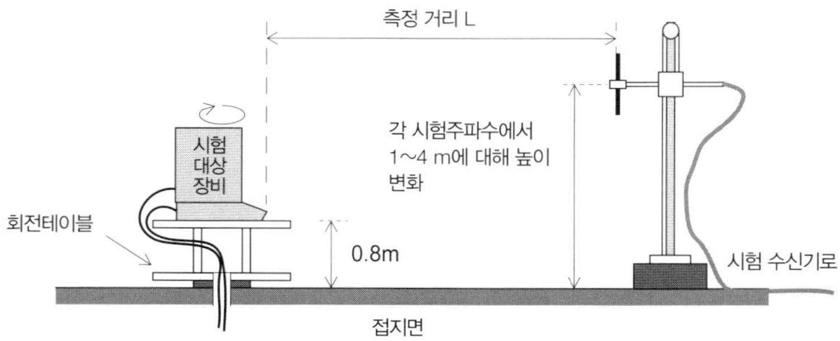

그림 7.23 방사성 방출 시험 배치

7.4.1.2 구성

EMC 시험 날짜가 다가오면 시험소에 가장 자주 묻는 질문은 "어떤 시스템 구성으로 시험해야 하는가?"이다. EUT 자체의 구성은 CISPR 22/EN 55022와 이를 대체한 표준인 CISPR 32/EN 55032(부속서 B, C 및 D에서는 총 38쪽에서 이 주제를 다루고 있음)에서 철저히 다루고 있다: 이 표준들은 특히 EUT가 개인용 컴퓨터나 주변기기인 경우, EUT의 레이아웃과 구성요소들을 매우 상세하게 명시한다. EUT로부터의 방출 프로파일(전체적 특성)에 영향을 미치는 요인들, 그리고 선택된 표준에 명시되지 않은 경우에 시험 계획(10장 참조)에 반드시 기록하고 보고해야 하는 요인들은 다음과 같다.

- 관련 장비에 연결된 포트의 개수와 선택: 반드시 "대표적 구성(typical configuration)"을 결정해야 한다. 여러 개의 각기 다른 포트가 제공되는 경우 각각의 포트는 관련 장비에 연결되어야 한다. 동일한 장비에 연결하는 포트가 다수 있는 경우에는 한 포트만 연결해도 된다. 단, 이 경우에는 추가 포트 연결로 인해 시스템이 적합성 인증을 받지 못하게 되는 일이 일어나지 않음을 입증해야 한다.
- EUT가 시스템인 경우, EUT의 별도 구성 부품들의 배치; 지지용 테이블 상판의 범위 내에서, 또는 바닥설치용인 경우 대표적인 사용방식 내에서 최대 방출을 제공하는 배치를 찾아내기 위해 실험을 해야 한다.
- 모든 연결 케이블의 레이아웃, 길이, 배치, 종단 처리: 허용 길이를 초과한 케이블은 30～40 cm 길이가 되도록 케이블 중앙 근처에서 서로 겹쳐서(루프를 만들어서는 안 됨) 묶음으로 만들어야 한다. 커넥터의 길이와 유형은 보통의 설치 관행을 대표하는 것이어야 한다.
- 적절한 경우 플러그인 모듈 집단; 관련 장비와 마찬가지로 각 유형의 모듈 1개를 포함시켜 최소 대표 시스템을 구성해야 한다. 여러 모듈을 동시에 사용할 수 있는 시스템(예: 카드 프레임에 포함된 데이터 수집 장치)을 판매하는 경우, 여러 개의 최소 대표 시스템을 정의하고 모든 모듈을 시험해야 할 수도 있다.
- 소프트웨어 및 하드웨어 작동 모드; 시스템의 모든 부분들이 실행되어야 한다. 예를 들어 장비는 전원이 켜져 있고 데이터 전송을 기다리고, 대표적인 방식으로 데이터를 전송/수신해야 한다. 또한 영상 표시 장치(Video Display Unit, VDU)에 표시되는 영상과 프린터에서 인쇄되는 패턴을 정의해야 한다.
- 관련장비가 방출에 미치는 영향만을 따로 분리해내거나 식별해낼 수 있는 경우에는 관련 장비를 대신하는 시뮬레이터의 사용이 허용된다. 모든 시뮬레이터는 실재하는(real) 인터페이스들의 실제(actual) RF 전기적 특성을 제대로 대표해야 한다.
- EUT 접지접속 방법은 설치 설명서에 명시된 것이어야 한다. EUT가 접지되지 않은 상태로 작동되도록 만들어진 경우, EUT는 접지되지 않은 상태로 시험되어야 한다. 전원 리드의 안전 접지(녹색 및 노란색) 도선에 의해 대지접지가 되는 경우, 이 도선은 주전원 플러그에서 측정 접지면에 연결되어야 한다(전도성 측정의 경우에는 LISN을 통해 자동으로 연결된다).

모든 표준에 전부 포함되어 있는 요건은 “레이아웃, 구성, 작동모드를 바꿔가면서 방출을 최대화할 수 있도록 해야 한다”는 것이다. 이 요건의 의도는 중요한 방출이 발생하는 주파수들을 알아내면, 위의 모든 파라미터(레이아웃, 구성, 작동모드) ─ 그리고 관련이 있을 수 있는 모든 파라미터들 ─ 를 변화시키면서 최대 방출이 일어나는 위치를 찾아내는 탐색 시험을 해야 한다는 것이다. 복잡한 EUT나 상호 연결된 여러 개의 하위 시스템으로 구성된 EUT의 경우에는 이 탐색 시험에 많은 시간이 소요된다. 그렇더라도 시험 성적서에는 선택한 최종 구성 방식이 어떤 것이든 그 구성의 사용이 타당한 이유를 밝힐 준비가 되어 있어야 한다.

정보기술장비(ITE)

정보기술장비와 주변기기들에 대한 시험 요건은 어느 정도 상세하게 명시된다. 모든 PC나 주변장치에 대한 시험구성은 최소한 PC, 키보드, 외부 모니터, 직렬포트에 연결되는 외부 주변장치 및 병렬포트에 연결되는 외부 주변장치들로 이루어져야 한다. 최소 인터페이스 요건을 갖추려면 주변장치들는 동일한 유형이 아니면 인터페이스 포트에 추가로 연결되어야 한다. 다수의 동일한 포트들은 모두 연결하지 않고 하나만 연결해도 된다. 단, 예비 시험에서 여러 개의 포트들을 연결해도 별다른 차이를 만들어내지 않는다는 것을 입증해야 한다. EUT에 사용되는 지원장비는 대표적으로 실제 사용되는 것이어야 한다.

7.4.2 시험 절차

방출을 최대로 만드는 구성을 찾은 후 실제 적합성 인증 시험을 하기 위해 따라야 하는 절차는 다소 길기는 하지만 어렵지는 않다. 전도성 방출은 9 kHz의 고정된 대역폭에서 150 kHz에서 30 MHz까지 연속적인 스위프(sweep)를 필요로 하며, 한 번은 준첨두 검출기를 사용하고 또 한 번은 평균 검출기를 사용한다. 값이 더 비싼 시험 수신기는 이 두 번의 시험을 단 한 번에 수행할 수 있다. 평균 허용기준이 준첨두 검출기 시험에서 충족되면 평균 검출기 시험을 수행할 필요가 없다. 방사성 방출은 수신 안테나의 편파를 수평과 수직의 두 가지로 하고, 120 kHz 대역폭을 가진 준첨두 검출기로 30 MHz ~ 1 GHz 대역을 스위프한다. CISPR 32/EN 55032는 방출을 측정한 결과, 허용기준과의 차이가 10 dB 이내인 것들 중에서 가장 높은 것을, 적어도 6개 이상 보고하도록 요구한다.

7.4.2.1 방출 최대화

그러나 가장 중요한 것은 중요한 방사성 방출이 발생하는 각각의 주파수에 대해, EUT를 회전시키면서 최대 방출 방향을 찾고 수신 안테나의 높이를 1 m에서 4 m까지 스캔하여 접지면 반사로 인한 널(null)을 제거하면서 최대 방출 레벨을 찾아내야 한다는 점이다. 허용기준에 가까운 방출 주파수가 많다면 이 시험에는 매우 오랜 시간이 걸릴 수 있다. 컴퓨터로 제어하는 시험 수신기, 자동 회전테이블 및 안테나 기둥을 사용하는 경우에는, 소프트웨어를 만들어 이 모든 작동을 자동으로 수행할 수 있다. 이렇게 하면 운영자(operator)라는 오차의 원인이 제거되고 시험 시간이 단축되지만, 그렇다고 크게 단축되는 것은 아니다.

EUT의 작동 주기가 간헐적이면 더 큰 어려움이 발생한다: 즉, 최대 방출은 몇 초 동안만 발생하며, 이후 다시 작동하기까지는 일정 기간 동안 기다려야 한다. 각 주파수에서 수백 밀리초의 체제시간(dwell time)을 갖는 준첨두 측정이나 평균 측정은 기본적으로 느리므로 EUT의 작동주기와 동기화하여 스위프나 수평각 주사 또는 높이 주사를 중단하는 것이 필요하다. 이렇게 되면 시험 시간은 더욱 늘어난다. 특수한 시험 소프트웨어를 실행하여 작동주기를 가속화하여 연속적인 작동이 이루어지게 만들 수 있으면, 시험 시간이 줄어들 가능성이 있다는 측면에서 충분한 가치가 있다.

7.4.2.2 빠른 사전 주사

지나치게 긴 시험 시간의 문제는 첨두 검출기의 특성을 이용하는 방식을 쓰면 부분적으로 해결할 수 있다(7.1.3.2절 및 7.1.3.4절 참조). 첨두 검출기는 대역폭 내의 신호에 즉각적으로 반응하기 때문에 각 주파수에서의 체재시간을 짧게(최대 수 밀리초) 할 수 있다. 따라서 이를 사용하면 전체 주파수 주사를 위한 스위프 속도를 엄청나게 높일 수 있다. 단점은 펄스 신호나 변조된 신호의 레벨이 실제보다 큰 값으로 측정된다는 사실이다(그림 7.3 참조). 그렇더라도 이 방식을 사전주사(pre-scan)에 사용하면서 측정결과를 컴퓨터로 데이터를 기록하면 문제 해결이 가능하다. 첨두 검출기로 사전 주사하는 데는 몇 초밖에 걸리지 않으며, 사전에 허용기준보다 낮게 사전에 설정된 제한치를 초과하는 모든 주파수를 데이터 파일에 기록할 수 있다. 그 다음, 이렇게 기록한 주파수는 준첨두 검출기 또는 평균 검출기로 개별적으로 측정하고 할 수 있으며 또한 높이 주사와 수평각 주사 및 방위각 주사가 이루어지게 할 수 있다. 이러한 스폿주파수(spot frequency)들이 지나치게 많지만 않으면 주파수 범위 전체에 걸쳐 저속 검출기를 사용할 필요가 없으므로 전체 시험 시간이 크게 단축될 것이다.

그러나 EUT 방출에 비교적 낮은 반복률을 가진 협대역 펄스 신호(일부 디지털 데이터 방출은 이러한 특성이 있음)가 포함되어 있는 경우, 체제시간이 빠르게 설정되지 않아서 첨두 검출기가 주사할 때 일부 방출이 누락될 수 있다는 점에 주의해야 한다. 체제시간은 EUT에서 가장 길다고 알려진 반복 주파수의 주기 정도로는 설정되어야 한다. 또한 방사패턴상의 널(null) 방향과 일치하여 문제가 되는 신호가 손실되는 일이 발생하지 않도록 사전주사를 여러 번 수행해야 한다. 이 경우에는 사전주사를 할 때마다 EUT가 각기 다른 방향을 향하게 놓아야 한다.

사전주사 방법의 또 다른 장점은 사전주사는 차폐실에서 수행될 수 있다는 점이다(실제로도 이렇게 사용하는 것이 보통임). 이렇게 하면 주변 환경 잡음과 이로 인해 발생하는 문제들을 제거할 수 있다. 하지만 단점도 있어서, 차폐실이 반무반사실이 아닌 경우, 측정 진폭이 부정확해지므로 이를 고려하여 허용기준보다 더 큰 마진(여유, margin)을 설정해야 한다.

7.4.2.3 FFT 수신기 사용

시간영역에서 측정한 신호를 주파수영역으로 변환하기 위해 FFT 알고리즘을 사용하는 시간영역 측정 수신기의 사용가능성에 대해서는 [7.1.1.2절]에서 살펴보았다. 이 방법을 사용하는 경우에는 특별한 장점이 있다. 위에서 설명한 주파수영역 주사와 관련해서는 다음과 같은 문제들이 있다.

- 주사간격의 크기(scan step size) ΔF는 가능한 모든 방출 주파수를 제대로 포착(획득)할 수 있도록 반드시 대역폭의 절반 미만으로 해야 한다.
- 주사간격(step)마다 모든 과도 신호를 포착할 수 있도록 최소한 가장 느린 EUT 변조 주기 T_{dwell} 동안 체재해야 한다.
- 각기 다른 기하학적 구조에 대해 전체 주파수 범위(span)를 반복해야 한다.
- 이 방법은 전체 범위 지속시간 $(F_{span}/\Delta F) \times T_{dwell}$동안 방출이 존재한다고 가정한다.
- 어떤 주파수에서 과도 방출은 그 주파수를 주사하는 바로 그 순간에 발생해야만 포착된다.

반복되는 어떤 방출의 주기 t_{EUT}보다 체재시간 T_{dwell}이 짧을 경우, 이 방출이 포착될 확률은 T_{dwell}/t_{EUT}로 100%가 아니다. 체제시간이 너무 짧으면 사전 주사 중에 관련 방출을 놓칠 위험이 있으므로 절대 이렇게 측정하지 않도록 한다. (이 때문에 여러 시험소에서 동일한 시험을 했는데도 시험소마다 다른 결과가 나오는 것이다.) 예전에는 펄스형 방출이 광대역이었기 때문에 이렇게 될 위험성이 낮았지만, 요즘은 펄스형 협대역 방출 또는 과도 협대역 방출을 흔히 찾아볼 수 있다.

FFT 방법을 사용하면 전체 범위(span)에 대한 측정시간을 획기적으로 개선할 수 있으며, 동시에 과도 협대역 신호에 대한 포착(획득) 확률도 개선할 수 있다: 과도 신호가, 포착주기 동안의 어느 순간이든 세그먼트(segment) 내에 존재하기만 하면 이를 표시할 수 있고 분석할 수 있다.

적합성 시험에서 FFT 사용 가능성

사전 주사의 경우에는 상당한 장점이 있다. 이 방법을 사용하면 측정값 최대화 절차 — 회전테이블과 높이 주사 — 를 더욱 확실히 수행할 수 있으며 신호 포착(획득) 가능성이 더욱 높다. 따라서 준첨두 측정이 아니면 정확도 문제는 실제 없으므로 CISPR 표준이 아닌 시험, 특히 넓은 범위 전체에 걸쳐 좁은 대역폭을 요구하는 특정 자동차 규격 및 군사 규격에 대해서는 측정계기로 FFT 수신기를 사용하는 것은 선택사항일 것이다.

전체 범위를 빠짐없이 사전주사를 해서 일단 중요한 주파수들을 알아낸 다음에는 이들 스폿 주파수(sport frequency)에서 준첨두 측정을 하는 데는 측정시간과 포착확률은 중요하지 않은 대신 준첨두 응답의 정확도가 중요하기 때문에 FFT는 적합도가 다소 떨어진다.

7.4.3 1 GHz 이상 대역의 시험

오랫동안 CISPR 방출 시험에는 전자레인지, 위성 수신기 등 특수 용도의 장치를 제외하면 1 GHz 이상 대역에서의 측정은 들어있지 않았다. 미국 FCC는 클록 주파수가 108 MHz를 초과하는 제품에 대해 한동안은 960 MHz 이상에서 방출 측정을 요구했다. 지금은 이것이 CISPR 체제에 반영되었고 1 GHz 이상 대역에서의 시험은 더욱 흔해졌다. [4.8.1절]에는 다양한 요건에서 나타나는 최고 주파수를 선택하는 절차가 설명되어 있다.

7.4.3.1 시험 방법

1 GHz 이하에서 사용되는 시험과 비교하면, 1 GHz 이상 범위에서의 시험방법에는 특정한 고려사항들이 영향을 준다. 측정 시스템의 감도가 더 낮아지지만, 이 단점은 더 가까워진 측정 거리(3 m)와 높은 허용기준으로 보상된다. 준첨두 검출기는 사용하지 않으며, 측정 대역폭이 1 MHz인 첨두 검출기와 평균 검출기를 사용한다. 스펙트럼 분석기 측정은 평균 검출 방식을 구현하기 위해 비디오 대역폭 좁게 해서 사용할 수 있지만, 이렇게 되면 스위프 시간이 상당히 길어지므로 주사는 첨두치 측정으로 하고 스폿 주파수에 대해서는 평균 측정으로 하는 것이 일반적이다. 안테나는 지향성이 더 높아지므로 접지면이나 벽면에서 일어나는 반사는 문제가 덜 되며 접지면 반사를 처리하기 위한 높이 주사는 필요하지 않다. 그럼에도 불구하고 챔버의 모든 벽면에 흡수체를 부착하는 것은 필요하다. 그런데 동일한 원리가 EUT에도 적용된다. 1 GHz 이상의 주파수에서는 EUT 자체의 방출 역시 지향성이 더 높아지기 때문에 EUT에서 최대 방출이 일어나는 수평각(방위각)을 찾아내는 데 더 많은 주의를 기울여야 한다. 사전주사를 위해 회전테이블 돌릴 때 회전 각도를 15°씩 변화시키는 것이 권장된다.

일반적으로 EUT의 시험구성조건은 1 GHz 미만 시험의 구성조건과 동일하다. 따라서 동일한 방식으로 배치하여 시험을 수행할 수 있다. EUT는 반드시 S_{VSWR} 시험에 의해 검증된 공간 내에 놓여 있어야 한다(7.3.1.4절 참조). 시험 방법이 설명되어 있는 CISPR 16-2-3에는 실제로 사용되는 측정거리 d에서 수신 안테나의 최소 3 dB 빔폭에 의해 형성되는 치수 w가 다음과 같이 정의되어 있다(그림 7.24).

$$w = 2 \cdot d \cdot \tan(0.5 \cdot \theta_{3dB}) \tag{7.8}$$

1~18 GHz의 주파수 범위에 대해 w의 최솟값을 필요로 하는데, 이는 결국 안테나 종류와 측정거리 d를 신중히 선택해야 됨을 의미한다. EUT의 높이가 w보다 크면 EUT의 높이 전체를 전부 다루기 위해서는 높이에 대한 주사가 필요하다. 최대 방출이 일어나는 수평각(방위각)을 찾기 위해 EUT를 회전테이블 위에서 회전시키므로 EUT의 폭에 대해서는 주사가 필요 없다.

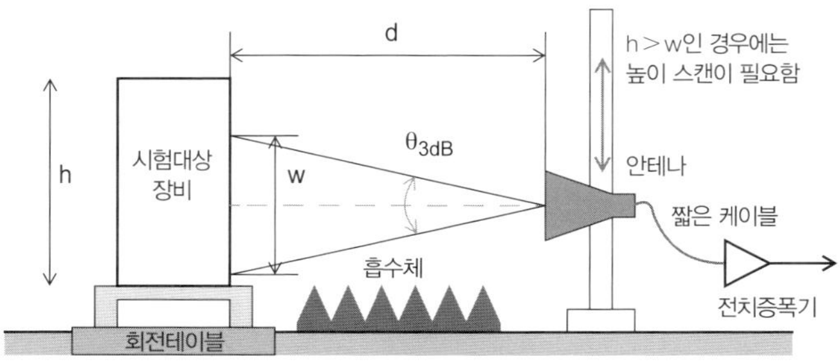

그림 7.24 1 GHz 이상 시험의 배치

7.4.4 군용 방출 시험

지금까지 살펴본 내용은 상용 CISPR 표준에 따른 방출시험에 초점을 맞추었다. DEF STAN 59-411과 MIL STD 461G(5.2절) 표준에 명시된 군(사)용과 항공우주용 시험방법은 상용 표준의 시험방법과는 상당히 달라서 군용 분야에서 상용제품(commercial off-the-shelf, COTS)을 사용하려는 경우에, 이 둘의 결과를 일대일로 비교하는 것이 매우 어려울 정도이다. 이 절에서는 가장 중요한 차이점을 간추려 정리한다. 계측기기 요건은 [7.1.3절]과 [표 7.1]에서 다룬다.

7.4.4.1 변환기

전도성 방출의 경우, DEF STAN 59-411 시험은 전원선로에 LISN을 사용한다. 여기서 사용하는 LISN은 50 Ω/5 μH 형식으로서, 1 kHz~400 MHz의 주파수 범위에서 임피던스가 규정된다(이 요건은 CISPR LISN보다 상당히 엄격하다). LISN은 전원 공급기에 영구적으로 연결되어 전원 공급기 방출을 측정하는 시험을 포함, 모든 시험에 사용된다. 직류공급기의 경우 저주파 성능을 개선하기 위해 전원 공급기 측에서 두 LISN의 양극(+)과 음극(−)사이에 30,000 μF 커패시터를 추가로 연결한다. DCE01 시험은 전류 프로브를 사용하여 LISN에 들어가는 각 전원공급 선로에 대해 접지로 가는 전류를 측정한다. 또한 이 시험은 상용시험보다 훨씬 넓은 주파수 범위, 즉 최소 500 Hz(항공기의 경우 20 Hz)부터 최대 100 MHz(항공기의 경우 150 MHz)까지를 다룬다. 신호 선로 전도성 방출 시험인 DCE02는 공통모드 전류를 측정하는데, 허용기준은 전원선로의 경우와 동일하다. 이 시험은 길이가 0.5 m 이상인 외부 케이블과 시스템 내부 케이블에 모두 적용된다.

방사성 시험의 경우, 모든 안테나는 안테나 교정 기준점에서 EUT의 가장 가까운 표면까지의 거리가 1 m가 되는 지점에 위치한다. 이것이 CISPR에 따른 상용시험과 가장 중요한 차이점일 것이다. 방사성 방출 측정에 요구되는 확장된 주파수 범위를 다룰 수 있도록 전기장 시험에 사용되는 안테나는 다음과 같다.

- 14 kHz ~ 1.6 MHz(육상 시스템), 30 MHz(공중 및 해상 시스템): 능동 또는 수동 41″
- 카운터포이즈 또는 접지면이 있는 수직 모노폴(로드) 안테나
- 1.6 ~ 88 MHz(육상 시스템): 설치된 시스템에 사용되는 안테나
- 25 ~ 300 MHz: 바이코니컬(biconical) 안테나
- 200 MHz ~ 1 GHz: 로그 주기 안테나 또는 더블 리지 도파관 혼(double ridged waveguide horn) 안테나
- 1 ~ 18 GHz: 도파관 또는 더블 리지 도파관 혼 안테나

MIL-STD-461G의 요구사항은 설치 시스템(installed system) 안테나 시험이 없다는 점, 그리고 200 MHz ~ 1 GHz 범위의 대해서는 혼 안테나만 허용되는 점을 제외하면 비슷하다.

7.4.4.2 시험장

방사성 방출 시험은 모두 차폐실에서 수행된다. "야외(open area)" 형태의 시험장은 없다. EUT는 접지면 벤치 위에 배치되는데, 접지면 벤치는 차폐실의 뒤편 벽에 접합되어 있다. 안테나에서 벤치까지, 그리고 EUT까지의 거리가 정확하게 명시된다. 차폐실 자체는 DEF STAN 제3부의 부속서 C를 준수해야 한다. 이 문서에는 흡수체(무반사 물질)의 부분적 설치(부착)에 대한 요건과, 차폐실의 최대 크기는 30 MHz 보다 낮지 않은 주파수에서 최저 실내 공진[15.1.2절의 식 (15.3) 참조]이 일어나게 해야 한다는 요건이 들어있다. 차폐실의 정규화 시험장 삽입손실(normalized site insertion loss, NSIL)이 자유공간 이론값을 대표하고(나타내고) 있음을 입증해야 한다. 이에 따라 최대 허용오차는 30 ~ 250 MHz의 주파수 범위에서 ±10 dB 이내이고 250 MHz ~ 1 GHz에서 ±6 dB 이내이다. 측정은 수직편파와 수평편파 모두에 대해 수행해야 한다. 이러한 개념은 CISPR ±4 dB 요건과 유사하지만 여기서는 안테나 단일 위치(높이 스캔 없음)에 대한 요건이며 허용오차 범위가 훨씬 더 넓다.

MIL-STD-461G는 차폐실 성능에 대한 이와 같은 요건이 없는 대신 RF 흡수체 재료의 성능만을 명시하는데, 80 ~ 250 MHz에서는 최소 6 dB, 그리고 250 MHz 이상에서 최소 10 dB의 흡수가 가능해야 한다. 흡수체는 "EUT의 오른편, 왼편, 위편, 뒤편, 그리고 수신 안테나

의 뒤편에 각각 배치되어야 한다."

7.4.4.3 시험 방법

MIL-STD 방사성 시험이 앞에서 설명한 CISPR 기반 시험과 가장 크게 차이가 나는 점은 최대 방출의 측정을 위해 필요한 높이주사(scan)나 EUT 회전에 대한 요건이 없다는 것이다. 이러한 점 때문에 전체 주파수 범위(span)가 더 넓고 여러 번 안테나 교환이 필요하지만 주어진 주파수 범위(span)에 대한 시험이 훨씬 빠르게 수행된다. 안테나는 항상 1 m 거리에 있고, 이에 따라 EUT와 강하게 결합되기 때문에 높이주사는 아무런 의미가 없다. DEF STAN 59-411은 EUT의 어느 면이 가장 높은 레벨로 방출하는지 찾아낼 수 있도록 사전주사를 할 것을 "권장"한다. MIL-STD-461G는 이에 대해서는 아무런 언급도 하지 않는다. 단지 "EUT는 최대 방사성 방출을 만들어내는 면이 측정 안테나를 향하게 해야 한다"고 요구할 뿐이다. 이 말은 시험 담당자가 이러한 면이 어떤 면인지, 아마도 경험에서 알 수 있을 것임을 의미한다. 5장에서는 상용 완제품(COTS)의 관점에서 군사용 시험결과와 상용 시험결과의 비교에 대해 살펴보았다. [7.2.1.2절]은 저주파 자기장 방출 측정을 간략히 설명한다.

7.4.5 자동차 방출 시험

자동차 분야에서는 CE 마크 획득 요건이나 군사/항공우주 요건이 적용되지 않는다. 방출의 경우, 주요 표준은 CISPR 25와 CISPR 12이다. 차량 제조업체의 자체규격은 유럽연합(EU)의 e-마크(e-marking) 시장 진입 요건과 마찬가지로 이들의 방법을 참조한다. CISPR 25는 차량 탑재(on-board) 수신기 보호를 위해 차량 전체의 방출과 개별 전기/전자 하위부품의 방출에 모두 적용된다. 이와는 대조적으로 CISPR 12는 차량 외부(off-board) 수신기 보호를 위해 차량 전체의 방출에 적용된다.

전자 제품 설계자의 관점에서 중요한 시험은 부품과 모듈에 대해 CISPR 25에 의해 법적으로 의무화된 시험들이다. 이들 시험은 전원선의 전도성 방출과 방사성 방출에 대한 MIL-STD-461G 방법과 매우 유사하다. 전도성 방출 방법은 DC 공급에 맞춰져 있으므로 50 Ω/5 μH LISN의 사용은 EUT 전원이 국부적으로 접지되었는지 원격으로 접지되었는지에 따라 달라진다. 후자의 경우 두 선 모두에 대해 LISN (회로)망이 필요하며, 그렇지 않으면 하나의 선(일반적으로 양극)에만 LISN이 필요하다. 이러한 레이아웃은 군용 시험에서와 마찬가지로 접지면 벤치 방식을 사용한다. CISPR 25는 LISN 단자(들)에서의 전압 측정과(이나) EUT로부터 50 mm와 750 mm의 거리에서 전체 하니스 주위로 제어/신호 선로에 대한 공통 모드 전류 프로브 측정을 명시한다.

방사성 시험

150 kHz~2.5 GHz 주파수범위에서의 방사성 측정은 흡수체 부착 차폐 인클로저(absorber-lined shielded enclosure, ALSE), TEM 셀 또는 스트립선로에서 수행할 수 있다. CISPR 25를 사용하는 차량 제조업체는 ALSE 방법을 명시하는 것이 보통인데, ALSE 방법은 시험소가 잘 알고 있고 잘 이해하고 있다. 이 방법은 사실상 MIL-STD-461G 방사성 시험과 동일해서, 거의 동일한 안테나와 시험 레이아웃을 사용하고 70 MHz~2.5 GHz 범위에서 6 dB보다 양호한 흡수율이 규정된 챔버 부착용 흡수체 물질을 사용한다.

허용기준

CISPR 25는 그 자체로는 적합성 표준이 아니다. 따라서 CISPR은 여러 가지 허용기준을 제시하여 이 가운데 적합한 기준을 차량 제조업체에서 선택하여 자신들의 규격에 포함하도록 하고 있다. [표 7.1]에 수록한 대로 표준 CISPR의 대역마다 첨두, 준첨두 및 평균 허용기준이 각각 지정된다.

7.4.6 집적회로 방출 시험

집적회로(integrated circuit, IC)에는 또 다른 종류의 표준화된 RF 방출 시험이 적용된다. 물론 IC 자체는 적합성 인증 체제의 직접적인 영향을 받지는 않는다. 하지만 IC로 인해 내장된 모듈이나 제품에서 방출이 일어날 수 있는 부분이 몇 가지 있다. 이에 대해서는 나중에 설명한다. 디지털 IC의 클록 주파수들은 전원핀에서는 이 핀을 통해 흐르는 전류 ΔI로 나타나고 다른 모든 핀에서는 접지변동(ground bounce) 잡음 전압 dV/dt로 나타난다. 또한 신호 회로상의 데이터의 실제 스위칭 레벨과 관련되어 나타난다. 전원전류 ΔI가 제품 밖으로 결합되는 것을 막기 위해서는 고품질 디커플링(감결합, decoupling) 설계와 전원면 설계가 필요하다. 접지 변동 잡음 전압이 제품 밖으로 결합되는 것을 막으려면 인터페이스에서 필터링이나 버퍼링을 해주어야 한다. 따라서 제품에는 이 두 가지에 대한 설계 요건이 추가되어야 한다. 하지만 IC의 적절한 내부 설계를 통해 이 두 가지 문제를 제어(억제)할 수도 있다. 접합도선(bond wire)의 인덕턴스는 접지변동 잡음전압 dV/dt을 생기게 하는 데 큰 역할을 하며, 실리콘 셀의 세부 설계 방식은 전류 ΔI의 진폭과 지속시간을 결정한다.

따라서 IC가 정상적으로 기능을 수행하는 동안 발생하는 IC 고유의 방출을 측정하면, 동일한 IC를 다른 방식으로 제조하거나 동일 기능을 수행하는 각기 다른 IC들을 서로 비교할 수 있다. "패키지를 씌우지 않은(naked)" IC 고유의 방출을 시험하는 방법을 명시하는 일련의 표준들이 이미 개발되어 있다. 바로 IEC 61967 시리즈인데, 표준 목록을 [표 7.3]에 수록하였다.

이 중 가장 인기 있는 것은 시리즈 중 제4부(part 4)의 전도성 1/150 Ω 방법이다. 이 표준은 기본적으로 표준 임피던스를 정의한다. IC의 각 핀에 대한 RF 전압은 이 표준 임피던스 양단에서 측정할 수 있으며 이를 통해 IC를 평가할 수 있다. 이 임피던스는 50 Ω 수신기에 정합된다. 1 Ω 전류 프로브를 사용하면 (적절하게 디커플링을 한 다음에) 0 V 공급기(선로)에 흐르는 전류를 측정할 수 있으며, 150 Ω 전압 프로브를 사용하여 입출력(I/O) 핀의 전압을 측정할 수 있다. 시험에서 명시된 주파수 범위는 150 kHz ~ 1 GHz이다.

표 7.3 IEC 61967: 집적회로 – 전자파 방출 측정, 150 kHz ~ 1 GHz

표준 번호	제목	주요 내용
IEC 61967–1	일반 조건과 정의	시험기판에 대한 전반적 설명을 포함하여 일반(generic) 시험조건, 장비, 구성(setup), 절차를 명시
IEC 61967–2	방사성 방출의 측정 – TEM 셀 및 광대역 TEM 셀 방법	TEM 셀 방법만 적용되는 조건, 장비, 구성 및 절차
IEC 61967–4	전도성 방출의 측정 – 1/150 Ω 직접 결합 방법	1/150 Ω 방법에만 적용되는 장비 및 구성, 특히 PCB 레이아웃 및 정합 회로망
IEC 61967–5	전도성 방출의 측정 – 워크벤치 패러데이 상자 방법	작업벤치(Workbench) 개념(IEC 61000–4–6 관련), 세부 구성 및 실제 구현의 서술
IEC 61967–6	전도성 방출의 측정 – 자기 프로브 방법	측정 원리 및 절차, 자기 프로브 설명, 표준시험기판 수정

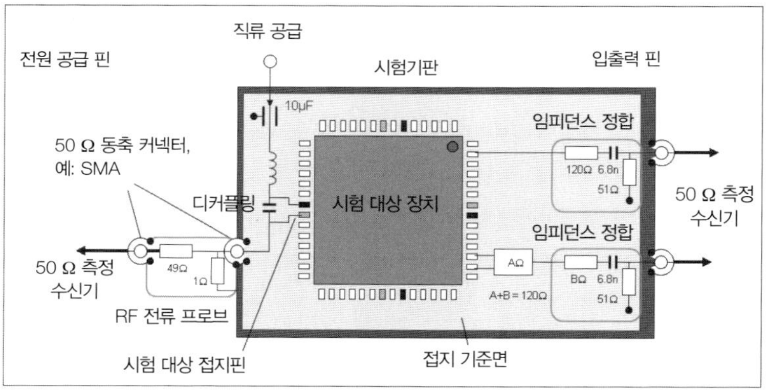

그림 7.25 IEC 61967-4의 일반 시험 회로

시리즈 제1부(part 1)는 10 cm 정사각형 시험기판(test board)의 기본 요건을 규정한다. 시험기판은 4층 구조로 되어있는데, 한쪽 면에는 시험 대상 IC를 장착하고 반대쪽 면에는 디커플링(감결합) 부품과 필요 지원 부품을 공급한다. TEM 셀에서 시험기판을 사용하여 '방사성' 측정을 수행하면 오로지 IC 패키지에서만 방사되는 전자기장만을 분리해 낼 수 있다. 여러 가지 IC의 종류와 패키지에 대해 하나하나 별도로 시험기판을 만들어야 한다. 시험할 핀을 선택하고 시험기판상의 각 핀에 연결하기에 적합한 세부 회로망을 선택하는 것은 복잡한 사

항인데, 이에 대해서는 IEC/TR 61967-4-1:2005에서 어느 정도 상세히 다루고 있다. 또한 이 문서에서는 측정되는 동안 장치의 기능 작동에 대해 기술하고 있다.

IC 수준 시험의 가장 바람직한 결과는, IC 수준에서 측정한 결과로부터, 해당 IC를 사용하는 용용회로 모듈에 대해 EMC 시험을 할 때(시험 방법은 이 장의 뒤에서 설명하고 있음) 어떤 성능을 나타낼지 파악하는 데 활용하는 것이다. 몇몇 경우에는 일반화할 수 있겠지만, 모든 응용 회로에 적용할 수 있는 정확한 관계를 파악하기는 어려울 것이다.

그 까닭은 IC 시험기판이 응용회로의 상태를 완전히 정확하게 반영하지 않는 한, 시험기판과 응용회로 각각의 기생 결합 회로망에는 서로 차이가 있기 때문이다. IC 시험에서는 IC의 개별 핀에서 제어(통제)된 방식으로 전압을 측정한다. 또는 IC와 시험기판의 '조합'에서 방출되는 방사성 전자기장의 레벨이 시험기판상에 배선된 트레이스에 의해 영향을 받도록 한다. 제품 제조업체가 반드시 충족해야 하는 응용모듈 수준 시험에서는, 기생 결합 회로망(parasitic coupling network)에 의해 IC 핀에서 발생한 방해가 외부 세계로 전달된다. 여기서 기생 결합 회로망에는 의도적인 필터링, 개별 IC와는 관련이 없는 회로부품들, 그리고 응용기판의 개별 트레이스(trace)들의 레이아웃에 의한 커패시턴스와 인덕턴스들이 포함된다. 이러한 요소들로 인해 시험기판과 응용모듈 사이의 차이는 예상하거나 예측할 수 없는 것이 일반적이다.

그러나 IC의 주변 회로가 더욱 단순해지고 응용모듈의 회로구성과 배치가 시험과 유사할수록 IC 시험 결과를 이용하여 응용모듈 시험 결과를 곧바로 알아낼 수 있을 가능성은 더욱 높아진다. 그렇지 않은 경우에는 IC 시험기판 시험은 동일한 IC 기능을 각기 다른 방식으로 구현하는 경우에 이들 방식을 서로 비교하는 데 유용하다. 현재로서는 IC 제조업체의 데이터시트에 이들 표준에 대한 데이터가 실려 있을 가능성은 거의 없으며 이 시험방법이 광범위하게 적용되고 있다고는 말할 수 없다.

7.5 측정 불확도(measurement uncertainty)

EMC 측정은 본질적으로 대부분의 다른 형식의 측정보다 정확도가 낮다. 예를 들어, 온도 또는 전압 측정은 '백만분의 일(parts per million, ppm)'로 표시되는 정확도로 정밀하게 이루어질 수 있지만, 특히 전자기장 강도의 측정은 일부는 측정용 계측기기와 측정 방법의 불확도(uncertainty)에 의해서, 또 일부는 EUT 설정에 의해 발생하는 불확도에 의해서 10 dB 이상의 오차가 발생할 수 있다. 측정 불확도를 고려하고 여기에 더해 생산시 발생하는 허용오차까지 감안하기 위해서는 측정치와 규격의 허용기준(제한치) 사이에는 항상 이 정도 크기의 마진을 두는 것이 현명하다.

7.5.1 측정 불확도 적용

영국에서 EMC 시험소를 인가하는 기관인 UKAS는 LAB 34[209]에서 측정 불확도 결정에 관한 가이드라인을 공표한다. 가이드라인에서는 시험소로 하여금 자체 불확도를 계산하고, 필요할 경우 이를 보고하도록 요구하고 있다. 하지만 EMC 시험에 허용 가능한 불확도 레벨을 규정하고 있지는 않다. 특히 이 문서에 별도의 규격 기준, 안내 또는 실행규정이 마련되어 있지 않은 경우에 시험소는 [표 7.4]에 수록한 네 가지 방법 중 하나로 결과를 표시한다.

표의 B상황과 C상황은 결과 수치상으로는 의미가 있지만 간단히 '합격/불합격'으로만 서술되길 원하는 제조업체에는 별 도움이 되지 않을 것이 분명하다. 하지만 그러나 CISPR 16-4-2 EMC 측정 불확도(Uncertainty in EMC measurements)[183]에서는 방출시험의 경우 측정 불확도를 고려하여 적합성 여부를 결정한다. 그러나 이 문서에서는 계측기기와 시험 방법에서의 오차만 고려하고 EUT로 인한 영향은 전혀 고려하지 않는 주요 방출 시험에 대해 총 불확도값 U_{cispr}을 제공한다(표 7.5). 시험소에서 신고한 불확도가 이 값 이하이면 허용기준과 직접 비교하는 것이 허용된다(유효 측정 불확도값이 0인 A상황과 D상황). 시험소의 불확도가 큰 경우, 허용기준과 비교하기 전에 초과한 만큼 시험 결과값을 증가시켜야 한다. 따라서 불확도가 큰 시험장을 사용하는 제조업체는 실질적으로 불이익을 받게 된다.

표 7.4 규격 준수 설명

A상황	B상황	C상황	D상황
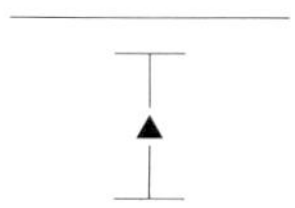	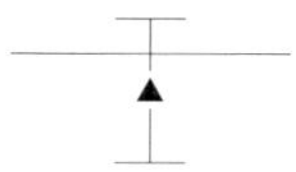	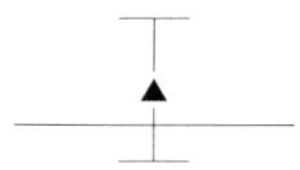	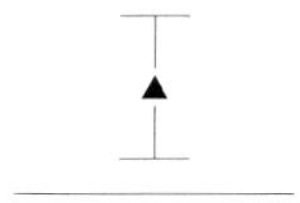
제품이 허용기준을 준수한다.	측정 결과가 규격 허용기준보다 낮기는 하지만 그 차이가 측정 불확도 마진보다 작다. 따라서 95% 신뢰수준으로 준수를 결정할 수 없다. 하지만 측정 결과는 시험제품이 규격 허용기준을 준수할 확률이 더 높음을 나타낸다.	측정 결과가 규격 허용기준을 초과하기는 하지만 그 차이가 측정 불확도 마진보다는 작다. 따라서 95% 신뢰 수준으로 준수를 결정할 수 없다. 그러나 측정 결과는 시험제품이 규격 허용기준을 준수하지 않을 확률이 더 높음을 나타낸다.	제품이 허용기준을 준수하지 않는다.

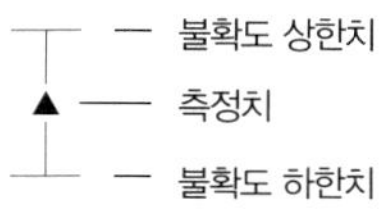

표 7.5 CISPR 16-4-2에 따른 CISPR 불확도

측정	U_{cispr}
전도성 방해, 주전원 포트, 9~150 kHz	4.0 dB
전도성 방해, 주전원 포트, 150 kHz~30 MHz	3.6 dB
방해 전력, 30~300 MHz	4.5 dB
방사성 방해, 30~300 MHz	5.1 dB

7.5.2 불확도 원인

이 절에서는 측정 불확도가 어떻게 해서 발생하는지 설명한다(그림 7.26).

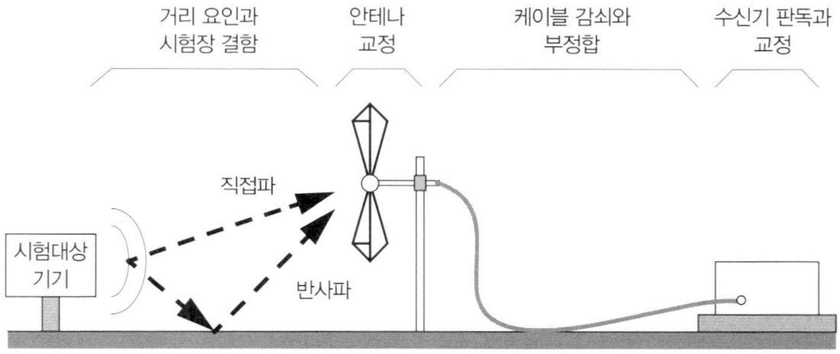

그림 7.26 방사성 방출 시험의 오차 원인

7.5.2.1 기기 및 케이블 오차

최신 자체교정 시험 장비(self-calibrating test equipment)는 계측기기 입력에서 측정 불확도를 ±1 dB 이내로 유지할 수 있다. 수신기 오차를 완전히 설명하려면 해당 수신기의 펄스 진폭 응답, 펄스 반복률의 변동, 사인파 전압 정확도, 잡음바닥 및 판독 분해능을 모두 고려해야 한다. 입력 감쇠기, 주파수 응답, 필터 대역폭, 기준 레벨 파라미터는 모두 온도와 시간에 따른 편차가 있어서 심지어 고성능 계측기기의 입력에서 5 dB까지의 누적 오차를 일으키는 원인이 될 수 있다. 이 문제를 해결하기 위해 교정기능이 제공된다.

교정기능을 사용하면 내장된 교정 발생기를 사용하여 절대 오차, 스위칭 오차, 선형성이 측정되고, 이어서 교정계수를 계산하여 이후 측정되고 표시된 레벨을 바로잡는다. 교정을 언제 실시할지는 운용자가 결정하는데, 이 작업은 측정 스위프를 시작하기 전에 수행하는 것이 보통이다. 기기가 예열되는 동안 – 일반적으로 30분에서 1시간 – 에는 교정기능을 사용하지 말아야 한다. 그렇지 않으면 “움직이는 목표물”에 대해 교정을 하는 셈이 되어버린다. 좋은 관행은 아침에 먼저 계측기기를 켜놓고(또는 밤새 켜둔 채로 놓아두고) 사용 직전에 교정하는 것이다.

케이블에 의해 측정 계측기기의 입력단에 나타나는 감쇠에 대해서는 주파수에 따른 특성을 파악할 수 있는데 좋은 품질의 케이블은 주파수에 따른 감쇠가 일정하면서 낮다. 하지만 긴 케이블은 큰 온도 변화에 따라 약간의 변동을 일으킬 수 있다. 이로 인한 불확도를 고려하기는 해야 하지만 그 영향은 미미하다. 커넥터는 예상치 못한 손실을 초래하는데, 이 손실은 주파수에 따라 달라진다; BNC 커넥터는 이 점에서 특히 열악하다. 정확도가 필수인 측정을 수행할 때는 항상 N형 커넥터로 종단되고 결합 소켓(mating socket)으로 알맞게 조여진 (그리고 나사산이 뭉개지지 않은) 케이블을 사용하여야 한다.

부정합 불확도

공칭값이 50 Ω인 케이블 임피던스의 양쪽 끝에 순수한 저항 50 Ω이 아닌 임피던스가 연결되면, 부정합(mismatch)이 되었다고 말한다. 부정합된 종단에서는 반사신호가 발생하고 케이블을 따라 정재파(standing wave)가 형성된다. 계측기기의 입력과 안테나에는 모두 어느 정도의 부정합이 존재한다. 이 부정합의 정도를 전압 정재파비(Voltage Standing Wave Ratio, VSWR)로 나타내는데, VSWR은 주파수에 따라 달라진다. VSWR은 부록의 [D.2.4절]에 자세히 설명되어 있다. 케이블에 연결된 발생원과 부하가 완벽하게 정합되면 오차가 발생하지 않지만, 그렇지 않으면 부정합 오차(mismatch error)가 발생한다. 부정합 오차 중 일부는 계측기기나 안테나가 교정될 때 처리하여 없앨 수 있다. 그러나 교정을 한다고 해서 발생원과 부하 사이의 케이블에 의한 위상 차이 때문에 생기게 되는 오차는 제거할 수 없으므로 다음 식으로 표시되는 불확도 성분은 남게 된다. 이것이 불확도의 최저 한계이다.

$$\text{불확도} = 20\log_{10}(1 \pm \Gamma_L \cdot \Gamma_S) \tag{7.9}$$

여기서 Γ_L과 Γ_S는 각각 발생원과 부하의 반사계수이다.

예를 들어, 입력 VSWR이 1.5:1이고 안테나의 VSWR이 4:1인 경우에는 ±1 dB의 부정합 불확도가 발생한다. 특히 바이코니컬 안테나는 주파수 범위의 가장 낮은 주파수에서 15:1을 넘는 VSWR을 가질 수 있다. 가장 좋은 정확도가 필요한 경우에는 케이블의 한쪽 끝 또는 양쪽 끝에 직렬로 6 dB 또는 10 dB의 감쇠기 패드(pad)를 연결하면 부정합 오차를 최소화할 수 있다. 그 대신 그만큼 감도는 낮아지게 된다. (이러한 조치는 NSA 측정을 수행할 때의 표준 관행이다. [7.3.1.2]절 참조)

7.5.2.2 전도성 시험 요소

주전원 전도성 방출 시험에서는 [7.2.2.1절]에서 설명한 LISN/AMN을 사용한다. 이것을 사용하는 방법에 의해 생기는 불확도로는 접지면과의 LISN 접지 품질, EUT 주위의 거리 변동, LISN 파라미터의 부정확성 등을 들 수 있다. LISN은 이론적으로는 거의 전체 주파수 범위에 걸쳐 감쇠가 거의 0 dB이지만 실제로는 특히 주파수 범위의 양쪽 끝 주파수에서는 이렇다고 말할 수 없다. 따라서 LISN/AMN의 교정 인증서로부터 전압 분할 비율을 구하여 이를 포함시켜야 한다. 일부 설계에서는 주파수 대역의 양쪽 끝 주파수에서의 감쇠는 수 dB까지 나올 수 있다. 부정합 오차나 임피던스 규격에 있는 오차도 고려해야 한다.

다른 전도성 시험은 LISN 대신 통신 선로용 ISN을 사용하거나, 공통모드 전류를 측정하기 위해 전류 프로브를 사용한다. ISN은 LCL로 인해 발생할 수 있는 오차가 추가되면 LISN처럼 불확도를 생기게 할 것이다(7.2.2.5절 참조). 전류 프로브 측정에서는, 프로브와 시험대상 케이블 사이의 스트레이 결합(stray coupling), 시험대상 케이블의 종단 및 프로브 인자의 교정으로 인해 추가로 오차가 발생한다.

7.5.2.3 안테나 교정

안테나의 교정은 기준 표준 안테나(reference standard antenna) ― 보통은 야외시험장(OATS)에서 동조 다이폴 ― 에 대해 이루어진다[20]. 이 방법에서는 시험장과 표준 안테나 모두의 결함으로 인한 생겨난 자체 불확도 ― 현재는 ±0.5 dB까지 얻을 수 있음 ― 가 보정 데이터로 제공되는 안테나 인자의 값에 들어간다. 이를 대신하는 교정 방법으로 표준 시험장 방법(standard site method)[133]이 있다. 이 방법은 3개의 안테나를 사용하여 표준 안테나로 인한 오차를 제거하지만 뛰어난 품질의 시험장에서 수행되어야 한다는 점에서는 차이가 없다.

또한 각 측정의 물리적 조건, 특히 안테나 케이블과 같은 도체가 가까이 있으면 안테나 교정에 좋지 않은 영향을 미칠 수 있다. 이러한 요인들의 영향은 바이코니컬 안테나 주파수 범위의 최저 주파수에서 최악이며, 평형성이 좋지 않은 안테나에 의해 더욱 커진다[21]. 안테나가 수직 편파로 접지면 가까이 있을 때 안테나 불평형은 케이블과 상호 작용하여 안테나의 응답특성을 왜곡시킨다. 또한, 수평편파일 때 접지면과 가까이 있으면 안테나의 신호원 임피던스(source impedance)와 안테나 인자에 영향을 미칠 수 있다. 접지면 위로 안테나 높이를 변경하면 안테나 교정에서 최대 2 dB까지 높이 관련 불확도가 발생할 수 있다[99].

이러한 문제들은 UHF에서 로그 주기 안테나의 경우에는 덜하다. 그 까닭은 안테나 근처에 있는 물체는 일반적으로 안테나의 근거리 영역 밖에 있게 되어 안테나 성능에 영향을 주지 않기 때문이다. 그리고 로그 주기 안테나의 지향성으로 인해 안테나 중심축에서 벗어난 신호의 진폭은 작아진다. 그 반면에 파장이 짧다는 것은 로그 주기 안테나의 어느 한 요소가 휜다든지 하는 안테나의 사소한 물리적 손상이 파장이 짧아진 것에 비례해 더욱 큰 영향을 미친다는 것을 의미한다. 또한 위상 중심[6](phase center, 안테나의 활성부분 위치)은 주파수에

6 (옮긴이) 구면파 형태로 사방으로 전자파 방사가 이루어지는 안테나상의 지점.

따라 변화하여 거리 오차를 발생시키며, 높이 주사의 맨 끝에서 EUT는 안테나의 주빔 방향(boresight)에서 벗어난 위치에 있게 되어 지향성으로 인한 오차도 발생한다. 이 두 가지 영향은 모두 3 m 거리에서 가장 크다. 안테나 관련 변동에 대해 허용된 ±4 dB의 전체 불확도는 불합리하지 않다. 오차들은 주의를 하면 개선할 수 있다.

방출 시험에 사용될 안테나에 대해 수용가능하면서 보편적인 교정 방법을 규정하는 작업과 관련한 어려움으로 인해 교정 방법에 대한 초안을 작성하기 위한 CISPR A소위원회 산하 실무그룹(working group)이 만들어졌다. 교정 방법은 인증된 교정 시험장에서 높이가 고정된 3개 안테나 방법(fixed-height 3−antenna method)을 통해 구한 자유공간 안테나 인자로 표준화 되었다[78]. 이 방법은 CISPR 16−1−5에 자세히 설명되어 있다.

7.5.2.4 반사와 시험장 결함

안테나는 EUT로부터의 직접 전달되는 신호뿐만 아니라 접지면, 안테나 케이블과 같은 전도성 물체로부터 반사되는 신호도 측정한다. 이러한 여러 신호성분을 이루고 있는 각각의 전자기장 벡터는 안테나에서 모두 합성된다. 합성과정에서 보강간섭이 일어나면 실제 수신 레벨은 +6 dB에 근접하고 상쇠(소멸)간섭이 일어나면 −20 dB보다 더 낮아질 수 있다. 이러한 이유 때문에 [7.4.2절]에서 언급된 높이 주사(scan)가 수행된다. 접지면에서 일어나는 반사는 피할 수 없지만 직접 경로와 반사 경로 사이의 상대적 거리를 변경하여 널(null)을 제거할 수 있다. 정의된 CISPR 타원보다 더 멀리 떨어진 곳에 있는 물체들도 반사에 기여를 하는데, 상대적으로 먼 거리와 낮을 것으로 추정되는 반사율을 고려하면 작은 것이 보통이다(일반적으로 1 dB 미만).

이러한 반사로 인한 기여는 사람이나 자동차 등의 물체가 움직이는 경우 또는 비가 그친 뒤 나무나 건물 표면의 반사율이 변하는 경우에는 더 커질 수 있다. 물체에서 반사되는 전자파는 대부분은 주로 수직으로 편파되기 때문에 반사 레벨은 수평편파보다 수직편파가 더 크다.

안테나 케이블

평형성이 불량한 안테나의 경우에 주요 오차 발생원은 안테나 케이블이다.[98]. 케이블은 그 속성상 안테나에서 가까운 위치에 있는 가변적이고 다른 것에 비해 제어(통제)되지 않는 구조를 하고 있는 반사체다. 케이블 차폐도체에 흐르는 공통모드 전류로 인한 부차적 수신으로 인한 문제도 있다. 케이블은 변함없이 안테나 뒤에서 수직면을 따라 걸려 있기 때문에 바로 위에서 설명한 두 가지 요소로 인한 영향은 모두 수직편파에서 더욱 심하다. 케이블을 따라 일정한 간격으로 페라이트 슬리브 억제기를 장착하여 케이블 차폐도체에 흐르는 전류를 막거나 페라이트를 부착한 RF 케이블(14.1.8.4절)을 사용하면 이러한 영향을 최소화할 수 있다. 이렇게 하지 않으면 수직편파를 갖는 케이블의 움직임으로 인해 최대 5 dB의 측정 오차가 발생할 수 있다. 그러나 발룬 설계가 적용되어 양호한 평형성을 가진 최신 안테나는 이러한 문제들을 최소화한다.

7.5.2.5 측정 불확도 버짓

앞에서 살펴본 요인들의 일부 또는 전부는 특정 시험 방법으로 인한 총 측정 불확도를 위한 버짓에 함께 모아 계산된다. 불확도 버짓(uncertainty budget)[7]을 작성하는 방법에 대한 자세한 내용은 이 책의 범위를 벗어나므로 여기서 다루지는 않는다. 이에 대해서는 LAB 34[209] 또는 CISPR 16−4−2[183]를 참조할 수 있다. 기본적으로 불확도에 영향을 주는 모든 요소에는 값과 확률 분포가 할당된다. 이들은 이미 존재하는 증빙자료(교정 인증서 등)에서, 또는 경험, 실험 또는 공개된 정보를 기반으로 한 계산결과에서 도출된다.

불확도에 기여하는 요인들은 두 가지 유형으로 분류할 수 있다. A형 요인은 임의(무작위) 효과(random effect)이다. 이 효과는 동일한 조건하에서 측정이 이루어지거나 반복되는 동안에 예측할 수 없는 방식으로 변하는 오차를 발생시키는 것을 말한다. B형 요인은 체계적 효과(systematic effect)이다. 이 효과는 측정이 이루어지는 동안 일정하게 유지되지만 측정조건, 방법 또는 장비가 바뀌면 달라질 수 있는 것을 말한다.

각 기여 요인에 대한 "표준불확도(standard uncertainty)"는 기여 값을 확률 본포에 따라 그에 맞는 인자로 나누어 얻는다. 그 다음, 여러 표준불확도를 '제곱합의 제곱근(root-sum-of-squares)' 계산방식으로 하나로 합한 "합성표준불확도(combined standard uncertainty)"를 구한다. 방법의 "확장표준불확도(expanded standard uncertainty)"는 명시된 신뢰도로 참값을 포함하는 측정값의 신뢰구간을 규정하는 것으로 그 결과와 함께 시험소가 보고한다. 이 값은 합성표준불확도에 "포함인자(coverage factor)" k를 곱하여 계산한다. 대부분의 경우에 $k = 2$는 95%의 신뢰도를 제공한다.

[표 7.6]은 전도성 방출 시험을 위해 작성된 불확도 버짓의 간단한 예이다. 이것은 LAB 34에서 도출된 것이다. 기여 요인은 대표적인 값이다. 그러나 각 시험소는 시험에 대한 전체 불확도에 도달하기 위해 자체적으로 값을 도출하고 이 값들의 타당성을 입증해야 한다. 각 측정방법(전도성 방출, 방사성 방출, 방해전력)은 저마다 자체 버짓을 만들어야 한다. 기여 요인들이 전체 범위에 걸쳐, 예를 들어 안테나에 따라 크게 달라지는 경우에는 버짓을 주파수 하위범위로 세분화하는 것이 합리적이다.

7 링크 버짓(link budget)은 통신시스템에서 신호가 송신기-전달 매체-수신기로 전달되는 동안에 신호가 겪는 모든 이득과 손실을 정리해서 나타낸 것을 말함. 마찬가지로 불확도 버짓은 명시된 시험방법을 따라 EUT를 시험할 때 측정의 정확도에 영향을 주는 모든 요소들을 정리해서 나타낸 것을 말함.

표 7.6 150 kHz～30 MHz 주파수 범위의 전도성 측정에 대한 불확도 버짓의 예

불확도 기여 요인	값	확률 분포	나누는 수	ui(y)	ui(y)^2
수신기 사인파 정확도	1.50	직사각형	1.732	0.577	0.333
수신기 펄스 진폭 응답	1.50	직사각형	1.732	0.866	0.750
수신기 펄스 반복 응답	1.50	직사각형	1.732	0.866	0.750
수신기 표시	0.05	직사각형	1.732	0.029	0.001
주파수 간격 오차	0.00	직사각형	1.732	0.000	0.000
바닥 잡음 근접	0.00	직사각형	1.732	0.000	0.000
LISN 감쇠 인자 보정	0.20	정규 k=2	2.000	0.100	0.010
케이블 손실 보정	0.40	정규 k=2	2.000	0.200	0.040
LISN 임피던스	2.70	삼각형	2.449	1.102	1.215
부정합	−0.891	U–형태	1.414	−0.630	0.397
수신기 VRC	0.15				
LISN + 케이블 VRC	0.65				
측정 시스템 반복성	0.50	정규 k=1	1.000	0.500	0.250
합성표준불확도		정규		1.936	3.746
확장불확도		정규, k=2.0		3.87	

입력 0.15 계산 0.5 결과 3.87

엄밀히 말해, 이 표는 "측정 계측기기와 측정 방법" 불확도 버짓임을 인식하는 것이 중요하다. 시험소들은 이 기여 요인들이 무엇인지 알 수는 없어도, 적어도 시험결과를 구하는 데 있어 가시적이고 계산할 수 있는 기여 요인들만큼은 중요할 수 있기 때문에 EUT 자체나 그 구성으로 인한 불확도 기여 요인은 고려하지 않는다.

7.5.2.6 사람에 의한 요인과 환경 요인

시험 엔지니어

[7.4절]에서 확실히 알아보았듯이 가장 간단한 EUT의 경우에도 일련의 방출 측정을 위해 이를 처리할 수 있는 방법은 많다. 마찬가지로, 잘 규정된 표준에 따라 측정을 수행하더라도 측정 장비를 작동하고 그 결과를 해석할 수 있는 방법은 여러 가지이다. 또한 모든 표준이 잘 정의되어 있는 것도 아니다. 게다가 측정되는 양은 RF 전압 또는 전자기장 강도 중 하나인데, 둘 다 안정적이지 않으며 진폭과 시간이 아주 이상하게 변하는 복잡한 파형들로 이루어져 있다. 측정 절차의 몇몇 측면을 자동화하기 위해 소프트웨어를 만들 수도 있지만, 실제로 시험을 수행하는 사람의 경험과 능력에 여전히 많이 의존한다.

방사성 방출 측정을 수행하는 실제 엔지니어와 관련된 불확도를 평가한 연구결과가 보고되었다[128]. 이 연구는 수년 전에 이루어졌지만, 그 결론은 여전히 유효하다. 이 연구에서,

네 명의 엔지니어들은 프로세서, VDU, 키보드로 이루어진 데스크톱 컴퓨터에서 발생하는 방출을 평가해달라는 요청을 받았다. 이에 따라 모든 것은 그대로 유지한 채 배치만 엔지니어에게 맡겨졌다. 다양한 주파수에서, 그리고 수평 및 수직 편파 모두에 대해서 측정 결과는 2～15 dB 사이에 분산되었다. – 이것은 측정 결과의 유효성에 대한 신뢰도를 만들어내지 않는다! 두 영역 – EUT와 케이블 구성의 차이, 그리고 각기 다른 사용방식 – 이 이러한 측정 결과의 분산을 만든 것으로 인정되었다.

시험은 이번에는 명시된 EUT 배치와 고정된 안테나 높이에 대해, 동일한 EUT, 시험장, 시험 장비를 사용하여 반복되었다. 측정 결과의 분산은 2～9 dB 사이로 줄어들었지만 여전히 허용할 수 없는 큰 범위였다. 이러한 분산의 또 다른 요인을 들자면 최대 방출이 서로 다른 EUT면에서 나타났고 사용방식도 여전히 약간의 차이가 있었다. 또한, 선택된 측정 시간(7.1.3.4절)역시 측정값에 영향을 미쳤는데, 측정 안테나의 방향과 시험 수신기의 부수적 설정도 영향을 미칠 수 있다.

주변 신호

위에서 설명한 것과 별도로 EMC 방출 측정에 영향을 미치는 외부 환경에 의한 불확도 요인 중에서 가장 중요한 것이 주변신호(ambient signal)이다. 주변신호는 산업용 기계와 같은 송신기나 의도하지 않은 방출기에서 발생한 신호로서 EUT에서 방출되는 신호를 가려버린다(mask). OATS의 경우에는 처음부터 이러한 발생원들로부터 멀리 떨어진 부지를 선택하지 않고서는 주변신호를 피할 방법은 없다. 영국과 같이 인구 밀도가 높은 나라에서, 그리고 실제로 유럽의 많은 지역에서, 이것은 희망사항이다. 산업 지역에서 멀리 떨어진 "미개발(녹지, green field)" 부지는 접근 문제를 차치하더라도 계획한 조건에 맞지 않을 것이 거의 확실하며 설사 적합한 부지를 찾았다 하더라도 산업 목적으로 개발이 허가되지 않는다.

또 다른 곤란한 상황은 방송신호와 관련하여 발생한다. 방송대역 내에서 EUT 방출을 측정할 수 있어야 하는 것이 중요한 까닭은 이 방출이 방출 표준에서 보호하려고 하는 바로 그 서비스들이기 때문이다. 그러나 방송 기관의 존재 이유는 전국에 걸쳐 전파 수신에 적합한 전자기장 강도를 확보하는 것이다. BBC는 커버리지(coverage, 통신을 가능하게 해주는 것)를 제공한다고 '여겨지는' 각 대역의 최소 전자기장 강도에 대한 요건을 공표한다.[1] [표 7.7]에는 이 요건이 간추려 정리되어 있다. 각각의 경우에, 이 요건들은 EUT가 (당연히) 충족해야 하는 허용기준보다 상당히 높다. 즉, 국가 전체의 방송 커버리지가 '사실'이라고 가정하면, OATS에서 EUT 방출은 방송신호 자체에 의해 가려지기 때문에 그 어느 곳에서도 OATS에서 방송대역 전체의 모든 주파수에서 EUT 방출을 측정할 수 없을 것이다.

주변잡음 문제를 해결할 수 있는 유일한 방법은 차폐 챔버 내에서 시험을 수행하는 것이다. 이 방법은 전도성 측정에는 문제가 없지만 방사성 측정에는 앞서 설명한 바와 같이 챔버

벽면에서 일어나는 반사에 의해 측정에 심각한 부정확성을 가져올 수 있다. 무반사실은 이러한 부정확성을 감소시킨다. 현재는 무반사실에 대한 요건이 [7.3.1.3절]에서 언급한 바와 같이 표준에 포함되어 있다. 완전 적합성 시험 무반사실은 많은 기업들에게는 엄청나게 비쌀 것이다(주요 우량 전자 회사들은 실제로 수백만 달러를 투자하여 이러한 시설을 사내에 설치했다). [7.4.2절]에서 살펴본 비무반사실에서의 사전주사(pre-scan) 방법은 문제를 해결하는 데 어느 정도 도움이 되지만 OATS에서 주변잡음보다 작은 레벨의 신호를 정확하게 측정할 수 없다는 기본적인 어려움을 해결하지는 못한다.

표 7.7 영국의 최소 방송 전자기장 강도

서비스	주파수 대역	최소 허용가능 전자기장 강도
Long wave	148.5 – 283.5 kHz	5 mV/m
Medium wave	526.5 – 1606.5 kHz	2 mV/m
VHF/FM band II	87.5 – 108 MHz	54 dBμV/m
TV band IV	471.25 – 581.25 MHz	64 dBμV/m
TV band V	615.25 – 853.25 MHz	70 dBμV/m
출처 [1]		

EN 55022와 같은 방출 표준은 주변신호의 문제를 인식하고 일반적으로 시험장 주변잡음이 허용기준을 초과하지 않을 것을 요구한다. 이 요건이 충족되면, 이 표준은 실제거리에 대한 명시거리의 비율만큼 허용기준을 증가시켜서 더 가까운 거리에서 시험할 수 있도록 허용한다. 이는 일반적으로 주변잡음이 허용기준보다 단지 몇 dB만 높은 곳에서는 신호강도가 낮은 지역에서만 유효하다. 수평편파로 하고, 안테나의 지향성 응답을 활용하여 국부송신기가 시험영역과 수직이 되도록 시험장의 방향을 맞추면 주변신호가 어느 정도 줄어드는 효과를 얻을 수 있다.

진단시험을 수행할 때, 연속적 주변잡음은 방출의 일부를 가린다 해도 스펙트럼 화면상에서 위치를 알 수 있고 표시를 할 수 있기 때문에 문제가 덜 심각하다. 일부 분석 소프트웨어는 이러한 작업을 자동으로 수행한다. 그렇더라도 스펙트럼 화면에는 신호가 "숲"처럼 나타나므로 시험을 혼란스럽게 만들며 경험이 없는 사람들을 불안하게 만든다. 휴대용 송신기나 간헐적으로 존재하는 광대역 발생원 등에서 발생하는 과도 주변신호들은 EUT 방출신호와 명확하게 구분해내기가 더욱 어렵기 때문에 더더욱 골칫거리다. 경우에 따라서는 분석에서 모든 주변 잡음을 제거하기 위해 두 번 이상의 측정 스위프를 수행해야 한다.

대역폭 및 검출기에 의한 주변 신호 구별

CISPR 16–2–3[182]의 부속서 A는 다른 방향에서 들어오는 주변 신호 문제를 해결하려고 시도하고 있다. 이 문서는 광대역 또는 협대역 주변잡음이 존재하는 상황에서 광대역 EUT

방출과 협대역 EUT 방출을 구별짓는다(그림 7.27). 주변잡음과 EUT 방출이 모두 협대역일 경우에는 첨두 검출기를 사용하여 측정 대역폭을 적절히 좁힐 것을 권장한다. 측정 대역폭은 EUT 방출의 변조 스펙트럼이 사라질 정도로 좁아서는 안 된다. EUT 잡음이 광대역인 경우, 협대역 주변잡음의 주파수에서는 이를 측정해낼 수는 없지만 바로 옆 양쪽 주파수 가운데 어느 한쪽 값을 취할 수 있고, 예측되는 실제 레벨을 추정해낼 수 있다.

주변 방해가 광대역일 경우 대역폭 식별이 불가능하지만, 측정 대역폭이 더욱 좁은 평균 검출기를 사용하여 주변 방해 대비 EUT 방해의 비율이 커지도록 하면 협대역 EUT 방출을 뽑아낼 수 있다. 평균 검출기는 원하는 EUT 협대역 신호에는 영향을 주지 않고 광대역 레벨을 낮춘다. 단 EUT 신호는 진폭변조나 펄스변조된 신호가 아니어야 하는데, 그렇지 않으면 약간의 오차가 발생한다.

광대역 주변잡음이 존재하는 상황에서 광대역 EUT 방해는 이 둘의 레벨이 비슷한 경우(대략10 dB 이내)이면 첨두 검출기를 사용하고 중첩을 통해 EUT 방출 레벨을 추정할 수 있지만 직접 측정할 수는 없다.

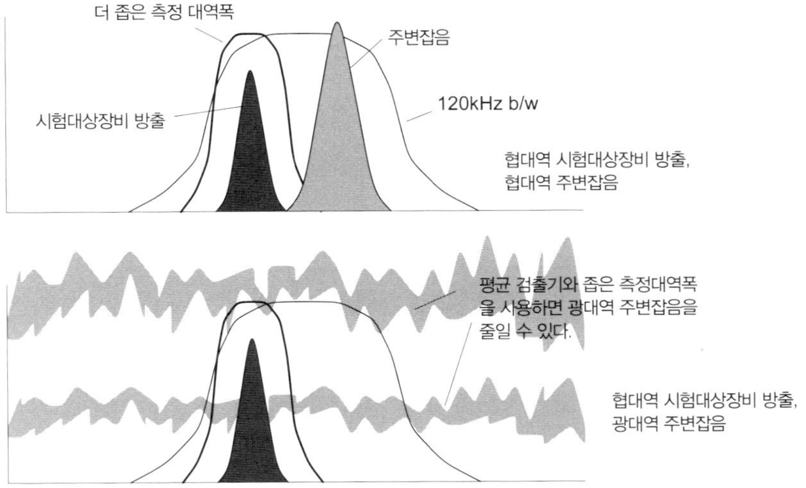

그림 7.27 주변잡음의 구별에 미치는 대역폭의 영향

8

내성 시험

8.1 RF 내성

EMC 지침 이전까지는 상용 내성시험은 법으로 정해져 있지 않은 경우가 대부분이었다. 하지만 전자파 장해가 존재하는 경우에도 제품의 신뢰성을 유지하라는 고객들의 요구에 따라 내성시험을 실시하게 되었다. 군사 및 항공우주 내성시험 표준은 상당히 오래전부터 존재해 왔다. 상업 계약에서는, 표준이 아예 없거나 적용가능한 표준이 없는 경우에 군사 및 항공 표준들을 적용하는 경우도 종종 있다. 이들 표준은 전도성 RF 내성시험과 방사성 RF 내성시험 방법을 모두 허용한다. 확립된 주요 상용 표준 시험은 원래 90년대 중반까지는 계속해서 IEC 801의 표준 목록에 들어가 있었다. 이들은 오래 전에 대체되어 현재는 IEC 61000-4-3 제3판과 IEC 61000-4-6 제4판으로 방사성 시험과 전도성 시험을 규정하고 있다. 결국은 CISPR 35로 대체된 CISPR 20과 CISPR 24는 전도성 내성시험과 방사성 내성시험을 모두 요구하는데, 이들은 방송 수신기와 관련 장비, 그리고 정보기술장비에만 적용된다.

8.1.1 장비

[그림 8.1]은 차폐실을 사용하는 대표적인 방사성 내성시험 시스템의 구성을 보여주고 있다.

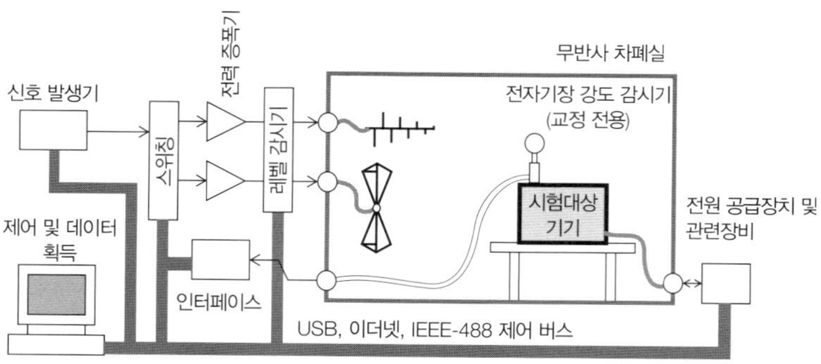

그림 8.1 RF 내성시험 시스템

기본적으로 갖추어야 하는 구성요소는 RF 신호원(signal source), 광대역 전력증폭기(broadband power amplifier), 변환기(transducer)이다. 여기서 변환기로는, 안테나 세트, 전송선로 셀(transmission line cell), 스트립선로(stripline) 등이 해당될 수 있다. 이들을 통해 EUT(시험대상장비)가 놓인 위치에 전자기장을 발생시킬 수 있는데, 이 전자기장의 강도를 정확하게 제어하기 위해서는 변환기에 공급되는 신호의 레벨을 제어하고 교정하는 방법이 반드시 있어야 한다. 시험소에서는 보통 이러한 구성요소들을 컴퓨터로 통합, 제어하여 주파수 스위프 및 레벨 조정기능을 자동화하고 표준의 전자기장 교정요건을 충족한다.

8.1.1.1 신호원

표준에서 요구하는 주파수 범위(IEC 61000-4-3 규격의 80 MHz ~ 1000 MHz와 그 이상의 주파수 범위, IEC 61000-4-6 규격의 150 kHz ~ 80 MHz 범위)에서 동작하는 RF 신호발생기라면 신호원으로 사용이 가능하다. 신호발생기의 출력 레벨은 전력증폭기의 입력요건과 정확히 맞아야 하며 수 dB의 마진(margin)을 가져야 한다. 출력레벨 값은 보통 0 dBm으로, 이 값은 문제가 되지는 않는다.

IEC 61000-4-3은 RF 반송파를 변조심도(modulation depth, 변조지수)를 80%로 하여 1 kHz의 주파수로 변조할 것을 요구한다. 이러한 변조 작업은 일반적으로 신호발생기 내에서 수행된다. 1 Hz 펄스를 필요로 하는 경보제품(alarm product) 시험과 같이 특수한 변조를 해야 할 경우에는 별도의 변조기가 필요할 수 있다. 일반적으로 단계별 운용방식에는 합성 신호발생기(synthesized signal generator)가 사용된다. 제어 소프트웨어는 대상이 되는 주파수 대역에 전체에 대해 단계별로 주파수를 설정한다. 요구되는 주파수 정확도는 EUT가 장해에 대해 어떤 협대역 반응을 나타내는가에 따라 달라진다. 특정 주파수 범위 부근에서의 반응을 조사하는 경우에는 수동 주파수 설정 기능이 필요하다. 범위 변경이나 주파수 단계별 설정으로 인해 신호발생기 내에서 순간적인 레벨 변화가 생기지 않도록 주의해야 한다. 그 까닭은 이러한 순간적 변화가 증폭되어 이로 인해 발생하는 과도 전자기장이 EUT에 가해지면 잘못된 감응성(내성)을 초래할 수 있따.

8.1.1.2 전력증폭기

대부분의 신호원은 그 자체로 충분한 출력레벨을 발생시키지 못하므로 레벨을 증가시키려면 일련의 전력증폭기들이 필요하다. EUT가 놓인 위치에 발생시켜야 할 전자기장의 강도, 그리고 이러한 전자기장을 발생시키기 위해 사용하는 변환기의 특성에 따라 필요한 전력출력이 달라진다. 방출측정을 위한 안테나의 특성은 안테나 인자(antenna factor)로 나타내는 데 반해, RF 내성을 위한 안테나는 정해진 거리에서 주어진 전자기장을 제공하는 데 필요한 전력으로 그 특성을 나타낸다. 이러한 특성은 안테나 이득(gain)으로 명시할 수 있다. 안테나 이득과, 안테나에 공급되는 전력 및 원거리장에서의 전자기장 강도 사이의 관계는 다음과 같다.

$$P_t = \frac{(r \cdot E)^2}{30 \cdot G} \tag{8.1}$$

여기서 P_t는 안테나 입력전력, r은 안테나로부터의 거리(단위: m), E는 전기장 강도(단위: V/m), G는 등방성(isotropic) 안테나를 기준으로 한 안테나 이득($= 10^{G_{dB}/10}$)이다.

광대역 안테나의 이득은 주파수에 따라 다르므로 주어진 전기장 강도에 요구되는 전력은 주파수에 따라 달라진다. [그림 8.2]는 1 m 거리만큼 떨어진 위치에 10 V/m인 의 강도를 갖는 변조되지 않은 전기장을 발생시키는 데 필요한 전력을 주파수별로 나타낸 것이다. 높은 주파수에서는 로그주기 안테나(log periodic antenna)가 높은 이득을 가지므로 필요한 전력은 작아진다. 또한 80 MHz 미만의 주파수에서 사용되는 통상적인 바이코니컬 안테나(biconical Antenna)의 경우에는 필요한 전력이 크게 증가함을 확인할 수 있다. 이렇게 필요 전력이 크게 된 것은 부분적으로 방사성 내성 시험의 최저 주파수가 80 MHz로 선택되었기 때문인데, 이후 계속해서 광대역 안테나의 개발이 이어지면서 이러한 상황은 개선되고 있다(8.1.1.4절 참조).

"전력출력-대역폭 곱(power output-bandwidth product)은 전력증폭기를 선정할 때 고려해야 할 가장 중요한 파라미터로, 장치비용의 대부분을 결정한다. 대역폭이 매우 넓은 증폭기(1 MHz ~ 1000 MHz)는 수 와트의 전력으로 사용할 수 있지만, 이 증폭기를 쌍원뿔 안테나에 사용하면 VHF 대역에서 필요로 하는 전기장 강도를 발생하는 데 충분하지 않을 수 있다. 제한된 대역폭을 가지면서 더 높은 전력출력을 가진 전력증폭기도 필요할 것이다. 두 개의 증폭기를 사용하여, 사용할 두 종류의 안테나의 대역폭 요건과 전력 요건에 각각 맞추어 연결하면 전체 주파수 스위프를 모두 처리하기 위해 필요한 교환을 최소화할 것이다. 안테나와 증폭기가 완전히 정합되어 있지 않으면 안테나로 공급되는 전력은 증폭기에서 공급하는 전력과 동일하지 않은데, 실제로 완벽한 정합이 이루어지는 경우는 없다. VSWR이 높으면(70 MHz 미만의 주파수 영역에서 바이코니컬(biconical) 안테나 또는 표준 바이로그(bilog) 안테나의 경우가 여기에 해당) 증폭기에서 공급되는 전력의 대부분은 안테나에서 반사되어 다시 증폭기로 되돌아가는데, 이로 인해 전력 효율이 떨어지고 증폭기가 손상될 수 있다.

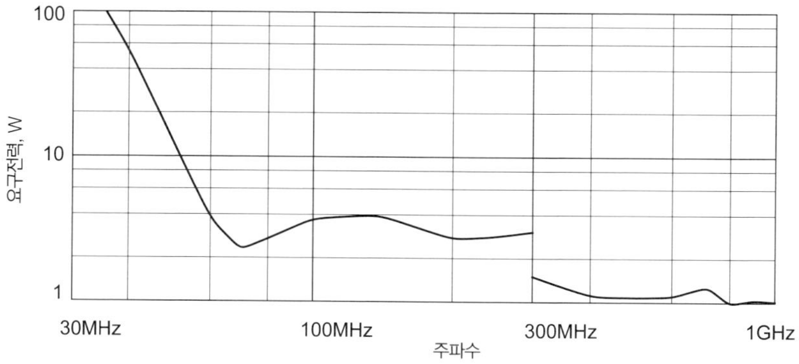

그림 8.2 1 m 떨어진 거리에 10 V/m의 전기장 강도를 발생시키기 위한 주파수별 요구전력, 바이코니컬 안테나 및 로그주기 안테나

변조

변조, 시스템 손실, 그리고 더욱 먼 거리에서 시험하는 능력을 고려하면 전력 출력을 정격보다 높게 해 줄 필요가 있다. IEC 61000-4-3 규격에서 요구하는 80%의 변조는 [그림 8.2]에서와 같이 변조되지 않은 경우에 대한 요건과 비교하여 순간 전력 요구량을 5.2 dB(3.3배)만큼 증가시킨다. 비차폐실에서 시스템을 사용하는 경우, 시스템 전력을 정격보다 최소 6 dB(4배)만큼 높게 해주어야 한다. 이는 차폐실 벽에서 일어나는 반사로 인해 특정 주파수에서 전자기장이 널(null)이 되는 것을 감안한 것이다. 시스템에서 안테나 대신 TEM 셀(템셀, transverse electromagnetic cell) 또는 스트립선로(8.1.1.4절 참조)와 같은 변환기를 사용하는 경우, 주어진 전자기장 강도를 발생시키기 위한 전력요건은 크게 줄어들 것이다. 따라서 사용되는 변환기의 유형과 증폭기에 필요한 전력 사이에는 비용측면에서 직접적인 상충관계(trade-off)가 있다.

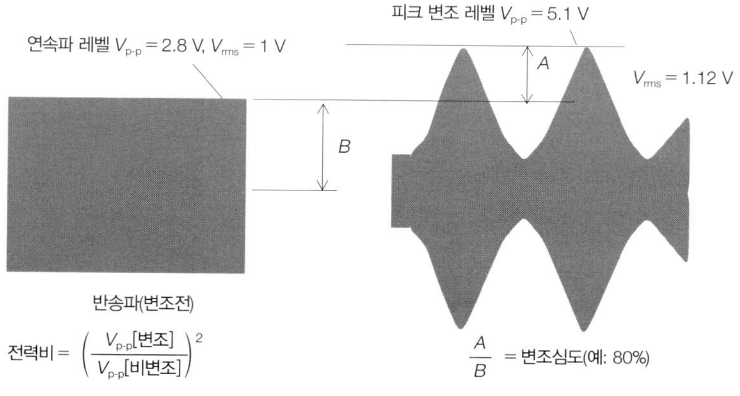

그림 8.3 변조되지 않은 파형과 변조된 파형의 비교

1 kHz 변조요건은 IEC 61000−4−3을 참조하는 대부분의 시험에 공통적으로 적용된다. 다른 표준에서는 다른 방법을 취할 수 있다. 예를 들어, ISO 11452의 자동차 내성시험에서는 80% 변조심도(변조지수)와 1 kHz 주파수로 변조가 이루어지지만, 명시된 전기장 강도는 비변조 파형이 아닌 변조파형의 피크값(첨두치)로 표시된다. 역사적으로, 일부 제품 표준들은 900 MHz의 스폿 주파수(spot frequency)에서 GSM 폰(phone)에 대한 내성시험을 명시했는데, 이 시험에서는 200 Hz의 펄스 변조를 사용하여 GSM 신호의 영향을 더욱 정확하게 시뮬레이션 했다. 이 시험은 이후 여러 후속 버전에서 제외되었는데, 그 근거는 1 kHz 사인파를 사용한 방법이 항상 가장 심각한 결과를 가져왔으며 또한 보편적으로 적용할 수 있는 방법이라는 점이었다. 이 내용은 IEC 61000−4−3의 부속서 A에 자세히 설명되어 있다. 몇 가지 표준에서는 각 표준의 근거에 따라 저마다 서로 다른 주파수들을 명시하고 있다. 예를 들어, 경보 내성표준 EN 50130−4는 많은 경보 검출기가 느린 속도로 변하는 RF 스트레스[1](stress)에 민감하기 때문에 1 Hz 펄스 변조를 필요로 한다.

여기서 주의할 점은 RF 내성시험에 대한 교정을 수행하는 중에 인가하는 전력 레벨을 설정할 때는 변조를 미사용(disable)로 해야 한다는 것이다. RF 전력 계측기(meter)와 전기장 강도 계측기는 변조된 신호에 대해서는 부정확한 결과를 제공한다.

기타 파라미터들

앞에서 설명한 항목들 외에 전력증폭기의 특성을 나타내는 다른 항목들은 다음과 같다.

- 선형성(linearity): RF 내성시험은 어느 정도의 왜곡(distortion)은 허용할 수 있지만, 그 크기가 과도해서는 안 된다. 이는 과도한 왜곡으로 인해 시험 주파수의 고조파들이 생겨나 EUT에서 스퓨리어스 응답을 발생시킬 수 있기 때문이다. IEC 61000−4−3의 초기 버전에 따라 왜곡성분(distortion products)들은 반송파에 비해 최소 −15 dB가 되어야 했는데, 이 값은 계속 변경되어왔다. 현재의 요건은 (변조를 허용하기 위해) 전체 시스템(전력증폭기와 안테나)이 최대 스트레스 레벨의 1.8배가 되는 레벨에서 2 dB 압축점(compression point)을 넘어 포화가 되는 일이 생기지 않도록 해주기 위한 것이다.
- 견고성(ruggedness): 증폭기는 VSWR이 무한대인 경우, 다시 말해 부하가 개방회로나 단락회로 상태인 경우, 전체 전력(full power)에서도 작동이 중단되지 않고 연속해서 작동할 수 있어야 한다. 시험 안테나는 완벽하지 않으며 시험 엔지니어의 작업관행도 역시 완벽하

1 (옮긴이) 물리학에서 스트레스(stress)는 응력은 “단위 면적당 가해지는 힘”으로 정의된다. 스트레스가 물질에 가해지면 물질은 늘어나거나 수축되어 변형된다. EMC 분야에서 스트레스는 물질에 가해지면 전기적 변화를 일으키는 양 또는 현상—전압, 전류, 전기장, 자기장, 전파(RF), 전자파(EM wave), ESD, 낙뢰 등—을 총 망라한다. 다양한 스트레스의 특성은 크기(진폭), 상승시간, 지속시간으로 나타내 구분할 수 있다. ‘stress’를 응력으로 번역하기도 하는데, 응력은 힘이 물질에 가해질 때 그 물질 내부에 생기는 저항력(변형력)이므로 EMC에서의 스트레스와는 의미상 차이가 있다. 따라서 이 책에서는 이미 친숙한 용어임을 감안해 ‘스트레스’로 그대로 옮기기로 한다.

지 않다!

- 전력 이득(power gain): 전체 전력출력은 전체 주파수 대역에서 예측되는 입력 신호레벨에 어느 정도 안전마진(safety margin)을 가진 상태에서 얻을 수 있어야 한다.
- 신뢰성 및 유지관리성(reliability and maintainability): 일반적인 시험시설에서는 여러 개의 증폭기를 쉽게 구할 수 없으므로 고장이 발생할 경우 신속하게 수리할 수 있는지 확인해야 한다.

8.1.1.3 전자기장 강도 감시 및 레벨 조정

내성 시험을 위해서는 EUT 위치에 정확한 전자기장 강도를 발생시키는 것이 필수적이다. EUT에 의한 전자기장의 반사와 왜곡으로 인해 실제 전자기장 강도는 자유공간에서 예상되는 값과는 다른 값이 될 수 있다. 이 실제 전자기장 강도 값은 전체 시험 주파수 대역에서 주파수 값의 변화에 따라 달라진다. [7.5절]에서는 방출 측정에서 불확도를 가져오는 요인들에 대해 다루었는데 이 내용이 내성시험에 사용되는 전자기장 강도의 측정에도 동일하게 적용된다.

RF 전자기장은 일반적으로 세 개의 직교 평면에 대해 소형 다이폴과 검출기가 조립된 형태의 광대역 전기장 센서로 평면마다 측정되므로 어떤 편파(polarization)를 갖는 전자기장에도 반응하여 측정할 수 있다. 가장 간단한 측정 방법으로, 배터리로 작동하는 국부 계측기(local meter)를 사용하여 운용자가 전자기장 강도를 계속해서 관찰하면서 출력레벨을 수동으로 정확하게 조정해주어야 한다. 더욱 정교한 구성에서는 IEC 61000-4-3으로 교정하는 것이 필수적인데, 이 경우에는 광섬유를 사용하여 센서에서 측정한 데이터를 전송하므로 전자기장은 외부 케이블에 의해 교란되지 않는다.

인가하는 전자기장 강도를 조정하는 방법으로는 폐루프 레벨조정법(closed loop leveling)과 치환법(substitution)의 두 가지가 있다. 비차폐실에서는 폐루프 레벨조정법이 필수적인데, 이 방식은 군용 시험에 명시되어 있다. 이 방법에서 전기장 센서는 EUT 옆에 배치되고 변환기에 인가되는 전력은 시험 스위프가 진행되는 동안에 정확한 전기장 강도 값을 제공하도록 조정된다. 언뜻 보면 이 방법이 올바른 것 같지만 실제로는 다음과 같은 단점이 있다.

- 센서는 한 지점에서만 전기장을 측정하므로, 특히 파장에 비해 EUT가 큰 경우에 EUT 주변의 다른 지점에서는 전기장의 강도가 상당히 다를 수 있다.
- 우연히 센서가 특정 주파수에서 전기장 강도가 널(최소, null)이 되는 지점에 위치하는 경우, 이로 인해 전기장 강도를 교정하기 위해 인가하는 전력이 증가한다. 그 결과 다른 지점에서는 전자기장 강도가 의도한 값을 훨씬 초과하게 된다.

• 단계별 주파수 설정방식을 사용하는 경우, 각 단계에서 정확한 전기장 강도를 찾으려고 시도하는 과정에서 인가전력이 과도하게 교정되어 순간적으로 전기장 강도가 의도한 값을 훨씬 초과할 수 있다.

이 방법에서는 뜻하지 않게 EUT를 규정보다 과도하게 시험하는 일이 발생할 수 있음이 분명하다. 무반사실(anechoic chamber), 그리고 TEM 셀과 같은 변환기를 사용하는 경우에는 치환법(substitution method)이 더 좋은데, 이 방법은 IEC 61000-4-3에서 허용하는 유일한 방법이다. 이 방법에서는 각 주파수에서 주어진 전기장 강도를 발생시키는 데 필요한 전력을 측정하는 방식으로 비어있는 무반사실과 셀을 사전 교정하는 과정을 수행한다. 그런 다음 EUT를 무반사실이나 셀에 넣고 교정된 것과 동일한 전력을 인가한다. 이 방법의 바탕에는 EUT에 의해 발생하는 전자기장의 교란은 있는 그대로 받아들여야 하며 EUT에서의 실제 전기장을 검사(모니터링)하여 이를 교정하려는 시도는 하지 않는다는 논리가 깔려있다. 그 대신, EUT가 없을 때 나타나는 전기장을 조정 대상 파라미터로 사용한다. 이 방법은 전자기장의 균일성(uniformity)이 면밀히 정의된 경우에만 사용할 수 있는데(8.1.2.2절 참조) 이러한 상황에서는 이 방법이 훨씬 바람직하다. 사전교정으로 조정되는 파라미터는 안테나에 공급되는 알짜 전력(net power)이 아닌 증폭기 출력전력(output power)(순방향 전력, forward power)이다. 이 말은 EUT를 설치해도 안테나의 특성은 별로 달라지지 않음을 뜻하는 것이므로 안테나와 EUT 사이 간격을 가능한 한 멀리 떨어뜨려 놓게 만든다.

8.1.1.4 변환기

앞에서 살펴본 것처럼 안테나는 방사 전자기장을 발생시킬 수 있다. 내성시험에서는 방사성 방출 시험에서 사용한 것과 동일한 안테나를 사용하는 것이 좋은데, 이러한 사용방식은 이론적(원리적)으로 허용된다. 그런데, 이들 안테나의 전력 처리능력은 안테나의 급전점(feed point)에 장착되는 발룬 변압기(balun transformer)에 의해 제한된다. 이 발룬 변압기는 광대역 페라이트 코어를 사용한 1:1 변압기로, 다이폴 안테나의 평형 급전(balanced feed)과 불평형(unbalanced) 구조인 동축 케이블이 연결되는 경우에 이들 사이에 들어가 정합이 이루어질 수 있도록 변환한다. 바로 이러한 기능을 하기 때문에 "bal-un(발-룬)"이라는 이름으로 불리는 것이다. 발룬은 안테나의 일부를 이루고 있으므로 안테나 교정에서는 발룬의 손실(일반적으로 아주 작음)을 고려한다. 그렇지만 안테나로 전달되는 전력 중 일부는 발룬의 코어와 권선에서 열로 소모되어 사라지므로 이로 인해 안테나의 최대 전력이 제한된다. 그 결과, 내성 시험 중에 발룬에 지나치게 열이 발생하면서 안테나의 특성이 영향을 받을 수 있으므로 이러한 문제를 감지하지 못한 채 같은 안테나로 방출시험을 수행하면 심각한 결과를 초래할 수 있다. 이러한 이유로 인가된 시험소는 일반적으로 방출과 내성 시험에 사용되는 별도의 안테나를 보유하고 있다. 매번 시험을 실시하기 전에 시스템 점검에 만전을 기하는 자세가 필요하다.

광대역 안테나의 높은 VSWR([7.5.2.1절]과 부록의 [D.2.4절] 참조), 특히 저주파에서 바이코니컬 안테나의 높은 VSWR은 안테나로 공급되는 전력의 대부분이 방사되지 못하고 반사됨을 뜻한다. [그림 8.4]는 세 가지 유형의 바이로그(BiLog)에 대해, 주파수에 따른 VSWR의 변화를 보여주는 그래프이다. 그동안 내성시험에 사용되는 안테나 개발에 많은 노력이 이루어졌는데, 확장 (X-Wing) 모델의 VSWR 그래프는 그동안 이루어진 성능 발전을 보여주고 있다. 방사성 방출시험과 마찬가지로 안테나의 편파에 따라 시험을 두 번 해주어야 하는데, 한 번은 안테나를 수평편파(horizontal polarization)로, 또 한 번은 수직편파(vertical polarization)로 해주어야 한다.

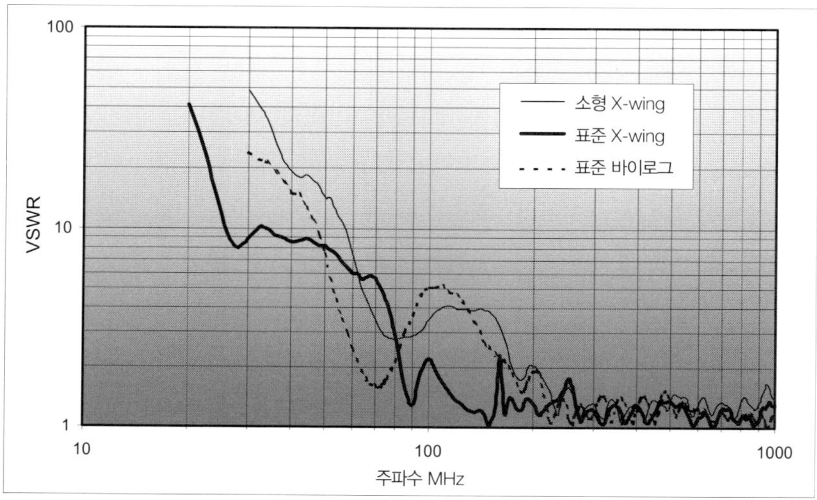

그림 8.4 바이로그(BiLog) 안테나의 VSWR(출처: Teseq)

소형 EUT의 방사성 RF 내성시험에는 두 가지 유형의 변환기 – 스트립선로와 TEM 셀 – 를 사용할 수 있다.

스트립선로

안테나를 사용하는 시험의 어려움으로 인해 1970년대에는 안테나 대신 EUT에 전자기장을 가해주는 대체방법이 개발되었다. 참고문헌[80]에서는 비교적 작은 부피를 차지하는 간단한 전송선로 구조를 설계하였는데, 이 구조를 이루고 있는 두 판 사이에 균일한 전자기장이 공급되도록 하였다. 이 구조는 IEC 801–3 (1984)과 CISPR 20에 기록되어 있으며 방사성 내성시험의 일부를 수행하는 방법으로 권장되었다. IEC 61000–4–3의 최신 버전 (제3판)에는 이 방법이 실려 있지 않다.

스트립선로(stripline)는 기본적으로 두 개의 평행판 구조를 하고 있으며, 이 두 판 사이에 전자기장이 형성된다. 평행판의 한쪽 끝에서 테이퍼 정합(tapered matching) 방식으로 신호의 급전이 이루어지고 평행판의 반대쪽 끝에서 같은 정합방식으로 종단된다. 이 평행판 전송선로 구조의 치수는 표준에서 80 cm×80 cm×80 cm로 규정되어 있으며 EUT는 두 평행판 중 한 판 위에 설치된 절연 지지대 위에 배치된다(그림 8.5). 두 판 사이의 전자기장은 TEM 모드(transverse electro-magnetic mode, 횡 전자기기 모드)로 전파된다. 스트립선로의 교정은 이론적으로 매우 간단하다. 정합이 제대로 이루어졌다고 가정하면, 전기장 강도는 다음 식에서 보듯이 급전점의 전압을 두 판 사이의 거리(간격)로 나눈 값에 정비례한다.

$$E = \frac{V}{h} \text{ V/m} \tag{8.2}$$

실제 상황에서는, 이상적인 상황과 어느 정도 차이가 있을 수 있으므로 두 판 사이의 시험 공간 속으로 연장되어 들어가는 소형 프로브를 사용하여 보정하는 것이 바람직하다. 스트립선로 시험을 차폐실에서 수행하면 차폐실 벽면으로부터 반사가 전자파의 전파특성을 심하게 교란시키는데, 이러한 상황은 차폐실에서 안테나를 가지고 시험할 때와 마찬가지이다. 이러한 반사를 완화시키려면 스트립선로를 흡수판(absorbing plate)으로 둘러싸야 한다. 이 방법은 무반사 흡수체(anechoic absorber)를 차폐실 벽 안쪽에 부착하는 것보다는 저렴하다.

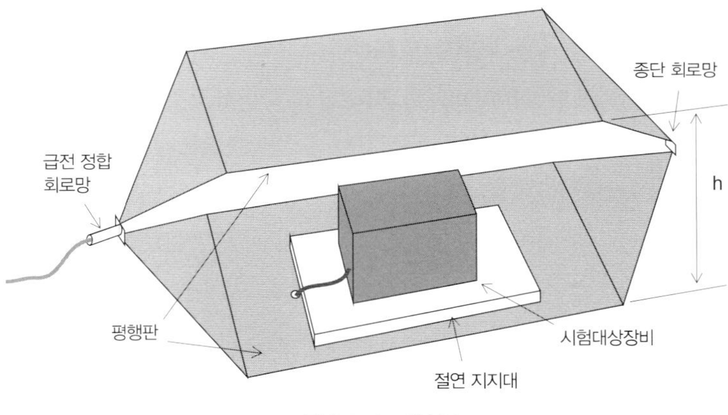

그림 8.5 스트립선로

스트립선로의 인가 전기장의 정확도는 EUT의 치수에 따라 크게 달라진다. IEC 801-3은 치수가 25 cm를 초과하지 않아야 한다고 권고했고, CISPR 20은 교정 보정계수를 사용하여 최대 0.7 m까지 높이를 허용한다. 어느 치수가 됐든 스트립선로는 시험대상의 사이즈가 상당히 작은 경우에만 사용할 수 있다. 또한 주파수 상한은 150 MHz~200 MHz인데, 이 주파수보다 높으면 두 평행판 사이의 간격이 반파장보다 커져서 전파모드가 복잡해지므로 전자기장이 변동될 수 있다. 낮은 주파수에서의 내성시험에 바이코니컬 안테나를 사용하는 것이 부적절하다는 문제를 해결하기 위해, 200 MHz 미만(이론적으로는 200 MHz에서 직류(0 Hz)까지)의 내성시험에는 스트립선로를 사용하고 200 MHz 이상의 주파수 영역에서는 로그주기 안테나를 사용하는 방법도 가능하다. 10 V/m의 전기장 강도를 발생시키기 위해 필요한 스트립선로의 전력은 수 W 이하이다.

스트립선로로 시험을 하는 방법만의 특징으로는, EUT에 접속되는 케이블이 평행판 중 한 판을 통과해 직접 연결되므로 전자기장에 노출되는 케이블의 길이는 수 cm를 넘지 않는다는 점을 들 수 있다. 따라서 이 방법으로는 전자기장에 직접 노출되는 인클로저만을 시험하게 된다. 따라서 전체 내성시험을 위해서는 공통모드 전도전류 주입이나 전압 주입과 함께 사용해야 한다. 또한 감응성이 가장 큰(다시 말해, 방해에 가장 취약한) 방향을 구하기 위해 세 개의 축을 사용하여 EUT가 향하는 방향을 바꿀 수 있어야 한다.

TEM 셀

소형 EUT와 저주파 영역에 대해서는, 스트립선로를 사용하는 대신에 TEM 셀, 다른 말로 크로포드 셀(Crawford cell)을 사용할 수 있다. 이 장치는 완전히 밀폐된 전송선로 구조로 되어있다. 이 전송선로 구조에 전자기장을 형성시킨 다음 그 안에 EUT를 집어넣는다. 이 장치는 스트립선로를 이루고 있는 두 평행판들 중 하나가 다른 판을 완전히 둘러싸도록 연장된 구조로 되어있다. 또는 이 장치를, 차폐된 인클로저가 전송선로의 전체 구조의 절반을 형성하고, 양쪽 면 사이에 펼쳐져 있는 내부 판이 나머지 절반을 형성하고 있다고 볼 수도 있다. 도파관에서 TEM 모드(transverse electromagnetic mode)는 전자파의 전기장과 자기장의 전파방향(종방향) 성분의 크기가 전파방향과 수직을 이루는 횡방향 성분의 크기보다 훨씬 작은 경우를 말한다. 자유공간을 전파하는 평면파가 바로 이 TEM 모드의 특성을 갖는다.

TEM 셀의 장점은 스트립선로와 마찬가지로 크기가 작고, 비용이 저렴하며, 높은 전력을 사용해야할 필요성이 적으므로 개발실에서 쉽게 사용할 수 있다는 것이다. 스트립선로에서는 외부에서 들어오는 방사 전자기장을 감쇠하기 위해 추가로 차폐를 해주어야 하지만 TEM 셀을 그럴 필요가 없다. 단점은 EUT가 시험을 받고 있는 동안에 동작 상태를 확인해야 하는 경우(예를 들어 TV 세트나 계측 장비인 경우)에는 인클로저에 창문(window)이 필요하다는 것이다. 이것은 스트립선로와 같이 손수 제작하는 구조(do-it-yourself construction)에는 적합하지 않다. 스트립선로와 마찬가지로 TEM 셀은 소형 EUT에만 사용할 수 있으며(최대치수는 셀 내부 공간의 1/3까지), [표 8.1] 참조), 상한 주파수가 낮다. 사이즈가 더 큰 EUT를 사용할 수 있도록 전체 치수를 증가시키면 치수에 비례하여 사용할 수 있는 상한 주파수가 낮아진다.

표 8.1 TEM 셀 치수와 사용 주파수 범위

셀 사이즈 cm^2	최대 EUT 사이즈(W cm×D cm×H cm)	사용 주파수 범위
30.5	15×15×5	DC - 500 MHz
61	20×20×7.5	DC - 300 MHz
91.5	30.5×30.5×10	DC - 200 MHz
122	40.5×40.5×15	DC - 150 MHz
183	61×61×20	DC - 100MHz

8.1.1.5 GTEM

GTEM 셀[72][81]은 이러한 TEM 셀의 단점 중 일부를 해결하고, 비용을 절감하고 명확한 규정의 시험을 가능하게 한다. 상한 주파수의 제한 문제를 해결하기 위해서 전송선로를 급전점에서 종단까지 바깥쪽으로 연속적으로 테이퍼링(tapering)을 하고, 높은 주파수 영역을 위해서는 무반사 흡수체 부하를, 낮은 주파수 영역을 위해서는 테이퍼형 저항성 부하를 함께 사용한다. 이 방법으로, 높이가 1.75 m 이상인 시험 공간과 사용 가능한 상한 주파수가 1 GHz를 초과하는 대형 셀을 만들 수 있다(GTEM에서 "G"는 GHz를 나타냄). 실제 GTEM 장치의 옆면을 바깥쪽에서 보면 피라미드 형태를 하고 있다. 방출 시험에 GTEM 셀을 사용하는 것에 대해서는 [7.2.4절]에서 이미 살펴본 바 있다.

GTEM은 한 번 스위프로 전체 주파수 범위에 대해 전자기장을 인가하여 시험할 수 있으며, 안테나보다는 효율이 훨씬 높아서 차폐된 인클로저나 고출력 증폭기를 사용할 필요가 없다. 이는 내성시험에 있어 분명한 장점이다. 다른 TEM 방법들과 마찬가지로 여기서도 EUT는 다수의 직교방향에 대해 시험을 받아야 하며 케이블 배치를 신중하게 검토해야 한다. TEM 셀의 특징은 의도적으로 횡방향(transverse component) 성분을 갖는 TEM 모드의 전자기장 분포를 형성시키는 것이지만 어떤 주파수 영역에서는 GTEM의 전자기장 분포가 큰 종방향(longitudinal component) 성분을 포함하고 있는 것으로 나타났다[69](그림 8.6). 이 종방향 전자기장 성분의 진폭과 주파수는 셀의 크기와 셀의 길이 방향에서의 측정위치에 따라 달라진다. 그래프에서 0.0 m는 문(door) 중앙의 맞은편 기준 위치를 나타내며, −1.0 m는 기준 위치에서 흡수체에 접근한 위치이며 +1.0 m는 꼭짓점에 접근한 위치이다. 이 방향에 전자기장이 존재한다는 것은 전자기장의 강도가 기본(수직) 성분으로만 제어되는 경우에, 이러한 주파수 영역에서 실제 시험 전자기장의 강도가 지나치게 크거나 적어도 변동이 있는 상태로 시험이 이루어질 가능성이 있음을 의미한다.

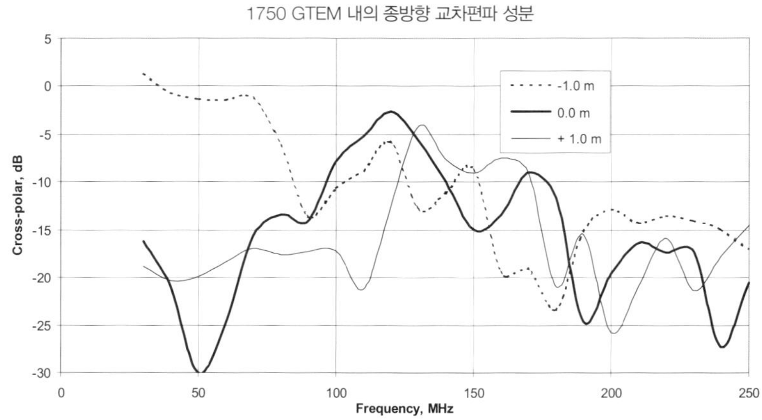

그림 8.6 GTEM에 분포하는 전자기장의 종방향 성분 (수직성분에 대한 dB) (출처: NPL [73] © 크라운 저작권 2000 HMSO(영국정부간행물출판국)의 허가에 의해 복제)

GTEM 셀은 특히 비교적 저렴한[50,000파운드(7,700만원)] 시설로 모든 RF EMC 시험을 수행할 수 있다는 점에서 인기가 있다. GTEM의 운용 특성을 규정하고 표준 당국이 이를 대체시험 방법으로 허용하도록 설득하는 데 상당한 자원이 투입되었다. 그 결과, IEC 61000-4-20이라는 새로운 문서가 작성되었는데, 여기에는 이러한 셀의 방출시험과 내성시험이 모두 포함되어 있다. 이 표준을 만드는 작업의 상당 부분은 위에서 설명한 전자기장의 균일성 및 케이블 배치 문제에 대해, 기존의 차폐실에서의 시험 방법과 일치하는, 허용가능한 해결책을 찾는 것과 관련이 있었다.IEC 61000-4-20은 균일 영역을 교정하는 방법을 제공하며 2차(종방향) 전기장 성분은 1차(횡방향) 전기장 성분보다 균일영역의 75% 이상에서 적어도 6 dB만큼 낮을 것을 요구한다. 또한 방출 시험 요건(7.2.4절)과 비교하면, 대형 EUT의 내성시험에 대해 명시적 제한치를 두지 않고 있지만 최대 EUT 높이는 $0.33 \cdot h$ 이하여야 한다. 여기서 h는 EUT 중앙에서 분리벽(septum)과 셀 바닥 사이의 거리이다.

8.1.2 시설

방사성 방출시험과 마찬가지로 RF 내성시험은 개발 벤치에서 쉽게 수행할 수 없다. 이들 시험에 대비해 전용 영역 – 방출 시험에 사용되는 영역과 같을 수도 있음 – 을 마련해 둘 필요가 있다. 이 전용 영역에는 RF 전자기장 발생 장비가 있어야 한다. 그리고 가장 중요한 시설인 차폐실이 있어야 한다.

8.1.2.1 차폐실

무선 서비스에 대한 장해를 금지하는 다양한 국가 규정을 준수하기 위해서는, 표준에서 명시한 전체 주파수 대역을 포함하는 RF 내성시험이 차폐실에서 수행되어야 한다. 권고된 차폐성능은 10 MHz ~ 1 GHz [162] 범위에서 100 dB 이상을 감쇠시키는 것인데, 이렇게 되면 10 V/m의 내부 전기장 강도는 외부에서 40 dBμV/m 미만으로 감소한다. 차폐감쇠는 [15.2절]에서 차폐된 장비 인클로저에 대해 설명한 것과 정확하게 동일한 방식으로 이루어지며, 차폐실의 제작방법에 따라 달라진다. 성능과 공사비용 절감사이에 절충을 할 수 있는 경우가 많긴 해도, 전형적인 고성능 차폐실은 모듈식 강철-목재 샌드위치 패널을 용접하거나 서로 고정시켜 제작한다. 통풍을 위한 개구부로는 허니콤 패널(honeycomb panel)을 사용한다. 차폐실에 창문은 없다. 차폐실로 들어가는 모든 전기서비스는 필터링이 된다. 형광등(fluorescent lamp)은 광대역 전자파 장해를 방출하기 때문에 조명으로는 백열등(incandescent lamp)을 사용한다. 출입문 구조는 매우 중요한데, 일반적으로 베릴륨 구리 핑거 스트립(beryllium copper finger strip)을 통해 출입문 프레임 둘레 전체를 따라 이중 와이핑 작용(double wiping action)으로 접촉이 이루어지는 "나이프에지" 도어(knife-edge door)로 되어 있다.

또한, 차폐실 안에서는 시험장비와 기타 지원장비들을 RF 전자기장과 격리시킨다. 차폐실 밖으로 나가는 상호연결 케이블은 적절히 차폐해주고 필터링을 해주어야 한다. 교체 가능한 RF 커넥터와 필터링이 된 전원 커넥터와 신호 커넥터를 가진 탈착식 벌크헤드 패널이 제공되는 경우가 많이 있다. 이는 다양한 종류의 많은 신호 케이블과 전원 케이블을 가지는 고객을 대상으로 하는 시험소에서 중요하다. 이때 각 케이블 종류마다 적절한 필터를 제공해야 한다. 차폐실은 RF 내성시험뿐 아니라 다른 EMC 시험에도 유용한데, 이는 차폐실이 양호한 접지 기준면, 그리고 전자기적으로 "조용한(quiet)" 구역을 확실히 만들어주기 때문이다. [그림 8.7]에 대표적인 차폐실 설비구조를 나타내었다.

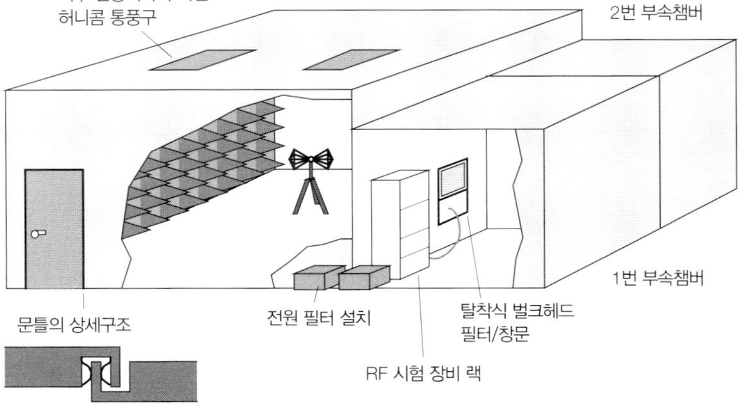

그림 8.7 일반적인 차폐실 설비구조

8.1.2.2 차폐실 공진과 전자기장 균일성

차폐실 안쪽면에 아무런 처리가 되어있지 않은(즉, 흡수체 미부착) 경우에는 차폐실 내부에는 다양한 주파수에서 전자기장의 피크들과 널(null)들이 나타난다. 이들이 나타나는 공진주파수는 차폐실의 치수에 따라 정해지는데, 차폐실이 클수록 공진주파수들은 낮아진다. 식(15.3)을 사용하면 공진주파수들 중에서 가장 낮은 공진주파수를 구할 수 있다. 차폐실의 치수가 2.5 m×2.5 m×5 m이면 공진주파수는 약 70 MHz이다.

이러한 공진을 완화시키기 위해 방의 벽면에 흡수체를 부착하면 벽면에서 일어나는 반사를 줄일 수 있다. 흡수체(absorber)로는 탄소가 들어있는 폼(form)을 피라미드형으로 만든 것을 사용하거나 페라이트 타일(ferrite tile)을 사용하거나 아니면 이 둘을 함께 사용할 수 있다. 차폐실의 모든 벽과 바닥에 흡수체를 부착한 것을 “완전 무반사실(fully anechoic room)”이라고 하며, 바닥에서는 반사가 일어날 수 있도록 바닥에만 흡수체를 부착하지 않은 것을 “반-무반사실(semi-anechoic chamber)”이라고 한다. 방출 측정을 위해 차폐실을 사용하는 방법에 대해서는 [7.3.1.3절]에서 다룬 바 있는데, 무반사 흡수체에 관한 고려사항들이 여기에도 동일하게 적용된다. 상용 방사성 내성시험(군용이 아님)의 경우에는 바닥에도 어느 정도는 흡수체를 설치해 놓아야 한다. 방출시험과 내성시험에 반-무반사실을 사용하는 경우, 그때마다 바닥의 흡수체를 꼬박꼬박 이동시켜 설치했다 빼주었다 해주어야 한다.

전자기장 균일성

이러한 공진이 시험에 심각한 영향을 미치는 이유는 공진으로 인해 차폐실 내부 전체에 전자기장 분포가 정재파(standing wave)가 형성되기 때문이다. 높은 주파수 범위에서, 이러한 정재파로 인해 상당히 좁은 공간(영역) – EUT가 차지하는 공간보다도 좁은 영역 – 내에서도 전자기장 강도는 크게 변동할 수 있다. 무반사 흡수체 부착의 효과를 측정하는 실용적인 방법의 하나로, 또한 실제시험에 사용될 전자기장 균일성을 교정(보정)할 수 있도록, IEC 61000-4-3은 평면 영역을 덮는 격자(grid) 위 16개 지점에서 수행하는 전자기장 균일성 시험을 명시한다.

측정은 EUT “없이” 수행되는데, 차폐실 내의 장치들, 그 중에서도 특히 안테나 및 흡수체들은 실제 시험을 할 때의 위치에 그대로 배치되어 있어야 한다. 격자는 EUT 앞쪽의 예정된 위치에 맞추어 놓는다. 격자점의 최소 75%(즉 12지점)에서의 전자기장 강도는 −0 dB ~ +6 dB의 허용 변동범위 이내에 있어야 한다. 단 시험 보고서(성적서)에 언급된 경우에는 시험 주파수들 중의 3% 이하에서는 +10 dB까지 변동이 허용된다. 기준인 0 dB는 EUT가 노출되도록 명시된 전자기장 강도인데, 각기 다른 주파수에서 격자 위의 16개 지점의 다른 위치에서의 전자기장 강도도 0 dB가 나오는 것이 보통이다. 허용범위는 인가된 전자기장 강도가 명시된 수준보다 절대 작아지는 일이 생기지 않도록 이렇게 기준에 대해 비대칭으로 지정된다 (−0 dB ~ +6 dB). 따라서 격자 위의 어떤 지점에서도 최대 2배(+6dB)까지 강한 전자기장으로 시험이 수행될 수 있음을 알 수 있다. 이렇게 되는 것은 잘못해서가 아니며 적당한 크기의 차폐실로는 달성할 수 있는 최선이다. [그림 8.8]은 권장되는 전자기장 균일성 기준의 구조를 보여주고 있다.

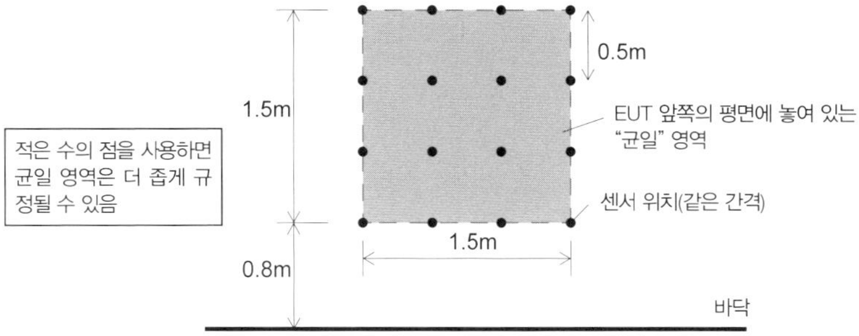

그림 8.8 IEC 61000-4-3의 전자기장 균일성 측정

그런 다음, 실제 시험에서 EUT를 설치한 상태에서 '균일 전자기장 교정'을 수행했을 때와 동일한 순방향 전력 값을 사용한다. 이 방법을 "치환(substitution)"법이라고 부르는 이유가 바로 여기에 있다. 시험 중에는 전자기장 강도에 대한 폐루프 제어는 일어나지 않으며 오직 순방향 전력만 제어된다.

8.1.2.3 관련장비(ancillary equipment)

[8.1.1절]에서 자세히 설명한 RF 시험 장비 외에 다양한 지원 장비가 필요하다. 포괄적인 구성을 위해서는 제어 및 데이터 획득 컴퓨팅 장비가 필요하다. EUT의 유형과 사용 중인 표준의 세부사항에 따라 다양한 시험 지그와 연결 회로망이 반드시 포함되어야 한다. 그밖에 차폐실의 내부와 외부 세계 사이에 어떤 형태로든 통신이 필요할 것이다. 이러한 통신을 위한 수단은 'RFI 방지기능을 가진 CCTV 장비', 인터콤 또는 광섬유 데이터 통신 링크 등이 될 수 있다.

차폐실 밖에 있는 관련 장비에는 EUT를 위한 모든 지원 장비도 포함된다. 시험소에는 보통 주 챔버 근처에 부속 차폐실이 두 개 있는데, 그 중 하나에는 RF 시험 장비가 들어있고 다른 하나에는 지원 장비가 들어있다. 이렇게 하면 외부 환경, RF 장비, 지원 장비 사이의 상호작용은 확실히 일어나지 않는다. 잡음이 아주 많지 않고 RF 계측기기들이 개별적으로 잘 차폐되어 있는 경우에는 EMC 시험을 하는 데 이러한 두 개의 차폐실은 실제로 필요하지 않다.

8.1.3 시험방법

방사성 방출과 마찬가지로 표준화된 내성 시험 방법에서 가장 중요한 것은 측정의 반복성을 보장하는 것이다. 내성 시험에는 합격/불합격을 나타내는 규정된 문턱값이 없어 사정이 복잡하다. 그 대신, 잘 규정된(희망사항이지만) 장해 레벨이 EUT에 인가되고 이에 대한 EUT의 반응을 주의해서 살피게 된다. 시험절차는 인가 레벨이 가능한 일관되고 인가 수단 역시 일관되게 하는 데 초점을 맞춘다.

방사 전자기장 내성 시험에서는 방사성 방출 시험에서와 마찬가지로 시험 구성을 물리적으로 어떻게 하는가에 따라 결과가 상당히 달라질 수 있다. EUT와 여기에 접속하는 상호연결 케이블의 레이아웃은 EUT 내부로 유도되는 RF 전류와 전압에 큰 영향을 미친다. EUT가 전기적으로 작은 주파수 범위에서는 케이블 결합의 영향이 더 크므로 케이블 레이아웃과 종단을 시험 절차에서 명시해야 한다.

8.1.3.1 예비 점검

EUT의 가장 취약한 구성(configuration)과 작동 방식(operating mode)을 찾기 위해서 예비 시험을 수행할 필요가 있다. 상당한 마진(margin)을 가지고 적합성시험을 통과할 것으로 예상되면, 의도적으로 오작동을 유도하기 위해 훨씬 더 큰 전자기장 강도를 인가해야 할 수도 있다. (시험의 관점에서는) 처음 정의된 구성과 작동에 대해, 그 작동에 오류를 일으키는 주파수와 레벨이 있기를 바랄 것이다. 이러한 주파수와 레벨은 전체가 디지털로 되어있는 EUT보다는 일부 아날로그 기능을 가진 EUT에서 더 찾아내기가 쉽다. 그 까닭은 아날로그 기능은 작은 정도로도 영향을 받지만 디지털은 작동이 완전히 중단되기 시작하는 문턱값이 명확하게 정해져 있어서 이 값을 넘어서기 전까지는 완벽하게 작동을 계속하기 때문이다.

일단 장해에 취약한 지점이 발견되면 EUT의 방향, 케이블 레이아웃, 접지방식, 안테나 편파를 변경하여 앞서 알아낸 주파수에서 오작동을 일으키는 최저 레벨을 구할 수 있다. 마찬가지로 가장 취약한 방식을 찾아내기 위해 EUT의 작동 모드들을 변경할 수 있다. 시험을 위해 가장 취약한 방식이 연속 실행되게 만드는 특수 프로그램을 소프트웨어 속에 함께 집어넣는 것이 유용한 경우가 많이 있다. 물론 EUT의 작동모드의 연속 실행이 정상적인 작동 방식의 일부인 경우에는 이렇게 할 필요는 없다. 여기서 주의할 점은 어떤 변경은 오작동을 일으키는 주파수를 다른 주파수로 이동하게 할 수 있으므로 하는 특정 주파수에서 EUT를 미세하게 조정한 다음에는 항상 전체 주파수 범위에서 스위프를 다시 한 번 수행해야 한다.

8.1.3.2 적합성시험

일단 취약한 구성을 확실히 알아냈으면 이를 세심하게 규정하고 전체 적합성시험을 하는 동안 이 구성이 엄격하게 유지되게 해야 한다. 중간에 구성을 변경하면 시험이 무효가 되어 버린다. 취약한 구성이 여러 개 있다면, 이들 구성을 차례로 모두 시험해야 한다.

시험 구성

장비는 항상 대표적인 설치상태에 가장 가깝게, 다시 말해 보통의 관행에 따른 배선과 케이블링을 하고, 해치(hatch, 출입구)와 덮개(cover) 등은 제자리 그대로 두고 시험해야 한다. 배선에 대한 관행이 명시되지 않은 경우에는 표준에 서술되어 있는 대로 "입사 전자기장에 노출되는" 케이블의 공칭 길이를 1 m로 유지해야 한다. 이 내용은 EUT와 바닥 사이에 이 길이를 남겨두고(거나) EUT로부터 이 거리에 페라이트 클램프 흡수체(ferrite clamp absorber)를 설치하는 것으로 해석할 수 있다.

EUT가 (랙이나 캐비닛과 같은) 바닥설치용인 경우, EUT는 바닥에 설치되지만 절연되어야 한다. 절연되지 않은 경우에는 비전도성, 그 중에서도 되도록 플라스틱으로 만들어진 0.8 m 높이의 테이블 위에 놓여 있어야 한다. 안테나는 EUT으로부터 최소 1 m 떨어진 곳에 위치하는 것이 보통이다. 안테나로 적절한 전자기장을 일관되게 발생시킬 수만 있으면 더 먼 거리에 위치할 수 있는데 3 m로 하는 것이 좋다. 안테나와 EUT 사이의 거리가 너무 가까우면 이 둘 사이의 상호결합 때문에, 발생된 전자기장의 균일성에 영향을 주게 되는데, 이렇게 되면 치환법을 적용하는 근거가 사라지게 된다.

시험 실행

적합성 시험 도중에 명시된 시험 레벨은 주파수 스위프(sweep) 전체에 걸쳐 그대로 유지된다. 순방향 전력을 제어하여 '전자기장 균일성 교정 레벨'이 그대로 나타나게 하면 이렇게 만들 수 있다. EUT의 작동상태를 대표하기(나타내기) 위해 선택된 파라미터는 스위프(sweep) 전체에 걸쳐 지속적으로 감시되어야 한다. EUT를 감시하는 데는 시험 엔지니어의 두 눈에 의존하는 방식이 가장 널리 사용되기는 하지만, 가능하면 자동 데이터 포착(획득) 및 분석 시스템에 EUT를 연결하도록 한다. 대부분의 EUT의 경우 EUT의 4개 면 각각에 대해, 수직편파와 수평편파 이렇게 2개씩 총 8번의 스위프(sweep)가 필요하다. 두 편파에는 각기 다른 교정 파일이 필요하다. 어떤 방향으로든 사용할 수 있는 EUT(예: 휴대용 장비)인 경우, 6개의 면 모두에 대해 시험을 해야 하므로 총 12번의 스위프가 필요하다.

스위프(sweep)가 완료될 때까지 EUT가 올바르게 작동하고 있다고 가정하면 취약한 지점에 얼마나 많은 마진(margin)이 있는지 알아내는 것이 쓸모가 있다. 계속 레벨을 높여가며 스위프를 반복하면서 레벨과 EUT의 응답을 서로 연결 지으면 이것이 가능하다. 이렇게 구한 마진 레벨은 불확도, 생산시 변동성(variability) 시험에 허용할 수 있는 마진, 그리고 억제 부품들을 제거하여 비용을 절감할 수 있는 확률을 알게 해준다.

8.1.3.3 1 GHz 이상에서의 시험

IEC 61000-4-3 제3판에서 80～1000 MHz의 시험은 “일반적인 목적과 관련이 있다”고 기술하고 있다. 800～960 MHz와 1.4～6 GHz의 주파수 범위에 대해서는 “디지털 무선전화와 기타 RF 방출 장치로부터의 RF 방출에 대한 보호와 관련이 있다”고 되어있다. 한편, 다수의 제품표준과 일반표준(generic standard)이 최소 2 GHz까지 내성 시험을 요구하기 시작했기 때문에 시험 방법을 1 GHz 이상의 범위로 확장해야 한다.

장비

주파수에 관계없이 동일한 기본 시스템 구성이 사용되지만 신호 발생원, 증폭기 및 안테나는 시험에서 수행하는 가장 높은 주파수를 다룰 수 있어야 한다. 일부 바이로그 안테나(BiLogs)는 최대 3 GHz 범위까지 다룰 수 있지만 보통은 최소 1개의 증폭기와 안테나를 추가해야 하므로 이에 대한 투자가 필요하다. 전력 측정기기, 방향성 결합기, 전자기장 강도 센서 등의 장비들이 높은 주파수에 적합한지도 확인해야 한다. 또한 케이블 손실이 허용할 수 없을 정도로 높아져서 새로운 케이블에 대한 투자가 필요할 수 있다.

시험 방법

1 GHz 이상의 주파수에서 빔폭이 좁은 안테나와 페라이트 흡수체가 설치된 챔버를 사용하여 3 m 거리에서 시험하는 경우에도 1.5 m×1.5 m 크기의 교정 영역에 대한 ‘전자기장 균일성’ 요건을 충족하지 못할 수 있다. 표준에서는 1 GHz 이상의 주파수에 대해 대체 방법[“개별영역 노출법(independent window method)”]을 제공한다. 이 방법에서는 교정영역을 0.5 m×0.5 m 크기를 갖는 창(window)들의 배열로 나누는데, 이 교정영역은 EUT의 앞면이 차지하는 영역 전체를 포함한다. 전자기장 균일성과 전자기장 강도 레벨은, 1 GHz 이하 대역의 시험의 경우에 주어진 절차를 변경하여 만든 것을 사용하여, 창마다 개별적으로(따로따로) 교정된다. 전자기장 발생 안테나는 교정 영역에서 1 m 떨어진 곳에 배치하고 시험 중에 위치를 조정하여 교정을 위해 필요한 창에 차례차례 전자기장을 방출한다. .

케이블 길이와 구조는 이처럼 높은 주파수 범위에서는 덜 중요하다. 따라서 EUT의 앞면 영역이 교정 영역 사이즈를 결정하는 요소이다. 오히려 챔버 내에서 안테나의 위치와 균일 창 영역의 위치를 유지하는 것이 더욱 중요한데, 이는 아주 조금만 어긋나도 전자기장 분포에 큰 영향을 주기 때문이다.

8.1.3.4 스위프 속도, 스텝 크기 및 변조

인가되는 전자기장의 스위프 속도는 EUT의 성능에 매우 중요하다. IEC 61000−4−3의 이전 버전에 따라 신호 발생기는 EUT의 응답 속도에 맞춰 1.5×10^{-3} decade/s 또는 이보다 느린 속도로 출력 범위 전체를 수동 또는 자동으로 스위프하거나, 또는 같은 속도로 1% 스텝 − 각 시험 주파수는 이전 시험 주파수의 1.01배 − 씩 자동으로 옮겨가야 한다. 이때는 스텝 크기가 지수함수적으로 증가한다. 스텝에 머무르는 체재시간은 EUT가 응답하기에 충분해야 한다. 느린 응답 속도는 직접적으로 긴 시험 시간으로 이어진다. 예를 들어 스텝 크기가 1%이고 체재 시간이 3초일 때, 이를 80～1000 MHz 범위를 적용하면 총 12.7분이 소요된다.

제3판은 스위프 방법이 스텝 방법으로 거의 완전히 대체되었음을 인식하여 1.5×10^{-3} decade/s의 스위프 속도 제한을 확실하게 없앴다. 그 대신 각 스텝에서 진폭변조(AM)를 켠(on) 상태에서 최소 0.5초의 체재시간을 명시하였다. EUT에 인가해주고 EUT가 응답해야 하는 방식은 그대로 남아있다. 대부분의 EUT에서 이를 0.5초 동안에 수행할 수 있는 경우는 드물며, 실제 기본으로 2～3초의 체재시간이 권장된다. 실제로 많은 시험 시스템이 한 주파수에서 다음 주파수로 스텝만큼 이동하고 올바른 레벨을 다시 설정하는 데에는 수초가 걸리기 때문에 체재시간을 이렇게 한다고 해서 총 시험시간이 눈에 띄게 늦어지지는 않는다. 전력 측정기는 변조신호에 부정확하게 반응하기 때문에 시험은 진폭변조를 끈(off) 상태에서 수행해야 한다. 일반적인 소프트웨어 제어 순서(sequence)는 다음과 같다.

- 변조가 꺼진 상태에서 다음 스텝의 주파수로 이동한다.
- 변조가 꺼진 상태에서 올바른 전원 레벨을 설정하고 검사한다.
- 원하는 체재시간 동안 변조를 적용한다.
- 변조를 끄고 다음 스텝의 주파수로 이동한다.

많은 시스템의 경우에, 인가 RF의 복조가 상당히 넓은 대역폭을 갖기 쉬우므로 스위프 속도나 스텝 크기에 따라 별로 달라지는 게 없을 수 있다. 보통, EUT의 응답은 낮은 Q를 가진 구조나 결합 공진으로 인해 발생하므로 대역폭은 수 MHz 정도이다. 반면에 EUT의 기능들 가운데 주파수에 민감한 일부는 탐지 대역폭이 매우 좁아서 그 반응이 특정 주파수들에서만 눈에 띄게 나타난다. 고정된 클록주파수에서 작동하는 아날로그-디지털 변환기의 경우에 이러한 상황이 쉽게 발생할 수 있는데, 이때 클록주파수 부근에서 장해 신호들이 기저대역(baseband)으로 흘러들어가 겹쳐진다. 스텝 크기가 너무 크면 응답을 놓칠 수 있다. 이러한 협대역에서의 장해에 대한 취약성은 광대역의 경우보다 몇 배 더 나쁠 수 있다. 따라서 EUT의 내부 기능에 대해서 어느 정도는 반드시 알아야 하며, 상당히 복잡한 시험절차 역시 필요하다. IEC 61000−4−3은 "취약 주파수(sensitive frequency)"(예: 클록주파수)들은 제품 표준의 요건에 따라 별도로 분석해야 한다"고 말하고 있지만, 제품 표준에서는 이러한 측면에 대해 거의 언급하고 있지 않다. 결국 이러한 세부사항의 결정은 개별 시험 계획에 달려있다.

8.1.3.5 안전 예방 조치

많은 내성 표준에서 규정된 레벨을 크게 초과하지 않는 강도를 가진 전자기장이어도, 이러한 전자기장이 존재하는 영역에 운용자가 상당한 시간 동안 머무르면, 해당 운용자에게 RF 전자기장으로 인한 생물학적 위험이 나타날 가능성이 있다. 이러한 이유로, 현명한 시험 시설에서는 시험이 진행되는 동안에 시험요원이 차폐 챔버 내부에 들어가는 것을 허용하지 않는다. 따라서 일부 형식의 EUT에 대해서는 원격감시장치(CCTV 시스템 등)를 설치해야 한다.

건강 및 안전 법령은 국가마다 다르다. 1998년에 국제비전리방사보호위원회(ICNIRP)는 RF 방사에 대한 노출을 다루는 일련의 가이드라인[210]을 발표하였다. ICNIRP 가이드라인은 2016년에 발효된 유럽연합(EU) EMF 지침(1.4.3절 참조)에 통합되었다.

ICNIRP 가이드라인은 RF 영역에서 알려진 열효과(thermal effect)과 감전효과(electric shock effect)을 고려한다. 이 가이드라인은 비열효과(athermal effect)는 아직 고려하지 않는데, 이 효과에 대해서는 아주 논란이 크며 확실한 가이드라인이 만들어지지 않았다. [표 8.2]은 RF 내성 시험의 관심주파수 범위에서 연속 전자기장에 대한 직업인 노출 가이드라인으로 참고문헌[210]에 들어있는 내용이다.

표 8.2 직업인의 최대 전기장 강도 노출에 대한 ICNIRP 가이드라인

주파수 대역	전기장 강도
0.065~1 MHz	610 V/m
1~10 MHz	610/f(MHz) V/m
10~400 MHz	61 V/m
400 MHz~2 GHz	$3 \cdot \sqrt{f(\text{MHz})}$ V/m
2~300 GHz	137 V/m

8.1.3.6 간이 내성 시험

[8.1.2절]에서 설명한 바와 같이, 차폐실을 포함하여 모든 RF 내성 설비 구성비용을 부담할 수 없다고 판단하는 기업들이 많을 것이다. 시험을 줄일 수 있는 한 가지 길은 국제협약(international convention)에서 허용하는 "자유방사(free radiation)" 주파수로 시험주파수를 제한하는 것이다. 이 주파수에서는 무제한 방출이 허용된다. 이들은 주로 산업용, 과학용, 의료용 장비의 작동을 위한 것이며 [1.3.3.3절]의 [표 1.1]에 수록되어 있다. 일부 기업이 선택한 것으로 알려진 또 다른 방법은 30 MHz, 50 MHz, 70 MHz, 144 MHz, 432 MHz, 1,296

MHz의 다양한 아마추어 대역에서 면허를 받은 아마추어 무선 전송 서비스를 사용하여 내성을 확인하는 것인데, 엄격한 해석에 따르자면 이 전송 서비스는 아마추어 무선 면허의 조건에 해당하지 않음에도 말이다. 또 하나의 길은 900 MHz로 전송하는 실제 휴대전화를 사용하여 이 유형의 신호에 대한 내성을 확인하는 것이다.

각각의 경우에 특정 주파수들을 사용하면 다른 서비스와의 간섭을 피하기 위한 차폐실이 필요하지 않다. 이러한 모든 간이 시험에서는 EUT에 실제로 인가되고 있는 전기장의 강도를 확인하지는 못해도 전기장 강도 측정기를 사용해야 한다. 송신 안테나 근처의 RF 전기장은 위치(거리)가 조금만 변해도 그 강도가 상당히 달라질 수 있음을 명심해야 한다. RF 장해에 대한 EUT의 응답이 전체 주파수 범위에 걸쳐서 광대역이라면 스폿 주파수 시험이 적절할 수 있지만, 이런 경우는 매우 드물다. 회로 응답 자체는 광대역이라 하더라도 결합 경로에서 발생하는 공진에 의해 일부 주파수는 더욱 커지고, 그만큼 다른 주파수들은 작아지는 일이 생긴다. 따라서 몇몇 개별 주파수에서만 시험하는 경우에는 공진 피크들이 이러한 스폿주파수들 사이에 존재할 수 있기 때문에 EUT의 성능에 대해 낙관하는 잘못된 믿음을 가질 수 있다. 따라서 적합성 시험은 항상 전체 주파수 범위를 모두 포함해야 한다.

과도현상 시험

실제로 많은 디지털 제품의 경우에는 디지털 회로가 두 가지 현상(과도현상과 ESD)에 모두 취약하기 때문에, 과도현상 성능과 ESD 성능은 양호한 RF 내성과 밀접하게 연결된다. 따라서 개발 업무의 많은 부분을 RF 시험보다는 인가하기 쉽고 시간도 덜 걸리는 과도현상 시험을 바탕으로 하여 진행할 수 있다. 과도현상 시험은 본질적으로 광대역이다. 아날로그 회로와 관련된 경우, RF 주입으로 인해 생겨나는 복조 오프셋 전압(demodulated offset voltage)은 과도현상 시험으로는 구현(시뮬레이션)하는 것이 불가능하므로 적절한 RF 전자기장 시험은 언제나 필요하다. 그러나 개발단계에서는 최소한의 일단의 과도현상과 스폿주파수 RF 시험을 수행하여 제품의 내성에 대한 적절한 평가를 할 수 있다.

8.1.4 전도성 RF 내성

기본표준(basic standard) IEC 61000-4-6은 전도성 내성시험에 대한 시험방법을 규정하며, 일반표준(generic standard)과 제품표준에서의 방사성 전자기장 시험에서 함께 참조된다. 시험에서 가장 널리 시행되고 있는 주파수 범위는 150 kHz～80 MHz이다. 방송 수신기의 내성 표준인 CISPR 20은 전도성 RF 전류와 전압에 대한 내성시험 방법도 규정한다. 이와 관련된 기법이 벌크 전류 주입(Bulk Current Injection, BCI)인데, 이 방법은 항공기 시스템의 부품 시험용으로 항공우주산업과 군사산업에서 개발되고 자동차 부품에 적용하기 위해 변경한 것이다. [11.3.1.2절]도 참조하기 바란다.

8.1.4.1 결합 방법

세 가지 결합 방법이 IEC 61000-4-6에 규정되어 있다. [그림 8.9]는 각각의 변환기의 실제 모습을 보여주고 있다.

결합/감결합 회로망

선호되는 방법은 결합/감결합 회로망(Coupling/Decoupling Network, CDN)을 통한 전압 주입이다. 이 방법에서는 삽입손실이 전혀 없으므로 전력을 거의 필요로 하지 않는다.

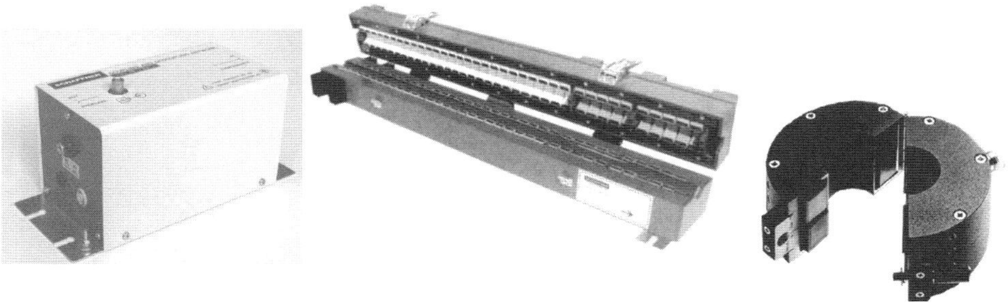

그림 8.9 CDN, 전자기 클램프 및 전류 프로브

모든 케이블 RF 주입 시험 방법에서는 EUT에 연결된 케이블의 양쪽 끝 중에서 EUT를 기준으로 먼 쪽 끝에서 공통모드 임피던스를 정의할 것을 요구한다. 따라서 각 유형의 케이블에 대해 먼 쪽 끝에 감결합 회로망(decoupling network)이나 임피던스 안정화 회로망(impedance stabilizing network)을 연결하여 이 임피던스를 확실히 제공하고 동시에 케이블과 관련장비를 격리하여 케이블상의 RF 전류가 관련장비에 의해 영향을 주지 않게 해야 한다. (이것은 방출 시험에 사용되는 주전원 LISN과 유사한데, 이에 대해서는 [7.2.2.1절]에서 다루고 있다. 유감스럽게도 방출 LISN 규격은 전도성 내성 CDN에 대한 규격과 일치하지 않기 때문에 다른 장치가 필요하다.) 또한 직접 전압 주입을 위해서는 이 회로망을 사용하여 RF 전압을 케이블에 전달하고, 동시에 우리에게 잘 알려진 150 Ω의 공통모드 임피던스를 제공해야 한다. 이것은 CDN이 본질적으로 침습적(회로 내부로 들어가 직접 연결되는) 장치라는 사실을 말해준다.

이들 방법을 다루는 시험소는, 시험에 필요한 다양한 케이블과 신호유형에 맞는 CDN을 제공할 수 있도록 다양한 종류의 CDN들을 갖추고 있어야 한다. 사내 시험소를 가진 회사에서 주로 한두 가지 종류의 케이블(예: 단일 채널 RS-232 데이터 링크 케이블과 주전원 케이블)만 사용하는 장비를 제작하는 경우에는 이는 부담스러운 요구사항은 아니다. 다양한 유형의 시험을 수행하는 시험소에서는 이 방법을 주전원 공급 포트에 주입하는 용도로만 주로 사용한다.

전자기 클램프(EM-clamp)

방해 전력 측정에 사용되는 흡수 클램프(7.2.2.3절)와 마찬가지로, 전자기 클램프는 시험할 케이블 둘레에 장착하여 고정할 수 있도록 수 있도록 중간이 반으로 갈라진 페라이트 재질의 원형 튜브로 구성된다. 따라서 비침습적(회로와 직접 연결되지 않음) 측정기기이므로 모든 유형의 케이블에 사용할 수 있다. 흡수 클램프와 달리 유도성 결합과 용량성 결합을 모두 제공하며 150 kHz까지 사용할 수 있다.

신호는 클램프의 전체 길이로 클램프를 한 번 감은 루프를 통해 공급된다. 클램프 내부에서 케이블 옆에 나란히 놓이는 이 루프는 양쪽 끝이 각각 임피던스로 종단되어 있다. 이 임피던스에 의해 루프에는 전류가 흐르고 루프의 길이를 따라 전압이 발생한다. 이 전압과 전류는 케이블에 각각 용량성과 유도성으로 결합된다. 페라이트 슬리브는 EUT쪽 끝에서는 낮은 투자율(μ)로, 관련장비(AE)쪽 끝에서는 높은 투자율로 되어 있다. 이러한 '2단(계단형)' 투자율의 페라이트와 용량성 및 유도성 결합을 함께 사용하면 특히 10 MHz 이상에서 클램프에 상당한 방향성을 제공하므로 케이블의 AE 끝에 인가되는 신호는 상당히 작고 EUT에서 바라본 공통모드 임피던스는 시험신호의 주파수 범위 대부분에 걸쳐 150 Ω에 아주 가까운 값이 된다.

CDN과 마찬가지로 전자기 클램프는 반복성이 있는 임피던스를 제공할 수 있도록 접지면에 제대로 접합되어야 한다. 또한 CDN과 마찬가지로, 케이블 레이아웃으로 인한 시험구성의 AE 측의 변동과 AE 자체로 인한 변동도 최소로 된다. 클램프의 결합손실은 충분히 낮아서 동일한 스트레스 레벨에 대해 CDN보다 그다지 많은 전력을 요구하지 않는다.

전류 주입 프로브

전자기 클램프와 CDN을 대신하는 방법으로 전류 주입 프로브를 사용할 수 있다. 전류주입 프로브를 사용하는 방법은 앞의 두 가지 방법보다는 효과가 떨어지지만 사용하기 편하다. 전류 프로브는 근본적으로 클립온(clip-on) 구조의 전류 변환기로, 어떤 케이블에도 사용할 수 있다. 이 프로브는 차폐되어 있으므로 시험신호를 유도성 결합으로 인가하는데 용량성 결합은 불가능하다. 수년간 군사 및 자동차 시험(벌크 전류 주입, BCI 시험)에 널리 사용되어 왔다. 많은 시험소가 잘 알고 있기 때문에 IEC 61000-4-6에 포함되었지만, 주입 레벨 설정과 관련하여 몇 가지 이상한 결과가 나왔다.

전류 프로브의 가장 큰 단점은 케이블의 관련 장비(AE) 측 끝에서 격리가 이루어지지 않고 케이블 공통모드 임피던스의 제어가 없다는 것이다. 전류는 EUT와 AE가 제공하는 공통모드 임피던스의 비율에 따라 케이블에 흐르며, 높은 주파수에서는 케이블 공진에 의해 흐른다. 80 MHz에서는 케이블의 길이가 94 cm이면 이 길이는 1/4 파장이 된다. 표준에서 제한하고 있음에도 불구하고 짧은 길이는 비실용적이어서 시험은 훨씬 더 긴 케이블로 수행된다. 따라서 EUT에 인가되는 실제 스트레스 전류는 AE 및 케이블의 임피던스에 따라 달라지기 때문에 매우 가변적이고 반복해서 같은 결과를 나오게 하기도 매우 어렵다. 이와 동시에 스트레스 전류가 AE를 통해서도 흐르므로 AE도 최소한 EUT만큼의 내성을 가지고 있어야 한다. 이 표준은 AE 임피던스를 150 Ω으로 맞추도록 요구한다. 하지만 이것이 종종 비현실적인 규정임을 인식하여 보조 프로브로 레벨을 감시하고 의도된 값 이상으로 레벨이 증가할 경우 제한하는 수정 방법을 제공하고 있다.

전류 프로브는 다른 방법들이 모두 비실용적이거나 쓸 수 없는 경우에만 사용해야 한다. 전류 프로브는 AE와 케이블 레이아웃이 확정되고 또 알려져 있으며, 물리적 제약으로 인해 CDN이나 전자기 클램프를 적용하기 어려운 경우의 시스템 수준 주입에 적합하다. 또 하나의 단점은 결합손실이 크므로 주어진 스트레스에 대해 요구되는 전력이 다른 방법보다 더 크다는 것이다.

시험 설정

[그림 8.10]은 전도성 내성 시험을 위한 일반적인 시험구성을 나타낸다. EUT는 접지면에서 0.1 m 위에 있는 절연체에 의해 지지된다. EUT에서 밖으로 나가는 케이블 중에서 아주 가까이 있거나 전선관 속에 있는 여러 도선들은 하나의 케이블로 취급된다. 시험한 케이블의 AE 임피던스는 150 Ω으로 안정화되어야 한다. 전자기 클램프 또는 전류 프로브 방법은 AE 자체에서 추가로 예방 조치를 해주어야 한다.

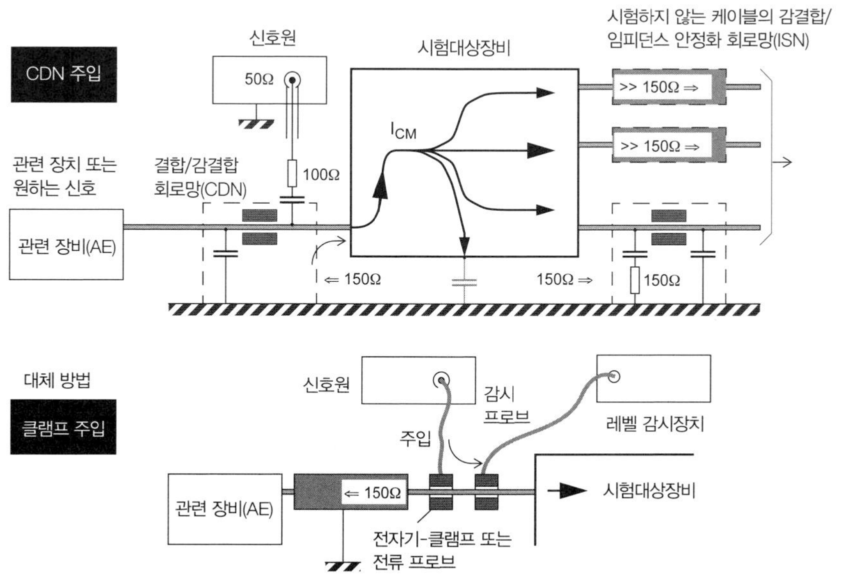

그림 8.10 전도성 내성 시험 구성

8.1.4.2 절차

개방 회로 시험 레벨 V_{stress}(주의: EUT에 실제로 인가되는 레벨이 아님)은 보통 3 V 또는 10 V이다. 알 수 없는 전력 증폭기의 출력 임피던스가 결과에 영향을 주지 않도록, 전력 증폭기와 변환기 사이에는 최소 6 dB의 감쇠기를 연결한다. 출력 임피던스가 제공하는 50 Ω은 시험 스트레스(stress)에 대한 150 Ω의 신호원 임피던스의 일부를 구성한다. 방사성 시험과 마찬가지로, 인가 레벨은 치환법에 의해 실제로 설정된다.

제4판 이전까지는 CDN 또는 전자기 클램프의 경우는 150 Ω, BCI 프로브의 경우는 50 Ω, 이렇게 두 개의 기본 교정 시스템이 있었다. 두 경우 모두, 목적은 알려진 임피던스로 변환기를 종단한 다음, 임피던스에 인가되는 스트레스 레벨을 설정하는 것이다. 이 레벨을 인가하는 데 요구되는 전력은 실제 시험에서도 되풀이된다. 150 Ω 시스템의 경우에 필요한 전력레벨은 $V_{stress}/6$ 또는 V_{stress} – 15.6 dB의 전압 레벨을 만들어내는 전력값이다. 50 Ω 시스템의 경우에는 $V_{stress}/2$ 또는 V_{stress} – 6 dB 이었다. 스트레스 전압은 개방 회로 값으로 주어지기 때문에 계수 '2'가 나왔고 50~150 Ω 저항 분배기의 효과로 150 Ω 시스템에서는 계수 '3'이 필요하다. 두 경우 모두에서 전력계나 스펙트럼 분석기와 같은 RF 측정기기로 레벨을 측정할 수 있다. 제4판에서는 50 Ω 교정 시스템을 삭제했으며, 모든 장치는 150 Ω으로 교정되어야 한다고 규정하고 있다. 이 경우 50 Ω 지그 단자에는 직렬로 100 Ω 저항기를 연결해주어야 한다.

특정 레벨에 대해 변환기를 교정한 다음에는 변환기가 시험대상 케이블에 이 레벨을 인가한다. 인가된 스트레스는 방사성 RF 내성 시험과 마찬가지로 적절한 체재시간과 80%, 1 kHz 변조로, 전체 주파수 범위 전체에서 1% 스텝 크기로 주파수를 증가해가며 차례차례 인가한다. 그런 다음 시험 계획에 따라, 해당 케이블 포트 모두에 대해 시험을 반복한다.

8.1.4.3 단점 및 제한사항

전도성 내성 시험은 값비싼 무반사 차폐실을 필요로 하지 않으며, 낮은 주파수에서 RF 스트레스를 더욱 효율적으로 인가할 수 있다는 큰 장점이 있다. 그러나 이와 함께 몇 가지 단점도 있다. 특히 EUT에 연결된 케이블이 여러 개일 때, 실제 상황을 정확하게 나타내는지는 의문이다. 전체 시스템이 전자기장에 노출되면 모든 케이블에 RF 전류가 흐르지만, 대부분의 전도성 내성시험 방법에서는 한 번에 하나씩만 시험한다. 나머지 케이블들은 시험 시스템 상에 각각 공통모드 부하로서 나타나므로(작용하므로) 이러한 상황을, 시스템 상에 임피던스 안정화 회로망을 포함시켜 인위적으로 만들어내야 한다. 많은 신호 선로가 있는 케이블에 직접 연결하기 위한 회로망은 구성하는 데 비용이 많이 들고 부피를 많이 차지하며 신호 선로 특성에 악영향을 줄 수 있다. 클램프-온(clamp-on) 디커플링 페라이트가 간단하고 비교적 저렴하기는 해도 그렇다.

주파수 범위

전도성 내성 시험에서 가장 중요한 제약사항은 주파수이다. 시험 주파수의 파장보다 훨씬 작은 사이즈의 EUT인 경우, 방사성 전자기장에 노출된 장비를 거쳐 지나가는 RF 에너지의 대부분이 케이블에 결합된다. 따라서 전도성 시험은 실제 상황을 잘 반영한다. 주파수가 높아져서 EUT 사이즈가 반파장에 근접하면 케이블로 결합하는 전자기장 에너지는 줄어든다. 높은 주파수에서 전자기장의 결합 경로는 케이블만으로 한정되지 않는다. EUT 구조 및 내부 회로와 상호작용에 의해서도 결합이 이루어진다. 이러한 이유로 IEC 61000-4-6에서 80 MHz 또는 230 MHz(각각 대략 0.6 m와 2 m 의 장비 사이즈에 대응)로 주파수 상한을 제한한다. 더 높은 주파수의 경우에는 방사성 시험이 여전히 필요하다.

8.1.5 RF 내성에 대한 측정 불확도

시험소가 작성할 수 있는 불확도 버짓(budget)은 시험결과가 아닌 인가된 스트레스의 불확도에만 관련이 있음을 고려하면, RF 내성시험에 대해 측정 불확도를 적용하는 것과 RF 방출에 대해 측정 불확도를 적용하는 것은 서로 다르다. 적용된 스트레스와 EUT의 응답 사이의 전달 함수가 알려지지 않은 경우 – 전달함수에 대해 상세하게 알려지지 않은데다가, 대부분의 경우에 알 수 있는 것은 전달함수가 상당히 비선형적이라는 것뿐이다[154] – 에는, 시험결과에 대해 불확도를 명시할 수 있는 방법이 없다. 시험소가 할 수 있는 것은 적용된 레벨의 불확도 버짓을 계산하는 것이다.

이렇게 계산된 불확도 버짓에 대해서는 약간의 논의가 필요하다. 불확도 버짓을 무시하고 규격과 똑같은 값으로 스트레스 레벨을 설정하면, 제품에 실제 인가된 스트레스는 원하는 스트레스보다 높거나 낮을 수 있기 때문에, 요구되는 레벨이 실제 인가했다는 말에 대한 신뢰도는 50%에 불과하다. 이와는 다른 방법으로, 프로그램된 스트레스를 요구되는 레벨보다 불확도 값을 고려한 비율만큼 증가시킬 수 있는데, 이렇게 하면 신뢰도는 더 높아질 것이다. 표준 불확도 값에 1.64배를 하면 신뢰도는 95%가 된다. [10.2.7.3절]에서 설명하는 바와 같이, RF 내성시험에 대한 CENELEC 표준은 레벨을 증가시키는 방식을 피하기 위해 개정되었다. 그러나 고객이 시험소에 의뢰한 시험에서 어느 정도의 신뢰도 레벨을 요구할지 결정하는 것은 바로 고객이다.

8.1.5.1 방사 내성 기여요인

IEC 61000-4-3에 따른 방사성 RF 내성에 대해서는, 표준에서 허용된 완화사항과 함께 −0 dB/+6 dB의 전자기장 균일성 기준을 달성한 것으로 간주한다. 이것은 표준 시험 방법의 고유한 측면이기 때문에 불확도 버짓에 기여하는 요인은 아니다. 나머지 불확도는 전자기장 강도 레벨의 실제 설정에 적용되는 불확도이다. LAB 34[209]는 불확도 요인들에 대한 안내를 하고 있는데, 그 요인들은 다음과 같다.

- 균일 영역 측정에 사용되는 전자기장 강도 측정기의 교정
- 시험 소프트웨어가 시험 도중 각 주파수에 대해 재설정된 순방향 전력 값을 허용하는 "창(window)"의 범위(크기)
- 전력측정기의 편차(drift)
- 시험 신호에 고조파 성분을 생기게 하는 전력 증폭기의 왜곡
- 챔버 내의 다양한 지지대 및 기타 외부 구조물에 의해 야기되는 전자기장 방해의 영향
- 일련의 시험에서 나온 반복 측정값을 분석해서 구한 값에 대한 측정 시스템 반복성

8.1.5.2 전도성 내성 기여

IEC 61000-4-6의 방법에서는 실제로 세 개의 변환기를 선택할 수 있다. 또한 클램프 방법에서 제어되지 않은 관련장비(AE) 신호원 임피던스(source impedance, 출력 임피던스)를 사용해야 하는 경우에는 감시용 프로브를 사용하여 레벨을 제한해야 한다. 이는 각각의 상황에 맞는 불확도 버짓을 작성해야 함을 의미한다. 예를 들어, CDN 방법에서 고려해야 할 요인은 다음과 같다.

- 측정 장치의 교정(예: RF 전압측정기 또는 전력측정기)
- 소프트웨어에 설정된, 재설정 전압 레벨 허용가능 창(acceptability window)의 범위
- 설정 레벨을 재설정하는데 사용되는 방법에 따른, 신호 발생기 또는 전력 측정기의 편차
- 시험 신호에 고조파 성분을 생기게 하는 전력 증폭기의 왜곡
- 50 ~ 150 Ω 어댑터의 영향을 포함하여 CDN과 측정장치(RF 전압측정기 또는 전력측정기) 사이의 부정합 오차
- 6 dB 감쇠기와 CDN 사이의 증폭기 부정합 오차
- 측정 시스템 반복성

8.2 정전기 방전과 과도현상 내성

RF 시험과는 대조적으로 정전기 방전(electro static discharge, ESD)과 과도현상에 대한 내성 시험방법은 오히려 덜 복잡하며 정교한 시험 장비와 설비가 필요하지 않다. 그러나 빠른 과도현상의 대역폭과 특히 정전기 방전의 대역폭은 매우 넓어서 UHF 영역까지 주파수가 올라가므로 과도현상 시험을 수행할 때는 RF 작업에 필요한 여러 가지 예방 조치를 취해야 한다.

8.2.1 정전기 방전

8.2.1.1 장비

IEC 61000-4-2에 설명된 ESD 발생기는 개념적으로 아주 간단하다. 회로는 [그림 8.11]에 표시되어 있다. 주 저장 커패시터 C_s는 고전압 전원 공급 장치로부터 R_{ch}를 통해 충전되고, R_d와 방전 스위치를 통해 EUT로 방전된다. 스위치는 전형적으로 운용자의 통제 하에 있는 진공 계전기(vacuum relay)이다. 인증시험은 단일 방전을 사용하지만, 탐색시험의 경우에는 초당 20회의 빠른 방전 속도(discharge rate)가 권장된다. 표준은 접촉방전(contact discharge)과 공기방전(air discharge), 이렇게 두 가지 인가 방식을 기술한다. 출력 전압은, 접촉방전을 위해서는 8 kV, 공기방전을 위해서는 15 kV에 도달해야 한다. 대부분의 제품에는 낮은 전압이 지정된다. 공통 환경에 대한 제품표준과 일반표준(generic standard)은 접촉방전의 경우 4 kV, 공기방전의 경우 8 kV로 레벨을 정하였다.

ESD 발생기의 가장 중요한 측면은 상승시간이 0.8 ± 25% nsec인 잘 정의된 방전 파형을 제공해야 한다는 것이다. 이는 방전 전극 주위의 회로 구조가 중요하다는 사실을 알려준다. C_s, R_d, 방전 스위치는 방전 전극에 가능한 가깝게 배치해야 한다. 방전전극 자체에는 치수가 명시되어있다. 공기방전에는 둥근 팁이, 접촉방전에는 뾰족한 팁이 사용된다. 시험대상장비로의 귀환연결선(return connection)이 비교적 길고(2 m), 인덕턴스가 초기 방전전류를 차단하기 때문에, 전극과 관련 구성 부품의 분포 커패시턴스와 분포 인덕턴스가 방전회로의 일부를 형성하며 이들이 실질적으로 초기 상승시간을 결정한다. 이러한 분포 성분들을 명시할 수 있는 납득할 만한 방법이 없으므로 표준에서는 최대 4 GHz까지 성능이 측정된 특수 시험 지그(test zig)를 사용하고 동시에 최소 2 GHz의 대역폭을 가진 오실로스코프를 사용하여 발생기의 파형을 교정할 것을 요구하고 있다.

상용 ESD 발생기를 사용하는 경우, 발생기 파형에 대한 교정은 제조업체나 교정소에서 이미 완료되지만, 그래도 정기적으로 다시 점검해야 한다. ESD 발생기를 직접 제작하는 경우에는 교정 지그도 함께 제작해 사용해야 하는데, 이것은 단순한 일이 절대 아니다.

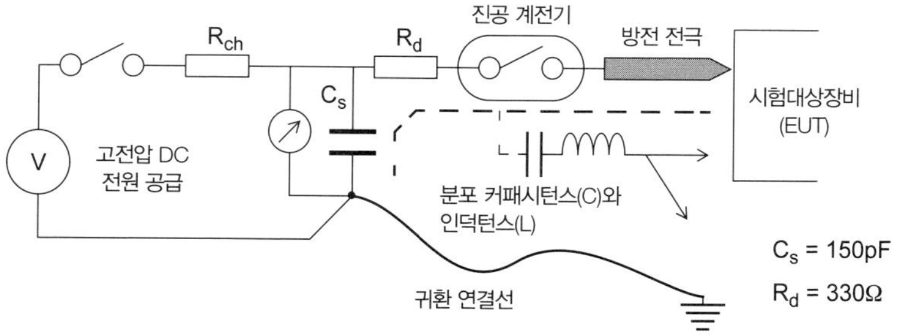

그림 8.11 (IEC 61000-4-2에 따른) ESD 발생기

8.2.1.2 시험 설정

ESD 사건에 따라 발생한 매우 빠른 에지, 다시 말해 ESD 파형의 빠른 상승시간으로 인해, 고주파 기법은 ESD 시험에서 필수적이다. 접지 기준면의 사용은 법적 의무사항이다. 접지 기준면은 차폐실의 바닥일 수도 있고, [7.3절]에서 설명한 바와 같이 시험을 위해 설치한 바로 그 접지면일 수도 있다. 장비를 그 장비의 작동 환경에 설치한 다음, 장비에 대해 ESD 시험을 실시할 수 있는데, 이 경우 보호용 대지접지에 연결된 임시 접지면을 장비 근처에 배치해야 한다. 함께 배치된 다른 장비들도 시험에 의해 좋지 않은 영향을 받을 수 있으므로 "라이브" 작동 시스템("live" operating system)[2]에 대해서는 이러한 시험을 수행하지 않는 것이 현명하다.

개발실 시험의 경우, EUT는 전형적(통상적)으로 설치할 때처럼 모든 케이블이 연결되고 배선된 상태에서 EUT의 작동 환경으로 설치되어야 한다. 접지와의 연결은 특히 중요한데, 이 연결은 설치와 사용자의 관행을 대표할 수 있어야 한다. 탁상용 장비는 지면 위로 80 cm 떨어진 나무 테이블 위에 놓아야 하며 장비 바로 아래에 위치해 있는 수평 결합면(horizontal coupling plane)과는 절연되어야 한다. 바닥설치용 장비는 약 10 cm의 절연 지지대를 사용하여 접지면과 격리해야 한다. [그림 8.12]는 전형적인 시험구성을 보여주고 있다. 모든 관련장비는 자체적으로, ESD 발생원이나 EUT 시스템에 의해 발생하는 전자기장으로부터 유도되거나 케이블을 따라 전도되는 ESD 과도 전압/전류에 내성을 가져야 한다.

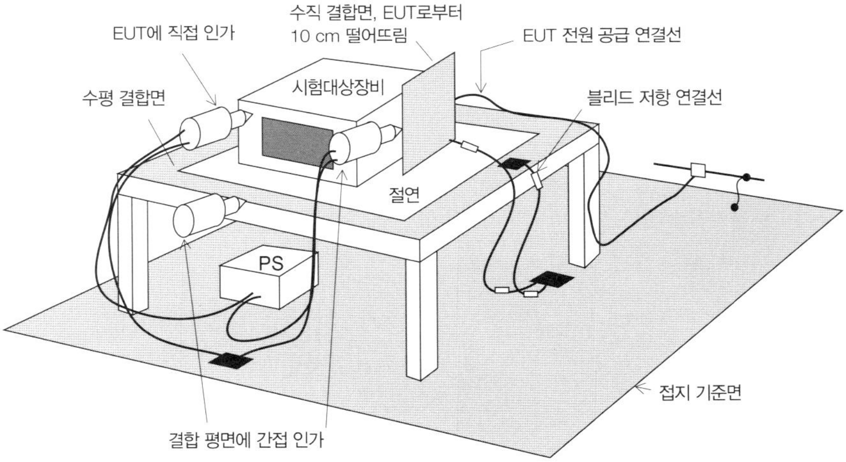

그림 8.12 ESD 시험 설정

2 (옮긴이) 산업공정 제어 시스템처럼 시험이 수행되는 동안에 실제로 사용중인 시스템.

8.2.1.3 방전 인가

방전을 실제로 인가하는 지점은 취약한 위치를 찾기 위해 실시하는 탐색시험의 결과에 근거하여 선택해야 한다. 이러한 지점들은 제품을 통상적으로 사용할 때 접근이 가능한 곳으로 한정해 선정되어야 하며, 유지보수를 할 때만 접근할 수 있거나, 일단 설치된 다음에는 접근이 불가능한 곳은 제외해야 한다. 금속재질의 커넥터 셸(shell)이 있는 커넥터의 접촉 핀의 경우, 실제 상황에서는 셸 쪽으로 방전이 이루어질 것으로 예상되기 때문에 시험할 필요가 없다. 하지만 플라스틱 재질의 커넥터 내부에서의 접촉은 통상적으로 작동하고 있을 때 커넥터가 개방된 상태로 있을 경우는 절대 있지 않다는 근거가 없다면 반드시 공기방전으로만 시험해야 한다. 탐색시험에서는 오작동의 문턱값을 찾아내기 위해 빠른 반복 속도를 사용하고 시험에서 인가하는 전압을 최솟값에서 명시된 가혹도 레벨(severity level)까지 증가시켜야 한다. 또한 시험 전압의 극성으로는 (+)와 (−)를 모두 선택해야 한다. 적합성 시험을 할 때는 명시된 시험레벨과 이보다 낮은 모든 시험레벨로 선택된 지점들 각각에 대해 두 극성 중 취약한 극성 또는 두 극성 모두(가장 취약한 극성을 구별할 수 없으므로)로 하여 한 번 방전과 후속 방전 사이에 최소 1초 이상 시간 간격을 두고 명시된 횟수만큼 단일 방전을 해주어야 한다.

ESD 발생기는 EUT 표면과 수직을 이루거나 결합면 모서리의 중간 위치에 놓여있어야 한다. 공기방전의 경우 방전 팁을 "기계적 손상을 일으키지 않으면서 가능한 한 빨리" EUT로 가져가야 한다: 이 실험은 조심스럽게 다가간다고 해서 좋은 결과가 나오는 시험이 아니며, 힘차고 확실하게 해야 한다. 접근 속도와 각도 모두에 따라 시험의 효과와 반복성에 상당한 차이가 생긴다.

접촉방전과 공기방전의 비교

접촉방전이 더 선호되지만, 접촉방전은 전도성 표면이나 도장된 금속 표면에 대해서만 수행할 수 있다. 여기서 계전기에 의해 팁에 유지되고 있던 전압은 접촉되는 순간, 접촉되는 지점에 곧바로 인가된다. 이때 단일 방전이 이루어지도록 계전기가 트리거(trigger, 동작)된다; 따라서 팁과 EUT 사이에는 스트레스에 변동을 일어나게 하는 빈틈이 없다. 접촉방전이 불가능한 제품인 경우(예: 인클로저 전체가 플라스틱인 경우)에는 공기방전으로 키(key), 커넥터 또는 통풍용 개구부의 모서리(가장자리) 부위와 같이 내부 회로로의 방전이 일어날 수 있는 지점을 자세히 살펴보며 찾아낸다. 팁이 EUT 표면에 접근하면 전압의 공간변화율, 다시 말해 전기장의 강도가 증가하여 빈틈(air gap) 사이에서 방전이 일어난다. 또는 플라스틱 성형물 표면을 따라 움직이다보면 접촉이 이루어지기 직전에 방전이 일어난다. 이때 방전이 개시되는 간격(틈)은 인가전압 레벨에 따라 달라진다.

간접 방전

장비가 작동하고 있는 환경 근처에 있는 물체로 방전되는 실제 상황을 가능한 한 그대로 나타내기(시뮬레이션하기) 위해, 그리고 EUT로의 직접 접촉하거나 공기중을 통해 방전이 일어나게 하는 것이 불가능한 경우 시험을 적용하기 위해, EUT로부터 어떤 고정된 거리만큼 떨어진 곳에 위치한 결합면(coupling plane)에 접촉방전을 인가한다. 여기서 결합면으로는 [그림 8.12]에서 볼 수 있는 수평 결합면(horizontal coupling plane, HCP)과 수직 결합면(vertical coupling plane, VCP)이 모두 사용된다. 여기서 강조하건대, 이 두 면은 접지면(ground plane)과는 전혀 다른 것이다. 이 면들은 한 개의 도선을 통해 진짜 접지 기준면(true ground reference plane)에 연결되는데, 이때 이 도선의 양쪽 끝에는 470 kΩ의 블리드 저항(bleed resistor)이 하나씩 달려있다. 블리드 저항은 ESD 펄스에 대해서는 결합면들을 접지면과 분리해주고 ESD 펄스 인가가 종료된 순간부터 수 마이크로초 안에 펄스로 인해 결합면에 쌓인 전하를 접지면으로 빼주어 다음에 인가되는 ESD 펄스를 받을 수 있게 해준다. 저항은 연결도선의 양쪽 끝에 배치하여 연결도선이 두 면과 분리되도록 해주는데, 이는 저항의 위치가 스트레스 전자기장의 파형에 미치는 영향을 줄이기 위한 예방조치이다.

접지되지 않은 EUT

시험장치의 구성에서 접지면과의 직접적인 연결이 없는 EUT에는 특별한 문제가 발생한다. 여기에 속하는 대표적인 기기로는 휴대용 기기, 배터리 구동용 기기 또는 주전원 구동 안전 II 등급 기기들이다. 장비와 접지면 사이에 직접적인 연결이 없어서 장비 자체로는 방전할 수 없는 경우, 표준에서는 반복해서 ESD 펄스가 인가되는 사이에 EUT에 쌓인 전하를 방전하는 방법을 제공한다. 주된 방법은 양쪽 끝에 470 kΩ의 블리드 저항들이 있는 케이블을 사용하여 케이블의 한쪽 끝은 수평결합면(HCP)이나 접지면에 연결하고 반대쪽 끝은 ESD 펄스가 인가되는 지점에 연결한다. 이 블리드 케이블은 펄스가 인가되는 동안에는 제자리에 그대로 있을 수 있다. 다른 방법으로는 반복되는 ESD 펄스 사이에 EUT에 쌓인 전하를 방전시키기 위해 470 kΩ 블리드 저항기과 전도성 대지접지 브러시를 함께 사용하거나 쌓인 전하가 자연적으로 감소할 수 있도록 반복되는 펄스 사이의 대기 시간을 연장하는 것이 있다.

이러한 조치를 취해주지 않으면 EUT 자체의 커패시턴스는 시험 도중에 ESD 펄스가 한 번씩 인가될 때마다 전하를 얻어 충전된다. 이렇게 되면 커패시턴스의 전압이 계속해서 증가하므로 동일한 레벨, 동일한 극성의 펄스가 들어올 때마다 스트레스가 감소하게 된다. 연이어 들어오는 펄스의 극성이 반대가 되면 의도한 레벨의 최대 2배까지 높은 레벨의 스트레스가 인가될 수 있다.

8.2.2 전기적 빠른 과도현상(EFT) 버스트

전기적 빠른 과도현상 버스트(Electrical Fast Transient-Burst, EFT-B) 시험은 주변 환경에서 스위칭 사건(동작)에 의해 발생하는 고주파, 저에너지 과도현상에 대한 제품의 내성을 점검한다.

8.2.2.1 장비

전도성 과도현상에 대한 내성을 시험할 때는 과도현상 자체와 이 과도파형을 포트로 전달되게 하는 결합 회로망(coupling network)이 잘 규정되어야 한다. 결합 회로망은 도선이나 케이블의 옆면이 EUT로부터 되도록 멀리 떨어뜨려 놓아야 하며 동시에 결합 경로에 어떤 정해진 임피던스를 제공해야 한다. 이 점에 있어서 결합 회로망은 방출시험에 사용되는 LISN과, 전도성 RF 내성시험에 사용되는 CDN과 유사하다(그렇다고 똑같은 것은 아니다). IEC 61000-4-4는 국부(local) 유도성 부하 스위칭으로 인한 빠른 과도현상 버스트에 대해 시험 발생기와의 결합 방법을 명시한다.

빠른 과도현상 버스트는 50 Ω의 신호원 임피던스(출력 임피던스)로 5 ns/50 ns의 상승시간/유지시간을 가는 단일 펄스를 가지도록 명시되어 있다. 이 펄스가 5 kHz의 반복율로 15 ms 동안 연속되는 버스트(burst)를 300 ms마다 인가한다(그림 8.13 참조). 전압 레벨은 250 V에서 4 kV까지의 명시된 가혹도 레벨에 따라 선택된다. 이렇게 빠른 상승시간을 가지는 고전압을 얻기 위해, 발생기는 초창기에는 에너지 저장 커패시터에 의해 구동되는 방전간극(spark gap, 스파크 갭)으로 구성되었는데 이러한 구성으로는 얻을 수 있는 반복율에 한계가 있었다. 얼마 전부터 이러한 방식의 발생기는 고체 반도체(solid-state)로 구성된 최신 발생기로 대체되었다. IEC 61000-4-4 이후 버전에서는 5 kHz와 더불어 100 kHz의 버스트 반복주파수를 요구한다("5 kHz는 기존의 옛날 것이고 100 kHz는 실제상황에 가깝다). 하지만 제품 표준의 대다수는 아직 이 규정을 따라잡지 못하고 여전히 5 kHz를 지정하고 있다. 또한 이 표준은 파형이 50 Ω과 1000 Ω 모두에 대해 교정될 것을 요구하고 있는데, 이 규정은 실제로 EUT에 전달되는 파형을 더욱 엄격하게 명시하고 있음을 뜻하는 것이다[127]. 이 수정 규정은 이전 세대 시험 장비를 더 이상 쓸 수 없게 만들 수 있기 때문에 한동안 보류되었다.

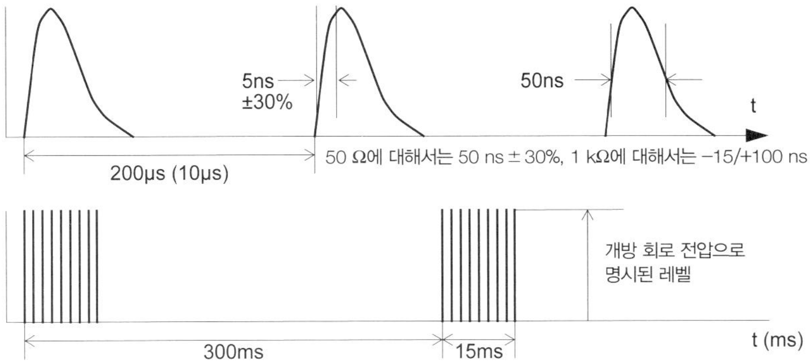

그림 8.13 (IEC 61000-4-4에 따른) 빠른 과도현상 버스트

전원공급 선로에 사용되는 결합 회로망은 결합 커패시터 배열을 통해 접지면에 대해 공통모드의 펄스를 각 선로에 인가한다. 각 선로의 발생원도 *LC* 회로망에 의해 디커플링(decoupling, 감결합)된다. 신호 선로로의 결합(전달)에는 용량성 클램프가 사용된다. 이 클램프는 기본적으로 두 개의 금속판 구조로서 두 판 사이에 시험대상 선로를 배치한다. 두 금속판은 분포 결합 커패시턴스를 제공하며 과도현상 발생기에 연결된다. 결합된 과도현상에 직접 영향을 받는 모든 관련 장비는 자체적으로 확실히 내성을 가지고 있어야 한다.

8.2.2.2 시험 방법

ESD 시험과 마찬가지로 기준 접지면을 사용해야 한다. 기준 접지면은 보호용 대지접지에 연결되고, 발생기 접지는 보호용 대지접지에 짧은 끈(strap)으로 직접 접합된다. 탁상용 장비와 바닥설치용 장비는 모두 10 cm 절연 블록에 의해 접지면과 떨어져 있다. 0.5 m 길이의 주전원 케이블은 EUT를 결합 회로망으로 연결하며, 이 케이블은 그 자체로 접지면에 접합된다. EUT 인클로저에 별도의 보호 대지접지 단자가 있는 경우, 이 단자는 연결 회로망을 통해 접지면에 연결되며 과도현상은 여기에 직접 인가된다. I/O 케이블은 지면에서 10 cm 위에 위치한 용량성 클램프를 통해 공급된다. 전형적인 시험 구성은 설정은 [그림 8.14]과 같다.

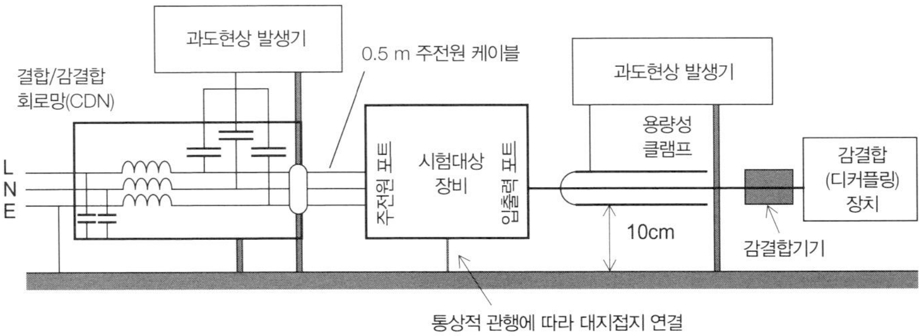

그림 8.14 빠른 과도현상 시험 설정

과도현상을 실제로 인가하는 것은 다른 내성 시험에 비해 비교적 간단하다. 장비에서 가장 취약한 동작 방식을 찾아내는 경우를 제외하면 어떤 탐색시험도 필요하지 않다. 일반적으로 버스트는 시험할 각 선로에 대해 (+)극성과 (−)극성으로 각각 1분간 인가된다. IEC 61000−4−4의 이후 버전에서는 버스트가 개별 주전원 선로(L, N 또는 E)가 아니라, 접지면을 기준으로 모든 선로에 대해 공통모드로 인가됨을 명시한다. 요구되는 전압 레벨은 관련 제품 표준에 규정되며, 이 값은 예상되는 동작 환경과 시험 대상 선로의 유형에 따라 달라진다.

8.2.3 서지

IEC 61000−4−5(그림 8.15)의 서지 시험은, 전형적으로 선로 근처에서 발생한 낙뢰로 인해 전원선로와 긴 신호선로 상에 발생하는, 에너지는 매우 크면서 속도는 비교적 느린 과도전압을 실제와 비슷하게 구현(시뮬레이션)한다. 서지 시험은 케이블이 건물 밖으로 길게 나와 있는 경우에는 신호선로에도 적용하는 것이 보통이다.

8.2.3.1 서지 파형

과도현상은 전력선로, 입출력(I/O) 선로와 통신 선로로 결합(전달)된다. 시험에서 사용하는 서지 발생기는 EUT에 있는 보호기기(이러한 장치가 없는 경우 불꽃이 발생하거나 부품이 파괴됨)가 작동하면서 높은 임피던스에서 낮은 임피던스로 스위칭되기(바뀌기) 때문에 전류와 전압 파형이 함께 명시되어 있다. 발생기의 회로 소자 값은 발생기가 높은 저항 부하(100 Ω 이상) 양단에 1.2/50 μs 전압 서지를, 또한 8/20 μs의 전류 서지를 단락 회로에 전달하도록 규정된다. 이러한 파형은 이들 요건을 유지하면서 결합/감결합 회로망(CDN) 안으로 들어가야 하지만 EUT 자체가 연결된 상태에서는 명시되지 않는다. IEC 61000−4−5의 제3판에서는 두 파형의 지속 시간에 대한 정의를 미묘하게 변경하여 원칙을 중시하는 사람들 사이에 약간의 실망을 가져왔다는 것을 알아두기 바란다.

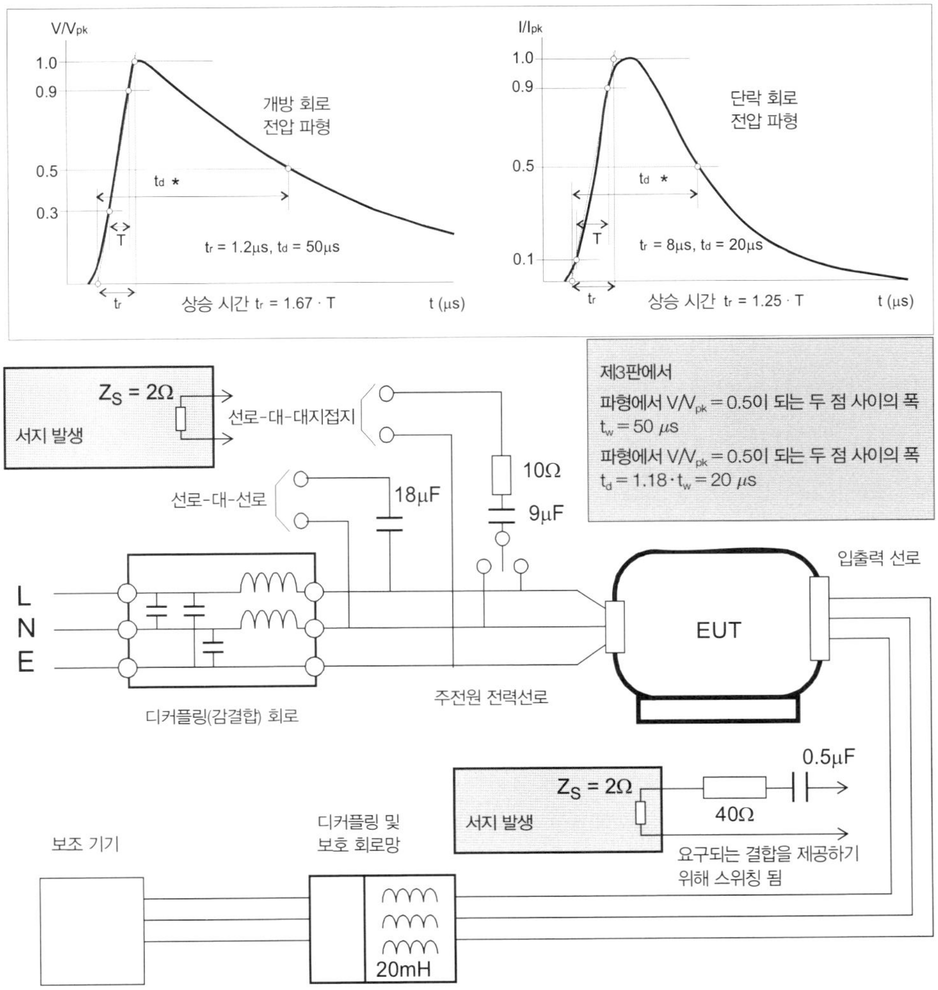

그림 8.15 서지 파형 규격과 결합

또한 시험 전압의 인가와 EUT의 예상되는 작동 상태에 따라 세 가지의 서로 다른 신호원 임피던스(출력 임피던스)가 권장된다. 발생기 자체의 유효 출력 임피던스는 단락회로 출력전류 최댓값에 대한 개방회로 출력전압 최댓값의 비(ratio)로 정의된다. 따라서 이 값은 2 Ω이며 순수한 저항성분은 아니다. 필요한 경우, 10 Ω 또는 40 Ω의 저항을 직렬로 달아주어 유효 신호원 임피던스를 증가시킨다.

8.2.3.2 서지 인가

높은 에너지를 갖는 서지는 전원선의 상(phase)과 상 사이에, 그리고 상과 접지(ground) 사이에 인가된다. 입출력 선로의 경우 선로와 선로 사이, 그리고 선로와 접지 사이에 서지가 인가되지만 서지의 임피던스는 더 높다. 2 Ω은 전원공급망의 차동 신호원 임피던스(출력 임피던스)를 나타내고, 12 Ω은 선로와 접지사이의 전원 회로망 임피던스를 나타내며, 42 Ω은 다른 모든 선로의 선로와 선로 사이, 그리고 선로와 접지 사이의 신호원 임피던스를 나타낸다.

전원 선로에 서지는 보호필터(back filter)를 포함하는 결합/감결합 회로망(CDN)을 통해 인가되는데, 보호필터는 동일한 전원으로 구동되는 다른 장비에 대한 악영향을 방지하고 서지 전압이 확실히 발생할 수 있도록 충분한 임피던스를 제공한다. 선로와 선로 사이의 결합을 위해서는 발생기 출력이 플로팅(floating) 상태에 있어야 하지만 선로와 접지 결합을 위해서는 접지될 수 있다. 10 Ω 저항기는 선로와 접지 사이의 결합을 위한 출력에 직렬로 연결되어 있다.

입출력(I/O) 선로 서지는 필요한 보조장비에 연결되는 디커플링 필터와의 용량성 결합을 통해 40 Ω 저항기와 직렬로 인가되거나, 입출력 선로상의 신호의 충분히 주파수가 높아서 용량성 결합이 신호의 작동에 영향을 미치는 경우에는 방전간극 결합을 통해 인가된다.

장비 수준에서의 서지 내성 시험의 목적은 장비가 고장이나 이상 작동 없이 명시된 수준의 과도현상 간섭을 견딜 수 있는지 확인하는 것이다. 장비에는 서지 보호 장치[배리스터(varistor), 제너(zener) 등]가 장착되어 있는 경우가 많다. 이러한 장비는 일반적으로 높은 순간 전류나 에너지를 소모하거나 처리할 수 있는데도 불구하고 평균 전력 정격은 낮다. 따라서 인가되는 서지의 최대 반복속도는 사용 중인 기기의 능력에 의해 제한되는 것이 일반적이며(표준에는 연속해서 인가되는 임펄스 사이의 시간 간격에 대해 “1분 이하”라고 명시되어 별로 도움이 되지 않는다), 어떤 레벨이든 한 레벨에서 최대 10번의 서지(+극성의 서지 5번과 −극성의 서지 5번)가 권장된다. 지나치게 과도한 시험은 너무 빠른 시점에 장비에 불필요한 손상을 초래할 수 있으며 경우에 따라서는 중대한 손상도 발생할 수 있다. 특히 후자의 위험성 때문에 시험 중에는 EUT를 물리적으로 격리하는 것이 현명하다. 어떤 경우이든 가능하면 EUT와 다른 기기 사이의 연결을 끊고, 불꽃이 생기는 것을 방지할 수 있도록 전체 시험장치 구성을 잘 절연해야 한다.

주전원 공급 시험의 경우, 각 서지는 AC 전원 파형이 피크가 되는 시점과 동일한 시점에 인가하여 반복성이 있는 최대 스트레스를 제공하고 극성 변화(zero crossing)가 일어나는 순간에 인가하여 최대 후속 에너지[3]를 유도해야 한다. 따라서 위상각(50 Hz 또는 60 Hz 파형과 관련하여) 0°, 90°, 180°, 270°마다 시험을 해야 한다. 또한 스트레스 전압을 최대 레벨까지 단계별로 증가시켜 높은 레벨을 수준을 충분히 클램핑(clamping)하고, 보호기기들이 낮은 레벨의 인가전압에서 고장이 나거나 손상되지 않는지 확인해야 한다.

3 후속 조치는 서지로 인해 보호기기가 고장이 날 때 발생하며, 이로 인해 공급 장치 양단에 낮은 임피던스가 발생하는데, 이 임피던스는 보호기기를 통해 흐르는 전류를 유지한다. 그래서 (AC 전원의 경우) 서지뿐만 아니라 교류전원의 다음 반주기에 의해서도 보호기기에서 에너지가 소모된다.

광대역 신호 선로

이더넷(Ethernet)과 같이 차폐되지 않은 고속 데이터 선로와 관련한 중요한 문제는 모든 결합/감결합 회로망이 신호전송에 영향을 줄 정도로 선로를 감쇠시킬 가능성이 있다는 것이다. 이전 버전의 표준에서는 이들 포트들의 손상만을 시험 — 다시 말해 서지 시험을 위해 작동중인 선로는 제거하고 시험을 한 다음에 이 선로를 다시 설치하여 기능을 계속하는지를 시험 — 할 것을 제안하여 이 문제를 회피하였다. 제3판에서는 이 시험조차도 포기했다: 제7.5절(clause 7.5)에는 "고속 상호연결 선로에 대한 서지 시험의 경우, CDN이 EUT에 미치는 영향 때문에 정상 기능을 수행할 수 없을 경우에는 어떠한 서지시험도 적용해서는 안 된다"고 명시하고 있다.

8.2.4 기타 과도현상 내성 시험

8.2.4.1 링파 및 감쇠 진동파

서지 시험을 대체할 가능성이 있는 방법은 IEC 61000-4-12에 주어져 있는데, 이 표준의 제1판에서는 링파(ring wave)와 감쇠 진동파(damped oscillatory wave)를 정의하고 있다. 감쇠 진동파는 IEC 61000-4-12 제2판에서 삭제되었고, 그 대신 자체 표준인 IEC 61000-4-18이 제정되었다. 감쇠 진동파는 고압 변전소에서 발견되는 유형의 서지를 나타내기 위한 아주 특수한 파형이다. 그 반면에 링파는 부하 스위칭, 전원 고장 및 낙뢰로 인해 전원 공급망, 제어선로, 신호선로에서 자주 발생하는 전형적인 형태의 진동 과도현상을 나타낸다. 전원선로와 신호선로가 정합되지 않으면 이들 선로를 따라 전파하는 파에는 항상 반사가 일어난다. 이러한 반사는 진동하는 파를 만들어내는데, 이 진동파의 주파수는 전파 속도, 선로 길이, 그리고 스트레이 커패시턴스와 같은 기생 성분들과 관련이 있다. 또한 이들 선로의 저역통과(low-pass) 특성으로 인해 상승 시간은 느려진다. 이런 식으로 발생하는 장비 포트에서의 현상이 바로 진동하는 과도현상이나 링파로, [8.2.3절]에서 설명한 단방향으로 진행하는 서지와는 달리 양방향 모두로 진행하는 특성을 갖는다.

[그림 8.16]에는 표준에서 규정한 링파의 파라미터들이 표시되어 있으며, [그림 8.17]에는 시험장치 구성과 연결 방식이 나타나 있다. 최소 5개의 (+)극성의 과도현상과 5개의 (−)극성의 과도 파형을 선로와 접지 사이(공통모드로, 모든 단자와 접지 사이에 대해 동시에)와 선로와 선로 사이(차동모드)에, 그리고(또는) 캐비닛들 사이(통신 포트의 경우)에 인가해야 한다. 발생기 출력 임피던스와 최소 반복 주기는 적용(인가)하는 대상 마다 달라진다.

- 10초의 최소 반복 주기를 갖는 12 Ω 출력(신호원) 임피던스: 주요 급전선로(feeder)에 연결된 EUT 공급 포트들, 그리고 10 m 길이의 차폐 데이터 통신 케이블로 상호 연결된 캐

비닛상의 통신 포트들 사이에 인가

- 6초의 최소 반복 주기를 갖는 30 Ω 출력 임피던스: 아웃렛(outlet, 콘센트)에 연결된 EUT 전원 포트
- 1초의 최소 반복 주기를 갖는 200 Ω 출력 임피던스: I/O 포트, 단, 시험에 보호 장치 또는 필터가 사용되지 않는 경우에 한하며, 사용되는 경우에는 12 Ω 또는 30 Ω의 출력 임피던스를 적용한다.

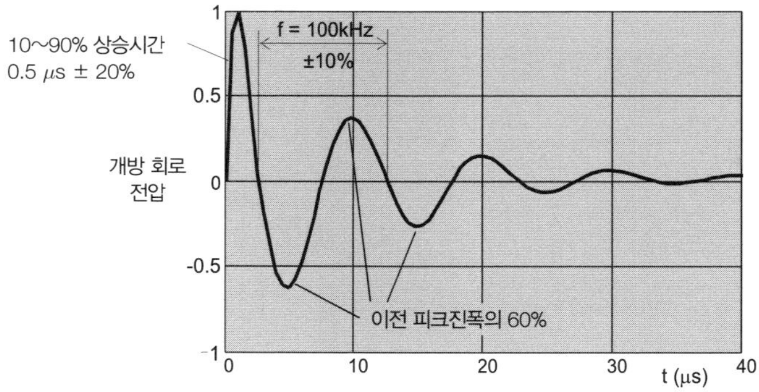

그림 8.16 링파(ring wave)의 파형

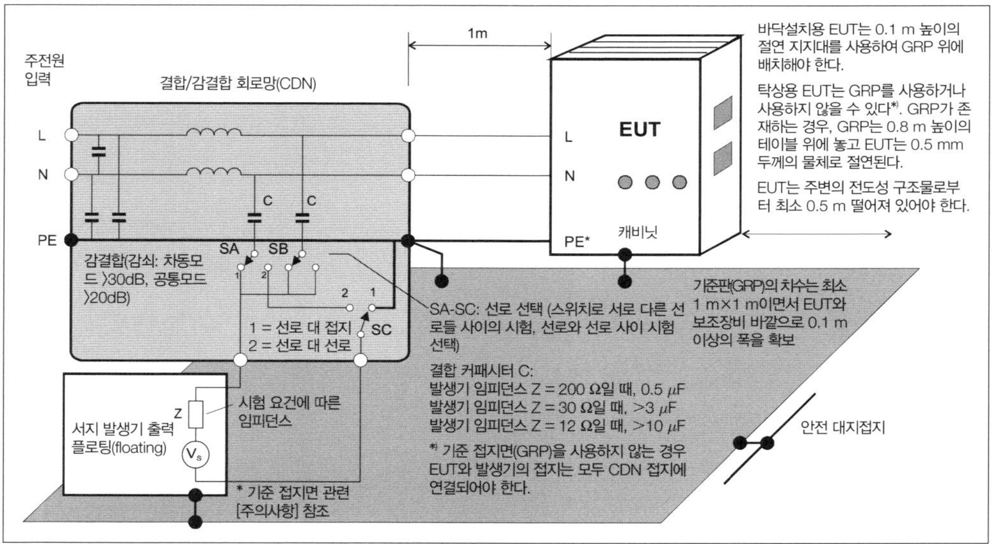

그림 8.17 AC 및 DC 전원선에 링파 인가를 위한 시험장치 구성

실제로 링파 내성 시험은 어떤 제품 표준에서도 거의 다루지 않는다. 그래서 중간정도 에너지를 가진 과도현상 내성을 알아보는 데 상당히 좋은 시험이지만 이 시험을 반드시 받아야 하는 제품은 거의 없다. 그 까닭은 적절한 시험 발생기 임피던스를 선택하는 데 필요한 설치 조건이 비교적 복잡하다는 인식 때문일 수 있다. 이러한 상황은 제품 위원회로 하여금 IEC

61000-4-5 서지 시험을 선호하게 만들 것이다.

8.2.4.2 자동차 과도현상

오랫동안 자동차 제조업체들은 제각각 외부 제조업체에서 조달한 전기, 전자 부품의 과도현상 내성을 시험하는 자체 규격을 가지고 있었다. 국제 표준은 저마다 다양한 요건들을 가지는 다수의 규격들에 대해 부분적인 해결책을 제공한다. ISO 7637 제1부, 제2부, 제3부는 자동차(car) 및 경량 차량(light vehicle)에 탑재되는 장비의 전도성 과도현상 내성을 기술한다. 제1부는 일반적인 요건을 설명하고, 제2부는 12 V 및 24 V 시스템에 대한 기술요건을 제시한다. 제3부는 전원선로가 아닌 선로들의 결합을 다루며, 스위칭 과도현상을 모의(simulation)하는데 사용되는 시험 펄스'만'을 정의한다.

제2부는 방출 허용기준을 규정하지 않고 과도현상 방출 시험에 사용되는 기기들(오실로스코프 및 5 μH/50 Ω 의사회로망을 사용), 그리고 시험 펄스 발생기에서 발생하여 DC 전원 공급 리드(lead)를 통해 시험대상장비에 인가되는 일련의 표준 시험 펄스([11.3.2.3절]의 [그림 11.23] 참조)를 모두 규정한다. 발생기와 EUT를 연결하는 전력 리드의 길이를 0.5 m 길이로 똑바로 펼쳐놓아야 한다는 지시 말고는 시험 레이아웃에 대해서는 아무 것도 명시되어 있지 않다.

이들 펄스의 가혹도 레벨(피크 전압)은 제조업체와 사용자 간에 합의로 정해진다. 3형 펄스(pulse 3)과 4형 펄스(pulse 4)는 II등급 레벨(level II)의 인가 값으로 ETSI 무선 표준에서 사용된다. 제조자가 차량 배터리에 직접 연결할 필요가 없다고 명시하는 경우, II등급 레벨(level II)에서도 1형 펄스(pulse 1)와 2형 펄스(pulse 2)가 의무화된다.

8.2.5 변동 원인

EUT의 응답을 정확하게 특징별로 규정할 수 있다고 가정할 때 과도현상 시험에서 나타나는 시험결과의 변동은 레이아웃의 반복성과 과도현상 인가에 수반되는 통계적 특성에서 비롯된다. 또한 기후 조건은 공기방전 ESD 시험결과의 변동과 어느 정도 관계가 있을 수 있다.

8.2.5.1 레이아웃

ESD와 빠른 버스트 과도현상이 가진 넓은 대역폭은 케이블과 EUT의 구조물이 RF 시험에서와 마찬가지로 이차적인 방사기와 수신기로 작동할 수 있음을 의미한다. 따라서 시험 레이아웃, 그리고 케이블의 배선과 종단은 시험 계획에서 엄격하게 규정하고, 시험하는 동안 내내 그 규정을 따라야 한다. 변동이 되면 EUT 안으로 들어와 결합하는 장해신호와 EUT 내부에서 결합하는 장해신호에 영향을 미친다. 그리고 이보다 정도는 덜 하지만 스트레이 임피던스에 영향을 주고 그에 따라 전압 레벨에도 영향을 줄 수 있다. 이와 마찬가지로 EUT의 제작 상태의 변동성 – 예를 들어 금속 패널이 제자리에 단단히 고정되어 있는지 여부 – 은 ESD 및 빠른 과도현상 응답에 큰 영향을 미칠 것이다.

8.2.5.2 과도현상 인가 시점

디지털 제품의 작동은 이산 상태(high, low)의 연속이라고 할 수 있다. 인가된 과도현상의 지속시간이 ESD와 고속 버스트 과도현상의 경우처럼, 상태(또는 클록주기)의 지속시간과 엇비슷하면 내부 상태를 기준으로 하여 어느 시점에 과도현상을 인가할 것인가의 문제는 장치의 내성에 영향을 줄 것이다. 펄스가 클록의 전이(에지)와 동시에 발생하면 안정된 기간인 클록 주기 동안보다는 감응성, 다시 말해 펄스로 인한 영향을 더 크게 받을 가능성이 높다. 예를 들어 내부 소프트웨어에서 에지 트리거형 인터럽트(edge triggered interrupt)를 불능(미사용, disable)으로 설정한 시간 동안에는 다른 시간들에서보다 내성이 더 높을 수 있다. 대부분의 상황에서 내부 상태와 인가된 과도현상 사이의 시간 관계는 비동기적이고 무작위적이다.

따라서 빠른 과도현상의 경우, 과도현상과 취약한 상태가 일치할 확률은 1보다 작으며, 이러한 이유로 ESD와 과도현상에 대한 내성시험 절차에서는, EUT의 준수 여부를 판단하기 전에 비교적 많은 수의 과도현상을 개별적으로 인가해야 한다고 명시한다. 확률 P가 인가 횟수의 역수보다 작거나 같은 경우, 주어진 시험의 실행 중에 과도현상과 취약상태가 일치되는 일이 발생하지 않은 채, 장비가 시험을 통과하는 일이 생길 수 있다. 그러나 다음 번 실행에서는 이 둘이 일치되는 일이 발생할 수 있고 장비는 시험을 통과하지 못할 수 있다. 이렇게 통과와 실패 중 어느 쪽도 될 수 있는 경계상황에서는 과도현상을 더 많이 인가해보는 것 이외에 이 문제를 해결할 방법이 없다.

8.2.5.3 환경

일반적으로 비전자기 환경 조건(non-electromagnetic environmental condition)은 장비 자체의 작동 파라미터에 영향을 주고 그에 따라 장비의 내성에 영향을 줄 수 있지만, 전자 장비의 내부로 들어오거나 외부로 나가는 결합에는 영향을 주지 않는다. 이에 대한 대표적인 예외가 공기방전 ESD이다. 이 경우, 방전파형은 방전전극이 향하고 있는(기울어져 있는) 방향과 EUT에 대한 접근속도의 영향을 많이 받고, 시험 환경의 상대 습도에도 영향을 받는다. 이러한 상황은 다른 모든 요인들이 달라지지 않고 그대로인 경우에도 시험 반복성은 날마다, 심지어 시간마다 변한다는 사실을 의미한다. 이것이 공기방전보다 접촉방전 방법을 선호하는 주요 이유 중 하나이다.

8.2.6 과도현상 시험의 측정 불확도

과도현상 시험의 측정 불확도는 지금까지 살펴본 다른 시험의 측정 불확도와는 완전히 다른 접근방식을 취해야 한다. 그 까닭은 과도현상 시험의 변수들로는 전압 파라미터, 전류 파라미터, 시간영역 파라미터, 장치구성 파라미터들이 있는데, 이들 모두를 하나로 결합한 버짓의 숫자 — 다시 말해, 인가 스트레스의 불확도를 나타내는 값 — 로 표시할 수 있는 효과적인 방법이 없기 때문이다. 이러한 어려움에서 벗어날 수 있는 방법을, 표준 ISO 17025에는 다음과 같이 기술하고 있다.

> 잘 알려진 시험 방법이 측정 불확도의 주요 원인들에 대한 허용기준을 명시하고 계산결과의 제시형식을 명시하는 경우, 시험소가 시험방법과 보고규정을 따름으로써 (측정 불확도 추정에 대한) 이 절(clause) 충족한 것으로 간주된다.
>
> 5.4.6.2절에 대한 주의사항 [189]

이 서술 내용을 해석해보면 발생기가 적절한 규격 — 예를 들어 IEC 61000-4-2, -4 및 -5의 6절(clause 6) — 의 다양한 개별 요건을 충족하는 것으로 입증된 경우, ESD, 과도현상 및 서지에 대한 내성시험 요건은 충족된 것으로 간주된다(시험소가 실제로 시험방법을 따르고 있는 경우에). 이를 위해 사용하는 발생기의 소급가능 교정 세부사항을 이 절의 모든 파라미터들에 대해 제공된 허용오차와 비교해야 하며, 교정시험소에서 신고한 수치로 주어진 교정 불확도를 사용하여 조정해야 한다. 예를 들어, IEC 61000-4-2에서 4 kV에서 15 A±10%의 피크 전류를 요구하고 이 파라미터에 대해 명시된 교정 불확도가 ±3%라고 하자. 이제 발생기 교정에서 실제로 측정한 전류가 15 A±7% 범위 내에 들어가기만 하면 위의 근거를 사용하여 측정 불확도 추정을 위한 요건이 충족되었다고 할 수 있다. 그렇지 않으면 발생기를 조정하여 허용오차 이내에 들도록 만들어야 한다. 교정 데이터의 유효성 검사는 모든 시험 레벨을 (+)극성과 (−)극성 모두에 대해, 그리고 모든 파라미터들에 대해 수행되어야 한다. 각 측정기기마다 스프레드시트(spreadsheet, 자동 계산수행 문서)를 만들어 놓으면 절차가 간단해지고 진행 속도가 빨라진다.

지난 몇 년 동안 IEC 61000-4 시리즈의 주요 시험표준 대다수에는 불확도에 관한 부속서들이 추가되었다; 이 부속서들은 일반적으로 두 가지 역할을 한다; 첫째로는 표준화된 불확도 버짓을 구성할 수 있도록 구체적인 기여요인 목록을 제공하고, 둘째로는 적합성 인증 문제를 고려할 때 측정 불확도에 주의를 기울이지 말라고 말해준다.

8.3 군용 내성 시험

방출 측정과 마찬가지로 DEF STAN 59−411 또는 MIL STD-461에 근거한 군용 요건은 상용 시험과 유사한 현상을 다루지만 그 방식은 다르다.

8.3.1 연속 RF 내성

이 범주에는 전도성 내성(CS)과 방사성 내성(RS)의 두 종류의 시험 그룹이 있다. 이들을 [표 5.7]과 [표 5.9]에 간추려 정리하였다.

인가되는 RF 전자기장 레벨은, 방출 허용기준과 마찬가지로, 필요한 응용분야와 그에 따라 예상되는 환경에 따라 큰 차이가 있을 수 있다. 레이더 송신기의 주빔(main beam) 안에 위치할 가능성이 있는 제품의 경우에는, DEF STAN 59−411 DRS02는 "여의도나 강남 중심부의 스카이라인"형태의 주파수에 따른 레벨을 가지고 있다. 즉 낮은 주파수에서의 대표적인 레벨인 10 V/m부터 마이크로파 영역에서 펄스 변조인 경우의 레벨인 1,000 V/m(항공기의 경우 2000 V/m)까지 그 변화 폭이 매우 크다. MIL-STD-461 RS103은 선박 갑판 아래에서의 10 V/m부터 항공기의 경우 200 V/m까지 DRS02에 비하면 상대적으로 훨씬 레벨 차이가 적은 레벨 요건을 가지고 있다. 주파수 범위도 응용 분야에 맞춰 조정되지만 10 kHz에서 40 GHz까지 확장할 수 있다.

레벨이 주거용 3 V/m, 산업용 및 해양용 10 V/m로 고정되어 있는 대부분의 상용 표준들의 요건과 비교해 보라. 이 방사성 요건 레벨의 주파수 범위는 80 MHz에서 시작되며 기껏 올라가봐야 2.7 GHz가 최고인데다, 그것도 1 GHz 이상에서는 규정 레벨이 훨씬 낮다. 대부분의 상용 제품은 감시 레이더의 주빔 안에 있을 것으로는 예상하지 않고 있다는 언급은 타당하다고 할 수 있다.

8.3.1.1 시험 방법

방사성 방출과 마찬가지로 내성시험 절차에도 차이가 있다. 군사용 시험장치 구성은 방출과 내성이 서로 동일하다. RF 방사성 내성의 경우 가장 큰 문제는 전자기장 강도를 제어하는 방법에 있다. MIL-STD-461과 DEF STAN 59−411에 따른 시험의 경우 시험하는 동안 EUT 근처에 위치한 프로브로 인가되는 전자기장 강도를 감시하고 제어한다. IEC 61000−4−3에 따른 상용 시험의 경우, EUT가 없을 때 전자기장의 강도를 미리 교정해 놓은 다음, 시험 중에는 기록된 동일한 순방향 전력(forward power)을 다시 인가한다. 이 두 가지 방법은 EUT의 특성에 따라 V/m 단위의 동일한 규격 레벨에 대해 근본적으로 다른 결과가 나올 수 있다.

이밖에도 RF 스트레스에 적용되는 변조에도 차이가 있다. 군용 시험에는 1 kHz 사각파 변조, (레이더 주파수들에서의) 관련된 펄스 변조, 경우에 따라서는 각기 다른 더욱 특수한 형식의 변조가 사용된다(EUT에 가장 큰 영향을 미칠 가능성이 가장 높은 변조형식은 EMC 시험계획에 명시되어야 한다). IEC 61000-4-3 시험은 1 kHz 사인파 변조만 사용하지만 80%의 변조깊이(변조지수)가 요구되기 때문에 실제 효과는 인가 스트레스 피크 레벨을 규격레벨의 1.8배까지 올린 것과 마찬가지이다(그림 8.2). 이것만 보면, 주어진 규정 레벨에 대해 상용 시험은 군용 시험보다 더 큰 스트레스를 받는다.

방사성 RF 시험에는 전체 주파수 범위를 모두 다루기 위해 다양한 안테나가 필요하다. 눈여겨 볼 점은 시험소에서 상용 방사성 시험에 시험소에서 선호하는 바이로그(BiLog) 안테나는 포함되지 않는다는 것이다. 표준은 방사성 방출에 사용할 수 있는 안테나에 대해 규범적(명시적)이며, 시험소는 내성시험에 방출시험에서와 동일한 유형의 안테나를 사용해야 한다고 생각하는 경향이 있다.

- 평행판 안테나(Parallel plate): 14 kHz ~ 30 MHz
- 전력용(고출력) 바이코니컬 안테나(Power biconical): 30 MHz ~ 200 MHz
- 대형 더블-리지 도파관 혼 안테나(Large double-ridge waveguide horn): 200 MHz ~ 1 GHz
- 소형 더블-리지 도파관 혼 안테나(Small double-ridge waveguide horn): 1 GHz ~ 18 GHz

전력은 계속 감시되면서 안테나에 공급되고 시험 도중에는 등방성 프로브(isotropic probe)를 사용하여 EUT 주변의 전자기장 강도를 감시한다. 안테나 위치는 EUT의 크기와 안테나 빔폭에 따라 달라진다. 균일 전자기장 영역에 대한 규격은 없다. 시험은 [7.4.4.2절]에서 살펴본 완화 정규화 시험장 삽입손실(Normalized Site Insertion Loss, NSIL) 기준을 충족하는 차폐실 내에서 방사성 방출시험과 동일한 시험구성으로 수행된다. 주파수 범위를 스위프할 때 EUT에 오작동이 발생하면, 문턱값 레벨을 알아내기 위해 신호 레벨을 줄인다. 1 GHz 이상의 주파수에서, EUT의 차폐구조물에 있는 불연속부(커넥터, 디스플레이 등)는 송신 안테나에 직접 노출한다.

8.3.1.2 전도성 RF

전도성 RF 내성 규격에도 비슷한 문제들이 적용된다. 직접 비교는 더 어려운데, 그 까닭은 IEC 61000-4-6을 바탕으로 작성된 상용 표준은 150 Ω의 신호원(출력) 임피던스로부터 케이블로 전압 레벨을 인가하기 때문이다. 사실상 다른 표준들 모두가 클립온(clip-on) 전류 변환기를 통해 전류 레벨을 인가하는 “벌크 전류 주입(BCI)” 방법을 사용한다. 시험 중인 인터페이스의 공통모드 입력 임피던스를 알고 있는 경우에만 이 둘 사이의 관계를 알아낼 수 있다. 이 임피던스 값은 제품을 잘 알고 있는 설계자조차도 추정만 할 수 있을 뿐이라고 하는 편이 타당할 것이다. 이 임피던스는 EMC 성능에 직접적인 영향을 주기는 해도 장비를 작동하게 하는 데 꼭 알아야 할 특성은 아니다.

이밖에도, 방사성 RF 내성과 마찬가지로, 군사 및 항공우주 요건은 응용분야에 따라 각기 다른 주파수에 따른 레벨들을 가지고 있다. MIL STD-461 CS114는 280 mA, DEF-STAN 59−411 DCS02는 560 mA로 가장 가혹한 응용 분야에 사용된다. 50 Ω 교정 지그에 공급하는 전력은 4 W에서 15 W 사이이다. 이 전력 레벨을 166 mW에 불과한 IEC 61000−4−6의 요건과 비교해보라. 이 요건에서는 166 mW의 전력을 150 Ω, 10 V의 발생기에서 150 Ω 교정지그로 공급한다.

DCS02는 전원선로와 신호선로 모두에 인가되는데, 벌크 전류 주입(BCI) 프로브로 전류를 주입하는 경우에만 사용한다. 인가되는 스트레스는 두 가지 기준 ― 순방향 전력(교정 지그에서 설정)과 시험 대상 케이블에서 측정한 유도전류 ― 중 하나에 따라 결정되는데, 이 두 기준 모두를 동시에 감시해야 한다.

8.3.2 과도현상 내성

다양한 군용 과도현상 시험은 [표 5.6]과 [표 5.9]에 수록되어있다. 이들 시험을 위해서는 다양한 발생기를 사용하여 다양한 유형의 과도현상 파형을 인가해야 한다. 대부분의 경우, 레벨과 파형은 시험 전에 교정 지그 내에 설정되며, 과도현상은 전류 프로브를 사용하여 케이블 묶음(bundle)에 인가한다; 이 사항은 MIL-STD-461 CS115와 116, DEF 59−411 DCS04, 05, 08에 모두 해당된다. DCS06은 DCS08과 마찬가지로 전원선로 각각에 대해 개별적으로 인가된다. 상용시험과의 가장 눈에 띄는 차이점은 DCS09와 DCS10을 제외한 모든 DEF STAN 시험은 전원 필터가 손상되지 않았음을 확인하기 위해 과도 시험 전과 후에 DCE01(전도성 전력 방출)을 모두 인가하도록 요구한다는 점이다.

DCS05에는 스위칭 시뮬레이션과 핵 전자파 펄스(Nuclear ElectroMagnetic Pulse, NEMP)의 두 부분이 있는데, 이 가운데 후자가 훨씬 더 가혹하다. DCS10 ESD는 상용 ESD 시험 IEC 61000−4−2와 유사하지만, 파형에 있어서는 그렇지 않다. DCS09는 항공기 장비의 낙뢰 내성을 시험하며, 몇몇 경우에서 상용 항공기의 경우에 RTCA DO-160과 동일한 파형을 인가한다. DCS09의 초창기에는 다음과 같은 내용이 실려 있었다.

> 특히 “긴 파형(Long Waveform)”을 사용하여 시험할 때는 EUT 근처에 있는 사람은 보안경을 착용하는 것이 바람직하다. 일부 구성부품은 폭발하여 수 미터 거리에 걸쳐 파편을 날려 보내는 것으로 알려져 있다. 일부 유형의 펄스 발생기는 펄스 신호를 내보낼 때 높은 강도의 폭발 소음을 발생시킬 수 있다. 운용자, 시험 엔지니어 및 관찰자는 이 점을 인식해서 귀 보호 장구를 착용할 것을 권고한다.

8.4 IC 내성 시험

지금까지 살펴본 시험들 이외에 집적회로(IC)에 대한 매우 다양한 일단의 내성시험들이 표준으로 만들어져 있다. [7.4.6절]에서는 IC에서 방출되는 IEC 표준을 살펴보았다. IC 내성 관련 관련 표준은 RF의 경우에는 IEC 62132-X이고 과도현상의 경우 IEC 62215-X이다. 각각의 표준들은 [표 8.3]에 수록되어 있다.

방출 시험과 마찬가지로, 전도성 기법에는 이 표준의 제정에 기여한 여러 이해당사자들의 의견이 반영되어 있다. 벌크 전류 주입(Bulk Current Injection, BCI)과 직접 전력 주입(Direct Power Injection, DPI) 방법은 자동차 시험에 바탕을 두고 있으며 기본적으로는 차량 모듈 시험을 위한 기존의 방법들을 IC에 적용하기 위해 변경한 것이다. 작업벤치 패러데이 상자(Workbench Faraday Cage) 방법은 이와 비슷한 방식으로 IEC 61000-4-6에서 널리 사용되는 방법에서 만들어졌다.

또한 방출 시험과 마찬가지로, IC 내성 시험은 적어도 부분적으로는 각 IC 유형에 대한 매우 구체적인 시험 계획과 시험기판을 요구한다는 이유 때문에 크게 관심을 얻지는 못했다. 따라서 기성품(off the shelf product) 데이터 시트에서, 인용된 이들 표준에 대한 시험결과를 찾아볼 수는 없을 것이다. 그러나 해당분야에서 EMC 특성을 잘 제어할 것을 요구하고, 분야별 부품을 대량으로 필요로 하면 표준은 이를 위해 명시된 방법을 제공한다.

8.4.1 RF 시험 방법

8.4.1.1 벌크 전류 주입

벌크 전류 주입(BCI) 방식의 장점은 직접적인 연결 없이 어떤 도선이나 도선 묶음에도 전류를 인가할 수 있다는 점이다. 예를 들어, 스트레스를 전원공급선로로만 유도하거나, 전원공급선로와 그 귀환 선로에 공통모드로 유도하거나, 여러 신호 선로들에 유도할 수 있다. 유도전류는 시험대상장비, 접지면, 접지연결이 있는 관련장비(associated equipment, AE)가 모두 포함된 루프를 통해 흐르도록 해야 한다. 프로브는 50 Ω 지그에 명시된 전류를 주입하여 교정되며, 이러한 전류를 얻는 데 필요한 전력은 시험대상 IC 기기(DUT)에 다시 주입된다. DUT의 입력 임피던스는 50 Ω보다 낮을 수 있기 때문에 모니터 프로브는 실제로 유도된 전류를 감지한다.

표 8.3 IC 내성 시험 표준

표준	제목
	집적회로 – 전자파 내성 측정 Integrated circuits – Measurement of electromagnetic immunity
IEC 62132–1	일반 조건 및 정의 General conditions and definitions
IEC 62132–2	방사성 내성 측정 – TEM 셀 및 광대역 TEM 셀 방법 Measurement of radiated immunity – TEM cell and wideband TEM cell method
IEC 62132–3	벌크 전류 주입 방법 Bulk current injection (BCI) method
IEC 62132–4	직접 RF 전력 주입 방법 Direct RF power injection method
IEC 62132–5	작업벤치 패러데이 상자 방법 Workbench Faraday cage method
IEC 62132–8	방사성 내성 측정 – IC 스트립선로 방법 Measurement of radiated immunity – IC stripline method
IEC TS 62132–9	방사성 내성 측정 – 표면주사 방법 Measurement of radiated immunity – Surface scan method
	집적 회로 – 임펄스 내성 측정 Integrated circuits – Measurement of impulse immunity
IEC TS 62215–2	동기 과도현상 주입 방법 Synchronous transient injection method
IEC 62215–3	비동기 과도현상 주입 방법 Non–synchronous transient injection method

시험 방법은 [8.1.4.1절]에서 살펴본 IEC 61000-4-6의 전류 프로브 주입 방법은 물론, 자동차 및 군용 BCI 기법과도 매우 유사하다. 이 방법에는 동일한 단점들이 있는데, 대표적으로 케이블의 관련장비(AE) 쪽 끝에서 격리되지 않고, 케이블 공통모드 임피던스를 제어(통제)하지 못하는 점을 들 수 있다.

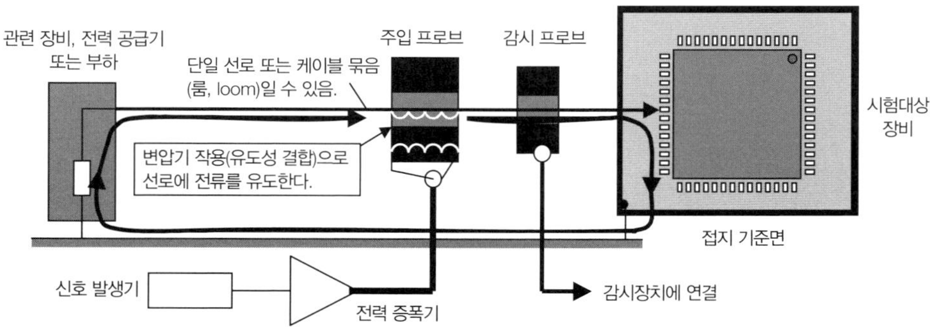

그림 8.18 IEC 62132-3 BCI 시험

8.4.1.2 직접 전력 주입

직접 전력 주입(DPI)은 몇 개의 핀만 시험할 필요가 있을 때 상당히 쉽고 반복할 수 있다. 핀 수가 많은 장치의 경우, 모든 핀을 하나하나 시험하는 것은 매우 번거롭고 오랜 시간이 걸리기 때문에 대표하는 몇 개의 핀을 찾아내는 것이 좋다.

RF 방해는 “바이어스 티(bias tee)”라고 하는 디커플링(decoupling, 감결합) 회로 또는 DC 차단 회로를 통해 주어진 핀에 인가된다. 이 회로망은 원하는 신호에는 영향을 주지 않으면서 인가한 RF와 원하는 신호를 분리해주어야 하는데, 이러한 기능 때문에 광대역 또는 평형 회로에 대해 적용하는 것이 제한될 수 있다. 동시에, 다른 핀들은 유사한 회로를 통해 시험을 받지 않는 대신 DUT의 기능을 감시하는 데 사용할 수 있다. RF 전력은 순방향 전력과 역방향 전력을 모두 감지해야 한다. 이를 위해 방향성 결합기(directional coupler)를 연결하여 RF 전력을 감시한다.

RF 발생 시스템은 전체가 50 Ω에 정합되지만 DUT 핀의 임피던스는 정합되지 않으며 주파수에 따라 상당히 변할 수 있다. 기판에 부착된 커넥터에 3～6 dB 감쇠기를 설치하면 부정합 및 부정합으로 인한 케이블 반사의 영향을 줄이는 데 도움이 된다. PCB 트랙에서 커패시터까지는 50 Ω 임피던스에 맞춰 설계되어야 한다. DUT 대신 50 Ω 부하를 연결하고 커넥터에서 핀까지의 손실을 측정하는 방법으로 시험구성의 특성을 파악할 필요가 있다. 저항기가 없으면 이 손실은 0 dB여야 하는데 허용오차는 ±3 dB이다.

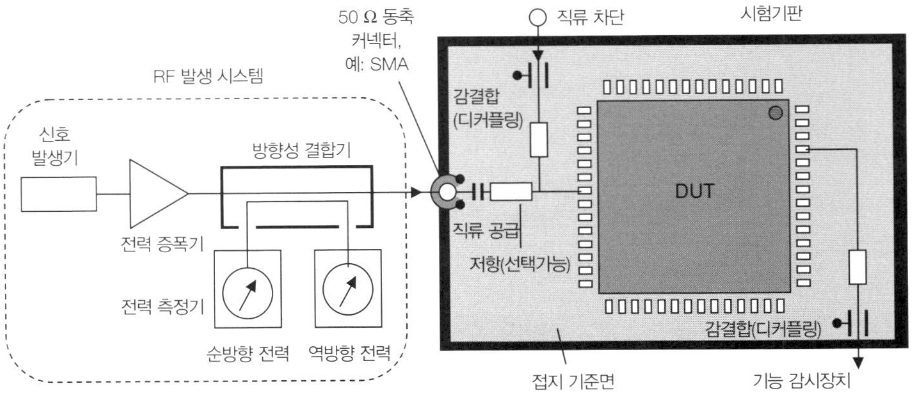

그림 8.19 IEC 62132-4 DPI 시험구성

8.4.1.3 TEM/GTEM

방출시험과 내성시험은 모두 TEM 셀이나 GTEM 셀에서 수행할 수 있다. [8.1.1.5절]에서 설명한 바와 같이, 이 셀은 한 쪽 끝에는 부하가 연결되고 다른 끝에서 전원이 공급되는 차폐된 전송선로 구조로서, 본체가 전송선로의 한 도체를, 내부의 분리 판(septum plate)이 나머지 도체를 이루고 있다. TEM 셀과 GTEM 셀의 원리는 동일하지만, GTEM 셀은 점점 벌어지는 형태의 구조를 가지며 광대역 흡수기로 종단된다. 따라서 GTEM 셀의 대역폭은 공진에 의해 제한되지 않으므로 대역폭이 TEM 셀보다 훨씬 넓다.

시험기판의 한 면에는 DUT, 반대쪽 면에는 모든 지원부품들이 배치되어 있는데, 기판 접지면이 노출되어 있으므로 셀의 바닥에 접합될 수 있다(그림 8.20). 셀의 벽 내부에 들어가는 것은 오직 DUT뿐이다. 주파수가 셀의 TEM 모드만을 여기(excitation)할 정도로 낮게 유지되면 전기장은 y 방향으로 결합되고 자기장은 z 방향으로 결합된다. 전기장과 자기장 모두 z 방향으로는 결합되지 않는다. 기판은 정사각형이며, 접합 도선과 트랙의 두 방향에 대한 결합을 시험하기 위해 0° 방향과 90° 방향으로 한 번씩 모두 두 번을 시험해야 한다.

정합된 종단인 경우, 셀 내의 전기장 E와 종단 전압 V 사이의 관계는 다음 식으로 표시된다.

$$E(\text{V/m}) = \frac{V}{h} \tag{8.3}$$

여기서 h는 분리 판과 바닥 사이의 간격(높이)(m)이다.

이 시험 방법은 시험대상기기 상의 개별 신호에 대해 비침습적이고 일반적이다. 시험기판 상의 패키지로 들어가고 패키지에서 나오는 방사성 결합 특성을 정확하게 나타내지만, 시험기판 레이아웃이 실제 응용의 레이아웃에 매우 가깝게 되어 있지 않는 한, 동일한 장치가 실제로 환경에서 사용될 때 겪게 될 결합을 나타내는 경우는 드물다.

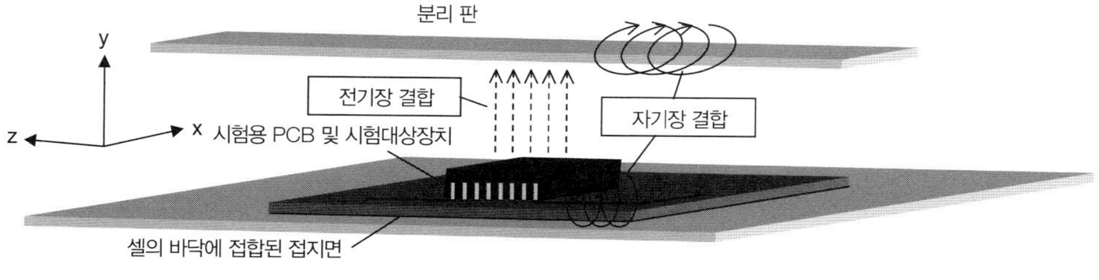

그림 8.20 IEC 62132-2 TEM/GTEM 시험

8.4.1.4 시험기판

IC 시험 표준의 여러 부(part)에서는 시험기판(test board)에 대한 지시사항들이 기술되어 있다. 시험기판은 주어진 IC 유형의 RF 시험을 하는 데 필수적이며, IC 유형마다 다르다. 이러한 기판의 레이아웃은 시험 결과에 직접적으로 영향을 주기 때문에 신중하게 생각해서 레이아웃을 해야 한다.

방출표준과 내성표준 모두 제1부(part 1)는 방사성 시험과 전도성 시험 둘 다에 사용하기 위한 일반 구조(generic structure)에 대해 사실상 동일한 지시사항을 제공한다. 여기에 맞춰 규정된 10 cm 사각형 판(board) 위에는 시험대상기기를, 판 아래에는 모든 지원부품을 배치해서 방사성 변환기(TEM 셀또는 GTEM 셀) 내에 기판을 넣을 때 오로지 시험대상기기만이 전자기장에 노출되도록 한다. 기판 맨 윗면의 나머지 부분은 연속 접지면으로 만들어 면의 모서리를 시험 셀의 벽이나 바닥에 접합하면 연속된 차폐 구조를 형성할 수 있다. 또한 기판 맨 위의 접지면과 접지면으로 사용되는 다른 층들의 접합은 매우 중요한 것으로 간주된다. 이에 따라 접합용 비아(via)에 대한 구체적 지시사항이 제시된다.

8.4.2 과도현상 시험

IEC 62215의 두개의 부(part), −2(2부)와 −3(3부)은 빠른 과도현상(ESD가 아님)에 대한 IC의 내성을 평가하는 방법을 규정하고 있다. 첫째 방법은 과도현상을 IC의 활동(activity)에 동기하여 인가하지만 둘째 방법은 그렇지 않다. 둘째 방법은 IEC 61000−4−4, −4−5 및 ISO 7637−2의 과도현상 규정을 참조한다. 예상할 수 있듯이 각 표준의 대부분은 결합방법과 시험기판에 대한 설명에 관한 내용들이다.

9
저주파 현상 시험

EMC의 개념은 고주파 현상에만 적용되는 것이 아니다. 제품은 사용되는 전자파 환경에 적합해야 한다. 전자파 환경에 속하는 주파수 범위에는 어떠한 제한도 없고 제품과의 결합하는 방식에도 어떠한 제한이 없다. 보편적인 요건은 제품이 전원공급장치와 양립할 수 있어야 한다는 것이다. 즉, 제품은 전력 공급장치의 변동으로부터 충분한 내성을 가져야 하며, 제품은 그 자체로 이러한 변동을 야기해서는 안 된다. 전원공급장치가 직류, 50/60 Hz 교류 주전원, 또는 시스템 고유의 장치인지 여부에 상관없이 제품은 이러한 성능을 갖추어야 하지만 공공 교류 주전원에 대해서는 EMC 지침에 따라 적용되는 몇 가지 공통적인 요건이 있다. 이 장에서는 이에 대해 살펴보기로 한다.

9.1 주전원 고조파 및 플리커 방출

장비의 아이템(item)에 대한 AC 전원공급 입력 전류의 고조파 성분은 부하의 비선형성(non-linearity)으로 인해 입력 전압의 한 주기에 걸쳐 발생한다. EMC 지침(EMCD)에는 IEC 61000−3−2(EN 61000−3−2)에 구현되어 있는 고조파 방출 측정 요건이 포함되어있다. 이러한 요건은 상당 입력전류가 최대 16 A인 모든 전기, 전자 장비를 대상으로 한다. 최대 75 A의 높은 전력으로 구동되는 장비에 대한 자매 표준(기술 보고서)인 IEC 61000−3−4가 있으며, 국제 표준인 IEC 61000−3−12로 보완되었다. 주전원 고조파의 발생 및 제어는 [11.4절]

에서 자세히 알아본다. 표준 자체는 [4.5.1절]에 설명되어있다.

대상 고조파 주파수 범위는 최고 주파수가 2 kHz(50 Hz의 40번째 고조파)까지로 한정되므로 RF 측정 기술을 사용할 필요가 전혀 없다. 하지만 측정과 관련하여 명확하지 않은 구석이 있어서 추가적인 고려가 필요한 측면들이 많이 있다. 1990년대 후반에 고조파 표준은 여러 방향에서 기를 죽이는 공격을 받았다. 이해 당사자들은 크게 셋으로 분류할 수 있다. 전원공급망을 왜곡으로부터 보호하는 데 관심이 높은 전원공급 당국, 전원공급 장치에 대해 고조파를 제한하여 비싼 벌금을 피하는 데 당국만큼 관심이 높은 장비 제조업체, 그리고 정확성 있고 완전하며 반복성을 가진 시험을 수행할 수 있는 표준을 갖는 데 관심이 높은 시험소이다. 1995년에 발행된 최초의 표준에 존재했던, 원칙에서 벗어난 규정들과 간극들은 이해 당사자들에게 부드러우면서도 전투적인 토론을 할 수 있는 충분한 기회를 제공하였다. 여러 작업그룹(working group)에서 결의안을 도출하였고 표준은 대폭 수정되었다. 이러한 일은 유럽에서는 CENELEC 공동 수정안으로 이루어졌는데, 2000년에 제2판이 발행되면서 IEC 문서가 이를 뒤따랐다. 그 이후로 특정 제한 조건하에서 A등급 장비에 대한 허용기준(제한치)을 약간 완화하고, 몇 가지 확대된 형식의 장치에 대한 시험조건을 추가하고, D등급 장비에 최신 냉장고와 냉동고를 포함한 것을 제외하면 변경된 내용은 비교적 적은 편이었다.

IEC 61000-3-2의 요건은 220~240V AC 주전원 공급 장치로 구동되는 장비에만 적용된다는 점에 주의해야 한다. 적어도 이 문서에는 미국이나 일본 시장을 위한 저전압 주전원 공급 장치에 연결되는 장비의 고조파 제한에 대한 요건이 없다.

9.1.1 장비

첫판에서 IEC 61000-3-2는 측정 방법을 정의하였고, 시험장비를 구성하는 각 아이템이 명시되었다. [그림 9.1]은 기본 측정 회로를 보여주고 있는데, 이 회로의 구성요소는 다음과 같다.

- AC 전원
- 전류 변환기
- 파동 분석기

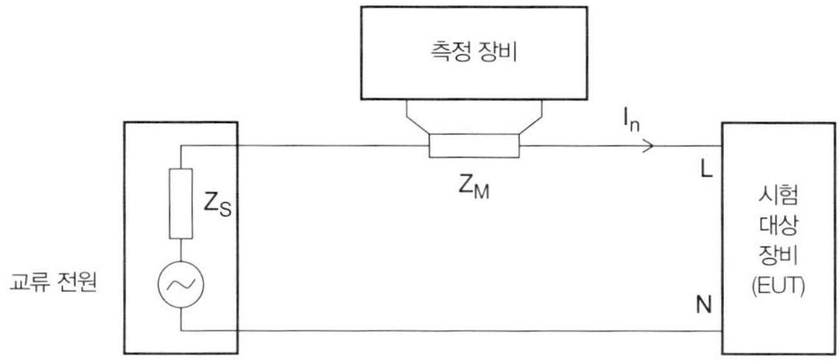

그림 9.1 주전원 고조파 방출 측정 회로

9.1.1.1 AC 전원

요구되는 정확도로 고조파 측정을 하기 위해서는 왜곡(distortion)이 매우 낮고, 고전압 안정성(stability)과 설정가능성(settability)이 높으며, 임피던스가 낮은 발생원이 필요하다. 일반적으로 공공 주전원 공급 장치는 이러한 요구사항을 충족할 수 없을 것이다. IEC 61000-3-2는 측정 도중에 전압이 선택된 레벨의 ±2% 이내, 주파수는 공칭값의 0.5% 이내로 안정되어야 한다고 요구한다. 홀수 고조파 왜곡은 3차 고조파에서 0.9%, 5차에서 0.4%, 7차에서 0.3%, 9차에서 0.2%, 11차에서 0.1% 이하여야 하며, 2~10차의 짝수 고조파에서도 0.2%가 요구된다.

이러한 요건을 충족하기 위해 일반적인 시험장비는 50 Hz 사인파 발진기에 의해 구동되는 전력 증폭기를 사용하여 낮은 출력 임피던스를 유지한다. 높은 전압으로의 승압을 위한 전력용 변압기로 출력을 공급할 수 있지만, 높은 고조파 주파수에서 변압기의 리액턴스가 출력 임피던스에 영향을 주는 것을 허용해서는 안 된다. 이러한 이유 때문에 가변 교류 단권변압기(variable AC autotransformer, VARIAC, 바리악)는 사용하지 않는 것이 좋다. 증폭기의 출력전력은 전체 부하 범위를 다루기에 충분할 만큼 커야 한다. 표준은 정격전류가 최대 16 A인 장비를 다루는데, 이 전류값은 230 V에서 3,680 W의 출력전력을 제공한다. 하지만 회사 내에서 사용하는 경우에는 제품의 출력범위가 표준에서 제시하는 수준에 레벨까지는 가지 않을 수 있으므로 출력이 더 작은 증폭기라도 충분하다. 높은 전력을 소모하고 상당한 왜곡을 일으키는 부하에 대해서는 "모범(model)"이 되는 AC 전원을 실제로 구현하기가 매우 어려워진다. B등급 장비에 대해 허용되는 최대 일시 고조파(transitory harmonics)를 포함, 규정에 어긋나지 않는 최대 전류는 대략 40 A 정도이다. AC 전원은 왜곡 없이 이 전력 레벨을 공급할 수 있어야 한다. 측정된 고조파 레벨이 허용한계(제한치)보다 훨씬 높거나 또는 낮으면 별로 고려할 필요가 없지만 허용한계 근처에 있으면 중요해진다.

9.1.1.2 전류 변환기

전류 변환기(current transducer)는 고조파 전류 I_n을 계측기에 결합(전달)한다. 전류 분류기(current shunt) 또는 변류기(current transformer)가 전류변환기가 될 수 있다. 두 경우 모두 변환기 임피던스 Z_m이 신호원 출력 임피던스에 추가되는데, 이 둘이 결합하여 부하 전류 고조파의 구조에 무시할 수 있을 정도의 작은 변동이 일어나게 해야 한다. 0.1 Ω 미만의 분류기 저항(shunt)과 10 μs 미만의 시정수(L/R)는 허용되지만, 측정회로와 격리되어서는 않는다. 변류기는 격리를 제공하지만 각 고조파 주파수에서 보정을 해주어야 하며 측정된 전류에 DC 성분이 포함되어 있거나 전류의 파고율이 높은 경우에는 포화현상이 일어날 수 있다.

9.1.1.3 파형 분석기(wave analyser)

파형 분석기는 각 고조파 성분 $I_n(n = 2 \sim 40)$의 진폭을 측정한다. 최초 발행된 표준에 따르면 고조파 성분은 선택 필터나 스펙트럼 분석기를 사용한 주파수 영역 형식이거나 이산 푸리에 변환(DFT)을 하기 위해 디지털 계산을 사용한 시간 영역 형식일 수 있다. IEC 61000-3-2의 이후 버전에서는 표준에서 해당 요건이 삭제되고 그 대신 이를 IEC 61000-4-7에 반영하였다. IEC 61000-4-7은 고조파 측정에 사용되는 기준 계측기기를 규정하는 동반표준(companion standard)이다. IEC 61000-4-7 표준의 목적은 주파수 영역 계측기기의 사용을 금지하고 DFT 유형만 허용하는 것이다. 실제로 모든 상용 고조파 분석기는 이와 같은 유형이다.

정상상태(steady-state) 고조파의 경우, 각기 다른 계측기를 사용해도 유사한 측정결과가 나오겠지만 측정이 이루어지는 동안에 고조파 성분이 변동하면 반드시 그렇지는 않다. 명시한 출력에서 응답은 시정수가 1.5초인 1차 저역 통과 필터의 응답이어야 한다. IEC 61000-4-7은 이산 데이터 값에 대해 이 기능을 수행하는 평활 알고리즘(smoothing algorithm)의 세부사항들을 더욱 자세히 기술하고 있다.

9.1.1.4 사전 적합성 측정

일반적인 시험소는 모든 종류의 EUT에 대해 시험할 수 있는 준비가 되어 있어야 한다. 따라서 가능한 모든 유형의 EUT 전부에 대한 규격을 충족하는 시험시스템을 갖추는 데 투자를 해야 한다. 회사 내에서 사전 적합성 시험을 수행하는 경우, 완화된 규격을 가진 시스템을 사용할 수 있는데, 그런 만큼 시스템의 값은 저렴하다. 특히 허용기준에 아주 가깝지 않을 것으로 예상되는 시스템의 경우에는 더더욱 그러하다. 앞서, 출력전력이 높은 제품을 개발하지 않는 경우라면 저전력 증폭기를 전원으로 사용할 수 있다는 것을 언급한 바 있다. 본질적인 전압 불안정성, 그리고 측정된 고조파에 약간의 고조파 왜곡이 추가되는 것을 감수할 준비가 되어 있는 경우에는 주전원 공급기를 직접 사용할 수 있다. 저항성(램프) 부하로 시험할 때 실제 전압 왜곡을 측정하고 이것을 허용기준에 대한 마진(margin) 이내에서 허용하는 것은 아주 쉬운 일이다.

분석기와 전류 변환기에 관한 한, 허용기준에서 마진을 증가시킬 경우 정확도가 떨어져도 허용되며 제품이 시간에 따라 변하는 고조파를 생성하지 않는 경우에는 IEC 61000-4-7 규격에 대한 엄격한 준수의 중요성은 덜해진다.

제4판에서는 "최소한의 변경이나 수정보완"이 적용된 장비에 대해서는 "간이" 방법이 도입되었다. 이 방법에서는 제품이 기존에 시험한 값의 ±20% 이내에서 능동 입력 전력을 가지고 있어야 하고 전원전류의 THD가 15% 미만인지 검증할 것을 요구한다. 이전의 완전한(full) 적합성 시험에서는 고조파가, 적용 가능한 허용기준(제한치)의 60% 미만이었고 전원전류의 THD가 15% 미만이었다면 허용된다. "최소한의 변경이나 수정보완"으로 간주될 수 있는 경우가 무엇인지에 대해서는 아무런 언급이 없다.

9.1.2 시험조건

TV 수신기, 오디오 증폭기, VCR, 조명장비, 다양한 가전제품을 포함한 몇 가지 유형의 장비에 대한 특별 시험 조건은 IEC 61000-3-2에 규정되어 있다. 단독형(독립형) 램프 조광기(dimmer)와 그 밖의 위상 제어 장치는 90°의 발사각(firing angle)[1]으로 설정해야 한다. 정보기술장비(ITE)는 자신의 정격전류로 설정된 장비를 가지고 시험한다. 모든 장비에 대해서는 수동 또는 자동으로 시작하거나 정지할 때, 전환(스위칭)이 일어난 후 처음 10초 동안은 고조파 전류와 전력을 고려하지 않으므로 시동조건을 무시하는 것이 일반적이다.

1995년에 발행된 최초 표준에서는 특정 조건에서 다루지 않는 모든 장비 – 다시 말해 표준의 적용대상에 포함되는 대부분의 장비 – 는 장비가 연속되는 고조파 성분 각각에 대해 최대 고조파 진폭을 차례차례 제공하도록 장비 사용자의 조종장치나 프로그램 모드를 설정하여 작동되어야 한다고 요구하였다. 규정을 따르는 경우에, 이러한 절차는 전체 시험을 끝마치는 데 지나치게 많은 시간과 노력을 필요로 할 것이다. 이후 버전의 표준에서는 이러한 규정이 '정상적(통상적) 작동 조건에서 최대 총 고조파 전류를 발생시킬 것으로 예상되는 모드로 시험을 수행한다'는 더욱 합리적인 요건으로 대체되었다. 절전모드는 장비가 측정 도중에 꺼지는 일이 일어나지 않도록 사용하지 않아야 한다.

일반적인 요건은 반복성에 대한 것이다. 동일한 시험조건과 환경조건에서 동일한 EUT에 대한 측정의 반복성은 ±5%보다 양호해야 한다. 이것이 실질적으로 의미하는 바는 측정결과

1 (옮긴이) 전력회로에서 사이리스터(thyristor)나 SCR에 순방향 바이어스가 걸리는 순간과 트리거되어 전도("fire")되는 순간 사이의 각도

들이 기준 내에 들어갈 만큼 긴 시간동안 여러 번의 측정을 계속해야 한다는 것이다. 이것은 정상상태(steady-state) 고조파를 가진 EUT의 경우에는 시험이 상당히 빠르게 수행되지만 변동 고조파를 가진 경우에는 시험을 하는 데 긴 시간이 걸리는 것을 의미한다.

9.1.3 장비 분류 및 허용기준

최초 표준은 다음과 같은 네 가지 장비 등급을 설정하였다.

- B등급: 휴대용 공구
- C등급: 조광기(dimmer)를 포함한 조명장비
- D등급: 입력전류 모양이 "특수한 파형"이며 유효입력전력이 600 W 이하인 장비
- A등급: 그 밖의 모든 것, 특히 평형 3상 장비

"특수한 파형"은 포락선(Envelop)에 의해 규정되는 것으로, 보통은 공급전원 반주기(half-cycle)의 3분의 1 미만의 시간동안 전류를 흘러들어오게 하는 전자 전원공급장치를 구분하는 효과적 수단으로 이용된다. 고조파 허용기준은 입력전력이 얼마이든, A등급 장비에 대해서는 절댓값으로, D등급 장비에 대해서는 입력전력에 비례하는 일련의 변화하는 값들로 표시된다. [그림 9.2]에는 이러한 허용기준이 표시되어 있다. 입력 정격전력이 600 W 이상인 장비의 경우, A등급 허용기준은 변하지 않으므로, 결국 입력전력이 증가함에 따라 그에 비례하여 허용기준은 더 엄격해지는 셈이 된다.

저전력 장비는 고조파 문제에는 전반적으로 거의 기여하는 바가 없다는 사실에 근거하여 조명장비를 제외한 정격전력 75W 이하의 장비에 대해서는 전체적으로 허용기준을 면제하고 있다; 이는 정격전력이 200 W 이하인 대칭제어 발열소자와 정격전력이 1 kW 이하인 백열등에 사용되는 별도 조광기에 대해서도 마찬가지이다.

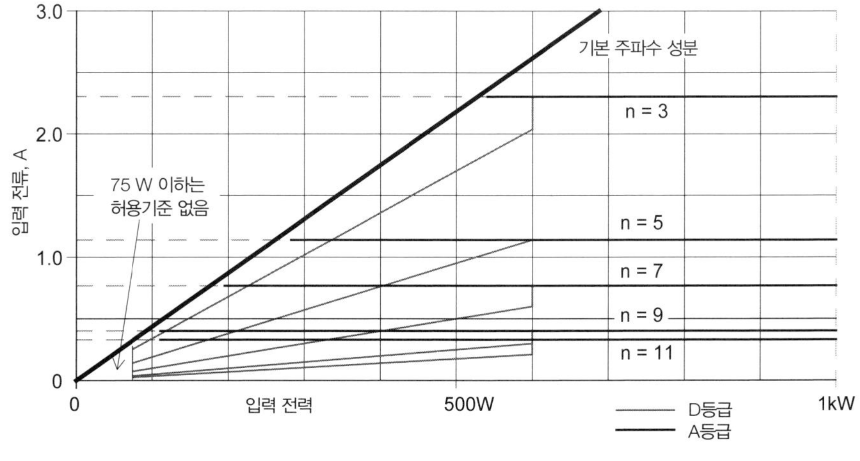

그림 9.2 $n \leq 11$에 대한 A급 및 D급 고조파 전류 허용기준

9.1.3.1 D등급 대상

D등급에 대한 정의는 실제로 다른 어떤 측면보다 표준에 대해 더욱 많은 문제를 불러왔다. EUT가 D등급으로 생각이 되면 시험장비는 먼저 입력 파형을 점검하여 D등급 규정 안에 들어가는지 아닌지 확인한 다음, 허용기준을 적용하기 전에 유효전력(active power)을 결정해야 했다. 이는 특히 전류값, 특히 변동하는 고조파 성분을 가지는 전류값을 결정하는 데 있어서 근본적인 어려움을 초래했다. 이러한 어려움은 CENELEC 공통 수정 표준과 후속 판에서 결정적으로 해결되었다.

작업그룹은 최초 D등급 포락선을 적용하는 데 허용되는 일반적인 방법에는 동의할 수 없었다. D등급은 전원망에 가장 큰 영향을 미치는 것으로 생각되는 특정 유형의 장비를 제한하기 위해 만들어진 것이기 때문에, 이후 버전에서는 D등급 허용기준이 반드시 적용되어야 하는 특정 유형의 제품을 명시하고, 이어서 특수 파형을 배제함으로써 그 정의 순서를 바꿔 놓았다. 여기에 해당되는 제품들은 다음과 같다.

- 개인용 컴퓨터 및 모니터
- TV 수신기
- 가변속 구동기(variable-speed drive)가 장착된 냉장고 및 냉동고

이 제품들은 "명시된" 전력이 600 W 이하인 것들이다. B등급이나 C등급이 아닌 모든 장비들은 A등급으로 간주되는데, 그 내용은 최초 분류에서 일부 수정되었다. D등급 포락선은 사실상 논의에서 빠졌다. 현재 장비 분류는 다음과 같다.

- B등급: 휴대용 공구 및 비전문 아크 용접 장비
- C등급: 조명장비, 단 백열등용 조광기는 제외
- D등급: 개인용 컴퓨터와 모니터, 텔레비전 수신기, VSD가 장착된 냉장고 및 냉동고
- A등급: 그 밖의 모든 장비.

D등급 허용기준에 대한 전력기준

D등급 허용기준은 와트(watt)당 mA로 표시된다. 허용기준 값을 정의하는데 사용되는 전력의 근거를 정확히 알아내는 것은 어려웠다. 이후 버전에서 "평균" 방출은, 시험 진행시간 전체에 대해 각 측정 시간창(time window) 내에서 측정된 전력의 최댓값에 근거한 허용기준과 비교된다. 고조파 전류와 유효 입력 전력은 동일한 시험 조건하에서 측정되지만 이 둘을 동시에 측정할 필요는 없다.

허용기준이 급격하게 달라지는 전력값(예: 600 W 또는 75 W)에 도달하지 않도록, 제조자는 허용기준을 설정하기 위해 출력 전력레벨을 지정할 수 있는데, 이렇게 지정된 값은 실제

측정값의 ±10% 이내여야 한다. 다시 말해, 측정전력의 최댓값이 D등급의 경계에 가까울 경우, 제조자는 이 값의 10% 이내에서 전력 레벨을 지정할 수 있는 선택권이 있다. 따라서 엄격한 허용기준이 적용되는 레벨 밖으로 장치를 가져다 놓는 선택을 할 수 있다. 다소 복잡한 이 방법의 목적은 경계 근처에서 작동하는 장비가 아주 조금만 조건이 달라진 상태로 시험이 될 때 경우에 따라 이 장비가 크게 다른 허용기준의 적용대상이 되는 상황을 방지하기 위함이다. 이 목적을 위해 지정되는 전력이 안전이나 기능을 위해 명시된 제조자의 "정격" 전력과 반드시 같아야 할 필요는 없다.

9.1.3.2 전문 장비

최초 표준에서는 총 정격 출력이 1 kW 이상인 전문 장비(professional equipment)에 대해서는 어떤 허용기준도 적용되지 않는다는(더 정확히 말하면 허용기준이 "명시되지 않는 다는") 상당한 완화 규정이 있었다. 전문 장비는 "무역, 전문분야 또는 산업에 사용하는 장비로서 일반대중에게 판매할 목적으로 제작되지 않은 것"으로 정의된다. 전문 장비에 대한 지정은 제조업체에서 행한다. 이후 버전에서는 사용설명서에 전원공급 당국에 연결 허가를 요청해야 하는 요건이 들어있는 있는 경우, 적합성을 준수하지 않는 전문 장비를 "특정 유형의 저전압 공급장치"에 연결하는 것을 허용함으로써 이 규정은 조금 더 완화된다.

9.1.3.3 기타 전원공급 고조파 허용기준

IEC 61000−3−2 표준의 고전력 대응 표준인 IEC 61000−3−12는 16～75 A 사이의 전류를 대상으로 하는데, 이것을 제외하면 전원공급 고조파 전류의 허용기준을 명시하고 있는 표준은 거의 없다. IEC TS 61000−3−4가 있지만 이는 표준이 아니라 기술보고서로서 허용기준을 제공하지 않는다. IEC 61000−3−12에 대한 요건은 장비의 "단락회로비(short-circuit ratio)"라는 파라미터에 따라 정해진다. 단락회로비는 R_{sce}로 쓴다. 단상 장비의 경우 R_{sce}는 공통 결합 위치에서 공급전압과 공급장치의 선로 임피던스로부터 단락회로 전력을 구한 다음, 이 값을 장비의 정격 피상전력의 3배로 나누어 계산한다. 제조업체는 R_{sce}에 대해 "추정(presumed)" 값을 선택해야 하는데, 이를 위해서는 전원공급 선로 임피던스의 예상치가 얼마인지 반드시 알아야 한다. 이제, 적용할 고조파 허용기준은 여러 유형의 장비에 대한 다양한 표를 이용하여 선택한다. R_{sce}값이 클수록 허용기준은 완화된다(느슨해진다). 하지만 최저치 $R_{sce} = 33$을 제외한 나머지에 대해서는, "필요한 경우 배전망 운영자와 협의하여", 요구되는 단락회로 전력 이상을 가진 공급장치에만 장비를 연결하도록 정해져 있음을 사용자에게 알려야 한다.

군사용 장비에 공급되는 고조파 전류는 규제를 받지만 항상 명시되지는 않는다. 전원 품질과 관련된 다양한 군용 표준과 MIL-STD-461G CE101은 30 Hz에서 10 kHz 사이의 전원공급 선로에 대해 전도성 방출을 시험한다. 물론 낮은 주파수(LF) 방출은 모두 전원 고조파 시험과 전도성 방출 시험에 의해 제어(통제)될 것이다. 항공기 응용과 해군 응용에 대한 요건은 서로 다르다. 정격이 1 kVA 이상인 장비와 이하인 장비에 대해 각기 다른 허용기준이 적용된다는 사실을 알면 이 말이 무엇인지 이해할 수 있다. 전력 정격이 낮을수록 더 완화된(느슨한) 허용기준이 적용되는데, 이는 우리의 직관에는 반한다. CE101은 기본 주파수인 60 Hz에서 시작되는데, 기본 주파수 전류가 1 A 이상인 장비에 대한 고조파 허용기준은 이 주파수에서 측정한 것이다. 허용기준은 전류의 크기가 클수록 더 느슨하다. 그러나 장비의 전류가 1 kVA를 초과하면 허용기준의 시작 레벨은 난데없이 훨씬 낮은 레벨(실제의 기본 주파수 전류값보다 크게 조정된 레벨)이 된다. 대부분의 전자 전원 공급장치의 경우, CE101은 [11.4.2.2절]에 설명되어 있듯이 역률교정(power factor correction)을 요건으로 규정하고 있다. 상용 전원공급장치에 대해서도 이러한 요건이 없는 것은 아니다. 보통의 주전원에 대해서는 IEC 61000-3-2가 적용된다. 그러나 115/440 V 60 Hz 전원공급에는 적용되지 않는다. 1 kW 이상의 전문장비에도 허용기준을 적용하지 않는다. 그리고 [그림 9.3]에서 볼 수 있듯이 IEC 61000-3-2 허용기준은 어쨌든 CE101 1 A≤1 kVA 허용기준보다 높다. 이것은 상용 전원공급 장치를 군사용으로 사용하는 경우에 중대한 위험요소가 될 수 있다(5.2.4절 참조).

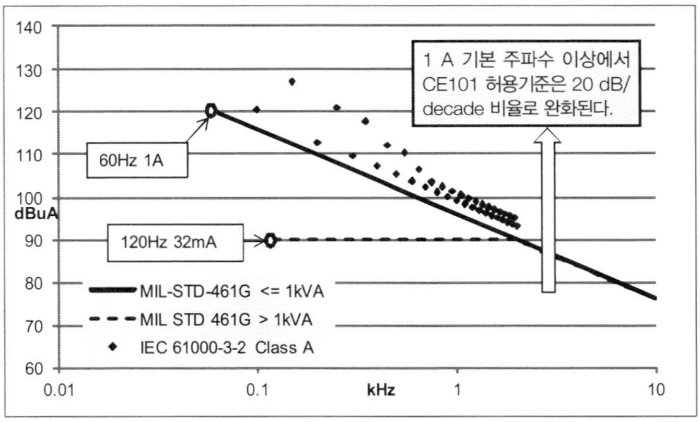

그림 9.3 MIL-STD 대 IEC 고조파 허용기준

9.1.4 플리커

고조파에 대한 IEC 61000-3-2의 동반요건은 IEC 61000-3-3에서 플리커에 대해 제공한 것이다. 플리커는 "빛의 밝기나 스펙트럼 분포가 시간에 따라 변동하여 생기는 자극에 의해 유발되는 눈으로 느끼는 불안정한 느낌"으로 정의된다. EMC와 관련된 문제는, 전원공급 회

로망상의 부하가 변동하면 공유지점에 연결된 조명기기에서 플리커를 유발하기에 충분한 진폭을 가진 전압 변화가 발생할 수 있다는 것이다. 영향을 받은 조명기기는 변동을 일으킨 부하장비와는 아무런 관련이 없을 수 있다. 따라서 IEC 61000-3-2와 같이 광범위한 장치에 적용되는 IEC 61000-3-3는 장비의 특정 아이템에 지각(감지)할 수 있는 플리커를 유발하는 정도를 규제한다. 표준에서는 기준 임피던스에 발생하는 전압 변동을 제한하여 이를 규제하는데, 다음 세 가지 요인에 허용기준을 둔다.

- 상대적인 전압 변화
- 단기 플리커 값 P_{st}
- 장기 플리커 값 P_{lt}

이러한 허용기준은 비상 스위칭(emergency switching)이나 정전(interruption)에는 적용되지 않는다. 수동 스위칭에는 P_{st}와 P_{lt} 허용기준이 적용되지 않는다. 그러나 전압 변화 허용기준은 수동 스위칭에 적용되는데, 이것은 모든 장치에 대해 허용가능한 전원인가 돌입전류(switch-on inrush current)를 효과적으로 제한한다. 플리커 표준의 이와 같은 특별한 효과가 해당 표준위원회가 의도한 것인지는 명확하지 않다. 또한 이 표준은 "큰 전압 변동이나 플리커가 발생하지 않는 장비에 대해서는 시험을 할 필요가 없다"고 명시하고 있다. 돌입전류에 대한 허용기준이 명시되지 않았기 때문에, 이러한 문구는 정상상태(steady-state) 부하 전류가 아주 약간만 변화하는 대부분의 전형적인 전자 장치들은 시험을 면제해 줄 수 있다는 의미로 널리 해석되어 왔다. 그 결과, 전자 전원공급장치 — 대부분이 전원을 켤 때 전압 변화에 대한 허용기준을 훌쩍 초과하는 — 가 장착된 장비의 제조업체 중에서 이러한 장비가 표준을 위반한다는 사실을 알고 있는 업체는 아주 적다. 표준의 이후 버전에서는 돌입전류에 대한 허용기준이 의도하는 바를 조금 더 명확하게 하고 있는데, 실제로 이러한 맥락에서 허용기준을 변경하고 있다. 그러나:

> 수동 스위칭으로 인한 전압 변화의 경우, 부호변화점(zero-crossing) 사이의 각 10 ms 반주기 동안 계산된 실효 입력전류(돌입전류 포함)의 최댓값이 20 A를 초과하지 않고, 돌입 후 공급 전류가 1.5 A의 변동 대역 내에 있는 경우(6.1절)에는 추가시험 없이 장비가 준수하는 것으로 간주된다.

일반적으로 플리커를 발생시키는 장비는 작동 주기 동안 변동하는 부하를 스위칭하는 기기를 포함한다. 많은 가전제품이 이러한 장비 범주에 속한다. 플리커 기준을 위반하는 장비는 버스트 점화에 의해 온도가 제어되는 히터가 있는, 다시 말해 한 번에 주전원공급의 수 주기 동안 히터에 전원이 공급되며 버스트의 ON/OFF 비율로 온도를 제어하는 제품들이다. 발열부하가 상당히 큰 경우 이러한 종류의 장비는 쉽게 플리커 허용기준을 위반하는데, 이는 사실상 불법이다.

비준수 기기

IEC 61000−3−3은 220～250 V 50 Hz 전원공급기에 사용되는 상당 최대 16 A의 입력전류를 가진 장비에만 적용되므로 전압이 낮은 국가에서 판매되는 제품과는 관련이 없다. 비준수 장비는 IEC 61000−3−11을 참조한다. 이 표준은 상당 정격 입력 전류가 75 A이고 조건부 연결이 적용되는 기기에 적용된다. 두 표준의 EN 버전은 EMC 지침하에서 통합된다. “조건부 연결”은 “장비 방출이 이 표준의 허용기준을 준수하기 위해 사용자의 전원이 인터페이스 점에서 기준 임피던스 Z_{ref}보다 낮은 임피던스를 가지도록 요구하는 장비의 연결”을 의미한다. 장비 제조업체와 그 사용자에 대해 이것이 가져오는 결과는 다음 중 하나이다.

- 장비로 하여금 IEC 61000−3−3에서와 동일한 플리커 허용기준을 충족할 수 있게 하는 최대 허용 가능 시스템 임피던스를 결정한다; 그런 다음 사용설명서에 이 수치를 옮겨 적고, 필요한 경우 전원공급 당국과 협의하여 이 임피던스나 그 이하를 갖는 공급 장치에만 기기를 연결해야 한다고 사용자에게 지시(설명)한다.
- 제조자는 더 낮은 기준 임피던스(단상 공급에 대해 0.25 + j0.25 Ω)로 동일한 플리커 허용기준에 대한 적합성을 입증하기 위해 시험하고, 기기가 상당 100 A의 서비스 전류 용량을 가진 시설에서만 사용하도록 되어 있음을 매뉴얼에서 밝힌다. 필요한 경우 전원공급 당국과 협의하여 인터페이스 점에서 서비스 전류 용량이 충분한지 확인하도록 사용자에게 설명해야 한다.

9.1.4.1 측정용 계측기

플리커 측정에 사용되는 기본 계측기기는 [그림 9.1]에 나타낸 고조파 분석기와 기본적으로 동일한 블록도와 특성을 가지고 있다. 이러한 이유로 종종 고조파 분석기와 플리커 분석기는 하나의 패키지로 되어있다. 두 분석기의 차이는 [그림 9.4]에서 볼 수 있다. 이것은 3상 공급 회로에 대한 것이며, 측정된 변수가 전원공급 지점에서 흘러들어오는 전류가 아닌 공급 지점의 전압임을 보여주고 있다. 전원공급 발생기의 신호원(출력) 임피던스는 EUT의 부하전류 변화가 규정된 전압 변화를 발생시키도록 더욱 신중하게 규정되며 이를 분석하여 다양한 허용기준과 비교한다. 실제로 표준 자체는 신호원 임피던스의 이론값에서 계산된 전압으로, 직접 전압 측정이나 전류 측정 중 하나를 허용한다. 이상적인 신호원 임피던스 값과의 편차에 의해 생기는 작은 오차는 있지만, 사실상 모든 상용 플리커 계측기기는 직접 전압 측정을 사용하기 때문에 후자가 더 정확할 가능성이 있다는 것에는 논쟁의 여지가 있다.

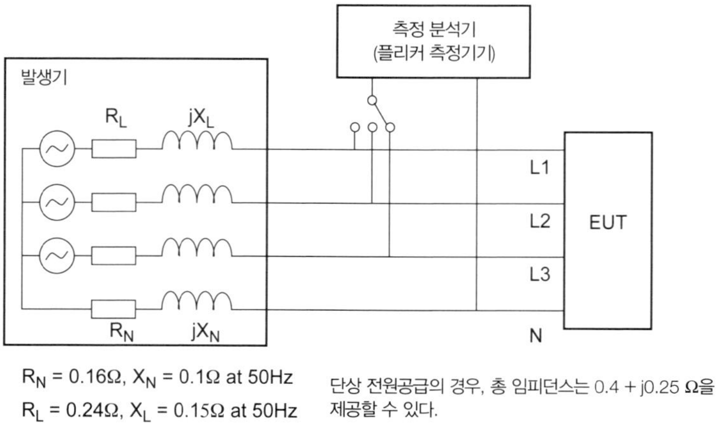

그림 9.4 플리커 측정 회로

이러한 시험구성의 정확도는 상대 전압 변화를 최대 허용된 값의 ±8%보다 양호한 총 정확도로 측정할 수 있어야 한다. 측정오차는 전체가 허용기준 이내로 유지되는 한 기준 임피던스와 분석기 사이에서 분산될 수 있다.

9.1.4.2 상대적인 전압 변화

실효전압은 시간에 따른 전압의 변화를 이해하기 위해 연속적인 반주기(각각 10 ms)에 걸쳐 계산된다[일반적으로 직접 측정하여 구하지만, 전류 파형의 유효부분(active, 실수)과 무효부분(reactive, 허수)으로부터 계산할 수도 있다). 전압은 공칭값으로 정규화하여 $d(t)$를 구하고 이로부터 다음 두 가지 특성을 알아낸다.

- 상대적인 정상상태(steady-state) 전압 변화 d_c, 최소 한 번의 변화에 의해 분리된 두 개의 인접한 정상상태 전압 사이의 차이(정상상태는 최소 1초 동안 지속되는 것으로 정의됨)
- 최대 상대 전압 변화 d_{max}, 전압 변화 특성의 최댓값과 최솟값 사이의 차이

표준은 d_c가 3.3%를 초과하지 않고 d_{max}가 4%를 초과하지 않으며, 전압 변화시 $d(t)$ 값이 500 ms 이상에 대해 3.3%를 초과하지 않을 것을 요구하고 있다. d_{max} 값은 수동 스위칭시 6%로 완화할 수 있으며, 사용 중인 장비에 대해서는 7%로 완화할 수 있다. 자동 스위칭 장비에 대해서는 좀 더 복잡한 완화가 가능하다. 스위칭된 돌입전류 측정에 어느 정도 반복성을 가질 수 있도록 표준에서는 24번의 측정을 요구한다. 24번 측정에서 각 측정이 이루어질 때마다 돌입전류 제한장치들이 제대로 작동을 해야 하는 점을 고려하여, 가장 높은 측정값과 가장 낮은 측정값을 제외시키면 측정결과는 나머지 22번 측정값의 평균이 된다.

개략적 계산

부하 임피던스의 리액턴스 성분을 무시하고 단상 전원공급기에 대한 실수값 0.4 Ω만을 고려한다. 그리고 230 V의 공급전압에 적용되는 4%의 d_{max} 값을 취하면, 정확히 허용기준값을 만들어내는 돌입전류의 값은 다음과 같다.

$$I_{inrush-\max} = (0.04 \times 230)/0.4 = 23\ \text{A} \tag{9.1}$$

확실한 것은, 알려진 돌입전류가 이 값 근처가 아니면, 이 표준을 준수하는 것에 너무 신경 쓸 필요가 없다(앞서 인용한 내용 참조). 만일 돌입전류가 이 값에 가깝거나 이 값을 초과하면 제대로 측정을 해야 한다.

9.1.4.3 단기 플리커

전압 변화 하나만으로는 플리커의 인식정도를 적절하게 특징짓기는 어렵다. 주파수가 달라지면 사람의 눈과 뇌의 작용에 의한 플리커 인식의 민감도가 달라진다. 이러한 인식의 민감도 차이를 나타내기 위해서는 전압 변화 그 자체를 수분동안 처리하여 변화 주파수, 전압 변화 특성의 형태, 반복적인 변화로 인한 누적자극 효과를 고려해주어야 한다. 몇몇 특별한 경우에는 분석적으로 수행될 수 있다. 그래프(그림 9.5)와 직접 비교하는 경우에는 전압변화를 "플리커 측정기기"로 전달하는 것이 일반적이다. 플리커 계측기기의 규격은 별도의 표준인 IEC 61000-4-15에 주어진다. 플리커 계측기기는 기준 방법으로서, 파형에 따라 전압 변화 특성에 가중치를 부여한다.

플리커 계측기기의 출력은 단기 플리커를 나타내는 P_{st}를 제공한다. P_{st}는 EUT가 가장 바람직하지 않은 연속적인 전압변화를 발생하는 작동주기의 일부가 포함될 수 있도록 10분 동안 관찰된다. P_{st} 값은 1을 초과할 수 없다.

동일한 시간 간격으로 분리된 동일한 진폭의 직사각형 전압 변화의 경우, P_{st} 값은 표준에 실린 그래프에서 구할 수 있다. [그림 9.5]가 바로 이 그래프이다. 이 그래프는 P_{st} 값이 1이 되게 하는, 주파수에 따른 $d(t)$ 값을 나타낸다. 또한 대략 8 Hz, 다시 말해 분당 1,000개의 변화에 대한 최대 생리학적 민감도를 나타낸다.

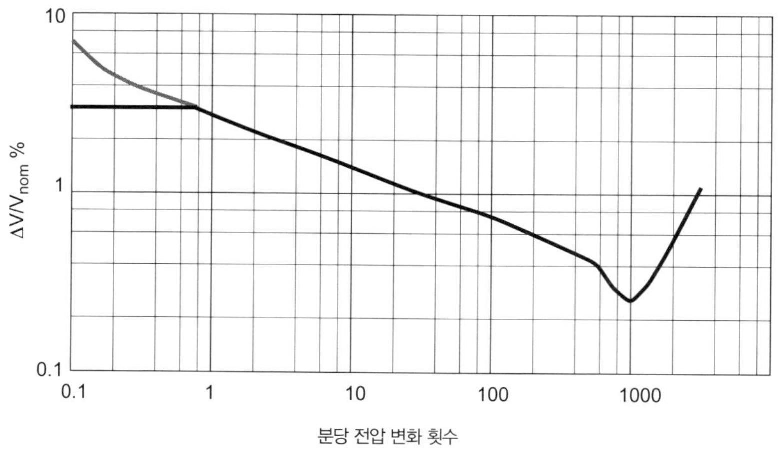

그림 9.5 직사각형 등거리 전압 변화에 대한 $P_{st}=1$의 곡선

9.1.4.4 장기 플리커

어떤 경우에는 플리커를 장기간에 걸쳐 계산해야 하며 연달아 발생하는 P_{st}의 값을 사용하여 P_{lt} 값을 부여해야 한다. P_{st} 값은 식 (9.2)를 사용하여 세제곱합세제곱근(root-sum-of cubes) 방식으로 평균하여 구한다.

표준에서는 보통, 한 번에 30분 이상 작동하는 장비에 대해 이를 적용할 것을 제시한다. 관측 시간은 2시간, 즉 연달아 발생하는 12개의 P_{st} 값을 기록한다. P_{lt} 값은 0.65를 초과할 수 없다. 이렇게 정한 것은 보통의 인간은 10분 동안 최대 1의 P_{st} 값에 대처할 수 있지만 플리커가 더 오래 지속되면, 그 자극성의 문턱이 낮아진다는 사실에 근거한 것이다.

$$P_{lt} = \sqrt[3]{\left(\sum_{1}^{12} P_{st}^{3}\right)/12} \tag{9.2}$$

IEC 61000−3−3의 부속서 A는 특정 형식의 장비, 특히 백색 가전제품과 소비자제품에 대한 작동조건과 허용기준의 적용에 대한 사항을 제공한다. 몇 가지 경우에는 P_{lt}를 계산할 필요가 없다.

9.2 자기장 및 전력 품질 내성

EMC 지침의 맥락에서 가장 중요한 저주파 내성 시험 두 가지는 전원 주파수 자기장과 전원 공급에 대한 전압강하 및 정전이다. 그 밖의 다양한 시험들이 IEC 61000−4의 일부로서 나와 있고 추가로 나올 것이지만, 적합성 인증의 목적으로 제품 위원회가 이러한 시험들을 더 많이 채택하는 것에 대해서는 강한 저항이 있다. 한편, 국방과 같은 특정 산업에서는 조달목적으로 다수의 저주파 시험이 규정되어 있다.

9.2.1 자기장

정자기장(steady magnetic field)을 사용하는 시험은 공공 또는 산업용 주전원 배전망이나 전기설비용으로 설계된 모든 유형의 장비에 적용될 수 있다. 고장 조건과 결부된 짧은 지속시간의 자기장으로 시험하려면 정상상태(steady-state) 조건보다 높은 시험레벨이 요구된다. 최곳값은 주로 발전소의 노출된 구역에 설치하는 장비에 적용된다. (IEC 61000-2-7은 다양한 환경에 대한 값을 제공한다)

전원 주파수에서 자기장은 흔한 환경에 속한다. 그렇지만 특정 유형의 기기에 대해서는 이 자기장이 위협일 수 있다. 기본 시험 방법에는 어떤 제품을 시험해야 하고 시험해서는 안 되는지에 관해서는 특별한 권고가 없지만, 모든 일반표준(generic standard)과 제품표준은 자기장 시험을 언급할 때, “자기장에 취약한 기기를 포함하는” 장비에만 적용되어야 한다고 명시하고 있다. 경험에 비추어보면 이는 음극선관(cathode ray tube, CRT)이 달린 모든 장비 — 현재 이것이 많이 남아 있지는 않다 — 와 자기센서와 같은 다양한 전문 부품들에는 확실히 적용된다. 또한 소음(잡음) 포착에 민감할 수 있는 오디오 장치도 고려해야 한다. 반면에 일반적인 전자회로는 이 시험과 관련이 없다고 생각할 수 있다.

9.2.1.1 IEC 61000-4-8

시험 자기장 파형은 전원 주파수를 가진 사인파이다. 많은 경우(통상적 조건하의 주택 지역, 변전소, 발전소)에, 고조파에 의해 발생하는 자기장의 크기는 무시할 수 있을 정도지만, 대형 전력 변환기가 밀집한 산업지역과 같은 특수한 환경에서는 상당한 크기의 자기장이 발생할 수 있다. 현재 시험에서는 이러한 자기장들은 고려하지 않는다.

자기장 내성 시험 방법은 IEC 61000-4-8에 명시되어 있다. 표준은 세 가지 직교 방향(그림 9.6)으로 EUT를 둘러싸는 유도 루프에 의해서 발생된 50 Hz 또는 60 Hz 사인파(<8% 왜곡)의 자기장에 노출되도록 요구한다. 가혹도 레벨은 연속 적용의 경우 1, 3, 10, 30, 100 A/m, 단기간(1~3초) 인가의 경우 300, 1,000 A/m으로 규정된다.

자기장은 루프 내부에서 발생되며 자기장 균일성은 EUT가 점유한 공간(부피) 내부에서 3 dB가 되어야 한다. 다양한 루프 크기에 대해 사용 가능한 최대 부피는 다음과 같다.

- 단일 정사각형 루프 크기: 1 m×1 m, 최대부피: 0.6 m×0.6 m×0.5 m(높이)
- 이중 정사각형 루프 크기: 1 m×1 m, 루프간격: 0.6 m, 최대부피: 0.6 m×0.6 m×0.5 m(높이) (0.8 m 간격은 높이 1.2m)

- 단일 직사각형 루프 크기: 1×2.6 m, 최대부피: 0.6 m×0.6 m×2 m(높이)

루프 인자[자기장(H)/주입전류(I)]는 루프 중심에서 보정된다. 루프인자로 루프에 대해 직렬로 측정한 전류와 이 전류에 의해 발생하는 자기장의 진폭 사이에 직접적인 관계를 알 수 있다. IEC 61000-4-8 표준은 접지 기준면과 함께 사용되는 코일의 특정 설계를 기술하고 있지만, 자기장 균일성 조건을 만족하기만 하면 다른 코일 설계를 금지하지는 않는다. 예를 들어, 더 낮은 시험전류로 주어진 자기장을 만들어 내는 다중 권선 코일은 허용된다. 특정 코일에 대해 사용되는 AC 신호원과 출력 변압기의 권수비가 [표 9.1][85]에 수록되어 있다.

표 9.1 1.5 Ω, 19 mH, 65.73 A/m/A 루프인자를 가진 코일에 대한 코일 전류/전압과 신호원 전류/전압

자기장 (H) (A/m)	코일		변압기 권수비 (N :1)	교류 발생원		
	전류(H) (A)	전압(V) (V)		전류(I) (A)	전압(V) (V)	전압×전류 (VA)
1	0.015	0.094	240	6.34×10^{-5}	22.5	0.001
3	0.046	0.281	240	1.90×10^{-4}	67.4	0.013
10	0.152	0.936	240	6.34×10^{-4}	224.7	0.142
30	0.456	2.809	8	0.057	22.5	1.282
100	1.521	9.363	8	0.190	74.9	14.245
300	4.564	28.090	8	0.571	224.7	128.21
1000	15.214	93.635	2.5	6.086	234.1	1424.53

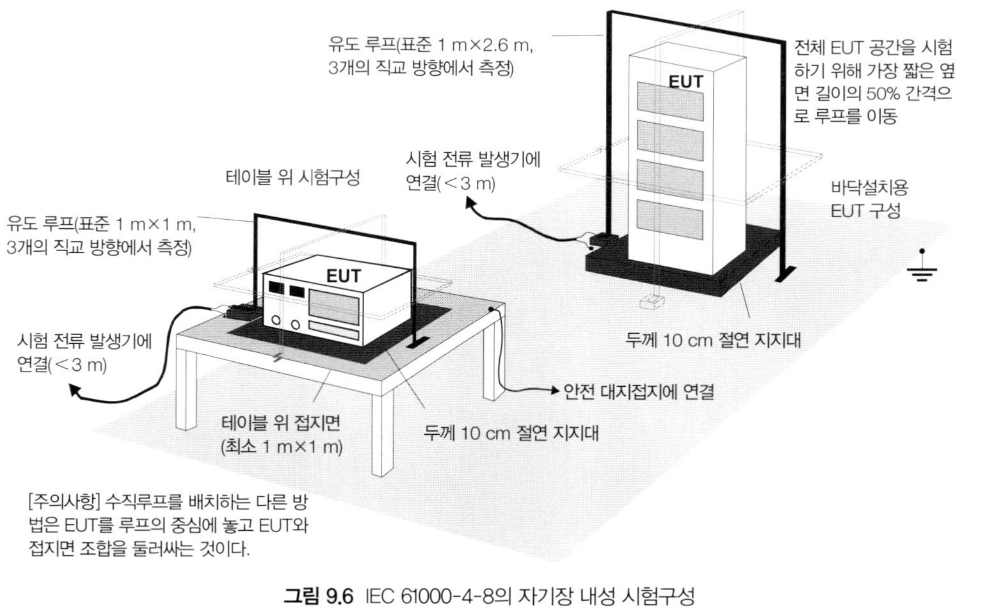

그림 9.6 IEC 61000-4-8의 자기장 내성 시험구성

9.2.1.2 군용 자기장 내성

MIL-STD-461G RS101 또는 DEF STAN 59-411 DRS01의 군용 자기장 내성 시험은 다른 방사성 시험과는 상당히 다르다(이들 자기장 내성 시험과는 상보(상호보완적) 관계인 자기장 방출 시험 RE101 또는 DRE02는 예외임, [7.2.1.2절] 참조). RS101 시험은 RE101 시험과는 서로 상보관계로서, 내성을 검사하기 위해 30 Hz~100 kHz의 주파수 범위에 걸쳐 EUT에 근거리 자기장을 인가한다. 표준 방법은 자기장을 인가하기 위해 EUT 외부 주위를 이동하는 방사 코일을 사용한다. 이는 복잡하고 시간도 오래 걸리는 절차로, 오차가 발생하기 쉽고 반복성도 없다. 헬름홀츠 코일을 사용하여 EUT를 자기장에 노출시키는 대체 절차(5.20.4절)가 허용되기는 하지만 이 방식에서 시험이 가능한 EUT의 사이즈는 코일 사이의 공간에 들어갈 수 있는 것으로 제한된다.

방사성 코일은 먼저, 규정된 거리에서 보조 코일로 교정된다. 교정은 1 kHz의 고정 주파수와 110 dBpT의 고정된 레벨로 수행된다. 방사 코일은 시간이 지남에 따라 특성이 변경될 가능성이 낮은 수동 기기(passive device)이므로, 일 년에 한 번 정도만 코일이 손상되지 않았는지 확인하는 교정 절차를 수행하는 것이 합리적일 것이다.

시험은 다음 절차에 따라 실시한다(MIL-STD-461G는 상당히 규범적이다). 먼저, 최종 인증 시험에 사용할 시험 주파수를 선택한다. 방사 루프 코일은 루프 코일의 면을 EUT의 면과 평행하게 하고 동시에 인터페이스 커넥터의 축과도 평행하게 한 상태에서, 시험할 EUT 면이나 전기 인터페이스 커넥터에서 5 cm 떨어진 지점에 위치시킨다. 주어진 주파수에서 최소 10 dB 이상의 자기장 강도를 발생시키되 183 dBpT를 초과해서는 안 된다. 이를 위해서는 허용기준(제한치) 곡선과 일치하도록 신호 발생기의 출력을 소프트웨어로 제어해야 한다.

다음으로, 시험 주파수 범위를 스캔한다. 취약성이 발견되면, 가장 취약한 것으로 나타난 주파수 범위에서 옥타브(octave)당 3개 이상의 시험 주파수를 선택한다. 루프는 EUT의 면 위, 그리고 전기적인 인터페이스 커넥터에, 30 cm×30 cm 영역 내에 있는 위치에 배치하고 위의 과정을 되풀이하여 취약한 위치와 주파수를 찾아내고 이를 기록해야 한다. 이 작업을 면과 커넥터에 대해 연달아서 수행한다. 취약성이 발견된 모든 주파수 기록에서 시험 주파수 범위에 걸쳐 옥타브당 3개의 주파수를 선택한다. (옥타브는 위쪽 경계 주파수와 아래쪽 경계 주파수의 비가 2:1이 되는 주파수 범위를 말한다.) "옥타브당 3개 주파수"의 선택은 협대역 민감도(취약성)의 경우에는 아주 중요하다는 것을 잘 알아두기 바란다.

마지막으로 – 이는 결국 인증 시험이다 – 위에서 구한 각 주파수에서 적용가능 허용기준(즉, 이전보다 10 dB 낮은)에 해당하는 전류를 인가한다. 루프를 EUT 면이나 커넥터에서 5 cm 거리로 유지한 채, 이전에 발견된 위치에 특별한 주의를 기울여가며 루프를 이동하면서 취약한 위치를 찾는다. 취약한 곳이 없음을 입증한다.

9.2.2 전압 강하 및 중단

주전원 공급의 불연속에 대한 EUT의 응답은 규정되고 제어(통제)되어야 한다. IEC 61000-4-11은 이들 현상에 대한 내성시험 방법을 정의한다.

전기, 전자 장비는 공급 전원의 전압강하(voltage dip), 순간정전(short interruptions) 또는 전압변동(voltage variations)에 의해 영향을 받을 수 있다. 전압강하와 순간정전은 전원망, 전원설비에서 생긴 고장이나 부하에서 갑작스럽게 큰 변동이 생길 때 발생한다. 경우에 따라서는 전압강하와 정전이 여러 번 발생할 수 있다. 전압변동은 전원망에 연결된 부하가 지속적으로 변동할 때 발생한다. 이들 현상은 본질적으로 무작위적이며 그 특성은 정격전압과의 편차와 지속시간을 사용하여 규정할 수 있다.

전압 강하와 순간 정전이 항상 갑작스럽게 발생하는 것은 아니다. 대규모 주전원 배선망이 차단되면, 이 전원망에 연결된 많은 회전 기계로 인해 전압은 점차적으로 감소한다. 단기간 동안에는 이 전압은 발전기가 전원망에 보내는 전력처럼 작동할 것이다. 어떤 장비는 갑작스러운 전압 변화보다는 점차적인 전압 변화에 더 취약하다.

9.2.2.1 전압 강하 및 정전 적용

전압의 급격한 변화 효과를 모의(시뮬레이션)할 수 있도록 표준에는 각기 다른 유형의 시험이 명시되어 있다. 또한 점차적인 전압 변화에 대해 선택할 수 있는 형식시험도 명시되어 있다. 시험은 두 개의 바리악(VARIAC. 가변 교류 단권변압기)의 출력 사이에서 전자적으로 제어되는 스위칭을 사용하거나 전력 증폭기를 거쳐 공급되는 파형 발생기의 출력을 제어하여 수행할 수 있다. 후자는 저전력에서 중간전력을 사용하는 응용분야에 더 널리 사용된다.

시험은 전압강하, 순간정전(정전은 공급전원의 0%까지 감소), 단기간 전압변동에 대해 수행된다. 전압강하의 주기와 레벨에 대해 많이 사용되는 값이 [그림 9.7]의 표에 수록되어 있다. 전압강하 시험과 순간정전 시험은 일반표준(generic standard)과 많은 제품표준에서 언급되는 중요한 시험이다. 일반표준 요건은 반주기 동안 정격전압의 70%까지 강하 시험, 5주기 동안 정격전압의 40%까지 강하시험, 그리고 5초 동안 정전시험이다. 후자의 두 가지 시험에 적용되는 성능기준은 '기능상실이 자체적으로 복구되거나 제어기 작동에 의해 복구될 수 있는 경우에 일시적 기능상실은 허용된다'이다. 따라서 래치업(latch-up)이나 끊어진 퓨즈는 허용되지 않는다.

시험 발생기 규격에서 중요한 부분은 시험 결과에 영향을 주지 않으면서 EUT의 피크 돌입전류(inrush current)에 대처할 수 있는 능력이다. 예를 들어, 돌입전류의 크기가 발생기의 전압을 현저히 끌어내릴 정도로 큰 경우, 시험에서는 "더 강한" 전원 공급기에서 발생할 수 있는 효과(예: 퓨즈가 끊어짐)가 나타나지 않을 수 있다. 발생기의 최대 공급능력은 230 V 전원에 대해서는 500 A를, 110 V 전원에 대해서는 250 A를 초과할 필요는 없다. EUT가 이보다 훨씬 더 적은 전류를 흐르게 하는 경우, EUT 돌입전류의 크기가 피크 구동능력의 70% 미만이라면 공급능력이 더 낮은 발생기가 허용된다. 그러나 이 경우에는 발생기의 실제 능력을 검증해야 하는데, 이를 위해 표준에서는 정류된 출력을 1,700 μF 커패시터로 구동하는 구체적인 방법을 제공한다. 바리악(VARIAC) 유형의 강하(dip) 발생기를 통해 시험소 주전원 공급기를 사용하는 경우에는 주전원 공급기와 바리악의 합성 임피던스가 전체 규격을 충족하지 못할 수 있다.

시험의 또 다른 특이 사항은 (직접-오프라인 스위치방식 전원공급기와 반대로) 50 Hz 주전원 변압기를 가진 보통의 제품에 대해 반주기 전압 강하가 미칠 수 있는 영향이다. 주전원 전압의 극성 하나만 제거되는 경우 다음 반주기가 다시 가해지면 변압기의 코어를 포화상태로 몰고 가서 변압기가 정상상태로 복귀할 때까지 정격전류의 10배에서 40배에 달하는 매우 높은 돌입전류를 발생하게 된다. 발생기는 시험에서 이 전류를 확실하게 공급할 수 있어야 하는데, 이것은 제품의 입력 회로 설계에도 영향을 미칠 수 있다.

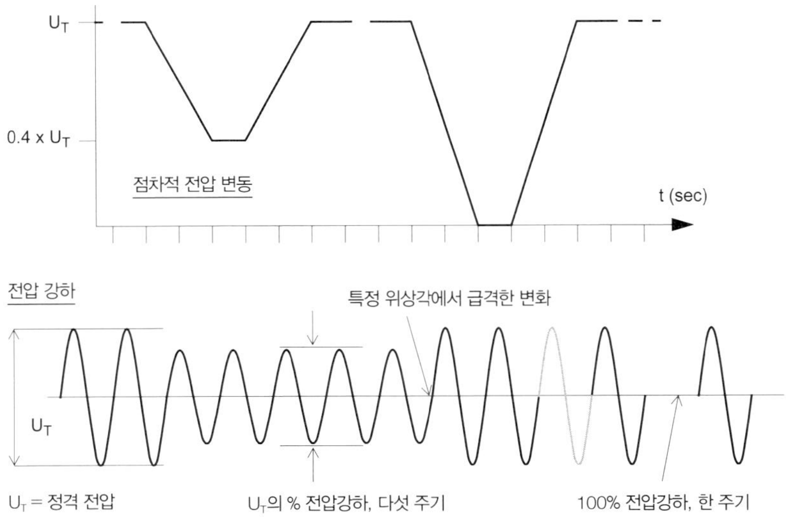

권장 시험 레벨 % U_T	권장 기간 주기 수
0 (정전) 40 70	0.5, 1, 5, 10, 25, 50

그림 9.7 공급 전압 강하 및 변동

10
시험 계획

10.1 시험계획의 필요성

EMC 시험계획은 신제품 규격에서 핵심이 되는 부분으로서, 최소한의 노력으로 제품이 EMC적합성 인증을 획득할 수 있도록 개발 단계와 생산준비 단계들을 구성하는 기반을 제공한다. EMC 시험 계획은 사내시험 일정계획의 역할을 할 수 있고, 외부 시험소에 의뢰할 때 계약 문서로 사용할 수도 있다. 시험계획은 프로젝트가 시작되자마자 곧바로 준비해야 하지만, 제품 자체의 개발을 진행하면서 특히 시제품 버전에 시험 대한 실제 시험 경험을 고려하여 수정이 필요할 것이다.

10.1.1 인가 요건

시험을 인가 시험소에서 실시하겠다는 결정을 내릴 수 있다. 인가 표준인 ISO/IEC 17025[189]에서는 인가 시험소는 요청, 입찰, 계약의 검토를 위한 절차를 갖출 것을 적극적으로 요구하는데, 이는 다음 사항들을 보장하기 위해서이다.

- 사용될 방법을 포함하여 각종 요건들이 적절히 규정되고 문서화되고 설명된다.
- 시험소는 요건을 충족할 수 있는 능력과 자원을 가지고 있다.
- 적절한 시험과(이나) 교정방법이 선택되고 고객의 요구사항을 충족할 수 있다.

이러한 시험소들은 대부분 "계약 검토" 단계에서 고객에게 시험 대상 장비와 지원 장비, 시험에 적용할 표준, 성능 기준 및 동작 방식 등에 대한 세부사항을 담은 표준 양식을 작성하도록 요청하는 체계를 가지고 있다. 고객이 이러한 절차를 예상하여 곧바로 상세한 내용을 제공할 수 있다면 도움이 된다. 하지만 종종 시험소와의 상호 작용, 그리고 시험소로부터의 조언을 필요로 한다.

외부 시험소를 사용하는 제품 제조업체가 기억해야할 사항은, 시험소는 EMC 시험을 하는 데는 전문적이지만 제품에 대한 지식은 갖추고 있지 못할 수 있다는 사실이다. 제품과 시험 사이의 인터페이스는 신중하게 만들어져야 한다. 이러한 점에서 회사 자체의 사내 EMC 시험소는 보이지 않는 중요한 이점을 가지고 있다. 회사내 시험소는 일반 시험소보다 제품의 시험 계획을 작성하거나 검토하기에 훨씬 좋은 위치에 있다.

10.1.2 표준 요건

10.1.2.1 DEF STAN 59-411

군용 EMC 시험 표준[219] 제1부(관리 및 계획)에는 프로젝트 시험 계획에 대한 요건이 확실하게 기술되어 있다. 다음은 이 문서를 직접 인용한 내용이다.

> EMC 시험의 전체 단계에 걸쳐 일관성을 확보하기 위해서는 프로젝트에 사용된 시험 절차의 세부사항을 정식규정으로 만드는 것이 필수적이다. 표준에 기술된 시험 방법은 반드시 포괄적이어야 하며 특정 아이템에 대한 상세한 적용은 명시하지 않는다. 시험 계획은 채택된 각 시험 요건에 대한 해석을 기술하고, 요구가 있을 경우, 시험절차에 대한 충분할 만큼 세부사항을 명시하여 시험의 반복성을 보장해야 한다. 장비의 구성, 장비에 전원을 공급하는 방법, 자극 신호의 인가와 전기 부하 또는 기계 부하의 인가에 대한 자세한 사항을 제시해야 한다.

정식규정으로 만든 시험 계획이 없으면 EMC 시험 결과는 시험 배치에서 생길 수 있는 여러 가지 변동으로 인해 상당히 달라질 수 있으므로, 생산단계까지 제품을 개발하는 과정에서 이루어진 수정사항의 영향을 알 수 없게 될 수 있다. 따라서 DEF STAN 59-411에 따라 군사용 장비를 공급하게 되면 계약의 일부로서 EMC 시험계획을 요구할 것으로 예상된다. DEF STAN은 특히 명시적이지만, 이것은 EMC 요건이 계약으로 규정되어 있는 응용 분야에 대해서도 마찬가지이다.

10.1.2.2 IEC 61000-4-X

내성 시험을 위한 기본 표준(basic standard)인 IEC 61000-4 시리즈의 대다수 표준에서 제8절(clause 8)은 "시험은 시험대상장비(EUT)의 성능 검증을 포함하는 시험 계획에 근거하여 수행해야 한다"고 요구한다. 각 표준은 당연히 시험계획에 포함해야 할 것들에 대한 자체 요건을 가지고 있다. 예를 들어 RF 내성을 위한 IEC 61000-4-3은 다음 사항을 포함한다.

- EUT 크기
- EUT의 대표적인 작동 조건
- EUT를 탁상용이나 바닥설치용, 또는 이 둘의 조합으로 시험해야 하는지 여부
- 바닥설치용 장비의 경우 지지대의 높이
- 사용할 시험 시설의 유형과 방사 안테나의 위치
- 사용할 안테나 유형
- 주파수 범위, 체재 시간 및 주파수 스텝
- 균일 전자기장 영역의 크기 및 모양
- 부분적 노출을 사용하는지 여부
- 인가할 시험 레벨
- 사용되는 상호 연결도선들의 종류와 개수, 그리고 이러한 도선들과 연결되는 (EUT의) 인터페이스 포트
- 허용 가능한 성능 기준
- EUT를 구동하는 데 사용되는 방법에 대한 설명.

서지 내성을 위한 IEC 61000-4-5는 다음 내용을 담고 있다.

시험 계획은 다음을 포함하는 시험 설정을 명시해야 한다.

- 사용되는 발생기와 기타 장비
- 시험 레벨(전압)
- 발생기 신호원 임피던스
- 서지 극성
- 시험 횟수
- 연속 펄스 사이 시간
- EUT의 대표적인 작동 조건
- 서지가 인가되는 위치
- 실제 설치 조건

따라서 완전한 제품 시험계획은 이러한 각 기본 표준의 필요사항을 고려해야 한다.

10.1.3 고객의 요구사항

위의 항목들은 인가된 시험과 특정 표준에 따른 시험이 모두 시험계획을 수립할 것을 명시적으로 요구하고 있음을 보여주고 있다. 하지만 실제로는 이것이 항상 또는 항상까지는 아니어도 중요한 역할을 하는 것은 아니다. 많은 EMC 시험은 기술적으로 수준 높은 고객의 요구사

항에 따라서 실질적으로 수행된다. 5장에서 살펴보았듯이 자동차, 항공우주, 철도, 군사 분야는 이러한 상황의 좋은 예다. 결과가 유효하다고 간주되는 경우, 시험을 시작하기 전에 제안된 시험계획에 대해 그것이 타당한지 여부에 대해 고객의 동의와 승인을 받아야 하는 것이 보통이다.

10.2 시험계획서 내용

제품에 대한 시험계획을 작성해야 하는 경우, 어떤 영역을 다루어야 하는가?

10.2.1 시험대상기기(EUT) 설명

시험계획은 단일 제품이나 일단의 유사한 제품들, 또는 하나의 전체 시스템 중 하나를 대상으로 할 수 있다. EMC 시험 결과를 적용할 수 있는 범위 내에서의 경계를 명확히 구분할 수 있도록, EUT에 대한 기본 설명에서는 모델번호와 이러한 일반(generic) 모델 형식하에서 시험을 받는 변형들(있는 경우에)이 명시되어야 한다. 여러 시험들에 대한 일반 설명의 중요한 측면들은 다음과 같다.

- 물리적(실제) 크기 및 중량
- 전원 공급 요건
- 연결 포트의 개수 및 유형.

10.2.1.1 단독 제품 또는 대형 시스템의 일부?

예를 들어 플러그인 모듈이나 컴퓨터 주변장치와 같이 EUT가 한 시스템의 일부이거나 또는 시스템의 일부로서만 시험될 수 있는 경우에는 EUT가 속한 시스템의 구성 부품들도 명시가 되어야 한다. 그 까닭은 시스템의 다른 구성 부품들이 시험 환경의 일부일 경우에는 이들이 시험 결과에 영향을 미칠 수 있으며, 또한 시험결과가 시스템 부품의 고장으로 인해 잘못되는 일이 없도록 주의해야 하기 때문이다.

예를 들어, 직접적인 시험 대상이 아닌 모니터들이 컴퓨터 기반 계측기기에 연결되거나, 또는 같은 회사의 각기 다른 설계 그룹들이 전체 시스템에 들어있는 개별 부품을 담당하는 경우에 이러한 문제들이 흔히 발생한다. 시험에서 합격과 불합격, 그리고 이에 따른 개선조치에 대한 책임이 어디에 있는지 명확히 해야 할 뿐만 아니라 방출 특성이나 내성 특성에 대해 각 장치들의 개별적인 기여 정도를 알아낼 수 있도록 시험을 구성해야 할 수도 있다.

10.2.1.2 시스템 구성 및 선택 기준

위에서 설명한 내용에 따라 EUT가 각기 다른 다양한 부품들을 포함하는 시스템이나 설비의 일부를 구성하고 있는 경우, 시험을 수행할 수 있도록 대표하는 시스템 구성을 명시해야 한다. 구성을 선택하는 데 있어서 근거가 되는 기준, 즉 '대표하는' 것을 어떻게 결정하는가를 분명히 해야 한다.

특히 EMC 지침 제2판(과 제3판)의 문구는, "제품의 사용목적을 대표하는 것으로 제조업체에서 인정하는, 가능한 모든 구성으로" 제조업체가 제품의 적합성을 신고(선언)해야 하는 부담을 준다. 이 문제를 해결하는 전형적인 방법은 선택 가능한 모든 하드웨어 기능 중 적어도 하나 또는 그 이상을 포함하는 EUT를 제작하여, 예를 들어 선택 가능한 모든 것을 통합한 최고수준의 모델로서, 선택 가능한 것 중에서 일부가 빠져있는 그보다 못한 모델을 대표하는 것이다. 특정 선택사항들이 상호 배타적인 경우에는 둘 이상의 제작품을 시험하는 것을 의미할 수 있다. 표시장치 기반 제품에 대한 가상의 "적합성 시험 매트릭스 분석"의 예를 [표 10.1]에 나타내었다. 이 내용은 최종적으로 확정된 것은 아니다.

표 10.1 시험 매트릭스의 예제

제품	프로세서	인터페이스	표시 방식	화면 크기	덮개 및 부착장치
XV200	100MHz	RS485	800 x 600	12"	플라스틱, 옆면 브래킷
XV250	100MHz	RS485, CAN	800 x 600 1024 x 768	12"	플라스틱, 옆면 브래킷
XV300	100MHz	RS485, CAN, Ethernet	800 x 600 1024 x 768	14"	플라스틱, 옆면 브래킷
XV301					플라스틱, 상단 브래킷
XV400	133MHz	RS485, CAN, Ethernet	800 x 600 1024 x 768 1280 x 1024	17"	금속, 옆면 브래킷
XV401					금속, 상단 브래킷

시험 선택:

- 모든 인터페이스가 연결된 상태에서 800x600의 표시방식으로 시험되는 XV300은 XV200, 250, 301을 대표한다(동일한 프로세서, 가장 큰 크기).
- 1024×768 및 1280×1024의 표시방식으로 시험되는 XV400은 XV401을 대표한다(부착장치를 제외하면 동일).

10.2.1.3 개정 상태 및 허용 가능한 개정 변경

설계와 개발을 진행하는 과정에서 몇 가지 신뢰도 시험을 수행하려고 할 것이다. 이 단계에서는 수정 수준이 아직 정해지지 않았더라도 도면 상태를 참조하여 제작 상태를 신중하게 정의해야 한다. 장비가 적합성시험이나 고객의 평가단계에 도달한 다음에는, 명시된 수정 수준에 따라 제작된 것으로 입증된 샘플장비에 대해 시험이 실시되어야 한다. 이때 시험용 샘플장비는 시장에 출시된 장비와 동일해야 한다.

이것이 제기하는 문제들은 프로젝트 관리의 관점에서 [17.3.1.2절]에서도 다룬다. 기본적으로, 후속 변경으로 인해 시험 결과가 무효화되지 않는다는 합리적인 확신을 가질 수 있도록 시험 시점을 선택해야 한다. 그러나 시험 계획은 시험을 위해 제시될 장비의 정확한 제작 상태와 하드웨어 또는 소프트웨어에 어떤 변경이 허용될 수 있는지를 정의해야 한다. 이후에 나오는 시험 보고서에는 보통, 제품을 합격시키기 위해 시험 중에 실제로 적용된 모든 변경사항들이 문서화되어야 한다. 특히 구성 부품들이 많은 대형 시스템의 경우 정확한 구조를 정의하는 것은 그 자체로 쉬운 일이 아닐 수 있다.

10.2.2 시험 목적 설명

결과나 세부사항 없이 수행된 시험 보고서를 통한 간단한 인증서에서, 시험구성, 시험 결과값, 기타 관련 정보가 모두 포함된 전체 보고서에 이르기까지 시험이 수행되어야 하는 이유와 발급되는 보고서의 형식과 세부사항을 기술할 필요가 있다는 것은 너무나 분명하다. 유럽연합 지침(EU Directives)에 따른 제조업체의 자체 인증의 경우, 보고서의 형식과 세부사항의 수준(정도)은 명시되지 않으며 제조업체 자체 요건에 의해 정해진다.

보고서의 복잡성에 따라 보고서 준비에 필요한 시간과 비용이 정해질 것이다. 인가된 보고서에는 아무리 못해도 꼭 필요한 정보들은 들어가 있어야 하며 그 결과는 “정확하고 명확하며, 모호하지 않고, 객관적으로, 그리고 시험이나 교정 방법에 대한 특정 지침에 따라” 보고되어야 한다[189]. — 마지막으로 인가된 보고서는 각 표준의 제10절(section 10)에서 “시험을 재현하려는 필요성에 따라” 보고서 내용을 기술한다고 되어 있는 IEC 61000-4 시리즈의 기본 표준들의 요건과 명확하게 관련되어야 한다. — 그러나 비인가 보고서는 임의의 형식과 다양한 세부사항의 작성된 수준으로 나타날 수 있다. 시험 계획에 들어갈 수 있는 목적으로는 다음과 같은 것들이 가능할 것이다.

- 장비를 출시하기 위해 법적으로 허가 받아야할 필요가 있는 법령(EMC 지침, FCC 인증 등)을 충족
- 자발적 표준을 충족하고 경쟁우위를 향상
- EMC 성능을 장비나 장비의 호스트 시스템에 대한 조달 계약에 써 넣었기 때문에 계약상 의무를 이행
- 비계약적으로 여기지는 고객의 요구사항 충족

10.2.3 수행할 시험

10.2.3.1 주파수 범위 및 전압 레벨

주파수 범위와 전압 레벨은 선택한 표준에 명시되어 있는 것이 보통이다. 표준을 사용하지 않거나 시험 범위를 확대 또는 축소하는 경우에는 이러한 사항을 명확히 해야 한다. 표준을 사용하는 경우에도 명시된 적용 레벨들 가운데 하나를 선택해야 할 수 있다; 예를 들어, A등급 또는 B등급 방출 허용기준의 선택은 EUT의 사용 환경에 따라 달라지는데, 선택한 허용기준이 이러한 환경과 어떻게 관련되는지 명시해야 한다. 시험계획은 이러한 파라미터에 대해 명시적으로 기술해야 하며 다양한 선택사항 중 하나를 선택한 경우 이에 대한 근거를 제시해야 한다.

10.2.3.2 사용할 시험장비 및 시설

이론적으로는 사용할 시험장비와 시설도 적용되는 표준(들)에 의해 결정된다. 예를 들어, CISPR 16−1−1 방출 측정을 위한 계측기기와 IEC 61000−4−X 과도현상 시험을 위한 다양한 발생기 등과 같이 대부분의 표준들은 시험장비에 대한 특정 요건을 가지고 있다. 외부 시험소를 사용할 경우 표준들이 필요한 시험을 수행하기 위해 사용해야 하는 계측기기를 결정한다. 만약 사내에서 시험을 한다면, 장비와 시설에 대한 선택은 회사의 책임이다.

몇몇 시험의 경우에는 상황이 그렇게 단순하지는 않다. 방사성 방출은 야외시험장(OATS) 또는 전자파 반무반사실(SAC)에서 수행되거나 GTEM 셀 또는 전자파 완전무반사실(FAR)에서 수행될 수 있으며(이 선택사항에 대한 자세한 내용은 [7.2.4절] 및 [7.3.1절] 참조), 시험거리도 선택 항목일 수 있다. 실제로 사용되는 시험시설은 아마도 그것으로 무엇을 할 수 있는지에 따라서 달라지겠지만, EUT의 사이즈와 같은 다른 요인에 의해서도 달라질 것이다. 방사성 내성을 위해 사용가능한 다양한 시설이 있을 수 있으며, EUT 사이즈는 어떤 시설을 선택하는지에 중요한 역할을 한다. 전도성 RF 내성과 신호선로에서의 방출에 대해서는 변환기(transducer)를 선택할 수 있다(8.1.4.1절 참조). 시험계획에서는 이러한 변수 하나하나를 정확하게 지정해야 한다. 표준 그 자체는 포괄적이어서 이렇게 하지 않기 때문이다.

10.2.3.3 시험할 포트 선택

시험해야 할 포트(케이블 커넥터뿐만 아니라 “인클로저 포트”를 포함하는 정의)의 개수는 시험 시간에 직접적인 영향을 미친다. 적용하기로 선택한 표준(들)은 어느 선로 — 예를 들어 전도성 방출 시험을 위해서 주전원 리드 — 를 시험해야 하는지 규정한다. 경우에 따라서는 하나의 대표 선로만 시험하고 이 시험이 동일한 유형의 다른 모든 선로 시험을 다 포함한다고 주장할 수 있다.

시험 당사자와 후속 평가 기관 모두, 그 당사자가 EUT의 특정 포트에 대한 시험을 생략하거나 적용하기로 결정한 이유를 아는 것이 중요하다. 연결된 특정 신호선로 또는 I/O 선로에서의 방출이나 내성을 시험하지 않기로 한 결정은 시험대상 포트에 연결되는 케이블의 허용가능 길이에 대한 합의된 제한을 고려하여 내릴 수 있다. 예를 들어, 일반표준(generic standard)은 이를 근거로 신호 포트에 빠른 과도현상과 전도성 RF 내성 시험을 적용한다. 전원 공급 선로 방출 측정을 위해 LISN 대신 V-회로망이나 전압 프로브를 사용하는 것은 사용가능한 결합회로망의 불충분한 전류정격 때문일 수 있다. 군용 시험에서는 특정 포트의 기능에 따라 구별된다.

시험 지점의 물리적(실제) 위치는, 특히 정전기 방전이 인가되는 경우에 매우 중요하며 반드시 명시해야 한다. ESD 인가 지점의 선택은 예상되는 장비사용의 평가 — 사용자는 장비의 어느 부분에 접근할 수 있는가 — 와 취약 위치를 알아내기 위한 예비 시험 결과를 바탕으로 해야 한다.

10.2.3.4 시험과 동작 모드의 개수 및 순서

시험이 적용되는 순서와 동작 모드의 순서는 중요할 수도 있고 아닐 수도 있지만 반드시 지정해야 한다. 하나의 시험 결과는 의도치 않게 다음 시험을 위한 조건을 설정하거나, EUT가 우발적인 과잉 시험, 특히 단기간에 높은 에너지를 갖는 다수의 서지로 손상될 수 있으므로 예방 차원에서 이러한 시험을 마지막으로 남겨두는 것이 좋다. 이와 반대되는 의견도 있다. 즉 서지 시험이 필터 부품들을 손상시킨 경우에 제품이 높은 전도성 방출을 발생하면서도 정확하게 작동하는 것처럼 보일 수 있으므로 손상을 일으킬 가능성이 있는 시험을 먼저 적용하거나, 아니면 최소한 전도성 방출 시험을 서지 시험 후에도 다시 한 번 되풀이해야 한다는 것이다. DEF STAN 59-411에 따라 작업하는 경우, 이것은 필수사항이다: DCE01 시험은 "필터에 손상이 발생하지 않았음을 증명하기 위해 모든 과도현상 감응성(내성) 시험이 완료된 후에는 다시 한 번 되풀이해야 한다" [219].

10.2.4 EUT 실행 소프트웨어와 관련 장비 또는 시뮬레이터

10.2.4.1 EUT 작동 모드

간단한 EUT는 작동 모드가 하나만 있을 수 있지만 복잡한 장치는 여러 가지 다른 작동 모드를 가질 것이다. 운이 좋으면, 대부분의 작동 시나리오와 방출/내성 프로파일(profile, 특성)을 포함하는 최악상태의 모드를 찾아낼 수 있을 것이다. 이를 위해서는 십중팔구 어떤 탐색시험이 필요할 것이고, 또한 특정 모드로 반복적으로 작동시키기 위한 소프트웨어 패치가 필요할 수도 있다. 모드의 선택과 모드의 개수는 시험 시간에 직접적인 영향을 미친다.

방해를 인가하거나 방출 측정을 하는 속도는 지정된 작동 모드의 주기에 따라 달라진다. 시험은 가장 취약한 응답이나 가장 높은 방출량을 포착하기에 충분할 만큼의 시간동안 각 시험 주파수에서 지속(체재)되어야 한다. EUT가 응답할 때 낮은 듀티사이클(duty cycle)의 주파수 선택적 피크를 나타내는 경우, 전체 주기를 포함하도록 시험 체재시간을 연장해야 하는데, 이러한 시간이 몇 초 이상일 경우에는 총 시험 지속시간을 비실용적으로 길게 만들거나 아니면 시험 비용을 비싸게 만들 수 있다. 때때로 동일한 EUT에 대한 시험 결과가 시험소에 따라 달라지는 원인을 추적해보면 바로 이 파라미터의 차이로 나타날 수 있다.

EUT가 작동 모드를 완전히 실행할 수 있도록 하기 위해 특수 소프트웨어의 도움을 받을 수 있다. 단독으로 작동하지 않을 경우 일부 보조 지원기기가 필요할 수 있다. 이들 모두는 교정되거나 사용목적에 적합해야 한다.

10.2.4.2 방출 시험 시행

예를 들어, 최악상태의 방출을 위해 특정한 표시장치 패턴을 설정할 필요가 있을 수 있다. 실제로 각기 다른 표시장치 모드(VGA, SVGA 등)들은 픽셀 클록이 서로 다르며, 이 모든 모드들은 "대표적인" 그림이나 최악상태의 패턴으로 시험해야 한다. 각 수평 픽셀에서 번갈아 나타나는 흑백 수직 막대 패턴은 픽셀 클록 주파수의 절반에서 방출 진폭이 가장 높은 비디오 신호를 제공한다. 일반적으로 모든 실제 사진은 더 넓은 주파수 범위에 걸쳐 비디오 RF 에너지가 분포하고, 따라서 특정 주파수에서 진폭은 더 낮다. 그러나 이는 특정 주파수의 레벨을 증가시키는, 결합에서 발생할 수 있는 공진들을 고려하지 않았고, 따라서 최악의 경우와 대표적인 그림 모두를 시험하는 것이 바람직하다.

통신 인터페이스는 전체 데이터 패킷을 지속적으로 전송하도록 구성하는 것이 보통이다. 통신 인터페이스가 서로 다른 데이터 속도로 설정될 수 있다면 이러한 모든 패킷을 점검하여 최악의 경우를 찾아야 한다. 하드 드라이브, CD-ROM 또는 플래시 카드와 같은 메모리 인터페이스는 지속적인 읽기-쓰기 사이클로 작동해야 한다. 가변속 모터 구동기나 조명 조광기와 유사한 장치의 경우에는 각기 다른 설정에서 최악의 방출을 구해야 한다. 일반적으로, 최대 방출은 최대 이용가능 전력의 절반에서 발생하지만 일반적이지는 않다.

일단 전형적인 복잡한 제품에서 가능한 조합을 분석하기 시작하면, 최악의 경우를 찾기 위해 아주 오랜 시간을 들여야 할 수 있음을 얼마 지나지 않아 깨닫게 된다. 그래서 보통은 시험을 적절히 충족시키면서 여기에 드는 비용과 기간은 최소화하는 그런대로 괜찮은 타협점을 찾아야 한다. 시험소에 따라 시험 결과가 달라지는 것은 이러한 이유 때문이며, 따라서 확실하고 상세한 시험계획의 필요성이 명백해진다.

10.2.4.3 내성 시험과 감시

내성 시험에 대해서도 비슷한 문제가 적용되는데, 여기에 성능기준에 따라 고장여부를 감시하기 위해 관련장비가 종종 사용된다는 복잡성이 추가된다(10.3절 참조). 여기서 감시란 예를 들어, 데이터 통신 링크의 비트오류율(bit error rate)을 확인하거나, 오디오 출력에서 1 kHz 변조의 브레이크스루(breakthrough)를 측정하는 것일 수 있다. 전원 공급 장치나 계측기는 출력 전압을 DVM에 기록하여 감시할 수 있다. 이상의 모든 경우에 성능을 검사하는 측정 장치는 EUT에 인가하고 있는 방해 스트레스(RF 또는 과도현상)에 영향을 받지 않아야 한다. 이 말은 지원 장비와 감시장비를 시험에서 격리해야 한다는 것을 뜻한다. 이게 아니라면 이들의 EMC 성능이 시험대상장비보다 더 좋다는 것을 확인하는 것밖에 되지 않을 것이다.

10.2.4.4 지원장비의 격리

시험 도중에 지원장비를 별도의 챔버에 설치하는 경우, 케이블을 필터가 달린 격벽(칸막이벽)을 거치게 하여 연결하면 예상치 못한 방출을 줄이고 EUT에 인가되는 방해로부터 장비를 격리할 수 있다(그림 10.1 참조). 필터의 설치는 지원장비를 시험과 격리하면서도 원하는 신호가 통과하는 데는 영향을 주지 않도록 명시되어야 하는데, 이 요건으로 인해 차폐되지 않은 케이블을 사용하는 경우에 이러한 방법을 적용하는 것이 제한되는 일이 자주 생길 수 있다. 차폐 케이블의 경우에는 케이블이 챔버의 격벽을 통과할 때 차폐도체를 격벽에 접합하면 되므로 처리하기 쉽다.

지원장비가 시험과 격리되지 않은 경우, 필터링은 필요하지 않지만 지원장비 자체의 EMC 성능은 시험 결과와는 관련이 없도록 확실히 명시되어야 한다. 결국 시험이 수행되는 시험실 내부에 위치한 EUT와 외부에 위치한 지원장비 사이를 연결하는 케이블을 따라 시험실로 유입되는 것으로 확인되는 방출을 추적하는데 며칠의 시험 시간이 소요될지 알 수가 없다. 타협책은 이러한 케이블에 페라이트 클램프를 사용하는 것이지만, 이러한 클램프는 높은 주파수에서만 효과적이라는 것을 명심해야 한다.

일부 군사/항공우주 시험은 장비의 최종 설치에 연결되는 다른 아이템들과 함께 장비를 시험해야 한다. 이 아이템들은 시험 결과에 영향을 미치지 않으면서 동시에 연결된 케이블에 "적절한" RF 종단 임피던스를 제공해야 한다. — 여기서 "적절함"은 사전에는 알지 못하며 최종 설치에서만 알 수 있게 되는 것임을 의미한다. 따라서 관련장비 구성에 대한 설명은 RF 측면을 알 수 있고 필요한 경우에는 이를 재현될 수 있을 만큼 상세해야 한다.

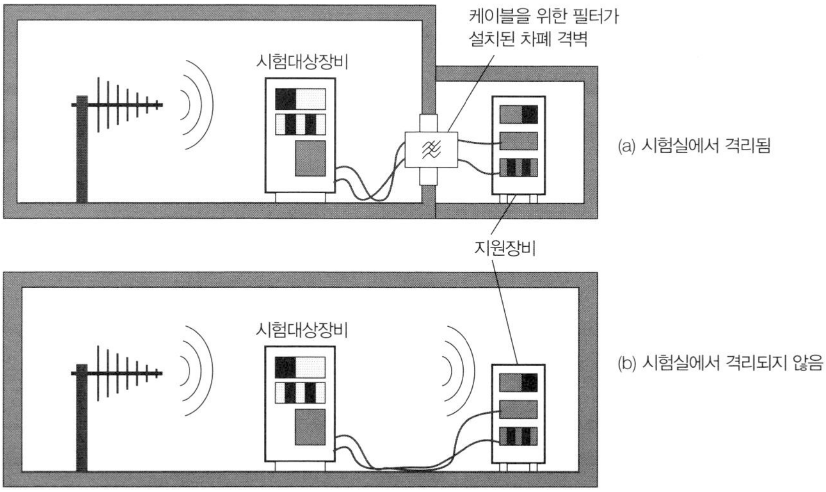

그림 10.1 시험 및 관련 지원장비

10.2.5 시험 설비 요구사항

어떤 종류의 전기, 전자 제품은 시험소에서 제공하는 서비스에 대해 특별한 요구를 하고 있는데, 시험소가 이를 제공할 수 없을 수도 있기 때문에 시험을 시작하기 전에 명확하게 알고 있어야 한다. 요구사항에는 다음과 같은 사항들이 포함될 수 있다.

- 환경 조건: 온도, 습도 또는 진동에 대한 특별 요건
- 필요한 안전 예방조치: 예를 들어 EUT가 전리를 일으키는 방사, 위험한 가스 또는 엄청나게 높은 전압을 사용하거나, 위험할 정도로 무겁거나 뜨겁거나, 또는 시험에서 높은 방사 전자기장 값을 요구하는 경우
- 특수처리장비 및 기능 지원 장비: 지게차(forklift truck), 대형 회전테이블, 유압 또는 공기/물 냉각(공냉/수냉) 서비스 — 극단적인 예로는 차량 전체 시험에 사용되는 롤링 로드 동력계(rolling road dynamometer)[1]나 제트 항공기의 배기가스 배출을 들 수 있음
- 전원: AC/DC 전압, 전류, 주파수, 단상 또는 3상, VA 정격 및 서지 전류 요건, 전원선로의 총 개수 (FCC 및 MIL-STD 인증 시험에는 미국 표준 전원 공급 장치가 필요함에 유의하라)
- 시스템 명령 소프트웨어: 전체 시험 장비세트와 EUT 작동을 통합하기 위해 특수 소프트웨어를 만들어야 하는가?
- 보안(기밀) 분류절차: 일부 정부 프로젝트 또는 군사 프로젝트와 관련됨

1 (옮긴이) rolling road(구르는 도로)는 다양한 도로환경에서 차량이 얼마나 잘 작동하는지 시험하기 위해 차량의 바퀴를 올려놓게 만들어 놓고 제자리에서 회전시키는 기계장치이다. 도로조건에 따라 회전속도를 다르게 하여 연비 등의 성능을 시험한다.

- 상업적 기밀과 시험 입회인(test witnesses)을 위한 시설, 군대/항공우주 분야에서 이 업무에 여러 명이 배정되어 있을 수 있음.

10.2.6 시험 설정의 세부사항

10.2.6.1 EUT와 시험 변환기의 물리적 위치 및 배치

이들은 다양한 표준들에서 일반적인 용어로 정의된다. – 예를 들어, 지금은 없어졌지만 CISPR 22의 전체 배치도를 살펴보라. – 그러나 특정 EUT에 적용하기 위해서는 이러한 표준들에 주어진 설명들을 이해해야 한다. (CISPR 22는 EUT를 컴퓨터, 모니터, 키보드, 마우스 및 주변장치라고 가정한다!) 표준 구성의 목적은 시험소 간의 반복성을 최대로 높이기 위한 것이다. HF 시험에서 가장 중요한 항목은 다른 물체들, 그 중에서도 지면과의 거리, 방향 및 근접성이다. 그 까닭은 이들 항목이 시험결과에 영향을 미칠 수 있는 스트레이 커패시턴스(stray capacitance) 결합을 결정하기 때문이다. 또한 전도성 시험을 위한 임피던스 안정화 회로망이나 결합 회로망까지의 케이블 길이도 HF 시험에서 중요한 항목이다.

EUT를 탁상용 장비로 시험할지 바닥설치용 장비로 시험할지 여부는 일찍 결정을 내려야 한다. 대부분의 표준에서는 이들에 대해 각각 다른 배치를 제공한다. 제품이 명백하게 단독 제품이거나 또는 다른 제품을 위한 용도라면 이것이 큰 문제가 되지는 않겠지만 장비가 예를 들어 휴대용이거나 벽에 설치되는 제품이라면 이를 잘 해석할 필요가 있다. '정답'이 없는 상황이 많은데, 결정에는 타당한 근거가 있어야 하며 실제 사용되는 구성을 상세히 기록해 놓아야 시험을 반복할 수 있다.

최종 시험 보고서에는 구성을 기록하는 사진뿐만 아니라 시험에 관계된 각종 거리(길이)들이 표시된 스케치도 들어있어야 한다. 시험 전에 시험소는 자신들이 시행해야 할 것으로 예상되는 일반적인 구성과 배치를 잘 알아야 할 필요가 있을 것이다. 이러한 구성과 배치는 여전히 표준과 일치하면서 가능한 한 실제 사용할 때의 대표적인 작동조건(상태)와 관련성이 있어야 한다.

10.2.6.2 전기적 상호연결

케이블 레이아웃과 배선은 높은 주파수에서는 결정적인 영향을 미치므로 면밀히 정의해야 한다. 접지면과 가깝게 배선되어있고 측정 안테나의 방향과 수직인 방향으로 배선된 케이블은 자유공간에 매달려 있고 안테나의 방향과 나란한 방향으로 배선된 케이블보다는 훨씬 적게 방사된다. EUT와 케이블의 종단은 EUT와 케이블 사이의 방해 전류의 결합에 영향을 미친다. 따라서 EUT에 연결되는 커넥터와 케이블의 유형을 반드시 명시해야 하며, 그렇지 않으면 기본(default)으로 해야 한다. EUT 반대 쪽 케이블의 끝의 종단은 EUT에 주어지는 방사 임피던스에 영향을 미치므로 반드시 명시되어야 한다. 전류, 전압, 임피던스가 케이블 길이와 어떻게 관련되는지에 대해서는 [그림 11.19]를 살펴보기 바란다.

지금부터는 사용할 케이블의 길이를 정확하게 얼마로 해야 하는지 케이블 끝은 어떻게 종단해야 하는지에 대한 문제에 대해 알아보자. 특히, 적합성 여부가 케이블 차폐에 달려있는 경우에는 실제 상황에서 실제로 사용될 케이블과 커넥터의 유형을 시험에서 사용하는 것이 중요하다. 이렇게 하지 않으면 EUT 자체가 생산모델을 근사적으로 대표하더라도 시험은 대표하지 못하기 때문이다. [14.1.7절]에서는 차폐 종단의 영향에 대해 설명한다. 이 내용을 읽어보면 주변에 돌아다니는 오래된 케이블을 집어 들어 사용하면 어떤 결과가 나올지 장담할 수 없음을 짐작할 수 있다.

케이블 길이 또한 똑같이 말썽을 부릴 수 있다. 제품이 출시될 때 특정 길이의 케이블을 장비와 함께 제공하는 경우에는 반드시 표준의 지시하는 방식대로 규정을 초과하는 길이를 묶어서 사용해야 한다. 묶음방법(bundling)은 그 자체로 중요한 개념이다. 케이블 묶음의 목적은 케이블을 가능한 한 앞뒤로 빽빽하게 접어서 초과된 길이로 인한 인덕턴스를 최소화하고 인접해 있는 접힌 부분들에 서로 반대 방향으로 공통모드 전류가 흐르도록 함으로써 자속(flux)이 부분적으로 상쇄되도록 하기 위한 것이다. 이와 같이 케이블의 초과길이에 대해 적용한 묶음방법의 효과는 권수(감은 수)의 제곱에 비례하여 인덕턴스를 증가시키는 감기방법(코일링, coiling)과는 정반대이다(그림 10.2 참조).

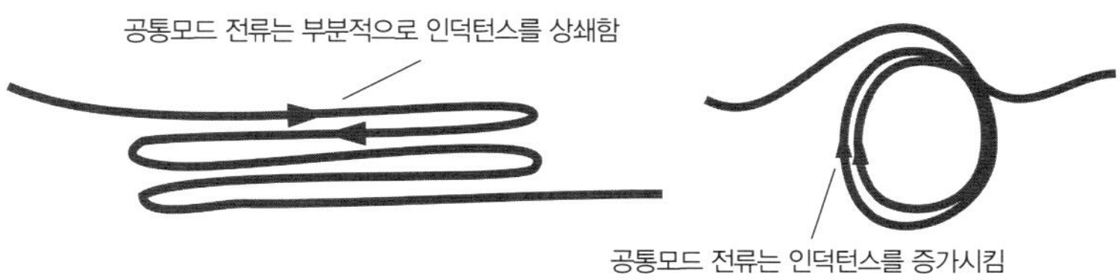

그림 10.2 묶음과 감기의 비교

그러나 현실에서 사용할 케이블의 실제 길이를 조절할 수 없는 상황이 많이 있으며 이러한 상황은 응용 분야마다 크게 다를 수 있다. 이러한 경우, 그리고 표준이 어떤 안내도 제공하지 않는 경우, 할 수 있는 것은 시험구성에서 케이블의 길이를 실용적이면서 현실에서 사용할 수 있는 길이로 선택하고 이를 시험 계획과 시험 보고서에 문서화하는 것이다.

마지막으로, EUT에 가해지는 전기적 부하가 중요할 수 있다. 전원 공급 장치인 경우, 공급되는 실제 전력은 EMC 프로파일(profile, 전반적인 특성)에 영향을 미칠 수 있는데, 최소한 정격부하에서 시험하는 것이 대표적일 수 있다; 그런데 공급 장치에 더 작은 부하가 가해질 때 성능이 더 나빠질 수 있다(이러한 효과는 일부 텔레비전 세트에 대해 기록된 사례가 있는

데, TV가 작동 중일 때보다 대기 중일 때 방출이 더 심할 수 있다). 부하가 시험의 접지기준에 대해 어떤 상태로 있는지도 명시해야 한다.

접지면에 대해 플로팅되어 있는 전원 공급 장치 출력에 연결된 간단한 저항은, 장비가 접지에 직접 연결되지 않아서 접지와의 사이에 더 훨씬 큰 스트레이 커패시턴스를 가지고 있는 경우와 비교하면 완전히 다른 RF 임피던스가 나오게 만들 수 있다. 이러한 공통모드 종단 효과는 특히 출력에 공통모드 필터링이 거의 없거나 아니면 전혀 없는 전원 공급 장치의 경우에 더욱 극단적으로 나타난다([부록 C.3절]의 AC 어댑터(wall-warts)에 대한 사례 참조).

10.2.7 시험 결과 평가방법

10.2.7.1 허용 여유(마진)

시험에서 나온 중요한 결과는 EUT 방출 레벨이나 취약한 결과를 가져오는 방해 레벨일 것이다. 이러한 레벨과 규격의 허용기준(제한치) 사이에 안전마진(safety margin)을 구하는 방법으로 인정된 것이 있어야 한다. 안전마진은 알려진 측정 불확도와 생산제품과 EUT 사이에 존재할 수 있는 변동들에 의해 결정된다. 이러한 마진은 시험결과를 해석하는 데 필수적이다. [2.2.4.1절]에서 살펴본 CISPR 80/80 규칙은 여러 샘플을 시험할 준비가 되어 있는 경우에는 이들 중에서 두 번째 샘플을 처리할 수 있지만 특정 제품 하나만 시험하고 있다면 본질적으로 "축적된 경험에 의한 추측"을 통해 마진을 도출할 필요가 있다. 출발점으로 삼을 수 있는 대표적인 여윳값은 허용기준에 비해 4 dB ~ 6 dB 아래 정도이며 경험상 제품의 성능이 더욱 균일한 것으로 보이거나 그 반대이면 이 마진값을 줄이거나 증가시킬 수 있다.

측정 불확도와 관련하여 [7.5절]에서는 방출 불확도를 다루고 [표 7.4]는 합격/불합격을 보고함에 있어서 측정상 확실한(안전한) 방법을 보여주고 있다. 하지만 적합성을 선언(신고)한 이후에는 95% 신뢰도로 인용할 수 없는 조건부 보고서([표 7.4]의 사례 B 또는 C)는 그다지 유용하지 않다.

10.2.7.2 방출에 측정 불확도 적용

CISPR 16-4-2 표준은 가장 일반적인 세 가지 방출 시험 — 전도성 주전원 시험, 방해 전원 시험, 방사성 전기장 시험 — 에 대해 측정 불확도 문제를 다루는 공식적인 방법을 제공했다. CISPR 16-4-2는 이들 각각에 대해 허용가능한 불확도 값을 명시하고(Ucispr, [표 7.5] 참조), 시험소 불확도가 이 값보다 작을 경우[183]:

- 측정된 어떤 방해도 방해 허용기준을 초과하지 않으면 준수로 간주한다.
- 측정된 어떤 방해가 방해 허용기준을 초과하면 비준수로 간주한다.

다른 말로 하면, 실제 불확도는 고려하지 않는다. 시험소 불확도가 U_{cispr}보다 크면 측정값을 둘 사이의 차이만큼 증가시킨 후 허용기준과 비교해야 하므로 신고 불확도 값이 큰 시험장을 사용하지 않을 만한 충분한 이유가 된다.

따라서 시험계획은 이러한 시험에 대한 불확도 적용을 제거하는 수단으로 CISPR 16-4-2를 참조할 수 있다. 실제로도 현재 대부분의 관련 CISPR 표준은 어쨌든 이렇게 하고 있긴 하다. U_{cispr} 값이 주어지지 않은 시험의 경우에는 다른 방법으로 불확도 적용을 명시해야 한다. 표준 자체가 이를 수행하는 방법을 명시하고, 실제로 표준 개발이 이러한 방향으로 움직이고 있다면 이상적일 것이다. 한편으로, 이러한 방법은 UKAS LAB 34에 아주 잘 설명되어 있는데, 이를 인용하면 다음과 같다.

> …이러한 경우 사용자는 불확도를 고려하지 않고 결과가 명시된 허용기준 내에 있는지 여부에 따라 준수 여부를 판단하는 것이 적절할 수 있다. 이를 '공유 위험(shared risk)'라고 말하기도 하는데 이는 제품이 규격을 충족하지 못할 수 있는 위험의 일부를 최종 사용자가 감수하기 때문이다. 이 경우, 불확도의 중요성을 인정하며 시험소가 불확도를 결정하고 보고할 수 있는 위치에 있어야 하는 것이 중요하다는 가정이 내포되어 있다. 공유 위험 시나리오는 일반적으로 시험소의 의뢰인과 장비의 최종 사용자가 모두 의사결정의 당사자인 경우에만 적용된다. 해당 규제 기구 또는 표준 제정 기구에서 명시적으로 참조하지 않는 한, 법적으로 규제되는 인증시험에는 일반적으로 적용되지 않는다. 이러한 경우에도 허용가능한 측정 불확도를 명시해야 하며 시험소는 자체 불확도가 명시된 규정을 충족한다는 것을 입증해야 한다.
>
> – [209] 4.3항

10.2.7.3 내성에 대한 측정 불확도 적용

내성 시험에 대해서는 CISPR 16-4-2에 해당하는 되는 표준은 없다. 불확도는 RF 내성 시험에 인가되는 스트레스에 대해 사용될 수 있지만, 과도현상 발생기 규격은 진폭과 시간이라는 두 가지 양을 가지고 있으며, 높은 비선형성을 가질 가능성이 있는 EUT 응답의 측정에 대해서는 불확도를 계산할 수 없는 것이 일반적이다. 따라서 과도현상 시험에서 인가하는 스트레스에 대해서는 현실적으로 불확도를 사용할 수 없다. LAB 34는 다음과 같이 언급한다.

> 방사성 전자기장 강도와 같이 명시된 방해 레벨에 대한 내성시험의 경우, 다른 지침이 없는 상황에서는 표준 불확도에 k=1.64를 곱해서 증가한 내성 레벨로 시험을 수행할 것을 권장한다.

이렇게 하면 실제 스트레스 값에 90%의 신뢰수준을 제공하는데, 이는 결국 95%의 신뢰도로 요구되는 규격레벨이 인가되었음을 의미한다. 따라서 시험소의 표준 불확도가 10 V/m의 시험 레벨에서 1.5 V/m인 경우, 실제 인가하는 스트레스를 12.46 V/m로 설정하면 이는 10 V/m의 레벨로 인가되는 것을 95%의 신뢰도로 보장할 것이다. 그러나 EN 61000-4-3 및 -6에 대한 RF 내성 시험의 경우 "기타 지시사항"이 있으며, CENELEC는 이 두 표준에 대해 다음과 같은 내용이 기술된 "해석 문서"를 제작하였다.

EN 61000-4-3의 경우

시험 전자기장 강도는 전자기장 교정에서 불확도를 고려하기 위한 어떤 증가도 없이 [표 1]과 [표 2]에 지시된 대로 또는 제품 표준에 규정된 대로 인가되어야 한다.

EN 61000-4-6의 경우

시험 레벨은 결합장치의 EUT 포트에서 출력레벨 설정의 불확도를 고려하기 위한 어떤 증가도 없이 [표 1]에 지시된 대로 또는 제품 표준에 규정된 대로 인가되어야 한다. 시험 발생기는 표준의 6.4.1에서 정의한 U_{mr}의 공칭 값을 발생하도록 조정되어야 한다.

우리는 단지, 제대로 된 스트레스 레벨이 인가된 것에 단지 50%의 신뢰수준을 요구한 것과 동등했음을 관련 표준 위원회가 이해했다고 가정할 수 있을 뿐이다. 그리고 이것은 그들의 의도였다. 그러나 그들이 문서를 공표했고 EN이 이제 개정되었으므로, EN 61000-4-3 또는 -6을 참조하는 경우 RF 내성을 위해 이러한 방법을 자유롭게 사용할 수 있다. 시험 계획에는 시험 레벨을 (1.64×표준 불확도) 만큼 증가시킬 것인지 여부를 명시하는 것이 바람직하다. 국제 표준 IEC 61000-4-3 또는 -6에 대한 동등한 해석은 없다. 그렇지만 측정 불확도에 관한 공표된 개정 표준은 "시험 절차 도중에 EUT에 인가되는 시험 레벨 조정에 [불확도 계산]의 결과를 사용하는 것이 의도는 아니다"라고 말하면서 문제를 회피하고 있다.

10.3 내성 성능 기준

내성 시험을 수행할 때는, EUT가 실제로 시험을 통과했는지 여부를 판단할 수 있어야 하는 것이 중요하다. 이는 시험 도중과 시험 후에 EUT가 유지해야 하는 최소한의 허용가능한 성능에 대한 진술(설명)을 요구한다. 그러한 진술은 오직 EUT 자신의 기능 작동 규격에만 연관되어야 한다.

10.3.1 일반 기준(generic criteria)

장비와 시스템은 각양각색으로 나와 있으므로 전자 제품에 대한 장해의 영향을 평가하기 위한 일반적인 기준을 정하기가 어렵다. 그럼에도 불구하고, 시험결과는 아래에서 논의하는 기준에 따라 동작조건과 EUT의 기능규격에 근거하여 분류될 수 있다. 허용가능한 성능이 어떤 것인지에 대한 진술의 근거를 제공하기 위해, 일반내성 표준(4.4절 참조)에는 EUT의 작동을 판단하고, 주어진 EUT의 특정시험에 대한 허용기준을 정식규정으로 만드는 데 사용되는 기준에 대한 일단의 가이드라인이 들어있다.

성능 기준 A

장치는 의도한대로 계속해서 동작해야 한다. 장치를 의도한대로 사용할 때, 제조자가 명시한 성능수준 이하의 성능저하나 기능상실은 허용되지 않는다. 경우에 따라서는 성능 수준을 허용가능한 성능상실로 대체할 수 있다. 제조자가 최소 성능수준이나 허용가능한 성능손실을 명시하지 않은 경우에는 제품설명과 문서(전단지, 광고 포함), 그리고 장치가 의도한 대로 사용되는 경우에 사용자가 장치에서 합리적으로 예상할 수 있는 것 중에서 얻을 수 있다.

- 이 기준은 RF 장해와 같이 통상적으로 계속해서 존재하는 현상에 적용된다.

성능 기준 B

장치는 시험 후에 의도한대로 계속해서 동작해야 한다. 장치를 의도한대로 사용할 때, 제조자가 명시한 성능수준 이하의 성능저하나 기능상실은 허용되지 않는다. 그러나 시험 도중에는 성능저하가 허용된다. 실제 작동 상태나 저장된 데이터의 변경은 허용되지 않는다. 제조자가 최소 성능 수준이나 허용가능한 성능손실을 명시하지 않은 경우에는 제품설명과 문서(전단지, 광고 포함), 그리고 장치가 의도한 대로 사용되는 경우에 사용자가 장치에서 합리적으로 예상할 수 있는 것 중에서 얻을 수 있다.

- 이는 과도현상에 적용된다.

성능기준 C

기능상실이 자체적으로 복구가 가능하거나 제어장치의 작동에 의해 복구될 수 있다면 일시적인 기능상실이 허용된다.

- 이는 장시간의 주전원 정전에 적용된다.

10.3.2 일반 기준의 해석

“기능의 저하 또는 상실”을 정의하는 허용기준과 “허용가능한 성능손실”이 무엇인지를 명시하고, 이러한 기준 중 어떤 것을 각각의 시험에 적용해야 하는지를 결정하는 것은 제조사에 달려 있다. 이러한 규격은 예비 시험이나 알려진 고객 요구사항에 의해 결정될 수 있다. 최소한, 시험 도중에 EUT를 감시하는 방법은 알아야 하기 때문에 어떤 경우든 장비에 대한 최종 EMC 시험 계획에 기준들을 포함시켜 놓는 것이 중요하다. 장비가 일대일 계약 기준으로 고객에게 공급되는 경우, 허용기준에 대한 상호합의와 협상의 여지는 분명히 존재하지만 EMC 또는 R&TTE 지침의 필수 요건만 충족하면 대량판매 시장에 출시되는 제품에 대해서는 이것이 가능하지 않다. 이런 경우에는 일반적인 안내를 위한 내성표준을 조사해보아야 한다.

예를 들어, 측정기기가 정상 조건에서 1%로 제시된 정확도를 갖는 경우, 작동매뉴얼과 판매 책자에 RF 장해에 노출된 조건에서의 낮은 정확도가 명시되어 있지 않으면, 표준에 명시된 레벨의 RF 장해에 노출될 때에는 이 정확도가 유지될 것으로 예상하는 것이 합리적일 수 있다. 과도현상이 가해지면 정확도가 떨어질 수 있지만, 이후 반드시 원래대로 복구되어야 한다. 프로세서 기반 제품은 일시적인 장해로 인해 비디오 모니터상에 표시되는 영상에 왜곡이 나타나거나 "눈(snow)" 잡음이 나타날 수 있지만, 작동을 멈추거나 데이터에 오류가 생겨서는 안 된다.

EMC 지침의 최신 버전은 전자파 방해가 있는 상태에서 장치는 "의도된 용도에서 허용할 수 없는 성능저하 없이 작동"해야 한다는 것을 요구하는 것 외에는 내성에 대한 필수요건에의 변화를 주지 않았다("허용할 수 없는"이라는 문구는 제2판에서는 처음 나왔다). 이 문서는 계속해서, 제품과 함께 제공된 정보, 그 중에서도 특히 "의도된 목적에 따라" 사용할 수 있게 하기 위해 필요한 정보도 강조한다. 다시 말해, 성능기준은 "의도된 사용"과 "허용할 수 없는 성능저하"의 정의를 제한하는 타협안에 맞추어질 수 있다.

물론, 고객들이 이러한 문제에 대해 어떻게 생각하는지도 중요할 것이다. 일반기준은 다른 정보가 없을 때 사용자가 "합리적으로 예상"할 수 있는 것이 바로 정의(규정)임을 분명히 한다. 그 결과 EMC 시험계획은 기술 담당 부서뿐만 아니라 판매 담당 부서에도 중요하며, 판매 담당 부서에서 EMC 준수에 대한 모든 책임을 회피하는 것은 허용되지 않는다. 기술적 입력이 없어도 케이블 선택, 동작 모드, 기능 구성 등과 같은 측면들은 물론 성능기준을 승인할 준비가 되어 있어야 한다.

제품별 기준

일부 제품별 내성 표준은 허용가능한 성능 수준에 대한 정의에 있어서 더욱 정확할 수 있다. 예를 들어, 방송 수신기에 적용되는 EN 55020은 음향 방해에 대해, 원하는 오디오 신호와 원하지 않는 오디오 신호 비율을 규정하고, 시각적 방해에 대해 인지할 수 있는 사진 성능저하를 명시한다. 이와 같은 비교적 엄격한 정의조차도 그 해석은 제각각일 수 있다. 또 다른 예는, 전화 오디오 링크, 팩스 및 VDU의 내성에 대한 특정 기준을 제공하는 IT 장비용 EN 55024이다. 이 두 표준은 CISPR35/EN 55035에 포함되고 있는 중이다. 통신 장비는 다양한 ETSI 표준의 대상인데, 일반적으로 비트 오류율 및 프레임 정렬 상실에 대해 규정된 기준을 준수해야 할 수 있다.

내성 성능 기준의 주관성은 여전히 지침의 법적 맥락에서 큰 골칫거리가 될 수 있다. 동일한 제품의 적합성을 판단하는 데 각기 다른 시험 절차와 레이아웃이 사용되고 실패에 적용되는 기준도 다르다고 이의를 제기하는 제조업체에 대해서는 아무런 대책이 없다. 제조업체들이 합격(허용) 기준들이라고 믿고 있는 것에 대한 근거서류는 명확하고 정확해야 하며, 이 기준들을 일반 가이드라인이나 해당 제품표준에 주어진 것들과 가능한 한 일치하도록 하는 것은 그들의 이익이 될 것이다.

Part 3

설계

Design

11

전자파 잡음의 결합 메커니즘[1]

11.1 전자파 잡음의 발생원과 피해기기

전자파 적합성(EMC) 문제가 발생하는 상황에는 언제나 짝을 이루는 두 가지 측면이 존재하기 마련이다. 어떤 상황이든 전자파 잡음을 방출하는 "발생원(가해기기)"(source)과 방출된 잡음에 취약한 "피해기기"(victim)가 있다. 이들 두 요소 중에 어느 하나가 없거나 두 요소 사이에 잡음이 전달되는 경로가 존재하지 않으면 EMC 문제는 발생하지 않는다. 발생원과 피해기기가 한 장비 내부에 있는 경우를 **시스템 내부 전자파 적합성**(intra-system EMC) 문제라고 한다. 컴퓨터 모니터(가해기기)와 무선 수신기(피해기기)처럼 두 요소가 별개의 장비인 경우에는 **시스템 상호간 전자파 적합성**(inter-system EMC) 문제라고 한다. 가해기기(발생원)가 되는 장비와 피해기기가 되는 장비가 항상 정해져 있는 것은 아니다. 어떤 한 상황에서 가해기기이던 장비가 다른 상황에서는 피해기기가 될 수도 있다.

발생원에서 방출된 전자파 잡음이 피해기기에 어떤 방식(원리)으로 **결합**(coupling, 전달)되는지 이해하는 것은 매우 중요하다. 그 이유는 제품의 성능에 영향을 주지 않으면서 그 제품에 대한 전자파 장해(interference)의 영향을 줄이는 방법으로, 두 요소 사이의 잡음 결합률

---

1 (옮긴이) 메커니즘(mechanism)은 어떤 현상을 일으키는 구조, 원리, 과정을 종합적으로 가리키는 용어이다. 과학의 여러 분야는 물론 철학에서도 다양한 의미로 사용되고 있으며 모든 현상은 기계적(역학적, mechanical) 구성요소들 사이의 필연적인 인과관계에 의해 설명할 수 있다는 의미가 담겨있다. 철학에서는 메커니즘을 기계론이라고 하는데 모든 현상에는 이미 목적이 규정되어 있다는 목적론(teleology)과 대비되는 이론이다. 이 책에서는 구조, 원리, 과정의 의미를 모두 담고 있다는 의미에서 '메커니즘'을 우리말로 옮기지 않고 그대로 쓰기로 한다.

(전달계수,coupling factor)을 낮추는 것 말고는 다른 방법이 없는 경우가 많이 있기 때문이다. 잡음의 방출과 피해라는 두 가지 측면은 가역적이다. 다시 말해 주느냐 받느냐의 관점에서 차이가 날 뿐 본질적으로는 동등하다. 따라서 잡음 방출 문제를 개선하는 대책들이 잡음 피해 문제를 개선하는 데에도 효과를 발휘하는 것이 일반적이다. 물론 예외는 있게 마련이지만. 방출 문제와 피해 문제를 분석하는 경우에는, 따로따로 분석을 수행하는 것이 쉽다[109].

시스템 EMC

[그림 11.1]을 보면 발생원(가해기기)에서 피해기기로 전자파 잡음이 전달되는 다양한 경로들이 표시되어 있다. 시스템을 개발할 때 시스템을 구성하는 장비들로부터 **방출**(emission)되는 잡음의 특성과, 잡음에 대한 그 구성장비들의 **감응성**(susceptibility)을 알고 있어야 잡음의 전달(결합)이 일어날 때 시스템이 어떤 문제들을 겪을지 알아낼 수 있다. 공표된 방출 표준(emission standard)과 감응성 표준(susceptibility standard)을 엄격하게 따른다고 해도 시스템 EMC 문제에서 완전히 자유로울 수는 없다. 표준이란 특정 서비스를 보호(예를 들어, 상용 방출 표준은 무선방송 및 통신 서비스를 보호)한다는 관점에서 작성된 것으로서, 표준에서는 발생원과 피해기기가 서로 어떤 최소거리만큼 떨어져 있는 것으로 가정하고 있기 때문이다.

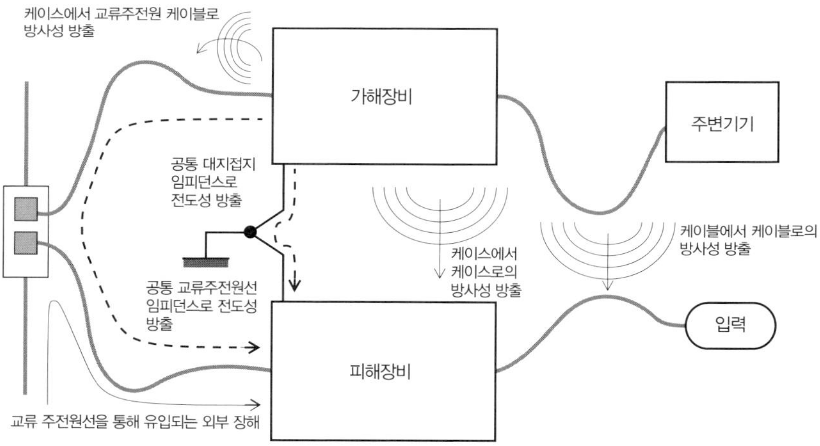

그림 11.1 전자파 잡음 전달(결합) 경로

대부분의 전자 하드웨어에는 케이블, PCB 트랙[2](track), 내부 배선, 기계 구조물 등과 같이 안테나처럼 동작할 수 있는 구성요소들이 들어있다. 이 요소들은 의도치 않게 전기장(electric field), 자기장(magnetic field), 또는 전자기장(electromagnetic field)을 발생시켜 다른 장비로 에너지를 전달할 수 있다. 실제 상황에서, 시스템 내부와 외부에서 발생하는, 장비들 사이의 잡음 결합(전달)은 차폐물질(도체)과 유전체의 유무, 방해기기와 피해기기의 배치 형태(상

2 (옮긴이) PCB 트레이스(trace)라고도 함

호간 놓인 방향), 간격 등에 따라 변한다. 접지면(ground plane) 또는 차폐면(도체면)은 공진(resonance) 현상을 일으켜 장해(잡음)를 더 커지게 하거나 반대로 흡수(absorption) 작용을 통해 장해를 감쇠시킬 수 있다. 케이블과 케이블 사이의 잡음 결합(전달)은 두 케이블이 서로에 대해 놓인 방향, 케이블의 길이, 케이블 사이의 간격에 따라 달라진다. 종합적으로 말해, 전자파 잡음 전달은 "기계(mechanical)" 부품들의 "전기적(electrical)" 특성의 함수이므로 성공적인 EMC를 위해서는 이들 두 분야의 설계 규칙을 통합해서 적용해야 한다.

11.1.1 공통 임피던스 결합

공통 임피던스 결합(common impedance coupling)은 발생원(가해기기)과 피해기기가 동일한 회로 임피던스를 공유하고 있는 경우에 발생한다. 여기서 공통 임피던스(common impedance)란 "도체(conductor)"처럼 실제로 존재하는(눈에 보이는) 대상이 가지는 임피던스인 경우도 있지만, 두 전류 루프(current loop) 사이의 상호 유도성 결합(자기장 결합)에 의한 임피던스나 두 전압 노드(voltage node) 사이의 상호 용량성 결합(전기장 결합)에 의한 임피던스처럼 눈에 보이지 않는 경우도 있다. 철학적으로 말해보자면, 우주에 존재하는 모든 노드와 모든 루프 하나하나는 자신을 제외한 나머지 모든 노드와 모든 루프와 결합한다. 뒤에 나오는 [그림 11.4]는 나란히 놓여 있는 두 개의 케이블에 대해, 두 케이블 사이의 간격에 따른 상호 커패시턴스와 상호 인덕턴스의 변화를 보여주고 있다. 부록 D의 [D.3.8절]에 수록된 장 방정식(field equation)을 사용하면 공간의 임의의 위치에서 방사소자로부터 방출된 전기장과 자기장의 세기를 정확하게 구할 수 있다.

11.1.1.1 전도성 연결

[그림 11.2]를 보면 가해기기인 잡음 발생원(시스템 A의 출력)이 피해기기(시스템 B의 입력)와 접지연결(ground connection)을 공유하고 있다. 여기서, 시스템 A의 출력에서 나온 전류가 공통 임피던스 부분인 X-X를 따라 흐르면 이 부분에 전압이 발생하는데, 이 전압은 시스템 B의 입력에 직렬로 더해진다. 이처럼 별다른 것이 아닌 한 가닥의 도선(wire)이나 하나의 PCB 트랙(track, 트레이스)이 공통 임피던스가 되는 것이다. 출력과 입력이 동일한 시스템에 속해 있을 수도 있는데, 이 경우에는 공통 임피던스를 통해 의도하지 않은 피드백 경로(feedback path)가 형성되면 발진(oscillation)을 일으킬 수 있다. 직류와 낮은 주파수 범위에서는 도체의 저항 성분이 총 임피던스에서 대부분을 차지한다. 그렇지만 주파수가 높아질수록 도체의 인덕턴스 성분에 의해 총 임피던스 값이 증가하는 비율이 커지기 때문에 주파수가 높거나 출력의 전류 변화율(di/dt)이 큰 경우에는 공통 임피던스에 의해 잡음의 결합이 더욱 효율적으로 이루어진다(부록 D의 [D.5.2절]에 수록된 다양한 도체 구조의 인덕턴스를 참조할 것. 가늘고

긴 도선의 경우, 주파수가 수십 kHz 이상만 되면 인덕턴스가 저항보다 총 임피던스에서 차지하는 비율이 우세하다). 시간에 따라 변화하는 전류 I_L이 인덕터를 통과해 흐르면 인덕터 양단에는 식 (11.1)로 주어지는 전압 V_N이 발생한다.

$$V_N = -L\frac{dI_L}{dt} \tag{11.1}$$

여기서 L은 인덕터의 자체 인덕턴스(self inductance)로 단위는 헨리(H)이다.

이 식은 모든 EMC 관련 수식들 중에서 가장 근본적이면서 일반적인 수식이다. 디지털 PCB에서 무선 주파수 방출(RF emission)이 발생하는 이유, 접지도선을 절대로 길게 해서는 안 되는 이유, 스위칭 회로에서 **빠른 과도현상 버스트**(fast transient burst)가 발생하는 이유를 바로 이 수식이 말해준다.

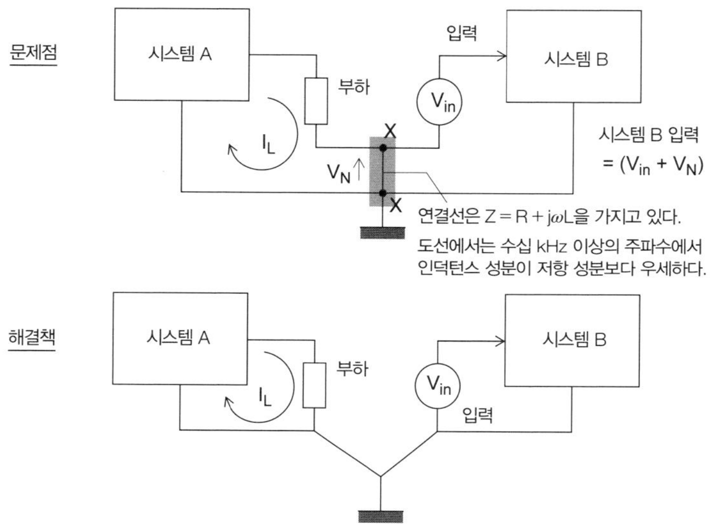

그림 11.2 공통 임피던스에 의한 전도성 결합

[그림 11.2]의 문제점을 해결하는 방법은 각 시스템과 접지 사이의 연결을 서로 분리하는 것이다. 이렇게 해서 공통 전류 경로를 없애면 두 회로 사이에는 공통 임피던스가 존재하지 않는다. 이 방식의 단점이라면, 두 회로를 분리하기 위해 추가로 도선이나 PCB 트랙을 사용해야 한다는 것뿐이다. 이 방법은, 전원공급연결(전원레일연결, power rail connection)[3] 회로처럼 공통 임피던스를 포함하고 있는 연결 구조를 가진 회로라면 어떤 경우에도 적용할 수 있다. 접지(ground)는 가장 흔하게 공통 임피던스를 발생시키는 부분인데, 그 이유는 접지연결은 당연히 있어야 할 뿐만 아니라 경우에 따라서는 회로도에는 표시되어 있지 않아도 해주어야 하기 때문이다.

3 (옮긴이) 전기 · 전자 장비를 구성하는 여러 회로와 부품들은 전원공급기에서 제공되는 전원선과 귀환선(접지선)에 모두 병렬로 연결된다. 이러한 전원공급구조가 나란한 두 기차레일(rail)에 수많은 침목들이 가로질러 연결된 형태와 유사하므로 전원공급을 위한 연결을 power rail connection이라 한다.

11.1.1.2 자기 유도(magnetic induction)

도체에 흐르는 교류전류는 주위에 변화하는 자기장(magnetic field)을 발생시킨다. 이 자기장이 근처에 있는 다른 도체에 결합되면 그 도체에는 전압이 유도된다(그림 11.3(a)). 그러면 이 피해 도체에 유도되는 전압은 식 (11.2)로 주어진다.

$$V_N = -M\frac{dI_L}{dt} \tag{11.2}$$

여기서 M은 두 도체 사이의 상호 인덕턴스(mutual inductance)로 단위는 헨리(H)이다.

이 식과 식 (11.1)의 비슷한 점에 주목하기 바란다. M은 가해 전류루프(current loop)와 피해 전류루프 각각의 면적(area), 두 루프가 마주보고 있는 상대적인 방향, 두 루프 사이의 간격, 두 루프 사이 공간의 자기차폐물질(자성체)의 유무에 따라 값이 달라진다. 부록 D의 [D.5.2절]에는 상호 인덕턴스 수식이 수록되어 있다. 여러 도선들을 서로 나란히 묶어 한데 배선해 놓은 도선다발의 경우, 단위길이당 상호 인덕턴스는 0.2 μH/m정도이다. 자기장 결합을 등가회로로 나타낼 때, 피해 회로에 유도된 잡음 전압원은 피해 회로에서 직렬로 연결된 형태가 된다. 자기장 결합은 두 회로 사이에 직접적인 연결이 있고 없음에는 영향을 받지 않는다. 두 회로가 전기적으로 분리되어 있든 접지에 함께 연결되어 있든 자기장 결합에 의해 발생하는 유도전압은 동일하다.

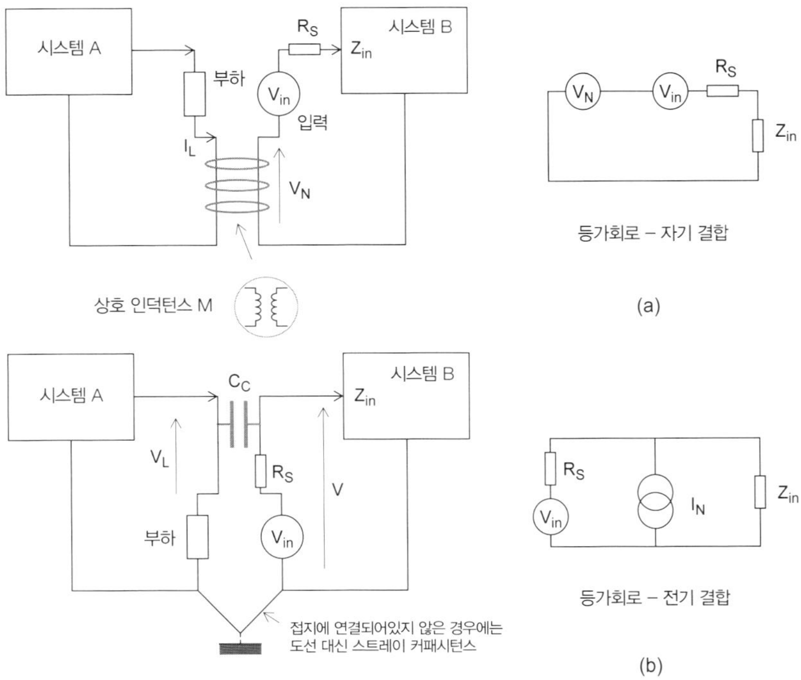

그림 11.3 자기 유도와 전기 유도

지금까지 설명한 자기 결합은 앞서 [7.2.1.2절]에서 루프 안테나를 설명할 때 나온 패러데이 법칙을 다른 방식으로 표현한 것으로 볼 수 있다. 패러데이 법칙을 아주 간단히 설명해보면, 자속(magnetic flux, 자기장선다발)[4]에 의해 어떤 루프에 유도된 전압은 그 루프의 면적(A)과 자속(B)의 변화율에 비례한다.

$$V = A\frac{dB}{dt} \tag{11.3}$$

식 (11.3)과 식 (11.2)를 비교해보면 상호 인덕턴스는 루프의 면적과 관련이 있는 특성임을 알 수 있다.

11.1.1.3 전기 유도(electric induction)

한 도체에 걸린 전압의 변화는 주위에 변화하는 전기장(electric field)을 발생시킨다. 이 전기장이 근처에 있는 다른 도체에 결합되면 그 도체에는 전압이 유도된다(그림 11.3(b)). 이러한 방식으로 피해 도체에 유도된 전압은 다음과 같다.

$$V_N = C_C\frac{dV_L}{dt}Z_{in}\|R_S \tag{11.4}$$

여기서 C_C는 결합 커패시턴스(coupling capacitance), 또는 상호 커패시턴스(mutual capacitance)이고 $Z_{in}\|R_S$는 피해 회로의 총 임피던스이다.

이 식은 결합 커패시턴스의 임피던스가 회로의 임피던스보다 훨씬 크다는 가정 하에 구한 것이다. 이 잡음 전압은 $C_C \cdot dV_L/dt$의 값을 가진 잡음 전류원에 의해 발생한 것으로 생각할 수 있다. C_C의 값은 두 도체 사이의 거리, 두 도체의 서로 마주보는 유효 면적, 두 도체 사이 공간의 전기차폐물질(도체)의 유무에 따라 달라진다. 보통, 나란히 배선된 두 도선이 0.1인치(2.54 mm)만큼 떨어져 있을 때 두 도선의 단위길이당 결합 커패시턴스는 약 50 pF/m이다. 교류 주전원선(power mains)에 연결하여 사용하는 변압기(transformer)의 1차권선과 2차권선 사이의 결합 커패시턴스는 100 pF ~ 1000 pF이다.

플로팅 회로(floating circuit)

언뜻 생각해보면 두 회로가 접지에 반드시 함께 접속되어 있어야 이들 두 회로 사이에 결합 경로가 완성될 수 있을 것처럼 보인다. 그러나 두 회로 중의 어느 하나가 플로팅(floating)[5] 상태에 있다고 해서 두 회로 사이에 결합 경로가 없다고는 말할 수는 없다. 플로팅 회로와 접지

---

4 (옮긴이) 플럭스(flux)는 수학적으로 특정 면적을 통과하는 벡터의 양을 뜻한다. 전기장과 자기장은 장선(field line)을 사용하여 나타내는 경우가 흔하므로 플럭스를 우리말로는 특정 면적을 통과하는 장선의 다발이라는 뜻에서 선다발 또는 선속이라고 한다. 따라서 자속 또는 자기장선다발은 특정 면적을 통과하는 자기장선의 다발, 다시 말해 자기장을 모두 더한 양을 가리킨다.

5 (옮긴이) 접지(ground)와 전기적으로 연결되어 있지 않은 상태를 말한다.

사이에는 스트레이 커패시턴스(stray capacitance)[6]가 생길 수 있다. 이렇게 발생한 스트레이 커패시턴스는, 두 회로 사이에서 전기 결합에 의해 생긴 결합 커패시턴스와 직렬로 연결된다. 시스템 A와 시스템 B의 회로에 접지 노드가 없는 경우에도 시스템 A와 시스템 B의 회로 노드들 사이에는 스트레이 커패시턴스가 생길 수 있다. 이 경우 시스템 B의 입력에 주입되는 잡음 전류의 값은 C_C와 회로 노드 사이에 생긴 스트레이 커패시턴스의 직렬 합성값에 의해 결정된다. 모리슨(Morrison)[9]은 중첩된 커패시턴스들이 어떤 식으로 상호 작용하여 용량성 결합경로를 만드는지 잘 설명하였다.

11.1.1.4 입력 임피던스의 영향

자기 결합의 등가회로와 전기 결합의 등가회로는 서로 다르므로 피해 회로의 입력 임피던스 Z_{in}의 변화에 따른 두 등가회로의 동작에도 차이가 발생한다. Z_{in}에 걸리는 결합 전압의 크기는 전기 결합의 경우에는 Z_{in}이 커질수록 증가하는 반면에, 자기 결합의 경우에는 일정하게 유지된다. 이러한 특성은 결합 유형이 무엇인지 알아내는 데 유용하다. Z_{in}을 변화시키면서 결합 전압의 변화를 관측하면 결합 방식이 전기적인지 자기적인지 유추해 낼 수 있다. 이와 같은 전기 결합과 자기 결합의 차이로 인해, 자기 결합은 낮은 임피던스 회로에서 더욱 문제가 되는 반면, 전기 결합은 높은 임피던스 회로에서 더욱 문제가 된다.

11.1.1.5 간격

상호 커패시턴스와 상호 인덕턴스는 가해 도체(발생원)와 피해 도체 사이의 물리적 거리에 의해 영향을 받는다. [그림 11.4]는 두 평행 도선의 간격에 따른 상호 커패시턴스와 상호 인덕턴스의 변화를 보여주고 있다. 여기서는 상호 커패시턴스는 두 평행 도선이 자유공간에 놓인 경우에 대해, 상호 인덕턴스는 두 평행 도선이 접지면 위에 놓인 경우에 대해 나타냈는데, 이때 접지면(ground plane)은 전류의 귀환경로(return path)를 제공한다. 부록 D의 [D.5절]에는 이 두 그래프를 그리는 데 사용한 수식이 수록되어 있다.

6 (옮긴이) 도체와 접지 사이, 또는 도체와 도체 사이에 생기는 의도치 않은 커패시턴스로 부유(浮遊) 커패시턴스, 또는 표유(漂遊) 커패시턴스라고도 한다.

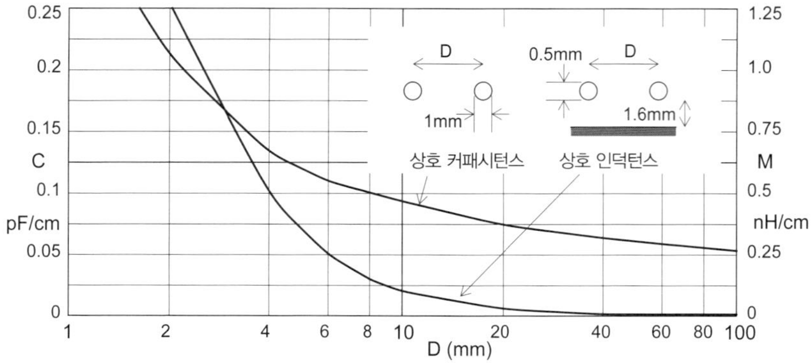

그림 11.4 도선 사이의 간격에 따른 상호 커패시턴스와 상호 인덕턴스의 변화

11.1.2 분포 근거리장 결합(distributed near field coupling)

11.1.2.1 저주파 모형

[11.1.1.2절]과 [11.1.1.3]절에서 설명한 자기장에 의한 유도성 결합(자기 결합)이나 전기장에 의한 용량성 결합(전기 결합) 메커니즘은 다음 두 가지 가정을 전제로 한 것이다. 하나는 이들 결합이 회로의 어떤 "한 점(point)"이나 적어도 한 점으로 근사시킬 수 있을 정도로 "제한된(좁은) 영역"에서 발생함을 가정한 것이다. 또 하나는 유도성 결합과 용량성 결합은 완전히 따로따로 다룰 수 있음을 가정한 것이다. 그러나 실제로는, 특히 길이가 긴 케이블과 PCB 트랙(트레이스)에서는 이러한 두 가정이 성립하지 않는다. 두 회로 사이의 근거리장 결합이 상당한 길이에 걸쳐 분포되어(퍼져서) 발생하는 경우, 유도성 결합과 용량성 결합 메커니즘은 서로 상호작용을 하므로 회로를 더욱 상세하게 분석해야 한다.

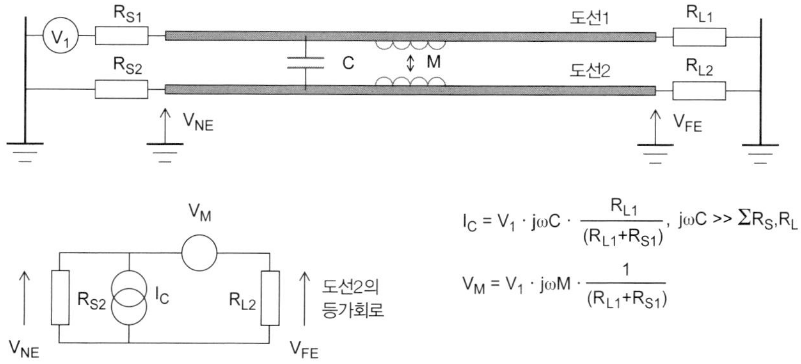

그림 11.5 유도성 결합과 용량성 결합의 중첩

[그림 11.5]를 보면 두 개의 도체가 들어있는 어떤 한 케이블의 등가회로가 나타나 있다. 이 회로를 해석하기 전에, 먼저 두 개의 전류 귀환 경로는 두 도체와는 떨어져 있는 접지면을 경유하고 부하는 오직 저항성분만을 갖는다고 가정한다. 자기 결합에 의해 첫 번째 도체(회로)에서 두 번째 도체(회로)로 유도된 장해(잡음) 전압 V_M은 두 번째 회로에 직렬로 연결되고, 전기 결합에 의해 유도된 잡음 전류 I_C는 병렬로 연결된다. 두 번째 도체의 등가회로의 양쪽 끝에 달려있는 두 저항에 각각 걸리는 총 잡음 전압의 크기는 두 잡음원(V_M과 I_C)의 영향을 중첩(superposition)하여 다음 식과 같이 구할 수 있다. 이때 자기 결합에 의해 유도된 전압원은 도체에 직렬로 연결되므로 이 전압원에 의해 양 끝의 저항에 나타나는 두 잡음 전압의 부호는 서로 반대가 된다.

$$V_{NE}(C) = I_C \cdot R_{S2} \cdot \frac{R_{L2}}{R_{S2} + R_{L2}} = V_{FE}(C) : \text{용량성 결합} \tag{11.5}$$

$$V_{NE}(L) = V_M \cdot \frac{R_{S2}}{R_{S2} + R_{L2}} : \text{유도성 결합 − 근단(near end)} \tag{11.6}$$

$$V_{FE}(L) = -V_M \cdot \frac{R_{L2}}{R_{S2} + R_{L2}} : \text{유도성 결합 − 원단(far end)} \tag{11.7}$$

따라서

$$V_{NE}(tot) = V_{NE}(C) + V_{NE}(L) = (I_C \cdot R_{L2} + V_M) \cdot \frac{R_{S2}}{R_{S2} + R_{L2}} \tag{11.8}$$

$$V_{FE}(tot) = V_{FE}(C) + V_{FE}(L) = (I_C \cdot R_{S2} - V_M) \cdot \frac{R_{L2}}{R_{S2} + R_{L2}} \tag{11.9}$$

이처럼 한 도체의 신호(전압, 전류)에 의해 다른 도체의 양 끝에 잡음 전압이 발생하는 현상을 누화 또는 혼선(crosstalk)이라고 하고, 양 끝의 잡음전압에는 각각 근단누화(near-end crosstalk, NEXT)와 원단누화(far-end crosstalk, FEXT)라는 용어를 붙여 사용한다. 낮은 주파수에서는 NEXT의 크기가 FEXT보다 크다.

11.1.2.2 고주파 모형

앞 절에서 설명한 모형은 낮은 주파수 범위에서만 유효하다. 다시 말해 결합 선로(도체)의 길이가 파장보다 훨씬 짧은 경우에만 성립한다. 이 저주파 모형보다 일반적인 해석 모형에서는 도체를 전송선로(transmission line)로 취급한다. 이 해석 모형에서 전송선로는 집중 소자 파라미터(lumped element parameter)인 L과 C가 수없이 많이 반복되어 연결되어 있는 구조이며, 결합에 의한 잡음 전압은 전송선로의 길이 전체에 걸쳐 결합된 값들을 모두 더하여 구한다. 이들 파라미터 값과, 신호원 쪽 종단 임피던스(source end terminating impedance)와 부하 쪽 종단 임피던스(load end terminating impedance)가 결합 시정수(coupling time constant)를 결정한다. 부록 D의 [D.5.4절]에는 결합 방정식들이 모두 수록되어 있다. [그림 11.6]에는 길이가 5 m인 케이블에 대해, 전송선로 모형으로 유도한 결합 방정식을 사용하여 구한 결합률(coupling factor)과, 저주파 모형으로 구한 결합률을 비교한 그래프가 나타나 있다. 그래프에서 곡선이 꺾이는 점은 두 개의 임피던스로 종단된 전송선로의 시정수에 의해 결정되는데, 이 점보다 낮은 주파수 영역에서는 저주파 모형과 전송선로 모형이 거의 일치한다. 이 주파수 영역에서는 주파수에 따라 결합률이 계속 증가한다. 이 점보다 높은 주파수 영역에서는 전송선로에서 공진이 일어나(1/4 파장이 되는 주파수에서) 결합률이 최댓값(피크)에 도달한 다음 줄어들기 시작한다. 이어서 1/4 파장의 짝수배가 되는 주파수에서 영점(0)이 계속해서 나타나고 1/4 파장의 홀수배가 되는 주파수에서 피크점이 계속해서 나타난다.

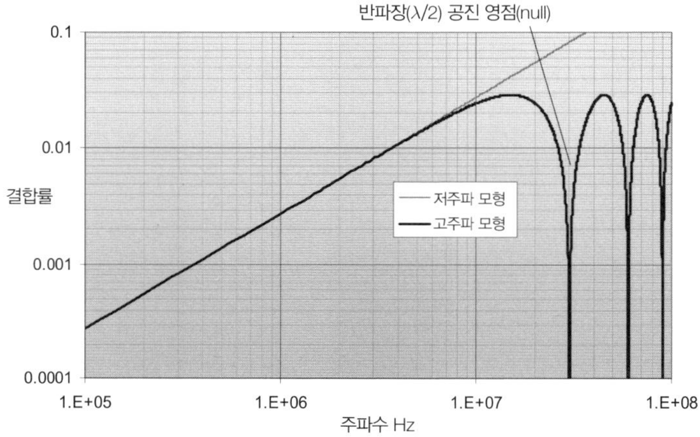

그림 11.6 길이가 5 m인 전송선로의 결합률

11.1.3 교류 주전원선 결합(mains coupling)

상용 교류전원을 공급하는 주전원 배전망(mains distribution network, 교류전원 분배망)에는 여러 장비들이 함께 연결되어 있으므로 한 장비에서 다른 장비로 장해를 일으키는 잡음이 전파될 수 있다. 높은 주파수 범위에서는 이러한 현상의 특성을 정확하게 밝혀내기가 어려운데, 이는 특히 배전망의 교류 전원선에 연결된 전기 부하들은 망과 접속된 지점에서 사실상 어떤 RF 임피던스 값도 가질 수 있기 때문이다. 교류 전원선의 RF 임피던스를 평균하면 전도성 방출 시험에 명시되어 있는 것처럼, 교류 전원선의 각 상(phase) 도선과 대지접지(earth) 도선 사이에 50 Ω과 50 μH가 병렬로 연결된 회로망으로 근사적으로 나타낼 수 있다(7.2.2.1절 참조). 두 장비가 인접한 두 아웃렛(outlet, 전기 콘센트)에 접속되어 있는 경우처럼 교류 전원선을 통해 짧은 거리로 서로 연결되어 있다면 [그림 11.7]과 같은 등가회로로 나타낼 수 있다. 이 회로에서 신호는 상(phase, L 또는 N)과 대지접지(earth, E)의 두 선 사이에서 전달된다고 가정한다.

교류 전원선으로 사용되는 케이블은 10 MHz 정도의 주파수까지는 특성 임피던스가 약 150~200 Ω이며 손실이 매우 작은 전송선로로 볼 수 있다. 그렇지만 배전 시스템에 존재하는 부하 접속, 케이블 접속, 분배 부품에 의해 생겨나는 방해와 불연속이 RF 전달 특성을 상당 부분 결정짓는다. 이러한 요인들은 신호의 감쇠(attenuation)를 증가시키며, 주파수에 따른 임피던스 특성변화 그래프에서 피크점(peak)과 영점(null)이 뚜렷이 나타나게 한다.

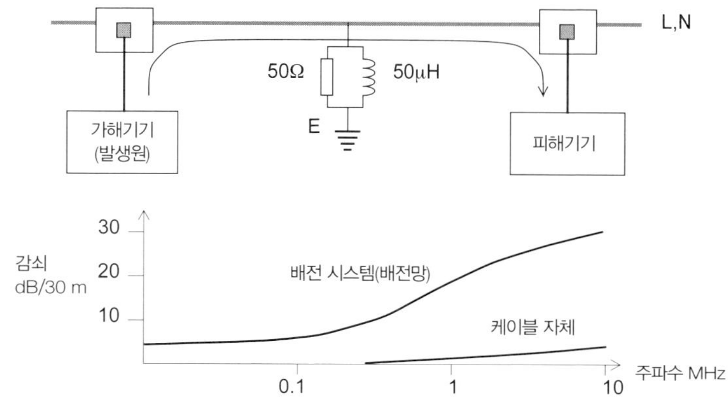

그림 11.7 교류 주전원선을 통한 장해 잡음의 결합

11.1.4 방사성 결합

가해기기(발생원)와 피해기기 사이에 아무런 연결 경로가 없는 경우에, 어떤 방식으로 에너지(장해를 일으키는 잡음)가 결합되는지 이해하기 위해서는 전자파(electromagnetic wave)의 전파(propagation)에 대한 기본적인 내용을 알아야 한다. 이 절에서는 이와 관련한 필수 개념들을 소개한다. 참고문헌 [3][7][12]에는 전자파 이론이 잘 설명되어 있다.

11.1.4.1 전기장과 자기장의 발생

두 도체의 전위(electric potential), 다시 말해 전압(voltage)이 서로 다르면 이들 두 도체 사이의 공간에는 전기장(electric field)이 발생한다. 전기장의 세기(강도)는 두 도체 사이의 전위차(전압차)를 두 도체 사이의 거리로 나눈 값에 비례한다. 전기장의 단위는 V/m(volt/meter)이다.

전류가 흐르는 도체의 바깥 둘레에는 자기장(magnetic field)이 발생한다. 도체 바깥에 위치한 어떤 점에서의 자기장의 세기(강도)는 도체에 흐르는 전류를, 도체 중심에서 그 점까지의 거리로 나눈 값에 비례한다. 자기장의 단위는 A/m(ampere/meter)이다.

전자회로에 교류 전압을 인가하면 교류 전류가 발생하여 그 회로를 구성하고 있는 도체를 통해 흐른다. 그러면 도체 주위에는 전기장과 자기장이 함께 발생하여 공간 속으로 퍼져가며 전파되는데 이것이 바로 **전자파**(electromagnetic wave, 줄여서 EM wave)이다. 전자파의 전파 속도는 공간의 특성, 다시 말해 전자파가 전파하는 매질의 특성에 의해 결정된다. 매질이 자유공간(free space)인 경우, 전파속도는 3×10^8 m/s로 빛의 속도와 같다. 전자파를 방사하는 발생원 근처에서는 그 발생원의 특성에 따라 전자파를 이루고 있는 전기장과 자기장의 특성과 세기가 달라진다. 즉 발생원 근처에서는, di/dt 값이 큰 전류가 흐르는 도체에서 발생하는 전자파인 경우에는 전기장과 자기장 중에서 자기장이 우세하며(대부분을 차지하며), dv/dt 값이 큰 회로의 노드에서 발생하는 전자파인 경우에는 전기장이 우세하다. 전자파(전기장과 자기장)의 구조는 그 전자파를 발생시키는 도체(발생원)의 구조와 배치 형태는 물론, 근처에 놓인 다른 도체, 유전체, 자성체에 따라 달라진다. 일반적으로, 어떤 전자장비 주위의 전기장과 자기장은 매우 복잡한 방식으로 분포해 있다. 따라서 장비 주위에 전기장과 자기장은 이렇게 분포하고 그래서 이런 방법으로 제어하면 된다는 식의 고정 불변의 결론을 이끌어 내기란 무척 어려우며, 이를 알아내기 위해서는 근거리장 프로브(near field probe)로 장비 주위의 전기장과 자기장을 자세히 측정하는 방법이 최선일 것이다. 그렇지만 맥스웰 방정식으로부터 유도한 전자파의 수식을 살펴보면, 발생원으로부터 멀리 떨어진 곳에서는 전기장과 자기장이 각각 가진 세 가지 3차원 성분들 중에서, 전파 방향에 모두 수직이면서 동시에 서로 수직을 이루는 전기장 성분 하나와 자기장 성분 하나만 남고 나머지는 성분들은 모두 감쇠되어 사라진다. [그림 11.8]에 지금까지 설명한 내용을 그림으로 나타내었다.

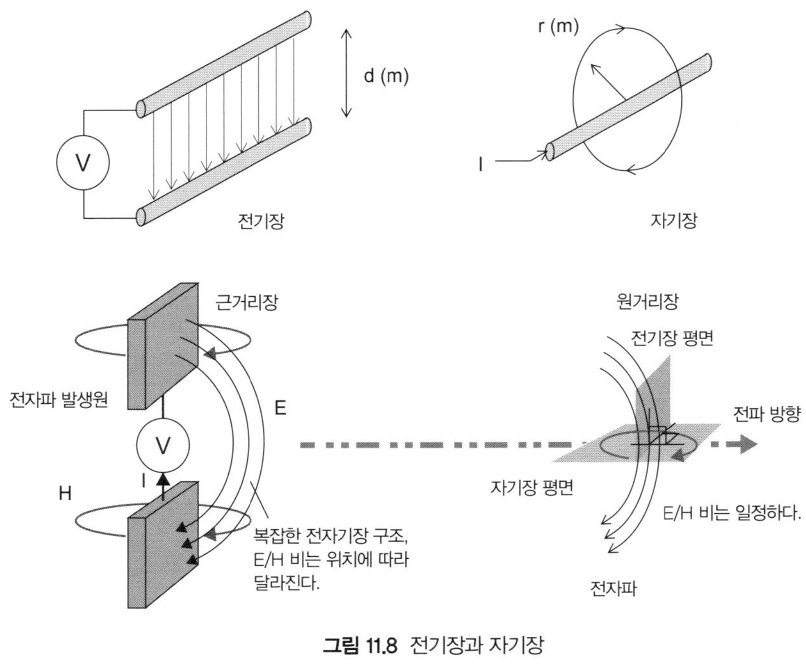

그림 11.8 전기장과 자기장

11.1.4.2 파동 임피던스

전기장의 세기와 자기장의 세기의 비(ratio)인 E/H를 파동 임피던스(wave impedance)라고 한다. [그림 11.9]에 다이폴 안테나(전기장이 우세한 발생원)와 루프 안테나(자기장이 우세한 발생원)에서 방출된 전자파의 파동 임피던스를 나타내었다. 전자파의 파동 임피던스는 매우 중요한 파라미터로, 전자파가 다른 도체 구조에 얼마나 잘 결합되는지 결정하는 것이 바로 파동 임피던스이다. 또한 어떤 도체가 전자파 차폐에 사용될 때 그 도체가 얼마나 전자파를 얼마나 잘 차단하는지 결정하는 것도 파동 임피던스이다. 발생원(source)에서 떨어진 거리가 $d > \lambda/2\pi$인 원거리장(far field) 영역에서 전자파는 평면파(plane wave)가 된다. 평면파의 전기장 세기와 자기장 세기는 각각 거리에 대해 같은 비율(전파 거리에 정비례)로 감소한다. 따라서 전기장과 자기장 세기의 비는 상수가 된다. 평면파의 파동 임피던스는 매질의 고유 임피던스(intrinsic impedance)와 같으므로 원거리장에서 자유공간을 전파하는 전자파의 파동 임피던스는 자유공간의 고유 임피던스인 Z_0와 같다.

$$Z_0 = \sqrt{\frac{\mu_0}{\varepsilon_0}} = 120\pi\ \Omega = 377\ \Omega \tag{11.10}$$

여기서 $\mu_0 = 4\pi \times 10^{-7}$ H/m(자유공간의 투자율)

$\varepsilon_0 = 8.85 \times 10^{-12}$ F/m(자유공간의 유전율)

$d > \lambda/2\pi$인 근거리장(near field) 영역에서 전자파의 파동 임피던스는 발생원의 특성에 따라 정해진다. 다이폴(dipole)처럼 전류가 작고 전압이 큰 방사기(발생원)에서 방출된 전자파는 전기장의 세기가 커서 파동 임피던스가 높은 반면, 루프(loop)처럼 전류가 크고 전압이 작은 방사기에서 방출된 전자파는 자기장의 세기가 커서 파동 임피던스가 낮다.

$d \approx \lambda/2\pi$, 다시 말해 발생원에서 떨어진 거리가 대략 파장의 1/6 정도가 되는 영역을 근거리장에서 원거리장으로 옮겨가는 전이영역(transition region)이라고 한다. 전이영역은 근거리장과 원거리장을 명확히 나누는 기준점이 아닌, 전자기장의 구조가 복잡한 형태에서 간단한 형태로 점차적으로 바뀌는 영역을 나타낸다고 생각하면 된다. 전자파는 원거리장 영역에서는 항상 평면파로 가정할 수 있는 반면, 근거리장 영역에서는 전자파를 이루고 있는 전기장과 자기장을 따로따로 고려해주어야 한다. 이 내용을 설명해주는 수식들이 부록 D의 [D.3절]에 수록되어 있는데, 이 수식들은 맥스웰 방정식으로부터 유도된 것이다.

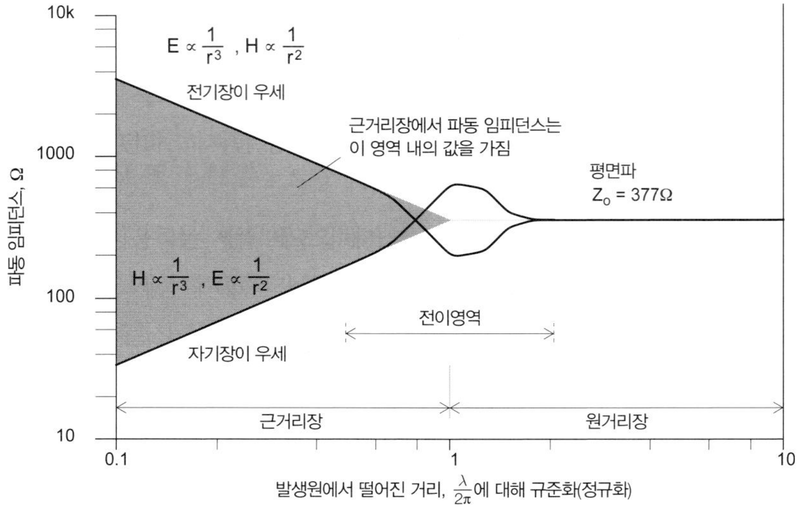

그림 11.9 파동 임피던스

11.1.4.3 레일리 기준

앞에서는 근거리장과 원거리장을 구분하는 전이영역의 기준으로 $\lambda/2\pi$[7]을 언급했는데 이와 다른 전이영역의 기준으로 레일리 기준(Rayleigh criterion)이 있다. 레일리 기준은 안테나(또는 장비)의 크기(치수)가 파장에 비해 커서 전기적 소형으로 취급할 수 없는 경우에 적용하기 위한 것이다. 앞서 언급한 기준은 맥스웰 방정식으로 유도한 전기장, 자기장으로부터 직접 구한 것인데 이와는 달리 레일리 기준은 안테나의 방사패턴으로부터 구한 것이다. 안테나(또는 장비) 상에 위치한 각 점에서 저마다 방사된 전자파들이 원거리장 영역에 위치한 한 점에 도달하면 이들 전자파 사이에는 위상차가 존재하게 되는데 원거리장 가정이 성립하려면 최대 위상차[8]가 작아야 한다. 다시 말해 이들 전자파가 전파하는 경로 차이가 파장에 비해 작아야 한다. 안테나의 최대 크기(치수)가 D이고 파장이 λ일 때 이러한 조건을 만족하는 거리 d를 유도할 수 있는데, 이것이 레일리 기준이다. 레일리 기준을 써서 원거리장 조건을 식으로 나타내면 다음과 같다.

$$d > \frac{2D^2}{\lambda} \tag{11.11}$$

여기서 D는 안테나(또는 장비)의 최대 치수이다.

7 (옮긴이) 이 기준은 안테나의 최대 크기(치수) D가 파장 λ에 비해 훨씬 작은($D \ll \lambda$) "전기적 소형(electrically small)" 안테나를 가정하여 유도된 것으로 이 조건은 주파수(또는 파장)의 함수일 뿐, 안테나의 크기에는 무관하다.

8 (옮긴이) 최대 위상차가 $\pi/8$ rad(=22.5°)을 넘지 않을 조건으로 유도된 것이 레일리 조건이다.

[표 11.1]에 다양한 주파수와 안테나(또는 장비)의 최대 치수에 대해 맥스웰 기준과 레일리 기준을 적용하여 계산한 거리를 수록하였다.

표 11.1 근거리장과 원거리장의 경계를 나누는 레일리 기준과 맥스웰 기준

주파수	파장 λ (m)	최대 치수 D (m)	레일리 기준 $d=2D^2/\lambda$ (m)	맥스웰 기준 $d=\lambda/(2\pi)$ (m)
10 MHz	30	1	0.067	4.77
		3	0.6	
30 MHz	10	1	0.2	1.59
		3	0.6	
100 MHz	3	0.3	0.06	0.477
		1	0.67	
		3	6.0	
300 MHz	1	0.3	0.18	0.159
		1	2.0	
1000 MHz	0.3	0.3	0.6	0.0477
		1	6.67	

11.1.5 결합 모드

EMC를 이해하는 데 사용되는 기본 개념으로 차동모드(differential mode)와 공통모드(common mode), 안테나모드(antenna mode)가 있다. 이 책 전체에서 이 세 가지 결합 모드와 관련한 내용들이 수시로 사용되고 있음을 알게 될 것이다. 이 개념들을 적용하여 장해를 일으키는 잡음이 어떻게 방출(송신)되고 어떻게 포착(수신)되는지 분석한다.

11.1.5.1 차동모드

[그림 11.10]을 보면 두 개의 장비가 케이블(두 개의 도선)로 서로 연결된 시스템이 있다. 신호 전류(signal current)는 서로 가까이 놓여 있는 두 평행 도선을 따라 차동모드로 전달된다. 이러한 차동모드 전류는 그림에 화살표로 표시된 것처럼 두 도선에서 서로 반대 방향으로 흐른다(신호원에서 나와 한 도선을 따라 흐르는 전류를 신호 전류(signal current), 나머지 도선을 따라 흘러 신호원으로 되돌아가는 전류를 귀환 전류(return current)라고 한다). 두 도선을 따라 흐르는 이 차동모드 전류에 의해 도선 주위에는 전자기장이 발생하며 이 전자기장은 주위 공간을 따라 외부로 전파된다. 역으로, 외부에서 방사된 전자기장이 이 시스템에 결합되면 차동모드 잡음전류가 두 도선에 유도되어 장해를 일으킬 수 있다. 이때 접지 기준면은 차동모드 결합에는 아무런 역할을 하지 못한다(접지 기준면은 장비 외부에 위치해 있거나 장비를

지지하는 구조물에 의해 만들어질 수 있다).

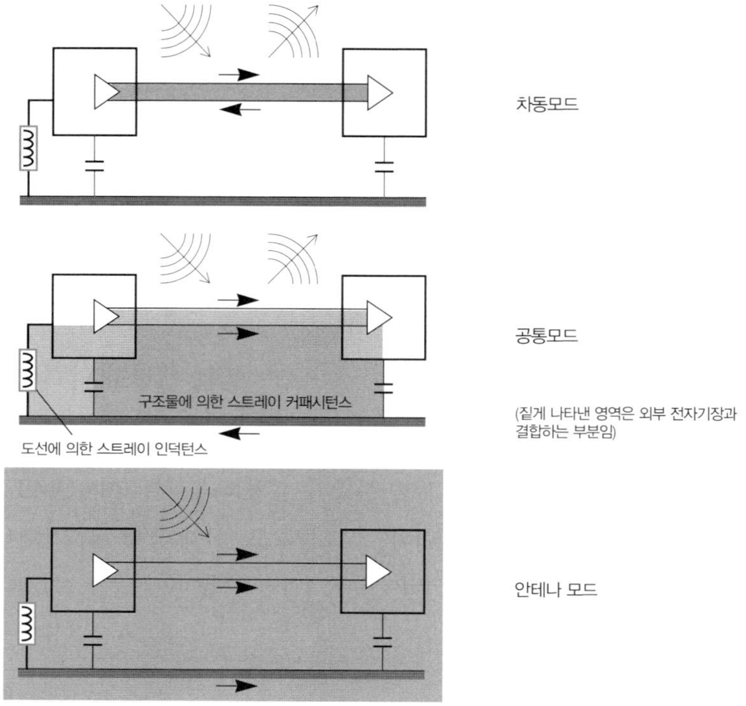

그림 11.10 방사 결합 모드의 세 가지 유형

11.1.5.2 공통모드

[그림 11.10]의 케이블(두 도선)에는 공통모드 전류가 흐를 수도 있다. 공통모드 전류는 그림에 화살표로 표시된 것처럼 두 도선에서 서로 같은 방향으로 흐른다. 이 공통모드 전류는 신호 전류와는 아무런 관계가 없는 것이 보통이다. 케이블, 접지면, 장비와 접지 사이에 연결된 다양한 임피던스에 의해 루프가 만들어질 수 있는데, 이렇게 형성된 루프에, 외부에서 전자기장이 들어와 결합되면 공통모드 전류가 유도될 수 있다. 이 공통모드 전류가 차동모드 전류로 바뀌게 되면 장비에 장해를 일으킬 수 있다. 또한 공통모드 전류는 접지 기준점과 케이블 접속점 사이에 존재하는 내부 잡음 전압에 의해 발생할 수 있는데, 이 공통모드 전류가 케이블을 따라 흐르면 케이블에서 방사성 방출이 발생한다. 이처럼 RF 공통모드 전류가 발생하는 원리를 알게 되면, 사실상 어떤 케이블도 – 그 케이블로 전달되는 신호의 유형에 관계없이, 경우에 따라서는 케이블을 구성하는 도선이 두 개가 아니라 한 개뿐인 경우에도 – EMC 관점에서는 안심할 수 없음을 알게 된다.

장비 내의 배선이나 구성 장치의 인클로저(enclosure, 케이스)[9]에 의해 생기는 스트레이 커패시턴스와 스트레이 인덕턴스로 인해 공통모드 결합 회로가 만들어진다. 따라서 이들 스트레이 성분들이 공통모드 전류의 크기와 스펙트럼 분포를 결정하는 데 매우 중요한 역할을 한다는 사실을 잘 알고 있어야 한다. 장비 내에 들어있는 이들 스트레이 임피던스는 설계를 해서 집어넣은 것이 아니라 의도치 않게 장비에 생긴 것이므로 당연히 장비의 회로도에는 표시되어 있지 않다. 따라서 차동모드 결합을 결정하는 케이블 간격이나 회로 필터링과 같은 요소들보다 공통모드 결합을 결정하는 스트레이 임피던스는 억제(제어)하거나 예측하기가 훨씬 어렵다.

11.1.5.3 안테나 모드

안테나 모드(antenna mode) 전류는 [그림 11.10]에 화살표로 표시된 것처럼 케이블(두 도선)과 접지 기준면을 따라 모두 같은 방향으로 흐른다. 이들 안테나 전류는 내부에서 발생한 잡음에 의해 생기는 것이 아니라 접지면까지 포함한 전체 시스템이 외부 전자기장에 노출되는 경우에 발생하여 흐른다. 항공기의 예를 들어보면 항공기 동체 구조물은 내부 장비에 대해 접지면의 역할을 하는데, 비행 중인 항공기가 레이더에서 방출된 전자파에 노출되면 항공기 동체와 항공기 내부 배선에는 같은 전류가 흐른다. 자체적으로 운용되는 독립 시스템(self-contained system)에서 안테나 모드 전류들이 서로 다른 전류경로에 있는 다양한 임피던스를 통해 흐르면서 차동모드 또는 공통모드로 변환되는 경우에는 이 시스템에 방사 전자기장 감응성(내성) 문제를 일으킨다.

11.1.5.4 차동모드와 공통모드 사이의 변환

앞에서, 바람직하지 않은 공통모드 전류는 정상적인 신호 전류와는 관련이 없다고 언급한 바 있다. 그렇지만 신호 전류로부터 공통모드 전류 성분이 생겨날 수도 있다. 두 신호 도체가 주위에 있는 외부 접지에 대해 가지는 임피던스가 서로 다른 경우에는 차동모드에서 공통모드로 변환이 일어난다. RF 주파수에서 신호 도체가 접지에 대해 가지는 임피던스의 대부분은 스트레이 커패시턴스와 스트레이 인덕턴스에 의한 것이다. 이 스트레이 커패시턴스와 인덕턴스는 신호 도체와 장치들이 어떤 방식으로 레이아웃(layout, 배치와 구성)되어 있는가에 따라 값이 달라진다. 따라서 이들 스트레이 성분들의 발생을 제어하고 억제하려면 회로의 설계뿐만 아니라 장비를 구성하는 부품과 장치들의 배치까지 함께 고려해야 한다.

9 (옮긴이) 회로부품, 모듈, 장치, 장비 등을 사방에서 둘러싸는 구조물로 대부분 금속(도체) 재질의 상자형태를 하고 있다. 함체(函体), 또는 광체(筐体)라고도 하는데 일본식 한자어로 우리말 표준어는 아니다.

[그림 11.11]을 보면 차동모드 전류 I_{DM}이 부하 R_L을 통과해 흐르면서 그 부하에 정상적인 신호 전압을 발생시키고 있다. 공통모드 전류 I_{CM}은 R_L을 통해서는 흐르지 않고 두 임피던스 Z_A와 Z_B를 각각 통과해 흘러 외부의 접지를 지나 되돌아간다. 여기서 Z_A과 Z_B는 원래 설계된 회로 부품이 아니라 분포성분인 스트레이 임피던스이다. 이 스트레이 임피던스는 커패시턴스 성분인 경우가 일반적이지만 항상 그렇지는 않다. 스트레이 임피던스 값은 PCB 트랙과 부품의 표면적, 그리고 이들과 섀시(chassis)의 금속부위 및 장비를 구성하는 다른 장치들 사이의 간격 같은 요인들에 의해 결정된다. $Z_A = Z_B$인 경우라면 공통모드 전류 I_{CM}으로 인해 부하 R_L에 발생하는 전압은 없다. 그러나 Z_A와 Z_B가 같지 않으면 두 임피던스의 차이에 비례하는 전압이 공통모드 전류 I_{CM}에 의해 부하 R_L에 발생한다.

$$V_{load(CM)} = I_{CM} \cdot Z_A - I_{CM} \cdot Z_B = I_{CM} \cdot (Z_A - Z_B) \tag{11.12}$$

이런 이유로 고주파 신호(광대역 데이터 또는 비디오 신호)를 다루는 회로 또는 RF에 취약할 가능성이 있는 회로에서는, 두 도체가 접지에 대해 각각 가지는 스트레이 임피던스가 서로 평형(balance)을 이루도록(서로 같아지도록) 최선을 다해 설계해야 한다. 또한 공통모드 초크(14.2.4.1절)를 사용하면 스트레이 임피던스의 불평형(imbalance)을 억제하여 I_{CM}의 크기를 감소시킬 수 있다. 예를 들어, 100 Mb/s와 1 Gb/s의 고속 이더넷(Ethernet) 연결에서는 표준 인터페이스 회로에 위의 두 가지 방법을 사용하여 최대의 효과를 거둘 수 있도록 하고 있다.

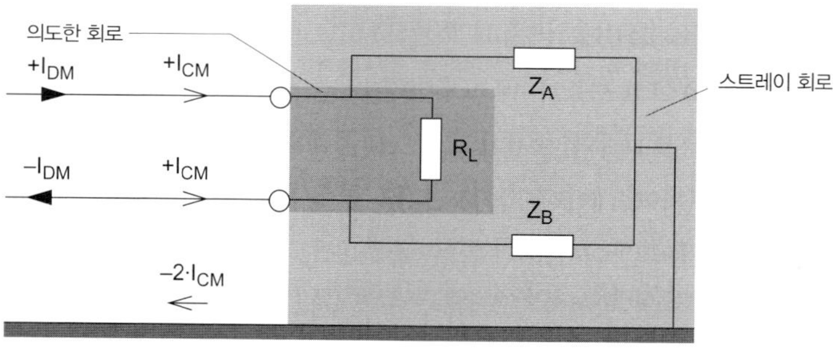

그림 11.11 차동모드에서 공통모드로의 변환

건물 내부, 그리고 건물과 건물 사이에서 차폐처리를 하지 않은 케이블을 통해 광대역 데이터를 전송하는 경우가 많아지면서 이들 케이블에서 방사되는 전자파로 인한 장해문제가 심해지고 있다. 케이블이 지나가는 주위에는 다양한 도체 구조물들이 존재하므로, 케이블 자체의 평형성은 물론 케이블 양 끝에 연결되는 회로의 평형성도 중요한 요소로 작용한다. 이들 요소는 케이블이 얼마나 적절하게 구성되고 제조되는가의 크게 좌우되는데, LCL(longitudinal conversion loss)이라는 케이블 파라미터를 통해 이를 파악할 수 있다. LCL에 대해서는 [14.1.9.1절]에서 다시 다루기로 한다.

11.1.5.5 일반화

[그림 1.10]과 [그림 11.11]의 두 회로에서 설명한 원리는 전류가 두 모듈 사이에 연결된 케이블을 통해 전달되는 경우에만 제한적으로 적용되는 것은 아니다. 이 회로는 각 모듈에 들어있는 여러 PCB들을 연결하는 케이블(연결도선)을 통해 전류가 흐르는 경우, 또는 섀시에 장착된 PCB에서 여러 부품들을 연결하는 트랙을 따라 전류가 흐르는 경우에도 적용할 수 있다. 제품에서 발생하는 많은 EMC 문제들은 제품 내부는 물론 외부에 흐르는 공통모드 전류를 추적해 원인을 밝혀낼 수 있다. 다시 한 번 강조하지만 [그림 11.10]에 나타낸 회로는 어떤 상황에도 적용해 활용할 수 있다.

11.2 잡음 방출

어떤 제품을 규격에 따라 설계할 때 그 제품이 설치될 시스템이나 환경에 대해 알지 못하는 경우, 보통은 두 가지 측면 ─ 방출(emission)과 감응성(susceptibility) ─ 을 분리하고 각각에 대해 최소한의 요건을 충족시키는 설계를 할 것이다. 다양한 규격에는 저마다 허용기준(제한치)(limit)이 제시되어 있지만 고객이나 시장 부문에서는 더욱 구체적인 조건을 요구할 수 있다. CISPR을 준용하여 만든 여러 표준들은 두 개의 부분 ─ 시스템 전체를 통해 밖으로 나오는 **방사성 방출**(radiated emission), 시스템의 인터페이스 케이블과 전원 케이블을 통해 밖으로 나오는 **전도성 방출**(conducted emission) ─ 으로 나뉜다. 측정의 편의를 위해 방사성 방출과 전도성 방출을 구분하는 경계 주파수는 30 MHz로 정해져 있으며, 이 경계 주파수 이상에서는 방사성 방출 시험을, 이하에서는 전도성 방출 시험을 실시한다. 방사성 방출은 내부 PCB, 배선에 흐르는 차동모드 전류로 인한 전자파 방출, 그리고 PCB, 도체구조, 장비에 연결된 외부 케이블에 흐르는 공통모드 전류로 인한 전자파 방출로 구분할 수 있다.

11.2.1 방사성 방출

11.2.1.1 PCB에서의 방사

대부분의 장비에서 방사성 방출을 일으키는 주요 발생원(source)은 PCB 상에 장착된 회로(클록, 비디오 구동기(driver), 데이터 구동기, 스위칭 방식(switchmode)의 변환기, 발진기, 임펄스 발생원 등)에 흐르는 전류(current)이다. 전자기 에너지의 일부는 PCB에서 직접 방사되는데, 이를 [그림 11.12]의 간단한 예를 통해 알아보자. [그림 11.12]를 보면 PCB 상의 부품들과 이들을 연결하는 트랙에 의해 전류가 흐르는 루프가 형성되어 있는데, 이는 루프 안테나(loop antenna)에 전류가 흐르는 모형으로 나타낼 수 있다. 루프 중에서 소형 루프(small loop)는 둘레 길이가 관심 주파수에서 파장의 1/4, 즉 λ/4보다 작은 것을 말한다. 예를 들어 관심 주파수가 75 MHz일 때 λ/4에 해당하는 둘레 길이는 자유공간의 경우에는 1 m, 에폭시 유리(epoxy glass) PCB의 경우에는 50 cm 이하가 된다(부록 D의 [D.6절] 참조). 따라서 대부분의 PCB 루프는 수백 MHz까지의 주파수 범위에서는 "소형(small)"으로 간주할 수 있다. 루프의 둘레 길이가 λ/4에 가까워지면 루프의 각 점들과 공간상의 어떤 한 점 사이의 거리차이가 커져 위상차도 커지는데, 어느 점에서 위상차가 180°가 되면 그 점에서 전자기장의 세기가 감소하게 된다. 접지면 위에 위치한 루프 안테나에서 방사되는 전자기장의 최대 세기를, 루프 안테나에서 10 m 떨어진 거리에서 구해보면 다음 식과 같다[10].

$$E = 263 \times 10^{-12}(f^2 \cdot A \cdot I_S)\ \text{V/m} \tag{11.13}$$

여기서 A는 루프의 면적(단위: cm^2)

f는 주파수(단위: MHz), I_S는 주파수 f에서 루프에 흐르는 전류(단위: mA)

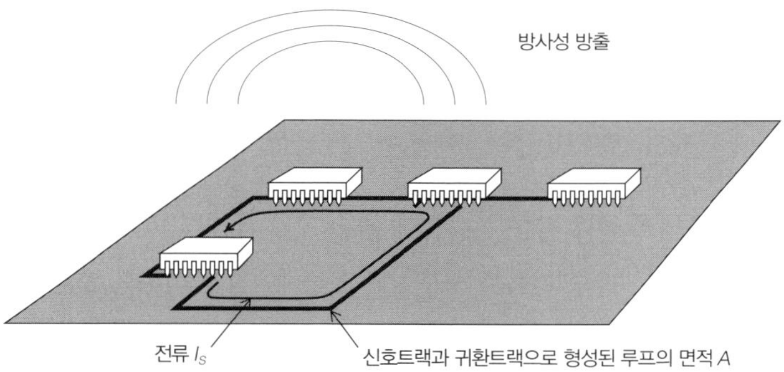

그림 11.12 PCB 방사성 방출

자유공간의 경우, 전기장과 자기장의 세기는 원거리장 영역에서 발생원과의 거리에 비례하여 감소한다. 10 m라는 거리는 유럽의 상업용 방사 측정 표준(commercial radiated emission standard)에서 사용하는 표준 측정 거리이다. 루프 안테나 아래에 접지면이 있으면 접지면에서 반사된 전기장이 직접 전파되는 전기장과 보강되어 최대 2배까지 세기가 커질 수 있으므로 위 수식은 루프 안테나 아래에 접지면이 없는 전기장 수식에 2배를 한 것이다. 실제로도 이러한 상황은 규격에서 수행하는 시험에서 요구하고 있는 특성이다.

루프는, 전류가 신호원에서 흘러나와 제자리로 되돌아가는 과정에서 거쳐 가는 전체 경로이다. 식 (11.13)에서 I_S는 어떤 단일 주파수 f에서의 전류값, 즉 사인(또는 코사인) 형태의 파형을 갖는 전류의 크기이다. I_S가, 많은 고조파를 갖는 사각파 형태의 전류인 경우에는 I_S의 푸리에 스펙트럼(Fourier spectrum)을 이용하여 구한 I_S의 크기와 주파수를 사용해야 한다. 이에 대한 내용은 [13.1.2절]에서 자세히 다룬다.

PCB 설계의 적절성 평가

주어진 어떤 PCB 설계에 대해, 전자파 차폐를 해 줄 필요가 있는지 없는지를 판단하는 데 식 (11.13)을 사용할 수 있다. 예를 들어, $A = 10\ \text{cm}^2$, $I_S = 20\ \text{mA}$, $f = 50\ \text{MHz}$인 경우에 식 (11.13)으로 전기장의 세기를 계산하면 $E = 42\ \text{dB}\mu\text{V/m}$가 된다. 이 값은 EN Class B 허용기준(limit)을 12 dB 만큼 초과한다. 이때 주파수와 전류의 크기가 이미 정해져 있고 루프의 면적을 줄일 수 없다면 차폐를 해주는 방법 말고는 대책이 없다.

방사성 방출의 원인이, PCB 상에 존재하는 소형 루프에 흐르는 차동모드 전류만은 아니다. PCB 상에 흐르는 공통모드 전류와 PCB에 부착된 케이블에 흐르는 공통모드 전류가 훨씬 큰 원인이 될 수 있다. 폴(Paul)은 이렇게 까지 말한 바 있다[119].

> "일반적으로 말해, 오로지 차동모드 전류만을 고려하여 방사성 방출의 세기를 예측(계산)한 결과는 방사성 방출의 세기를 측정한 결과와는 전혀 다를 것이다. 따라서 공통모드 전류에 의한 방출(훨씬 큰 것이 보통임)을 고려해야 한다는 점을 무시하면서 전적으로 차동모드 전류, 그리고 차동모드 전류와 관련된 예측 모형을 기반으로 시스템에 대해 EMC 설계를 하면 강한 안도감을 느끼게 될 텐데 이는 전적으로 잘못된 것이다."

키르히호프 전류법칙을 따르는 차동모드 전류와는 대조적으로 PCB 자체에 흐르는 공통모드 전류를 예측하기란 결코 쉽지 않다. 공통모드 전류의 귀환경로는 스트레이 커패시턴스(PCB 근처에 위치한 물체(구조물)에 의해 발생)를 경유하거나 스트레이 인덕턴스(전류경로 중간에 끼어들어 존재하는 구조물에 의해 발생)를 경유한다. 따라서 공통모드 전류를 정확히 예측하려면 PCB와 그 케이스의 상세한 기계적 구조는 물론 이들과 접지와의 간격, 이들과 다른 장치와의 간격을 함께 고려해야 한다. 이는 앞서, 전자파 잡음은 "기계(mechanical)" 부품들의 "전기적(electrical)" 특성을 고려해야 한다는 말과 일맥상통한다. "EMC 설계는 일종의 '마술(black art)'이다"라는 말이 나오게 된 것은 바로 이 때문이다.

11.2.1.2 패치 안테나로 동작하는 PCB

PCB 구조를 다른 방식으로 모형을 만들어 해석할 수 있다. [그림 11.13]의 회로를 살펴보자. 그림을 보면 전원면(power plane)과 0 V면 면이 전송선로 구조로 되어 있다. 전원면 대신에 PCB 트랙이 들어가도 0 V면과 함께 전송선로 구조를 이룬다. 회로가 동작하면 이 두 면으로 이루어진 전송선로를 따라 전압과 전류가 분포한다. 이때 전송선로의 양 끝 모서리, 다시 말해 불연속 지점에서는 방사 전자기장이 발생하여 PCB 주위의 공간으로 퍼져 나간다. 전원면과 0 V면으로 이루어진 구조인 경우에는 이러한 방사가 양쪽 끝 모서리에서 일어난다. 그런데 안테나 설계 엔지니어이거나 안테나 공학을 배운 사람이라면 이 내용이 패치 안테나(patch antenna)에서 전자기장이 방사되는 메커니즘과 동일함을 알아차릴 수 있을 것이다. 패치 안테나 이론을 사용하면 PCB에서 전자기장이 방사되는 원리를 성공적으로 설명할 수 있다.

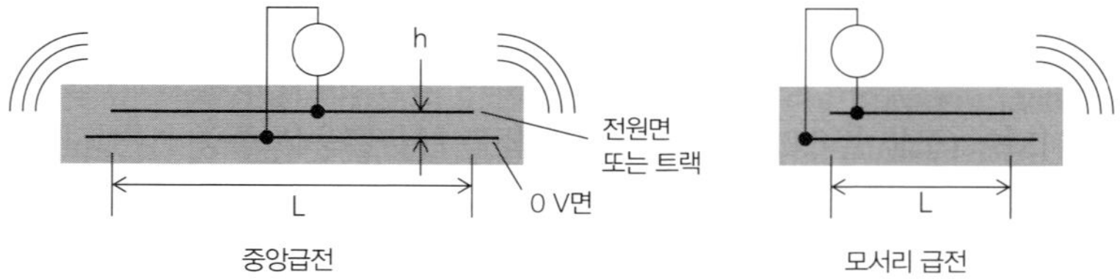

그림 11.13 패치 안테나 모형

[그림 11.13]에서 방사는 두 면 사이의 간격 h가 넓을수록 증가한다. 또한 두 면의 양쪽 끝(좌, 우 모서리) 사이의 위상차가 180°, 다시 말해 전원면의 길이 L이 반 파장($\lambda/2$)일 때 전자기장의 방사가 최대로 일어난다. 반 파장에 해당하는 실제 길이(physical length)는 PCB 내부에서는 $1/\sqrt{\varepsilon_r}$배만큼 자유공간보다 짧아진다. 예를 들어, 유전율이 $\varepsilon_r = 4.2$인 에폭시 유리(epoxy glass) PCB의 경우, 주파수 490 MHz에 대해 반 파장의 길이는 약 15 cm가 된다. 주파수가 높을수록 반 파장에 해당하는 PCB 전원면의 길이 L은 짧아진다. 이 주파수의 정수배가 되는 주파수마다 PCB의 방사효율은 최대가 될 것이다.

패치 안테나에서 방출되는 전자기장의 방사패턴은 모서리의 구조와 급전점(feed point), 특히 가장 잡음이 많은 부품이 PCB 상에서 어느 곳에 위치해 있는가에 따라 달라지는데, 이러한 항목들은 당연히 PCB 레이아웃(layout)의 함수이다. 앞에서는 급전 위치를 전송선로(전원면)의 중앙 근처로 가정했는데, 급전 위치가 모서리 근처가 되면 전송선로의 길이가 $n \cdot \lambda/4$(n은 홀수)일 때 급전 전류는 최대가 된다. 전원면이 2차원인 것을 고려하면 급전 위치에 따라 다양한 x, y 방향 모드가 전원면 상에 여기(excitation)된다. 여러 개의 층(layer)으로 이루어진 PCB 기판에 여러 개의 전원과 많은 부품이 복잡하게 레이아웃(배치)되어 있는 회로의 경우, 방사를 최소화할 수 있는 여러 방법들을 평가하기 위해 이런 복잡한 회로를 해석하는 것은 너무 어렵고 힘들다. 이렇게 하는 대신에 관련된 전송선로(전원면과 0 V면)의 간격 h를 최소로 만들어 특성 임피던스를 최소로 만들고 적절한 디커플링(decoupling)을 해주어 전송선로의 모서리에서 방사 전압이 최소가 되게 만들어 주는 방법, 그리고 전원면과 접지면의 레이아웃(배치와 구성)을 잘 설계하여 모서리 부분에, 방사가 잘 일어나는 날카로운 불연속 구조가 생기는 것을 막는 방법이 최선이다. 이는 두 면의 모서리가 인접한 상태로 곧고 길게 나란히 배치되지 않게 해야 한다는 뜻이다(12.2.3.3절의 $10 \times h$ 규칙 참조).

물론 위에서 말한 내용은 PCB 주위의 공간이 자유공간이거나 PCB가 플라스틱 인클로저 내부에 있어 PCB에서 방출되는 전자기장이 차폐되지 않는 경우에 적용된다. PCB가 전도성(도체) 인클로저에 들어 있어서 PCB에서 방출되는 전자기장이 완전히 또는 부분적으로 차폐된 경우에는 앞에서 설명한 해석 모형은 크게 수정돼야 한다. 이러한 경우를 해석하려면 고기능의 다중레벨 전자기 모델링 수치해석 프로그램 세트(multi-level numerical electromagnetic modeling suite)가 필요하다(물론 해석하는 데 많은 시간이 걸린다!).

11.2.1.3 케이블 방사

어떻게 보면 다행인 것이, VHF 영역에서 발생하는 방사성 방출은 PCB에서 직접 방출되는 것보다는 케이블에서 방출되는 것이 더 큰 비중을 차지하는 경향이 있다는 사실이다. 그 이유는 간단한데, 케이블은 전형적으로 30 MHz~100 MHz 영역에서 공진을 하며, 이 주파수 영역에서 케이블의 방사효율은 PCB 구조의 방사효율보다 높기 때문이다. 장해를 일으키는 전류는 PCB나 기타 장비의 다른 부분에 생긴 접지 잡음(ground noise)으로 인해 공통모드 형태로 발생하는데, 이 공통모드 전류는 도체를 따라 흐르거나 차폐 케이블의 실드 부위(차폐도체)를 따라 흐른다. 이 현상을 해석하는 모형은 참고문헌[32]에 잘 설명되어 있다. 이 모형을 간단히 말해보면, 잡음이 발생하는 트랙과 외부 접지 사이의 스트레이 커패시턴스, PCB의 접지 기준과 외부 접지 사이의 스트레이 커패시턴스가 공통모드 잡음 전류에 대한 귀환 전류 경로를 형성하면서 이 전류가 PCB에 접속된 케이블로 주입된다. 여기에 트랙과 접지면의 스트레이 인덕턴스까지 포함시키면 좀 더 상세한 해석 모형이 된다. 참고문헌[32]는 이 모형을 사용하여 PCB에 대한 여러 결합 파라미터(coupling parameter)들을 어떤 방법으로 유도할 수 있는지 설명하였다. 이 방법을 PCB를 일부분으로 포함하는 규모가 큰(인클로저와 케이블로 구성된) 시스템에 적용하여 공통모드 방사성 방출을 예측할 수 있다.

낮은 주파수 대역에서 케이블 방사를 예측하는 데는 [그림 11.14]에서 보듯이 접지면 위에 놓인 소형(길이 $L < \lambda/4$) 모노폴 안테나 모형을 사용할 수 있다. (케이블이 길어지면 공진이 발생하는데, 이 경우에는 이 모형이 유효하지 않다. 부록 D의 [D.3.6절]에는 공진이 발생한 케이블에서 방사되는 전기장을 계산하는 수식이 수록되어 있다.) 이 소형 모노폴 안테나에서 10 m 떨어진 위치에서 측정된 전기장 세기의 최댓값은 접지면에 의해 전기장이 최대 2배(+6 dB)만큼 커지는 것까지 고려하여 다음 식으로 쓸 수 있다. 이 식에서 보듯이 전기장의 최대 세기는 주파수에 정비례한다.

$$E = 1.26 \times 10^{-4} \cdot (f \cdot L \cdot I_{CM})\ \mathrm{V/m} \tag{11.14}$$

여기서 L은 케이블의 길이(단위: m)

f는 주파수(단위: MHz)

I_S는 주파수 f에서 루프에 흐르는 공통모드 전류(단위: mA)

케이블의 길이가 1 m인 경우, 주파수가 50 MHz일 때 10 m 떨어진 거리에서 측정한 전기장의 세기가 42 dBμV/m를 넘지 않으려면 공통모드 전류 I_{CM}은 20 μA보다 작아야 한다. 이 값은 앞서 루프에 흐르는 차동모드 전류 I_S에 대해 계산한 값인 20 mA의 1/1000배에 지나지 않는다. 규격의 제한치(허용기준)인 30 dBμV/m를 넘지 않으려면 공통모드 전류 I_{CM}은 20 μA보다 12 dB 작은, 다시 말해 1/4배인 5 μA가 되어야 한다. 실제로 공통모드 케이블 전류의 측정값 5 μA는 방사성 방출 표준의 제한치를 나타내는 유용한 지표로 생각할 수 있다[5]. 따라서 어떤 장비에서 측정한 공통모드 전류 I_{CM} 값이 5 μA를 넘으면 EMC 인증시험을 통과하지 못할 확률이 높다. I_{CM}은 제품 개발실에서 전류 프로브(current probe)나 흡수 클램프(absorbing clamp)를 사용하여 쉽게 측정할 수 있는데, 이러한 측정은 어떤 주어진 품목에 대해 문제를 진단하거나 인증시험 결과를 예상하기 위해 수행하는 사전 적합성 검사로 유용하다.

공통모드 케이블 잡음

다시 한 번 되풀이해서 말하지만 공통모드 케이블 전류와 차동모드 케이블 전류 사이의 차이를 제대로 인식하는 것은 꼭 필요하다. [그림 11.14]에서 차동모드 전류 I_{DM}은 두 개의 도체가 들어있는 케이블 속의 한 도체를 따라서 한 방향으로 흐르고(신호 전류, signal current) 나머지 한 도체를 따라서는 반대 방향으로 흐른다(귀환 전류, return current). 이때 두 도체에 흐르는 전류의 세기는 서로 같은 것이 일반적이며, 두 도체를 감싸는 케이블의 차폐도체(shield)에는 전류가 흐르지 않는다. 이 두 도체로 인해 만들어지는 총 루프 면적이 작기만 하다면 이것에 의해 방사되는 전자기장은 매우 작은데, 이는 두 도체에 각각 흐르는 신호 전류와 귀환 전류의 방향이 서로 반대여서 이들에 의한 전자기장이 상쇄되기 때문이다. 공통모드 전류 I_{CM}은 케이블 속의 두 도체는 물론, 두 도체를 둘러싼 실드 도체까지 포함하여 모든 도체를 따라 전부 같은 방향으로 전류가 흐른다. 공통모드 전류는 외부 임피던스의 불평형(unbalance)으로 인해 차동모드 전류가 공통모드로 변환되는 경우에만 차동모드 전류(즉 신호전류)와 관련이 있을 뿐 이를 제외하면 차동모드 전류와는 관계가 없다. 예를 들어, 어떤 RS-232 인터페이스 케이블로 19.2 kbaud의 속도로 데이터를 전송하고 있다고 가정하자. 이때 수백 MHz의 프로세서 클록과 그 고조파에 의해 회로 접지에 원하지 않은 잡음 전압이 발생하여 이로 인한 공통모드 잡음 전류가 케이블로 주입될 수 있다. 이 전류는 관련된 접지 회로망을 경유하여 되돌아오면서 불가피하게 큰 루프 면적을 형성하게 된다. 따라서 작은 크기의 I_{CM}이 이 루프에 흘러도 큰 전자기장이 루프에서 방사될 수 있다.

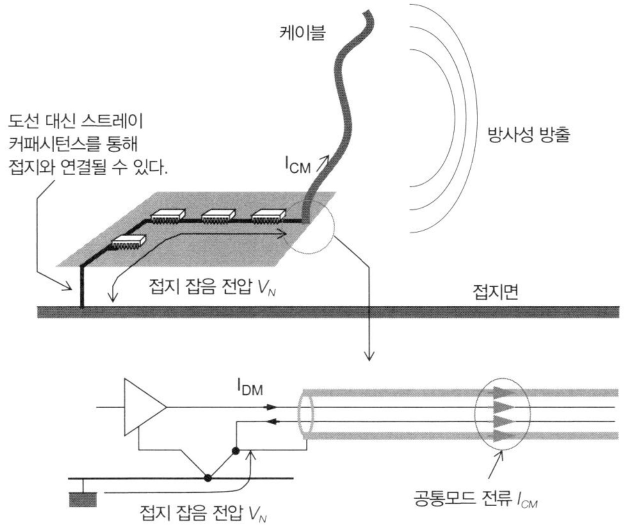

그림 11.14 케이블의 방사성 방출

11.2.2 전도성 방출

장비의 회로나 전원공급기에 들어있는 발생원의 잡음은 그 장비의 전원 케이블(power cable)로 결합된다. 잡음은 신호 케이블에서 전원 케이블로 유도성 결합이나 용량성 결합에 의해 전달될 수도 있다. 전원 케이블은 전도성 방출을 일으키는 주된 발생원(source)으로서 주의를 집중해야 하는데, 이는 CISPR을 준용한 표준은 역사적으로 이 전원 케이블에 대해서만 명시된 허용기준(제한치)을 가지고 있기 때문이다. 교류전력을 공급하는 교류전원선의 배선은 건물 여기저기로 잡음을 효율적으로 전달한다. 그렇지만 신호 케이블과 제어 케이블 또한 잡음 결합(전달) 경로의 역할을 할 수 있는데, LAN 선로나 통신선로처럼 길이가 긴 케이블인 경우에는 특히 그렇다. 따라서 최근 표준 버전에는 이들 케이블에 대해서도 측정을 수행하도록 하고 있다.

결합된 잡음은 차동모드(라이브(live)[10] 도선과 뉴트럴(neutral) 도선 사이, 또는 신호 도선들 사이), 또는 공통모드(라이브/뉴트럴/접지 도선과 대지접지(earth) 사이), 또는 이 두 모드의 혼합으로 나타난다. 신호 케이블과 제어 케이블에서 관심을 기울어야 할 대상은 공통모드 전류이다. 전원 케이블에서는 각 라이브/뉴트럴 도선과 대지접지 사이의 전압을 전원 케이블의 맨 끝에서 측정한다. 차동모드 방출은 전원공급기에서 발생하는 저주파 스위칭 잡음과 관련이 있는 것이 보통이다. 반면에 공통모드 방출은 고주파 스위칭 부품, 내부 회로의 신호원,

10 (옮긴이) 보통은 핫(hot) 도선이라고 함. 상용 교류전원을 공급하는 표준 배선은 핫(Hot), 뉴트럴(Neutral), 접지(Ground)의 세 선으로 구성되어 있음

또는 케이블 사이의 결합 때문일 수 있다.

11.2.2.1 결합 경로

[그림 11.15]는 스위치방식 전원공급기(Switched-Mode Power Supply, SMPS)로부터 전원 전압을 공급받고 있는 전형적인 제품을 보여주고 있다. 그림을 보면 잡음이 방출되는 다양한 경로를 알 수 있다. (13.2절에서는 SMPS에서 발생하는 방출에 대해 더욱 자세하게 설명한다.) 스위칭 전원공급기(switching supply)의 입력에서 발생한 차동모드 전류 I_{DM}은 측정점에서 대지접지(E)에 대해 각 도선(L, N)이 갖는 부하 임피던스에 걸리는 잡음 전압으로 측정된다. 높은 주파수를 갖는 스위칭 잡음 성분 $V_{Nsupply}$는 절연(격리) 변압기(isolating transformer)의 1차권선과 2차권선 사이의 상호(결합) 커패시턴스인 C_C를 통해 결합(전달)되어 전원 케이블의 L/N과 E 사이에 나타나고 스트레이 커패시턴스인 C_{S1}을 통해 접지면에 대해 나타난다. 회로 접지 잡음 V_{Ncct}(디지털 잡음과 클록 고조파)는 스트레이 커패시턴스 C_{S2}를 통해 접지와 연결되는데, 결국 잡음전압 V_{Ncct}는 신호 케이블을 통해 I_{CMsig}의 형태로 밖으로 흘러나가 결합(전달)되거나 I_{CME}의 형태로 안전접지(대지접지)로 흘러나간다.

실제 상황에서 문제가 되는 것는, 이 모든 잡음 결합 메커니즘이 동시에 일어나며 스트레이 커패시턴스 C_{Sx}는 제품 전체에 걸쳐 분포하고 있어서 예측하기 어렵다는 사실이다. 이는 SMPS의 케이스가 차폐되어 있지 않은 경우에는 이러한 스트레이 커패시턴스의 발생이, 주위의 다른 구조물들과의 거리에 크게 의존하기 때문이다. [그림 11.15]의 회로를 보면 I_{CMsig}는 외부에 연결된 신호 케이블과 스트레이 커패시턴스, 대지접지(earth) 연결도선을 통해 흐른다. 대지접지(earth) 단자가 없는 경우[안전 2등급 장치(safety class II apparatus)처럼], 전체 전류 경로는 C_S에 의해 결정된다. 신호 케이블 맨 끝에서 측정되는 접지에 대한 공통모드 임피던스 Z_{CMsig}가 작아지면 I_{CMsig}은 증가하고 이 전류에 의해 C_S 양단에 걸리는 전압 역시 증가한다. 그러면 이 전압은 전원 케이블 포트(port, 커넥터 단자)의 측정점으로 전달된다. 지금까지의 해석 결과로부터 전원 케이블의 전도성 방출을 정확하게 측정하기 위해서는 관련 있는 신호 단자나 다른 단자에 적절한 공통모드 부하 임피던스를 연결한 상태에서 측정을 수행해야 함을 알 수 있다. 신호 포트에 아무것도 연결하지 않은 상태에서 전도성(또는 방사성) 방출을 측정하면 잘못된 결과가 나오게 된다.

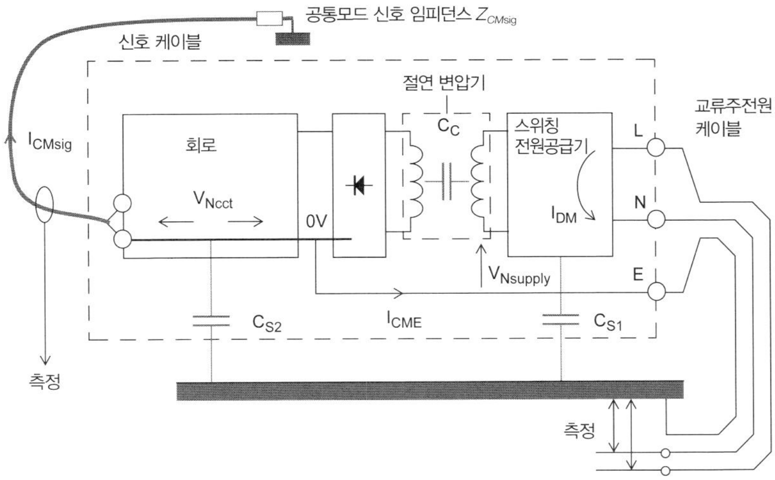

그림 11.15 전도성 방출의 결합경로

11.2.2.2 간단한 등가회로

[그림 11.16(a)]는 전원 포트에 대해 수행하는 전도성 방출 시험을 등가회로로 간단히 나타낸 것이다. 전원 접속은 LISN/AMN으로 나타내었는데, 라이브와 대지접지 사이, 뉴트럴과 대지접지 사이에는 각각 정해진 RF 임피던스가 연결되어 있다. 시험대상장비(EUT)에는 차동모드 잡음 발생원과 공통모드 잡음 발생원이 모두 들어있는데, 여기서는 차동모드 잡음 발생원은 라이브와 뉴트럴 사이, 공통모드 잡음 발생원은 라이브/뉴트럴과 대지접지 사이에 있는 것으로 나타내었다. 만일 장비가 대지접지 도선이 없는 안전 2등급 장치인 경우에도 공통모드 잡음은 스트레이 커패시턴스를 통해 접지면을 거쳐 여전히 되돌아갈 수 있다.

[그림 11.16(b)]에 표시된 것처럼 차동모드 잡음 발생원은 대지접지와는 관계없이 라이브와 뉴트럴 단자 사이에 나타난다. SMPS를 가진 회로나 그 밖의 전원 스위칭 회로에서, 차동모드 방출 중에 가장 큰 부분을 차지하는 것은 스위칭 장치에 연결되는 DC 링크(link) 양단에 걸리는 잡음 전압이다. DC 링크에는 저장용 커패시터(reservoir capacitor, 필터 커패시터)가 있는 것이 보통인데, 이 커패시터를 통해 흐르는 di/dt 값이 큰 스위칭 전류에 의해 스위칭 주파수의 고조파 주파수에서 커패시터의 등가 직렬 임피던스 양단에 전압이 발생한다. 다이오드 잡음도 크기가 큰 경우에는 차동모드로 나타난다.

[그림 11.16(c)]에 표시된 공통모드 잡음원은 더욱 복잡하다. 공통모드 전압은 대지접지를 기준으로 라이브와 뉴트럴에 각각 나타난다. 교류 입력은 대지접지와는 절연(격리)되어 있는 것이 보통이므로 공통모드 결합은 용량성인 경우가 일반적이다.

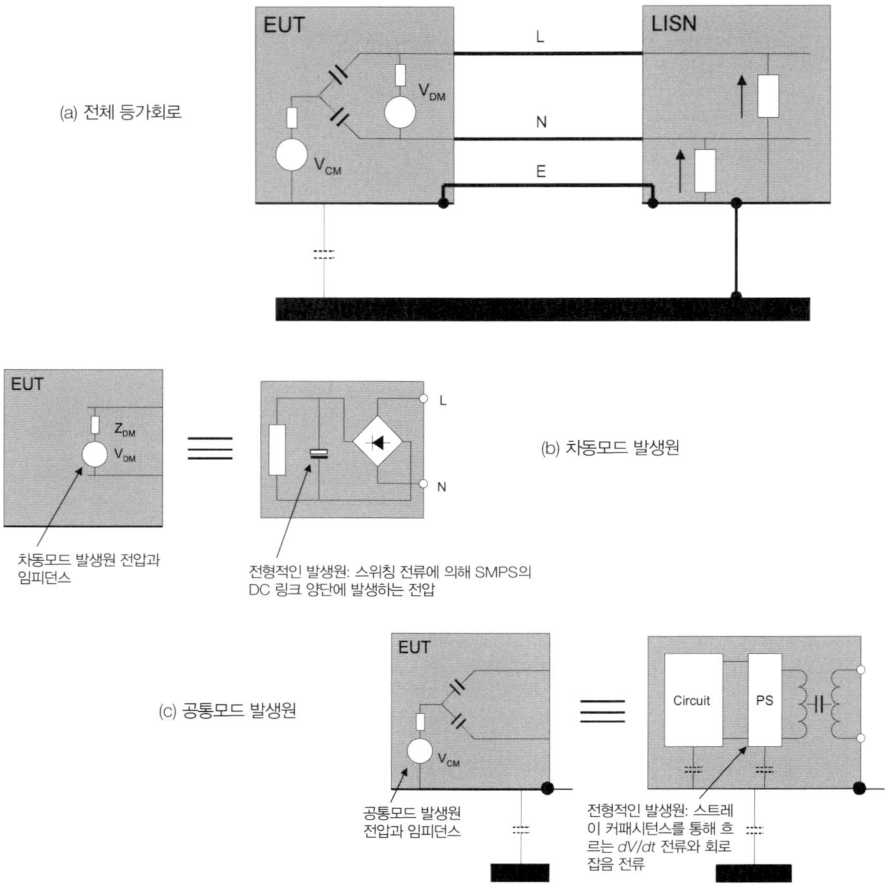

그림 11.16 전도성 방출 시험의 등가회로

결합은 절연 변압기의 1, 2차권선 사이의 상호 커패시턴스, 그리고 전원공급기(예를 들어 방열판)와 동작 회로 내의 잡음 발생원의 스트레이 커패시턴스에 의해 가장 크게 이루어진다. 이들 스트레이 커패시턴스는 대지접지와의 사이에 직접 발생하거나 인클로저를 통해 대지 접지와의 사이에 발생한다(단 인클로저가 전도성인 경우). 양호하게 차폐된 인클로저는 이러한 용량성 결합에 의한 "누출"을 최소화하므로 전도성 방출을 줄일 수 있다. 결합 경로에는 다른 유형의 임피던스들이 나타날 수 있다. 예를 들어 절연 변압기의 누설 인덕턴스는 1,2차권선 사이의 상호 커패시턴스에 직렬로 발생하는데, 이 둘이 결합하여 MHz 범위의 주파수 영역에서 직렬 공진 피크가 나타날 수 있다. 또한 교류 전원 케이블의 인덕턴스는 장치내의 전체 커패시턴스와 직렬로 연결되어 또 다른 직렬 공진을 발생시킬 수 있다.

11.3 내성(immunity)

전자장비는 주변의 전자기장이나, 장비에 연결된 케이블을 통해 포트로 결합되는 잡음들에 취약할 수 있다. 정전기 방전(electrostatic discharge)은 케이블이나 장비의 케이스를 통해 장비 내부로 결합될 수 있다. 또한 장비 근처에 발생하는 정전기 방전은 그 주위에 강한 전자기장을 발생시키는데, 이 전자기장이 근처에 있는 장비에 직접 결합된다. 전자장비에 장해를 일으킬 수 있는 요소들은 다음과 같다.

- 방사성 RF 전자기장(radiated RF fields)
- 전도성 과도현상(conducted transients)
- 정전기 방전(electrostatic discharge, ESD)
- 자기장(magnetic fields)
- 전원전압 방해(supply voltage disturbances)

법적인 요구조건과는 완전히 별도로, 이러한 위협 요소들 — 특히 ESD와 과도현상 — 에 영향을 받지 않도록 장비를 설계하면 장비의 신뢰성이 향상되고 반품이 줄어들게 되므로 장비 제조업체는 상당한 비용을 절약할 것이다. 방출(emission)을 억제하는 여러 가지 측면들이 내성(immunity)을 강화하는 데에도 밀접하게 관련된다. 하지만 경우에 따라서는 ESD와 RF 장해로부터 제품을 보호하는 데 요구되는 차폐(shielding)와 회로의 잡음 억제 대책들은, 단순히 방출 표준만을 준수하는 데 필요한 수준보다 더 높아야 할 수도 있다.

11.3.1 방사 전자기장

[그림 11.17]에 표시된 것처럼 외부의 전자기장은 제품 내부의 회로와 배선에 차동모드로 직접 결합하거나 케이블에 차동모드 전류를 유도할 수 있다. 이처럼 내부 배선과 PCB 트랙에 전자기장이 결합되는 현상은 수백 MHz 이상의 주파수에서 효과적으로 일어나는데 이는 수 inch(수～수십 cm) 길이의 배선과 트랙이 이 주파수 영역에서 공진을 하기 때문이다.

RF 전압이나 전류는 아날로그 회로에서는 비선형(nonlinearity), 과부하(overload), 또는 의도치 않은 DC 바이어스를 초래하고, 디지털 회로에서는 오류가 생긴 데이터의 전송을 유발한다[126]. 변조된 전자기장은 변조되지 않은 전자기장보다 더 큰 영향을 미친다. 방사 전자기장을 방출하는 발생원으로는 이동통신용 송신기, 휴대폰, 고출력 방송용 송신기, 레이더 등이 있다. 방사 전기장의 세기는 보통 20 MHz～1 GHz의 주파수 범위에서 1 V/m～10 V/m 정도인데, 이러한 발생원들에서 가까운 곳에서는 전기장의 세기가 이보다 더 강할 수 있다.

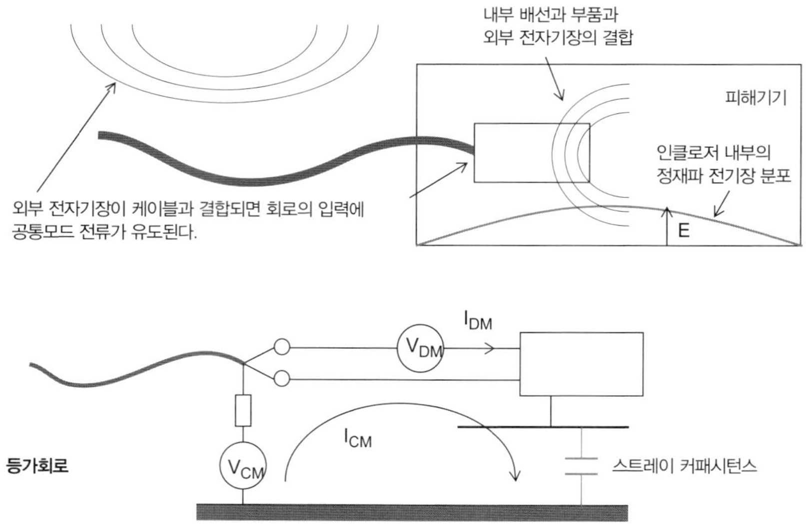

그림 11.17 방사 전자기장 결합

가역성(reciprocity)

RF 감응성(내성)을 일으키는 결합 메커니즘은 RF 방출을 일으키는 메커니즘과 본질적으로 동일하다. 이 두 메커니즘은 일반적으로 선형이므로(즉 결합 신호의 진폭에는 영향을 받지 않으므로) 가역성의 원리(principle of reciprocity)가 성립한다. 가역성의 원리를 설명해보면 다음과 같다.

> 특정 주파수 범위에서 결합의 감소로 인해 방출이 줄어들면 그 주파수 범위에서 내성도 개선될 것이다.

이를 다른 말로 해보면

> 방출이 특히 문제가 되는 주파수 범위에서는 내성 문제도 발생한다.

이 개념은 "결합 메커니즘은 어떤 특정 주파수 범위에서 결합이 최대가 되는 공진현상을 나타내게 한다"는 관측결과에 근거를 둔 것이다. 그렇지만 가역성 원리에 지나치게 큰 무게를 두지는 않도록 한다. 실제 상황에서 EMC 성능은 발생회로(가해회로)와 피해회로의 동작은 물론, 이들 두 회로 사이의 결합에 따라 달라지는데, 이러한 두 가지 요소가 가역적이거나 선형적인 경우는 드물다. 그럼에도 불구하고 가역성을 알고 있으면 여러 가지 결합과 관련한 문제들을 다루는 데 도움이 될 수 있다.

11.3.1.1 케이블 공진

VHF 영역 중에서 낮은 쪽 주파수 영역(30 MHz ~ 100 MHz)에 속하는 RF에너지를 장비 내부로 가장 잘 결합시키는 것은 케이블이다. 외부 전자기장은 케이블을 이루고 있는 도체 중에서 차폐도체(shield)에 공통모드 전류를 유도하거나 차폐도체를 포함하여 케이블을 이루는 모든 도체에 공통모드 전류를 유도한다. 장비의 치수가 장해를 일으키는 신호의 1/2 파장(λ/2)에 비해 작은 경우, 전자기장이 장비에 직접적으로 상호작용하여 미치는 영향보다 공통모드 케이블 전류가 장비에 미치는 영향이 더 우세하다.

접지된 피해장비에 연결된 케이블은 [그림 11.18]과 같이 접지면 위쪽에 한 개의 도체가 놓여 있는 것으로 볼 수 있는데, 이는 결국 전송선로 구조를 이루게 된다. 이렇게 형성된 전송선로에 외부 전자기장이 결합하면 전송선로에는 전류가 유도된다. 이 유도전류의 크기는 첫 번째 공진이 일어나는 주파수까지는 계속해서 증가하다가 이 주파수를 넘어서면 다시 감소하므로 피크가 생기는데, 이어서 2차 공진, 3차 공진, … 등 고차 공진이 일어나는 주파수에서 계속해서 피크가 나타난다. 참고문헌[16]에는 이 현상을 해석하는 데 사용한 수식이 수록되어 있다. 결합 메커니즘은 케이블의 공진 주파수에서 활발하게 일어나는데, 이 공진 주파수는 케이블의 전기적 길이에 따라 정해진다(전기적 길이에 대해서는 부록 D의 [D.6절]에 자세히 설명이 되어 있다). 또한 장비의 끝에 달려있는 장치(부하)의 리액턴스 값에 따라서도 공진 주파수가 달라진다. 케이블의 길이가 1 m일 때, 이 길이는 75 MHz에서는 1/4 파장에 해당되고, 150 MHz에서는 1/2 파장에 해당되는데, 바로 이 주파수들에서 공진이 발생한다.

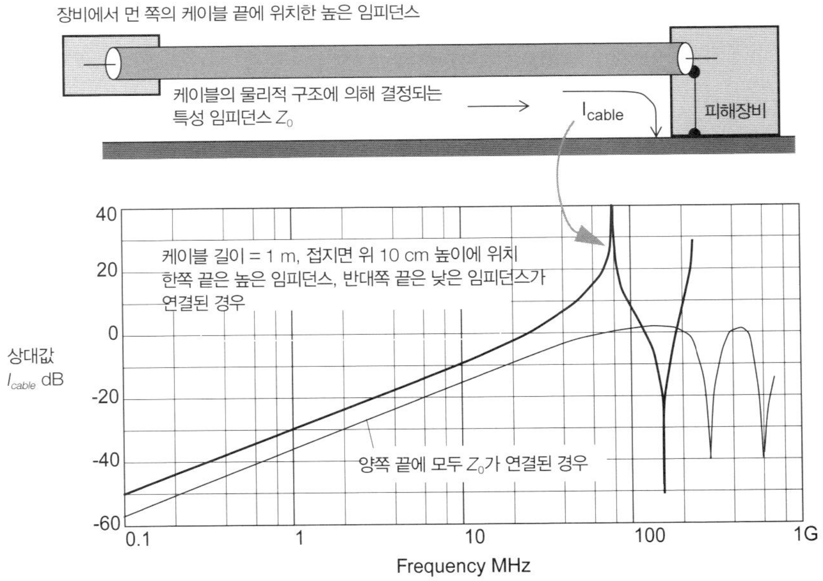

그림 11.18 방사 전자기장에 의한 케이블 결합

케이블 부하연결

케이블에서 가장 세기가 큰 '주 공진 모드(dominant resonant mode)'는 케이블의 맨 끝에 접속되는 RF 임피던스 값(높은 값이든 낮은 값이든)에 따라 정해진다. 케이블이, 손으로 조작하

는 핸드 컨트롤러(hand controller)처럼 접지되지 않은 장치에 접속된 경우, 케이블 맨 끝에는 높은 RF 임피던스가 연결된 셈이므로 1/4 파장에 해당하는 공진 주파수에서는 케이블 맨 앞쪽에 큰 결합 전류가 발생하고, 1/2 파장에 해당하는 공진 주파수에서는 케이블 맨 앞쪽에는 큰 결합 전압이 발생한다. 케이블 맨 끝에 몸체 커패시턴스(body capacitance)처럼, 어떤 커패시턴스를 가진 용량성 부하가 추가로 접속되면 공진 주파수는 낮아질 것이다.

한편, 케이블이 별도로 대지와 접속된 주변장치와 같이 접지된 장치에 접속된 경우, 케이블 맨 끝에는 낮은 임피던스가 연결된 셈이므로 케이블 맨 앞쪽에는 1/4 파장 공진 주파수에서는 큰 결합 전압이, 1/2 파장 공진 주파수에서는 큰 결합 전류가 발생한다. 케이블 맨 끝에 대지 접속(연결)용 도체로 인한 인덕턴스와 같이, 어떤 인덕턴스를 가진 유도성 부하가 추가로 접속되면 공진 주파수는 역시 낮아질 것이다.

[그림 11.19]에 지금까지 설명한 내용을 간추려 정리하였다. 케이블의 RF 공통모드 임피던스 값의 범위는 1/4 파장 공진 주파수에서의 값인 약 35 Ω에서 최대 수백 Ω 사이이다. 편의상 평균값은 150 Ω으로 하는데 실제로 많은 표준들에서 이 값을 취하고 있다. 케이블 구조, 배치 형태, 접지된 다른 장치와의 간격 등은 제품 설계자가 제어할 수 없는 요소이므로 케이블의 공진과 임피던스를 정확하게 예측하려는 시도는 성공하기 어렵다. [그림 11.18]의 구성은 MIL-STD 시험의 배치 구성과는 유사한 점이 있지만 실제 상황과 상용 시험의 배치 구성과는 다르다. 그렇다고 해도, EMC 시험 결과에는 케이블에 의해 발생하는 케이블 공진이, 비록 세기가 크지는 않더라도 거의 언제나 나타나기 마련이다.

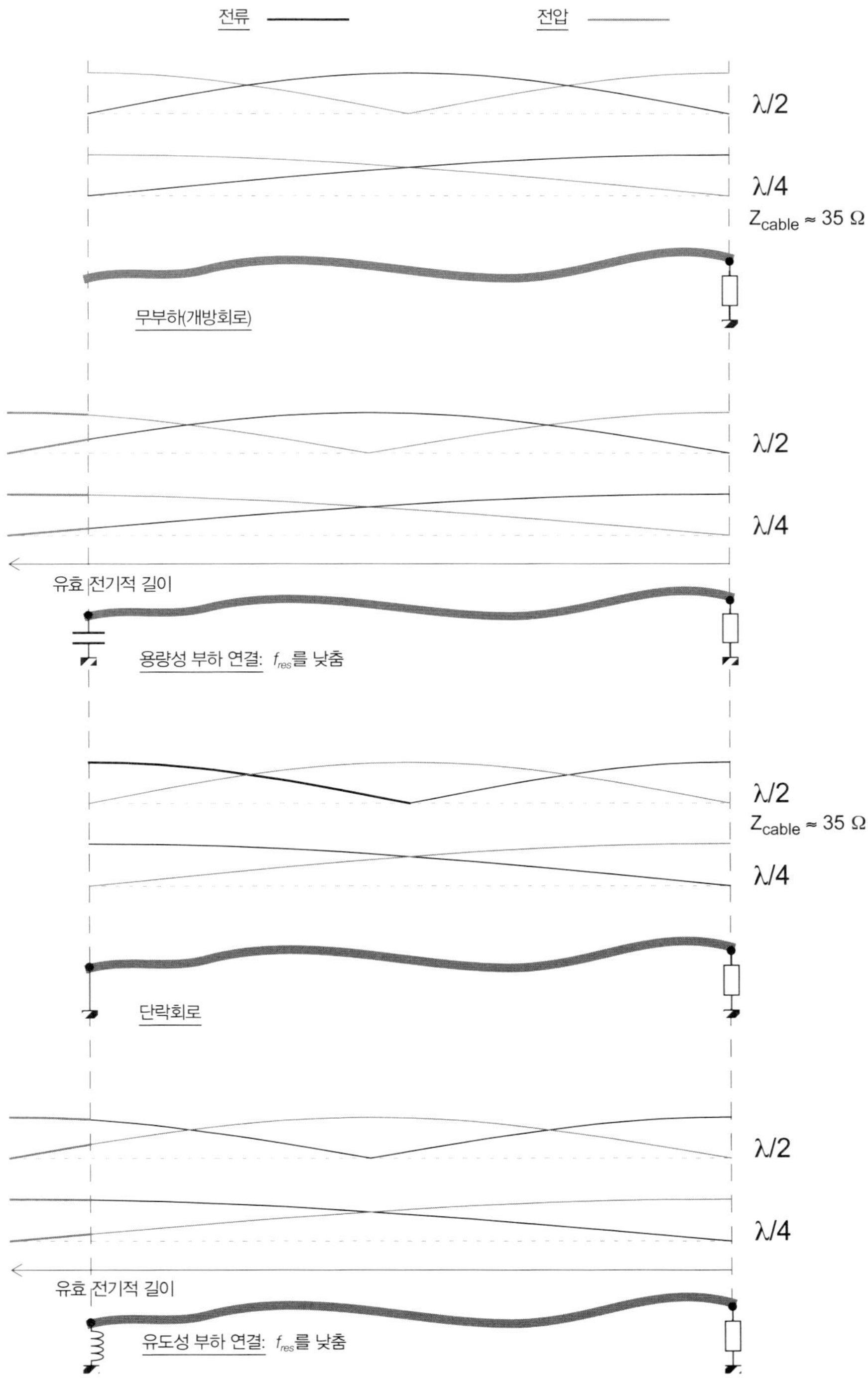

그림 11.19 공진이 발생한 전송선로의 전류분포와 전압분포

11.3.1.2 전류 주입

장비에 접속된 케이블의 구조에 상관없이 장비의 RF 감응성을 시험하는 편리한 방법은 케이블의 포트에 공통모드 전류나 전압의 형태로 RF를 직접 주입하는 것이다(8.1.4절 참조)[100]. 이것은 장비의 치수가 1/2 파장에 가까워지기 전까지의 낮은 주파수 범위에서, 실제 상황에서 일어나는 결합을 나타낸다. 이렇게 포트에 직접 주입한 전압이나 전류는 방사 전자기장 결합과 관련된 전기장(E_{RF})과 자기장(H_{RF})을 재현한다. 아주 정확하지는 않지만. 장해를 일으키는 전류가 취하는 경로와 이 전류가 회로에 미치는 영향은 [그림 11.20]에 표시되어 있듯이 다양한 내부의 RF 임피던스와 외부의 RF 임피던스에 따라 달라진다. 다른 케이블들을 추가로 접속하면 전류의 흐름이 두드러지게 달라질 것이다. 특히 이들 추가 케이블이 PCB 상이나 장비에서 물리적으로 다른 위치에 접속되는 경우에는 더더욱 그렇다. 일반적으로 1 V/m 세기의 방사 전기장을 발생시키는 값으로, 상용 시험에서는 인가전압으로는 1 V, 또는 주입전류로는 3 mA ~ 10 mA를 택한다. 그러나 어떤 단일한 값으로 방사 전기장을 주입하여 전압이나 전류로 변환하게 되면 상당한 불일치가 존재한다. MIL-STD-461G[230]의 [부록 A.5.12]에서는 다음과 같은 설명으로, 장해를 일으키는 주파수의 파장에 대한 케이블의 상대적 길이에 따라 결합이 달라짐을 지적하였다.

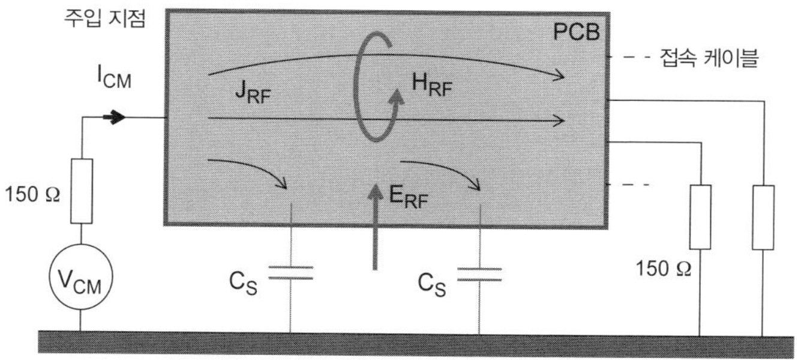

그림 11.20 공통모드 RF 주입 (IEC 61000-4-6 시험법)

> 공진 주파수보다 낮은 주파수 영역에서는 결합이 주파수에 비례하여 증가한다(기울기 20 dB/decade). 공진 주파수보다 높은 주파수 영역에서 결합의 크기(level)는 평평한 최댓값을 가지며 주파수에 따라 주기성을 나타내며 변하는 그래프가 된다. … (중략) … 그래프의 곡선에서 공진이 일어나는(평평한) 부분에서 허용기준(제한치)에 대한 기본 관계는 1 V/m당 1.5 mA (1.5 mA per V/m)인데, 이 값은 항공기에 대해 최악조건(worst-case)에서 측정한 결과로부터 유도한 것이다.

단일 케이블 포트에 대한 전도성 시험은 어떤 경우에도 방사성 시험을 직접적으로 대신하여 나타내지는 못한다는 사실이 널리 받아들여지고 있는데[120], 이는 다수의 케이블의 접속으로 인한 변동 가능성 때문이다.

11.3.1.3 캐비티 공진

차폐된 인클로저는 공진 캐비티(resonant cavity)를 형성할 수 있다. 이렇게 되면 인클로저의 서로 마주보는 두 면 사이의 공간에 전기장과 자기장의 정재파(standing wave)가 형성된다. 이때 정재파는 두 면 사이의 거리가 1/2 파장의 정수배가 될 때 만들어진다. 정재파 전기장의 세기는 캐비티의 중앙에서 최대가 되고 정재파 자기장의 세기는 캐비티의 양쪽 면에서 최대가 된다. 실제 상황에서는, 제품의 인클로저는 완벽하게 규칙적인 형태가 아닌데다가 속이 완전히 비어있지 않으므로 인클로저 내부에서 전기장과 자기장은 훨씬 복잡한 양상을 나타낸다. 이러한 캐비티 공진 현상은 UHF 대역에서 주파수에 따른 장비의 감응성 프로파일(profile, 전체적인 특성을 나타내는 그래프)에서 나타나는 피크의 원인인 것이 보통이다. 또한 이 현상은 감응성 피크가 방출 피크와 일치하는 가역성이 성립하도록 만드는 요인이기도 하다. 이 점에 대해서는 [15.1.3절]에서 더 자세히 살펴보기로 한다.

11.3.2 과도현상

교류 주전원 공급 단자에는 스위칭 동작, 고장 제거(fault clearance), 배전망 상의 어떤 다른 위치에 떨어진 벼락(낙뢰, lightning strike)에 의해 과도 과전압(transient overvoltage)이 발생한다. 1 kV 이상의 과도 과전압이 발생하는 비율은 관측된 총 과도 과전압 가운데 대략 0.1%를 차지한다. 독일의 ZVEI(독일전기전자산업협회, German Electrical and Electronic Manufacturers' Association)는 총 3,400시간에 걸쳐 40개의 장소에서 라이브 단자와 대지접지 사이의 과도 과전압을 측정하여, 이 가운데 100 V를 초과하는 28,000개의 과도 과전압에 대한 통계 조사를 실시하였다. 측정 결과는 피크 진폭(peak amplitude), 상승률(rate of rise), 에너지 양(energy content)의 세 항목을 사용하여 분석하였다. [표 11.2]는 네 종류의 장소에 대해 과도 과전압의 발생률(rate of occurrence)을 보여주고 있다. 또한 [그림 11.21]에는 과도 과전압의 상대적 발생 횟수를 최대 과도 과전압 진폭의 함수로 나타내었다. [그림 11.21]의 그래프는 과도 과전압의 횟수가 대략 피크 전압의 세제곱에 반비례함을 보여주고 있다.

높은 에너지를 가진 과도현상은 장비의 전원 공급기에 들어있는 능동장치(active device)를 고장 나게 할 수 있다. 그 반면에, 이보다 더 큰 장해를 일으키는 것이 빠른 상승 시간을 가진 과도현상인데, 이는 빠른 과도현상은 결합 커패시턴스에 의해 더 적게 감쇠되며 유도성 접지와 유도성 신호 경로에서 더욱 큰 전압을 발생시키기 때문이다. ZVEI 연구에 따르면 상승률은 대략 피크전압의 제곱근에 비례하여 증가하는데, 일반적으로 피크전압이 200 V인 펄스에 대해서는 3 V/ns의 상승률을, 2 kV의 펄스에 대해서는 10 V/ns의 상승률을 나타내었다. 또 다른 현장의 사례에 따르면 기계적 스위칭은 수 ns의 짧은 시간폭과 수백 V의 피크진폭을 갖는 다수의 과도 펄스인 버스트(burst)를 발생시켰다. 높은 주파수 성분은 교류주전원 회로망을 통해 감쇠되므로(11.1.3절 참조) 빠른 상승시간을 갖는 펄스는 근처에서 발생된 것들로 제한된다.

짧은 과도현상이 한 번만 발생하는 경우, 아날로그 회로라면 이 과도현상에 의해 거의 영향을 받지 않지만 디지털 회로는 쉽게 영향을 받는다. 일반적인 지침으로, 마이크로프로세서 장비는 최소한 피크 전압이 2 kV인 펄스를 견디는지 알아보는 시험을 해야 한다. 제한치(허용기준)를 1 kV 이하로 하면 거의 모든 환경에서 허용될 수 없는 장해가 빈번히 발생하게 되는 반면, 제한치가 1 kV～2 kV 사이인 경우에는 장해가 가끔 발생할 것이다. 높은 신뢰성을 갖춘 장비가 되기 위해서는 4 kV～6 kV 정도의 제한치도 그렇게 높은 편은 아니다.

표 11.2 교류 주전원 공급단자의 과도현상 평균 발생률

지역 분류	평균 발생률(과도현상/시간)
Industrial: 공업지역	17.5
Business: 상업지역	2.8
Domestic: 가정지역	0.6
Laboratory: 연구지역	2.3

출처: Transients in Low Voltage Supply Networks [76], Characterization of Transient and CW Disturbances Induced in Telephone Subscriber Lines [77]

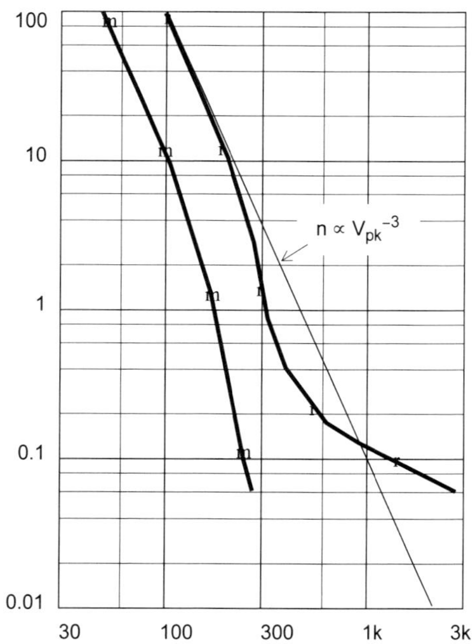

그림 11.21 최대 과도전압 진폭(V)에 대한 과도 과전압의 상대적 발생 횟수(%), r: 상용 교류 주전원선(V_T 100 V), m: 통신선로 (V_T 50 V)

11.3.2.1 결합 모드

교류 주전원선의 과도현상은 차동모드(라이브와 뉴트럴 사이) 또는 공통모드(라이브/뉴트럴과 대지접지 사이)로 나타난다. 교류 주전원 공급 회로망에서 도체들 사이의 결합은 이 두 모드의 혼합으로서 흔히 나타난다. 차동모드 스파이크(spike)는 비교적 상승시간이 느리고 에너지가 높은 것이 일반적인데, 입력 회로가 고장 나는 것을 막기 위해서는 이를 억제할 필요가 있다. 그렇지만 이를 억제(제어)해 주지 않은 경우에도 회로 동작에 아주 큰 영향을 주지는 않는다. 공통모드 과도현상은 억제하기가 더 어려운데, 이는 라이브와 대지접지 사이에 (병렬로), 또는 케이블을 이루는 모든 도선과 직렬로, 이를 억제하기 위한 부품을 연결해주어야 하기 때문이다. 또한 대지접지와의 사이에 발생하는 스트레이 커패시턴스를 억제하기 어렵기 때문이다. 공통모드 과도현상의 결합 경로는 공통모드 RF 신호가 취하는 결합 경로와 매우 유사하다. 유감스럽게도 이 공통모드 과도현상은 더욱 큰 장해를 일으키는데, 이는 이로 인해 접지 트레이스에 과도 전류가 흐르기 때문이다.

11.3.2.2 스펙트럼 밀도와 에너지 양

장해를 일으키는 과도현상은 본질적으로 광대역 특성을 가지고 있다. 따라서 과도전압의 주파수 분포는 진폭 스펙트럼 밀도로 나타낸다. 진폭 스펙트럼 밀도는 어떤 정의된 대역폭에 걸쳐 있는 진폭을 주파수의 함수로 나타낸 것으로 단위는 V/Hz 또는 V·sec이다. 과도전압의 실제 파형이 알려진 경우에 진폭 스펙트럼 밀도는 이 시간영역 파형에 푸리에 변환을 취해 유도할 수 있다. 물론 실제 과도전압 파형은 일반적으로 매우 다양하다. [그림 11.22]는 IEC 61000-4 시리즈의 내성시험에 규정되어 있는 과도전압의 스펙트럼 밀도를 보여주고 있다. 주파수 영역 결합 전달 함수(coupling transfer function)가 대략적이라도 알려진 경우에는 스펙트럼 밀도에 이 전달함수를 곱하여 회로의 관심지점에서, 입력되는 과도전압의 진폭을 계산해낼 수 있다[14].

과도현상(transient)과 서지(surge)가 가지고 있는 에너지양을 정의하는 것은 간단하지 않다. 신호원에서 공급할 수 있는 실제 에너지가 부하에서 모두 소비되는 것은 아니다. 그 비율은 부하 임피던스와 신호원 임피던스의 비에 의해 결정된다. 일반적으로 서지 억제기(surge suppressor)와 같은 부하는 비선형이며 시간이나 주파수에 따라서도 값이 달라진다.

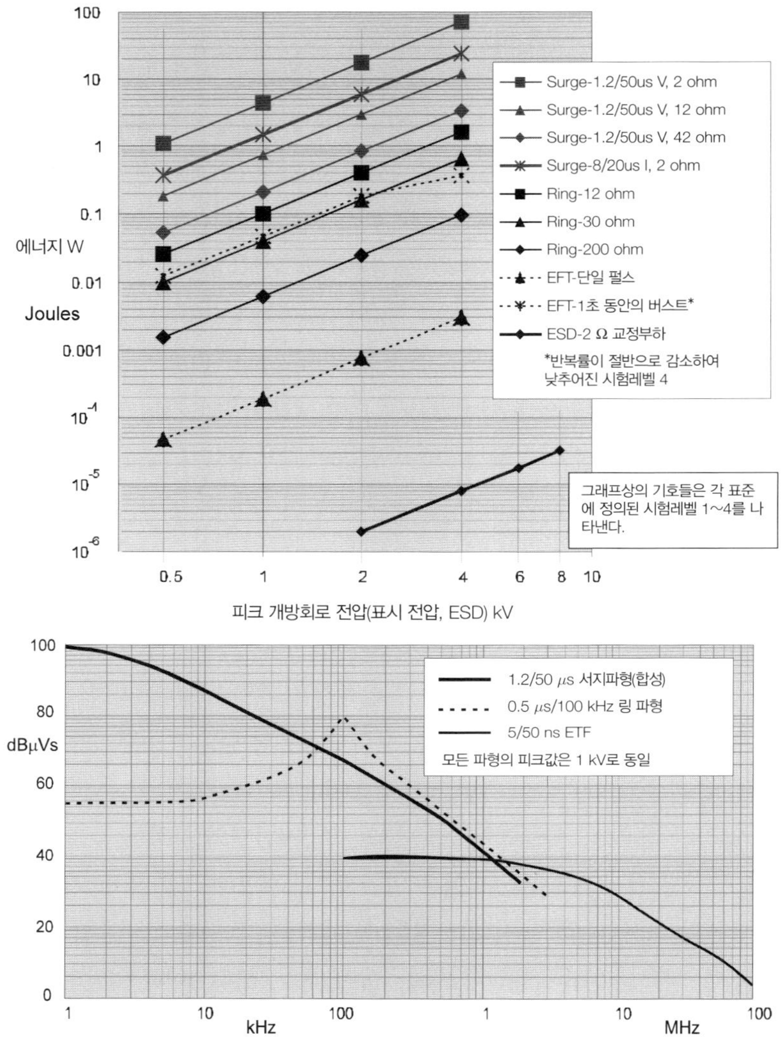

그림 11.22 진폭 스펙트럼 밀도와 에너지 양

특정한 표준 과도파형의 에너지양을 근사적으로 나타내기 위해, 발생기에서 어떤 정해진 저항성 부하로 실제 전달되는 에너지를 계산할 수 있다. ESD(정전기 방전) 파형과 EFT(전기적 빠른 과도현상) 파형의 경우, 저항값이 2 Ω과 50 Ω인 교정부하(calibration load)가 각각 이 저항성 부하가 될 수 있다. 서지 파형과 링(ring) 파형의 경우, 출력 임피던스와 정합되는 부하를 선택할 수 있으며, 전압 파형 또는 전류 파형을 이 저항에 전달한다. 이때 전압 파형의 진폭은 개방회로일 때의 진폭의 절반, 전류 파형의 진폭은 단락회로일 때의 진폭의 절반으로 한다.

물론 실제에서는 이와 동일한 상황은 일어나지 않는데, 이는 부하가 출력 임피던스와 정합되어 있지 않기 때문이다. [그림 11.22]에는 이들 경우에 대해 에너지(단위: Joule 또는 watt·sec)를 나타내었다. 에너지를 나타내는 수식은 다음과 같다.

$$W = \frac{1}{R}\int_0^T \left(\frac{V(t)}{2}\right)^2 dt$$

$$W = R\int_0^T \left(\frac{I(t)}{2}\right)^2 dt$$

여기서 $V(t)$와 $I(t)$는 각각 개방회로 전압과 단락회로 전류이다.

이 그래프를 작성한 목적은 비교를 위해서이다. 특정 EUT에 전달되는 실제 전력은 부하 임피던스와 특성, 이 부하에 인가되는 실제 파형이 정확하게 알려진 경우에만 계산될 수 있기 때문이다.

11.3.2.3 신호 선로의 과도현상

빠른 과도현상(EFT)은 보통 용량성 결합을 통해 공통모드 형태로 신호 케이블에 전달된다. 특히 케이블이 임펄스 형태의 발생원에 가까이 놓여 있거나, 이 발생원 옆에 나란히 배치되어 있는 경우에 그렇다. 이러한 케이블 과도현상은 교류전원선으로 전달되는 과도현상보다는 진폭이 낮은 것이 일반적이지만 케이블 과도현상은 회로의 I/O 포트로 직접 결합되므로 케이블이 제대로 차폐되지 않거나 종단되지 않거나 인터페이스가 제대로 필터링이 되지 않으면 회로의 접지 트레이스에 흐를 것이다.

전도성 과도현상의 다른 발생원은 통신 선로와 자동차 DC 전원공급기이다. 자동차 환경은 공칭(표준) 공급전압 범위(nominal supply range)의 몇 배나 되는 과도전압을 수시로 겪을 수 있다. 가장 심각한 자동차 과도현상(그림 11.23)은 로드 덤프(load dump)인데, 이것은 배터리에 충전이 이루어지는 동안에 교류발전기(alternator)와 부하와의 연결이 갑자기 끊어지는 현상이다. 또 다른 과도현상은 모터, 솔레노이드와 같은 용량성 부하의 스위칭, 그리고 교류발전기 자기장 감소(alternator field decay)인데, 이 현상들은 점화스위치(ignition switch)가 꺼질 때 (−) 방향으로 전압 스파이크를 발생시킨다. ISO 7637에는 자동차 분야에서 과도현상 시험이 명시되어 있다(5.1.2절, 8.2.4절 참조).

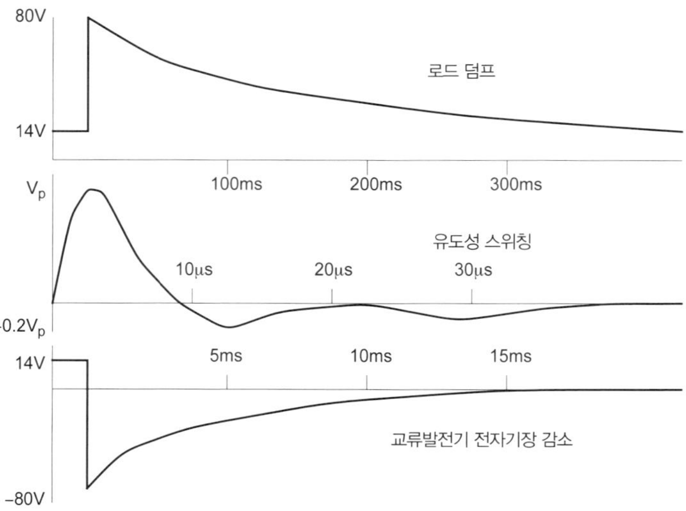

그림 11.23 ISO 7637-2에 따른 자동차 과도현상

전화 가입자 선로(telephone subscriber line)의 공통모드 과도현상에 대한 한 연구[77]는, 발생빈도에 대한 진폭의 분포가 [그림 11.21]과 같이 대체적으로 역 세제곱 법칙을 따르고 있음을 보여주었다. 실제 진폭은 교류전원선의 과도현상 진폭보다 낮았다(피크 진폭은 300 V를 거의 넘지 않는다). 대표적인 과도현상의 주파수는 1 MHz, 상승시간은 10 ns ~ 20 ns으로 나타났다. 외부에서 건물 내부로 들어가는 전화 선로와 데이터 선로는 특히 번개 서지(lightning surge)에 그대로 노출되어 있으므로 이들 선로에 연결되어 있는 포트들은 이러한 서지에 견딜 수 있도록 설계해야 한다. 과도현상 보호에 대해서는 [14.2.5절]에서 더 자세히 다루기로 한다.

11.3.3 정전기 방전

전도성을 가지지 않은 물질 두 개를 서로 맞대어 문지르거나 맞붙였다 떼어 놓으면 한 물질의 전자(electron)가 다른 물질로 옮겨간다. 이렇게 되면 물질의 표면에는 마찰전하(triboelectric charge)가 쌓인다. 두 물질의 마찰에 의해 쌓이는 전하의 양은 [그림 11.24(a)]에 수록한 마찰대전서열(triboelectric series)에서 두 물질이 서로 얼마나 떨어져 있는가에 따라 정해진다. +(양, positive) 물질에서 위쪽에 있을수록 물질은 전자를 쉽게 잃어버리고 −(음, negative) 물질에서 아래쪽에 있을수록 전자를 쉽게 얻는다. 또 다른 요소로는 두 물질의 접촉 간격과 접촉 면적과 떼어낼 때의 속도 등이다.

전하 Q가 쌓인 물체에 걸리는 전압 V는 그 물체의 커패시턴스 C에 따라 결정된다. 이들은 $Q = CV$라는 법칙을 따른다. 사람의 경우, 마찰로 인해 몸에 쌓인 전하에 의해 수 kV의 전압이 유도될 수 있다. 완전한 절연체(perfect insulator)에서는 전하가 움직이지 못한다. 따라서 완전한 절연체의 표면에 생긴 전하는 생겨난 바로 그 위치에 그대로 머물러 있다. 그렇지만 사람의 몸은 전도성을 가지고 있으므로 마찰에 의해 생긴 전하는 몸 전체로 흩어져 퍼진다. 이렇게 사람 몸에 분포한 전하는 시간이 지나면서 사람 몸을 벗어나 주위 공간(공기 속)으로 빠져 나가는데, 전하가 모두 빠져 나가면 사람 몸은 다시 중성이 된다. 전하가 몸에서 주위 공간으로 빠져 나가는 비율은 사람 몸의 표면 저항률(surface resistivity)과 사람을 둘러싼 공간의 저항률에 따라 정해진다. 다시 말해 전하가 빠져 나가는 속도는 공간의 습도(humidity)의 함수이다. 공기는 절연체이기는 하지만 공기 중에 습기가 존재하면 표면 저항률이 낮아져 전하가 이동할 수 있다. 따라서 공기의 습도가 높을수록 사람 몸에서 전하는 더욱 빠르게 벗어난다. 실제 상황에서, 사람의 움직임은 계속해서 마찰전하를 생기게 하므로 사람 몸에서는 전하의 축적과 이탈 사이에 어떤 평형이 이루어진다. 따라서 어떤 특정한 환경마다 사람 몸에 쌓인 전하에 의해 발생하는 전형적인 유도 전압의 크기가 존재한다(그림 11.24(b)).

사람이 전도성 물체에 접근하면(최악조건의 한 예로서, 사람이 손에 열쇠와 같은 금속 물체를 쥐고 접근하면) 사람 몸에 쌓여있던 전하가 그 전도성 물체로 빠르게 옮겨가는데, 이 과정에서 보통 불꽃(스파크, spark)이 함께 발생한다. 불꽃은 두 물체 사이의 전압이 공기의 절연을 파괴할 정도로 매우 높은 경우에 발생한다. 이러한 전하의 이동에 포함되어 있는 에너지는 감지하지 못 할 정도로 낮은 경우도 있지만 반대로 매우 고통스러울 정도로 높은 경우도 있다. 이때 전도성 물체의 접지 여부는 사람 몸에 쌓인 전하의 이동에 영향을 주지 않는다. 두 물체 사이의 전하 이동은 그 두 물체 사이에 전위차가 존재하기만 하면 두 물체 사이의 커패시턴스를 통해 일어날 수 있다. 그 커패시턴스를 통과해서 장해를 일으키는 방전 전류 펄스가 흐르게 된다.

11.3.3.1 ESD 파형

정전하가 축적되어 있는 물체를 다른 물체 가까이에 가져다 놓으면 방전 전류가 흐르는데, 이 방전 전류 파형을 보면 매우 빠른(시간 폭이 ns 보다 짧은) 모서리(edge)가 나타나고 이어서 이보다는 느리며 폭이 넓은 곡선이 뒤따라오는 형태로 되어 있다. 손/금속에 의한 ESD 전류 파형의 특성은 접근 속도, 전압, 전극의 기하학적 구조, 상대 습도의 함수이다. 이러한 상황의 등가회로를 [그림 11.24(c)]에 나타내었다. 커패시턴스 C_D(인체의 경우에는 150 pF)는 높은 저항을 통해 정전압 V로 충전된다. 충전 경로와 누설 경로는 주위 환경과 대상 물체의 움직임에 따라 달라지며, 이에 따라 충전된 전압 V의 실제 값도 변한다. 방전이 시작되면 방전이 시작되는 점 양단에 직접 접속되어 있는 커패시턴스 C_S가 초기 전류 피크를 발생시킨다. 이 전류의 값은 회로의 스트레이 커패시턴스에 의해서만 제한된다. 반면에 주 방전전류는 인체의 벌크 인덕턴스와 저항 Z_D에 의해 제한된다.

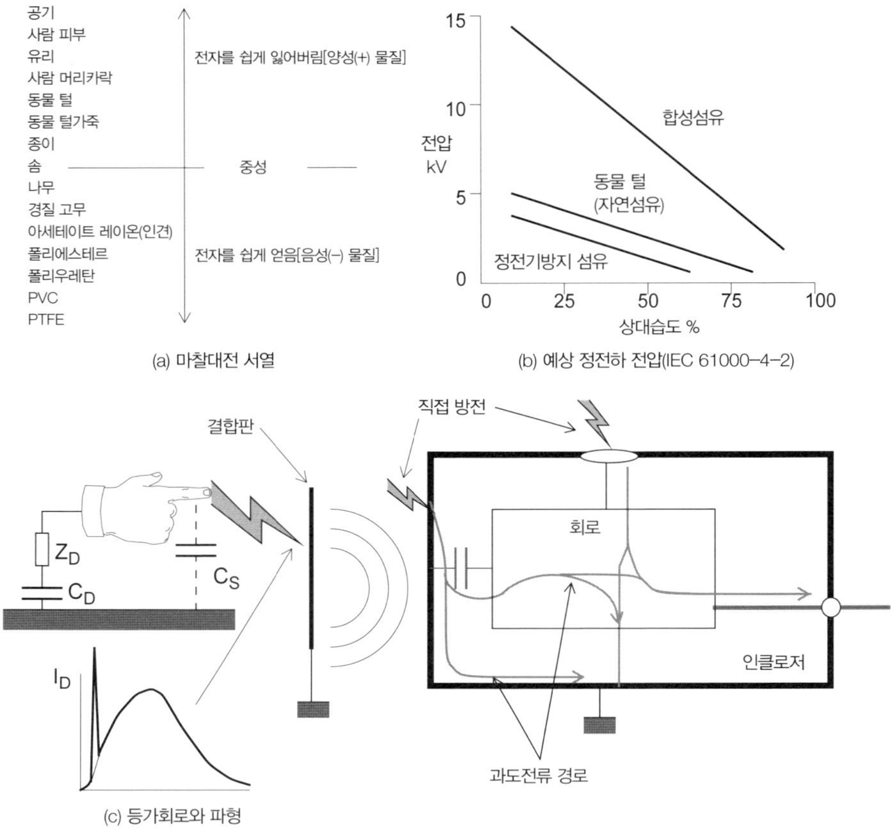

그림 11.24 정전기 방전

ESD에 의한 제품의 고장이나 오작동은 주로 방전전류 펄스 di/dt와, 이 펄스의 간접적인 영향에 의해 발생한다. 정전하에 의한 전압이 방전하는 동안에 발생하는 전기장의 변화율 dE/dt는 높은 임피던스를 가진 회로에 용량적으로 결합할 수 있으며 몇몇 상황에서는 방전이 발생하기 전에, 높은(강한) 정전기장 그 자체가 바람직하지 않은 결과를 초래하기도 한다.

11.3.3.2 결합경로

나노초(ns) 이하로 매우 빠르면서 수십 암페어로 크기가 매우 큰 과도 전류는 복잡한 경로를 따라 장비 속으로 흘러들어온다. 이 전류가 회로의 PCB 트랙을 통해 흐르면 디지털 회로의 작동을 잘못 되게 만든다. 전류의 경로는 설계자가 의도한 회로 이외에도 스트레이 커패시턴스, 케이스 접합(bonding), PCB 트랙, 배선 인덕턴스 등이 될 수 있다. 전류가 동반하는 강한 자기장 근처에 도체가 있는 경우에는, 이 도체가 실제 전류가 흐르는 경로로 사용되고 있지 않아도 이 자기장이 도체에 과도 전압을 유도할 수 있다. 장비로 직접 방전이 이루어지는 경우가 아니더라도 금속 책상, 금속 의자와 같이 장비 근처에 있는 물체에 방전이 일어나면 강한 방사 전자기장이 발생하여 보호조치가 되어있지 않은 장비 속으로 결합할 수 있다.

ESD에 대해 이를 받아들이는 흡수원(sink)의 역할을 하는 중요한 영역으로는 노출된 금속 구조물, 개구부(aperture), 정면 패널(front panel)의 부품과 커넥터를 들 수 있다. 부품과 개구부는 그 표면을 따라 인클로저 내부의 회로까지 이어지는 경로를 통해 방전이 일어나게 할 수 있는데, 심지어는 제품의 인클로저가 절연체인 경우에도 가능하다. 건조한 공기(dry air)에서 절연파괴(breakdown)를 일으키는 전압의 공간 변화율, 다시 말해 전기장의 세기는 대략 30 kV/cm인데, 표면이 먼지로 오염되어 있거나 주위 공간이 공기가 아닌 다른 물질인 경우에는 이 값보다 상당히 낮아진다.

11.3.3.3 2차 방전

제품의 인클로저가 인클로저상의 여러 위치에서 외부의 접지와 접속되고 내부 회로와는 다른 경로를 거치는 경우에는 문제가 발생한다. 다양한 접속 경로의 인덕턴스 때문에 과도 전압이 인클로저와 회로 사이에서 나타날 수 있다(그림 11.25). 이 전압은 인클로저 내부의 예측할 수 없는 위치에서 2차 방전을 일으킬 수 있는데, 이것은 최초 방전보다 손상과 장해를 더 크게 일으킬 수 있다. 이는 2차 방전 경로의 임피던스가 더 낮아 전류가 덜 제한되며 공진이 발생한 구조물 안에서 ESD가 일어나는 경우에는 PCB 트랙에 더 높은 유도전압이 발생하기 때문이다. 이를 방지하는 한 가지 방법은 적절한 위치들에서(최소한 인터페이스 접지에서) 인클로저와 회로기판을 서로 연결하는 AC 연결(접속)을 해주는 것이다(12.2.4절 참조). 이와 개념이 정반대인 방법은 내부 회로와 인클로저 사이가 격리(절연)되도록 충분한 거리(creepage distance와 clearance distance)[11]를 확보하여 2차 방전이 일어나는 것을 막는 것이다. 두 방법 모두 저마다 장, 단점이 있으므로 어느 한 편이 100% 옳다 그르다고 말할 수는 없다.

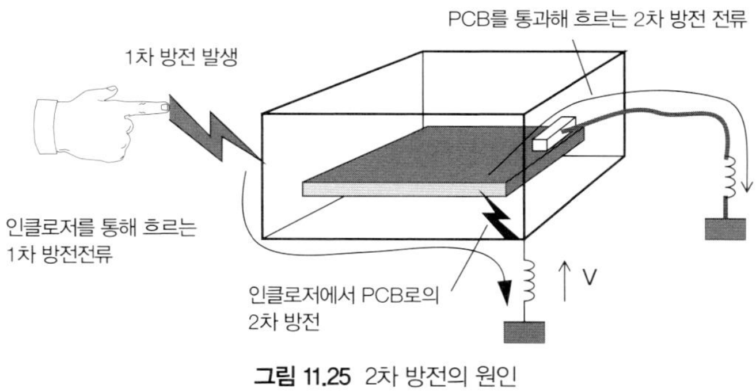

그림 11.25 2차 방전의 원인

11 (옮긴이) 두 전기 도체가 절연체(공간)를 사이에 두고 떨어져 있을 때 두 도체 사이의 직선거리를 clearance distance라 하고, 절연체의 표면 가장자리를 따라가는 총 거리를 creepage distance라고 한다. 우리말로는 clearance distance는 공간거리, creepage distance는 연면(沿面, 표면을 따라감) 거리로 옮길 수 있다.

11.3.4 저주파 자기장

주파수가 낮은 자기장은 도선 루프에 장해 전압을 유도할 수 있는데, 그 전압의 크기는 자기장이 통과하는 루프의 면적에 의해 결정된다. 토로이드(toroid) 구조가 아닌 교류전원용 변압기와 스위치방식 전원공급기(SMPS)용 변압기는 이러한 자기장을 많이 방출하는 발생원으로서 같은 장비 내부에 있는 민감한 회로나 부품에 쉽게 장해를 일으킨다. 이러한 자기장의 발생원 근처에 있는 장비는 영향을 받지 않아야 한다. 매우 큰 전류를 사용하는 전기분해 공장설비(electrolysis plant), 또는 특수 의료장비 등이 있는 특별한 환경에서는 매우 큰 저주파 자기장이나 직류 자기장이 존재한다.

교류전원 케이블을 구성하는 도체들에 흐르는 50 Hz 또는 60 Hz 전류는 자기장을 발생시키는 대표적인 발생원이다. 케이블의 전류가 평형상태, 다시 말해 케이블 속에 라이브 도체와 뉴트럴 도체가 함께 들어있거나 3상 도체 세 개가 함께 들어있는 경우, 케이블에서 멀리 떨어진 위치에서는 각 도체에서 발생하는 자기장이 서로 상쇄되어 총(알짜) 자기장은 0에 가까워진다. 그렇지만 케이블에 가까운 위치에서는, 그 위치와 각각의 도체 사이의 거리가 서로 다르므로 완전히 상쇄되지 않는다. 또한 각 도체에 흐르는 전류가 평형상태가 아니면, 다시 말해 케이블의 외부에 전류의 귀환경로가 어떤 식으로 존재하면 가까운 위치는 물론, 먼 위치에서도 자기장은 상쇄되지 않는다. 이 상황은 앞서 [11.1.5.2절]에서 공통모드 전류 흐름에 대해 설명한 상황과 동일하다.

길이가 긴 한 도체에 전류 I(A)가 흐르고 있을 때, 이 전류에서 수직인 방향으로 r(m)만큼 떨어진 위치의 자속밀도(magnetic flux density, 자기 선다발밀도) B는 다음 식으로 주어진다.

$$B = 0.2\frac{I}{r} \ \ \mu\text{T} \tag{11.15}$$

도체가 하나가 아니고 케이블처럼 여러 개의 도체가 한 묶음을 이루고 있고 각 도체에는 저마다 특정한 위상과 진폭을 가진 전류가 흐르고 있는 경우에 자기장을 구하기 위해서는 적합한 좌표계를 선택하고 각 도체에서 발생하는 자기장의 벡터 합을 구하는 연산을 수행해야 한다. 장비 설치의 허용 여부를 결정하는 자기장 세기의 제한치로는, 1 μT를 권고하는 것이 보통이다[94].

한 번 감긴 루프 속을 통과하는 외부 자기장에 의해서 이 루프에 발생하는 전압은 다음 식으로 주어진다(패러데이 법칙).

$$V = A\frac{dB}{dt} \tag{11.16}$$

여기서 A는 루프가 만드는 면적(단위: m^2)

B는 루프가 놓인 평면에 수직인 자속밀도 성분(단위: T)

이러한 자기장이 디지털이나 큰 신호를 처리하는 아날로그 회로에 영향을 주는 일은 드물다. 그렇지만 오디오 기기 또는 정밀 계측장비처럼 장해를 일으키는 자기장의 주파수가 장비의 동작 대역폭 내에 있으면서 작은 신호를 처리하는 회로를 가지고 있는 경우에는 골치 아픈 문제가 될 수 있다. 광전자증배관(photomultiplier), 음극선관(cathode ray tube), 홀효과 센서(Hall effect sensor)처럼 자기장에 의해 영향을 받는 특수 전문장비 또한 이 자기장에 취약할 수 있다.

11.3.5 교류 주전원선의 공급전압 관련 현상

상용 교류 주전원선을 통해 이루어지는 저주파 방해는 IEC61000 제2부(Part 2)의 제1절(Section 1)과 제2절(Section 2)에서 어느 정도 자세히 다루고 있다. 제1절[170]은 환경, 다시 말해 교류 전원을 공급하는 일반 공공 배전망에 대해 예측될 수 있는 장해의 고유한 특성을 설명하고 있다. 반면에 제2절에서는 적합성 레벨, 다시 말해 예측될 수 있는 장해의 레벨에 대해 설명하고 있다. 교류전원공급과 관련하여 고려해야 할 현상은 다음과 같다.

- 고조파와 상호고조파(harmonics and inter-harmonics)
- 전압 변동과 전압강하와 순간정전(voltage fluctuations, dips and short supply interruptions)
- 3상 교류전원 공급에서 전압 불평형(voltage unbalance in three-phase supplies)
- 교류 주전원선 신호전송(전력선통신, mains signalling)
- 교류전원 주파수 변동(power frequency variation)

고조파에 대해서는 [11.4절]에서 자세히 다루기로 한다.

전압강하(brown-out 또는 voltage dip)와 정전은 모든 교류 주전원 배전망에서 나타나는 특성으로 시스템 내의 어느 곳에선가 행해지는 사고제거(fault clearing)[12] 또는 부하 스위칭(load switching)으로 인해 발생하는 것이 보통이다(그림 11.26). 장비의 입력에 있는 전압유지장치(축전지)의 유지시간이 충분한 경우, 장비는 교류전원선에서 발생하는 이러한 사건들을 인지하지 못할 것이다. 그러나 그렇지 못한 경우에는 장비의 재시동(restart)과 출력 과도현상을 겪을 수 있다. 사이리스터 인버터(thyristor inverter)에서 도통 전환(commutation)이 제대로 이루어지지 않아 정류를 하지 못하게 되고 동기 장치는 동기를 잃게 될 것이다. 일반적으로 순간 정전은 10 ms ~ 500 ms 동안 지속될 수 있다.

---

12 (옮긴이) 일반 공공 배전망에서는 여러 가지 원인으로 교류전원선을 구성하는 도선들 사이에 단락 회로(short circuit)가 생기는 사고(fault)가 발생할 수 있다. 접지 사고(ground fault) 또는 대지접지 사고(earth fault)도 교류전원선과 대지 사이에 발생하는 사고의 유형이다. 이러한 사고가 발생하면 비정상적인 전류, 즉 사고전류(fault current)가 흐른다. 사고전류가 감지되면 회로차단기(circuit breaker) 등의 장치를 사용하여 교류 전원선과 사고가 발생한 단락 회로 사이의 연결을 끊는 방법으로 사고를 제거한다.

부하전압과 교류전원선의 선간 전압변동(voltage fluctuation)은 대부분의 선진공업국에서는 공칭 선간 전압(nominal line voltage)의 +10%∼−15% 사이에서 유지된다. 유럽 통합 European harmonization)의 결과로 EU의 국가들은 전기 소비자와 접속(연결)되는 지점에서의 전압 변동을 230 V±10%로 하는 방향으로 움직였다. 1995년에서 2003년 1월 1일 사이에 이전에 공칭 전압(nominal voltage) 240 V를 사용한 나라들은 230 V +10%∼−6%를, 220 V를 사용한 나라들은 230 V +6%∼−10%을 전압변동 범위로 하였다. 이 제한범위 내에서 전압의 느린 변화는 전원공급 시스템 상의 부하 변동에 따라 하루를 주기로 하여 일어난다. 공칭 전압은 소비자의 구내에서 발생하는 전압강하는 포함하지 않으므로 따라서 적어도 −15% 제한치를 충족하기 위해서는 안정화 전원을 설계해야 한다.

공칭 전압의 10%를 초과하는 전압강하(dip)는 도시지역 소비자의 경우, 매달 4번까지 발생한다. 공중에 설치한 가공선(overhead line)을 통해 교류전원을 공급하는 지방의 경우에는 이보다 자주 전압강하가 발생한다[84][171]. 주목할 만한 사실은 교류전원을 공급하는 배전망이 잘 발달되지 않은 국가들에서는 일반적으로 전압 및 주파수 변동 폭이 훨씬 넓고 정전이 훨씬 자주 일어난다는 점이다. 유럽 국가에서는 전력공급을 담당하는 기관에서는 의무적으로 EN 50160 "공공 배전 시스템에 의해 공급되는 전기의 전압 특성"표준을 준수해야 한다. 이 문서는 주파수, 크기, 파형, 3상 평형과 관련하여 예측되는 변동을 다루고 있다.

차량, 항공기, 선박과 같이 소형 발전기에서 공급하는 전원 전압의 변동 또한 흔히 일어나는 일이다. 유사한 측면을 다루는 군용 표준은 DEF STAN 61-5, STANAG 1008, MIL-STD-704, MIL-STD-1399-300B이다. 항공(aerospace)의 경우에는 DO-160 Section 16이 있고, 철도차량(railway rolling stock)의 경우에는 EN 50155에서 공급전원 전압변동(supply voltage extremes)을 다룬다.

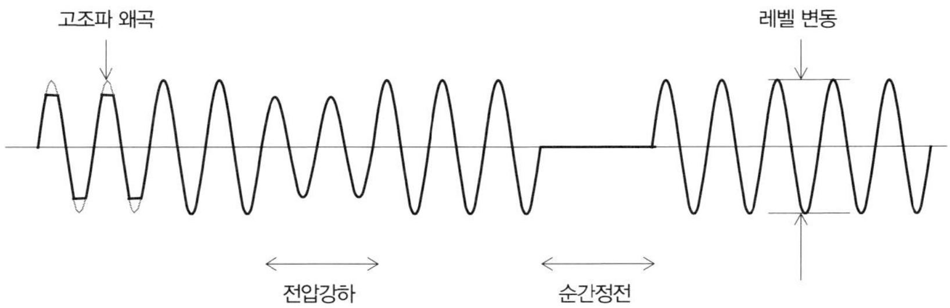

그림 11.26 교류 주전원선의 전압변동

저항, 아크 용접기(arc welding machine), 대형 모터, 전기 아크로(arc furnace)와 같은 공업용 대형 부하(heavy load)는 계단형 순간 전압강하(short-term step)나 무작위 변동(random fluctuation)을 일으킬 수 있으므로 동일한 교류전원선을 공유해서 전원을 공급받는 많은 소비자들에게 영향을 미칠 수 있다. 이러한 변동이 가져오는 결과 중에 중요한 것이 램프(전등) 부하의 플리커(flicker, 깜빡임)인데, 이는 신체적(생리적) 불쾌함을 초래할 수 있다. 전자 전원공급기 회로는 보통 이러한 변동을 고려하지 않고 설계할 수 있지만 50 Hz 신호(예를 들어, 타이밍 신호 또는 위상 기준신호 용으로)를 사용하는 그 밖의 회로들은 낮은 진폭의 계단형 변화에 대한 내성을 확보할 수 있도록 50 Hz 대역통과필터를 사용하여 회로의 동작주파수를 엄격하게 제한해야 한다.

11.4 교류 주전원선의 고조파

전자파적합성 지침(EMC Directive)의 관리 대상의 하나로, 보통 방출(emission)이란 항목으로 분류되고 있는 EMC 현상이 있는데, 바로 교류 주전원선의 입력전류가 가진 고조파 성분(harmonic content)이다. 장비는 실제로 어떤 것도 방출하지 않기 때문에 약간은 어리둥절할 수 있다. 장비는 단지 교류전원선을 통해 흘러들어오는 공급 전류로부터 통해 교류전원 주파수의 기본파 성분은 물론 고조파 성분을 받아들인다.

11.4.1 교류전원 공급 기관의 문제

교류전원 고조파의 문제는 원칙적으로 전원(전력) 공급을 담당하는 기관의 문제이다. 교류전원 공급 기관은 고품질의 전기를 공급할 의무가 있다. 교류 주전원 배전망의 어떤 특정한 위치에서 부하의 고조파 성분이 큰 경우, 0이 아닌 어떤 값을 가지는 전원 임피던스로 인해 이 배전 위치에서는 전압파형의 왜곡이 발생하게 되며, 배전망의 공진으로 인해 다른 위치에서도 동일한 왜곡이 발생할 수 있다. 이것은 결국 다른 사용자들에게도 문제를 일으킬 수 있고, 전류 그 자체가 전원 공급 기관에 문제(변압기와 보상용 부품들의 과열문제 등)를 일으킬 수도 있다. 물론 전원 공급기관은 배전 부품들의 품질을 향상시키거나 특수한 보호대책들을 시행할 수 있지만 여기에는 비용이 많이 들고 전기 사용자도 자신들이 발생시킨 잡음에 대해 어느 정도 비용을 부담해야한다고 주장할 만한 여지가 있다.

지난 수십 년 동안 고조파 잡음은 계속해서 증가해 왔다. 이러한 증가는 주로 매우 많은 저전력 전자 부하가 설치되어 있는 것에 기인한다. 이들 중에서 자국내 TV 세트, 업무용 정보기술 장비(ITE, information technology equipment)들이 문제의 대략 80% 정도를 차지한다. 상당한 고조파 전류가 흐르도록 만드는 이와 다른 유형의 부하들은 아직은 심각한 문제를 일으킬 만큼 그렇게 광범위하게 분포되어 있지는 않다. 또는 이런 유형의 부하들은, 예를 들어 산업 공장에 있는 가변속 구동기기(variable speed drive)의 경우처럼 그 부하들이 설치된 위치에서 개별적으로 다룬다. 그렇기는 해도 교류전원 공급을 담당하는 기관은 고조파 방출 제한(규제)을 모든 종류의 전자제품에까지 확장시키기를 원할 정도로 이 문제에 대해 크게 우려하고 있다.

IEC 61000-2-2는 이 현상에 대한 허용기준을 총고조파왜곡(total harmonic distortion, THD)율이라는 항목으로 정의하는데, 이 값이 8%를 넘어서는 안 된다.

11.4.2 비선형 부하

교류전원선 양단에 연결된 순수한 저항성 부하는 기본 주파수(유럽은 50 Hz) 성분만을 가진 전류를 흐르게 한다. 그런데 대부분의 전자회로는 결코 순수한 저항성이 아니다. 범용 정류기-커패시터에는 전압파형의 피크에서 큰 전류가 흐르며 그 외의 대부분의 시간 동안에는 전류가 흐르지 않는다. 전력제어[조명기기(light), 전동기(모터, motor), 난방기기(히터, heater)]에 많이 사용되고 있는 트라이액(triac)에서는 위상 제어 방법을 통해 교류전원의 각 반주기의 일부 시간 동안에 전류가 흐르도록 만든다. 이러한 전류 파형은 푸리에 급수(Fourier series)로 나타낼 수 있는데, 이렇게 나타낸 급수의 고조파 진폭이 바로 규제해야 할 대상인 것이다.

교류 주전원의 고조파를 다루는 규격은 IEC 61000-3-2로 1995년에 최초로 공표되었고 2000년에 개정이 되면서 상당한 변화가 이루어졌으며 이후 계속해서 개정되고 있다. 이 고조파 표준의 요건은 [4.5.1절]과 [9.1절]에 자세히 수록되어 있는데, 여기에서는 장비가 소비하는 전력량에 따라, 주파수 2 kHz(40번째 고조파)까지의 고조파 성분에 대해 고정된(일정한) 허용기준 또는 가변적인(값이 다른) 허용기준을 적용하고 있다. 어떤 허용기준을 선택하는가는 제품의 등급(class)에 따라 결정된다. 군사 부문(military sector)에서는 고조파와 관련된 요건이 항공기와 해군에 적용되는 MIL-STD-461 표준의 CE101 시험에 명시되어 있다. 이에 대해서는 [9.1.3.3절]에서 자세히 다룬다.

제한치(허용기준)는 입력 부품, 그중에서도 특히 입력 직렬 임피던스(보통은 바람직한 입력 부품으로는 전혀 고려되지 않는 것임)에 대한 사실상의 추가적인 설계 제약 조건이다. [그림 11.27(a)]는 시간영역에서의 전류 파형과 이에 대해 푸리에 분석을 수행한 결과를 보여주고 있다. 또한 그림을 보면 정류기-커패시터와 저항으로 이루어진 정류회로 앞에 상당히 큰 직렬저항이 연결되어 있다. 이 정도로 큰 직렬저항 값은 효율이 매우 낮은 변압기 입력 구조의 전원공급기를 제외하곤 찾아보기 힘든 것이 보통이다. 5차 고조파 성분이 IEC 61000-3-2 Class D의 요건을 겨우 만족하고 있다.

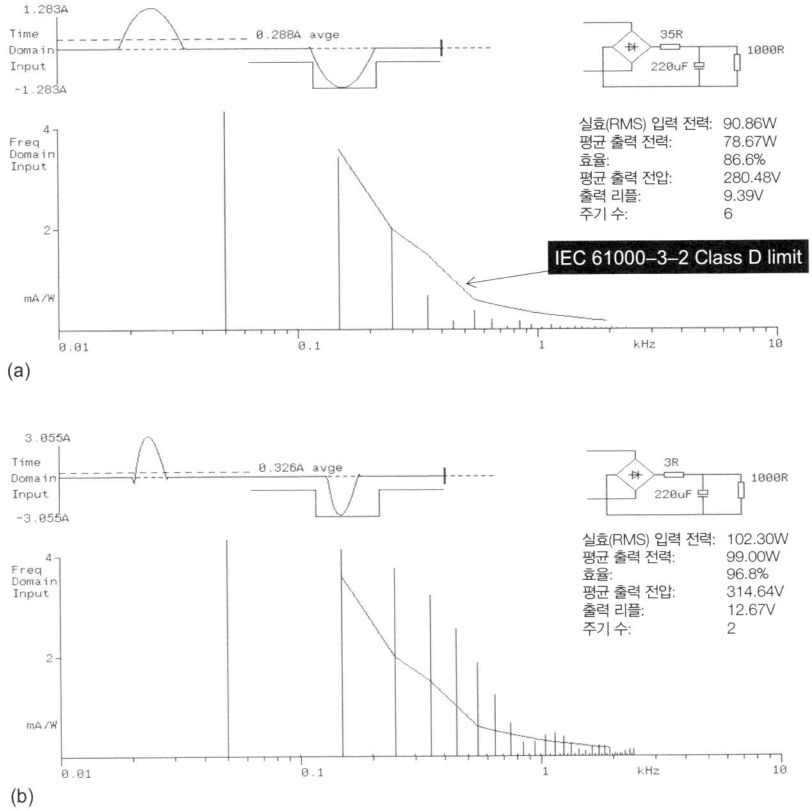

그림 11.27 정류기 회로에 대한 교류 주전원의 입력 전류 고조파

11.4.2.1 직렬 저항의 영향

[그림 11.27(b)]는 입력 직렬저항의 값이 (a)에 비해 10분의 1로 줄었을 때 생기는 차이를 잘 보여주고 있다. 이 정도의 입력저항은 다이렉트 오프라인 스위칭 전원공급기(direct-off-line switching supply)[13]의 경우에는 일반적인 값이지만 효율이 높은 많은 전원공급기의 경우에는 이보다 더 작은 R_S 값을 사용하고 있다. 피크 입력 전류는 듀티사이클이 작아지면서 눈에 띄게 증가했는데, 이렇게 되면 파고율(crest factor, 전류의 최댓값을 실횻값으로 나눈 것)이 훨씬 커지면서 고조파의 진폭이 더욱 커진다.

고조파 허용기준을 만족시키기 위해 입력 직렬저항을 증가시키면 전력이 아주 낮은 경우를 제외하곤 전력소모의 측면에서 비경제적이다. 실제로, 입력전력의 10%~20%를 의도적으

13 (옮긴이) 교류전원선으로부터 직접 교류 전원을 입력 받아(directly off the line) 정류와 필터링을 통해 직류로 변환하는 전원공급기. 동작 주파수가 낮은 절연 변압기(isolation transformer)를 사용하는 대신에 동작주파수가 높은 스위칭 변압기와 스위칭 회로를 사용한다. 스위칭(스위치모드) 전원공급기가 여기에 속한다.

로 소모하는 것은 전력이 50 W ~ 100 W의 수준을 넘어서면 불합리성이 뚜렷이 드러난다. 사실 IEC 61000-3-2의 요건은 유효 입력전력이 75 W 이하인 장비(조명기기는 예외)에는 적용되지 않는다. 다른 방법으로 입력 직렬 저항 대신에 입력 직렬 초크를 사용할 수 있다. 초크는 모든 입력 전류에 대해 150 Hz의 낮은 주파수까지도 동작해야 하므로 크기와 무게 측면에서는 대가를 치러야 한다. 또 다른 방법으로, 역률 교정(Power Factor Correction, PFC) 회로를 사용하여 전류파형을 사인파형에 가깝게 변환해주면 되는데, 현재 이 방법은 중간 범위의 전력을 다루는 전자 전원공급기에 널리 사용되고 있다.

11.4.2.2 역률 교정

역률 교정(PFC)은 전원공급기의 앞단에 위치한 일종의 스위치방식 변환기(switchmode converter)로 볼 수 있다. 따라서 PFC는 입력 전류의 고조파를 줄이지만 동시에 RF 스위칭 잡음을 추가로 발생시킬 가능성이 있다. PFC를 다이렉트 오프라인 스위칭 전원공급기의 다른 특성들과 결합하는 것이 가능하므로, SMPS를 사용하는 경우에는 약간의 불이익이 추가될 것이다. 이것은 또한 "범용(90 V ~ 260 V)" 입력 전압 범위와 같은 오늘날 요구되는 설계 조건들에 잘 들어맞는다. 이러한 전원공급기는 기성품(규격품)으로 바로 구입할 수 있다. 또는 추가 설계와 개발 작업을 수행하여 자신만의 PFC-SMPS를 설계할 수 있다. 이러한 목적에 알맞은 특수한 제어 IC들을 사용하면 이러한 작업을 더욱 쉽게 수행할 수 있다.

[그림 11.28]의 PFC 회로를 보면서 PFC의 기본 동작 원리를 살펴보자. 정류된 입력은 기존의 입력 정류기-커패시터 회로 대신에 스위치방식 부스트 변환기(switchmode boost converter) 회로에 직접 가해지는데, 이 회로의 동작 입력전압 범위는 0 V에 가까운 값에서부터 피크 공급전압까지이다. 스위칭 회로의 펄스폭이 조정되면서 목표로 한 완벽한 사인파형에 가까운 모습의 평균 입력 전류가 만들어진다. 이 전류파형의 실효 왜곡(effective distortion)은 매우 낮으므로 고조파 성분 또한 매우 낮다.

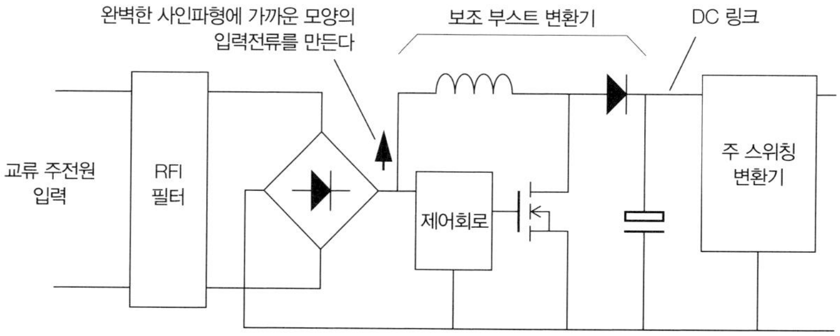

그림 11.28 스위치방식 PFC 회로 구성도

11.4.2.3 위상각 제어

교류전원선에서 공급되는 파형의 위상에 따라 "온(on)"으로 스위칭되는 위치가 변하는 전력제어회로는 입력전류에 고조파 왜곡이 생기게 하는 또 하나의 주요한 잡음 발생원이다. 이것의 대표적인 예로 조명 밝기 조절기(lighting dimmer)와 모터(전동기) 제어기(motor controller)를 들 수 있다. [그림 11.29]는 90°(한 주기의 피크) 위치에서 "온"으로 스위칭된 파형의 고조파 성분을 보여주고 있다. 최대 고조파 성분은 이 위치에서 발생하고, 위상이 90°에서 전, 후로 멀어짐에 따라 감소한다. 대략 5 A 정격 이상인 입력 필터링이나 PFC가 없는 조명 조절기(조광기)는 불법인데, 이는 제한치가 절댓값으로 정해져있기 때문이다.

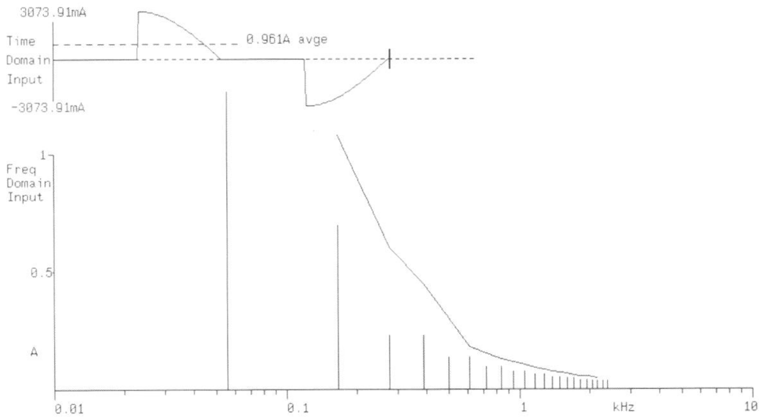

그림 11.29 정격전력의 절반으로 동작하는 500 W 위상제어회로의 교류 주전원선 입력 전류 고조파

11.4.2.4 도통 전환 노치

위에서 설명한 고조파 문제와 완전히 같은 방식은 아니지만 이 고조파 문제를 다른 형태로 나타낸 것으로 도통 전환 노치(commutation notch)라는 것이 있다. 이것은 몇몇 산업 설비에서는 심각한 잡음 발생원이 될 수 있다. 가변속 모터(전동기) 구동기기 또는 다른 용도로 대전력 AC-DC 변환기를 구성하는 표준방식은 3상 교류전원 공급선 양단에 사이리스터들(thyristors)로 이루어진 브리지(bridge) 회로를 만들어 연결하는 것이다. 이 사이리스터들은 정확한 위상에 동작을 하면서 필요한 출력전압을 만들어낸다. 브리지 회로는 여섯 개의 사이리스터들이 세 개의 갈래(arm)에 각각 두 개씩 연결된 형태로 되어 있는데 어떤 주어진 순간에는 이 가운데 두 개의 사이리스터들이 도통된다. 입력 위상이 변함에 따라 사이리스터들은 두 개씩 순차적으로 도통되는데 이처럼 순차적으로 도통이 전환(스위칭)되는 동작을 도통 전환(commutation)이라고 한다. 그런데 도통 전환 과정에서 전, 후의 도통 사이에 시간 겹침(보통 수 μs정도)이 발생하면 어떤 한 상(phase)에서 두 개의 사이리스터가 이 짧은 겹침 시간동

안에 동시에 도통이 되므로 교류전원 공급선 양단에는 낮은 임피던스가 나타나게 된다. 그러면 전원 단자에는 노치(notch)가 발생하는데, 이러한 문제를 다루기 위해 보통은 교류공급 전원선 리액터(line reactor)로 교류공급 전원 입력에 충분한 인덕턴스를 공급하여 노치를 경감시켜야 한다. 공통 접속점에서 전압 노치의 진폭은 전원공급기 임피던스와 전원선 리액터의 인덕턴스 사이의 비(ratio)에 의해 정해지므로 결국 이 비가 변환기 장치의 잡음 발생 능력을 결정하게 된다.

12
레이아웃과 접지

양호한 EMC 성능을 가지도록 장비를 설계하는 작업의 출발점은 장비에서 방출되고 장비로 결합되는 장해 잡음의 흐름을 제어하는 원리이다. 능동(active) 전자 부품(장치)들로 이루어진 장비라면 어떤 장비에서도 장해 잡음이 발생할 수 있고 외부의 장해 잡음이 장비로 결합될 수 있다고 생각해야 한다. 제품의 EMC 성능을 향상시키려면 장벽과 우회도로를 설치하여 장비 안으로 들어오는 장해 잡음은 흡수하거나 우회시켜 회로로 들어오지 못하게 하고, 회로에서 발생하는 장해 잡음은 흡수하거나 우회시켜 장비 밖으로 나가지 못하게 해야 한다. '회로'를 '도시'로 비유해서 설명해보기로 하자. 그러면 EMC를 확보하기 위한 두 가지 대책은 도시의 '우회도로'와 '순환도로'에 비유할 수 있다. 교통량(장해 잡음량)이 도시의 중심부를 통과하도록 도로를 설치하는 것보다는 도시를 빙 돌아갈 수 있도록 순환도로와 우회도로를 설치하면 도시의 교통이 중단되는 일이 훨씬 줄어든다.

[그림 12.1]에 교통량(장해 잡음량)을 제어(억제)하는 1단계, 2단계, 3단계 대책을 나타내었다.

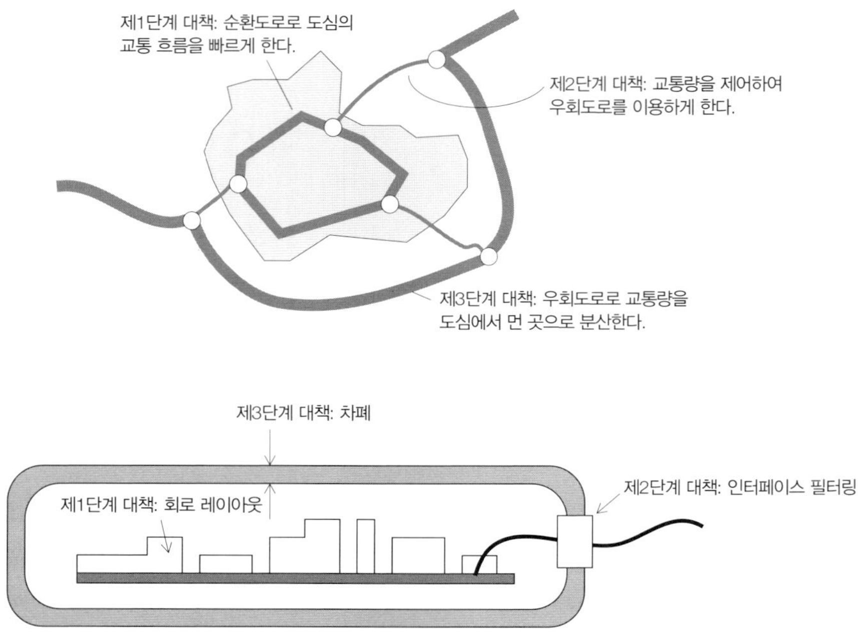

그림 12.1 EMC 제어 대책

제1단계 제어 대책으로는 디커플링, 평형 구조, 대역폭 및 속도 제한, 그리고 특별히 PCB 레이아웃과 접지와 같은 몇 가지의 회로 설계 방법을 들 수 있다. 일부 저성능 회로들이나 접속 케이블이 없는 회로들의 경우에는 이러한 제1단계 대책만으로도 충분할 수 있다.

제2단계 대책에서는 내부 회로와 외부 케이블 사이의 인터페이스(접속)를 항상 고려해야 한다. 이 인터페이스 부분은 장비의 안과 밖으로 장해 잡음이 드나드는 주요 통로이다. 회로 설계를 변경할 수 없는 장비인 경우에는 이 인터페이스 부분에 필터링을 해주는 대책들이 장해 잡음을 억제하는 방법의 전부일 것이다. 커넥터의 선택과 장착(설치)은 이 방법을 실행하는 데 중요한 부분을 차지한다.

제3단계 대책은 제품을 완전히 차폐(shielding)하는 방법인데, 이 방법은 비용이 많이 들므로 다른 모든 대책들을 적용했음에도 해결이 되지 않을 때만 선택해야 한다. 그러나 앞서 조치하는 대책들의 효과를 미리 예측하는 것이 어려우므로 제품의 인클로저를 차폐해야 할 가능성을 열어두는 것이 현명하다. 다시 말해, 제품의 기구를 설계할 때는 금속으로 된 케이스의 사용을 고려해야 한다. 또는 인클로저를 몰딩(moulding, 성형)으로 제작해야만 하는 경우라면, 반드시 개구부(aperture)와 결합부위(joint)를 RF에서 적절히 접합(bonding)하고 인클로저 상의 알맞은 위치에서 접지 연결(접속)을 실시하고 인클로저에 전도성 코팅을 쉽게 할 수 있도록 몰딩 설계를 해주어야 한다.

13장에서는 회로 설계를 살펴보고 14장과 15장에서는 대표적인 인터페이스, 필터, 차폐 방법에 대해 알아본다. 이번 12장에서는 레이아웃(배치 및 구성방식)과 접지에 대해 다룬다.

12.1 장비의 레이아웃과 접지

비용 대비 효과가 가장 좋은 방법은 장비의 레이아웃과 접지방식을 개발 초기 단계에서 고려하는 것이다. 설계 이후 단계에서 발생하는 EMC 문제의 90%는 부적절한 레이아웃이나 접지방식이 원인이다. 적절히 설계된 레이아웃과 접지 시스템은 제품의 내성(immunity)을 향상시키고 장해 잡음의 방출을 막아주지만, 잘못 설계된 레이아웃과 접지 시스템은 장해 잡음을 잘 방출하고 잘 받아들이게 만든다. 가장 중요한 설계 원칙은 다음과 같다.

- 접지 시스템을 분할(partitioning)하여 장해 잡음 전류를 제어한다.
- 접지(ground)는, 장해 잡음 전류가 장비 속으로 흘러들어오고 장비로부터 흘러나가는 전도성 경로로 생각한다.
- 접지는, 장해 잡음 전류가 신호 회로에 영향을 주는 것을 막는 수단으로 고려한다. 이렇게 하려면 접지 접속(연결)을 해주는 위치를 세심하게 선택하고 접지 임피던스를 최소로 해주어야 하며 회로에 대한 접지의 전달 임피던스(transfer impedance)를 최소로 해준다.
- 기계 구조물(기구)을 구성하고 있는 각종 전도성 부분에는 항상 장해 잡음 전류가 흐를 수 있으므로 이러한 전류에 의해 회로가 영향을 받지 않도록 이 부분을 설계한다.

12.1.1 시스템 분할

설계의 1단계는 시스템을 분할(partitioning)하는 것이다. [그림 12.2]에서 보듯이, 시스템(system)을 구성하는 하위(하부) 시스템(sub-system)들은 기판이나 인클로저에서 서로 다른 구역에 나뉘어 배치된다. 이 그림처럼 시스템의 분할이 제대로 되지 않았거나 분할이 전혀 되지 않은 상태에서 하위 시스템들 사이의 인터페이스(interface)[1]들이 제대로 정의되지 않고 외부 포트(port)[2]들이 주위를 따라 분산되어 있으면, 다양한 인터페이스에 존재하는 공통모드 전류를 제어하고 억제하는 것이 어렵다. 포트들이 분산되어 있다는 것은 시스템에서 서로 반대쪽 모서리에 위치해 있는 포트들 사이의 거리가 멀다는 뜻이므로 장해 잡음 전류가 접지를

---

1 (옮긴이) 두 개의 시스템이 상호 작용할 수 있도록 접속되는 경계(boundary). 또는 이 경계에서 상호 접속이 이루어지게 하는 데 사용되는 연결선을 포함한 하드웨어, 소프트웨어, 조건, 규약 등을 포괄적으로 가리키는 용어(출처: IT 용어사전). 이 책에서는 연결 도선(도체)을 포함한 하드웨어의 의미로 주로 사용되고 있다.

2 (옮긴이) 신호(정보)가 드나드는 장비(시스템)의 출입구(또는 출입 단자)를 말한다. 실제 형태는 대체로 커넥터, 소켓, 플러그 등의 기구 부품(또는 이들을 구성하는 단자들)으로 되어 있으며 여기에 케이블을 연결하여 장비에 주변 장치나 다른 장비를 접속한다. 포트도 인터페이스의 일종이라 할 수 있다.

따라 흐르면 큰 유도 접지전압이 발생하며 내부에서 발생한 방출 잡음이 케이블에 잘 결합된다.

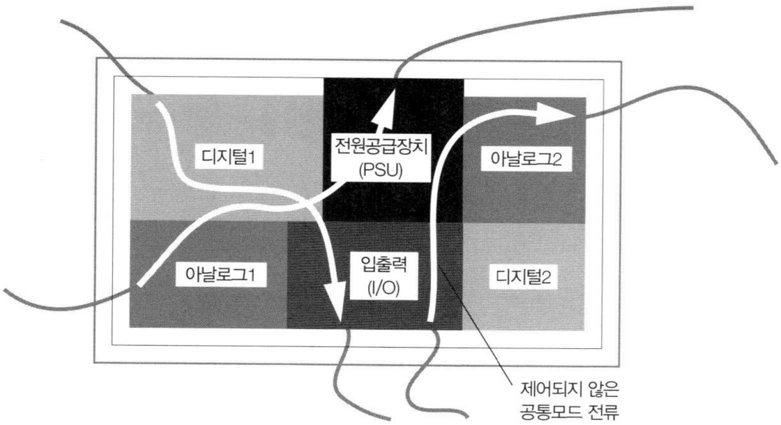

그림 12.2 무계획적인 시스템

이러한 시스템의 방출과 내성을 제어하는 유일한 방법은 시스템 전체를 둘러싸는 차폐물을 설치하고 인터페이스 부분에 필터링을 해주는 것이다. 완벽한 차폐를 유지하면서 시스템이 정상적으로 동작하게 하는 것이 어렵거나 불가능한 경우가 많이 있는데, 특히 시스템에 개구부(aperture)와 외부 접속을 위한 단자들이 꼭 있어야 하는 경우가 바로 그렇다. 이 경우에는 개구부와 단자들로 인해 차폐의 감쇠효과가 떨어진다.

12.1.1.1 분할된 시스템

분할(partitioning)은 시스템을 EMC 관점에서 중요하게 관리해야 할 위험부분(critical section)과 그렇지 않은 일반부분(non-critical section, 비위험부분)으로 분리하는 것을 말한다. 위험부분이란 마이크로프로세서 논리회로와 영상(video) 회로처럼 장해 잡음(전자기장)을 방사하거나, 마이크로프로세서 회로와 레벨(진폭)이 낮은 신호를 처리하는 아날로그 회로처럼 외부에서 들어오는 장해 잡음에 특히 취약한 회로들을 말한다. 일반부분은 회로에서 처리하는 신호의 레벨, 회로의 대역폭, 회로의 기능을 고려할 때 외부에서 들어오는 장해 잡음에 취약하지 않고 외부로 장해 잡음을 방출하지도 않는 회로들을 말하는데, 대표적으로 클록과 무관한 논리회로(non-clocked logic), 선형 전원 공급기(linear power supply), 오디오 전력 증폭기(audio power amplifier) 회로를 들 수 있다. [그림 12.3]에 분할 방법을 적용하여 시스템의 각 부분을 분리한 예를 나타내었다.

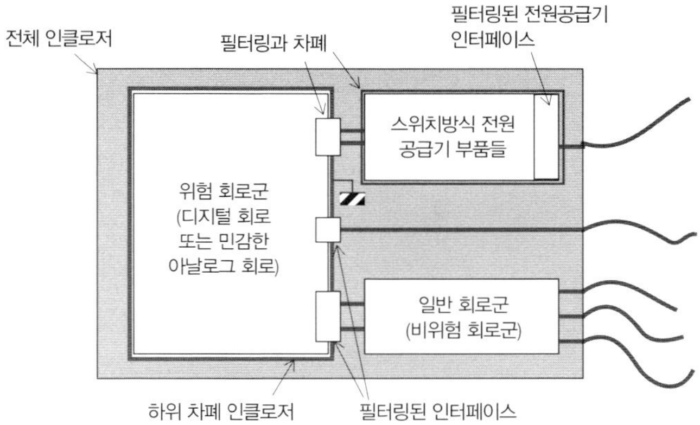

그림 12.3 시스템 분할

위험부분의 제어

위험부분은 한 개 이상의 차폐된 인클로저로 둘러싸고, 인클로저를 통과해 외부와 접속되는 연결도선들을 세심하게 제어해야 한다. 인클로저는 회로의 특성에 따라 제품 전체를 둘러싸거나 일부분만 감쌀 수 있다. 여기서 중요한 목표는 장해 잡음을 제어해 줄 인터페이스의 개수를 최소로 하고 이들이 서로 가까운 위치에 함께 모이도록 설계를 하는 것이다. 인터페이스에 필터링을 해줄 필요가 있거나 차폐를 하여 배선을 해주어야 하는 경우에는 제품의 단가가 상승한다. 휴대용 계산기나 적외선 리모컨처럼 전기적인 인터페이스 포트가 없는 제품은 EMC 관점에서 보면 이상적인 경우라 할 수 있다.

차폐도체(shield)는 방사성 장해 잡음을 막는 차단벽 역할과 함께 접지 귀환전류가 흐르는 기준점의 역할도 한다. 많은 경우에, 특히 한 도체면 전체를 접지면으로 할당한 구조의 PCB를 사용하는 경우에는 이 접지면 도체는 귀환전류의 경로로서 더 중요한 역할을 한다.

12.1.2 접지접속(grounding)

시스템을 적절히 분할한 다음에는 반드시 접지를 제대로 해주어야 한다. 설명을 계속하기 전에 용어에서 일어나는 혼동을 짚고 넘어가려고 한다. 통상적으로 전기분야에서 사용하는 접지접속은 미국에서는 "grounding"으로, 영국에서는 "earthing"이라는 용어로 부르는데, 두 용어 모두 안전사고 방지 기능을 하는 접지접속을 가리킨다. 이 책은 영국 책이고 EMC의 기능은 안전(보호) 기능과는 다르므로 이 책에서는 되도록이면 "ground"와 "grounding"은 접지의 EMC 기능을 가리키고, "earth"와 "earthing"은 안전 기능을 가리키는 것으로 구별해서 사용할 것이다.

일반적으로, 접지접속(grounding)의 목적은 외부에서 시스템에 접속을 하는 경우에 기준(reference)을 제공하기 위함이다. 접지(ground)의 대표적인 정의는 "어떤 회로나 시스템에 대한 기준의 역할을 하는 등전위점이나 등전위면(an equipotential point or plane which serves as a reference for a circuit or system)"이다. 유감스럽게도 이 정의는 접지에 전류가 흐르는 경우에는 무의미해져 버린다. 신호전류가 무시할 정도로 작은 경우에도 주변의 전기장과 자기장에 의해 접지에 전류가 유도되면 이 전류에 의해 접지 전위가 달라진다. 접지가 양호한 시스템에서는 이러한 접지 전위 변동의 크기가 회로의 동작 레벨에 견주어 작겠지만 그래도 완전히 0으로 만들 수는 없다. 참고문헌[5]에서는 통상적으로 사용되는 용어인 "접지(ground)" 대신 그 목적을 분명히 하기 위해 "기준점(reference point)"이라는 용어를 쓸 것을 제안하고 있다.

접지의 또 다른 정의는 "전류가 자신이 흘러나온 발생원(source)으로 되돌아 갈 수 있는, 낮은 임피던스를 가진 경로(a low impedance path by which current can return to its source)"이다[111]. 이 정의는 전류의 흐름과 그 흐름의 원활함을 위한 낮은 임피던스의 필요성을 강조하고 있는데, 주파수가 높은 상황에서는 이것이 더 알맞은 정의이다. 전류는 언제나 루프를 그리며 순환하여 제자리(발생원)로 돌아온다. 따라서 전류가 흐르는 루프를 설계할 때는 그 루프 상의 위험 지점에서(EMC 측면에서 볼 때), 유도전압이 낮게 유지되도록 해주어야 한다. 이렇게 하기 위한 방법은 접지 회로를 가능한 짧고(좁은 범위로) 간결(compact)하게 설계하는 것뿐이다.

접지 시스템의 가장 중요한 EMC 기능은 "위험지점에서 장해 잡음 전압을 원하는 신호에 견주어 최소가 되게 하는 것(to minimize interference voltages at critical points compared to the desired signal)"이다. 이 목적을 달성하려면 위험지점에서는 전달 임피던스 값이 반드시 낮게 나타나야 한다. 전달 임피던스(transfer impedance)의 개념에 대해서는 [12.1.2.2절]에서 소개하기로 한다.

12.1.2.1 접지 임피던스를 따라 흐르는 전류

접지 레이아웃을 설계할 때는 접지 귀환전류가 실제로 흐르는 경로를 반드시 알아야 한다. [그림 12.4]의 증폭기 회로를 예로 들어 이에 대해 설명해보기로 하자. 직류전원 V_{DC}에서 흘러나온 큰 값의 전류 출력 ΔI는 부하를 거쳐 다시 직류전원으로 되돌아가고 있다. [그림 12.4(a)]에 표시된 것처럼 이 전류가 $Z3 \rightarrow Z2 \rightarrow Z1$의 경로를 통해 귀환하면 임피던스 $Z2$ 양단에 전압이 발생한다. 이 원치 않는 전압 성분은 증폭기의 입력 V_S와 직렬로 연결되므로 이 전압 성분의 크기와 위상에 따라 증폭기 회로에서는 발진이 생길 수 있다. 이것은 앞서 [11.1.1절]에서 다루었던 공통 임피던스 결합의 한 예이다.

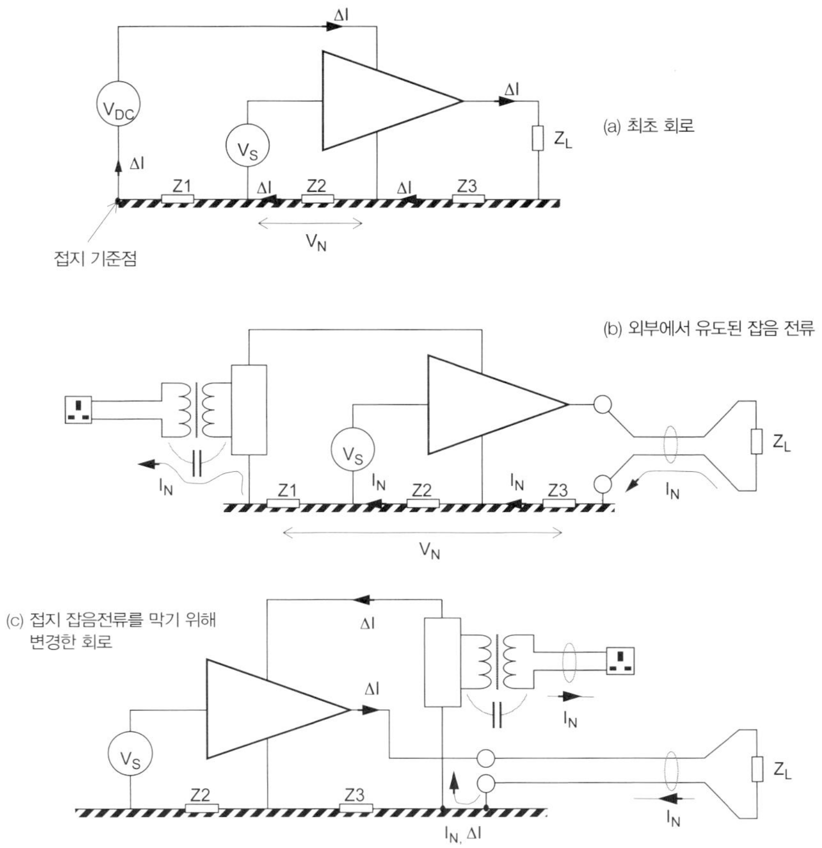

그림 12.4 증폭기 회로의 접지 전류 경로

EMC의 측면에서 보면, 일반적으로 불안정(instability)은 문제가 되지는 않는다. 오히려 방출 문제나 감응성 문제를 발생시키는 것은 임피던스 양단에 발생하는 장해 잡음 전압 V_N이다. 수 kHz 이상의 높은 주파수 영역이나 전류의 시간변화율이 큰 경우에는 연결 도선(도체)의 임피던스에서 그 도선(도체)의 인덕턴스가 차지하는 비율이 도선(도체)의 저항보다 훨씬 커서 도선(도체)의 임피던스는 주파수에 따라 계속 증가한다. 따라서 접지 잡음 전압은 주파수가 증가할수록 더욱 커진다($V = -L \cdot di/dt$). [그림 12.4(b)]는 증폭기 회로에 외부 회로를 접속할 때 일어나는 현상을 설명하고 있다. 증폭기의 출력 단자에 접속된 외부 연결도선에 유도된 장해 잡음 전류 I_N은 접지 시스템에서 *Z*2를 통해 흐르므로 *Z*2 양단에 발생한 잡음 전압이 증폭기 입력과 직렬로 연결된다. 이 전류는 전원공급기의 스트레이 커패시턴스를 통해 상용 교류 주전원선으로 빠져 나간다. 교류 주전원선에서 발생하여 회로로 들어오는 잡음 전류는 같은 경로를 따라 빠져 나올 때와는 반대인 방향으로 흐른다.

이 문제를 처리하기 방법으로는 [그림 12.4(c)]에서 보듯이 장해 잡음 전류가 접지 시스템 중에서 잡음에 민감한 부분을 통해서는 흐르지 않게 해주기만 하면 된다. [그림 12.4]의 회로도만 보면 (b)의 회로와 (c)의 회로가 똑같아 보이지만 실제로 PCB에 배치하여 구현하면 완전히 다르다.

12.1.2.2 전달 임피던스

EMC의 측면에서 접지의 목적은 낮은 전달 임피던스(transfer impedance) Z_T를 갖는 전류경로들을 제공하여 잡음에 민감한 인터페이스 위치에서 장해 잡음 전압을 최소로 해주는 것이다. 여기서, 이 잡음 전압은 접지를 기준으로 한 것일 수도 아닌 것일 수도 있다. 전달 임피던스 Z_T는 공통모드 회로에 흐르는 장해 잡음 전류에 의해 신호 회로에 발생하는 원치 않는 장해 잡음 전압의 크기를 결정한다. 고려해야 할 인터페이스에 따라, 전체 접지 경로들 중에서 적절한 부분의 전달 임피던스를 낮추기 위한 대책이 필요하다. [그림 12.5]는 낮은 Z_T를 갖도록 설계된 3차원 구조의 접지 구조이다. 이들 접지 구조는 "차폐(shielding)" 인클로저, 섀시판(chassis plate), PCB를 구성하는 도체면, 케이블 덕트(전선관)(cable conduit) 형태를 하고 있는데, 실제 적용하고자 하는 곳에 맞추어 이 가운데 적절한 구조로 구현할 수 있다.

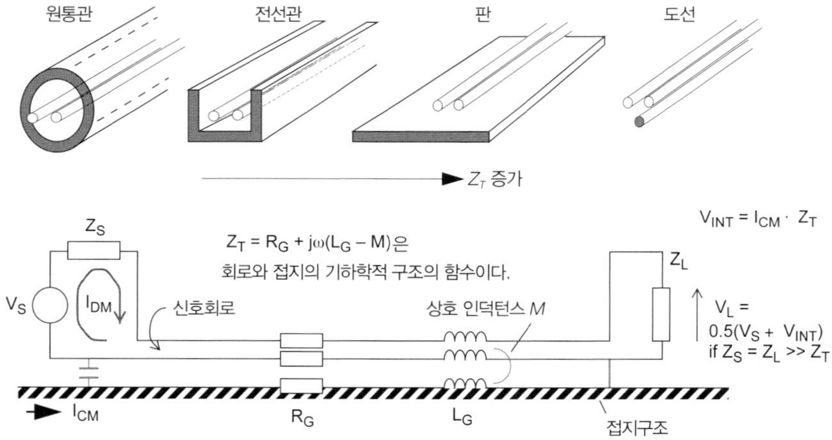

그림 12.5 접지 구조의 전달 임피던스

이러한 접지 구조가 가지고 있는 중요한 특성은, 이 구조에 방해 전류가 흐를 때 이 전류에 의해 신호 회로에 발생하는 차동모드 장해 전압 V_{INT}의 크기는 아주 작다는 점이다. 접지에 흐르는 외부의 장해 전류와 관련하여, Z_T에서 가장 큰 부분을 차지하는 것은 공통모드 회로와 차동모드 회로 사이의 상호 인덕턴스이다. Z_T는 접지 구조와 신호회로(연결도선) 사이의 상호 인덕턴스에 비례하여 감소한다. 접지 구조가 가지는 저항 R_G와 자체 인덕턴스 L_G 값은 최소가 되게 해야 한다. 접지 구조가 연결도선을 완전히 감싸는 형태 — 차폐된 동축 케이블(coaxial shielded cable)이 바로 이런 구조이다 — 에 가까울수록 Z_T는 작아지는데, 만일 이 구조가 없으면 모든 장해 전류가 회로에 흐르기 때문에 최악의 상황이 된다. 아무런 고려 없이 설계되어 상당한 직렬 임피던스(개구부와 불연속 구조물에 의해 발생, [15.1.3절] 참조)를 가진 접지 구조는 별다른 역할을 하지 못한다. 사용하기 편리한 접지구조는 평행한 도선 도체이다. 간편함과 성능을 절충한 접지구조는 덕트(전선관) 또는 평평한 판 형태의 도체이다. 차동 모드로 동작하는 회로가 이러한 접지 구조에 가까이 위치하고(그러면 상호 인덕턴스가 증가한다) 접지 구조에 대한 회로의 평형성(대칭성)이 좋을수록 Z_T는 낮은 값이 된다. 단, 이러한 구조는 전류가 흐르는 방향으로 그 균일성이 깨져서는 안 된다.

여기서 접지 전류에 대해 집중적으로 다루고 있는 까닭은 일반적으로, 접지구조는 그 고유의 특성상 낮은 임피던스를 가지므로 접지구조에는 상대적으로 큰 장해 잡음전류가 흐르기 때문이다. EMC란 이 점을 분명히 인식하고 이에 대한 적절한 예방조치를 취하는 것이다. 접지구조에 발생하는 잡음전압의 크기를 회로에서 처리하는 신호전압에 견주어 작아지게 하는 것이 중요하지만, 앞서 접지구조의 Z_T를 낮추는 데 바람직했던 근접 결합(접지구조와 신호도체들이 가까이 놓인 구조)은 상호 커패시턴스를 크게 만들므로 접지 잡음전압이 회로에 더욱 잘 결합할 수도 있게 된다. 이 때문에 회로의 0 V 기준 중에서 한 점 — 일반적으로 회로에서 가장 민감한 부분에 아주 가까운 점 — 을 접지 구조에 접속할 것을 제안하고 있다. 그렇지만 이렇게 하면 접지 구조와 회로 사이에서 전류의 분배, 즉 전류가 나뉘어 흐르는 일이 생길 것이다. 이러지도 저러지도 못하는 이러한 문제는 가능한 최소의 Z_T를 가진 접지구조를 물리적으로 설계하는 방법만이 유일한 해결책일 수 있다.

이것은 "기계(mechanical)" 부품들이 자신들의 "전기적(electrical)" 성능을 좋게 하기 위해 어떻게 설계되어야 하는가를 보여주는 아주 분명한 예이다. EMC 전문가들은 기계공학과 전기공학을 둘 다 잘 알아야 한다.

12.1.3 접지 시스템

지금으로선 안전(safety)을 위한 대지접지(earth)는 다루지 않고 회로기준(circuit reference)을 위한 접지 시스템(ground system)에 대해 살펴본다. 이러한 용도의 접지 시스템은 구성 방식에 따라 일점접지 시스템 (single point ground system)과 다점접지 시스템(multi-point ground system), 또는 이 두 시스템을 결합한 혼성접지 시스템(hybrid ground system)으로 나뉜다.

12.1.3.1 일점접지 시스템

일점접지 시스템(single point ground system)은 [그림 12.6(a)]에서 보듯이 개념적으로 가장 단순하다. 일점접지에서는 공통 임피던스 접지 결합(coupling)과 저주파 접지 루프가 생기지 않는다. 일점접지에서 각 회로 모듈의 접지 도체는 단 하나의 접지점에 개별적으로 연결되며,

각각의 랙(rack)이나 하부장치(sub-unit)는 단 한 점에서 섀시에 접합된다. 접지 회로망의 나머지 부분에 흐르는 어떤 전류도 회로에 결합되지 않는다. 이 시스템은 1 MHz 까지의 주파수 범위에서는 잘 동작하지만 주파수가 여기서 더 증가하면 단일 접지점과 연결되는 각 접지 연결도체의 길이로 인해 이 부분에서 발생하는 공통모드 잡음 전압이 커지기 시작한다. 접지 연결도선의 길이가 1/4 파장의 홀수배가 되는 주파수에서는 [그림 12.7]에 보듯이 각각의 회로들은 일점접지점과는 물론 서로 간에도 전기적으로 완전히 격리(절연)된 것과 마찬가지가 되어 버린다. 이와 동시에, 일점접지점을 통하지 않고 스트레이 커패시턴스를 통해 회로에서 접지면으로 직접 빠져나가는 우회 전류경로가 만들어지기 시작한다.

[그림 12.6(b)]는 일점접지 시스템에서 변형된 것으로 비슷한 특성을 가진 회로모듈끼리 한데 묶어서 공유점을 일점접지점에 접속한다. 이렇게 하면 공통 임피던스 결합이 별다른 문제가 되지 않는 회로들 사이에는 어느 정도 이를 허용하고 동시에 고주파 회로들의 접지는 따로 떨어져 있게 할 수 있다. 잡음이 많은 회로는 공유점에 가장 가깝게 배치해서 공통 임피던스에 의한 영향을 최소로 해야 한다. 한 개의 모듈에 여러 개의 접지가 있는 경우에는 이들을 다이오드 두 개를 마주보게(서로 반대 방향으로, back-to-back)하여 서로 연결하면 회로가 끊어질 때 생기는 손상을 막을 수 있다.

12.1.3.2 다점접지 시스템

순수한 일점접지 시스템과 관련한 RF 문제를 극복할 수 있는 것이 [그림 12.6(c)]에 나타낸 혼성 다점접지 시스템(hybrid and multi-point ground system)이다. 다점접지는 디지털 시스템과 레벨이 큰 신호를 다루는 고주파 시스템에 필수적이다. 모듈들과 회로들은 길이가 짧은 (0.1λ 미만) 도체(도선) 여러 개를 사용하여 서로 접속하여 접지 임피던스에 유도되는 공통모드 전압을 줄인다. 또 다른 방법으로, 짧은 길이의 도체로 섀시, 접지면, 또는 그 밖의 임피던스가 낮은 전도성 구조물의 몸체에 접속한다. 이 방법을 적용하면 루프가 만들어져 자기장이 결합될 수 있으므로 민감한 오디오 회로에는 적합하지 않을 수도 있다. 이러한 회로를 50 Hz/60 Hz 장해로부터 영향을 받지 않게 하는 것은 어렵지만, 실제로 이것이 문제가 되는 것은 루프 면적이 커서 장해 진폭이 큰 잡음이 발생하고 이렇게 생긴 잡음에 의해 회로 자체가 영향을 받을 경우뿐이다. 회로의 동작 주파수가 높을수록, 그리고 동작 신호 레벨이 클수록 이러한 장해 잡음에 덜 취약한 것이 일반적이다. 다점 접지된 하위 시스템을 전체 시스템에 대해서는 일점접지를 할 수 있다.

12.1.3.3 혼성접지 시스템(hybrid grounding system)

혼성접지는 리액턴스 부품(커패시터 또는 인덕터)을 사용하여 낮은 주파수와 높은 RF 주파수에서 접지 시스템이 각각 달리 동작하게 만든다. [그림 12.6(c)]의 예를 보면, 상당히 긴 케이블을 싸고 있는 피복(실드도체)을 커패시터를 통해 섀시와 연결하는 접지접속을 하고 있는데, 이는 RF 정재파가 형성되는 것을 막기 위함이다. 커패시터는 DC와 낮은 주파수를 차단하므로 두 모듈 사이에 원치 않는 접지 루프가 추가로 형성되는 것을 막아준다.

이러한 리액턴스 부품을 접지 시스템의 일부분으로 사용하는 경우에는 스퓨리어스 공진(spurious resonance)이 접지 시스템 내에서 발생하지 않도록 주의를 기울여야 한다. 이것이 발생하면 장해 잡음 전류가 커질 수 있다. 예를 들어 자체 인덕턴스가 0.1 μH인 어떤 케이블을 디커플링하기 위해 0.1 μF 커패시터를 사용한다고 하자. 그러면 이 인덕턴스와 커패시턴스에 의해 공진 주파수는 1.6 MHz가 된다. 대략 이 공진 주파수 부근에서는 케이블의 피복은 결코 접지와 연결되지 않는다.

분리된 DC 접지들과 하나의 RF 접지면(섀시 또는 프레임 구조)을 사용하는 경우, 각 하위 시스템의 DC 접지를 10 nF ~ 100 nF 커패시터를 사용하여 프레임에 접속한다. 이 둘은 신호의 di/dt 값이 가장 큰 한 점에서 낮은 임피던스로 서로 접속되어야 한다.

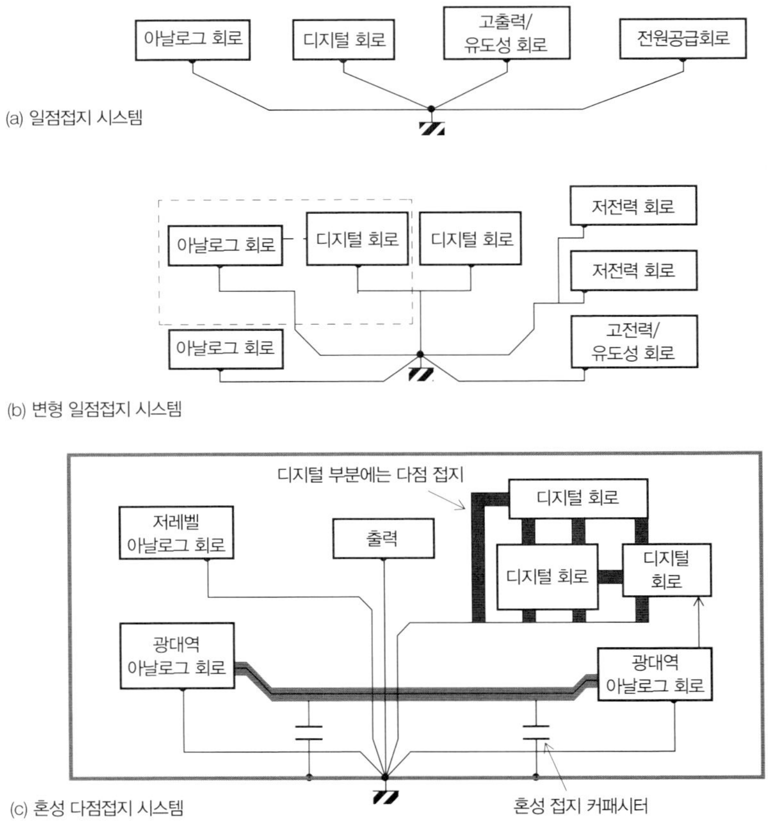

그림 12.6 접지 시스템

12.1.3.4 접지연결 도선의 임피던스

[그림 12.7]에서 보듯이, 어느 정도 길이를 가진 한 가닥의 접지연결 도선이 접지점에 접속될 때까지 접지면이나 새시와 나란한 상태로 배선되어 있는 경우에는 전송선로(transmission line) 구조가 만들어진다. 전송선로 구조는 *L*, *C*, *R*로 구성된 회로 모형으로 나타낼 수 있는데, *L*과 *C*가 전송선로의 특성 임피던스 Z_0 값을 결정한다.

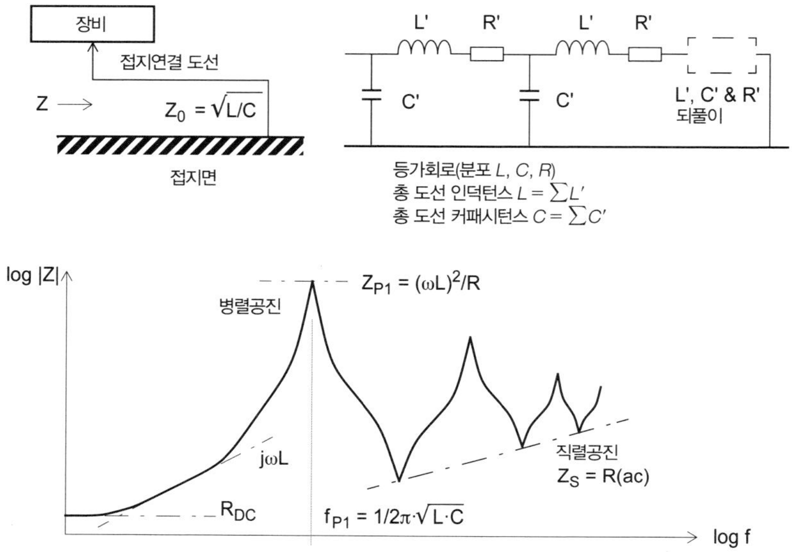

그림 12.7 긴 접지연결 도선의 임피던스

동작 주파수가 올라갈수록 도선의 유도성 리액턴스 값이 저항 값보다 커지면서 계속 증가한다. 임피던스 값은 첫 번째 병렬공진점에 도달할 때까지 계속해서 증가한다. 이 점에서 도선의 끝을 바라본 임피던스는 큰 값이 되는데, 보통은 수백 Ω 정도이다[이 값은 회로(전송선로)의 저항 손실에 의해 정해진다]. 무손실(lossless) 회로(전송선로)를 가정하면, 첫 번째 공진점에서 임피던스는 다음 식으로 주어진다.

$$Z = Z_0 \cdot \tan(\omega \cdot x \cdot \sqrt{L/C}) \tag{12.1}$$

여기서 *x*는 한쪽 끝이 접지된 연결 도선의 전체 길이이다.

도선의 임피던스는 첫 번째 병렬 공진 주파수에서의 피크(peak, 높은 임피던스)를 지난 다음에는 직렬 공진 주파수에서의 영점(null, 낮은 임피던스)과 병렬 공진 주파수에서의 피크가 번갈아가며 이어진다. 표피효과(skin effect)로 인해 주파수에 비례하여 손실이 증가하므로 공진 주파수에서 나타나는 피크(peak)와 영점(null)은 점점 덜 두드러진다. 첫 번째 공진점보다 낮은 주파수 영역에 위치해야 도선으로서의 역할을 제대로 할 수 있는데, 이렇게 하려면 접지연결 도선의 길이는 가장 짧은 동작파장의 1/20 (λ/20) 이하가 되어야 한다. 이 규칙에 따르면 가장 높은 주파수가 예를 들어 1 GHz일 때 접지연결 도선의 길이는 1.5 cm이하가 되어야 한다. 이 때문에 도선(wire)이나 스트랩(strap) 대신에 금속과 금속을 직접 접촉(metal-to-metal contact)시키는 것이다.

12.1.3.5 안전용 대지접지

지금까지 접지에 대해 살펴보면서 안전용 대지접지(초록과 노랑으로 함께 색칠된 도선, safety earth)는 RF 접지와는 전혀 다름을 알 수 있었을 것이다. 모든 것은 무조건 초록/노랑 도선을 통해 대지와 연결되어야 한다고 주장하는 설계자들이 많이 있다. 이 도선이 RF에서 임피던스 값이 높고 주파수에 따라 값이 변한다는 점을 제대로 알아보지도 않은 상태에서 말이다. 일반적으로 말해, 안전용 대지접지는 EMC를 위해서 필수적인 것은 아니다. 배터리로 전원을 공급하는 장치들은 안전용 대지접지 없어도 어쨌든 상당히 잘 동작할 수 있다. 섀시, 프레임, 또는 플레이트(판, plate)의 형태로 제공되는 RF 기준면에는 임피던스가 낮은 양호한 접지접속을 하는 것이 필수적이며, 이 RF 접지접속은 많은 경우에 안전용 접지와 함께 해준다. 반면에 교류 주전원선에서 방출되거나 교류 주전원선으로 전달되는 장해 잡음을 고려하는 경우에는 이들 잡음은 안전용 대지접지에 대해 공통모드로 전파하므로 EMC를 위해서는 안전용 대지접지 접속이 요구되며 공통모드 필터 커패시터를 연결해줄 필요도 있다. 이는 안전용 대지접지가 대지접지이어서가 아니라 장해 잡음 전류에 대해 귀환 경로가 되기 때문이다.

안전용 대지접지 연결도체에 적합한 전류정격을 가진 초크(choke)를 직렬로 연결하여 의도적으로 안전용 대지접지를 RF 회로와 분리하는 것이 필요할 수도 있다(14.2.3.6절 참조). 이렇게 하는 이유는 대지접지 연결도체가 전체 방출 회로의 일부를 이루고 있어서 이 경로를 차단하는 것이, 비록 그 효과가 제한적이긴 해도 EMC를 개선하는 간편한 방법이기 때문이다.

12.1.3.6 접지 지도

장비 설계에 있어서 곳곳에 사용하는 기본적인 도구가 접지 지도(ground map)이다. 접지 지도는 장비 전체의 모든 접지기준점과 접지경로(PCB 트랙, 배선은 물론 구조물, 케이블 실드 등을 경유하는 경로)를 보여주는 그림이다. 접지 지도는 오로지 접지만 집중적으로 다루며 그 밖의 회로기능들은 생략하거나 블록형태로 보여준다. 프로젝트 설계의 전 과정에서 접지 지도를 만들고 이를 유지, 관리, 시행하는 것은 EMC 설계 담당부서의 책임이다.

12.1.3.7 요약

제품수준에서 적용하는 접지방식에 대해 말해보면, 1 MHz 이하의 주파수에서 치수가 1 m

이하인 장비에 대해서는 일점접지가 가능하여 경우에 따라서는 가장 선호된다. 10 MHz 이상의 주파수에서는 일점접지 시스템은 사용할 수 없는데, 이는 도선과 트랙의 인덕턴스로 인해 허용할 수 없을 만큼 접지 임피던스가 증가하고 스트레이 커패시턴스에 의해 의도치 않은 접지 귀환 경로가 만들어지기 때문이다. 높은 주파수 영역에서는 인덕턴스가 낮은 접지면이나 차폐도체(shield)와 다점접지 접속을 하는 것이 필수이다. 다점접지 방식에서는 자기장 유도에 취약한 접지루프가 만들어지므로 아주 민감한 회로에 대해 적용할 때는 세심한 주의를 기울일 필요가 있다.

EMC를 위해서는, 낮은 주파수 영역에서만 동작하도록 만들어진 회로라도 반드시 RF 장해 잡음에 영향을 받지 않는 양호한 내성을 가져야 한다. 이 말은 장해 잡음에 노출된 접지 레이아웃 — 기본적으로 모든 외부 인터페이스들이 여기에 속함 — 은 이러한 관점에서 다점접지로 설계해주어야 한다. 최소한, 인터페이스들에서는 임피던스가 낮은 접지 플레이트나 접지면이 제공되어야 한다.

접지 원칙

- 모든 도체는 어떤 유한한 임피던스를 가지고 있으며 그 값은 주파수에 따라 증가한다.
- 같은 접지구조 내에 위치해 있는 두 접지점의 전위는, 이 두 접지점 사이에 전류가 흐르지 않는 경우를 제외하곤 서로 같지 않다.
- 높은 주파수 영역에서는 일점접지는 실현가능하지 않다.

12.2 PCB 레이아웃

인쇄회로기판(printed circuit board, PCB)을 어떤 방식으로 설계하는가가 그 PCB가 들어있는 제품의 전체 EMC 성능을 크게 좌우한다. 앞에서 설명한 원칙들은 PCB에도 반드시 적용돼야 한다. 특히 분할, 인터페이스 레이아웃, 접지 레이아웃과 관련해서는 더더욱 그렇다. 이것이 뜻하는 것은 회로 설계자들은 CAD 레이아웃 엔지니어들이 수행하는 도면작업과 아트워크(artwork) 작업에 대해 철저한 관리와 통제를 실시해야 한다는 사실이다. 초기의 CAD 레이아웃 소프트웨어는 노드를 기반으로(node-by-node basis) 하였다. 이러한 유형의 소프트웨어는 할 수만 있으면 접지 시스템 전체를 하나의 노드로 취급하였다. 이러한 방식은 제품 전체에 접지면이 단 한 개만 있는 경우에는 괜찮지만, 접지면이 여러 개가 있는 경우에 이를 바로잡지 않은 채 작업을 수행하면 문제를 일으킨다. 이보다 더 발전된 소프트웨어에는 여러 개의 독립된 접지면들을 동일한 "네트이름(net name)"으로 처리하는 다양한 방법들이 있다.

여러 층으로 구성된 다층 PCB의 설계에 대해서는 간단하게 다룬다. 단면 PCB(single-sided PCB)나 양면 PCB(double-sided PCB)처럼 이전 기술의 PCB를 사용하는 경우, 이러한 유형의 PCB를 레이아웃 하는 가장 안전한 방법은, 접지 트레이스를 맨 먼저 설계하고 이어서 고주파 클록이나 민감한 노드처럼 중점적으로 관리해야 할 위험신호(critical signal)들은, 이들이 귀환 경로로 택할 접지 트레이스에 가깝게 배선하고, 그 다음에 나머지 회로들의 트랙을 적당히 배선하는 순서를 취하는 것이다. CAD 레이아웃 엔지니어들에게는 초기 단계부터 되도록 많은 정보를 회로도에 담아서 제공하여, 이들을 레이아웃에 반드시 적용해야 할 지침으로 삼을 수 있도록 해야 한다. 이러한 지침 목록에 들어가야 할 항목은 다음과 같다.

- 기판 분할(partitioning)을 위해 하위 모듈들을 기능별로 분류해 놓은 결과
- 민감한 부품과 I/O 포트들을 설치할 위치에 대한 요구사항들
- 사용되고 있는 접지노드들과 그 접지노드들에 접속되는 연결선들 중에서 위험한(critical) 것들이 표시된 회로도
- 접지노드들이 함께 접속(연결)되어야 할 위치와 절대로 함께 접속되어서는 안 될 위치
- 신호 트랙 중에서 접지 트랙과 가깝게 배선되어야 할 위험 신호 트랙(critical signal track)과 이들 신호 트랙을 배선할 때 필요한 조건들

공통의 접지면 한 개만을 사용하는 방식을 채택하게 되면 위의 다섯 가지 항목 중에서 세 번째와 네 번째 항목과 관련한 부담을 덜어낼 수 있다. 이 방식에 대해서는 [12.2.4.4절]에서 다루고 있다.

12.2.1 접지면이 없는 경우의 접지 레이아웃

12.2.1.1 트랙 임피던스

접지연결선을 세심하게 배치하는 것은 접지 임피던스 양단에 발생하는 잡음 전압을 줄이는 데 큰 도움을 준다. 그러나 아주 단순한 PCB가 아닌 다음에야 순환하는 접지 전류를 완전히 제거하기란 현실적으로 불가능하다. 접지 설계의 또 다른 측면은 접지 임피던스 값 그 자체를 최소화하는 것이다.

트랙 임피던스는 수 kHz 이상의 높은 주파수 범위에서는 인덕턴스가 우세하다(그림 12.8). 연결선(도체)의 인덕턴스를 줄이는 방법에는 다음 두 가지가 있다.

- 연결선(도체)의 길이를 줄이고 도체의 폭을 넓게 한다.
- 연결선(도체)을 그 귀환 경로(도체)와 가까운 거리에, 귀환 경로와 나란히(평행하게) 지나가도록 배치한다.

PCB 트랙의 인덕턴스에 가장 큰 영향을 주는 것은 트랙의 길이(length)이며 그 다음이 트랙의 폭(width)이다. 지름이 d 인치(inch)이고 길이가 l 인치인 단일 도체의 자체 인덕턴스는 식 (12.2)로 주어진다. 부록 [D.5절]에는 이 수식을 포함하여 다양한 수식들이 수록되어 있다.

$$L = 0.0051 \cdot l \cdot \left[\ln\left(\frac{4l}{d}\right) - 0.75 \right] \ \mu\text{H} \tag{12.2}$$

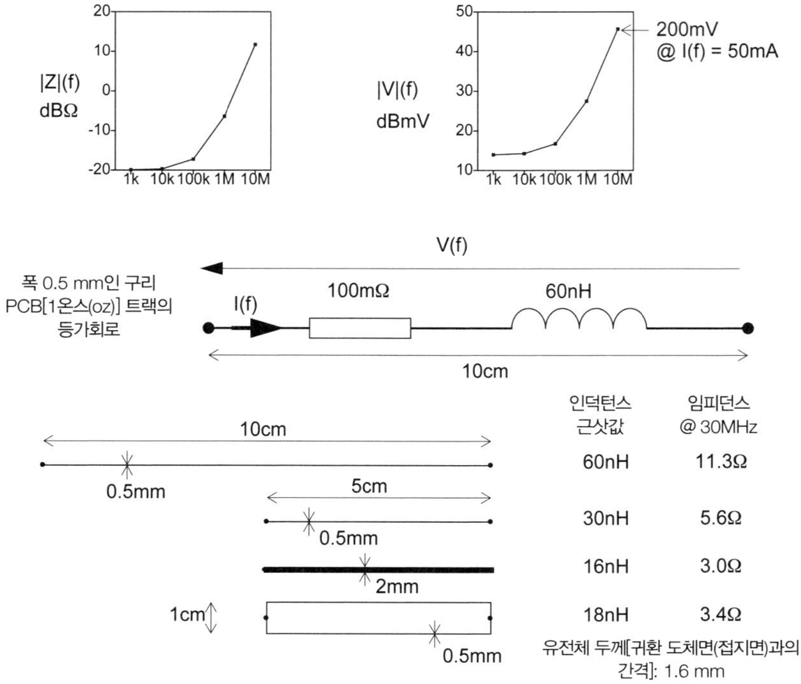

그림 12.8 PCB 트랙의 임피던스

식 (12.2)를 보면 인덕턴스는 지름에 로그를 취한 값에 반비례하므로 지름을 2배로 해도 인덕턴스는 50%(1/2배) 보다는 적게 감소한다. 두 트랙을 서로 병렬로 만들어 나란히 배치하면 트랙의 인덕턴스는 절반으로 줄어든다. 단, 이 경우에 두 병렬 트랙 사이의 거리는 상호 인덕턴스의 영향이 사라질 만큼 충분히 멀리 떨어져 있어야 한다. 폭이 가는 두 도체가 1 cm 이상 떨어져 있으면 상호 인덕턴스의 영향은 무시할 수 있다.

12.2.1.2 격자 접지구조(gridded ground)

접지 트랙을 병렬로 배선하는 방식을 논리적으로 확장하면 [그림 12.9]와 같은 격자 구조(grid structure)의 접지 레이아웃이 만들어진다. 이런 구조로 레이아웃을 만들면 어떤 주어진 신호 배선에 대해 접지 귀환 전류가 흐를 수 있는 경로의 수가 많아지므로 접지 인덕턴스를 줄일 수 있다. 이러한 구조는 많은 부품을 장착하고 있는 저가(low cost)형 디지털 양면 PCB의 레이아웃에 적합한데, 이와 같은 성격의 PCB에서는 각각의 신호경로/귀환경로가 너무 복잡해서 이들 경로를 정확히 찾아내기가 어렵기 때문이다. 격자 구조를 꼭 규칙적으로 만들 필요는 없다. 실제로 이를 구현한 대부분의 레이아웃을 보면 격자들의 모양은 균일하지 않다.

인덕턴스를 줄이는 데는 넓은 접지 트랙이 좁은 접지 트랙보다 더 좋다. 그렇지만 두 점을 연결하는 접지 트랙이 좁더라도 있는 편이 없는 것보다는 좋다. 격자 레이아웃은 신호 트랙이나 전원 트랙의 레이아웃보다 먼저 실시하는 것이 가장 좋다. 양면 기판에 대해 한 면에는 X-방향으로 트랙들을 배치하여 배선하고 반대쪽 면에는 Y-방향으로 트랙들을 배치하는 방식으로 배선을 하는 "X-Y 배선 시스템"을 따를 수 있다. 장해를 일으킬 가능성이 큰(di/dt 값이 큰) 위험신호 트랙은 접지 트랙에 가깝게 배치하면 전체 루프 면적을 작게 만들 수 있는데, 이를 위해 추가로 접지 트랙이 필요할지도 모르지만 이것은 지불할 만한 충분한 가치가 있는 간접비용으로 생각해야 한다.

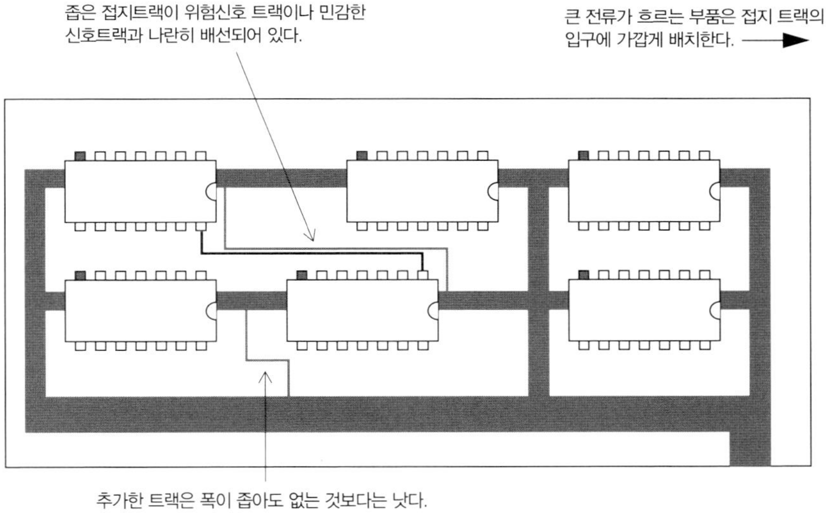

그림 12.9 격자 접지 구조

피해야 할 접지 구조

어떤 종류의 회로에 대해서도 절대로 사용하지 말아야 할 접지구성 방식 중 하나가 [그림 12.10]에 나타나 있는 것처럼 "빗(comb)" 모양을 하고 있는 방식인데, PCB의 한쪽 면에서 몇 개의 접지 갈래 길이 갈라져 나온 구조로 되어있다. 이러한 접지 레이아웃은 신호 트랙이 짧고 곧은 경우조차도 귀환 전류가 넓은 루프를 그리면서 흐르게 만들어 버리므로 방사 결합을 증가시키고 접지에 발생하는 잡음을 증가시키게 된다. 기판에 장착된 부품들 사이에서 발생하는 상당한 크기의 공통 접지 임피던스 또한 회로의 오작동을 일으킬 수 있다. 빗 모양 구조는, 각각의 접지 갈래 길 사이에 다리(bridge) 역할을 하는 트랙을 일정한 간격마다 연결해주면 바람직한 격자 구조로 쉽게 바꿀 수 있다.

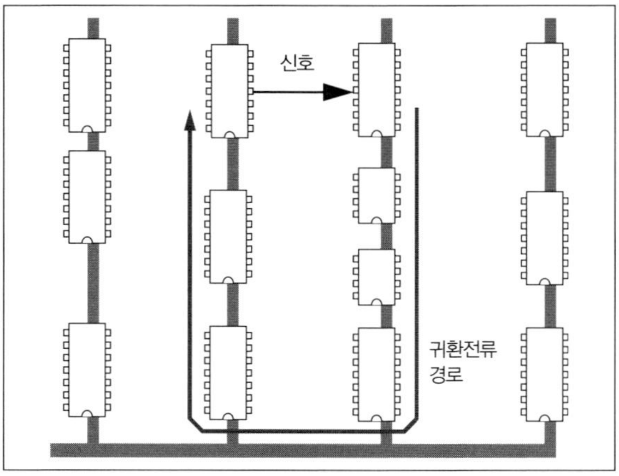

그림 12.10 피해야 할 접지 레이아웃: 빗 모양 접지 구조

12.2.2 접지면 사용방식-저가 PCB의 경우

격자 접지 구조에서 병렬 경로가 무한히 많은, 극단의 경우를 생각해보자. 그러면 격자 형태의 접지 구조는 전체가 연속인 **면**(plane) 형태의 접지 구조가 되는데, 이를 **접지면**(ground plane)이라고 한다. 접지면의 가장 중요한 EMC 목적은 임피던스가 낮은 신호경로와 귀환경로를 제공하여 접지에 유도되는 잡음을 최소로 해주는 것이다. 신호 트랙에 대한 차폐효과는 부차적이며 이러한 차폐효과는 회로에 장착되어 있는 부품들에 의해 언제든 그 효력을 잃을 수 있다.

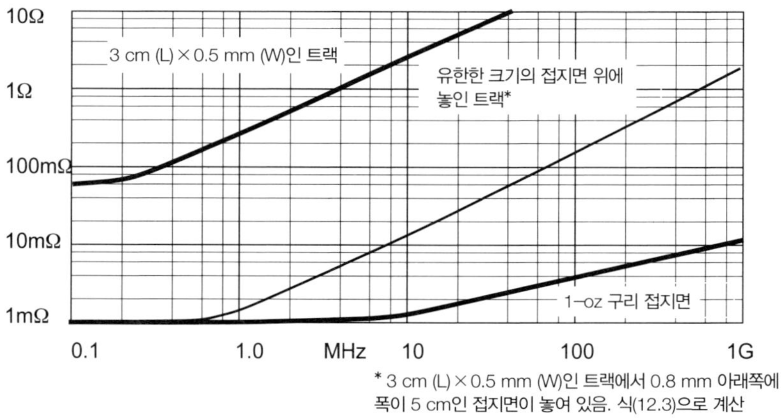

그림 12.11 트랙의 유형에 따른 접지면의 임피던스

[그림 12.11]은 무한히 넓은 접지면 내부의 어떤 두 점 사이(간격은 무관)의 임피던스를 길이가 짧은 트랙의 등가 임피던스와 비교한 것이다. 임피던스는 처음에는 주파수가 증가해도 일

정한 값을 유지하다가 특정 주파수를 넘어서면서부터 주파수에 따라 증가하기 시작하는데, 이는 표피효과에 의해 접지면의 유효저항이 증가하기 때문이다. 그런데 도체의 표피효과에 의한 임피던스(저항)는 주파수의 제곱근에 비례하고(10 dB/decade), 도선의 유도성 임피던스(리액턴스)는 주파수에 정비례한다(20 dB/decade). 크기가 유한한 접지면의 경우, 접지면의 중앙 근처에서는 이상적인 임피던스 값을 가지지만 바깥쪽(모서리) 근처에서는 임피던스가 현저히 유도성이 되기 때문에 훨씬 큰 값을 가지게 된다. 이러한 사실을 고려할 때 접지면의 바깥 모서리 "근처"에는 위험(critical) 트랙이나 부품을 배치해서는 안 된다. 여기서 "근처"는 바깥 모서리에서 대략 $10 \cdot h$ 이내의 영역으로 생각하면 된다. 물론 이 $10 \cdot h$는 절대적인 기준은 아니다. 여기서 h는 접지면과 트랙 사이의 수직간격(접지면을 기준으로 한 트랙의 높이)이다(그림 12.22 참조). PCB 기판에서 주어진 신호 트랙에 대해 단위길이당 귀환경로의 인덕턴스는 근사적으로 다음과 같이 주어진다[56].

$$L = 5\left(\frac{h}{w}\right) \text{nH/cm} \tag{12.3}$$

여기서 w는 접지면의 폭, h는 접지면(귀환면)과 신호 트랙 사이의 거리(높이)이다. 단, 귀환경로의 길이는 h보다 훨씬 큰 것으로 가정한다.

12.2.2.1 양면 PCB의 접지면

양면 PCB에서는 부분 접지면(partial ground plane)이 가능하다. 이 부분 접지면은 단지 사용하지 않는 공간을 구리로 채우고 이를 접지에 접속한다고 해서 만들어지는 것은 아닌데, 이는 접지면의 목적이 인덕턴스가 낮은 접지 경로를 제공하는 것이므로 접지면의 위치가 트랙의 아래쪽이나 위쪽이 되어야 인덕턴스가 낮은 귀환 경로를 제공할 수 있기 때문이다. 높은 주파수 영역에서 귀환 전류는 기하학적으로 가장 짧은 귀환 경로를 택하지 않고 다른 무엇보다도 접지면 내에서 신호 트레이스에 바로 이웃해있는 부분을 따라 흐른다. 그 이유는 이렇게 흐르는 경로에 의해 만들어진 루프의 면적이 가장 작아서 총 인덕턴스 또한 가장 작아지기 때문이다. 따라서 접지면 전체를 있는 그대로 사용하면 어떤 상황에서도 최적의 접지경로가 형성되므로 회로는 그 자신의 부품들에 만들어지는 루프면적을 가장 작아지게, 다시 말해 인덕턴스를 최소가 되게 할 수 있다[141].

부분 접지면

[그림 12.12]를 보면, 두 개의 동일한 트랙이 병렬로(나란히) 놓여 있는 구조에서 아래쪽 트랙이 극단적으로 넓어진 경우를 생각하면 접지면 구조가 만들어진다는 것을 이해할 수 있다. 인덕턴스를 억제하는 요인을 알아보기 위해, 서로 다른 방향으로 전류가 흐르고 있는(한 트랙에는 신호 전류가, 다른 트랙에는 귀환 전류가 흐르고 있는) 나란히 배치된 두 트랙의 총 루프

인덕턴스를 구해보면 식 (12.4)로 주어진다.

$$L_{tot} = L_1 + L_2 - 2M \tag{12.4}$$

여기서 L_1, L_2는 각 트랙의 자체 인덕턴스이고 M은 두 트랙 사이의 상호 인덕턴스이다.

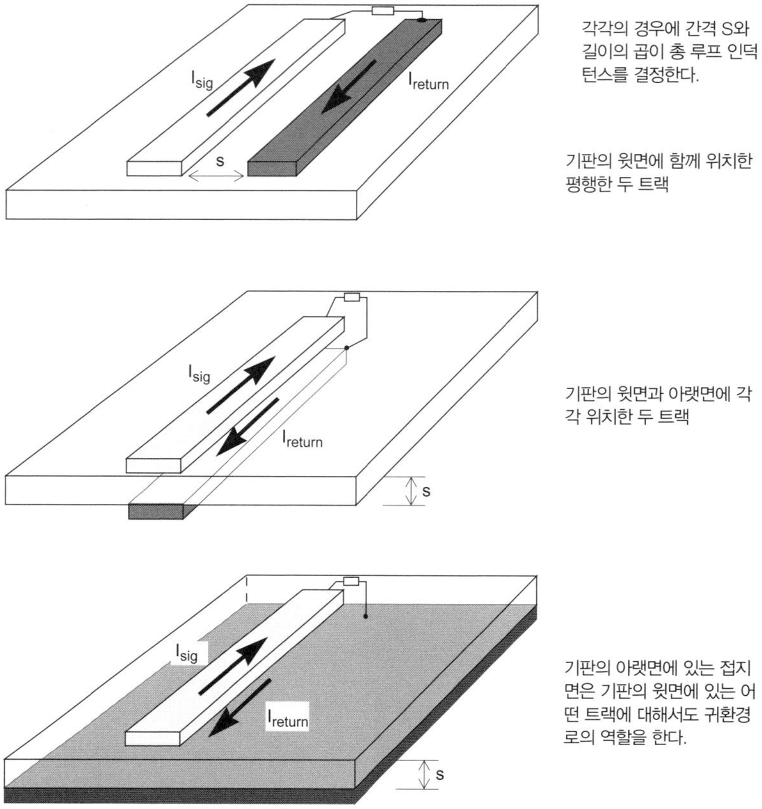

그림 12.12 귀환전류 경로

M은 두 트랙 사이의 간격에 반비례한다. 그래서 두 트랙을 같은 곳에 위치시키면(물론 이렇게 하면 두 트랙이 서로 겹쳐지므로 실제로 이렇게 배치하는 것은 불가능하다), M은 L과 같아질 것이므로 총 루프 인덕턴스는 0이 될 것이다. 이와는 대조적으로 동일한 두 개의 나란한 트랙에 같은 방향으로 전류가 흐르고 있는 경우에는 총 루프 인덕턴스는 다음 식으로 주어진다.

$$L_{tot} = (L + M)/2 \tag{12.5}$$

따라서 두 트랙 사이의 간격이 좁을수록 총 인덕턴스는 증가하는데, 간격이 한없이 가까워지면 한 트랙의 인덕턴스 값에 수렴한다. 접지면에는 그 위쪽에 배치된 신호 트랙에 대한 귀환전류가 흐르므로 접지면을 되도록 신호 트랙에 가깝게 배치하여 루프 인덕턴스를 최소로 해주어야 한다. 면 전체가 연속적인(균일한) 접지면인 경우에는 접지면과 신호 트랙 사이에 유전체가 들어 있으므로 유전체의 두께, 다시 말해 PCB 기판의 두께가 자동적으로 접지면과 신호 트랙 사이의 간격이 된다.

12.2.2.2 저가 PCB의 접지면

값비싼 고속 디지털 회로에 대해서는 접지면을 사용하는 방식이 확실히 자리를 잡았는데, 이러한 회로에 대해서는 다층 PCB를 사용하는 것이 원칙이다. 그런데 접지면을 사용하는 방식이 값싼 아날로그 회로에도 역시 적절하다는 점을 제대로 인식하지 못하는 경우가 많이 있다. 저가의 단면 아날로그 기판에 접지면을 추가하는 것은 내성을 개선하기 위한 조치 중에서, 비용대비 효과가 가장 높은 변경방식인 것이 보통이다.

디지털 기술이 점점 대세가 되어가고 있지만 아날로그 회로는 단순하면서, 특히 소비시장에서 판매되는 제품들 중에서 가격에 민감한 제품에는 여전히 널리 사용되고 있다. 이러한 제품의 예로는 방범 감지기, 타이머, 누설전류감지기(residual current detector) 등이 있다. 이들 제품에서는 저렴한 가격이 중요한 요소이며 부품의 전체 수량과 조립시간을 가능한 최소로 해야 한다. 이들 제품들은 대량으로 생산되며 제품의 조립은 싼 노동 임금으로 이루어지는 것이 보통이어서 관통홀(through hole) 타입의 부품들을 사용하여 조립하는 편이 표면장착(surface mounting) 타입의 부품들을 사용하는 것보다는 여전히 경제적이다. PCB 기술과 관련해서는, 유리섬유(fiberglass)를 사용한 양면 PTH 기판이, 너무 비싼 경우에는 PRBF를 사용한 단면 PCB로 할 수 있다. 이러한 제품들은 RF 방출 여부에는 신경을 쓰지 않는 것이 보통이어서 지금까지 오랜 세월동안 이들 제품의 설계에는 EMC를 결코 고려하지 않았다. 그렇지만 EMC 지침에 따르기 위해서는 RF 및 과도현상에 대한 제품의 내성은 동작의 신뢰성 못지않게 중요하다. 기판에 접지면을 설치하면 이러한 제품들의 내성을 가장 확실하게 확보할 수 있는 경우가 흔히 있다.

접지된 구리층 추가방법

단면기판 설계에서 원래의 레이아웃을 변경하지 않고 이 단면기판 위쪽에 간단히 구리층(copper layer) 하나를 덧붙이는 방법으로 접지면을 추가할 수 있다(그림 12.13). 추가된 맨 위의 구리층은 클리어런스 홀(clearance hole) – 부품의 리드(lead)에 접속되지 않도록 원래의 패드 패턴과 반대로 에칭한 홀 – 부분에는 구리도체가 없어야 한다(구리도체를 벗겨 내어 제거해야 한다). 이 맨 위의 구리층은 관통 도선이나 아일릿(eyelet)[3]으로 기판의 아랫면에 있는 0 V 트랙과 연결(접속)된다.

3 (옮긴이) 기판에 뚫린 도금되지 않은 관통홀(non-plated through hole)에 삽입하는 속이 빈 원통형의 관으로 보통은 단면 기판에서 윗면의 도체와 아랫면의 도체를 전기적으로 연결하기 위해 사용한다.

이런 방식으로 만들어진 접지면은 가장 바람직한 방식 – 접지면이 각각의 회로에 대해, 신호전류 경로와 접지면에 흐르는 귀환전류 경로에 의해 형성되는 루프면적이 최소가 되도록 하여 회로에 대한 유도성(자기) 결합을 최소로 만드는 방식 – 으로 동작하지 않는다. 이러한 최적의 동작은 모든 회로의 0 V 귀환(기준)이 하나도 빠짐없이 접지면에 연결되지 않으면 불가능하다. 그렇지만 이 접지면은 전기장을, 완벽하지는 않아도 어느 정도 차폐하는 역할을 하여 트랙에 대한 용량성 결합(전기 결합)을 줄인다. 따라서 용량성 결합이 주된 위협이 되는 높은 임피던스를 가진 회로에 효과적이다. 또한 이 접지면은 PCB의 폭과 길이 전체에 걸쳐 자기적이나 전기적으로 유도되는 차동전압을 줄일 것이다. 이 접지면을, PCB의 회로영역 위에 존재하는 RF 장해를 일으키는 전기장이 회로에 결합되는 것을 차단하는 일종의 등전위 구역(부분)으로 생각할 수 있다. 이 접지면과 비슷한 방식으로 동작하는 것으로 [15.1.5절]에서 다루는 "영상면(image plane)"이 있다.

회로의 가장 민감한 부분 근처에서 접지면과의 0 V 접속이 이루어지고, 특히 접속이 이루어진 부분이 접지면의 모서리로부터 어느 정도 떨어진 곳에 위치해 있으면, 이 접지면에 의한 효과를 최대로 거둘 수 있다. 이 접지면의 목적은 RF 장해 전자기장에 의해 접지면과 회로 트랙 사이에 유도되는 잡음 전압을, 가장 위험한 회로 영역에서 확실하게 최소로 만드는 것이다.

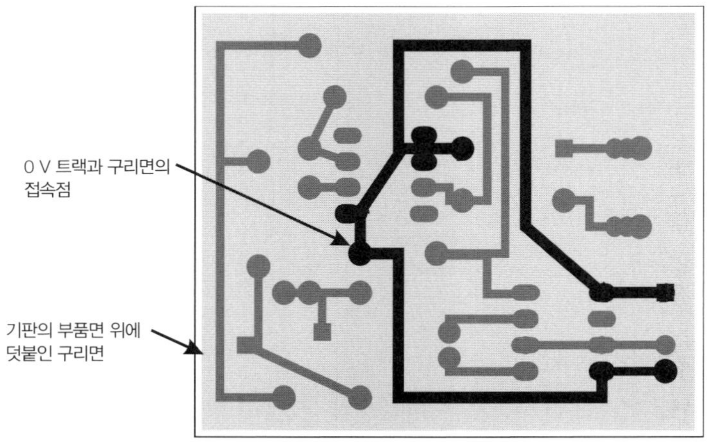

그림 12.13 단면 PCB에 단순히 구리층을 추가한 구조.

구리층을 접지면으로 만드는 방법

어느 정도 제작비용의 증가가 허용되며 양면 PTH(plated through hole, 도금된 관통홀) 기판을 사용할 수 있는 경우에는 모든 0 V 전류(귀환전류)가 면(plane)으로 된 층에 흐르도록 하는 것이 무엇보다도 좋은데, 만일 이렇게 된다면 이 면 층은 진정한 접지면(ground plane)이라고 할 수 있다. 이 접지면과 모든 회로의 0 V(기준)들과의 접속은 PTH 패드를 통해 이루어지므로 기판에 원래 설계되어 있던 0 V 트랙은 쓸모가 없어져 버린다. 기판의 레이아웃을 변경하거나 새로이 할 때 이처럼 쓸모없어진 0 V 트랙들을 모두 없애버리게 되면 기판에 장착하는 부품의 밀도와 트랙의 밀도를 더욱 높게 할 수 있다. [그림 12.14]는 이렇게 만들어진 접지면을 보여주고 있다.

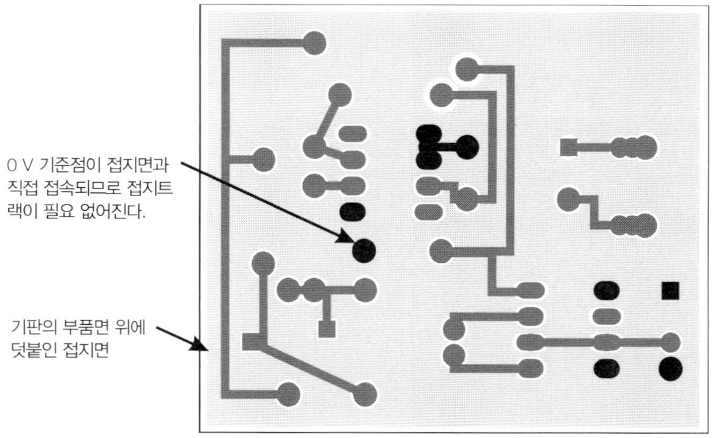

그림 12.14 모든 0 V 기준을 접지면에 접속한 구조

이렇게 접지면을 만들면 앞에서 살펴본 것처럼 회로에 대한 RF 장해 전기장의 용량성 결합(전기 결합)을 줄일 수 있을 뿐만 아니라 RF 장해 자기장의 유도성 결합(자기 결합)도 줄일 수 있는데, 이는 접지면에 의해 모든 전류 경로가 자연스럽게 가장 작은 루프 면적을 만들기 때문이다. 민감한 회로가 면의 모서리에서 떨어져 안쪽 영역에 잘 위치해 있기만 하면 RF 장해 전자기장으로부터 이들 회로를 가장 잘 보호할 수 있다. 접지면 모서리에 존재하는 가장자리 전자기장(fringing field)은 인덕턴스를 증가시키는 효과가 있어서 회로 트랙들에 대한 자기 결합이 악화된다(증가한다).

접지면 영역이 반드시 기판 전체를 덮어야 하거나 기판 위의 모든 트랙들을 덮어야 하는 것은 아니며, 다만 양호한 내성을 확보하기 위해 중점적으로 관리해야 할 위험 트랙들과 회로 영역을 덮고 있기만 하면 된다.

12.2.2.3 접지면 갈라짐

면(plane)에는, 전류의 흐름을 막는 갈라진 부분이 있어서는 절대로 안 된다. 이렇게 갈라진 부분을 가진 면은 루프면적을 증가시키는 효과가 있으므로 인덕턴스가 증가한다. 면에 갈라진 부분을 어쩔 수 없이 만들어야 하는 경우라면, 위험 신호트랙 옆에 작은 "다리(bridge)"를 놓아 갈라진 부분을 사이에 두고 마주보고 있는 양쪽 도체 영역을 연결해준다(그림 12.15). 접지면에 슬롯(slot, 가늘고 긴 틈)이 있는 경우에, 이 슬롯이 전류의 흐름을 가로막으면 슬롯의 폭이 아무리 가늘더라도 접지면은 유익한 효과를 발휘할 수 없다. 이 때문에 갈라진 부분이 전혀 없는 균일한 접지면을 가진 다층기판 구조를 사용하면 EMC 성능이 양호한 회로 설계를 가장 쉽게 수행할 수 있는데, 특히 트랙의 특성 임피던스를 엄격하게 제어해야 하는 고속 디지털 논리 회로를 설계하는 경우에는 더더욱 그렇다. 불완전한 접지면(부분 접지면)을 가진 양면기판의 경우에는 모든 위험 트랙에 대해 [그림 12.15]처럼 다리 역할을 하는 트랙을 함께 만들어 주어야 한다. 특히 민감한 신호를 기판 전체를 가로질러 전달하는 트랙들에 대해서는 다리역할을 하는 트랙을 꼭 동반해야 한다.

접지면의 갈라짐을 만들어내는 가장 대표적인 것은 한 줄로 이어진 여러 개의 관통홀(through hole)에 의해 만들어지는 슬롯으로, 이것은 SIL 패키지나 DIL 패키지를 장착하기 위해 필요한 것이다(그림 12.16). 특히 트랙이 이 슬롯의 정중앙을 지나가면, 이 슬롯은 최악의 결과를 가져오는데, 이렇게 되면 귀환전류가 슬롯의 모서리를 우회해서(빙 돌아) 흐르기 때문이다. 그러면 인덕턴스가 더 커져서 기판의 접지 회로에서 이 부분에 유도되는 장해전압이 부적절하게 증가한다. 애를 써서 기판에 접지면을 만들어 넣었는데도 불구하고 슬롯이 매우 민감한 회로를 가로지르게 되면 내성이 악화되는 결과를 초래한다. 두 관통홀 사이에 귀환전류가 지나갈 수 있도록 가는 구리 트레이스로 다리를 놓으면 – 오늘날 대부분의 에칭 기술은 이런 트레이스를 만들 수 있는 충분한 정밀도를 확보하고 있다 – 제조 원가를 증가시키지 않고도 최상의 경우, 내성을 수 dB 만큼 개선시킬 수 있다.

접지면에 있는 슬롯의 인덕턴스는 슬롯을 단락된(shorted) 전송선로로 취급하여 해석할 수 있다. 참고문헌[56]은 [그림 12.16]과 같은 슬롯의 인덕턴스를 근사적으로 구하는 수식을 유도하였다. 이 수식으로 구한 결과를 식 (12.3)으로 구한 결과와 비교해보면 유익한 결론을 이끌어 낼 수 있다. 폭이 5 cm이고 길이가 8 cm인 갈라진 부분이 없는 완전한(균일한) 접지면으로부터 0.8 mm 위쪽에 놓여 있는 길이가 3 cm인 트랙의 귀환경로 인덕턴스를 식 (12.3)으로 계산해보면 0.24 nH가 된다. 이번에는 트랙 아래쪽의 접지면에 길이 3 cm, 폭 1 mm인 슬롯이 뚫려있는 경우, 슬롯 중심과 기판 양쪽 모서리 사이의 길이는 각각 4 cm이므로 [그림 12.16]에 표시된 수식으로 인덕턴스를 계산해보면 2.6 nH가 된다.

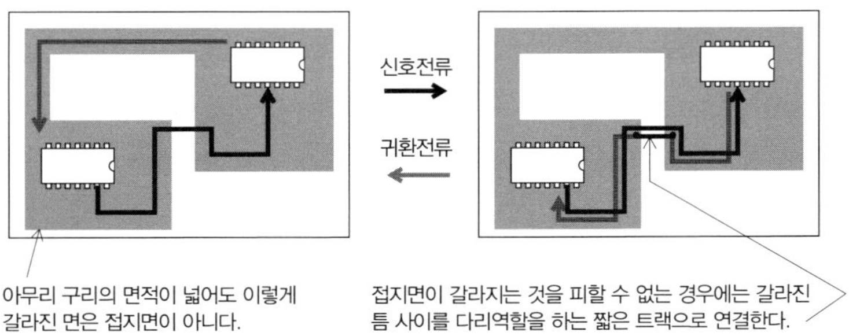

그림 12.15 갈라진 접지판

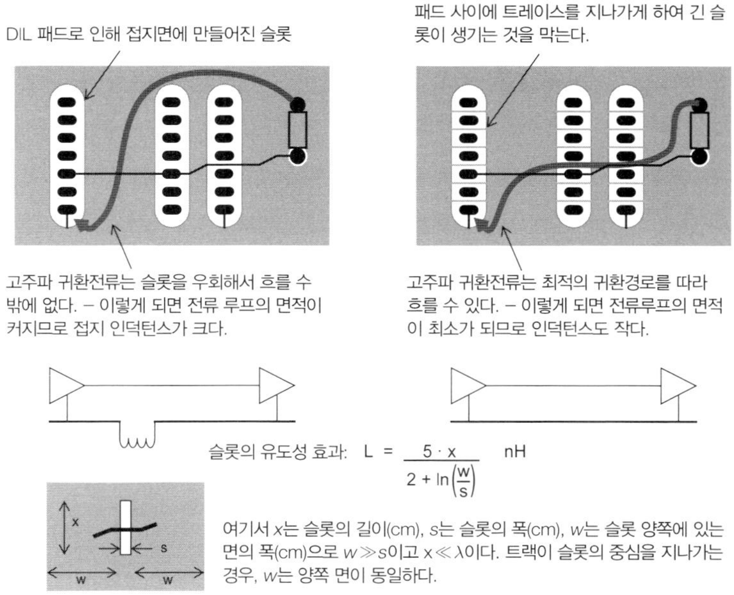

그림 12.16 DIL 핀 위치에 뚫려 있는 슬롯을 처리하는 방법

슬롯이 가져오는 영향을 간단한 실험으로 얻은 그래프를 살펴보면서 알아보기로 하자. 양면 구리 클래드(double-sided copper clad) PCB의 한 면에 일직선으로 지나가는 트랙들이 에칭되어 있다고 가정하자. 이 트랙들은 모두 50 Ω의 특성 임피던스를 갖도록 설계되었다. 트랙들의 한쪽 끝은 저마다 50 Ω의 부하저항을 통해 인접한 접지면과 연결되어 있다. 트랙들의 반대쪽 끝과 접지면 사이에는 저마다 SMA 커넥터가 달려있다. 이 SMA 커넥터를 통해 트래킹 발생기(tracking generator)는 각 트랙에 신호를 공급할 수 있다. 두 개의 트랙이 기판의 긴 쪽 모서리에서 각각 같은 위치만큼 떨어져 있다고 가정하면 갈라진 부분이 없는 균일한 접지면에 대한 두 트랙의 특성은 서로 동일할 것이다.

그러나 접지면의 한가운데에 슬롯이 뚫려 있고 두 트랙 중에서 어느 한 트랙이 이 슬롯을 가로지르고 있다고 가정하자. 이제 기판으로부터 일정한 길이만큼 떨어진 위치에서 기판이 놓인 방향을 일정하게 한 상태로, 소형 루프 감지기(안테나)를 사용하여 기판의 방사성 방출을 측정한다(그림 12.17). 이때 트래킹 발생기로는 두 트랙에 진폭은 일정하면서 주파수는 0 Hz에서 1000 MHz까지 차례로 변화하는 신호를 트랙에 공급한다. 그래프를 보면 재현이 가능하면서 이러한 실험 상황을 대표할 수 있는 전형적인 방사성 측정 결과를 얻는 것이 어렵다는 점을 이해할 수 있다. 트래킹 발생기의 출력은 주파수에 따라 일정하다. 측정된 그래프에서 보이는 여러 개의 피크점들과 영점들 중에서 일부만이 시험 대상에 의해 생긴 것으로 이들 중 다수는 케이블과 관련된 구조물들에 의한 영향과 부근에 있는 여러 장치들로부터 생기는 반사에 의한 영향으로 생긴 것이다.

그렇지만 그래프의 전체적인 모양은 접지면 슬롯에 의해 방사성 방출이 상당히 증가하는 일반적인 경향을 잘 보여주고 있는데, 이 경우에는 슬롯에 의해 400 MHz 이상의 주파수 범위에서 25 dB ~ 30 dB만큼 방사성 방출이 증가하였다.

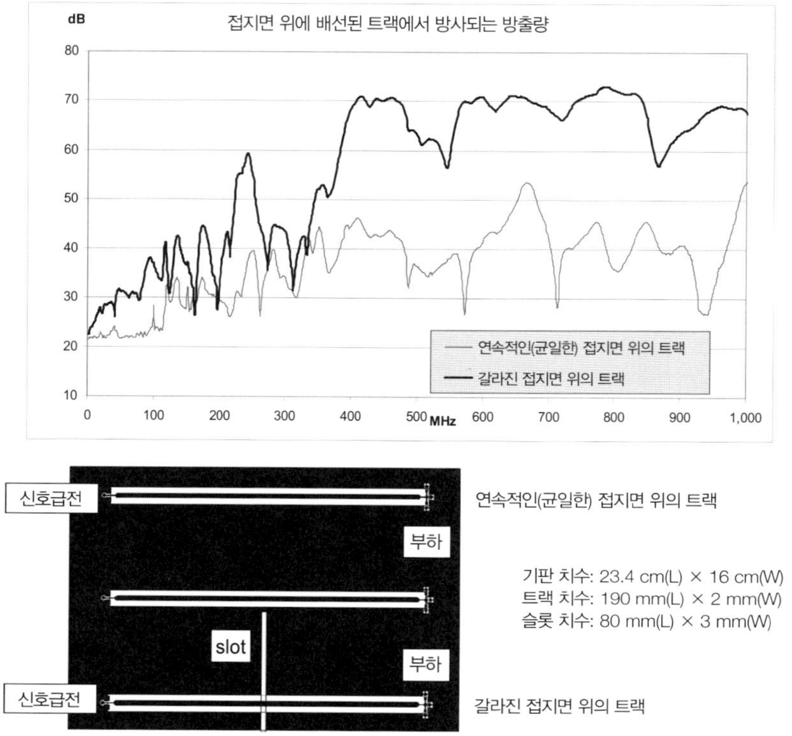

그림 12.17 접지면에 뚫린 슬롯의 영향

12.2.2.4 누화(혼선)

접지면은 누화(혼선, crosstalk) 문제를 해결하는 유용한 도구이다. 그런데 누화는 엄밀히 말해 장비 내부의 EMC 현상이다. 두 트랙 사이에서 누화 결합이 일어나는 경로로는 유도성 경로, 용량성 경로, 공통 임피던스 경로가 있는데, 보통은 이 세 경로의 조합으로 일어난다(그림 12.18). 접지면의 효과를 살펴보면, 폭이 좁은 트랙과 비교할 때 무한히 넓은 접지면은 공통 접지 임피던스 Z_G를 40 dB ~ 70 dB 만큼 크게 감소시킨다.

또한 접지면은 결합 전류 루프가 동일면, 즉 같은 면에 위치해 있는 두 트랙 사이에는 형성되지 않도록 하여 상호 인덕턴스(유도성 결합) M_{12}를 줄일 수 있다. 두 트랙 사이의 용량성 결합은 접지면에 의해 직접적으로 영향을 받지는 않지만 선로의 임피던스가 낮아져서(접지면에 의해 C_{1G}와 C_{2G}가 증가하기 때문에) 용량성 결합에 의한 누화 잡음의 진폭이 줄어든다.

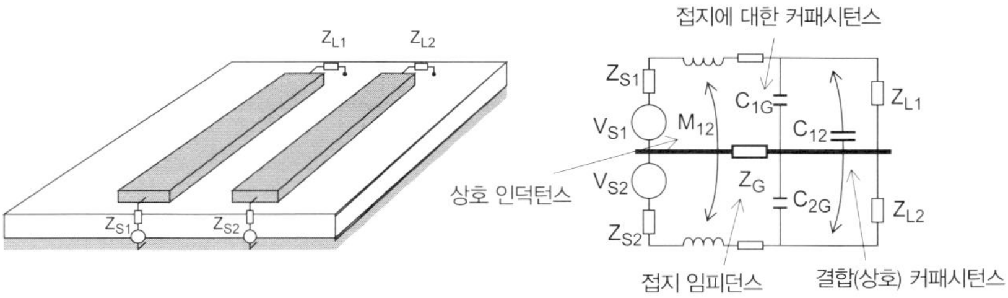

그림 12.18 누화 등가회로

누화문제, 다시 말해 내부의 장해(간섭) 결합 문제는 디지털 회로에서 가장 뚜렷이 일어나는 경향이 있지만 그렇다고 해서 디지털 회로에만 한정되는 문제는 아니다. 일반적으로 아날로그 회로의 내성에 위협이 되는 것은 크기가 큰 장해 전류나 전압을 다루는 회로로부터의 누화이다. 상용 교류전원선을 통해 전달되는 장해가 가장 범위가 넓지만 신호 케이블로 유도되는 RF 장해나 과도현상 장해 또한 상당히 클 수 있다. 우리는 항상 이러한 장해들로부터 발생하는 누화를 최소로 하는 데 주의를 기울여야 하는데, 그 방법으로는 회로와 회로 사이의 간격을 가능한 최대로(넓게) 하여 M_{12}와 C_{12}를 최소가 되게 만드는 것을 들 수 있다. 또는 회로와 회로 사이에 전기장을 차단(차폐)하는 물체(도체)를 끼워 넣는 방법이 있다. 또는 접지면을 설치하여 Z_G를 최소로 하고 C_{1G}와 C_{2G}를 최대로 하는 방법이 있다.

12.2.3 접지면-다층 기판

다층기판을 사용할 경제적 여유가 있는 경우에는 한 면 전체를 접지면으로 쉽게 할당할 수 있다. 이렇게 하면 접지 경로 인덕턴스를 최소로 만들 수 있다. 이러한 완전한 접지면은 RF 회로와 클록속도가 높은 디지털 회로에는 필수적이다. 또한 기판에 장착되는 부품과 트랙의 밀도를 더욱 높일 수 있고 모든 신호트랙를 정해진(일정한) 특성 임피던스를 갖도록 설계할 수 있다는 장점을 추가로 얻을 수 있다[106]. 전형적인 4층 기판의 구조에서는 전원공급을 담당하는 면 하나가 별도로 존재한다. 이 면을 전원면(power plane)이라고 하는데, 이 면은 높은 주파수에서 전원과 접지 사이의 임피던스를 낮아지게 한다. 기판의 $x-y$ 평면에 있는 접지면 구조와 관련하여 지금까지 설명한 모든 내용은 다층 기술에 적용된다. 또한 고속회로를 다층기판으로 구현하는 경우에는 다층기판을 이루는 층들을 어떤 순서로 배치하는가가 상당히 중요해진다.

다층기판을 구성할 때 가장 중요한 측면은 중점적으로 관리해야 할 위험 신호층(critical signal layer)을 반드시 접지면 층이나 전원면 층에 바로 인접한(이웃한) 층으로 배정해야 한다는 점이다. 또한 전원면 층과 접지면 층은 서로 바로 이웃한 층으로 배정하여 두 층 사이의 층간 커패시턴스(inter-layer capacitance)를 이용할 수 있도록 만든다. 층간 커패시턴스는 고

주파 디커플링에 유용하다. 위험 트랙(critical track, 클록처럼 di/dt 값이 큰 신호들을 전달하는 트랙)들은 되도록 전원면보다는 접지면에 인접하도록 배선을 해야 한다. 이러한 트랙들은 비어(via)를 사용하여 한 접지 기준층에서 다른 접지 기준층으로 점프(jump, 층을 옮김)하게 해서는 안 된다. 만일 이렇게 하려면 트랙의 층간 점프를 위한 비어 바로 옆에 두 접지층을 비어로 연결해주어야 한다. 일반적으로 여러 개의 접지층(0 V층)을 사용하는 것은 당연히 허용되며 경우에 따라서는 필수적이다. 그렇지만 이렇게 하려면 이들 접지층의 면 주위를 따라 여기저기에 비어들을 사용하여 접지층들을 서로 연결해주는 작업이 수반되어야 한다(12.2.3.2절과 12.2.3.3절 참조).

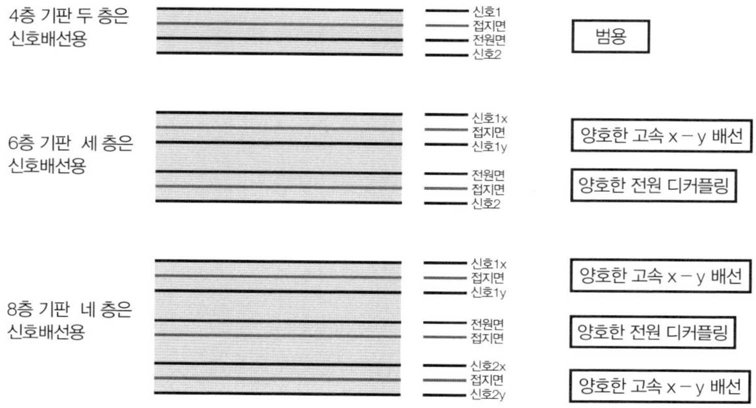

그림 12.19 다층 기판의 적층 구조

[그림 12.19]에 몇 가지 가능한(물론 꼭 이대로 해야 하는 것은 아님) 다층 기판의 적층 구조를 나타내었다. x-방향 신호층과 y-방향 신호층이 하나의 접지면을 공유하는 적층 구조인 경우에는 일정한 임피던스와 최소 층간 간격이 가능하므로 고속 회로의 배선에 적합하다. 고밀도로 설계를 하는 경우에는 [그림 12.19]의 8층 기판의 예처럼 두 쌍 이상의 x-방향 신호층과 y-방향 신호층을 가진 적층 구조를 사용할 수 있다. 고속 트랙들과 일반 트랙들을 나눌 수 있는 경우에는 일반 트랙들([그림 12.19]의 6층 기판에서 "신호 2"로 표시된 것)은 두 번째 접지면에 이웃하게 배선할 수 있다. [그림 12.19]를 보면 모든 경우에 대해 전원면과 접지면을 서로 이웃하게 하여 적층 구조의 내부에 배치하였는데, 이렇게 하면 이 두 면 사이의 분포 디커플링 커패시턴스를 최대로 만들 수 있다.

접지면의 적절한 위치 – 내부 또는 외부?

EMC 측면에서 접지면의 일차적(가장 중요한) 목적은 낮은 임피던스 경로를 제공하여 유도 접지 잡음을 최소로 하는 것이다. 신호 트랙들에 대한 접지면의 차폐효과(shielding effect)는 이차적인(부수적인) 목적이다. 다층기판에서 전원면과 접지면을 신호층의 바깥쪽에 배치하는 방식은 오직 트랙에 대해 전기장 차폐를 해줄 필요가 있는 경우에만 큰 장점이 될 것이다. 그렇지만 부품에서 불가피하게 발생하는 전자기장에 의해 이러한 접지면의 효과는 저하될 것이다. 일반적으로, 4층 기판에서 전원면과 접지면을 신호층의 바깥쪽에 배치하여 얻을 수 있는 효과는 거의 없는데, 특히 시험(testing)을 실시하고 문제점을 찾아(diagnostics) 수리(rework)하는 과정에서 겪을 수밖에 없는 엄청난 번거로움을 고려하면(외부의 전원면/접지면으로 인해 내부에 있는 부품의 고장 진단과 수리가 극히 어려우므로) 더더욱 그렇다. 예외가 되는 경우라면, 신호 트랙으로 들어오는 전기장 결합(dv/dt)이나 신호 트랙에서 외부로 방출되는 전기장 결합이 상당히 커서 부품에 의해 발생하는 결합을 초과하는 경우를 들 수 있다. 이 경우에는 기판의 바깥쪽에 위치해 있는 두 면이 신호트랙에 대해 전기장 차폐를 제공하지만, 실제로 이러한 외부 전기장 결합이 지배적 요인인 경우는 드물다[여기에 가장 대표적으로 예외인 것이 후면판(backplane, 백플레인)이다]. 전원면 층과 접지면 층을 아주 좁은 간격으로 서로 이웃하게 배치할 때 가장 좋은 EMC 성능을 발휘할 수 있다. 이런 방식의 층 배치는 고속 디지털 회로의 디커플링 대책으로서 효과를 발휘한다. 고속 디지털 회로에 대해서는 나중에 [13.1.4절]에서 자세히 다룬다.

고주파 전압을 다루면서 넓은 영역을 차지하는 부품들로부터 발생하는 전기장에 의한 용량성 결합에 대처하기 위해 차폐대책이 추가로 필요한 경우에는 기판 바깥층에 추가된 접지면이 도움이 될 수 있다. 참고문헌[122]는 마이크로프로세서의 방열판(heat sink)이 기판의 접지면에 전기적으로 접속(연결)되어 있는 상황을 설명하고 있다(12.2.3.5절 참조). 이러한 접지 접속(연결)의 인덕턴스는 접지면이 바깥쪽 층에 있을 때보다 안쪽 층에 있을 때, 눈에 띄게 커졌는데, 1 GHz 근처의 주파수 영역에서 방출량이 수 dB만큼 증가한 결과가 나왔다. 회로가, 동작 주파수 범위가 매우 넓은 광대역 특성을 가지고 있으면 pH 정도로 작은 값 하나하나도 모두 중요하다. 그렇지만 EMC 측면에서 장해 대책이 덜 요구되는 응용분야에서는 바깥쪽에 면 층이 위치하기 때문에 생기는 물리적인 단점으로 인해 면 층을 바깥쪽에 배치하는 방식이 큰 관심을 끌지 못하고 있다.

12.2.3.1 구리메움과 구리량 균형(cooper balance)

자주 나오는 질문으로, 기판에는 회로의 전기적 동작에는 쓰이지 않고 기판의 기계적 특성에 도움이 되는 구리(copper) 영역이 있는데, 이 구리 영역이 EMC 측면에서는 어떤 영향을 미치는가라는 것이 있다. 기판이 휘는 것을 최소화하기 위해서는 다층 PCB를 구성하는 층들의 양쪽 면에 있는 구리의 양을 거의 같게 해주는 것이 바람직하다. 설계된 많은 PCB를 보면 각 층에서 어떤 영역은 트랙들이 적거나 전혀 없고 나머지 영역은 트랙들의 매우 빽빽하게 들어차있다. 이러한 상황을 손대지 않고 그대로 방치하면 열 특성에 차이가 생기고 이에 따라 기계적으로 기판이 휘게 될 위험성이 있다. 그러므로 PCB 설계자는 기판에서 회로 기능이 없는 영역을 구리(copper)로 채우는 "구리메움(flood fill)[4]" 작업을 실시하도록 훈련을 받는다. CAD 레이아웃 소프트웨어는 보통 이 작업을 자동적으로 수행하는 기능을 가지고 있다. 그런데 이러한 조치는 기판은 고주파 성능에 어떤 영향을 줄까?

이렇게 구리로 메운 영역이 전기적으로 플로팅(floating)이 되어있지 않다면, 이 질문에 대해 짧게 대답하면 "영향이 없다"이다. 길게 대답해보자면, 이 구리메움 영역은 바로 이웃한 트랙에 대해 인덕턴스를 증가시키므로 극단의 경우 회로에 영향을 줄 수도 있을 것이다. 그러나 구리메움 영역이 dv/dt가 0인 점, 거의 항상 회로 0 V인 점에 연결되어 있기만 하다면 EMC에 관해 이 영역이 나쁜 영향을 줄 이유는 전혀 없다. 구리메움 영역을 완전한 0 V면에 여러 개의 비어를 사용하여 접속을 하면, 이 영역은 보조 접지면으로 동작한다. 물론 이 영역의 바로 아래쪽이나 위쪽에 이웃해 있는 층에 배선되어 있는 트랙들이 이 영역을 가로지르지 않는 경우에는 얻게 될 이득은 별로 없다. 대부분의 경우 단 하나의 비어로 이 영역과 0 V를 연결할 것이다. 그러면 전류는 흐르지 않지만 이 영역은 플로팅이 되지 않게 된다. 이러한 구리메움 영역에 대한 용량성 결합은, 쓸모가 있을 경우는 별로 없겠지만 전기장 차폐가 필요한 경우에는 도움이 될 수도 있다.

12.2.3.2 일정 임피던스를 가지는 트랙 층

고주파 회로는 정합된 임피던스를 필요로 한다. 이에 대해서는 [13.1.3.4절]을 참조하기 바란다. 신호의 주파수가 높은 경우에는 신호를 전달하는 트랙의 기하학적 구조가 변하면 왜곡이 발생한다. 따라서 고주파 신호를 기판을 가로질러 왜곡 없이 전달하기 위해서는 신호 트랙을, 어떤 정해진 특성 임피던스 값이 일정하게 유지되는 전송선로로 동작하도록 설계해주어야 한다. 이렇게 되려면 신호 트랙들은 기준 접지면에 바로 이웃한 층에 위치해야 하며, 트랙을 배선할 때는 트랙 길이 전체가 반드시 그 층에서만 배선되도록 해야 한다. 비어를 사용하여 신호 트랙을 다른 층으로 점프해서 옮겨가게 하면 특성 임피던스가 달라지므로 특성 임피던스의 불연속이 발생한다. 다른 기준면으로 점프하는 경우에도 마찬가지이다. 전송선로를 따라 바라본 특성 임피던스는 전송선로의 단면 구조와 전송선로 주위의 유전체에 의해 정해지므로 PCB에 배선된 트랙(전송선로)은 전체 길이에 대해 단면의 기하학적 구조가 일정하게 유지되어야 한다. 트랙의 폭 w와 접지면과의 간격(층 두께) h가 달라지면 특성 임피던스가 변한다.

그동안 어떤 주어진 전송선로의 구조에 대해 특성 임피던스를 쉽게 계산할 수 있는 다양한 방정식들이 발표되었다. 이들 방정식들은 해석적 방법(analytical way)을 통해 유도된 것들로

4 (옮긴이) 구리주입(copper pour)이라고도 한다.

서, 모두 근사식이므로 제한된 치수 범위에서만 유효하며(w/h가 클수록 오차가 커지는 것이 일반적임) 어느 정도 오차가 있을 수밖에 없다. 일반적으로 방정식이 복잡할수록 정확성은 높아지며 해석적 방법보다는 수치해석 방법(numerical modeling)으로 구한 결과가 더욱 정확하다[41]. 시중에 나와 있는 여러 종류의 상업용 소프트웨어 패키지는 수치해석 방법으로, 주어진 전송선로 구조가 갖는 단위길이당 인덕턴스 L_0와 단위길이당 커패시턴스 C_0를 구한 다음, $Z_0 = \sqrt{L_0/C_0}$로 특성임피던스를 계산해준다. 부록 D의 [D.5.3절]에는 가장 대표적인 전송선로 구조에 대한 방정식들이 수록되어 있으며 [그림 12.20]은 대표적인 두 가지 전송선로 구조에 대해 이들 방정식으로 특성 임피던스를 계산한 결과를 보여주고 있다.

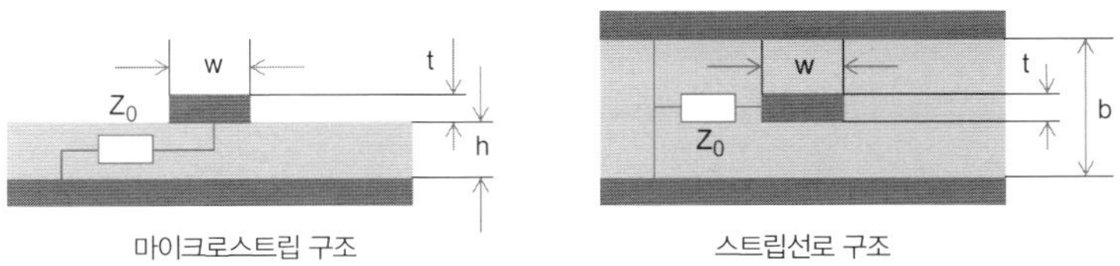

몇 가지 특성 임피던스에 대한 트랙의 폭(근삿값): $t = 35\ \mu m$, $\varepsilon_r = 4.2$

	마이크로스트립 구조 w mm		스트립선로 구조 w mm	
Z_0 Ω	h = 0.25 mm	h = 0.5 mm	b = 0.3 mm	b = 0.6 mm
30	0.77		0.21	0.47
50	0.43	0.9	0.09	0.21
70	0.23	0.5		0.09
90	0.12	0.28		
100		0.2		

그림 12.20 트랙의 구조와 특성 임피던스(부록 D의 D.5.3절에 수록된 방정식 사용)

[그림 12.20]의 계산 결과를 보면 표면 마이크로스트립 선로(microstrip line) 구조가 임베디드 스트립선로(stripline) 구조보다 특성 임피던스가 더 크다는 사실을 알 수 있다. 스트립선로 구조에서는 기준면이 두 개가 있어서, 선로에서 방사되는 자기장을 마이크로스트립 구조보다 잘 둘러싸고 있으므로 에너지가 높은 클록에 더욱 적합하다. [그림 12.20]에 표시한 선로는 접지면 위에 트랙이 하나만 놓여있는 싱글엔드형 선로(single-ended line) 구조이다. 차동선로(differential line) 구조는 하나의 공통(공유) 접지면(기준면)에 대해 두 개의 트랙(두 개의 스트립 또는 두 개의 마이크로스트립)이 놓여있는 구성을 말하는데, 이러한 구조는 두 선로(트랙) 사이의 결합(coupling) 때문에 해석하기가 더 어렵다. 두 트랙 사이의 간격이 넓어서 이들 사이의 결합이 낮으면 차동모드 특성 임피던스 $Z_{0(diff)}$는 트랙 하나만 있을 때의 특성 임피던스를 Z_0라고 할 때, 이 값의 대략 두 배인 $Z_{0(diff)} \approx 2 \cdot Z_0$가 된다. 두 트랙 사이의 간격이 좁을수록 이들 사이의 상호결합이 커지는데, 이렇게 되면 차동모드 특성 임피던스는 $Z_{0(diff)} \approx 2 \cdot Z_0 \cdot (1-k)$가 된다. 여기서 k는 두 트랙 사이의 결합계수(coupling factor)이다.

특성 임피던스는 트랙(전송선로)의 물리적 치수 w와 h, 그리고 기판 유전체의 상대 유전율(relative permittivity) ε_r에 따라 그 값이 정해진다. 특성 임피던스를 결정하는 이들 항목들은 특성 임피던스 값에 어느 정도 오차를 생기게 한다. 예를 들어, 특별한 언급이 없는 경우 ε_r 값은 주파수가 1 MHz일 때의 값을 말하는 것이 일반적인데, 트랙의 특성 임피던스 값과 관련하여 가장 관심을 두는 주파수 범위는 500 MHz 이상이다. 주파수가 500 MHz가 되면 ε_r 값은 1 MHz일 때보다 5% 정도 떨어지는 것이 일반적이다. ε_r 값은 섬유유리(fiberglass) 물질 속의 유리(glass)-대-수지(resin)량에 의해 결정되는데, 기반형(generic type)이 같은 경우에도 제조시 사용하는 물질(material)이 다르면 ε_r 값은 서로 몇 퍼센트 정도는 차이가 날 수 있다. 또한 트랙의 폭과 기판의 층 두께도 PCB 제조과정에서 지정된 치수에 대해서 편차가 생길 수밖에 없다. 아무리 트랙의 폭을 좁게 제작해도 스트립선로와 마이크로스트립의 특성 임피던스를 어느 한도 이상으로 높게 할 수는 없다. 실제로 많이 사용되는 특성 임피던스 값의 범위는 50 Ω ~ 100 Ω 사이이다. 어떤 경우에서도, 특성 임피던스 값이 크게 되려면 트랙 사이의 간격이 넓고 유전체의 두께가 매우 커져야 하므로 PCB는 과도하게 두꺼워질 수밖에 없다. 낮은 특성 임피던스 값은 얻기가 쉽지만 실제 PCB 레이아웃에서 트랙의 폭이 지나치게 넓어져 다루기 힘들어 진다.

지금까지 언급한 모든 이유들과 기판 위에 실제로 배선되는 트랙의 Z_0 값을 결정하는 가장 확실한 위치에 있는 것이 PCB 제조업체라는 당연한 사실을 고려하면, PCB 도면에 트랙을 배선할 층, 배선될 트랙의 폭과 임피던스 값을 명시하는 것이 통상적으로 취해야 할 방법임이 분명하다. 생산 기판에는 실제 필요한 기판 옆에 시험용 "쿠폰(coupon)[5]"을 함께 만들어 부착할 수 있다. 쿠폰 기판에는 샘플 전송선로가 배선되어 있으므로 빈 기판 시험(bare-board test)의 일환으로서 이 샘플 전송선로의 실제 특성 임피던스 값을 검사할 수 있다.

12.2.3.3 전원면

전원면(power plane)과 관련해서는 다음 두 가지 사안을 생각해볼 수 있다.

- 전원면을 기판 전체로 해야 하는가, 아니면 몇 개의 조각으로 나누어야 하는가?
- 전원면은 어떤 방식으로 접지면과 결합하는가?

일단 여기서는 접지면(0 V면)이 회로 전체에 대한 기준(reference)이라고 가정한다. 그러면 회로에 공급되는 전원 전압이 여러 개인 경우에는 각 전원전압의 디커플링(decoupling)을 접지면에 대해 해주어야 한다. 이러한 디커플링이 가장 효과적으로 이루어지려면 전원면으로

5 (옮긴이) PCB 제조공정의 품질을 시험하기 위해 만드는 시험용 PCB를 말하는 것으로 보통 실제 제작하는 PCB의 모서리에 덧붙여 만든다. 쿠폰을 검사하여 도금(plating), 에칭(etching), 적층(lamination)의 적절성과 전도성 등을 검증한다.

사용되는 층은 0 V면으로 지정된 층에 바로 이웃한 층이어야 하며, 두 층 사이의 간격은 되도록 최소로 해야 한다(13.1.4절). 이렇게 하는 것은 두 면 사이의 커패시턴스를 가능한 한 최대로 해주기 위함이다. 다시 말해, 두 면을 특성 임피던스 Z_0 값이 가능한 한도 안에서 최소인 전송선로 구조로 만들어주기 위함이다. 따라서 PCB의 내부 층 가운데 한 개가 0 V면으로 지정되어 있는 경우에는 이것과 동일한 면적으로 0 V면에 바로 인접한 위쪽 층과 아래쪽 층에 각각 한 개씩, 최대 두 개의 전원면을 할당할 수 있다(그림 12.21).

물론 이런 방식으로 면 층들을 구성하면 신호 트랙을 위한 층을 0 V면 층에 인접하여 배치할 수 없다. 따라서 실제로는, 예를 들어 어떤 VLSI IC의 공급 전원이 여러 개인 경우, 0 V면으로 사용되는 층을 적어도 두 개 – 한 0 V면 층은 전원면 층에 인접 배치, 나머지 한 0 V면 층은 신호 트랙 층에 인접 배치 – 사용해야 한다. 여러 개의 0 V면을 사용하는 경우에는 이들을 스티칭 비어(stitching via)로 서로 연결하여 높은 주파수에서 모든 0 V면 사이에 같은 전위가 유지되도록(즉 전위차가 최소가 되도록) 해주어야 한다. 신호 트랙을 배선하는 과정에서 한 면에 인접한 트랙 층에서 다른 면에 인접한 트랙 층으로 신호 비어를 통해 건너뛰어 옮겨가야(점프) 할 경우에는 그 신호 비어 바로 옆에 두 0 V면을 연결하는 비어를 적어도 한 개는 배치하여 귀환전류 경로가 완전히 형성될 수 있게 해주어야 한다.

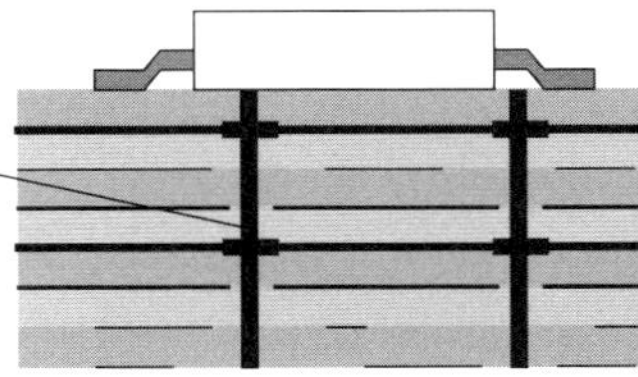

그림 12.21 전원면 층이 두 개인 PCB의 적층 구조

여러 개의 VLSI IC들과 이들을 연결하는 트랙의 배선 밀도를 높이기 위해 많은 층을 사용하는 PCB의 성능을 높이려면 전원면과 0 V면 층을 서로 아주 가깝게 배치하고, 또한 0 V면 층을 맨 윗면에 가깝게 배치하는 편이 좋다[23]. 이렇게 하면 IC를 연결할 때 생기는 비어 인덕턴스, 인접한 디커플링 커패시턴스를 연결할 때 생기는 비어 인덕턴스를 최소화할 수 있다.

분할(segmentation)

위에서 언급한 전송선로는 한 개로 된 넓은 접지면 – 특히 이 접지면 위나 아래에 전체 PCB와 같은 크기의 한 개로 된 넓은 전원면(3.3 V 또는 5 V)이 놓여있는(마치 전원면이 거울에 비친 접지면의 영상처럼 보이는) 구조 – 에 의해 발생할 수 있는 문제를 넌지시 알려주고 있다. 이러한 구조는 샌드위치 형태의 전송선로로 볼 수 있으므로, 여기에서 공진(resonance)이 발생할 수 있다. 공진이 발생하는 주파수는 x, y 치수에 따라 정해진다. 공진 주파수에서는 다음과 같이 두 가지 바람직하지 않은 현상이 일어난다. V_{CC}와 0 V 사이의 임피던스는 기판 상의 몇몇 위치에서 최대가 된다. 또한 이 전송선로 샌드위치 구조의 모서리에서 방사 효율이 최대가 된다. 전원면과 0 V면 사이를 채우고 있는 유전체는 공진 주파수에 영향을 준다. 예를 들어 $\varepsilon_r = 4.2$인 FR4 기판의 경우, 공진 주파수는 유전체가 자유공간인 경우에 비해 $1/\sqrt{4.2}$ 배만큼 낮아진다. 따라서 PCB 기판의 치수가 30 cm × 12 cm일 때, 부품이 장착되지 않은 빈 기판(bare board)의 공진 주파수는, y 방향으로는 610 MHz, x 방향으로는 244 MHz이다. 이 들 주파수 근처에서 클록의 에너지는 효과적으로 방사되며, 동일한 주파수에서 RF 감응성도 최악이 될 수 있다.

이 문제의 해결책으로는 첫째, 전원면의 크기를 접지면(0 V면)의 크기와 완전히 똑같지는 않게 하는 방법이다. [그림 12.22]에서 보듯이 전원면의 모서리를 접지면의 모서리보다 적어도 $10 \cdot h$만큼 안쪽으로 위치하게 하면 PCB 기판의 모서리에서 전자기장이 방출되는 효율이 크게 감소한다. 또 하나는, 균일한 전체 전원면을 몇 개의 조각으로 분할(segmentation)하는 방법이다. 분할된 각각의 작은 전원면들에는 접지면과 사이에 저마다 디커플링 커패시터를 병렬로 장착하고 절연(격리) 초크(isolating choke)를 직렬로 장착하여 이를 통해 전원이 공급되도록 하면 전송선로 구조에서 발생하는 공진을 GHz 영역까지 올릴 수 있다. 이 정도로 높은 주파수 영역에서는 해로운 영향을 줄 가능성이 더 적어진다. 또한 이렇게 하면 PCB 기판 상의 다른 회로들의 전원면을 통해 결합되는 잡음을 줄일 수 있으므로 기판 전체에 걸쳐 V_{CC}의 잡음이 확산되는 것을 막을 수 있다. 직렬 초크 — 예를 들어 표면장착 페라이트(surface mount ferrite) 부품 — 는 VHF 대역에서 임피던스가 수십 Ω 정도만 되어도 각 전원면을 효과적으로 격리할 수 있다. 분할의 경계는 회로 구조, 특히 클록 분배를 고려하여 자연스럽게 이루어지게 해야 한다.

이러한 분할 방법을 접지면에 대해 적용하는 것은 적합하지 않다. 접지면은 항상 PCB 전체에 걸쳐 연속이 되도록 해주어야 한다.

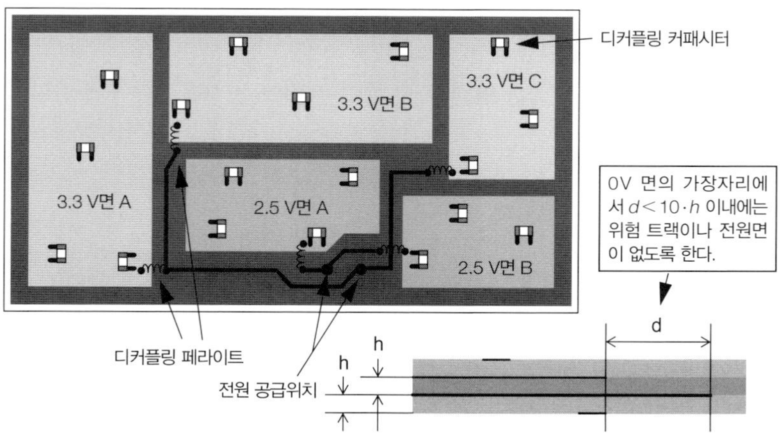

그림 12.22 전원면 분할과 10·h 규칙

12.2.3.4 층 두께

지금까지 살펴본 것처럼 몇 가지 EMC 성능은 층과 층 사이의 간격에 따라 달라진다. 따라서 PCB의 수직 방향의 적층 구조는 PCB의 레이아웃과 더불어 EMC에 매우 중요한 요소이다. 층 간격은 빈 기판(bare board)을 제조하는 데 사용되는 프리프레그(pre-preg)와 코어 물질의 두께에 의해 정해진다. 생각해 볼 것도 없이 이것은 PCB 제조회사에 맡겨진 일이며 설계자를 포함 그 누구와도 관련이 없다. 따라서 어떤 특정 기판 공급업체에서 사용하는 두께가 결국은 PCB의 두께로 정해지게 마련이다. 이 두께는 제품의 EMC 성능에 가장 적합 적합할 것으로 생각해서 아무런 의문도 제기하지 않는다. 그런데, 제품의 설계, 제작, 판매로 이어지는 라이프 사이클 과정에서 기판 공급업체가 변경되면 기판의 두께가 바뀔 수 있고 이에 따라 제품의 EMC 성능도 달라질 가능성이 전적으로 존재한다. 이러한 문제가 일어나는 것을 막을 수 있도록 PCB 도면에는 반드시 층 두께를 명시하고 필요하다면 선호하는 기판 공급업체와 그곳에서 제공하는 층 두께를 확인해야 한다.

12.2.3.5 PCB의 방열판

방열판(heatsink)은 PCB에서 발생하는 EMC 문제의 특별한 원인이 될 수 있다. 이 주제에 대해서는 [13.2.1.2절]의 SMPS 설계에서 또 한 번 다룬다. 여기서는 방열판에 의해 생기는 스트레이 커패시턴스가 RF 전압을 처리하는 디지털 부품(마이크로프로세서와 ASIC 등)에 미치는 영향에 대해 관심을 두고 살펴보기로 한다.

[그림 12.23]은 어떤 PCB의 등가회로를 간단하게 나타낸 것으로, 이 PCB는 0 V면, 프로세서, 프로세서 위에 부착된 방열판, 전체 조립부 주위를 둘러싸고 있는 인클로저로 구성되어 있다.

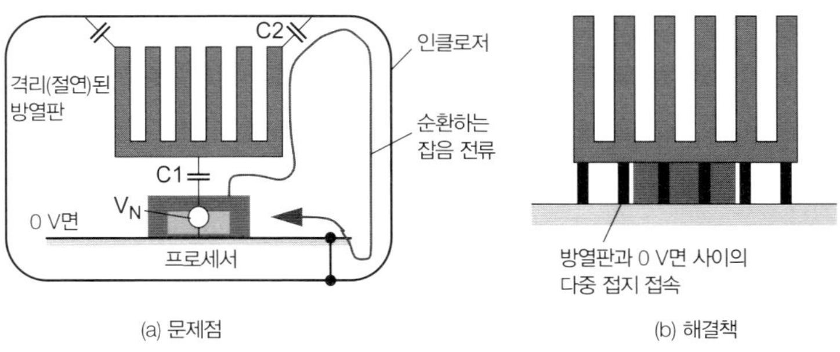

그림 12.23 프로세서 위에 부착된 방열판

프로세서는 RF 잡음의 발생원이다. 실리콘 위의 잡음 전압 V_N은 클록 주파수에서 0 V면을 기준으로 해서 나타나는데, 이 전압은 용량성 결합에 의해 방열판의 금속부로 직접 전달된다. 방열판은 프로세서 칩과 반드시 양호한 열접촉(thermal contact)을 하고 있어야 하는데, 이에 따라오는 바람직하지 못한 현상이 높은 결합(상호) 커패시턴스 $C1$의 발생이다. 결국 방열판은 큰 금속 덩어리이므로 방열판과 주변의 물체, 특히 인클로저 사이에는 매우 큰 커패시턴스가 생겨난다.

이렇게 생긴 커패시턴스를 통해 전체 인클로저에는 클록 주파수와 그 고조파 주파수들에서 순환 전류가 흐르게 된다. 인클로저에 개구부나 갈라진 틈(슬롯)이 있으면 그 부분에서는 이러한 주파수들에서 전자기장이 방사한다. 이를 억제하는 가장 효과적인 방법은 방열판에 큰 레벨의 클록 잡음이 전달되지 않도록 막는 것이다. 이렇게 하려면 방열판은 PCB의 0 V면에 반드시 접지되어야 하며 절대로 플로팅 상태로 남겨두어서는 안 된다. 커패시턴스 $C1$과 잡음 전압원 V_N이 생기는 것을 완전히 막는 것은 불가능하지만 방열판이 접지되어 있으면 순환하는 접지 전류는 접지된 그 부근에만 흐르게 되므로 방열판에 발생하는 잡음을 최소로 할 수 있다. 또한 커패시턴스 $C2$에는 잡음 전압원이 직접 가해지지 않으므로 인클로저에는 잡음이 전달되지 않는다.

여기서 생각해볼 것은 방열판의 커패시턴스와 병렬로, 접지와의 사이에 어떤 인덕턴스가 존재하면 공진이 일어난다는 점이다. 이렇게 되면 방열판이 접지되어 있는 경우라도 공진 주파수에서 방열판에 높은 레벨의 잡음이 발생하고 이 잡음을 인클로저로 결합(전달)하는 일이 생길 것이다. 자체 커패시턴스가 10 pF이고 인덕턴스가 3 nH(방열판을 접지와 접속하는 도선의 길이가 수 mm만 되어도 이 정도의 값이 된다)인 방열판은 900 MHz의 주파수에서 공진을 일으키는데, 이 주파수의 잡음은 여러 종류의 마이크로프로세서에 골치 아픈 문제를 일으킬 수 있다. 앞에서 권고한 사항을 받아들여 방열판을 한 점에서 접지와 접속하면, 십중팔구 몇몇 주파수들에서 방출이 증가하는 현상이 일어날 것이다. 접지접속을 위한 연결선의 인덕턴스는 1 nH보다 훨씬 작아야 효과를 발휘할 수 있으므로, 방열판의 바깥부분의 주위를 따라 한 군데나 두 군데가 아닌 여러 군데에서 접지와 접촉되도록 해주어야 한다. 가장 효과가 좋은 설계 방법은 방열판 주위를 따라 빈틈없이(연속적으로) 접촉되는 전도성 개스킷(반드시 전도성으로 마감처리가 되어 있는 것)을 사용하여 PCB 표면에 있는 접지면 접촉 스트립(strip)과 접합되도록 해주는 것이다.

12.2.4 I/O 접지와 회로 접지의 구성

12.2.4.1 인터페이스 접지 구조

케이블에 나타나는 공통모드 전류를 처리하는 데 사용되는 디커플링 기법과 차폐 기법은 "깨끗한" 접지 영역(clean ground area), 다시 말해 내부에서 발생한 잡음에 의해 오염되지 않은 접지 영역을 필요로 한다. 외부에서 들어오는 장해 잡음을 이 접지영역으로 흘러 보내면 잡음이 회로 속으로 들어오는 것을 막을 수 있다. 이러한 접지영역은 [12.1.2.2절]에 설명되어 있듯이 케이블 인터페이스에 대해 전달 임피던스가 낮은 접지 구조를 형성한다. 높은 주파수에서의 필터링은 이러한 접지 없이는 거의 쓸모없는 일이 되고 만다. 이 접지를 설계 초기 단계에서 레이아웃에 대한 요구조건의 하나로 고려하지 않으면 이러한 접지는 존재하지 않을 것이다. 모든 I/O 단자들을 같은 영역에 한데 모아 놓고 이 영역에서 이들의 차폐도체들과 디커플링 커패시터들을 별도의 접지면에 각각 연결하라. 바로 이 접지면이 인터페이스 접지(interface ground)이다. [그림 12.24]에서 보듯이 이 인터페이스 접지면은 주 회로(main circuit) PCB 안에서 별도의 부분을 할당하여 만들 수 있다. 또는 커넥터가 장착되는 금속 플레이트(metal plate)가 인터페이스 접지면이 될 수도 있다. 외부 접지(단지 교류전원선의 안전 대지접지일 수 있다)와 금속 케이스 또는 금속으로 입힌 케이스를 사용하는 경우에는 이들도 낮은 인덕턴스 연결을 통해 여기에 접속한다. 또한 인터페이스가 전체 PCB 그 자체인 경우도 가능한데, 이 경우에 PCB는 하나로 된 완전한 접지면을 가지고 있어서 여기에 필터 부품과 케이블 차폐도체가 연결된다. 또한 이 접지면은 적합한 개스킷이나 다른 유형의 접합부품을 통해 외부의 금속 섀시나 금속으로 입힌 섀시에 연결된다. 그리고 필터링이 된 신호들과 전원은 기판과 기판 사이의 연결(board-to-board connection)을 통해 내부 PCB로 전달된다. [그림 12.24]는 전원 인터페이스, 차폐된 인터페이스, 차폐되지 않은 인터페이스를 가진 제품의 인터페이스 접지를 보여주고 있다.

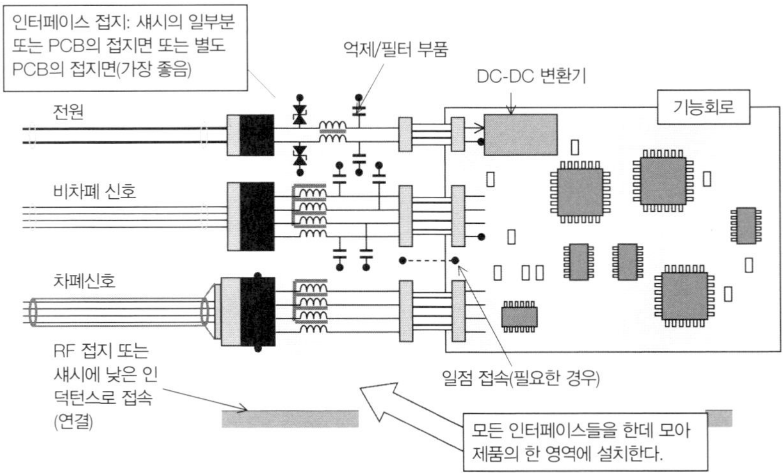

그림 12.24 PCB에 설치한 인터페이스 접지

이 인터페이스 접지는 내부 회로접지에 꼭 접속해야 한다면 오직 한 점에서만 접속해야 한다. 이렇게 하면 접지 전류가 인터페이스 접지면을 통해 흘러 이 접지면을 "오염"시키는 것을 막을 수 있다. 이 인터페이스 접지에 다른 목적으로 접속을 하는 것은 허용되지 않는다. 이 레이아웃

은 공통모드 방출을 막아줄 뿐만 아니라 인터페이스 접지로 유입되는 장해 전류(과도현상 또는 RF)가 들어오지 못하도록 전류를 우회시켜, 이 장해 전류가 취약한 회로를 통해 흐르지 못하게 막아준다. 만일 인클로저 설계상의 이유로 인클로저 주위를 따라 여러 군데에서 케이블들을 사용하여 장치나 PCB와 접속해야 할 필요가 있는 경우, 이들 케이블 모두를 반드시 별도의 접지구조와 결합되도록 조치하여 이 접지구조를 통해 어떤 회로전류도 흐르지 않게 해야 한다. 이 경우에 섀시 플레이트(chassis plate)는 꼭 필요하다.

이러한 요건들은 PCB의 한 모서리를 따라 위치해 있는 영역을 인터페이스 접지면으로 할당하면 확실히 충족된다. 이때 이 인터페이스 접지면에는 I/O 저항성, 용량성, 그리고 유도성 필터링 부품과 억제 부품을 장착하고(이들 외에 다른 회로는 없음), 회로의 0 V는 이 접지면과 완전히 분리되도록 하거나 단 한 점에서만 서로 접속되도록 한다. RF에 위험한 회로들은 I/O 영역으로부터 멀리 떨어지도록 해야 한다.

ESD 방지를 위해서는 회로접지는 섀시접지에 접속되어야 한다. 이렇게 하면 두 접지 사이에 높은 과도전압이 발생하는 것을 막을 수 있으므로 두 접지 사이에서 2차 방전이 일어나지 않는다. ESD에 대해서는 [11.3.3.3절]과 [13.3.1.2절]을 참조하라. 두 접지의 접속은 접지면에 여러 개의 도금된 관통홀들과 금속으로 된 스탠드오프 스페이서(standoff spacer)를 사용하여 손쉽게 실행할 수 있다. 이 점에서 두 접지 사이에 DC 격리(절연)이 필요한 경우에는 10 nF ~ 100 nF 정도의 RF 세라믹 커패시터를 각 위치에 사용한다. 플러그인(plug-in) 타입의 랙 장착형 카드(rack mounting card)에 깨끗한 I/O 접지를 만드는 방법으로, 와이핑 핑거 스타일의 접점장치를 사용하여 이 접지트랙을 섀시에 직접 연결한다.

12.2.4.2 케이블 차폐도체 접속

어떤 회로 접지방식에서든, I/O 디커플링은 케이블의 공통모드 장해 전류를 최소가 되게 하는데 필수적이므로 매우 중요하다. [그림 12.25]를 예로 들어 살펴보기로 하자. 케이블의 차폐도체, 다시 말해 귀환도체가 구동기(driver)의 출력에 달려있는 디커플링 커패시터와 관련하여 잘못된 위치에 연결되어 있으면 구동기의 전원선에 실려 있는 고속 과도전류(이 전류는 디커플링 커패시터 트레이스를 통과해 흐른다)는 공통모드 잡음 전압 V_N을 발생시킨다. 이 잡음 전압은 케이블로 전달되고 케이블에서는 방사성 방출이 발생한다. 케이블의 차폐도체는 항상 시스템의 접지 기준에 대해 잡음이 최소인 위치에 연결되어야 한다. 이 말은 인터페이스 접지로만 사용되는 영역을 반드시 확보해야 하며 모든 케이블은 차폐도체의 경우, 이 영역에 직접 접속하고 신호선과 전원선은 필터링을 거쳐 이 영역에 접속해야 함을 의미한다.

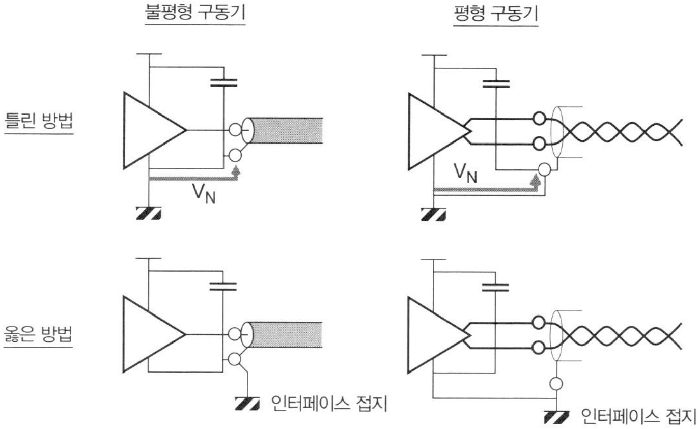

그림 12.25 I/O 케이블 차폐(실드)도체의 접속 위치

12.2.4.3 별도의 회로 접지

회로에서 서로 다른 동작을 하는 부분들이 저마다 0 V 기준을 별도로 가져가야 하는가라는 문제와 관련해서는 두 가지 의견이 존재한다. 첫 번째는 [그림 12.26]에서 보듯이 PCB의 디지털 접지면이 PCB의 아날로그 부분까지는 포함하지 않도록 해야 한다는 의견이다. 만일 포함하게 되면 디지털 잡음이 아날로그 회로로 결합될 것이기 때문이라는 것이 그 이유이다. 디지털 접지와 아날로그 접지 사이의 접속은 시스템의 아날로그→디지털 변환기(analog-to-digital converter)에서 이루어지게 할 수 있다. 이러한 방식에서는 디지털 회로를 외부 접지에 별도로 연결하지 않는 것이 매우 중요하다[46]. 만일 이를 따르지 않으면 추가로 전류경로가 만들어져 디지털 회로 잡음이 인터페이스 접지로 흘러 들어올 수 있다.

포트의 입력 또는 출력과 같이 디지털 회로에 직접 연결되는 인터페이스들은 중간에서 버퍼링(buffering)을 해주면 디지털 0 V를 기준으로 할 필요가 없어진다. 가장 좋은 인터페이스는 광아이솔레이터(광절연기, opto-isolator)나 릴레이(계전기, relay)이지만 당연히 값이 비싸다. 사정상 격리(절연)를 할 수 없는 경우에는 별도의 버퍼 IC를 사용하는 것이 좋은데, 이렇게 하면 디지털 0 V 대신 I/O 접지를 기준으로 할 수 있다. 아니면 포트에 직렬로 저항이나 초크를 연결하고 I/O 포트들이 기판으로 들어오는 경계인 기판-인터페이스(board interface) 지점에서 포트 연결선들을 커패시터, 그리고(또는) 과도 현상 억제 부품(transient suppressor)을 사용하여 "깨끗한 접지(clean ground)"로 디커플링이 되도록 한다. 교류전원 케이블도 EMC와 관련해서는 일종의 I/O 케이블이다. 블록 교류전원 필터를 사용하고 있다고 가정하면 이 필터를 인터페이스 접지 기준판에 잘 맞게 설치해야 한다. I/O 필터링에 대해서는 [14.2.4절]에서 자세히 다룬다.

[12.1.1절]에서 살펴본 시스템 분할이 서로 다른 접지 영역들을 갈라서 나누고 I/O 단자들을 특성별로 묶어 분류하여 잡음이 많거나 잡음에 취약한 부분들로부터 떨어지도록 하는 데 얼마나 필수적인지 잘 알아두기 바란다. 사실 요즘에는 거의 모든 제품들이, 아주 단순한 제품인 경우가 아니면 여러 개의 접지 기준을 가지는 것이 너무나 당연한 일이 되었는데, 이러한 서로 다른 영역들에 의해 의도치 않은 다이폴 안테나 구조가 형성되고 여기서 방사된 전자기장에 의한 RF 결합이 여러 가지 어려움을 불러오고 있다. 따라서 일반적으로 여러 접지 영역을 사용하는 방법은 바람직하지 않으며 이 방법을 실행하기 전에는 항상 이것이 가져올 결과와 한계에 대해서 세심한 주의를 기울여야 한다.

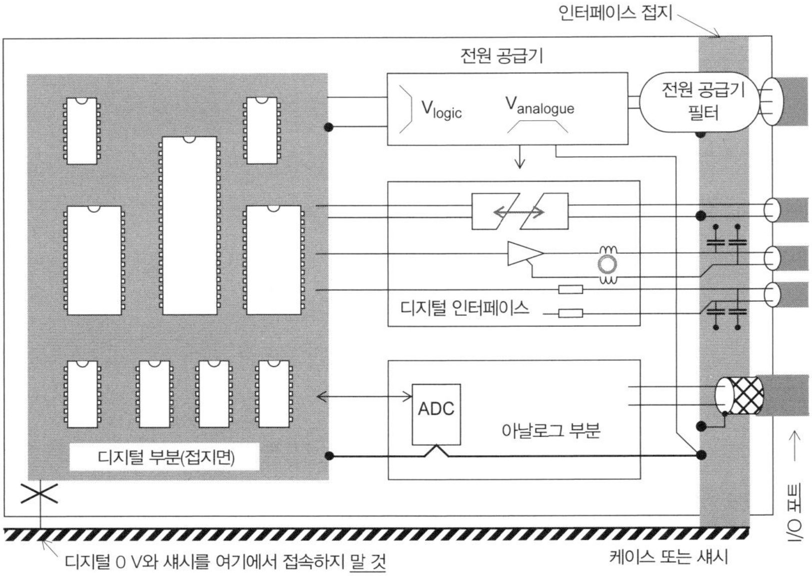

그림 12.26 다중 접지 영역

12.2.4.4 균일한 범용 회로 접지

앞서 언급한 두 의견 중에서 두 번째 의견은 첫 번째 의견과는 180도 다른 정반대의 것으로 회로의 모든 부분이 오직 한 개의 갈라지지 않은(균일한) 0 V 기준면을 기준으로 해야 한다는 주장이다. 이 방법을 선택하는 경우, 특성이 우수하며 임피던스가 낮은 면을 사용해야 하는 것은 필수 요소이다. 따라서 0 V 기준으로 면이 아닌 트랙을 사용하는 것은 허용되지 않을 것이다. 이러한 접지 구성에서는 모든 신호의 귀환 전류와 전원의 귀환전류가 단일 접지면을 따라 흐르므로 회로 내의 서로 다른 부분 사이에 공통 임피던스 결합이 생기는 것을 막을 수 없다는 결과를 가져온다. 따라서 레이아웃을 세심하게 하고 접지면의 임피던스를 낮게 유지하도록 주의를 기울여서 이러한 공통 임피던스 결합을 허용할 수 있는 수준까지 낮추어야 한다. 같은 기판에 민감한 아날로그 회로를 고속 디지털 회로와 섞어 배치하는 것은 위험하다. 물론 분할을 세심하게 적용하면 이렇게 해도 문제가 없을 수도 있지만 말이다.

그러나 차폐되지 않은 장비 안에 들어있는 PCB는 RF 환경에 그대로 노출되는데, 이때 여러 개의 접지면은 다이폴 안테나처럼 동작해서 유도된 장해 잡음 전류를 접지면들의 접속점들에 집중시키거나 접지면들 사이에 발생하는 전압차에 의해 전자기장을 방사한다. 단일 접지면의 장점을 들자면, 여기서는 서로 다른 노드들이 존재하지 않으므로 장해 전자기장이나 그 외의 요인으로 0 V 노드 사이에 전압차가 생길 기회가 원천적으로 봉쇄된다. 이 방법에서는 "분리 경계를 정확히 어느 곳에 두어야 하는가"라는 골치 아픈 문제를 피할 수 있다. 또한 첫 번째 방법에 잠재해 있는 "0 V면 사이의 전압차로 인한 위험"이라는 문제점도 피할 수 있다. 기판이 금속 섀시 위에 장착된 경우, 접지면은 이 섀시와 여러 점들에서 접속되어야 하는데, 이렇게 하면 전체 조립부(assembly)의 RF에 대한 "내구성(solidity)"을 향상시킬 수 있으므로 유도 장해 전류에 의해 발생하는 내부 장해의 레벨은 저절로 낮아진다.

결국, 두 의견(방법) 중에서 어느 의견을 따를 것인가라는 문제에 답을 하자면, 그 결정이 가져올 결과를 제대로 인식하고 있다면 어느 쪽을 선택해도 좋다. 접지들을 분리하면 회로의 서로 다른 부분 사이에서 발생하는 상호 간섭(결합)의 위험을 제거할 수 있지만 분리하는 위치, 즉 경계에 대해 세심한 고려가 필요하다. 이 과정에서 기판의 레이아웃을 잘 살피고 섀시에 대한 회로의 관계를 잘 정의해야 한다. 여러 부분으로 이루어진 복잡한 회로에서는 이를 실행하기가 어려울 수 있다. 접지를 하나로 통합하면 접지 설계를 제어하기가 쉽지만 회로의 한 부분이 다른 부분에 간섭(장해)을 일으킬 위험성이 증가한다. 일반적인 관행은, 가능하기만 하다면 이 두 번째 방법을 선호한다.

12.2.5 PCB 설계 규칙

실제 상황에서는 모든 개별 신호 회로에 대해 적합하도록 PCB 레이아웃을 하는 것이 불가능하므로 가장 큰 위협이 되는 회로를 집중적으로 다루어야 한다. 여기에 속하는 회로는 특히 클록 선로와 데이터 선로처럼 di/dt 값이 큰 신호를 높은 빈도로 전달하는 회로와 스위칭 전원 공급기에 들어있는 사각파 발진기(square-wave oscillator)와 같이 큰 전력을 가진 신호를 다루는 회로이다. 감응성(sensibility)의 관점에서, 민감한 회로 – 특히 에지에서 동작하는 입력(edge-triggered input), 클록에 맞춰 동작하는 시스템(clocked system), 정밀 아날로그 증폭기 – 는 거의 동등한 수준으로 다루어야 한다. 일단 이런 유형의 회로들을 찾아내고 분할 작업을 완료하면 이들의 루프 인덕턴스와 접지 결합을 다루는 데 집중할 수 있다. 이렇게 하는 목적은 순환하는 접지 잡음 전류가 시스템을 오염시킬 기회를 봉쇄하기 위한 것이다.

EMC를 위한 체계적 PCB 레이아웃 방법

여기에 나열한 규칙들은 회사나 기관의 자체적인 EMC 설계 지침과 설계 체크리스트(점검표)의 일부로 사용될 수 있다. 또한 CAD의 설계 규칙 검사 프로그램에 구현해 넣을 수 있다. 단 여기서는 적어도 한 개 이상의 0 V면(접지면)을 사용하는 것으로 가정한다.

배선작업 전 규칙

- *di*/*dt* 값이 큰 회로를 찾아내고 그 내용을 기록한다.
- 민감한 회로를 찾아내고 그 내용을 기록한다.
- 0 V면(들)을 찾아낸다. 이와 함께 0 V면을 몇 개의 영역으로 꼭 분리해야할 경우에는 각각의 분리 영역들을 찾아낸다.
- 전원면 분할 부분들을 찾아낸다.
- 인터페이스 접지면을 찾아낸다.
- 다음과 같이 적층 구조를 결정한다.
  - 0 V면 층들을 찾아낸다.
  - 일정 임피던스 층(들)을 찾아낸다.
  - 0 V면에 바로 이웃한 전원면 층을 찾아낸다. 전원면 층들 중에서 전원면이 필요 없는 영역에는 트랙을 배선할 수 있다.
- 다음 사항을 확실히 보장할 수 있도록 트랙과 부품이 배치되어 있는지 점검한다.
  - 불필요하게 긴 트랙 경로가 없다.
  - 민감한 부품들 근처에 잡음이 많은 부품들이 없다.
  - 중점 관리가 필요한 위험 회로들이 접지면 모서리에서 떨어져 있다.
  - 인터페이스와 회로의 기능에 따라 분할이 최대로 되어 있다. 동작회로 아주 가까이에는 잡음 방지 대책을 하지 않은 인터페이스 경로들이 없다.
  - 인터페이스들에는 잡음을 막아주는 필터 부품들 모두 설치한다. 인터페이스와 잡음 방지 필터 부품 사이에는 작동회로가 없다.
- 기판과 기판이 접속되는 부분: 고속 신호나 민감한 신호들 아주 가까이에서 접지핀들을 멀티웨이 커넥터(다단자 커넥터, multi-way connector)의 주위에 분산 배치해야 한다.
- 접지면(들)에서 섀시와 접속해야 하는 위치들을 찾아낸다.

배선작업 중 규칙

- 0 V면에 있는 갈라진 부분이나 틈(간격)을 표시하고 이들이 꼭 필요한지, 아니면 이들을 없앨 수 있는지 결정한다.
- 0 V면에 불가피하게 갈라진 부분이 존재하는 경우에는, 이 부분을 가로지르는 트랙들이 없어야 한다.

  - 만일 이런 트랙들이 반드시 있어야 한다면, 갈라진 부분의 가장 적절한 위치에 갈라진 부분을 가로지르는 직렬 버퍼 저항을 연결한다.
- 위험 트랙과 일정 임피던스 트랙이 층과 층을 점프하면서(옮겨가면서) 배선되지 않았는지 점검한다.
  - 만일 이런 트랙들을 층과 층을 점프하면서 배선해야 하는 경우에는 단일 0 V면의 위쪽 층이나 아래쪽 층에 배선해야 하며 절대로 다른 0 V면으로 점프해서는 안 된다.
- 디커플링 커패시터를 아래의 위치를 포함하여 적절한 위치에 배치했는지 점검한다.
  - 부품의 전원핀 옆
  - 최소 인덕턴스 트랙/비어 레이아웃
- 인터페이스 필터링과 과도현상 방지를 위한 트랙이 인터페이스 접지면에 대해 낮은 인덕턴스를 가지는지 확인한다.
- 전원 스위칭 회로와 민감한 광대역 회로에 대한 공통 임피던스 경로를 찾아내고 이를 억제(제어)한다.
- 접지면 모서리에 대해 전원면과 위험 트랙의 배치 위치가 $10 \cdot h$ 규칙에 어긋나지 않은지 점검한다.
- 평형 차동신호 트랙쌍들이 전체 배선 길이에 대해 적절한 평형을 유지하고 있는지 확인한다. 일반적으로 이들이 다른 트랙들과 최소 $3 \cdot h$ 이상 떨어져 있으면 충분하다.
- di/dt 값이 큰 노드들의 표면적을 최소로 한다.
- 어떤 층의 빈 영역을 구리로 채우는 경우에는 이 영역을 플로팅 상태로 남겨두지 말고 0 V에 연결한다.

0 V면이 없는 PCB 설계 규칙

- 중점 관리가 필요한 위험(전류 값이 크고, di/dt 값이 크고, 민감한) 회로 루프를 찾아낸다. 이때 전체 루프를 구성하는 0 V 트랙도 함께 찾아낸다.
- 이들 전체 루프가 둘러싸는 영역을 최소로 한다.
- 구리로 채운 0 V 트랙과 메시(그물망) 구조의 0 V 트랙을 가능한 많이 만든다.

13 디지털 회로와 아날로그 회로 설계

회로 설계는 EMC에 결정적인 영향을 주는 요소이다. 여기서는 작동 중인 회로에서 발생하는 RF 방출(radio frequency emission)을 제어(억제)하는 데 사용되는 방법과, 작동 중인 회로의 RF 내성과 과도 내성(RF and transient immunity)을 확보하는 데 사용되는 방법을 서로 구분하여 설명한다. 이들 두 방법 사이에는 공통점과 아울러 차이점도 있으므로 어떤 제품의 EMC를 전체적으로 다루기 위해서는 이 두 방법을 모두 살펴볼 필요가 있다. 저주파(교류전원) EMC도 회로 설계, 그중에서도 특히 전원공급기 설계를 어떻게 했는가에 크게 좌우되지만, RF의 영향으로 인해 이상야릇한 문제들을 겪지는 않으므로 이번 13장에서는 다루지 않기로 한다.

13.1 방출 억제(제어) 설계

디지털 회로는 장해 전자파를 많이 방출하는 발생원이다. 디지털 시스템의 곳곳에는 수많은 고조파 성분을 가진 높은 주파수의 사각파가 돌아다니고 있다. 이 고조파 성분들의 주파수는 케이블과 인클로저에서 공진현상이 일어나는 주파수 영역과 겹친다. 아날로그 회로는 디지털 회로와는 달리 주파수가 높은 사각파 신호들을 사용하지 않는 것이 일반적이므로 디지털 회로와 비교하면 훨씬 조용하고 잠잠하다. 예외가 되는 대표적인 아날로그 회로로 광대역 비디오 회로가 있는데, 이 회로는 수십 MHz 범위까지, 고해상도 비디오인 경우에는 100 MHz 이상의 주파수 범위까지 광대역 신호를 전송한다. 고주파 발진기나 *di*/*dt* 값이 큰 신호를 다루는 회로를 포함하는 아날로그 시스템을 설계할 때는 반드시 고주파(HF) 설계원칙을 따라야 하는데, 특히 접지 레이아웃과 관련해서는 더더욱 그래야 한다.

일부 저주파 증폭회로는 MHz 영역에서 발진할 수 있는데, 특히 용량성 부하를 구동하는 경우에 이런 현상이 일어난다. 이렇게 되면 예상치 못한 장해 잡음의 방출이 발생한다. 스위칭 전원공급기는 본질적으로 고출력의 사다리꼴 파형을 발생시키는 발진기이므로 저주파에서 중간 범위의 주파수까지의 영역에서 많은 장해 잡음을 방출하는 발생원이다.

13.1.1 푸리에 스펙트럼

13.1.1.1 시간영역과 주파수영역

스위칭 회로가 장해를 일으키는 이유를 이해하는 데 기초가 되는 지식이 시간영역/주파수영역 변환 개념이다. 대부분의 회로 설계자들은 파형을 시간영역에서 다루는 것에 익숙한데, 오실로스코프 스크린에 나타나는 파형이 바로 시간영역에서 표시되는 파형이다. 그런데 시간에 따라 반복되는 파형은 주파수 영역에서도 나타낼 수 있는데, [7.1.2절]에서 살펴본 스펙트럼 분석기(spectrum analyzer)는 측정된 파형을 주파수 영역에서 보여주는 기본 계측기이다. 스코프는 어떤 파형을 시간(time)에 대해 보여주는 반면, 스펙트럼 분석기는 동일한 파형을 주파수(frequency)에 대해 보여준다. 따라서 스펙트럼 분석기를 사용하면 파형을 구성하고 있는 다양한 주파수 성분들의 각각의 진폭을 곧바로 알아낼 수 있다.

시간영역 파형을 주파수 영역에서 분석할 수 있게 해주는 수학도구(연산)가 푸리에 변환(Fourier transform)이다. 푸리에 연산을 수행하는 데 필요한 방정식들은 부록 D의 [D.8절]에 수록되어 있다. [그림 13.2]는 몇 가지 대표적인 파형들에 대해서, 각각의 파형을 구성하고 있는 다양한 주파수 성분들의 "진폭(amplitude)"을 보여주고 있다(EMC 측면에서, 주파수 성분들 사이의 "위상(phase)" 관계에 관심을 두는 일은 드물다). 사인파(sine wave)는 오직 한 주파수 — 기본 주파수(fundamental frequency) — 성분만을 가진다. 상승시간과 하강시간이 무한히 짧은(0인) 사각파(square wave)는 기본 주파수 성분과 이 주파수의 홀수 배(1배, 3배, 5배, … ∞배)가 되는 무한히 많은 고조파 주파수(harmonic frequency) 성분들을 가진다. 톱니파(sawtooth wave)는 홀수 배 고조파 성분들은 물론 짝수 배 고조파 성분들도 함께 가진다.

스위칭 파형은 대표적으로 사다리꼴 파형으로 나타낼 수 있다. 디지털 클록 파형은 보통 유한한 상승시간(rise time)과 하강시간(falling time)을 갖는 사각파이다. 사다리꼴 파형이 갖는 고조파 성분들의 진폭을 살펴보면 기본 주파수에서 시작해서 $1/(\pi t_r)$이 되는 주파수에 도달할 때까지는 진폭이 20 dB/decade의 비율로 일정하게 감소하다가 이 주파수를 넘어서면 다시 40 dB/decade의 비율로 일정하게 감소한다(그림 13.1). 사다리꼴 파형과 관련하여 관심을 두어야 할 파형으로 "미분(된) 사다리꼴" 파형이 있는데, 이 파형은 두 개의 임펄스(충격파, impulse)로 이루어져 있다. 두 임펄스의 펄스폭은 각각 사다리꼴 파형의 상승시간과 하강시간과 같다. 미분 사다리꼴 파형의 주파수 성분들을 살펴보면, 높은 주파수 범위에서는 사다리꼴 파형과 스펙트럼(주파수 구성 성분)이 같지만, 기본 주파수 성분과 차수가 낮은 고조파 성분들의 진폭은 사다리꼴 파형보다 작으면서 주파수에 따라 줄어들지 않고 일정하다(평평하다). 미분회로(differentiator)의 주파수 응답은 +20 dB/decade의 비율로 증가하는데, 이를 고려하면 미분 사다리꼴 파형의 진폭이 낮은 범위에서 평평하게 나타나는 특성을 직관적으로 쉽게 이해할 수 있을 것이다. 사다리꼴 파형의 듀티 사이클을 50%보다 작게 하면 기본 주파수 성분과 차수가 낮은 고조파 성분들의 진폭을 감소시킨 경우와 동일한 결과를 가져온다.

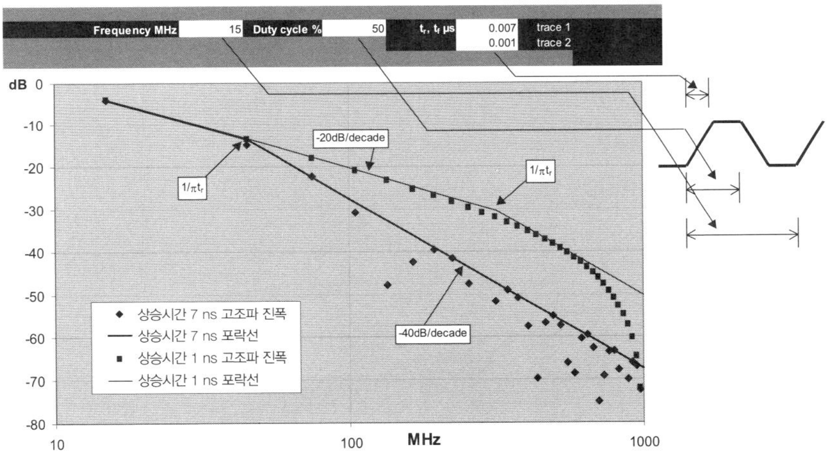

그림 13.1 듀티 사이클이 50%인 사다리꼴 파형의 고조파 성분의 진폭 포락선(싸개선, envelope)

파형의 슬루율(slew rate)이 비대칭이고 듀티 사이클이 50%가 아닌 경우에는 홀수 차수(3차, 5차, 7차, …, ∞)의 고조파들뿐만 아니라 짝수 차수(2차, 4차, 6차, …, ∞)의 고조파들도 생긴다. 이러한 특성이 매우 중요한 이유는 다음과 같다. 출력 구동기(driver)와 부하전류의 하이 레벨(high level)과 로 레벨(low level) 사이에는 차이가 있는데, 이는 대부분의 논리회로들과 전원 스위칭 회로들의 상승시간과 하강시간이 다르다는 것을 의미하므로 높은 주파수 영역에서 짝수 고조파 성분이 존재하고 종종 짝수 고조파 성분이 더 우세한 현상을 설명할 수 있기 때문이다. 듀티 사이클을 50%에서 조금만 달라지게 하면 홀수 고조파 성분은 거의 변하지 않고 짝수 고조파 성분의 진폭이 급격히 증가한다. 반대로, 듀티 사이클을 33.3%로 하면 홀수 고조파는 0이 된다.

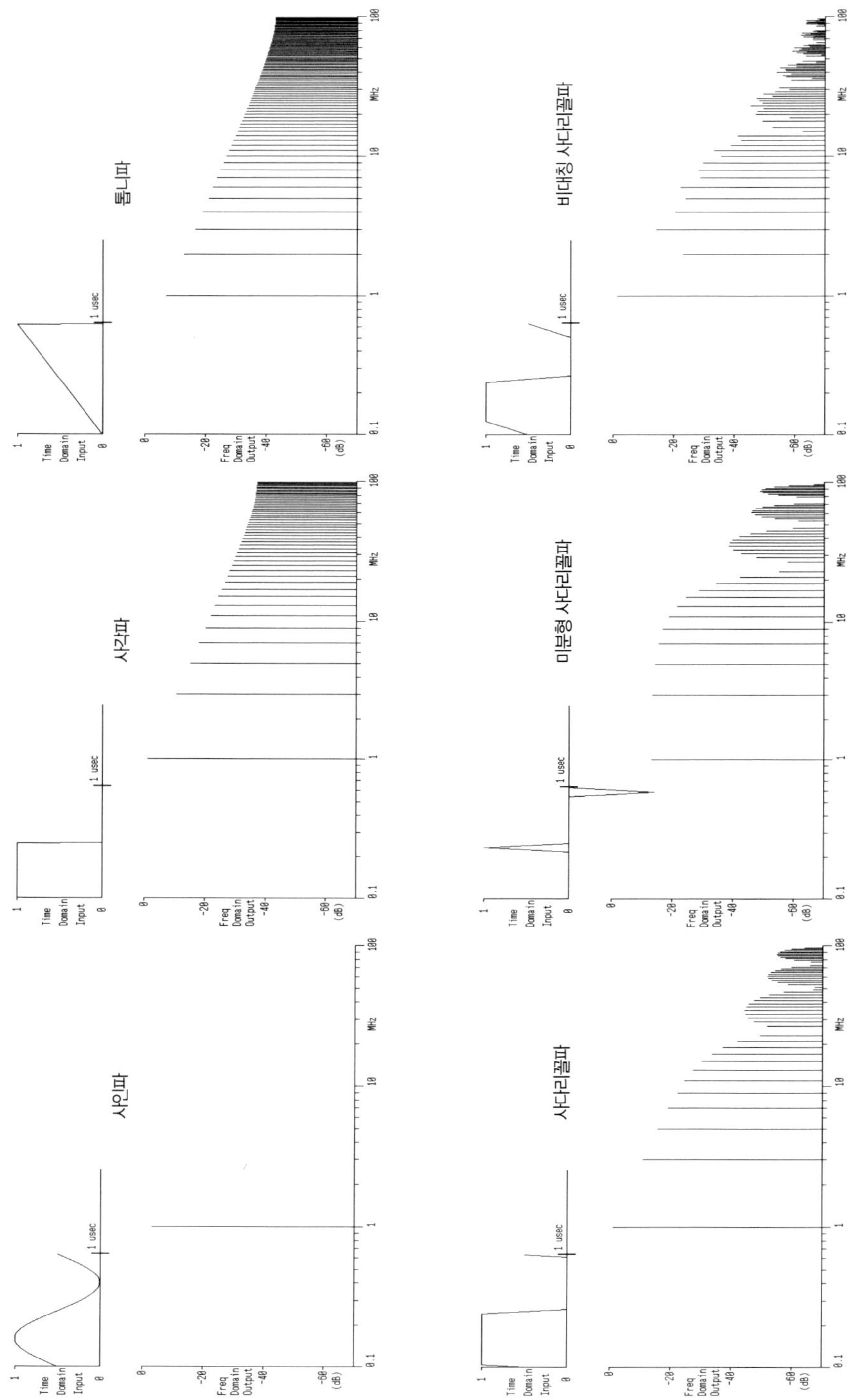

그림 13.2 다양한 파형의 주파수 스펙트럼

13.1.2 방사 결합

다음 절에서는 PCB상의 회로에서 차동모드 방사와 공통모드 방사가 발생하는 메커니즘(mechanism)을 다룬다. 여기서 발생원은 오직 하나의 주파수 성분만을 갖는 것으로 가정한다. 또한, 장비의 인클로저는 재질이 플라스틱이어서 차폐효과가 없으므로 마치 장비는 인클로저 없이 PCB 기판만 있을 때처럼 전자파를 방사하는 것으로 가정한다. 인클로저가 전도성 재질로 만들어진 경우에는 문제가 복잡해진다.

13.1.2.1 차동모드 방사

[11.2.1.1절]에 설명되어 있듯이 소형 루프의 방사효율은 주파수의 제곱에 비례한다(+40 dB/decade). 이 관계는 루프의 둘레 길이가 파장의 1/4배에 가까워질 때까지는 잘 들어맞는다. 예를 들어 유전율이 $\varepsilon_r = 4.2$인 에폭시-유리(epoxy-glass) PCB[1]의 경우, 주파수가 250 MHz일 때 1/4 파장에 해당하는 길이는 약 15 cm가 된다. [그림 13.3(a)]에서 알 수 있듯이 소형 루프의 주파수에 따른 방사효율 특성을 사다리꼴 파형의 고조파 진폭 포락선에 겹쳐보면 전류 루프에 의해 발생하는 차동모드 방출의 크기(진폭)는, 절점(꺾인 점) 주파수(breakpoint frequency) 이상의 주파수 범위에서는 주파수가 증가해도 거의 일정하게 유지된다[10]. 이때 절점 주파수는 상승시간에 의해 결정된다.

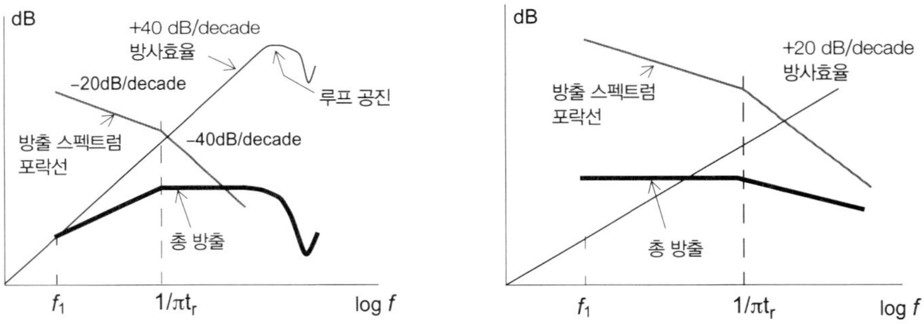

(a) 차동모드 방사　　(b) 공통모드 방사

그림 13.3 주파수에 따른 방사성 방출의 변화(발생원 파형: 디지털 사다리꼴 파형)

전류의 피크-대-피크 값, 상승시간, 기본 주파수가 주어지면 [11.2.1.1절]에 있는 식(11.13)을 사용하여 10 m 떨어진 위치에서 실제 방사성 방출의 진폭을 구할 수 있다. 기본 주파수 f_1에서의 푸리에 계수는 0.64이므로 f_1에서 전기장 방출량은 다음과 같다.

---

1 PCB 기판으로 사용되는 에폭시-유리 유전체의 영향으로 PCB 트랙을 진행하는 전자파의 전파속도는 유전체가 없는 경우(즉 유전체가 공기인 경우)보다 느려진다. 이 때문에 PCB 기판의 유전율이 ε_r일 때, 트랙이 PCB의 내부 층에 배선된 경우(즉 스트립선로 구조)에는 유전체가 공기인 경우보다 파장이 $\sqrt{\varepsilon_r}$ 배만큼 길어진다. 부록 D의 [D.5.3절]을 참조하기 바란다.

$$E = 20\log_{10}[119 \times 10^{-6}(f^2 \cdot A \cdot I_{pk})]\ \mathrm{dB}\mu\mathrm{V/m} \tag{13.1}$$

f_1에서 절점 주파수 $1/(\pi t_r)$까지 기울기가 +20 dB/decade인 직선을 그려 넣었다. 실제로 어떤 주어진 논리 계열(logic family)의 부품에 대해, 제조사가 데이터 시트를 통해 제공하는(공표한) 상승시간, 하강시간, 과도 출력전류 능력 값을 사다리꼴 파형의 푸리에 스펙트럼과 결합하면, 다양한 기본 주파수에서 이들 부품이 만드는 루프 면적으로부터 방사되는 최대 방사성 방출량을 계산할 수 있다. 이렇게 계산한 방출량 값을 EN Class B의 방사성 방출 허용기준(10 m에서 230 MHz까지는 30 dBμV/m)과 비교하면, 다양한 논리 계열과 여러 클록 주파수에 대해 저마다 허용 가능한 최대 루프 면적을 계산할 수 있다. 이 계산 결과를 정리하여 만든 것이 [표 13.1]이다. 표 아래쪽에는 30 MHz에서 동작하는 74AC 계열 부품을 예로 들어, 이 경우에 허용 가능한 최대 루프 면적 값을 유도하는 과정을 수록하였다.

[표 13.1]에 수록되어 있는 ΔI 값은 해당 부품이, 자신의 출력단자에 부착된 커패시턴스에 대해 충전이나 방전을 하는 동안에 공급할 수 있는 동적 스위칭 전류(dynamic switching current) 값이다. 이 값은 출력이 하이(high)나 로(low)일 때 부품이 공급할 수 있는 정적 출력 부하 전류(steady-state output load current) 값과는 같지 않다. 부품 제조사에서는 자신들이 제조한 해당 부품(논리 계열)의 전기적 특성을 알 수 있도록 이들 값을 포함한 여러 가지 항목들의 데이터를 제공하는데, 여기에 속하는 항목인 상승시간 t_r과 하강시간 t_f 값은 최대 전파 지연(maximum propagation delay) 값과는 같지 않다.

표 13.1 차동모드 방출: 최대 허용 루프면적

논리 계열	t_r/t_f	ΔI	클록 주파수에서의 루프면적 [cm²]			
	ns	mA	4 MHz	10 MHz	30 MHz	100 MHz
4000B CMOS @ 5V	40	6	1000	400	–	–
74HC	6	20	45	18	6	–
74AC	3	80	5.5	2.2	0.75	0.25
74F	3	80	5.5	2.2	0.75	0.25
FPGA (example)	2.1	16	20	8	2.6	1.25

10 m 거리에 세기가 각각 30 dBμV/m (30 MHz ~ 230 MHz 범위), 37 dBμV/m(230 MHz~1000 MHz 범위)인 전기장을 방출하는 루프면적

계산방법: 74AC 계열(f_{clk} = 30 MHz)을 예로 들어보자. 최악의 조건은 주파수가 f = 150 MHz(5차 고조파 주파수)일 때이다. 부록 D의 [D.8절]을 이용하여 $(t + t_r)/T = 0.5$, T = 33.3 ns, t_r = 3 ns, I = 80 mA인 사다리꼴 파형의 전류 I에 푸리에 분석를 적용하면 이 전류의 5차 고조파 성분은 $I_{(5)}$ = 7.1 mA으로 계산된다. 식 (11.13)에 f = 150 MHz, E = 30 dBμV/m, $I_{(5)}$ = 7.1 mA을 대입하여 계산하면 표에 수록된 대로 $\underline{A = 0.75\ \mathrm{cm}^2}$을 얻을 수 있다.

레이아웃과 구조의 영향

[표 13.1]의 데이터를 보면 클록 주파수가 30 MHz를 넘거나 또는 고속 논리 계열(AC 또는 F)의 부품들을 사용하는 경우, 접지면 레이아웃을 해주지 않으면 허용 가능한 루프면적에 대한 제한 조건을 충족할 도리가 없다는 사실을 알 수 있다. 더군다나 30 MHz 이상의 클록 주파수로 동작하는 고속 논리 부품들을 사용하는 경우에는 접지면 레이아웃만으로는 충분치 못할 수도 있다. 부품 패키지의 사이즈(치수)로 인해 허용 제한치를 넘어서는 루프의 면적이 만들어지는 경우에는 추가 대책(차폐 등)의 적용을 피할 수 없다. [표 13.1]에 정리된 정보는 설계 과정 중 시스템 정의 단계에서, 더욱 빠른 클록속도를 선택하는 데(예를 들어, 느린 속도로 동작하는 여러 개의 프로세서를 사용하는 경우에 비해)에 따르는 추가 비용을 추정하는 경우에 유용하다.

[표 13.1]은 "단일" 루프에서 방사가 이루어지고 있는 경우에 적용된다. 보통, PCB에서 방사되는 전체 방사성 방출량에 크게 기여하는 회로 루프들의 수는 몇몇에 지나지 않는다. 이들 회로 루프에서 방사되는 방출량을 합성할 때는 실효값(root mean square) 계산을 기반으로 해야 한다. 따라서 동일한 루프가 n개 있을 때, 전체 방사성 방출량은 한 개 루프의 방출량보다 $\sqrt{n}$배만큼 커진다. 하지만 루프들에 흐르는 신호들의 주파수가 서로 다른 경우에는 각 루프에서 방사되는 방출은 이렇게 더해지지 않는다.

회로 레이아웃이 [표 13.1]의 조건을 충족하면 방사성 방출이 허용기준보다 낮은 값이 될 것이라고 생각하는 것은 잘못이다. 이제 곧 살펴보겠지만 총 방사성 방출에서 더욱 큰 부분을 차지하는 것이 공통모드 방출인 경우가 흔히 있다. [표 13.1]은 단지 차동모드 방출에만 관계된 것이다. 따라서 회로가 [표 13.1]의 조건을 충족하지 못하면 당연히 추가 보완 대책이 필요하다.

13.1.2.2 공통모드 방사

공통모드 방사는 주로 케이블과 대형 금속 구조물에서 발생하는데 [11.2.1.3절]의 식 (11.14)에서 알 수 있듯이 주파수에 정비례하여 증가한다(공진현상은 무시). 방사성 방출에서 공통모드 결합이 더 큰 부분을 차지하게 만드는 요인은 다음 두 가지이다.

- 케이블에서는 소형 루프에서보다 방사가 훨씬 더 잘 일어나므로 동일한 세기의 전기장을 방출하는 데 필요한 전류의 크기는 차동모드 전류보다 공통모드 전류가 훨씬 더 작다(μA 단위)
- 통상적으로 사용되는 케이블 길이를 고려하면 케이블에서 공진이 발생하는 주파수 범위는 대략 30 MHz ~ 100 MHz인데, 이 범위에서 케이블로부터 방사되는 방출 세기는 소형 케이블 모형으로 예측한 것보다 크다.

차동모드에 대해 수행했던 것과 비슷한 방식으로 [그림 13.4]에 표시한 모형(model)을 기반으로 케이블에서 방사되는 방사성 방출을 계산할 수 있다. 그림에 나타낸 모형을 보면 논리회로의 일부분을 이루고 있는 접지 트랙에 공통모드 전압이 발생하고 있고, 이 전압은 케이블에 가해지고 있다. 접지 트랙에는 전류 ΔI가 흐르고 있다. 푸리에 분석을 수행하면 전류 ΔI를 구성하고 있는 각각의 주파수 성분들을 알아낼 수 있는데, 이 전류 성분들은 접지 트랙에 $V_N = \Delta I \cdot j\omega \cdot L$로 주어지는 잡음 전압을 발생시킨다. 이 잡음 전압은 접지 트랙의 한쪽 끝에 있는 접지 기준과 접지 트랙의 반대쪽 끝에 있는 케이블 접속점 사이의 전압이다. 접지 트랙과 접지 기준 사이에 손실 결합이 존재하는 경우에는 −20 dB 정도가 가능한데, 이러한 손실 결합은 주로 스트레이 커패시턴스와 구조상의 공진에 의한 것으로 그 값을 정확하게 구하기는 어렵다. 몇몇 주파수들에서는 손실이 훨씬 클 것이고 다른 주파수들(예를 들어 직렬 공진이 일어난 경우)에서는 훨씬 작아서 0 dB에 가까워질 수 있다. 케이블 임피던스는 150 Ω으로 저항성분뿐이며 주파수에 관계없이 이 값을 유지한다고 가정한다. 이 값은 대표적인 케이블에서 공진이 일어날 때의 나타나는 양 극단 값 사이의 평균이다. PCB 치수는 케이블 치수에 비해 무시할 수 있을 만큼 작다고 가정한다.

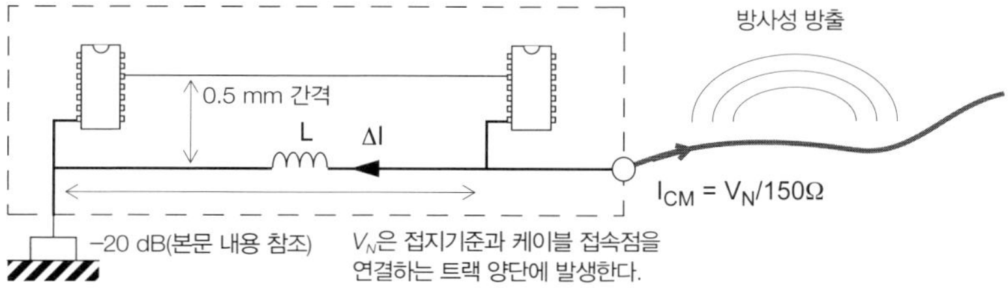

그림 13.4 공통모드 방출 모형

트랙 길이의 영향

인덕턴스 L은 방출되는 잡음 레벨에 결정적인 영향을 준다. [그림 13.4]의 모형에서 폭이 0.5 mm인 접지 트랙이 신호 트랙과 0.5 mm의 간격을 유지하면서 나란히 지나도록 배선되어 있으면 두 트랙 사이에서 발생하는 상호 인덕턴스로 인해 총 인덕턴스는 감소한다. [표 13.2]는 [표 13.1]에서 했던 방식과 유사하게, 클록 주파수와 논리 계열의 조합에 대해 접지트랙에서 방사하는 최대 방사성 방출량을 계산하고 이를 EN Class B 허용기준과 비교하여, 허용 가능한 최대 접지트랙 길이를 구한 결과를 정리한 것이다.

방사성 방출을 예측하는 데 이 모형에 지나치게 의존해서는 안 된다. 이 모형에서는 너무나 많은 요소들이 단순하게 처리되어 있다. 케이블 공진과 주파수 및 레이아웃 변화에 따른 임피던스 변동, 트랙과 회로의 공진, 자체 커패시턴스, 접지에 대한 결합 경로의 공진과 가변성 등이 모두 빠져 있다. 이 모형의 목적은 논리 회로의 방출에 지배적인 영향을 주는 것이 일반적으로 공통모드 요소들임을 입증하기 위해서이다. 공통모드 전류는 다음의 방법으로 막을 수 있다.

- 논리 전류가 접지 기준점과 외부 케이블 접속점 사이를 흐르지 않도록 한다.
- 모든 케이블 인터페이스들을 [12.2.4.1절]에서 다룬 "깨끗한" 접지로 필터링한다.
- 케이블의 차폐도체(실드)를 "깨끗한" 접지에 접속한다.
- 낮은 인덕턴스를 갖는 접지 레이아웃(접지면을 사용하면 더욱 좋음)을 사용하여 접지 잡음 전압을 최소로 한다.

[표 13.2]를 보면 주파수가 높고 속도가 빠른 논리 계열일수록 최대 허용 트랙 길이가 지나치게 짧아서(몇 분의 1 mm 정도!) 현실적으로 이를 적용하는 것은 불가능함을 알 수 있다. 따라서 위에서 언급한 방법 중 한 가지 또는 몇 가지를 조합하여 이러한 논리 계열의 회로들이 방사성 방출과 관련한 EMC 기준을 준수하도록 하는 것이 꼭 필요하다. [그림 13.4]에 있는 접지 기준점을 케이블 인터페이스에 가까운 지점으로 옮기면 케이블에 인가되는 잡음전압이 발생하지 않으므로 케이블은 방사성 방출을 일으키지 않을 것이 분명하다. 그렇다고 이 말이 접지 트랙에 흐르는 잡음 전류을 영향을 무시해도 된다는 뜻은 아니다 — 높은 클록 주파수와 차폐되지 않은 제품에서 PCB의 공통모드 방사는 확실히 심각한 문제를 일으킬 수 있다. [그림 13.4]의 모형에서 케이블을 제거하고 그 자리에 PCB 자체를 방사 구조로 집어넣은 모형으로 바꿀 수 있다. 이렇게 변경한 모형은 [11.2.1.2절]에서 분석한 바 있다.

표 13.2 공통모드 방출: 최대 허용 트랙길이

논리 계열	t_r/t_f	ΔI	클록 주파수에서의 트랙길이 [cm]			
	ns	mA	4 MHz	10 MHz	30 MHz	100 MHz
4000B CMOS @ 5V	40	6	180	75	–	–
74HC	6	20	8.5	3.2	1	–
74AC	3	80	1.0	0.4	0.14	0.05
74F	3	80	1.0	0.4	0.14	0.05
FPGA (example)	2.1	16	3.6	1.4	0.47	0.22

- 10 m 거리에 세기가 각각 30 dBμV/m(30 MHz~230 MHz 범위), 37 dBμV/m(230 MHz~1000 MHz 범위)인 전기장을 방출하는 트랙길이
- 케이블 길이 = 1 m
- 레이아웃: 폭이 0.5 mm인 접지트랙과 신호트랙이 0.5 mm의 간격을 유지하면서 평행하게 배선(2.8 nH/cm)

- 계산방법: 74HC 계열(f_{clk} = 10 MHz)을 예로 들어보자. 최악의 조건은 주파수가 f = 90 MHz(9차 고조파 주파수)일 때이다.
- 식 (11.14)에 f = 90 MHz, E = 30 dBμV/m, L = 1 m를 대입하여 계산하면 I_{CM} = 2.8 μA를 얻는다.
- $V_N = I_{CM} \cdot 150$에 20 dB의 결합감쇠를 추가하면 V_N = 4.18 mV가 나온다.
- 부록 D의 [D.8절]을 이용하여 $(t + t_r)/T$ = 0.5, T = 100 ns, t_r = 6 ns, I = 20 mA인 사다리꼴 파형의 전류 I에 푸리에 분석를 적용하면 이 전류의 9차 고조파 성분은 $I_{(9)}$ = 0.826 mA으로 계산된다. $L = V_N/(2\cdot\pi\cdot f\cdot I_{(9)})$로부터 전압 V_N 양단에 발생하는 최대 허용 인덕턴스를 계산하면 L = 8.95 nH가 된다. 트랙의 단위길이당 인덕턴스는 2.8 nH/cm 이므로 최대 허용 트랙길이는 3.19 cm가 된다.

13.1.3 디지털 회로의 방출

13.1.3.1 논리 계열의 선택

방출에 의한 피해는 빠른 상승시간이나 하강시간을 가진 스위칭 에지(switching edge)에서 발생한다(여기서 주의할 점은 상승시간과 하강시간은 전파지연(propagation delay)과는 다른 것으로 데이터 시트에 이 값들이 명시되어 있는 경우는 드물다. 값이 명시되어 있는 경우에는 최댓값으로 주어지는 것이 일반적이다). 안정적으로 동작하는 데 지장이 없는 한도 내에서 가장 느린 상승시간을 사용하면 고차 고조파의 진폭을 최소로 할 수 있다. 방사는 고차 고조파에서 더 잘 일어난다. 앞에 실려 있는 [그림 13.1]은 상승시간이 각각 1 ns와 7 ns인 15 MHz 클록의 고조파 진폭을 계산한 그래프이다. 상승시간이 1 ns에서 7 ns로 느려지면 400 MHz 근처의 주파수에서 약 20 dB에 가까운 개선효과를 얻을 수 있다.

이 결과를 바탕으로, 제대로 동작하는 데 지장이 없는 한도에서 가장 느린 논리 계열을 반드시 사용해야 하며 꼭 필요한 경우가 아니면 고속 논리 계열(fast logic family)을 절대로 사용해서는 안 된다는 사실을 알 수 있다. FPGA가 슬루율(slew-rate)과 구동강도(drive strength, 구동능력)를 선택할 수 있는 인터페이스들을 가지고 있는 경우, 이 FPGA는 정상적으로 동작할 수 있는 범위 내에서 가장 느린 슬루율 값과 가장 낮은 구동강도 값으로 프로그래밍을 해야 한다. 부품들을 74HC에서 74AC로 변경하는 것처럼, 속도가 더 빠른 고속 논리 계열로 교체하려는 제안은 신중하게 다루어야 한다. 회로의 일부 영역이 반드시 빠른 속도로 동작해야 하는 경우에는 그 부분에만 고속 논리 계열의 부품을 사용하고 빠른 클록 신호가 그 영역 내에서만 배분되도록 제한해야 한다. 이러한 규칙이 클록 회로에만 적용되는 것은 아니다. 데이터 전송에도 같은 규칙이 적용되어야 하므로 데이터버스 구동기(data bus driver)에 대해 슬루율을 제한하는 것은 EMC를 위한 "좋은 관행(good practice)"이다.

[그림 13.5]의 그래프는 동일한 회로에서 부품들의 논리 계열만을 74HC, 74AC, 74F의 세 가지로 다르게 하여 고조파 진폭을 측정한 결과를 비교한 것이다. 실험에 사용한 신호 파형의 주파수는 10 MHz, 듀티 사이클은 50%이다. 그래프를 보면 200 MHz 이상의 주파수영역에서는 74AC와 74F 계열이 74HC 계열보다 진폭이 큰데, 그 중에서도 74F 계열과 74HC 계열의 진폭 차이가 더욱 두드러진다.

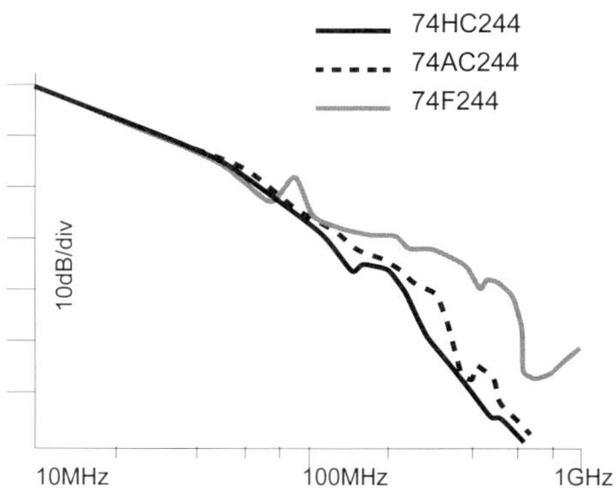

그림 13.5 논리 계열에 따른 고조파 진폭의 차이

13.1.3.2 클록 방출 대책

클록 신호는 모든 에너지가 몇몇 특정 주파수들에 집중되어 있어서 디지털 회로 전체의 방사성 방출 중에서 클록 신호의 레벨은 나머지 다른 신호들의 레벨보다 10 dB～20 dB 더 높다(그림 13.7의 예를 참조. 이 그림을 보면 전체 방출 중에서 40 MHz 클록 발진기의 방출이 우세하다). 상용 방사성 방출 규격은 협대역(narrowband)과 광대역(broadband)을 구분하지 않으므로 클록 선로의 레이아웃과 접지와 버퍼링을 적절히 해주어 이러한 협대역 방출을 우선적으로 줄여주어야 한다. 그러고 나서 특히 데이터버스, 어드레스버스, 백플레인(backplane, 후면판), 비디오링크, 고속 데이터링크와 같이 광대역 방사성 방출을 일으키는 발생원들에 신경을 써야 한다.

전이시간(transition time)이, 즉 상승시간이나 하강시간이 필요이상으로 짧은 고속 클록신호로는 회로들을 구동하지 않는 것은 "좋은 EMC 관행"이다. 물론 고성능 회로들 중에서는 클록 타이밍이 매우 중요해서 전이시간이 가능한 한 짧아야 하는 것들도 많이 있지만 전부가 다 그런 것은 아니다. 느린 클록을 사용해도 회로 동작과 관련된 제약조건을 충족할 수 있는 경우에는 클록의 에지를 의도적으로 느리게 해서 고조파 발생을 최소로 해야 한다. 이렇게 하는 데, 세 가지 방법 – 직렬 임피던스 연결, 병렬 커패시턴스 연결, 저성능 버퍼 연결 – 을 사용할 수 있다. [그림 13.6]에는 이들 중 앞에 나온 두 가지 방법이 나타나 있다. 일반적으로 클록 출력에 병렬로 커패시터를 연결하여 느리게 하는 방법은 바람직하지 않다. 그 이유는 병렬 커패시터는 클록 선로로 전달되는 dv/dt를 줄이는 바람직한 결과를 가져오지만, 동시에 구동기(driver)에 연결된 용량성 부하가 증가하므로 전원핀을 통해 흘러나오는 di/dt가 증가하는, 바람직하지 않은 결과도 함께 가져오기 때문이다. 따라서 이들 결과를 종합해볼 때 방출문제를 개선시키기보다는 악화시킬 우려가 있다.

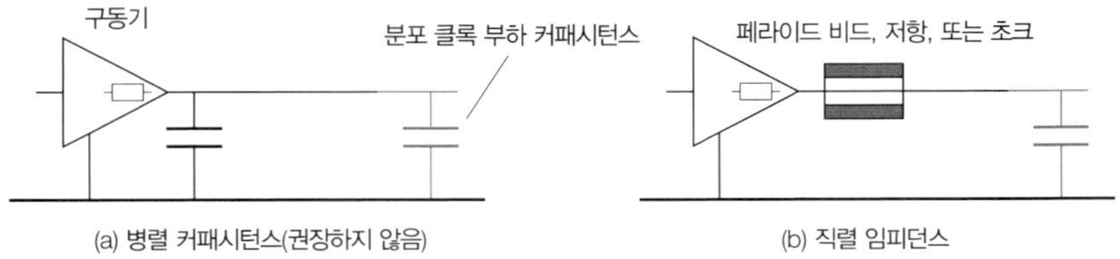

그림 13.6 클록 에지의 속도 조절

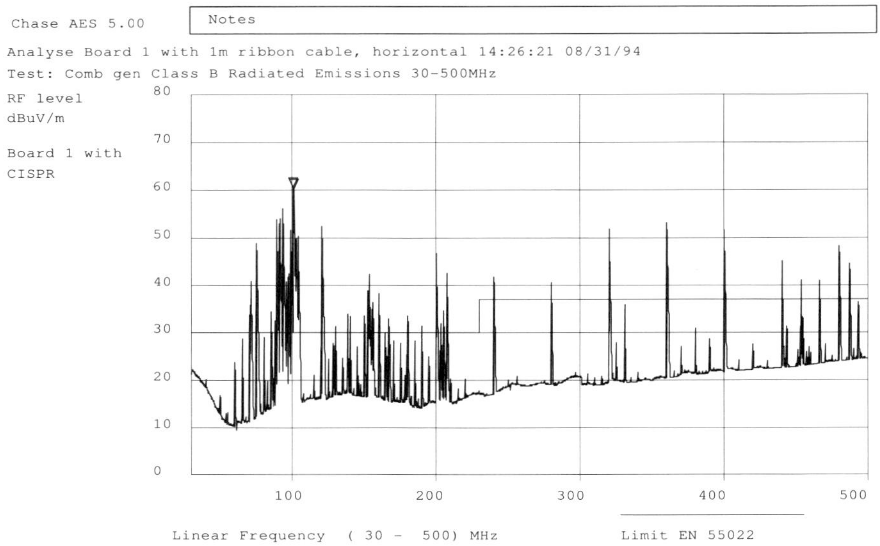

그림 13.7 40 MHz의 정수배가 되는 주파수에서 고조파 성분들을 갖는 클록 발진기의 방출 그래프

스토퍼 저항

더 좋은 방법은 고조파 주파수들에서 구동기 출력에 연결되는 직렬 임피던스를 증가시키는 것이다. 이 방법에서는 [그림 13.6(b)]에서 보듯이 구동기 출력에 직렬로 작은 값의 저항이나 소형 페라이트(ferrite)를 연결하는 것이 가장 좋다. 저손실 인덕터를 직렬로 연결하는 방법은 링잉(ringing) 현상이 일어나기 쉬우므로 별 도움이 되지 않는다.

사실, 직렬저항은 클록 선로에서뿐 아니라 디지털 회로 전체에서 사용될 수 있다. 저항은 크기가 매우 작아서[0603 또는 0402 사이즈의 칩저항, 또는 칩저항 어레이(array, 배열)] 전체 버스(bus)를 구성하는 모든 선로들에 하나씩 빠짐없이 연결할 수 있다. 버스 구동기(bus driver)의 출력핀들, 또는 ASIC이나 FPGA의 병렬 인터페이스의 출력핀들에 각각 하나씩 22 Ω～47 Ω의 저항을 연결하면, 이 저항과 버스 선로가 갖는 분포 커패시턴스의 영향으로 버스 선로로 전달되는 신호의 에지 전이속도(변화율)는 감소한다. 또한 구동기 출력이 부하 커패시턴스와 직접 연결되는 대신 이 저항을 거치게 되므로 V_{CC} 스파이크(spike)의 크기가 감소한다. 이때 반드시 지켜야 할 사항은 이렇게 추가한 직렬 저항이 타이밍 요건(timing constraint, 타이밍 제약조건)을 위반하게 만들어서는 안 된다는 점이다. 이들 저항의 사용을 주파수가 높은 신호를 전달할 것으로 예상되는 선로로만 한정할 필요는 없다. 칩 내부의 본딩 와이어(접합 도선, bonding wire)가 가진 인덕턴스의 영향으로 칩 자신의 전원레일(power rail, 전원선)은 클록 잡음으로 오염된다[13.3.3절의 접지변동(ground bounce) 참조]. 이렇게 되면 낮은 주파수 신호를 내보내는 출력포트 구동기도 이 잡음을 먼 곳까지 전달할 수 있다. 이런 부품의 출력핀 가까이에 직렬 스토퍼 저항(stopper resistor)을 연결하면 기판을 가로질러 먼 곳까지 이러한 잡음이 전파되는 것을 막아줄 것이다.

실리콘 수준에서의 해법

몇몇 IC 제조업체에서는 칩 수준(chip level)에서 RF 방출 문제에 관심을 두고 이를 다루고 있다. 람다니(Ramdani)는 이와 관련하여 지난 수십 년간 수행된 연구 결과들을 검토하였다[124]. VLSI 부품들의 내부 스위칭 구조와 방식에 세심한 주의를 기울이면 핀에 나타나는 잡음 전류를 최소로 할 수 있다. 주어진 응용 분야에서 전이 시간을 최소로 하기 보다는 최적으로 할 수 있다[76]. 비동기 설계(asynchronous design)에는 다중 주파수 클록(multi-frequency clock)을 사용하는 스펙트럼 확산기법(spectrum spreading)을 적용할 수 있다[113]. 또는 파형이 상승에지/하강에지에서 일정한 로/하이의 정상상태(steady state)로 전이(transition)하는 부분에서 파형의 모형을 "부드럽게" 만들면 논리 스위칭 속도를 별로 줄이지 않고도 고차 고조파 성분을 감소시킬 수 있다. 패키지 설계를 변경하고 패키지의 사이즈를 더 작게 만들면 디커플링 커패시터(13.1.4절)를 칩에 가능한 한 가까이 위치시킬 수 있으므로 칩 내부의 리드 프레임(lead frame)의 인덕턴스로 인한 악영향을 제거할 수 있다. 또한 실리콘 축소 설계 규칙을 적용하면 실리콘 동작 영역이 줄어들므로 웬만한 사이즈의 디커플링 커패시터(이를테면 1 nF)를 실리콘 상에 실제로 장착시켜 패키지 전원핀과 작은 직렬 임피던스로 연결되도록 할 수 있다[121].

확산 스펙트럼 클록의 발생

클록 에지를 완화하는 방법 중에 확산 스펙트럼 클록 발생(spread-spectrum clock generation)이라는 것이 있는데, 이 방법은 무선 전송과도 관련이 있다. 이 방법에서는 클록 발진기 자체를, 가장 균일한 스펙트럼 확산이 이루어질 수 있도록 선정된 파형에 의해 0.5%~2%의 변조율로 주파수 변조한다. 여기서 변조에 사용되는 파형은 1996년에 렉스마크(Lexmark)가 특허를 받은 것이다[82]. 이렇게 클록을 주파수 변조하면 클록의 각 고조파와 관련한 스펙트럼 에너지가 넓은 영역으로 퍼져서 분포하므로 주어진 일정 대역폭 내에서 측정되는 레벨이 낮아지는데, 참고문헌[102]에 따르면 10 dB~20 dB만큼 낮아진다[102]. 이 결과는 레이아웃 개선을 위해 어떤 특별한 노력을 하지 않고, 또한 클록 상승시간을 느리게 하지 않고 얻은 것이다. 이 방법은 디지털 클록은 물론 어떤 주기신호에도 제한 없이 적용할 수 있다. 또한 이 방법은 스위치방식 전원공급기(switchmode power supply, SMPS)에서, 같은 목적으로 계속해서 사용되고 있다.

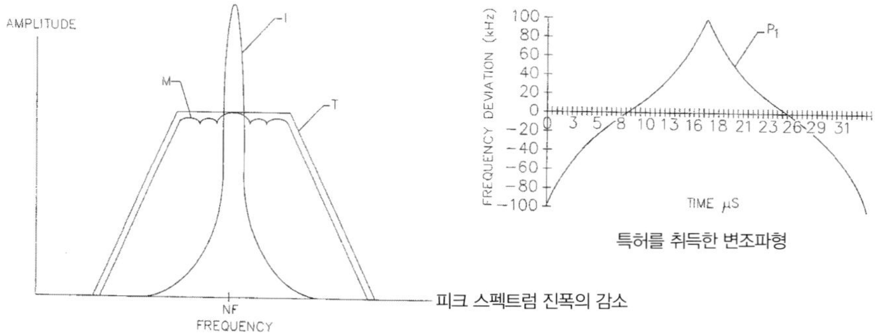

그림 13.8 스펙트럼 확산의 효과

이 방법에서는 클록 주파수가 어느 정도의 지터(jitter)를 나타낼 것이므로 통신 제품이나 비디오 제품과 같이 정확한 클록 타이밍이 필요한 분야에는 이 방법을 적용할 수 없을 것이다. 그렇지만 이 방법을 사용할 수 있는 많은 응용분야에서는 클록에 의한 방출 문제를 개선하는 빠른 해결책의 하나로서 관심을 가질만하다. 주파수를 위와 아래로 확산하면 클록의 셋업(set-up) 요건과 홀드(hold) 요건을 위반하게 될 가능성이 숨어있다. 즉 순시 주파수가 높을수록 타이밍마진(timing margin)이 빠듯해져 아마도 이를 허용하기 어렵게 될지도 모른다. 이 문제는 “하향 확산(down-spreading)”, 다시 말해 변조를 클록 주파수에 대해 낮은 쪽으로만 변조를 하는 방법으로 피해갈 수 있다[57]. 또 다른 문제는 PLL(phase-lock-loop) 주파수 체배(frequency multiplication)에 의해 생기는 것으로, 이렇게 되면 원하는 변조파형을 정확하게 따라가지 못해서 예상한 최대 수준까지 방출을 줄이지 못한다.

이 방법은 방사 에너지의 총량을 줄이는 것이 아니다. 이 방법을 비유해서 말하자면 “소똥을 밟아서 소똥을 제거하는 셈”이라고 할까. 물론 EMC “순수주의자”는 이 방법이 제대로 된 설계와 레이아웃을 대체할 수 있다고는 절대로 생각하지 않을 것이다.

백플레인과 도터보드 커넥터

여러 개의 장치들이나 백플레인(backplane, 후면판)을 구동하는 버스들에 흐르는 스위칭 전류는, 규모가 작고 부하가 적게 걸리는 회로에 흐르는 스위칭 전류보다 매우 크다. 버스에는 회로보다 훨씬 많은 부하 커패시턴스가 연결되어 있기 때문이다. 백플레인을 사용하는 제품들은 높은 방사성 방출을 더욱 잘 일으킨다. 고속 백플레인에는 반드시 접지면을 가진 다층기판을 사용해야 하며, 도터보드(daughter board) 커넥터 안에 들어있는 모든 고속 클록 핀, 데이터 핀, 어드레스 핀 바로 옆에는 저마다 접지핀이 하나씩 함께 있어야 한다(그림 13.9). 이렇게 커넥터를 구성하는 것이 불가능하거나 비용이 너무 비싸면 여러 개의 분산된 접지 귀환을 사용하여 루프면적을 줄일 수도 있는데, 이 방식은 아무리 좋게 봐줘도 급이 떨어지는 타협책으로 전송선로 배선을 사용하는 경우에는 허용되지 않는다. 데이터/어드레스 버스에서 최하위 비트 선로는 그 버스에서 가장 높은 주파수 성분을 가지므로 이 선로는 접지 귀환에 가장 가까이 배선되도록 배치해야 한다. 클록 분배 트랙들은 반드시 접지 귀환에 인접하게 배선해야 한다. 클록 신호에 연결되는 각 도터보드의 용량성 부하를 최소로 만들어야 하는데, 이를 위해 각 도터보드에 버퍼를 달아서 이를 거쳐 보드 내에서 클록의 분배가 이루어지게 한다.

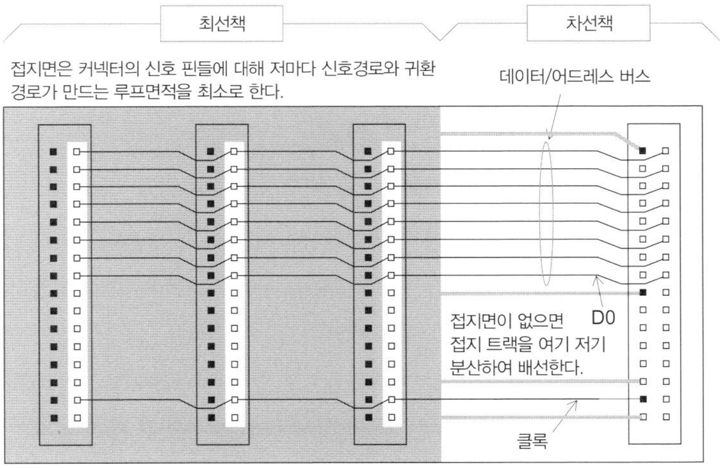

그림 13.9 백플레인 레이아웃

저전압 논리 계열

디지털 회로의 속도-전력곱(speed-power product)을 줄여야 할 필요성이 높아지면서 직류 전원전압 V_{CC}는 5 V에서 3.3 V를 거쳐 그 이하로 계속해서 낮아지는 방향으로 움직여왔다. 더욱 낮은 전력을 소모하면서도 더욱 높은 성능을 발휘하도록 진화해온 것인데 이것이 EMC 성능에 미치는 영향은 명확하지는 않다. 한편, 외부 클록과 데이터의 전압스윙(voltage swing)을 줄이면 이들 신호에서 발생하는 RF 방출을 완화할 수 있을 것 같지만 실제로 RF 방출은 전압보다는 회로의 전류에 의해 훨씬 많이 발생한다.

사실, 공급전원 전압이 낮아지는 추세가 의미하는 바는 동일한 소모 전력에 대해 회로는 더 빠르고 더 복잡해지고 있다는 사실이다. 따라서 전원레일(전원선)을 통해 회로로 들어오는 전류는 줄어들지 않고 경우에 따라서는 더 커질 수도 있는데, 이로 인해 공급전류 잡음 ΔI가 증가한다. 이 전류 잡음은 그 자체로 심각한 RF 방출 위험요소이다. 또한 여러 종류의 낮은 전압(한 개의 VLSI 부품에 3.3V, 2.5V, 1.8V 전압)을 함께 공급해야 하는 경우에는 여러 개의 전원면이 동일한 0 V면을 기준으로 삼아야 하므로 PCB 레이아웃 작업이 골칫거리가 된다. 전체적으로 볼 때, 저전압 회로는 EMC 엔지니어의 삶을 쉽지 않게 만든다.

13.1.3.3 스위칭 순간의 I_{CC}

논리회로에서 일어나는 방출의 원인이 출력 파형의 푸리에 성분들(기본파 성분과 고조파 성분들)만은 아니다. 출력들을 구동하는 과정에서 V_{CC} 핀 또는 핀들에 흐르는 전류는 다음 두 가지이다(그림 13.10).

- 출력 핀(들)을 통해 공급되는 전류로, 이 전류는 각 출력 핀(들)에 연결되어 있는 커패시턴스를 충전하거나 방전하는 데 사용된다.
- 스위칭이 일어날 때 토템폴 출력단 트랜지스터를 통과해 흐르는 전류로, 이 전류는 출력 핀(들)을 통해 흘러 나가지 않는 전류이다.

이 두 종류의 전류가 모두 V_{CC} 핀에 나타나는데, [13.1.4절]에서 간단히 설명했듯이 이들 전류는 디커플링을 해주어야 한다. 이 가운데 두 번째 전류는 신호 트랙과는 관련이 없으므로(신호 트랙을 따라 흐르지 않으므로) 트랙의 배선이나 레이아웃의 품질에 영향을 받지 않는다. 그렇지만 디커플링 방식의 특성과 접지면과 전원면의 사용 여부에는 상당한 영향을 받는다. 이 원치 않는 전류(이 전류를 가리키는 데 종종 ΔI 잡음이라는 용어를 사용함)를 제어(억제)하는 논리 계열은, 방출을 전반적으로 감소시키는 데 도움을 주므로 널리 주목을 받고 있다.

핀을 통해 흐르는 공급(전원) 전류에 속하는 것으로는, 출력 구동기와 관련한 전류 이외에도 부품 내부에 있는 노드(node)들 각각을 스위칭할 때 흐르는 공급전류들이 있다. 이들 스위칭 전류 각각의 크기는 출력구동 전류보다 작다. 그렇지만 전형적인 VLSI 부품에는 내부에 노드들이 최소 수천 개에 달할 정도로 많이 들어있어서, 이 부품이 동작을 하는 과정에서 클록에 의해 동기되면 클록 에지에서 모든 노드들의 전이(스위칭) 전류가 동시에 발생한다. 따라서 VLSI 부품의 공급 전류에서는 내부 클록의 에지마다 시간폭이 짧고 진폭이 매우 높은 전류 스파이크[이를 “동시스위칭잡음(simultaneous switching noise, SSN)”이라고 함]가 가장 큰 비중을 차지하는 경향이 있다.

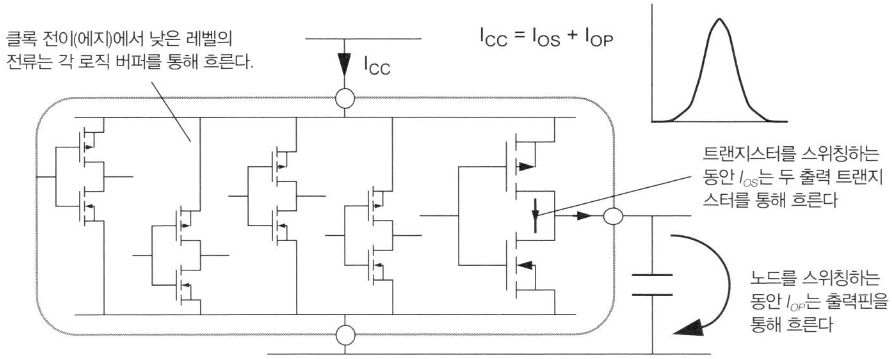

그림 13.10 전원공급 핀을 통해 흐르는 전류

이러한 과도전류들의 발생정도는 칩 내부 설계가 어떻게 이루어졌느냐에 전적으로 영향을 받는다. 같은 부품이라도 제조사에 따라 EMC 측면에서 잡음이 많을 수도, 적을 수도 있는 것은 바로 이 때문이다. 어쨌든 VLSI 부품에서 발생하는 이러한 과도전류에 대처하기 위해서는 전원면과 0 V면을 세심하게 레이아웃하고 여기에 고성능의 전원 디커플링(13.1.4절)을 함께 시행하는 것이 필수적이다.

13.1.3.4 전송선로의 링잉

길이가 긴 선로를 따라 데이터나 클록을 전송하는 경우에는 선로에서 링잉(ringing) 현상이 일어나지 않도록 선로의 맨 끝을 적절히 종단(termination)해주어야 한다. 선로 끝에 연결한 종단의 임피던스가 선로의 특성 임피던스와 서로 정합되지(값이 같지) 않으면, 종단(신호 수신기)으로 들어오는 신호의 일부는 종단에서 반사되어 반대방향(신호 구동기 쪽)으로 진행한다. 이처럼 선로 임피던스와 종단 임피던스 사이의 부정합으로 인해 디지털 신호의 전이부분, 즉 에지부분에서는 링잉이 발생한다. 종단(수신기)에서 반사되어 구동기를 향해 되돌아오는 신호는, 구동기 임피던스와 선로 임피던스 사이의 부정합으로 인해 또 다시 일부가 반사되어 수신기 쪽을 향해 진행한다. 이러한 다중 반사는 구동기와 수신기 사이에서 끊임없이 계속된다. 링잉의 정도가 심해져 그 크기가 부품의 잡음마진(noise margin)을 초과하면 거짓전이(spurious transition), 즉 잘못된 에지로 인해 데이터 전송에 오류가 발생한다.

잡음여유에 영향을 주는 것 이외에도 링잉은 그 자체가 방사성 장해를 일으키는 발생원이 될 수 있다. 링잉의 진폭은 선로 양쪽 끝에서의 부정합 정도에 의해 결정되며 링잉의 주파수는 선로의 전기적 길이(electrical length)에 의해 정해진다(그림 13.11). 그렇다면 PCB 트랙이나 케이블의 길이가 얼마 이상이 될 때, 이들을 전송선로(transmission line)로 다루어야 할까? 전송선로 여부를 판단하는 기준이 되는 길이는 논리의 전이(변화)가 이루어지는 시간을, 그 전이가 트랙이나 케이블 맨 끝에서 반사되어 되돌아오는 데 걸리는 왕복시간과 비교하여 결정한다. 즉 디지털 구동기-수신기 시스템에서 다음 조건을 만족하는 경우에는 연결선을 전송선로로 취급하여 해석해야 한다.

$$2 \times t_{PD} \times \text{선길이} > \text{전이시간} \tag{13.2}$$

여기서 t_{PD}는 단위길이당 전파지연시간(propagation delay)으로 단위는 [ns/m]이다[106]. 전파지연시간은 기판 물질(유전체)의 유전상수에 따라 달라지는데 부록 D의 [D.5.3절]의 수식을 사용하여 계산할 수 있다.

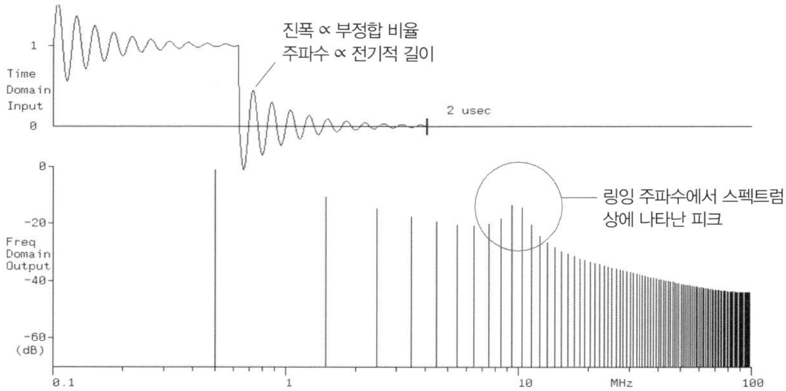

그림 13.11 부정합 전송선로에서 발생하는 링잉

링잉이 생기지 않게 하려면 트랙의 특성 임피던스는 신호원(source, 구동기)의 임피던스와는 물론 부하(load, 수신기)의 임피던스와도 정합되어야 하므로 이를 위해 트랙의 양쪽 끝에는 추가로 부품을 연결해 줄 필요가 있을 수 있다. 대부분의 디지털 회로 데이터 및 응용 핸드북에는 고속 논리 회로에서 사용되는 전송선로 시스템을 설계하는 데 필요한 정보들과 수식들이 수록되어 있다. [표 13.3]에 논리 계열의 종류와 전이시간에 따라, 전송선로 원칙의 적용 여부를 결정하는 기준길이를 정리하여 수록하였다.

표 13.3 전송선로로 취급해야 하는 최소 기준 길이

논리 계열	t_r/t_f ns	최소 선로길이
4000B CMOS @ 5V	40	3 m
74HC	6	45 cm
74AC	3	22.5 cm
74F	3	22.5 cm
FPGA(example)	1.4	10.5 cm

유전상수 $\varepsilon_r = 4.5$인 유전체(FR4 에폭시 유리) 기판에 대해 계산한 선로길이임. $t_{PD} = 0.067$ ns/cm

13.1.4 디지털 회로 디커플링

V_{CC} 연결(접속)과 접지연결을 아무리 완벽하게 해도 이로 인해 어느 정도의 임피던스는 생기게 마련이다. [그림 13.10]에 나타난 것처럼 V_{CC}로부터 흘러 들어오는 과도 스위칭 전류로 인해 이 임피던스에는 스위칭 잡음이 발생한다. 디커플링 커패시터의 목적은 각 IC의 전원전압에서 접지 사이에 낮은 동적 임피던스(dynamic impedance)를 유지하기 위해서이다. 이렇게 디커플링을 하면 속도가 빠른 전류 펄스가 V_{CC}에서 흘러 들어와도 각 IC 근처의 전원전압 강하를 최소로 할 수 있으며 무엇보다 중요한 것은 *di*/*dt* 값이 큰 전류가 흐르는 트랙의 길이를 최소가 되게 할 수 있다.

13.1.4.1 부품 장착 위치

부품의 장착 위치는 매우 중요하다. 전원면과 접지면 사이의 간격이 아주 좁은 경우가 아니라면 디커플링 커패시터가 관심 회로에 아주 "가까운" 위치에 장착될 수 있도록 트랙을 배선해야 한다(그림 13.12 참조). 여기서 "가깝다"는 말은 74AC처럼 고속 논리 계열, 특히 버스 구동회로처럼 큰 전류를 공급하는 부품인 경우에는 "1/2 인치 미만"이라는 의미이다. 예를 들어, 8개 버퍼소자가 한 칩에 들어있는 8중 버스버퍼(octal bus buffer)의 모든 출력 핀에 많은 입력 핀들이 연결되어 있는 상황에서, 출력 핀들이 #FF$_H$에서 #00$_H$ 또는 그 반대로 #00$_H$에서 #FF$_H$로 변하면 전원(V_{CC})핀을 통해 1 A가 넘는 전류 펄스가 흐른다. 4000B 시리즈의 CMOS와 같이 전류 크기가 작고 속도가 느린 부품의 경우에는 요구조건이 비교적 느슨한 편이지만 수백 MHz의 클록신호를 갖는 전형적인 ASIC 또는 FPGA 부품은 모든 핀 가까이에 커패시터를 연결해줄 필요가 있는데, 특히 기판에서 부품 패키지가 장착된 반대쪽 면의 패키지 아래 부분에 장착하면 가장 간편하게(가깝게) 장착시킬 수 있다.

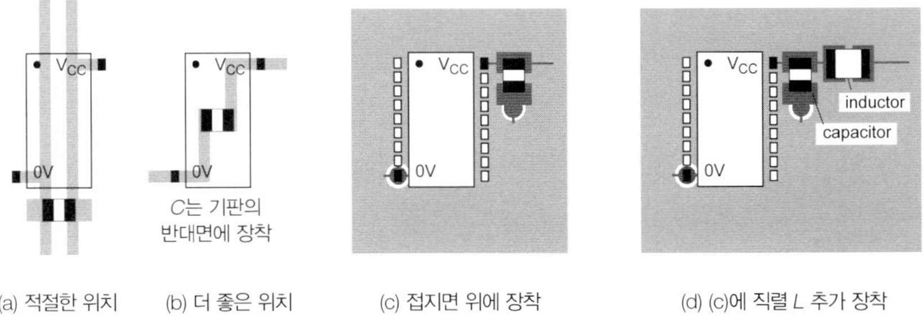

그림 13.12 디커플링 커패시터 장착 위치

고성능 다층기판 설계에서는 전원면과 접지면이 아주 가까운 간격(0.5 mm 이하)으로 배치되어 있는데, 이와 같은 전원면-접지면 구조에서는 디커플링용 커패시터들 각각을 장착하는 위치는 별로 중요하지 않다[87]. 물론 장착 위치는 전류분포에 영향을 주는데, 이에 대해서는 나중에 살펴보기로 한다(348쪽). 이때도 각 전원핀 옆에 최소한 한 개의 커패시터를 사용하는 것이 보통이지만, 이 경우에는 전원면과 접지면이 전송선로 구조를 이루고 있어서 그 사이에 있는 모든 디커플링 커패시터들이 최소의 인덕턴스로 병렬로 연결된다. 따라서 전원/접지면 회로망에 병렬로 연결된 커패시터들은 개별 부품을 디커플링 하기보다는 가능한 한 넓은 주파수 대역에 걸쳐 두 면 사이의 임피던스를 효과적으로 낮춘다. 그러므로 [그림 13.10]과 같은 방식으로 주입된 고주파 전류에 의해 발생하는 잡음 전압을 최소로 할 수 있다.

이러한 효과를 거두려면 각 디커플링 커패시터들은 특히 높은 주파수에서 낮은 임피던스를 가져야 한다. 주파수가 높을수록 전원면과 접지면의 치수는 한 파장의 길이에 가까워진다. 이런 상황이 통상적으로 사용되는 기판 사이즈에 대해 일어나려면 주파수가 수백 MHz 정도는 되어야 하는데, 이 정도의 주파수라면 커패시터의 자체 공진 주파수보다는 높다. 따라서 디커플링 커패시터들이 실제 기여하는 것은, 전원면과 접지면 사이를 연결하는 각 커패시터 패키지(부품)의 작은 인덕턴스가 나머지 커패시터 패키지들의 작은 인덕턴스들과 병렬로 연결되게 하는 것이다. PCB에 장착된 커패시터 패키지 부품의 인덕턴스는 그 부품에서 가장 중요한 특성으로 이에 대해서는 곧 살펴볼 것이다. 커패시터 패키지는 자체 공진주파수(self resonant impedance, SRF)에서 최소 임피던스를 갖는데, 이 자체 공진주파수는 커패시터 패키지의 부품 값(커패시턴스) C와 자체 인덕턴스(self-inductance) 값 L_m에 의해 다음 식으로 결정된다. $f_{res} = 1/(2\pi\sqrt{L_m \cdot C})$. 여기서 L_m은 커패시터 패키지의 인덕턴스 값과 이를 PCB의 전원면과 접지면 사이에 장착하는 데 사용되는 패드(pad), 비어(via)의 인덕턴스를 모두 합한 것이다. 예를 들어, 부품 값이 2200 pF인 0402 사이즈의 커패시터 패키지를 전원/접지면에 장착하는 데 총 1.5 nH의 인덕턴스가 발생했다면 이 커패시터 패키지의 SRF는 88 MHz가 된다. 이 커패시터는 이 주파수에 대해 대략 1/4 파장의 1/10보다 가까운 길이로 자신이 디커플링을 해줄 부품과 연결되어야 한다[22]. 커패시터와 부품 사이의 연결 길이가 이보다 길어지면 x-y 방향으로(2차원 평면을 따라) 전원/접지면을 가로지르면서 생기는 전파지연으로 인해 커패시터와 부품의 연결이 끊어진 것과 마찬가지가 되는 현상이 생길 수 있다. 예를 들어 FR4 유리섬유(glass fiber) PCB의 경우 이 기준 길이를 구해보면 4 cm가 된다[$(300/88)/(40\sqrt{4.5}) = 4$ cm]. 이 결과를 놓고 보면 디커플링 커패시터를 부품의 바닥면 바로 아래에 장착하지 않고 부품 둘레에 장착해도 보통은 문제가 없음을 알 수 있다. 커패시턴스 값이 큰 커패시터들은 SRF가 낮으므로 이 조건에 훨씬 덜 민감함을 알 수 있다.

13.1.4.2 부품 선정

지금까지 설명을 종합해보면 고속 논리 부품의 디커플링을 위한 커패시터를 선정할 때 중요한 요소는 부품의 값이 아니라 부품 패키지, 다시 말해 부품의 리드 인덕턴스(lead inductance)라는 생각에 다다르게 된다. 낮은 인덕턴스는 속도가 빠른 펄스에 대해 낮은 임피던스를 제공한다. 고속 펄스에 대해 좋은 것은 칩 타입의 적층 세라믹 커패시터(multi-layer ceramic capacitor, MLCC) 패키지이다. 이 칩 커패시터 패키지를 전원면과 접지면 사이에 연결하여 장착하면 총 인덕턴스는 패키지 자체 인덕턴스와 비어 인덕턴스, 트랙 인덕턴스를 모두 더한 것이 된다.

저주파 영역에서의 커패시턴스 값

특정 전원레일(power rail, 전원선)에 접속해주어야 할 최소한의 총 병렬 커패시턴스 값은 허용 공급전압편차(tolerable supply voltage deviation) 규격(specification)에 의해 정해진다. 이 최소 총 병렬 커패시턴스 값은 식 (13.3)으로 계산할 수 있다.

$$C_{min} = \Delta I \cdot \Delta t / \Delta V \qquad (13.3)$$

여기서 ΔI와 Δt 값으로는 [표 13.1]과 [표 13.2]에 수록된 값을 사용할 수 있다. 반면에, ΔV는 허용 가능한 커패시터에서의 공급전압 강하 값을 스스로 판단해 정하면 되는데, 공급전압이 5 V인 경우에 전원레일(전원선)의 전압강하 값으로 0.25 V를 사용하는 것이 합리적이다. 공급전압이 낮을수록 허용 전압강하 값도 낮아진다. 예를 들어, 8중 버스 버퍼의 출력 하나당 공급전류가 50 mA이고 스위칭 시간이 6 ns라면, 허용 공급전압 강하를 $\Delta V = 0.25$ V로 할 때 전원면과 접지면 사이에 장착해 주어야 할 최소 커패시턴스는 $C_{min} = 9.6$ nF이다. 부품이 작고 스위칭 시간이 빠를수록 필요한 총 커패시턴스 값은 작아지는데, 총 커패시턴스의 최적값이 1000 pF 정도까지 작아지는 경우도 종종 있다. 그러면 이제 따라 나오는 질문은, 이렇게 구한 총 커패시턴스 값을 최소의 총 인덕턴스 값으로 공급하기 위해 얼마짜리 값을 갖는 개별 커패시터를 모두 몇 개 사용해야 하는가이다. 확실한 게 있다면 많은 개수의 소형 패키지를 사용하는 편이 적은 개수의 대형 패키지를 사용하는 것보다 낫다는 것이다.

저전압(1.2 V ~ 2.5 V) 회로에서는 값이 큰(수십 μF에서 심지어는 수백 μF) 소형 패키지의 적층 세라믹 커패시터(MLCC) 부품을 사용할 수 있는데, 이 부품은 인덕턴스 값이 낮고 직렬 저항 값도 낮다는 장점을 가지고 있다. 또한 이 부품은, [14.2.1.3절]에서 다루게 될 커패시턴스의 전압계수(Voltage coefficient of capacitance) 문제를 잘 알고 있기만 하면 벌크 디커플링 커패시터로 매우 유용하다.

양호한 고주파 성능을 위한 PCB 레이아웃

0402, 0603, 또는 가장 커봐야 0805 정도로 사이즈가 작은 소형 적층 세라믹 칩 커패시터를 사용하는 경우, 이 부품의 인덕턴스를 결정짓는 요소는 PCB에서 이 부품을 어떤 식으로 레

이아웃 했느냐이다. 이를 [그림 13.13(a)]에 설명하였다. 커패시터의 두 패드는 비어를 통해 자신과 관련된 전원면과 접지면에 접속된다. 전체 루프 면적을 결정하는 요소들은 패드와 비어를 연결하는 트랙의 길이, 비어들 사이의 간격, 커패시터의 치수, 표면 패드와 기판 내부의 매몰된 면(buried plane) 사이를 연결하는 각 비어의 높이이다. 따라서 레이아웃을 통해 인덕턴스를 제어(억제)할 수 있다. 기판 비용을 저렴하게 하려면 비어들이 패드 안에 위치해서는 안 되므로 그림에서 'X' 표시된 레이아웃이 최선의 선택이다. [그림 13.13(b)]와 같이 비어의 개수를 두 배로 하여 +/− 비어 쌍 두 개를 각각 부품 패드의 양쪽 모서리 옆에 아주 가까이 배치하면 총 인덕턴스가 거의 반으로 줄어드는데 이 방법은 거의 추가 비용이 들지 않는다. 참고문헌[24]에서는 [그림 13.13(c)]와 같이 커패시터 두 개를 서로 대칭으로 배치하고 +/− 비어 쌍 두 개는 교차시켜 반대 극성끼리 마주보도록 하는 것이 훨씬 더 좋은 방법이라고 지적하였다. [그림 13.13]의 여러 가지 방식들 중에서는 +/− 비어 쌍을 근접시킨 것이 가장 좋은 결과를 가져왔다.

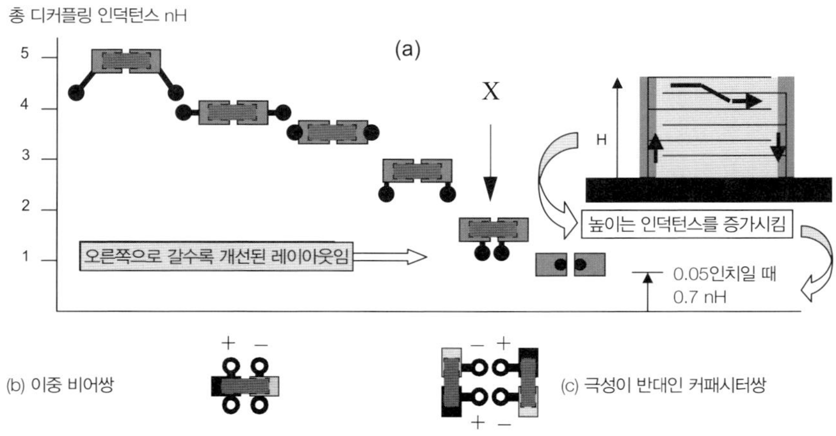

그림 13.13 인덕턴스를 최소로 하기 위한 디커플링 커패시터의 트랙 레이아웃

다중 커패시터

디커플링을 위해 값이 다른 여러 개의 커패시터를 병렬로 연결하는 방식을 적용하는 것에 대해서는 논란이 있다. 오래전부터 디커플링 커패시터와 관련해서는, 낮은 주파수 영역에서는 커패시턴스 값이 큰 부품을, 높은 주파수 영역에서는 값이 작은 부품을 사용해왔을 것이다. 유감스럽게도 이 방법은 값이 큰 커패시터의 인덕턴스가, 값이 작은 커패시터의 커패시턴스와 결합하여 병렬공진이 일어나 임피던스가 높아지는 상황을 초래한다. 따라서 중간 범위의 주파수 영역에서 디커플링 임피던스 값에 원치 않은 피크가 발생한다. 최근의 MLCC 기술에 힘입어, 시중에서 입수할 수 있는 커패시터 부품 중에서 사이즈가 가장 작으면서 값이 제법 큰(이를 테면 1 μF 정도) 동일한 부품들 여러 개를 사용하는 방법이 있다. 공진 주파

수에서 임피던스 피크를 낮게 하려면 공진 주파수에서 높은 등가직렬저항(equivalent series resistance, ESR) 값을 가져야 하는데, 같은 자체 공진 특성을 갖는 커패시터들이 병렬로 여러 개가 연결되어 있으면 총 ESR은 감소하므로 공진 피크에서 임피던스 값은 더 높아진다[23]. 여러 개의 커패시터를 서로 다른 값으로 선택하면 넓은 주파수 범위에 걸쳐 ESR을 높게 유지할 수 있으므로 피크를 낮추는 데 도움이 된다. 그렇지만 이렇게 하면 소요 부품 목록(bill of materials, BOM)에 들어가는 부품의 종류가 많아진다. 결국 커패시터들에 모든 기생성분을 포함시킨 상태에서, 주파수에 따른 커패시터들의 디커플링 효과를 시뮬레이션 하는 방식이 가장 적절한 설계 방법이다.

13.1.4.3 직렬 인덕터의 사용

디커플링 커패시터들을 기판 전체에 걸쳐 이곳저곳 아낌없이 연결하는 것이 언제나 가장 좋은 디커플링 방식이라고 말할 수는 없다. 기판 전체에서 발생하는 장해 잡음 전류 di/dt의 대부분이 한 개나 적은 수의 IC(들)의 전원핀(들)을 통해 생기는 경우에는 더더욱 그렇다. 이와 관련한 대표적인 예로서, 마이크로프로세서 칩 하나를 다른 디지털 부품 없이 사용하는 경우를 들 수 있다. 이 경우, 방출을 일으키는 가장 주된 발생원은 프로세서의 V_{CC} 핀을 통해 흘러나오는 클록 고조파 전류이다. 프로세서 패키지 가까이에 디커플링 커패시터 한 개를 장착하고 기판상의 여러 다른 위치들에 여러 개의 디커플링 커패시터들을 장착한 경우, 잡음 전류는 프로세서 패키지에 인접한 커패시터를 통해 흘러 디커플링이 된다고 직감적으로 느낄 것이다. 그러나 실제 이러한 일은 모든 주파수에서 일어나지 않는다. 멀리 떨어져 있는 디커플링 커패시터들이 연결되어 있는 트랙들의 인덕턴스는 디커플링 커패시터들과 함께 직렬 공진 회로를 형성하는데, 공진이 발생하는 주파수들에서 멀리 떨어져 있는 커패시터들을 향해 흐르는 잡음 전류는 이들 커패시터들이 없을 때보다 실제로 커진다[58]. 이 때문에 결국 부품에 인접한 커패시터 이외에 다른 커패시터들이 추가되면 이들로 인해 발생하는 공진 주파수에서 더욱 큰 방출이 발생한다. (단, 이 현상은 접지면은 있지만 전원면이 없는 상황에서 발생하는 문제로 여러 디커플링 위치들이 전원면을 공유하고 있는 경우에는 이 문제는 생기지 않는다.)

이 현상의 영향은 [그림 13.14]의 등가회로를 해석하여 살펴볼 수 있다. 등가회로에서 장해 발생원은 주파수 종속 전압 발생기(frequency-dependent voltage generator)로 모형화(modeling) 할 수 있으며, 이 전압 발생기는 100 Ω의 신호원 임피던스(source impedance)를 통해 디커플링 커패시터와 전원레일 회로망에 연결된다. 전원공급기의 "맨 끝(far end)"은 1 Ω 저항과 10 μF 커패시터가 병렬로 연결된 회로로 모형화 된다. $C1$은 IC에 인접한 디커플링 커패시터이고 $C2$는 IC에서 떨어져 있는 다른 IC 양단에 접속된 디커플링 커패시터인데, 여기서 다른 IC는 100 Ω 저항으로 모형화 되어있다. (이 저항 값은 IC의 RF 임피던스를 나타낼 수도, 나타내지 못할 수도 있는데, 해석에는 큰 영향을 주지 않는다.) [그림 13.14]에서 보듯이 등가회로에는 트랙의 인덕턴스와 커패시터의 기생 인덕턴스가 포함되어 있다. 두 개의 결과 그래프는 트랙의 길이가 각각 l_1과 l_2일 때, 트랙에서의 디커플링 효과를 전류비 I_1/I_{IN}과 I_2/I_{IN} 값으로 각각 나타낸 것이다. 왼쪽 그래프는 $C1$과 $C2$ 사이의 트랙에서 디커플링 효과를 보여주고 있으며 오른쪽 그래프는 $C2$ 다음의 트랙에서의 디커플링 효과를 보여주고 있다. 실선은 등가회로의 디커플링을, 점선은 등가회로를 변경한 경우의 디커플링 효과이다.

등가회로 모형의 결과 분석

먼저, 두 그래프에서 실선으로 표시한 곡선은 낮은 주파수 영역에서 트랙 전류가 증가하는 경향을 보여주고 있는데 특히 공진 피크가 눈에 띈다. 이 공진 피크는 L_{+1}, L_{+2}와 $C1$, $C2$에 의해 일어나는 공진에 의한 것이다. 100 MHz 이상에서는 모든 곡선이 평평하고 모든 커패시터들이 자체 공진주파수보다 높은 주파수 영역에서 동작하고 있으므로 실제 디커플링은 인덕턴스의 비로 결정된다. 디커플링 효과는 2 MHz ~ 50 MHz의 주파수 범위에서 대부분 일어난다.

$C1$을 4.7 nF에서 47 nF으로 증가시키면 중간부분의 주파수 영역에서의 디커플링이 개선되는데, 이렇게 된 것은 공진이 낮은 주파수 쪽으로 이동했기 때문인데, 이처럼 공진주파수가 낮아지는 것이 언제나 바람직하지 않은 것만은 아니다. 커패시터의 사이즈가 커지면서 자체 인덕턴스 L_{LD1}이 10 nH로 증가해서 20 MHz 이상의 주파수 영역에서 디커플링의 효과는 악화된다.

$C2$를 제거하면 트랙 l_2의 디커플링 효과가 악화되지만 7 MHz 이상에서는, 실제로 l_1의 디커플링이 개선된다. 이는 l_1을 들여다본 임피던스(즉 입력 임피던스)가 증가하여 여기로 흘러들어오는 잡음 전류가 작아지기 때문이다. 실제 상황에서 이러한 변경이 가져오는 영향은 PCB로부터 실제로 결합하는 장해에 l_1과 l_2 중에 어느 것이 큰 비중을 차지하는가에 따라 달라질 것이다.

l_1을 들여다본 임피던스가 크게 증가하는 경우에 가장 큰 개선이 이루어지는데, 이러한 상황은 개별 인덕터 부품을 삽입하는 경우에만 이루어질 수 있다. [그림 13.14]의 분석에서는 인덕터 값으로 5 μH를 선택했는데, 이 값은 상당히 임의적인 것으로 다른 값을 선택할 수도 있다. 대부분의 주파수 범위에 걸쳐 개선 정도는 대략 40 dB이다. 개별 인덕터 부품을 삽입하는 방법은 [그림 13.12(d)]에 그림으로 표시되어 있다. 일반 설계 규칙(general design rule)으로서, 전원선을 잡음으로 오염시키는 원인이 될 것으로 예측되는 모든 IC에 V_{CC}를 공급하는 부분에 이러한 직렬 인덕터를 포함시키는 계획을 세우도록 한다. 이때 인덕터는 저렴한 비용으로 추가 공간을 거의 차지하지 않으면서 장착이 가능하도록 칩 부품으로 된 것을 사용한다.

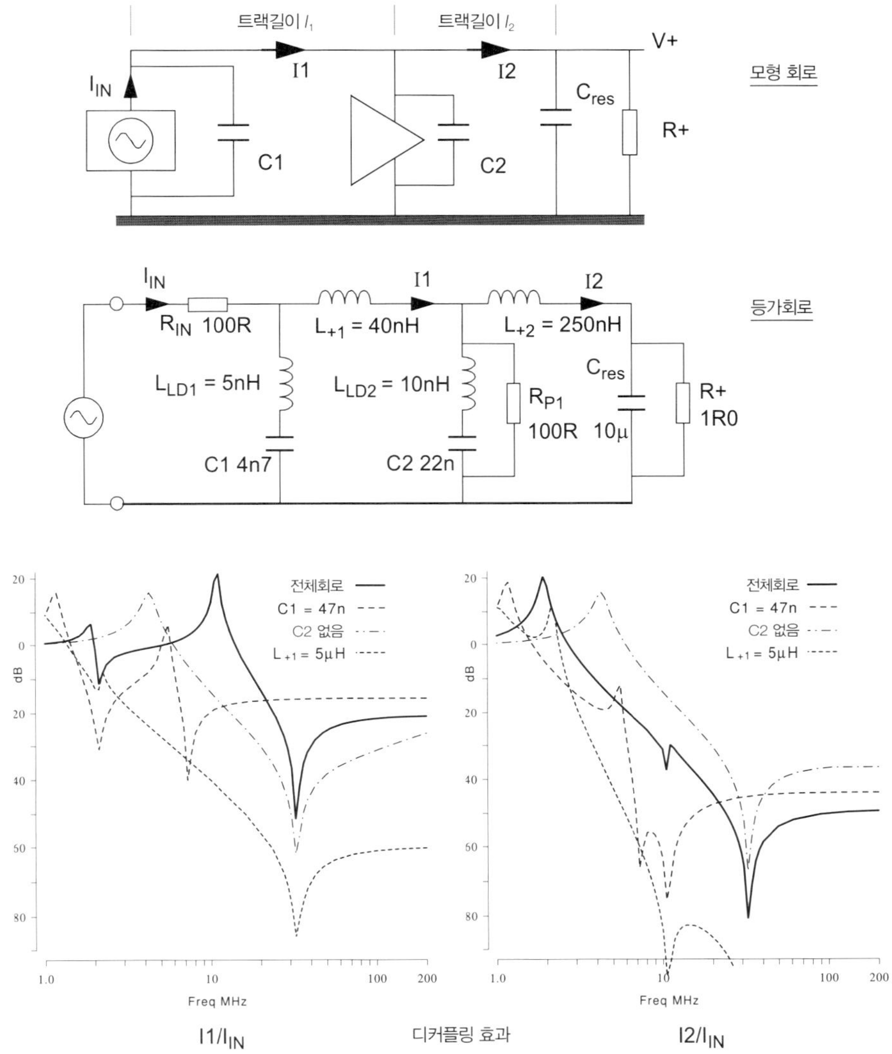

그림 13.14 디커플링 등가회로 분석

전원면

직렬 인덕터를 추가하는 것은 전원면과 접지면을 모두 사용하는 경우에도 여전히 도움이 된다. [12.2.3.3절]에서 살펴본 것처럼, 전원면의 분리(segmentation)는 한 개의 전원면을 몇 개의 조각으로 분할(partition)하기 위해 사용한다.

기판이 4층 이상이고, 이 가운데 전원면이 포함되어 있는 경우, 서로 결합되는(이웃한) 면들의 인덕턴스가 낮으므로 공진은 앞에서 살펴본 간단한 모형으로는 해석되지 않는다. 그렇다 해도 접지면-전원면 기판상의 디커플링 커패시터의 위치는 여전히 중요하다. [그림 13.15]에 표시된 상황을 살펴보자. IC 하나가 4층 기판의 어디엔가 장착되어 있는데, 그림 (a)

에 표시된 것처럼 이 IC는 전원면과 접지면으로 잡음 전류 I_{CC}를 주입하고 있다. 여기에서 얼마만큼 떨어진 위치에는 디커플링 커패시터가 장착되어 있다.

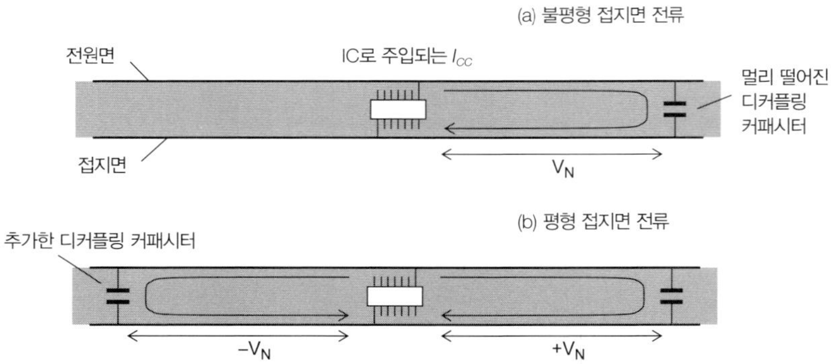

그림 13.15 전원면-접지면에 흐르는 불평형 전류와 평형 전류

두 면사이에 흐르는 전류는 접지면에 걸쳐 분포해 있는 임피던스에 잡음 전압을 발생시키고 이 잡음 전압은 공통모드 방출을 일으킨다. 이 공통모드 방출은 [11.2.1절]에서 살펴본 것처럼 기판에서 직접 방사되거나 접지면에 접속된 케이블로 결합되는 방식으로 이루어진다. 이제 [그림 13.15]의 (b)에 표시된 것처럼, 기판의 IC를 기준으로 (a)에 표시된 디커플링 커패시터와 정확히 반대편에 똑같은 디커플링 커패시터가 위치해 있는 경우를 살펴보자. 이 경우에는 (a)에서의 접지면 잡음 전압 V_N과 크기는 같고 극성은 반대인 잡음 전압 $-V_N$이 발생한다. 이로 인해 앞서 발생한 V_N은 뒤에 나온 $-V_N$과 상쇄되므로 기판의 방출이 줄어든다.

이 방식에서는 디커플링 커패시터의 레이아웃을 세심하게 하여 기판을 평형상태가 되도록 만들어주어야 하는데, 아주 단순한 회로가 아니라면 이렇게 하는 것은 현실적으로 불가능하다. 그렇지만 기판 전체에 걸쳐, 특히 많은 잡음을 발생시키는 부품들 아주 가까이에, 많은 커패시터들을 이곳저곳 퍼뜨려 장착하면 잡음 전류들을 가능한 한도까지 제어(억제)할 수 있을 것이다. 앞에서 설명한 것과 같이 되도록 가장 사이즈가 작은 커패시터들을, 디커플링을 해줄 부품의 핀에서 1/4 파장(커패시터의 자체 공진 주파수에 대해)의 1/10 이내의 위치에 장착하면 전원면을 통해 흐르는 디커플링 전류 경로의 길이를 최소로 할 수 있다[22]. 그러나 이보다 더 실용적인 해결책은 커패시터가 장착될 전원면과 접지면의 간격을 가능한 한 최소로 해주는 것이다. 이 간격이 0.1 mm 이하이면 이러한 면 구조에 의해 커플링 커패시터와 IC 전원핀 사이에 발생하는 "분포 인덕턴스(spreading inductance)"를 아주 작게 할 수 있다. 이렇게 되면 불가피하게 발생하는 커패시터의 인덕턴스와 비어의 인덕턴스가 총 인덕턴스의 대부분을 차지하게 되므로 커패시터의 장착 위치는 그다지 중요하지 않게 된다.

개별 부품에서 발생하는 I_{CC} 잡음은 [그림 13.12(d)]와 같은 방식으로 각 전원공급선에 페라이트를 직렬로 연결하면 감소시킬 수 있다. 또한 큰 I_{CC} 잡음을 발생하는 부품들을 한데 모으면 이들을 연결하는 선들이 짧아지고, 이들 모두를 사이즈가 작은 분리(분할)된 전원면을 사용하게 만들 수 있고 기판의 모서리로부터 어느 정도 떨어지도록 만들 수 있으므로 도움이 된다.

13.1.5 아날로그 회로: 방출

일반적으로 아날로그 회로는 디지털 회로와는 달리 *di/dt* 값이 크지 않고 상승시간도 빠르지 않다. 따라서 디지털 회로보다는 과도한 방출을 덜 일으킨다. 하지만 높은 주파수 신호를 의도적으로 발생시키는 아날로그 회로는 앞에서 설명한 것과 동일한 레이아웃 규칙, 디커플링 규칙, 접지 규칙을 따를 필요가 있다(현재의 방출 제한 규격을 보면 규제 주파수 범위가 150 kHz부터 시작하며, 이보다 더 낮은 주파수에서 시작하는 경우도 있음을 기억하라). 또한 저주파 아날로그 회로도 본의 아니게 설계 대역폭을 벗어난 주파수 영역에서 동작할 수 있다.

13.1.5.1 불안정성(instability)

아날로그 증폭기 회로는 MHz 영역에서 발진을 할 수 있는데, 이로 인해 다음과 같은 요인으로 장해를 일으킬 수 있다.

- 피드백 루프의 불안정성
- 부실한 디커플링
- 출력단 불안정성

부실한 레이아웃과 공통 임피던스 결합으로 인한 용량성 결합 또한 발진을 일으키는 원인이다. 성능 검증을 위해 미리 제작해 보는 프로토타입(prototype) 증폭기 회로는 그 회로의 공칭 대역폭(nominal bandwidth)이 얼마이든, 반드시 변경이 완료된 최종 구성 및 레이아웃을 가지고 고주파 불안정성 여부를 점검해야 한다. 피드백 루프의 불안정성은 단위이득 주파수(unity-gain frequency) 근처에서 증폭기의 위상마진(phase margin)이 임곗값(critical value)에 근접하면서 지나치게 큰 피드백이 이루어질 때 발생한다. 이러한 일은 오피앰프에 대한 잘못된 보상(compensation)과 관련이 있을 수 있다.

회로가 실제로 발진하지는 않지만 불안정에 가까운 상태에 있으면 이 또한 RF 내성에 문제를 일으킬 여지가 있다. 증폭기 회로가 수 MHz의 주파수 범위에서 그 안정성 마진(stability margin)이 감소할 수밖에 없도록 구성된 경우에는 이 주파수 범위에서 회로로 결합되는 RF가 감응성 문제를 일으킬 가능성이 훨씬 높아진다(13.3.6.4절 참조).

13.1.5.2 디커플링

전원공급제거비(전원전압제거비, power supply rejection ratio, PSRR)는 주파수에 따라 감소한다. 그리고 광대역 회로에서는 높은 주파수에서 입력으로 결합되는 전원전압이 상당히 클 수 있다. 전원레일의 임피던스가 클수록 원치 않는 결합이 더 많이 존재한다.

이 문제는 전원공급 핀에서 양호한 디커플링을 해주면 해결할 수 있다 그러나 전형적인 0.01 μF～0.1 μF 디커플링 커패시터는 긴 전원 리드(lead)의 기생 인덕턴스로 인해 MHz 영역에서 공진을 할 수 있는데, 이렇게 되면 이 주파수 영역에서 디커플링과 관련한 불안정성 문제가 나타날 수 있다. 작은 값을 갖는 커패시터와 병렬로 1 μF～10 μF 정도의 전해 커패시터를 연결하면 공진주파수와 스트레이 회로 Q를 문제가 되지 않는 수준까지 낮출 수 있다. 전해 커패시터의 직렬 인덕턴스가 세라믹 커패시터와 결합하여 공진이 발생할 수 있으며 실제로 상황을 악화시킨다. 수 Ω의 손실을 커패시터와 직렬로 더해주는 방법으로 이 공진을 막을 수 있기는 하지만, 이러한 공진 문제는 이 경우에 저손실 1 μF～10 μF 세라믹 커패시터를 사용하지 않는 것에 대한 좋은 근거가 된다. 여러 단으로 구성된 고이득 증폭기의 입력단에는 각 단의 전원선에 직렬로 저항이나 페라이트 비드를 추가하여 전원레일의 디커플링을 개선할 필요가 있을 수 있다.

13.1.5.3 출력단 불안정성

용량성 부하는 오피앰프(op-amp)의 개방루프 출력 저항(open-loop output resistance)과 함께 작용하여 출력 전압에 위상지연(phase lag)이 생기게 한다. 이렇게 증가된 위상 이동은 발진을 일으키기에 충분할 만큼 피드백 회로의 위상마진(phase margin)을 감소시킬 수 있다. 길이가 어느 정도 되는 종단되지 않은 케이블은 대표적인 용량성 부하의 일종이지만 이를 부품으로는 취급하지는 않으므로 설계자로서는 인식하지 못하는 경우가 종종 있다. 케이블 길이가 관심을 두고 있는 주파수에 대해 1/4 파장이 넘지 않을 때까지는 동축 케이블은 커패시터처럼 동작한다. 예를 들어 길이가 10 m인 RG58C/U형의 50 Ω 케이블은 대약 1000 pF의 커패시턴스 값을 갖는다. 샘플홀드 회로(sample-and-hold circuit)처럼 다른 유형의 용량성 부하들도 시스템에 들어 있을 수 있지만 EMC 측면에서 특별히 관심을 두어야 할 대상은 케이블이다. 회로와 외부 세계의 중간에서 RF 발진을 회로의 안팎으로 결합되게 하는 역할을 하는 것이 바로 케이블이기 때문이다. 출력 불안정성 문제를 해결하기 위해 커패시턴스와 출력 사이에 작은 값의 저항을 직렬로 연결하여 이 둘을 분리하고 작은 피드백 커패시터 C_F로 고주파에서 피드백이 이루어지게 하면 C_L로 인한 위상지연을 보상할 수 있다[30]. 임계주파수(critical frequency)가 높을 때는 R_S 대신 페라이트 칩을 사용할 수 있다.

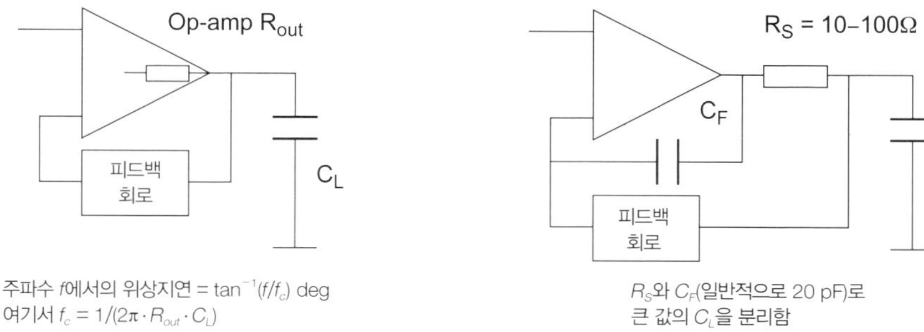

그림 13.16 용량성 부하로 인한 불안정성

13.2 전원 스위칭 변환기

어떤 종류의 전원 스위칭 회로든 이들 회로에서 발생하는 장해를 억제하는 것은 극히 어렵다[156]. 통상적인 스위칭 주파수 범위는 50 kHz ~ 500 kHz이고 이 스위칭 주파수의 고조파는 차동모드/공통모드의 전도/방사 메커니즘에 의해 방출된다. 스위칭 파형의 비대칭으로 인해 홀수 고조파는 물론 짝수 고조파도 나타나는 것이 보통이다. 정류 다이오드의 역회복 전이(reverse recovery transition)로 인해 광대역 잡음이 추가로 발생한다.

기본 주파수가 안정적으로 잘 조정되면 협대역 방출 스펙트럼이 발생하는데, 파형 전이시간이 빠른(짧은) 경우에는 30 MHz를 훨씬 넘어선 주파수 영역까지 퍼져 있을 수 있다. 9 kHz의 측정 대역폭은, 파형의 기본 주파수가 대략 20 kHz 이상인 경우에 각각의 고조파를 구별할 수 있음을 의미한다. 자려발진기(self-oscillating converter)에서는 입력 리플이나 출력 리플로 인해 드리프트(변동, drift)와 변조(modulation) 현상이 나타나는 것이 보통이다. 이로 인해 각각의 고조파 선 스펙트럼의 폭이 넓어지는 효과가 나타나므로 협대역 고조파가 측정되는 대신 방출 "포락선(envelope)"이 측정된다. 이러한 현상은 가변 온타임 변환기(variable on-time converter)에서도 관측되는데, 이 변환기는 많은 PFC 단(stage)들처럼 어떤 고정(정해진) 주파수를 가지고 있지 않다.

13.2.1 스위치방식 오프라인 교류전원공급

[그림 13.17]은 전형적인 플라이백(flyback) 스위칭 전원공급기를 보여주고 있다. 그림에는 주요 방출 경로가 표시되어 있다. 설계 방식에 따라 그림과는 구성 및 연결 형태가 다르거나 변압기(transformer) 대신 인덕터가 들어갈 수도 있지만 기본적인 장해 메커니즘은 모든 설계 방식에 대해 공통된다.

13.2.1.1 루프와 부품에서 발생하는 자기장 방사

근거리장 자기 방사는 상업용 제품에 대해서는 문제가 되지 않는 것이 보통인데, 이는 대부분의 표준(예외는 있음)에서 이에 대한 시험을 하지 않기 때문이다. 그렇지만 시험을 해야 하는 경우와 군사용(military application)인 경우에는 중요한 문제일 수 있다(7.2.1.2절 참조). *di*/*dt* 값이 큰 전류가 흐르는 루프에서 방사되는 전자기장은 루프 면적을 감소시키거나 *di*/*dt* 값을 작게 하면 억제할 수 있다. 이러한 점을 고려하면, 출력전압이 낮은 경우에 출력 정류기(rectifier)와 평활회로(필터회로, smoothing circuit)는 입력회로보다 루프 방사를 더 크게 일으킬 수 있다. 루프면적은 레이아웃과 부품의 실제 치수에 따라 달라진다. *di*/*dt*에 영향을 주는 요소인 스위칭 주파수와 스위치에서의 전력손실 사이에는 트레이드-오프(상충, trade-off) 관계가 있다. 스위치로 가해지는 구동 파형의 상승속도를 느리게 하면 *di*/*dt*를 어느 정도 억제할 수 있다.

유감스럽게도 현 추세는 전력손실을 최소화하는 방향으로 나아가고 있고 주파수는 계속해서 증가하고 있는데, 이는 EMI를 낮추는 데 필요한 요구사항과는 정반대이다. 어떤 주어진 주파수에서 고조파 성분이 가장 낮은 파형은 사인파(sine wave)이다. 사인변환기(예를 들어, 직렬공진변환기, 참고문헌[115] 참조)나 상승시간을 감소시키는 기타 변환기들에서는 방사되는 전자기장 방출이 줄어든다.

자기부품 구성과 레이아웃

[15.1.2절]에 자세히 나와 있듯이, 차폐(screening)는 이 전류 루프에서 방사되는 전자기장 중에서 전기장은 어느 정도 차단해주지만 자기장을 차단하는 데는 거의 영향을 주지 못한다. 변압기(또는 인덕터) 코어는 반드시 "닫힌(closed)" 자기회로(magnetic circuit) 형태를 하고 있어야 루프와 같은 발생원에서 발생하는 자기장의 방사를 막을 수 있다. 토로이드(고리모양, toroid)는 이러한 관점에서 가장 적합한 구조이지만 여기에 루프도선을 감는 권선작업이 어렵고 전력손실이 크기 때문에 실용적이지 않을 수 있다. 인기가 있는 E-코어 타입처럼 갭(틈, gap)이 있는 코어를 사용하는 경우, 갭은 권선(winding)에 완전히 덮일 수 있도록 권선 바로 아래 안쪽에 위치시켜야 하는데, 자기장이 가장 많이 누설되는 부분이 바로 이곳이기 때문이다.

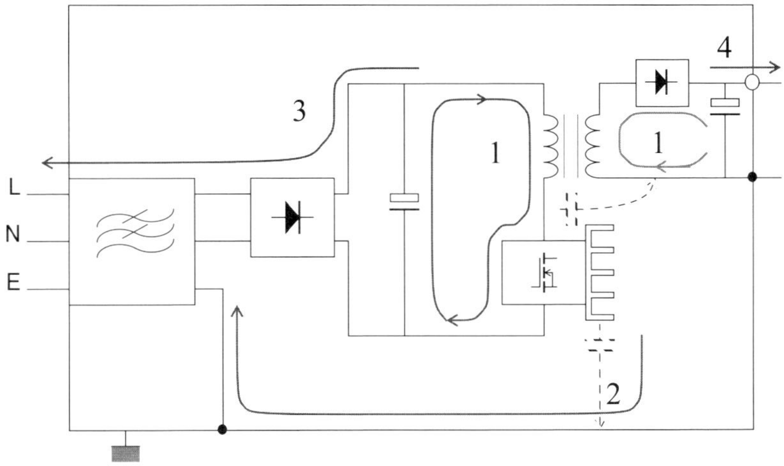

1: *di*/*dt* 값이 큰 루프에서의 자기장 *H* 방사
2: *dv*/*dt* 값이 큰 노드에서 전기장 *E*에 의한 용량성 결합
3: DC 링크를 지나 L/N으로 전달되는 차동모드 전압
4: 출력에 나타나는 전도성 방출과(또는) 방사성 방출

그림 13.17 스위칭 전원공급기 방출 경로

외부 자기장을 줄이기 위해 변압기 부품의 외부를 구리 테이프로 한 번 감아 둘러싸는 방법이 있는데, 이를 "플럭스 밴드(자기장 붕대, flux band)"라고 부르기도 한다. 이렇게 "한 번 감기면서 단락된(shorted)" 구리 테이프에 유도된 전류는 부품 외부의 자기장을 부분적으로 상쇄하는 결과를 가져온다. 구리 테이프를 아무 데에도 연결해주지 않아도 구리 테이프는 이런 작용을 할 수 있지만 이를 바깥쪽 권선과 동일한 DC 0 V에 접속해주면 이 구리 테이프는 이 권선에 대해 전기장 차폐로도 동작한다. 이에 대해서는 다음 절에 설명이 되어 있다.

"빠른 상승시간"은 "큰 전류 크기(진폭)"와 더불어, 스위칭 자기부품과 회로구조로부터 직접 발생하는 방사를 30 MHz를 넘는 주파수 영역까지 확장시키므로 방사성 방출 시험에 위협요소라 할 수 있다. 또한 이러한 방사는 출력단자나 교류전원단자로 결합될 수 있으므로 전원공급기의 전체적인 레이아웃이 부실한 경우에는 전도성 장해(150 kHz ~ 30 MHz)를 일으키는 원인이 된다. 따라서 인클로저를 통과해 드나드는 배선들은 반드시 변압기나 인덕터로부터 충분히 떨어져있어야 한다. 같은 이유에서 전원공급기에 있는 다양한 인덕터들 사이의 결합도 막을 필요가 있다. 변압기에서 누설되는 자기장은 입력 필터 초크의 코어에 결합할 수 있는데, 이렇게 되면 이 코어를 가진 필터의 감쇠특성은 급격하게 나빠진다. 반드시 자기장 결합과 전기장 결합을 모두 고려해주어야 한다.

13.2.1.2 *dv*/*dt* 값이 큰 노드로부터의 용량성 결합

스위칭이 일어나는 점(일반적으로 스위칭 트랜지스터의 드레인)에서 발생하는 큰 *dv*/*dt*는 접지에 용량성으로 결합하여 공통모드 장해전류를 발생시킨다. 이를 막으려면 *dv*/*dt* 값과 결합

(상호) 커패시턴스를 최소로 하거나 용량성 전류가 접지를 대신해 빠져 나갈 수 있는 다른 경로(적절한 차폐도체)를 마련해주어야 한다(그림 13.18).

완충회로(스너버 회로, snubber circuit)를 사용하고 변압기의 누설 인덕턴스와 *di*/*dt*를 작게 유지하면 *dv*/*dt* 값은 감소한다. 이 방법은 스위칭 부품들에 가해지는 위해요인들을 최소로 하는 데 있어서 필수까지는 아니어도 바람직하다고 말할 수 있지만 그 대신 전력손실을 증가시킨다. 최대 부하[변압기를 통해 반사된(변압기 권수비에 따라 정해지는) 부하 임피던스 값]에 대해 어떤 정해진 *dv*/*dt* 값을 넘지 않게 해주는 완충 커패시터(snubber capacitor) 값을 계산하여 이를 연결해준다. 스위치가 온(on)이 될 때 스위칭 부품을 통해 흐르는 방전 전류를 제한할 수 있도록 반드시 직렬 저항을 넣어주어야 한다. 필요한 경우, 저항과 병렬로 다이오드를 달아주면 저항값을 더 크게 할 수 있으므로 스위칭 부품의 정격을 더 낮출 수 있다.

용량성 차폐

변압기(transformer)나 부품의 방열판(heatsink) 위에 적절한 정전 차폐물(electrostatic screen)을 제공하면 용량성 결합을 줄일 수 있다. 이 두 가지 부품은 교류전원을 낮은 전압으로 변환하는 SMPS에서 가장 큰 *dv*/*dt* 값을 가진 전압이 존재하는 장소이다. 여기서 주의할 점은 전원공급 레일(전원레일과 접지레일) 중 어느 한쪽에 차폐물을 제대로 접속해야 한다는 것이다. 이렇게 하면 순환하는 전류가 안전용 대지접지(safety earth)가 아니라 그 전류의 발생원으로 되돌아갈 수 있다. 변압기 외부를 포일(foil)로 둘러싼 다음에 이를 0 V(앞에서처럼)에 접속하면 바깥쪽 권선상의 큰 *dv*/*dt*가 회로의 다른 부분으로 결합하는 것을 줄일 수 있다.

변압기가 차폐되지 않은 경우에도 변압기의 구조 그 자체로 인해, 변압기 부품 전체에서 주위의 다른 부품(장치)으로의 용량성 결합, 그리고 1차권선에서 2차권선으로의 용량성 결합 C_{IW}이 잘 이루어질 수도, 아니면 방해를 받을 수도 있다(그림 13.18(b)). 서로 다른 보빈(bobbin)에 각각 권선을 감아 이들을 분리하면 권선 사이의 결합(상호) 커패시턴스는 줄어들지만 누설 인덕턴스가 증가한다. *dv*/*dt* 값이 큰 노드(node, 점)들 사이의 결합이 가장 크므로 [그림 13.18(b)]와 같이 2차권선을 1차권선 위에 겹쳐 감은 다층 구조에서는 권선의 끝을 V_{CC}나 0 V에 접속하면 나머지 권선을 부분적으로 차폐할 수 있다. 그래서 [그림 13.18(b)]의 권선 끝 A와 D는 바로 인접해 있어야 하며 B와 C는 그렇지 않도록 해야 한다. 이와 반대로, 이러한 상황을 잘 처리하지 않으면 변압기는 회로 방출의 주요한 원인이 될 수 있다.

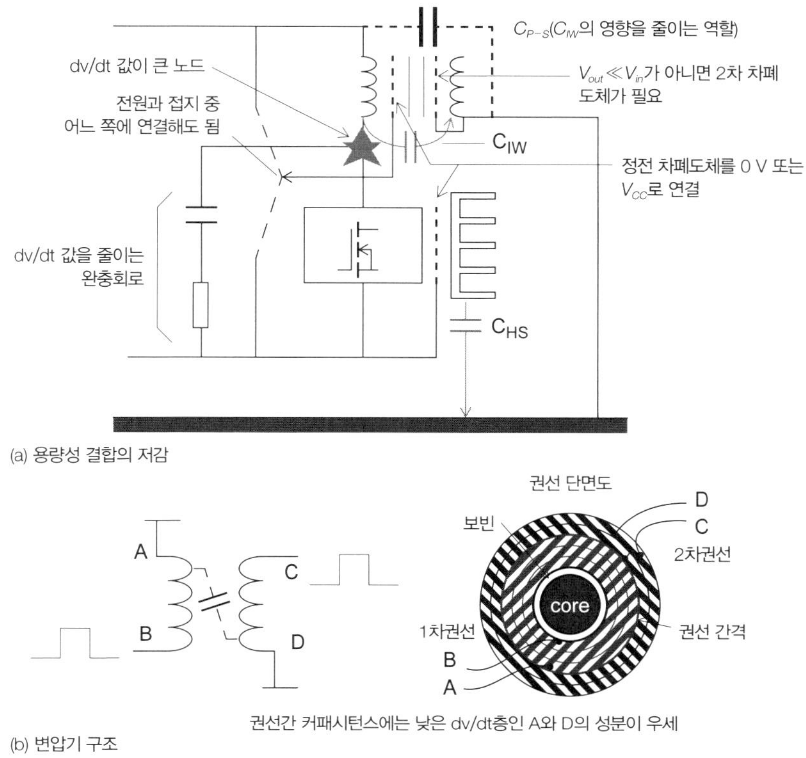

그림 13.18 공통모드 용량성 결합

변압기 설계가 최상이 아닌데도 더 이상 개선이 되지 않는 경우의 해결책으로, 1차권선의 0 V 노드와 2차권선의 0 V 노드 사이에 커패시터 C_{P-S}를 연결한다. 그러면 이 커패시터와 변압기 내부의 권선간 커패시턴스(interwinding capacitance) 사이에서 용량성 전압 분배가 이루어진다. 따라서 예를 들어 권선간 커패시턴스 C_{IW}가 100 pF이고 C_{P-S}가 1000 pF인 경우에는 이 경로를 통한 방출량이 20 dB만큼 감소한다. 교류전원 공급 시스템에서 커패시터 C_{P-S}는 절연된 변압기 양쪽을 가로질러 서로 연결하고 있으므로 안전상 충분한 정격을 가져야 하며 그 커패시턴스 값은 누설전류 문제를 일으키지 않도록 제한되어야 한다. 또한 변압기 핀에 대해 기생 리드 인덕턴스와 기생 트랙 인덕턴스가 최소가 되는 위치에 커패시터를 장착하는 것이 매우 중요하다.

스위칭 부품의 방열판 또한 문제들을 일으킬 수 있다. 특히 높은 전압을 다루는 트랜지스터의 스위칭 노드(MOSFET의 드레인 또는 IGBT의 컬렉터)는 가장 높은 dv/dt가 존재하는 곳이면서 방열판 탭(heatsink tap)과 아주 가깝게 결합된다. 절대로 격리(절연)가 불가능한 부품이 있다면 그건 바로 방열판 탭이다. 격리-탭 부품(iso-tap device)들이라 해도 패키지 내부의 반도체와 방열판 탭 사이에는 상당한 커패시턴스가 존재하는데 이 커패시턴스는 방열판과 섀시 사이의 커패시턴스 C_{HS}와 직렬로 연결된다. 이러한 상황은 방열판을 절대로 접합시켜서는 안 될 구조물이 바로 장비의 섀시나 케이스라는 사실을 알려준다. 만일 방열판을 섀시나 케이스에 접속하면 C_{HS}가 단락(short)되어 스위칭 잡음이 접지노드와 직접 연결되기 때문이다. 안타깝게도 방열판의 방열 성능을 고려하면 방열판을 접합하는 데 가장 바람직한 위치가 바로 섀시(케이스)이다.

어쨌든 가능하다면 방열판의 금속부분은 그것이 사용되는 회로의 0 V 레일에 직접 접속되어야 한다. 열 문제나 안전상의 문제로 이렇게 하는 것이 불가능하면 부품과 방열판 사이에 정전 차폐물을 설치하고 이를 0 V에 접속해야 한다. 이 용도로 쓸 수 있는 포일 막(foil screen)이 내장된 열차단판(thermal pad)이 시중에 나와 있다. 이것 또한 사용이 불가능한 경우에는 스위칭 노드와 방열판 사이의 결합(상호) 커패시턴스를 가능한 한 최소로 하는 것을 목표로 하여 많은 노력과 비용을 들여 필터 설계를 해야 한다.

점점 더 관심을 끌고 있는 방법으로 방열판으로 열 고분자(thermal polymer)를 사용하는 것이 있다[131]. 이들 물질은 알루미늄이나 구리보다는 열 전도성이 떨어진다. 하지만 냉각이 전도(conduction)보다는 대류(convection)에 의해 더 많이 이루어지는 경우에는 이것이 큰 단점은 되지 않을 것이다. EMC 관점에서 보면, 앞에서 언급한 커패시턴스는 5배~10배만큼 감소할 수 있다. 이 결과는 방열판이 가장 지배적인 결합경로일 경우에는 엄청나게 도움이 될 수 있다.

dv/*dt* 값이 큰 부품들 사이에는 충분한 물리적 간격을 확보하는 것이 바람직하다. 물론 이렇게 하면 소형 제품의 경우에 부품들을 배치하기가 어려워지지만 말이다. 작게 만든 주석판(tinplate) 부품으로 장해를 일으키는 부품(들)의 0 V에 대해 전기장 차폐를 추가로 제공하는 것은 또 하나의 선택 가능한 방법이다.

13.2.1.3 20 MHz 피크

스위치방식 전원공급기를 사용하는 다양한 유형의 제품들에서 방사되는 전도성 방출 그래프들을 서로 비교해보면, 다음과 같은 유사성이 눈에 띈다. 즉 5 MHz~25 MHz 영역에서 방출 곡선에 피크가 존재하는데, 보통 이 피크는 스위칭 회로의 고차 고조파로 구성되어 있다[153]. 이 피크의 레벨이 제한치보다 낮으면 더 이상 노력할 필요가 없지만 제한치보다 높은 경우에는 예상보다 긴 개선작업이 뒤따르게 마련이다. 하지만 이런 작업의 대부분은 유용한 결과를 가져오지 못하는 듯하다. 왜 이러한 어려운 문제가 발생하며, 이를 제거하는 것이 이렇게 어려운 까닭은 무엇인가?

이 질문에 대한 대답을 얻기 위해 전도성 시험의 등가회로를 살펴보기로 하자. [그림 13.19(a)]에서 보듯이 이 등가회로는 크게 다음의 네 부분 — 교류전원필터를 포함한 시험대상 장비(피시험 장비, equipment under test, EUT), 교류전원 케이블, LISN, 접지면 — 으로 구성되어 있다. EUT 내부 회로를 보면 섀시를 기준으로 한 공통모드 잡음 전압 V_N이 커패시터를 거쳐 교류전원필터의 등가회로(565쪽 그림 14.27 참조)로 가해지고 있다. 이 커패시턴스 C_{CM}은 앞에서 살펴본 C_{IW}와 C_{HS}와 기타 스트레이 커패시턴스를 합성한 등가 커패시턴스로 대부분의 경우에 가장 큰(중요한) 결합 경로이다. 회로 설계와 레이아웃을 양호하게 하면 C_{CM} 값을 최소로 할 수 있다. 커패시턴스 C_{CM}은 교류전원 필터의 상(phase, 라이브) 도선과 대지접지(earth) 도선 사이의 커패시턴스 C_Y와 함께 전압 분배 회로를 형성한다. 대부분의 휴대용 장치에서 C_Y의 최댓값은 안전용 대지접지 누설전류(safety earth leakage current) 제한치(허용기준)에 따라 정해진다.

대다수의 아주 단순한 필터들에는 직렬 공통모드 초크 L_{CM}이 들어있다. [그림 13.19(a)]의 교류전원필터 등가회로에는 이 초크를 단일 권선으로 표시하였다. 필터의 라이브 도선과 뉴트럴 도선은 동일하며, 통상적인 이중 권선 보상 초크(double-wound compensating choke)에서 두 권선은 서로를 보강하기 때문에 이렇게 단일 권선으로 나타낸 것이다. 중요한 추가 기생 성분은 권선 커패시턴스(winding capacitance) C_W로, 이것은 권선 전체에 걸쳐 나타나며 이로 인해 초크의 고주파 성능이 제한된다.

교류전원 케이블의 길이가 전기적으로 짧으면(즉 길이가 가장 높은 주파수에서 파장의 1/10 이하일 때, 예를 들어 30 MHz에서는 1 m 이하일 때), 이 케이블에서 일어나는 전송선로 효과는 무시할 수 있으므로 케이블을 집중 등가회로(lumped equivalent)로 나타낼 수 있다. 이 등가회로에서는 케이블 길이로 인한 자체 인덕턴스가 가장 우세하며 여기에 두 도체 사이의 상호 인덕턴스와 상호 커패시턴스가 추가되는데, [그림 13.19(a)]에서 보듯이 상호 커패시턴스는 C_{CBL}로, 자체 인덕턴스와 상호 인덕턴스는 각각 L_{CBL}과 M으로 이루어진 변압기로 표시되어 있다.

접지면에 대한 EUT 커패시턴스 C_S 또한 전체 회로의 일부를 이루고 있다. 안전용 대지접지(safety earth)가 없는 EUT의 경우, C_S는 공통모드 결합 경로에서 중요한 역할을 담당하는 부분이다. 안전용 대지접지 접속이 있는 경우에는 이 커패시턴스와 병렬로 나타난다.

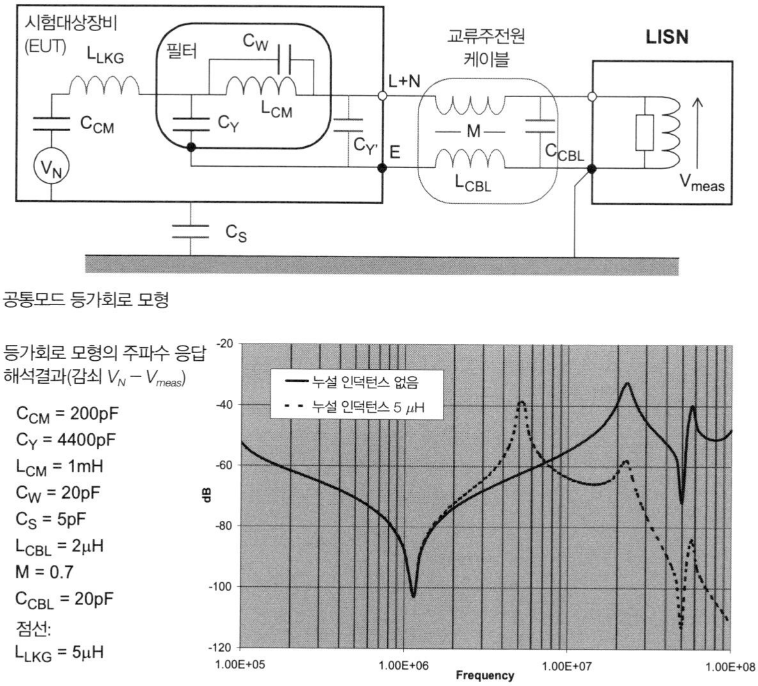

그림 13.19 고주파 방출 피크의 해석

이렇게 구성되어 있는 등가회로를 이용하면 공진을 발생시키는 몇 가지 가능성을 쉽게 확인할 수 있는데, 가장 중요한 문제는 어느 부품이 가장 위험성이 큰지 알아내는 것이다. 등가회로의 동작을 해석하면 가장 쉽게 이 목적을 달성할 수 있다. [그림 13.19(b)]에 실린 그래프의 곡선은 실제 측정 결과를 예측하기 위해 등가회로의 주파수 응답을 계산한 결과로, V_N에서 LISN 측정점으로의 전달함수(transfer function)에서 나타나는 피크를 정확하게 보여주고 있다. 초크의 자체 커패시턴스가 교류전원 케이블의 인덕턴스와 결합하여 실제로 공진을 한다. 물론 이 공진은 케이블 길이와 케이블 내의 도선들의 상호 결합에 의해 영향을 받는다. 100 pF～470 pF 정도의 보조 Y-커패시터를 교류전원 케이블에서 공통모드 초크 쪽의 두 도선 양단에 연결하면 이렇게 발생한 공진의 영향을 크게 줄일 수 있다. 이 Y-커패시터는 [그림 13.19(a)]의 회로에 C_Y로 표시되어 있는데, 이 커패시터로 인해 공진주파수는 낮아지고 공진 시 진폭도 줄어든다.

이보다 더 까다로운 문제를 일으키는 현상이 또 하나 있는데, 이는 EUT 내부의 공통모드 결합경로에 인덕턴스가 어느 정도 포함되어 있는 경우에 발생한다. 이 현상 역시 SMPS에서 문제가 되는 인덕턴스가 스위칭 변압기의 누설 인덕턴스인 경우에 아주 흔히 발생한다. [그림 3.19(a)]에 표시되어 있듯이 누설 인덕턴스 L_{LKG}는 C_{CM}과 직렬로 나타나는데, 이 두 부품의 결합으로 인해 발생하는 공진주파수는 보통 5 MHz～10 MHz 영역에 속해있다. [그림

13.19(b)]의 점선은 이 L_{LKG}에 의해 발생하는 공진의 영향을 보여주고 있다. 스트레이 커패시턴스와 인덕턴스의 상대적인 값에 따라 여러 공진 피크들은 그림처럼 서로 떨어져서 나타나기도 하고 아니면 서로 겹쳐져 피크 레벨이 커지기도 한다.

C_{CM} 역시 변압기의 권선간 커패시턴스에 의해 크게 좌우되므로 변압기를 완전히 새로 설계하지 않고는 공진주파수를 이동시키는 것이 불가능하다. 그런데 완전한 재설계는 이미 설계가 확정된 장비에 대해 EMC 인증 시험을 수행하는 시점에서는 선택할 수 없는 방안인 것이 보통이다. 의도적으로 누설 인덕턴스를 증가시키는 조치 — 비록 여러 가지 측면에서 바람직하지는 못하지만 — 는 결합 피크의 진폭을 감소시키는 데 좋은 효과가 있을 수 있다. 또 다른 방법으로는, 교류전원 필터에서 C_Y 앞에 작은 $C-M$ 초크를 추가할 수 있다.

13.2.1.4 스위칭 에지의 링잉

전체적 방출 특성(emission profile, 방출 스펙트럼 분포)을 보여주는 그래프에서 나타나는 피크들은 결합경로에서의 공진으로 인해서만 생기는 것은 아니다. 공진 이외에 또 하나 전형적으로 발생하는 현상이 스위칭 파형에 생기는 링잉으로, [13.1.3.4절]에서 다룬 것과 내용은 비슷하지만 그 발생 원인은 다르다. 스위칭 파형이라면 깔끔하고 깨끗한 완벽한 사다리꼴을 생각할지 모르겠지만 실제로 스위칭 과도현상[보통은 턴-오프 에지(turn-off edge)]은 회로에서 기생 공진을 일으키므로 [그림 13.20]과 유사한 파형이 나타난다. 에지가 빠를수록(변화율이 클수록) 더 많은 에너지가 링잉에 모이게 되고, 이 에너지는 공통모드와 차동모드의 형태로 결합되어 나가면서 스펙트럼 상에 피크가 나타나게 한다. 링잉 주파수는 스위칭 장치의 기생 커패시턴스에 영향을 받는데다가 스위칭 주기에 걸쳐 크게 변할 수 있으므로, 스펙트럼 상에 나타나는 실제 피크는 많든 적든 어느 정도 퍼지게 된다. [그림 13.20]은 특히 부실하게 설계되어(교류전원 필터 없이) 상당히 큰 스트레이 인덕턴스와 커패시턴스를 가진 회로의 스펙트럼으로, 낮은 주파수에서 생긴 뾰족한 피크를 볼 수 있다.

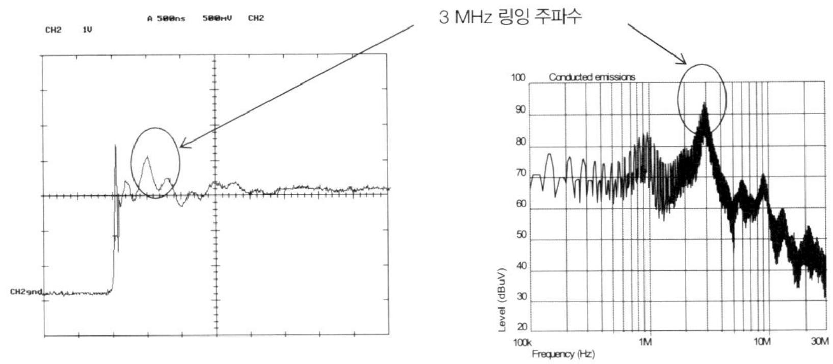

그림 13.20 링잉이 발생한 SMPS의 파형과 그 주파수 스펙트럼

스펙트럼에 나타난 피크가 링잉 때문인지 아닌지 진단하는 것은 아주 간단하다. 오실로스코프로 링잉을 관측하고 링잉 주파수를 스펙트럼에서 나타난 주파수와 비교해보면 된다. 어려운 것은 이러한 유형의 링잉을 없애는 일이다. 변압기 누설 인덕턴스와 회로의 레이아웃 인덕턴스와 같은 기생성분(parasitic)들의 값을 최소로 유지해야 하며 스위칭 에지의 속도는 효율에 지장이 없는 범위 안에서 최소가 되도록 제한해야 한다. 회로에는 dv/dt 값이 큰 노드에 완충 부품(snubber)들을 장착해 주어야 한다. 경우에 따라서는 스위칭 전류 경로에 직렬 페라이트를 넣어주면 효과적이다.

13.2.1.5 차동모드 장해

차동모드 장해는 전원 스위칭에 의해 생겨난 큰 di/dt로 인해 입력 평활(정류) 커패시터(reservoir capacitor)가 갖는 유한한 임피던스 양단에 발생하는 전압에 의해 일어난다. 차동모드 장해는 낮은 주파수의 스위칭 고조파들을 가장 크게(많이) 방출하는 발생원이다. 낮은 등가 직렬 임피던스(ESL과 ESR)를 가진 커패시터를 선택하면 상황을 개선할 수는 있지만, 발생하는 잡음을 무시할 수 있을 정도로 작게 할 만큼 커패시터의 임피던스를 낮게 하기란 현실에서는 불가능하다.

입력 측에 직렬 인덕턴스와 병렬 커패시턴스를 추가하면 입력 단자로 전달되는 전압이 감쇠된다. 발생원의 임피던스가 낮기 때문에 커패시터만으로는 낮은 주파수 영역에서 별 효과를 얻기가 어렵다. 수십 μH 이상의 값을 갖는 직렬 인덕터를 큰 직류전류에 대해서 정상적으로 동작할 수 있게 하기는 어렵다(교류에 대해서는 피크 리플 전류값이 직류 평균 전류값보다 크더라도 인덕터는 포화되지 않는다는 사실을 기억하라). 또한 큰 인덕터 하나보다는 작은 인덕터를 여러 개 사용하는 편이 더 효과적이다. 여러 개의 병렬 평활 커패시터를 사용하는 경우에는 직렬 인덕터로 이들 중 하나를 나머지 전체와 분리하면 추가 비용을 들이지 않고도 전체적인 정류작용에는 거의 영향을 주지 않으면서 높은 주파수의 고조파 성분들을 크게 감쇠시킬 수 있다.

[그림 13.21]은 필터의 구성을 보여주고 있다. *LC* 회로는 현재 회로 구성과는 반대로 정류기의 입력 쪽에 위치할 수도 있다. 이렇게 하면 교류전원 주파수에서 스위칭을 수행하는 정류 다이오드들에 의해 발생하는 광대역 잡음을 감쇠시키는 장점이 있다. 교류전원 입력 필터는(13.2.3절 참조) 그 자체로 약간의 차동모드제거(differential mode rejection) 기능을 수행한다. 또한 축 회로(Ćuk circuit)[66]와 같이 입력 인덕터들이 들어있는 구조의 스위칭 변환기를 선택할 수도 있다. 이 축 회로는 입력 파형과(또는) 출력 파형에서 빠른 di/dt 전이를 줄일 수 있지만 완전히 제거하지는 못한다(인덕터 양단의 스트레이 커패시턴스 때문).

차동모드 필터의 성능을 검사할 때는 필터가 최대 입력 전력으로 동작하고 있는지 항상 점검하면서 검사를 해야 한다. 스위칭 전류의 크기가 클수록 더 많은 잡음이 발생하며, 교류전원선의 피크 입력전류는 필터 인덕터(들)를 포화상태로 만들어 효과를 발휘하지 못하게 할 수 있다.

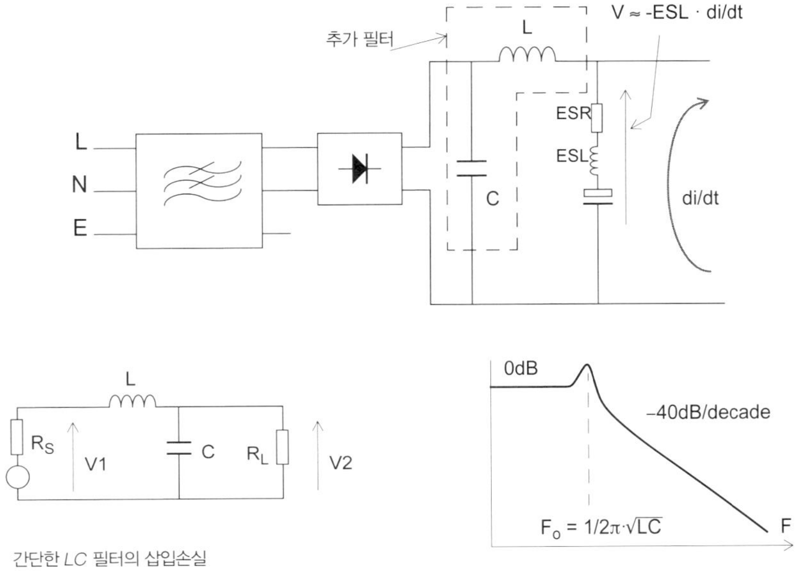

간단한 *LC* 필터의 삽입손실

$$\left|\frac{V1}{V2}\right| = \left|1-\omega^2 LC\cdot\frac{R_L}{R_S+R_L} + j\omega\cdot\frac{CR_LR_S+L}{R_S+R_L}\right|$$

$R_S \ll R_L$인 경우

$$\left|\frac{V1}{V2}\right| = |1-\omega^2 LC|$$

표준 교류 주전원선 임피던스 R_L은 차동모드에 대해 100 Ω/100 μH로 근사적으로 나타낼 수 있다. 이 값은 300 kHz 이상에서는 100 Ω에 가까워진다. 낮은 주파수에서 일어나는 *LC* 공진으로 인해 삽입이득이 생긴다.

그림 13.21 차동모드 필터링

차동모드와 공통모드를 판단해내는 방법

SMPS 잡음을 조사하는 과정에서, 부하전류가 전체적인 잡음 특성(잡음 프로파일, noise profile)에 미치는 영향을 관찰하는 것은 유용하다. 일반적으로 — 물론 예외는 있지만 — 차동모드 잡음은 부하에 따라 증가하는 반면 공통모드 잡음은 그렇지 않다. 이는 두 잡음 모드의 발생원이 다르기 때문이다. 차동모드 잡음은 주로 평활(필터) 커패시터 양단의 리플에 의해 발생하며, 이 커패시터를 통해 흐르는 전류가 클수록 차동모드 잡음이 증가한다. 공통모드 전류는 주로 스위칭 전압 에지 *dv*/*dt*에 의해 발생하는데, 적은 부하(light load)일 때나 최대부하(full load)일 때나(즉 부하의 상태에 따라) 거의 변하지 않는다. 물론 어느 모드인지를 판단하는 데 정확성을 높이기 위해 [7.2.2.1절]의 [그림 7.12]에 설명되어 있는 방법을 사용할 수 있지만 보통은 부하를 변경시키는 것이 쉽고 빠르게 당장 할 수 있는 방법이다.

13.2.1.6 출력 잡음

스위칭 스파이크(switching spike)는 모든 스위칭 전원공급기의 DC 출력에 나타나는 특성이다. 스위칭 스파이크를 발생시키는 원인의 일부는 출력 정류회로의 유한한 임피던스이며(차동모드) 나머지 일부는 절연(격리) 변압기의 권선간 커패시턴스 양단에 걸리는 결합이다(공통모드). 이러한 스파이크는 장치로부터 출력 선로로 전도되어 흘러나와 다른 리드로 재 방사되거나 접지 연결선으로 결합할 수 있다. 이에 대한 조처로, 낮은 ESL을 갖는 평활 커패시터가 좋은데, 이와 함께 입력에서와 같은 고주파 L-형 필터를 사용하면 양호한 차동모드 억제 효과를 거둘 수 있다. 페라이트 비드와 0.1 μF 커패시터를 사용하면 1 MHz 이상에서 20 dB ~ 40 dB를 얻을 수 있다.

공통모드 스파이크는 차동 출력 필터를 추가해도 영향을 받지 않는데, 이러한 특성이 어떤 모드의 장해가 발생하고 있는지 알아내는 한 가지 방법이다. 공통모드 장해를 제거하기 위해 1 nF ~ 10 nF 커패시터를 1차권선의 0 V 노드와 2차권선의 0 V 노드 사이에 장착하라(그림 13.18의 C_{P-S}). 이 커패시터는 변압기의 권선간 커패시턴스와 함께 전압 분배기 회로로 동작한다. 그렇지만 이 방법을 실제로 적용할 때는 입력과 출력 사이에서 요구되는 절연전압 조건과 누설 커패시턴스 조건에 의해 제한을 받는다. 이 방법을 적용하는 것이 부적절하거나 불가능하면 전원공급기의 출력선로에 공통모드 초크를 위치시키는 방법을 선택하여 초크를 지나 부하회로에 전원이 공급되도록 한다.

출력 정류 다이오드(들)의 급격한 역회복(reverse recovery) 특성은 고주파 링잉과 과도현상을 추가로 발생시킬 수 있다. 전류가 보통의 다이오드를 통해 도통 상태에서 차단 상태로 스위칭이 일어날 때는 짧은 시간 동안 순방향 전류의 흐름이 계속 유지되는데, 이 때문에 다이오드에서는 바람직하지 않은 추가 전력손실이 발생한다. 고속회복 다이오드(fast recovery diode)는 이러한 현상이 발생하는 시간이 최소가 되도록 특별히 설계된 것으로 더욱 빠른 스위칭 속도가 가능하다. 이 부품은 회복에 소요되는 시간은 짧지만, 회복 시간 동안에 잔류 전류의 흐름이 매우 빠른 속도로 끊기는데, 이로 인해 di/dt 값이 매우 커진다. 매우 큰 값의 di/dt는 변압기 2차권선의 누설 인덕턴스와 스트레이 커패시턴스로 만들어진 공진회로에 가해져 공진주파수에서 높은 레벨의 방출로 이어진다. 소형 전원공급기의 경우 스위칭 주파수에 의해 변조된 공진주파수들은 수백 MHz 정도가 될 수 있다. 완속회복 다이오드(soft recovery diode)를 선택하거나 고속회복 다이오드에 RC 완충회로(snubber)를 병렬로 연결하면 di/dt 값을 감쇠시킬 수 있다.

13.2.2 DC-DC 변환기

기판 탑재형(onboard) 소형 POL(point-of-load)[2] DC-DC 변환기는 전도성 방출을 일으키는 위협요소가 되는 일은 거의 없다. 이 변환기는 인터페이스에서 발생하는 전도성 방출을 완전히 디커플링할 수 있기 때문이다. 그렇지만 교류전원 스위칭 전류의 방사 효과는 가능한 한 크게 줄여야 한다. PCB에서 이 전류 루프의 면적을 0으로 줄일 수만 있다면 아무런 문제도 생기지 않을 것이다. 실제로 방사를 최소로 하기 위해서는 최적의 레이아웃이 필요하다. 최적의 레이아웃을 위해서는 가장 큰 스위칭 전류가 흐르는 경로를 찾아낼 필요가 있다.

"핫 루프(hot loop)", 다시 말해 가장 큰 방출이 발생하는 루프에는 di/dt 값이 가장 큰 전류가 흐른다. 이러한 전류는 0에서 피크값으로 순간적으로(또는 가능한 한도 내에서 가장 빠르게) 스위칭이 될 때 생겨난다. [그림 13.22]의 (a)와 (b)는 대표적인 벅(buck) 구조의 변환기와 부스트(boost) 구조의 변환기에 존재하는 핫 루프를 보여주고 있다. 다른 구조의 변환기에서도 이와 비슷한 핫 루프를 한두 개는 찾아낼 수 있을 것이다. 여기서 알아둘 것은 일반적으로 이 루프는 스위칭 인덕터를 포함하지 않는다는 사실이다. 스위칭 인덕터를 사용하는 목적은 변환기가 연속방식으로 동작하고 있을 때 스위칭이 일어나는 동안에도 전류 흐름의 연속성을 유지하기 위함이다. 루프의 전류 파형은 급격한 온-오프 형태가 아닌 삼각형 모양을 하고 있는 것이 보통이다.

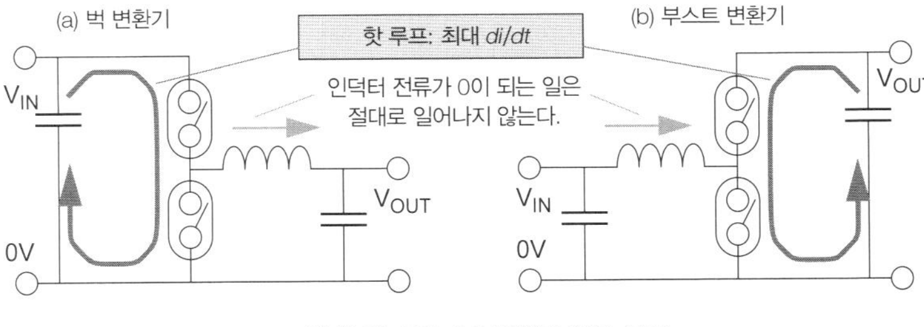

그림 13.22 DC-DC 변환기 전류 루프

어떤 커패시터를 통해 핫 루프 전류가 흐르고 있다면, 이 커패시터는 사이즈가 작고(루프 면적을 줄이기 위해) 기생 임피던스가 작은 타입으로 선정해야 한다. 총 루프면적은 이 커패시터와 관련 스위칭 회로로 이루어진다. 스위치가 내장된 잘 설계된 IC는 여기에 도움이 된다. 방출 문제와 관련해서는, 동기 스위치(synchronous switch)를 내장하고 핀배치(pinout)가 적절하고 내부 스위치 제어를 세심하게 수행하는 전원공급기가, 쇼트키 다이오드(Schottky diode)가 외부에 있는 비동기 전원공급기 IC보다 성능이 우수하다. 또한 이 두 종류의 전원공

2 (옮긴이) Point-of-load (POL) 전원공급기는 마이크로컨트롤러나 ASIC과 같은 고성능 반도체에 필요한 '높은 피크전류 요구'와 '낮은 잡음 마진'이라는 어려운 과제를 해결하는 방법으로, 부하들에게 전원전압들을 공급하는 각각의 전압 조정기(선형 또는 DC-DC)들을 부하 위치(point of load)에 아주 가까운 곳에 배치한다. POU (point of use)라고도 한다.

급기는 MOSFET이 외부에 있는 설계보다는 성능이 더 우수하다[95].

핫 루프의 인덕턴스와 이 루프의 방사효율을 줄이는 간단하면서도 효과가 좋은 방법은 루프 트레이스 바로 아래쪽에 영상면(image plane)(15.1.5절 참조)을 설치하는 것이다. 영상면은 GND면(0 V면)에 접속되는 것이 보통이지만 반드시 그래야 하는 것은 아니다. 루프에 흐르는 전류에 의해 발생하는 자기장은 루프에 인접한 영상면의 표면에, 루프 전류와 반대 방향으로 흐르는 전류를 유도한다. 그 결과 영상면에 유도된 전류에 의해 발생하는 자기장이 원래 루프에서 발생한 자기장의 대부분을 상쇄시켜 루프의 전체 인덕턴스를 거의 사라지게 하는 효과를 거둘 수 있다. 이때 영상면 층이 루프가 배선된 신호층과 가까울수록 상쇄효과는 더욱 좋아진다. 4층기판에서 맨 위층이 트레이스가 배선된 신호층일 때 두 번째 층을 영상면 층으로 하면 두 층 사이의 간격이 0.2 mm를 넘지 않게 된다.

영상면에는 유도전류가 흐르기 때문에 영상면에 잡음 전압이 발생할 수 있다. 따라서 영상면은 주(main) 0 V면의 일부가 되어서는 안 된다. 그렇지만 영상면은 $x-y$(2차원 평면) 방향으로는 이웃면에 위치한 루프의 전체 면적보다는 폭이 더 넓고 균일해야(갈라진 틈이나 슬롯 없이 연속적이어야) 한다. 영상면은 기판의 다른 층에 있는 0 V면에 한 점에서 접속할 수 있다. 또는 같은 층에 있는 0 V면에서 일부를 도려내어 만들 수도 있는데, 이 경우 주의할 점은 다른 층에 있는 어떤 트레이스도 면에 있는 갈라진 틈 위를 가로지르도록 배선해서는 안 된다는 것이다.

구동기 단(driver stage)

제어기(controller)의 외부에 있는 스위치를 사용하는 회로에서, 교류전원 스위칭 전류 다음에 방출 문제를 일으키는 발생원은 MOSFET 게이트 구동신호(들)인 것이 보통이다. 전력(power)용 MOSFET과 IGBT는 수 nF 정도의 게이트-소스간 커패시턴스(gate-to source capacitance)를 갖는데, 전력 레벨이 높을수록 FET 면적이 커지고 FET의 게이트 커패시턴스도 커진다. 그리고 특히 장치가 FET의 드레인에 높은 전압을 인가할 때 이 커패시턴스["밀러" 커패시턴스(Miller capacitance)]에 게이트-드레인간 커패시턴스가 더해진다.

이 커패시턴스를 구동하여, 장치를 짧은 시간에 온, 오프 스위칭 하기 위해서는 다음 식으로 표시되는 게이트 구동전류의 크기가 A(암페어) 단위 정도는 되어야 한다.

$$I = C \cdot \frac{dV}{dt} \tag{13.4}$$

예를 들어 5 nF의 게이트 커패시턴스를 5 V 전압으로 10 ns 동안 스위칭을 하기 위해서는 2.5 A의 게이트 구동전류가 흘러야 한다. 이 구동 경로에서 di/dt는 교류전원 스위칭 회로의 di/dt만큼 클 수 있다. 따라서 이 신호를 공급하는 전류 루프를 최소로 할 필요가 있다. [그림 13.23]은 반-브리지(half-bridge) 스위칭 회로의 경우를 보여주는 예로, 이 회로에서는 한 패키지에 들어있는 두 개의 MOSFET가 두 개의 구동기에 의해 스위칭이 되고 있다. 그림에 표시된 모든 루프들은 작은 PCB 영역과 트레이스 아래쪽에 있는 영상면에 의해 도움을 받을 것이다.

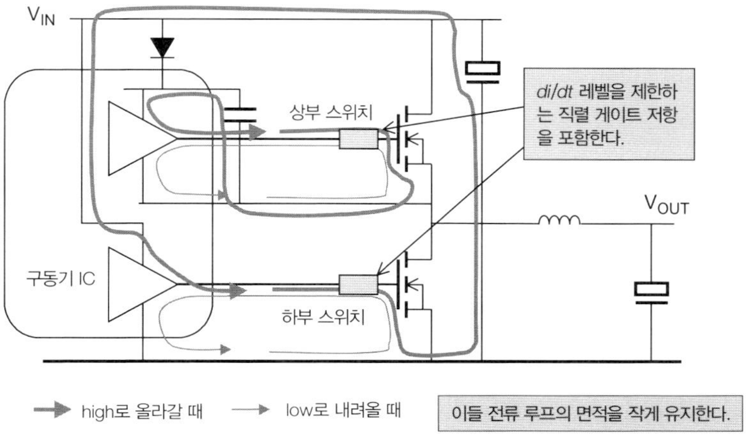

그림 13.23 외부의 MOSFET(또는 IGBT) 구동회로

속도가 빠른 구동 신호의 영향을 억제하는 추가 기법은 각 게이트에 직렬로 작은 임피던스를 연결하는 것이다. 이 직렬 임피던스는 게이트 커패시턴스와 협력하여 MOSFET로 가해지는 피크 구동전류를 제한하는 기능을 수행한다. 물론 이렇게 하면 당연히 손해를 보는 것도 있는데, 너무 큰 임피던스는 스위칭 시간을 허용할 수 없을 만큼 느리게 하고 변환기에서 너무 많은 전력소모가 생기게 한다. 그렇다고 해도 프로토타입 PCB에 직렬 부품을 포함시키는 것은 EMC를 위한 "좋은 관행(good practice)"이다. 처음에는 낮은 값의 저항, 예를 들어 2.2 Ω 저항을 연결하여 그 효과를 평가하고, 그 결과를 바탕으로 저항 값을 조정하여 낮은 방출과 낮은 손실 사이에서 최적의 균형(절충)을 이루는 저항 값을 최종적으로 선정한다.

13.2.3 기타 전원 스위칭 회로

SMPS는 어디에나 사용되고 있어서 교류전원의 전도성 방출 시험에서 가장 빈번하게 마주치고 있기는 하지만 그렇다고 해서 RF 방출의 유일한 발생원은 아니다. 수십 kHz에서 수백 kHz의 주파수 영역에서 상당히 큰 전력을 스위칭하는 회로라면 어떤 회로라도 심각한 RF 방출 문제를 일으킬 수 있다. 여기에 속하는 회로로는

- 가변속 모터 구동기기(variable speed motor drive)
- D급 오디오 전력 증폭기(Class D audio power amplifier)
- 고효율 조명 변환기(high-efficiency lighting converter)
- 재생 에너지용 그리드 접속 전력 변환기(grid-connected power inverter for renewable energy)

• 위상각 또는 PWM 조명 및 난방 제어기기(phase angle or PWM lighting and heating controller)

가 있다. 이 모든 회로들의 기본적인 용도는 전력을 가능한 한 빨리 스위칭하여 MOSFET, IGBT, 트라이액(triac)과 같은 스위칭 부품에서 손실되는 전력을 최소로 하는 것이다. 앞에서 살펴본 바와 같이 스위칭 속도가 빠를수록 스위칭된 전류 및 전압 파형이 가지는 높은 주파수의 고조파 성분이 커진다.

이들 제품의 설계에는, 앞에서 설명한 전원공급기에 대해 사용한 여러 가지 대책들과 유사한 대책들을 적용해야 한다. 차동모드와 공통모드 결합 경로를 반드시 고심해서 다루어야 한다. dv/dt 값이 큰 노드들을 찾아서 용량성 결합을 최소화하는 설계를 해야 한다. 또한 di/dt 값이 큰 루프를 찾아서 유도성 결합을 최소화하는 설계를 해야 한다. PCB 트랙 레이아웃을 할 때는 공통 임피던스 결합의 위험성을 반드시 고려해야 하며 이 문제를 해결하기 위해 일점접지(single point grounding) 방식을 적용할 필요가 있을 것이다. 차동모드와 공통모드 필터링은 언제나 필요하며 이러한 필터는 기존의 설계에 비용, 사이즈, 무게를 더하게 된다. 이들 제품에 대한 일반적인 등가회로를 [그림 13.24]에 나타내었다. 이 등가회로를 보면 교류전원 스위칭 회로가 필터를 통해 장치의 출력과 연결되어 있는데, 장해 잡음이 출력 리드(lead)를 통해 방사되거나 교류 주전원선을 통해 전도되어 되돌아갈 가능성은 여전히 존재한다.

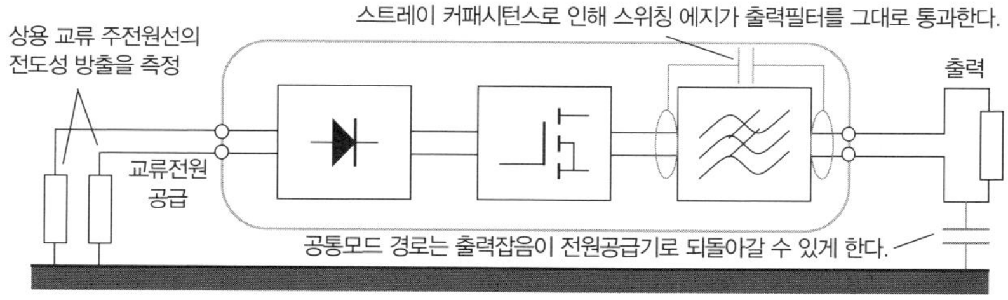

그림 13.24 일반적인 전원 스위칭 회로

이러한 유형의 시스템에서 제기되는 설치 문제에 대해서는 [16.5절]에서 간단히 다룬다.

13.3 내성 확보를 위한 설계

마이크로프로세서는 일종의 "상태기계(state machine)"이기 때문에 프로세서를 기반으로 하는 회로는 빠른 과도현상에 의해 오류가 발생하여 잘못된 상태(false state)를 실행하는 일이 생길 수 있다. 클록으로 동작하는 회로(마이크로프로세서 기반의 회로뿐만 아니라)가 유입되는 과도 장해에 취약하지 않게 하기 위해서는 상당한 주의가 필요하다. 아날로그 신호는 연속적인 장해에 더 많은 영향을 받는다. 연속적인 장해는 비선형 회로 소자에 의해 정류되어 바이어스 이동이나 신호 레벨의 이동을 일으킨다. 아날로그 회로의 내성은 증폭기의 대역폭을 최소로 하고 신호레벨을 최대로 하고 평형구조(balanced configuration)를 사용하고 "오염된" 외부 회로에 연결된 I/O를 전기적으로 격리(절연)하는 방법을 사용하여 개선할 수 있다.

13.3.1 디지털 회로: 장해 경로

마이크로프로세서에 위험한 장해들은 그것이 공통모드 RF이든 과도현상이든 대부분 접지로 전달된다. 그리고 공통모드 접지 잡음이 취약한 신호 노드에서 차동모드 잡음으로 변환되면 피해가 발생한다. 이 현상은 부실한 PCB 레이아웃으로 인해 공통모드에서 차동모드로의 변환을 일으키는 전달 임피던스가 커지기 때문에 일어난다. 차동모드 장해는 외부의 인터페이스들로부터 회로 내부로 전파되지 않는다. 따라서 우선적으로는 모드 변환을 최소로 하는 최상의 PCB 트랙 설계 — 접지면의 적절한 사용 — 를 하는 데 집중해야 한다. 다음으로는 접지 장해전류가 논리 회로들로부터 물리적으로 멀리 떨어져 흐르도록 부품들을 배치해야 한다. 장해에 대해 더욱 안전한 경로로 전류가 흐를 수 있도록 I/O 리드들을 필터링하거나 격리(분리)시킨다.

내부에서 차동모드 전압들을 발생시키는 방사성 RF 전자기장은 차동모드 RF 방출에 대한 대처 방법 — 접지면을 사용하여 회로의 루프면적을 최소로 하고 가능한 한도 내에서 취약한 회로의 대역폭을 제한하는 방법 — 을 사용한다.

13.3.1.1 장해 경로-과도현상

[그림 13.25]는 높은 주파수에서, 전형적인 마이크로프로세서 기반 제품의 레이아웃을 나타낸 것이다[28]. 제품은 전원공급기, 사용자 인터페이스, 프로세서 기판, 인클로저, 외부 연결선으로 구성되어 있다. 그림을 보면 0 V 레일은 인덕턴스들과 스트레이 커패시턴스들(0 V레일과 인클로저 사이의 커패시턴스)로 구성된 회로로 표시되어 있다. 0 V 레일이 면(plane)인 경우에는 인덕턴스는 작아지지만 총 커패시턴스는 커진다. 교류전원선에서 유입되는 공통모드 과도 전류는 회로의 0 V 레일을 통과해 흐를 수 있는데, 이때 그림에 표시된 여러 경로들(스트레이 커패시턴스가 이들 경로의 형성에 미치는 영향을 잘 살펴보기 바란다) 중에서 일부 또는 전부를 통해 지나가면서 접지 전압 스파이크를 발생시킬 수 있다. 그림에 표시된 전류 경로들은 다음과 같다.

- (1)번 경로: 교류전원선의 전류가 전원공급기의 1차권선-2차권선간 커패시턴스를 통과해 0 V 레일로 흐르고, 이어서 케이스로 흐른다.
- (2)번 경로: 교류전원선의 전류가 (1)번 경로를 따라 흐른 다음 외부 연결선으로 흘러나간다.

• (3)번 경로: 교류전원선의 전류가 곧바로 케이스를 따라 흐르다가 스트레이 커패시턴스를 통과해 0 V 레일로 흐르고, 이어서 외부 연결선으로 흘러나간다.

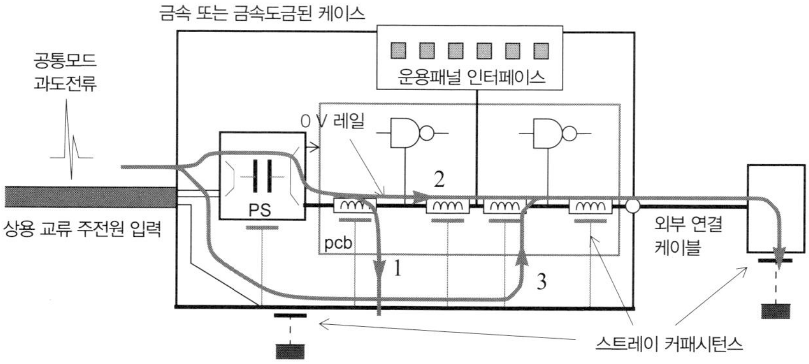

그림 13.25 전형적인 제품의 고주파 등가회로: 과도현상

외부 연결선이 없는 경우에는 (1)번 경로로 흐르는 전류가 유일한 문제이므로 교류전원 필터를 장착하고 교류전원 변압기에서 케이스에 대해 정전 차폐를 설치하는 방법으로 해결할 수 있다. (2)번 경로의 전류는 외부 연결선이 케이스 커패시턴스보다 접지에 대해 낮은 임피던스 경로를 제공하기 때문에 발생하는 것이다. 외부 연결선이 접지에 대해 가지는 임피던스를 제어하는 것은 불가능하다. 따라서 이 전류 경로가 존재한다는 현실을 받아들이고 과도전류가 우선적으로 케이스를 경유해 인터페이스로 가는 경로를 따라 흘러 회로로는 들어가는 일이 생기지 않게 확실히 해주어야 한다. 이렇게 하려면 케이스 구조를 서로 잘 접합해주어야 하고 – 다시 말해 과도전류에 대해 낮은 임피던스 경로를 제공해야 하고 – 과도전류가 들어오고 나가는 위치에서 인터페이스를 케이스로 필터링해주어야 한다(14.2.4과 12.2.4절 참조).

인클로저가 비전도성이면 과도전류는 회로를 통해 흐를 수밖에는 없다. 인터페이스들을 한 부분으로 모아 놓는 것은 필수적이며 이와 더불어 공통모드 초크를 아끼지 말고 사용하여 회로에서 인터페이스 케이블 쪽을 바라다본 임피던스(입력 임피던스)를 증가시킬 필요가 있다. 그렇지만 PCB 자체를 통해 어느 정도의 장해 전류가 흐를 수 있음을 반드시 예상하여, 이 경우에 발생하는 모드 변환을 최소로 해주기 위해 양호한 0 V면 등으로 낮은 전달 임피던스를 제공할 필요도 있다. 사실상 금속 케이스에 의해 제공되는 보호가 사라지면 PCB 설계에는 훨씬 큰 부담이 생긴다.

외부 연결선이 있을 때 (3)번 전류 경로는 교류전원 필터에 의해 실제로 더 악화될 수 있다. 이는 높은 주파수 영역에서 인클로저는 진정한 접지에 대해 플로팅이 될 수 있고 과도 내성 시험에서는 라이브 선로와 뉴트럴 선로와 마찬가지로 안전용 대지접지(safety earth) 선로를 시험하기 때문이다. 케이스는 안전용 대지접지와 직접 접속되고 높은 주파수에서는 교류전원 필터를 통해 라이브 및 뉴트럴과 간접적으로 연결되는데, 이 케이스를 통해 과도전류가 케이스 안으로 주입된다. 대형 전도성 구조물인 경우에도 여기에 큰 임피던스가 나타날 수 있으므로 빠른 과도전류가 흐르면 큰 전압차가 발생한다. 안전용 대지접지선 – 초록과 파랑색이 함께 칠해진 도선 – 은 고주파에서 기준점이 아니다(12.1.3.4절의 접지 도선 임피던스를 다시 살펴볼 것). 이 선이 유일한 "대지접지(earth)" 연결선인 경우, 인덕턴스들(연결된 케이블들)과 예상하기 불가능한 스트레이 커패시턴스들로 구성된 복잡한 회로망에 의해 인클로저 상의 전압이 정해진다. 케이스가 부적절하게 접지된 경우에 나타나는 이 문제에 대처하려면 전원공급기 입력에 대해 해줄 때와 마찬가지로 외부 인터페이스들을 케이스로 필터링 해주어야 한다. 이렇게 하면 장해전류가 회로를 통해서가 아니라 금속부분을 통해 우선적으로 흐르게 된다. 또한 이 방법은 인터페이스를 경유하여 주입되는 과도전류 문제에도 대처할 수 있다.

어떤 경우에서도, 전원공급 리드와 함께 모든 I/O 리드들을 한데 모아 놓으면(그림 12.26 참조) 회로를 우회하는 낮은 임피던스 경로가 만들어져 과도전류가 PCB 트랙을 통해 흐르는 것을 막을 수 있다.

13.3.1.2 장해 경로 – 정전기 방전(ESD)

정전기 방전(ESD)은 장비에서 외부로 드러난 부분이라면 어느 곳에서도 발생할 수 있다. ESD 문제가 흔히 발생하는 부분으로는 [그림 13.26]에 표시된 것처럼 (1) 키보드와 조정장치 (2) 외부 케이블 (3) 사람이 쉽게 접근할 수 있는 금속 부위이다. 근처에 있는 전도성 물체(장비 자체에 있는 접지되지 않은 금속 패널이 이 금속부위가 될 수 있다)에 정전기 방전이 발생하면 매우 큰 전류가 방전된 위치 근처에 집중해서 흐른다. 이 전류는 유도성 결합이나 공통 임피던스 결합을 통해 장비 내부에 전류를 유도한다.

정전기 방전이 일어날 가능성이 있는 위치가 많이 있기 때문에 방전 전류가 흐를 가능성이 있는 경로들은 곳곳에 존재한다. 이러한 잠재적인 경로들 중에서 다수는 PCB 접지 레이아웃의 일부, 스트레이 커패시턴스, 외부 장비 또는 노출된 회로를 포함할 것이다. 또한 유도된 과도 접지 전압은 앞에서 주입된 공통모드 과도 버스트에 대해서 설명한 내용과 같은 방식으로 오작동을 일으킨다. 방전전류는 최소 인덕턴스(least inductance) 경로(들)를 따라 흐른다. 인클로저가 접지에 양호하게 접합되어 있으면 이곳이 자연스럽게 전류가 흘러 들어가는 싱크점(sink point)이 된다. 인클로저가 접지와 부실하게 접합되어 있거나 인클로저가 비전도성이면 최소 인덕턴스 경로는 접속 케이블들을 경유하는 경로가 될 것이다.

어떤 경우이든 PCB가 ESD의 영향을 전혀 받지 않도록 ESD를 막는 것은 어렵다. ESD로 인해 발생하는 di/dt 값은 모든 EMC 현상 중에서 가장 크다(10^9 A/s ~ 10^{10} A/s). 이 때문에 모드 변환 전달 임피던스를 최소로 하는 "좋은 레이아웃 관행(good layout practice)"의 적용이 다시 한 번 강조된다. 카드 프레임(card frame, 기판 장착 틀)에 장착된 PCB 기판처럼,

PCB의 모서리가 외부에 노출되어 있는 경우에 유용한 방법은 PCB 둘레에 "보호 트레이스(guard trace)"를 두르는 것이다. 이 트레이스는 아무 회로에도 연결하지 않고 별도로 접지에 접속하여 회로를 위한 "희생 경로"로 동작하게 한다.

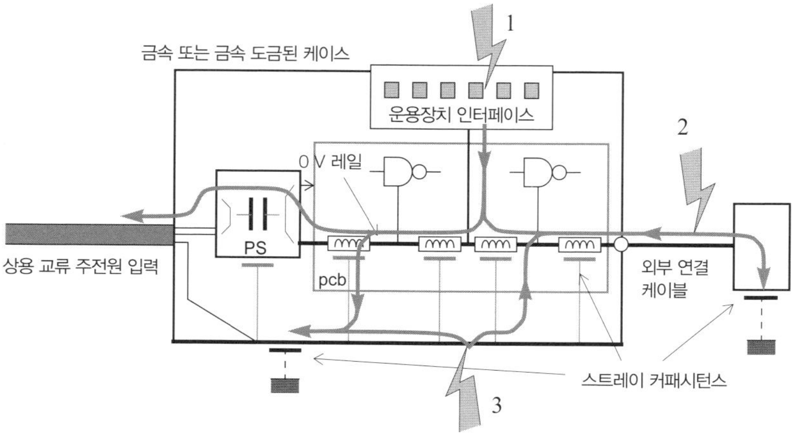

그림 13.26 전형적인 고주파 등가회로: ESD

인클로저가 여러 개의 전도성 패널로 이루어진 경우, [15.1절]에서 차폐된 인클로저에 관해 설명한 내용에 따라 이 패널들은 반드시 서로 잘 접합되어야 한다. 모든 금속 덮개들과 패널들은 낮은 임피던스 연결(금속-대-금속, 직류에서 2.5 mΩ 미만)로 최소한 두 곳에서 서로 접합되어야 한다. 이렇게 하지 않으면 방전 전류가 패널들을 가로질러 흐르려고 할 때 매우 큰 과도 전자기장이 발생할 것이다. 패널들이 어느 정도 길이의 도선으로 서로 연결된 경우에는 도선을 통해 흐르는 전류가 도선 주위에 강한 자기장을 방사하고 이 자기장은 근처의 PCB 트랙들에 효과적으로 결합할 것이다.

방전 전류의 에지는 상승시간이 매우 짧다(ns 이하, 11.3.3.1절 참조). 그래서 스트레이 커패시턴스를 통한 용량성 결합은 방전전류에 대해 본질적으로 투명하다(즉, 방전전류는 스트레이 커패시턴스를 거의 그대로 통과한다). 수 nH밖에 되지 않는 짧은 접지 연결도선이라도 방전전류에 대해서는 큰 임피던스 값을 나타낸다. 이러한 이유로 큰 인덕턴스 값을 갖는 안전 접지 도선(safety ground wire)이 있고 없고는 ESD에 대한 시스템의 응답에 별다른 차이를 가져오지 못하는 경우가 흔하다.

13.3.1.3 과도현상 및 ESD 보호

과도현상과 ESD에 의해 오염되지 않도록 막는 방법은 RF 방출을 막는 데 사용되는 방법과 유사한 것이 보통이어서 이 두 가지 용도에 사용되는 부품은 서로 동일하다. 유입되는 과도전류와 ESD 전류가 회로로 흘러 들어가지 않도록 하는 것을 목적으로 하거나 이렇게 하는 대신 과도전류와 ESD 전류를 흡수하거나 흐르는 방향을 바꾸게 하여 회로에 아무런 피해를 주지 않고 지나가게 하는 것을 목적으로 하는 특별한 전략들이 사용된다(그림 13.27).

전하의 축적을 막는 설계

가장 간단한 ESD 대책은 ESD 현상이 절대로 일어날 수 없는 조건을 만들어주는 것이다. 다시 말해 EUT 인클로저의 둘레에 사람이 "접근 가능한(accessible)" 전도성 표면이 없게 하는 것이다. 여기서 "접근 가능"의 의미는 전하가 쌓인 손가락으로부터 공기방전이 발생할 가능성이 있음을 가리킨다. 전하가 쌓인 손가락은 보통 8 kV 정도(더 엄격한 규격에서는 15 kV)로 충전되어 있다. 따라서 인클로저 둘레와 내부 회로 사이의 간격에 대해서는 세심한 고려가 필요하다. 일반 규칙(general rule)으로는, PCB 가장자리에 있는 트랙들과 인클로저의 개구부(주위 표면)와의 간격(clearance, 공간간격)을 적어도 2 mm～4 mm 정도 확보하는 것을 목표로 해야 한다. 또한 접근 가능한 외부 표면과 내부 전도성 부품들(플라스틱 자체에 전도성 도금이 된 것도 포함) 사이의 간격(creepage, 연면간격)을 적어도 8 mm 확보하는 것을 목표로 해야 한다. 소형 제품의 경우에 이 규칙을 적용하는 것은 상당히 어려운 과제이다. ESD와 관련하여 특별히 고려해야 할 사안들은 다음과 같다.

- 인클로저의 접합부(joint)와 통풍구(ventilation slot): 이들 가까이에는 금속 섀시, 이보다 더 안 좋은 경우로 안쪽이 도금된 플라스틱이 있어서는 안 된다.
- 표시장치(display)와 LED: 아무런 보호조치 없이 플라스틱 패널에 뚫려있는 구멍들을 통해 이들 장치에 사람이 직접 접근할 수 있게 해서는 안 된다. 이들 장치의 가장자리를 빙 둘러 적절한 연면거리(creepage distance)를 확보한 상태로 투명창(clear window)의 뒤에 설치해야 한다.
- 키보드: 아래를 볼 것.
- 커넥터: 커넥터의 금속 셸(shell)과 핀(pin)은 ESD가 도달하지 않을 만큼 충분히 안쪽으로 빠져 들어간 위치에 설치되어 있어야 하며 플러그인(plug-in) 카드는 액세스 도어(access door) 또는 덮개(flap)로 보호하면 더욱 좋다.

방전경로를 제어하는 설계

접지된 금속 케이스가 존재하는 경우

- 모든 외부 인터페이스들을 물리적으로 서로 가깝게 배치한다.
- 모든 인터페이스들을 입구에서 접지로 필터링한다.
- 이렇게 하는 것이 불가능하면 취약한 인터페이스들을 공통모드 페라이트 초크나 광결합기(opto-coupler)로 절연(격리)한다.

- 차폐 케이블의 차폐도체(실드)를 인터페이스 접지에 직접 연결하여 사용한다.
- 내부 접지 플레이트(plate)를 추가하여 인클로저의 틈이나 외부 방전 위치로부터 PCB를 차단한다.

ESD 감응성(취약성)을 낮추기 위해서는 ESD 사건이 일어나는 동안에 회로 0 V가 안정되어 있어야 한다. 인덕턴스가 낮은 0 V 회로가 필수적이지만, 이것 또한 커패시터를 통해서나 도선으로 주(master) 기준접지 구조에 직접 연결되도록 하여 ESD 사건이 일어나는 동안에 구조와 회로 사이에 큰 과도 전압이 발생하는 것을 막아주어야 한다.

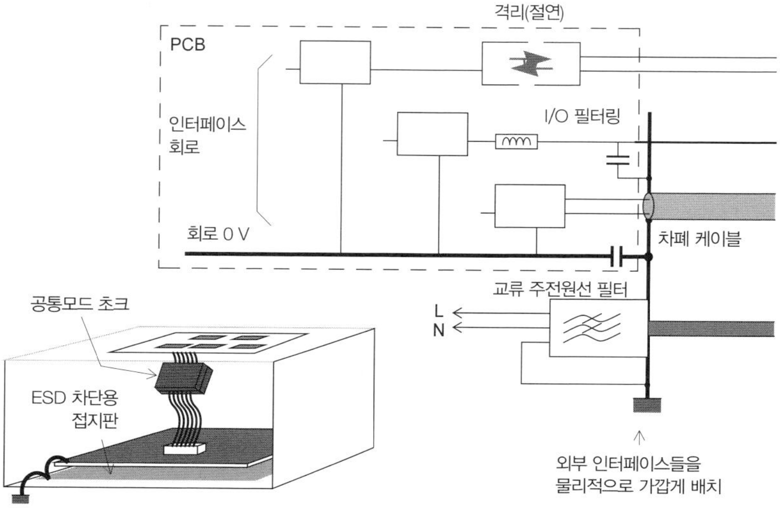

그림 13.27 과도현상 및 ESD 보호

I/O 케이블과 내부 배선(wiring)은 제품의 안과 밖으로 공통모드 RF 장해를 드나들게 하는 경로 역할은 물론, 전류의 결합경로도 될 수 있다. 내부 배선 다발들과 케이블의 감응성을 제거하는 가장 좋은 방법은 경제성 있게 구현한 기판 상호연결을 통해 케이블과 배선다발이 필요 없도록 하는 것이다. 내부 배선을 가져야만 한다면 이들의 경로를 잘 제어하여 특별히 장해에 취약한(또는 장해를 방출하는) 회로들과 가까이 결합하는(위치하는) 상황을 피해주어야 한다. 외부 케이블은 케이블의 차폐도체(실드, shield)를 접지구조로 잘 디커플링 해주어야 한다. 이때 [14.1.7절]에서 설명하는 규칙에 따라 케이블 차폐도체와 커넥터 백셸(backshell)이 360° 전체가 서로 접합되도록 해주어야 하며 절대로 피그테일(pigtail)로 접속해서는 안 된다[135].

절연된 인클로저는 ESD 전류를 제어하기 더 어렵게 만든다. 잘 설계된, 인덕턴스가 낮은 회로 접지는 필수적이다. 그러나 인클로저에 틈새(air gap)나 연면경로(creepage path, 표면을 따라 내부로 들어가는 경로)가 없도록 설계할 수 있으면 물질의 절연강도(dielectric strength)

가 충분히 높은 경우에는 직접 방전이 일어날 수 없다. 그렇지만 이 경우에도 여전히 간접 방전(2차 방전)을 일으키는 전자기장으로부터 보호를 해 줄 필요는 있다.

운용장치 인터페이스(operator interface)

키보드는 운용장치 인터페이스를 제공하는데, 이 부분은 특히 ESD에 자주 노출된다. 키보드용 케이블로는 포일-브레이드 실드 케이블(foil-and-braid shielded cable)[3]을 사용하는데, 케이블의 차폐도체(실드)의 양쪽 끝이, 인덕턴스가 낮은 섀시 금속부분에 360° 전체가 접속되게 한다. 플라스틱 키캡(key cap)은 키(key)와 베이스(base) PCB 사이에 들어가는 내부 금속 차폐나 포일 차폐(foil shielding)를 필요로 할 것이다. 금속이나 포일은 케이블의 차폐도체에 직접 연결을 하여 과도전류가 진로를 바꿔 회로로는 흐르지 않도록 한다. 또는 키보드 전체는 고무시트(rubber sheet)로 보호해야 한다. 차폐도체 접지(shield ground)는 케이블의 입구위치에서 10 nF～100 nF 커패시터로 접지와 연결해서 ESD 사건이 진행되는 동안에 접지 전압이 발생하는 것을 막는다. 폴리에스테르 표면 물질로 된 막 키보드(membrane keyboard)는 본질적으로 절연강도가 매우 높으므로 ESD에 강하다. 그렇지만 최상의 보호를 위해서 이 키보드는 접지판을 사용하여 축적된 전하가 흘러나갈 수 있는 경로를 제공하고 RF 내성을 개선해야 한다.

접지면을 막 표면의 뒤에 놓고 완전히 덮어버려, 예상되는 방전으로부터 접지면이 완전히 "숨겨진(가려진)" 상태가 되도록 해야 한다. 접지면 층 가장자리들은 전도성 면과 막 조립부 모서리 사이의 거리가 가까운 경우에 공기방전을 일으키는 잠재적인 문제가 될 수 있다. 이러한 접지층은 그 모서리 둘레에 가능하면 1 cm 이상의 폭으로 절연 가장자리 경계(insulating border)를 확보하여 연면거리(creepage distance)를 증가시킨다. 접지층은 별도의 짧고 넓은 탭(tab)으로 섀시에 직접 접속한다. 이때 키보드 신호 연결선들은 함께 지나가지 않도록 한다(그림 13.28). 이러한 접지면이 없는 막은 보호대책이 없는 인터페이스로 간주해야 한다. PCB의 구동기에 연결된 모든 선로에는 반드시 *RC* 필터를 설치해야 하며 ESD 서지보호를 제공하면 더 좋다.

3 (옮긴이) 케이블의 실드 도체로 수많은 가닥의 가는 금속선을 엮어 만든 브레이드(braid)를 사용한 것이 브레이드 케이블이다. 실드 도체로 금속 포일(foil)을 사용하고 그 위를 다시 브레이드로 감싼 구조가 포일-브레이드 실드케이블이다.

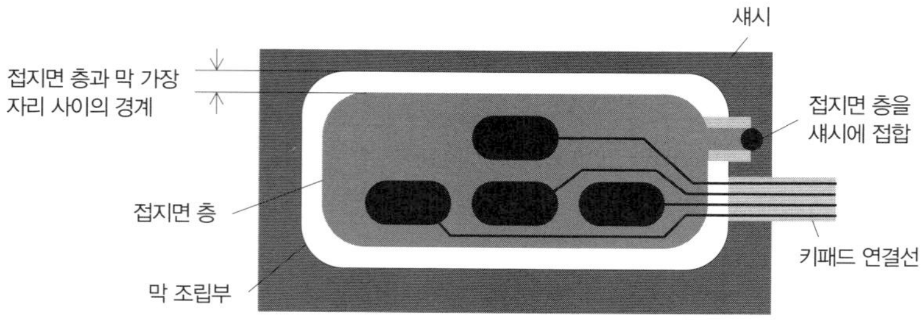

그림 13.28 막 키보드의 접지면

ESD에 대한 과도보호 부품

인터페이스에 사람들이 쉽게 접근할 수 있는 경우, 또는 인터페이스에서 다른 전압 레벨을 전달하는 장치의 커넥터의 탈착이 이루어지는 경우, 이러한 인터페이스는 ESD 발생에 특히 취약하다. 이런 상황에서는 인터페이스 핀들을 과도현상으로부터 보호해 줄 필요가 있다. [14.2.5절]에서는 과도현상 억제기(suppressor)의 일반적인 사용방법에 대해 다룬다. ESD용으로 사용되는 부품들은 속도는 매우 빠르지만 높은 에너지 레벨을 전달하거나 소모할 필요는 없다. 8 kV 방전이 일어날 때 피크 전류의 크기는 1 ns 정도의 시간 동안 30 A 정도이다. 억제기의 용도는, 전류가 취약한 장치로 흐르는 대신 방향을 바꾸어 적절한 접지 구조로 흐르게 하는 것이다. 여기서, 접지 구조는 보통은 섀시이지만 인터페이스 전원면이 될 수도 있다. 이 경우에는 이 전원면이 회로의 작동에 지장을 주지 않고 전류를 흘릴 수 있어야 한다. 리드 인덕턴스가 매우 작은 표면장착형 소형 패키지(0805 또는 1206)로 제작된 트랜스조브(transzorb)[4] 타입[제너(zener) 또는 배리스터(varistor)]의 부품, 또는 인가된 전류를 0 V 레일이나 전원 레일로 보내버리는 스티어링 다이오드(steering diode)를 사용하면 이러한 결과를 얻을 수 있다. 이 방법을 [그림 13.29]에 나타내었다.

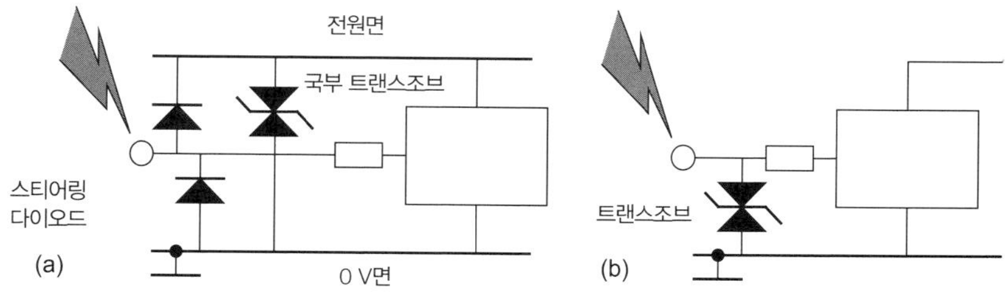

그림 13.29 ESD 인터페이스 보호

USB나 DVI와 같은 고속 디지털 인터페이스를 다루어야 하는 설계자들은 다음과 같은 문제에 맞닥뜨릴 수 있다. "이들 인터페이스를 구성하고 있는 개별 핀들에 ESD 보호를 해주어

4 (옮긴이) 비쉐이(Vishay) 사에서 개발한 TVS(transient-voltage-suppression) diode의 상표명

야 하지만 병렬 부품을 추가로 달아줄 여지가 정말로 거의 없다. 이들 보호용 부품 중 어떤 것을 달아도 커패시턴스가 추가되는데, 정합된 전송선로를 사용하는 인터페이스인 경우에 이 커패시턴스에 의해 정합이 나빠지므로 바람직하지 못하다." 특별히 이러한 유형의 인터페이스에 사용할 수 있도록, 커패시턴스가 매우 낮은 다이오드들이 개발되고 있다. 이러한 종류의 다이오드들은 커패시턴스가 1 pF 미만인 것도 가능해서 인터페이스에서 요구하는 대부분의 조건을 만족한다. 트랜스조브로는 이렇게 낮은 커패시턴스를 갖게 할 수 없지만 스티어링 다이오드로는 가능하다. 스티어링 다이오드는 기본적으로 정상상태에서 역바이스로 동작하기 때문이다. 여러 개의 다이오드들을 한데 배열해 놓은 패키지도 있다. 이 패키지 하나로 여러 개의 인터페이스 선로를 한꺼번에 보호할 수 있다.

트랜스조브와 대조적으로 스티어링 다이오드는 ESD 에너지 자체를 흡수하지 않는 대신에 단지 이 에너지를 우회시켜 어떤 "국부 싱크(local sink)"로 빠져버리게 한다. 이때 국부 싱크는 아무런 피해 없이 ESD 에너지를 처리할 수 있어야 하는데, 이는 이러한 싱크가 분명하게 구체적으로 제공되어야 함을 뜻한다. 싱크가 다이오드 패키지 그 자체가 아닌 경우에는 인터페이스 근처의 전원면과 접지면 사이에 별도의 트랜스조브와(나) 디커플링 커패시터가 필요하다. 이렇게 하면 ESD로 인한 전류가 스티어링 다이오드를 통해 지나갈 때 보호를 받는 IC 양단에 큰 전압상승을 생기지 않게 하면서 전류가 가진 에너지를 소모할 수 있다. 전류 펄스의 빠른 상승시간을 고려할 때 다이오드, 전원면/접지면, 트랜스조브로 구성되는 경로의 인덕턴스는 최소가 되도록 해주어야 한다.

13.3.1.4 취약 회로 위치

전원공급기

CMOS 부품은 V_{CC}의 느린 변화에는 상당히 강한 내성을 갖고 있지만 CMOS가 아닌 다른 기술이 사용된 부품들은 그렇지 않다. 전압강하, 정전, 전압변동이 줄 수 있는 영향들을 고려해야 하며 매우 다양한 조건들에 대해 회로의 동작을 점검해야 한다. 서지(surge)로 인해 전원레일(전원선)에는 순간 과전압(short-term overvoltage)과 순간 부족전압(short-term undervoltage) 현상이 발생할 수 있다. 부품의 절대 최대 정격(absolute maximum rating)을 초과하는 전압(전원전압이 5 V인 경우에는 7 V, 3.3 V인 경우에는 4.6 V)은 CMOS 부품에 래치업(latch-up) 현상을 일으킨다. 즉, 부품의 어떤 핀의 전압이 0 V를 기준으로 절대 최대 정격 범위를 아주 잠시라도 벗어나면 실리콘 반도체 내부에서 전원 단자 사이에 낮은 임피던스가 형성되는 메커니즘을 유발한다. 이 메커니즘은 p-n-p-n 접합에서 일어나는 SCR 또는 사이리스터(thyristor) 효과와 유사하다. 이 메커니즘이 일어나면 전원공급단자에서 CMOS 부품으로 흐르는 직류전류를 제한하는 가장 주된 요소는 전원공급기 자체의 신호원 임피던스

(source impedance)이므로 전류의 값은 매우 크다. 이렇게 비정상 상태로 흐르는 전류는 과도현상이 끝난 다음에도 계속 유지된다. 이러한 상황이 일어날 때, 부품은 "래치업" 상태에 있다고 말하며 이때 흐르는 과전류에 의해 부품은 과열되어 타버릴 수 있다.

이 현상이 일어나기 위해서는 처음에 낮은 임피던스를 만들어주는 데 쓰이는 약간의 에너지가 있어야 한다. 이 에너지는 ESD 타격에 의해 충분히 공급될 수 있다. 특히 보호조치가 없는 I/O 핀들이나 적절한 디커플링 조치가 되어있지 않은 전원핀들에는 더더욱 그렇다. 회로의 안쪽에 들어있는 부품들의 경우에는 전원 디커플링만 제대로 되어있으면 안전한 것이 보통이지만, 인터페이스 IC들의 경우에는, 부품의 데이터 시트에 ESD에 대해 견디는 능력을 갖추고 있음이 명시되어 있지 않은 한, 외부에 과도현상을 제한하는 보호조치를 반드시 해주어야 한다. 전원의 적절한 디커플링과 함께, 수 Ω의 저항을 전원단자에 직렬로 연결하여 전원에서 공급되는 전류를 제한하는 조치는 "좋은 EMC 관행"이다.

발진기, 리셋, 인터럽트 입력

클록 발진기 입력핀은 임피던스가 높아서 특히 과도현상의 영향을 받기 쉽다. 이 핀으로 결합된 과도현상은 프로세서의 클록 주기를 짧아지게 만들게 되는데, 이로 인해 잘못된 명령이나 데이터 액세스가 실행되어 프로그램 카운터나 메모리에 오류가 발생한다. 또한 리셋(reset)핀과 에지트리거 인터럽트(edge-triggered interrupt) 핀은 민감하며 과도현상에 의해 발생한 글리치(glitch)는 프로세서 동작에 광범위한 영향을 준다. 많은 마이크로컨트롤러에서 리셋핀에 대해서는 적어도 몇 개의 클록 사이클 동안에 동작상태(active state)에 있어야 한다는 최소동작요건이 명시되어 있다. 리셋핀에 가해진 펄스의 폭이 여기에 미치지 못하면 불완전한 리셋이 발생하여 예상치 못한 결과가 생길 수 있다.

마이크로컨트롤러에 있는 이들 핀은 언제나 특별히 주의해서 다루어야 한다(그림 13.30). 이들 핀에 연결되는 트랙은 절대로 길게 배선해서는 안 되고 가능하면 버퍼링 저항을 달아주고 트랙을 접지면과 가깝게 배선해야 한다.

I/O 포트

긴 트랙이나 외부 연결선에 연결된 입출력 포트들은 다음 세 가지에 취약하다. 작은 양의 잡음은 잘못된 데이터를 제공할 수 있다. 큰 레벨의 잡음은 제어 레지스터나 데이터 레지스터의 내용에 오류를 발생시킬 수 있다. 직격 ESD는 CMOS 래치업을 일으킬 수 있다.

13.3.2 논리 잡음내성

잡음이 있는 환경에서 제대로 동작하는 논리소자의 능력에는 흔히 말하는 정적잡음마진(static noise margin)을 포함하여 여러 가지 관련 요소들이 있다. 문제가 발생하려면 외부에서 발생한 과도현상이 논리소자의 상태 변화를 일으키고 이 변화가 시스템을 통해 전파되어야 한다. 클록으로 동작하는 저장소자 또는 과도현상을 정상적인 신호처럼 처리할 수 있을 만큼 빠른 속도로 동작하는 소자가 포함된 시스템은, 이러한 저장소자가 없거나(조합논리 소자만 있거나) 속도가 느린 시스템보다는 과도현상에 취약하다.

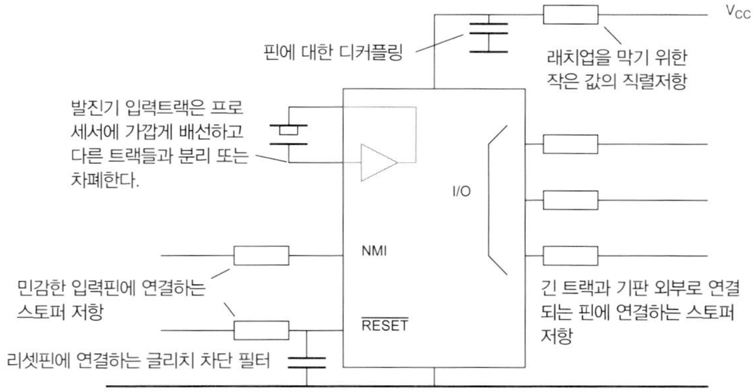

그림 13.30 마이크로컨트롤러의 내성을 높이기 위한 대책

13.3.2.1 동적 잡음마진

빠른 과도현상의 영향은 논리 입력에 결합되는 피크 전압에 따라 달라진다. 또한 소자의 응답속도에 따라서도 달라진다. 펄스가 0 V에서 + 전압으로 올라갈 때 이 + 전압의 크기가 논리 스위칭 문턱전압(임계전압, threshold voltage)(일반적으로, 74HCT 계열은 1.4 V, 74HC 계열은 V_{CC}의 50%)보다 낮으면 소자의 입력은 논리 '0'에서 논리 '1'로 스위칭되지 않는다. 따라서 시스템으로 전파되지 않는다. 반대로 펄스의 + 전압의 크기가 문턱전압보다 높으면 소자의 입력은 논리 '0'에서 논리 '1'로 스위칭된다. 그러나 펄스의 폭이 소자의 응답시간보다 짧으면 논리 스위칭이 일어나게 하는 데 더 높은 전압을 필요로 하므로 [그림 13.31]와 같은 그래프가 나오게 된다. 이 그래프는 논리 계열의 종류에 따라 펄스폭과 펄스진폭 사이의 관계가 어떻게 달라지는지 잘 보여주고 있다. 스위칭 과도펄스와 ESD 과도펄스의 폭은 1 ns ~ 5 ns 사이에 있음을 잘 알아두기 바란다. 지금까지 설명한 내용은 느린 논리부품을 사용해야 하는 또 하나의 근거가 된다!

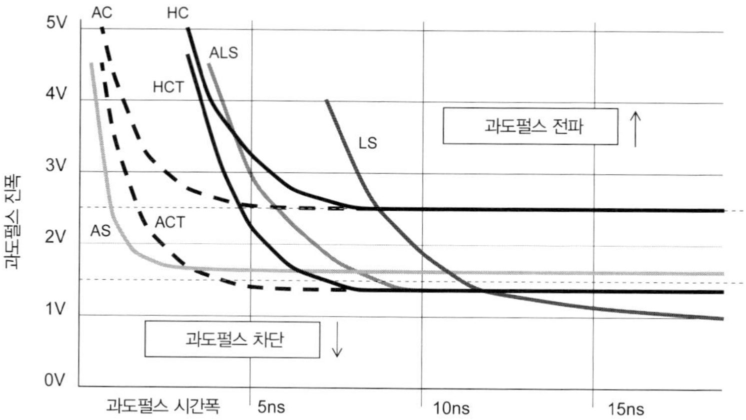

그림 13.31 동적 잡음마진

동기(synchronous) 논리회로에서는 과도현상이 시스템 클록을 기준으로 어느 시점에서 도달하는지가 중요하다. 과도현상이 클록의 동작 에지(active clock edge)와 일치하지 않으면 데이터 선로상의 잘못된 값은 시스템을 통해 전파되지 않는다(데이터 선로가 배선된 영역이 클록 선로보다는 훨씬 넓으므로 여기서는 과도현상으로 인해 클록 선로가 아닌 데이터 선로에 오류가 발생하는 것으로 가정한다). [그림 13.31]의 그래프에서 수평축을 클록 에지가 도달한 순간부터의 경과시간으로 바꾸면 "동기 논리회로"의 과도현상을 분석하는 데 활용할 수 있다. 참고문헌[144]에서는 3 μ CMOS 기술을 적용한 플립플롭으로 이루어진 조합논리회로를 시뮬레이션하여 이런 방식으로 일련의 "오류 창(upset window)"를 만들어 장해에 대한 이 회로의 감응성을 설명하였다. 시뮬레이션은 SPICE3라는 시뮬레이션 패키지로 수행되었는데, 이러한 시뮬레이션을 사용하면 회로에서 감응성이 큰 부분을 지목해낼 수 있다.

13.3.2.2 과도현상 결합

어떤 논리 입력에 차동모드로 결합되는 과도현상(펄스)의 크기는 차동결합경로에서 형성되는 루프의 면적과 구동회로의 임피던스에 따라 달라진다. 과도 접지전류 $I_{과도}$에 의해 발생하는 과도 자기장 $H_{과도}$가 루프면적을 적게 통과하면 과도 전압이 낮아진다. 또한 구동기 임피던스가 낮을수록 용량성 결합이 적게 이루어져서 과도 전압이 낮아진다. 민감한 회로 트랙들을 자신들의 접지 귀환구조에 가깝게 배선하는 것은 방출을 적게 하는 바람직한 방법이다. 이렇게 배선하면 루프면적이 작아지므로 민감한 입력에 차동모드로 결합되는 장해 잡음도 작아진다(그림 13.32). 이를 다른 말로 하면 매우 밀접하게 결합된(tightly coupled, 매우 가까이 놓여있는) 신호트랙과 귀환트랙은 전달 임피던스가 가장 작아서 가장 좋은 성능을 발휘한다.

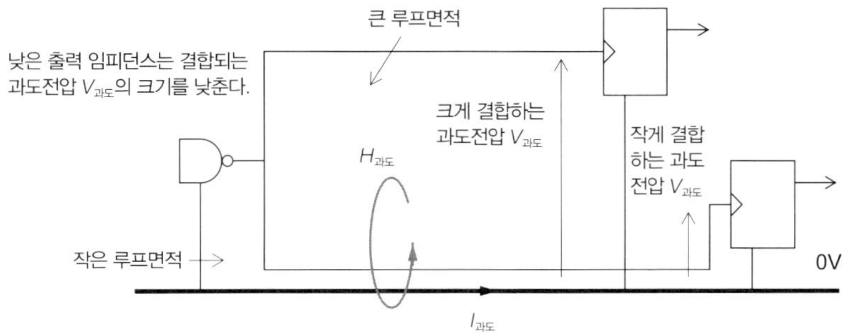

그림 13.32 신호/귀환 전류 루프에 의한 과도현상의 결합

13.3.2.3 RF 감응성

디지털 회로의 RF에 대한 감응성은 과도 장해에 대한 감응성과는 달리 20 MHz ~ 200 MHz 영역에서 가장 두드러지는 경향이 있다. 부품 수준에서의 감응성은 광대역인데, 결합경로에서 발생하는 공진 때문에 다양한 주파수에서 피크들이 나타나는 것이 보통이다. 주파수가 초고주파(microwave) 영역으로 증가하면 기생 커패시턴스(parasitic capacitance)가 RF 에너지에 대해 별도의 병렬(우회, shunt) 경로를 제공하게 되면서 RF에 대한 부품의 응답이 떨어지며 결합의 효율은 낮아진다. 시뮬레이션을 사용하여 디지털 회로의 RF 감응성 레벨을 예측하는 것은 소규모 집적회로(small-scale integrated circuit)의 경우에는 가능하다[150]. 그렇지만 VLSI 부품의 RF 회로 파라미터들을 모델링하는 데는 상당한 노력이 필요하다. 마이크로프로세서와 이와 연관된 주변장치들과 관련해서는 새로운 장치들이 속속 등장하고 있다. 이들 장치에 대해 이와 같은 RF 모델링 작업을 해주기 위해서는 막대한 자원(resource)들이 필요한데 현재로서는 이러한 추세를 따라가기에 버거운 상황이다.

매우 활발히 동작하는 논리회로에 대한 RFI 영향으로 주목해야 할 것은 전이 에지에서의 타이밍 지터(timing jitter)이다(그림 13.33). RF 신호가 입력 전압에 더해지면, 이 신호에 의해 부품의 비선형 전이영역에서 스위칭이 일어나면서 입력에서 볼 때 전이 에지가 더 빨라지거나 느려지는 현상이 발생한다. 회로의 타이밍(timing)이 매우 중요한 경우에는 이 현상 그 자체가 오작동을 일으킬 수 있다. 따라서 RF 내성을 증가시키는 첫 번째 설계 방법은 시스템의 타이밍을 가능한 한 전체적으로 여유 있게 유지하는 것이다.

RF 레벨이 증가하면 잘못된 논리 레벨 전이가 발생하는데, 논리 응답속도가 충분히 빠른 경우에는 이 거짓 전이가 회로를 통해 전파된다. 논리 '1'과 논리 '0'에 대한 문턱전압은 서로 다를 수 있는데, 이는 두 논리 상태에서 구동기의 출력 임피던스가 다르기 때문이다. 'high'에서 동작하는(active high) 클록 입력은 논리 '1' 상태로 있을 때보다 논리 '0' 상태를 유지하고 있을 때가 훨씬 민감하다.

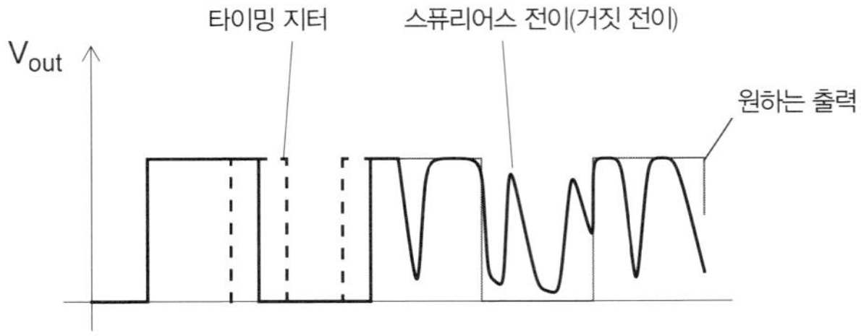

그림 13.33 논리회로에 미치는 RF의 영향

13.3.3 신호 무결성과 접지변동

지금까지 디지털 회로에 대한 PCB 레이아웃을 다양한 측면에서 살펴보았는데, 이들 전체는 '신호 무결성(signal integrity)'이라는 하나의 주제로 묶을 수 있다. 신호 무결성이란 간단히 말해 디지털 회로들 사이에서 완전무결한 신호 전달이 이루어질 수 있도록 상호 연결선(interconnection)(케이블, 전송선로, PCB 트랙 등)을 설계하는 것을 말한다. 이것은 대체로 외부의 EMC 문제는 아니고 회로가 실제 제대로 작동하도록, 다시 말해 회로가 자기 자신에게(자체적으로) 장해를 일으키지 않음을 확실히 보장하는 문제라고 할 수 있다. 그렇지만 양호한 신호 무결성은 외부의 방해, 특히 과도현상과 RF와 같은 장해에 회로가 노출되어 영향을 받는 것을 감소시키는 바람직한 효과를 부수적으로 가져온다.

고속 시스템에서 신호 무결성과 관련한 설계 항목으로 다음을 들 수 있다.

- 상호연결 트레이스의 전송선로 정합(13.1.3.4절 참조)
- 내부 IC 노드들과 외부 핀들에서 접지변동(ground bounce)의 억제

전송선로에 대해서는 앞에서 이미 살펴보았다. 접지변동은 여러 방식으로 위협이 된다. [그림 13.34]에는 IC의 내부 등가회로로, IC 내부의 접합도선(bond wire)이 표시되어 있다. 이 등가회로에서는 전원면과 접지면이 완전하다고(인덕턴스가 0이라고) 가정하였다. 그 대신 IC 내부에서 칩과 핀을 연결해주는 접합도선의 인덕턴스, 그리고 IC를 전원면 및 접지면과 연결하는 IC 핀의 인덕턴스는 포함시켰다.

각 출력에서 전이가 일어나는 동안, 전류 스파이크가 접지핀(GND pin)을 통해 흘러들어오는데, 이 전류의 일부는 출력 노드 커패시턴스를 '충전/방전'하는 전류이고 그 나머지 전류는 ΔI이다. 이 전류는 접지 인덕턴스를 통과해 흘러서 IC 내부의 0 V 노드에 전압 펄스를 발생시킨다(전류가 반대 방향으로, 즉 전원핀(pin)을 통해 흘러들어올 때도 같은 현상이 일어난다). 따라서 접지면의 0 V 레일(이상적인 0 V)을 기준으로, IC 내부의 0 V는 전류의 전이가 일어날 때마다 "변동(bounce, 튀어 오름)"을 겪게 된다. 예를 들어, 총 접지 인덕턴스가

10 nH이고 전류 전이 di/dt가 50 mA/ns이면 접지 전압변동의 크기는 0.5 V이다.

칩에 있는 모든 회로는 이 접지변동을 함께 겪는다. 이 말은 복잡한 부품의 경우, IC의 한 부분이 다른 부분들에 영향을 미칠 수 있음을 뜻한다. 즉 잡음 전압이 다른 입력에 직렬로 나타나 동적 논리 '0' 문턱전압(dynamic logic zero threshold)에 영향을 주면 잘못된 클록킹(clocking, 클록발생)이 일어나거나 논리 레벨을 잘못 읽는 일이 생기게 된다. 이 문제를 경감하기 위해 칩 제조업체에서 취할 수 있는 방법으로는 여러 개의 0 V 핀을 제공하여 칩 내부의 접합도선 인덕턴스들이 병렬로 연결되도록 하고, 칩 내부에 여러 개의 개별 0 V들을 제공하여 공통 임피던스 결합을 제거하는 것이다. 설계자가 적용할 수 있는 방법으로는, 커패시턴스로 인해 출력에 과부하가 걸리는 일이 없도록 하고, 모든 0 V 핀들을 그 부근에 최소 인덕턴스를 갖는 비어를 사용하여 접지면에 확실하게 접속한다.

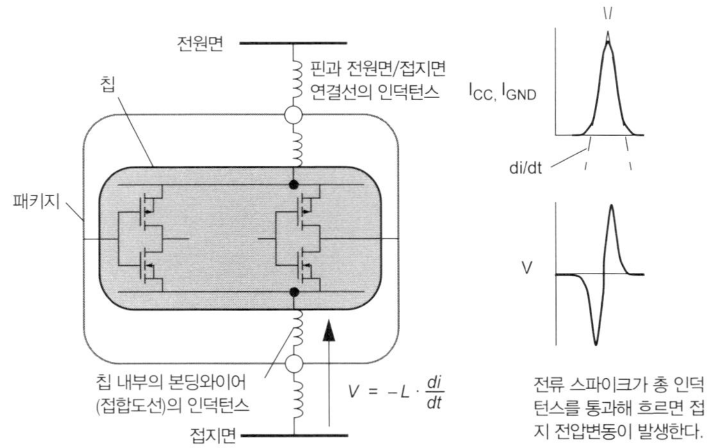

그림 13.34 접지변동의 발생

[그림 13.34]에서는 접지면과 전원면 자체에서는 접지변동이 발생하지 않는 것으로 가정하였다. 하지만 이러한 가정은 접지면과 전원면이 각각 임피던스를 갖지 않는 경우에만 성립하는 것으로 실제 전원분배망에서는 이러한 이상적인 조건이 충족되지 않는다. IC들이 공유하는 전원 트레이스들이 너무 큰 인덕턴스를 가지고 있으면 접지변동 문제가 발생하여 이들 IC의 0 V 핀들 사이에 전압차가 발생한다. 이렇게 되면 한 시스템에 있는 여러 IC들이 서로서로에게 간섭을 일으키는 결과를 가져온다(그림 13.35).

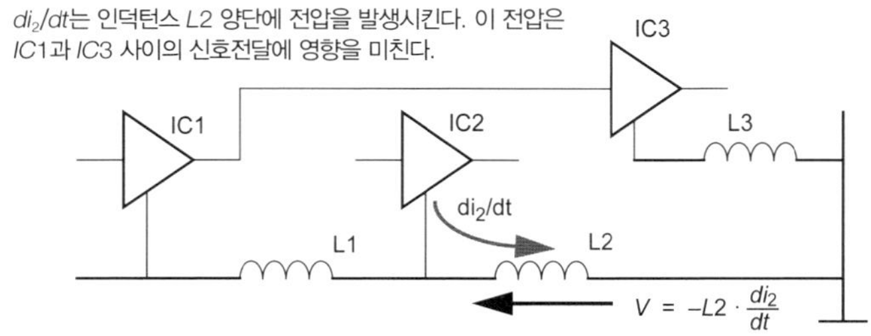

그림 13.35 시스템에서 발생하는 접지변동

과도한 접지변동(ground bounce)은 다음과 같은 결과를 가져온다.

- 극단적인 경우, 회로가 동작하지 못하게 한다.
- 일반적으로는 오류와 이상한 결과를 생기게 하는데, 이들은 한계 타이밍(marginal timing)을 비롯한 여러 가지 문제를 일으킬 수 있다.
- 문턱전압의 저하는 정상적인 상황에서는 아무런 영향을 주지 않을 수도 있지만 외부 장해에 대해 회로를 더욱 취약하게 만든다.
- 전원레일(전원선)을 따라 발생하는 전압에 의해 회로에는 불가피하게 잡음이 발생하며 RF 방출이 더 커진다.

13.3.4 마이크로프로세서 감시기능

정상 동작을 방해하는 장해 잡음의 크기를 최소로 하고 장해 잡음의 경로를 제어(억제)하는 회로 기술은 오류에 대한 마이크로프로세서 회로의 내성을 강화하는 데 큰 도움이 된다. 그렇다고 해도 그 위험성을 완전히 제거할 수는 없다. 데이터 전송에서, 상당히 큰 진폭의 과도현상이 공교롭게도 취약한 위치에 발생하는 상황은 전적으로 통계적인 사건이다(확률상의 문제이다). 마이크로프로세서 기반 제품의 신뢰성을 보장하는 방법으로 가장 비용대비효과가 좋은 것은 프로그램에 가끔씩 오류가 생기는 사실을 인정하고 이러한 상황이 발생한 경우에 프로그램의 흐름이 자동적으로 복구될 수 있는 수단을 제공하는 것이다. 이러한 프로그램의 자동 복구는 사용자가 인식하지 못하는 가운데 이루어지면 더 좋은데, 이런 식으로 마이크로프로세서의 동작을 감시하는 기능을 “워치도그(watchdog, 경비견)”라고 한다,

시중에 나와 있는 마이크로프로세서들 중에는 내장된 워치도그 장치를 통해 잘못된 명령코드를 잡아내거나, 특정 레지스터 어드레스(번지)를 액세스할 때마다 리셋(reset)이 되는 타이머를 사용하는 것들이 있다. 이러한 워치도그가 들어있고 이것이 프로세서의 동작과 잘 맞는 경우에는 반드시 이를 사용하도록 하고 그렇지 않으면 이 기능을 회로에 설계해 넣어야 한다.

13.3.4.1 기본 동작

과도현상에 의해 발생한 오류로 인한 결과 중에서 가장 심각한 것은 프로세서의 프로그램 카운터(program counter)나 어드레스 레지스터의 데이터 값에 오류를 일으켜 프로세서가 메모리에서 잘못 읽어온 데이터를 유효한 명령으로 해석하는 경우이다. 이렇게 되면 프로세서가 무한루프에 빠져서 아무 동작도 하지 않거나 의미 없는 동작을 수행하거나 최악의 경우에는 위험한 명령을 실행할 수 있다. 스택 레지스터나 메모리에 오류가 생겨도 비슷한 결과가 발생할 수 있다. 어떤 경우이든 프로세서는 비정상 상태에 있게 된다.

워치도그가 이러한 상황이 일어나는지 감시하는 방식은 다음과 같다. 워치도그는 프로세서로 하여금 어떤 간단한 특정 동작을 규칙적으로 수행하게 하는데, 이 동작은 프로세서가 어떤 기능을 수행하든 관계없이 계속해서 수행하기로 되어있다. 만일 이 동작이 일어나지 않는 경우가 발생하면 워치도그는 프로세서를 리셋(reset)시킨다. 실제 워치도그는 일종의 타이머로, 이 타이머의 출력은 프로세서의 RESET(리셋) 입력에 연결되어 있으며 프로세서가 수행하는 동작(보통 여분의 출력 포트에 규칙적으로 값을 써주어 주기적인 펄스를 발생시키는 동작을 실행한다)에 의해 타이머는 계속해서 트리거링이 되고 있다. 이 워치도그 동작을 [그림 13.36]에 나타내었다.

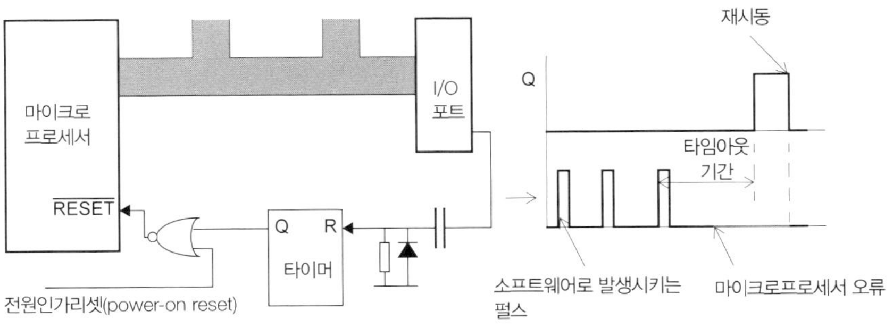

그림 13.36 워치도그 동작

13.3.4.2 타임아웃 기간

“경비견”(워치도그 타이머)이 어떤 정해진 시간[타임아웃 기간(timeout period)]동안 프로세서의 출력포트로부터 “자극”(펄스 신호)을 받지 못하면 “경비견”(타이머)은 “짖는 소리”를 내서(출력을 ‘로(low)’로 내려) 마이크로프로세서를 강제적으로 리셋이 되게 한다. 이 타임아웃 기간은 충분히 길어야 프로세서가 워치도그를 수행하는 태스크(작업, task)를 도중에 중단하는 상황이 일어나지 않으며 프로세서가 리셋 상태에서 빠져나와 서비스 루틴을 시작할 시간을 확보할 수 있다(그렇지 않으면 타이머 출력이 계속 ‘로’로 내려가 있어 정상적으로 재시동(restart)을 하지 못하게 된다). 그렇지만 장비가 잘못된 동작을 하는 위험한 기간은 그만큼 길어진다. 모든 경우에 대해 적합한 어떤 정해진 타임아웃 기간은 존재하지 않으므로, 상황에 맞춰 10 ms ~ 1 s 정도로 하는 것이 보통이다.

13.3.4.3 타이머 하드웨어

워치도그 회로는 나머지 모든 회로보다 더 높은 신뢰성을 가져야 하므로 간단할수록 좋다. 가장 적당한 것은 표준(standard) 타이머 IC이다. 하지만 외부에 개별 부품들을 추가할 필요가 있을 수 있으며 필요한 타임아웃 기간이 너무 넓어서(길어서) 표준 타이머 IC의 조정범위를 벗어나는 일도 있을 수 있다. 4060B와 같은 디지털 분주기(digital divider)에 고주파 클록을 넣어주고 리포트 펄스(report pulse)에 의해 주기적으로 리셋이 되도록 구성하면 다른 부품 없이도 기능구현이 가능하므로 아주 매력적인 방법이다. ASIC을 사용해야 하는 경우라면 분주기 부품을 별도로 사용하지 않고 분주기 논리회로를 ASIC 안에 집어넣을 수도 있다. 클록은 과도 장해 잡음이 있는 경우에도 확실한 신뢰성을 가지고 있어야 하는데, 이러한 클록은 이미 존재하는 것을 사용할 수도 있고 아니면 50 Hz/60 Hz의 AC 입력으로부터 만들어낼 수도 있다.

디지털 분주기 방법이 가지는 추가 장점은 분주기로 입력되는 리포트 펄스가 없어서 리트리거링(re-triggering)이 되지 않는 경우에는 분주기의 출력이 원숏(one-shot, 한 번만 나오는) 펄스가 아니라 펄스가 일정한 간격마다 계속해서 나오는 펄스열이라는 것이다. 따라서 분주기에서 출력된 첫 번째 펄스 후에 마이크로프로세서가 리셋이 되는 데 실패하거나 또는 워치도그 분주기를 다시 트리거 하기 전에 장해 잡음 버스트(burst)가 또다시 들어와 프로세서가 비정상 상태가 되면 워치도그 분주기는 리셋에 성공할 때까지 출력 $\overline{Q}$을 '로'로 계속 유지한다(그림 13.37). 이 방식은 "경비견"이 한 번만 "짖는 소리"를 내고 입을 다무는 단안정 워치도그(monostable watchdog)보다 훨씬 신뢰성이 있다.

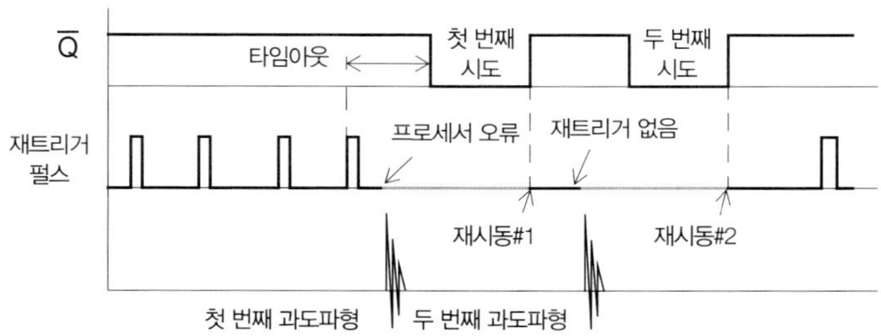

그림 13.37 비안정 워치도그(astable watchdog)의 장점

프로그램가능 타이머(programmable timer)는 워치도그 기능을 수행하는 데 사용해서는 안 된다. 과도현상에 의해 발생한 오류로 타이머 프로그램이 잘못되어 워치도그가 전혀 수행되지 않게 되는 일이 일어날 수 있다. 마찬가지로, 마이크로프로세서가 긴 동작을 수행하는 동

안에 프로그램에서 워치도그를 사용금지(disable) 상태로 설정하는 것은 안전하지 않은데, 이 기간 동안에 발생한 오류를 회복할 수 없다. 이러한 긴 동작시간 동안에는 추가로 워치도그 펄스를 넣어주는 것이 더 좋다.

13.3.4.4 마이크로프로세서 연결

[그림 13.36]을 보면 워치도그 타이머의 Q 출력이 전원인가리셋(power-on reset) 신호인 POR과 함께 $\overline{\text{RESET}}$ 입력에 가해지고 있다. 많은 경우에, 마이크로프로세서에 전원이 인가될 때 정해진 리셋 펄스폭을 보장하기 위해 POR 신호로 타이머의 출력을 트리거하는 방식도 가능한데, 이것이 더 좋은 방법이다.

워치도그에는 반드시 $\overline{\text{RESET}}$ 입력을 사용해야 한다. 이 입력신호 대신에 인터럽트, 특히 금지불가인터럽트(non-maskable interrupt)와 같은 신호들을 사용해서는 안 된다. 워치도그가 "짓는 소리"를 낼 때(출력을 '로(low)'로 내릴 때) 프로세서가 어떤 상태에도 있을 수 있으므로 완전히 규정된 상태로 되돌아가야 한다. 올바른 재시동을 보장할 수 있는 상태(state)는 리셋(reset) 말고는 없다. 소프트웨어가 워치도그로 인해 리셋이 되었음을 반드시 알아야 하는 경우에는 초기화(initialization) 동안에 별도의 래치된 입력 포트를 읽도록 하면 된다.

13.3.4.5 리트리거 펄스의 발생원

마이크로프로세서가 비정상 상태에 있을 때는 워치도그에 펄스를 계속 내보내지 말아야 하는 것 역시 중요하다. 이를 위해 타이머의 리트리거 입력에는 [그림 13.36]에 나타나 있듯이 $R-C-D$(저항, 커패시터, 다이오드) 회로에 의해 AC(교류) 결합이 이루어지도록 해야 한다. 이렇게 하면 오직 에지만이 워치도그를 리트리거하게 되며 리트리거 입력에 '하이'나 '로'로 레벨이 고정된 신호가 들어올 때 타이머가 오프되는 것을 막을 수 있다. 타이머의 리트리거 입력이 레벨 동작이 아닌 에지 동작인 경우에도 같은 효과를 볼 수 있다.

AC 결합회로와 함께 프로그램가능 포트 출력을 사용하는 것은 두 가지 이유로 흥미를 끈다. 첫째, 이렇게 하면 설정(set)과 해제(clear)를 하는 데 별도의 두 명령이 필요하므로 프로세서가 무한루프를 실행하면서 설정, 해제 사이를 왔다 갔다 할 가능성이 아주 희박해진다. 이 방식과 대조가 되는 것이 어드레스 디코더를 사용하여 어떤 정해진 어드레스(번지)를 액세스 할 때마다 펄스를 발생하는 방식으로, 이는 마이크로프로세서가 어드레스 공간을 통해 제멋대로 휘젓고 다니는 경우에 취약하다. 둘째, 프로그램가능 포트를 가진 부품 자체에 오류가 생기고 프로세서는 이와 달리 정상적으로 동작하는 경우, 프로세서가 포트에 값을 쓰려고 시도해도 부품의 오류로 인해 리트리거 펄스의 출력이 중지된다. 그러면 이로 인해 얼마 후 반드시 리셋이 이루어지므로 포트가 확실하게 다시 초기화되는 것을 보장할 수 있다. 프로그램가능 주변 장치(부품)들은 정기적으로 다시 초기화될 수 있어야 한다.

13.3.4.6 소프트웨어에 의한 리트리거 펄스 발생

소프트웨어로 리트리거 펄스를 발생시키는 경우, 가능하면 두 개의 독립적인 소프트웨어 모듈을 사용하여 리포트 펄스의 두 에지를 발생시켜야 한다(그림 13.38). 앞에서 설명한 포트 출력 사용 방식에서는, 워치도그가 시작되지 않도록(리셋 신호가 출력되지 않도록) 출력포트로 반드시 두 개의 에지(즉 정상적인 리포트 펄스)를 내보낼 필요가 있다. 이렇게 하면 잘못된 소프트웨어 루프에 의해 유효한 리트리거 펄스가 발생될 확률을 최소화할 수 있다. 최소한 하나의 에지는 반드시 프로그램의 한 곳에서 발생해야 한다. 리얼타임 "틱(tick)" 인터럽트를 사용하는 경우, 이 에지는 인터럽트 서비스 루틴으로 들어가는 부분에 위치시키는 것이 안성맞춤이다. 나머지 한 에지는 백그라운드 서비스 모듈에 위치시킨다. 이렇게 하면 뜻하지 않게 인터럽트가 마스크 되는 일이 발생하는 상황에 대처할 수 있다는 장점을 추가로 얻는다.

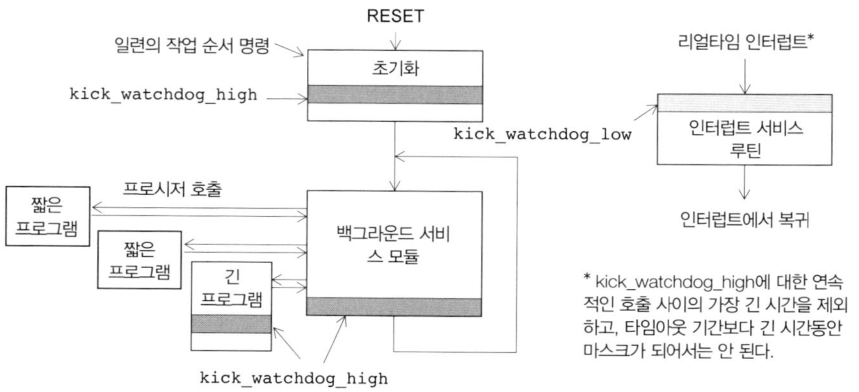

그림 13.38 워치도그 리트리거를 위한 소프트웨어 루틴

워치도그 리트리거 펄스(들)를 소프트웨어에 맡기는 일은 워치도그 설계에서 가장 신경을 써야 할 부분으로 이에 대해서는 세심한 분석을 해줄 필요가 있다. 서로 다른 모듈에서 펄스 발생 루틴을 너무 많이 호출하면 워치도그의 안정성과 효율을 저하시킬 것이다. 반면에 상당한 규모를 갖는 응용 소프트웨어는 작업 수행시간이 일정하지 않고 변동하며, 실행되는 모듈들과 수행시간이 그때그때 달라질 것이므로 리트리거 펄스는 서로 다른 여러 위치에서 발생될 수밖에 없다. 두 과정, 즉 초기화와 비휘발성 메모리인 EEPROM에 쓰기 동작이 이루어지는 동안에 문제가 발생할 가능성이 크다. 이들 과정이 수행되는 데는 수십 ms 정도가 걸린다. 리트리거 펄스의 최적 위치를 분석하고 정상적인 동작이 일어나는 모든 상황 하에서 리트리거 펄스가 타임아웃 기간 내에 발생하도록 보장하는 것은 그렇게 간단한 태스크(작업)는 아니다.

이상적으로 말하자면, 마이크로프로세서는 모든 소프트웨어 루틴이 정상적으로 돌아가는 것이 확실한 경우에만 워치도그를 리프레시 해주어야 한다. 가장 중요한 루틴들을 찾아내어 그에 해당하는 태스크 플래그 바이트를 만드는 방법도 있다. 각 루틴의 태스크가 수행될 때 각 태스크는 자신에 해당되는의 플래그를 세트(set)시킨다. 메인루프에서 수행되는 워치도그 리프레시 태스크는 플래그를 계속 모니터링 하고 모든 플래그가 세트되면 워치도그 리프레시를 토글(toggle)하고(리트리거 펄스를 발생시켜주고), 바이트를 0으로 클리어한다.

13.3.4.7 워치도그 테스트하기

워치도그를 테스트하는 것은 결코 간단하지 않다. 워치도그를 제외한 나머지 회로들 모두를 설계할 때, "경비견"(워치도그)이 절대로 "짖지 않도록"(리셋을 만들어내는 일이 없도록) 설계자들이 온 힘을 쏟기 때문이다. 소프트웨어에서 인위적인 조건(상황)을 만드는 것이 만족스럽지 않은 이유는 이렇게 되면 테스트를 받는 시스템이 대표하는 장비가 되지 못하기 때문이다. 대부분의 목적에 부합하는 테스트 방법으로는 장비에 반복적인 과도 펄스를 인가하는 것이다. 이때 펄스는 프로세서의 동작에, 예상되는 오류가 발생하기에 충분할 정도의 레벨을 가져야 하며 필요하면 특별히 "취약해진" 하드웨어를 이용해야 한다. 안전 필수 시스템(safety critical system)의 경우, 허용 성능 요건을 알아내기 위해 펄스 반복율과 시험 지속시간을 결정하기 위한 통계분석을 실시해야만 할지 모른다. 워치도그 출력에 LED를 설치하면 워치도그가 "짖는지" 여부를 감지하는 데 유용하다. 특별히 취약한 조건은 연속적으로 들어오는 스파이크인데, 프로세서가 마지막 스파이크로부터 회복하면 계속해서 다시 스파이크를 때린다. 유감스럽지만 이러한 일은 실제로 흔히 일어난다.

워치도그의 신뢰성을 테스트하는 것과 함께 새로운 버전의 소프트웨어를 시험하기 위해 워치도그의 사용을 금지(disable)시키는 링크도 반드시 포함되어야 한다.

13.3.5 방어적 프로그래밍

장해를 예방하는 조처는 소프트웨어로도 할 수 있다. 데이터 검증과 오류 수정을 하는 표준 방법들은 널리 사용되어야 한다. 하드웨어 성능은 세심하게 계획된 소프트웨어에 의해서도 개선될 수 있다. 소프트웨어 에러 검사(error-checking) 기능의 실행을 금지하는 방법들은 장해에 대응하여 장비의 하드웨어를 최적화하는 경우에 유용한데, 에러 검사 기능의 사용을 금지하지 않으면 소프트웨어의 복구 능력에 의해 하드웨어의 약점이 드러나지 않게 되기 때문이다. 예를 들어, 세 번을 조사(폴링, polling)하여 모두 같은 결과가 나올 때까지는 디지털 입력을 인식하지 않는 소프트웨어는 총 조사 기간보다 짧은 과도현상에 영향을 받지 않는다. 이러한 소프트웨어를 가진 장비를, 짧은 버스트나 한 개의 과도현상만 사용하여 검사하는 경우,

장비는 영향을 받지 않겠지만 긴 버스트는 오작동을 일으키게 된다. 이러한 오작동은 하드웨어 내성을 개선해서 막을 수도 있는 것이다.

모든 마이크로프로세서 오류가 장해 때문에 생기는 것만은 결코 아니다. 다른 원인으로는 간헐적 접촉에 의한 혼선(intermittent connection), 마진없는 빠듯한 하드웨어 설계, 소프트웨어 버그(오류), 비동기 회로의 메타안정성(예측 불가능성, meta-stability) 등이 있다. 방어적 프로그래밍은 6장에서 살펴보았듯이 안전 필수 시스템에서 중요한 기법으로 장해에 의해 유발되는 오류에 대비하는 데도 필요하다. 내성을 향상시키는 대표적인 소프트웨어 기법은 다음과 같다.

- 모든 데이터의 유형 검사(type-check)와 범위 검사(range-check)
- 입력 데이터를 여러 번 샘플링하고 아날로그 데이터에 대해서는 변화율을 검사, 디지털 데이터에 대해서는 그 내용을 검증
- 모든 데이터 전송에서 패리티(parity) 검사와 데이터 체크섬(checksum) 검사
- 재호출(recursion) 회피와 토큰 전달(token passing) 사용
- 휘발성 메모리에서 오류 감지 및 수정 알고리즘으로 데이터 블록을 보호
- 가능하면 에지 트리거 대신 레벨 트리거 방식의 인터럽트를 사용
- 주기적으로 프로그램가능 인터페이스 칩(PIA, ACIA 등)을 재초기화

테스트 중에 장비에 고장이 발생한 경우, 실제로 어떤 일이 일어났는지 알아내는 것은 어렵다. 장비에 인서킷 에뮬레이터(in-circuit emulator)를 연결한 상태로 ESD나 EFT 시험을 하는 것은 권장하지 않는데, 이렇게 하면 장해 결합이 매우 크게 악화될 수 있고 에뮬레이터도 크게 손상될 수 있기 때문이다. 보통은 고장이 일어난 다음에 I/O 선로와 버스 선로의 상태로부터 내부 상태를 추측해내는 방식을 사용한다. 여분의 I/O 핀들에 LED를 연결하여 동작상태를 표시하도록 프로그램을 작성하면 고장 진단을 좀 더 쉽게 할 수 있다. 또한 미사용 휘발성 메모리 영역을 고장 진단 결과를 저장하는 데 사용하여, 고장이 발생한 다음 이를 확인하는 방법도 있다[53].

13.3.5.1 입력 데이터 검증과 평균화

디지털 입력을 통해 숫자들을 소프트웨어에 입력하는 경우, 이 숫자들에 제한치(허용범위)를 설정할 수 있으면 이 제한치 밖에 있는 데이터를 받아들이지 않을 수 있다. 대부분의 제어(control) 또는 모니터링(monitoring) 응용에서 각 센서가 연속적인 데이터 스트림(data stream)들을 입력 받는 경우에, 잘못된 데이터에 대해 아무런 동작을 취하지 않는 문제가 있다. 잘못된 데이터는 잡음 버스트나 과도현상으로 인해 발생할 가능성이 가장 높기 때문에,

스트림에서 뒤따라 나오는 데이터에는 오류가 없을 확률이 높으므로 잘못된 데이터들을 무시해도 잃어버리는 것은 없다. 데이터 로깅(data-logging) 응용에서는 잘못된 데이터를 단순히 무시하기보다는 잘못된 데이터 대해 플래그를 필요로 할 수 있다.

데이터의 최대 변화율에 대해, 알려진 어떤 제한치(허용범위)가 있는 경우에는 이 기법을 확장하여 적용할 수 있다. 이 제한치를 넘는 입력은 한계 범위를 벗어나지 않은 경우에도 무시할 수 있다. 잡음 변동의 편차를 완화시키기 위해 데이터 스트림에 대해 수행하는 소프트웨어 평균화(software averaging)는 유효하지 않은 데이터의 영향을 제거하거나 완화시키는 데도 도움이 될 수 있다.

에러 감지(error detection)를 위해 정교한 소프트웨어를 사용하는 경우에는 센서 고장과 같이 플래그를 붙여주는 것이 필요하거나 정정 조치를 필요로 하는 진짜 오류를 무시하지 않도록 주의해야 한다. 소프트웨어 알고리즘이 복잡할수록 이들 비정상 조건들을 제대로 처리하는 것을 보장하기 위해 더 많은 검사를 해줄 필요가 있다.

13.3.5.2 디지털 입력

디지털 입력에도 유사한 점검 과정을 적용해야 한다. 디지털 입력에 대해서는 검사할 상태가 두 개뿐이므로 범위 시험(range testing)은 적합하지 않다. 반면에 충분히 높은 속도로 폴링이 되고 있는 입력포트인 경우, 연속적인 입력 값들을 서로서로 비교하여 두 개 또는 세 개의 연속적인 값이 일치할 때까지는 아무런 동작을 취하지 않는다. 이 방법으로는, 프로세서는 폴링 타임 슬롯과 일치하는 가끔씩 들어오는 과도현상을 인식하지 못할 것이다. (이 방법은 스위치 입력의 바운싱(bouncing)을 제거하는 데 일반적으로 사용되는 디바운싱(de-bounding) 기법의 변형에 다름 아니다.) 이는 특정 응답시간을 충족하기 위해 필요한 어떤 최소 속도보다 폴링 속도가 두 배 또는 세 배 빨라야 함을 뜻하는 것으로 이렇게 되면 처음에 예상한 것보다 빠른 마이크로프로세서가 필요하게 된다.

13.3.5.3 인터럽트

앞서 설명한 것과 비슷한 이유로, 에지에서 동작하는 인터럽트 입력에 의존하지 않는 것이 더 좋다. 에지 동작 인터럽트 입력은 정상적인 신호에 대해서는 물론, 잡음 스파이크에 의해서도 설정이 되어 버린다. 물론 에지 동작 인터럽트가 꼭 필요한 경우들도 있지만, 이런 경우에도 래치나 플립플롭에 대한 클록 입력과 같은 방식으로 이들 인터럽트를 처리해 주어야 한다. 또한 레이아웃에 추가로 보호조치를 취해주어야 하고 잡음 감응성을 최소로 하기 위해 임피던스를 제어(억제)해주어야 한다. 인터럽트 회로들은 전적으로 위험성이 큰 것으로 다루어야 한다. 설계 과정에서 선택이 가능하다면 레벨로 동작하는 인터럽트 입력을 사용하는 것이 더 좋다.

인터럽트를 금지할 수 없는 경우, 입력 핀의 과도한 잡음은 연속적인 인터럽트를 발생시킬 수 있으므로 스택이 빠르게 오버플로가 된다. 이 문제는 인터럽트 루틴의 처음에서 스택 포인터의 값을 감시하여 그 값이 너무 크면 강제로 하드웨어 리셋이 되게 하는 방식으로 처리해야 한다.

13.3.5.4 토큰 전달과 재호출

소프트웨어 구조는 경영관리 구조와 유사한 편이다. 중요한 결정은 상위 부서에서 이루어지고 하위 부서에서는 그 결정을 실행한다[53]. 상부의 승인 없이 하부에서 업무가 수행되면 위험이 발생한다. 장해가 마이크로컨트롤러의 프로그램 카운터에 오류를 일으켜 마이크로컨트롤러가 의도치 않게 어떤 하위 수준의 서브루틴으로 점프하여 명령을 실행하면 심각한 결과를 초래하는 동작을 수행할 수도 있다.

재호출(recursion)은 프로그램이나 서브루틴이 자기 자신의 일부를 호출하거나 참조하는 행위를 말한다. 이 기법은 과도(transient) 오류에 취약한데, 계속되는 호출에 의해 중첩되는 결과가 프로그램 스택에 목록으로 간직되어 앞에서 언급한 경우에서처럼 오버플로가 일어나기 쉽다. 소프트웨어에 재호출이 꼭 필요한 경우에는 허용되는 최대 깊이(maximum depth)와 이를 지원하는 데 필요한 메모리 사이즈를 매우 세심하게 분석해야 한다.

토큰 전달(token passing)(그림 13.39)은 각 서브루틴이 자신을 호출하는 루틴의 권한을 검사할 수 있는 수단을 제공한다. 상위 수준(의사 결정자) 루틴은 첫 번째 서브루틴에 한 바이트의 특정한 값(토큰)을 전송한다. 그러면 서브루틴은 유효한 토큰 목록에서 이를 검사하고 필요한 경우에는 그것을 계속 전달한다. 정상적인 상황에서는 토큰이 일치하고 작업이 성공적으로 수행되지만 그렇지 않은 경우에는 강제로 리셋이 이루어진다. 물론 이렇게 하려면 명령 프로그램 사이즈와 실행시간 측면에서 대가를 치러야 한다. 이 때문에 토큰 전달 방식은 전체적으로 사용하기보다는 선택적으로 사용하는 쪽이 더 좋다.

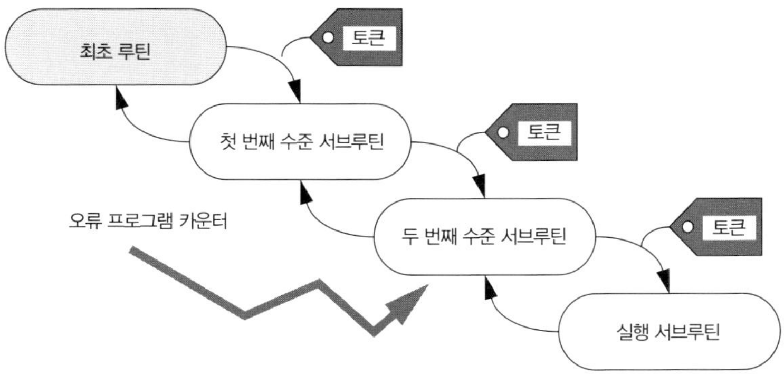

그림 13.39 서브루틴을 통한 토큰 전달

13.3.5.5 데이터와 메모리 보호

휘발성 메모리(ROM이 아닌 RAM이 여기에 속한다. EEPROM과 플래시메모리의 경우에는 데이터 쓰기가 이루어지는 동안에 오류가 발생할 수 있으므로 휘발성으로 분류될 수 있다)는 다양한 유형의 데이터 오류에 취약하다. 이들 오류는 RAM의 테이블에 중요한 데이터(critical data)를 놓아두는 방법으로 감지해낼 수 있다. 각 테이블은 체크섬(checksum)에 의해 보호되는데, 이 체크섬은 테이블과 함께 저장된다. 체크섬 검사 진단방법은 RAM 오류를 잡아내는 데 필요하다고 여겨지는 시간간격마다 백그라운드 루틴에 의해 자동적으로 수행된다. 오류가 발생하면 플래그가 설정되고 필요한 경우에는 소프트웨어 리셋이 발생할 수 있다. 테이블이 변경될 때마다 체크섬이 다시 계산되는 경우에는 RAM 데이터의 값을 확실히 알고 있어야 할 필요는 없다. 진단 루틴이 정상적인 테이블 변경에 의해서는 인터럽트가 걸리는 일이 일어나지 않도록, 또한 그 반대 과정도 일어나지 않도록 주의해야 한다. 그렇지 않으면 오류가 난데없이 나타나기 시작할 것이다! 데이터를 분할하여 여러 개의 테이블로 만드는 것은 시스템의 전체적인 견고성(robustness)에 영향을 주는 중대한(위험한) 시스템 설계 결정이다.

비휘발성 메모리 장치에는 쓰기 기능을 금지하는 소프트웨어 잠금 메커니즘(locking mechanism)이 포함되어 있다. 새로운 데이터를 써주어야 하는 드물게 일어나는 경우를 대비해서 잠금 기능을 해제하는 기능도 함께 가지고 있다. 전원이 나가거나 프로세서가 비휘발성 메모리에 쓰기를 하는 도중에 고장이 나면 저장된 데이터에는 불가피하게 오류가 생길 수밖에 없다. 이 문제에 대한 조치로서, 복사-수정-저장-삭제의 순서를 밟으면, 중요한 데이터의 일부가 덮어 써지는 것을 막을 수 있다.

13.3.5.6 미사용 프로그램 메모리

앞서 워치도그를 다룬 절에서 설명한 여러 위협들 중 하나는 프로그램 카운터의 내용이 잘못되어 마이크로프로세서가 사용하지 않는 메모리 영역을 액세스할 가능성이었다. 이러한 일이 일어나면 마이크로프로세서는 그 데이터가 어떤 데이터이든 이를 프로그램 명령으로 해석할 것이다. 이러한 상황에서, 이 동작이 어떤 결과를 가져올지 예상할 수 있으면 이를 잘 활용할 수 있을 것이다.

존재하지 않는 메모리 번지를 8비트 버스로 액세스하는 경우, 데이터버스에 수동부품(저항 등)으로 풀업(passive pull-up)이 되어 있는 경우에는 #FF_H 데이터 값을 반환한다. 이 데이터 값에 대해서는 프로세서가 아무 동작도 하지 않는다. 프로그램이 되어 있지 않는 ROM 또한 #FF_H를 반환하는데, 이 값은 달라질 수 있다. 좋은 방법은 모든 미사용 #FF_H 위치를 프로세서의 1바이트 명령인 NOP(no operation)로 전부 바꾸는 것이다(그림 13.40). ROM의 마지막 몇 위치는 JMP RESET 명령을 프로그래밍 한다. 일반적으로 3바이트로 이루어진 이 명령은 프로세서를 리셋하는 결과를 가져온다. 이 경우, 프로세서에 문제가 생겨 사용하지 않는 메모리 영역의 어딘가를 액세스하면 프로세서는 일련의 NOP 명령들을 계속해서 인식하여 이 안전한 명령들을 실행하다가 JMP RESET 명령에 도달하면 이 명령을 실행하여 프로세서는 재시동을 한다. 또 다른 방법은 사용하지 않는 블록을 NOP 명령 대신에 STOP 명령으로 채우는 것인데, 이는 시스템을 재시동하는 데 하드웨어 워치도그에 의존하는 방식이다.

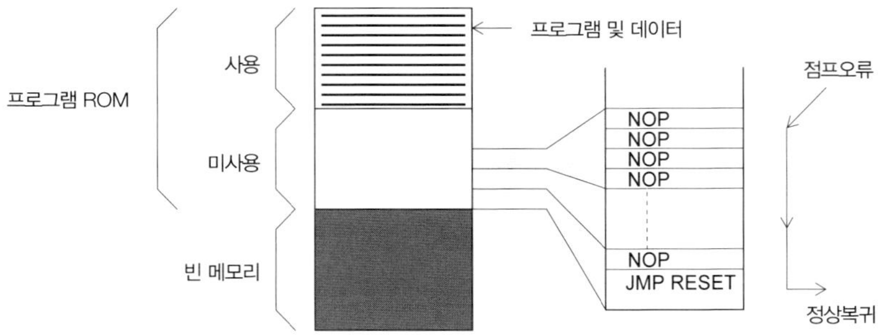

그림 13.40 사용하지 않는 프로그램 메모리를 NOP로 채워 보호하는 방법

프로세서가 빈 버스를 액세스하면 그 동작은 $\#FF_H$ 명령의 의미에 따라 달라질 것이다. 대용량 ROM과 EPROM은 상대적으로 값이 저렴하므로 프로그램에서 필요한 영역이 적은 경우에도 이들을 사용하여 ROM으로만 전체 메모리 맵을 채울 수 있다.

13.3.5.7 재초기화

RAM 데이터뿐만 아니라 I/O 포트나 UART처럼 프로그램이 가능한 장치의 경우에는 설정(setup) 조건에 오류가 생기지 않게 보호조치를 취해야 한다. 많은 프로그래머들은 일단 내부 제어 레지스터가 설정되면(보통은 초기화 루틴에서), 앞으로도 계속해서 그대로 유지될 것으로 생각하지만 이는 잘못이다. 경험에 비춰보면 제어 레지스터의 값은 외부 버스에 직접 연결되지 않은 경우에도 장해의 결과로 그 내용이 바뀔 수 있다. 이것은 프로세서에게 불명확한 결과를 가져올 수 있다. 예를 들어, 장해 때문에 프로그램에 의해 출력 포트가 입력으로 잘못 설정이 되면 프로세서는 아무런 결과를 가져오지 못한다는 사실도 모른 채, 그 입력 포트에 계속 데이터를 쓸 것이다.

가장 안전한 조치로는, 메인 아이들링 루틴이 있다면 여기에서 모든 중요한 레지스터들 주기적으로 재초기화(re-initialization)하는 것이다. 물론 타이머는 이런 방식으로 보호해줄 수 없다. 재초기화를 반복적으로 해주는 주기는 재초기화에 따른 소프트웨어 부담과 함께 소프트웨어가 오류 레지스터를 얼마나 오랫동안 견딜 수 있는지를 고려하여 정해주도록 한다.

13.3.6 과도현상 내성 및 RF 내성 – 아날로그 회로

일반적으로 아날로그 회로는 디지털 회로만큼 과도현상에 취약하지는 않다. 하지만 많은 아날로그 회로들은 RF 에너지의 복조(demodulation)에는 더 취약하다. RF 복조는 그 자체로 DC 바이어스의 변동을 가져온다. 이로 인해 측정시 비선형성(non-linearity)과 비작동(non-operation)이 일어난다. 또한 RF 복조로 인해 변조된 신호가 검출되는데, 이는 특히 오디오(음향, audio) 회로와 비디오(영상, video) 회로에서 특히 두드러지게 나타난다. RF 복조로 인한 바이어스 변동은, 그 바이어스가 논리 레벨에 오류를 일으킬 만큼 커서 작동을 완전히 멈추게 만들지 않는 이상, 디지털 회로의 작동에는 영향을 주지 않는다. 다음에 정리한 다섯 개의 항목에 주의를 기울이면 내성을 향상시킬 수 있다. 가장 큰 RF 신호 레벨은 외부 인터페이스를 경유하여 결합된 것들이므로 인터페이스 회로들에 최우선으로 주의를 기울여야 한다.

아날로그 내성 원칙
- 회로의 대역폭을 최소로 한다.
- 신호 레벨을 최대로 한다.
- 양호한 회로 안정성 마진을 보장한다.
- 평형 신호 구성을 사용한다.
- 특별히 취약한 경로를 격리(절연)한다.

13.3.6.1 오디오 정류

오디오 정류(audio rectification)라는 용어는 낮은 주파수 회로에 의해 RF 신호가 검출되는 현상을 가리키는 데 다소 막연하게 사용된다. RF 장해는 아날로그 회로와 디지털 회로 모두에 대해 나쁜 결과를 가져오는데, 이러한 RF 장해에 대한 회로의 감응성 문제를 일으키는 원인의 대부분이 오디오 정류이다.

회로에 정상적인 대역폭을 벗어난 RF 신호가 들어오면 회로는 선형적 또는 비선형적으로 반응할 수 있다(그림 13.41). 신호의 레벨이 낮아서 선형으로 동작하는 경우에는 원하는 신호나 회로의 동작에 영향을 주지 않고 입력에서 출력까지 신호를 통과시킬 것이다. 그러나 신호 레벨이 회로를 비선형으로 만들면 신호의 진폭(아마도 심하게 왜곡된)이 회로의 출력에 나타나게 된다. 이렇게 되면 원래의 신호를 분리해낼 수 없게 되므로 신호는 어쩔 수 없이 회로의 비선형성에 의해 영향을 받게 된다.

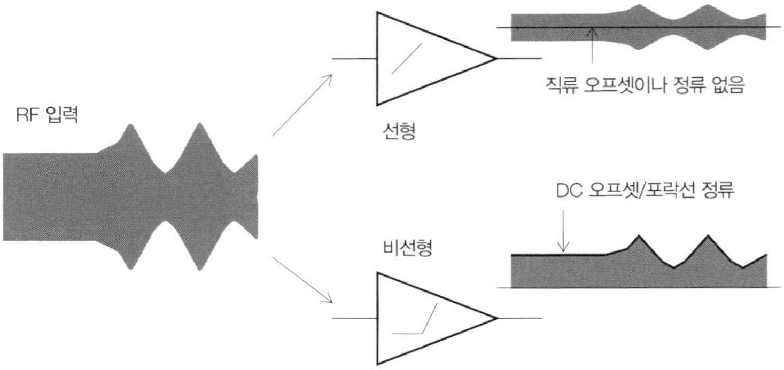

그림 13.41 비선형 회로에 의한 RF 복조

회로의 응답은 회로의 선형 동적 범위(dynamic range)와, 회로가 가장 큰 비선형성을 가지는 위치에서 장해를 일으키는 신호의 레벨이 얼마인가에 따라 달라진다. 보통 이 위치는 회로의 입력이다. 모든 다른 요소들이 동일하다면 넓은 동적범위를 가진 회로가 그렇지 않은 회로보다 RF에 대해 더 좋은 내성을 가진다.

13.3.6.2 대역폭과 레벨과 평형성

가능한 한도 내에서 동작 대역폭이 최소가 되도록 제한하면 장해신호의 레벨을 줄일 수 있다. 입력에서, (1) 입력 *RC* 필터링 또는 *LC* 필터링, (2) 피드백 *RC* 필터링, (3) 낮은 값(10 pF～33 pF)의 커패시터 (4) 저항 등을 입력 단자에 직접 연결하면 이렇게 할 수 있다(그림 13.42). *RC* 필터는 안정성을 떨어뜨리거나(13.3.6.4절 참조) 회로의 공통모드제거(common mode rejection, CMR) 성능을 악화시킬 수 있다. 이것을 막으려면 *C* 값을 낮게 유지해야 한다. 일반적인 반전(inverting) 오피앰프 회로에 27 pF의 피드백 커패시터를 설치한 결과, 0.15 MHz～150 MHz 범위에 걸쳐 10 dB～35 dB만큼 RF 레벨이 감쇠된 개선효과를 거둔 것으로 보고되었다[140]. 고주파 CMR은 평형 입력들(balanced inputs)에 연결되어 있는 커패시턴스들 사이의 불평형에 의해 결정되는데, 이러한 이유만으로도 10%의 일반적인 허용오차를 갖는 용량성 필터링은 쓸 수 없다. 증가시킨 입력 임피던스가 너무 높아서 회로의 DC 조건에 영향을 주는 경우에는 손실을 가진 페라이트코어 초크(choke)나 비드(bead)를 직렬 소자로 대신 쓸 수 있다.

(4)번에서 언급한 낮은 값의 직렬 저항은 오피앰프와 비교기의 입력에서 유용한 방법이다. 오피앰프와 비교기는 입력 임피던스가 높아서 각 입력 핀에 수백 Ω까지 직렬 저항을 연결하는 것이 허용된다. 입력 커패시턴스와 함께 이 직렬저항은 입력 트랙들을 따라 유도된 RF 전압을 감쇠시킨다. 표면장착 저항은 매우 저렴하므로 모든 아날로그 회로에 대해 이를 사용하는 것은 표준 방법으로서 시행할 만한 가치가 있다.

신호 레벨은 다른 회로 조건과 조화를 이루면서, 회로 전체에 걸쳐 가능한 한 큰 값으로 설계해야 하고, 이와 동시에 임피던스는 용량성 결합을 최소화하기 위해 가능한 한 작게 유지해야 하는데, 이들 두 조건은 상충될 수 있다. 유도성 결합이 장해의 가장 주된 원인인지 여부에 따라 어느 편을 선택할지 영향을 받게 된다. 회로 루프 면적을 허용할 수 있을 만큼 작게 만들 수 없어서 유도성 결합이 큰 경우, 높은 임피던스는 결합되는 장해 레벨을 낮게 할 것이다. 앞서 유도성 결합과 용량성 결합에 대해 다룬 [11.1.1절]을 참고하기 바란다.

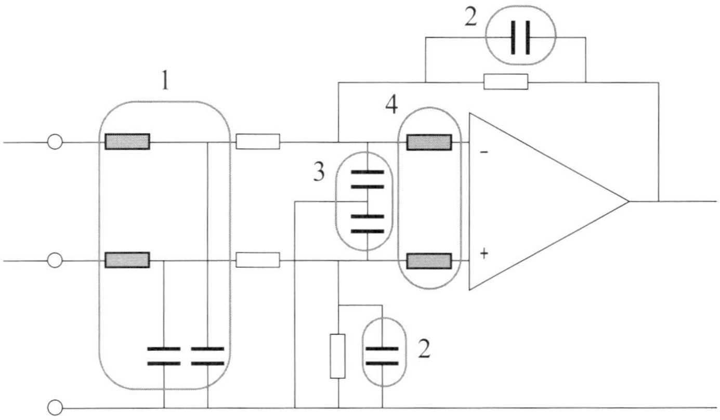

그림 13.42 차동 증폭기에서의 대역폭 제한

평형회로 구조는 오피앰프 회로에 내재된 공통모드제거(CMR)라는 장점을 최대한으로 살릴 수 있다. 그러나 CMR은 고주파에서는 악화되고 용량성 불평형과 레이아웃 불평형에 의해 영향을 받으므로 양호한 RF 내성과 과도 내성을 확보하기 위해 평형회로에 지나치게 의존하는 것은 현명하지 못하다.

개별 트랜지스터 회로의 내성을 향상시키는 데 가장 널리 사용되는 방법은 베이스와 직렬로 저항이나 페라이트 칩을 연결하고 베이스-이미터 접합 양단에 낮은 값(10 pF ~ 33 pF)의 커패시터를 직접 연결하는 것이다(그림 13.43). 이렇게 해주면 비선형 현상이 일어나는 접합 양단에 가해지는 RF가 감소된다. 이때 이들 부품은 트랜지스터 바로 옆에 위치시켜 연결해주어야 한다. 표준 설계 방식으로서, 이러한 부품들은 유입되는 RF에 노출될 수 있는 회로입력이 있는 곳마다 설치해주어야 한다.

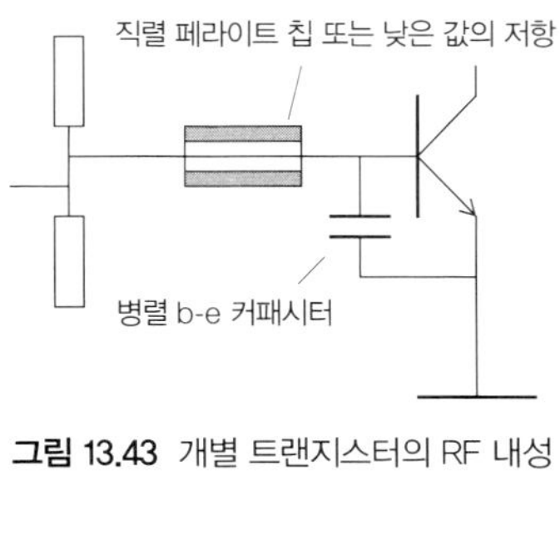

그림 13.43 개별 트랜지스터의 RF 내성 개선 방법

13.3.6.3 오피앰프 종류와 동작 조건의 영향

BiFET 오피앰피의 경우, 바이폴라 오피앰프보다 복조된 RFI의 평균값이 1 MHz ~ 20 MHz의 주파수 범위에서 10 dB ~ 20 dB 더 낮은 것으로 관측되었다[150]. 이것은 바이폴라 입력 베이스-이미터 접합에 내재된 본질적인 비선형성과 관계가 있을 것이다. 참고문헌[154]에서 수행된 연구과제는 내성 시험의 불확도(uncertainty)에 기여하는 요소들에 대한 조사를 수행하였는데, 그중 한 요소가 주입된 장해에 대한 오피앰프 회로 응답의 비선형성이었다. 분명한 사실은 다음과 같다.

- 오피앰프의 제조기술이 다르면 주입된 RF에서 DC 오프셋으로의 전달함수의 특성이 다른데, CMOS 타입이 바이폴라보다 영향이 적다.
- 어떤 주어진 타입에 대해, 주파수가 달라지면 응답도 달라지는 것이 관측된다.
- 직류 동작조건은 보통, 응답에 두드러진 영향을 미친다. 그리고 이것은 단일 전원 부품이 공통모드전압의 낮은 쪽 제한치에 가까운 점에서 동작할 때 더욱 두드러진다.
- 조사된 부품들 중에서 가장 오래전에 설계된 부품인 LM301만이 유일하게 시험된 범위 전체에 걸쳐 선형성에 근접한 응답을 보였다. 다른 모든 부품들은 다소간의 비선형성을 나타내었다.

이상의 내용들을 설명하는 결과들의 일부를 [그림 13.44]에 나타내었다. 특별히 주목할 것은, 0 V 레일 근처의 입력을 가진, 단일 전원모드로 동작하는 바이폴라 LM358(내셔널(National)사 부품의 응답이 표시되어 있지만 필립스(Philips)사와 해리스(Harris)사 부품들도 같은 방식으로 실시되었다)의 경우, RF 전압이 부품의 입력을 공표된 공통모드 범위 바깥에 위치하게 만들자마자 출력은 즉시 + 전원 레일로 즉시 움직여 그 값을 유지한다. 이러한 현상은 같은 부품(LM358)이 이중 전원 모드로 동작하고 입력이 그 중간 레벨로 동작하고 있을 때는 일어나지 않는다. 또한 BiCMOS CA3240에서는 일어나지만 CMOS TLC272에서는 일어나지 않는다. 일반적으로 오피앰프 입력을 그들의 공통모드 범위의 위쪽 끝이나 아래쪽 끝에 아주 가깝게 동작시키는 것은 피해야 한다. 이렇게 하지 않으면 RF에 훨씬 더 취약하게 된다.

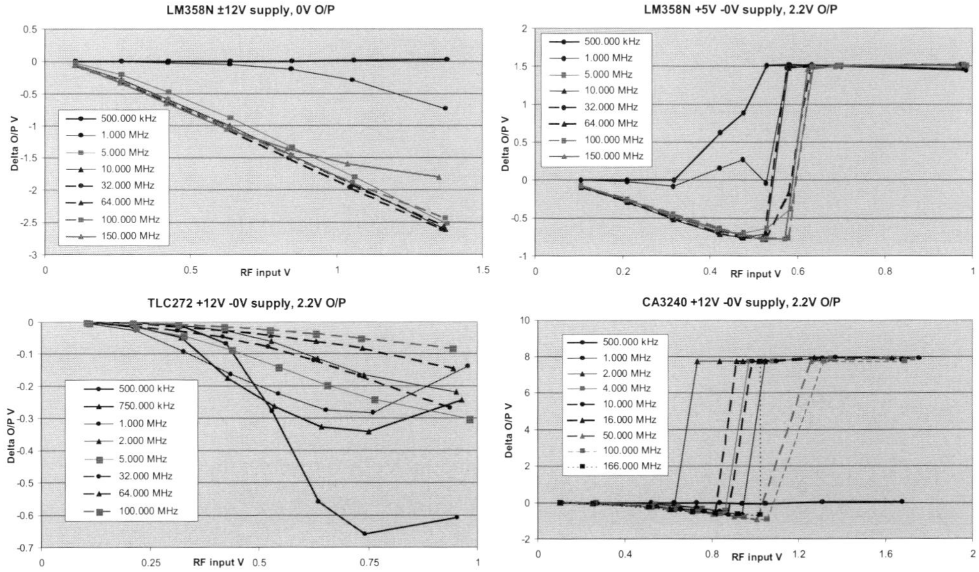

그림 13.44 RF 입력전압에 대한 오피앰프 DC 응답(참고문헌[154] 부록 F) **[주의]** 각 경우에 Y축은 방해받지 않은 DC 출력 레벨과의 편차

13.3.6.4 안정성

수백 MHz 또는 GHz의 이득 대역폭을 가진 오피앰프는 많은 분야에서 일상적으로 사용되고 있다. 광대역 증폭기의 안정성(stability)은 [13.1.5.1절]에서 방출을 다룰 때 간단히 언급한 바 있다. 그러나 준-안정(quasi-stable) 증폭기 또한 내성에 위협이 된다. 어떤 증폭기 회로가 어떤 특정 RF 주파수에서 발진(oscillation)에 매우 가깝지만 실제로 불안정한 상태에 있을 때, 이 증폭기 회로를 다른 식으로 표현해 보면, 회로가 그 RF 주파수에서 주파수 응답상에 피크를 가지고 있다고 말할 수 있다(그림 13.45). 장해 RF 신호가 이 피크에 가해지면 증폭기는 여기에 응답해서 포화되어 증폭기의 원하는(의도하는) 신호를 오염시킬 가능성이 높다. 이러한 상황은 5 MHz~30 MHz 범위에서 전도성 내성 시험에서는 특별히 드물지 않게 일어난다. 이 주파수 범위에서, 감응성에서의 피크는 높은 주파수 영역에서 일반적으로 일어나는 구조적(구조물에 의해 발생하는) 공진으로는 설명될 수 없다.

피드백 회로의 부적절한 설계 이외에도 증폭기의 불안정성은 불량한 회로 레이아웃 또는 불량한 전원 공급 디커플링의 결과인 것이 보통이다. 광대역 장치에 대해서는 이러한 측면에 특별한 주의를 기울일 필요가 있다. 또한 [그림 13.42]에서 권장한 것처럼 입력에 달아주는 낮은 값의 커패시터는 피드백에 영향을 주어 회로의 안정성을 악화시킬 수 있으므로 주의해서 사용해야 한다. 입력핀에 직렬 저항을 달아주는 방법이 더 좋다. 안정성 문제는 RF 내성 시험 설비를 갖춘 시험소를 직접 찾아가지 않아도, 회로에 빠른 상승 에지를 가진 사각파를 인가해준 다음 출력에 링잉이 나타나는지를 살펴보면 진단할 수 있다.

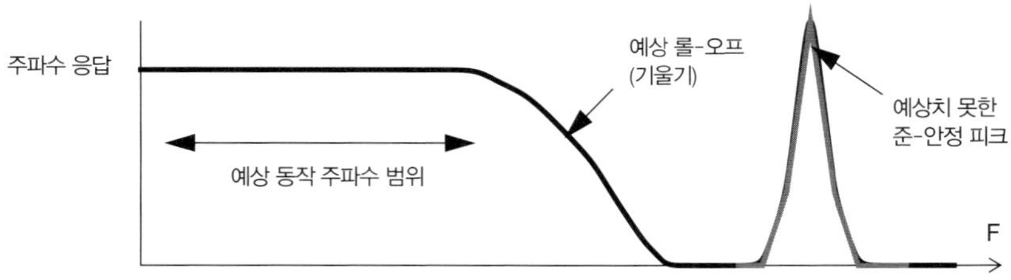

그림 13.45 증폭기의 준-안정성

13.3.6.5 절연(isolation)

신호는 입력 또는 출력에서 광결합기(opto-coupler)나 변압기(transformer)를 사용하여 절연(격리)할 수 있다(그림 13.46). 광결합기에 의한 절연의 예를 완벽하게 보여주는 것이 광섬유 데이터 전송이다. 주된 장해 결합경로가 연결된 케이블에 의한 것이면 도선 대신 광섬유(optical fiber)를 사용하면 이러한 결합경로를 완전히 제거할 수 있다. 이렇게 되면 남는 것은 인클로저에 직접적으로 이루어지는 결합과 전원 케이블을 통한 결합뿐인데, 이들은 전기신호 인터페이스보다는 다루기에 쉽다. 정밀한 AC 또는 DC 신호의 정확한 전송을 보장하려면 신호처리 기법이 필요한데, 이를 위해서는 전체 비용과 기판 면적이 증가한다.

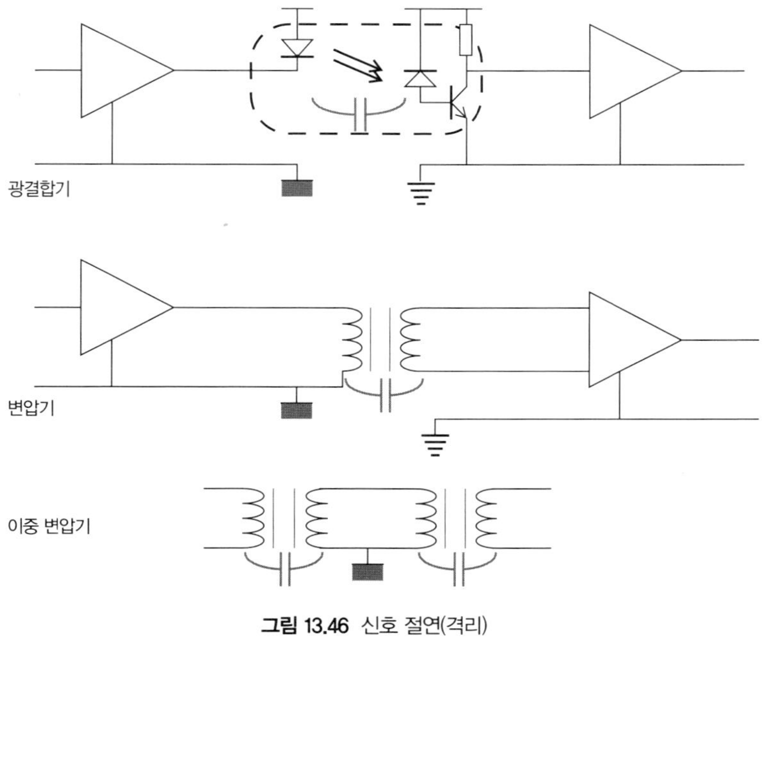

그림 13.46 신호 절연(격리)

결합 커패시턴스

절연은 전기적 접지 연결을 끊는 것이므로 DC 또는 저주파 AC 전위차가 존재하는 것은 허용하면서 공통모드 잡음 주입을 실질적으로 제거한다. 그러나 여전히 1차와 2차 사이에 잔류 결합 커패시턴스가 있어서 이로 인해 고주파에서의 절연과 변화율이 큰 공통모드 dv/dt에 대한 절연이 제대로 이루어지지 않을 수 있다. 이 커패시턴스는 광결합기의 경우에는 보통 부품당 2 pF∼3 pF 정도인데 여러 개의 채널을 절연시키는 경우에는 전체 결합 커패시턴스(한 접지에서 다른 접지로의)가 수십 pF까지 커질 수 있다. 이 공통모드 임피던스는 100 MHz에서 수십 Ω이 되므로 큰 장벽이 되지 못한다(절연이 제대로 이루어지지 않는다)!

차폐를 통해 공통모드 신호가 수신 신호로 결합되는 것을 줄일 수 있는 곳에는 정전기 차폐 변압기와 광결합기를 사용할 수 있다. 이들을 사용하면 해당 국부(local) 회로의 공통모드 과도 내성이 향상된다. 이러한 개선은 절연장벽을 가로질러 존재하는 전체 커패시턴스를 증가시킨 대가로 얻은 것이므로 그 대신 장치의 나머지 부분으로의 과도결합 경로나 RF결합 경로의 임피던스가 줄어든다. 이 문제에 대해서 어느 정도 비용이 드는 해법은 두 개의 차폐되지 않은 변압기를 직렬로 사용하면서 중간에 있는 결합회로를 별도로 접지하는 조치이다.

변압기의 경우에는 겪지 않지만 광결합기와 관련되어 겪게 되는 특별한 문제로, 높은 레벨의 짧은 과도전압이 수신하는 광트랜지스터(photo-transistor)의 베이스에 결합되어 포화를 일으키는 현상이 있다. 이렇게 되면 부품이 포화 상태에서 빠져나오는 시간(보통 수 μs)동안에는 결합기가 없는 것처럼 되어 버린다. 회로에 가해지는 전체적인 영향은 과도현상이 존재하는 동안에 허용할 수 없을 정도가 된다. RF 장해에 대해서도 같은 결과가 발생한다. 이는 베이스에 직접 용량성 결합이 일어나기 때문인데(그림 13.47), 특히 패키지 상의 별도의 종단에 결합될 때 이렇게 된다. 광다이오드 결합기의 경우에는 문제가 그렇게 심각하지는 않고 광트랜지스터의 경우에는 낮은 값의 저항으로 베이스와 이미터를 연결하여 문제를 완화시킬 수 있는데, 대신 감도가 저하된다.

참고문헌[108]은 빠른 과도현상과 RF 장해가 있을 때 입수할 수 있는 아주 다양한 수의 광결합기를 연구하여 다음과 같은 결론을 내렸다.

> "2 kV 과도전압은 언제나 광결합기 출력에 잘못된 짧은 신호를 여러 개 발생시킨다… 버스트를 구성하는 여러 개의 단일 과도전압(연속적으로 발생하는 과도전압들) 하나하나마다 최대 1 μs까지의 잘못된 신호를 받아들여야 한다. 광결합기로 빠른 과도전압을 격리하려면…광결합기로부터 들어오는 짧은 시간의 잘못된 신호를 받아들일 수 없는 경우에는 공통모드 필터로 갈바니 장벽(galvanic barrier)에 들어오는 값을 제한하거나 광결합기 출력 다음에 있는 차동모드 필터로 전달되는 신호의 신호 대역폭을 제한해야 한다…광결합기 중에서 가장 과도전압에 취약한 것은 외부에 베이스 핀을 가진 타입이었다."

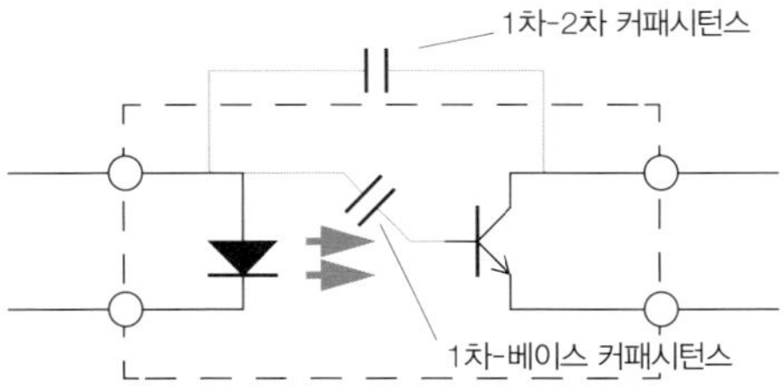

그림 13.47 광결합기에서의 기생 결합

채널의 수를 최소로 하는 데는 병렬 데이터 전송보다는 직렬 데이터 전송이 가장 좋다. 한 회로로부터 나오는 트랙을 다른 회로로부터 나오는 트랙과 가까이 배선하여 격리를 나쁘게 해서는 안 된다. [그림 11.4]는 트랙 간격에 따른 상호결합의 정도를 보여주고 있다. 절연 부분은 접지면을 포함, 회로의 다른 부분에 결합이 되지 않도록 레이아웃 해야 한다. 주(절연되지 않은) 0 V면은 결합기를 가로지르는 중간에서 멈추도록 하여 절연된 회로의 어떤 부분도 0 V면과 겹쳐지지 않게 해야 한다.

디지털 결합기

광결합기나 독립형(standalone) 변압기 모두 비교적 최근에 나온 부품은 아니다. 최근에 출시된 부품들 중에는 아날로그 디바이스(Analog Devices)사의 *i*Coupler®로 대표되는 부품이 있는데, 이는 칩 크기(chip scale)의 마이크로-변압기로 자기적으로 결합된 절연 장벽을 가로질러 매우 높은 주파수의 데이터와 전력을 전달한다. 시스템 설계자에게 이들은 매우 매력적인 부품인데, 특히 장벽을 가로질러 데이터뿐만 아니라 전력도 전달한다. 유감스럽게도 이렇게 하기 위해서는 180 MHz ~ 300 MHz 사이에서 전력 스위칭 회로를 동작시켜야 한다[44]. 또한 신호 인터페이스는 데이터 전이에 부호화된 1 ns 펄스를 사용한다[93]. 그런 만큼, 이들 부품은 장벽을 가로지르는 공통모드 신호로 인해 방사성 방출 제한치를 쉽게 넘을 수 있다.

이 문제를 처리하기 위해 시스템의 절연된 측과 절연되지 않은 측 사이에 상당한 양의 커패시턴스를 설치할 필요가 있는데, 보통은 다층기판에서 인접한 층에 있는 두 세트의 면을 겹치는 방법을 쓴다. 이것은 앞에서 언급한 방법과 정확히 같다. 이렇게 하면 높은 주파수의 유입되는 장해로부터 시스템을 절연시키는 데 있어서 부품의 값이 줄어든다. 이 부품들을 사용하면 단일칩으로 고속 데이터 절연 문제를 해결할 수 있을 것으로 보이지만 이들을 설계에 채택하기로 결정하기 전에 위의 참고문헌을 주의 깊게 연구하는 것이 좋을 것이다.

14
인터페이스와 필터링

앞에 나온 [그림 12.1]을 보면 EMC 제어(억제) 대책이 세 가지 단계로 나누어져 있다. 이번 14장에서는 이 가운데 두 번째 단계인 인터페이스(interface)와 필터링(filtering)을 다룬다. 제품에 인터페이스가 없는 경우 – 예를 들어 배터리로 동작하는 휴대용 장치처럼 –, EMC와 관련해서는 이미 유리한 위치에서 출발하는 것인데, 이는 인클로저 포트만 EMC와 관련이 있기 때문이다. 그러나 이를 제외한 모든 제품에는 전원 인터페이스, 신호 인터페이스, 데이터 인터페이스가 반드시 들어있으며 이들은 제품의 안팎으로 장해 잡음이 드나드는 통로가 된다. 인터페이스에 맨 먼저 연결되는 장치는 케이블이다. 따라서 케이블에 이들 장해가 어떻게 결합하는지, 케이블을 차폐하려면 차폐도체(실드,shield)를 실제로 어떻게 처리해야 하는지, 인터페이스가 차폐되지 않은 경우에는 필요한 필터링을 어떻게 분명히 지정하여 구현할지 고려해야 한다.

14.1 케이블과 커넥터

외부의 케이블은 어느 정도 길이를 가지고 있어서 특히 HF 영역과 VHF 영역에서 인클로저, PCB 또는 그 밖의 기계적(기구) 구조물보다 더욱 효율적으로 주변의 전자기 환경과 상호작용을 한다. 케이블과 장비에 접속되는 인터페이스를 만드는 커넥터는 관련사항을 자세하고 구체적으로 명시해주어야 한다. 이렇게 하는 주된 목적은 케이블로부터 차동모드 신호가 방사되는 것을 막고, 신호회로에 의해 공통모드 전류가 케이블을 따라 흐르지 않게 하고, 외부 전기장이 케이블을 통해 공통모드 케이블 전류의 형태로 신호 회로 내부로 결합(전달)되지 않도록 하기 위함이다.

차폐 케이블은 많은 곳에서 사용하고 있는데, 차폐 케이블을 사용하지 않는 대표적인 경우를 들자면 전원 케이블(전원선 필터가 장착된 경우)과 저주파 인터페이스이다. 저주파 인터페이스는 과도신호 내성과 RF 내성을 확보하기 위해 적절한 필터링을 할 수 있다. 필터링을 하지 않고 차폐를 하지 않은 인터페이스는 외부 방출의 원인이 되는 경로를 제공하고 원치 않는 내부 유입의 원인이 되는 경로를 제공하게 된다. 케이블을 커넥터 인터페이스에서 어떤 방식으로 종단하는가는 케이블의 차폐특성을 유지하는 데 있어서 결정적인 요소이다.

14.1.1 전파 모드

이 주제에 대해서는 [11.1.5절]에서 다룬 바 있다. 케이블에서 차동모드 전류와 공통모드 전류 사이의 차이를 정확히 아는 것은 매우 중요한데, 이러한 모드 사이의 차이점이 EMC를 위해 케이블 설계에 적용하는 많은 원리원칙에 직접적인 영향을 주기 때문이다.

차동모드 전류 I_{DM}은 케이블에서 한 쌍(신호쌍 또는 전원쌍)을 이루는 두 도체(도선) 중에서 한 도체를 따라서는 어느 한 방향으로 흐르고 나머지 한 도체를 따라서는 이와 반대 방향으로 흐르는 전류이다. 일반적으로 신호전류 또는 전원전류가 바로 차동모드 전류에 속한다. 차폐 케이블의 경우에는 실드(shield, 차폐도체)에는 차동모드 전류가 흐르지 않는다. 차동모드 전류는 방사에는 거의 기여하지 않는데, 이는 케이블의 두 도체에 의해 형성되는 총 루프면적이 작고 두 전류의 방향이 서로 반대여서 이들 전류에 의해 각각 발생하는 자기장은 서로 상쇄되기 때문이다.

공통모드 전류 I_{CM}은 케이블을 구성하는 모든 도체에 같은 방향으로 흐른다. 차폐도체(실드)가 있는 경우에는 여기에도 다른 도체들과 같은 방향으로 공통모드 전류가 흐르는데, 이 전류는 신호전류와 관련이 있을 수도 있고 없을 수도 있다. 신호전류 중에서 케이블을 통해 귀환하지 않고 스트레이 결합을 통해 누설되는 일부분이 공통모드 전류의 형태로 나타난다. 이 전류는 케이블의 LCL(Longitudinal Conversion Loss, 종방향 변환 손실)과 관련이 있는데, 이에 대해서는 나중에 [14.1.9.1절]에서 다룬다. 공통모드 전류의 또 다른 주요 발생원은 회로 내에서 케이블의 접속점과 회로의 접지 기준 사이에 발생하는 잡음전압이다. 인터페이스 위치에서 회로를 접지에 연결하면 이 접지 전압을 줄일 수 있으므로 이 방법은 “좋은 관행(good practice)”이다.

I_{CM}은 관련된 접지 회로망을 통해 귀환하므로 이 과정에서 결합을 일으키는 큰 루프면적이 형성되는데, 이는 제어(억제)되지 않는다(그림 14.1). 따라서 작은 크기의 I_{CM}이라도 큰 방출

신호를 생기게 하고, 루프 속으로 침투하는 자기장은 큰 크기의 I_{CM}을 발생시킨다. 이와 대조적으로 차동모드 전류들 I_{DM}의 총합은 케이블에서 0이 되므로 이들 전류에 의해 전체 케이블 주위에 발생하는 알짜 자기장은 0이 된다.

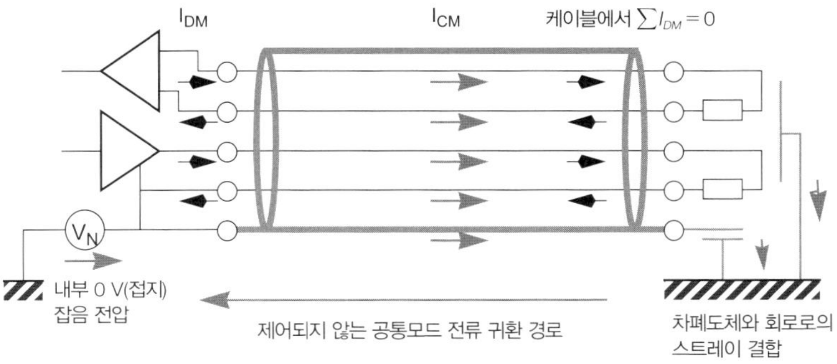

그림 14.1 차동모드 케이블 전류와 공통모드 케이블 전류의 구분

차폐 케이블에서, 모든 내부 도체(도선)에 함께(동일한 방향으로) 흐르고 **차폐도체(실드)의 안쪽 면**을 따라 귀환하는 공통모드 전류는, 모든 내부도체에 동일한 방향으로 흐르고 **차폐도체(실드)의 바깥쪽 면**을 따라서 내부도체와 같은 방향으로 흐르는 공통모드 전류와 구별할 수 있어야 한다. 전자의 공통모드 전류는 두 유형(내부도체들과 차폐도체)의 전류가 여전히 케이블 내에서 차동으로 동작하므로 케이블 외부에서는 자기장이 상쇄되기 때문에 별문제가 되지 않는다. 이것이 다중(다수) 도체 케이블을 차폐하는 가장 큰 이유이다. 후자의 공통모드 전류는 [그림 14.1]에서 회색 화살표로 나타내었는데, 위험한 모드이다.

14.1.2 케이블 귀환 전류

모든 귀환선은 각자와 관련 있는 신호선이나 전원선에 가깝게 배치해야 하는데, 이들을 서로 꼬아 놓으면 더욱 좋다. 이렇게 하면 회로 외부에서 유입되는 자기장에 의한 결합을 줄일 수 있다. 귀환선을 전원선과 신호선 사이에 공유되도록 해서는 안 된다. 귀환선을 각각의 신호선들 사이에 공유되지 않게 하면 더욱 바람직한데, 이렇게 하지 못해서 신호선들이 귀환선을 공유하게 되면 공통임피던스 결합이 발생한다(11.1.1절).

귀환전류가 흐를 수 있는 경로가 여러 개인 경우, 예를 들어 케이블 양 끝점에서 접지 접속이 되어 있는 경우에 귀환전류는 신호 도선에 가까운 도체를 따라 흐른다는 것을 직관적으로 이해하기란 쉽지 않다. 직류(DC)에서는 귀환전류가 각각의 경로를 구성하는 도체(도선)의 저항 비율에 따라서만 경로들 사이에서 나누어진다. 그렇지만 주파수가 증가하면 결합된 쌍(꼬인 도선쌍, 동축 케이블, 또는 케이블 묶음에서 인접해 있는 도선들)의 상호 인덕턴스에 의해 임피던스(즉 귀환전류에 대해 제공하는 임피던스)가 다른 경로들의 임피던스에 비해 감소한다. 이들 결합된 도선쌍에서는, 전류가 좁은 지역을 따라 귀환하면서 둘러싸는 루프의 면적이 가장 작기 때문이다(그림 14.2). 여기서 임피던스가 최소가 되는 것은 귀환전류가 신호전류와 크기는 같고 부호는 반대이기 때문에 가능하다. 신호전류와 귀환전류에 의해 각각 발생하는 자기장은 서로를 상쇄시키는데, 두 도선이 같은 위치에 있다면 상쇄는 완벽하게 이루어질 것이다. 자기장이 상쇄되면 인덕턴스의 정의에 따라, 경로의 인덕턴스는 0이 된다. 실제로 두 도체를 같은 곳에 위치시키는 것은 당연히 불가능하지만 한 도체가 다른 도체를 둘러싸서 덮어버리거나 두 도체를 서로 꼬아 놓으면 같은 곳에 위치시킨 것과 거의 동일한 효과를 얻을 수 있다(이것이 두 도체를 꼬는 주된 목적은 아님을 명심할 것 – 14.1.8.1절 참조). 또는 두 도체의 축을 일치시킨 동축 구조(coaxial geometry)를 채택하면 완벽에 가까운 효과를 거둘 수 있다.

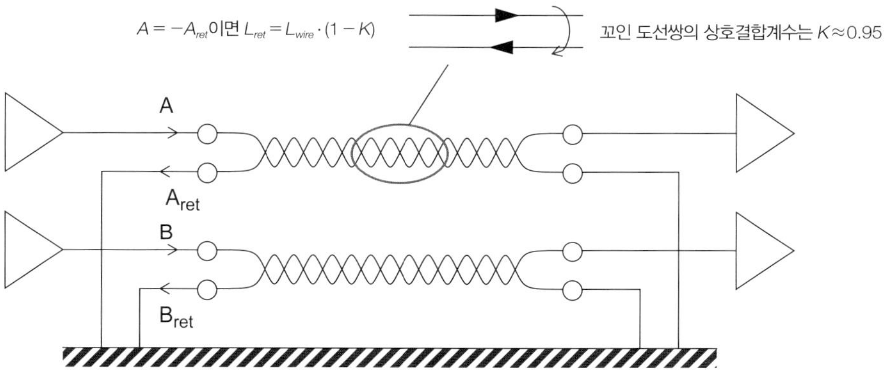

HF에서, 국부 꼬인 도선쌍(twisted pair)의 귀환경로 인덕턴스가 접지 인덕턴스 L_{ret}보다 작으므로 귀환전류 A_{ret}와 B_{ret}는 도선쌍 귀환경로를 통해 흐른다

그림 14.2 신호 귀환전류 경로

이 효과 덕분에 동축 케이블은 자기 차폐 특성을 갖는다. 또한 접지면의 귀환 전류가 그 위쪽의 신호트랙에서 가까운 접지면 영역을 따라서만 흐르는 이유도 바로 이 효과 때문이다. (12.2.2절과 비교하라).

14.1.3 누화

누화 문제는 EMC 영역과 신호 무결성 영역에 모두 해당된다. 케이블 내부에서의 누화(crosstalk)는 외부 EMC(시스템 상호간의 EMC)와는 관련이 없지만 시스템 내부의 EMC와는 관련된 문제, 다시 말해 "어떤 시스템이 자체적으로 장해를 일으키지 않는 능력"에 영향을 주는 문제이다. 누화 문제는 기본적으로 케이블에 들어있는 개별 회로들 사이의 결합 문제이다.

[그림 14.3]을 보면 한 케이블에 두 개의 회로(도선쌍)가 들어있다. 케이블 길이를 따라 한 도체와 나머지 세 도체 사이에 커패시턴스가 분포해있다. 이와 마찬가지로 상호 인덕턴스도

한 도체와 나머지 세 도체 사이에 케이블 길이를 따라 분포해 있다. 케이블 길이가 파장에 비해 훨씬 짧게 되는 낮은 주파수 영역에서는 L과 C는 개별 리액턴스 값을 갖는 행렬로 단순화시킬 수 있지만 주파수가 높은 영역에서는 무한히 짧은 미소길이 안에 리액턴스를 할당하고 이들이 무수히 많이 연결되어 케이블의 길이 전체를 구성하는 것으로 다루어야 한다.

각 도체쌍을 구성하는 두 도체사이의 상호 커패시턴스와 상호 인덕턴스(물론 상호 인덕턴스와 함께 도체 각각의 자체 인덕턴스도)는 각 도체쌍의 특성 임피던스를 결정한다(손실이 없는 경우 $Z_0 = \sqrt{L/C}$). 따라서 이 경우에는 상호 커패시턴스와 상호 인덕턴스가 나쁜 영향을 끼치는 것은 아니다. 회로의 신호원 임피던스와 부하 임피던스와 함께 상호 커패시턴스와 인덕턴스는 케이블/장비 시스템이 가지는 대역폭 범위를 결정한다. 그렇지만 도체쌍들(회로들) 사이의 상호 임피던스는 바람직하지 것이다. 이들은 두 회로 사이의 누화 장해를 일으킨다.

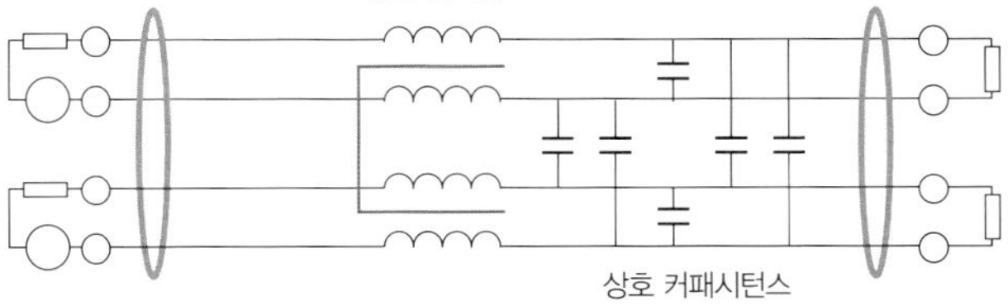

그림 14.3 케이블 사이의 누화

14.1.3.1 용량성 누화

도선쌍#1의 '+도선'(신호도체)과 '−도선'(귀환도체)에 나타나는 전압은 도선쌍#2의 '+도선'과 '−도선'에 결합한다. 이렇게 결합하여 유도된 전압의 진폭은 커패시턴스 값과 회로의 임피던스 값, 그리고 신호원 전압의 변화율(dv/dt)에 의해 결정된다. 평형회로(balanced circuit), 그리고 커패시턴스를 동등하게 하는 평형 케이블 구조는 실질적으로 누화를 최소로 만드는데, 이는 '+도체'에 유도된 전압이 '−도체'에 유도된 전압에 의해 거의 상쇄되거나 '+도체'로부터 유도된 전압이 '−도체'로부터 유도된 전압에 의해 거의 상쇄되기 때문이다. 높은 dv/dt 값과 높은 임피던스를 갖는 불평형 회로(unbalanced circuit)는 용량성 누화(capacitive crosstalk)에 가장 취약하다. [그림 14.4]와 같이 각 도선쌍을 개별적으로 차폐하면 용량성 누화를 거의 전부 제거할 수 있다. 즉 다른 도선쌍에 속한 도체들 사이의 상호 커패시턴스는 제거되고 같은 도선쌍에 속한 도체들과 차폐도체 사이의 상호 커패시턴스와, 두 도선쌍의 차폐도체들 사이의 상호 커패시턴스만 남기 때문이다. [브레이드(braid, 엮은 도선)로 만들어진 차폐도체(실드)처럼 빈틈이 조금이라도 있는 경우에는 이를 통해 도체들 사이에 작은 양의 상호 커패시턴스가 생길 수 있다]. 차폐도체는 어떤 정해진 전위[시스템 대지접지(earth) 또는 회로의 0 V]에 반드시 접속되어야 한다. 차폐도체의 저항 때문에 차폐를 따라 종방향(길이방향)으로 전압이 발생한다. 이 전압은 차폐도체의 여러 가지 결함(갈라진 틈, 불연속성 등)과 함께 용량성 누화 억제효과를 제한(저하)하는 요인이다.

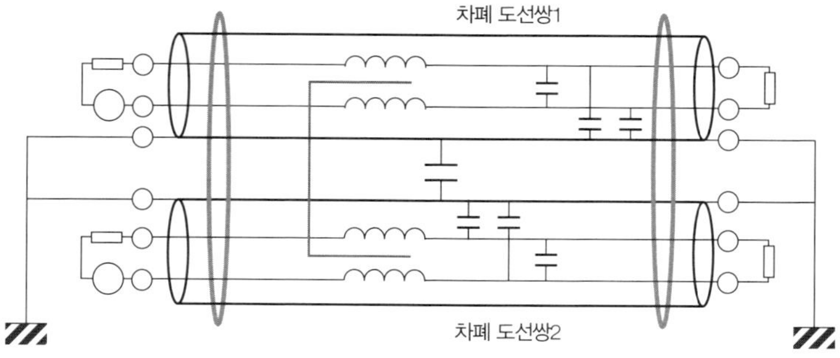

그림 14.4 용량성 누화를 막아주는 차폐

14.1.3.2 유도성 누화

각 도체에 흐르는 전류는 케이블 내의 상호 인덕턴스로 인해 나머지 모든 도체에 종방향 전압(longitudinal voltage)[1]을 유도한다. 이 전압은 가해(원천) 전류의 di/dt에 비례하고 도체들 사이의 상호 인덕턴스에 비례하는데, 회로의 임피던스는 여기에 영향을 주지 않는다. 한 원천(가해) 도체에서 다른 회로를 구성하는 각 도체로의 상호 인덕턴스가 같으면 각각의 도체에는 같은 크기의 전압이 유도되므로 그 회로에 대한 알짜 효과는 0이 된다. 이런 경우가 일반적으로 일어나지는 않지만, 다른 가해 도체로부터 반대 방향으로 전압이 유도되면 양호한 대칭성을 가진 케이블에서는 총 유도전압이 서로 상쇄되어 0이 된다. 이러한 이유로 유도성 누화가 그 자체로 용량성 누화만큼 심각한 어려움을 주는 경우는 드물다.

14.1.3.3 분포 누화

높은 주파수 영역에서 케이블은 분포 구조로 다루어야 하므로 케이블의 전체 길이는 무수히 많은 미소길이의 상호 임피던스로 이루어지게 된다. 케이블의 길이를 따라 발생하는 위상차가 중요해져서 어떤 주파수에서는 유도성 누화와 용량성 누화가 케이블 양 끝에서 보강 간섭을 일으키고 다른 주파수에서는 소멸(상쇄) 간섭을 일으키기도 한다. 또한 케이블을 따라 진행하는 파의 방향이 중요해지며 "근단누화"(near-end crosstalk, NEXT)와 "원단누화"(far-end crosstalk, FEXT)를 구별해 주어야 한다. 이 책에서는 분포 누화 분석을 자세히 다루지는 않을 것이다. 이에 대한 자세한 내용은 참고문헌[11]의 10장과 참고문헌[15]의 4.3절을 살펴보

1 (옮긴이) 도선(도체)의 길이 방향(전류가 전달되는 방향)을 따라 나타나는 전압. 이처럼 전압에는 종방향 전압(longitudinal voltage)과 횡방향 전압(transverse voltage)의 두 가지 모드가 있다. 종방향전압은 접지를 기준으로 어느 한 도체[즉 한 도체와 장비가 접속되는 점(인터페이스)에 나타나므로 결국 공통모드 전압이며 횡방향 전압은 두 도체 사이(즉 두 도체와 장비가 접속되는 점들 사이)에 나타나므로 차동모드 전압이 된다.

기 바란다.

14.1.4 저주파 영역에서의 케이블 차폐

최적의 케이블 차폐를 위해서는 저주파 영역(가청주파수~수백 kHz까지)과 RF(radio frequency, 무선주파수) 영역의 장해에 대해 각각 다른 방식으로 케이블 차폐 접속을 해주어야 한다. 이들 두 영역에서의 접속 방식은 당연히 상호 배타적인데, 이를 보여주는 가장 좋은 예로 자주 인용되는 것이 차폐도체의 접지를 케이블의 한쪽 끝에서만 하는 방식이다. 이 방식은 저주파 영역에서는 옳지만, 고주파 영역에서는 확실히 옳지 않다. 제품의 실제 성능을 위해서는 물론 EMC 지침의 RF 방출과 내성 요건을 충족시키기 위해서도 이러한 접지방식은 더는 쓸모가 없다. 차폐도체를 케이블의 양쪽 끝에서 접지와 접속할 때 문제가 발생하면 이는 시스템의 접지체계에 결함이 있는 것이 거의 확실하다. 그 이유를 이해할 수 있도록 [그림 14.5]의 회로를 살펴보자.

14.1.4.1 차폐도체의 전류와 자기 차폐

케이블의 차폐도체(실드)가 한쪽 끝만 접지되어 있으면 용량적으로(전기장에 의해) 결합되는 장해에 대해서는 양호한 차폐효과를 제공하지만(그림 14.5(a)) 자기장에 의해 결합되는 장해는 전혀 차폐를 하지 못한다. 신호원과 부하가 모두 접지되어 있을 때 이로 인해 만들어지는 루프에 자기장이 결합되면 루프에는 전압이 유도된다. (주의: 신호원과 부하 중에 어느 하나만 접지되어 있을 때는 다른 원리가 적용된다!). 자기장에 대한 차폐를 위해서는 반드시 차폐도체 양쪽 끝을 모두 접지해주어야 한다. 그래야 [14.1.2절]에서 설명한 것처럼, 자기장으로 인해 케이블의 실드(차폐도체)에 유도되는 전류(그림 14.5(b)에서 I_S)가 역시 자기장으로 인해 케이블의 중앙 도체에 유도되는 전류를 상쇄시키는 결과를 가져올 수 있다. 이 실드에 흐르는 유도전류의 효과는 케이블의 차단주파수 f_C보다 높은 주파수 영역에서 확실히 나타난다. 케이블의 차단주파수는 실드(차폐도체)의 인덕턴스와 저항의 함수로서, 브레이드 차폐(braided shield) 케이블의 경우는 대략 1 kHz~2 kHz, 알루미늄 포일 차폐(aluminium foil shield) 케이블의 경우는 대략 7 kHz~10 kHz이다. 차단주파수의 5배보다도 높은 주파수 영역에서는 케이블의 중앙 도체에 유도되는 전압은 주파수에 따라 더는 증가하지 않고 일정한 레벨을 유지하므로 차폐효과는 주파수에 따라 계속 증가하게 된다.

케이블에서 자기장이 방출되는 것을 차폐하는 경우에도 같은 원리가 적용된다. 자기장 방출을 완전히 차폐하려면 귀환전류가 차폐도체를 통해서만 흘러야 하는데, 이러한 현상은 케이블의 차단주파수 이상의 주파수 영역에서만 일어난다(케이블의 양쪽 끝이 모두 접지된 회로의 경우에). 따라서 낮은 주파수에서 자기장을 차폐하는 것은 어려운 일인데, 이에 대해서는 [15.1.2절]에서 더 자세히 살펴보기로 한다.

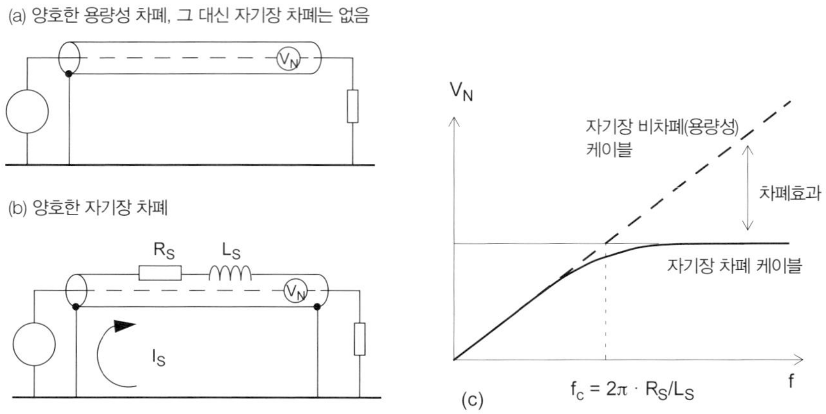

그림 14.5 차폐도체의 접지방식에 따른 자기장 차폐효과의 차이

낮은 주파수에서 용량적으로 유도되는 장해의 차폐에만 관심을 기울여도 되는 경우라면 [그림 14.5(a)]처럼 케이블 실드의 한쪽 끝만 접지에 접속하는 방식도 아무런 문제가 없다. 실제로 계측 시스템에서는 이러한 목적으로 이 접지방식이 널리 사용되고 있다.

14.1.4.2 차폐도체를 접지에 접속하는 위치

[그림 14.5(b)]와 같이 케이블의 차폐도체를 양쪽 끝에 접지하는 방식에는 두 가지 문제가 있다. 첫 번째 문제로, 차폐도체는 하나의 도체로서 회로의 일부를 구성하게 되므로 차폐도체의 임피던스에 발생하는 전압강하는 신호와 직렬로 더해진다. 회로가 양쪽 끝이 접지되어 있을 경우에는 차폐도체와 접지로 이루어진 루프에 유도되는 큰 장해전류 때문에 자기장 차폐에는 어느 정도 한계가 있다. 저주파 자기장의 유입으로 인한 결합을 최소로 하려면 회로의 한쪽 끝은 접지와 격리(분리)되어야 하며 회로의 루프면적은 작아야 하고 차폐도체는 회로의 일부가 되어서는 안 된다. 이런 조건을 충족하는 방법으로, 차폐된 트위스트 페어(꼬인 도선 쌍, twisted pair) 케이블을 한쪽 끝만 접지하는 방식으로 사용할 수 있다. 이렇게 하면 이 케이블에서 차폐도체는 용량성(전기장) 결합을 막아주고 꼬아준 한 쌍의 도선(14.1.8.1절 참조)은 자기장 결합을 줄여준다.

회로에서 신호원이 접지되어있지 않은 경우에는 케이블 차폐도체의 양쪽 끝 중에서 입력(부하) 쪽의 차폐도체의 끝을 입력(부하) 접지와 공통으로 접속해야 하며(그림 14.6의 맨 위), 입력이 플로팅(floating)이 되어 있고(접지되어있지 않고) 신호원이 접지되어 있는 경우에는, 신호원 쪽의 차폐도체 끝을 신호원 접지와 공통으로 접속해야 한다(그림 14.6의 중간). 이런 방식으로 접지와 접속하면 두 도체 사이의 전압차를 최소로 할 수 있기 때문에 케이블의 차폐도체에서 내부도체로 결합되는 용량성 잡음을 최소로 할 수 있다. 그렇지만 어느 접속방식이든 주파수가 증가할수록 접지되지 않은 쪽에 존재하는 스트레이 커패시턴스로 인해 차폐도체와 접지를 통해 전류가 흐르게 되므로 차폐 효과는 떨어진다.

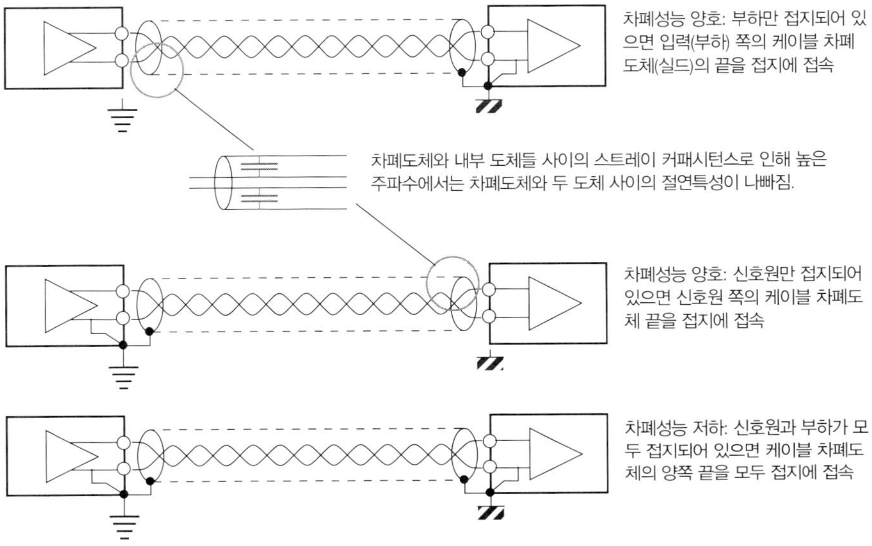

그림 14.6 회로의 구조에 따른 적합한 차폐도체 접지방식

원치 않는 차폐도체 전류

두 번째 문제로, 차폐도체의 양쪽 끝에 위치한 두 접지 사이의 전압차가 상당히 큰 경우, 차폐도체 양쪽 끝을 접지와 연결하면 차폐도체를 따라 전류가 흐르게 된다. 이때 흐르는 전류의 크기는 차폐도체의 임피던스와 접지 전압차를 발생시킨 신호원의 임피던스에 의해서만 제한된다. 그런데 이 두 임피던스는 매우 작을 수 있으므로 이렇게 되면 이때 흐르는 큰 전류로 인해 케이블이 손상될 수 있다. 이와 같은 큰 전압차는 대형 시설이나 빌딩 사이에서는 드문 일이 아니다. 이런 상황은 종종 설비 엔지니어(installation engineer)들이 주문을 외듯 내뱉는 말인 "차폐도체의 양쪽 끝을 모두 접지시키지 말지어다."의 현실적인 근거가 된다.

이 문제에 대한 좋은 해결책으로는, 울며 겨자 먹기 식이지만 설치된 케이블의 길이를 따라 병렬 대지접지 도체(parallel earth conductor, PEC)(15장에서 설명한 PEC, 참고문헌[19]와 [173] 참조)를 나란히 배선하는 것인데, 이렇게 하면 병렬 대지접지 도체로 전류가 흐를 수 있기 때문이다. 이 방법은 설비 엔지니어들이 오랫동안 비용문제를 이유로 거부해온 역사를 가지고 있는데, 실제로 접지와 제대로 접속된 금속 케이블 트레이(tray)나 전선관(conduit)이 대지접지 도체(PEC)로 사용되는 경우라면, 실제 비용은 생각보다 훨씬 적을 수 있다. 이 방법을 적용하는 경우에는 주어진 EMC 상황에 맞추어 케이블 차폐도체를 양쪽 끝 모두, 또는 어느 한쪽 끝을 접지에 접속해주면 된다.

그러나 곧 살펴보겠지만, 차폐 케이블에 별다른 보호조치를 해주지 않은 상태에서 차폐도체의 한쪽 끝을 개방(open)해 놓으면, 이렇게 접지와 연결되지 않은 쪽에서는 RF 차폐가 존재하지 않는다. 이 내용은 저주파 차폐에만 적용된다. 모든 사람들이 이러한 내용을 인식하고 있는 것은 아니다. 다음은 해양 전자 데이터 통신용 NMEA 2000 규격(specification)에서 인용한 항목인데, 이들 항목의 내용에서 알 수 있듯이 규격 작성자들조차도 이 내용을 모를 수 있다.

> 2.4.1 차폐 케이블은 전파주파수(radio frequency) 장해 요건의 충족을 촉진하는 데 사용될 수 있다.
>
> 2.4.1.1 차폐도체(실드)는 인터페이스 내부에서 전자장치의 섀시나 접지에 전기적으로 접속되어서는 안 된다.

이들 두 항목의 문장은 서로 모순되는 의미를 담고 있다. 해양 산업에서 선박의 서로 다른 부분 사이를 순환하는 저주파 전류와 직류 전류에 대해서는 매우 세심한 주의가 필요하다. 그 이유는 전기화학적 부식의 위험 때문인데, 위에서 인용한 항목 중에서 2.4.1.1은 이 위험성을 막기 위한 목적을 갖고 있지만 바로 이 항목 때문에 자동적으로 2.4.1이 의도한 목적을 달성하는 것은 불가능해진다.

14.1.5 RF에서 케이블 차폐

14.1.5.1 전기적 길이

물리적 치수(실제 치수, physical dimension) 자체는 발생원(가해기기)에서 피해기기로 장해잡음을 결합(전달)하는 능력을 결정하는 데 중요한 역할을 하지는 않는다. 실제로 중요한 요소는 전기적 치수(electrical dimension)이다. 자유공간(free space)[2]에서 파장 λ와 주파수 f 사이의 관계는 다음 식으로 표시된다.

$$\lambda = \frac{c}{f} \tag{14.1}$$

여기서 $c = 300 \times 10^6$ m/s는 자유공간 속을 진행하는 전자파의 전파속도(빛의 속도)로 이 값은 다음 식으로 구해진다.

$$c = \frac{1}{\sqrt{\mu_0 \varepsilon_0}} = \frac{1}{\sqrt{4\pi \times 10^{-7} \cdot \frac{1}{36\pi} \times 10^{-9}}} = 300 \times 10^6 \text{ m/s} \tag{14.2}$$

2 (옮긴이) 자유공간이란 아무런 물질도 없는 공간(space that is free of matter)을 가리키는 용어이다. 자유공간은 전자기학에서 사용하는 추상적인 개념으로, 실제로 완벽한 자유공간인 매질은 존재하지 않는다. 그렇지만 공기(air)나 진공(vacuum)은 전자기적 특성이 자유공간과 거의 같으므로 근사적으로 자유공간으로 취급한다.

이다. 여기서 $\mu_0 = 4\pi \times 10^{-7}$은 자유공간의 투자율(permeability), $\varepsilon_0 = 1/(36\pi) \times 10^{-9}$은 자유공간의 유전율(permittivity)이다.

자유공간이 아닌 일반적인 매질 속을 진행하는 전자파의 전파속도 v는 해당 매질의 상대투자율 μ_r과 상대유전율 ε_r로 정해진다. 이러한 매질 — 특히 절연 유전체(insulating dielectric) — 의 전파속도는 다음 식에서 보듯이 자유공간에 비해 느려진다.

$$v = \frac{1}{\sqrt{\mu\varepsilon}} = \frac{c}{\sqrt{\mu_r \varepsilon_r}} \tag{14.3}$$

이 식에서 알 수 있듯이, 상대유전율이 $\varepsilon_r > 1$인 유전체를 가진 어떤 구조물(예를 들어, 케이블)의 전기적 길이는 그 유전체가 없을 때의 전기적 길이보다 길어지므로 이러한 구조물의 파장은 자유공간의 파장보다 짧다. 자성체의 경우에도 같은 원리가 적용된다.

어떤 구조물의 치수가 파장보다 훨씬 짧을 때 이를 다른 말로 "전기적으로 짧다(electrically short)"고 하는데, 보통 $\lambda/10$를 그 기준으로 삼는다. 반대로 구조물의 치수가 $\lambda/4$에 가깝거나 그 이상이 되면 "전기적으로 길다(electrically long)"고 한다. 어떤 구조물(회로)의 전기적 길이(치수)는 그 구조물을 어떤 방식으로 해석할 것인가에 결정적인 영향을 준다. [표 14.1]에 다양한 유전체에서의 파장을 수록하였다.

표 14.1 다양한 유전체의 파장

물질(유전체)	상대유전율 ε_r	파장(100 MHz일 때, 자유공간의 파장은 3 m)
Paper	3	1.73 m
Mica	7	1.13 m
Neoprene	5.7	1.26 m
Nylon	3.5	1.60 m
Perspex	3.45	1.62 m
Polyethylene	2.3	1.98 m
Polypropylene	2.2	2.02 m
Polystyrene	2.6	1.86 m
PVC	3	1.73 m
PTFE	2.1	2.07 m
Quartz	4.43	1.43 m
Butyl Rubber	2.4	1.94 m
Silicon	11.7	0.88 m
Epoxy resin	3.6	1.58 m

14.1.5.2 정재파와 표피효과

케이블의 길이가 관심 주파수[3](frequency of interest)에서 파장의 1/4에 가까워지면 외부 전자기장으로 인해 차폐도체에 흐르는 전류는 시급하게 해결해야 할 눈앞의 현실적인 문제가 되어 버린다. 케이블의 한쪽 끝이 개방된 회로(open circuit)는 1/4 파장만큼 떨어진 반대편 끝에서는 단락된 회로(short circuit)가 되어 버린다. 케이블의 끝에 아무 것도 연결되어있지 않든 아니면 어떤 외부 장치가 연결되어있든, [그림 14.7]에서 보는 것과 유사한 정재파 패턴(standing wave pattern)을 갖는 전류가 차폐도체를 따라 흐른다. 이 전류의 크기는 케이블과 접지기준으로 만들어지는 전송선로 구조의 특성 임피던스에 따라 정해진다(이와 관련한 내용은 [11.3.1.1절]을 참고하기 바란다). 공진 주파수보다 낮은 경우에도 스트레이 커패시턴스에 의해 만들어진 경로를 따라 차폐도체에는 전류가 흐르게 된다.

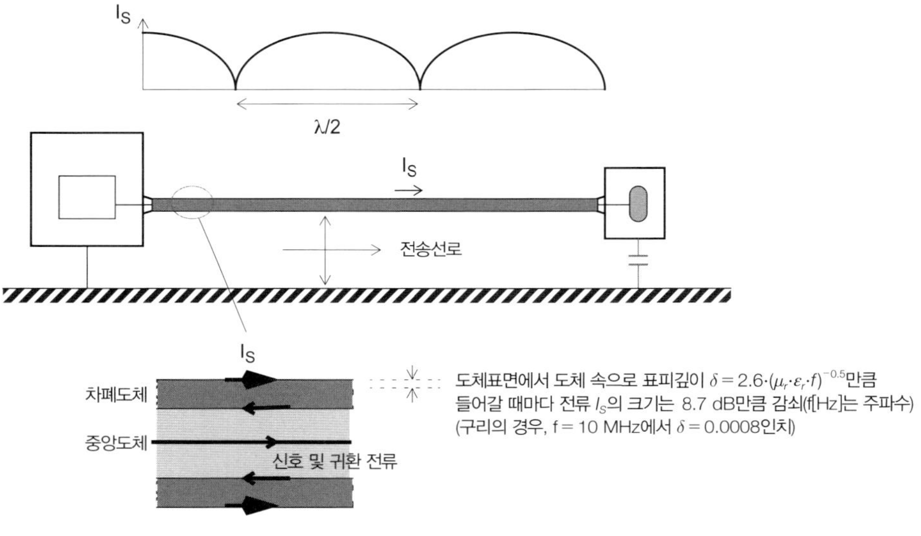

그림 14.7 RF에서 케이블의 차폐도체에 흐르는 전류

차폐도체의 안쪽 표면과 바깥쪽 표면을 따라 흐르는 전류의 구분

높은 주파수에서는 차폐도체의 안쪽 표면과 바깥쪽 표면이 표피효과(skin effect)로 인해 서로 분리된다. 표피효과에 의해 전류는 도체의 표면 근처에만 한정하여 흐른다. 차폐도체의 안쪽 표면에 흐르는 신호전류(signal current)와 귀환전류(return current)는 차폐도체의 바깥쪽 표면에 흐르는 장해 전류(interference current)와는 서로 결합하지 않는다. [그림 14.7]에 표시되어있는 것처럼 표피깊이는 표면에 흐르는 전류가 8.7 dB만큼 크기가 감쇠하는 곳까지의

3 RF 내성과 관련해서는 관심 주파수가 1 GHz 이상까지 올라간다. 실제적으로 λ/4보다 긴 케이블에 대해서는 특히 그렇다.

깊이로, 그 값은 물질특성(전도율과 투자율)과 주파수의 제곱근의 역수로 결정된다(표피깊이 $d = 1/\sqrt{\pi f \mu \sigma}$). 10 MHz에서 구리의 표피깊이는 0.021 mm이다. 따라서 균일한(solid) 차폐도체의 두께가 0.25 mm인 경우, 이 차폐도체로는 바깥쪽 표면에서 안쪽 표면까지 103 dB의 감쇠를 얻을 수 있다. 따라서 차폐도체를 여러 위치에서 접지하거나 양쪽 끝에서 접지하면 차폐도체의 바깥쪽 표면을 따라 높은 주파수의 전류가 흘러도 이 전류로 인한 장해잡음이 차폐도체 안쪽 표면까지는 거의 전달되지 않는다. 물론 전류의 주파수가 낮은 경우에는 높은 주파수의 전류보다는 많이 전달된다. 균일한 차폐도체 대신 브레이드(braided, 엮은 도선) 차폐도체를 사용하면 감쇠효과가 나빠지는데, 이는 도선 띠를 엮어 만든 브레이드 차폐도체에는 작은 틈이 나 있고 도선 띠가 안쪽에서 바깥쪽, 다시 바깥쪽에서 안쪽으로 번갈아가며 짜여있기 때문이다. 또한 양 끝에서 차폐도체 접지 연결선이 제대로 접속되어 있지 않으면 차폐효과는 더욱 심각하게 나빠지게 된다. 이에 대해서는 [14.1.7절]에 설명되어 있다.

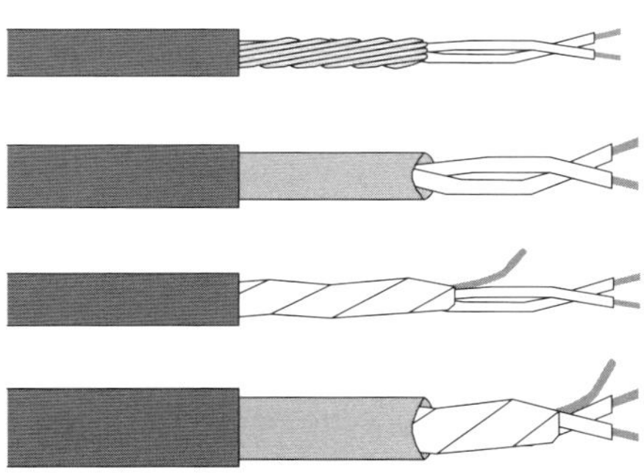

그림 14.8 대표적인 차폐도체의 종류

14.1.6 케이블 차폐도체의 종류와 성능

케이블 차폐도체의 성능은 그 구조에 따라 달라진다. [그림 14.8]에는 시중에서 적당한 가격으로 구입할 수 있는 대표적인 차폐도체 몇 가지를 나타내었다. 좀 더 높은 성능이 요구되는 응용분야를 위해 최적화된 브레이드 구조 또는 다중 브레이드 구조의 특별한 차폐도체는 비싼 가격으로 시중에 나와 있다. 물론 차폐하지 않은 케이블을 차폐도체로 사방이 막힌 전선관(conduit) 속이나 별도의 브레이드 차폐도체 속에 넣어 배선할 수도 있다. 또는 도체나 자성체를 사용하여, 차폐하지 않은 케이블을 둘러쌀 수도 있다. 시스템 엔지니어나 설비 엔지니어들이 선택할 수 있는 유용한 차폐 케이블의 종류와 특성은 다음과 같다.

- 감은도선(lapped wire) 차폐도체는 케이블 위에 도선을 나선형으로 감은 구조로 되어있다. 이러한 유형의 차폐도체는 유연성이 매우 좋지만 차폐효과가 부실하고 고주파 영역에서는

상당히 큰 유도성 리액턴스를 나타내므로 사용처로는 오디오 관련 분야로만 제한된다. 강선 외장 케이블(steel wire armoured cable, SWA cable)은 케이블을 외부에 배선할 때 기계적인 충격에 의해 케이블이 파손되는 것을 막을 목적으로 널리 사용된다. 이 케이블은 감은도선(lapped wire)의 일종으로 간주된다. 강선 외장은 어느 정도의 차폐를 제공하는데, 이 경우 반드시 접지와 전기적으로 종단(접속)되어 있어야만 한다.

- 단일 브레이드(single braid) 차폐도체는 도선을 엮어 만든 브레이드로 이루어져 있다. 이 브레이드는 케이블을 둘러싸는 금속 틀(frame)의 역할을 하여 케이블 주위공간의 80%~95% 정도를 덮어 가려버리므로 고주파 영역에서 적정한 차폐성능을 제공한다. 대신, 브레이드로 인해 케이블의 무게는 상당히 무거워지고 유연성도 상당히 떨어지게 된다.

- 코팅 테이프 또는 포일(laminated tape or foil)은 케이블 주위공간을 완전히 덮어 가리지만 저항성분이 상당히 높으므로 보통 정도의 차폐효과만을 제공한다. 가벼운 무게, 좋은 유연성, 작은 굵기(지름), 저렴한 가격 등의 특성을 가진다. 이러한 유형의 차폐도체는 종단을 제대로 해주기가 어렵다. 차폐도체의 전류는 주로 테이프 또는 포일에 부착되어있는 접지도선(배출 도선, drain wire)을 따라 흐르는데, 그 구조상 자기장의 상쇄가 제대로 되기 어려우므로 자기장 차폐용으로는 적합하지 않다. 하지만 용량성 차폐용으로는 매우 우수하다.

- 복합 포일 브레이드(composite foil and braid)는 코팅 포일(laminated foil)과 단일 블레이드(single braid)를 결합하여 케이블 주위공간을 더욱 완벽하게 덮어 가리고 고주파 성능을 최적화한 것이다.

- 다중 브레이드(multiple braid)는 단일 브레이드(single braid)의 성능을 개선한 것으로, 내부표면의 전류 흐름과 외부표면의 전류흐름을 의도적으로 분리하고, 차폐도체는 다른 용도(낮은 주파수용과 높은 주파수용)로만 한정해서 쓰이도록 한 것이다.

- 슈퍼차폐 케이블(superscreened cable)[71]은 브레이드 위에 한 개 또는 그 이상의 뮤-메탈(mu-metal) 층을 설치하여 다중 브레이드 구조를 개선한 것으로 매우 낮은 주파수 영역까지 양호한 차폐 성능을 발휘한다.

14.1.6.1 전달 임피던스

케이블의 차폐성능은 전달 임피던스(transfer impedance)를 사용하여 가장 잘 표현할 수 있다. 전달 임피던스는 Z_T로 표시하며 케이블의 외부 도체를 따라 흐르는 장해 전류에 의해 케이블의 내부 도체(들)에 단위길이당 얼마만큼의 전압이 유도되는지 나타내는 척도이다. 전달 임피던스 값은 주파수에 따라 달라지는데, 보통 mΩ/m 단위를 사용한다. (12.1.2.2절에서는 접지 구조물의 성능을 나타내는 데 이 파라미터를 사용하였다.) 완전한 특성을 가지는 차폐도체는 내부도체에 어떤 전압도 유도하지 않으므로 Z_T 값은 0이지만 실제의 차폐도체는 차폐도체 임피던스를 통해 내부도체로 어느 정도의 에너지를 결합시킨다(전달한다). 낮은 주파수에서, 전달 임피던스는 차폐도체의 직류 저항 값과 같다.

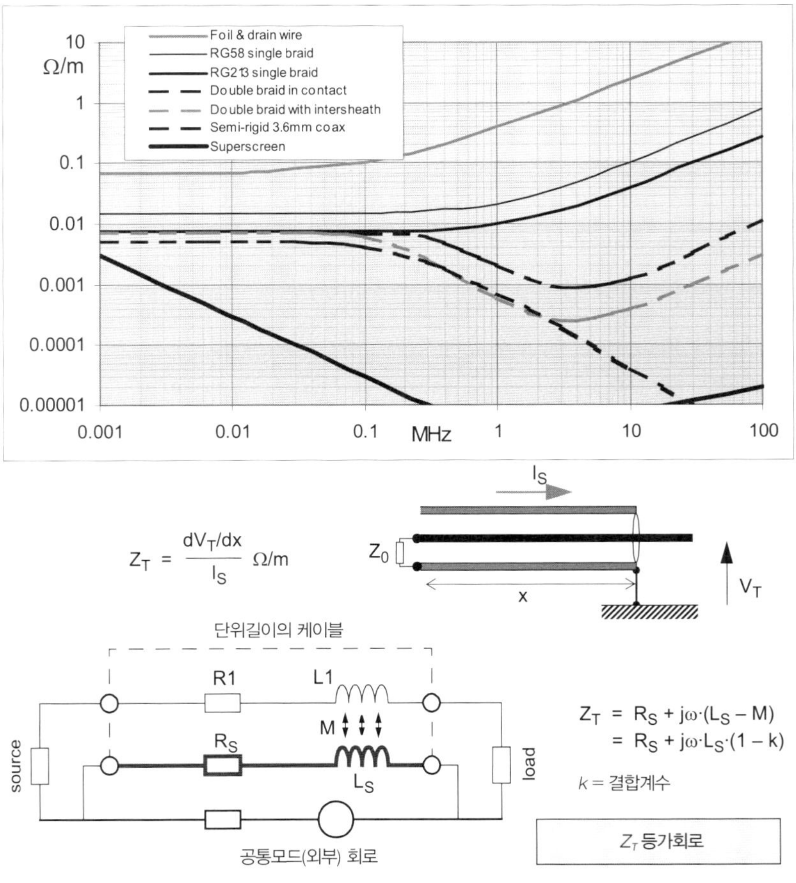

그림 14.9 전달 임피던스

[그림 14.9]에는 다양한 종류의 케이블 차폐도체 구조에 대해 주파수에 따른 Z_T의 변화를 비교한 그래프를 수록하였다. 그래프를 보면 더욱 양호한 성능을 가진 차폐도체일수록 주파수 범위의 시작부분에서 주파수에 따라 Z_T가 감소하는데, 이는 표피효과로 인해 차폐도체 내부에 흐르는 신호전류가 차폐도체의 바깥쪽 면에 흐르는 잡음전류와 분리되기 때문이다. 그 다음에는 주파수에 따라 다시 증가하는데, 이는 브레이드에 존재하는 구멍들과 엮은 부분에 의해 생기는 전자기장의 왜곡 때문인데, 이것이 바로 누설 인덕턴스(leakage inductance)를 나타낸다. 주파수가 케이블의 공진주파수에 가까워지면 Z_T 값을 실제 상황에는 적용할 수 없게 된다. 이는 공진시 형성되는 정재파로 인해, Z_T를 정의하는 데 필수적인 "단위길이당 일정

한 차폐도체 전류 I_S"라는 조건이 충족될 수 없기 때문이다. 케이블과 케이블의 외부 접지기준이 어떤 알려진(정해진) 특성 임피던스 값을 가진 전송선로를 형성하고, 아울러 이 전송선로의 양 끝이 제대로 종단되어 있는 경우에만 RF 전류가 케이블의 전체 길이를 따라 일정하게 된다. Z_T를 측정하는 한 가지 방법은, 이러한 조건을 확실히 구현해주는 특별한 지그(장치, jig)를 사용하는 것이다. 이에 대한 표준방법은 IEC 62153-4 [177]와 EN 50289-1-6 [164]에 공표되어 있고, 이와 관련한 주요 내용은 IEC 62153-4-1에서 찾아볼 수 있다.

주목할 점은 값이 저렴한 종류의 차폐도체는 주파수가 증가함에 따라 특성이 나빠지며 코팅포일(laminated foil) 차폐도체는 단일 브레이드보다 약 20 dB 정도 특성이 나쁘다는 사실이다. 이는 코팅포일 차폐도체의 높은 저항성분 때문이며, 또한 포일에 부착되어있는 접지도선(drain wire)에 의해 발생하는 전자기장 왜곡 때문이다. 이러한 왜곡은 접지도선을 통해 종방향(공통모드) 차폐도체 전류의 대부분이 흐르기 때문이다. 반면에, 균일한 구리 차폐도체는 주파수가 증가함에 따라 성능이 더욱 좋아지는데, 이는 이 차폐도체가 양호한 표피효과를 나타내기 때문이다. 그래프에서 사용한 슈퍼차폐도체 케이블은 내부와 외부의 브레이드 사이에 뮤-메탈로 만든 테이프 한 개가 놓여 있다. 이 테이프의 효과는 내부 회로와 내부 브레이드 사이의 유도성 결합을 증가시켜 낮은 주파수 영역에서 차폐효과를 상당히 개선시키는 것이다. 이러한 구성을 최적화된 브레이드 구조와 함께 사용하면 전체 주파수 영역에서 더욱 양호한 차폐성능을 얻을 수 있다. 이보다도 더 양호한 차폐성능을 얻는 방법에 대해 참고문헌[71]은 다음과 같이 설명하고 있다.

> 세 개의 브레이드(braid)와 두 개의 자기 테이프(magnetic tape)를 사용하여 두 개의 샌드위치 구조를 만들면, 이보다 간단한 케이블과 비교할 때 동일한 주파수에서 12 dB/oct의 비율로 감소하는 것으로 계산되었다 … 낮은 주파수 영역에서 성능을 측정한 결과, 예측한대로 0.1 $\mu\Omega$/m라는 낮은 Z_T 값이 나왔으며 100 kHz 이상에서 차폐도체를 뚫고 들어오는 장해를 검출하는 것은 불가능하였다.

이러한 케이블들은 극단적으로 차폐를 해주어야 하는 분야에서 표준 설계로서 사용될 수 있다. 이들 케이블은 단순한 브레이드나 포일에 견주어 값이 비싸고 유연성이 떨어지며 무게 측면에서 불이익이 있고 특별히 성능이 우수한 커넥터를 사용해야 한다. 그렇지만 성능은 뛰어나다.

14.1.6.2 차폐효과에 대한 Z_T

전달 임피던스는 케이블만의 함수이므로 서로 다른 구조를 비교하는 데 유용하다. 그러나 전달 임피던스는 케이블의 차폐효과(screening effectiveness 또는 shielding effectiveness)와는 직접적인 관계를 가지고 있지 않다. 차폐효과는 다음 식으로 정의할 수 있다.

$$SE(\mathrm{dB}) = 10\log_{10}\left|\frac{P_{feed}}{P_{rad,max}}\right| \tag{14.4}$$

여기서, P_{feed}는 케이블로 공급되는 전력, $P_{rad,max}$는 케이블 외부로 방사되는 전력이다. 차폐효과는 외부 회로(차폐도체의 바깥에 위치해 있는 회로)와 내부 회로(차폐도체 내부에 있는 회로) 사이의 유효 유전상수 차이에 의해 영향을 받는다. 또한 차폐효과는 이들 두 회로의 특성 임피던스의 함수이다. 따라서 특정 케이블 세트의 차폐 성능을 정확하게 예측하기 위해서는 케이블이 통과하는 케이블 바깥 환경에 대해 자세히 알아야 할 필요가 있다. 이것은 거의 제어하기 힘들며 정확하게 알 수 있는 경우는 더욱 드물다.

케이블의 차폐효과를 인용할 때, 이것은 식 (14.4)와 같이 전력의 비로 표현되는데, 이때 전력은 흡수클램프(absorbing clamp)를 사용하여 측정한다. 참고문헌[5]에서 언급한대로 이 값은 EMC 계산에는 별로 쓸모가 없다. 그저 "실제로 수행된 것이라고는 어찌어찌 정의된 측정 절차를 사용하여 '숫자를 산출한 것'이다. 경험에 비추어보면 이 숫자 값은 장해 불만 건수를 적절한 수준을 넘지 않게 제한한다." 정도이다.

정확성은 떨어지지만 실용적이며 간단한 차폐효과 변환식[79]은 다음과 같다.

$$SE(\mathrm{dB}) = 36 - 20\log_{10}(Z_T) - 20\log_{10}(L) \tag{14.5}$$

여기서, Z_T의 단위는 Ω/m이고 L은 케이블 길이로 단위는 m이다.

위 식에서 숫자 36 dB는 전형적인 환경에 맞추기 위한 일종의 조정인자로서, "실제 시스템에서 보이는 임피던스 불연속을 나타내는 정도에 의해 수정된", 시험 시스템의 내부 임피던스와 외부 임피던스의 합성을 나타낸다.

엄격하게 말해 케이블 차폐도체는, 브레이드가 내부 도체를 완전히 덮어 가리지 못해 생기는 용량성 결합을 나타내는 "전달 어드미턴스(transfer admittance)"도 가지고 있다. 사실, 수 kHz와 그 아래의 주파수 영역에서 자기장은 직접 결합한다(14.1.4.1절 참조). 그렇지만 대부분의 조건에서는 직접 결합보다는 전달 임피던스를 통한 결합이 압도적이다[71].

14.1.7 차폐 케이블의 접속

14.1.7.1 케이블 차폐도체(실드)를 접지하는 방법

케이블 차폐도체를 종단하는 데 있어서 무엇보다도 중요한 필수조건은 임피던스가 가장 작은 금속 섀시나 인클로저 접지에 차폐도체를 직접 접속하는 것이다. 이렇게 하면 차폐도체의 장해전류가 다른 회로를 통해 지나가거나 다른 회로로 결합하지 않고 접지로 흘러 들어간다. 이러한 측면에서 볼 때 가장 좋은 접속방법은, 차폐도체를 케이블 끝에서 연장해 올린 다음, 그 둘레 전체가 접지면이나 섀시에 균일하게 360° 접속이 이루어지게 하는 것이다(그림 14.10). 케이블 차폐도체를 꽉 물어 고정시키는 전도성 글랜드(gland)[4]와 페룰(ferrule)을 사용하는 하드와이어링(hardwiring) 방식의 케이블 종단을 적용하면 이러한 접속이 가장 잘 이루어지게 할 수 있다. 커넥터는 언제나 차폐도체와 섀시의 접속 품질을 나쁘게 만들 수 있다. 커넥터들은 종류에 따라 특성에 차이가 있어서 몇몇 커넥터들은 다른 커넥터들보다 훨씬 좋은 성능을 발휘한다.

커넥터 종류

N-타입 커넥터 또는 BNC 커넥터와 같은 다양한 표준규격의 RF 동축 커넥터는 양호한 360° 접속을 이루는 구조로 되어있는데, 군용 커넥터도 이와 마찬가지이다. 주변에서 쉽게 찾아볼 수 있는 상용 다중 커넥터(multiway connector)들 중에서는, 한 짝을 이루는 커넥터와 확실한 360° 접촉이 이루어지도록 설계된 커넥터 셸(connector shell)을 가진 것이 가장 좋다. 대부분의 상용 커넥터들은 완전하지는 못해도 어느 정도 이러한 요건에 가깝게 만들어져 있는데, 그 예를 들어보면 움푹 들어간 주석판 셸(tinplated shell) 구조로 된 디-서브(D-subminiature) 타입 커넥터나 USB, DVI, 차폐된 RJ 타입 등의 표준 규격 커넥터가 있다. 두 점 또는 네 점 스프링 핑거 접촉은 본질적으로 둘레 전체의 연속(고른) 접촉보다는 효과(성능)가 떨어진다.

백셸의 중요성

케이블 차폐도체는 차폐된 전도성 백셸(backshell)과 360° 접촉이 이루어져야 한다. 이때 백셸 차체는 커넥터 셸과 확실하게 연결되어야 한다. 360° 접촉은 아이리스(iris)나 페룰(ferrule) 방식을 사용하면 가장 확실히 이룰 수 있다. 이 방식 대신, 백셸 몸체에 전도성 클램프(clamp)를 사용하여 접촉을 해주는 방법도 가능하다. 또한, 대량 생산된 케이블 세트의 경우, 케이블 차폐도체와 커넥터 셸 모두에 납땜으로 접속된 구리 테이프를 사용하여 전체 조립부와 이후에 오버몰드된(overmolded) 부분을 덮는 방식도 좋은 방법인데, 단 이렇게 하는 데 지나치게 많은 수고가 들지 않아야 한다. 플로팅(floating)이 된 케이블 클램프나 커넥터 셸에 단단히 접촉되지 않은 백셸은 적합하지 않다. 백셸 자체가 성능 손실이 거의 없는 균일한 금속이 아니라 전도성을 가지도록 코팅(도금)을 한 플라스틱일 수도 있다. 이렇게 해도 되는 것은 높은 주파수 영역에서는 표피깊이가 작아서 매우 얇은 두께로 코팅(도금)된 전도성 표면을 사용해도 양호한 360° 접촉 효과를 볼 수 있기 때문이다. 그러나 백셸은 전기장 차폐를 제공하는 것이 주된 목적이 아니므로 올바른 방식으로 접촉을 확실히 하지 않은 상태로 그냥 금속이나 전도성으로 도금된 셸을 사용하는 것은 무의미하다.

4 (옮긴이) 글랜드(케이블 글랜드)는 케이블을 장비에 연결할 때 케이블의 끝이 장비에 단단하고 안전하게 고정되도록 해주는 장치이다.

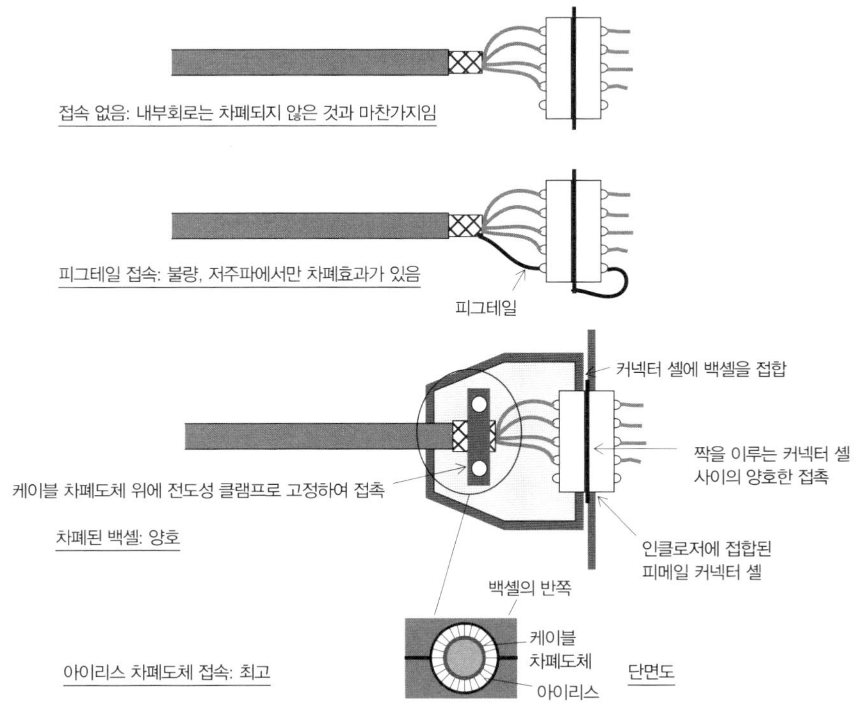

그림 14.10 RF에서 케이블 차폐도체 연결 방법

14.1.7.2 피그테일의 영향

피그테일(pigtail) 접속에서는 차폐도체가 한 가닥의 도선(wire)에 연결되는데, 이 도선은 커넥터 핀을 통해 연장되어 접지점과 접속된다. 이 작업은 간편하기 때문에 데이터 케이블의 차폐도체를 접속하는 데 아주 널리 사용된다. 실제로, 몇몇 오래된 데이터 인터페이스 표준에서는 커넥터의 한 핀이 이러한 용도로 지정되어 있다. 유감스럽게도 피그테일 접속방식을 사용하면 피그테일의 인덕턴스 때문에 고주파에서는 아예 접속 자체가 없는 경우와 거의 마찬가지가 되어 버려 성능에 나쁜 영향을 끼친다[91][117]. 피그테일 접속은 [그림 14.11]과 같이 케이블 차폐도체 연결선에 수십 nH의 인덕터가 직렬로 연결된 것으로 나타낼 수 있다. 이 등가회로를 보면 차폐도체를 따라 흐르는 장해 전류 I_S에 의해 인터페이스에서는 차폐도체상에 공통모드 전압이 발생하고 있다. 이 전압은 내부도체로 쉽게 결합한다. 역으로, 내부도체의 잡음 전압도 차폐도체에 쉽게 결합한다.

이러한 피그테일 접속의 등가 전달 임피던스는 피그테일의 인덕턴스가 우세한 동안에는 주파수에 따라 급격하게 증가하여 양호한 고주파 차폐도체 케이블의 효과를 떨어뜨린다. 주파수가 더욱 높아지면 이 인덕턴스는 인터페이스 주위의 스트레이 커패시턴스와 결합하여 공진이 발생하고 이로 인해 임피던스 값은 더 이상 증가하지 않고 제한된다. 그런데 이러한 공진현상은 실제 접속의 성능을 예측할 수 없게 만드는 것은 물론 구조(구성)와 움직임(movement)에 따라 성능이 크게 달라지게 만든다. 피그테일 접속이 불가피한 경우에는 가능한 한 연결선을 짧게 하고 연결을 이중으로 하여 커넥터의 반대편에 있는 두 개의 핀을 통해 접지와의 접속이 이루어지게 해서 인덕턴스를 절반으로 줄이는 것이 좋다. 이러한 조치를 취한다고 해도 피그테일은 낮은 주파수 영역에서만 차폐하는 데 사용하는 것이 바람직하며, 고주파 필터링 방법들을 함께 적용해주는 것이 최선이다.

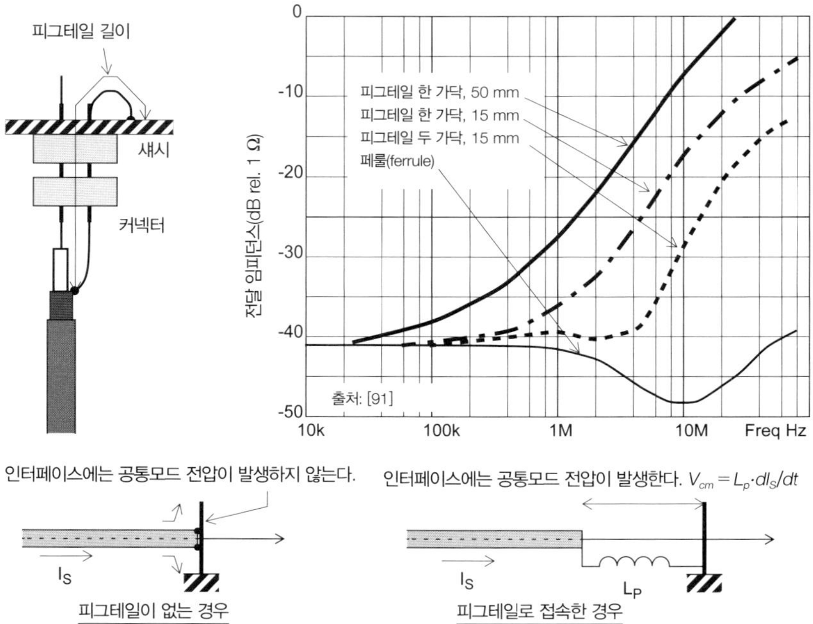

그림 14.11 피그테일의 문제점

커넥터 셸과 섀시 접속

피그테일의 실질적인 길이(유효길이)는 케이블 차폐도체의 끝에서부터 커넥터를 거쳐 접지면이나 섀시에 접속된 지점까지로 봐야 한다. 일반적으로 PCB상에 차폐 커넥터를 설치할 때는 커넥터의 차폐 셸을 어느 정도 길이를 갖는 트랙을 통해 접지에 접속하는 방식을 사용하는데 — 이렇게 하면 최악의 경우 트랙의 길이가 기판의 길이만큼 길어질 수도 있다 — 이렇게 하는 것은 연결선의 반대쪽 면에 피그테일을 의도적으로 집어넣는 것과 마찬가지이다. 차폐 커넥터는 자신의 차폐 셸이 섀시에 직접 접합되도록 설치해야 하며 경우에 따라서는 전도성 개스킷을 사용하여 접합이 확실하게 이루어지게 해야 한다. 차폐 셸을 PCB상의 "조용한 접지(quiet ground)"(회로 0 V가 아님)와 접속하고, 이어서 도체 기둥들을 통해 섀시에 접속되게 하는 방식이 있다(12.2.4절 참조). 이 방식은 성능이 떨어지기는 하지만 경우에 따라서는 허용되기도 한다.

14.1.7.3 커넥터 없이 차폐 케이블을 종단하는 방법

시스템 설계자들은 종종 많은 필드 케이블(field cable)들을 캐비닛(cabinet) 안으로 들여와 이들을 단자 블록(terminal block)에 배선해야 하는 필요성에 직면한다. 이 경우, 신호들은 단자 블록에서 적합한 전자 모듈로 배선된다. 유입되는 케이블이 차폐 케이블인 경우, 이들의 차폐도체는 캐비닛 프레임에 종단되어야 하는데, 통상적으로 피그테일을 통해 프레임에 볼트(bolt)로 접합되므로 차폐도체의 끝으로부터 어느 정도의 연결 길이를 갖게 된다. 이는 양호한 RF 차폐를 위해서는 허용될 수 없다. 이를 해결하는 가장 간단하고 비용이 저렴한 방법은 "스트레인 릴리프 클램프(strain relief clamp)" 방식처럼 케이블을 금속 클램프 아래로 가져다 놓고 케이블의 차폐도체를 뒤로 접어 이 클램프의 아랫면에 닿게 밀어 넣은 다음 볼트로 조여 케이블을 프레임에 직접 부착시키는 것인데, 이렇게 하면 차폐도체와 프레임 사이에 직접적이고 임피던스가 낮은 접속을 만들 수 있다. 더 좋은 방법은 금속 글랜드 페룰(metal gland ferrule)을 사용하여 이를 통해 케이블이 캐비닛으로 들어가고 여기에 차폐도체가 종단되게 하는 것이다. 특수한 분야, 예를 들어 군용 설비나 템페스트 자격을 갖춘 설비(Tempest-qualified installation)처럼, 확실히 증명된 차폐성능을 의무적으로 갖추어야 하는 분야에서 사용되는 더욱 전문적인 방법들이 있다. 이러한 분야에서는, 구리 부스러기로 채워진 금속상자나 압축 가능한 개스킷 모듈이 있는 금속상자들을 사용하여 차폐도체가 금속상자를 통과할 때 직접 접촉이 이루어지게 설계한다.

14.1.8 차폐되지 않은 케이블

EMC 문제에 대처하기 위해 항상 차폐된 케이블을 의무적으로 사용해야 하는 것은 아니다. 다양한 비차폐(unscreened 또는 unshielded) 케이블은 비용 측면에서, 그리고 차폐도체를 제대로 종단해야 한다는 필요성에서 벗어날 수 있다는 측면에서 장점을 가지고 있다. 케이블 자체가 장해에 취약하지 않거나 장해를 방출하지 않는 신호 회로를 전달하는 경우, 그리고 공통모드 케이블 전류가 별문제를 일으키지 않고 인터페이스에서 필터링과 같은 방법으로 이를 제어(억제)할 수 있는 경우에는 비차폐 케이블도 충분히 사용할 수 있다.

14.1.8.1 꼰도선쌍

꼰도선쌍(twisted pair)을 사용하는 것은 유도성 결합과 용량성 결합 모두를 줄이는 데 특히 효과가 좋으면서도 간단한 방법이다. 두 도선을 꼬면 케이블 외부의 구조물에 대해 이 도선들이 가지는 커패시턴스의 분포가 균일해진다. 접지에 대한 커패시턴스와 외부의 발생원에 대한 커패시턴스가 모두 평형을 이루게 된다. 이로 인해 공통모드 용량성 결합도 평형을 이루게 되므로, 회로의 각 끝도 마찬가지로 평형을 이루고 있으면 높은 공통모드제거(common mode rejection)가 가능해진다.

두 도선을 꼬면 자기장이 통과하는 루프면적이 거의 0에 가까워지므로 낮은 주파수의 자기장 결합을 줄이는 데 유용하다. 외부의 자기장이 균일하다고 가정할 때, 도선이 반 번 꼬인 부분마다 유도(induction)의 방향이 바뀌게 되므로 자기장과 도선의 상호작용은 인접한 꼬인 부분마다 계속해서 상쇄된다. 그러면 실제로 결합을 일으키는 루프면적(유효 루프면적)은 꼰도선쌍의 양쪽 끝에 있는 작은 면적(종단면적)에, 자기장의 불균일성과 꼬임의 불규칙성으로 인해 상쇄되지 않고 남은 약간의 상호작용이 추가된 정도에 지나지 않는다. 케이블 양 끝의 종단면적에 외부 자기장이 분포하는 경우에는 단위길이당 꼰 횟수도 영향을 준다[47][54]. 꼬지 않은 종단면적이나 길이가 최소가 되도록 확실히 해주어야 한다. 실제 상황에서는 전자기장이 케이블을 따라 군데군데 국부적으로 분포해 있는 경우가 흔한데, 이런 경우 단위길이당 꼰 횟수가 증가하면 성능이 개선된다. 서로 다른 꼰도선쌍들 사이의 누화(inter-pair crosstalk)는 각 도선쌍의 꼬는 정도(비율)를 무작위(random)로 하거나 인접한 쌍들끼리는 서로 반대 방향으로 꼬아주면 줄어든다.

비차폐 케이블에 대해 누화 또는 외부 결합에 의해 발생한 잡음은, 이 케이블이 꼰도선쌍이든 아니든 관계없이, 용량성 성분과 유도성 성분으로 이루어져 있다. 꼰도선쌍의 등가회로(그림 14.12)를 보면 용량성 결합에 의한 성분은 외부 발생원에서 절반 꼬인 각 도체로 흐르는 전류원 I_C로 표시되어 있고, 유도성 결합에 의한 성분은 절반 꼬인 각 도체에 직렬로 연결된 전압원 V_C로 표시되어 있다.

꼬여있는 '신호/귀환쌍'의 효과는 꼰도선쌍에 연결된 회로의 임피던스와 평형 또는 불평형에 따라 달라진다. 불평형 회로의 경우, 용량성 결합은 회로의 임피던스가 높은 경우에 우세하며 꼬임에 의해 전체 결합은 별로 줄어들지 않는다. 회로의 임피던스가 낮아지면 용량성 결합도 줄어들고 유도성 결합 성분이 우세해지는데 이 경우에는 꼬임이 좋은 효과를 발휘하여 전체 결합을 감소시킨다. 따라서 전원 도체들(회로 임피던스가 수 Ω)을 서로 꼬아주는 것은 "좋은 관행(good practice)"이다.

회로를 평형으로 해주면 용량성 결합의 영향을 제거할 수 있는데, 전류원들은 차동회로의 각 절반에서 공통모드로 동일하게 더해져 결국은 전체적으로 상쇄되므로 누화는 순전히 나머지 유도성 결합에 의해서만 결정되기 때문이다. 유도성 결합은 꼬임의 균일성(얼마나 균일하게 꼬아주느냐)과 배선된 케이블이 주위에 분포하는 전자기장의 균일성(얼마나 균일한 상태로 분포해 있느냐)에 의해 매우 민감하게 변하지만 회로의 평형성 여부에는 별로 영향을 받지 않는다.

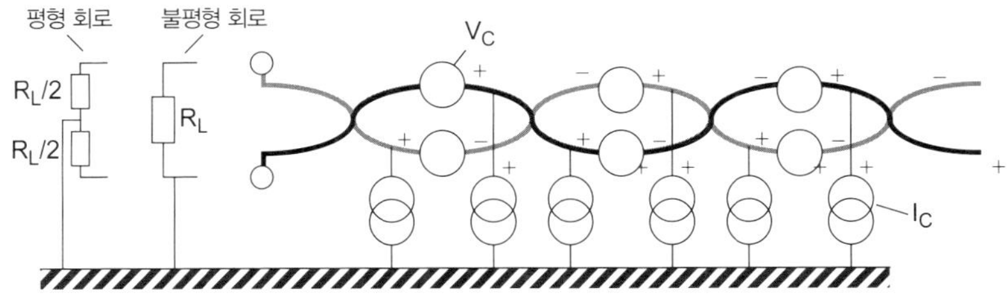

그림 14.12 꼰도선쌍에 대한 전자기장 결합을 나타내는 등가회로

14.1.8.2 리본 케이블

리본 케이블(ribbon cable)은 인클로저 내부에서 병렬 데이터 전송에 널리 사용된다. 리본 케이블은 커넥터 하나에 다수의 도선이 종단되므로 경제적이다. 인클로저 내부에서 리본 케이블은 세심히 고려하여 배선을 해주어야 한다. 이는 리본 케이블과 같은 비차폐 케이블의 경우, 케이블과 케이블이 배선되어 지나가는 근처의 구조물과의 사이에서 자기(유도성) 결합과 전기(용량성) 결합이 일어날 수 있기 때문이다. 예를 들어, 리본 케이블은 여러 개의 VLSI 패키지들이 장착되어 있는 마이크로프로세서 기판이나 스위칭 전원공급기의 변압기 위를 지나도록 배선해서는 안 된다. 이렇게 하면 리본 케이블이 이들로부터 발생한 고주파 잡음을 포착하여 인클로저 내부의 나머지 부분에 그 잡음을 퍼뜨리게 된다. 세심하게 계획하여 배선을 하지 않으면, 설계가 동일한 케이블이라도 어떤 식으로 배치되느냐에 따라 완전히 다른 EMC 성능을 나타낼 수 있다.

고주파 신호를 전달하는 리본 케이블이 차폐된 인클로저의 외부로 지나가는 경우에는 반드시 차폐를 해주어야 한다. 그렇지만 리본 케이블처럼 다중 종단 커넥터(multi-termination connector)를 사용하는 경우에는 차폐도체(실드)를 적절히 종단하는 것이 불가능한 경우가 보통이다. 도체(도선)들의 아랫면에 "완전한 접지면"을 두거나 이들을 완벽하게 둘러싸 차폐하는 방식으로 케이블을 설계할 수 있다[114]. 그러나 접지면이나 차폐 케이블의 차폐성능을 좋게 하려면 낮은 인덕턴스 종단이 필수적인데, 실제 상황에서 이렇게 하기는 어렵다. 접지도선(drain wire)와 같은 연결선으로 접지와 종단을 하면 차폐 성능이 나빠지며 높은 주파수 영역에서는 더욱 더 악화된다.

리본 케이블에서의 접지 구성

고주파 데이터를 전달하는 리본 케이블의 성능은 그 접지 귀환들이 어떤 식으로 구성되어있는가에 따라 매우 민감하게 달라진다. 비용이 가장 저렴한 구성은 케이블 전체에서 접지도체를 딱 한 개만 사용하는 것이다(그림 14.13(a)). 이렇게 하면 케이블의 반대편에 있는 신호들에 대해 큰 유도성 루프 면적이 만들어지므로 신호회로들 사이에서 누화와 접지 임피던스 결합이 발생한다. 이는 매우 바람직하지 못한 현상이다. 그러나 어떠한 이유가 있어서 도체(도선)의 개수가 부족해 접지도체의 개수를 늘리지 못하는 경우, 접지도체는 어떤 일이 있어도 케이블의 중간에 배치하고 가장 장해를 일으킬 가능성이 높거나 가장 취약한 신호들은 바로 그 옆에 배치하도록 한다.

이보다 좋은 구성은 각 신호에 대해 별도의 접지귀환을 두는 것이다(그림 14.13(b)). 이렇게 하면 올바르게 종단된 접지면 케이블처럼 좋은 성능을 갖게 되며 작업을 하기도 훨씬 쉽다. 누화와 공통임피던스 결합은 거의 제거된다. 단점이라면 리본과 커넥터의 사이즈가 커지고 비용이 증가하는 것이다. 이러한 구성방식의 대안으로 [그림 14.13(c)]와 같이 귀환도체 하나당 두 개의 신호도체를 두는 구성이 있다. 이것은 (b)의 구성에 견주어 케이블의 활용률을 50% 향상시키면서도 유도성 루프면적을 작게 유지할 수 있다. 물론 (b)에 비해서는 누화와 접지결합 문제가 발생할 가능성이 높다. 핀 개수가 제한된 분야에 응용할 경우에는 각각의 신호들을 분석하여 접지귀환 핀을 어느 곳에 위치시키는 것이 가장 좋은지 결정해야 한다. 꼰도선쌍 구조에 대해 가장 좋은 (b)의 접지구성을 적용하면 더욱 성능이 개선된다.

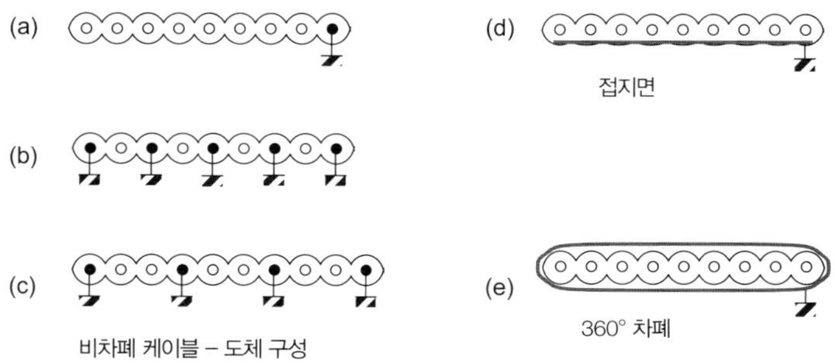

그림 14.13 리본 케이블의 핀 구성

14.1.8.3 접지면 플렉시(ground plane flexi)

제품 내부에서 기판들 사이에 고주파 신호들을 전달하는 효과적인 방법 중의 하나로 접지면 리본보다 비용이 더 저렴하고 사용하기 더 간편하면서도 더 좋은 성능을 제공하는 것이 '접지면 플렉시 커넥터 조립부(ground plane flexi connector assembly)'이다(그림 14.14). 양면 플렉시(double-sided flexi)는 한쪽 면은 접지면 전용으로 할당되고 반대쪽 면은 신호 트랙을 배선하는 데 할당된다. 표면장착 커넥터에서 양 끝에 있는 핀들은 하나씩 걸러서 0 V인데, 이 핀들은 비어를 통해 접지면에 접속된다. 이 핀에 연결된 낮은 임피던스의 접지 귀환선은 신호 트랙과 매우 가까이에 배선되어 있으므로 회로의 양쪽 끝 사이에 발생하는 접지잡음을 확실하게 최소로 만들어준다.

이 구조는 간단하면서도 저렴하며 효과가 좋은 다중 종단 연결 시스템을 제공한다. 어떤 실제 구성이라도 플렉시 형태로 설계할 수 있다. 몇몇 공급회사에서는 표준 부품으로서 플렉시 설계를 제공하고 있다. 플렉시의 구성과 조립 방법은 표준 PCB와 완전히 동일한데, 차이가 있다면 기판이 표준 PCB처럼 단단한 섬유유리(fibreglass)가 아니라 얇고 유연한 기판이라는 점뿐이다.

이 플렉시 구조는 TFT 표시장치, 기판과 별도로 설치되는 메모리, 통신 포트, 그리고 고주파 클록이나 버스를 전달하는 연결선과 같은 광대역 디지털 버스 연결선에 매우 적합하다.

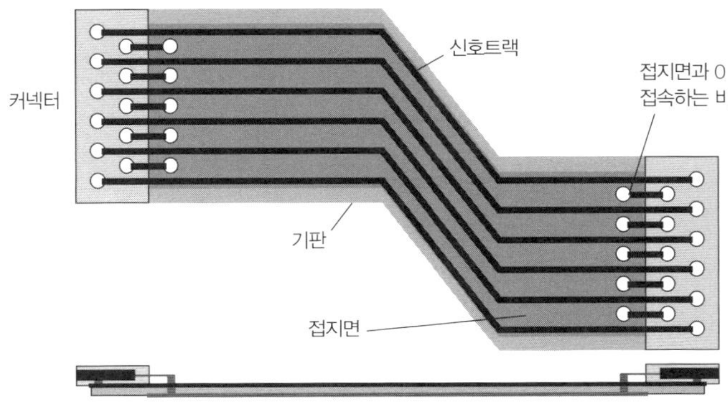

그림 14.14 접지면 플렉시

14.1.8.4 페라이트 부가 케이블(Ferrite loaded cable)

케이블에서 발생하는 방사성 방출의 전체 요인들 중에서 가장 큰 부분을 차지하는 것이 케이블 차폐도체에 흐르는 공통모드 전류이다. 이 전류를 감소시키는 데 널리 사용되는 방법은 공통모드 페라이트 초크를 케이블 둘레에 설치하는 것인데, 보통은 인클로저에서 빠져나가기 바로 전 위치에 달아준다. 이에 대해서는 [14.2.2.1절]을 참조하라. 이러한 초크는 차동모드(즉 신호) 전류에는 영향을 주지 않으면서 공통모드 전류에 대해서만 케이블의 고주파 임피던스를 효과적으로 증가시킨다.

또 다른 방법은 차폐도체를 유연한 페라이트 물질로 연속적으로(균일하게) 코팅하는 것이다. 이 방법은 추가 부품의 필요성을 없애주는 장점이 있다. 또한 페라이트 물질은 반사성이라기보다는 흡수성이어서 불연속성이 줄어들므로 높은 주파수 영역에서 형성될 수 있는 정재파를 줄여준다. 이 방법은 특히 방사성 전자기장을 측정할 때 안테나 케이블의 영향을 최소화하는 데 특히 유용하다(7.5.2.4절). 또한 교류전원 리드(lead, 도선)처럼 차폐되지 않은 케이블에 적용할 수도 있다. 이러한 페라이트 부가 케이블은 유감스럽게도 값이 비싸고, 구하기가 어려우며, 페라이트가 응용되는 다른 분야와 마찬가지로 매우 높은 주파수 영역에서만 실제로 효과가 있다. 이것은 대량생산용 장치보다는 일회용이나 특별한 응용 분야에 더 적합하다.

이것은 케이블을 따라 전도되는 과도신호나 ESD가 특별한 상황에서 문제를 일으키는 경우에 특히 유용하다.

14.1.9 구조화된 케이블: UTP 대 STP

데이터 통신 포트를 가진 장비의 경우에 흔히 발생하는 문제는 빌딩 내부에 이미 설치된 케이블링, 즉 "구조화된 케이블링(structured cabling)"과의 인터페이스를 어떻게 할 것인가이다. 이러한 케이블링에 대한 국제 규격과 유럽 규격은 ISO/IEC 11801과 EN 50173으로 공표되었다[159]. 이들 문서는 케이블을 그 성능에 따라 Category 3, 5, 6, 6_A, 7, 7_A로 분류하고 있다. 동작 관점에서 가장 중요한 규격은 근단누화(near-end crosstalk), 감쇠(attenuation), 특성 임피던스(characteristic impedance)인데 이들은 규격에서 정해져 있다. UTP(unshielded twisted pair)는 일반적으로 이들 요건을 충족하며, 상업지역에서는 LAN(local area network)을 대규모로 사용할 수 있도록 UTP 케이블링이 설치된 대형 기지가 있다.

데이터 케이블을 차폐하는 것이 좋은가, 하지 않아도 되는가에 대해서는 어느 쪽이 옳다고 명확하게 말하기 곤란하다. 양호한 품질의 차폐 케이블은 그 주위 환경과의 결합이 최소가 되어야 한다. 그러나 이렇게 되기 위해서는 케이블이 올바르게 종단되고(14.1.7절), 케이블이 그 길이를 따라 아무런 결함 없이 완전한 상태를 유지해야만 가능한데, 케이블에 연결(결합) 부위, 또는 패치패널(patch panel, 배선판)이 포함되는 경우에는 이렇게 하는 것이 쉬운 일은 아니다. 이러한 경우가 아니라면 전반적으로 UTP 케이블이 더 바람직할 수도 있다. 단 UTP 케이블은 양호한 공통모드 제거 특성을 가진 상태로 장비에 연결되어 있어야 한다.

LAN 또는 통신 데이터 인터페이스를 가진 제품을 설계하는 경우에는 어떤 종류의 케이블을 사용할지 결정할 필요가 있을 것이다. 차폐 케이블을 사용하기로 결정한 경우, 종단이 제대로 된 차폐 커넥터를 사용해야 한다. 또한 이 차폐 커넥터와 차폐 케이블은 제대로 된 방식으로 결합하고 설치해야 한다. 비차폐 케이블을 사용하는 경우에는 커넥터는 덜 중요하다. 그렇지만 인터페이스는 양호한 공통모드 제거 특성을 갖도록 확실하게 설계해야 한다. 이를 위해서는 케이블이 평형이 되도록 실제 레이아웃을 해주어야 하며, 일반적으로 광대역 공통모드 초크를 사용해야 한다(14.2.4절). 허용 가능한 연결 케이블의 종단변환손실(Longitudinal Conversion Loss, LCL) 값을 명시할 필요성도 있는데, 보통은 ISO/IEC 11801 Category들 중의 하나로 케이블을 제한한다.

14.1.9.1 종단변환손실(Longitudinal Conversion Loss)

어떤 평형 케이블 시스템 — 임의의 1포트 또는 2포트 회로망 — 의 LCL은 그 시스템에 의해 발생하는 모드변환을 나타내는 척도로서, 제대로 평형화되지 않은 종단(termination)으로 인해 종방향(공통모드) 신호가 원치 않는 횡방향(차동) 신호를 발생시키는 정도를 말한다. LCL은 [그림 14.15]와 같은 방식으로 측정된다[208]. 이 그림은 공통모드 입력에 의해 발생되는 차동모드 신호를 나타내고 있지만, 그 역 과정도 성립하므로 의도한 차동모드 신호에 의해 발생하는 원치 않는 공통모드 신호를 설명하는 데도 사용할 수 있다.

어떤 특정한 포트에서 공통모드 방출에 대해 제한치들이 주어지는 경우, 그 포트에 명시된 LCL을 사용하여 전달할 수 있는 최대 허용가능 차동모드 진폭을 구할 수 있다. CISPR 22 (EN 55022)의 부속서 E(annex E)에는 차동 신호전압 U_T에 의해 발생하는 공통모드 전류 I_{CM}을 예측하는 다음 수식이 수록되어 있다.

$$I_{CM}\,(\text{dB}\mu\text{A}) = U_T(\text{dB}\mu\text{V}) - LCL(\text{dB}) - 20\log_{10}\left|\frac{2Z_0(Z_{cm}+Z_{ct})}{Z_0+4Z_{cm}}\right| \tag{14.6}$$

여기서 Z_0는 신호의 특성 임피던스, Z_{cm}은 나쁜(값이 작은) LCL을 가진 항목의 공통모드 임피던스이고 Z_{ct}는 좋은(값이 큰) LCL을 가진 항목의 공통모드 임피던스이다.

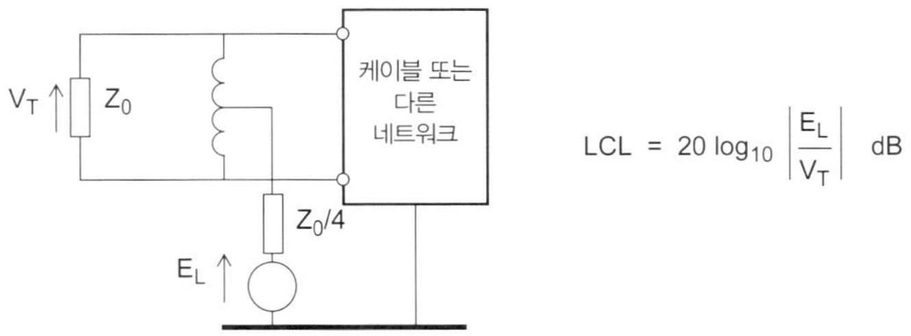

그림 14.15 종단변환손실

CISPR 22, 제3판(third edition)에 따라서, Class B의 전류 제한치(허용기준) 30 dBμA에 대해 Category 3 케이블의 LCL = 50 dB, Z_0 = 100 Ω, Z_{cm} = 25 Ω일 때, 임의의 주파수에서 최대 허용가능 신호레벨은 114 dBμA, 다시 말해 0.5 V이다. 공통모드 임피던스 Z_{cm}과 Z_{ct}가 높을수록 더 큰 차동신호가 허용된다. 그러나 더욱 중요한 점은 LCL이 낮을수록 발생되는 장해레벨은 더욱 크다는 사실이다. 이것은 [7.2.2.5절]에서 살펴본 것처럼 통신포트로부터 전도성 방출을 시험하는 데 있어서, 또한 전원선과 같이 광대역 데이터를 전달하는 경우에 부실하게 명시된 케이블을 사용하는 데 있어서 중요한 내용을 시사하고 있다.

14.2 필터링과 잡음 억제

잡음이, 연결된 도선들을 따라 장비 안으로 들어가거나 장비 밖으로 나오는 것을 완전히 제거할 수는 없다. 필터링(filtering)의 목적은 이러한 잡음이, 외부로 방출되는 잡음인 경우에는 주어진 규격을 충족하도록 잡음의 레벨을 감소시키고, 내부로 유입되는 잡음인 경우에는 시스템의 오작동을 일으키지 않도록 잡음의 레벨을 감소시키는 것이다. 필터가 저항이나 페라이트 부품처럼 손실이 있는 소자들을 포함하고 있는 경우에는 잡음이 가진 에너지는 필터 내부에 흡수되어 소모된다. 필터가 순수한 리액턴스 소자들로만 이루어진 경우에는 잡음의 에너지는 그 잡음의 발생원으로 반사되어 되돌아가서 시스템의 어디에선가 반드시 소모되어야 한다. 이것은 EMI 필터 설계가 통상적인 신호필터 설계와 구별되는 특징의 하나인데, 저지대역(차단대역)에서는 EMI 필터가 가능한 한 저항성이어야 한다는 것이다.

14.2.1 필터 구조

EMC 작업에서 "필터링"은 거의 언제나 "저역통과(low pass) 필터링"을 뜻한다. 저역통과 필터링의 목적은 고주파 성분을 감쇠시키고 저주파 성분은 통과시키는 것인데, 이 경우에 장해는 높은 주파수 성분을 가지고 신호는 낮은 주파수 성분을 가진다고 가정한 것이다. 다양한 구조의 간단한 저역통과 필터를 [그림 14.16]에 나타내었다. 필터 회로들은 보통 이들 구조의 조합으로 이루어진다. 필터 구조의 효과는 필터 회로의 앞쪽과 뒤쪽에 연결되는 신호원 임피던스 Z_S와 부하 임피던스 Z_L의 크기에 따라 달라진다.

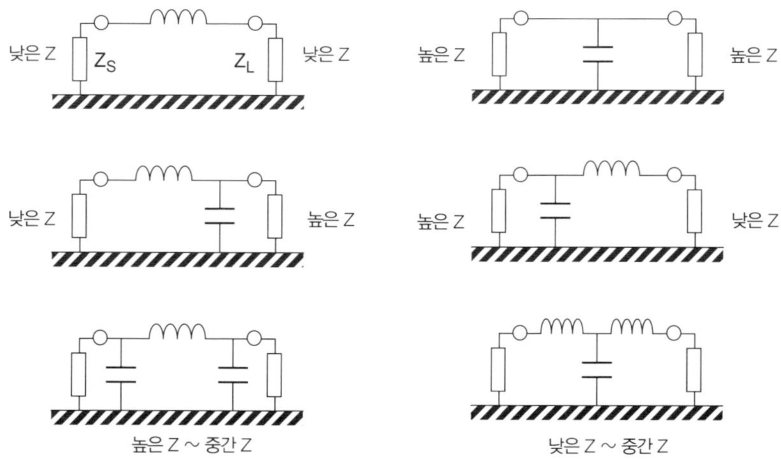

그림 14.16 다양한 필터구조와 임피던스

14.2.1.1 신호원 임피던스와 부하 임피던스

간단한 직렬 인덕터 회로는 낮은 임피던스 회로(신호원과 부하)에 대해서는 40 dB 이상의 양호한 감쇠효과를 얻을 수 있지만 높은 임피던스 회로에 대해서는 효과를 발휘하지 못한다. 간단한 병렬 커패시터 회로는 높은 임피던스에 대해서는 양호한 효과를 나타내지만 낮은 임피던스에 대해서는 효과가 없다. 필터가 여러 개의 부품들로 이루어진 경우에는 이들 부품이 적절하게 구성되면 — 즉 병렬 커패시터에는 높은 임피던스가 연결되고 직렬 인덕터에는 낮은 임피던스가 연결되면 — 더욱 좋은 결과를 나타낸다.

통상적으로 필터는 양쪽 끝에 50 Ω의 종단 임피던스가 연결되는 것으로 명시되는데, 이는 50 Ω이 성능의 측정에 편리하며 RF 표준 규격으로 널리 받아들여지고 있기 때문이다. 이렇게 명시된 필터들을 구매하면, 서로 다른 필터들의 성능을 비교하는 데는 편리하지만, 이들이 실제 회로에서는 얼마만큼의 감쇠효과를 나타낼지 예측하는 데는 별 도움이 되지 못한다. 실제 응용에서, Z_S와 Z_L은 장해 억제를 위해 관심을 두고 있는 주파수 영역에서 복소수 값이며 아마도 알려져 있지 않을 것이다. 몇몇 주파수에서는 공진이 발생하여 필터의 특성이 삽입손실(insertion loss)이 아니라 삽입이득(insertion gain)으로 바뀔 수 있다. 신호원과 부하를 구성하는 부품들의 특성이 RF에서 잘 알려진 경우, 차동모드 임피던스는 예측이 가능하지만 케이블이나 기계적 구조물들의 스트레이 커패시턴스에 의해 나타나는 공통모드 임피던스는 본질적으로 예측이 불가능하다. 실제로, 케이블의 공통모드 임피던스는 공진이 발생하는 경우를 제외하면 100 Ω ~ 400 Ω 범위이며 일반적으로 150 Ω을 그 대푯값으로 취한다(11.3.1.1절 참조).

14.2.1.2 공통모드 필터링과 차동모드 필터링

공통모드와 차동모드 장해 결합 사이의 차이점에 대해서는 [11.1.5절]에서 다루었다. 이들 두 모드를 감쇠시키는 필터들은 반드시 적절하게 구성되어야 한다. [그림 14.17]의 (a)에 있는 필터는 '단자1'과 '단자2' 사이에 나타나는 장해, 즉 차동모드 장해를 감쇠시킨다. 이 필터는 '단자1'과 접지, 또는 '단자2'와 접지 사이에 공통모드로 나타나는 장해에는 아무런 효과가 없는데, 이는 접지와는 병렬로 연결된 커패시턴스가 없고 신호원과 부하가 단자2와 직접 연결되어 있기 때문이다.

[그림 14.17]의 (b)에 있는 공통모드 필터는 '단자1'과 접지, 그리고 '단자2'와 접지 사이에 나타나는 장해를 감쇠시킨다. 이 필터는 '단자1'과 '단자2'와 사이에 나타나는 차동모드 장해에는 효과가 적다. 차동모드 필터는 평형 L 필터에 $0.5C$의 커패시턴스를 값을 갖는 커패시터가 연결된 것으로 볼 수 있는데, 인덕턴스 값은 공통모드 초크의 누설 인덕턴스 값과 같다. 이것은 두 개의 개별 초크로 대체할 수 있는데, 이렇게 하면 차동모드 필터의 대역폭은 제한되지만 차동모드 감쇠를 증가시킬 수 있다.

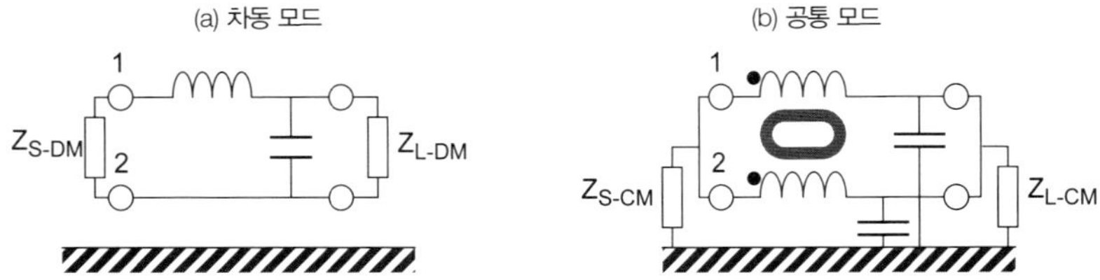

그림 14.17 필터 모드

14.2.1.3 기생성분

다른 부품들과 마찬가지로 필터 부품들도 특성이 완벽하지는 않다. 인덕터는 자체 커패시턴스(self-capacitance)를, 커패시터는 자체 인덕턴스(self-inductance)를 갖는다. 이들로 인해 고주파 영역에서 필터의 등가회로는 복잡해진다. 다시 말해 개별(discrete) 부품들을 사용하는 일반적인 필터는, 부품들이 갖는 기생성분들에 의해 결정되는 절점 주파수(break frequency) 이상에서는 의도한 성능을 발휘하지 못하기 시작한다. 부품의 사이즈가 물리적으로 클수록 절점 주파수는 낮아진다. 커패시터의 경우, 커패시터의 자체 공진주파수 이상으로 증가하면 커패시터의 임피던스는 오히려 주파수에 따라 증가해서 필터의 삽입손실이 떨어지기 시작한다. 특별한 구조를 적용하여 커패시터를 제작하면 이러한 현상을 바로잡을 수 있다(다음 절 참조). 단일 초크를 사용하는 필터회로는 일반적으로 초크의 자체공진에 의해 감쇠 성능이 40 dB ~50 dB로 제한된다(그림 14.18 참조). 이보다 좋은 성능을 얻기 위해서는 필터를 여러 단으로 해주어야 한다.

커패시터

다층 세라믹 커패시터(Multilayer ceramic capacitor, MLCC)는 RF용으로 좋은 특성을 갖고 있다는 평가를 받고 있으며 입수하기도 쉽다. 짧은 리드(단자, lead)를 가진 소형 커패시터(주로 칩 부품)는 자체 인덕턴스가 매우 낮다.

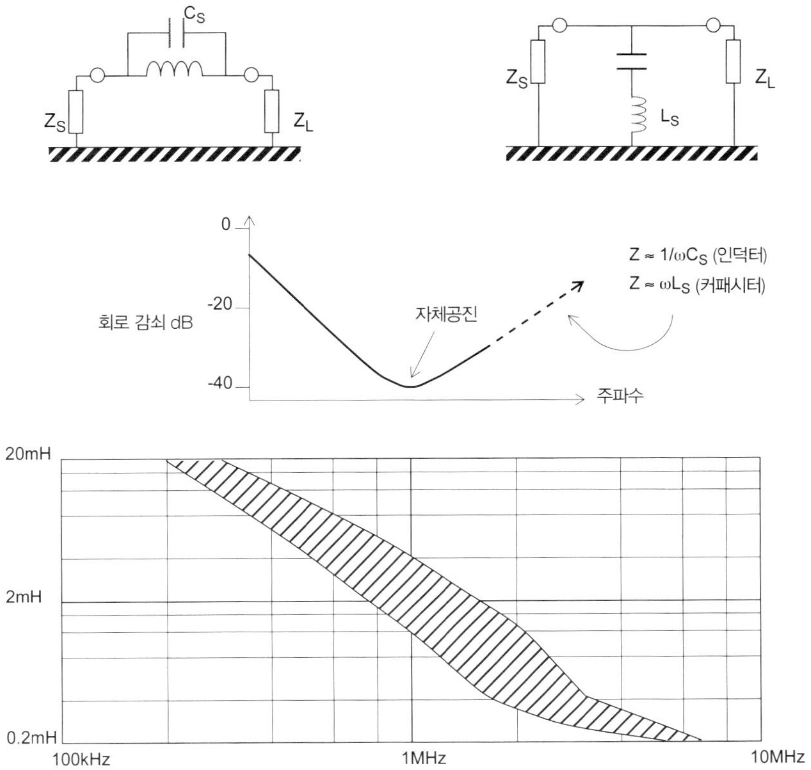

페라이트 토로이드의 자체 공진주파수와 인덕턴스 사이의 관계

그림 14.18 기생 리액턴스로 인한 자체공진 현상[55]

커패시터의 인덕턴스는 부품에 부착된 리드가 갖는 인덕턴스 성분과 패키지가 갖는 인덕턴스 성분으로 구성된다. 칩 부품은 이 가운데 패키지의 인덕턴스 성분만을 나타낸다. 따라서 같은 값을 갖는 커패시터의 경우, 칩 타입 커패시터의 자체 공진주파수는 리드가 달린 커패시터보다 높다. 이러한 인덕턴스 성분에, 트랙과 비어에 의한 인덕턴스가 어느 정도 추가되므로 필터링과 디커플링을 위해 사용되는 커패시터에 연결되는 트랙들은 짧고 곧아야 한다. 그래야 이렇게 추가되는 트랙 인덕턴스로 인해 커패시터의 효과가 떨어지지 않게 할 수 있다. [13.1.4.2절]에서 디커플링을 다룰 때 설명했듯이 패키지 사이즈가 작을수록 더 좋은 결과를 얻을 수 있다. 예를 들어, 널리 사용되는 10 nF 칩 세라믹 커패시터의 데이터를 살펴보면 자체 공진주파수가, 0402 패키지의 경우에는 65 MHz, 0603 패키지는 58 MHz, 0805 패키지는 56 MHz, 1206은 45 MHz이다. 특별히 높은 정격전압이 필요한 경우가 아니라면 작은 사이즈의 커패시터 부품을 사용해야 한다.

EMI 필터링을 위해서는 X7R과 Y5V와 같이 손실이 있는 유전체가 유리하다. 보통, 커패시터의 절댓값(즉 커패시턴스 값), 커패시턴스의 온도계수와 전압계수는 중요하지 않다. 그러나 특별한 성능을 위해서 최적화된 특정 커패시터 값이 요구되는 경우에는, 온도와 전압에 대해 심한 변동성을 나타내는 Y5V 또는 Z5U와 같은 유전체를 선택하는 데 있어서 주의를 기울여야 한다.

커패시턴스의 전압계수(Voltage coefficient of capacitance, VCC)

VCC는 유전체 물질의 특성과 인가된 전압(정확하게는 전기장 강도)의 함수이다. 여기서, 전기장 강도의 단위는 보통 V/μm이다. 그 효과는 음(−)이어서 커패시턴스는 전기장강도에 따라 감소하는데, 유전체의 절연강도(dielectric strength)가 제한치를 향해 증가하는 동안에 커패시턴스는 비선형적으로 감소하면서 최소치에 접근한다. 사실, 손실의 대부분은 커패시터 부품이 동작전압 제한치에 도달하기 한참 전에 발생하는데, 정격 이하에서 사용하는 경우에도 상당한 커패시턴스 손실이 발생한다. [그림 14.19]는 인가된 전기장강도가 X7R 유전체에 미치는 영향을 보여주고 있다[65]. 일반적으로 제조사들은 자신들의 데이터시트에 실제 VCC를 명시하지 않는다. 그러나 보수적 접근방식으로 어림잡아보면, 정격전압에 가깝게 사용할 때는 표시된 값의 50%로 감소할 수 있음을 알 수 있다. 언제나 최소 사이즈로 최대 커패시턴스를 실현하기를 바라기 때문에, 특성이 떨어지는 유전체와 감소된 유전체 두께, 간혹 일어나는 전압 정격감소로 인해 90% 이상의 커패시턴스 손실도 일어날 수 있음을 알 수 있다.

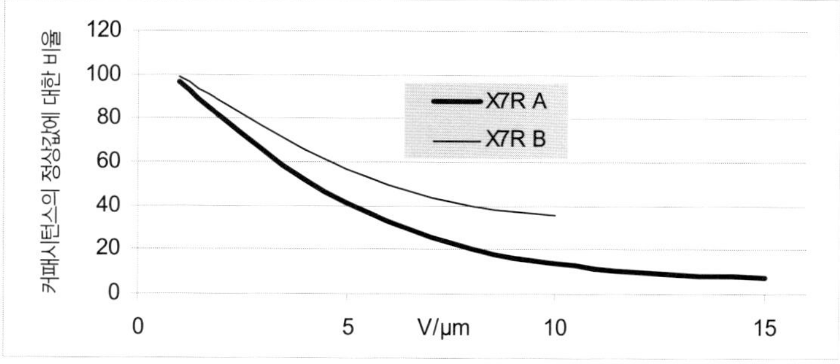

그림 14.19 유전체에 인가되는 전기장강도에 따른 커패시턴스의 변화

EMC와 관련되어 MLCC는 인터페이스 필터링과 디커플링에 널리 사용된다. 커패시턴스의 변화가 이러한 두 가지 사용분야에서 중대한 영향을 미치는지 여부는 다른 무엇보다도 주파수에 달려있다. 고주파 디커플링과 같이 커패시터를 자체 공진 이상에서 사용되는 경우, VCC는 그다지 중요하지 않다. 그러나 낮은 주파수 필터링의 경우에는 커패시턴스가 결정적인 요소이므로 MLCC 특성에 실질적인 압력으로 작용한다. 따라서 필터의 성능에 미치는 VCC의 영향을 평가하는 것이 중요하다. 사전적합성 설계 EMC 시험은 관련 부품에 대해 인가되는 최악의 DC 전압 조건, 즉 최악의 높은 전압은 물론 낮은 전압에 대해서도 수행되어야 한다. 또는 저주파 방출 제한치와 관련하여 마진(margin)도 포함시켜야 한다.

인덕터

인덕터에서는 권선의 권수(감긴 횟수) N이 많을수록 인덕턴스는 더욱 높아지지만(N^2에 비례) 이와 함께 자체 커패시턴스도 더욱 높아진다. 주어진 인덕턴스를 얻는 데 필요한 권수는 투자율이 높은 코어를 사용하면 줄어들지만 이 코어들이 높은 유전율을 함께 가지고 있으면 커패시턴스를 증가시키게 된다. 이러한 이유로, 높은 투자율 코어에는 보빈(bobbin)을 사용해야 하며 코어에 직접 감지는 않는 것이 일반적이다. 어떤 한 권선의 커패시턴스를 최소로 하려면 권선의 시작과 끝이 넓게 떨어져 있어야 하는데, 다수의 부분으로 나누어진 보빈(multi-section bobbin)을 사용하여 각 부분에 권선을 감는 방법을 사용하면 이러한 결과를 얻을 수 있다. 단일 층에 수용할 수 있는 한도보다 더 많은 권수로 권선을 감아주어야 하는 경우에는 층 감기(layer winding) 방식보다 진행 감기(progressive winding) 방식이 커패시턴스를 줄일 수 있다(그림 14.20 참조).

그림 14.20 인덕터 권선 감기 방식

14.2.1.4 부품 레이아웃

리드 인덕턴스와 스트레이 커패시턴스는 높은 주파수에서 필터의 성능을 크게 저하시킨다. 필터 응용에서 흔히 저지르는 두 가지 잘못은 낮은 인덕턴스 접지 접속을 제공하지 않는 것과 입력리드와 출력리드를 서로 가깝게 위치시키거나 인접하게 배선하는 것이다. 이렇게 하면 저주파 차동모드 감쇠 성능은 변함없이 유지되지만 고주파 공통모드 감쇠는 제대로 이루어지지 않을 것이다.

부실한 접지는 주파수에 따라 증가하는 공통 임피던스를 제공하며 고주파 장해가 필터의 국부접지경로(local ground path)를 경유하여 결합되게 한다(D.5.2절). 필터의 입력리드와 출력리드를 나란히 함께 배선하면 상호 커패시턴스나 상호 인덕턴스로 인해 이와 동일한 문제가 발생하며, 이러한 부적절한 배선을 통해 “깨끗한” 배선이 필터링이 되지 않은 배선과 결합할 수 있다. 이 문제의 해결책(그림 14.21)은 필터의 접지 단자를 장비의 가장 낮은 인덕턴스 접지 – 더 좋게는 섀시 – 에 직접 결합(연결)하고 입력리드와 출력리드를 분리하는 것이다. 입력리드와 출력리드를 서로서로 차폐하면 더 좋다. 필터를 장비의 차폐도체 사이를 가로지르도록 위치시키면(즉 장비의 차폐도체가 필터의 중앙을 가로지르도록 하면) 가장 좋다.

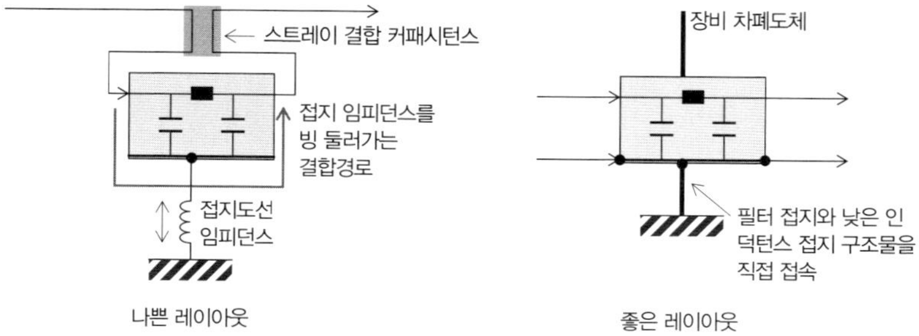

그림 14.21 필터 레이아웃의 영향

필터 자체의 내부의 부품 레이아웃 또한 중요하다. 입력 부품들과 출력 부품들은 결합(상호) 커패시턴스가 최소가 되도록 서로 분리되어야 하며 모든 트랙들, 특히 그중에서도 접지 트랙은 짧고 굵어야 한다. 필터 부품들을 회로도 상에 그려진 대로 배치하는 것이 가장 좋다. 여러 개의 유도성 부품들이 있는 경우에는 이들 사이에 누설자속으로 인한 자기결합이 최소가 되게 설계하고 배치해야 한다. 닫힌 고리 형태의 토로이달 코어(toroidal core)는 이러한 목적을 이루는 데 도움이 된다. 다단 필터를 구성하는 각각의 단에 들어있는 개별 부품들 사이의 전기장 결합은 최소가 되어야 하는데, 이를 위해 부품 사이의 간격을 떨어뜨리는 방법을 사용할 수 없는 경우에는 각 단 사이에 전기장 차폐도체를 설치할 필요가 있다.

14.2.2 부품

EMI 필터링에 응용할 목적으로 특별하게 제작된 부품들이 많이 있다.

14.2.2.1 페라이트

유입되고 유출되는 RF 장해를 모두 줄이는 데 가장 흔히 사용되는 방법 가운데 하나가 케이블과 인터페이스에 페라이트 슬리브(ferrite sleeve)[5]를 사용하는 것이다. 페라이트 초크의 매력은 회로의 재설계와 기계적 재설계를 필요로 하지 않는다는 점이다. 따라서 보수작업 용도로 매우 인기가 높다. 여러 제조업체에서는 슬리브가 반으로 나뉘어 있어서 탈착이 편리한 페라이트가 포함된 부품키트를 제공하여, 페라이트 슬리브를 케이블에 부착할 때의 개선효과를 즉시 검사할 수 있도록 하고 있다.

5 (옮긴이) 페라이트를 원통(튜브) 구조로 만든 것으로 원통 속으로 원형 도선이 지나가도록 장착한다.

[11.1.1.2절]에서 설명한 것처럼 어떤 도체를 통해 전류가 흐르면 그 도체 주위에는 자기장이 발생한다. 이 현상을, 전류와 자기장 사이의 에너지 전달이 도체의 "인덕턴스"를 통해 이루어진다고 표현할 수도 있다. 곧은 도선의 경우 단위길이당 자체 인덕턴스는 10 nH/cm가 보통이다. 도체 주위에 자성체를 두면 동일한 자기장 세기에 대해 자속밀도(자기선다발 밀도)가 증가하므로 결국 인덕턴스가 증가한다.

페라이트가 바로 이러한 물질, 즉 자성체이다. 페라이트의 투자율은 페라이트를 이루는 여러 산화물의 구성물질(니켈과 아연을 함유한 철)의 배합비율에 따라 조절되며 주파수에 따라 크게 달라진다. 또한 투자율은 복소수여서 실수부와 허수부로 이루어져 있는데, [그림 14.22]에서 보듯이 도선이 페라이트 슬리브(원통) 속을 통해 지나가는 경우, 실수부는 임피던스의 저항성분이, 허수부는 임피던스의 유도성 리액턴스 성분이 도선에 연결된 것으로 바꾸어 나타낼 수 있다. 이들 두 성분의 비는 주파수에 따라 달라진다. 높은 주파수 영역에서는 저항성분이 우세하므로(즉 페라이트는 주파수에 따라 값이 변하는 저항으로 볼 수 있으므로) 도선과 페라이트가 결합된 구조에 손실이 발생하여 RF 에너지는 페라이트 물질 전체에서 소모된다. 이때 스트레이 커패시턴스와 결합하여 공진이 일어나지 않게 하거나 공진의 영향을 완화해야 한다.

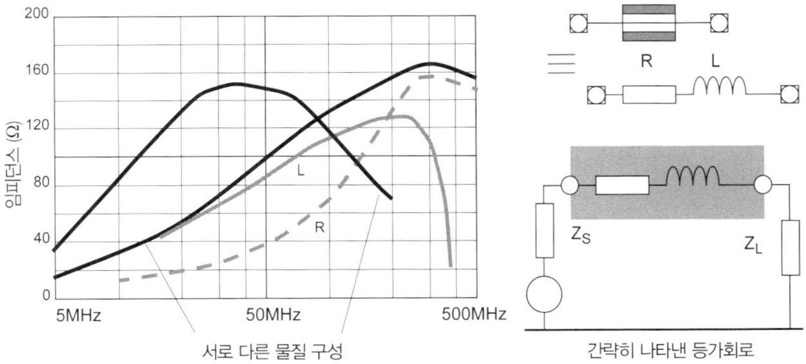

그림 14.22 주파수에 따른 페라이트 임피던스의 변화와 등가회로

케이블 전류

일반적으로 케이블에는 한 쌍을 이루는 신호도체와 귀환도체, 또는 한 쌍을 이루는 전원도체와 귀환도체가 들어있다. 다중 케이블에는 이러한 도체 쌍이 여러 개 들어있다. 케이블 내부에 이렇게 한 쌍(두 개)의 도체가 들어있는 경우, 의도한 신호전류가 흐르면 이 전류에 의해 발생한 자기장은 신호전류와 크기가 같고 흐르는 방향이 반대인 귀환전류에 의해 발생하는 자기장과 상쇄가 된다. 따라서 케이블 주위를 완전히 감싸는 페라이트 슬리브는 마치 설치되어 있지 않은 것처럼 차동모드 전류에는 아무런 영향을 주지 않는다. 도체 쌍이 여러 개가 들

어있는 케이블인 경우에도 케이블 전체의 차동모드 전류의 합이 0인 경우에는 이들 전류는 페라이트 슬리브에 의해 아무런 영향을 받지 않는다.

결국 케이블 주위에 부착한 페라이트는 그 속을 통과하는 차동모드 신호에는 아무런 영향을 주지 않는다. 반면에 케이블의 공통모드 전류들은 케이블을 구성하는 도체들을 따라 모두 같은 방향으로 흐르므로 케이블 주위 공간에 자기장을 발생시킨다. 따라서 케이블 주위에 부착한 페라이트는 이렇게 발생한 자기장에 영향을 주고 이들 전류들에 대한 케이블의 국부적(페라이트가 부착된 부분의) 임피던스를 증가시킨다. 이러한 페라이트의 작용은 매우 바람직하다. 감쇠시켜야 할 원치 않는 공통모드 '장해'와 영향을 주지 말아야 할 원하는 차동모드 '신호'들이 비슷한 주파수 영역 안에 함께 존재하는 경우에, 이 둘 사이를 분리해주는 방법을 페라이트가 이런 식으로 제공해주기 때문이다.

임피던스의 영향

다른 부품들과 마찬가지로 페라이트를 회로 안에 장착하면, 페라이트는 신호원 임피던스와 부하 임피던스 사이에 들어가서 동작한다. [그림 14.22]에 있는 등가회로를 보면 Z_S와 Z_L이 낮을 때는 간단한 임피던스 분배회로에 의해 최대감쇠를 얻을 수 있다. 예를 들어, Z_S와 Z_L이 10 Ω이고 주어진 주파수에서 페라이트의 임피던스가 100 Ω일 때, 총 감쇠(페라이트가 없을 때와 있을 때의 비)는 다음과 같이 계산된다.

$$A = 20\log_{10}\left(\frac{10+10}{10+100+10}\right) = -15.6\ \text{dB} \tag{14.7}$$

그러나 회로의 임피던스 Z_S와 Z_L이 150 Ω이면 총 감쇠는 다음과 같다.

$$A = 20\log_{10}\left(\frac{150+150}{150+100+150}\right) = -2.5\ \text{dB} \tag{14.8}$$

케이블 인터페이스의 경우, 신호원의 임피던스가 낮을 때는 접지(또는 양호한 차폐도체 접지)와 연결된 용량성 필터와 신호원 임피던스 사이에 페라이트를 직렬로 연결해주어야 한다. 전기적으로 긴 케이블의 경우, RF 공통모드 부하 임피던스는 주파수와 케이블의 길이와 종단(termination)에 따라 변한다(11.3.1.1절 참조). 개방회로인 종단에서 1/4 파장 떨어진 곳에서는 임피던스가 낮아서 수 Ω에서 수십 Ω 정도이며 단락회로인 종단에서 1/4 파장 떨어진 곳에서는 임피던스가 높아서 수백 Ω이 된다. 어떤 특정 인터페이스에 부착되는 케이블의 길이와 레이아웃에 대해서는 정확히 알 수 없는 것이 일반적인 상황이고, 임피던스는 어쨌든 주파수에 따라 변하므로 케이블의 공통모드 임피던스에 대해서는 평균값을 취하는 것이 보통인데, 이렇게 해서 표준으로 사용하는 값이 150 Ω이다.

클립으로 고정해서 부착하는 유형인 "클립온 페라이트(clip-on ferrite)"는 임피던스가 200 Ω ~ 300 Ω을 넘는 경우는 드물다. 따라서 개방 케이블 위에 페라이트를 부착하여 기대할 수 있는 감쇠는 6 dB ~ 10 dB를 넘지 않으며 케이블이 낮은 임피던스 값을 가지는 주파수 영역과 위치에서는 20 dB 정도의 감쇠를 얻을 수 있다. [그림 14.23]은 서로 다른 두 종류의 회로 임피던스(10 Ω, 200 Ω)에 대해, 코어 사이즈가 다른 두 페라이트의 실제 감쇠 특성을 보여주는 그래프이다.

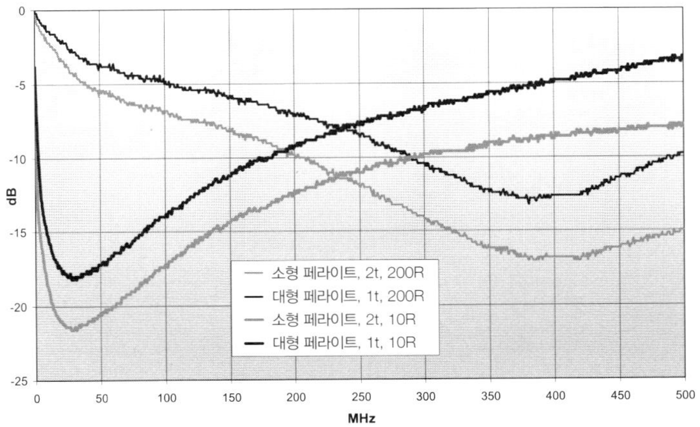

소형 페라이트는 권수2회의 Steward 28B0375-100(외부지름 × 길이 = 9.5 mm × 14.5 mm)
대형 페라이트는 권수1회의 Steward 28B0562-200(외부지름 × 길이 = 14 mm × 28.5 mm)

그림 14.23 회로 임피던스의 차이에 따른 페라이트 감쇠의 변화

14.2.2.2 페라이트 부품의 선택과 사용

사이즈와 형태

높은 임피던스를 가진 페라이트 슬리브를 선택하는 데 적용되는 일반 규칙은 다음 두 가지이다.

- 형태의 경우, 두꺼운 것보다는 긴 것이 더 좋다.
- 수용 가능한 부피 내에 들어가는 물질(페라이트)의 양이 최대가 되도록 한다.

주어진 코어 물질에 대해, 임피던스는 외부 지름과 내부 지름의 비의 로그에 비례하고 길이에는 정비례한다. 이러한 관계로부터, 어떤 부피와 무게의 페라이트에 대해, 페라이트 코어의 내부 지름(구멍)이 케이블의 피복을 잘(꼭) 맞게 감싸고 슬리브의 길이를 가능한 한 길게 만들면 최상의 성능을 얻을 수 있음을 알 수 있다. 슬리브 여러 개를 일렬로 설치하는 것은 당연히 허용되며 임피던스는 그 개수에 비례하여 증가한다. 물론 감쇠와 관련하여 “수확체감의 법칙”이 작용하기는 하지만 말이다.

권선의 권수

케이블을 코어 주위에 한 번 이상 감으면 인덕턴스는 증가한다. 이론적으로 인덕턴스는 감은 횟수의 제곱에 비례하여 증가하는데, 실제로도 낮은 주파수 영역에서는 정확히 이런 비율로 감쇠가 증가한다. 그러나 페라이트라는 부품으로는 장해에 대해 광대역 감쇠 특성을 얻기는 힘든데, 높은 주파수 영역에서는 다음과 같은 요소들이 작용하기 때문이다.

- 앞에서 언급한 바와 같이 코어의 구조로 가장 좋은 것은 길이가 길고 구멍은 케이블에 잘 (꼭) 들어맞는 것이어야 하는데, 이러한 구조는 케이블을 여러 번 감는 데는 적합하지 않다.
- 케이블 권선간 커패시턴스로, 이것은 페라이트 임피던스의 양단에 기생성분으로 나타나서 페라이트-케이블 조립부의 자체 공진주파수를 낮춘다.

여러 번 감은 권선의 영향으로 최대 감쇠가 일어나는 주파수는 일반적으로 낮은 쪽으로 이동한다. 또한, 이로 인해 최대 감쇠 값도 증가하지만 기대한 만큼까지는 아니다. 신호원 임피던스와 부하 임피던스는 이 영향이 미치는 정도를 결정하는 데 중요한 역할을 한다. 임피던스가 낮을수록 기생 커패시턴스의 영향은 적어진다.

커패시턴스

페라이트 물질은 사실 일종의 세라믹(ceramic)이므로 높은 투자율뿐만 아니라 높은 유전율도 가진다. 따라서 이 물질이 부착된 케이블 근처에 위치해 있는 물체에 대한 커패시턴스는 증가한다. 이러한 특성은 장비 내에서 특별히 장점으로 이용될 수 있다. 페라이트를 섀시처럼 접지된 금속 표면 옆에 설치하면 *L-C* 필터가 형성되는데, 이때 페라이트는 인덕터의 역할을 하면서 동시에 분포 커패시터 내에 들어있는 유전체의 역할을 한다. 이렇게 하면 자유공간에서 페라이트를 사용하는 것과 비교할 때 필터링 특성이 개선된다. 최상의 효과를 얻기 위해, 케이블은 페라이트의 안쪽 표면에 붙여 놓고 페라이트 자체(바깥쪽 표면)는 섀시에 평평하게 붙여 놓아 이들 사이에 간격이 존재하지 않도록 한다. 이 방법은 리본 케이블-페라이트 조립부에 아주 잘 적용된다.

저항

페라이트 물질에도 약간의 전도성이 있다. 페라이트를 피복 없이 노출된 도체 위에 부착하는 경우가 아니라면 이러한 페라이트의 특성이 단점으로 작용하는 일은 드물다. 노출된 도체 위에 페라이트를 설치하는 경우에는 높은 임피던스가 요구되는 회로에서 누설전류 등으로 인해 초래될 수 있는 위험들을 잘 인식해야 한다. 부피 저항률은 $10^5\ \Omega \cdot cm \sim 10^8\ \Omega \cdot cm$ 정도인데, 특별한 물질을 사용하면 $10^9\ \Omega \cdot cm$ 정도까지도 얻을 수 있다. 이렇게 하는 대신 페라이트 코어를 에나멜 코팅하기도 한다.

포화

다른 종류의 페라이트와 마찬가지로 장해 억제용 코어는 높은 레벨의 자기선다발(자속)이 코어를 통과하면 포화될 수 있다. 일단 포화가 되면 그때부터 자성체는 더 이상 자기선다발 밀도(자속밀도)의 증가분을 감당하지 못하게 되는데, 이는 상대 투자율이 1을 향해 떨어지는 결과로 나타난다. 따라서 코어의 감쇠효과는 사라진다. 공통모드 구조(그림 14.28)의 특별한 효과를 간단히 설명하면, 차동모드 전류들에 의해 코어에 발생하는 자기장은 서로 상쇄되어 코어는 아무런 영향을 받지 않게 하는 것인데, 이러한 효과는 신호전류와 귀환전류가 흐르는 케이블 주위에 코어를 설치한 경우에만 발생한다. 도체 1개(예를 들어 전원선 1개, 또는 신호선 1개)의 주위에만 코어를 설치하거나, 또는 한 케이블을 구성하는 도체(도선) 두 개에 흐르는 전류가 서로 상쇄(크기는 같고 방향은 반대)되지 않아 낮은 주파수의 알짜 전류가 흐르는 경우에 이 주위에 코어를 설치해야 할 때는, 흐르는 전류가 코어의 능력을 넘어서는 자속을 발생시키지 않도록 해야 한다. 따라서 주어진 특정 코어 구조에 대해 일반 물질 곡선(generic material curve, 자화곡선)에서 코어의 포화 능력을 알아내는 것이 필요하다.

14.2.2.3 페라이트 칩 부품

현재 널리 사용되고 있는 표면장착 페라이트 부품은, 페라이트 슬리브의 고주파 임피던스 성능특성을 회로 설계에 쉽게 적용할 수 있도록 소형 칩 인덕터 형태로 변형한 것이다. 신호선에 어떤 임피던스를 직렬로 연결해주어야 하는 경우에는 일반적으로 페라이트 대신 저항을 사용하는 것이 더 좋다. 이는 저항이 가격이 더 저렴하고 유도성 성분이 없으므로 원치 않는 회로의 공진을 유도하지 않기 때문이다. 그러나 상당한 크기의 전류를 통과시켜야 하는 전원회로나 그 밖의 회로에서는 이렇게 할 수 없다. 이는 전류 값이 커서 저항 값이 작은 경우조차도 저항에 의해 생기는 손실이나 전압강하가 허용되지 않기 때문이다. 이러한 응용분야에서는 페라이트 칩이 적합하므로 널리 사용된다.

정확한 값을 선정하는 데 지켜야 할 몇 가지 규칙이 있다. 먼저 기준은, 적절하게 넓은 대역폭에 걸쳐 적절하게 높은 RF 임피던스를 가지게 하는 역할을 해야 하는데, 이를 위해 가능한 한 최소의 패키지 사이즈와 가능한 한 높은 전류 정격을 가져야 하는 것이 일반적이다. 전원회로에서 주어진 최대 전류에 대한 전압강하는 결정적인 요소로 작용한다. 페라이트 칩은 일반적으로 100 MHz에서의 임피던스 값으로 표시되는데, 수 Ω에서 1000 Ω을 훌쩍 넘는 값까지 쉽게 구할 수 있으며 600 Ω은 여러 분야에서 일반적인 용도로 사용되는 값이다. 그러나 제조업체에서 제공하는 데이터를 통해 살펴보면, 주파수에 따른 임피던스 곡선에서 피크들이 보통은 100 MHz에서 500 MHz 사이의 주파수 영역에서 나타나도록 맞출 수 있음을 알 수 있다. 주파수가 100 MHz에서 계속 낮아지면 성능은 떨어지지만 30 MHz 정도의 주파수까지는 여전히 사용 가능한 임피던스를 얻을 수 있다. 이러한 이유로, 저속 신호를 다루는 인터페이스 회로에서는 당연히 이 페라이트 칩 부품이 사용되고 있다. 또한, 이 부품이 널리 사용되는 이유는 원하는 신호에는 심각한 영향을 주지 않고 기판에 있는 다른 부분의 회로 작동에 의해 발생하는 고주파 잡음을 감쇠시키기 때문이다. 인터페이스에서 페라이트 칩 부품을 올바르게 접지된 3단자 커패시터와 함께 사용하면 대부분의 상용 규격에 충분히 대응할 수 있을 것이라는 기대를 할 수 있다.

14.2.2.4 3단자 커패시터

인덕터가 없는 저역통과필터 구조에서는 커패시터를 신호 경로에 대해 병렬로 사용한다. 완벽한 특성을 갖는 커패시터는 주파수에 따라 20 dB/decade의 일정한 비율로 증가하는 감쇠효과를 나타내지만 양쪽에 단자가 달린 실제 커패시터는 본질적으로 리드 인덕턴스(lead inductance)를 가지고 있어서 필터로서의 고주파 특성에 한계가 있다(그림 14.18). 임피던스 특성을 보면 어떤 주파수에서 임피던스가 최소가 되고 이 주파수 이상에서는 주파수에 따라 임피던스가 증가한다.

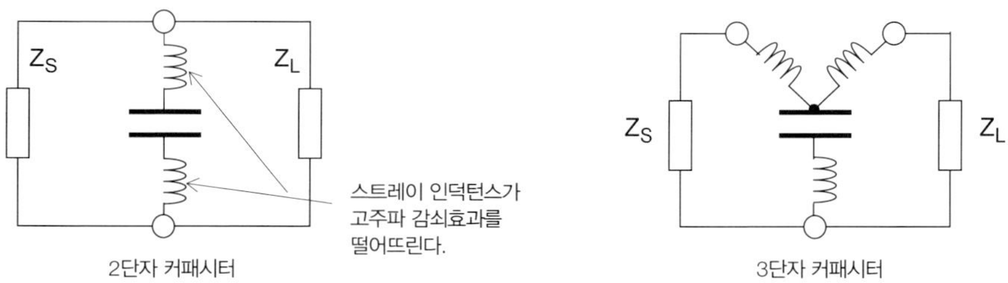

그림 14.24 3단자 커패시터

커패시터가 3단자 구조로 되어있는 경우에는 이 리드 인덕턴스가 어느 정도 유용한 역할을 하여 입력 단자와 출력 단자를 분리해준다(그림 14.24). 리드 인덕턴스는 커패시터와 함께 T형 필터를 형성하므로 고주파 성능이 크게 개선된다. 위쪽에 있는 두 단자에 페라이트 비드를 접속하면 리드 인덕턴스가 더욱 증가하므로, 이를 비교적 낮은 신호원 임피던스와 부하 임피던스에 대해 사용하면 필터의 효과를 증가시킬 수 있다. 3단자 구조는 소형 세라믹 커패시터의 사용범위를 낮게는 50 MHz에서 높게는 200 MHz를 넘는 범위까지 확장시킬 수 있으므로 VHF 대역에서 장해를 차단하는 데 특히 유용하다. 이 방법의 효과를 충분히 보려면 중간 단자(접지 단자)를 반드시 접지면처럼 낮은 인덕턴스 접지에 직접 연결해주어야 한다. 그렇지 않으면 접지 연결선이 가지는 인덕턴스가 커패시터의 성능을 무산시켜버릴 것이다. 3단자 구조는 전압정격뿐 아니라 전류정격도 가지고 있다는 점이 한 가지 제약사항이다.

표면장착 커패시터도 관통 구조나 3단자 구조로 시중에 나와 있으며 내장된 페라이트를 포함한 π형, T형, L형 구조로도 나와 있다. 이러한 부품은 길쭉한 형태를 하고 있으며 양 끝의 단자는 커패시터를 통해 신호를 전달하고 중간 몸체 단자는 PCB상의 접지면에 직접 접합된다. [그림 14.25]에 올바른 PCB 레이아웃을 나타내었다.

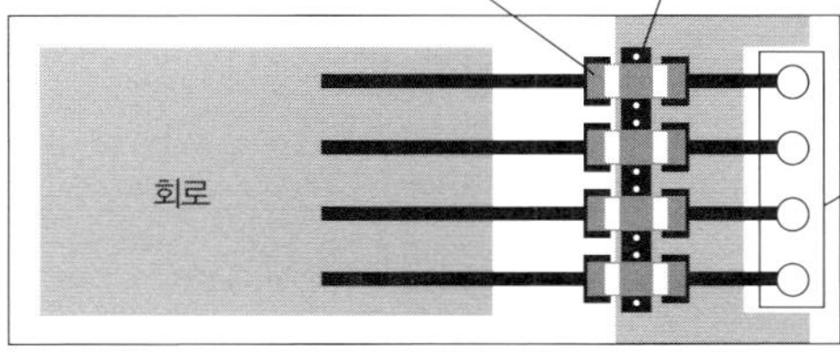

그림 14.25 3단자 표면장착 커패시터의 사용방법

14.2.2.5 관통 커패시터

리드가 달린 커패시터는 접지점과 연결하는 도체(도선)의 인덕턴스에 의해 그 효과가 제한된다. 특히 UHF와 그 이상의 주파수 대역에서 커패시터가 차폐 인클로저를 뚫고 들어가 장착되어야 하는 곳을 최상의 성능으로 보호하기 위해서는 [그림 14.26]과 같은 관통(feedthrough) 구조로 된 커패시터가 필수적이다. 관통 커패시터를 장착할 때는 커패시터의 바깥쪽 몸체를 나사로 조이거나 납땜을 하여 금속 차폐도체나 벌크헤드(bulkhead)[6]에 곧바로 접지접속이 이루어지게 한다. 접지로 배출되는 전류는 중앙 도체 주위를 둘러싸는 원통도체의 360° 전체에 퍼져 흐를 수 있으므로 이러한 구조로 된 단자에는 인덕턴스가 거의 없으며, 커패시터의 성능은 GHz 영역까지 양호하게 유지된다. 접지와 360° 접촉이 되지 않거나 벌크헤드의 크기가 작으면 성능은 나빠진다. π형 필터를 만들기 위해 세라믹 금속도금을 두 부분으로 분리하고 구조 내에 페라이트를 포함시켜 관통리드의 인덕턴스를 증가시킬 수 있다. 관통 커패시터는 넓은 범위의 전압 정격과 커패시턴스 정격으로 시중에 나와 있으며 그 가격은 사이즈에 비례하여 증가한다.

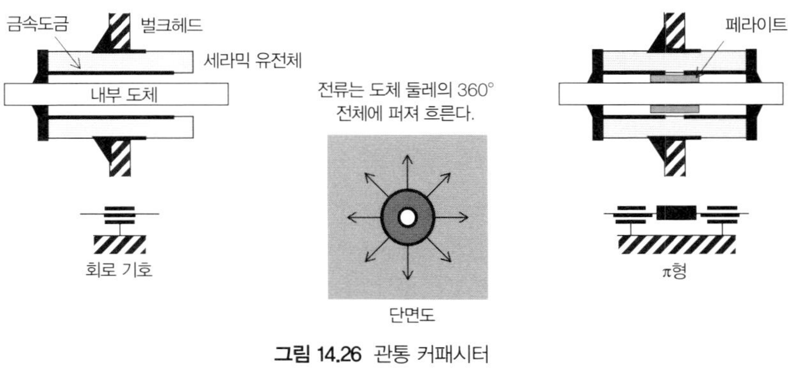

그림 14.26 관통 커패시터

6 (옮긴이) 도체 패널(판, 벽)에 너트 등으로 조여 직접 장착(부착)하는 구조로 된 방식의 부품. 사전적으로는 칸막이 벽이라는 뜻이다.

14.2.3 교류 주전원 필터

교류 주전원선 입력에 사용되는 RFI 필터는 전체가 하나의 별도 부품으로 개발되고 있으며, 여러 전문 제조업체에서 제작한 필터들이 다양한 물리적 구조와 전기적 구성으로 시중에 나와 있다. 이러한 필터 중의 하나로 블록형 교류 주전원 필터(block mains filter)가 개발되어 사용되고 있는 이유로는 다음 몇 가지를 들 수 있다.

- 법적인 전도성 방출 표준이 교류전원 포트에 집중되어 있으므로 필터 장치에 대해서는 확실한 시장(market)이 이미 형성되어 있다.
- "일단 설치하고 나면 더 이상 신경 쓰지 않는(fit and forget)" 애드온(add-on) 타입의 필터는 필요시 간편한 교체 설치(retro-fit)가 가능하다.
- 필터의 안전승인을 이미 획득하였다.
- 현실적으로, 많은 장비 설계자들이 RF 필터 설계에 대해서는 잘 모르고 있다.

사실 교류 주전원선의 전도성 방출에 대한 규제의 도입과 함께 실제로 교류전원 필터 시장이 열리기 시작했는데, 스위치방식 전원공급기의 치솟는 인기가 그 시장을 더욱 크게 만들었다. 스위칭 전원공급기의 경우에는 이러한 규제들을 충족하기 위해서 교류 주전원 필터의 사용이 필수적이다. 실질적으로 도움이 되는 점은, 단일 장치 필터를 사용하는 경우에, 장비의 교류 주전원측에 사용되는 모든 부품에 대해 필수적인 안전승인을 필터 제조업체가 이미 받았다는 사실이다.

14.2.3.1 교류 주전원선 필터의 응용

교류 주전원선 입력에 블록 필터를 단순히 추가하는 것만으로도 스위칭 전원 공급기의 낮은 차수 고조파와 같은 저주파 방출을 개선할 수 있다. 그러나 고주파 방출(1 MHz 이상)에 대처하기 위해서는 반드시 필터 주변 회로의 레이아웃에 주의를 기울여야 한다(14.2.1.4절). 이 필터를 전원공급관련 부품처럼 처리하게 되면 양호한 고주파 감쇠효과를 얻을 수 없으며 오히려 스퓨리어스 공진(spurious resonance)과 결합경로의 추가로 인해 잡음 결합 문제가 더 악화할 수 있다. 필터(filter)와 CEE22 인렛 커넥터 모듈(inlet connector module)이 결합된 교류 주전원필터를 사용하여 레이아웃을 제대로 하면 확실한 성능을 얻을 수 있다. 단 필터는 깨끗한 접지에 제대로 접지되어 있어야 한다.

레이아웃을 할 때 흔히 저지르는 잘못으로, 필터 앞에 교류 주전원 스위치를 배치하고 스위치 배선을 회로를 가로질러 전면 패널(front panel)과 그 뒤까지 지나가도록 해놓는 경우가 있다. 이렇게 하면 장비의 스위치가 켜져(on) 있는 동안에만 필터 부품들이 전원선에 노출되기는 하지만, 이런 배선으로 만들어진 경로에 뜻하지 않은 유도가 발생하여 필터링이 되지 않은 배선에 잡음이 결합할 수 있다. 따라서 필터는 교류 주전원선 입력이 마주치는 첫 번째 부품이 되어야 한다. 이렇게 하는 것이 불가능하면 스위치, 퓨즈 등을 인렛(inlet) 바로 다음에 설치하여 필터링이 되지 않은 배선길이를 최소로 하거나 인렛/스위치/퓨즈/필터가 하나로 결합된 부품을 사용해야 한다. 필터 양쪽의 배선은 서로 분리하고 양쪽으로 곧게 뻗어 나오도록 해야 한다. 이렇게 하는 것이 불가능하면 두 부분의 배선을 서로 90°가 되게 배치해서 결합을 최소로 만들어야 한다.

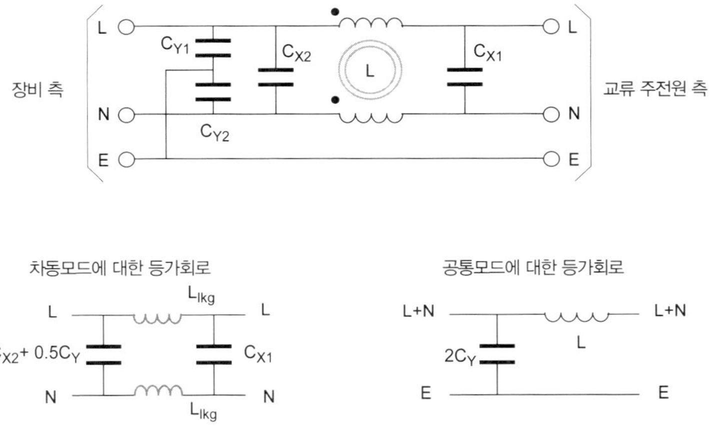

그림 14.27 교류전원선 필터와 그 등가회로

14.2.3.2 전형적인 교류 주전원선 필터

전형적인 교류 주전원선 필터(그림 14.27)에는 공통모드 성분과 차동모드 성분을 모두 차단할 수 있도록 부품들이 구성되어있다. 공통모드 초크 L은 투자율이 높은 코어 한 개에 두 개의 동일한 도선이 감긴 형태로 되어있으며 차동모드 전류(라인(L)에서 뉴트럴(N)로 흐르는 전류)를 서로 상쇄시킨다. 코어는 보통 고리모양(toroidal)이지만 E-I 구조로 되어 있는 경우도 있다. 이렇게 하면 소형 사이즈로, 교류주전원 공급전류에 의해 초크가 포화할 위험성이 없이 1 mH ~ 10 mH 정도로 높은 인덕턴스 값을 만들 수 있다.

권선이 [그림 14.28]에 있는 공통모드 초크의 방향처럼 감겨있으면, 차동전류에서는 한 선에 흐르는 "신호" 전류와 나머지 한 선에 흐르는 "귀환" 전류가 크기는 같고 방향은 서로 반대이므로 이 두 전류에 의해 발생하는 자기선다발(자속)은 서로 상쇄되어 코어 내부에는 아무런 자기선다발도 남지 않는다. 이렇게 되면 코어는 아무런 기능을 하지 못하므로 권선 사이의 누설 인덕턴스로 인한 성분만 남게 되어 차동모드 인덕턴스는 작은 값이 된다.

이와 반대로, 공통모드 전류가 두 도선에 흐르면 이 두 전류로 인해 발생하는 자기선다발은 코어에서 서로 더해지므로 코어의 전체 인덕턴스가 공통모드 신호에 대해 작용을 하게 된다. 다른 말로 하면, 코어의 투자율은 공통모드 전류에 대해 최대로 영향을 미치며 차동모드에 대해서는 무시할 수 있을 만큼 작은 영향을 미친다.

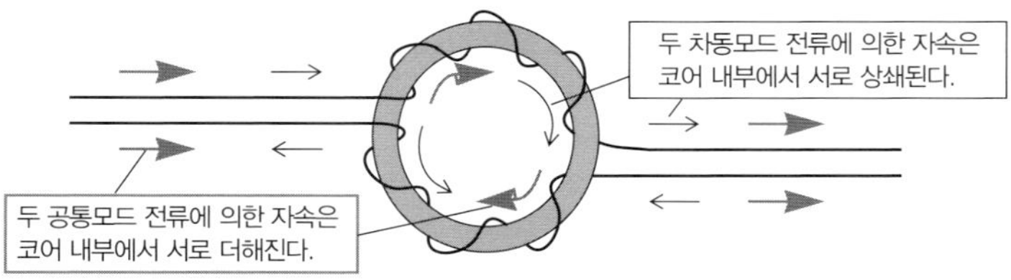

그림 14.28 공통모드 초크

이런 방식으로 사용하는 초크를 "전류보상(current compensated)" 초크라고 한다. 이 초크가 차동모드에 대해서는 없는 것과 마찬가지로 작용하여 코어의 포화와 인덕턴스의 손실 위험이 없이 낮은 주파수 전류나 직류 전류를 전달할 수 있기 때문이다. 이렇게 하는 대신에 적당한 불평형이 존재하도록 설계하여 전류정격이 줄어드는 것을 허용하는 대가로 공통모드 감쇠를 제공하는 것은 물론 약간의 차동모드 감쇠도 제공하도록 조정할 수 있다.

공통모드 커패시터

커패시터 C_{Y1}과 C_{Y2}는 공통모드 장해를 감쇠시키는데 C_{X2}가 큰 경우에는 이들 두 커패시터가 차동모드에는 별다른 영향을 주지 않는다. 커패시터 C_Y의 효과는 장비의 공통모드 발생원의 임피던스에 따라 크게 달라진다(그림 14.29). 이것은 보통 대지접지(earth)에 대한 스트레이 커패시턴스의 함수이다. 이 스트레이 커패시턴스는 회로의 기계적 구조와 교류 주전원 절연 변압기의 1차-2차 권선간 커패시턴스에 크게 영향을 받는데, 그 값은 대형 장비의 경우 1000 pF을 쉽게 넘을 수 있다. C_Y의 전압분배 효과로 인해, 감쇠는 15 dB ~ 20 dB를 넘지는 않는다. 공통모드 초크는 더 좋은 효과를 발휘하는 부품으로서, C_Y가 별 효과를 발휘하지 못하는 경우에는 두 개 이상의 초크를 달아줄 필요도 있다. [그림 14.29]에 나타나 있는 LISN 임피던스는 [7.2.2.1절]에서 살펴본 CISPR 16 표준에 맞춘 것이다. 적절한 부품 값을 계산하는 과정은 부록 D의 [D.7절]에 수록되어 있다.

차동모드 커패시터

커패시터 C_{X1}과 C_{X2}는 차동모드만을 감쇠시키는데, 0.1 μF ~ 0.47 μF 정도로 상당히 큰 값을 가지는 것이 보통이다. 가장 큰 단점은 커패시터의 사이즈와 안전용 블리드 저항(bleed resistance, 다음 절 참조)과의 상호작용이다. 요구되는 성능조건에 따라서, 두 커패시터를 모두 빼기도 하는데, 신호원 임피던스와 부하 임피던스는 너무 낮으면 커패시터가 제 기능을 발휘하지 못한다는 점을 기억하고 있다면 그 이유를 알 수 있을 것이다. 예를 들어 0.1 μF 커패시터의 임피던스는 150 kHz에서 약 10 Ω인데, C_{X2}에서 바라본 차동모드 신호원 임피던스는 이 값보다도 상당히 작다. 공급전력이 수백 W 범위인 스위칭 전원공급기의 DC 링크(link) 상에 연결되어있는 저장용(필터) 커패시터 때문에 이 값(0.1 μF)을 갖는 C_{X2}는 필터링이 꼭 필요한 낮은 쪽 주파수 영역에서는 아무런 효과를 발휘하지 못하게 된다.

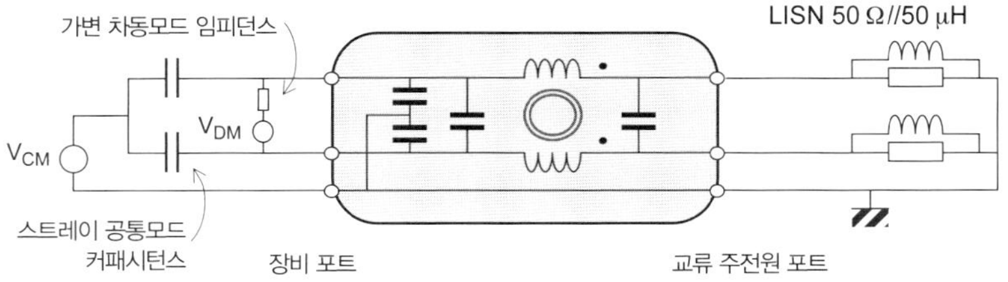

그림 14.29 교류 주전원 필터에서 바라본 임피던스들

14.2.3.3 안전을 위한 고려사항

교류 주전원 회로망에 어떤 고장이 발생하면, 안전용 대지접지에는 커패시터 C_{Y1}(또는 C_{Y2})에 인가되는 교류 주전원 동작전압에 의해 연속전류가 흐를 수 있다. 커패시터 C_{Y1}과 C_{Y2}의 최댓값은, 안전용 대지접지에 대해 허용되는 최대 연속전류 값에 의해 제한된다. 이들 커패시터(C_{Y1}과 C_{Y2})를 통해 흐르는 누설전류는 다음 식으로 쉽게 계산할 수 있다.

$$I_{LKG} = V \cdot 2\pi f \cdot C \cdot 1.2\ \mu\text{A} \tag{14.9}$$

여기서 C의 단위는 μF, V는 최대 전원공급 전압, 숫자 1.2는 커패시터의 최대 허용오차로 20%를 채택했음을 뜻한다.

이 전류의 값은 적용 표준(standard), 안전등급(safety class), 장치의 용도에 따라 0.25 mA ~3.5 mA 범위에 있다(표 14.2). 누설이 3.5 mA를 초과하면 특별한 설비 조건이 적용된다. 의료장비는 이보다 누설요건이 훨씬 낮아서 보통 0.1 mA 정도이다. 여기서 주의할 점은 이것은 장치로 인한 “총(total)” 누설전류로 대지접지에 대해 누설경로를 형성하는 다른 부품들[예를 들어 과도신호 억제기(transient suppressor)]이 있으면 이들로 인한 전류가 C_Y로 인한 전류에 더해져야 하므로 C_Y 값에 추가 제약조건으로 작용한다.

표 14.2 대표적인 안전규격과 허용 대지접지 누설 제한치

표준	I 등급 휴대용(portable)	I 등급 고정용(stationary)	II 등급
EN 60335-1, EN 60950-1	0.75 mA	3.5 mA	0.25 mA
EN 61010-1	사인(Sinusoidal)	비사인(Non-sinusoidal)	DC
	0.5 mA	0.7 mA	2 mA
EN 60601-1-1(의료)	Type B	Type BF	Type CF
	0.5 mA(전체 장비)		
환자누설전류	0.1 mA	0.1 mA	0.01 mA

흔히 지정되는 값인 0.75 mA를 최대 허용 누설전류로 지정한 다음, 50 Hz, 250 V의 전압을 가지는 각 상(phase)에 최대 커패시턴스 값을 계산해보면 대략 4 nF이 된다. 따라서 범용 필터 장치에서는 이 값보다 낮은 값을 갖는 커패시터를 사용하는 것이 보통이다.

부품 정격

C_X와 C_Y는 교류전원 전압을 연속적으로 전달하므로 이를 수행하기 위한 정격이 명시되어야 한다. C_X의 고장은 화재사고(fire hazard)를 일으킬 수 있으며 C_Y는 화재사고와 감전사고(shock hazard)를 일으킬 수 있다. EN 132400 표준(IEC 60384-14와 유사)에 따른 “X” 등급(class) 부품과 “Y” 등급(Class) 부품은 특별히 이러한 곳에 쓸 수 쓸도록 설계되어 시장에서 판매되고 있다. 안전표준은 이들 부품을 의무적으로 사용할 것을 강제하고 있다. EN 132400 표준은 피크 임펄스 전압(peak impulse voltage), 전압 내구성(voltage endurance), 연소성(flammability)을 비롯한 다양한 요건(표 14.3)을 가지고 있다.

표 14.3 EN 132400 임펄스 전압과 내구성 표준

등급(Class)	인가 파형	피크 임펄스 1.2/50 μS		수명, 1000 시간
X1	고전압 펄스 2.5 kV $< V_p \le$ 4 kV	$C \le 1$ μF: 4 kV, $C > 1$ μF: $(4/\sqrt{C})$ kV		한 시간마다 0.1초 동안 교류 1 kV 에 1.25×정격 전압
X2	일반용 $V_p \le$ 2.5 kV	$C \le 1$ μF: 2.5 kV, $C > 1$ μF: $(2.5/\sqrt{C})$ kV		
X3	일반용 $V_p \le$ 1.2 kV	없음		
	절연	정격전압		
Y1	이중 또는 강화	$\le$ 500 V	8 kV	한 시간마다 0.1초 동안 교류 1 kV 에 1.7×정격 전압
Y2	기본 또는 추가	$\ge$ 150 V $\le$ 250 V	5 kV	
Y3		$\ge$ 150 V $\le$ 250 V	없음	
Y4		$<$ 150 V	2.5 kV	

블리드 저항

휴대용 장치에서 교류주전원 스위치가 필터 다음에 위치해 있는 경우에는 전원이 제거될 때 큰 값의 C_X로 인해 라인(L) 도선과 뉴트럴(N) 도선 사이에 위험한 전하가 그대로 남아있는 것을 막기 위해 블리더 저항(bleeder resistor)을 병렬로 달아주어야 한다. 이 저항의 값은 총 차동 커패시턴스 값과 시정수(time constant)로부터 계산할 수 있다. 시정수는 커패시터에 충전된 전하량이 장치에 공급되는 교류전원이 꺼진(off) 다음에 적절히 감쇠되도록 정해져야 한다(자세한 요건은 IEC 60335/EN 60335와 같은 안전규격에서 찾아볼 수 있다). 에너지 효율

과 관련한 법령을 반드시 따라야 하는 장치들의 경우에는 대기전력 소모 요건(standby power dissipation requirement)에 의해 블리더 저항의 최솟값이 결정되어야 하는데, 결국 이로 인해 필터에 사용되는 X-커패시턴스 C_X의 최댓값이 제한된다.

14.2.3.4 임피던스 대 삽입손실

제조업체에서 만들어 판매하는 기성품 필터(ready-made filter)들은 대부분이 50 Ω의 신호 임피던스와 50 Ω의 부하 임피던스에 대해 성능(특성)을 명시하는 것이 일반적이다. 앞에서 살펴본 전형적인 필터 구조는 30 MHz까지의 주파수 범위에서 40 dB ~ 50 dB의 공통모드 및 차동모드 감쇠 효과를 나타낼 수 있다. 30 MHz 이상에서는 스트레이 성분의 리액턴스가 실현 가능한 감쇠효과를 제한하고 필터의 동작을 더욱 예측하기 어렵게 만든다. 1 MHz 이하의 주파수 영역에서는 부품의 효과가 떨어짐에 따라 감쇠특성이 상당히 떨어진다.

50 Ω 종단은 실제 상황을 반영하지 못한다. 공통모드와 차동모드에 대해서, 교류전원 포트의 고주파 임피던스는 CISPR 16 LISN에 의해 제공되는 50 Ω || 50 μF 회로망으로 대표해서 나타낼 수 있다(7.2.2.1절). 장비가 인증시험을 받을 때 어떤 식으로든 이 회로망이 사용될 것이다. (높은 주파수 영역에서 교류전원 리드(도선) 자체의 임피던스를 포함시킬 필요가 있다.) 장비의 포트 임피던스는 정류기 다이오드와 저장용(필터) 커패시터와 같은 입력 부품의 전력 정격과 고주파 특성에 따라 달라질 수 있다. 차동모드 임피던스는 일반적으로 소형 전자제품의 경우에는 수 Ω인 반면, 앞에서 살펴본 것처럼 공통모드 임피던스는 100 pF ~ 1000 pF의 용량성 리액턴스로 근사적으로 나타내는 것이 보통이다.

댐핑(감쇠, damping)

필터의 전체 차단대역 특성과 통과대역 특성이 정확하게 설계되지 않은 경우에는 낮은 주파수 영역의 끝에서 설계를 최적화하는 것이 종종 필요하다. 이는 군용이나 항공용으로 사용되는 경우에는 kHz 영역의 낮은 주파수 영역까지 감쇠를 해줄 필요가 있기 때문이다. 그러나 주파수가 낮아짐에 따라 필요한 커패시턴스와 인덕턴스의 값은 더욱 커지며 부품의 사이즈 자체도 커진다. 간단한 *L-C* 필터의 경우, 기생성분이 거의 영향을 주지 않는 낮은 주파수 영역의 끝에서는 쉽게 그 특성을 알아낼 수 있다.

직렬 L과 병렬 C로 구성된 필터의 기본 파라미터는 그 "차단(cutoff)" 주파수 f_0로서, 그 값은 $1/(2\pi\sqrt{LC})$로 구할 수 있다(D.7절에서 ω_n으로 표시되어 있음). 두 번째로 중요한 파라미터는 임계 댐핑저항(critical damping resistance) R_0으로, $\sqrt{LC}$로 구한다. f_0보다 높은 주파수 영역에서 필터의 감쇠는 40 dB/decade의 비율로 증가한다(단 기생성분에 의해 제한될 때까지). 예를 들어 이론적인 감쇠가 1 MHz에서 80 dB인 경우, 차단주파수는 10 kHz가 되어야 한다. 그러나 이 주파수는 어떤 L과 C의 조합으로도 만들 수 있다. 예를 들어 1 mH와 250 nF은 물론 0.25 mH와 1 μF, 또는 2.5 mH와 0.1 μF, 또는 50 μH와 5 μF 등의 조합도 가능하다. 실제 선택한 값들은 실제 상황에서의 제한사항과 회로의 제한사항을 반영해야 한다.

일단 L과 C 값이 정해지면 R_0가 정해진다. 그러면 f_0 부근에서의 성능이 고려해야 할 요소가 되는데, 이것은 신호원 임피던스 및 부하 임피던스에 대한 R_0의 비(ratio)로 결정된다. 저항성 임피던스를 가진 경우, R_0가 외부 임피던스보다 클 때 필터는 오버댐핑(과감쇠, overdamping)이 되어 감쇠는 f_0보다 낮은 주파수에서 시작된다. R_0가 외부 임피던스보다 낮을 때 필터는 언더댐핑(부족감쇠, underdamping)이 되며 f_0 부근의 주파수에서 어느 정도의 '이득(gain)'을 주게 되는데, 이것이 바람직하지 못하다는 점은 거의 확실하다. 따라서 필요한 주파수 영역에 걸쳐 필터의 실제 동작을 전체적으로 파악하기 위해서는 최소한 외부 임피던스 값들을 예측이라도 해주는 것이 꼭 필요하다.

필터의 삽입손실(insertion loss)을 측정하는 또 다른 방법은 종단 임피던스로 0.1 Ω/100 Ω과 그 반대인 100 Ω/0.1 Ω을 사용하는 것이다. 이 방법은 CISPR publication 17에 정의되어 있다. 이 방법은 몇 가지의 회로 조건하에서 더욱 실제적인 성능 데이터를 산출한다. 그렇지만 모든 필터 제조업체들이 이 시험 방법을 사용하여 데이터를 제공하지는 않는다. 순수한 저항성 종단 임피던스를 가정하면 [D.7절]에 수록한 방정식들을 사용하여 공표된 50 Ω 데이터로부터 예상되는 삽입손실 성능을 이끌어낼 수 있다.

[그림 14.29]의 회로는 '회로해석 프로그램'으로 쉽게 만들 수 있다. 따라서 알고 있는 방출 레벨을 고려하여, 이를 제한하는 데 필요한 최적의 감쇠특성을 가지는 교류전원 필터 회로의 설계 작업을 시도할 수 있다. 단 프로그램의 회로상에 예상되는 기생 리액턴스들(초크코일 전체의 커패시턴스, 커패시터에 직렬로 연결되는 인덕턴스)을 포함하는 것을 잊어서는 안 된다.

14.2.3.5 코어 포화

필터에는 최대 동작 RMS 전류가 명시되어 있다. 이 전류는 주로 공통모드 초크에서 허용되는 발열(heating)에 의해 결정된다. 커패시터 입력 필터를 가지는 전원 공급기의 경우, 입력 전류파형은 피크값이 RMS 값의 3배~10배가 되는, 다시 말해 높은 파고율(crest factor)을 가진 비사인(non-sinusoidal, 사인함수 형태가 아닌) 파형이다(11.4절의 교류전원 고조파에 대한 설명과 그림 14.30(a) 참조). 그러나 공간 효율성의 이유로, 교류전원 필터의 페라이트 코어는, 필터의 정격전류에서 공통모드 인덕턴스를 그 공칭값(nominal value)의 80%로 낮게 하여 설계하는 것이 일반적이다. 공통모드 인덕턴스가 포화하는 것을 막기 위해서는, 이 80% 점이 전류파형의 최댓값에서 발생해야 한다. 즉 필터는 RMS가 아닌 피크 전류에 대해 정격을 따져야 한다. 공급전류로 인한 자기장은 공통모드 페라이트 코어 내부에서 보상되지만(상쇄되지만) 스트레이 인덕턴스(공칭값의 약 1%)로 인해 피크전류에서 포화상태에 도달할 수 있다. 포화의 영향은 주파수 스펙트럼의 아래쪽 끝에서 주로 나타나는데, 감쇠 특성이 10 dB 이상 나빠질 수 있다.

이러한 문제는 초크가 정격전류를 넘어설 때, 권선 손실이 열을 발생시키기 때문에 생긴다. 높은 온도에서는 자속밀도의 값이 낮아도 포화에 도달하므로 감쇠 값도 낮아지게 된다(감쇠 특성이 나빠진다).

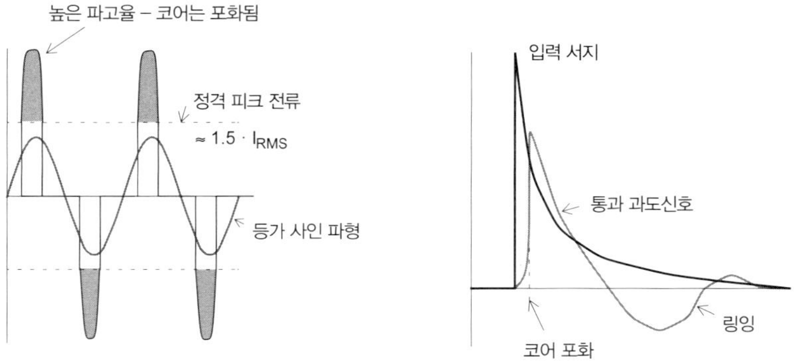

(a) 높은 파고율 영향 (b) 유입되는 과도신호의 영향

그림 14.30 코어 포화의 영향

코어는 교류전원선의 낙뢰(벼락, lightning)로 인한 과도신호처럼 높은 전압, 높은 에너지의 공통모드 서지가 가해질 때도 포화한다(그림 14.30(b)). 회로를 통과하면서 서지전압은 지연되고 상승시간이 느려지지만 하강에지에서 링잉을 동반하는 진폭은 아주 조금만 감쇠한다. 주파수 영역 방출을 감쇠시키는 용도로만 설계된 표준 교류 주전원 필터는 큰 레벨로 유입되는 공통모드 과도현상에 대처하기에는 부적합하다. 물론 몇몇 필터는 다른 것들보다 좀 더 낫기는 하지만 말이다. 차동모드 과도신호는 코어를 포화시키는 데 상당히 많은 에너지를 필요로 하며 억제(제거)가 더 잘 된다.

14.2.3.6 확장된 성능

전형적인 구조의 기본 필터가 제공하는 삽입손실로는 감쇠효과가 충분하지 않은 경우도 있을 수 있다. 예를 들어, 고전력 전원공급기처럼 더 엄격한 방출 제한치를 충족시켜야 하거나 과도한 공통모드 장해 결합이 있거나 매우 큰 과도신호에 대해서도 내성을 가져야 할 필요가 있는 경우가 여기에 속한다. 기본 필터 설계는 다음의 여러 가지 방법으로 확장할 수 있다(그림 14.31).

- 추가 차동선로 초크들: 이들은 라인(L) 선로와 뉴트럴(N) 선로에 개별적으로 연결되는 초크들로서 서로 간에는 결합하지 않으므로 차동모드 신호에 대해 높은 임피던스를 제공하고, C_X와 연결되어 더욱 양호한 감쇠효과를 제공한다. 교류선로에 흐르는 전체 전류로 인해 포화하지 않아야 하므로 초크의 사이즈가 훨씬 크고 무겁다(같은 인덕턴스를 갖는 다른 용도의 초크에 비해).

- 대지접지선로 초크(earth line choke): 이 초크는 안전용 대지접지에 흐르는 공통모드 전류에 대한 임피던스를 증가시킨다. C_Y 값이 이미 최대 제한치이고 신호원에서 장해에 대해 아무런 조치도 취할 수 없는 경우라면, 이 초크를 사용하는 것이 유입되고 유출되는 공통모드 장해에 대처하는 유일한 방법일 수 있다. 이 초크는 안전용 대지접지와 직렬로 연결되므로 이 초크의 고장전류 전달 능력은 안전규격을 반드시 충족시켜야 한다. 외부 접지 접속에 의해 단락회로가 만들어져 초크가 단락(short)되는 일이 있어서는 안 된다. 이러한 일은 장비의 다른 장치로 연결되는 케이블로 인해 발생하는 경우가 대부분이며 대지접지선로 초크를 소용없게 만든다. 단 교류전원 선로(라인과 뉴트럴)만을 가진 장치에서는 이런 일은 일어나지 않는다.

- 과도신호 억제기(transient suppressor): L과 N 양단에 병렬로 연결하는 전압종속저항(voltage-dependent resistor, VDR)과 같은 부품은 유입되는 차동모드 서지를 잘라내서(특정한 값을 넘지 못하도록) 제한한다(14.2.5절 참조). 이 부품이 교류 주전원 포트 측에 설치되어 있다면 이 부품은 예상되는 전체 과도 에너지를 처리할 수 있는 정격을 가져야 한다. 동시에 초크를 포화하지 않게 해야 하며 필터의 C_X를 보호해야 한다. 이것이 장비 측에 설치되어 있는 경우, 이 부품은 필터의 임피던스에 의해 보호되기 때문에 상당히 낮은 정격을 가져도 괜찮다. 물론 이 부품은 공통모드 과도현상에 대해서는 아무런 영향을 미치지 않는다.

이상의 추가 방법들 이외에도 기본적인 π형 필터 단을 다른 필터 단들과 함께 연속해서 배치하여 여러 단으로 만들 수도 있다. 이때 각 단 사이에 차폐 도체를 설치하고 관통 부품들을 사용하여 서로 접속하면 훨씬 큰 삽입손실을 얻을 수 있다. 이러한 높은 수준의 성능을 얻기 위해서는 필터를 반드시 잘 차폐된 인클로저와 함께 사용하여 주위 환경과 고주파 결합이 일어나는 것을 막아주어야 한다.

14.2.4 I/O 필터링

I/O 연결선이 낮은 주파수 대역의 신호와 작은 크기의 전류만을 전달하는 경우에는 간단한 *RC* 저역통과 회로를 사용하여 이들을 필터링할 수 있다(그림 14.32(a)). 디커플링 커패시터는 반드시 깨끗한 I/O 접지에 접속되어야 하는데(12.2.4절 참조), 이 접지는 회로 0 V와 같지 않을 수 있다.

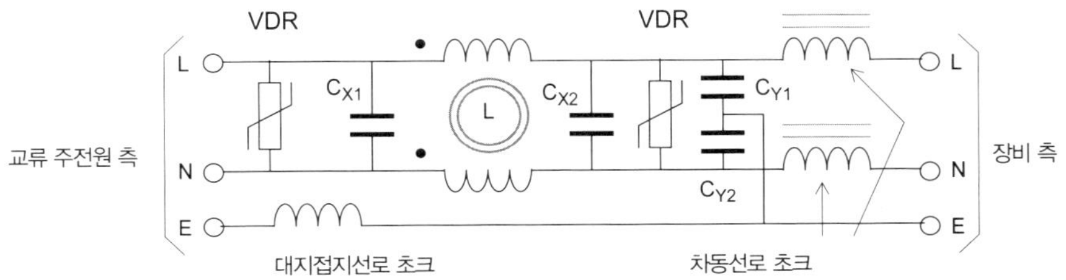

그림 14.31 더 좋은 성능의 교류전원 필터

14.2.4.1 공통모드 초크

고속 데이터 링크나 상당한 전류가 흐르는 인터페이스에서는 상당히 큰 *R*과 *C*값을 사용하는 것이 가능하지 않을 수 있다. 그러나 이러한 경우에도 개별(discrete) 부품으로 된 공통모드 초크를 사용하면 신호 주파수들에 영향을 주지 않고 장비로 들어가거나 장비에서 나오는 공통모드 전류를 감쇠시키는 것이 가능하다. 같은 코어에 여러 개의 동일한 권선을 감아 만든 초크에서는 차동모드 전류로부터 발생하는 자기장은 서로 상쇄되는 반면에 공통모드 전류는 서로 더해진다. 이것은 [14.2.3.2절]에서 설명한 교류전원선의 공통모드 초크와 같은 방식이다. 이러한 장치(부품)는 상품으로 판매되고 있거나("데이터 선로 필터(data line filter)"라고 부르기도 함), 또는 주문 설계되기도 한다. 신호선로 공통모드 초크로 설계를 할 때는, 차동모드 전류가 코어에서 정말로 상쇄되는지 확인해보는 것이 중요하다. 이렇게 상쇄되려면 귀환선로로 사용되는 0 V 선로를 비롯하여 인터페이스에서 다루는 모든 선로들이 [그림 14.32(b)]에 표시된 것처럼 하나의 단일 초크에 개별적으로 각각 감겨 지나가야 한다.

가장 적합한 공통모드 초크 구조는 사용되는 주파수 영역에 따라 달라진다. 일반적으로 100 MHz 이상에서는 소형 다층 페라이트 칩 부품이 적합하다. 이보다 낮은 주파수 영역에서는 여러 번 감은 권선 구조의 초크를 사용할 수 있는데, 이때 감긴 권선을 따라서 분포하는 스트레이 커패시턴스는 초크의 고주파 감쇠 성능을 떨어뜨린다.

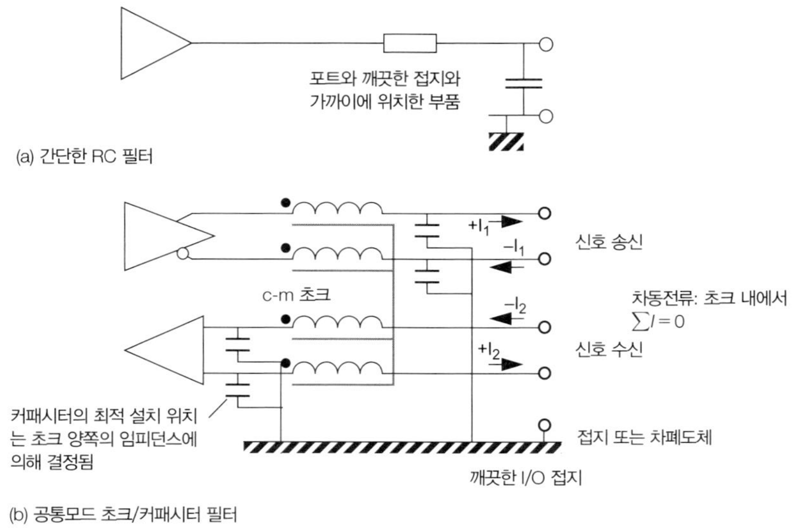

그림 14.32 I/O 필터링 방법

14.2.4.2 필터가 내장된 커넥터

커패시터들과, 이보다 개수는 적지만 [그림 14.32]의 유도성 부품들을 아예 커넥터 내부에 함께 넣어버리는 편리한 방법도 있다. 커넥터의 각 핀은 세라믹 재킷(jacket)을 가진 관통형 커패시터(feedthrough capacitor)로 구성하고 금속으로 도금된 재킷의 겉면은 커넥터 셸에 직접 접합된 매트릭스[matrix, 가로세로로 배열된 구조물(구멍)]에 연결되게 한다. 따라서 커넥터 셸 자체가 깨끗한 접지 — 일반적으로 장치의 금속 백플레이트(후면판, backplate)나 섀시 — 에 올바르게 접합되어 있으면 접지접속의 인덕턴스는 최소화된다. 접지경로 상에 존재하는 직렬 임피던스는 필터링 성능을 저하시키고 한 선로에서 다른 선로로 신호를 결합시켜 누화(crosstalk)를 초래한다.

이 구조의 장점은 1 GHz를 넘는 높은 주파수 영역까지 삽입손실을 얻을 수 있고 낮은 주파수 영역에서의 손실은 각 접점(핀)에 병렬로 부착되어있는 실제 커패시턴스(보통 50 pF ~ 2000 pF)에 의해 전적으로 정해진다는 것이다. 이 구조에 페라이트를 추가하면 [14.2.2.5절]에서 살펴본 통상적인 관통 커패시터와 동일한 구조의 π형 필터를 구성할 수 있다. 이 구조에서는 필터링을 위해 공간을 추가로 확보할 필요가 없다. 필터 내장 커넥터는 레트로피트(개장, retro-fit)[7]용으로는 확실히 매력적이며 인터페이스에서 발생하는 문제들을 한 방에 해결하는 일도 종종 있을 것이다. 일반적인 다중 커넥터(multiway connector)의 핀배치(pinout) 치

7 (옮긴이) 이미 운용 중이거나 납품이 수락된 제품에 대해 새롭게 설계된 부품이나 소프트웨어를 적용하는 행위. 일반적으로 이미 장착된 부품의 탈거나 개조가 수반된다. 출처: 국방과학기술용어사전

수(구조)에 잘 들어맞는 페라이트 블록도 시중에서 구할 수 있다. 이 페라이트 블록은 하나의 단일 부품으로서, 커넥터에 연결된 각 선로에 개별적으로 초크가 연결된 것과 동일한 효과를 제공한다. 커넥터 핀에 직접 끼워 넣는 "EESeal®"이라는 상표명의 실리콘 고무 삽입물도 있는데 이 부품에는 각 핀에 접촉하는 내장 다층 커패시터나 과도신호 억제기가 매트릭스 구조로 배열되어 있다. 이 부품은 다양한 커넥터에 대한 레트로피트 작업에 유용하다.

필터 내장 커넥터의 단점은 필터가 없는 커넥터에 비해 상당한 추가비용이 발생한다는 것이다. 모든 접점을 필터링할 필요가 없거나 접점마다 다른 커패시터의 값이 필요한 경우에는 주문 부품이 필요할 것이다. 충분한 전압정격을 가지지 못할 수 있고 신뢰성이 악화할 수 있다. 커넥터 바로 옆에 칩 커패시터, 또는 3단자 부품을 장착한 소형 보조기판(그림 14.33(b))을 만들고 이를 가능한 한 낮은 인덕턴스로 접지접속을 하는 방법을 사용하면 수백 MHz까지 효과적이며 비용이 저렴하면서 원하는 커패시턴스 값과 구조를 갖는 커넥터 필터를 만들 수 있다. 단, 이 방법을 사용하면 필터 내장 커넥터보다 루프면적이 커져 고주파 자기장 결합에는 더 취약할 수 있으므로 군용으로는 문제를 일으킬 가능성이 있다.

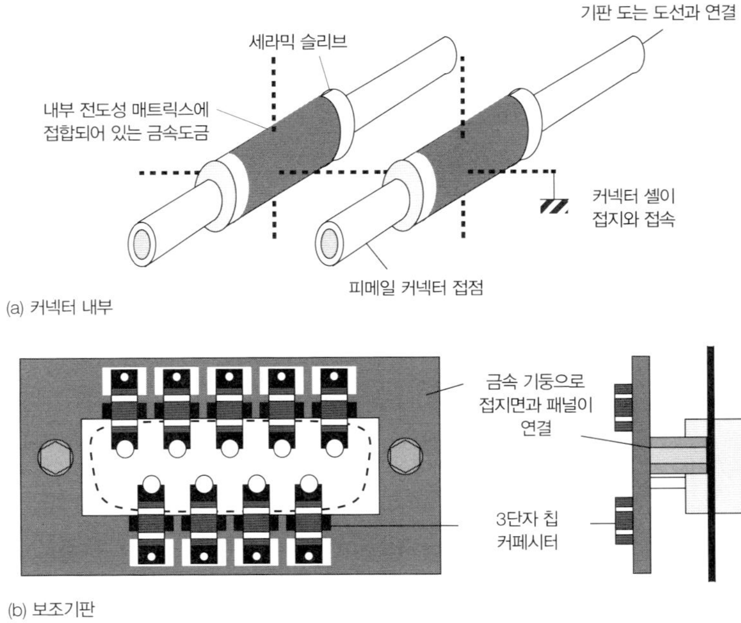

그림 14.33 필터 내장 커넥터 핀

14.2.4.3 필터링의 회로 영향

불평형

필터가 용량성 필터링 방식을 사용하는 경우, 회로는 접지에 대해 생긴 추가 커패시턴스를 반드시 처리할 수 있어야 하는데, 특히 무선주파수(radio frequency, RF) 영역에서 격리된 회로를 필터링할 때는 더욱 그렇다. RF 필터 커패시턴스는 회로의 신호 대역폭을 감소시킬 뿐만 아니라 신호 회로에 대해 AC 경로를 제공하여 AC 격리(절연)를 심각하게 악화시킨다. 이렇게 되면 RF 필터로 인해 저주파 공통모드 장해에 대한 감응성(취약성)이 오히려 증가할 수 있다. 이것은 격리된 신호선로와 귀환선로 사이의 커패시턴스 불평형으로 인한 결과이다. 개별 부품으로 된 커패시터들의 특성이 서로 완벽히 일치하기란 불가능하다. 10%의 허용오차는 회로에서 20 dB를 넘는 공통모드 제거 효과를 얻을 수 없음을 의미한다. 필터 커패시터가 없는 경우에는 이 값보다 훨씬 큰 공통모드 제거 효과를 얻을 수 있다.

이러한 이유로 허용 가능한 RF 필터 커패시턴스 값은 수십 pF으로 제한되며 특히 광대역 평형회로의 경우에는 수십 pF 조차도 너무 큰 값이 된다. 이들 경우에서는 인터페이스에서 공통모드 초크와(나) 절연(isolation)만이 허용될 수 있다. 이와 관련된 가장 대표적인 예가 이더넷 인터페이스(Ethernet interface)이다.

전압정격

필터 커패시터는 반드시 최대 전압정격에 맞춰 선택해야 한다. 이렇게 하면 주어진 회로에서 피크 전압을 예측할 수 있으므로 회로 단자 양단에 병렬로 연결되는 차동모드 커패시터를 결정하기가 아주 쉽다. 그렇다면 섀시에 대한 공통모드 커패시터는 어떻게 결정해야 하는가? 이 커패시터의 정격을 선택할 때는 동작 회로와 섀시 사이에서 예상되는 최대전압을 알아야만 한다. 어떤 경우에도 이 값을 확실히 알 수는 없다. 이 값은 다양한 시스템 요소들에 의해 결정되는 부분이 더 많은 데다 제품 설계자들은 이러한 요소들을 정확히 알 수 없기 때문이다. 회로가 의도적으로 대지접지와 격리된 경우에는 실제 최대전압은 어디에도 명시되어있지 않을 수 있는데, 그렇다 해도 이 값을 고려할 필요가 있다. 이 경우에 전압정격을 결정하는 것은 피크 과도서지(peak transient surge)의 진폭으로, 1 kV를 넘을 수 있다. 이 정도 레벨에서는 다층 세라믹 커패시터(MLCC)를 쓸 수 있지만 이 부품은 사이즈가 크고 높은 커패시턴스 값을 가지지 않는다. 또는 많은 경우에서, 회로와 섀시를 과도 억제기로 연결하는 것이 허용되는데, 이때 커패시터의 전압정격은 가장 높은 클램핑 전압(clamping voltage)으로 제한된다.

회로 안정성

필터에 의해 발생할 수 있는 또 다른 문제로, 저주파 아날로그 증폭기 출력에 커패시턴스 성분들이 연결되는 용량성 로딩(capacitor loading)으로 인해 출력단이 불안정 상태로 들어갈 수 있다(13.1.5.3절 참조)

14.2.5 과도신호 억제

교류전원선이나 신호선로로 유입되는 과도신호는 비선형 부품으로 감소시킬 수 있다. 가장 널리 사용되는 부품은 금속산화물 배리스터(metal oxide varistor)(전압종속저항(voltage-dependent resistors, VDR), 제너(zener), 스파크갭(spark gap)[기체방전관(gas discharge tubes)]이다. 이들 부품은 보호할 선로에 병렬로 연결한다(그림 14.34). 정상적인 신호레벨이나 전력레벨에 대해서는 이들 부품은 높은 임피던스로 보이는데, 그 값은 기본적으로 해당 부품의 자체 커패시턴스와 누설 규격에 의해 결정된다. 항복전압(breakdown voltage)을 초과하는 과도신호가 나타나면 이 부품은 낮은 임피던스로 바뀌어 과도신호 방출원에서 흘러들어오는 전류를 보호회로가 아닌 다른 곳으로 흐르도록 하고 과도신호의 전압을 제한한다(그림 14.35). 부품의 사이즈는 충분한 안전마진(safety margin)을 가지고 연속적인 회로의 동작전압을 견딜 수 있는 것이어야 하며 예상되는 과도신호의 에너지를 흡수할 수 있어야 한다.

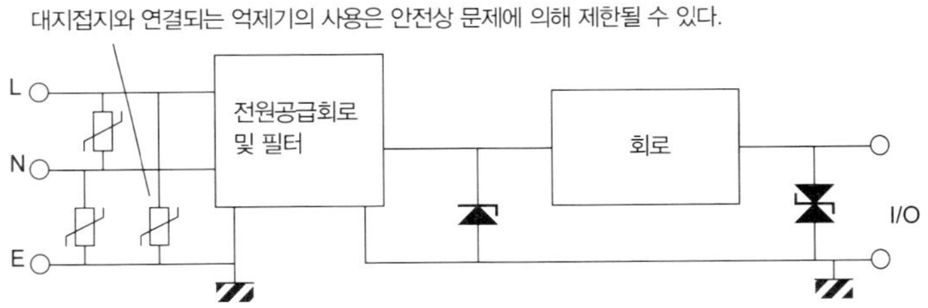

그림 14.34 과도신호 억제기의 대표적인 장착 위치

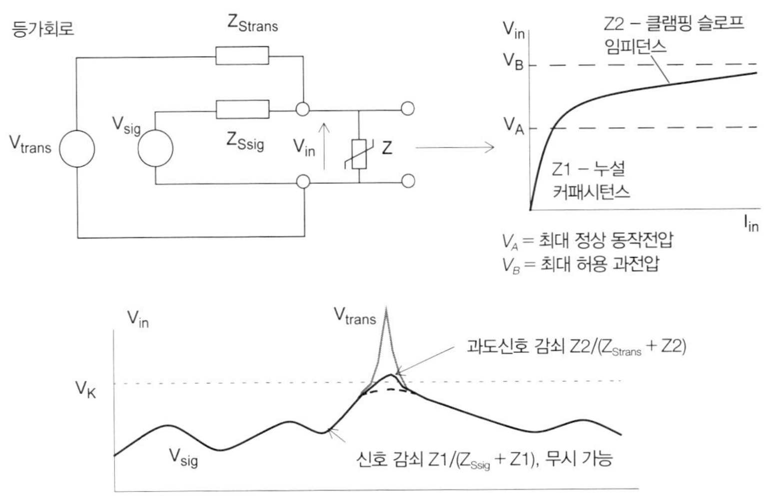

그림 14.35 과도신호 억제기의 동작

첫째 요건은 아주 간편하게 설계할 수 있는 것으로, 피크 과도 클램핑 전압(V_B)을 연속전압(V_A)의 두 배로 하며, 억제기로 보호되는 회로는 이 전압을 견딜 수 있어야 한다. 둘째 요건은

신호원 임피던스 Z_{Strans}와 과도신호의 진폭을 알 것을 요구하는데, 이 항목들은 특히 외부 연결선에 대해서는 정확하게 예상하기 어려운 것이 일반적이다. 이 항목들은 억제기가 반드시 흡수해야 할 에너지의 양을 결정한다. 참고문헌[48]은 회로 파라미터들을 사용하여 억제기에 요구되는 특성을 구하는 방법을 자세히 설명하고 있으며, 또한 AC 전원공급선에 사용되는 억제기의 에너지 요건에 대한 설계 파라미터 값들을 제시하고 있다. 이 값들은 [표 14.4]에 정리되어 있다. IEEE C62.41[229]는 예상되는 과도신호 방출원과 진폭과 관련한 더욱 상세한 내용과, 과도내성을 검사하는 데 권고되는 시험방법을 자세히 다루고 있다.

[표 14.5]는 가장 대표적인 여러 가지 과도신호 억제부품의 특성을 비교하고 있다. 세 가지 기본적인 종류에 속하는 다양한 부품들을 입수할 수 있다. 예를 들어 ZnO 배리스터는 모노리식 다층 형태로 나와 있는데, 클램프 전압을 5 V까지 낮출 수 있으며 특정 커패시턴스와 함께 단일 부품으로 제조되어 배리스터겸 커패시터를 제공할 수 있다.

표 14.4 교류 주전원 공급선에 사용되는 과도신호 억제기의 설계 파라미터

사용 위치	파형	진폭	클램핑 전압에 대한 억제기 흡수에너지	
			클램핑 전압 500 V (120 V 시스템)	클램핑 전압 1000 V (240 V 시스템)
긴 분기회로와 아웃렛	0.5 μs/100 kHz 발진	6 kV/200A	0.8 J	1.6 J
주 공급기와 짧은 분기회로	0.5 μs/100 kHz 발진	6 kV/500 A	2 J	4 J
	8/20 μs 서지	6 kV/3 kA	40 J	80 J

표 14.5 과도신호 억제기의 종류 비교

부품	누설	후속 전류	클램프 전압	에너지 소모능력	커패시턴스	반응시간	가격
ZnO 배리스터	중간	없음	중간	높음	높음	중간	낮음
제너	낮음	없음	낮음~중간	낮음	낮음	빠름	중간
스파크갭 GDT	0	있음	높은 점화 낮은 클램프	높음	매우 낮음	늦음	중간~높음

14.2.5.1 클램핑 특성과 파괴

배리스터와 제너와 같은 다양한 종류의 과도신호 억제기에 IEC 61000-4-5의 표준규격 서지 파형을 인가한 다음 이들의 특성 변화를 비교하는 실험을 수행하였다. [그림 14.36]은 저전압(low voltage) 부품들에 대한 몇 가지 샘플 파형을 보여주고 있다. 이 실험에서 얻은 결론은 다음과 같다.

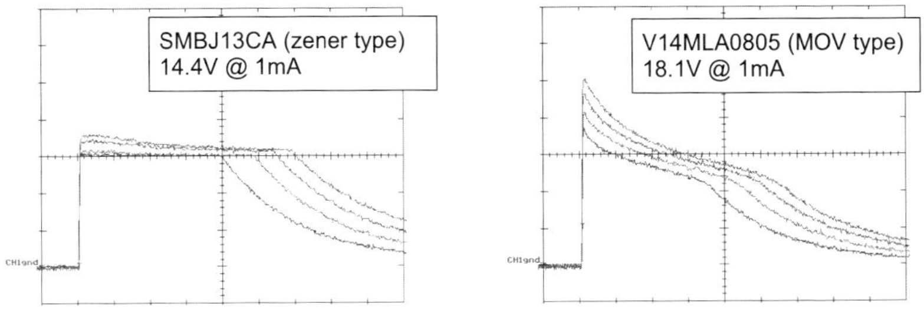

그래프 5 V/div, 50 μs/div: 임피던스가 12 Ω인 신호원으로부터 300 V, 500 V, 750 V, 1 kV 피크 서지파형

그림 14.36 과도신호 억제기 클램핑 파형

- MOV 부품은 큰 기울기의 저항과 매우 높은 피크 클램핑 전압을 가지고 있고 아주 튼튼하며 높은 에너지를 반복적으로 받아들일 수 있다. 작은 사이즈의 부품(1206 또는 그 이하)이라도 부품의 파괴 없이 극심한 서지를 견뎌낼 수 있다. 이 과정에서 부품은 정격 스탠드오프 전압(stand off voltage)의 세 배까지 겪을 수 있다.
- TVS(Zener avalanche, 제너 애벌린치) 부품은 낮은 에너지에 대해 낮은 기울기의 저항과 매우 평평한 클램핑 특성을 가지고 있으며 높은 에너지 서지에서는 쉽게 파괴된다. 이 부품은 일반적으로 과도신호를 발생시킨 신호원의 임피던스가 높고 과도신호가 들어가는 후속 회로의 내구 전압이 높지 않은 경우에 적합하다.
- 보통의 제너는 서지에 대해 동작을 하지만 서지에 대한 특성을 명시하지는 않는다. 약간의 직렬 임피던스를 가진 신호회로에는 제너가 적합할 수 있다.

성능저하

배리스터의 특성이 부품에 과도신호가 들어올 때마다 저하된다는 이야기는 배리스터 부품의 단점을 말할 때 자주 인용된다. 하지만 이에 대한 관련 제조사의 데이터는 찾아보기 힘들다. 이 말이 사실인지 살펴보기 위해 1206 사이즈의 부품 샘플 하나에 그 부품의 정격전류로 100개의 서지를 가했다. 이 부품은 V33MLA1206으로 정격 최대전류는 180 A이다. 이 전류 값을 얻기 위해 450 V의 전압을 2.5 Ω 신호원 임피던스에 인가하였다. 서지는 10초마다 한 번의 비율로 인가하였는데, 부품에서 특별한 발열현상은 관측되지는 않았다. 첫 번째와 100번째의 인가 사이에는 피크 클램핑 전압에서 대략 5%의 증가가 있었다. 특별히 스트레스가 많은 환경이 예상되는 경우, 이를 반영하여 부품을 정격이하로 사용할 수 있다.

파괴

부품에 과도하게 충격이 가해지면 세 가지 형태 – 개방회로, 단락회로(수 Ω 이하), 저하된 클램핑 전압 – 로 고장이 날 수 있다[146]. 보호하려는 회로에 따라 이들 중 어떤 고장 메커니즘이 발생할지 예측해야 한다. 높은 무결성(high integrity)을 가져야 하는 응용분야에서는 수동 또는 자동 검사 메커니즘을 사용하여 계속해서 보호 상태가 유지되고 있는지 확인할 필요가 있다(6.3.3.2절 참조). 부품이 개방되면 시스템은 다음 서지가 도달할 때까지는 보호되지 않은 상태여도 잘 동작할 것이기 때문이다. 매우 높은 무결성을 가지는 시스템에서는 사실 이러한 점 때문에 과도신호 억제기를 전혀 사용하지 않고 있음을 확인할 수 있다.

부품이 고장이 나서 단락(short)이 된 다음에 들어오는 전류는 특히 전원공급기에서는 문제를 일으킬 수 있는데, 이 때문에 과도신호 억제기 앞에는 보호하려고 하는 선로에 퓨즈를 직렬로 넣어주는 것이 "좋은 관행(good practice)"이다. 퓨즈는 부품 자체의 용단 능력(fusing capacity)보다 낮은 I^2t 특성을 가진 것으로 선택해야 하므로 그 정격은 단락 고장 후 예상되는 전류에 따라 정하도록 한다.

14.2.5.2 여러 단 연결 종류

한 종류의 억제기만으로는 원하는 성능을 얻을 수 없는 경우에는 여러 개의 억제부품을 병렬로 차례차례 연결할 수 있다. 예를 들어, 통신분야에서는 신호선로를 직접적인 과도신호뿐만 아니라 국부적 낙뢰 신호선로와 교류전원선로 사이의 단락사고로부터도 보호해주어야 한다 [37]. 이러한 목적은 1차 보호와 2차 보호를 함께 제공해야만 달성할 수 있다. 1차 보호는 기체방전관(gas discharge tubes, GDT)이나 탄소 스파크갭(carbon spark gap)으로 제공한다. 이 보호 부품으로, 유입되는 에너지의 주요 부분은 제거할 수 있지만 부품의 반응시간이 느리기 때문에 가장 앞부분에 발생한 스파이크는 제거되지 않고 남게 된다. 2차 보호는 반도체 부품으로 제공하는데, 이 부품은 반응속도가 빨라서 1차 보호에서 남은 에너지만을 처리한다.

정말로 확실한 보호를 해주기 위해서는 세 종류의 억제기를 결합하는 방법을 검토해야 한다(그림 14.37). 주목할 점은 억제부품들 사이에 직렬 임피던스가 필요하다는 것인데, 이는 각 억제기 종류가 저마다 자신이 의도한 서지의 일부분만을 확실히 처리할 수 있게 하기 위함이다. 이러한 방식의 보호회로를 설계하기 위해, 회로 시뮬레이션 패키지를 사용할 필요가 있다. 단, 회로 시뮬레이션을 수행할 때는 모든 비선형(non-linear) 파라미터들과 시간종속(time-dependent) 파라미터들을 포함시켜야 설계가 완료된 최종 보호회로의 성능에 대해 확신을 가질 수가 있다. 보호회로에서 직렬 임피던스, 특히 맨 처음의 억제 부품보다 앞에 위치하는 직렬 임피던스가 있다면 여기에는 수 kV에 달하는 인가전압 전체가 직접 가해진다. 따라서 여기에는 서지에 견딜 수 있는 적합한 부품들을 사용해야 한다. 따라서 0603 저항은 절대로 안 된다!

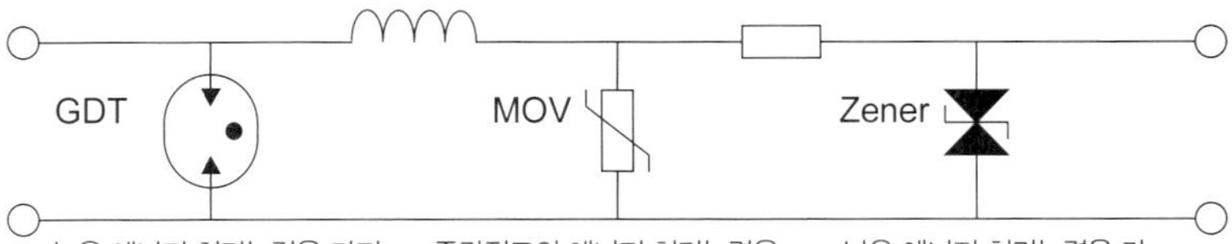

그림 14.37 여러 단으로 연결하는 억제 부품들

폴드백 억제부품(foldback suppressor)

과도신호 억제기의 하나인 제너(zener)의 경우, 항복전압에서 전체 과도전류를 모두 소모해야 하므로 그 에너지 처리 능력에는 제한이 있다. 이러한 제너의 단점은 사이리스터와 제너가 하나의 패키지로 통합되어있는 유형의 억제기를 사용하면 극복할 수 있다. 이 억제기에서는, 과전압이 제너를 항복시키면 사이리스터가 도통하여 인가전압을 낮은 값으로 제한["접어 꺾음(fold back)"]하여 전력소모를 낮게 하므로 그 억제기 패키지 자체에서 제너 전류보다 대략 10배인 큰 전류를 처리할 수 있다. 동작회로전류가 사이리스터 유지전류(holding current)보다 작은 경우 사이리스터는 과도신호가 지나가고 나면 도통을 멈춘다.

14.2.5.3 과도신호 억제부품의 레이아웃

억제기에 연결되는 선로(접지 귀환경로를 포함)는 반드시 짧게 해주어야 연결선로에서 생기는 원치 않은 추가 인덕턴스에 의해 고속(고주파) 성능이 나빠지는 것을 막을 수 있다. 과도신호 억제기가 전압을 클램핑(제한)하는 동안, 억제기를 통과해 흐르는 큰 크기의 과도전류는 에지에서 매우 빠른 상승시간(스위칭에 의해 유도되는 장해의 경우 수 ns, ESD에 의한 장해는 이보다 짧은 시간)을 가진다. 따라서 클램핑 회로에 인덕턴스가 존재하면 과도신호가 유입되고 그 이후 과도신호에 링잉이 유지되는 동안에 그 인덕턴스에서 높은 차동전압이 발생하게 되므로 억제기의 효과를 전혀 볼 수 없게 된다.

억제기 부품의 리드는 짧아야 하고(억제기 부품은 표면장착 타입으로도 나와 있다) 전압을 제한해야 할 회로에서 가까운 위치에 연결되어야 한다(그림 14.38). 접지를 통한 공통모드 결합은 어떤 경우에도 피해야 한다. ESD 스파이크 억제효과는 손실이 있는 페라이트 부품으로 입력 회로의 RF 임피던스를 증가시켜 개선할 수 있다. 그렇지만 이 방법은 낙뢰수준의 서지에 대해서는 효과가 떨어지는데, 이러한 서지에 대해서는 페라이트가 포화할 것이 분명하기 때문이다. 억제기를 I/O 필터링에 사용하는 경우에는 3단자 배리스터/커패시터 부품을 사용할 수 있다. 억제기가 상당한 전력을 소모할 것으로 예상되면 열 문제를 고려해주어야 한다.

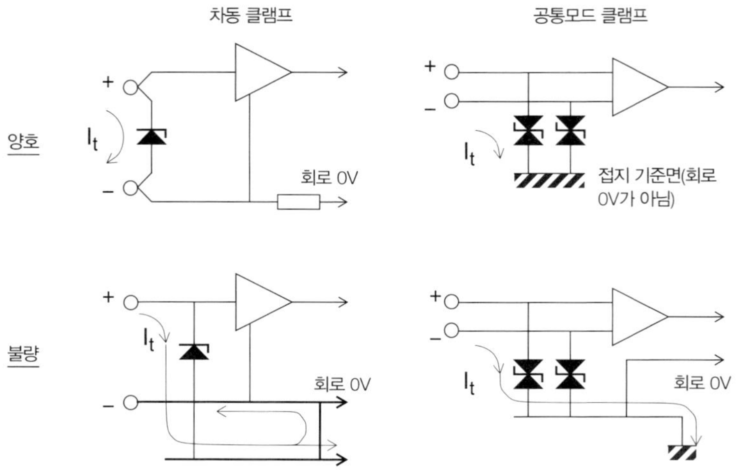

그림 14.38 I/O 과도 억제부품의 레이아웃과 구성

14.2.6 접점 억제

전류의 흐름을 차단하기 위해 스위치나 릴레이 등으로 접점을 개방하면 접점 사이에 아크(불꽃, arc)가 발생하기 시작한다. 이렇게 발생한 아크는 두 접점 사이에 전류가 흘러 접점 사이에 충분한 전압이 유지되는 동안에는 계속된다(그림 14.39). 접점과 그 회로와 관련된 스트레이 커패시턴스와 인덕턴스는 실제로 그 에너지가 다 사라질 때까지 반복적인 방전을 일으키는데, 이것은 상당한 광대역 장해의 원인이 된다[10][86]. 접점이 닫힐 때도 접점 바운스(contact bounce)로 인해 장해가 발생한다.

스파이크를 일으킬 수 있는 접점에는 반드시 억제 조치를 해주어야 한다. 스파크는 접점 양단 전압이 320 V보다 크고 dV/dt가 1 V/μs보다 큰 조건에서 발생한다. 후자의 조건은 많은 저전압 회로에서 충분히 만들어질 수 있다. 통상적인 억제 회로는 접점 양단에 직접 연결해주는 *RC* 완충 회로망(snubber network)이다. 이 회로에서 커패시터는 접점 간격 양단의 전압상승률을 제한하여 이 값이 아크를 개시하는 조건 이하가 되도록 한다. 또한, 저항은 접점이 닫힌 경우에 커패시터 방전전류를 제한하는데, 저항의 값으로는 접점의 최대 정격전류 요건을 충족하면서 동시에 커패시터의 효과를 제한하지 않는 범위에서 절충을 하여 적절한 값을 선정한다. 이 절충조건을 충족될 수 없는 경우에는 병렬 다이오드를 DC 회로에 추가할 수 있다.

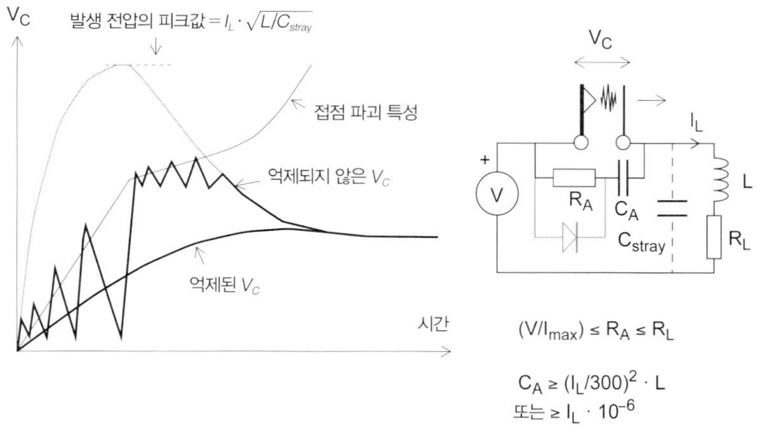

그림 14.39 접점 잡음 발생과 억제

14.2.6.1 유도성 부하의 억제

인덕턴스를 통해 흐르고 있던 전류가 차단되면 인덕터에는 큰 과도전압이 발생한다. 그 값은 $V = -L \cdot di/dt$로 결정된다. 이론적으로 di/dt가 무한대이면 전압도 무한대가 된다. 실제로는, 별도의 조처를 취하지 않은 경우라면 이 값은 스트레이 커패시턴스에 의해 제한된다. 그리고 전압 파형은 감쇠(damping)되는 사인파형 모양이 되는데(항복이 발생하지 않는 경우) 그 주파수는 인덕턴스와 스트레이 커패시턴스의 값으로 결정된다. 스위칭이 되는 유도성 부하의 대표적인 예로는 모터, 솔레노이드, 릴레이 코일, 변압기 등이 있다. 그러나 긴 케이블도 상당한 분포 인덕턴스를 가지므로 큰 과도 진폭을 발생시킬 수 있다. 스위칭은 앞 절에서 살펴본 것처럼 전기기계접점을 통해서 또는 반도체를 통해서 이루어질 수 있는데, 후자의 경우, 과도신호를 억제하지 않으면 과전압으로 인한 애벌린치 항복을 겪을 수 있다. 두 경우 모두에서, 스트레이 회로의 공진에 의해 결정되는 주파수들에서는 RF 장해가 발생하는데, 스위치와 부하 사이를 연결하는 배선으로부터 이 장해가 방사되는 것이 보통이다.

경우에 따라서는 *RC* 완충회로(snubber circuit)가 유도성 과도신호를 감쇠하는 데 사용될 수 있다. 그 밖의 회로들은 [그림 14.40]에 표시된 것처럼 다이오드, 제너 또는 배리스터 클램프를 사용하여 유도성 과도신호를 억제한다. 어떤 부품들을 사용하든 억제용 부품들은 부하 단자 바로 옆에 설치되어야 한다. 그렇지 않으면 중간에 연결되는 도선에 의해 방사 전류루프가 형성된다. 멀리 떨어져 설치된 구동기 트랜지스터를 보호하는 경우, 이로 인해 RF 억제에 문제가 발생하지는 않는지 별도로 고려해주어야 한다.

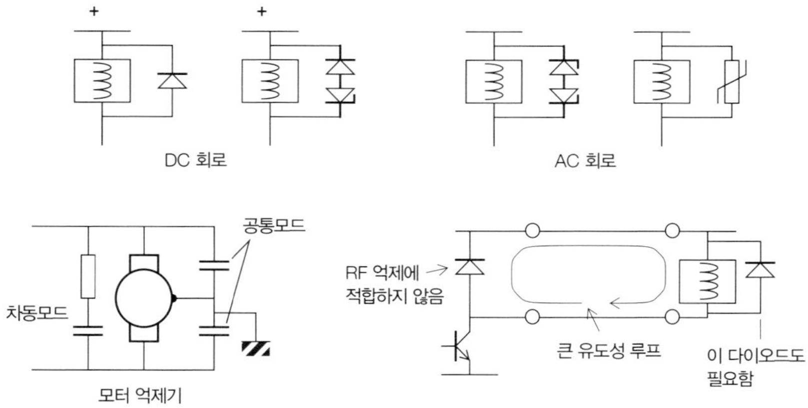

그림 14.40 유도성 부하 억제

14.2.6.2 모터 억제

DC 브러시 모터 잡음은 특히 공격적이다. 이 잡음은 초당 수백에서 수천 번에 달하는 정류속도에 의해 결정되는 비율로 반복하는 임펄스(impulse) 형태의 광대역 과도신호이기 때문이다. 이 잡음의 스펙트럼 성분은 수백 MHz 영역까지 올라갈 수 있다. 이 잡음은 단자 양단에 차동모드 잡음으로 나타나고 하우징에 대해 발생하는 스트레이 커패시턴스를 통해 결합된 공통모드 잡음으로 나타난다.

가장 좋은 억제 방법은 모터의 정류자 부분(commutator segment) 양단에 임펄스 전압이 발생하는 것을 막는 것이다. 이를 위해 각 정류자 부분 사이에 배리스터나 *RC* 부품들을 사용하면 되는데, 이 방법을 실제로 적용하는 것은 모터 제조업체에서만 가능하다. 단, 이 경우에는 모터에서 잡음이 발생해서 나중에 추가로 억제를 해주는 일이 있어서는 안 된다. 실제로 억제 부품이 사용된 모터가 나와 있지만 비용이 추가된다. 또한 이러한 유형의 모터는 표준장치가 아닌 것이 보통이다. 이런 모터가 아니면, 단자 양단에는 커패시터나 완충회로(차동모드 잡음에 대해)가 필요하고 단자와 국부 대지접지(local earth) 사이에는 커패시터(공통모드 잡음에 대해)가 필요하다. 국부 대지접지가 없으면 모터 단자에 초크를 사용할 수 있다. 모터 장해는 보통 하우징에 대해 공통모드로 나타나는데, 이는 하우징과 권선 사이의 높은 스트레이 커패시턴스가 원인이므로 공통모드 억제 방법을 사용할 필요가 있다.

위에서 언급한 내용은 유도모터(induction motor)나 브러시 접점을 가지지 않은 다른 종류의 모터에는 적용되지 않는다. 이들은 DC 브러시 모터에서와 같은 유형의 임펄스 장해를 발생시키지 않는다. 그러나 이들이 높은 전압 펄스폭변조 파형을 가진 가변속 구동기기(variable speed drive)에 의해 구동되는 경우에는, 이들 발생원으로부터 많은 장해가 발생할 수 있다(13.2.3절).

15 차폐(shielding)

이번 15장에서는 대표적인 EMC 설계 대상인 차폐 인클로저(shielded enclosure)에 대해 살펴본다. 다음과 같이 말하기는 너무 쉽다. “제품이 금속 상자에 들어있으면 제품은 차폐될 것이 틀림없으므로 그것으로 충분해.” 실제로, 차폐된 제품을 설계하는 것은 제품을 금속 상자에 단순히 집어넣는 것 훨씬 이상의 내용을 담고 있다. 이 장에서는 이상적인 차폐 이론을 자세히 알아보고 실제 차폐의 성능을 살펴볼 때 맞부딪치게 되는 이론적인 한계와 이러한 한계에 대처하기 위해 취해야 할 실제 설계 방안들에 대해 알아본다.

15.1 차폐 이론

차폐(shielding)와 필터링(filtering)은 상대가 가진 단점을 서로서로 보완해주는 방법들이다. 필터링 된 전류가 택할 수 있는 귀환경로가 없는 경우에는, 전도성 결합이 일어나는 것을 막기 위한 필터링 대책과 회로 설계 방법을 적용하는 것은 아무런 의미가 없는 일이다. 차폐도체(실드, shield)는 이 경우에 필요한 귀환경로를 제공하고 전자기장이 내부 회로와 도체에 직접 결합되는 것을 막는다. 차폐란, 회로에서 위험한 부분들 주위에 전도성 표면(conductive surface)을 설치하는 것인데, 전기장과 자기장은 이 전도성 표면에서 일부는 반사(reflection)되고 일부는 흡수(absorption)되므로 위험한 부분들로 결합하는 전기장과 자기장이 감쇠된다. 낮은 주파수 영역까지 보호를 해줄 필요가 있으면 차폐도체는 전체가 모두 금속 인클로저여야 되지만 고주파 영역(30 MHz 이상)에서만 보호를 해주어도 충분하다면 플라스틱 인클로저에 전도성 코팅(conductive coating)을 얇게 해주는 것이 적절하다.

실드가 필요한가?

차폐는 비용이 많이 들고 구현하기 어려운 설계 문제인데, 차폐는 여러 가지 요소들 — 제품의 미관, 제작, 사용상 편리성 — 에 불리하게 작용하기 때문이다. 가능한 한 프로젝트의 초기단계에서 제품의 차폐 여부를 결정해야 한다. 11장의 [11.2절]과 [11.3절]에서는 인터페이스 케이블을 통한 장해 결합과 PCB 안과 밖으로 직접 유도되는 장해 결합에 대해 살펴보았다. 지금 정도면 여러분들은 위험한 PCB 트랙에 의해 발생하는 전자기장의 크기를 대략적으로 계산하고 이를 방출 한계치와 비교할 수 있을 것이다(13.1.2절 참조). 방출 전자기장이 허용기준을 초과하는 상황에서 PCB 레이아웃을 개선할 수 없는 경우라면 차폐는 필수적이라고 할 수 있다. 차폐 그 자체는 공통모드 케이블 결합에 영향을 주지 않는다. 따라서 공통모드 케이블 결합이 우세한 결합 경로인 경우에는 전체적인 차폐는 필요 없을 수도 있다. 차폐는 공통모드 전류를 디커플링하는 "깨끗한" 기준(reference)의 역할을 하지만 레이아웃을 세심하게 계획하면 큰 면적의 접지판(ground plate)으로도 같은 역할을 할 수 있다.

차폐 문제는 다음 두 분야로 나누어 설명할 수 있다.

- 무한히 큰 전도성(도체) 장벽을 통과하는 전자기장의 감쇠(attenuation) 이론
- 실제 차폐 구조의 형태에 따른 이론상 최대 차폐효과(shielding effectiveness, 차폐성능)의 저하 정도

> **차폐 여부의 결정**
> - 차동모드 전자기장이 허용기준을 넘을 것으로 예상될 때: 차폐를 실시한다.
> - 인터페이스를 여기저기 분산시킬 수밖에 없는 레이아웃일 때: 차폐를 실시한다.
> - 인터페이스를 집중시킬 수 있는 레이아웃일 때: 접지판(ground plate)으로도 충분할 수 있음
> - 차폐는 위험한 회로에 대해서만 고려한다.

15.1.1 무한히 큰 장벽의 차폐 이론

15.1.1.1 반사와 흡수

교류 전기장 E_0가 크기(넓이)가 무한하고 두께는 유한한 전도성(도체) 벽(wall)에 입사하면 벽의 표면에는 전류 J_i가 유도된다. 이렇게 유도된 전류는 입사 전기장 E_0와 부호가 반대인 반사 전기장 E_R을 유도하는데, 반사 전기장이 이렇게 발생해야 벽의 표면을 따라서는 전기장이 0이 되어야 한다는 경계조건을 만족한다. 벽의 전도율(conductivity)이 무한대가 아닌 경우에

는 벽 표면의 전기장은 완전히 0이 되지는 않는다. 즉 표면 전류 J_i와 벽의 임피던스와의 곱으로 구해지는 0이 아닌 전압이 벽의 표면을 따라 존재한다. 입사파 진폭과 반사파 진폭의 차이가 벽의 반사손실(reflection loss)을 결정한다. 차폐 벽은 전도율이 유한하므로 이 유도 전류 J_i는 벽 속으로 침투해 들어가 반대쪽 벽 표면까지 흐르는데, 이 과정에서 J_i의 진폭은 감쇠되므로 반대쪽에는 J_t만이 남게 된다. 이 J_t가 E_t를 발생시킨다(그림 15.1). 입사 전기장과 투과 전기장의 비인 E_0/E_t가 벽의 차폐효과를 측정하는 척도이다. 광학 거울(mirror)처럼 반사손실은 표면에서 일어나는 효과로 벽의 두께에는 영향을 받지 않는다.

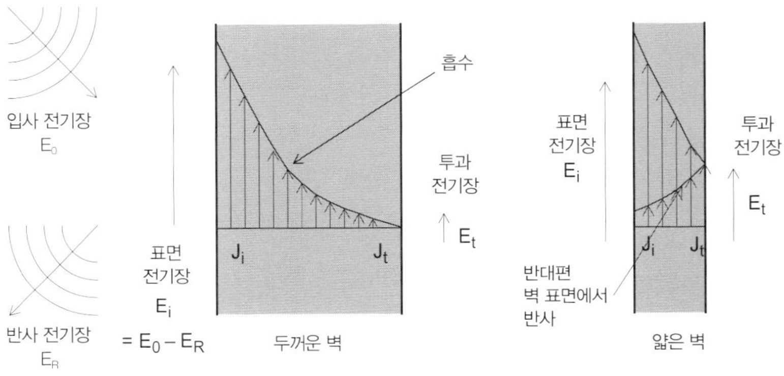

그림 15.1 무한한 장벽에서의 반사와 흡수

벽이 두꺼울수록 벽을 통해 흐르는 전류는 더욱 많이 감쇠된다. 이 흡수손실(absorption loss)은 벽의 "표피 깊이(skin depth)" 값에 따라 결정된다. 표피깊이(부록 D의 [D.4.1절]에 정의되어 있음)는 교류전류가 도체의 표면 근처에만 한정하여 흐르는 특성을 나타내는 데 사용된다. 표피깊이 값은 교류전류의 주파수에 반비례하고 물질(벽)의 전도율과 투자율에 역시 반비례한다. 전류가 벽을 통해 표피깊이에 해당하는 거리만큼 침투해 들어가면 전류의 진폭은 8.6 dB($=1/e$ 배)만큼 감쇠한다. 예를 들어 30 MHz에서 알루미늄의 표피깊이는 0.015 mm이다. 따라서 높은 주파수에서는 전도성 코팅(도금)을 얇게 해주어도 좋은 감쇠효과를 거둘 수 있음을 알 수 있다. 전류는 표면 근처의 얇은 층에만 한정해서 흐르므로 물질(벽)의 두께가 두꺼워도 차폐특성에는 별 영향을 주지 않는다.

반사손실

반사손실 R은 파동 임피던스와 장벽(벽) 임피던스(벽의 고유 임피던스)의 비에 따라 결정된다. 파동 임피던스의 개념에 대해서는 [11.1.4.2절]에서 설명하였다. 장벽 임피던스는 벽의 전도율, 투자율, 유전율, 그리고 주파수의 함수이다. 구리(copper)와 알루미늄은 강철(steel)보다 전도율이 높으므로 전기장의 반사손실이 더 크다. 반사손실은 주파수가 증가할수록 전기장의 경우에는 감소하고, 자기장의 경우에는 증가한다. 전자기장의 발생원(방출원)과의 거리가 $\lambda/$

(2π)보다 짧은 근거리장에서는 발생원과 장벽 사이의 거리도 반사손실에 영향을 준다. 근거리장에서 전기장은 임피던스(파동 임피던스)가 높으므로 이에 따라 반사손실 또한 높다. 반대로 근거리장에서 자기장은 임피던스가 낮아서 반사손실도 낮다. 장벽이 발생원에서 충분히 멀리 떨어진 원거리장에서는 입사 전자기파는 평면파(plane wave)이다. 평면파는 파동 임피던스가 일정하며 거리에 무관하다. [그림 11.9]를 보면서 근거리장과 원거리장에서의 파동 임피던스의 차이를 다시 한 번 확인하기 바란다.

흡수손실 A가 10 dB보다 큰 경우(대부분의 경우가 여기에 속함)에는 재반사 손실 B는 아주 작아져서 무시할 수 있지만, 장벽이 얇고 주파수가 낮은 경우에는 재반사 손실이 상당히 커지므로 이를 고려해주어야 한다.

흡수손실

흡수손실은 장벽의 두께와 표피깊이에 따라 결정된다. 흡수손실은 전기장이나 자기장이나 평면파나 모두 같다. 다시 말해 반사손실과는 달리 흡수손실은 파동 임피던스에 따라 달라지지 않는다. 표피깊이는 장벽 물질의 특성에 따라 달라진다. 예를 들어 강철은 같은 두께의 구리보다 흡수손실이 큰데, 이는 낮은 주파수에서 강철의 상대투자율이 구리보다 크기 때문이다. [그림 15.2]에 나타나 있듯이 흡수손실은 주파수의 제곱근에 대해 기하급수적으로(즉 지수함수형태로) 증가하므로 높은 주파수에서는 흡수손실이 가장 지배적이다. 부록 D의 [D.4절]에는 주어진 물질 파라미터에 대해 흡수손실 A, 반사손실 R, 재반사손실 B를 구하는 수식이 수록되어 있다.

15.1.1.2 차폐효과

균일한 도체 장벽의 차폐효과(shielding effectiveness, SE)는 장벽이 없을 때의 장의 세기와 장벽이 있을 때의 장의 세기의 비(ratio)로 표현된다. 차폐효과는 [그림 15.2]와 같이 반사손실, 흡수손실, 재반사손실의 합이 되는데, 이를 수식으로 표현하는 식 (15.1)과 같다.

$$SE(dB) = R(dB) + A(dB) + B(dB) \tag{15.1}$$

이 식은 차폐효과에 대한 "전송선로 모형(transmission line model)"으로 알려져 있다. 이 식은 차폐전류(shield current)와 입사 전자기장의 발생원 사이의 결합이 무시할 수 있을 만큼 작다는 가정하에 나온 것이다. 실제로 차폐가 사용되는 대부분의 경우에는 이러한 가정이 잘 들어맞지는 않는다. 그렇지만 이러한 가정을 통해 모형이 단순화된 만큼 적어도 차폐이론의 이해를 돕기에는 충분하다. 차폐와 관련한 현실적인 문제들은 [15.1.3절]에서 자세히 다루기로 한다.

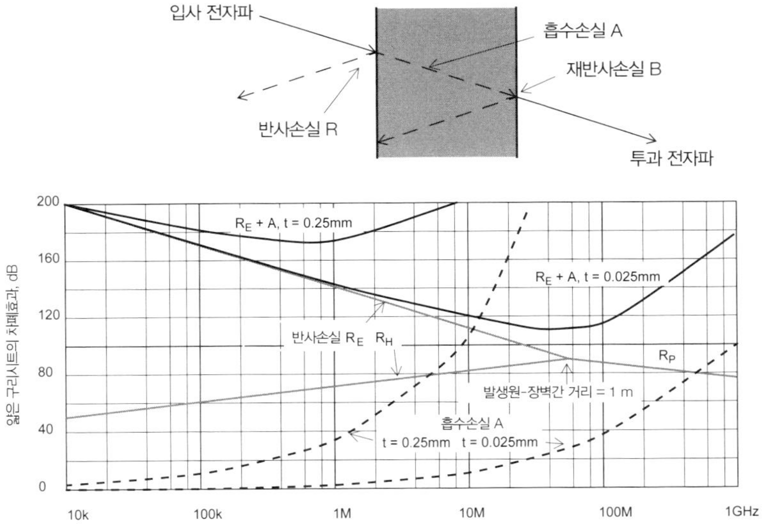

그림 15.2 무한히 큰 구리시트의 주파수에 따른 차폐효과

15.1.2 저주파 자기장

저주파 자기장 차폐는 자속(자기선다발, magnetic flux)의 통과를 차단한다는 의미이다. 따라서 강철(steel), 뮤메탈(mu-metal), 퍼멀로이(permalloy)처럼 높은 흡수손실을 나타내는 강자성체(ferromagnetic material)에 속하는 물질을 사용하면 이러한 효과를 가장 크게 얻을 수 있다. 주파수가 증가함에 따라 이들 물질은 투자율이 낮아지므로 차폐효과 역시 저하되지만, 구리나 알루미늄과 같이 비자성체(non-magnetic material)에 속하는 물질은 차폐효과가 더 좋아진다. 100 kHz 근처에서 이 두 종류 물질의 차폐효과는 거의 같아진다. 자성체에 속하는 금속(permeable metal) 또한 높은 세기의 자기장에 의해 포화되며 물리적 처리작업(handling)[용접(열), 충격(타격) 등]으로 인해 투자율을 쉽게 잃어버린다.

자성체가 아니면서 순수한 전도성만을 가진 물질로는 낮은 주파수의 자기장에 대한 차폐효과를 얻기가 어렵다. 그 이유는 입사 자기장에 대한 반사손실 R_H가 자기장의 파동 임피던스와 장벽 임피던스(장벽 물질의 고유 임피던스) 사이의 차이에 따라 결정되기 때문이다. 주파수가 낮은 자기장은 파동 임피던스가 낮아서 역시 낮은 값을 갖는 장벽 임피던스와 차이가 적게 나기 때문에 반사가 거의 일어나지 않고 대부분이 장벽 속으로 들어온다. 따라서 자기장은 장벽에 의해 수 dB 정도만 감쇠되거나 흡수되고 그 나머지는 장벽을 완전히 통과하여 반대편으로 전달된다. 다행스럽게도 적합성 인증(compliance) 측점에서 볼 때, EMC 지침과 이와 유사한 법령에서는 낮은 주파수에서의 자기장 차폐까지로 규제 요건들을 확대하지 않고 있다. 단, 전원 주파수를 가진 자기장에 취약한 몇 가지 유형의 장치에 대해서는 예외가 있을 수 있다. 그러나 기능상의 이유로 양호한 자기장 차폐가 필수적인 분야가 몇 가지 있다. 그 가운데 두 가지 예를 들어보면, 철도 선로 바로 근처와 같이 자기장이 강한 환경 속에 놓여 있는 CRT 표시장치와 전자빔 현미경처럼 자기장에 민감한 변환기(transducer)가 있다.

저주파 자기장은 뮤메탈이나 뮤메탈에서 파생된 물질들과 같이 투자율이 높은 물질 속으로 집중된다(모인다). 그러나 이 현상은 위에서 설명한 것과는 다른 메커니즘에 의한 것이므로 이러한 물질은 변압기처럼 민감한(또는 잡음이 있는) 개별 부품에만 적용이 가능한 것이 보통이다. 직류 자기장 속에 놓여 있는 무한히 긴 원통의 차폐율은 다음과 같다.

$$\mathrm{S_M} = \frac{\mu_r}{2} \times \frac{t}{d} \tag{15.2}$$

여기서 μ_r은 원통 물질의 상대 투자율이고 t/d는 물질 두께와 원통지름의 비이다.

실제의 경우, 원통의 양 끝으로 갈수록 차폐 성능은 저하된다. 그렇지만 원통의 지름보다 원통의 길이가 훨씬 크면 이 원통 차폐물은 무한히 길다고 간주할 수 있다. 원통의 양쪽 끝에 투자율이 높은 마개를 사용하는 방법도 있다. 자성체 물질에 용접접합(welded seam)을 하거나 강한 세기의 자기장에 노출하면 물질의 투자율 μ_r이 감소하는 현상이 나타난다. 높은 자속밀도는 물질을 포화시키기 쉽다. 예상되는 자속밀도가 물질의 포화 자속밀도보다 크면 물질의 두께를 증가시키면 된다. 또는 "중첩된" 구조로 된 이중 차폐를 사용할 수도 있는데, 이때는 포화자속밀도가 더 높은 물질을 바깥쪽에 두어 이 물질이 강한 입사 자기장을 먼저 만나 처리하도록 한다. 검증을 위해 시제품을 만들 때는 얇은 포일(foil)로 된 자기장 차폐 물질을 사용하면 손으로 쉽게 작업을 할 수 있다. 대량 생산에 적용되는 차폐는 적절한 방식으로 제조해야 하며, 이 작업은 전문가가 수행해야 한다.

여기서 분명히 인식해야 할 점은 이러한 형태의 차폐는 특별히 저주파용이라는 사실이다. 높은 투자율을 갖는 물질의 경우 수십 kHz 이상의 주파수 영역에서는 주파수에 따라 투자율이 떨어진다. 그러나 주파수가 증가할수록 장벽에서 자기장의 파동 임피던스도 증가하므로 장벽의 차폐효과는 증가한다. 몇몇 특별한 응용분야에서 매우 넓은 주파수 대역에 걸쳐 차폐효과가 필요한 경우에는, 낮은 주파수의 자기장에 대해서는 투자율이 높은 금속을 사용하고 그 밖의 모든 것들에 대해서는 자성은 없고 전도성만 있는 금속을 사용하는 방법을 적용할 수 있다.

자성은 없고 전도성만 있는 물질들은 "단락된 권선(shorted turn)"이라는 메커니즘(이 내용은 앞에서 이미 살펴본 바 있다)을 통해 자기장의 진폭을 줄일 수 있다. 대표적인 "반사-흡수" 메커니즘이 아닌 "단락된 권선" 메커니즘은 렌츠 법칙(Lenz's Law)을 기반으로 하고 있다. 이 법칙은 도체 루프에 결합하는 자기선다발(자속)이 시간에 따라 변하면 이 루프에는 이 자기선다발을 거스르는(상쇄하는) 자기선다발을 발생시키는 전류를 유도한다. 루프가 3차원 인클로저 — 즉 차폐된 상자 — 에 의해 만들어지는 경우에는 이 상자 외부에서 상자로 입사하는 자기장은 부분적인 상쇄에 의해 상자 내부에서 줄어든다. 가장 좋은 효과를 얻기 위해서는 도체의 전도율이 높을 필요가 있다.

15.1.3 개구부의 효과

[그림 15.2]의 차폐효과 곡선은 적절한 두께의 일반적인 물질(구리)을 사용하여도 200 dB 이상의 감쇠를 쉽게 얻을 수 있음을 보여주고 있다. 사실, 실제 상황에서의 차폐효과는 물질의 특성에 의해 결정되기보다는 차폐도체에 불가피하게 존재하는 개구부(aperture)와 불연속(discontinuity)에 의해 결정된다. 개구부는 통풍(ventilation), 조정(control), 인터페이스에 대한 사용상의 접근성(interface access), 그리고 표시기(indicator)의 관측을 위해서는 꼭 필요하다. 개별적인 전도성 구성품들이 조립되는 경우, 이들 사이에 존재하는 조인트(결합부위, joint)의 이음매(틈)도 개구부처럼 동작한다. 또한, 차폐는 거의 예외 없이 인클로저 안에 들어있는 회로들의 근거리장(near field) 영역에서 사용되어 이루어진다. 이론적으로 계산하는, 물질과 관련한 감쇠와 전자기장의 임피던스와 관련된 감쇠는 단지 구현할 수 있는 감쇠의 상한선일 뿐, 실제로 구현할 수 있는 감쇠의 값은 이보다 훨씬 낮다.

개구부에 의한 차폐효과의 저하를 구하는 이론들은 여러 가지이다. 이 가운데 가장 간단한 이론은 평면파가 입사하는 것으로 가정하고 차폐효과(SE)는 개구부에서 가장 큰 치수에 반비례하고 주파수에는 정비례하는 것으로 가정한다. 이 경우에 차폐효과는 $SE(\mathrm{dB}) = 20\log_{10}\left(\frac{\lambda}{2L}\right)$으로 구할 수 있는데, $L = \lambda/2$일 때 SE = 0 dB이다. 따라서 차폐효과는 주파수가 낮아질수록 최댓값에 도달하기 전까지는 선형적으로 증가하는데, 이 최댓값은 장벽(차폐) 물질에 의해 결정된다. 또한, 차폐효과는 개구부가 클수록 더욱 크게 낮아진다. 개구부가 슬롯(slot) 형태인 경우에는 개구부의 가로세로비(aspect ratio)에 따라 보정계수를 적용할 수 있다. 이 간단한 근사 이론에서는 실제 기계적 구조나 전자기장 파라미터들에 대한 정보를 필요로 하지 않으므로 다양한 설계 옵션(design option)들을 평가하는 데 편리하게 사용될 수 있지만 실제 감쇠 값을 정확히 예측하지는 못한다.

15.1.3.1 단일 개구부을 가진 사각형 상자의 전송선로 이론

1990년대 후반 요크 대학(university of York)과 노팅엄 대학(university of Nottingham)에서는 잘 통제된 조건 아래서, 실제 결과와 양호한 상관관계를 보여준(잘 일치하는) 개선된 이론을 수립하는 성과를 거두었다[129][50]. 이 이론에서는 차폐상자의 한쪽 면에 한 개의 슬롯이 뚫려있는 구조를, 한쪽 끝이 단락된 도파관으로 취급하였다(그림 15.3(a)). 여기서 슬롯은 양쪽 끝이 단락된 전송선로 모형으로 나타내었고 입사 전자기장은 자유공간과 동일한 임피던스를 갖는 전압원으로 나타내었다(그림 15.3(b)). 차폐효과를 구하기 위해 입사 전압을, 도파관 내부를 따라가며 몇 군데 위치에서의 전압과 비교하였다. 인클로저 내부에 들어있는 내용물로 인한 영향은 도파관 내부의 전파(propagation)에 손실(loss)을 어느 정도 포함시키는 방법으로 나타낼 수 있다. 차폐상자 내부에 PCB들이 들어있는 경우를 예로 들 수 있는데, 이 경우에는 PCB들로 인한 손실효과를 구하기 위한 정확한 모형이 필요하다.

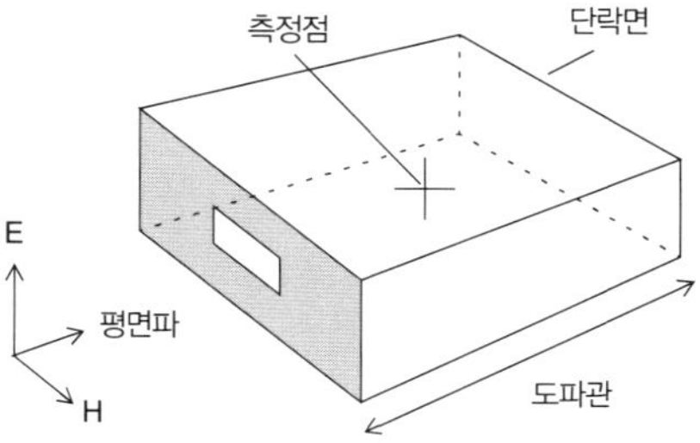

(a) 상자구조

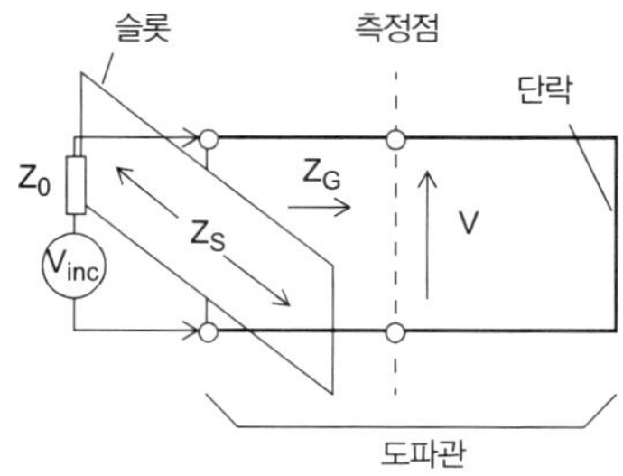

(b) 등가모형

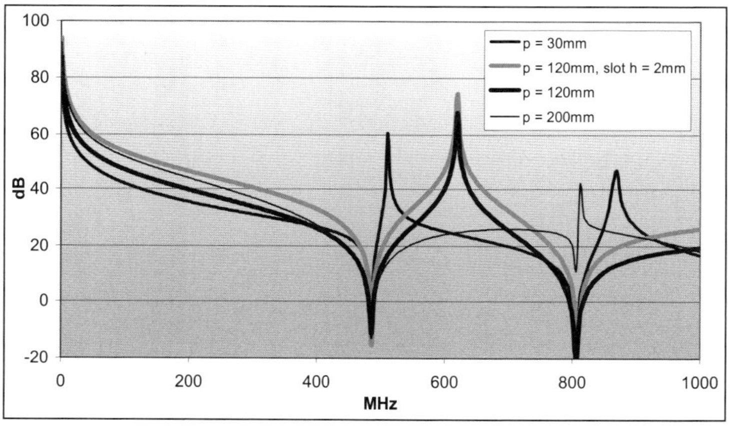

(c) 차폐효과 계산 예

상자의 치수는 폭(w) × 길이(d) × 높이(h)가 480 mm × 400 mm × 133 mm
슬롯의 치수는 폭 × 높이가 100 mm × 20 mm
p는 슬롯 면에서 떨어진 거리(상자 내부)

그림 15.3 슬롯이 뚫려있는 사각형 상자의 모형화

[그림 15.3(c)]는 이 모형을 사용하여 랙(rack)에 설치된 인클로저 상자의 차폐효과를 계산한 결과이다. 이 상자의 앞면에는 표시창(display window)이 설치되어있다. 이 결과 그래프를 보면 예상한 것처럼 차폐효과는 상자 내부에서의 측정 위치가 어디인가에 따라 달라진다. 슬롯의 높이는 큰 영향을 주지 않는다. 가장 눈에 띄는 점은 차폐효과가 상자의 공진 주파수에서 마이너스 값이 되는 현상인데, 마이너스 값은 차폐 내부의 전기장이 입사 전기장보다 더 크다는 것을 뜻한다. 내부의 내용물에 외부 전자기장이 결합되는 것을 줄이는 인클로저의 차폐 능력은 이들 공진 주파수에서 심각하게 저하된다. 이러한 현상은 대체 어떻게 해서 생기는 것인가?

인클로저 공진

[11.3.1.3절]에서 언급한 바와 같이 차폐된 인클로저는 공진 캐비티(resonant cavity)를 형성할 수 있다. 이렇게 되면 인클로저에서 마주 보는 세 쌍의 면들 사이의 치수(거리)가 반파장($\lambda/2$)의 정수배가 될 때 인클로저 내부 공간에는 전자기장의 정재파(standing wave)가 형성되어 분포한다. 전기장은 이 인클로저 캐비티의 중앙 위치에서 가장 커지는 반면 자기장은 면들이 있는 위치에서 가장 커진다(그림 15.4). 속인 빈 캐비티의 경우, 공진이 발생하는 주파수는 다음 식으로 주어진다.

$$f = 150\sqrt{\left(\frac{k}{l}\right)^2 + \left(\frac{m}{h}\right)^2 + \left(\frac{n}{w}\right)^2} \text{ MHz} \tag{15.3}$$

여기서, l, h, w은 인클로저의 치수로 단위는 m이며, k, m은 양의 정수로 동시에 두 개가 0이 되는 경우는 제외된다.

인클로저의 치수가 모두 동일한 경우에는 가장 낮은 공진주파수는 다음 식으로 주어진다.

$$f \approx \frac{212}{l} \approx \frac{212}{h} \approx \frac{212}{w} \text{ MHz} \tag{15.4}$$

공진은 공진이 발생하는 주파수에서 차폐효과를 악화시키는 결과를 가져온다. 공진주파수에서 인클로저 내부의 전자기장 분포는 피크를 나타내고 인클로저의 벽에는 최대 전류가 흐르므로 벽에 뚫려있는 개구부를 통해 [그림 15.3(c)]와 같이 최대 결합이 발생한다. 주파수가 증가할수록 공진은 주파수 축에서 더욱 촘촘한 간격으로 일어나며 고차모드들이 발생한다. 따라서 실제 차폐효과는 크게 변동된다.

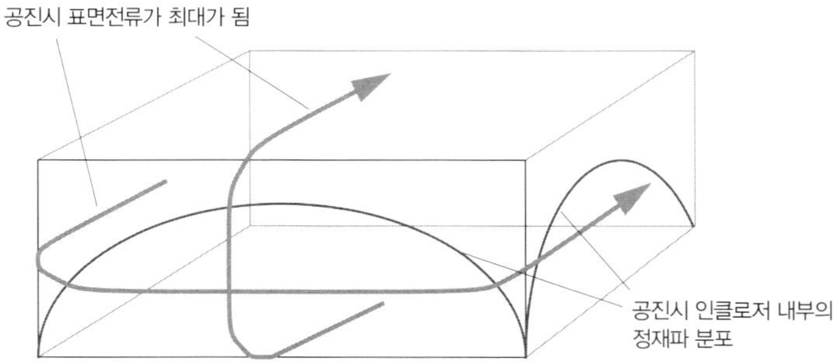

그림 15.4 공진은 차폐효과를 저하시킨다.

앞에서 나온 수식은 속인 완전히 비어있는 인클로저인 경우에만 정확하다. 그렇지만 내부에 부품, 전도성 구조물, PCB가 들어있는 경우에는 공진주파수가 달라지고 공진시 전자기장의 진폭이 감소하는데, 그 정도가 상당히 큰 것이 보통이다[143]. 이는 유용한 결과인데, 예를 들어 상자(인클로저)의 공진 주파수에서 특정한 방출문제나 내성문제가 발생한 경우, 상자 내부에 차폐도체나 지지대(타이바, tie bar)와 같은 구조물을 추가하여 공진 캐비티(상자)의 치수가 달라지게 하면 문제가 발생한 주파수에서 상당히 벗어난 다른 주파수에서 공진이 일어나게 되므로 문제를 해결할 수 있다. 반대로, 인클로저 내부를 변경시켜도 효과가 없는 경우에는 문제를 일으킨 진짜 원인을 찾아 해결할 수 있는 실마리를 얻을 수 있다. 즉 효과를 보지 못했다는 것은 공진을 일으키는 특정한 모드를 제대로 처리하지 못했거나 이 문제가 애당초 공진모드와 관련이 없었을 수 있다.

슬롯의 영향 분석

슬롯의 형태가 폭이 좁고 길이가 길면 차폐와 관련해서는 최악이다. 특히 전기장 벡터의 방향이 슬롯이 놓인 평면에서 슬롯의 길이방향과 수직이면, 전기장으로 인해 슬롯 주위의 표면에 유도되어 흐르는 전류는 최대가 된다. 가장 바람직한 슬롯 형태는 원형 구멍이지만 정사각형이나 육각형도 그에 못지않게 좋다. 긴 슬롯을 절반으로 나누어 두 개의 짧은 슬롯으로 만들면 약 6 dB정도 전기장과 자기장에 대한 차폐가 향상된다. 슬롯의 폭은 결과에 2차적인 효과만을 준다. 슬롯의 길이는 공진을 나타내는데, 이론적으로 슬롯 길이를 반파장의 홀수배가 되게 만드는 주파수마다 공진이 발생한다. 실제로 슬롯 공진들, 상자 공진들 사이의 결합, 그리고 상자의 내용물은 모든 공진 주파수들을 변동시키므로 간단한 이론만으로는 실제로 발생하는 현상들을 정확하게 예측하지 못한다. 인클로저를 실제로 제작하기 전에 다양한 인클로저 설계 옵션의 영향을 종합적으로 평가해야 할 필요가 있을 경우, 믿을 만한 유일한 방법은 전자기 모델링 소프트웨어를 사용하는 것이다[62].

15.1.3.2 이음매의 영향

전자기 차폐를 위한 도체 구조물은 보통 여러 개의 판을 서로 이어 붙여 만든다. 유감스럽게도 두 판을 결합하면 접합부를 가로질러 전기 전도성이 완전하게 유지되지 못한다. 이렇게 되는 것은 접합 과정에서 찌그러짐이나 비틀림이 생겨 두 판의 표면이 완벽하게 하나가 되지 못하거나 페인트 칠, 양극 산화처리(anodizing) 또는 부식(corrosion)으로 인해 금속 표면의 안쪽 면이나 바깥쪽 면 중의 어느 하나 또는 양쪽 모두에 절연층이 생기기 때문이다. 두 표면이 서로 함께 붙어 있으면 겉으로는 양호한 전도성을 갖고 전기적으로 연결된 것처럼 보여도 접촉은 두 표면 사이에 압력이 가해지는 부분에만 생긴다.

따라서 이음매(틈)로 인해 차폐효과는 떨어지는데, 그 정도는 개구부에 의해 저하되는 것과 거의 비슷한 정도이다(그림 15.5). 이음매의 길이 d는 차폐효과가 얼마나 저하될지 판단하는 데 결정적인 역할을 한다. 이음매에서 이 길이는 개구부의 길이와 같은 역할을 한다. 힌지(hinge)가 달린 전면패널, 문, 분리 가능한 덮개(removable hatch) 등이 차폐 인클로저의 일부를 이루고 있는 경우에 문제는 특히 심각해진다. 전도성 시트들을 사용하여 서로 겹쳐지게 하면 문제는 약간 완화되는데, 전도성 시트들이 커패시터를 형성하여 높은 주파수 영역에서 부분적인 전류 경로를 제공하기 때문이다. [그림 15.6]은 연결부위의 전도성을 향상시키는 좋은 방법을 보여주고 있다. 전도성 개스킷(conductive gasket)에 대해서는 [15.2.1절]에서 설명한다.

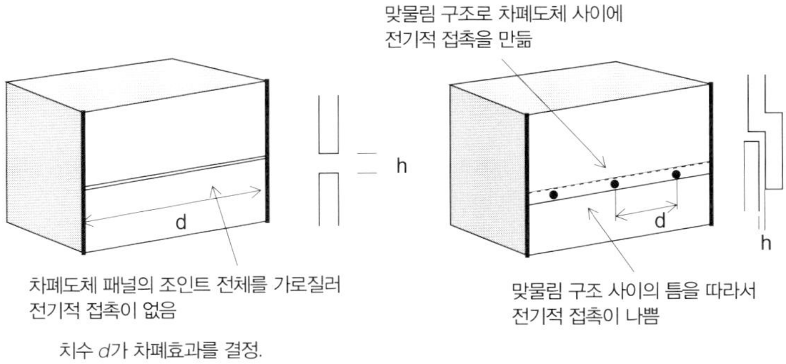

그림 15.5 인클로저 패널 사이의 틈

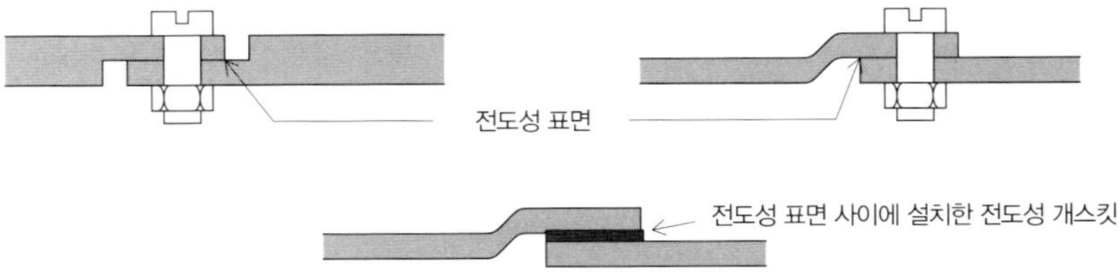

그림 15.6 양호한 전도성을 가지게 하는 연결부위의 단면

15.1.3.3 이음매와 개구부의 방향

차폐도체상의 조인트(joint, 접속부위)에 불연속 구조가 만들어지면 그 불연속 구조 주위를 따라 차폐전류가 흐를 수 있다. 전류가 차폐도체에 흐르는 과정에서 아무런 방해를 받지 않고 차폐도체를 따라 흐를 수만 있으면 차폐된 내부 영역의 전자기장은 최소가 된다. 그렇지만 전류가 흐르는 방향이 바뀌어 국부적으로(좁은 지역에서) 불연속이 발생하면 이로 인해 [15.1.3.1절]에서 설명한 바와 같이 차폐도체상의 불연속 구조를 통해 전자기장의 결합경로가 만들어진다. 차폐효과는 전류가 흐르는 방향이 차폐성능과 관련하여 최악의 상태를 만들어낸다고 가정한 조건에서 계산한다. 길이가 긴 개구부나 폭이 좁은 이음매(틈)에서는 전류가 이들과 나란한 방향(길이방향)이 아닌 길이방향에 수직을 이루는 방향으로 흐를 때 차폐성능에 최악의 영향을 미친다.[1] 이와 같은 개구부의 영향을 이용하여, 차폐된 인클로저 내부에 존재

1 안테나 설계자들은 이것이 슬롯 안테나를 설명하는 것임을 알아차릴 수 있을 것이다. 슬롯 안테나는 다이폴 안테나와 상보적인 특성을 갖는 안테나이다.

하는 장해에 취약한 도체나 장해를 방출하는 도체의 방향(수직 또는 수평)을, 개구부의 방향을 기준으로 조정할 수 있다(그림 15.7).

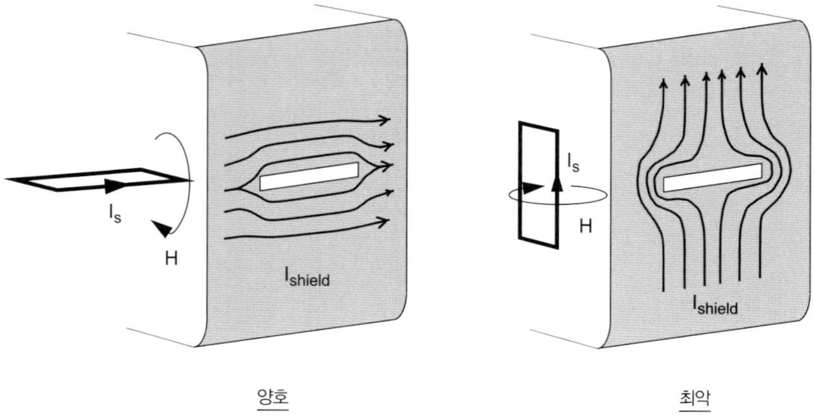

그림 15.7 개구부의 배치 방향에 따른 전류루프의 변화

앞에서 살펴본 개구부의 영향으로부터 다음과 같은 사실을 알 수 있다. 실제 상황에서 모든 위험한 내부 도체들이 예를 들어 PCB의 트랙들처럼 같은 평면 내에 놓여 있는 경우, 차폐 인클로저 상에 있는 긴 개구부와 이음매(틈)는 이 평면과 나란하게 배치되어야 하며 수직으로 배치되어서는 안 된다. 일반적으로 말해, 이 방식을 적용해도 최대 개선효과는 10 dB를 넘지 않는데, 이는 내부 도체들이 완전히 같은 평면에 놓여 있지는 않기 때문이다. 케이블이나 도선들을 차폐도체 가까이에 배선할 때는 이들을 개구부와 나란한 방향이 되도록 배치해야 하며 개구부를 수직으로 가로지르도록 해서는 안 된다. 연결부위로 인한 누설 전자기장 결합은 불연속이 존재하는 부분 근처에서 크기 때문에 내부의 케이블은 개구부나 이음매 근처에는 절대로 배선되지 않게 하는 것이 좋다. 케이블이 이음매를 가로질러야 할 필요가 있는 곳에서는 케이블이 지나가는 이음매의 양쪽 모서리 사이에 양호한 접합이 이루어지게 해야 한다.

15.1.4 접지 기준의 역할을 하는 차폐도체

차폐된 인클로저의 큰 장점은 차폐도체의 금속부분(또는 도금(코팅) 부분)이 인덕턴스가 낮은 RF 접지 기준을 제공한다는 것이다. 이러한 특성 때문에 인터페이스들이 여기저기 분산되어 있어도 한 포트에서 다른 포트로 흐르는 공통모드 잡음전류에 의해 큰 접지 잡음전압이 발생하는 문제를 겪지 않을 수 있다. 이러한 효과를 얻으려면 인터페이스 케이블의 차폐도체는 반드시 낮은 임피던스로 차폐 인클로저에 직접 접속되어야 하며 공통모드 디커플링 커패시터도 마찬가지 방식으로 접속되어야 한다. 그런데 인클로저의 금속부분을 이런 식으로 이용하는 경우에는 회로 주위를 둘러싸는 차폐도체 전체가 반드시 연속일(균일할) 필요는 없음을 알 수 있다. 차폐도체는 인터페이스 포트들 사이에서 가능한 한 완전할수록(개구부나 이음매가 없을수록) 좋은데, 차폐도체에 틈(개구부)이 있으면 잡음 전류의 방향이 바뀌므로 접지기준의 유효 인덕턴스가 증가하는 결과를 가져온다. 섀시 위에 개구부를 막는 덮개를 두는 대신에 U형 섀시를 사용하면 개구부 문제를 간단히 해결할 수 있다(U형 섀시는 [그림 15.8]의 예에서 보듯이 한쪽에는 전원공급기로 들어오는 전원선이, 반대쪽에는 회로에 드나드는 신호선이 연결되어 있는 곳이다).

회로의 0 V를 차폐도체에 접속하는 방식에는 두 가지가 있다. 광대역 아날로그 회로의 내성을 양호하게 하기 위해서는 회로에서 가장 민감한 부분에서 이러한 접속이 이루어지게 하여 회로와 차폐 사이의 스트레이 커패시턴스에 의한 잡음 전압을 최소로 해주어야 한다. 반면에 디지털 회로에 대해서는 회로의 0 V면을 여러 위치에서 섀시에 접속하는 다중 접지방식을 사용하여 회로의 임의의 점에서 공통모드 전위차를 최소로 해주어야 한다. 이렇게 하면 과도신호장해(transient interference)에 대한 내성을 가장 잘 확보할 수 있다.

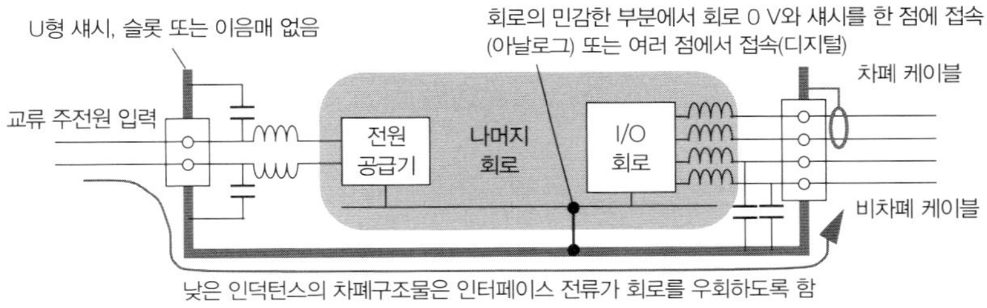

그림 15.8 접지 기준으로 사용되는 차폐도체의 금속부분

15.1.5 영상면

PCB가 부실하게 레이아웃이 된 경우에, 레이아웃을 변경할 수 없는 상황이라면 영상면(image plane)을 사용하는 것이 유용한 해결책이 될 수 있다[74]. 언뜻 보기에는 영상면은 일종의 부분적인 차폐도체이지만 실제 영상면의 동작 방식은 차폐도체와는 다르다. 영상면은 별다른 것이 아닌 그저 평평한 도체면으로 보통은 절연용 플라스틱 위에 얇은 포일을 부착해서 만들며 PCB의 아랫면에 되도록 가깝게 위치시킨다(그림 15.9). 이렇게 하는 대신 PCB가 장착된 플라스틱 인클로저의 안쪽 표면을 금속으로 도금(코팅)한 층의 형태로 만들 수도 있다. 이 영상면의 사이즈는 최소한 PCB의 사이즈와 같게 해주어야 하는데, PCB의 가장자리를 내부에 포함하도록 PCB 사이즈보다 크게 하면 더욱 좋다. 특히 PCB 가장자리 부근에 위험한 트랙들이 놓여 있는 경우에는 더더욱 그렇다. PCB 가장자리보다 길게 해주는 여분의 치수는 $10 \cdot h$ 보다 커야 한다. 이 기준 값은 앞서 [12.2.3.3절]에서 PCB 면들에 대해 적용한 기준과 동일한데 여분의 길이를 만들어주는 이유도 앞에서와 마찬가지로 면의 모서리에서 이루어지

는 자기장 결합 때문이다.

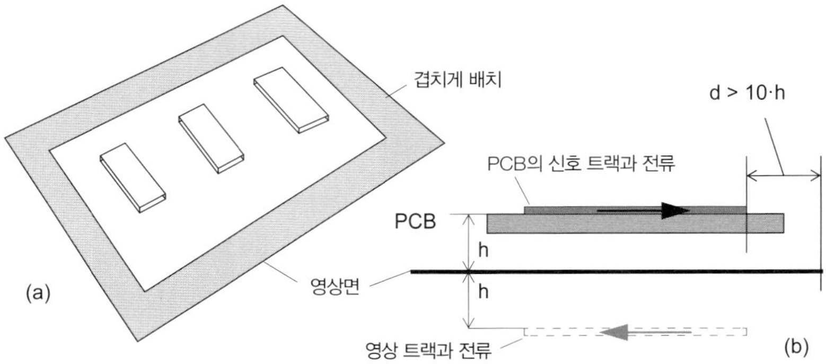

그림 15.9 PCB 아래에 설치하는 영상면

15.1.5.1 외부와 연결된 케이블이 없는 PCB

외부와 접속되는 연결선이 없는 PCB의 경우에는 영상면은 전기적으로 플로팅이 될 수 있다: 즉 PCB와 영상면을 서로 접속해줄 필요가 없다. 이 경우에 기판 자체에서 방사되는 방출은 주로 다양한 트랙들을 따라 흐르는 공통모드 전류 때문이다. PCB 아래쪽에 영상면을 추가해 주면 이 영상면은 거울처럼 작용해서 전류들의 "거울상(image)"이 영상면의 반대쪽에 위치하도록 만들어준다(그림 15.9(b)). 바로 이런 역할을 하기 때문에 영상면이라는 이름으로 불리는 것이다. 이렇게 생겨난 영상전류(image current)는 원래의 전류와 극성이(흐르는 방향이) 반대이다. 원래의 전류로부터 발생하는 방사성 방출은 영상전류에서 발생하는 방사성 방출과는 극성이(방향이) 반대이므로 이들을 합성하면 크기가 상쇄되어 방사성 방출의 크기가 줄어든다. 영상면이 PCB에 가까울수록(그림 15.9에서 *h*가 작을수록) 이 상쇄효과는 더욱 좋아진다.

영상면은 원래의 PCB가 부실하게 레이아웃이 되어 발생하는 문제, 예를 들어 PCB에 큰 루프 면적이 존재하여 문제가 발생하는 경우에(12.2.1절 참조), 이로 인한 방출을 감소시키는데 가장 효과적이다. 종종, 영상면은 PCB 상에서의 신호경로와 귀환경로 사이의 거리보다도 기판에 훨씬 가깝게 위치하도록 가져올 수 있다. 그러면 원래의 신호경로와 귀환경로 사이의 간격 대신에 신호의 위치와 영상의 위치 사이의 간격에 의해 루프면적이 정해지게 되므로 실제 방사면적이 크게 감소한다. 반면에 레이아웃이 양호한 PCB의 경우, 특히 접지면을 사용하고 있는 PCB의 경우라면, 특별히 기판을 가로질러 흐르는 큰 공통모드 전류가 흐르는 경우 등이 아니라면, 영상면은 별 영향을 주지 않는다.

15.1.5.2 외부와 연결된 케이블을 가진 PCB

영상면의 또 다른 효과는 접지 트랙(들)을 비롯한 각 트랙의 인덕턴스를 줄이는 것이다. 이는 각 트랙들과 그 자신의 "영상"트랙과의 상호 결합 덕분이다. 이렇게 되면 트랙을 따라 발생하는 접지 잡음전압이 감소하게 되고 이는 다시 접속된 케이블로 유입되는 공통모드 전류로 인한 방출을 감소시키는 효과로 이어진다(11.2.1.3절). 앞에서와 마찬가지로 감소효과는 PCB가 부실하게 레이아웃이 되어 접지 트랙의 인덕턴스가 높은 경우에 가장 좋게 나타나지만 이 경우에도 감소효과는 수십 퍼센트에 지나지 않은데, 6 dB를 넘는 경우는 드물다.

영상면을 플로팅으로 하는 대신, PCB에 연결된 케이블과 PCB상의 접지 귀환도체가 서로 접속되어 있는 점에, 영상면도 함께 접속하면 어떤 원인으로 발생한 공통모드 전류의 귀환경로가 생기므로 케이블로 흘러들어가는 알짜 전류는 거의 0이 된다. 이렇게 되면 방출이 상당히 낮아진다. 실제로, 케이블에서 모든 도선들은 방출 주파수에서 이 위치로 디커플링이 되어야 한다(케이블이 차폐 케이블이 아닌 경우에). 따라서 인터페이스에서는 각 신호선과 접지 사이에 커패시터를 의무적으로 달아주도록 한다. 영상면을 이런 방식으로 사용하는 경우, 영상면은 섀시와 거의 같은 방식으로 동작하며 섀시가 없는 경우에는 섀시 대용으로 사용될 수 있다. 또는 섀시나 도금(코팅)한 플라스틱 인클로저를 영상면처럼 사용할 수 있다. 다층 PCB의 맨 밑에 있는 층에 아무런 부품도 장착되지 않도록 하여 이를 영상면으로 만들 수 있는데, 이 경우 이 영상면 층에 비어홀이 뚫려 있는 경우에는 어느 정도 영상면의 특성이 저하될 것이다.

15.2 차폐의 실시

15.2.1 차폐 하드웨어

많은 제조업체에서는 전도성 패널의 접합부(joint)의 전도율(conductivity)을 향상시키기 위해 다양한 물질들을 제공하고 있다. 이와 관련한 광고성 문장을 읽고 나면 EMC 문제들을 영원히 제거하는 데 필요한 것이 바로 이 물질이라는 생각이 들지 모른다. 실제로 이 물질들을 제대로 적용하면 유용할 수 있지만 가격 문제로, 최후의 수단이 아니라면 비용에 민감한 응용분야에서는 이들을 사용하는 것이 불가능한 경우가 종종 있다. 이 물질과 관련한 추가적인 어려움은 제품에 사용되는 물질을 규제하는 유럽연합(EU)의 지침 두 가지 — 유해물질 사용 제한 지침(Restriction on Hazardous Substances Directives, RoHS, 2002/95/EC)과 전기전자 제품 폐기물 처리지침(Waste Electrical & Electronic Equipment Directives. WEEE, 2002/96/EC) — 이다. 이 가운데 첫 번째 지침은 제품을 제조하는 데 특정물질의 사용 제한을 강제하고 있고 두 번째 지침은 제품의 마지막 단계에서 제품 재활용 비율을 높일 것을 강제하고 있다. WEEE 지침은 플라스틱이나 FIP 개스킷(form-in-place gasket)의 표면을 처리하는 전도성 코팅과 같은 기술들에 영향을 줄 수 있다. 한 부품에 다양한 물질들을 사용하는 경우, 이러한 부품들의 재활용은 매우 어려워진다.

RoHS 지침은 다음 물질들의 성분에 대해 제한을 가하고 있다.

- 납(lead)
- 수은(mercury)
- 카드뮴(cadmium)
- 6가 크롬(hexavalent chromium)
- 폴리브롬화비페닐(polybrominated biphenyls, PBB)
- 폴리브롬화비페닐 에테르류(polybrominated diphenyl ethers, PBDE)

실제로 이들 물질 중에서 6가 크롬이 유일하게 EMC와 관련성이 있는데, 이는 이 물질이 알루미늄을 크로메이트 처리(chromate conversion)하는 데 사용되기 때문이다. 3가 크로메이트 처리를 명시하면 이 제한에서 벗어날 것이다.

15.2.1.1 개스킷과 핑거 스트립

차폐효과는 서로 다른 패널(panel)들 사이의 접합부 간격을 줄이면 개선된다. 1 GHz 이상의 주파수 영역까지 양호한 차폐효과가 요구되는 경우, 이 목표를 달성하기 위해서는 접합부 간격을 매우 작게 해주어야 하는데, 제품의 유지보수(maintenance)와 사용상의 접근성(accessibility)을 고려하면 실제로 접합부에 대해 이 간격을 실현하는 것이 불가능하다. 이러한 경우에 두 패널 또는 두 플랜지(flange) 사이의 전도성 경로의 특성은 여러 가지 유형의 전도성 개스킷(conductive gasket), 편물 도선망(knitted wire mesh), 핑거 스트립(finger strip)을 사용하여 향상시킬 수 있다. 이들 부품을 사용하는 목적은 서로 결합되는 표면 사이에 끼어 들어가 각 표면의 울퉁불퉁한 부분들을 그대로 따라가게 하여 접합부 전체에 연속적인 접촉이 확실히 이루어지도록 하는 것으로, 이렇게 되면 차폐도체에 흐르는 전류가 방해를 받지 않고 흐를 수 있게 된다(그림 15.10). 이들 부품의 효과는 접합부의 임피던스가 두툼한 두께를 가진 차폐물질의 임피던스와 얼마나 잘 정합되어있는가(일치하는가)에 전적으로 의존한다.

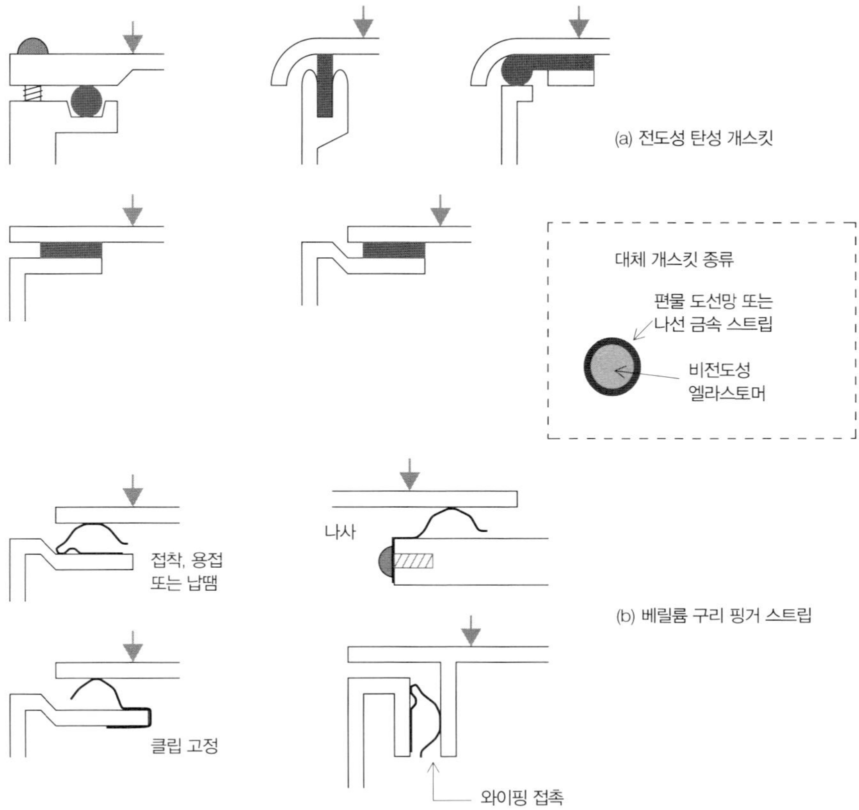

그림 15.10 개스킷과 핑거 스트립의 사용방법

전도성 개스킷과 핑거 스트립의 물질을 선택하는 데 고려해야 할 요소들은 다음과 같다.

- 전도율(conductivity): 패널 물질과 전도성이 같아야 한다.
- 압축률(compressibility)과 압축변형(compression set): 표면들을 결합하거나 홈을 설치하는 과정에서 예상되는 기계적 변형(deflection)에 잘 들어맞아야 한다.
- 설치의 용이성(ease of mounting): 개스킷은 기계 가공이나 주형(성형, moulding)으로 하우징(housing)에 홈을 만든 다음 설치해야 한다. 이들 홈의 치수를 정확히 하는 것은 과도하게 조이지 않고 접촉 압력을 유지하는 데 있어서 매우 중요하다. 핑거 스트립은 접착테이프, 용접(welding), 리벳체결(riveting), 납땜(soldering), 조임(맞물림, fastener)을 통해 설치하거나 사용할 그 자리에서 잘라내 설치할 수 있다.
- 수용구조 물질과의 갈바니 적합성(galvanic compatibility with its host): 부식을 막기 위해 개스킷 금속과 이를 수용하는 구조의 물질은 전기화학적 서열(electrochemical series)[2]에서 서로 가까워야 하며 같은 군(group)에 속해있으면 더욱 좋다(다음 절의 표 15.2 참조).

---

2 (옮긴이) 갈바니 서열(galvanic series)이라고도 함

• 환경 성능(environmental performance): 전도성 엘라스토머(elastomer, 탄성체)는 전기적 보호와 환경적 보호를 함께 제공할 수 있다. 그렇지만 습기(moisture), 곰팡이, 풍화(weathering), 열(heat)에 의해 영향을 받을 수 있다. 환경 개스킷과 전도성 개스킷을 구분하여 별도로 사용할 경우에는 전도성 개스킷을 환경 개스킷 내부에 설치해야 하며 또한 나사장착 구멍 내부에 위치시켜야 한다.

전도성 개스킷의 종류는 매우 다양한데, [표 15.1]에 이들 각각의 특성을 설명하였다.

표 15.1 전도성 개스킷

전도성 개스킷 물질	특징
폼-인-플레이스 Form in Place (FiP)	전도성 엘라스토머 페이스트는 금속부분 또는 도금된 부분 위의 균일한 스트립이나 반원 프로파일 비드처럼 자동화 공작기계에 의해 제조된다. 이어서 다른 부품과 조립될 수 있도록 경화 후 단일 부품으로 만들어지고 폐기물은 제거된다. 필러(충전재)에 따라 대량 작업 가능 여부와 전도성 여부가 결정된다.
몰드-인-플레이스 Mould in Place (MiP)	전도성 엘라스토머 리브는 밑판에 기계적으로 부착하는 대신 밑판에 직접 성형(moulding)한다. 리브 패턴은 어떤 금속이나 플라스틱 밑판에도 성형을 할 수 있어서 여러 구획으로 나뉜 차폐 인클로저를 제작할 수 있는데, PCB와 함께 사용하는 것이 일반적이다.
패브릭-오버-폼 Fabric over foam	우레탄 폼 코어 위에 형성된 금속성 섬유로 다양한 프로파일과 내화성을 가짐. 낮은 접합압력과 큰 변형, 높은 전도성이 요구되는 부분에 적합하다.
전도성 물질을 채운 우레탄 폼 Conductively loaded urethane foam	낮은 결합력(접합압력)과 압축력을 가지며 폼 전체에 전도성 섬유가 흩어져 있음. "패브릭 오버 폼"과 유사
전도성 엘라스토머(탄성체) Conductive elastomer	다양한 프로파일로 압출될 수 있다. 예를 들어, 변형을 좋게 하기 위해 속인 빈 형태, 평평한 시트, 다양한 엘라스토머 합성물, 금속 충전재에서 찍어낸 다이컷(die-cut). 주의 깊게 적용하면 전기적, 환경적 밀폐(environmental seal)를 제공할 수 있으며 볼트다운 방식으로 사용됨. 충전재에 따라 전도성이 달라지며, 상당히 비쌀 수 있다.
스프링 핑거 스톡 Spring finger stock	역사적으로 원조인 전도성 개스킷, 많은 업체에서 다양한 구성으로 제작하여 공급. 높은 전도성, 와이핑(wiping) 또는 압축 작용이 있는 도어(door)와 같이 주기적으로 반복되는 곳에 사용하기에 적합, 넓은 온도 범위를 갖지만 상대적으로 손상에 취약함, 베릴륨 구리, 스테인리스로 시중에 나와 있음
나선형 랩 Spiral wrap	사용시 핑거 스톡처럼 홈에만 장착됨. 일반적인 재료 스테인리스강은 엘라스토머와 결합할 수 있음
오리엔티드 와이어 Oriented wire	평평한 실리콘 시트에 접합된 모넬 또는 알루미늄 도선은 금속 표면에 여러 군데에서 밀착하여 접촉함과 동시에 다중 스프링 효과를 제공. 다이컷이 가능하며 환경밀폐를 제공
편물 도선망 Knitted wire mesh	모넬, 강철, 알루미늄 도선을 편물기법을 사용하여 다양한 단면 프로파일로 만듦, 높은 전도성, 경제적이며 복원력을 가지고 있으나 간헐적으로 사용되는 곳에만 사용하기 적합. 엘라스토머 코어의 덮개(피복)로 사용 가능

15.2.1.2 표면처리

결합되는 두 금속 표면 사이의 확실한 물리적 접촉이, 전체 접합부에 걸쳐 양호한 전도율을 확보하는 데 큰 영향을 준다는 사실을 살펴보았다. 이 밖에 금속 표면의 전도율과 관련해서는 다음과 같은 두 가지 어려움이 있다.

- 공기와의 접촉으로 금속 표면은 산화되는데, 그 산화물의 일부는 비전도성이다.
- 한 금속 표면이 다른 금속 표면과 접촉되면 전기화학적 부식이 일어날 수 있다.

서로 결합되는 표면들에는 전도성 마감처리를 해주어 절연 산화물이 생성되는 것을 막아야 한다. 즉 알루미늄, 니켈의 경우에는 알로크롬(alochrome)이나 알로다인(alodine) 처리를, 강철의 경우에는 주석도금 처리를 해준다. (결합되는 표면들에는 절대로 페인트를 발라서는 안 된다는 점은 아주 명백하다! 금속 인클로저에 페인트를 칠해야 하는 경우, 접촉이 이루어지는 부분은 페인트가 칠해지지 않게 하고 전도성 마감처리를 해주어야 한다.) 계속해서 마모가 이루어지는 표면들의 경우에는 표면처리에 사용된 도금(코팅) 막의 두께가 중요하다. 일반적인 응용 분야에 대해, 주석과 니켈은 전도율(conductivity)과 경도(hardness)의 두 가지 특성 모두를 적절하게 제공한다. 마모가 적으면서(경도가 높으면서) 전도율이 높을 필요가 있는 응용 분야에는 금(gold)이나 로듐(rhodium)을 사용한다. 전도율이 가장 높은 것은 은(silver)이지만 마모에 대한 저항력이 가장 떨어진다.

부식은 접촉저항에 큰 영향을 주는 중요한 항목이다. 부식으로 인해 따라오는 문제는 전기적 접촉이 끊어지는 절연이다. 부식은 어떤 표면에서도 쉼 없이 일어나지만, 차폐가 되는 장치의 수명이 다할 때까지는 별문제가 되지 않도록 부식의 속도를 늦출 수는 있다. 부식 속도를 조절하기 위해서는 결합되는 금속들을 선택할 때, [표 15.2]에 수록된 전기화학적 서열(electrochemical series)에서 서로 가까이 위치해 있는 것을 골라야 하는데, 같은 그룹에 위치해 있어서 전기화학적 전압이 서로 유사한 금속들로 선택하면 더욱 좋다. 또한 결합되는 표면들과 주변 대기 사이에 접촉을 막아주는 장벽을 설치하여 산소와 전해질[예를 들어, 대기 중 염분(salt)]의 화학반응이 일어나지 않게 할 필요가 있다. 이를 위해, 더 이상 분해할 필요가 없는 조립된 부분품들에는 페인트를 칠하고, 표면 접촉압력을 적절히 하면서 주변 환경과의 밀폐가 이루어질 수 있도록, 공기가 통하지 않는 결합을 만들어주어야 한다.

표 15.2 전기화학적 서열(electrochemical series)

양극(+) : 가장 부식이 잘 되는 물질(왼쪽으로 갈수록)

I 군	II 군	III 군	IV군	V군
마그네슘	알루미늄+합금 아연 크롬 갈바니 철	탄소강 철 카드뮴	니켈 주석, 땜합금(solder) 납 동 스테인리스 강	구리–합금 은 팔라듐 백금 금

→ 음극(–) : 가장 부식이 덜 되는 물질(오른쪽으로 갈수록)

부식은 이온이 양극에 가까운 금속에서 음극에 가까운 금속으로 이동할 때 발생한다. 이때 습기나 염분(salt)과 같은 전해 운반 물질(electrolytic transport medium)이 있으면 부식이 더욱 촉진된다.

15.2.2 전도성 코팅

많은 전자제품에서는 미관상의 이유나 비용상의 이유로 플라스틱 인클로저를 케이스로 사용하고 있다. 이때 플라스틱 인클로저의 한쪽 면이나 양쪽 면 모두에 전도성 코팅(도금)을 하여 어느 정도 전자기 차폐를 제공하도록 만들 수 있다[35][125]. 보통은, 이렇게 하려면 주형(성형) 공급기(moulding supplier)와 코팅 공급기(coating supplier)가 모두 필요하다. 최소한의 차폐(약 20 dB)를 얻기 위해서는 전도성을 가지도록 배합해주는 플라스틱 합성물의 사용을 고려해야 할 것이다. 더욱 좋은 차폐성능을, 비용이 더 저렴한 전도성 코팅으로 제공해야 한다는 점의 당위성을 고려할 때, 이러한 배합 물질의 추가로 인해 발생하는 비용을 생각하면 이 방법을 적용하는 것이 타당한지에 대해서는 논란의 여지가 있다[42]. 전도성 충전재(filler)는 플라스틱의 기계적 특성과 심미적 특성에 영향을 주지만, 성형된 부분에 대해 더 이상의 처리를 해줄 필요가 없다는 큰 장점을 가지고 있다. 또 다른 문제로, 성형과정(moulding process)에서 표면에는 다량의 수지(resin)가 남아있게 되는데, 이렇게 된 표면은 전도성이 없으므로 이음매와 접합부 전체의 전도율을 확실히 보장할 수 없다. 또 다른 방법으로, 금속을 입힌 섬유(fabrics)를 재료로 하여 압축성형을 통해 인클로저를 제작할 수 있다.

15.2.2.1 차폐 성능

금속 차폐에 대한 고려사항들은 동일한 관점에서 개구부와 이음매에도 그대로 적용된다. 여기에 고려할 요소 한 가지를 추가하면, 코팅 전체에 걸쳐 긁힌 자국(scratch)이나 갈라진 금(crack)이 있으면 이들이 개구부처럼 동작해서 차폐효과를 저하시킨다는 사실이다. 높은 주파수에서는 얇은 코팅(도금)도 전체가 균일한 금속 케이스와 거의 동일하게 전기장에 대한 차폐 효과를 나타내지만 자기장에 대해서는 거의 효과가 없다. 주된 차폐 메커니즘은 전기장 반사손실이다(그림 15.2의 R_E)이다. 매우 높은 주파수 영역이 아니라면 흡수손실(A)은 무시할 수 있을 만큼 작고 재반사손실(B)은 전체 반사손실을 감소시키는 경향이 있기 때문이다. 코팅의 저항률이 높을수록 그 효율은 떨어진다. 이러한 이유로 저항률[resistivity, 시트저항(sheet resistance)]이 약 1 Ω/square인 니켈 페인트는, 0.1 Ω/square보다 낮은 저항률을 갖는 은 페인트, 구리 페인트나 그 밖의 다양한 종류의 금속 코팅(표 15.3 참조)보다 차폐효과가 떨어진다.

15.2.2.2 인클로저 설계

저항률은 코팅의 두께에 따라 달라진다. 또한 주형(성형)의 모양과 예리함(날카로운 에지)과 같은 요소에 의해서도 영향을 받는다. 주형에서 가장자리(edge)와 모서리(corner)가 둥근 부분보다는 예리한(날카로운) 부분에는 코팅이 잘 부착되지 않으며 마모가 더 쉽게 일어난다. 대부분의 인클로저 내부는 벽을 나누는 리브(lib, 보강용 뼈대)와 그 밖의 주형 부위들이 존재하는데, 이러한 부분들에는 스프레이(전도성 페인트 스프레이 또는 아연 아크 스프레이)로 뿌려 코팅하는 방법을 적용하기가 어려우며 무전해 도금(electroless plating) 방법을 적용하는 것이 좋다. 이러한 부분들을 코팅해야 하는 경우에는 주형(성형)의 설계시 곡률반경을 넉넉하게 하고 날카로운 모서리가 없도록 하며 리브들 사이에 적절한 간격을 만들어주고 깊고 좁은 틈새가 없도록 해주어야 한다(그림 15.11). 금속 인클로저의 경우와 마찬가지로, 이음매 전체에 걸쳐 양호한 전도율은 필수적이다. 물론 세심한 주형 설계는 전도성 개스킷을 사용하는 경우와 거의 같은 전도율을 확보할 수 있다.

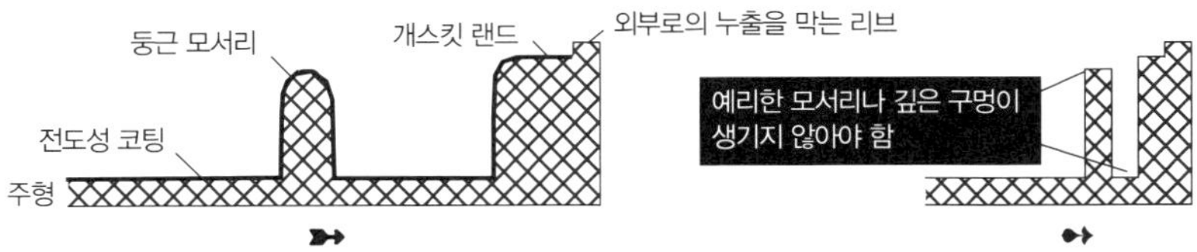

그림 15.11 전도성 코팅을 위한 주형(성형) 설계

15.2.2.3 코팅 특성

환경적 요소, 특히 내마모성(abrasion resistance)과 접착력(adhesion)은 올바른 코팅을 선정하는 데 있어 결정적인 역할을 한다. 코팅의 품질과 관련한 주요 고려사항은 다음과 같다.

- 코팅이 벗겨져 그 조각(부스러기)들이 전기회로 속으로 들어가는가?
- 차폐효과가 부분 부분마다 다르지 않고 한결같은가?
- 코팅이 제품의 전체 수명주기에 걸쳐 변함없이 유지되는가?

접착력은 외부의 열스트레스(thermal stress)와 기계적 스트레스(mechanical stress)에 따라 달라진다. 접착력은 파괴 테이프 시험(destructive tape test)이나 파괴 크로스 해치 시험(destructive cross-hatch test)으로 검사한다. 테이프를 붙인 다음 곧바로 떼어낼 때 코팅이 벗겨지면 시험에 실패한 것이다. 열 사이클링(열 변화, thermal cycling) 또는 습도 시험(humidity testing) 동안이나 종료시에 크로스 해치 시험에서 격자 가장자리(lattice edge)에 작은 조각(부스러기)들의 양이, 벗겨진 총 코팅의 15%를 초과해서는 안 된다.

주형(성형) 공급기 및 코팅 공급기와 일치하는 파라미터들의 범위 내에서 반복되는 온도/습도 사이클링 후에 전기적 특성이 달라져서는 안 된다. 저항측정은 시험재료의 가장 먼 거리(위치)에서 이루어져야 하며 또한 차폐 성능에 결정적인 영향을 주는 표면, 특히 접합영역과 접지영역에서 이루어져야 한다.

[표 15.3]에서는 가장 대표적인 전도성 코팅 기술들의 특징을 비교 설명하였다(이밖에도 여러 가지 기술들이 있지만 값이 비싸고 거의 사용되지 않으므로 여기에는 싣지 않았다). 이

들 코팅 기술들을 제대로 적용하면 30 dB ~ 70 dB 범위의 차폐효과를 얻을 수 있다. 제조사가 다른 경우에는, 제조사에서 차폐효과 시험을 수행하는 데 사용한 방법들을 정확히 알려주지 않으면 차폐효과를 서로 비교하기는 어렵다. 또한 실험실 시험 방법(laboratory test method)은 [15.1.3절]에서 언급한 이유들로 인해 상업용 제품에 대한 인클로저의 실제상황에서의 성능과는 관련성이 없을 수도 있다.

표 15.3 대표적인 전도성 코팅 기술의 비교

	성능	장점	단점
전도성 페인트 (conductive paint)	은 혼합물(silver hybrid) 30-50 mΩ/square 구리 0.2-0.5 Ω/square 니켈 1-2 Ω/square	물 또는 용제(solvent) 기반으로 5~80 μm의 두께로, 융통성 있게 표면에 도포, 수동(소량) 또는 로봇(대량), 폭넓은 가용성, 양에 대한 손쉬운 확장성	가시선(line of sight)이 필요함, 마스크될 수 있음, 은(silver)은 전도율은 양호하지만 고가임
무전해 도금 (electroless plating)	구리 10-30 mΩ/square	1~10 μm의 층 두께로 다층 코팅 가능, 예를 들어 Cu/Ni, 전기도금으로 두껍게 할 수 있음. 일관된 두께, 가시선 필요없음을 융통성 있게 표면에 포, 수동(소량) 또는 로봇(대량), 폭넓은 가용성, 양에 대한 손쉬운 확장성	마스크된 경우, 추가 촉매기반 코팅 필요
진공증착 (vacuum metallization)	알루미늄 100-200 mΩ/square	2~10 μm의 층 두께, 알루미늄이 일반적이지만 구리, 니켈, 크롬도 사용, 대량에 적합, 작고 단순한 구조에 적합	회분식 공정(batch process), 가시선 필요함, 회분(batch)마다 마스크 도구(mask tool) 필요

끝으로, 현재 사용 중인 제품에 대해 특정한 방식으로 전도성 코팅을 실시할 경우에는 코팅에 의해 안전요건(safety requirement)이 훼손되는 일이 없도록 해주어야 한다. 이와 관련하여 특별히 고려해야 할 사항들은 다음과 같다.

- 코팅 접착력의 안정성(stability of adhesion of the coating): 앞에서 살펴본 것처럼 코팅에서 떨어져 나온 조각이 격리된 안전 경로 양쪽을 연결(bridge)하거나 고장을 일으키지 않도록 확실히 해야 한다.
- 코팅이 인클로저의 난연특성(flame retardant property)에 미치는 영향
- 코팅이 안전 절연을 위한 연면거리(creepage distance)와 공간거리(clearance distance)에 미치는 영향: 별다른 고려 없이 전도성 코팅을 적용하면 대지접지(earth)선로의 부품들과 위험한 라이브(live)선로의 부품들 사이에, 이들 모두에 가까운 새로운 전도성 경로가 만들어져 이들 사이의 격리가 나빠질 수 있다.

15.2.3 창과 통풍 슬롯

표시창은 차폐도체 내에 넓게 개방된 부분을 필요로 하는 것이 보통이다. 그리고 창은 투명한

전도성 물질로 덮어야 하는데, 이 물질은 반드시 주위의 차폐도체에 양호하게 연속적으로 접촉되어야 한다. 이렇게 되지 않으면 낮은 주파수 영역에서만 차폐가 이루어지는 문제가 생기게 된다. 눈금이 촘촘한 검은색 도선 그물망을 붙여서 창을 만들거나 금이나 인듐 주석 산화물(indium tin oxide, ITO)로 극히 얇은 필름으로 코팅하여 창을 만들면 이 창은 차폐 기능을 갖는 부품이 된다. 어떤 방식의 창 부품이든 관측 품질(선명한 표시화면)과 차폐 품질(차폐효과) 사이에는 트레이드오프(trade-off, 상충) 관계가 있다. 이는 도선 그물망으로 인한 빛 투과율의 감소(60%～80%)와 회절효과(diffraction effect) 때문이다. 투명 전도성 코팅의 차폐효과는 균일한 차폐도체보다는 훨씬 떨어지는데, 이는 코팅의 저항이 수 Ω/square[3]이나 되고 감쇠는 전적으로 반사손실로 인한 것이기 때문이다. 도선 그물망의 경우에는 이와는 다르지만 어찌 됐든 개구부의 영향 때문에 40 dB～50 dB보다 큰 차폐효과는 불가능하다. 차폐 창(shielded window)은 확실히 비용이 비싸서 가전제품에 사용하기에는 적합하지 않은 것이 일반적이다.

두께가 1 μm인 ITO 층의 시트저항(sheet resistance)은 대략 10 Ω/square 정도이며 가시광선 투과율은 80% 정도이다. 이러한 층에 대해 주파수에 따른 원거리장 차폐효과를 계산하는 간단한 근사식은 다음과 같다[63].

$$SE = 20\log\left(\frac{7 \times 10^{11}}{f \cdot R}\right)\ \text{dB} \tag{15.5}$$

여기서 f는 주파수(Hz), R은 시트저항(Ω/square), SE는 원거리장 차폐효과(dB)이다.

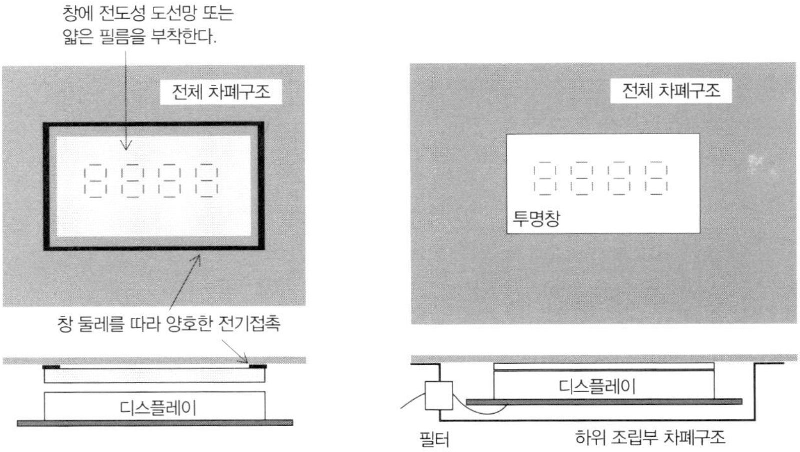

그림 15.12 표시창을 차폐하는 두 가지 방법

3 정사각형 구조의 저항은 그 정사각형의 크기가 얼마이든 항상 일정하다. 따라서 [Ω/square]라는 단위는 잘못 쓴 것이 아니고 전적으로 올바른 것이다. 여기서 언급한 저항과 표면저항률은 단위가 둘 다 [Ω/square]이며 결국 같은 것을 나타내는 표현방법으로 이 둘은 수치적으로 동등하다.

15.2.3.1 하위 인클로저의 사용

창을 깨끗이 잘 보이게 유지하는 또 다른 방법은 표시창 뒤에 하위 차폐도체(sub-shield)를 사용하여 차폐를 하는 것이다(그림 15.12). 이때 하위 차폐도체는 자신의 둘레를 따라 전체가 주 패널에 양호하게 접촉되어야 한다. 표시창과의 전기적 연결을 해주는 도체(도선)는 차폐도체의 무결성(integrity)을 유지하기 위해 반드시 필터링을 해주어야 하며 표시창 자체는 차폐되어있지 않기 때문에 유입되는 장해에 취약해서는 안 되며 장해를 방출하는 발생원을 포함하고 있어서는 안 된다. 이 방법은 차폐창보다는 쉽고 비용이 저렴한 것이 보통이다. 또한 이 방법은 창 옆에 있는 다른 개구부들에도 적용할 수 있다. 예를 들어, 단자블록(terminal block)을 경유하여 장비로 매우 많은 연결이 이루어지는데, 이 모든 연결이 차폐된 인클로저 내부에 설치되는 것은 효과적이지 못하다. 이는 인클로저 내부로 유입되는 케이블이 차폐도체에 구멍을 내기 때문이다. 이렇게 하는 대신에 주된 차폐 바깥에 칸막이를 하여 단자블록을 설치하고 단자블록과 주 회로 사이의 연결은 필터링이 된 인터페이스나 격리된 인터페이스를 통해 이루어지게 할 수 있다. 이렇게 차폐된 인클로저를 분할하는 방식을 "깨끗한 상자/오염된 상자(clean box/dirty box)" 방법이라고 부르기도 한다. 이 방법은 전체 제품 인클로저를 차폐 인클로저로 하는 대신에 전체 제품 인클로저 안에 차폐 인클로저를 따로 구성할 수 있다는 장점이 있다.

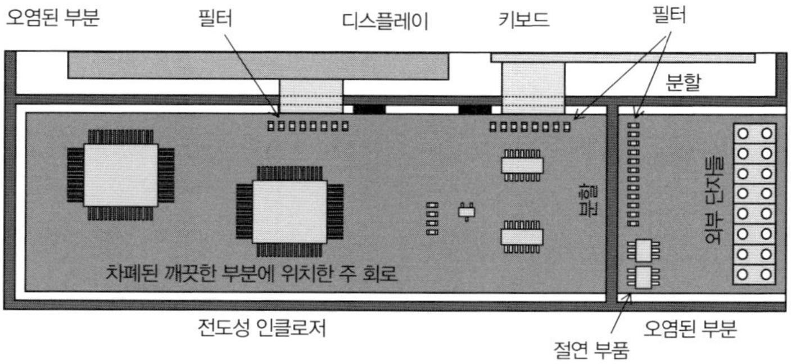

그림 15.13 차폐되지 않은 칸에 있는 단자블록과 사용자 인터페이스

15.2.3.2 그물망과 허니콤

통풍을 위해 만든 개구부가 차폐된 인클로저에 문제를 일으키는 경우가 종종 있다. 이들 개구부에는 구멍이 뚫린 그물 차단망(메시 스크린, mesh screen)이 덮여 있을 수 있고 또는 전도성 패널 자체에 구멍이 뚫려있을 수도 있다. 각각의 구멍이 크기가 동일하고 서로 가까운 간격으로 배치되어 있으면(구멍 간격 $\ll \lambda/2$), 차폐효과는 구멍이 한 개만 뚫려있는 경우에 비해 대략 구멍 개수의 제곱근에 비례하여 저하된다. 따라서 지름이 4 mm의 구멍 100개로 이

루어진 그물망의 차폐효과는 같은 지름의 구멍이 한 개만 있을 때보다 20 dB만큼 나빠진다. 전체 개방 면적이 고정된 경우, 차폐효과는 구멍 개수의 제곱근에 비례하여 개선된다. 다시 말해, 통풍구의 차폐효과는, 구멍의 크기는 크고 개수는 적은 그물망보다 구멍의 크기는 작으면서 개수는 많은 그물망이 항상 더 좋다. 두 개의 개구부가 반파장보다 넓은 간격으로 떨어져 있으면 한 개의 개구부만 있을 때보다 차폐효과가 크게 나빠지지는 않는다.

도선 그물망의 경우도 도선이 교차되는 각 부분의 전기적 접촉이 좋고 그 그물망의 가장자리 둘레 전체가 주 패널과 적절히 접합되어 있는 경우에는 차폐도체에 뚫려있는 구멍과 비슷하게 취급할 수 있다. 도선이 부식되거나 각각의 교차되는 위치에서의 접촉이 느슨해지면 예상한 만큼의 차폐효과를 제공하지 못한다.

허니콤

필요할 경우 “허니콤(honeycomb, 벌집)” 패널을 사용하면 두께와 무게는 늘어나지만 통풍구의 차폐효과를 개선할 수 있다. 허니콤 패널은 벌집모양의 구멍이, 차단주파수 이하에서 동작하는 도파관(waveguide)의 역할을 한다(그림 15.14). 이 방법에서 차폐도체의 두께는 각각의 개구부의 폭에 비해 몇 배가 되게 하므로 허니콤은 여러 개의 도파관들이 한데 모여 있는 것으로 볼 수 있다. 각 개구부의 치수(폭) w는 차단되어야 하는 가장 높은 주파수에서 반파장보다 작아야 한다. 예를 들어 1 GHz 이하의 신호에 대해서는 개구부의 지름이 15 cm 이하가 되어야 차단주파수가 1 GHz인 도파관으로 동작한다.

이러한 상황에서 주파수가 차단주파수보다 몇 배 낮은 경우에는 각 개구부를 따라 전파되는 전자기장은 허니콤 패널의 두께 t 방향으로 폭 w에 해당하는 길이만큼 진행할 때마다 약 27 dB씩 감쇠된다(개구부의 단면이 직사각형인 경우, 단면이 원형인 경우에는 32 dB). 가장 대표적인 t/w비는 4:1로서, 이렇게 만든 허니콤 패널은 100 dB이상의 차폐효과를 제공한다. 이 방법은 절연된 제어 스핀들(control spindle)(전도성 스핀들이나 케이블은 아님!) 또는 패널을 통과하는 광섬유(optical fiber)와 같은 비전도성 서비스(non-conductive service)를 전달하는 데도 사용될 수 있다.

허니콤 통풍 패널 구조에서는 셀을 이루는 포일 스트립(foil strip)들은 각각의 셀들이 서로서로 양호한 전기적 접촉을 이루고 모든 방향에서 장착(설치) 프레임과도 양호한 전기적 접촉을 이루도록 처리되어 있다. 허니콤 물질의 차폐효과는 전체 패널이 주석과 같은 전도성 물질로 도금(코팅)이 되어있는 경우에 크게 개선된다. n개의 도파관들이 나란하게 배치되어 있는 경우, 이들 패널에서의 손실은 도파관이 한 개만 있을 때보다 $10\log_{10}(n)$배만큼 감소한다. 따라서 100개의 셀로 이루어진 패널의 손실은 셀이 한 개 있을 때보다 20 dB만큼 나빠진다.

15.2.4 PCB 위의 차폐도체

인클로저의 일부만 차폐한다는 발상(방안)에서 한 발짝 더 나아가, 하위 차폐 구조물을 PCB 기판에 설치하는 하나의 구성품으로서 사용하는 방식을 생각해볼 수 있다. 이렇게 하면 차폐를 필요로 하는 부품들이나 부분들만 차폐할 수 있다. 또한, 필요한 경우, PCB 기판상에서 하나의 차폐 구조물 안에 여러 개로 나뉜 다수의 차폐 부분들을 만들어 놓을 수도 있다. 이 방법은 외부 환경에 대한 EMC 대책만을 위한 것은 아니다. PCB 기판에는 자체적인 차폐 대책이 필요한 무선 인터페이스가 있을 수 있다. 또한 낮은 레벨을 사용하는 무선 수신기를 부근에서 발생하는 마이크로프로세서 잡음으로부터 보호하여 오작동이 일어나지 않게 만들려는 기능상의 이유(즉 시스템 내부 EMC 대책)로 이 방법이 필요할 수 있다.

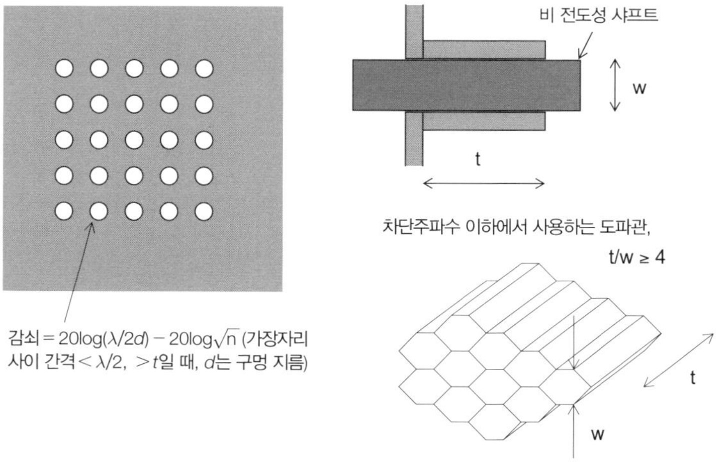

그림 15.14 그물망 패널과 차단주파수 이하에서 동작하는 도파관

사실상 모든 경우에 차폐 부품은 회로의 0 V면과의 협력을 통해 동작을 하게 된다. 차폐를 0 V면이 없는 기판에 적용하는 것이 불가능하다고까지는 말할 수 없지만, 실제로 이렇게 하는 경우는 아주 드물다. 0 V면은 차폐 구조물의 아래쪽 면(밑면)의 역할을 하게 하는 것이 보통이다. 이렇게 되면 차폐 구조물 외부의 전기장이 내부에 있는 부품과 PCB의 트랙으로 결합하거나 이들로부터 발생한 전기장이 차폐 구조물 외부로 방출되는 것을 막아준다. 이러한 효과가 GHz 영역까지 작용하려면 차폐도체와 0 V면 사이의 연결은 반드시 매우 낮은 인덕턴스를 가져야 한다. 이러한 연결은 언제나 그렇듯이 차폐 도체의 둘레 전체를 따라 여러 군데에서 접속이 되어야 한다. 이러한 접속방식에 대한 등가회로는 [그림 15.15]와 같다. 여기서는 다양한 IC들이 전기장 잡음의 발생원이라고 가정하였다.

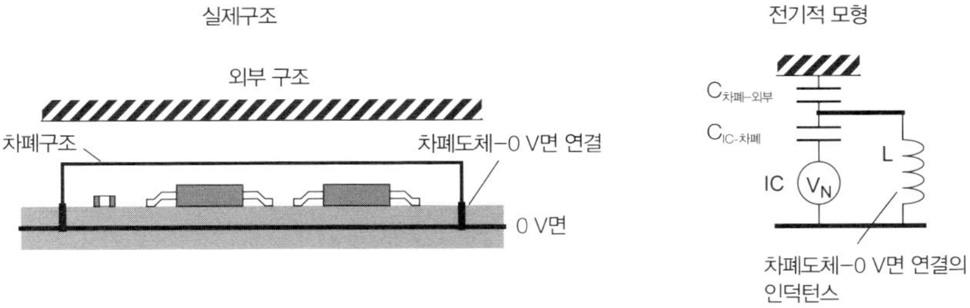

그림 15.15 PCB 위에 설치된 전기장 차폐물의 등가회로

우리는 보통, 잡음전압 V_N이 외부 구조물로 결합되는 것을 차단하여, 원치 않는 방해전류가 이 구조물에 흐르지 않게 한다. 차폐도체(shield)는 방해전류가 외부 구조물 대신 0 V로 되돌아가게 만든다. 물론 이렇게 되려면 설치 인덕턴스(mounting inductance) L이 무시할 수 있을 정도로 작아야 한다. [그림 15.16]을 통해 이를 설명해보기로 하자. 그림을 보면 차폐도체의 양쪽 면에 10 pF의 결합 커패시턴스가 각각 연결되어 있다. 차폐도체 설치 인덕턴스는 접속이 부실한 경우에는 5 nH, 상대적으로 양호한 경우에는 0.5 nH이다. 감쇠특성 그래프를 보면 인덕턴스가 높은 경우에는 1 GHz보다 낮은 주파수 영역에서 피크(차폐효과가 0)가 생긴 반면에 인덕턴스가 낮은 경우에는 1 GHz보다 높은 주파수 영역에서 피크가 나타난다.

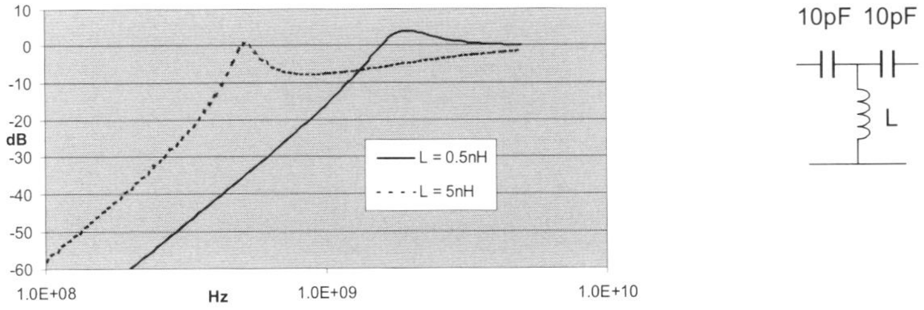

그림 15.16 설치 인덕턴스 L을 가진 차폐물을 통한 감쇠

가장 좋은 차폐구조물의 설치 방식은 PCB 위에 표면 랜드(land)를 만들어 여기에 설치하는 것이다. 이 랜드는 둘레 전체가 차폐구조물의 벽의 테두리를 따라 서로 결합하는데, 랜드는 많은 비어를 통해 0 V면과 연결되어 있어서 결국 차폐구조물 벽은 전체길이를 따라 납땜으로 0 V면과 접속된다. 개별 핀들을 통해 차폐구조물을 기판에 설치하는 다음 방법은 차선책이다. 차폐구조물을 일종의 관통홀(through-hole) 부품처럼 만들어 핀을 이용하여 설치할 때는 그 둘레를 따라 가능한 한 많은 핀들이 있어야 한다.

이러한 기본적인 차폐 관련 요건을 고려하면서 실제로 차폐구조물을 설계하는 것은 간단하다. 시험이나 수리를 위해 PCB의 위쪽에 접근을 해야 할 필요가 있는 경우에는 차폐구조물이 두 부분으로 이루어져 있어야 한다. 한 부분은 PCB에 납땜된 벽이나 울타리, 또 한 부분은 벽에 고정되면서 탈착이 가능한 뚜껑이다. 이와는 달리 PCB에 접근할 필요가 없는 경우에는 차폐구조물 상자의 다섯 면을 PCB에 영구적으로 납땜하는 방법을 사용할 수 있다. 보통, 주석으로 도금한 강철은 전기적인 측면과 기계적인 측면을 모두 고려할 때 이러한 용도로 가장 적합하다. 차폐구조물의 부피에 따라 부품은 광화학적으로(photochemically) 가공되거나 찍어내서 만들어지거나 픽-앤-플레이스 와플팩(pick-and place waffle pack)으로 표면장착(surface mounting) 구조로 공급될 수 있다. 차폐구조물의 가격은 누구나 예상할 수 있듯이 그 사이즈와 형태의 복잡성에 따라 정해진다.

15.2.5 인클로저 차폐효과의 표준화

IEC 61000 시리즈에서는 상업용 인클로저의 차폐효과 정의 방법에 대한 표준을 새롭게 공표하였다. 이 규격은 환경 보호를 위한 IP 보호 등급(Ingress Protection rating, 방진방수등급) 계획과 유사한 것이다. IEC 61000-5-7 [174]는 "EM" 등급(rating)을 명시하고 있는데, EMABCDEF의 표시방식으로 여섯 개의 주파수 영역에서 차폐 성능을 명시한다. [표 15.4]에 이 표시방식의 의미를 수록하였다. 이 표준에는 각 주파수 범위에 대해 사용되는 차폐효과 시험방법도 명시되어 있다. 이 표시방법이 앞으로 얼마나 널리 보급될지 살펴보는 것은 흥미로울 것이다.

표 15.4 IEC 61000-5-7 EM 차폐 부호

주파수 영역	차폐 표시기호	차폐 성능(dB)	표시 값
10 kHz – 100 kHz	*A*	시험하지 않음	x
100 kHz – 1 MHz	*B*	<10	0
1 MHz – 30 MHz	*C*	≥10	1
30 MHz – 1 GHz	*D*	≥20	2
1 GHz – 10 GHz	*E*	≥30	3
10 GHz – 40 GHz	*F*	≥40	4
		≥50	5
		≥60	6
		≥70	7
		≥80	8
		≥100	9

예: EM66644x는 10 kHz～30 MHz의 주파수 영역에서는 60 dB 이상의 차폐효과를, 30 MHz～10 GHz의 주파수 영역에서는 40 dB 이상의 차폐효과를 제공함을 뜻한다.

16 시스템 EMC

16.1 시스템 EMC와 제품 EMC의 비교

이 책의 제목 "제품 설계자를 위한 EMC(EMC for Product Designers)"는 이 책이 맞추고 있는 초점이 "제품(product)"임을 말해주고 있다. 그러나 실제로 많은 개별 제품들(전자장비와 장치들)은 함께 결합되어 시스템(system)을 이루면서 전체로서의 기능을 수행한다. 이러한 점은 EMC를 바라보는 관점을 변화시킨다. 이와 관련하여 고려해야 할 두 가지 측면은 다음과 같다. 하나는 "시스템 내부의 EMC(intra-system EMC)"라고 부르는 것으로, 시스템 내부를 구성하는 다양한 장비들 사이의 전자파 적합성(compatibility)이다. 또 하나는 "시스템 상호간의 EMC(inter-system EMC)"라고 부르는 것으로, 어떤 환경에 있는 전체 시스템과, 그와 동일한 환경에 있는 다른 시스템 및 장치 사이의 전자파 적합성이다. EMC를 전체적으로 파악하기 위해서는 이 두 가지 측면을 함께 고려해야 한다.

이런 방식으로 사용되는 제품의 설계자라면, 시스템 설계자와 시스템 설치자와 마찬가지로 이러한 두 가지 측면을 모두 인식할 필요가 있다. 내가 쓴 또 한 권의 책인 "시스템과 설치를 위한 EMC(EMC for Systems and Installations)"[19]는 이러한 수준에서 EMC에 의해 제기되는 주제들을 훨씬 자세히 다룬다. 시스템 설계자는 추가로 이 책을 읽어보기를 권한다. 이번 16장에서는 시스템 수준의 설치(installation)와 인터페이스(interfacing) 과제를 수행하는 제품 설계자의 관점에서, 시스템 설계자가 직면하는 문제들을 소개한다. 이러한 문제들의 일부는 '전체 시스템에 대한 EMC 인증'과 관련이 있지만 대다수 문제들은 인접해 있거나 다른 장소에 설치되어 있는 장비들 사이의 상호작용과 관련이 있다. 따라서 이들에 대해서는 인증에만 국한되지 않고 이를 넘어서는 EMC 대책이 요구된다.

16.1.1 인증 요건

2장에서 이미 살펴본 것처럼 2판 EMC 지침에서는 고정설비(fixed installation)에 적용되는 요건이 눈에 띄게 확장되었다. 실질 요건(substantive requirement)은 다음과 같다.

> 고정설비는 보호요건을 충족시킬 목적으로, 좋은 공학적 관행들을 적용하고 그 부품들의 의도한 용도에 대한 정보를 고려하여 설치되어야 한다. 이 좋은 공학적 관행들은 문서로 만들어져야 하며 문서들은 고정설비가 운용중인 기간 동안에는 검사의 목적으로 관련 국가기관(당국)의 처분에 의거하여 책임자(들)에 의해 보유되어야 한다. - 부속서 I (2) [194]

이 요건을 충족하는 데 도움이 될 수 있도록 프로젝트 관리자, 시스템 설계자 또는 설비 엔지니어는 EMC를 위한 관행과 절차(practices and procedures)를 국제표준(international standard), 유럽표준(European standard), 국가표준(national standard), 기술보고서(technical report), 규격(specification), 또는 실행규정(업무지침)(code of practice)으로 인식해야 한다. 16장에서는 이들 가운데 현재 사용되는 몇 가지 표준들을 참조하여 이들에 의해 권고된 방법들 중 일부를 살펴본다.

16.1.2 기능상 요건

외부의 적합성 법령을 준수할 필요성 여부와 상관없이 시스템이나 설비는 반드시 실제 상황에서 제대로 동작해야 한다. 이를 위해서는 하위 시스템들이 서로 간에 장해를 일으켜서는 안 된다. 장비가 방해의 발생원(가해기기)이나 피해기기 근처에 위치해 있거나, 또는 설비의 다른 부분들에서 발생하여 의도치 않게 구조물의 구성요소들에 결합하는 경우에는 여러 가지 문제들이 발생한다. 이러한 상황에서 시스템 내부에서의 상호연결(interconnection)과 레이아웃의 구조는 중요해진다[38][67]. 대지접지접속(earthing), 접합(bonding)과 케이블 레이아웃은 반드시 설계를 해주어야 하지 그냥 놔두어서는 안 되며, 불가피한 장해 전류는 중요한 기능을 하는 인터페이스와 분리되도록 설계해야 한다.

이번 16장에서 설명하는 설비의 설치방법들은 가장 좋은 관행(best practice)이라고 볼 수 있다. 그렇지만 사실, 가장 좋은 장비설계란 대지접지, 케이블 배선, 분리(격리) ─ 즉 장비 내부에서 주요 EMC 설계 대책을 해주어야 하는 대상 ─ 에 대한 제약조건을 최소로 하는 설계이다. 자세히 명시된 지침을 따르지 않고 그냥 넘어가는 미숙하고 미숙련된 기술자들에 의해 설비의 설치가 수행되는 경우가 많이 있는데, 가장 좋은 제품이란 이러한 부정적인 상황에서조차도 잘 동작하는 제품이다.

16.2 대지접지와 접합

16.2.1 대지접지의 목적

시스템과 관련하여, 대지접지의 목적은 다음 네 가지이다.

16.2.1.1 안전용 대지접지

안전용 대지접지(safety earth)의 목적은 고장 상태에서 관계자의 안전을 보장하는 것이다. IET Wiring Regulations (BS 7671, [207])은 "대지접지(earth)"을 다음과 같이 정의하고 있다.

> 설비의 노출된 전도성 부분을 그 설비의 주 대지접지 단자에 접속하는 것

대지접지는 고장 상태에서 전류가 흐를 수 있는 낮은 임피던스 경로를 제공한다. 노출된 전도성 부분들은 장비의 전도성 부분들로서, 이들은 접촉될 수 있으며 고장이 발생한 경우에 라이브 상태(전압이 인가된 상태)일 수 있다. 대지접지 접속은 이러한 라이브 상태의 노출된 부분들이 사고를 발생시키는 위험 전압에 도달하는 것을 막아준다. 보호용 도선(일반적으로 초록과 노랑이 함께 칠해진 도선)은 노출된 전도성 부분들과 외부 전도성 부품들을 동작상태와 고장상태에서 실질적으로 같은 전위로 유지하는 전기적 연결을 제공한다. 또한, 전도성 부분들을 설비의 주 대지접지 단자에 연결한다. 설비 내부에서 예상되는 접촉전압(touch voltage)은 보호용 도체의 임피던스와 대지접지 고장전류의 곱이 된다.

이것은 노출된 외부 전도성 부분들이 "거의" 같은 전위로 유지되는 구역을 만든다. 이러한 구역 내부의 전압들은 안전하겠지만 꼭 0일 필요는 없고 실제로도 0은 아니다. 장비의 대지접지 누설(earth leakage)을 비롯하여 다양한 원인에 의해 발생하는 연속전류는 "건강한(정상적인, healthy)" 회로에서조차도 흐를 가능성이 있다. (장비의 개별 장치들의 허용 대지접지 레벨은 [14.2.3.3절]에서 다루고 있다.) 이러한 "등전위(equipotential)" 구역은 사람들은 보호하겠지만 장비나 배선의 보호를 보장하지는 않는다.

감전사고에 대한 보호는 전원공급의 자동 차단과 함께 대지접지 접속으로 제공하는 것이 일반적이다. 이러한 목적으로 보호용 장치는 설비의 대지접지 고장 임피던스(fault impedance)에 따라 전원공급을 신속하게 차단하여 접촉전압이 위험레벨에 도달하는 것을 막을 수 있다. 대지접지 보호용 도체의 사이즈와 저항값은 시스템의 나머지 부분에서 흐를 것으로 예상되는 고장전류에 의해 주로 결정된다. 문제는 낮은 주파수 영역이므로 도체의 임피

던스를 결정하는 것은 인덕턴스가 아니라 저항이다. 이것은 고주파 영역에서의 대지접지에는 해당하지 않는다.

16.2.1.2 기능용 대지접지

전기회로가 다른 장비와 올바르게 인터페이스(접속)가 되려면 한 장비에서의 전압을 다른 장비의 전압과 관련이 있게 만드는 수단과, 서로 인접해 있지만 전기적으로 분리된(절연된) 회로들이 플로팅 되는 것을 막는 수단이 있어야 한다.

이것인 기능용 대지접지의 목적이다. 이러한 유형의 대지접지는 안전용 대지접지와는 구별되어야 한다. 대지접지 구역 사이를 순환하는 전류의 위협과 이들 구역 사이의 전위차 때문에 대형 시스템에 기능용 접지를 광범위하게 사용하는 것에는 현실적으로 제약이 있다. 특히 낮은 임피던스를 유지하는 데 필요한 도체의 단면에 대해 명확한 요건이 제시되지 않고 있기 때문에 더더욱 그렇다. 장비의 신호회로에는 보통은 최대 공통모드 전압이 명시되어야 한다. 이 공통모드 전압은 기능상의 목적으로 대지접지된 시스템에서 서로 다른 부분들 사이에 나타나는 전압이다. 이 전압이 터무니없거나 적절하지 않은 경우에, 일반적인 해결책은 절연(격리)된 회로 인터페이스이다.

16.2.1.3 낙뢰 보호용 대지접지

건물 설비의 설치에서, 안전관련 대지접지의 더욱 중요한 기능은 낙뢰에 맞아 유도되는 전류에 대해 귀환 연결선을 제공하는 것이다. 여러 가지 면에서 이 기능은 "대지접지(earth)"라는 용어의 정의에 맞춰 올바르게 사용하는 "유일한" 것이라고 할 수 있다. 일반적으로, 건물 구조 전체에 걸쳐 그 건물이 세워져 있는 문자 그대로의 대지(earth)에 낮은 임피던스 접속을 확실히 해주어야 이러한 기능을 제공할 수 있다. 낙뢰 전위는 대기 중에 천둥번개를 동반하는 구름구조와 지표면 사이에 발생하므로 대지(땅)에 접속하는 것은 가장 짧게 회로를 완성하는 올바른 방식이다.

여러 표준 제정 기관에서는 낙뢰보호에 대한 표준(예를 들어, IEC 62305)을 공표하였다. 반드시 이들 표준들을 잘 살펴보면서 상세한 낙뢰보호를 위한 권고사항과 정보를 알아두어야 한다(표 16.1). [16.6절]에서는 주요 원칙에 대해 다룬다.

표 16.1 낙뢰보호 표준

	구조물의 보호	구조물 내부의 보호	위험 관리
IEC	IEC 62305–3: 2010	IEC 62305–4: 2010	IEC 62305–2: 2010
CENELEC	EN 62305–3: 2010	EN 62305–4: 2010	EN 62305–2: 2010

16.2.1.4 EMC용 대지접지

EMC용 대지접지의 유일한 목적은 장해를 일으키는 전압을 원하는 신호에 견주어 충분히 낮게 해서 잘못된 작동이나 과도한 방출이 발생하지 않게 하는 것이다[145]. 이 접지는 확실한 안전 기능이나 작동 기능을 가지고 있지는 않다. 이 때문에, 또한 이 접지가 효과를 발휘해야 하는 넓은 주파수 범위 때문에 EMC를 목적으로 하는 대지접지는 전체 시스템의 일부를 이루고 있는 분포 구조물 – 섀시 구조물, 인클로저 패널(금속판) 등 – 을 이용하는 것이 일반적이다. EMC용 대지접지의 값은 그 물리적 구조와 직접적으로 관련이 있다. 이 말은 EMC용 대지접지 시스템의 설계와 구현은 전기적 엔지니어링 규칙만 따라서는 되지 않으며 반드시 구조적 측면을 함께 고려해야 한다. 다시 말해 기계적 설계자와 설치자를 참여시켜야 한다.

16.2.2 다목적 대지접지 설치방법

16.2.2.1 3차원 그물망구조의 등전위 대지접지 접합

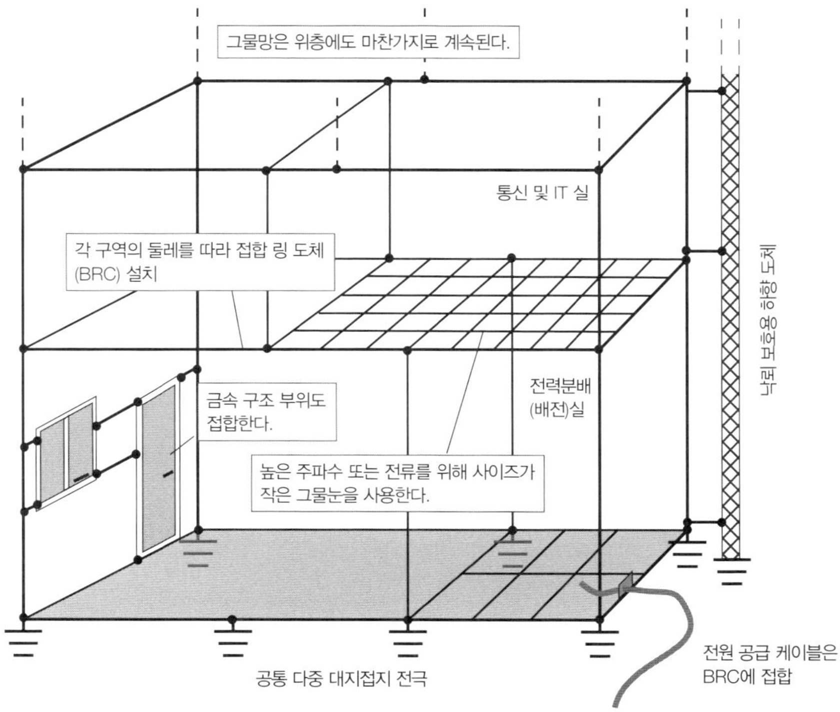

그림 16.1 공통접합망(Common Bonded Network)

건물에서의 바람직한 대지접지 접합 방법은 [그림 16.1]에 나타낸 공통접합망(Common Bonded Network, CBN)이다. 복합 설치(complex installation)를 하기 위해서는 MESH-

BN(Mesh Bonding Network)이라고 불리는 3차원 그물망구조의 등전위 시스템이 필요하다. 이 시스템은, 구조적 금속물체들과 비구조적 금속물체들 하나하나를 서로 접합해서 만든 고도로 상호 연결된 하나의 시스템이다. 이 시스템은 건물의 1층과, 경우에 따라서는 다른 층에도 있을 수 있는 낙뢰보호시스템(the lightning protection system, LPS)에 접속된다. [그림 16.1]은 건물 내부에서의 적용 예를 보여주고 있는데, 그 원리는 어떤 환경에도 적용될 수 있다. 항공, 선박, 차량은 모두 비슷한 구성 및 설치방식을 따라야 한다. 항공의 경우, DEF STAN 59−113[220]은 이 환경에서 낙뢰보호에 대한 설계 및 시험요건들을 자세히 제공하며 FAA Advisory Circular 20−136B [234]는 관리지침을 제공한다.

이 고도의 그물망구조의 3차원 시스템은 모든 전기적 케이블의 차폐도체(screen)와 외장철선(armouring), 모든 전자장비의 프레임이나 섀시에 접속된다. 사용되는 금속구조물이나 도체가 존재하지 않는 곳에서는 그물망구조를 완성하기 위해 게이지 도체(gauge conductor)를 수직이나 수평으로 추가로 설치하여 그물눈의 사이즈가 3 m∼4 m를 넘는 부분이 한군데도 생기지 않도록 해준다. 건물로 인입되는 교류전원선을 위한 주 대지접지 단자는 MESH-BN과 여러 곳에 접합해줄 필요가 있다.

MESH-BN은 안전용, 기능용, EMC용 대지접지접속 모두를 동시에 해주는 통합 대지접지 접합 시스템이다. 이 시스템으로 안전, 신호무결성, 장비신뢰성, EMC라는 어찌 보면 서로 상충될 수도 있는 다양한 목표들을 별문제 없이, 적당한 시간 안에, 합리적인 비용으로, 추후 개선(변경)에 제약을 받지 않으면서 한꺼번에 이룰 수 있다.

MESH-BN을 구성하는 각각의 요소들은 공진주파수에서 공진을 일으켜 대지접지 접합을 불안정하게 만든다. [12.1.3.4절]에서는 이 현상을 다루고 있다. 하지만 이 시스템의 고도 상호접속 특성으로 인해 공진이 발생하지 않은 대체 전류경로가 확보되므로 넓은 주파수 범위에 걸쳐 고도의 등전위성을 제공한다. 이 결과에서 보듯이 매우 규칙적인 접합 구조는 피해야 한다. 이렇게 하지 않으면 시스템의 모든 요소들이 같은 주파수에서 유사한 공진을 나타낼 수 있기 때문이다.

같은 레벨의 전력에 대해 높은 주파수에서, 또는 같은 주파수에 대해 높은 전력에서, 대지접지 구조에서의 전압차이를 제한하려면 MESH-BN의 그물눈의 사이즈는 더 작아져야 할 필요가 있다. 다른 유형의 장치들을 "잡음의 많고 적음" 또는 "민감함 여부"에 따라 구분하는 경우, 건물은 [그림 16.1]과 같이 각 구역의 대지접지 필요성에 따라 서로 다른 대지접지 그물눈 사이즈를 가진 구역들로 분할되어야 한다[173].

주목할 점은 그물망이나 접합을 가진 각각의 구분된 장치 구역은 저마다 도체로 완전히 둘러싸야 한다는 것이다. 이러한 구조물은 접합 링 도체(bonding ring conductors, BRCs)라고 부르는 것으로 한 구역에 있는 장치를 낙뢰 과도신호, 대지접지 고장, 그리고 그 구역의 외부에서 발생한 저주파 서지들로부터 보호한다.

16.2.2.2 접지 루프의 위험

그물망구조 대지접지 시스템에 대한 반대하는 대표적인 이유는 이 시스템이 "접지루프(ground loop)"[대지접지루프(earth loop)]를 만든다는 점 때문이다. 역사적으로, 전류는 접지루프에 흐르고 그와 관련한 대지접지 회로망의 서로 다른 부분들 사이의 구동 전위차는 장해문제를 일으키는 중대한 원인임이 밝혀졌다. 따라서 이러한 루프 모두를 제거하기 위한 몇몇 관행(실행법)들이 개발되어 왔다. 이들 관행은 종종 겉으로는 성공한 듯이 보이지만 유감스럽게도 잘못된 것이다.

높은 대지접지 전위차가 존재하는 상황에서 이러한 대지접지의 두 점 사이에 루프를 만들면 구조물에 큰 전류가 흐를 수 있다. 그 루프를 이루고 있는 도체들의 어떤 부분이 신호 케이블이나 낮은 레벨의 전원 케이블 중의 일부분을 형성하거나 이들 케이블과 가깝게 결합되어(놓여) 있으면 상당한 장해가 그 케이블의 회로에 유도될 수 있다. 루프가 개방되면 전류는 더 이상 흐르지 않고 장해는 사라진다. 다만 여전히 높은 전위차는 남아 있어서 또 다른 루프가 어딘가에서 형성이 되면 언제라도 문제가 되풀이해서 발생할 것이다. 다음은 스타 대지접지 시스템(star earth system), 다시 말해 일점 대지접지(single point earth system) 시스템에 항상 적용되는 원리이다. "모든 접지 루프들을 제거하고 그 대신 대지접지 접지 시스템의 서로 다른 부분 사이에 높은 전압은 감수하라."

이러한 접지방식은 구현이 상당히 쉽고 단순한 저주파 시스템에서는 꽤 성공적이지만, 최선의 관행(조치)에서는 한발 물러서는 셈이다. 이 방식은 Hz 단위가 아닌 MHz 단위의 주파수를 갖는 장해에 대해서는 사용할 수 없다. 스타 대지접지 도체는 MHz 영역의 고주파 장해에 대해서는 높은 임피던스를 제공하므로 시스템을 대지접지에 결합(연결)해 주기보다는 오히려 대지접지에서 분리해버린다. 또한 유감스럽게도, 대형 스타 시스템일수록 시간이 흐르면서 의도치 않게 접지루프 시스템으로 변질되는 경향이 있다. 따라서 이를 고려하여 시스템과 건물을 변경하고 증설해야 하므로 이들의 효율성을 유지하고 안전 및 장비 신뢰성을 보장하기 위해서는 관리와 운영에 상당한 부담이 요구된다.

이러한 상황에서 유일하게 신뢰할 수 있는 접지 시스템은 그물망구조(mesh)이다. 그물망구조는 실제로 다양한 접지 루프를 제공하지만, 그 크기가 작고 제어할 수 있다. 따라서 구조물의 부분들 사이의 전압 차이를 최소로 하면 이로 인한 전류의 크기도 작아지므로 장해가 발생하더라도 그 크기는 무시할 수 있을 만큼 작다.

16.2.3 대지접지 도체

16.2.3.1 짧고 굵은 스트랩

[12.1.3.4절]에서는 도선과 구조물의 임피던스에 대해 다루었다. 시스템 대지접지와 관련이 있는 몇 가지 중요한 사항을 정리하면 다음과 같다.

- 어떤 길이의 도선이라도 수 kHz 이상의 주파수 영역에서는 유도성 임피던스가 우세하며(저항성분보다 값이 크며), 짧고 굵은 도선은 길고 가는 도선보다 전이주파수(유도성 임피던스가 저항보다 값이 커지는 주파수)가 높아진다.
- 통상적인 길이의 도선은 1 MHz 주파수에서 유도성 임피던스 값이 수 Ω에 도달하고, 수십 MHz 주파수 영역에서는 수십 Ω이 된다.
- 접지 기준면의 한쪽 끝에 연결된 도선의 경우, 그 길이가 1/4 파장의 배수일 때는 공진이 발생하여 도선의 임피던스가 최댓값(피크)에 도달하고 그 길이가 1/2 파장의 배수일 때에도 공진이 발생하여 도선의 임피던스가 최솟값으로 떨어진다.
- 도선에서 공진이 일어나 피크(최댓값)와 최솟값이 되는 정확한 주파수들은 도선의 레이아웃에 크게 영향을 받는다. 이러한 공진주파수들 중 하나라도 장비의 취약 주파수와 장비의 방출 주파수와 일치할 경우, 단지 도선의 배치를 몇 cm만 옮겨도 장비의 성능에 예측 불가능한 변동들을 가져올 것이다.

대지접지 도선에 대한 일반규칙은 다음과 같다. [그림 16.2]에서 설명한 것처럼 스트랩(끈, strap)이 짧고 굵으면 임피던스는 매우 낮다. 그렇지만 그렇다고 해서 이런 스트랩이 완벽한 것은 아니다. 예를 들어, 길이 10 cm, 폭 9 mm, 두께 2 mm인 브레이드 스트랩(도선을 엮어 만든 끈)은 수백 MHz에서 여전히 상당한 임피던스를 가지고 있다. 이 스트랩의 장점은 공진은 여전히 존재하지만 그 공진이 발생하는 주파수가 훨씬 높은 영역으로 올라가며 공진시 양호도(quality factor) Q도 훨씬 낮아져서 공진으로 인한 영향이 보통은 무시할 수 있을 정도로 줄어든다는 것이다.

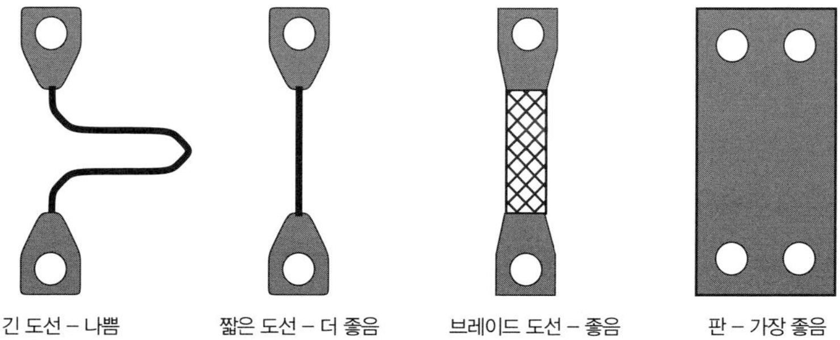

그림 16.2 접지 도체의 성능

16.2.4 접합 방법

안전용 접합(safety bonding) — 패널과 프레임 또는 구조물의 다른 부분들을 서로 연결하는 초록과 노랑이 함께 칠해진 한 가닥의 도선 — 은 시스템 설치자에게는 익숙하다. 이것이 EMC 접합에는 적합하지 않다는 사실을 깨닫는 것이 중요하다. 도선을 사용하는 안전용 접합의 목적은 전위차로 인해 낮은 주파수 영역에서 전기 감전사고가 발생하는 것을 방지하는 것으로, 이것 말고 다른 목적은 없다. 도선을 사용한 안전용 접합은 RF에서는 낮은 임피던스 연결을 제공할 수 없다.

그렇다고 해서 안전용 접합을 EMC 목적으로 사용해서는 안 된다는 말은 아니다. 안전용 접합과 제대로 된 EMC용 접합을 동시에 확보하는 일도 가능하다. 하지만 어느 하나가 다른 것을 완전히 대체할 수는 없는 노릇이다. RF에 적합한 인클로저나 구조물을 구축하려면 모든 접합부(조인트, joint) 전체를 금속과 금속 사이의 연결(metal-to-metal connection)을 통해 이루어지게 해야 한다.

- 접합은 표면과 표면 사이에서, 여러 군데에서 전도성 접촉이 이루어지게 하는 것이 좋다. 더 좋은 것은 두 표면 사이의 이음매를 따라 빈틈없이 연속적으로 접촉되게 하는 것이다. 차선책은 "접합" 스트랩을 사용하는 것이다. 스트랩을 사용하는 것이 불가피한 상황이 많이 있는데, 도선을 사용하는 것보다는 좋은 방법이다.
- 구조물의 다른 부분들 사이를 접합해줄 때는 표면 위에 덮여있는 절연층(예를 들어, 페인트나 산화물)을 제거해야 한다. 또한 접합부 표면의 양호한 전도성을 확보하기 위해 아연 도금이나 크로메이트 변환(chromate conversion) 등으로 표면처리를 해주는 경우도 종종 있다.
- 접합이 이루어지게 하려면 적절한 압력이 필요하다. 이를 위해 조임구조물(맞물림 구조물, fastener)을 사용하지만 일반적으로 조임구조물 사이에 생기는 틈으로 인해 적절한 압력이 유지되지 않으므로 전도성 개스킷을 사용한다.
- 두 표면 사이에 접합이 이루어진 다음에는 공기가 통하지 않게 접합 부위를 밀폐(밀봉)하거나 적절한 물질로 코팅을 해주어 부식이 일어나지 않도록 해주어야 한다.

16.2.4.1 등전위 그물망 구조물

[16.2.2.2.1절]에서 설명한 것처럼 광범위한 주파수에서 등전위(equipotential) 특성을 갖게 하려면 3차원 대지접지 구조가 필요하다.

3차원 대지접지 그물망구조(mesh)를 구현하려면 모든 금속 구조물과 케이블 지지구조물은 접합부 전체에 걸쳐 RF 접합이 되어 있어야 하며 이들 구조물이 서로 충분히 가까울 때마다 RF 접합이 되어 있어야 한다. [그림 16.3]에 나타나 있는 것처럼 배관(plumbing), 파이프 구조(pipework), 공기 덕트(air duct), 굴뚝(chimney), 보강 철근(re-bar), I-빔(I-beam), 케이블 트레이(cable tray), 전선관(conduit), 통로(walkway), 사다리(ladder), 천장 지지대(ceiling support) 등은 모두 RF 접합이 되어 있어야 한다. 그물눈의 사이즈를 MESH-BN에 적합한 크기로 만들기 위해 건물의 철강(steel)과 보강 강철봉(reinforcing rod)에는 용접 접합부(welded joint)가 있어야 하며 대지접지망에 빈번하게 접합될 수 있도록 충분한 수의 접속점을 가지고 있어야 한다.

구조물과 공통 접합망 사이의 연결 길이는 0.5 m를 넘지 않아야 하며, 약간의 거리를 띄워서 이와 병렬로(나란한) 연결을 추가해주어야 한다. 장비 블록의 전기 배전반의 대지접지 버스(earthing bus)나 국부(local) AC 배전 캐비닛의 대지접지 접합막대(earth bonding bar)를 공통 접합망에 연결할 때는 길이 1 m 이하로, 더 좋게는 0.5 m 미만의 도체를 사용해야 한다. 100 MHz 이상의 주파수에서 우수한 신호무결성 및 EMC 성능을 확보하려면 각 접합부에 대해 여러 군데에서 금속과 금속 사이의 직접 접합이나 더 좋게는 봉합용접(심용접, seam welding)을 해줄 필요가 있다.

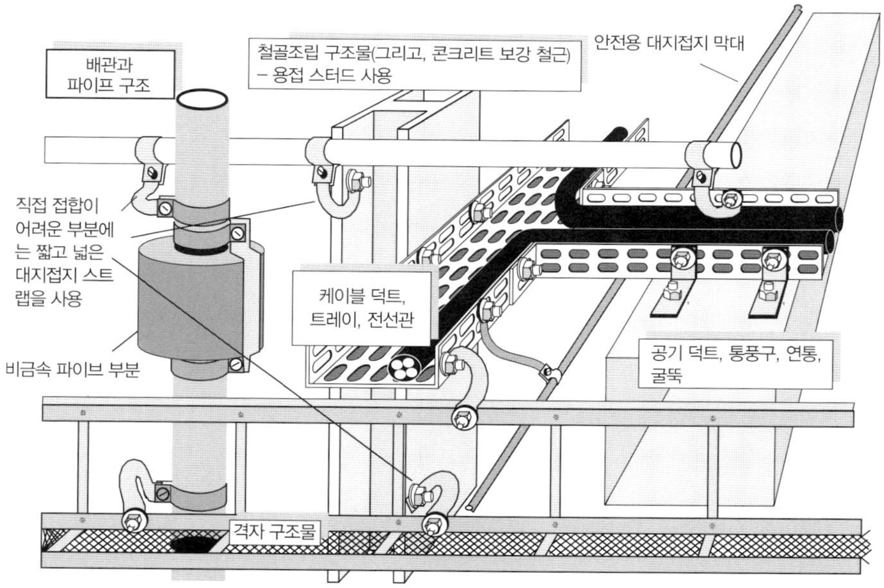

그림 16.3 등전위 대지접지 그물망구조의 각 부분들의 접합

16.2.4.2 케이블 트레이와 덕트의 접합

금속 도금(코팅)된 케이블 트레이(galvanized cable trays)와 직사각형 전선관(conduit)은 봉합용접을 통해 가장 잘 접합되게 할 수 있다. 이 대신에, U 주변부의 근처에 100 mm 이하의

간격으로 U형 브래킷(U-bracket)을 설치하고 이를 나사(screw)로 고정하는 방법도 종종 허용된다. 어느 정도 길이를 갖는 도선을 사용하면 오직 낮은 주파수(50/60 Hz와 같은)에서만 장해를 억제하는 효과가 있다. 짧은 도선이나 짧고 굵은 브레이드 스트랩, 또는 이들을 여러 개 함께 사용하면 임피던스가 낮아져서 장해를 억제할 수 있는 주파수(또는 전력 레벨)의 범위가 증가한다.

케이블 트레이, 덕트 및 전선관은 [16.4.2절]에서 설명한 대로 PEC(병렬 대지접지 도체)의 역할을 해야 한다. 접합부(joint)와 맨 끝의 종단(end termination)에서의 접합방법은 장해를 억제해야 하는 주파수 영역에 적합하게 이루어져야 한다. 사각형 케이블 트레이나 덕트가 장비 캐비닛(또는 이와 유사한 구조물)의 벽과 만나는 지점에서는 이들과 벽을 두 군데 이상에서 스트랩을 사용하여 접합해주면 더욱 높은 주파수의 장해까지 억제할 수 있다(그림 16.4). 또 다른 방법은 트레이 양쪽 모서리(벽)를 몇 인치 잘라내고 남은 바닥 부분을 구부려 두 군데 이상에서 캐비닛 벽에 볼트(bolt)로 고정시켜 접합하는 것이다. U형 브래킷을 사용할 수도 있다.

원형 전선관을 설치할 때는 표준(규격) 연결장치를 사용하여 이를 나사로 고정시키면 [일직선(inline)으로 이어지는 지점이나 구부러지는 지점(모퉁이, corner)이나 교차되는 지점에서] 360° 전체가 전기적으로 접촉되게 할 수 있으므로 가장 좋다. 이와 마찬가지로 캐비닛 벽, 다른 유형의 케이블 덕트 또는 유사한 금속 표면에서는, 원형 전선관과 만나는 지점에 접합 글랜드(gland)를 사용하여 360° 전체가 접촉을 이루도록 해주어야 한다. 글랜드를 비롯하여 이러한 목적으로 사용되는 연결 장치의 구조를 살펴보면 내부에 몇 가지 종류의 전도성 개스킷들이 들어있는 것이 일반적이다.

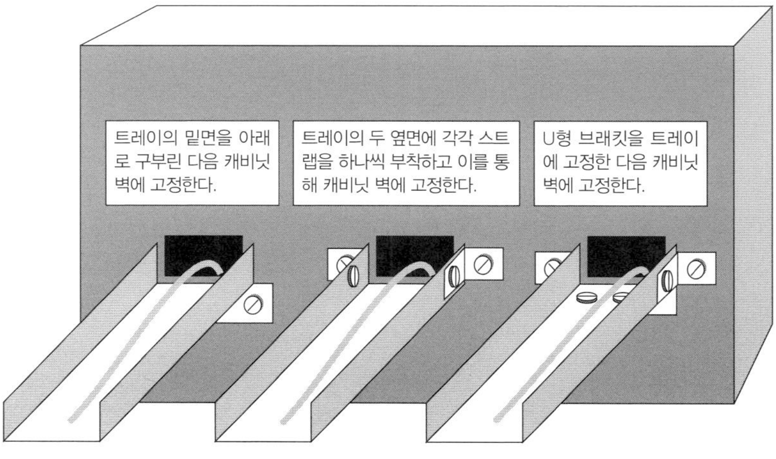

그림 16.4 케이블 트레이와 덕트를 장비 캐비닛에 접합하는 방법

16.3 캐비닛, 큐비클, 챔버

시스템 EMC의 경우의 관점에서 보면, 금속 인클로저는 물리적 보호 및 설치(장착)를 위한 용도로 사용되는 것은 물론 다음과 같이 다양한 용도와 목적으로 사용될 수 있다.

- 내부 장비에 대한 국부 대지접지기준(local earth reference)을 제공한다.
- 강력한 전자파 보호 성능을 가진 구역을 확보한다.
- 방사성 장해 전자기장이 장비 내부로 유입되거나 장비 외부로 유출되는 것을 막는다.

일반적으로 잘 알려져 있는 금속 캐비닛의 기능은 위의 세 가지 중에서 맨 마지막 줄에 적혀 있다. 곧 알게 되겠지만, 이런 목적을 달성할 계획으로 설계된 많은 금속 하우징(즉 인클로저)에는 부적절하게 처리된 개구부(aperture)와 이음매(seam)들이 존재하여 차폐구조물의 기능을 제대로 수행하지 못할 가능성이 높다. 그러나 그렇다고 해도 EMC 기능을 전혀 하지 못하는 것은 아니다. 위의 세 가지 목적 중에서, 대부분의 경우에 가장 중요한 것은 첫 번째 항목이다. 차폐기능을 수행하지 못하는 캐비닛이라도 캐비닛의 재질인 금속을, 주의를 기울여 올바르게 사용한다면 이 첫 번째 목적은 충분히 달성할 수 있다. 완전한 차폐기능을 갖출 수 있도록 인클로저의 조립, 설치, 유지 보수를 위해 소요되는 여러 가지 측면들을 고려하면 인클로저에 대한 이러한 접근방식은 비용대비효과가 매우 높다고 할 수 있다.

장비를 물리적 측면에서 보호(보관)하기 위해 금속 캐비닛이나 큐비클(칸막이 공간, cubicle)을 만드는 것은 전자기 측면에서는 적합하지 않다. 전자기 측면에서 보면, 구조물을 구성하는 개별 부분(부품)들의 구성방법과 조립방법, 케이블 인입/인출(entry/exit)에 대한 규정(조건)들은 인클로저가 전도성을 가져야 한다는 사실 못지않게 중요하다. 구조물에 흐르는 장해전류를 예상하여 이를 억제(제어)해야 한다. 따라서 개별 부품들 사이의 전기적 상호연결과 관련된 사항을 완전히 명시(지정)해주어야 하며 개구부, 이음매, 케이블의 관통으로 인해 불연속 구조가 만들어지는 것을 막거나 이를 제어해주어야 한다.

16.3.1 대지접지 기준의 전달 임피던스

금속 인클로저가 국부 접지기준의 역할을 하는 것은, 이 기능을 의도적으로 설계했는지 여부에 관계없이 금속 인클로저의 효과에 매우 중요한 영향을 미친다. 앞 절에서는 접지의 원리를 살펴보았는데, 다음 절에서는 케이블 레이아웃을 살펴보기로 한다. 케이블과 장비가 종단되는(만나는) 영역이 있는데, 이 영역은 내부 회로 및 장비에 대해 가능한 한도 내에서 최소의 전달 임피던스를 제공해야하며, 인클로저와 인클로저 내의 민감하거나 잡음이 있는 회로 사이에 장해 전류가 결합(전달)되는 일이 없도록 해주어야 한다.

16.3.1.1 캐비닛 백플레이트 대지접지

원통형이나 사각형 인클로저 다음으로, 관련 회로가 장착되는 크고 평평한 플레이트(판, plate)는 최상의 전달 임피던스 성능을 제공한다. 산업용 제어 캐비닛에는 일반적으로 물리적 장착을 위한 백플레이트가 들어 있으며 소형 인클로저는 일종의 금속 섀시를 제공한다. 통신용 캐비닛과 IT용 캐비닛은 그 내부에 지지구조를 가지고 있다. 모든 전자 모듈을 백플레이트 또는 이와 유사한 섀시에 장착하고 모든 케이블 차폐도체 및 병렬 대지접지 도체를 역시 백플레이트나 섀시에 종단(접속)하면 가능한 한도 내에서 전달 임피던스를 가장 낮게 할 수 있다. 그러나 백플레이트를 이러한 방식으로 사용하면 장해 전류가 반드시 흐르게 되므로, 이들을 백플레이트에 접촉하는 방식과 그 접촉부위의 전도성이 중요하다. 여기에는 아연 도금(zinc plating)과 클램프형 케이블 차폐도체 연결이 권장된다.

높은 주파수 영역에서는 금속영역[그물망(mesh) 또는 플레이트]만이 신뢰할 수 있는 낮은 전달 임피던스를 가진 대지접지를 제공하므로, 녹색과 노랑으로 함께 색칠된 도선을 사용하여 스타점(star point, 일점접지점)에 연결하는 대신에, 캐비닛 내부의 모든 전자장비의 대지접지로 인클로저의 균일한 백플레이트나 섀시를 사용하는 것이 좋다. 이렇게 하려면 금속구조물에는 페인트를 칠해서는 안 되고 아연도금을 두껍게 해주어야 한다. 모든 접지 연결에 대해 다음과 같은 조치를 취할 수 있다면 이로 인해 초래되는 약간의 불편함을 감수하는 대가로 페인트칠을 한 금속구조물을 사용할 수 있다.

- 페인트를 제거한다.
- 별모양의 스타 와셔(star washer)를 사용하여 금속과 꽉 물리도록 한다.
- 접합부가 만들어진 다음에는 적절한 부식 방지 대책을 적용한다.

차폐 케이블의 차폐도체를 백플레이트나 섀시에 종단(접속)할 때는 세심한 계획에 따라 작업을 처리하여 모든 공통 모드 장해 전류가 백플레이트를 통해 직접 흐르도록 해야 하며 그 위에 장착된 회로로 유입되지 않게 해야 한다.

16.3.2 인클로저 내부의 레이아웃과 배치

16.3.2.1 케이블 배선의 배치

어떤 시스템에서 외부 전자기장이 내부 케이블로 결합되는 정도와, 한 케이블에서 발생되는 전기장과 자기장이 근처에 있는 다른 케이블로 결합되는 정도는 시스템 주위에 케이블 배선이 어떤 식으로 배치되어있는가에 크게 영향을 받는다. 외부 전자기장과 케이블 사이의 결합을 최소화하려면 낮은 임피던스 접지기준의 역할을 하는, 제대로 접합된 금속 구조물 — 일반적으로 백플레이트 또는 섀시 – 가까이에 케이블을 배선해야 한다. 케이블이 백플레이트/섀시 구조물을 벗어나 배선되는 경우에는 반드시 백플레이트/섀시에 전기적으로 접합된 전도성 구조물을 따라 가까이에 배선되도록 해주어야 한다. 구조물이나 인클로저에 존재하는 개구부 근처나 접합의 연속성이 끊어진 부근에는 전기장과 자기장의 크기가 특히 강하기 때문에 이러한 곳에서 가까운 영역에는 케이블이 배선되지 않게 해야 한다(그림 16.5). (이 권고 내용은 [16.4.2절]에서 언급했던, 인클로저의 내부 구조가 케이블에 대해 PEC(병렬접지 도체)의 역할을 한다는 설명과 동일하다.)

케이블 사이에서 발생하는 결합을 최소화하기 위해, 다른 부류에 속하는 케이블들은 서로 분리한다. 이때 이들 사이의 간격이 적어도 150 mm 이상이 되도록 배선한다(16.4.1절 참조). 서로 다른 부류의 케이블들이 긴 거리를 함께 가면서 가까운 간격으로 배선되지 않게 하라.

16.3.2.2 모듈 배치

백플레이트/섀시에 다양한 장치(부품)들을 세심히 배치하여 PLC, 컴퓨터 또는 아날로그 계측기와 같은 민감한 장치를 스위치, 릴레이 또는 접촉기(contactor)와 같은 전기 잡음 발생원에서 멀리 떨어지게 하고 다른 부류의 케이블들을 서로 분리하는 데 도움을 줄 수 있도록 해야 한다. 여기서 중요한 원칙은 각각의 항목에 대해 그 장해 가능성을 평가하고 그에 따른 내부 레이아웃을 명시해주는 것이다.

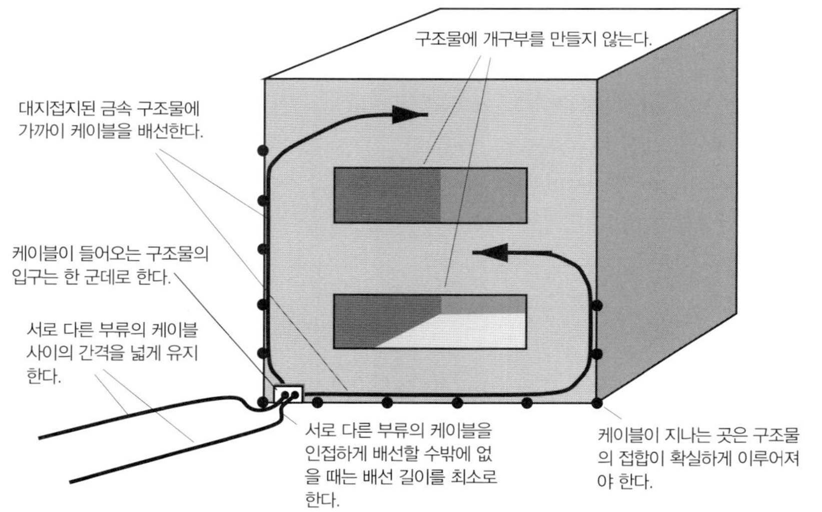

그림 16.5 인클로저 내부의 케이블 배선

[그림 16.6]은 산업용 인클로저로, 도어(door)가 달려있는 장비와 연결되는 케이블들의 배선을 볼 수 있다. 도어와 캐비닛 벽 사이에 설치한 짧은 대지접지 브레이드를 따라 케이블이 묶여 있다. 또한 백플레이트 설치되어 있는 모터 구동 부분의 레이아웃을 구조를 볼 수 있다. 도어와 백플레인 사이의 틈을 가로지르는 대지접지 스트랩과 나란히 케이블을 배선하는 목적은 케이블이 도어의 개구부와 결합하는 것을 최소화하는 것이다. 대지접지 스트랩은 개구부를 가로질러 전기적인 연결을 제공하므로 케이블과 캐비닛 사이의 전달 임피던스는 낮게 유지된다.

인버터 구동 모터 연결도선에서는 매우 공격적인 장해 전자기장이 방출되기 때문에 항상 중요하다[88]. 대지접지 도체를 따라 흐르고(흐르거나) 모터에 연결된 케이블 차폐도체를 따라 흐르는 스위칭 잡음전류에 대해서는 필터로 가는 국부 귀환경로를 제공해야 한다. 케이블 차폐도체와 필터 사이에 제대로 된 고주파 대지접지 접합이 제공되지 않은 경우, 이들 잡음 전류는 캐비닛의 나머지 전체 부분들과 심지어 구동기 회로와 모터 회로에 인접한 영역에 있는 다른 장비를 쉽게 잡음으로 오염시킬 수 있다(16.5절 참조). RF 안정화 용접(stabilized welding), 방전가공(spark erosion), D급 오디오 증폭기(Class D audio amplifier)와 같이 많은 잡음을 발생시키는 장치에도 지금까지 살펴본 것과 같은 사항을 고려해주어야 한다.

16.3.2.3 깨끗한 상자/오염된 상자 방법

산업용 인클로저와 그 밖의 다른 인클로저에 대한 자주 적용되는 효과적인 방법은 인클로저를 "깨끗한" 구역과 "오염된" 구역으로 분리하는 것이다(그림 16.7). 캐비닛 내부에 칸막이를 용접해 세우거나 플레이트(plate)로 분할하는 대신에 캐비닛 내의 "깨끗한" 구역 옆면에 추가로 "오염된" 인클로저를 볼트나 용접으로 붙여 고정시킬 수 있다.

그런 다음, 외부 환경으로부터 차폐해주어야 하는 모든 전자 장치에는 "깨끗한" 구역을 할당하여 사용하게 한다. 인클로저의 이 구역에 있는 모든 개구부는 철저하게 억제(제어)된다. 깨끗한 구역과 연결되는 케이블은 케이블의 차폐도체가 분할 플레이트와 360° 전체가 접촉되거나 아니면 효과적으로 대지접지된 필터를 반드시 거쳐야 한다. 아무런 차폐 처리나 필터링 처리가 되지 않은 케이블은 절대로 허용되지 않는다(그림 15.13 참조). 관통형 필터는 별문제가 없지만 섀시 장착 필터는 분할 플레이트를 통과하는 리드를 되도록 짧게 해주어야 하며 리드에 페라이트 슬리브를 설치하고 이를 통해 분할 플레이트를 통과하게 해서 고주파 잡음을 최소가 되게 해주는 것이 좋다.

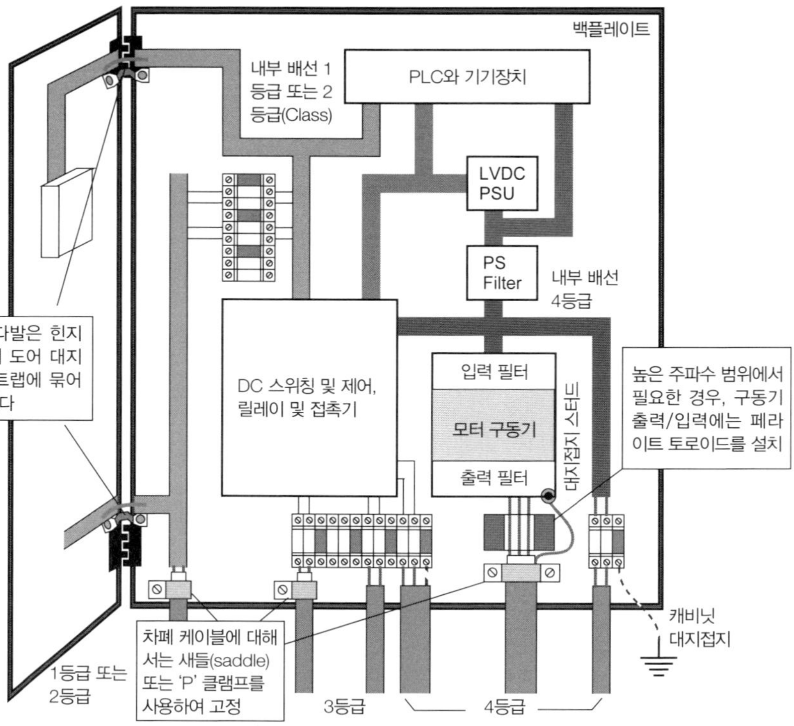

그림 16.6 캐비닛 내부의 레이아웃과 케이블 배선

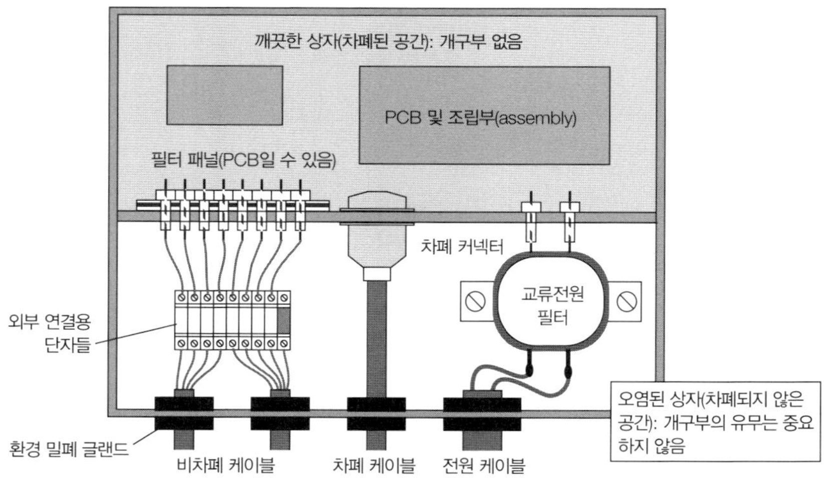

그림 16.7 깨끗한 상자/오염된 상자로 분할된 차폐 캐비닛

이 방법의 가장 큰 장점은 현장에서 설치한 연결선들의 일부나 전부에 대해 오염된 구역을 할당하여 사용할 수 있다는 것이다. 시스템을 공장에서 출고하기 전에 칸막이나 분할 플레이트를 통과하는 인터페이스를 미리 연결하고 검사할 수 있다. 그러면 올바른 설치 관행을 확실

히 따라야 하는 모든 책무는 설치 기술자의 손을 떠나 시스템 조립자와 설계자의 손으로 옮겨간다. 이 방법은 시스템 공급업체가 설치방법을 전혀 제어하지 않는 경우에 특히 유용하다.

16.3.3 전도성 하드웨어

전도성 개스킷은 두 표면을 접합할 때 널리 사용되는 부품으로 앞서 [15.2.1절]에서 이에 대해 살펴보았다. 특정한 차폐 응용분야에 사용될 수 있도록 더욱 특수하게 제작된 제품들이 다양하게 나와 있다.

16.3.3.1 케이블 관통

차폐 인클로저 내부로 들어가고 외부로 나가는 모든 케이블은 그 차폐도체를 인클로저 벽에 올바르게 종단해야 한다. (차폐되지 않은 케이블을 사용하는 경우에도 차폐효과를 유지하려면 이 케이블은 적합한 필터를 통해 들어가고 나가야 한다.) 다시 말해, 케이블 차폐도체는 인클로저 벽과 완전한 360° 접촉이 이루어져야 한다.

이렇게 올바른 케이블의 차폐종단을 보장해주는 메커니즘은 주변 환경으로부터 케이블을 밀폐해주기 위해 통상적으로 사용되는 케이블 글랜드(cable gland)와 유사한데, 단 이 경우에는 그 구성 부품들이 모두 전도성을 가져야 한다. 대부분의 기존 케이블 부속품 제조업체들은 이제 EMC 측면의 중요성을 인식하여 'EMC용 케이블 글랜드'를 제공하고 있다. [그림 16.8]은 차폐 케이블의 글랜드 조립부의 일반적인 구조로, 케이블 차폐도체의 외부 표면에 대해 압착되는 아이리스(홍채, iris) 형태의 스프링을 볼 수 있다. 스프링을 사용하는 방식은 차폐도체에 클램핑(clamping, 밀착)을 시켜주는 가장 일반적인 방법 중 하나이지만 이밖에도 콜릿(collet)이나 기타 클램핑 메커니즘, 탄성 압축 모듈(elastomeric compression module), 전도성 튜브 위로 차폐 브레이드를 덮는 방법, 경우에 따라서는 차폐도체가 구리 조각들로 만들어진 상자를 관통하게 하는 방법 등도 있다.

그림 16.8 대표적인 차폐 케이블 글랜드 조립부의 구성(KEC Ltd.)

차폐케이블 글랜드 시스템의 규격과 관련하여 고려해야 할 측면은 다음과 같다.

- 기계적 호환성: 케이블 차폐도체 외경(바깥지름)은 엄격한 오차범위 이내에서 글랜드 구조와 일치해야 한다.
- 전기화학적 적합성: 차폐도체, 글랜드, 인클로저 패널에 사용되는 물질들은 부식에 견뎌야 한다.
- 조립의 용이성, 특히 미숙련 기술자에 의해 작업이 이루어질 것이 예상되거나 작업 구역이 제한(한정)되어 있는 경우
- 결합부(joint)의 전도성, 이는 차폐효과에 직접적인 영향을 준다.
- 차폐도체에 대해 미치는 악영향 최소화
- 주변 환경에 대한 밀폐 필요성 여부

16.3.3.2 통풍 패널

사방을 전부 차폐하는 인클로저는 대체로 통풍을 필요로 한다. [그림 16.9]와 같이 사전에 제작된 장치를 인클로저 벽에 꼭 들어맞게 장착하면 적절한 수준으로 통풍이 이루어지게 할 수 있다. 이 장치는 "허니콤 패널(honeycomb panel)"이라고 불리는 것으로 [15.2.3.2절]에 설명한 바와 같이 차단주파수보다 낮은 주파수 영역에서 동작하는 도파관 역할을 한다. 단, 허니콤 패널을 벽에 조립할 때는 둘레 전체(360°)를 따라 접촉이 제대로 이루어지도록 조치를 취해주어야 한다. 허니콤 패널의 차폐효과는 얇은 도체판에 허니콤 패널과 동일한 개구 면적을 가진 구멍들이 뚫려 있는 그물망(mesh, 메시) 형태의 차폐구조물보다 훨씬 좋다. 물론 비용이 더 많이 들고 패널로 인해 두께가 두꺼워진다.

그림 16.9 허니콤 통풍 패널

16.3.3.3 차폐 창

장비에는 디스플레이(표시장치)를 위해 창(window)이 뚫려 있는데, 이 창은 그 장비에서 가

장 큰 사이즈를 갖는 구멍(개구부)인 것이 보통이다. 창 뒤의 디스플레이가 심각한 장해를 방출하거나 외부 장해에 의해 피해를 입는 경우에는 개구부 전체를 차폐해야 한다. 이러한 목적을 위해 전도성을 가지도록 처리된 특수 창을 사용할 수 있다. 이 특수 창은, 항상 그렇듯이 가장자리를 따라 주변 패널에 접합되도록 세심하게 설치해야 한다. 창의 가장자리 부분에는 전도성 처리를 해주어 전기적 불연속이 생기지 않고 둘레 전체가 잘 접촉할 수 있도록 해주어야 한다. 창의 가장자리에 금속 프레임이나 금속으로 코팅한 프레임을 적용하면 이를 가장 확실히 보장할 수 있다.

차폐 창 물질에 대해서는 [15.2.3절]에서 설명한 바 있다. 어떤 물질을 사용하든 전자기 보호(차폐)와 투명도(광 투과성) 사이에는 트레이드-오프(trade-off, 상충) 관계가 있으므로 이들 사이에 절충이 이루어져야 한다. 일반적으로 창에 빛이 많이 투과할수록(창이 밝을수록) 창의 차폐효과는 떨어진다.

16.3.4 차폐 인클로저의 설치와 유지보수

랙(rack)과 캐비닛과 같은 차폐 인클로저의 개구부와 이음매(틈)는 차폐성능에 큰 영향을 미칠 수 있다. 따라서 시스템 설계 단계에서 이들의 영향을 제어하기 위해 취했던 여러 가지 조치들의 성능이 설치 및 유지관리 과정에서 저하되지 않게 하는 것이 매우 중요하다(그림 16.10). 접합 무결성(bonding integrity)은 지속적으로 유지되어야 한다. 서로 접합되는 모든 표면은 부식되지 않도록 해야 하며 조립이 완료될 때까지 페인트를 칠하면 안 된다. 일반적으로 강한 전도성 마감처리(robust conductive finish)를 해주지만 환경이 (해양 시설과 같은) 부식에 취약한 경우에는 더욱 특수한 처리방식이 요구되며 유지보수도 더 자주 해주어야 한다. 조임(fastening) 방식으로 전도성 경로를 만드는 경우에는 모든 조임 장치는 정확한 토크(torque)를 가해야 하며 제자리를 유지하고 있어야 한다. 짧고 넓은 접합 스트랩을 도선루프로 교체해서는 절대로 안 된다.

개스킷(gasket)이나 스프링 핑거 스톡(spring finger stock)을 통해 접촉하는 도어, 패널, 해치(hatch)는 그 접촉 표면이 손상되거나 변형되지 않도록 주의해서 설치하고 다루어야 하며, 필요한 경우 정기적으로 점검하고 청소해주어야 한다. 필터링된 인렛(inlet)과 차폐를 관통하는 장치는 이들이 설치되는 패널과 360° 전체가 확실히 접촉되어야 한다. 이러한 접촉이 이루어져 있는지 확인하기 위해 DC(직류)로 통전(electrical continuity, 전기적 연결) 검사를 하는 것은 적절한 방법이 아니다.

캐비닛이나 기타 인클로저에 양호한 차폐효과를 갖도록 하는 것은 간단한 방식과 저렴한 비용으로는 절대로 구현할 수 없다. 이 요건은 제품의 예정된 수명주기 전체 기간에 걸쳐 해당 제품의 설비, 설치와 관련된 모든 측면에 영향을 미친다. 또한 유지보수 및 설치 관계자는 물론 사용자도 관련 원칙과 기법에 대한 교육을 받아야 한다. 그렇지 않으면 이들이 늘 해오던 작업 방식 — 예를 들어 캐비닛 문을 열어둔 상태 그대로 놔두는 일 — 이 이들 자신도 모르게 차폐 무결성(shielding integrity)을 손상시킬 수 있기 때문이다. 이러한 이유로 차폐는 다른 저비용의 EMC 대책방법을 사용할 수 없거나 이들 방법을 사용하는 것이 부적절한 경우에 최후의 수단으로 가장 많이 고려되는 EMC 대책방법이다.

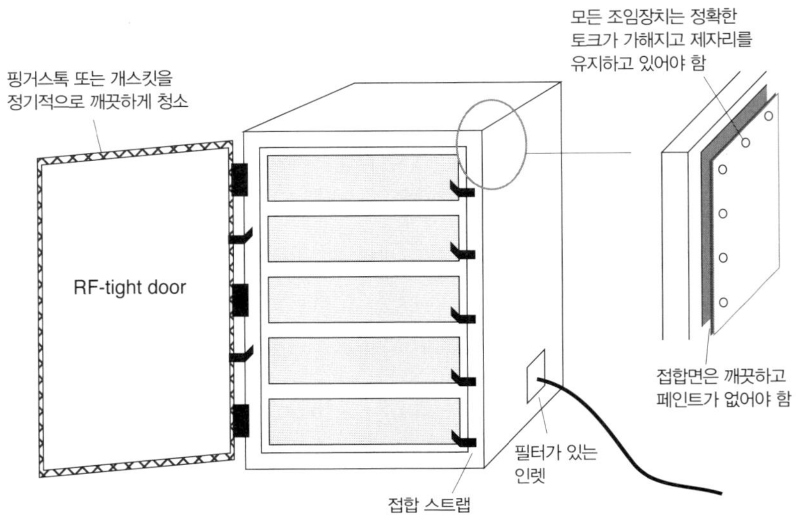

그림 16.10 차폐 인클로저의 유지보수

16.4 케이블링

15장에서는 케이블 문제에 대해 상세히 설명한 바 있으므로 여기서 다시 다루지는 않기로 한다. 그 대신 여기서는 특히 시스템과의 관련성에 초점을 맞추어 케이블 설치의 여러 가지 측면을 다루어 본다. 여기에 속하는 주제로는 케이블 분류, 분리 및 배선, 병렬 접지 도체의 사용 등이 있다.

16.4.1 케이블 분류, 분리, 배선

케이블 내에서 누화(혼선, crosstalk)의 발생을 최소화하려면 해당 케이블이 전달하는 신호들의 전압과 전류는 거의 동일해야 한다(예: ±10dB 범위 이내). 이러한 기준에 따라 케이블을 [그림 16.11]과 같이 몇 개의 그룹으로 분류할 수 있다. 고주파 장해 전류가 흐르는 케이블은 다른 케이블들과는 멀리 떨어뜨려 놓아야 하는데, 차폐된 인클로저 내부에 있는 케이블들에 대해서도 이 원칙을 지켜야 한다. 그렇지 않으면 이 케이블에서 방출되는 장해가 주변의 다른 케이블에 쉽게 결합할 수 있다. 케이블들 사이의 간격이 상호 인덕턴스와 상호 커패시턴스에 미치는 영향에 대해서는 [그림 11.4]를 참조하기 바란다.

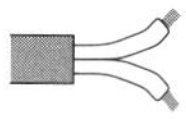

4등급, 잡음이 많은 케이블(Class 4 Noisy): AC 전원선과 귀환선, 섀시 접지, 고출력 RF 신호 및 광대역 신호, 가변속 모터 구동기(adjustable speed motor drive)의 출력 및 DC 링크, 용접 장비, 이와 유사한 많은 전기 잡음을 발생시키는 장비

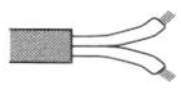

3등급, 잡음이 약간 있는 케이블(Class 3 Slightly Noisy): DC 전원, 억제된 스위칭 부하, 필터링된 AC, 외부로 공급되는 저전압 AC 전원이나 DC 전원, 단 이들은 다른 잡음이 많은 장비, 접촉기(contactor), 솔레노이드 코일에는 전원을 공급하지는 않는 것이어야 함.

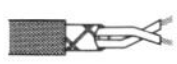

2등급, 민감성이 작은 케이블(Class 2 Slightly Sensitive): 저전력 저주파 신호, 전송속도가 낮은[비트 전송률(bit rate)이 낮은] 디지털 데이터, 아날로그 계측기(예: 4 – 20 mA, 0 – 10 V) 및 저속 디지털 버스 통신(예: RS232, RS422, RS485, Centronics), 리미트 스위치(limit switch), 인코더, 내부 DC 전원 공급기의 출력

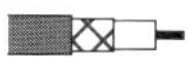

1등급, 민감성이 큰 케이블(Class 1 Sensitive): 열전쌍(thermocouple), 서미스터, RTD, 스트레인 게이지, 로드 셀, 마이크 등과 같은 낮은 레벨의 아날로그 신호, 이더넷, 비디오, RF 수신기 입력과 같은 광대역 디지털 및 아날로그 통신, 신호의 전체 범위가 1 V 또는 1 mA 미만인 신호, 임피던스가 1 kΩ 이상인 신호, 주파수가 1 MHz 이상인 신호

그림 16.11 케이블의 분류

16.4.1.1 케이블 등급에 따른 이격 거리

어떤 케이블이 속하는 등급을 정해주는 목적은, 올바른 케이블 유형과 종단을 선택할 수 있게 하기 위함은 물론, 등급이 다른 케이블들을 분리하여 서로에게 장해를 일으키는 일이 없도록 하기 위함이다. [그림 16.12]는 등급이 서로 다른 케이블을 분리해주기 위해 확보해야 하는 최소 이격(분리) 거리를 보여주고 있다. 여기서 케이블 아래쪽에는 평평한 금속 PEC(병렬 대지접지 도체)가 놓여있는 것으로 가정한다.

한편, '건물 내부의 케이블 및 접지 설치'에 대한 IEC 기술 보고서인 IEC 61000-5-2 [173]에서는 케이블이 전달하는 신호 유형에 따라 분리되어야 한다고 권고하고 있다. 각 케이블 룸(cable loom)[케이블 하니스(cable harness)]은 PEC로 사용되는 금속 전선관을 사용하여 배선된 경우, 옆에서 0.15 m만큼 떨어져야 하며 PEC없이 배선된 경우에는 가장 큰 케이블 룸 지름의 10배만큼 떨어져야 한다.

16.4.1.2 같은 등급 내에서의 케이블 분리

분리와 관련하여 앞에서 설명한 내용에 따르면 같은 등급의 케이블들은 모두 한 다발로 묶을(모아놓을) 수 있지만 실제로 이렇게 하는 것이 항상 바람직한 것은 아니다. 특히 맨 끝에 있는 등급일수록 더더욱 그렇다. 민감성이 큰 아날로그 1등급 케이블은 꼰도선쌍(트위스트 페어, twisted pair) 구조의 고속 디지털 신호와 함께 묶어 배선해서는 안 되며, 이 두 케이블 모두는 동축 케이블 구조의 고속 디지털 신호와 함께 묶어 배선해서는 안 된다. 이들 하위 등급(sub-class)들은 따로따로 다발로 묶고, 각 다발들은 서로의 옆에 가까이 놓아서는 안 되며(각 다발 간에 최소 10 mm 분리), 각 다발들을 항상 PEC의 금속 표면에 되도록 가깝게 유지되게 한다.

4등급 케이블은 개별적으로 배선을 해줄 필요가 있다. 가변속 인버터 구동기기에서 모터로 연결되는 케이블은 인접한 상태로 나란히 배선되는 케이블에서 600 mm 이상의 간격을 띄우도록 구동기기 제조업체가 명시하고 있다(구동기기는 아마도 지구상에서 가장 잡음을 많이 발생시키는 장치일 것이다!). 4등급 케이블 내에서 케이블들 사이의 분리에 대한 일반 규칙을 만들기는 어렵다. 이는 케이블이 그 자체로 매우 잡음을 많이 발생시키기도 하지만 인접한 4등급 케이블로부터 상당한 장해를 포착할 수 있어서 이들 케이블이 연결된 전자장비에 영향을 주기 때문이다.

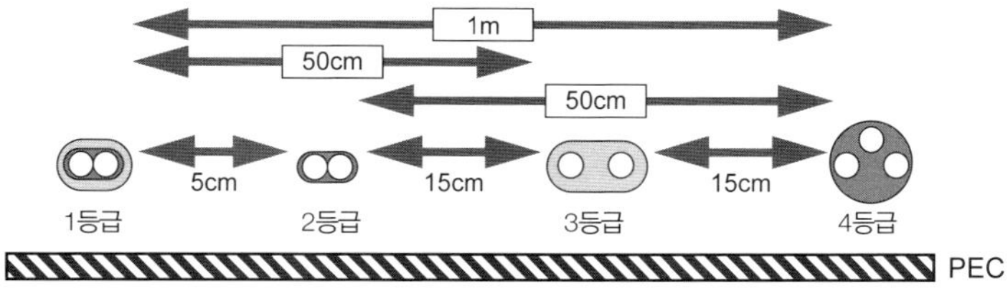

그림 16.12 단일 PEC 위에 배선된 케이블 등급 사이의 최소 간격

16.4.1.3 배선

장비의 장치들을 서로 연결하는 모든 케이블은 등급별로 분리 상태를 유지하면서 단일 PEC(병렬 대지접지 도체)와 나란한 단일 경로를 따라 배선하는 것이 이상적이다. [그림 16.13]은 케이블 배선과 관련하여 지켜야 할 두 가지 중요한 원칙을 보여주고 있다.

- 장비의 두 장치 사이를 연결하는 케이블들은 언제나 같은 경로를 따라가야 한다.
- 장비의 각 아이템에는 저마다 단일 상호접속 패널이 있어야 한다.

여러 개의 경로와(나) 상호접속 패널이 필요한 경우 각 경로와 패널은 저마다 자신의 PEC를 가지고 있어야 하는데, 이 경우 더 큰 PEC 대지접지 전류가 흐를 것을 예상해야 한다.

경로를 따라 케이블 트레이의 겹쳐쌓기

등급이 다른 케이블들 사이에는 최소 분리거리(이격거리)를 확보해주어야 하므로 일반적으로 하나의 케이블 트레이를 따라 1등급~4등급까지 네 가지 등급의 케이블들을 모두 배선하는 것은 불가능하다(케이블 트레이는 일반적으로 충분히 넓지 않다). 이 경우, 케이블 트레이를 겹쳐쌓아(stack) 배선하면 문제를 해결할 수 있다. 이 경우, 케이블 트레이들을 지지대에 수직으로 겹쳐 쌓고 서로 전기적으로 접합한다. 이들은 모두 같은 경로를 따라 장비에 있는 두 장치들 사이에 배선된다.

한편, 전도성 금속 내부 벽과(이나) 뮤-메탈(mu-metal) 자기 차폐 흡수체를 사용하면 동일한 전선관 내에서 가해 케이블과 피해 케이블을 분리할 수 있다. 가해 케이블에 흐르는 큰 크기의 AC 전원 전류에 의해 피해 케이블에 있는 낮은 레벨의 저주파 회로에 장해 잡음이 결합(전달)되는 경우에는 뮤-메탈 흡수 방법이 필요하다. 뮤-메탈은 수 kHz의 주파수까지만 흡수체로 사용할 수 있다. 뮤-메탈은 조심스럽게 다루어야 하며 자기포화(magnetic saturation)에 취약하므로 가해 케이블에 직접 닿게 하지 말고 최소 15 mm 이상 떨어뜨려 놓아야 한다. 일반 금속으로 된 벽은 전류값이 큰 장해 방출원보다는 전압값이 큰 장해 방출원에 더 적합하다.

캐비닛 연결

한 캐비닛에는 커넥터 패널도 하나만 있어야 한다. 모든 외부 케이블은 오직 한쪽 면 — 옆면, 뒷면, 윗면, 바닥면 — 을 통해서만 캐비닛에 들어가야 하며, 또한 해당 면의 한 가장자리(모서리)를 따라 대지접지된 백플레이트로 들어가야 한다. 이런 방식으로 케이블을 설치하고 여기에서 설명한 다른 방법들을 함께 적용하면, 다양한 실제 상황에서 긴 길이의 케이블에 흐르는 높은 레벨의 순환전류가, 커넥터 패널을 경유하여 케이블에서 케이블로 흐르거나, 차폐도체 종단접속을 경유하여 백플레이트의 가장자리로 흐르거나, 아니면 그 영역에 장착된 필터로 흐르게 된다. 또한 이렇게 하면 케이블의 높은 레벨의 전류가 캐비닛이나 백플레이트 구조물을 제외한 나머지 부분을 통해 흐르지 않게 되므로 전자장치들에 영향을 주지 않게 된다.

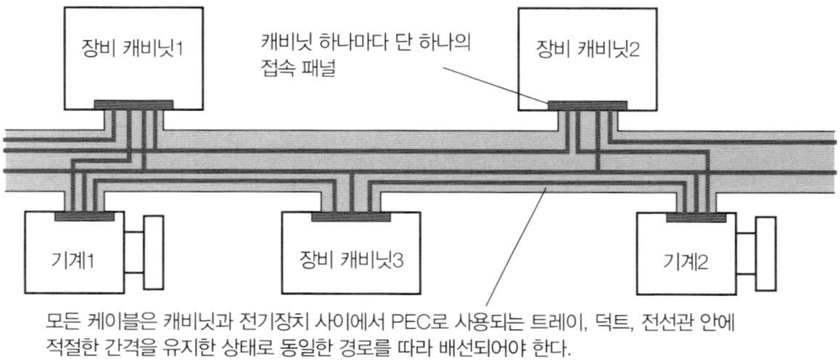

그림 16.13 설비 케이블 배선

16.4.2 병렬대지접지 도체(PEC) 방법

IEC 61000-5-2 [173]와 EN 50174-2 [160] 표준에 따르면 설치와 관련된 가장 좋은 EMC 관행(best EMC practice)은 케이블 트레이, 전선관, 경우에 따라서는 굵은 접지 도체를 병렬대지접지 도체(Parallel Earth Conductor, PEC)로 사용하는 것이다. 장비 설계자의 관점에서 캐비닛과 백플레이트는 필요로 하는 PEC와의 연결 수단을 제공해야 한다.

16.4.2.1 PEC 구성

PEC의 첫째 기능은 차폐 케이블과 비차폐 케이블로부터 큰 크기의 대지접지 루프전류를 우회시키는 것이다. 접지전류는 보통은 주파수가 50/60 Hz이고, 낙뢰로부터 발생하는 서지는 대부분의 에너지가 10 kHz 이하의 낮은 주파수를 가진다. 따라서 이러한 기능을 하기 위해 사용되는 PEC는 저항이 매우 낮고 동시에 충분한 전류전달 능력을 갖추고 있으면 제 역할을 충분히 할 수 있으며 인덕턴스는 부차적인 문제이다. 대부분의 케이블 지지 시스템(구조물)은 낮은 저항과 충분한 전류용량을 제공할 수 있을 만큼의 금속 단면적을 가지고 있다. 케이블은 배선된 길이 전체에 걸쳐 금속재질의 PEC에 아주 가까운 간격으로 PEC와 나란히 배선되어야 한다.

케이블 외부에 있는 모든 차폐도체나 대지접지 도체는 PEC로 취급하여 그 양쪽 끝을 대지접지에 접합해야 한다. 케이블 외장철선(armouring)은 PEC로 사용할 수 있지만, PEC로 사용되는 외장철선은 통전(electrical continuity, 전기적 연결)에 불연속이 없어야 한다. 케이블 설치자는 외장철선을 기계적 강도나 기계적 보호를 강화하는 수단으로만 간주하는 것이 보통이어서 외장철선을 접합부(joint)에 전기적으로 접합하고 외장철선의 양쪽 끝을 국부 대지접지에 접속한다는 생각에는 익숙하지 않을 것이다.

PEC는 더 높은 주파수를 갖는 전류도 제어(억제)할 수 있다. [그림 16.14]에는 다양한 유형의 PEC가 나타나 있는데, 고주파수 성능을 기준으로 매긴 각 PEC의 순위가 옆에 적혀있다. (이 그림을 [그림 12.5]와 비교해보기 바란다.)

보통, 케이블 트레이에는 케이블 고정을 쉽게 할 수 있도록 슬롯(slot)이 뚫려있는데, 이로 인해 케이블 트레이의 고주파 성능이 저하될 수 있다. 이 슬롯으로 인한 문제는 [15.1.3절]에 설명한 내용과 정확히 일치한다. 슬롯과 틈(gap)은 전류 흐름을 방해하여 구조물의 전달 임피던스를 증가시킨다. 사다리형(ladder-type) 케이블 지지 시스템과 바구니형(basket-type) 케이블 지지 시스템은 개방형 구조로 되어 있어서 PEC와 마찬가지로 고주파 성능은 떨어진다.

극단적인 상황에서 PEC는 큰 크기로 계속해서 흐르는 연속전류를 전달할 수 있어야 하는데, 이때 과열이나 기타 손상 없이 이 역할을 수행하려면 적절한 금속 단면을 가져야 한다. 이러한 이유 때문에 전도성 코팅된 플라스틱 전선관이나 트렁킹(trunking)은 PEC로 적절하지 않으며, 꼭 사용해야 하는 경우에는 그 내부에 큰 전류를 처리하기 위한 굵은 구리도선 PEC가 반드시 필요하다. 한편, 등전위 대지접지 그물망구조 시스템이 설치된 건물에서는 상호 연결된 금속구조물(I형 빔 거더(I-beam girder), 건물 강철 등)을 PEC로 사용할 수 있다.

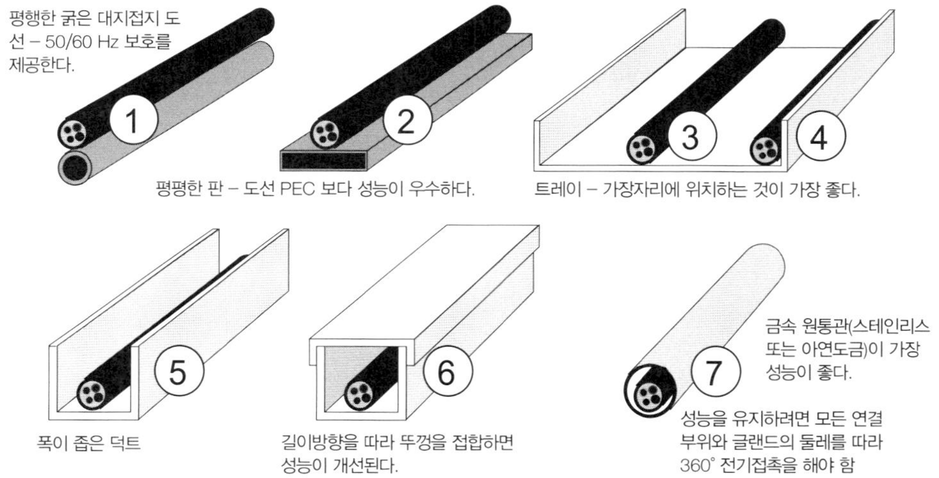

그림 16.14 평행 대지접지도체의 몇 가지 종류(번호가 클수록 고주파 성능이 양호)

16.4.2.2 PEC의 접합

PEC는 반드시 양쪽 끝에서 장비의 국부 대지접지(local earth)에 전기적으로 접합되어야 한다. 그리고 상황이 허락하는 한, 모든 지지 구조물과 그 밖의 대지접지된 금속 구조물에도 전기적으로 접합되어야 한다. 이렇게 하면 그물망 형태의 대지접지 구조를 만드는 데 도움이 되며 PEC가 자신의 역할을 효과적으로 수행하는 데 도움이 된다.

PEC에서 접합부(joint)와 양끝의 종단은 반드시 올바른 방법으로 접합되어야 한다. 케이블 트레이와 사각형 전선관은 U형 브래킷(U-bracket)이나 이와 유사한 장치를 사용하여 캐비닛 벽(또는 바닥, 윗면 또는 뒷면)에 다수의 고정부품(핀, 볼트 등)으로 직접 접합해주어야 한다. 원형 전선관은 원형 글랜드(16.3.3.1절 참조)로 캐비닛 벽에 접합할 수 있는데, 이때 페인트를 먼저 제거하고(360° 접촉을 확실히 해주기 위해) 부식 방지 조치를 적용해야 한다. 일반 도선을 사용한 PEC의 경우, 캐비닛은 사이즈가 적절해야 하며 대지접지 단자의 위치도 적절해야 한다.

16.5 스위칭 컨버터의 설치

에너지 효율성은 지난 10년간 큰 주목을 받아 왔다. 이로 인해 가변속 구동기기(variable speed drive)가 주로 사용되는 대형 전기기계의 효율성(efficiency)과 융통성(적용성, flexibility)의 향상이 이루어지고 있다. 또한 대체 전기 발생원, 그 중에서도 풍력과 태양열을 이용한 발전 설비의 설치가 증가하고 있다. 이러한 두 응용분야에서는 목적을 달성하기 위해 고출력(고전력)의 스위치 방식 변환기(switchmode converter)를 사용한다. 하지만 알다시피, 스위치 방식 변환기는 RF 장해를 방출하는 주요 발생원이다.

이러한 RF 장해 방출은 이 책에서 지금까지 다루었던, 제품설계를 위해 일반적으로 적용하는 방법 — 필터링과 공통모드 전류 귀환경로 제어(억제) — 을 사용하여 제어(억제)해야 한다. 지금부터는 이러한 방법들이 고출력 스위칭 변환기 시스템의 구현에 어떻게 적용될 수 있는지 가변속 구동기기(variable speed drive, VSD)를 예로 들어 잠시 살펴보기로 하자.

16.5.1 방출 경로

구동기기 모듈 자체는 직접적인 방출을 일으키는 발생원은 아니다. 관련 주파수 범위에서 이 모듈의 치수는 반 파장($\lambda/2$)보다 작기 때문이다. 반면에, 교류전원선은 길게 배선될 수 있으므로 발생된 장해 잡음의 주파수 범위에서 성능 좋은 안테나로 동작할 수 있다.

전원(전력) 출력 연결선(도선)은 매우 큰 크기의 고주파 장해 전압을 전달한다. 그러나 장치를 부하에 연결하는 케이블은 상황에 맞춰 설치할 수 있으므로 민감한(취약한) 회로를 피해 배선경로를 제어할 수 있으며 케이블을 차폐할 수도 있다. 케이블의 차폐도체 양쪽을 올바르게 접속해주면 배선된 케이블로부터의 방출이 최소화된다.

교류 전원(전력) 입력 연결선(도선) 역시 고주파 장해 전압을 전달하는데, 이 전압은 주로 출력 케이블의 커패시턴스와 부하의 기생성분들의 커패시턴스를 통해 출력 단자에서 접지로 흐른 다음 전원 공급측 회로망을 지나 되돌아가는 전류에 의해 발생된다. 여기서의 장해 전압 레벨은 출력에서보다는 낮지만 이 단자들은 결국은 교류전원 공급 회로망에 연결되어 있기 때문에 장해 억제(제어) 대책을 해 줄 필요가 있다. RF 필터는 여기에 설치하는 것이 가장 일반적이다.

주목할 점은 이들 전류 경로는 공통모드라는 사실이다. 즉, 전류는 전원 도체들을 따라 흐르고 설치 구조물을 통해 귀환한다. 따라서 접지 설치 관련 세부 사항은 양호한 EMC를 위해서는 특히 중요하다. 대부분의 설치방법들은 접지 귀환경로를 제어하고 원치 않는 결합을 발생시키는 접지 시스템의 공통 임피던스를 최소화하는 것을 목표로 한다.

고주파 공통모드 방출의 주요 원인은 부하 케이블의 커패시턴스와 부하의 기생성분들의 커패시턴스(가변속 구동기기의 경우, 모터 권선과 케이스 사이의 커패시턴스)를 통해 출력단자에서 대지접지로 흐르는 전류이다. 가변속 구동기기를 비롯하여 이와 유사한 여러 응용분야에서 출력은 PWM 방식으로 스위칭되며 이때 발생하는 dV/dt 값 전체는 부하로 전달된다.

[그림 16.15]에 고주파 방출을 일으키는 주요 방출 경로를 간략하게 나타내었다. 하우징(케이스) 프레임에 대한 모터 권선의 커패시턴스는 그 정격에 따라 1 nF～100 nF 정도이며 전원 케이블의 중앙도체와 차폐도체(실드) 사이의 커패시턴스는 일반적으로 단위길이당 100

pF～500 pF이다. 이 정도의 커패시턴스 값은 일반적인 사인파를 공급하는 응용분야에서는 큰 문제를 일으키지는 않지만 dV/dt 값이 큰 PWM 파형의 에지에 대해서는 큰 전류 펄스를 발생시킨다. 이 경우에 커패시터를 통해 흐르는 피크전류는 다음 식을 사용하여 추정할 수 있다.

$$I = C\frac{dV}{dt}$$

예를 들어, 피크전압이 400 V이고 상승시간과 하강시간이 50 ns인 PWM 파형이 5 nF의 커패시턴스 양단에 인가되면 PWM 파형의 상승에지와 하강에지에서는 피크값이 40 A인 전류 펄스가 발생한다. 이 전류가 전부 접지구조물과 전원 대지접지망에 흐르는 경우에는 다른 장비에 심각한 장해를 일으킬 수 있다. 또한 케이블의 중심도체에서 대지접지까지의 총 커패시턴스에 직접 영향을 미치기 때문에, 케이블 길이가 설치와 관련하여 중요한 파라미터가 되는 이유를 여기서 확실히 이해할 수 있다.

공통모드 전류의 귀환경로를 제어하여 이를 변환기로 직접 되돌아오게 하기 위해 필터링과 차폐를 함께 사용한다. 여기서 사용하는 필터링에는 표준관행으로서 교류 주전원입력에 달아주는 교류 주전원필터가 포함되지만 출력에 대한 필터링도 준비하는 것이 좋다.

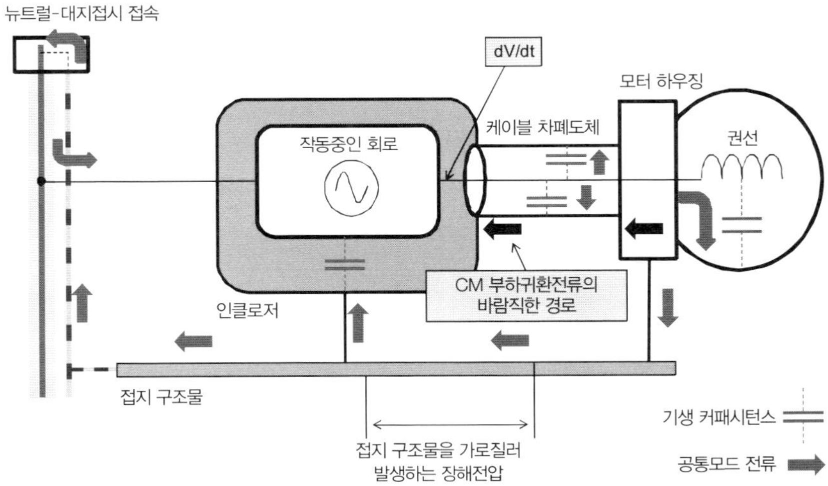

그림 16.15 VSD의 기생 공통모드 경로

16.5.2 출력 필터링

차동모드 필터링과 공통모드 필터링은, 둘 중 하나 또는 둘 다를 VSD 출력에 적용할 수 있다(그림 16.16). 차동모드에서 출력 필터링은 입력의 경우와 동일한 회로 구성을 따른다. 즉 각 선로 사이에는 커패시터를 달아주고 필요한 경우, 별도로 각각의 선로에 직렬로 초크를 연결해주고 대지접지점(earth point)에는 연결을 하지 않는다. 여기서 중요한 차이점은 필터 부품들에는 출력 스위칭 파형의 dV/dt 값 전체가 걸리며, 변환기나 구동기기 출력회로에는 커패시터와 초크의 임피던스가 추가된다는 것이다. 이로 인해 이들 부품의 최댓값에는 제한이 가해질 수 있으며, 선택한 부품들을 변환기의 능력과 한계에 신중하게 맞출 필요가 있다.

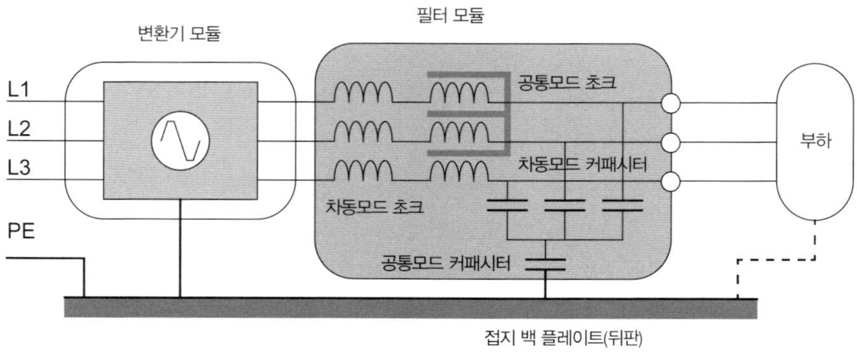

그림 16.16 VSD 출력의 필터링

차동회로 제어의 필요성에 따라 출력 필터링은 다음 세 가지 종류 중에서 하나를 취할 수 있다.

- *dV/dt* 리액터(reactor): 각 선로와 직렬로 연결된 초크, 부하에서 dV/dt 를 감소시키지만 초크와 부하와 케이블 사이의 공진으로 인해 한계가 있다.
- *dV/dt* 필터: 변환기의 동작주파수보다 높은 차단주파수를 갖는 초크와 커패시터, PWM 출력을 유지하지만 파형의 상승에지와 하강에지를 느리게 한다. 스위칭 에지에서의 링잉으로 인한 EMC 문제와 부하 신뢰성 문제 해결에 유용하다.
- 사인 필터: 동작주파수보다 차단주파수가 낮아서 부하로 가는 파형은 더 이상 스위칭되지 않고 사인과 유사한 파형으로 변환된다. dV/dt 필터보다 더 큰 부품들을 필요로 한다.

이러한 필터는 출력 측에서 나오는 고주파 방출을 억제할 뿐만 아니라 부하에 대한 스트레스를 줄여준다. 특히 가변속 구동기에 의해 구동되는 대형 전기모터는 PWM 주파수에서 발생하는 잡음뿐만 아니라 고속 스위칭 에지로 인해 신뢰성 문제를 겪을 수 있다. 사인 필터는 이러한 후자의 문제를 해결하는 데 사용되는 경향이 있다.

공통모드 필터링의 경우, 공통모드 전류는 부하와 연결된 케이블로 전달되기 전에 커패시터에 의해 모듈의 국부 대지접지 단자로 귀환한다. 또한 초크는 이러한 전류가 케이블로 들어가기 전에 더 높은 임피던스를 제공하여 전류를 더욱 감쇠시킨다.

공통모드 초크를 개별 부품이나 하나의 필터에서 사용하고 배선하는 방식과는 다르게 구현하는 간단한 방법은 모든 출력 도체 주위에 페라이트 링을 장착하는 것이다. 페라이트 링은 전원선 주위에는 장착하지만 대지접지에는 장착하지 않으며 도체를 링에 여러 번 감을수록 효과가 좋다(일반적으로 2~3회). 페라이트는 망간-아연 타입이어야 한다. 이 종류의 페라이트는 높은 주파수 영역, 그중에서도 특히 모터 케이블에서 공진이 발생하는 1 MHz ~ 10 MHz 주파수 범위에서 공통모드 경로에 대해 인덕턴스 성분 대신 저항성분 손실을 추가해주어 공진을 댐핑(완화)하는 데 도움을 줄 수 있다. 페라이트 링은 공통모드 전력을 흡수하므로 상당히 뜨거워질 수 있다. 온도상승 정도는 스위칭 에지에서의 전류에 따라 달라진다. 따라서 긴 케이블이나 기생성분이 큰 부하로 인해 생기는 공통모드 커패시턴스가 높을수록, 사용해야 하는 코어의 크기가 증가한다.

공통모드 커패시터의 대지접지 귀환점은 특히 중요하다(그림 16.17). 이 점은, 가능한 한 최단 경로를 통해 잡음전류를 귀환하게 해야 하므로 모듈과 연결되는 대지접지 단자에 가능한 한 가까워야 한다. 필터는 반드시 변환기 모듈과 동일한 패널에 장착해주어야 한다. 그리고 필터와 변환기 모듈, 이 두 장치는 모두 이 패널에 HF(고주파) 접속이 되어야 한다. 필터와 변환기 사이의 간격이 대략 30 cm를 넘는 경우, 필터와 구동기 사이의 HF 연결에는 플랫케이블(flat cable)을 사용해야 한다. 최적의 방법은 변환기 모듈 바로 아래쪽에 장착되는 "풋프린트" 필터(footprint filter)를 사용하는 것이다.

필터 케이스와 접지 플레이트 사이에 페인트나 패시베시션(보호, passivation) 코팅이 있으면 이를 제거하여 확실한 접촉이 이루어지도록 해야 한다. 아연강판(galvanized steel)이나 그 밖의 내식성(부식에 대한 내성, corrosion resistance)이 있는 금속 백플레이트를 사용하면 더 좋다.

동작중인 커패시터들을 통해 큰 전류가 흐를 수 있으므로 장착시 안전성에 영향을 미칠 수 있다. 이러한 측면에서 캐비닛의 버스바(busbar)와 같은 안전용 대지접지 단자에는 안전상의 목적으로 눈으로 확인할 수 있는 초록과 노랑이 함께 색칠된 도선이 필요할 수 있지만, 이것은 EMC(고주파)용 대지접지의 역할은 전혀 하지 못한다. EMC용 대지접지는 항상 이 안전용 도선과 나란히 배치해야 하며 두 가지 용도에 모두 효과적이다. 안전용 대지접지 도선은 백업용이지만 정상 동작을 하고 있을 때는 별다른 기능을 하지 않는다.

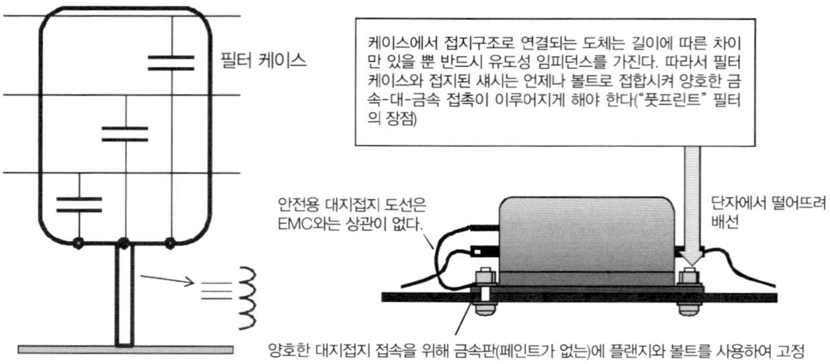

그림 16.17 CM 필터의 접지

16.5.3 출력 케이블

구동기/변환기(drive/converter)와 그 부하 사이의 공통모드 귀환전류가 매우 중요하기 때문에, 이들 사이를 연결하는 케이블 배선은 시스템 설계의 중요한 부분이다. 이들 중에서 중요한 설치부분에는 차폐 케이블이 필요하다. 케이블 차폐의 목적은 공통모드 귀환전류가 우선적으로(더 쉽게) 흐를 수 있는 귀환경로를 제공하는 것이다. 차폐도체에 흐르는 귀환전류로 인해 케이블에서 방사되는 방출이 상쇄되기는 하지만, 케이블에서 방사되는 방출을 "차폐"하는 것은 케이블 차폐도체의 주 역할은 아니다.

귀환전류는 최소 저항 경로를 따라 그 전류가 최초로 흘러나온 곳, 즉 발생원으로 귀환한다고 흔히 가정하는데, 실제로 이런 일은 직류(DC)와 낮은 주파수 영역에서만 생긴다. 주파수가 높아지면 인덕턴스가 더욱 중요해지며, 동축케이블에서 내부 도체 주위를 둘러싸고 있는 차폐도체가 상호 자기결합에 의해 귀환전류가 더 잘(쉽게) 흐르는 경로가 된다. 동축케이블의 동축성(coaxiality)이 높을수록, 다시 말해 내부도체와 외부도체(차폐도체)의 축이 일치하면서 간격이 가까울수록 상호 인덕턴스는 더 효과를 발휘하고 이에 따라 귀환전류에 대한 차폐도체의 임피던스는 더욱 낮아진다.

그러나 이러한 결과를 얻기 위해서는 전체 회로에 걸쳐 낮은 임피던스가 계속해서 유지되어야 한다(그림 16.18). 차폐도체의 양쪽 끝에는 낮은 임피던스 연결(접속)이 있어야 하며 케이블 길이를 따라 모든 접속점에는 낮은 임피던스 연결이 있어야 한다. 한 가닥으로 된 안전용 대지접지 도선(wire)은 낮은 임피던스 연결에 속하지 않는다. 좋은 성능을 얻으려면 짧은 길이의 한 가닥 도선, 즉 "피그테일(pigtail)" 도선의 사용은 피해야 한다. 가장 간편한 방식으로는 일반적으로 백플레이트에 새들 클램프(saddle clamp)로 고정하여 접속하는 것이며 가장 좋은 방식은 전도성 원형 글랜드(그림 16.8)로, 케이블 브레이드 주위 전체를 360° 접촉시켜

주는 것이다. 부하단에서의 연결지점은 모터 하우징과 같이 부하를 둘러싸고 있는 금속구조물이 된다. 신호원단에서의 연결지점은 변환기나 구동기에 가까운 국부 대지접지 단자가 된다.

많은 설비에서, 부하로 전력을 전달하는 전원선은 기계적인 이유 때문에 외장강선 케이블(armoured cable)로 해주어야 한다. 일반적인 SWA(steel wire armouring, 외장강선)는 구리 브레이드보다 DC 저항이 높기 때문에 SWA 케이블의 차폐효과는 브레이드 차폐 케이블보다 떨어진다. 반면에 외장강선의 투자율과 저항은 브레이드보다 더 높아서 외장강선 도체에서의 고주파 손실은 브레이드보다 더 크게 발생한다. 따라서 케이블을 따라 발생하는 공진은 완화(감쇠)된다. 이러한 현상은 바람직한 결과를 가져온다. SWA가 전기 도체의 역할을 하면서 양쪽 끝이 올바르게 전기적인 접합을 이루고 있으면, SWA는 케이블 차폐도체로 유용하므로 충분히 허용될 수 있다.

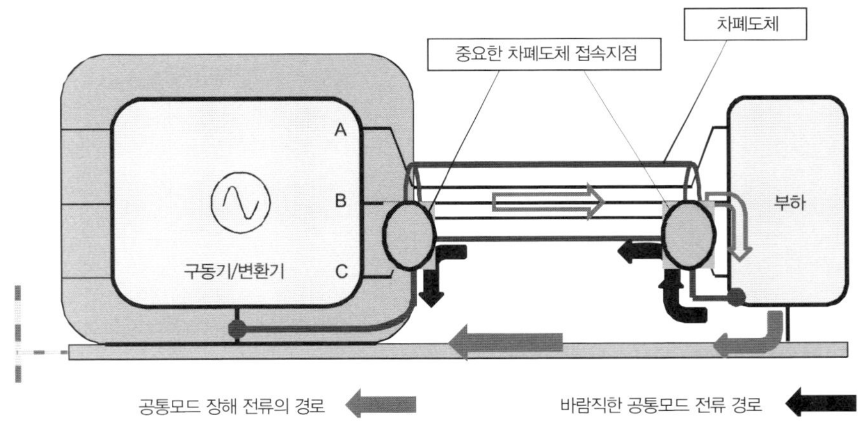

그림 16.18 변환기와 부하 사이의 케이블 배선

16.5.4 예방조치 필요성 파악

실제 설치에서는, 전력변환기(power converter)가 같은 환경에 있는 다른 장치에게로 전달할 수 있는 위험의 정도를 파악할 필요가 있다. 근접센서(proximity sensor), 낮은 레벨을 다루는 아날로그 계측기, 비디오 링크, 장파/중파/단파 라디오 수신기와 같은 민감한 트랜스듀서(transducer)가 없는 경우에는 비교적 높은 레벨의 방출도 허용될 수 있다. 부하와 짧은 길이의 케이블로 연결되는 낮은 전력의 전력변환기, 또는 가전제품처럼 하나의 인클로저 내부에 시스템이 완전히 둘러싸여 있는 곳에서 사용되는 변환기라면, 방출을 억제하는 데 단순한 조처만 취해도 충분하다.

표 16.2 스위칭 전력변환기에 대한 설치 예장조치

위험하지 않은 환경	위험한 환경
변환기 모듈을 위한 접지된 백플레이트와 완전히 설계된 접지망	
필터 커패시터(0.1 μF ~ 2.2 μF)를 교류입력에 접지와 연결. 또는 최소의 교류전원 필터	변환기 장치에 맞춰 설계된 입력 필터
출력 케이블에 페라이트 링	출력 케이블은 차폐 케이블이어야 하며 차폐도체는 양쪽 끝에서 접지구조물에 접합되어야 함. 차폐도체에는 전기적 불연속성을 가져오는 부분이 없어야 하며 길이는 최소로 해주어야 함 최상의 출력 케이블 구조를 충족하지 못하면 모듈의 밑판(baseplate)에 출력 필터가 필요함
출력 케이블을 다른 모든 케이블과 분리(4+등급 케이블로 간주)	설치시 모든 케이블은 다른 모든 케이블과 분리

좀 더 복잡한 환경이거나 고전력 시스템의 경우에는 충분한 예방 조치를 취해야 한다. 장해로 인한 피해가 발생하는 복잡한 환경의 예로는, AM 방송 및 단파 라디오 수신기, 매우 낮은 신호 레벨(열선쌍, 저항 센서, 스트레인 게이지)를 사용하는 아날로그 기기장치, 오디오 시스템이나 비디오 시스템과 같은 광대역/고속 회로, 차폐되지 않은 디지털 링크를 들 수 있다. 이러한 장치들은 스위칭 변환기 출력에 의해 발생하는 고조파 잡음의 영향을 받을 수 있다.

[표 16.2]에 예방책의 수준을 간추려 나타내었다.

16.6 낙뢰 방지

이번 절에서는 건물 내 장치에 대한 낙뢰보호의 기본사항을 살펴보는데, 이 내용만 다루어도 상당한 양이 될 정도로 낙뢰는 방대한 주제이다. 낙뢰와 관련한 사람의 안전 문제는 여기서 다루지 않는다.

16.6.1 낙뢰현상이 전자장치에 미치는 영향

전자 장치에 대한 낙뢰보호와 관련된 주제는 IEC 62305-4 [178]에서 다룬다. 낙뢰는 다음과 같은 여러 가지 방식(현상)으로 전자 장비에 손상을 일으킬 수 있다.

- 저항성 유도전압: 강력한 낙뢰 방전전류(전류의 크기는 일반적으로 2 kA와 200 kA 범위이며, 총 낙뢰의 1%는 200 kA를 초과하는 것으로 여겨지고 있음)에 노출될 경우, "대지(earth)" 전위가 모두 동일하다고 간주되는 영역들 사이에 전위차를 발생시키며, 이 전위차로 인해 이들 영역에 각각 연결된 장비들에는 과도한 서지가 가해진다. 이러한 현상을 "접지 전위 상승(ground potential rise)" 또는 "접지 상승(ground lift)"이라고 부르기도 하는데

이 현상으로 인해 긴 케이블, 특히 건물 사이나 구조물 사이를 연결하는 케이블은 손상을 입을 가능성이 높다.

- 자기 유도전압: 낙뢰 방전전류의 변화율로 인해 낙뢰위치에서 최대 100 m 떨어진 거리까지는 낙뢰 방전전류에 의해 방사되는 자기장이, 도체와 접합된 접지구조물에 과도한 전압을 유도할 수 있다. 낙뢰 방전전류는 처음에는 빠르게(약 1 μs 동안) 최대 200 kA/μs의 비율로 상승해 피크값에 도달했다가 천천히(약 50 μs 동안) 감소하면서 여러 도체 사이를 흐른다. 케이블 차폐도체를 접합하는 데 통상적으로 사용되는 피그테일 도선도 유도전압 결합으로 인해 장비에 심각한 위험을 일으킬 수 있다(피그테일 도선의 인덕턴스가 20 nH이고 방전전류의 크기가 200×10^9 A/s일 때 $V = -L \cdot di/dt$로 유도전압의 크기를 여러분이 직접 계산해보면 알 수 있을 것이다).
- 직격 낙뢰로 인한 전류주입: 외부로 노출된 장비와 케이블에 번개가 떨어지면 이로 인해 낙뢰 방전전류가 직접 주입될 수 있다. 외부 장비에 번개가 직접 떨어져 생기는 불꽃의 플래시오버(flashover, 섬락현상) 현상은 이와 연결된 내부 장비에 손상을 입히지만, 직접 연결되어 있지 않은 장비들이라도, 케이블이 인접한 경로로 배선되어 있거나 단자 캐비닛을 공유하고 있는 경우에는 이들 장비도 손상될 수 있다. 장비 사이에서 케이블들을 서로 분리하여 멀리 떨어뜨리고 캐비닛 입구에서 양호한 대지접지 접합을 해주어야 하는 이유가 바로 여기에 있다.
- 전기장 결합: 낙뢰가 발생할 때는 낙뢰가 발생하는 지점에서 100 m 범위의 영역까지는 500 kV/m(공기의 절연파괴가 일어나는 전기장 세기) 정도의 세기를 가진 전기장이 분포하며 낙뢰가 발생하는 동안에는 500 kV/m/μs의 변화율로 전기장이 변동한다. 이러한 전기장은 도체(도선)들과 장치들에 전압과 전류를 유도하지만 높은 임피던스를 가진 회로를 제외하면 높은 전류로 인한 영향만큼 큰 위협이 되지는 않는다.
- 낙뢰 전자파 펄스(Lighting Electromagnetic Pulse, LEMP): 이것은 원거리장(far field)에서 발생하는 현상으로 멀리 떨어진 곳에서 구름과 대지 사이에서 발생하는 낙뢰와, 구름과 구름 사이에서 발생하는 낙뢰에 의해 발생할 수 있다. 이것은 일반적으로 외부로 노출된 도체에만 문제가 되며 위험을 초래하는 여러 가지 낙뢰 현상으로부터 장비를 보호하기 위한 조치(방법)를 취해주면 이 현상은 효과적으로 처리된다.
- 낙뢰와 관련된 강력한 에너지로부터 발생하는 열 영향과 기계적 영향: 이 두 가지 영향은 낙뢰 방지 시스템 자체의 구조물의 구성과 설계에 더 많은 문제들을 일으키는 것이 보통이다.
- 1회 낙뢰에 발생하는 서지의 다발성(multiplicity): 전형적으로, 낙뢰가 한 번 떨어지는 동안에는 여러 번의 방전(타격)이 발생한다. 그 가운데 두 번째 방전에 가장 파괴적인 에너지가 들어있는 것이 보통이다. 이와 같이 다발성 방전으로 구성된 낙뢰의 경우, 1초 이상의 시간

동안 10번을 넘는 방전이 일어날 수 있다. 이러한 낙뢰는 오류정정과 시스템 복구를 위해 사용되는 소프트웨어 설계에 매우 중요한 고려 요소이다.

16.6.1.1 장비의 위험성 평가

낙뢰로 인해 전자장비에 가해지는 손상은 감전이나 화재를 일으켜 사람에게 안전상의 문제들을 일으키고 구조물을 파손시킬 수 있지만, 경우에 따라서는 장비가 안전관련 기능을 가지고 있기 때문에 발생할 수 있다.

화재와 감전 등의 안전 문제는 작업 절차에서 일반적인 보건과 안전(health and safety)의 문제의 일환으로 다루어야 한다. EMC의 경우에는 낙뢰의 영향에 대한 전기전자 장비의 각 장치들의 반응에 관심을 갖고 다룬다. 장비의 각 장치들은 다음의 기준에 따라 평가를 받게 된다.

- 기준 (A): 장치의 교체가 필요한 치명적 고장은 허용(수용)된다.
- 기준 (B): 장치는 손상 없이 낙뢰를 견뎌내야 하며, 낙뢰가 발생하는 동안 장치의 기능에는 아무런 문제가 없어야 한다.
- 기준 (C): 장치는 낙뢰가 발생하는 동안 작동을 계속해야 한다. 단 성능저하는 허용된다(이때 각 기능의 성능하락 정도가 명시되어야 한다).
- 기준 (D): 장치는 낙뢰가 발생하는 동안 작동을 계속해야 하며 어떠한 성능저하도 허용되지 않는다. 안전 필수 장비(safety critical equipment) 또는 업무 필수 장비(mission critical equipment)[1]

동일한 장비라도 한 구조물에서 어느 곳에서 사용되는가, 어떤 식으로 설치(노출)되어 있는가, 어떤 용도로 사용되는가(수행하는 기능이 얼마나 중요한가)에 따라 다른 기준을 가질 수 있다.

이어서, 다음 세 가지 측면 사이에 조정이 필요하다.

a) 장비의 기능상 중요도
b) 낙뢰 전자파 현상을 견딜 수 있는 장비의 능력. 이 능력은 서지 내성시험으로 알아볼 수 있다. 이에 대해서는 앞서 [8.2.3절]에 설명한 바 있다.
c) 설비로 인해 장비에 가해지는 낙뢰 전자기 현상(특히 전압서지 또는 전류 서지)

1 (옮긴이) 정상 동작을 하지 않거나 손상을 입으면 의도하는 업무수행 전체에 치명적 영향을 미쳐서 조직이나 사회에 재앙을 가져올 수 있는 장비

따라서 장비는 명시(지시)된 대로 설치된 경우에, 다양한 낙뢰 현상에 대한 장비의 노출정도에 따라 필요한 보호수준과 안정적인 기능 성능을 달성할 수 있도록 설계와 시험을 해야 한다. 이 경우, 공통모드 전압서지와 차동모드 전압서지를 모두 처리할 수 있도록 노출된 포트들, 특히 전원공급기와 외부 케이블과 접속되는 연결선들에는 서지보호부품(surge production device, SPD)을 사용할 필요가 있을 것이다. 한편, 설치된 건물은 적절히 설계된 낙뢰 방지 시스템의 혜택을 받아야 한다.

16.6.2 낙뢰보호 시스템(LPS) 설계 개요

16.6.2.1 LPS의 기본 설계

구조물의 안전과 보호를 위한 기본 LPS 설계에 필요한 사항은 다음과 같다.

- 낙뢰 노출과 이로 인해 발생하는 손실의 허용(수용)가능성을 근거로 한 위험도 평가(risk assessment)
- 공기 종단망(air termination network, 피뢰시스템)[2] 및 하향도체(down-conductor)[3]의 설계
- 대지접지 종단망(earth termination network) 및 대지접지 전극(earth electrode) 설계
- 구조물 내의 금속구조물("내부" LPS)과 구조물로 인입되는 금속서비스를 LPS의 외부 부분들에 접합하거나 이들 사이를 분리

LPS를 구성하고 있는 부분들로서, 구조물의 금속부위 ─ 이른바 자연스레 만들어진 구조물들(natural components)[4] ─ 의 활용 가능성은 구조물 자체의 설계 시에 예측되어야 하지만 건물 소유자와 구조 엔지니어의 동의에 따라 사용해야 한다. 이렇게 사용되는 모든 금속 부분들[금속 시트, 지붕 구조의 금속구조물, 홈통(gutter), 장식(ornamentation), 난간(railing), 파이프(pipe), 탱크(tank) 등]은 규정된 최소 요건을 충족해야 한다. 구리 절도(copper theft)는 외부 LPS를 위험하게 만드는 심각한 문제를 발생시킬 수 있다. 외부 LPS가 건물 외관을 개선한다는 점을 건물 소유자와 건축가에게 설득하기는 쉽지 않다. 낙뢰보호를 성공적으로 적용하기 위해서는 건물 설계의 시작단계부터 곧바로 고려해주어야 하는데 이러한 이유로 자연적 구조물(natural component)의 사용을 선호한다.

---

2 (옮긴이) 낙뢰로부터 구조물을 보호하기 위해 낙뢰 방전전류를 포착하여 도체로 구성된 시스템(망)으로 안전하게 전달하는 시스템. 일반적으로 도체를 그물망(mesh) 구조로 만들어 구조물의 옥상(지붕)을 덮는 형태를 하고 있다.

3 (옮긴이) 낙뢰가 떨어져 구조물 옥상의 공기종단망에 흐르는 낙뢰 방전전류를 대지접지 종단망(earth termination network)으로 안전하게 전달해주기 위해 건물 측면을 따라 아래쪽으로 배선된 도체

4 (옮긴이) 낙뢰보호를 위해 의도적으로 설치한 것은 아니지만 그 기능을 하는 구성 요소들

16.6.2.2 LPS 문서화 및 유지 관리

참고문헌[178]에서는 설계와 시공 전반에 걸친 기록을 보관해야 한다고 명시하고 있다. 또한 LPS의 정기점검, 유지보수, 유지관리에 대한 절차를 규정(명시)해야 하며, 반드시 기록을 보관해야 한다. 이러한 기록은 일반적으로 안전법(safety law)과 보험사의 요건을 충족시키기 위해 필요하지만 전자 장비의 보호와 관련한 LPS 측면에서도 권장된다.

16.6.2.3 LPS 구성

LPS는 기본적으로 공기종단망(air termination network), 하향 도체망(down-conductor network), 대지접지종단망(earth termination network)으로 구성된다(그림 16.19). 구조물과 전기적으로 분리된 상태에서 구조물을 보호하는 격리된 LPS를 구성할 수 있지만, 여기에 설명된 LPS는 구조물에 부속(부착)되어 있어야 하며 내부 CBN(공통접합망, common bonded network)에 접합되어있는 유형이다.

공기종단망

공기종단망은 내려치는 낙뢰를 가로채어(포착하여) 그 전류를 하향 도체를 통해 대지접지종단망으로 우회시켜 구조물을 낙뢰로부터 보호하기 위한 것이다. 이 공기종단망은 표준이나 업무지침(실행규정)에서 명시(지정)한 도체사이의 최소 간격으로 구조물의 지붕(옥상)과 벽의 바깥 면에 각각 수평과 수직으로 배치하여 그물망(mesh) 형태로 만든 구리 또는 알루미늄 도체 구조물이다. 홈통, 난간, 금속 덮개 지붕과 같은 "자연적 구조물"들이 유용하게 쓰일 수 있으며, 별도로 설치된 공기 종단 네트워크를 대체할 수도 있다.

하향 도체

하향 도체는 낙뢰전류에 대해 공기종단망에서 대지접지 전극 시스템으로 가는 저임피던스 경로를 제공하는데, 일반적으로 구조물 주변에 균일한 간격으로 도체들을 배치하여 이들을 통해 낙뢰전류가 나누어지게 한다. 안테나 지지기둥(철탑)이나 깃대 같은 금속 구조물의 일부 또는 전부를 공기종단망과 하향 도체망으로 동시에 사용할 수 있다.

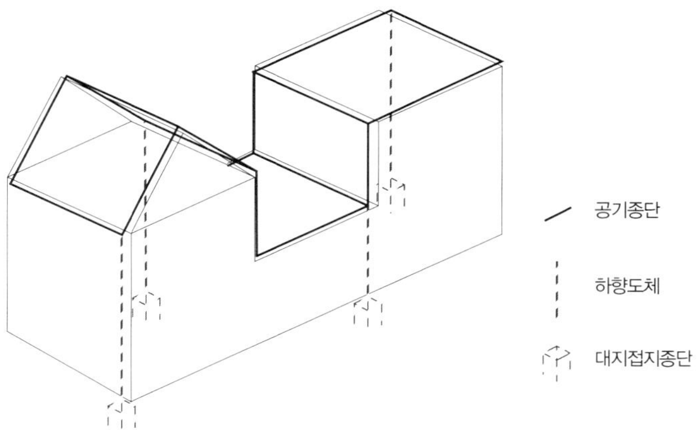

그림 16.19 건물의 낙뢰보호 시스템의 구성

하향 도체들은 구조물의 모서리에 잘 맞추어, 수직으로 곧게, 일정한 간격으로 설치되어야 하며, 대지접지 전극으로 가는 가장 직접적인 경로를 제공해야 한다.

대지접지종단망

대지접지종단망은 보호할 구조물 아래에 있는 토양층이나 암석층으로 낙뢰전류의 에너지를 소멸하게 하는 대지접지 전극 시스템이다. 모든 토양과 암석은 유한한 전도율을 가지고 있어서 대지접지로 사용하기에는 성능이 좋은 편은 아니므로 접지전극의 설계, 시공, 유지보수에 주의를 기울여야 한다. 구조물의 접지종단망은 일반적으로 10 Ω 미만의 대지접지저항을 제공할 필요가 있다. 다만 특별한 경우에는 이보다 더 높거나 낮은 저항도 허용된다. 낙뢰 표준과 실행규정(업무지침)에서는 다양한 유형의 접지 전극을 설계하는 데 사용되는 규칙과 수식들을 제공하고 있다.

전형적인 대지접지 전극은, 구조물의 경계로부터 1 m 정도 떨어져 있는 각 개별 하향 도체의 맨 아래쪽에 토양을 향해 수직으로 깊이 박혀있는 구리합금 재질의 막대 전극이다. 콘크리트 기초의 보강재, 특히 콘크리트 말뚝은 대지접지 저항이 매우 낮을 수 있다(건설 후 한참 동안). 이를 기초 대지접지 전극(foundation earth electrode)이라고 하는데, 보강 철근을 사용하여 교차지점에서 용접을 해주거나 최소한 매듭도선(tying wire)을 사용하여 안정적으로 결합시켜주어야 한다. 스트립 전극도 특별히 구조물 주위의 전압변화율을 줄이기 위해 사용할 수 있는데, 이러한 용도로 사용되는 전극을 전위 변화율 전극(potential grading electrode)이라고 부른다.

접합

몇 개의 층으로 이루어진 높이 15 m 이하의 건물로 적절히 설계된 LPS가 설치된 경우, LPS를 1층에서만 구조물의 내부의 공통접합망(CBN)에 접합해주어도 충분하다. 20 m 이상의 구조물은 비-LPS 금속구조물을 상단과 하단에서 20 m 이하의 간격으로 LPS에 접합해야 한다. 참고문헌[178]은 LPS 하향 도체를 결합하는 수평 링 도체가 설치되어 있는 곳에서 LPS와 CBN 사이에 접합을 해줄 것을 권고하고 있다.

17
EMC 관리

17.1 EMC 프로세스 관리

기업 내에서 EMC 적합성 인증(compliance) 전략을 시행하는 일은 EMC 확보를 위한 첫 단계이기는 하지만, 제품 설계자가 자신이 설계한 제품이 단지 규격을 충족하도록 하는 데 한정되지 않는다. 품질인식과 안전의식과 마찬가지로 EMC에 대한 인식도 회사 전체에 수직으로 수평으로 확산되어야 비로소 효과가 나타날 수 있다. 다시 말해, 회사의 각 부서는 제품의 EMC를 유지하고 관리하는 데 있어 자신들의 역할이 무엇이고 왜 그 역할을 수행해야 하는지 반드시 알고 있어야 한다. 구매부서, 생산부서, 설치부서의 경우에는 특히 이것이 더더욱 중요하다.

또한 EMC에 영향을 미치는 사업 및 경영상의 결정은 이러한 인식에 입각하여 이루어져야 한다. 여기에 속하는 결정 사례를 몇 가지 들어보면, EMC 시험 설비에 대한 투자 결정, 특정 제품군의 규격(specification)에 대한 결정과 라이프사이클(수명주기, life cycle)에 대한 마케팅 결정, EMC 규격을 가까스로 준수하는 제품과 준수하지 못하는 제품의 출시 여부에 대한 결정 등이 있다. 이러한 문제들에 대한 책임을 지는 "EMC 전문가(specialist)"를 지정(임명)하는 것은 조정정책이 전혀 없는 경우보다는 낫지만, 이것은 회사 전체에 걸쳐 통합된 이해를 향한 첫 번째 단계에 지나지 않는다.

17.1.1 EMC의 의미

대부분의 제품은 이미 다양한 환경규격이나 안전규격의 적용을 받고 있다. 이들 규격은 법률로서 정해진 요건들과 제품의 "사용상의 적합성(fitness for use)"을 보장하기 위해 만들어진 요건들로 구성되어 있다. 다시 말해 제품이 정상 작동해야 하는 온도 범위와 상대습도 범위, 장치와 관련한 경제적인 측면과 위험(열, 감전)의 억제와 같은 요인들을 포함하고 있다. EMC는 이들 규격들과 성격을 같이하는 또 하나의 규격으로 생각하는 편이 가장 좋다.

외부 전자파 장애에 대한 내성(immunity)은 분명히 환경 문제에 속한다. 어떤 제품은 그 의도된 환경 내에서 반드시 안정적으로 동작해야 한다. 의도된 환경 내에 전자파 방해(electromagnetic disturbance)가 존재하는 경우, 환경 규격에 이 전자파 방해가 반드시 포함(명시)되어 있어야 한다. EMC 내성 표준의 여러 기능들 중 하나는 이 환경 요건을 정의하는 지침을 제공하는 것이다. 전자파 방출(방해)이 "시스템 내부"와 관련된 문제가 아닌 한, 다시 말해 그 방출이 전체 시스템이나 그 시스템을 갖춘 설비의 정상적인 동작에 영향을 미치는 경우라면, 이러한 방출을 억제하는 요건은 적절한 규제 기능이다.

17.1.1.1 EMC 필요성의 설득

회사에서 EMC에 노력과 자원을 투입하기 위해서는 먼저 EMC의 가치에 대한 확신이 필요하다. 그 무엇보다도, EMC 관련 법령의 영향을 확실히 인식해야 한다. 이밖에도 고객, 경쟁사, 그리고 제삼자인 인증기관으로부터의 의견과 압력을 감시(모니터링, monitoring)하고 이를 바탕으로 EMC를 위한 노력이 반드시 필요함을 보여주어야 한다. 양호한 EMC와 제품의 품질 사이의 연관성을 끊임없이 강조해야 한다.

EMC에 대한 인식을 확장하는 데 방해를 주는 요인으로 두 가지를 들 수 있다[36]. 하나는 대부분의 설계자가 디지털을 선호하여 아날로그를 회피하는 세상에서는, EMC에 대해 아예 무지하다는 점과, 나머지 하나는 EMC를 이득이 아닌 비용으로 인식한다는 점이다. 이러한 문제는, 모두에게 익숙한 특정 제품에 대해 이미 적용한 EMC 관련 조치에 대한 세부사항을 문서화하여 제시함으로써 해결할 수 있다. 경험을 공유하는 것은 교육 효과가 매우 크다. 특정 프로젝트에서 얻은 지식을 문서화하게 되면, EMC "전문가들"을 새로 만들어 내는 일을 감행할 필요가 없어지는데, EMC 전문가들이란 장기적 관점에서 볼 때 기업이나 엔지니어 모두에게 도움이 되지 않는다. 실패사례보다는 해결사례를 문서화하는 것은 설계 그룹 내에, "이번에 잘해보자"는 긍정적인 문화를 가져온다. 하지만 여기에는 또 다른 측면이 있다. "이 방법은 지난번에 효과가 있었으니까 이번에도 다시 이 방법으로 해보자"라고 하는 태도에서 벗어나지가 쉽지 않다. 어떤 방법이 왜 효과가 있었는지 알지 못한 상태에서 다시 그 방법을 택하는 것은 위험하다. 바꾸어 말하면, 많은 EMC 문제들은 설계자들이, EMC 설계규칙이 정확히 무엇을 위한 것인지 제대로 알지 못한 채 그대로 따라 하기 때문에 발생한다.

17.1.1.2 개발비용 및 소요기간

제품 개발 주기의 초기에 EMC를 고려하여 처리해나가는 방식은 그냥 지켜보는 것보다는 쉽고 비용대비 효과가 좋은 접근방식이다. 설계 초기단계에서 설계자는 EMC를 확보하기 위해 여러 가지 시도를 자유롭게 해볼 수 있다. 예를 들어, 패키징(packaging)과 회로 레이아웃(layout)은 제약조건이 가장 적은 설계 작업에 속한다. 제품 설계가 대량생산 단계에 가까워질수록 설계를 변경하기는 점점 더 어려워지고 비용은 더욱 많이 들게 된다. 예를 들어, 적절한 PCB 레이아웃을 했더라면 초기에 해결되었을 수 있는 방사성 방출 문제가 나중에는 패키징과 인터페이스를 변경하지 않으면 안 될 수도 있다. 적은 비용으로 우수한 EMC 성능을 확보하는 데 핵심이 되는 것은 회로 설계자와 패키징 설계자들에게, "양호한 EMC 설계 관행(good EMC design practice)"을 정확히 이해하는 데 필요한 지식을 넣어주는 것이다.

제품 개발에 있어서 전체 개발 비용에 못지않게 중요한 요소가 개발에 소요되는 기간이다. 많은 제품 분야에서는 생산된 제품을 마케팅(판매, marketing)하는 데 "최적인 기간"이 그다지 길지 않으므로 제품에 문제가 생겨 이를 해결하는 데 시간이 소요되면 그만큼 제품의 출시가 늦어져 매출 손실과 수익 부진을 피할 수 없다. 제품 개발 과정에서 오랫동안 EMC를 무시하면, 제품에 대한 EMC 요건으로 인해 시장 출시시기에 영향을 주게 된다. EMC 준수를 낙관하여 출시 예정일 하루 전에 제품을 가져왔는데 실제로는 그렇지 않아서 결국은 인증을 받는 데 실패한 여러 회사들의 수많은 제품 목록들은 어느 EMC 시험기관에서나 쉽게 찾아볼 수 있다.

이러한 일이 일어나는 것을 막는 방법은 다음 두 가지이다. 먼저, EMC도 일종의 제품 규격으로 다루어 프로젝트의 맨 처음 단계부터 그 명시된 요건을 반드시 준수하도록 하는 것이다. 이어서, 개발의 전체 단계에 걸쳐 EMC에 관련된 모든 사항을 지속적으로 감시하여 나중에 큰 문제를 생기게 하는 원인이나 가능성을 제거하는 것이다. 그리고 모든 설계 원칙을 따르더라도 단 한 번에 인증을 받는다는 보장은 없으며, 이렇게 되면 또 한 번의 재시험이 필요하므로 이러한 점을 개발 일정에 반영하는 것이 현명하다(17.3.1.3절 참조).

17.1.2 EMC 조정자

EMC 제어 정책을 구현하는 회사에서 일반적으로 시행하는 첫 번째 단계는 EMC 조정자(co-ordinator)를 지정(임명)하는 것이다. EMC 조정자를, 제품의 품질을 책임지는 업무를 수행하는 품질관리 엔지니어(quality engineer)로 생각해야 하지만, 회사 내에서 RF 분야에 대해 다른 누구보다도 많은 지식을 가진 설계 엔지니어가 자연스레 EMC 조정자로 임명되는 것이 보통이다. 이 한 사람이 맡은 업무의 막중함을 정확히 인식하여 향후 발생할 모든 문제를 처리하는 데 충분한 권한을 위임해주어야 한다. 특히 엔지니어링 의사결정[1]과 경영 및 법률과 관련한 의사결정[2]의 차이는 엄격히 지켜져야 한다. 이것이 지켜지지 않는 경우라면 EMC 조정자는 법적, 경영상 권한을 확실히 가져야 하며 이러한 책임을 고려하여 EMC 조정자에 대한 교육이 이루어져야 한다[136].

EMC 인증을 고려하면서 개별 프로젝트를 진행해나가면 이 부분이 전체 개발비용의 10%～20% 정도를 차지할 수 있다. 그러므로 5～10명의 설계 엔지니어 중에 EMC 엔지니어가 한 명은 있어야 한다. 대규모 개발 부서와 다양한 제품들을 보유한 기업인 경우에는, 별도의 EMC 부서(아마도 품질관리 부서와 협조관계에 있을 것임)를 두는 것은 옳은 방향이라고 할 수 있다. 그 반면에 작은 회사인 경우, EMC 관련 업무는 고용(보유) 컨설턴트에 의해 수행되는 편이 가장 좋을 것이다. EMC 조정자가 수행해야 할 것으로 예상되는 주요 업무들은 다음과 같다.

- 설계 과정을 감독하고 조언한다.
- 회사의 다양한 제품에 대해 관련 EMC 표준 요건을 해석한다.
- 시험 계획, 통제 계획, 일정 계획을 수립한다.
- EMC와 관련한 엔지니어링 변경을 통제하고 승인한다.
- EMC 문제에 관해 모든 부서와 연락을 취한다.
- EMC 분야의 개발동향에 대해 자세히 파악하고 있어야 한다.

17.2 설계 과정

17.2.1 제품 규격

원칙적으로 말해, 프로젝트는 규격(specification)에서 시작한다고 할 수 있다. 이에 따라 프로젝트는 자연스럽게 제품이나 시스템의 기능상 요건에 집중된다. 이들 요건에 적절한 안정성이 확보되고 특히 인터페이스가 완료되면 곧바로 EMC 측면을 고려해야 한다.

제품의 규격은 그 제품이 동작하기로 의도된 환경에 맞추어 명확하게 규정되어야 한다. 통합표준(harmonized standard)은 환경과 관련되어 있다. EMC 지침은 장치가 "의도한 용도로 사용"될 때 적합성 준수가 예상된다는 점을 명확히 하고 있다. 그래서 필요한 경우에는 주거지역에서의 장치의 사용이 제한됨을 EMC 지침에 명시한다. 온도 범위, 진동, 습도, 위험 영

1 "그 제품은 방출량이 제한치보다는 2 dB 낮지만 불확도를 고려하면 6 dB 여유는 확보해야 하므로 제품을 선적할 수 없어"

2 "그 제품을 시장에 내놓아야 하는데 제품의 방출량이 제한치보다 2 dB 낮으므로 당연히 제품을 선적할 수 있지"

역 인증과 같은 여러 가지 환경 요건들도 시작단계부터 설정해야 하며 EMC는 이러한 요건들 중 하나여야 한다.

계약에 따라 프로젝트를 협상하는 경우, 보통은 해당 산업별 또는 제품별 표준을 참조하여 EMC 요건을 명시해야 한다. 이는 방위 산업과 자동차 산업과 철도 산업과 같은 분야에서 일반적인 현상이다. 제품의 윤곽이 명확하게 확립되기 이전인 초기 단계에서는 이러한 요건들이 거의 불분명한 것이 드문 일은 아니며 구매(조달) 엔지니어는 EMC 표준의 세부사항에 대해서는 잘 모르고 있는 것이 보통이다. 이것은 구체적인 사항들을 정하는 데 있어서 협상의 여지가 있음을 의미하는데, EMC를 고려하는 경영(관리) 방식이 명확히 존재하는 경우에는 이러한 협상이 좀 더 용이할 것이다.

계약과 관련이 있든 없든 상관없이 최고 수준의 규격은 표준들을 집중적으로 참조한 것이다. 이들 표준들에서 정한 시험들이 설계에 미치는 영향을 이해하는 것을 가장 중요한 목표로 삼아야 한다.

17.2.2 설계 규칙

사실, 모든 설계그룹에는 EMC 성능을 확보하기 위해 적용해야 하는 어떤 일반적인 규칙이 있어야 한다. 이 책의 [부록 A]와 [12.2.5절]에서는 이와 관련한 몇 가지 설계 규칙들을 다루고 있다. 그런데 모든 종류의 제품에 적용되는 신성불가침의 절대적인 설계규칙들을 모아 한 세트로 만드는 것은 불가능하다. 이것은 다양한 구조물(플라스틱 케이스, 금속 케이스, 랙, 캐비닛), PCB 기술(단면 기판에서 20개 이상의 층을 가진 다층기판까지), 회로 복잡성[단순한 아날로그에서 다중 클록 고밀도 처리(multi-clocked dense processing)까지]은 물론, EMC 성능요건들을 고려할 때 당연한 일이다. 고성능의 군용 요건에 필수적인 규칙들은 단순한 가전기기에는 적합하지 않을 수 있다. 오히려 관련된 원칙들을 잘 이해한 상태에서 다루어야 할 사항들의 목록을 알아두는 편이 더 낫다. 최소한 다음 사항들은 반드시 고려해주어야 한다.

- 회로설계: 아날로그 대역폭 제한, 전원면 분할 및 디커플링, 전원버스 조정(안정), 변환 및 분배, 클록 주파수의 선택, 클록 분배 및 버퍼링, 상승시간 및 슬루율 제한
- PCB 레이아웃: 0V 면, 전원면, 적층(층 배치), 디커플링 배치, 부품 배치, 불변(일정) 임피던스 층(constant impedance layer), 방열 및 기계적 측면, 접지 연결(접속) 및 일반 배선
- 인터페이스: 전원공급기(전원선) 필터링, 저주파 비차폐 케이블 포트 필터링, 고주파 비차폐 케이블 포트 평형 및 공통모드 초크, 차폐 케이블 포트의 차폐도체와 섀시의 연결(접속)
- 인클로저 설계: 개구부 크기 및 위치, 구조물 부품의 접합, 전도성 개스킷 사용, 결합(접합) 표면 처리 및 페인트 처리, PCB와 인클로저 연결(접속), 국부 차폐, 전도성 코팅을 위한 주

형(성형) 설계 및 코팅 선정

주어진 설계에 대해 이러한 사항들을 구현하는 것은 각각에 해당하는 설계자의 책임이다. 이들은 설계검토(design review) 과정을 통해 검증할 수 있다.

17.2.3 설계검토

제품 설계의 모든 단계에서 각 단계마다 설계 내용을 검토하면 EMC에 대한 세심한 관리가 확실하게 이루어지게 하는 데 도움이 될 수 있다. 이 경우, 제품제작에 참여한 설계자들은 해당 프로젝트에 참여하지 않은 다른 설계자들에 의해 "제삼자 검토(peer review, 동료평가)"를 받게 되며 이들의 의견을 종합하여 각 설계 측면의 타당성에 대한 결정을 내리게 된다. 설계검토는 제품 개발 과정에서 거쳐야 하는 주요 이정표가 되어야 한다. 다음 개발 단계로의 진행은 각 단계에서 검토결과가 성공적으로 판명된 경우에만 이루어져야 한다. 이 자체 관리 규정은 프로세스 전반에 걸쳐 EMC 측면[안전(safety) 측면도 함께]이 제대로 다뤄지는지 점검하는 공식 체계를 제공한다. 여기에는 또 다른 장점이 숨겨져 있다. 제품의 인증 서류에 이의가 제기되는 경우, 설계 검토 회의록이 회사에서 EMC 문제와 안전 문제를 사전에 적극적으로 해결해왔음을 증명하는 설득력 있는 증거가 된다.

이것이 실질적으로 의미하는 바는, EMC 조정자는 어느 설계검토에나 반드시 참여해야 하며 검토를 승인하는 데 포함되어야 한다는 점이다. 제품의 EMC 성능에 영향을 미칠 수 있는 각 단계의 설계 결정에 의문을 제기하는 것은 EMC 조정자의 책임이다. EMC 규칙들이 장치의 단가를 지나치게 올리는 경우, 설계팀은 EMC 설계 규칙을 절대적으로 그리고 철저하게 따르는 것이 불가능하다(따라서는 안 되기도 한다). 하지만 EMC 차원에서 설계를 선택해야만 하는 경우도 많이 있을 것이다. 그리고 문제가 발생한 경우 설계자는 원인을 이해해야 할 뿐만 아니라 향후 설계에서 발생할 가능성이 있는 문제를 제거하는 데 필요한 단계들을 따를 수 있어야 한다.

EMC 측면에서 설계 검토를 위한 구체적인 틀(체계)을 만들어 시행해보려면 [부록 A]와 [12.2.5절]에 수록된 설계점검 항목들과 설계규칙들을 바탕으로 시작해보기 바란다.

17.2.4 EMC 중요 측면 식별

프로젝트를 진행하는 과정 중에, 설계 검토에서 역점을 두어야 할 부분은 인증시험에서 문제를 일으킬 가능성이 있는 설계 측면을 찾아내는 것이다. 문제들을 100% 찾아내기란 불가능할 것이다. 다 찾아낼 수 있다면 인증시험을 할 필요도 없을 것이다. 설계 검토를 하는 목적은 오히려 잠재적인 문제들이 실제로 나타나기 전에 이들을 예측하고 처리하는 것이다. 이 과정은 과거의 경험, 즉 이전에 유사한 유형의 제품들이 인증시험에서 어떤 결과를 보였는가에 크게 의존한다. 이것이 의미하는 바는, 이러한 경험을 잘 살리기 위해서는 시험 결과를 잘 기록해서 간직해야 한다는 사실이다. 인증시험을 통과하는 것 자체만으로는 충분하지 않다. 어느 정도의 여유로 제품이 통과하는지, 즉 관련 주파수에서 방출 허용기준보다 어느 정도 아래인지, 또는 내성에 대한 최소 스트레스 레벨보다 어느 정도 높은지 알아야 한다. 이 결과는 다음 단계에서 설계를 진행하는 데 일종의 지침으로 작용한다.

경험이 없는 새로운 설계의 측면들은 자동적으로 중요한 요소가 되어야 한다. 예를 들어, 이전과는 다른 인터페이스(USB 또는 이더넷)를 사용하는 경우, 클록 주파수가 더 높은 새로운 프로세서를 사용하는 경우, 감도가 더 높은 A-D 변환기를 새롭게 사용하는 경우가 여기에 속한다. 기판 레이아웃과 인터페이스 보호와 더불어 이처럼 새롭게 확장하는 부분들은 각별히 주의해서 다루어야 한다.

다음 항목들은 모두 초기 단계에서 더욱 면밀한 검토가 필요하다.

- 인터페이스를 통해 들어오거나 나가는 광대역 고속신호
- 대형 기판이나 전체 시스템 주위에서, 백플레인을 경유하거나 또는 기판들 사이를 연결하는 케이블을 통해 분배(배선)되는 클록 신호와 데이터 버스 신호
- 고출력 고주파 스위칭 회로
- 무선 온보드(wireless on board)를 비롯하여 μV 레벨이나 mV 레벨의 신호를 증폭

17.3 시험 관리

앞서 9장에서는 EMC 시험 계획을 자세히 다룬 바 있다. 이러한 시험들을 관리하는 것 자체가 중요한 작업이다.

17.3.1 시험 실시 시기

프로젝트 관리자가 직면하는 문제 가운데 하나는 제품 개발 단계 중 어느 시점에서 EMC 시험을 수행해야 하는가이다. 제품에 EMC 문제가 있다는 사실을 알게 되는 가장 좋지 않은 시점은 설계가 완료됐을 때, 기구작업과 PCB 레이아웃이 모두 승인되고 제품 출시일이 다가올 때이다. 반면에, 제품을 너무 이른 지점에서 시험하면, 시험결과가 최종 제작품의 성능에 반영되지 못할 것이다. 그렇다면 가장 좋은 시험 시점은 언제가 될까?

17.3.1.1 초기 확인시험

실제로, 최소한 두 종류의 시험 – "초기 확인시험"과 "최종 인증시험" – 계획을 세우는 것이 현명하다. 이렇게 하면 둘 중 어느 한 시험만 하는 경우의 딜레마를 해결할 수는 있지만, 시험 관련 예산이 두 배로 늘어나므로 명백한 비용증가로 이어진다. 사실, 초기 확인시험에서는 표준에서 명시한 시험방법을 완벽하게 그대로 따를 필요는 없다. 시험의 원칙과 한계를 충분히 잘 알고 있기만 하면, 이른바 "사전 적합성 시험방법(pre-compliance test method)"이 최종 인증단계에서 통과에 실패하게 만드는 주요 문제들을 찾아 제거하는 데 적합할 수 있다. 이 방식을 사용하면 비용이 절감되고, 더 적은 예산으로 더 많은 범위를 종합적으로 시험할 수 있다. 또한 인증을 받은 시험소에 비싼 시간당 비용을 지불하지 않고도 다양한 설계 옵션들의 성능과 효과를 평가할 수 있다.

이 두 단계 시험 방식을 따르면 초기 시험 시점을 유연하게 선택할 수 있다. 기본적으로는 "대표하는 제작품(시제품)"을 사용하여 가능한 한 빠른 시점에서 시험하기를 바랄 것이다. 어떤 사람들은 최종 제작품이 나오기 전에 시험을 하는 것은 아무 의미가 없다고 말한다. 생산 준비과정에서 이루어지는 아무리 사소한 변경이라도 EMC에는 결정적인 영향을 미칠 수 있기 때문이다. 아주 틀린 말은 아니지만 이는 설계가 제대로 되어가고 있는지 여부를 아는 것의 중요성을 간과한 것이고, 또한 나중에 감당할 수 없는 문제가 생기는 경우에 받을 충격을 겪지 않아도 된다는 점을 대수롭지 않게 생각하는 것이라 할 수 있다. 초기 시험의 목적은 현재 설계에서 즉시 처리해야 할 중요한 문제들을 찾아내는 것인데, 그 이면에는 나중에 설계 변경이 이루어지면 이들 문제들이 어떤 식으로든 영향을 받을 수 있음을 인정한다는 전제가 놓여 있다. 이러한 초기시험의 목적에 맞춰, EMC와 관련하여 확신하지 못하고 있는 설계의 부분을 시험하는 것이 적절할 것이다. 예를 들어,

- **새로운 고속 인터페이스 부분의 시험:** 필터링과 케이블 차폐 옵션 중에서 선택을 하고, 또한 방출과 내성에서 문제가 되는 데이터 전송속도(data rate)와 형식(format)을 알아내기 위해 실시
- **비디오 회로의 시험:** 인가되는 RF 방해의 레벨을 알아보고 주파수의 변화가 화질에 미치는 영향을 확인하기 위해 실시
- 기구작업을 본격적으로 하기 전에 **다양한 인클로저 설계의 차폐효과 또는 전도성 개스킷의 차폐효과 시험**

물론 이 단계에서 모든 시험을 수행할 필요는 없다. 일반적으로 가장 적절한 시험은 RF 방출시험과 RF 내성시험이며 빠른 과도 및 서지 내성시험도 가능하다. ESD 내성은 레이아웃, 접지, 인클로저의 설계에 따라 크게 달라지므로 이들의 설계가 완료되고 대표하는 설계모형

이 나온 다음에 ESD 내성과 관련한 시험을 하는 것이 효과가 있다. 다른 시험항목들도 이들의 설계에 영향을 받지만, ESD 내성보다는 영향을 받는 정도가 작다. 따라서 이러한 시험항목들은 ESD 내성보다 좀 더 일찍 수행할 가치가 있다. 특히, 중요한 결합 경로를 찾아내 제어할 수 있는 경우에는 더더욱 그렇다. 예를 들어, 대표 인터페이스 접지 시스템(인터페이스 접지 시스템 시작품)의 설계가 완료된 경우에는, 제대로 된 인클로저 없이도 전도성 방출시험과 내성시험의 수행이 가능한 것이 보통이다. 이러한 시험을 통해 적어도 다음 단계의 제작품에서 다루어야 할 측면들이 무엇인지를 명시할 수 있다.

초기 시험의 또 다른 목적은 작동 방식(operating mode)과 제품구성 상태가 EMC의 전체적 성능에 미치는 영향을 더 많이 알아내기 위함이다. 이것을 알아내면 최종 인증시험에서 최악의 경우가 발생하여 이를 해결하고자 특정한 제품구성과 동작 방식을 선택해야 할 때, 이처럼 늦은 단계에서조차 시간을 그렇게 많이 들이지 않고도 그 선택이 타당함을 입증할 수 있다.

17.3.1.2 인증시험

두 번째 질문은 인증시험이 수행되어야 하는 시점은 언제가 가장 적합한가이다.

이 문제는 엔지니어링 측면에서의 고려사항에 추가하여 회사 정책에 비춰보아 결정할 사항이다. 그 까닭을 말해보면, 지침에 대한 자체인증(자기인증)(self certification to Directives) 제도 아래에서 인증신고는 “제조업체의 책임”이므로 이 문제에는 엔지니어링 측면뿐만 아니라 상업적, 법적 측면도 포함되어 있기 때문이다. 계약상 확정된 의무에 대해서도 이와 동일한 방식으로 고려를 해주어야 한다.

이들 시험의 문제는 이들이 일반적으로 제품을 출시해야 하는 압력이 가장 클 때(더 나쁘게는 출시 후) 수행된다는 점이다. 제품을 시험할 준비가 되어 있는지 확인하기 위해 적용해야 하는 기준은 다음과 같다.

- 사소한 변경(예를 들어, 케이스 색상 또는 외부의 세부 성형구조)을 제외한 모든 엔지니어링 변경의 완료 여부: 시험대상 제품이 시장에 출시할 제품과 기본적으로 동일한가?
- 모든 관련 소프트웨어 기능을 사용할 수 있고, 오류는 모두 수정되고 완전한 상태인가?
- 케이블들을 비롯하여 모든 지원 장비들이 준비되어 있고 정상적으로 동작하는가?
- 위의 기준들을 모두 충족하는 제품 샘플들이 충분히 제공되어 시험을 적절히 수행할 수 있는가?

이러한 기준들을 모두 충족한 상태로 제품 출시 일정을 맞출 수 있는 경우는 거의 없다. 이들 기준을 모두 충족하는 최상의 경우에서 벗어난 경우에는 이로 인해 시험 결과의 유효성(타당성)에 어떤 위험요소가 생길지 반드시 평가해야 한다. 특히 엔지니어링 변경과 소프트웨어 변경 문제가 있는 경우에는 더더욱 그렇다. 인증시험이 성공적으로 완료된 후에 이루어지는 추가 변경은, 분석을 통해 다시 시험을 해도 이러한 변경이 결과에 영향을 미치지 않음을 확인할 수 있는 경우에만 허용된다. EMC 엔지니어가 이를 완전히 증명할 수 있는 경우는 매우 드물다. 프로젝트 관리자는 이러한 위험성을 최소화하면서 출시 일정을 맞추는 데 가장 적절한 시점을 판단하여 인증시험을 결정해야 한다.

17.3.1.3 다양한 결과에 대한 계획 수립

프로젝트 관리자는 당연히 일련의 EMC 시험 결과에 대해 낙관적인 전망을 가질 수 있다. 그러나 일부 실패가 발생할 것을 예상하여, 이러한 상황이 발생할 위험성을 찾아내고 이를 경감할 계획을 세우는 것이 더 현실적이다. 인증 시험소들의 보고에 따르면 EMC 인증의 초창기에는 대부분의 제품들이 첫 번째 시험에서 실패를 했다. 이 암울한 상황은 EMC라는 주제에 대한 이해가 더욱 깊어지면서 다소 나아졌다. 그런데 모든 제품들이 인증시험을 통과한다는 확실한 보장이 있다면 시험은 아무런 의미가 없을 것이다.

인증시험 단계에서는 다양한 방법으로 곤란한 상황에 대응할 수 있다. 그 중 한 가지 방법은, 초기 인증시험과 최종 승인 사이에 이루어지는 기판이나 인클로저의 재설계에 대처할 수 있도록 일정에 충분한 유연성을 허용하고, 필요할 경우 추가로 시험 일자를 선택할 수 있게 하는 방식이다. 또 다른 방법은 설계 자체에서 몇 가지 변경을 할 수 있게 하는 것인데, 가장 확실한 상태로 시험을 통과하는 결과가 나올 때까지 즉석에서 이 변경을 시도할 수 있게 한다. 또는 시제품을 여러 개 만들고 여기에 서로 다른 변경사항들을 각각 적용한 다음에 이를 동시에 시험할 수 있게 한다. 사전 적합성 시험결과가 양호하면 각각의 설계 옵션의 위험을 평가하는 데 유리한 상황에 놓이게 된다. 프로젝트 관리자는 시험 시점의 결정문제는 물론 여러 가지 설계 구현방법들의 비용과 장점들을 면밀히 검토하여 인증시험 실패로 인해 프로젝트가 지연될 위험성을 최소화해야 한다.

17.3.2 시험은 회사 내부와 외부 중 어디에서?

17.3.2.1 시험 옵션

중소기업은 자체적으로 시험설비 전부를 갖출 여력이 없으므로 선택의 폭은 다음과 같은 경우로 제한된다.

- 비슷한 처지에 있는 회사들의 컨소시엄에 가입하고 재정을 지원한다. 이 컨소시엄은 그 회원사들의 이익을 위해 시험시설을 공동으로 운영한다.
- 모든 EMC 시험 요건을 시험하는 외부의 개별 시험소를 이용한다.

• 자체적으로 EMC 성능 검사를 할 수 있도록 회사 내에 기본적인 EMC 시험능력을 갖춘 설비를 구축하고 인증시험은 외부의 개별 시험소를 이용한다.

이 가운데 첫 번째 선택사항과 관련해서, EMC가 아닌 다른 분야에서는 "협동 연구클럽(co-operative research clubs)"의 형태로 만들어진 사례가 있지만, 영국에서는 광범위하게 설립되지 않았다. 두 번째 선택사항은 비용이 많이 들고, 자신의 제품을 시험하는 과정에서 얻은 경험이 회사 내에 축적되지 않으므로 향후 개발 제품에 적용되지 못한다는 단점이 있다. EMC 성능 확인을 위해서는 비용이 저렴한 비인가시험소를 이용하고 완전한 인증시험을 위해서는 인가시험소를 사용하면 비용문제는 어느 정도 완화할 수 있다. 하지만 시험소를 그때그때마다 바꾸기보다는 잘 맞는 시험소 한 곳과 긴밀한 관계를 유지하는 편이 더 바람직하다. 유감스럽게도 EMC 시험에는 측정 불확도(measurement uncertainty)가 크다는 특징이 있으며 같은 장비에 대해 한 시험시설에서 실시한 시험의 결과가 다른 시설에서 실시한 시험의 결과와 동일하게 나온다는 보장이 없다. (이러한 상황으로 인해, 인증 실패와 통과의 경계 근처에 있는 제품에 대해 인증시험을 통과할 때까지 여러 군데의 시험소를 돌아다니는 방법을 시도하는 경우도 있는데 이는 바람직하지 않다. 이런 방법을 시도한 이유는 이 방법이 제품 설계를 다시 하는 것보다는 비용이 적게 든다고 판단했기 때문이다!)

17.3.2.2 자체 시험

측정 불확도 문제는 세 번째 선택사항에도 적용된다. 성능 확인을 위한 시험은 대부분 통제되지 않은 환경에서 이루어지기 때문에 이 문제는 큰 영향력을 발휘한다. 성능확인 시험을 하더라도 이를 수행하는 데 들어가는 예산은 결코 무시할 수 없다. 시험설비가 고가이긴 하지만 사용 빈도가 높지 않은 경우에는 대여를 하는 방식으로 비용을 줄일 수 있다. 또 다른 단점으로는, EMC 규정과 시험방법에는 많은 변화가 계속해서 일어나므로 이들을 최신 상태로 유지하기 위해서는 시험 장비와 시설에 투자를 해야 할 뿐만 아니라 관련 인력을 교육하는 데도 투자를 해야 한다. 외부 시험 연구소는 최신 장비와 시설과 전문지식을 갖추고 있어야 한다.

회사 내 시험 방식의 장점은 제품의 설계와 생산 사이클의 모든 단계에서 시험을 수행할 수 있으며, EMC 성능을 확인하는 시험과정에서 설계팀은 다양한 시험방법에 대해 알 수 있게 되며 다양한 설계방법의 효과에 대해서도 알 수 있게 된다는 점에 있다. 이렇게 얻은 결과는 회사의 훌륭한 자산이 되어 향후 설계에 큰 도움을 줄 것이다. 또한 시험과정에서 지출되는 비용에 대한 염려 없이 회사 실험실에서 설계 변경의 영향을 여러 번에 걸쳐 시험할 수 있으므로 스트레스를 훨씬 덜 받게 될 것이다. RF 방출이나 내성과 관련한 시험은 회사 외부에서 실시하고 그 대신 과도현상, ESD, 전원선 방해 내성과 같은 시험들은 최소한의 시험 설비와 장비들을 갖추고 있는 회사 내에서 실시하면 가장 이상적일 것이다.

제품이 통합기준에 대해 자체인증을 받으려 하는 경우, 자체 시험 능력과 정확성을 확신할 수 있다면 외부 시험소를 이용할 필요가 전혀 없다. 그럼에도 불구하고 많은 회사들, 특히 적합성신고서(declaration of conformity)에 서명할 권한을 가진 사람들도, EMC 시험분야에서 역량을 인정받은 기관으로부터 별도로 인증을 획득하는 것에 더 만족스러워한다. 어쨌든 이것은 종종 상업용 요건이기도 하다.

17.3.2.3 인정(accreditation)

ISO 17025 규격을 기반으로 하는 시험시설의 무결성(integrity) 확인요건을 충족하는 시험소는 인정(인가, accreditation)을 받을 수 있다. 인정을 위한 확인요건에는 시험 장비의 교정(calibration)과 유지보수(maintenance), 측정 소급성(measurement traceability)[3]과 절차(procedure), 기록(record) 및 보고서(성적서, report), 품질관리시스템(quality system) 및 직원역량(staff competence)이 포함된다. 영국에서 인정를 관장하는 기관은 UKAS(UK Accreditation Service, 영국 인정서비스)이다. 유럽 전체에 걸쳐 시험소 인정(accreditation)에 대한 상호인정(mutual recognition)은 시험시설의 인가를 담당하는 유럽그룹들[EA(European co-operation on Accreditation, 유럽 인정협력기구)의 전체 회원국들] 사이에 맺은 다자간 협정인 EA MLA(Multilateral Agreement)에 따라 이루어진다. 이 협정에 따라 서명자는 서명 회원국들이 운영하는 인정시스템의 동등성을 인정하고 허용한다. 또한 각 회원국의 인정기관에서 제공하는 적합성 평가 결과의 신뢰성을 인정한다. EA MLA 협정에 서명한 회원국 명단이 [표 17.1]에 수록되어 있다. 유럽 이외의 지역에서도 여러 국가들 사이에서 상호인정협정(Mutual Recognition Agreement)을 통해 이와 유사한 시스템이 운영되고 있다.

인정요건의 시험계획에 대해서는 [10.1.1절]에서 다루고 있다. 성적서(보고서) 형식에 대해서는 다음 절에서 다룬다.

3 (옮긴이) 측정 소급성(measurement traceability, 測定 遡及性)이란 「국가표준기본법」에서 연구개발, 산업생산, 시험검사 현장 등에서 측정한 결과가, 명시된 불확정 정도의 범위 내에서 국가측정표준 또는 국제측정표준과 일치되도록 연속적으로 비교하고 교정(較正)하는 체계로 정의하고 있다. 시험 · 검사를 국가측정표준 또는 국제측정표준과 일치되도록 하기 위해서는 결과의 불확도에 영향을 미치는 모든 요소에 대하여 소급성을 확보하여야 한다.

표 17.1 시험 인가를 담당하는 유럽 기관(MLA 서명자)

Albania	DPA	Luxembourg	OLAS
Austria	AA	Malta	NAB–Malta
Belgium	BELAC	Norway	NA
Bulgaria	BAS	Poland	PCA
Cyprus	CYS–CYSAB	Portugal	IPAC
Czech Republic	CAI	Republic of Croatia	HAA
Denmark	DANAK	Romania	RENAR
Estonia	EAK	Serbia	ATS
Finland	FINAS	Slovakia	SNAS
France	COFRAC	Slovenia	SA
Germany	DAkkS	Spain	ENAC
Greece	ESYD	Sweden	SWEDAC
Hungary	NAT	Switzerland	SAS
Ireland	INAB	FYR Macedonia	IARM
Italy	ACCREDIA	The Netherlands	RvA
Latvia	LATAK	Turkey	TURKAK
Lithuania	LA	UK	UKAS

EMC에 대한 인정은 일반적으로 규격별로 또는 시험별로 부여되므로 시험소를 선택할 때는 해당 제품에 요구되는 시험과 표준에 대한 인정을 획득한 연구소인지 확인해야 한다. 시험소가 인정을 받기 위해서는, 그 시험소는 품질관리시스템에 대한 점검을 받고서 잘 알려진 ISO-9000 규격과 유사한 요건을 충족해야 한다. 또한 평가자는 장비의 적합성과 교정, 올바른 시험 절차의 사용, 모든 기록과 보고서(성적서) 형식, 시험 엔지니어의 교육과 기술적 역량(technical competence)과 권한(authorization)을 검토한다. 따라서 인증증서(statement of compliance)를 뒷받침하는 자료인 인정보고서(accredited report)에 대해 이의를 제기하는 경우는 매우 드물 것이다. 따라서 비인정 보고서와 비교할 때 인정보고서는 향후의 이의제기에 대처하는 일종의 보호수단의 역할을 할 것이다.

17.3.3 보고서의 다양한 유형

보고서의 종류는 단지 EUT가 그 규격을 충족하는지 아닌지만 기술하는 시험소 인증서(certificate)에서 모든 결과와 시험 절차를 포함하고 있는 상세한 시험성적서(test report)에 이르기까지 다양하다. 대부분의 영국 시험소는 상세한 시험 절차는 수록되지 않고 꼭 필요한 결과와 정보가 포함된 시험 성적서를 UKAS에 전달할 수 있을 것이다. EMC 지침을 준수하기 위해 필요한 보고서가 EN 표준 적합성 인증서인지 아니면 EMC 평가(EMC Assesment)를 위한 기술 파일에 첨부하는 보고서인지 알아야 한다. 통합 표준에 대한 자체신고의 경우, 보고서 형식은 사용자 자신(또는 고객)이 어느 정도의 세부항목을 필요로 하느냐에 따라 정해진다. 유럽연합 지침(EU Directives)을 벗어나 적용하는 경우에는 이들을 계약상의 요구조건으로 정할 수 있다.

"합격(pass)"[또는 "불합격(fail)"]라고 간단히 적혀있는 인증서는 비용이 저렴하고 빠르다. 보고서가 상세할수록 비용은 많이 들고 시험소에서 이를 작성하는 데 몇 주가 걸릴 수 있다. 그러나 나중에 자신이 작성한 적합성신고서(declaration of conformity)에 대해 법적인 이의를 제기하거나, 또는 이보다는 더 가능성이 높은 경우로 고객 스스로가 EMC 표준준수를 재확인하고 싶어 해서 보고서를 자세히 검토해야 하는 경우에는 보고서가 상세할수록 더 많은 이점을 얻을 수 있다. 보고서가 어떤 개별 시험들이, 어떤 포트들에 대해. 어떤 동작조건으로. 어떤 측정 장비를 사용하여, 어떤 성능기준에 대해 수행되었는지를 명확히 기술하고 있으면, 제삼자로 하여금 수행된 시험들의 완전성(completeness)과 적절성(relevance)을 검토하게 할 수 있으며 필요할 경우 다른 시험소에서 같은 시험들을 다시 해볼 수 있다. 세부항목이 부족한 보고서는 그 가치가 의심스러우며 최악의 경우, 고객이나 법 집행기관에 대해 그 보고서는 효력을 상실했다고 판단할 수 있다.

또 한 가지 생각해 볼 문제는 보고서에 시험에서 측정한 모든 결과들 — 예를 들어 실제 방출 레벨들 — 을 전부 포함시켜야 하는지 여부이다. CISPR 22/EN 55022는 6개의 최고치를 보고할 것을 요구하고 있는데, 보통은 이것이 모든 방출 보고서의 지침으로 간주되고 있다. 이 보고서의 측정값을 통해 보고서를 읽는 사람은 해당 제품이 어떤 주파수에서 얼마만큼의 방출 여유를 가지고 있는지 판단할 수 있다. 특히 그 제품이 인증이 필수적인 어떤 시스템을 구성하는 장치로 사용되는 경우에는 이 값들이 더욱 유용하다. 경우에 따라서는 보고서에 방출시험 결과를 그래프로 제공하기도 한다. 이러한 방출 그래프는 그래프 자체에서 정확한 방출레벨 값을 읽어내는 데는 별 소용이 없지만 제품의 전체적인 방출특성(profile, 프로파일)을 파악하는 데는 유용하다. 사실, 보고서에 이러한 세부사항이 포함되어 있으면 보고서로부터 가장 큰 도움을 받는 사람은 바로 제품 설계자이다.

9장에서는 시험계획에 대해 상세히 다루고 있다. 잘 수립된 시험계획을 통해 시험보고서의 내용을 상세히 설명하고 보강할 수 있다.

17.4 생산 단계와 그 이후 단계의 규정준수

제품이 설계단계에서 생산단계로 옮겨가도 EMC 제어는 중단되지 않는다. EMC 지침(EMC Directives, EMCD)과 무선장비지침(Radio Equipment Directives, RED)에서는 모두 제조업체가 각 개별 장치의 적합성(compliance)을 유지하기 위해 "필요한 모든 조치들"을 취할 것을 요구하고 있다(2.2.4절 참조), 하지만 구체적으로 이 조치들이 무엇이지 명시하고 있지는 않다.

17.4.1 품질보증 정도

RED는 다음과 같은 점에서 EMCD와 구별된다. RED는 기술문서를 포함한 자체인증에서 유럽 인증기관(Notified Body)에 의해 합의된 추가 시험은 물론, 유럽 인증기관의 평가와 감시를 통한 완전한 품질보증에 이르기까지 여러 가지 유형(등급)의 무선제품의 인증을 위해 다양한 옵션(option)들을 제공한다. 맨 마지막 항목은 적합성 평가절차에 대한 기본지침 93/465/EEC에 정의되어 있는 모듈 H(Module H)와 동일하다. 이 모듈에 규정되어 있는 품질관리 시스템의 요건은 RED [198]에 주어져 있는데, 이를 간추려 정리하면 다음과 같다.

> "품질관리 시스템은 제품들이 그 제품에 적용되는 지침의 요건들을 반드시 준수하도록 해야 한다. 제조업체가 채택한 모든 요소들, 요건들 및 규정들은 문서로 작성된 방침(policies), 절차(procedures), 설명(instructions)의 형태로, 체계적이며 순차적인 방식으로 문서로 만들어야 한다. 품질관리 시스템 문서는 품질 프로그램, 계획, 매뉴얼 및 기록을 일관성 있게 해석할 수 있어야 한다.
>
> 특히 다음 사항에 대한 적절한 설명을 포함해야 한다.
>
> - 품질 목표와 설계 및 제품 품질과 관련한 관리의 조직 구조, 책임, 권한
> - 제품에 적용할 표준을 비롯한 기술설계규격, 그리고 관련 통합표준이 완전하게 적용되지 않는 경우에 제품에 적용되는 필수요건을 반드시 충족하게 하는 데 사용될 방법
> - 다루는 제품 범주와 관련된 제품을 설계할 때 사용될 설계 제어 및 설계 검증 기법, 프로세스 및 체계적 조치
> - 해당하는 제조, 품질 관리 및 품질보증 기법, 사용될 프로세스 및 체계적인 조치
> - 제조 전, 제조 중 및 제조 후 수행할 검사 및 시험, 그리고 수행할 검사 및 시험의 빈도
> - 검사 성적서, 시험 데이터, 교정 데이터, 직원의 자격에 관한 보고서 등의 품질기록
> - 요구되는 설계 및 제품 품질의 달성과 품질시스템의 효과적인 운영을 감시하는 수단

이상의 내용은 품질시스템의 요건은 EMC 인증 과정을 제어하는 데도 꼭 필요하다. 당연히 이것은 온갖 분야에서 사용되고 있는 ISO-9000과 같은 국제 표준과 밀접하게 연결되어 있는데, 특별히 EMC와 관련된 문제를 다루기 위해서는 더 확장되어야 한다.

17.4.2 생산 QA 시험

대량생산을 통해 제작된 제품의 EMC 성능은 시험당시의 제품의 EMC 성능과 다를 수 있는데 그 이유는 다음 두 가지이다. 하나는 엔지니어링 설계 변경으로 인해 제품의 형식적 제조 상태가 달라질 수 있기 때문이다. 다른 하나는 생산과정에서 발생하는 전자 부품들과 기계적

구조의 허용오차가 잡음 발생원에서 유출되는 방출레벨이나 피해회로의 감응성(내성)을 변화시키기 때문이다.

엄밀히 말해, 이러한 이유들로 인해 제품이 규정준수 범위를 벗어나는 일이 없게 하려면 생산되어 나오는 모든 제품 하나하나에 대해 EMC 시험을 해야 할 것이다. 하지만 대부분의 경우에 이 방법은 비현실적이다. 이보다 합리적인 방법은 샘플 시험 시스템을 운영하는 것이다. 이때 각 샘플에 대해서는 표준인증에 필요한 시험들을 전부 다 수행하거나 또는 이보다는 간단하게 주요 파라미터들에 대한 비교시험 — 예를 들어, 방사성 방출 시험을 하지 않고, 위험한(중요한) 케이블 포트들에 대해서만 시험을 하여 측정된 어떤 방출 주파수들이나 감응(취약) 주파수들을, 전달 표준들(transfer standards)이나 전체 시험 모두를 준수하는 제품인 "모범제품(golden product)" [152]과 비교하는 시험 — 을 수행할 수 있다.

17.4.2.1 샘플 시험 체계

그러면 샘플에 대한 시험은 얼마나 자주 수행해야 하는가? 이에 대한 대답의 하나는 생산 오차를 고려하여 설계에 마진을 두었다고 가정하고, 알려진 변경사항을 근거로 하여 샘플링을 하고 엔지니어링 변경에 대해서는 점수제를 도입하는 것이다. 각 변경사항은 EMC 프로파일(profile)에 미치는 영향의 정도에 따라 주어진 EMC 점수를 부여받는다. 변경으로 인해 누적된 점수가 일정 값에 도달하면 제품은 재시험에 회부된다. 물론 이 시험 시스템의 핵심은 변경사항에 어떻게 점수를 할당해야 하고 어떤 점수에서 재시험을 할지 결정하는 데 있다. 이 시스템은 처음에는 주로 추측에 의존해야 할 가능성이 높다. 그렇긴 해도 이 방법을 진행해 나가는 과정에서 위험(중요) 영역에 대한 경험과 지식을 얻을 수 있으며 이는 다시 이 과정을 개선하는데 도움이 될 것이다.

또 다른 방식은 초기 적합성 시험 과정에서 측정된 마진(margin)에 근거하여 샘플 시험 기간을 정하는 것이다[68]. 초기 측정에서의 방출량이 허용기준에 가까울수록 생산 샘플에 대한 시험은 더 자주 수행되어야 한다. 이러한 방식으로 샘플링을 계속하면 방출량에 대한 통계분포 데이터베이스를 구축하는 데 도움을 주어 제품이 80/80 규칙을 준수한다는 것을 양호한 신뢰도로 확신할 수 있다(2.2.4.1절 참조). 이는 또한 적합성신고에 대한 서명의 숨겨진 기능 중 하나이다(2.2.3.4절 참조). 서명인은 재검증 약속을 요구할 수 있을 만큼 높은 직급에 있는 사람이어야 한다(서명은 판매되는 모든 제품의 적합성 책임을 회사에 맡기기 때문에)[130]. EMC 조정자 또는 시험기관은 제품이 사용되는 동안에 요구되는 재검증 시험을 규정한 문서를 작성해야 하는데, 이는 초기 적합성 시험 때의 합격의 품질과 관련이 있다. 이 문서는 해당 제품에 대한 EMC 지정 문서(EMC-specific documentation)의 일부를 구성하는 것으로 제품 제조 관리자의 서명과 적합성신고에 따라 유지된다.

17.4.2.2 ISO-9000

ISO-9000에 대한 인정을 받은 회사 내에서 생산 과정 중에 EMC가 확실히 유지되도록 하기 위해 절차를 수립하고 문서로 만들 수 있다. 이러한 절차는 "EMC에 중요한 생산 과정의 측면들"에 대해 얼마나 확실히 알고 있는가에 따라 달라진다. 따라서 다음 세 가지 방식으로 회사의 운영방식을 수정해야 한다[25].

- EMC에 중요한 모든 부품들, 조립 방법, 설치 방법, 과정은 설계 책임자가 결정한다.
- 이러한 부품들과 이들 부품이 중요함을 분명히 밝히는 작업지침을 명확히 표시한다. 또한 변경이 필요할 때 EMC 책임자를 호출하는 절차를 명확히 표시한다.
- 변경을 초기에 탐지하기 위해 회사 내 시험의 수준을 최적화한다.

이러한 사안들은 회사의 품질 매뉴얼에 수록한 절차를 통해 처리할 수 있다.

17.4.2.3 회사 내의 기타 부서

EMC의 책임은 제품의 설계와 제조에 그치지 않는다. 대형장비와 분산시스템은 생산 설비기술자와 설치기술자(production fitter and installer)에 의해 현장이나 현장 밖에 구축된다. 현장에 있는 장비는 서비스 기술자에 의해 수리된다. 이들 그룹은 각각 설계자가 보유하고 있는 것에 버금가는 EMC 지식을 가질 필요가 있으며 그렇지 않으면 엄격히 관리되는 절차를 따라야 한다.

이와 마찬가지로 구매 그룹도 제품의 EMC 성능에 영향을 미칠 수 있다. 부품들과 하부(하위) 조립부(sub-assembly)는 이들이 최종 시스템의 EMC 특성에 영향을 미칠 것으로 예상되는 경우에는 EMC 관련 규격을 고려해야 하고 그에 맞춰 조달해야 한다. 예를 들어 어떤 디지털 부품을 대체할 수 있는 부품 목록에는 스위칭 시간이 더 빠른 대체부품이 포함되어서는 안 된다. 구매 관리자는 교육을 통해 자신의 책임을 잘 인식해야 하며 구매 규격에는 EMC 요건과 관련한 항목이 정리된 부분이 포함되어 있어야 한다.

17.4.3 엔지니어링 변경 제어

앞서 [17.4.2.1절]에서는 생산 중 변경 사항을 누적하여 그 결과에 따라 재시험을 실시하는 시스템에 대해 설명한 바 있다. 이와 같은 시험 시스템을 운영하기 위해서는 이러한 변경사항을 기록하고 평가하는 시스템이 마련되어 있어야 한다. 품질관리 시스템을 갖추고 있는 대부분의 회사에서는 엔지니어링 변경 제어(engineering change control)를 공식 과정(절차)으로 운영하고 있는데, 이 과정에서는 제품이 생산에 들어간 후의 모든 설계 변경을, 그 변경이 실제 적용되기 전에, 검토하고 문서화한다. EMC를 위해서는 이 과정에서 제품의 EMC 인증상태에 상태에 영향을 미치는 모든 변경사항을 전부 다루어야 한다.

변경제어를 실시하는 경우에 변경 문서 서식(template)에는, 어떤 사항이 EMC와 관련된 변경인지 아닌지를 결정하여 그 여부를 표시해주는 칸이 포함되어 있어야 한다. 실제로 누가 이 결정을 내리느냐가 여기서의 핵심이다. 이는 EMC에 대한 전문지식의 수준에 따라 달라지는데, 이 전문지식이 회사 안에, 어떤 사람에게 있느냐가 중요하다. 일반적으로는 EMC 조정자가 검토해야 하겠지만 해당 설계 엔지니어가 이 업무를 맡을 수도 있다. 그런 다음 EMC와 관련된 변경사항들을 평가하여 이들로 인해 재시험을 할 필요가 있는지 없는지, 이 변경사항들로 인한 영향을 모두 재시험 요건에 반영해야 하는지 아닌지, 또는 이들 변경사항들 그 자체를 고려할 때 재시험을 실시하는 것이 타당한지 아닌지, 그 여부를 결정해야 한다. 회사 전체의 소급성(traceability)을 돕고 적합성선언(적합성신고)을 지원하기 위해, 이 시스템 내에 결정사항과 그 근거를 문서화해야 한다.

17.5 지침의 관리 계획 및 문서화

이번 17장에서 살펴본 모든 관리 활동은 각 프로젝트에 일정 수준의 EMC 관련 문서가 필요함을 암시하고 있다. 이를 가장 잘 설명한 문서가 "EMC 관리 계획(EMC control plan)"이다.

17.5.1 관리계획의 목적

EMC 관리계획은 새로운 제품의 규격을 담은 문서로서, 여기에는 일정계획과 EMC 적합성 인증을 위해서 수행해야 할 업무(작업)를 정의하는 방법이 명시되어 있다. 군사 분야와 항공우주 분야의 일부 프로젝트에서는 이 관리 계획을 입찰문서(tender documentation)의 하나로 제출해야 한다. 계약상 요구사항이 아니더라도, EMC 성능을 평가하여 어떤 조치를 언제 취해야 하는지를 보여주는 세부 계획을 설계팀 내에서 사용하는 것은 설계 과정의 맨 마지막 단계에서 보탬이 되는 관리방식이다. 안타깝게도, 이 방식을 적용하지 않은 경우에 EMC 성능이 제품의 아킬레스건, 즉 치명적인 단점이 되어버리는 경우가 많다. 적절하게 계획된(체계화된) 설계 환경 내에서 EMC 관리계획을 받아들여 적용하는 것은 오버헤드(overhead, 필요성이 떨어지는 부담스런 일)라고 볼 수 없다.

EMC에 대한 책임은 EMC 조정자 또는 제품 설계 팀의 구성원인 한 개인에게 부과될 수 있다. 이들의 업무는 EMC 관리계획과 시험계획을 수립하고 이 계획 내에서 제품에 대한 시험 구성(test set-up), 동작 방식(operating mode), 시험 실패기준을 만드는(정의하는) 것이다. 따라서 제품에 적용할 적합한 표준과 시험 방법을 잘 이해해야 하는 것은 필수적이다. 이런 방식의 EMC 관리는 제품의 EMC 측면에 대한 특정 개인의 "주인의식(책임의식)"을 강화하는 데는 도움이 되는 방법이지만 EMC 관련 전문지식을 회사 전체에 확립하고 유지하는 데는 효율적인 방법이 아닐 수 있다. 또 다른 EMC 관리 방법으로, 회사에서 별도의 EMC 관리그룹을 설립할 수도 있다. 여기서 이 관리그룹은 내부 전문 의견을 근거로 하여, 개발되는 모든 제품에 대해 EMC 측면을 감독한다. 이 관리방식을 적용하면 기업은 EMC 관련 전문지식을 보유한 핵심그룹을 구축할 수 있다. 하지만 제품개발팀과 EMC 관리 엔지니어 사이에 마찰을 발생시켜 결과적으로 최적의 제품별 솔루션을 제공하지 못할 수도 있다.

DEF STAN 59-411

영국 국방부(UK MoD)가 DEF STAN 59-411 표준에 따라 조달하는 군용 프로젝트의 경우, 이 표준의 제2부 [219]에서는 EMC 관리계획과 EMC 시험계획의 구성(입안, formulation)과 관련하여 다음과 같은 요건을 명확히 규정하고 있다.

관리계획은 기본적으로 EMC를 어떤 방식으로 달성할 것인가를 명시하고 있는데, 특히 다음과 같은 항목을 포함하고 있다.

> "EMC 관리 계획을 구현하고 연락(정보와 의견교환)에 영향을 미치는 관리 및 조직 절차...생산 및 유지관리 관련 사항을 포함한 EMC를 위한 전기, 기계 및 설치 설계. 장비 케이스의 차폐, 케이블 폼(cable form) 차폐 방책(policy), 접합을 포함한 필터링 방책 및 시스템 접지 방책...개발 모형과 모든 품질시험을 위한 시험 및 품질 계획

관리계획의 그 목적은 프로젝트 규격(Project Specification)과 DEF STAN에서 정의한 EMC 요건을 적절히 다루게 하여 비용대비효과가 좋은 EMC 관리 계획을 개발을 보장하며 책임을 명확하게 하기 위한 것이다.

17.5.2 EMC 평가

제1판 EMCD(EMC 지침)에 의거하여 EMC 인증으로 가는 경로를 따라갔을 때, 제대로 체계화되고 문서화된 관리계획은 기술문서(Technical Construction File, TCF)의 한 부분으로서 가치가 큰 핵심 요소로 자리 잡았다. 가장 최근 판의 EMCD에 의거한 EMC 평가 요건을 준수하기 위해서는 이러한 관리계획이 필수적이다.

제3판 EMCD의 요건에 대해서는 2장에서 자세히 다루었는데, 그 요건을 다시 한 번 간추려 정리하면 다음과 같다.

> "제조자는 부속서 I(Annex I)의 제1항(point 1)에 규정한 필수 요건을 충족할 목적으로, 관련 현상에 근거하여 장치의 전자파 적합성 평가를 수행해야 한다.

전자파 적합성 평가는 모든 의도된 정상 동작 상태를 고려해야 한다. 장치가 다른 구성을 취할 수 있는 경우, 전자파 적합성 평가는, 제조자가 그 장치의 의도된 용도를 대표하는 것으로 인정하는 모든 가능한 구성에서 장치가 부속서 I의 제1항에 규정한 보호 요건을 충족하는지 확인해야 한다.

제조자는 기술문서를 작성해야 한다. 문서에는 관련 요건에 대한 장치의 적합성 평가가 가능해야 하며, 위험(들)의 적절한 분석과 평가가 포함되어야 한다.

기술문서에는 장치의 평가, 설계, 제조 및 운용과 관련하여 해당되는 조건과 범위를 명시해야 한다. 기술문서에는 해당하는 경우마다 최소한 다음 요소가 포함되어야 한다.

- 장치에 대한 일반적인 설명
- 구성 부품, 하부 조립부, 회로 등의 개념 설계, 제작도면 및 계획
- 이들 도면과 계획과 장비의 운용을 이해하는 데 필요한 서술과 설명
- 유럽 연합의 공식 저널(Official Journal of the European Union, OJEU)에서 발행된 자료의 전부 또는 일부가 적용된 통합표준의 목록, 이들 통합표준이 적용되지 않는 경우에는 적용된 다른 관련 기술규격들의 목록을 포함하여 이 지침의 필수요건을 충족하기 위해 채택한 해결책의 서술. 부분적으로 적용된 통합규격인 경우에는 기술문서에 적용된 부분들을 명시해야 한다.
- 행해진 설계 계산 결과, 수행된 검사 결과 등
- 시험 보고서(성적서).
- 부록 II

관리계획은 기술문서에 대한 이 요건의 전체적인 틀을 구성할 수 있다. 위의 부속서 II(Annex II)에서 요구하는 내용들의 상당수는 통합표준에 대한 시험이 EMC 인증 방식의 주요 부분을 구성하는 경우, 시험계획과 이후의 시험보고서에 위임된다. 가능한 모든 구성이 필수 요건을 확실히 충족하게 하기 위한 명시적 요건은, 제한된 구성의 시험을 뒷받침하기 위한 더욱 광범위한 분석이 필요함을 의미하며, 이것은 통합표준에서 요구하는 전체 시험(full test)에서 벗어난 근거 또는 전체 시험의 제약에 대한 근거와 마찬가지로 관리계획에 문서화되어야 한다.

17.5.3 내용

관리계획은 두 가지 주요 부분으로 나눌 수 있다. 하나는 EMC 위험, 분석과 제품 개발 과정에서 따라야 할 최선의 설계 관행으로 정의하는 부분이고 다른 하나는 책임, 프로젝트 검토 및 관리 단계들을 정의하는 부분이다.

1부

1. 다루어야 할 EMC 현상의 정의, 가능한 발생원(가해기기)과 피해기기의 목록, 현장관련 측면과 설치관련 측면, 적용할 통합표준의 선택 근거와 이들 표준의 목록
2. 시험계획의 참고자료, 필요할 경우 제한된 시험을 지원하기 위해 취할 수 있는 다양한 구성을 나타내는 제품의 분석 매트릭스
3. 설계 관행

이 절은 이 책의 11장부터 14장에 다루고 있는 다양한 EMC 제어 방법을 참고로 하고 있다. 제품 설계에 대해 이미 알려진 내용들을 고려하여 가능한 자세히 다루어야 한다.

- 접지 지도를 포함한 접지 체계(시스템)
- 인터페이스의 제어 및 레이아웃
- 차폐 커넥터 및 케이블 사용
- PCB 레이아웃
- 회로 기술
- 전원공급기의 선택
- 전원포트의 필터링
- 신호포트의 필터링 및 격리
- 차폐를 비롯한 패키징 설계

2부

4. 프로젝트 관리

필수적인 EMC 설계 검토, 제어단계 및 체크포인트, 그리고 이들 항목을 감독할 책임이 있는 담당자. 이 요소들은 일반적으로 전체 프로젝트 관리 계획에 통합될 수 있지만, EMC 기능을 분리하면 장점이 있을 수 있다.

- EMC 측면의 진행에 대한 책임
- 예비 설계 검토
- 설계 시험
- 상세 설계 검토
- 사전 적합성 확인 시험
- 최종 설계 검토
- 적합성 시험 또는 인증
- 적합성 선언(신고)의 책임
- 생산 품질 보증

Appendix A

설계 점검항목(design checklist)

설계의 EMC 측면을 살펴볼 때는 많은 요소를 고려해야 한다. 중요한 점을 대충 보아 넘기기 쉬우므로 주의를 기울여야 한다. 다음의 일반적인 점검항목은 여러분이 제품의 설계를 진행하면서 현재의 설계상태를 평가할 수 있도록 제공한 것이다. 특정한 부류에 속하는 제품인 경우에는 자신의 경험을 바탕으로 여기서 제공하는 점검항목들의 범위를 확장해도 좋다.

- 제품 개발 단계의 초기부터 EMC를 위한 설계를 실시한다: 어떤 EMC 성능을 필요로 하는지 파악한다.
- 시스템을 위험부분(critical section)과 그렇지 않은 일반부분(non-critical section)으로 분할한다:
  - 어떤 회로가 잡음이 심하거나 잡음에 취약하며 어떤 회로가 잡음을 발생하지 않는지 판단한다.
  - 가능한 한도 내에서 별개의 영역에 서로 멀리 떨어뜨려 배치한다.
  - 최적의 공통모드 전류 제어가 가능하도록 내부 인터페이스와 외부 인터페이스의 배치위치를 선택한다.
- EMC를 고려하여 부품과 회로를 선택한다:
  - 속도가 느리고 내성이 큰 논리회로를 사용한다. 데이터 전송 인터페이스에는 슬루율을 제한하는 기법을 적용하여 조치를 취한다.
  - 모든 고속 클록 및 데이터 라인에는 직렬 저항(R) 버퍼링을 사용한다.
  - 양호한 전원 디커플링 기법을 사용한다: 디커플링을 해야 할 IC에 인접하여 사이즈가 작고 인덕턴스가 낮은 커패시터를 연결한다.
  - 전원 공급 장치에 직렬 페라이트 칩을 사용하여 전원분할(power segment)이 이루어지도록 한다.

- ○ 버퍼를 자유롭게 사용하여 클록회로의 팬아웃(fan-out)을 감소시킨다.
- ○ 아날로그 신호 대역폭을 최소화한다.
- ○ 아날로그 신호 경로의 동적 범위(dynamic range)를 최대화한다.
- ○ 광대역 증폭기의 안정도(stability)를 점검한다.
- ○ 사용하지 않는 IC 입력 핀을 플로팅(floating) 상태로 남겨두지 않고 0V 또는 V_{CC}에 연결한다.
- ○ 모든 민감한 아날로그 입력에는 저항성 필터링, 페라이트 필터링, 또는 용량성 필터링을 추가한다.
- ○ 모든 마이크로프로세서에 워치도그 회로(watchdog circuit, 감시회로)를 사용한다.
- ○ 가능하면 에지 트리거 방식으로 동작하는 디지털 입력은 사용하지 않도록 한다. 이 방식의 사용이 불가피한 경우에는 보호기법을 적용하여 조치를 취한다.

- PCB 레이아웃:
  - ○ 12.2.5절의 설계 점검항목을 참조하라.

- 케이블:
  - ○ 신호 케이블과 전원 케이블은 서로 분리한다. 또한 두 케이블이 서로 나란히(평행하게) 배선되지 않도록 한다.
  - ○ 원하는 신호를 제대로 필터링 할 수 없는 경우에는 RF 차폐 케이블을 선택한다.
  - ○ 차폐 케이블의 차폐도체를 케이블의 한쪽 끝에만 연결하지 않는다. 이렇게 하는 것이 불가능한 차폐 케이블인 경우에는 차폐 케이블이 아닌 것으로 취급해야 한다.
  - ○ 평형 선로 또는 값이 큰 선로로는 인클로저 내부와 외부 모두에서 꼰 도선쌍(twisted pair, 트위스티드 페어) 구조의 선로를 사용한다.
  - ○ 내부 배선의 경우에는 도선을 되는대로 마구 늘어놓거나 한데 묶어놓는 일을 피하고 바르게 설계된 룸[loom, 하니스(harness)]을 사용하거나 리본 케이블 구조 또는 플렉시(flex) 구조를 사용한다.
  - ○ 케이블은 차폐 구조물에 뚫려있는 개구부로부터 멀리 떨어뜨려 배선하고 접지된 전도성 구조물에 가까이 묶어 놓는다.
  - ○ 페라이트 억제기(ferrite suppressor)를 사용하여 공진을 댐핑(damping, 감쇠)하고 공통모드 전류를 제어(억제)한다.
  - ○ 케이블의 차폐도체가 커넥터의 백셸(backshell)에 올바르게 종단되었는지 확인한다; 피크테일 구조로 종단하는 일은 절대 피해야 한다.
  - ○ 고주파 신호를 전달하는 전송선로는 정확하게 전송선로의 특성 임피던스 값으로 종단한다.

- 접지:
  - ○ 제품을 정의하는 단계에서 접지 시스템을 설계하고 이를 시행한다.
  - ○ 접지 시스템은 0V 기준(reference)이 아니라 귀환전류경로(return current path)로 취급한다.
  - ○ 시스템 레벨에서 병렬 대지접지(earth) 도체를 제공한다.
  - ○ 차폐도체, 커넥터, 필터, 인클로저 패널은 금속–대–금속 접합(metal-to-metal bonding)이 확실히 이

루어지게 한다.

- ○ 악조건에서도 접합 특성이 나빠지는 일이 없도록 한다.
- ○ 의도적인 금속간 접촉면인 경우, 해당 접촉면 부위의 페인트를 제거한 다음에 전도성 마감 처리를 한다.
- ○ 대지접지 스트랩(earth strap)은 짧게 하고 그 구조를 정확히 명시한다.
- ○ 서로 다른 회로들 사이에 공통 접지 임피던스가 생기지 않도록 한다.
- ○ 디커플링과 필터링을 위한 인터페이스 접지 영역을 제공한다.

- 필터:
  - ○ 전원공급 필터는 꼭 필요한 것으로 생각해야 한다; 사용되는 곳에 맞추어 필터를 설계한다.
  - ○ 모든 I/O 선로에는 3단자 커패시터를 사용하여 인터페이스 접지로 잡음을 필터링 하고 공통모드 초크를 사용하여 잡음을 필터링한다.
  - ○ 다층 기판 구조의 설계에서는 각 기판의 직류 전원 입력에 필터를 사용한다.
  - ○ 각 필터에 대해서는 해당하는 접지 귀환을 확실히 정의(규정)해주어야 한다.
  - ○ 스위치나 모터와 같은 간섭(장해)원에는 이들의 단자에서 곧바로 필터링을 적용한다.
  - ○ 필터의 모든 부품과 이와 관련한 배선이나 트랙(트레이스)은 필터링을 할 인터페이스에 가능한 한 가깝게 위치시킨다.

- 차폐:
  - ○ 모든 금속 구조는 전기 부품으로 취급하여 설계한다: 금속 구조는 스트레이 커패시턴스와 인덕턴스를 발생시키는 요인이다.
  - ○ 인클로저들을 서로 분리하는 것을 고려한다: 특히 잡음에 취약하거나 잡음이 많은 영역은 한 인클로저 안에서 별도의 내부 차폐를 한다.
  - ○ 차폐 구조물에 큰 개구부나 공진이 발생하는 개구부가 만들어지지 않도록 하거나 이들을 완화(감소)시키는 조치를 취한다.
  - ○ 금속 인클로저에 다이폴과 유사한 구조가 만들어지지 않도록 한다.
  - ○ 분리되어 있는 두 패널 사이에 전도성 개스킷을 사용하여 갈라진 틈을 따라 양호한 접합이 이루어지게 한다: 앞에서 "**접지**" 란에 수록한 양호한 접합 관행(점검항목)을 적용한다.
  - ○ 플라스틱 인클로저의 경우, 필요하면 인클로저의 안쪽 표면에 전도성 코팅을 한다.
  - ○ 회로 0V와 차폐도체 사이에 DC 접속을 할지 RF 접속을 할지를 결정하여 시행한다.
  - ○ 인클로저(상자) 내부의 여러 점에서 접속을 하여 상자 공진을 최소화한다.
  - ○ 설계를 진행하는 과정에서 지속적으로 EMC에 대한 시험과 평가를 수행한다.

Appendix B
EMC용 CAD

B.1 개요

"EMC를 위한 제품설계"를 다루는 책에서, CAD(computer-aided design)라는 중요한 주제에 대해 책의 맨 뒤에, 그것도 불과 몇 페이지의 지면만 할애한 것이 이상하게 보일지도 모른다. EMC 요건을 준수하지 못할 수도 있다는 예상은 제조자들로 하여금 위협을 느끼도록 만들기에 충분하다. 따라서 제조자들은 설계단계에서 이들 EMC 요건을 심각하게 고려해야만 하는 상황에 놓여있다. 이 책의 제3부는 이와 관련된 주요 설계 원칙을 설명하고 있다. 현재, 회로 설계 과정의 많은 부분들은 자동화되어 있으며 시뮬레이션도 할 수 있어서 기본 설계 개념이 정확하게 구현되어 있는지 확인하기 위해 브레드보드를 사용하여 검사하는 단계는 더 이상 필요하지 않은 것이 보통이다. 제품 설계자에게 매우 매력적인 선택지로, 제품 개발 초기에 평가를 목적으로 제품의 설계 데이터를 사용하여 RF 방출과 내성을 충분한 정확도로 예측하는 CAD 툴을 들 수 있을 것이다. 이러한 CAD 툴을 사용하면 많은 비용이 드는 툴링(tooling) 및 사전제작(pre-production) 단계로 넘어가기 전에 선택 가능한 여러 가지 EMC 기법을 시험해볼 수 있을 것이다.

이 주제가 부록으로 밀려난 이유는 아직 이러한 CAD 툴이 없기 때문이다. 구체적인 상황을 나타내는 많은 문제들은 지난 여러 해 동안 개발된 여러 전자기학 계산 소프트웨어 패키지로 해석할 수 있다. 그렇지만 이러한 소프트웨어 패키지들은 아직은 제품 설계자보다는 EMC

전문가나 되어야 다룰 수 있는 실정이다. 몇몇 그룹은 전문지식이 덜해도 성공적으로 사용할 수 있는 소프트웨어 패키지를 개발하기 위해 연구를 하고 있어서 앞으로 몇 년 후에는 이러한 툴의 출현을 보게 될 수 있을지도 모른다. 하지만 지금까지 지나온 과정을 살펴보면 낙관할 만큼 사정이 녹녹치는 않다.

CAD 툴을 개발하고 있는 연구자들이 직면하고 있는 어려움은 다음과 같다.

- "전자파 방출 요소"(일반적으로 전류조각)들이 개수가 적을 때는 해석하기 쉽다. 요소의 개수 n이 증가하면 계산에 필요한 메모리는 n^2로 증가하고 처리시간은 n^3으로 증가한다. 따라서 지난 몇 년 동안 컴퓨터의 처리능력이 엄청나게 증가했음에도 불구하고 컴퓨터 속도와 저장능력의 한계로 인해 처리할 수 있는 문제의 사이즈에는 여전히 제한이 있다.
- 주파수가 증가하는 경우에 계산결과의 정확성을 유지하려면 "요소"의 사이즈도 함께 감소해야 하므로 결국은 해석에 필요한 "요소"의 개수가 증가한다. 주파수 영역에서 행해지는 많은 계산 방법이 사용되고 있는데, 이 경우에 관심 주파수 범위 내의 각각의 주파수에서 계산을 되풀이해야 한다.
- 접지면 층이 있는 PCB는 실질적으로 도체 시트로 어림잡을 수 있으므로 간단한 구조 모델로 나타낼 수 있다. 반면에 접지면이 없는 PCB는 쉽게 모델로 만들 수 없다.
- 연결 도선과 케이블은 결합(coupling)에 큰 영향을 미치므로 반드시 명확하게 모델링을 해야 한다. 레이아웃이 최종 제품에서 제대로 정의되지 않으면 계산결과는 무효가 될 수 있다. 몇몇 초기 소프트웨어 패키지에서 PCB의 성능을 모델링하려고 시도했지만 실제와는 아주 동떨어진 계산결과가 나왔다.
- 구동 전류는 장치 모델과 계산된 트랙(트레이스) 임피던스와 회로 임피던스로부터 이론적으로 유도할 수 있다. 하지만 이 유도 결과는 현실적인 허용오차를 고려할 때 실제 회로의 동작과는 상당히 다를 수 있다. 예를 들어 클록 고조파에서 높은 차수 성분들의 진폭은 상승시간에 크게 영향을 받는다. 하지만 상승시간은 제대로 명시되지 않는 파라미터로, 회로의 커패시턴스와 장치(부품)의 종류에 영향을 받는다.

이상의 어려움은 모두 전자파 방출의 예측에만 관련이 있는 것이다. 내성을 시뮬레이션 하는 경우에는 더 많은 변수들이 추가적으로 영향력을 발휘하기 시작한다. IC 수준에서의 내성에 대한 몇몇 연구를 제외하면 아직까지 이러한 변수들을 거의 다루지 못하고 있는 실정이다. 실제로 사용할 수 있는 툴을 구현하는 데 있어서, 전자기 모델링을 위한 기술적 문제들과는 관련이 없으면서, 모델링을 하는 데 장애물로 작용하는 몇 가지 사항들은 다음과 같다[101].

- 대부분의 설계부서는 회로 분야, 레이아웃 분야, 기계 분야로 나뉘어 있지만 EMC 설계 측면은 이들 사이의 경계가 명확히 구분되지 않는다. 이들 분야 사이에서 많은 소통이 필요

하다. 이것이 이루어지려면 이 분야들이 상당한 양의 EMC 지식을 공유하고 있어야 한다는 전제가 성립해야 하는데, 이러한 상황이 실제로 존재하기는 어렵다.

- 분야들 사이의 경계를 극복하기 위해서 CAD 패키지는 이러한 분야들을 통합해야 한다. 따라서 CAD 패키지는 이들 분야의 모든 사항 – 회로도, PCB 레이아웃 설계, 기계 도면 및 배선 도면 – 을 입력으로 받아들여야 한다. 이러한 입력이 "자동적으로" 제공되는 통합 CAD 환경이 설치된 경우에도 서로 다른 분야들 사이의 상호작용을 모델링하기에는 매우 빈약할 수 있다. 또한 "수동 입력"은 일반적인 설계 부서가 직면하는 시간상의 제약을 고려할 때 전혀 현실적이지 않다.
- 패키지의 출력 또한 사용 가능한 형식이여야 하며 서로 다른 분야들의 설계자들이 이해할 수 있어야 한다. 출력은 반드시 설계가 진행되는 과정의 가장 적절한 단계에서 최대의 도움을 줄 수 있도록 구성되어야 한다. 사용자가 실제로 출력을 활용할 수 있도록 이들에 대한 재교육이 필요할 수 있다.

B.2 모델링 패키지

현재 전자기 모델링을 위해 사용하고 있는 소프트웨어 패키지들은 명확한 정의가 가능한 특정한 구성(상황)에서 발생하는 EMI 결합 문제를 풀기 위해 개발되어 왔다. 모든 EMC 문제는 간섭을 일으키는 발생원(가해기기), 결합 경로, 간섭을 받는 대상(피해기기)의 측면에서 설명할 수 있다. 결합경로의 체계는 방사성 메커니즘이나 전도성 메커니즘 중 하나 또는 둘 다를 포함할 수 있다. 보통, 이들 메커니즘은 해석을 하는 데 별 무리가 없어서 예를 들어, 장비의 어떤 한 부분의 인터페이스에 존재하는 전압이나 전류는 그 장비를 포함하는 구조와 외부 전자기장 사이의 결합의 결과로부터 유도할 수 있다.

대표적인 사례 중의 하나로, 항공기 동체가 평면파 전자기장에 노출될 때 동체 표면에 흐르는 표면 전류를 모델링하여 동체 내부의 케이블 다발에 흐르는 전류를 예측하는 상황을 들 수 있다. 또 다른 예로는 RF 에너지가 전기 도체나 배관과 차폐구조를 뚫고 들어와 전달되는 것을 들 수 있다. 이러한 상황을 전자기적으로 모델링하는 소프트웨어 패키지는 유한차분법(finite difference method, FDM), 모멘트법(method of monent, MoM), 전송선로 모델링법(transmission line modelling, TLM), 유한요소법(finite element method, FEM) 등의 수치해석 기법을 사용하여 맥스웰 방정식을 직접 푼다. 수치해석 기법마다 더 해석에 유리한 구조(상황)가 있는데, 예를 들어 모멘트법(MoM)을 사용하는 NEC(The Numerical Electromagnetics Code)는 안테나 설계에서 발생하는 도선 결합과 같은 문제를 다루는 데 효율적인 반면, 유한요소법(FEM)을 사용하는 EMAS(Electro Magnetic Analysis System)나 전송선로 모델링법(TLM)은 인클로저 표면에 흐르는 전류와 같이 비균질영역(inhomogeneous region)과 복잡한 기하학적 구조를 갖는 문제를 다루는 데 더 적합하다.

잘 정의된 문제조차도 많은 근사를 해주어야, 계산에 지나치게 많은 노력과 시간이 드는 상황을 피할 수 있다. 예를 들어, 근거리장 결합(near field coupling)은 원거리장 결합(far field coupling)보다 훨씬 더 복잡한데, 이는 근거리장 결합의 경우에 전자기장을 발생시킨 원천의 특성이 입사파의 특성에 더욱 큰 영향을 주기 때문이다. 차폐도체에 뚫린 개구부는 사이즈가 매우 중요한데, 전기적으로 사이즈가 작은(사이즈가 한 파장의 길이보다 상당히 작은) 개구부를 통과하는 전자기장은 단순한 모델로 근사할 수 있는 반면에 전기적으로 사이즈가 큰 개구부(사이즈가 한 파장의 길이와 비슷)의 경우에는 내부 영역과 외부 영역을 일관되게 다루어야 한다.

이러한 소프트웨어 패키지들을 상용 제품 설계를 위해 사용하는 데 있어 가장 큰 어려움은 이들이 개발된 목적은 그것이 아니었다는 사실에 있다. 대부분의 패키지는 군사용 EMC 문제에 대한 연구에서 비롯된 것으로, 이는 다음 두 가지 결과를 낳았다.

- 기술적으로, 이들 패키지는 명확하게 정의된 상황에만 적합하다. 케이블 배선, 커넥터 종단, 기계적 구조, 차폐 인클로저는 모두 제품 설계에서 최종 제품의 생산과 설치에 이르기까지 세심하게 설계되고 제어된다. 하지만 군용 환경의 이러한 방식은 상용 환경과는 큰 대조를 이룬다. 상용 환경에서는 이들 작업을 수행하는 과정에서 드는 비용을 고려하고, 많은 경우에 불가능한 현실을 생각하면, 이 방식은 일고의 가치도 없다. 따라서 파라미터들과 시뮬레이션에서 행해지는 근사는 현실에서는 유효하지 않다.
- 운용 측면에서 시뮬레이션을 수행하는 데 어려움이 있다. 단지 몇몇 (대학 연구실에서 탄생한) 패키지 중 적은 수만 사용자 친화적이라고 말할 수 있을 정도의 수준까지 개발되었다. 매우 많은 데이터는 해석 대상 구조의 좌표계 형식으로 입력되는데, 프로그램을 실행하기 전에 이들 데이터들이 모두 준비되어야 하고 유효성이 검증되어야 한다. 그러고 나서 실행결과로 나오는 출력을 해석해야 한다. 대개의 경우, 제품 설계 엔지니어는 이러한 작업을 수행할 시간이 없고, 교육도 받지 못할 것이다. 이 작업을 전담하는 전문가 그룹을 운영할 능력을 갖춘 기업만이 이 작업을 성공적으로 처리할 수 있다.

그럼에도 불구하고, 이들 패키지를 제품 설계와는 직접적인 관련이 없는 EMC 영역에서 사용할 수 있다. 예를 들어 다음과 같이 방사 전자기장 시험과 관련된 상황이다. 차폐실 내에서 발생하는 전자기장의 반사를 예측하고 전자기장의 감쇠를 예측하며, 안테나와 시험대상장비(EUT, equipment under test) 사이의 근접 효과(proximity)를 예측하고, 차폐실 내에서 안테나를 사용할 때의 교정 오류(calibration error)를 예측한다[49]. 이 책을 쓸 당시, 미주리 과학

기술 대학의 EMC Lab 웹 사이트(http://emclab.mst.edu, 이전의 UMR)에는 54개의 상업용 전자파 모델링 프로그램 공급업체와 20종류 이상의 무료 공급처의 목록이 수록되어 있었다. 이들 프로그램의 대다수는 특정한 부류에 속하는 모델들을 사용하며 특정한 유형의 문제에만 적합한데, 대부분은 EMC가 아닌 분야의 전자기 응용에 적합하다.

아직 극복해야 할 한 가지 장애물이 있는데, 바로 특정 시뮬레이터의 출력에 대한 신뢰를 얻는 것이다. 이 분야의 한 종사자는 다음과 같이 말한 바 있다[61].

> "한 유형의 전자기 수치해석(CEM, computational electromagnetics) 프로그램을 사용한 예측 결과가 이와 비슷한 유형의 다른 프로그램의 결과와 일치하지 않거나 일관되지 않을 때, 또한 기준 모델에 대한 측정결과와 어긋날 때 불확실성이 발생한다. 해석적 기법(analytical technique)과 수치해석 기법(computational technique), 또는 경험에 기반을 둔 방법 사이에 상당한 편차가 발생한 수많은 예를 인용할 수 있다. 예상하지 못하는 것은 차이 그 자체가 아니다. 특정한 경우에서 발생한 차이의 정도를 선뜻 설명할 수도, 손쉽게 무시할 수도 없기 때문에 근본적인 질문인 "...어떤 결과가 정확한 거지?"가 나올 수밖에 없게 된다."

B.3 회로 CAD

일부 회로설계 및 PCB 레이아웃용 CAD 패키지는, 기하학적 구조와 기판 유전체로부터 계산된 트랙(트레이스)의 파라미터를 고려하여 고속 논리설계(high-speed logic design)에 대해 전송선로 해석을 제공한지 오래다. 이러한 기능을 주위 환경과 상호 작용하는 기판의 RF 특성의 영역으로 확장하는 것은 어려운 문제인데, 이것이 가능해야 EMC 예측도 가능하다. 가능한 접근방식은 문제 전체를 PCB, 내부 케이블, 케이스 및 외부 케이블 등으로 나눈 다음 저마다 적절한 수치해석 방법을 적용하고 해석결과를 종합하여 전체 결과를 얻는 것이다. 이렇게 하려면 문제 전체를 적절히 구분하고 허용 가능한 범위 내에서 근사를 정의하는 해석 과정을 전문지식을 갖춘 사람이 수행해야 한다.

설계 도우미 툴(design adviser)

하지만 현재 다양한 종류의 상업적 툴을 사용할 수 있는데, 그 중 하나가 규칙에 기반을 한 설계 도우미 툴이다. 이 툴은 관련 규칙들을 한데 모은 규칙세트를 입력으로 취한다. 규칙의 예로는 '허용 가능한 루프 면적', '디커플링 커패시터 배치' 등을 들 수 있다. 규칙세트는 패키지(일괄)로 제공되지만 필요하면 회사 내에서 사용되는 규칙을 추가하여 더욱 향상시킬 수 있다. 이 방식의 특별한 장점은 사용범위가 EMC에 국한되지 않는다는 사실다. 예를 들어 열 관리 또는 제조 능력과 관련한 다른 설계 규칙도 규칙세트의 일부로 통합할 수 있고 서로 다른 제약조건 사이의 절충 효과를 자동적으로 신속하게 평가할 수 있다.

회로 설계자는 점검할 노드를 "회로도 캡처(schematic capture)"[1] 단계에서 명시해야 한다. 노드마다 그에 맞는 규칙이 선택되고 가중치가 부여된다. 이 작업이 완료되면 PCB 레이아웃 도우미 툴은 레이아웃에 대한 규칙 검사를 개시하여 규칙 위반사항을 표시한다. 이러한 방식으로 작업을 수행하면 규칙들이 일종의 전문가 시스템(expert system)으로 작용하므로 EMC 전문지식이 많지 않아도 된다는 장점이 있다. 하지만 규칙들은 합리적인 근거에 바탕을 두어야 하고, 규칙을 너무 엄격하게 적용하여 제품개발에 제약사항으로 작용하면 비용대비효과가 좋은 제품을 생산하지 못할 수 있으므로 이렇게 되지 않도록 하는 것이 중요하다. 이 기법이 EMC 예측이나 계산을 수행한다고 이야기할 수는 없다.

전자기장 방출 예측

몇몇 패키지는 계산에 근거하여 배출량을 예측한 결과를 제공한다. 예를 들어, 다층 접지면 기판 또는 별개의 귀환경로를 가진 기판에 들어있는 전송선로 구조를 해석하여 근거리장 방사를 예측할 수 있다. 다양한 레이아웃 패키지에 대한 인터페이스와 몇몇 회로 부품의 매크로 모델(macro-model)에 기반을 두어 레이아웃 데이터를 추출하는 것도 가능하다. 이들은 실제로 물리적 하드웨어를 제작하기 전에 다양한 설계 옵션(option, 선택사항)을 평가하는 데 특히 도움이 된다.

또 다른 접근방식은 자동화가 가능한 기계 설계의 여러 부분들, 특히 열 문제와 EMC 측면을 통합하는 것이다. 예를 들어, 금속 케이스의 방열판(heatsink)의 사이즈와 설치위치, 금속 케이스에 뚫는 환기를 위한 통풍구의 설계는 EMC 측면과 열 측면에서 모두 중요하다. 인클로저 공진과 개구부의 방사성 방출에 대한 영향을 다루는 시뮬레이션 패키지들은 열 해석에 사용되는 것과 동일한 기계적 정보를 사용한다.

그렇지만 제품 전체의 EMC를 완전하게 예측해야 하는 요구에 직면했을 때는 이러한 CAD 툴의 능력(성능)에 의심을 갖는 자세가 여전히 필요하다. 이 책을 쓸 당시, 실제 설계로부터 얻은 결과에 대해 광범위하게 유효성을 검사하는 CAD 툴을 판매하는 회사는 거의 없었다. 몇 년 전 한 해설자가 다음과 같이 쓴 소리를 했는데, 아주 정확한 지적이다[142].

> "다시 한 번 우리는 종합적인 해결책을 원하는 우리의 열망에 현혹되어 이번에는 어쩌면 마케팅이 실재에 바탕을 두고 있을 수도 있다는 믿음에 빠질 위험에 처해있다. 안타깝게도 해석적 툴(analytical tool)에 기반을 둔 이 EDA((Electronic design automation) 기술 세트는 EMI의 많은 측면을 무시한다."

변한 것은 별로 없다.

---

1 (옮긴이) 회로도 캡처(schematic capture)는 다른 말로 회로도 입력(schematic entry)라고도 한다. 이는 컴퓨터를 이용하는 설계 자동화 프로그램에서 수행하는 한 단계이다. 이 회로도 캡처 단계에서 설계자가 설계한 회로의 회로도가 생성된다. 이 과정은 설계 편집기(schematic editor)라는 회로도 캡쳐 툴을 통해 사용자와 프로그램 사이에서 대화식(interactive)으로 이루어진다.

Appendix C
EMC 사례 연구

이 절에서는 전자제품 설계에 대한 몇 가지 실제 사례 연구를 설명한다. 이들 실제 사례는 앞서 이 책에서 설명한 EMC 설계 원칙의 몇 가지 측면들을 상세히 잘 보여준다. 내용은 실제 제품을 기초로 하고 있지만 제품의 이름은 밝히지 않았다.

C.1 사례1 운용 계기판(cockpit display) 문제

표준 VGA 또는 고해상도 비디오로 구동되는 대형(예를 들어, 10인치나 12인치) LCD 디스플레이에서 대표적인 EMC 문제가 발생한다. 여기에서 살펴볼 제품은 제작비용이 한정되어 있고 햇빛이 있는 경우에도 필수적으로 디스플레이 화면의 표시 내용을 알아볼 수 있어야 한다는 조건이 있었다. 이러한 두 가지 요구 조건에 더해 EN 55022의 표준 B등급(Class B) ITE 허용기준(limit) 요건과 엄격한 방사 RF 방출 허용기준 요건을 충족해야 했다. 앞의 두 요구 조건 때문에 세 번째 요구 조건은 차폐된 창(shielded window)을 사용하여 충족하게 만들 수는 없었다. 이 창을 사용했다면 비용이 너무 많이 들었을 것이고 디스플레이에서 나오는 빛이 너무 감쇠되어 사람 눈까지 제대로 전달되지 못했을 것이다. 따라서 100 MHz 프로세서를 채택한 이 전자제품에 차폐 인클로저의 사용은 가능한 선택이면서 동시에 필수적인 선택이었다. 하지만 디스플레이는 차폐 인클로저 바깥면에 설치되어야만 했다. 방출 허용기준 요건을 충족시키면서도 차폐 인클로저 외부에 디스플레이를 설치할 수 있는 방법을 찾는 것이 중요한 과제였다.

이러한 디스플레이에서의 전자파 방출은 픽셀 클록과 클록의 고조파에 의한 성분이 대부분을 차지하는 것이 일반적이며 두 가지 결합 경로 – 유리면을 통과해 이루어지는 직접 방사와 전체 디스플레이 조립부(assembly)로부터의 방출되는 공통모드 방사 – 를 통해 이루어진다. 유리면을 통과하는 방사는 전적으로 LCD 제조업체에 의해 제어되는 것으로 트랜지스터 매트릭스 구동기(transistor matrix driver)에서 발생하는 클록 에지의 전이속도와 유리에 새겨진 도체 패턴의 실제 구조에 따라 달라진다. 따라서 첫 번째 과제는 표준화된 지그(zig)로 몇몇 업체에서 제조된 LCD 샘플을 골라 여기서 방사되는 방출량을 평가하는 것이었다. 이 과정을 통해 몇 개의 유력한 후보를 선정한 다음, 다른 특징을 추가로 고려하여 최종 선택을 하였다.

이 제품 사례의 경우, 방출 허용기준 요건은 전체 주파수 범위에 걸쳐 균일하지 않았다. 디스플레이 장치에서 가까운 곳에 위치한 수신기의 동작 주파수 범위를 포함하는 주파수 대역에서는 방출 허용기준 요건이 더욱 엄격했다. 그래서 두 번째 과제는 클록 주파수를 식별하는 것이었다. 이 클록의 기본파 성분과 고조파 성분 중에서 이 주파수 대역 내에 존재하는 성분들을 제거해야 했다. 이것은 결국 특정 디스플레이 동작 모드들을 금지시키고 나머지 다른 동작 모드들의 필셀 클록을 아주 미세하게 위나 아래로 이동시키는 효과를 가져왔다. 이러한 조치를 취하는 과정에서, 허용 가능한 클록 주파수 범위에서 최대의 유연성을 가진 디스플레이와 그래픽 컨트롤러를 선택하는 것이 도움이 된다. 다만 이들을 선택하는 작업이 기판에 디스플레이가 하나만 설치된 경우라면 그리 어렵지 않겠지만, 이 제품처럼 명시된 VESA 표준을 충족하게 하기 위해 디스플레이와 병렬로 외부 모니터에 비디오 신호를 공급해야 하는 경우에는 더욱 어렵다. 따라서 디스플레이의 클록 주파수뿐만 아니라 프로세서의 클록 주파수도 같은 방식으로 검사하고 조정해야 했다.

주요 설계 작업에는 공통모드 방사를 최소화할 수 있는 구조물의 제작이 포함되었다. 공통모드 방사는 차폐도체와 LCD의 금속 케이스 사이에 나타나는 잡음 전압으로 인해 발생하는 것으로 패치 안테나와 거의 같은 방식으로 방출된다. 이 전압은 세심하게 설계를 하면 제어(억제)할 수 있다. [그림 C.1]에 나타낸 바와 같이 여러 가지 방식의 제어 조치를 취했는데, 이를 설명하면 다음과 같다.

- 차폐 인클로저는 LCD 디스플레이 모듈을 제외한 나머지 전자장치(부품)들을 차폐하기 위한 것으로, 장치의 앞면 패널의 바로 뒤에 설치된 디스플레이 모듈의 뒷면을 따라 전자장치들을 완전히 둘러싸도록 했다.
- LCD 디스플레이 모듈의 뒷면과 차폐도체 외부(바깥면) 사이의 간격을 최소로 하였다. 방사효율은 이 간격에 정비례한다(간격이 클수록 외부로 방사가 잘 된다).

- LCD 모듈의 뒷면은 전도성 개스킷 물질을 사용하여 차폐도체상의 여러 지점과 서로 전기적으로 접촉되어 접지가 되도록 하였다(사용되는 곳에 따라서는 LCD가 회로의 0 V 전위에 있게 된다. 이 경우에 LCD는 차폐도체와 DC에 대해 절연(분리)되어야 한다. 이 말은 결국 LCD와 차폐도체 사이를 커패시턴스로 연결해야함을 뜻하는 것인데, 이는 약간 이상한 것 같아도 가능한 방법이다).
- LCD에 연결된 신호 케이블은 픽셀 클록과 비디오 데이터 신호를 전달하고 있다. 여기서 가장 중요한 것은 LCD 커넥터가 차폐용으로는 적절하지 않은 타입으로 선정되었음에도 불구하고 배선된 신호 케이블을 따라 공통모드 잡음이 발생되게 해서는 안 된다는 점이다. 여러 도선을 다발로 묶은 구조의 케이블을 사용해서는 안 된다. 최선의 해결책은 플렉시(flexi) 케이블을 사용하여, PCB에 장착된 구동기(driver)와 LCD 모듈에 꽂혀 있는 어댑터(adaptor) 사이를 연결하는 것이다(14.1.8.3절 참조). 양면 플렉시는 한 면은 전체가 오로지 접지면으로 할당되어 있으므로, 여러 개의 핀을 사용하여 이 접지면과 구동기가 장착된 PCB의 0 V가 여러 군데에서 접속되게 한다. 여기서 구동기가 장착된 PCB의 0 V는 차폐도체와 국소적으로 접지되어 있는데, 이렇게 하면 접지면과 차폐도체 사이에 발생하는 잡음전압을 최소로 할 수 있다. 어댑터는 플렉시 케이블과 LCD 커넥터가 서로 연결되게 해주는 역할을 하는 것으로 별도의 낮은 인덕턴스 연결을 통해 LCD 케이스에 접속한다.

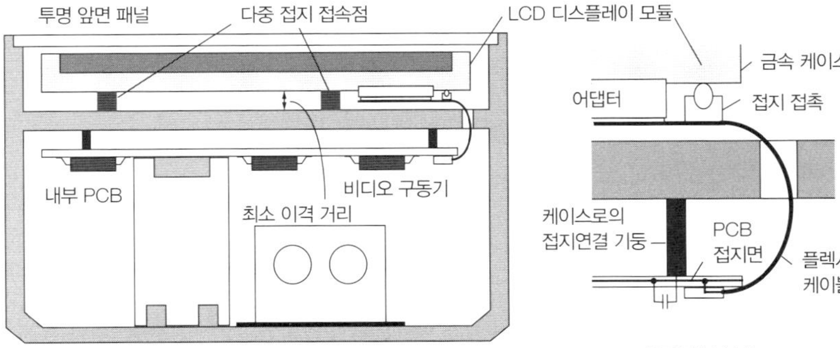

그림 C.1 일반적인 운용 계기판 조립부의 구조

C.2 사례2 액체 탱크 센서(liquid tank sensor) 문제

온도 및 액체의 양(채워진 높이)을 감지하는 송신기가 들어있는 계측기를 제조하는 업체는 해양 부문에서 판로를 개척했다. 하지만 이로 인해 이전까지는 시험레벨이 3 V/m이었던 RF에 대한 장치의 내성 요건이 강화되어 내성 시험레벨이 50 V/m로 높아지게 되었다. 원래 장치에는 원격 서미스터(thermistor)와 액체 높이 감지 전위차계(level sensing potentiometer)가

있었다. 이 두 부품은 차폐되지 않은 도선을 통해 플라스틱 상자(box)에 들어있는 양면 PCB 상의 단자블록(terminal block)에 연결되어 있었다(그림 C.2). 장치 또한 차폐되지 않은 도선으로 이루어진 장거리 링크를 통해 시스템 제어장치에 연결되어있었는데, 이 도선은 4～20 mA의 전류가 흐르는 것이었다.

이 장치의 RF 내성을 강화하려면 통상적인 인터페이스 필터링 기법과 차폐 기법을 함께 적용할 필요가 있었다. PCB 설계는 양면 기판에서 4층 기판으로 변경하였고 네 층 중에서 한 층을 0V 면으로 할당하였다. 단자블록은 변경 전과 마찬가지로 기판의 위쪽에 원래 그대로 남겨두었다. 모든 단자 핀과 접지면 사이에는 필터 커패시터를 달아주어 내성을 강화하였고 아날로그 회로에서는 선택된 몇몇 핀들 ― 일반적으로 연산증폭기(OP-amp)의 입력 핀들 ― 에 커패시터를 달아주어 대역폭을 줄일 수 있도록 하였다. 마지막으로 플라스틱 상자 내부(안쪽 면)는 비용이 저렴한 전도성 페인트(그 당시에는 니켈)를 스프레이로 코팅하도록 명시하였고, 기판의 가장자리에는 표면장착용 스프링 핑거를 설치하여 0V 면과 전도성 코팅된 면 사이에 전기적 접촉이 이루어지게 하였다. 이 모든 조처를 취한 결과, 적어도 30 V/m까지의 레벨에 대해서는 내성에 문제가 되는 어떤 현상도 나타나지 않았다. 제조사는 나중에 플라스틱 박스에 니켈 코팅을 하지 않은 상태에서 PCB 수준의 변경만으로도 장치는 여전히 20 V/m레벨의 RF에 대해 충분한 내성을 가진다는 사실을 알아냈다.

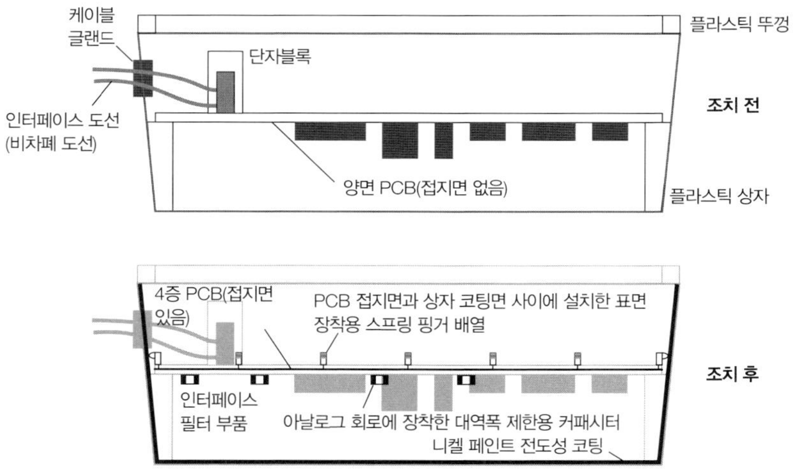

그림 C.2 액체 높이/온도 송신 장치의 변경

C.3 사례3 소형 전원 어댑터(wall-wart) 문제

많은 소형 제품들 ― 특히 IT 제품과 가전제품들 ― 은 낮은 레벨의 DC(대개 12 V 직류) 전력을 사용하는데, 이 전력을 교류 주전원선에서 공급받을 필요가 있다. 이 때문에 벽에 설치되어 있는 교류전원 아웃렛(outlet, 콘센트)에 꽂아 사용하는 직류 스위치방식 전원공급기(DC switchmode power supply)(이 같은 방식 때문에 "wall-wart"라고 불린다)의 시장이 크게 성장하였다. 교류를 직류로 변환해주는 이 소형 전원 어댑터는 길이가 짧은 2선 저전압 케이블을 통해 소형 전자제품들에 직류 전력을 공급한다. 제품 제조사에서는 보통 극동(Far East) 지역의 해외 공급업체를 통해 대량으로 이 전원 어댑터를 구입하므로 전원 어댑터 설계에 대한 통제권을 가지고 있지 않다. 실제로 소형 전원 어댑터 공급업체는 적어도 IT 표준 EN 55022의 전도성 방출 요건을 충족하는 제품을 공급하는 것이 보통이다. 이 정도라면 제품 제조업체에서 제품과 함께 어댑터를 하나로 묶어 판매하기에 충분해 보일 수 있다. 그러나 이러한 "시스템"의 공급업체는 각 장치들이 전형적인 구성 방식으로 하나의 시스템을 이루어 사용될 때, 그 전체 시스템이 표준을 준수하는 것을 보장해야 한다. 외부 소형 전원 어댑터에 직류 부하가 연결되면 그 어댑터의 방출 특성이 달라지는 것은 물론 방출된 전자기장이 직류 전원도선에 결합된다.

이것만이 문제가 아니다. EN 55022 제3판(Edition 3)에는 통신포트에 대한 방출시험 요건이 포함되어 있다. 이 시험에서, 소형 전원 어댑터에서 발생하는 전도성 방출 문제에 다시 부딪치게 된다. 어댑터에서 발생하는 전도성 방출의 메커니즘을 이해하기 위해서, 우리는 이들의 등가회로를 더 자세히 살펴봐야 한다.

C.3.1 전도성 방출 등가회로

가정용 교류 주전원공급 포트와 통신포트에 대한 전도성 방출시험의 등가회로는 [그림 C.3]과 같이 나타낼 수 있다. 이 등가회로에서는 장치 — 여기서는 LAN 스위치를 예로 들어 설명함 — 내부에서 발생한 방출 그 자체는 무시하기로 한다. 소형 전원 어댑터는 안전 2등급(Safety Class 2) 장치이므로 안전용 대지접지 핀과는 접속되지 않는다.

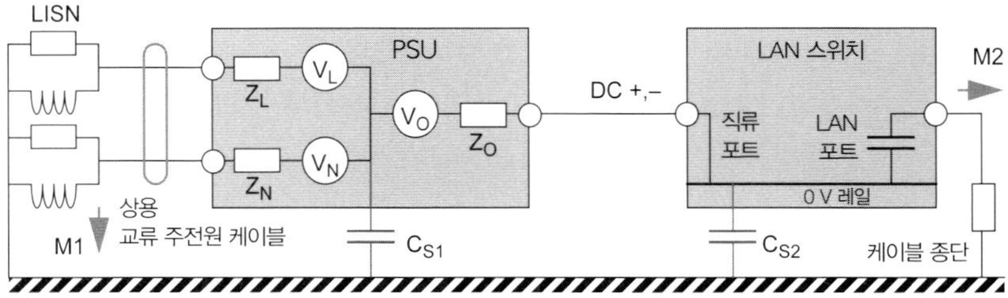

그림 C.3 전도성 방출 등가회로

스위칭 전원 공급기로 인해 전원 어댑터 내부에서는 간섭이 발생하는데, 이를 V_L과 V_N으로 표시하였다. 이 두 잡음전압은 그림에서 보듯이 각각 라이브(live) 전원선과 뉴트럴(neutral)

전원선에 직렬로 발생한다. V_O는 직류 출력 도선에 연결된 직류 공급 전압이다. 이들 세 전압원은 각각 전원(신호원) 임피던스 Z_L, Z_N, Z_O를 갖는다. 각 전압은 인클로저를 기준으로 한 것이므로 스트레이 커패시턴스를 통해 시험(test) 환경의 접지 기준면과 결합(연결)된다. 이들 임피던스의 대부분은 용량성(커패시턴스) 성분으로 이루어질 가능성이 높으며 레이아웃 측면과 전원공급기의 변압기 구조에 의해 그 값이 영향을 받는다. (인클로저가 플라스틱으로만 이루어진 경우에는 용량성 결합은 더욱 복잡해지는데, 그렇다고 없어지지는 않는다.)

소형 전원 어댑터의 출력에 있는 성분들이 공통모드 회로를 형성하고 있음을 이해하는 것이 매우 중요하다. 따라서 DC 링크 전압이나 LAN 출력 신호는 관심사가 아니므로 등가회로에는 표시하지 않았고 않고 DC 전압을 공급하는 전원 케이블만 표시하였다. LAN 스위치 자체에 전원이 공급되고 있는지 여부, 이 회로의 운용(작동)과 그 결과가 유효한지(정상인지) 여부는 중요하지 않다.

전압 V_O의 기준으로는 장치의 케이스만이 가능하다. V_N과 V_L도 케이스가 기준이다. 따라서 V_O는 V_L과 V_N의 측정값 $M1$에 각각 더해지게 된다. 그러나 그 레벨은 전원 공급기 회로의 여러 임피던스(Z_O, Z_L, Z_N과 LISN 임피던스) 사이의 상대적인 비율에 따라 달라진다. 또한 출력에 연결되는 임피던스(그 값이 얼마이든)에 따라서도 달라지는데, 이 등가 회로에서는 LAN 스위치의 신호 포트의 연결에 의해 결정된다. 따라서 교류 주전원선 방출은 전원 어댑터의 출력에 연결되는 시험 구성(test set-up, 장치)에 의해 영향을 받을 것이 분명하다.

전원 어댑터의 직류 출력에 아무 장치도 연결되지 않은 경우에 V_O는 상관이 없으며(측정 레벨에 아무런 영향을 주지 않으며) 라이브와 뉴트럴에서 측정한 레벨은 전적으로 V_L, V_N과 이들의 전원(신호원) 임피던스, 그리고 LISN 임피던스에 의해 결정된다. 그러나 LAN 스위치가 연결된 경우에는 Z_O와 LAN 포트 출력 임피던스와 케이블 종단 임피던스의 직렬 합성에 의해 저주파에서 결정되는 전원 임피던스로부터 V_O가 V_N과 V_L에 각각 더해진다.

여기서 LAN 케이블의 종단이 높은 임피던스(예를 들어, 노트북 컴퓨터에 연결된 짧은 비차폐 케이블)를 갖는 경우, V_O가 더해지는 효과는 무시할 수 있지만, 반대로 낮은 임피던스(데스크톱 컴퓨터에 연결된 차폐 케이블)를 갖는 경우에는 V_O는 상당히 큰 영향을 미친다. 이처럼 두 개의 다른 시험 구성(set-up)이 모두 유효하다고 하더라도 현저하게 다른 결과가 나오는 일은 충분히 일어날 수 있다.

이 같은 상황은 시험구성에 존재하는 스트레이 커패시턴스 C_{S1}과 C_{S2}와, DC 전원 케이블과 신호 케이블에 존재하는 유도성 임피던스로 인해 주파수가 높은 경우에는 더욱 복잡해진다. 이들 스트레이 성분이 다른 스트레이 성분과 결합되는 상황은 종종 발생한다. 이렇게 되면 직렬공진회로가 만들어지므로 대략 10~25 MHz 범위의 스위치방식 방출 스펙트럼에서 피크가 나타날 수 있다(480쪽 그림 13.19 참조). 하지만 대략 1 MHz 이하의 주파수 범위에서는 별 문제가 되지 않는다.

C.3.2 통신 포트 방출

앞에서는 상용 교류 전원선의 전도성 방출을 다루었다. 그런데 [그림 C.3]은 이와 유사한 문제가 통신 포트 방출, 다시 말해 LAN 케이블(M2)에서 측정되는 공통 모드 방출에도 적용됨을 보여준다. 이러한 방출은 LAN 스위치 내부에서 발생되며 특히 LAN 데이터의 공통모드 성분이 될 것이긴 하지만, 소형 전원 어댑터에서 LAN 스위치를 통해 직접 전달되는 상당히 큰 크기의 성분들도 있을 것이다. 여기서 최악의 경우는 V_O에 대한 기준이 실제로 대지접지(earth)와 직접 연결된 경우[안전 등급1(Safety Class 1)인 전원 공급기]일 때가 될 것이다. 이 경우, V_O에 의해 발생된 최대 전류는 Z_O를 통해 흘러 종단된 LAN 케이블을 통해 밖으로 흘러나간다. V_O가 무시할 수 있는 정도로 작아도 대지접지가 제거되면 교류 주전원선의 잡음원인 V_L과 V_N은 통신 포트에서의 전압 레벨에도 기여할 것이다.

C.3.3 잡음 저감 대책

이러한 모든 방출은 소형 전원 어댑터에서 LAN 스위치로 공통모드로 전파된다. 따라서 LAN 스위치의 DC 전원 입력에 대해 용량성 필터링과 같은 차동모드 저감 대책을 적용해봤자 무용지물이 될 것이다. 다음은 매우 간단한 진단 기법이다: 커패시턴스 값이 큰(예를 들어, 1 μF) 커패시터의 두 단자를 LAN 스위치의 입력의 +단자와 −단자에 각각 연결한 다음, 연결하기 전과 어떤 차이가 있는지 확인해본다. 이때 아무런 차이가 발생하지 않고, 방출 주파수 스펙트럼이 소형 전원 어댑터와 관련이 있음을 확인했다면 이는 결합경로의 결정적인 증거이다.

이 경우에는 LAN 스위치를 차폐하거나, 금속 섀시를 제공하거나, PCB 레이아웃을 개선하는 것은 모두 소용이 없을 것이다. 이는 간섭이 DC 입력에서 LAN 출력으로 직접 전달되기 때문이다.

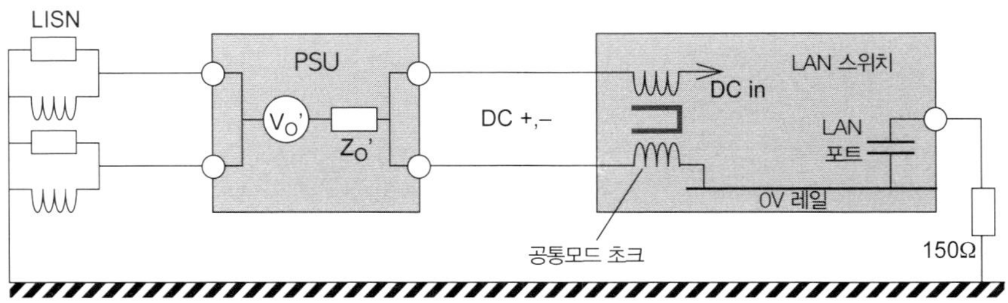

그림 C.4 공통모드 초크를 연결하는 대책

이 잡음간섭 대한 첫 번째 해결책은 공통모드 초크를 LAN 스위치로 가는 DC 입력 바로 앞에 달아주는 것이다(그림 C.4). 이 초크는 Z_O'(총 공통모드 신호원 임피던스)와 직렬로 연결되는 임피던스를 증가시킨다. 이렇게 하면 초크가 있을 때와 없을 때의 임피던스 차이에 정비례하여 LAN 케이블을 통해 흐르는 방해 전류가 감소한다. 따라서 초크가 없을 때의 임피던스가 $(Z_O' + 150)$ Ω이고 방출량을 6 dB만큼 낮추어야 하는 경우라면, 공통모드(CM) 초크의 임피던스는 방출량 저감이 필요한 주파수에서 $(Z_O' + 150)$ Ω이 되어야 한다. Z_O' 값이 상대적으로 낮고 주파수가 높은 경우에는 이 조치가 효과가 있다. 1 kΩ을 훌쩍 넘는 임피던스 값을 제공할 수 있는 DC 입력용 소형 표면 장착(surface mount) CM 초크가 많이 나와 있다. 또한 이 초크는 LAN 스위치 내부에 있을 수 있는 공통모드 방출원의 영향을 줄일 수 있다는 장점이 있다. 주파수가 150 kHz로 낮아지고, Z_O' 값이 충분히 큰 경우(이러한 경우는 소형 전원 어댑터가 공통모드 전류원처럼 작용하고 있다는 것을 의미함), 충분한 효과를 얻으려면 어쩌면 매우 큰 CM 초크를 필요로 할 것이다.

좋은 효과를 발휘할 수 있는 두 번째 해결책은 LAN 스위치 자체의 임피던스를 측정 접지면의 임피던스로 만들어주는 것인데, 이렇게 하기 위해 측정 접지면에 직접적 또는 간접적으로 연결해준다. 장치에 대지접지(earth) 점이 있는 경우에는 이 점을 접지면에 직접 연결하는데, 이렇게 하면 전원 공급기 방출의 대부분은 LAN 포트를 통해서가 아니라 접지면으로 전달될 것이다. 하지만 장치 중에서 의도적인 대지접지 연결점이 있는 것이 얼마나 될까?

그렇지만 다른 포트에 추가로 연결을 해주는 방법도 있다. 이러한 장치가 LAN 스위치의 0V 면에 낮은 임피던스 연결을 갖고 접지면에 낮은 임피던스 종단을 갖는 경우(또는 적어도 150 Ω으로 안정된 임피던스) 전원 공급기 방출 전류의 일부를 0V 면에 전달한다(그림 C.5). 그 비율은 여러 포트에서의 임피던스 비와 직접적으로 관련될 것이다. 추가된 연결 포트 하나의 임피던스가 측정된 LAN 포트의 임피던스와 같으면 6dB의 LAN 포트 방출 감소를 기대할 수 있다.

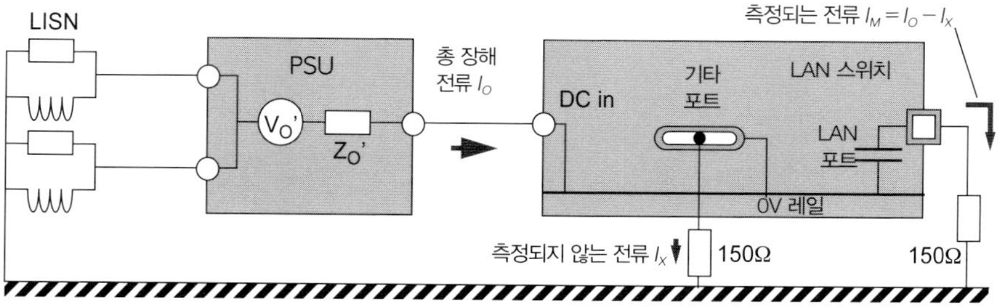

그림 C.5 다른 포트들에 연결

마지막으로, 전체 문제를 처리하는 가장 좋은 방법은 소형 전원 어댑터의 방출을 적절히 명시(지정)하는 것이다. '전원 어댑터는 CE 마크를 받을 것'과 같이 전혀 만족스럽지 못하고 통제되지도 않는 요건에 맡기는 대신, 입력 방출 레벨과 출력 방출 레벨에 대해 분명한 규격을 설정해야 한다. 일반적으로 DC 출력이 최대 정격 전력과 등가인(동일한 전력을 소모하는) DC 부하로 종단되어 있고 동시에 접지면에 대한 공통모드 임피던스가 150 Ω인 조건에서, 교류 전원선 전도성 방출에 대한 요건으로는 EN 55022 Class B 레벨을 지정하면 충분하다. 아주 중요한 추가 요건은, 이와 동일한 조건에서 DC 출력 공통모드 전압과(또는) 전류도 EN 55022 Class B로 지정된다는 것이다. 만약 소형 전원 어댑터 공급업체를 계약상으로 설득하여 이 제한치 요건을 충족시키는 데 동의하게 할 수 있다면, 이 전원 어댑터를 사용하는 제품이 방출 시험을 통과하지 못할 때는 그 제품 문제이지 전원 어댑터 때문은 아니라고 확신할 수 있다.

C.4 사례4 다이폴 문제: 두 부분으로 갈라진 상자(케이스)

이번 사용하는 예는 지문 분석기(fingerprint analyser)지만, 여기서 적용한 잡음 대책의 원리는 기계적으로 같은 방식으로 설계된 다양한 제품들에 광범위하게 적용된다. [그림 C.6]에 지문 분석기의 구조를 자세히 나타내었다.

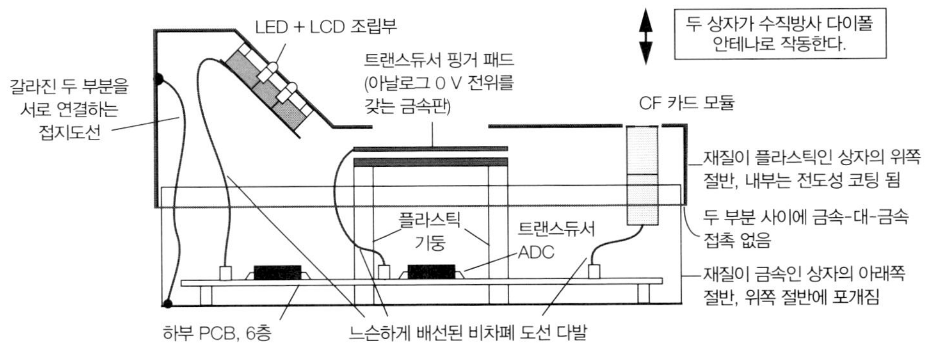

그림 C.6 수직 다이폴처럼 동작하는 두 부분으로 갈라진 상자(케이스)

이 제품 설계에는 심각한 ESD 내성 문제와 과다한 방사성 방출 문제가 함께 있었다. 방사성 RF 내성 문제도 갖고 있었겠지만, 앞서 말한 문제들이 발견되자마자 시험 프로그램이 중단된 탓으로 이를 밝혀낼 수는 없었다.

제품 하부에 장착된 프로세서 PCB 기판의 설계에는 기본적으로는 문제가 없었다. 이 6층 PCB에는 접지면과 전원면이 둘 다 할당되어 있었다. 그러나 다양한 주변장치들은 전부 상자(케이스)의 위쪽 절반부분에 장착되어 있었고 여기에서 나오는 많은 도선 룸(wire loom)[1]들

1 (옮긴이) 전자장치들을 전기적으로 서로 연결하는 도선 다발(묶음). 도선들은 용도별, 전기적 특성별로 분류되며, 전자장치들과 쉽게 연결할 수 있도록 양 끝에 커넥터(잭)가 장착된다. 이러한 도선 묶음은 고무, 비닐, 전기테이프, 전선관, 전선튜브(conduit tube) 등의 내구성 있는 재료로 외부를 둘러싸는 것이 보통이다. 다른 말로 케이블 하니스(cable harness)라고 한다.

이 아래쪽에 있는 기판에 설치된 여러 커넥터로 느슨하게 배선되어있었다. 제품 제조업체는 EMC 문제가 발생할 것을 예상하여 재질이 플라스틱인 상자의 위쪽 절반 부분의 안쪽 면을 전도성 코팅하여 상자 내부를 "차폐"하기로 결정했다. 그리고 길이가 15 cm인 (인증된 초록-주황색) 도선으로 두 부분으로 나뉜 상자를 서로 연결하여 "접지"했다.

ESD 내성 문제는 다음과 같은 세 가지 방식으로 일어났다.

- 전면 패널을 통해 접근 가능한 LED와 LCD 베젤(bezel)[2]로 공기 방전이 일어나면 LCD 디스플레이에 오류가 발생하여 이상한 숫자가 표시된 다음에 갑자기 프로세서가 멈추었다.
- 핑거 패드(finger pad)로 접촉 방전이 일어나면 아날로그-디지털 변환기(ADC)가 파괴되었다. 방전이 몇 번 일어나면 언제나 이렇게 되는데, 가끔씩은 한 번 방전이 일어나자마자 파괴되었다.
- 콤팩트 플래시(Compact Flash, CF) 카드의 가장자리에 공기 방전이 일어나면 CF 메모리에 오류가 발생하여 프로세서가 멈추었다.

또한 장치가 별다른 동작을 하지 않는 상태에서는 장치에서 발생하는 방사성 방출은 요건을 만족했지만 CF 카드에 읽기나 쓰기 동작이 수행되면(이러한 상황은 빈번히 일어났음) 방사성 방출이 허용기준 이상으로 치솟았다. 이 문제는 방출과 관련이 있는 클록 주파수들을 추적한 결과 카드 인터페이스 도선에 존재하는 신호들 때문임이 분명하였다. 이 신호들은 CF 모듈에 잡음을 발생시키고 이 잡음은 상자의 위쪽 절반부분의 금속에 용량적으로 결합되었다. 상자의 위쪽 절반부분과 아래쪽 절반부분은 한 가닥의 도선으로만 서로 연결되어있었는데, 이러한 구조는 수직으로 배치된 다이폴 안테나를 형성하므로 이를 통해 전자기장이 잘 방사되었다. 최악의 상황은 다이폴 안테나의 공진주파수에서 발생하는데, 도선의 인덕턴스로 인해 다이폴 안테나 구조의 공진주파수만 달라질 뿐 안테나의 방사 효율을 줄이지는 못했다.

C.4.1 잡음 저감 대책

이 지문 분석기의 설계에 대해 조치한 여러 가지 변경사항을 [그림 C.7]에 나타내었다. 실제로 방사성 방출 문제를 해결하는 데 가장 효과적인 방법은, CF 모듈로 가는 케이블은 "차폐"하고 상자의 위쪽 절반에 대해서는 "차폐를 제거"하는 조치였다. 케이스의 위쪽 절반 플라스틱에서 전도성 코팅을 제거하였다(이렇게 하면 비용이 절감될 것은 분명하였으므로 설계자에게는 만족스러운 조치였다). 느슨하게 배선한 도선 케이블은 금속으로 코팅한 피복으로 둘러쌌다. 이때 이 피복의 한쪽 끝은 아래쪽에 설치된 하부 기판의 0 V 면에 접속하고 반대쪽 끝

2 (옮긴이) 디스플레이 창 주위를 둘러싸는 테두리. 스마트폰, 태블릿, 텔레비전과 같은 전자기기에서는 디스플레이 화면이 아닌 기기 앞면에 있는 것을 포함한다.

은 CF 모듈의 케이스에 접속하였다. 이렇게 한 조치는 CF로 전달되는 공통모드 잡음을 감소시켰다. 상자의 위쪽 절반에 차폐가 없으므로 방사 다이폴의 효과는 전체 케이스를 통해서가 아닌 모듈 자체에 의해서만 생기게 된다. 이렇게 하는 대신 상자의 위쪽 절반은 차폐한 채 그대로 놓아두고 지금까지 설명한 모든 조처를 취한 상태에서 상자의 위쪽 절반과 아래쪽 절반을 적절한 전도성 조임장치(패스너, fastner)와 개스킷을 사용하여 서로 접합해도 다이폴 효과를 줄일 수 있었을 것이다. 하지만 이렇게 했다면 비용은 훨씬 많이 들고 아마도 더 많은 ESD 문제가 발생했을 것이다.

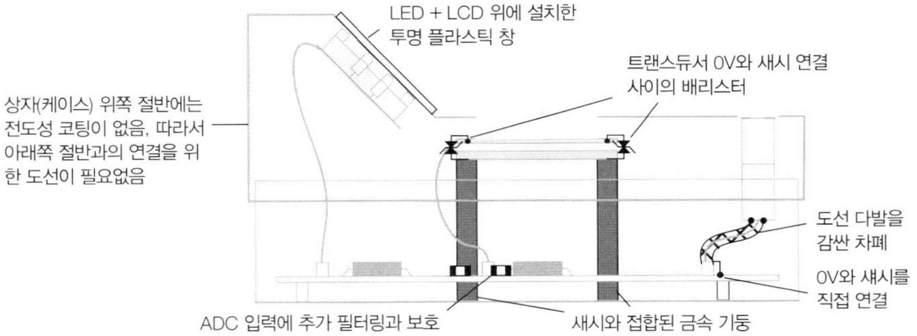

그림 C.7 두 부분으로 나뉜 상자에 대한 변경조치

CF 모듈 잡음을 줄이는 바람직한 방법은 리본 케이블이나 접지면 플렉시 케이블 중 하나를 사용하여 최소의 전달 임피던스로 연결이 되도록 케이블 배선을 재설계하는 것이었을 것이다. 하지만 이 방법은 아예 고려하지 않았다. 대신 케이블 조립부를 차폐하는 방법을 선택하였다. 다른 상황에서는 더 나은 방식을 선택할 수 있었을 것이다.

이와 같은 케이블에 대한 변경조치는 CF 모듈의 ESD 내성을 향상시키는 데에도 효과가 있었다. 중요했던 것은 케이블의 차폐도체를 하부 기판에서 0 V 면에 연결하며, 이와 같이 연결할 때 섀시로 가는 접지연결과 아주 가깝게 놓이도록 배치하는 것이었다. 이렇게 하지 않으면 방전 전류가 0 V 면의 넓은 영역에 흐를 수밖에 없었고, 이는 프로세서가 동작하는 데 악영향을 주었을 것이다.

LED/LCD 조립부의 ESD 내성은 하부 기판에 연결된 도선에 설치한 페라이트 슬리브에 의해 어느 정도 개선되었지만, 이것만으로는 충분하지 않았다. 많은 노력을 기울여 이 연결의 내성을 개선하는 조치 대신에 취할 수 있는 가장 쉬운 방법은 그 무엇보다도 방전이 발생하는 것을 방지하는 것이었다. LED와 LCD는 둘 다 인클로저 앞면의 위에 놓인 투명한 플라스틱 창으로 보호하였다. 이때 투명 플라스틱 창을 충분히 넓게 하여 부품상의 어떠한 전도성 부분에 대해서도 가장자리를 따라 짧은 연면 경로가 존재하지 않게 하였다. 이러한 조치는 이와 유사한 부분에 대한 방전을 처리하는 데는 언제나 좋은 방법이다.

아날로그-디지털 변환기인 ADC의 ESD 내성은 정반대의 방법으로 처리하였다. 금속 핑거패드에 방전현상이 일어나는 것 자체는 피할 수 없는 일이다. 그러나 방전전류는 장치의 하부로 우회시킬 수 있는데, 플라스틱 기둥 대신 금속 기둥을 사용하여 접촉 패드의 아날로그 0V와, 섀시와 연결된 금속 받침판 사이에 배리스터(varistor)를 끼우는 것만으로도 이것이 가능하다. 동시에 ADC 입력은 직렬 저항과 병렬 스티어링 다이오드 쌍에 의해 더욱 확실하게 보호하였다. 그런 다음, 방전전류가 높은 임피던스를 가진 ADC 입력을 통해 흐르지 않고 금속 기둥을 통해 섀시로 흐르도록 했다. 이렇게 함으로써 방전전류 중에서 섀시로 흐르지 못하고 하부 기판으로 흘러들어온 전류 스파이크에도 대처할 수 있었다.

Appendix D
유용한 테이블 및 공식

D.1 데시벨

데시벨(deciBel)은 단위가 같은 두 양(quantity)의 비(ratio, 비율)를 나타내는 데 사용되는 로그 단위로 줄여서 dB로 표시한다. 즉 dB라는 단위는 두 양의 비에 로그를 취했음을 나타낸다. 두 양의 비를 계산하면 단위끼리 상쇄되므로 단위는 사라진다. 단위가 없는 수에 로그를 취해도 단위가 새로 생기지는 않으므로 dB 단위를 갖는 수 자체는 실제로는 단위가 없는 것이다. 하지만 어떤 수에 dB라는 단위가 붙어 있으면 우리는 이 수가 어떤 두 양의 비에 로그를 취해서 나온 것임을 짐작할 수 있다. 두 양의 비가 특정한 양을 기준(아래 표 참조)으로 하는 경우에는 그 양의 단위를 dB 다음에 붙이게 된다. 예를 들어 dBμV는 1 μV의 전압을 기준으로 한 단위이며 dBm은 1 mW를 기준으로 한 단위이다.

많이 쓰이는 dB 단위

단위	기준 양	단위	기준 양
dBV	1 V (volt)	dBA	1 A (ampere)
dBmV	1 mV (millivolt)	dBμA	1 μA (microampere)
dBμV	1 μV (microvolt)	dBμA/m	1 μA/m (microampere per metre)
dBV/m	1 V/m (volt per metre)	dBW	1 W (watt)
dBμV/m	1 μV/m (microvolt per metre)	dBm	1 mW (milliwatt)
		dBμW	1 μW (microwatt)

본디 dB는 다음과 같이 전력비로 표현된다.[1]

$$\mathrm{dB} = 10\log_{10}\left(\frac{P_1}{P_2}\right)$$

전력은 전압의 제곱에 비례하므로, 어떤 일정한 임피던스 양단에 걸리는 전압의 비, 또는 그 임피던스를 통해 흐르는 전류의 비로 dB를 나타내면 다음과 같다.

$$\mathrm{dB} = 20\log_{10}\left(\frac{V_1}{V_2}\right)$$

$$\mathrm{dB} = 20\log_{10}\left(\frac{I_1}{I_2}\right)$$

임피던스가 Z로 주어질 때, dBμV 단위로 표시된 전압 V와 dBm 단위로 주어진 전력 P 사이의 변환은 다음 식으로 주어진다.

$$V\,(\mathrm{dB}\mu\mathrm{V}) = 90 + 10\log_{10}(Z) + P\,(\mathrm{dBm})$$

$Z = 50\ \Omega$일 때 전압(dBμV)과 전력(dBm) 사이의 관계

dBμV	μV	dBm	pW	dBμV	mV	dBm	nW
−20	0.1	−127	0.0002	30	0.03162	−77	0.02
−10	0.316	−117	0.002	40	0.10	−67	0.2
				50	0.3162	−57	2.0
0	**1.0**	**−107**	**0.02**	60	1.0	−47	20.0
							μW
5	1.778	−102	0.063	70	3.162	−37	0.2
7	2.239	−100	0.1	80	10.0	−27	2.0
10	3.162	−97	0.2	90	31.62	−17	20.0
15	5.623	−92	0.632	100	100.0	−7	200.0
20	10.0	−87	2.0	**120**	**1.0 V**	**+13**	**20 mW**

실제 전압, 전류, 전력 값은 dB 값에 로그의 역함수인 지수함수를 써서 다음과 같이 계산할 수 있다($\log_{10}^{-1}(\cdot) = 10^{(\cdot)}$).

$$V = 10^{\left(\frac{\mathrm{dBV}}{20}\right)}\ \mathrm{V\ (volt)}$$

$$I = 10^{\left(\frac{\mathrm{dBA}}{20}\right)}\ \mathrm{A\ (ampere)}$$

1 (옮긴이) 데시벨(deci-bel)은 벨(bel)에 미터법 접두로 십분의 일($1/10 = 10^{-1}$)을 나타내는 데시(deci-)가 붙어 만들어진 상대 단위이다. 벨(B)의 정의는 log10(P_1/P_2)로 너무 큰 단위여서 이를 그대로 이용하면 벨 단위의 값이 작아서 불편하다. 그래서 벨을 정의하는 수식에 10을 곱하고 그 대신 단위인 벨에 1/10을 곱해 $10^{-1}\cdot$bel = deci-bel(dB)을 만든 것이다. 벨은 알렉산더 그레이엄 벨(Alexander Graham Bell)을 기려 만든 단위이다.

$$P = 10^{\left(\frac{\text{dBW}}{10}\right)}\ \text{W (watt)}$$

dB와 전압비, 전류비, 전력비 사이의 관계

dB	전압비 또는 전류비	전력비	dB	전압비 또는 전류비	전력비
−30	0.0316	0.001	12	3.981	15.849
−20	0.1	0.01	14	5.012	25.120
−10	0.3162	0.1	16	6.310	39.811
−6	0.501	0.251	18	7.943	63.096
−3	0.708	0.501	20	10.000	100.00
0	**1.000**	**1.000**	25	17.783	316.2
1	1.122	1.259	30	31.62	1000
2	1.259	1.585	35	56.23	3162
3	1.413	1.995	40	100.0	10,000
4	1.585	2.512	45	177.8	31,623
5	1.778	3.162	50	316.2	10^5
6	1.995	3.981	60	1000	10^6
7	2.239	5.012	70	3162	10^7
8	2.512	6.310	80	10,000	10^8
9	2.818	7.943	90	31,623	10^9
10	3.162	10.000	100	10^5	10^{10}
			120	10^6	10^{12}

D.2 안테나

D.2.1 안테나 인자

$$AF = E - V$$

여기서 AF : 안테나 인자, dB/m

E : 안테나에 입사하는 전기장의 강도, dBμV/m

V : 안테나 단자 양단의 전압, dBμV

D.2.2 이득과 안테나 인자 사이의 관계

$$G = 20\log f - 29.79 - AF$$

여기서 G = 등방성 안테나에 대한 이득, dBi

f = 주파수, MHz

AF = 안테나 인자, dB/m

D.2.3 다이폴

등방성 안테나에 대한 $\lambda/2$ 다이폴의 이득:

$$G = 1.64 \quad \text{또는} \quad G = 2.15\ \text{dBi}$$

전기적 길이가 L인 소형 다이폴 안테나의 입력 저항[17]:

$$0 < L < \frac{\lambda}{4} : R_{in} = 20 \cdot \pi^2 \cdot \left(\frac{L}{\lambda}\right)^2\ \Omega$$

$$\frac{\lambda}{4} < L < \frac{\lambda}{2} : R_{in} = 24.7 \cdot \left(\pi \frac{L}{\lambda}\right)^{2.4}\ \Omega$$

D.2.4 VSWR

전압 정재파비(*VSWR*)라는 용어는 전송선로와 신호원 사이, 또는 전송선로와 부하 사이의 부정합(mismatch) 정도를 나타낸다. 또한 부정합으로 인해 전송선로를 따라 분포하는 정재파의 진폭도 나타낸다.

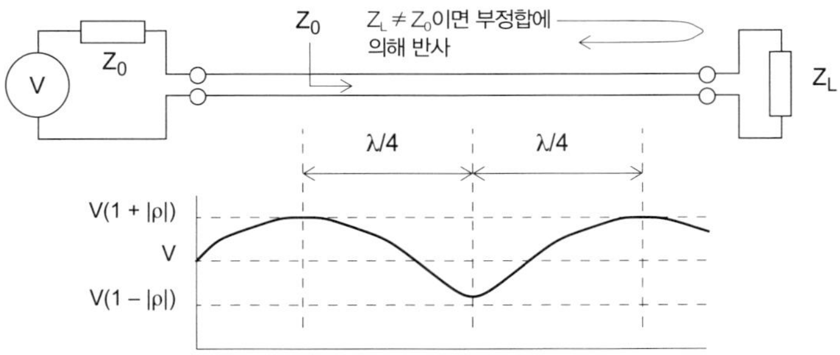

$$\text{VSWR } K = \frac{1+|\rho|}{1-|\rho|} = \begin{cases} \dfrac{Z_0}{Z_L},\ \text{단 } Z_0 > Z_L \\ \dfrac{Z_L}{Z_0},\ \text{단 } Z_0 < Z_L \end{cases}$$

$$\text{반사계수 } |\rho| = \frac{K-1}{K+1}$$

D.3 전자기장

D.3.1 고유 임피던스와 파동 임피던스

고유 임피던스(자유공간):

$$Z_0 = \sqrt{\frac{\mu_0}{\varepsilon_0}} = 377\ \Omega \ \text{ 또는 } \ 120\pi\ \Omega$$

$\mu_0 = 4\pi \times 10^{-7}$ H/m : 자유공간의 투자율

$\varepsilon_0 = 8.85 \times 10^{-12}$ F/m : 자유공간의 유전율

파동 임피던스(자유공간 속을 진행하는 전자기파):

$$Z_W = \frac{E}{H}$$

전자기파가 평면파인 경우 (신호원에서 전기적으로 멀리 떨어진 곳(원거리장, far field)을 진행하는 전자기파는 평면파로 간주할 수 있음):

$$Z_W = Z_0$$

D.3.2 근거리장과 원거리장

$$d < \frac{\lambda}{2\pi} \text{ : 근거리장(near field); } d > \frac{\lambda}{2\pi} \text{ : 원거리장(far field)}$$

(11.1.4절의 그림 11.9 참조)

근거리장에서는 전자기파의 파동 임피던스 Z_W가 그 전자기파를 발생시킨 신호원의 특성에 따라 고유 임피던스 Z_0보다 높거나 낮다.

전기 다이폴(electric dipole)에서 거리 d만큼 떨어진 곳에서 그 전기 다이폴로부터 발생한 전자기파의 파동 임피던스 Z_W의 크기는 다음 식과 같다. 이 값은 고유 임피던스 Z_0보다 높다.

$$|Z_W| = \frac{1}{2\pi f \cdot \varepsilon \cdot d}$$

전류 루프(current loop)에서 거리 d만큼 떨어진 곳에서 그 전류 루프로부터 발생한 전자기파의 파동 임피던스 Z_W의 크기는 다음 식과 같다. 이 값은 고유 임피던스 Z_0보다 낮다.

$$|Z_W| = 2\pi f \cdot \mu \cdot d$$

D.3.3 전력 밀도

원거리장에서 전자기파의 전자기장 강도를 전력 밀도로 변환:

$$p = \frac{E^2}{120 \cdot \pi}$$

여기서 p : 전력 밀도, mW/cm^2

E : 전기장 강도, V/m

등방성 안테나에서 방사하는 전자기파가 운반하는 전력밀도:

$$p = \frac{P_T}{4\pi \cdot R^2}$$

여기서 R은 등방성 안테나에서 떨어진 거리, m

P_T : 등방성 안테나가 방출하는 전자기파가 운반하는 총 전력, W

D.3.4 전자기장 강도

자유공간에 놓인 신호원(송신기)에서 방출하는 전자기파가 운반하는 총 방사전력이 P_T일 때, 신호원으로부터 R만큼 떨어진 곳에서의 전기장 강도 :

$$E = \frac{(30 \cdot P_T)^{0.5}}{R}$$

또는

$$E\,(\mathrm{mV/m}) = 173\frac{(P_T\,(\mathrm{kW}))^{0.5}}{R\,(\mathrm{km})}$$

지면 근처를 전파하는 전자기파는 $1/R$보다 큰 비율로 감쇠된다. 30～300 MHz의 주파수 범위와 30 m 이상의 거리에서는 전자기장 강도의 중앙값은 $1/R^2$에 따라 변한다. 여기서 n은 개방된 교외지역에서는 약 1.3이고 건물로 빽빽하게 들어선 도심지역은 약 2.8이다[179].

D.3.5 전기적 소형 루프와 전기적 소형 모노폴에서 방사되는 전기장 강도

여기서 "소형(small)"이 뜻하는 것은 $\lambda/4$보다 상당히 짧은 길이이다. 자유공간에 놓인 면적이 A (m^2)인 루프에 주파수가 f인 전류 I (A)가 흐를 때, 이 전류 루프에서 거리는 R (m)만큼 떨

어져 있고 루프 축에서 각도 θ만큼 기울어진 점에서의 전기장 강도 :

$$E = \frac{131.6 \cdot 10^{-16}(f^2 \cdot A \cdot I)}{R} \cdot \sin\theta \ \text{V/m}$$

각도가 전자기장 강도가 최대가 되는 $\theta = 90°$이고, 거리는 $R = 10$ m일 때, 접지면 반사를 보정한 경우에 측정되는 전기장 강도:

$$E = 26.3 \cdot 10^{-16}(f^2 \cdot A \cdot I) \ \text{V/m}$$

접지면 위에 놓인 길이가 L인 소형 모노폴 안테나($L \ll \lambda/2$)에 공통모드 전류 I가 흐를 때, R 만큼 떨어진 거리에서의 전기장 강도:

$$E = \frac{4\pi \cdot 10^{-7}(f \cdot I \cdot L)}{R} \cdot \sin\theta \ \text{V/m}$$

각도가 전기장 강도가 최대가 되는 $\theta = 90°$이고, 거리는 $R = 10$ m일 때, 전기장 강도:

$$E = 1.26 \cdot 10^{-7}(f \cdot I \cdot L) \ \ \text{V/m}$$

D.3.6 공진이 발생한 케이블의 전기장 강도[15]

케이블 길이가 대략 한 파장(약간 짧거나 약간 긴)인 경우에는 케이블에 공진이 발생하는데, 이때 케이블에서 방출되는 전자기장은 급격히 달라져 방사 패턴상에 여러 개의 로브(lobe)가 나타난다. 이 경우, 로브는 L/λ비에 따라 달라지는데, 최대 전자기장 강도는 케이블의 길이가 $\lambda/2$일 때 발생한다. 케이블에서 방출되는 전기장의 방사패턴(접지면 반사를 예측할 수 없으므로 접지면 보정은 하지 않음):

$$E_\theta = \frac{60 \cdot I}{R} \cdot \frac{\cos\left(\beta \cdot L \cdot \frac{\cos\theta}{2}\right) - \cos\left(\beta \frac{L}{2}\right)}{\sin\theta}$$

여기서 β는 위상상수(phase constant)로 $2\pi/\lambda$와 같다.

D.3.7 전기장 강도 대 자기장 강도

원거리장에서 전기장 강도와 자기장 강도 사이의 관계는 자유공간의 고유 임피던스 $Z_0(= 377\ \Omega)$와 관계가 있다.

$$E\ (\text{dB}\mu\text{V/m}) = H\ (\text{dB}\mu\text{A/m}) + 51.5$$

H의 단위는 A/m, T(테슬라, tesla), 또는 G(가우스, gauss)로 쓸 수 있다. 이 단위들 사이의 관계는 다음과 같다.

$$1\ \text{G} = 100\ \mu\text{T} = 79.5\ \text{A/m}$$
$$1\ \text{A/m} = 4\pi \cdot 10^{-7}\ \text{T}$$

D.3.8 전기장과 자기장 방정식[8]

다음에 나오는 방정식들은 기본 전기 다이폴(전류 막대)와 기본 자기 다이폴(전류 루프)에 의해 P점에서 측정되는 전기장 E과 자기장 H를 나타낸다. 여기서 E와 H는 다음과 같이 구면 좌표계를 사용하여 각 성분을 표시하였다.

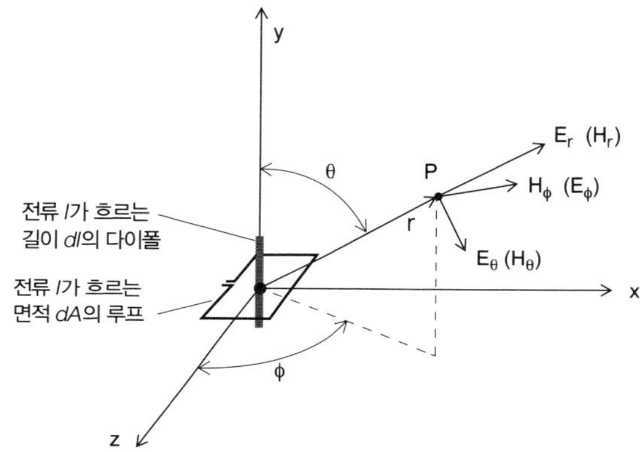

전기 다이폴의 경우:

$$E_r = Idl\cos\theta\left(\frac{\beta^3}{2\pi\omega\varepsilon_0}\right)\left(\frac{1}{(\beta r)^2} - \frac{j}{(\beta r)^3}\right)e^{-j\beta r}$$

$$E_\theta = Idl\sin\theta\left(\frac{\beta^3}{4\pi\omega\varepsilon_0}\right)\left(\frac{j}{(\beta r)} + \frac{1}{(\beta r)^2} - \frac{j}{(\beta r)^3}\right)e^{-j\beta r}$$

$$H_\phi = Idl\sin\theta\left(\frac{\beta^2}{4\pi\omega}\right)\left(\frac{j}{(\beta r)} + \frac{1}{(\beta r)^2}\right)e^{-j\beta r}$$

자기 다이폴의 경우:

$$H_\theta = IdA\sin\theta\left(\frac{\beta^3}{4\pi}\right)\left(\frac{-1}{(\beta r)} + \frac{j}{(\beta r)^2} + \frac{1}{(\beta r)^3}\right)e^{-j\beta r}$$

$$H_r = IdA\cos\theta\left(\frac{\beta^3}{2\pi}\right)\left(\frac{j}{(\beta r)^2} + \frac{1}{(\beta r)^3}\right)e^{-j\beta r}$$

$$E_\phi = IdA\sin\theta\left(\frac{\beta^4}{4\pi\omega\varepsilon_0}\right)\left(\frac{1}{(\beta r)} - \frac{j}{(\beta r)^2}\right)e^{-j\beta r}$$

여기서

$\beta = 2\pi/\lambda$: 위상상수

ω: 각주파수, rad/s

ε_0: 자유공간의 유전율(D.3.1 참조)

r, θ, ϕ: P점의 좌표

E_r, E_θ, E_ϕ: 전기장 벡터, V/m

H_r, H_θ, H_ϕ: 자기장 벡터, A/m

이들 방정식으로부터 다음 사항을 알 수 있다.

a) $\beta r \ll 1$(근거리장)에서, 전기 다이폴의 전기장 E는 r의 차수가 가장 높은 $1/r^3$로 변하는 성분이 가장 우세하며 자기장 H 역시 r의 차수가 가장 높은 $1/r^2$로 변하는 성분이 가장 우세하다. 자기 다이폴에서는 이와 반대로 E는 $1/r^2$ 성분이, H는 $1/r^3$ 성분이 가장 우세하다.

b) $\beta r \gg 1$(원거리장)에서, 반지름 r 성분인 E_r과 H_r은 무시할 수 있을 정도로 작아지며 반지름 r에 수직인 θ, ϕ성분인 E_θ와 H_ϕ 성분이 가장 우세하다. E_θ와 H_ϕ는 평면파가 되어 공간 속을 전파하는데, 크기는 반지름 r에 따라 모두 $1/r$의 비율로 변한다.

D.4 차폐

D.4.1 표피깊이

$$\delta = (\pi\cdot f\cdot \mu\cdot \sigma)^{-0.5}\ \text{m}$$

상대투자율이 μ_r, 상대 전도율이 σ_r이고 주파수가 f(Hz)인 경우:

$$\delta = 0.0661 \cdot (f \cdot \mu_r \cdot \sigma_r)^{-0.5} \text{ m} \quad \text{또는}$$

$$\delta = 2.602 \cdot (f \cdot \mu_r \cdot \sigma_r)^{-0.5} \text{ inch}$$

구리($\mu_r = 1$, $\sigma_r = 1$)의 표피깊이는 주파수 $f = 1$ MHz에서 66 μm($6.6 \cdot 10^{-5}$ m), $f = 100$ MHz에서 6.6 μm이다.

D.4.2 반사손실(R)

반사손실의 크기는 전자기파의 진행을 방해하는 장벽의 고유 임피던스와 해당 전자기파의 파동 임피던스와의 비(ratio)에 따라 달라진다. 전자기파의 파동 임피던스는 해당 전자기파의 발생원(source)으로부터 진행한 거리, 근거리장에서는 원천이 전기적(다이폴)인지 아니면 자기적(루프)인지 여부, 원거리장에서는 전자기파가 평면파인지 여부에 따라 달라지므로 이들 요소에 따라 반사손실도 달라진다. 다음 수식에서 f (Hz)는 주파수, r (m)은 진행거리, μ_r과 σ_r은 각각 상대투자율과 상대전도율이다.

$$\text{평면파: } R = 168 - 10 \cdot \log_{10}\left(\frac{\mu_r}{\sigma_r} \cdot f\right) \text{ dB}$$

$$\text{전기장: } R_E = 322 - 10 \cdot \log_{10}\left(\frac{\mu_r}{\sigma_r} \cdot f^3 \cdot r^2\right) \text{ dB}$$

$$\text{자기장: } R_E = 14.6 - 10 \cdot \log_{10}\left(\frac{\mu_r}{\sigma_r} \cdot \frac{1}{f} \cdot r^2\right) \text{ dB}$$

D.4.3 흡수손실(A)

$$A = 8.69 \cdot \left(\frac{t}{\delta}\right) \text{ dB}$$

여기서 t는 장벽의 두께, δ는 표피깊이이다.

D.4.4 재반사손실(B)

$$B = 20 \cdot \log_{10}\left(1 - e^{-2\sqrt{2}\left(\frac{t}{\delta}\right)}\right) \text{ dB}$$

장벽 두께 t가 표피깊이 δ보다 작지 않으면 B는 무시할 수 있다.

예를 들어: $t = \delta$이면 $B = -0.53$ dB, $t = 2\delta$이면, $B = -0.03$ dB

다중 반사는 차폐효과를 감소시키므로 B 값은 항상 음수이다.

D.4.5 차폐효과(15.1.1절 참조)

무한히 큰 균질의 전도성 장벽의 차폐효과:

$$SE \text{ dB} = R \text{ dB} + A \text{ dB} + B \text{ dB}$$

대표적인 도체의 특성[13]

물질	상대전도율 σ_r (구리 σ_r=1)†	상대투자율 μ_r (주파수 1 kHz일 때)*
은(silver)	1.08	1
구리(copper)	1.00	1
금(gold)	0.70	1
크롬(chromium)	0.66	1
알루미늄(aluminium)	0.61	1
아연(zinc)	0.30	1
주석(tin)	0.15	1
니켈(nikel)	0.22	50–60
연강(mild steel)	0.10	300–600
뮤-금속(mu-metal)	0.03	20,000

* : 1 MHz 이상의 주파수에서 대부분의 물질의 상대투자율은 μ=1에 근접한다.
† : 구리의 전도율은 $\sigma=5.8\times10^7$ S/m이다.

D.5 커패시턴스, 인덕턴스와 PCB 레이아웃

D.5.1 커패시턴스

면적이 A cm²로 같은 두 금속판이 d cm만큼 떨어져 있고 두 금속판 사이는 자유공간으로 채워져 있을 때 이 구조의 커패시턴스:

$$C = 0.0885 \cdot \frac{A}{d} \text{ pF}$$

반지름이 r cm인 구(sphere, 공)의 자체 커패시턴스:

$$C = 4\pi \cdot 0.0885 \cdot r = 1.1 \cdot r \text{ pF}$$

내부 반지름이 r_1 cm인 원통과 외부 반지름이 r_2 cm인 원통의 축이 서로 일치하고 두 원통 사이의 공간이 자유공간으로 채워져 있을 때 이 구조의 단위길이당 커패시턴스:

$$C = 2\pi \cdot \frac{0.0885}{\text{In}\left(\frac{r_2}{r_1}\right)} \text{ pF/cm}$$

자유공간 속에 지름이 d cm로 같은 두 도체가 간격 D cm만큼 떨어져 있을 때 단위길이당 커패시턴스:

$$C = \pi \cdot \frac{0.0885}{\cosh^{-1}\left(\frac{D}{d}\right)} \ \text{pF/cm}$$

위의 여러 수식에 들어있는 인수 0.0885는 자유공간의 유전율에 의해 나온 값이다(D.3.1 참조). 두 도체 주위의 물질이 자유공간이 아닌 유전체인 경우에는 해당 유전체의 상대유전율(유전상수) ε_r값을 추가로 곱한다.

대표적인 유전체의 상대유전율 ε_r

공기(Air)	1.0	테플론[PTFE(Teflon)]	2.1
폴리에틸렌(Polyethylene)	2.3	폴리프로필렌(Polypropylene)	2.2
폴리스틸렌(Polystyrene)	2.5	부틸 고무(Butyl rubber)	2.4
폴리카보네이트(PVC, Polycarbonate)	3.2	페르스펙스(Perspex)	3.45
폴리이미드(Polyimide)	3.4	종이(Paper)	3
에폭시수지(Epoxy resin)	3.6	나일론(Nylon)	3.5
에폭시유리(Epoxy glass)	4.2–4.7	석영(Quartz)	4.43
붕규산 유리(Borosilicate glass)	5.0	네오프렌(Neoprene)	5.7
자기(Porcelain)	5.5	마이카(Mica)	7
페놀 수지 원단(Phenolic resin fabric)	5.5	실리콘(Silicon)	11.7
순 알루미나[Alumina (pure)]	8.5	메탄올(Methanol) @ 900MHz	31
소금(Salt)	3–15	탈이온수(De-ionised water, 순수한 물)	80

D.5.2 인덕턴스 [6]

길이가 l이고 지름이 d인 직선 도선의 인덕턴스:

$$L = 0.0051 \cdot l \cdot \left[\ln\left(\frac{4l}{d}\right) - 0.75\right] \ \mu\text{H}, \ l\text{과 } d\text{의 단위는 inch, 또는}$$

$$L = 0.002 \cdot l \cdot \left[\ln\left(\frac{4l}{d}\right) - 0.75\right] \ \mu\text{H}, \ l\text{과 } d\text{의 단위는 cm}$$

알아두면 유용한 근삿값: 20 nH/inch 또는 8 nH/cm

길이가 l cm, 지름이 d cm로 같은 두 평행 도선(신호도선과 귀환도선)이 간격 D cm만큼 떨어져 있을 때, 이 구조의 인덕턴스:

$$L = 0.004 \cdot l \cdot \left[\ln\left(\frac{2D}{d}\right) - \frac{D}{l} + 0.25\right] \ \mu\text{H}, \ \text{단 } \frac{D}{l} \ll 1\text{인 경우}$$

길이가 l cm로 같은 두 평행 직선도선이 간격 D cm만큼 떨어져 있을 때, 이 구조의 상호 인덕턴스:

$$M = 0.002 \cdot l \cdot \left[\ln\left(\frac{2l}{D}\right) - 1 + \frac{D}{l}\right] \mu\text{H}, \ \text{단} \ \frac{D}{l} \ll 1\text{인 경우}$$

간격이 D cm인 두 도체가 접지면 위로 h cm만큼 떨어져 놓여 있고, 접지면이 귀환전류 경로인 경우, 두 도체 사이의 상호 인덕턴스[104]:

$$M = 0.001 \cdot \ln\left[1 + \left(\frac{2h}{D}\right)^2\right] \mu\text{H/cm}$$

반지름이 d cm인 도체 1개가 접지면 위로 h cm만큼 떨어져 놓여 있고, 접지면이 귀환전류 경로인 경우, 이 구조의 인덕턴스[104]:

$$L = 0.002 \cdot \ln\left(\frac{4h}{d}\right) \mu\text{H/cm}$$

D.5.3 PCB 트랙의 전파 지연과 특성 임피던스 [106]

마이크로스트립 선로(microstrip line) 구조

$$T_{pd} = 1.017 \cdot \sqrt{0.475\varepsilon_r + 0.67} \ \text{ns/ft}$$

$$Z_0 = \frac{87}{\sqrt{\varepsilon_r + 1.41}} \cdot \ln\left(\frac{5.98h}{0.8w + t}\right) \ \Omega$$

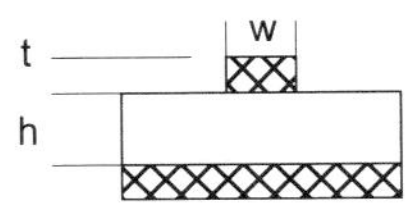

예를 들어 $h = 1.6$ mm, $w = 0.3$ mm, $\varepsilon_r = 4.2$, $t \ll w$인 마이크로스트립 선로의 특성임피던스는 $Z_0 = 130\ \Omega$이다.

[주의] 참고문헌[41]에 따르면 특성 임피던스 Z_0 값이 낮은 경우, 다시 말해 다시 말해 w/h 값이 큰 경우에는 이 방정식(널리 참조되고 있음)으로 계산한 값이 수치해석 모델로 계산한 값에 견주어 부정확하다. 이 방정식은 와델(Wadell)이 유도한 방정식[148]보다 복잡하지만 더 정확하다.

스트립선로(stripline) 구조

$$T_{pd} = 1.017 \cdot \sqrt{\varepsilon_r} \ \text{ns/ft}$$

$$Z_0 = \frac{60}{\sqrt{\varepsilon_r}} \cdot \ln\left[\frac{4b}{0.67\pi \cdot (0.8w + t)}\right] \ \Omega$$

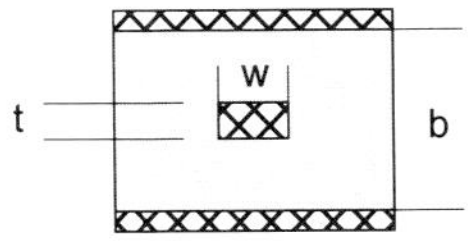

FR4 에폭시 섬유유리 PCB의 상대유전율 ε_r 값은 높은 주파수 영역에서 일반적으로 4.2이다. 이 값을 사용하여 전파지연 T_{pd}를 계산하면 마이크로스트립 선로 구조에서는 1.7 ns/ft(= 56

ps/cm), 스트립선로 구조에서는 2.1 ns/ft(= 69 ps/cm)이다.

예를 들어 $b = 1.6$ mm, $w = 0.3$ mm, $\varepsilon_r = 4.2$, $t \ll w$인 스트립선로 구조의 특성 임피던스는 $Z_0 = 74\ \Omega$이다.

스트립선로 구조의 PCB 트랙에 부품이 연결되어 있으면 부품의 커패시턴스에 의해 전파지연과 특성 임피던스는 다음과 같이 달라진다.

$$T_{pd}' = T_{pd} \cdot \sqrt{1 + \frac{C_D}{C_0}}$$

$$Z_0' = \frac{Z_0}{\sqrt{1 + \frac{C_D}{C_0}}}$$

여기서 C_D는 부품의 단위길이당 커패시턴스(총 부하 커패시턴스를 트랙의 길이로 나눈 값)이고 C_0는 다음 식으로 계산한 트랙의 고유 커패시턴스이다.

$$C_0 = 1000 \cdot \frac{T_{pd}}{Z_0} \ \text{pF/길이}$$

D.5.4 분포 결합 [16]

평면파 전자기장에 결합한 2선 전송선로:

s: 전송선로의 길이(m)

b: 전송선로를 이루는 두 도선 사이의 간격(m)

a: 도선 지름(m)

Z_1: 신호원의 두 단자 사이 임피던스(Ω)

Z_2: 부하의 두 단자 사이 임피던스(Ω)

Z_0: 특성임피던스로 $Z_0 = 276 \cdot \log\left(\frac{2b}{a}\right)$ Ω로 주어지는 값을 가짐

β: 위상상수로 $\beta = \frac{2\pi}{\lambda}$

D는 분모에 들어가는 수식:

$$D = (Z_0 \cdot Z_1 + Z_0 \cdot Z_2) \cdot \cosh(j \cdot \beta \cdot s) + (Z_0^2 + Z_1 \cdot Z_2) \cdot \sinh(j \cdot \beta \cdot s)$$

서로 다른 파형 조건에 대해 세 개의 방정식이 있을 수 있다(변수 X는 결합계수로, 부하 양단에서 $\frac{V}{E}$로 주어짐:

(a) 수직편파 전기장 E가 전송선로를 향해 진행(전송선로 길이방향에 수직인 방향으로 입사)

$$X = Z_2 \cdot b/D \cdot [Z_0 \cdot (1 - \cos\beta s) + Z_1 \cdot j \cdot \sin\beta s]$$

(b) 수직편파 전기장 E가 전송선로를 따라 진행(전송선로 길이방향과 나란한 방향으로 입사)

$$X = Z_2 \cdot \frac{b \cdot (Z_0 - Z_1)}{2D} \cdot [(1 - \cos 2\beta s) + j \cdot \sin 2\beta s]$$

(c) 수평편파 전기장 E가 전송선로를 향해 진행

$$X = Z_2 \cdot \left(\frac{-2j \cdot \sin\beta \frac{b}{2}}{D \cdot \beta} \right) \cdot [Z_0 \cdot \sin\beta s + Z_1 \cdot j \cdot (1 - \cos\beta s)]$$

D.6 전기적 길이 및 파장

m 단위로 표시되는 실제 치수보다 λ와의 비율로 표시되는 전기적 치수는 가해기기에서 피해기기로 결합하는 능력을 결정하는 중요한 요소이다. 자유공간에서 파장 λ (m)와 주파수 f (Hz) 사이의 관계는 다음 식과 같다.

$$\lambda = \frac{c}{f}, \text{ 여기서 } c = 300 \times 10^6 \text{ m/s}$$

이다. 이 식을 더욱 간단히 나타내면

$$\lambda = \frac{300}{f_{\text{MHs}}}$$

더욱 일반적인 식으로 표시하기 위해서는 c대신 v를 사용해야 한다. 여기서 v는 자유공간이 아닌 매질을 전파하는 전자기파의 속도로 다음 식과 같이 매질의 투자율 μ와 유전율 ε에 의해 결정된다.

$$c = v_0 = \frac{1}{\sqrt{\varepsilon_0 \mu_0}}, \text{ 여기서 } \varepsilon_0 = \frac{1}{36\pi} \times 10^{-9} \text{ F/m}, \ \mu_0 = 4\pi \times 10^{-7} \text{ H/m}$$

자유공간이 아닌 매질의 특성은 상대유전율 ε_r과 상대투자율 μ_r로 정해진다. 이러한 매질 — 유전체(절연체)인 경우에는 [D.5.1절] 참조 — 에서 전파속도는 다음 식에서 보듯이 자유공간에서 보다 늦어진다.

$$v = \frac{c}{\sqrt{\varepsilon_r \mu_r}}$$

즉, 유전체($\varepsilon_r > 1$)를 가진 구조인 구조(예를 들어, 케이블)의 전기적 길이는 유전체가 없는 경우보다 길다. 따라서 이러한 구조에서의 파장은 자유공간에서의 파장보다 짧다. 자성체의 경우에도 유전체와 동일한 특성을 나타낸다.

어떤 구조물의 전기적 길이가 파장 λ보다 훨씬 작은 경우, 이 구조물은 "전기적으로 짧다(소형이다)"고 말하는 데, 일반적으로는 파장 λ의 1/10을 기준으로 한다. 반대로 구조물의 길이가 $\lambda/4$에 근접하면 전기적으로 길다고 말한다.

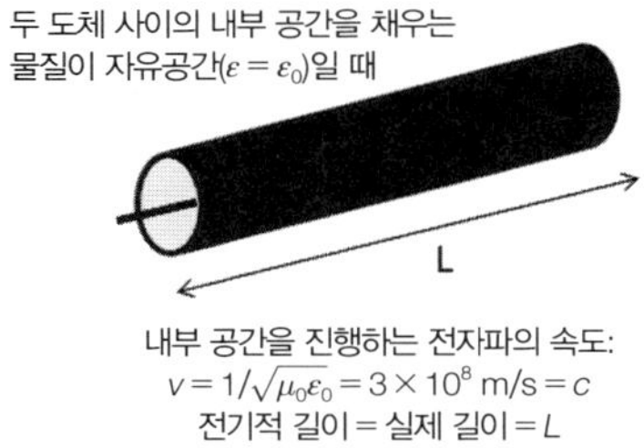

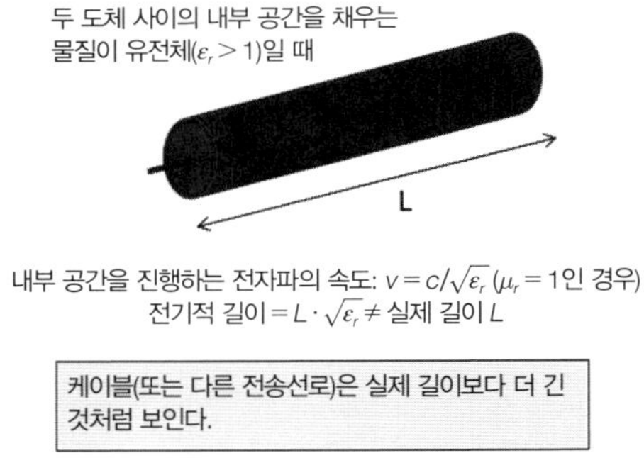

D.7 필터

D.7.1 2차 저역 통과 필터 [134]

감쇠지수(damping factor) ζ은 코너주파수(corner frequency, 차단주파수)에서의 삽입손실(insertion loss)과 필터의 주파수응답을 모두 설명한다. ζ은 부하 임피던스에 영향을 받는데, 임피던스 값이 낮으면 코너주파수 근처에서 삽입이득(insertion gain)이 생길 수 있다.

다음의 설계절차를 적용하면 모든 형태의 *LC* 필터 구성과 전형적인 교류전원 필터 구성(14.2.3절, 그림 14.27 참조)에서 차동모드 부품과 공통모드 부품을 설계할 수 있다. 여기서 기억할 점은 교류전원 필터는 모든 구성요소들이 대지접지(earth)에 대해 대칭이므로 별도의 두 회로로 나누어 취급할 수 있다는 사실이다.

1. 필요한 차단주파수(cut-off frequency, 코너주파수) ω_n 값을 알아낸다: 2차(second order) 필터는 기울기가 40 dB/decade인 감쇠특성을 가진다. 따라서 다음 식을 사용하여 적당히 높은 주파수 f에서 A_{dB}의 감쇠가 이루어지게 하는 코너주파수를 계산한다.

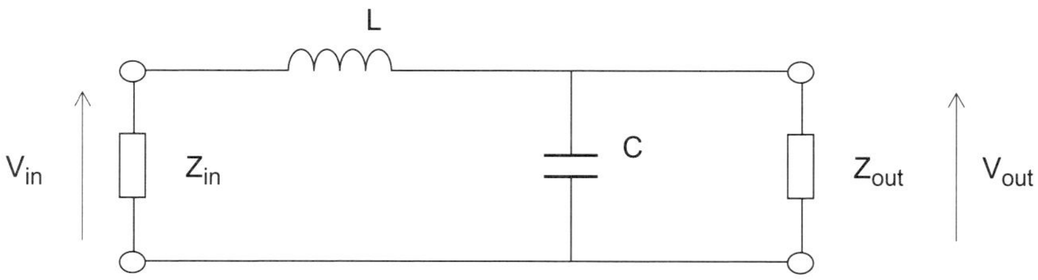

$$\frac{V_{out}}{V_{in}} = \frac{1}{1 + 2j\zeta(\omega/\omega_n) - (\omega/\omega_n)^2}$$

$$\omega_n = 1/(\sqrt{LC})$$

$$\zeta = \frac{L}{2Z_{out}\sqrt{LC}}$$

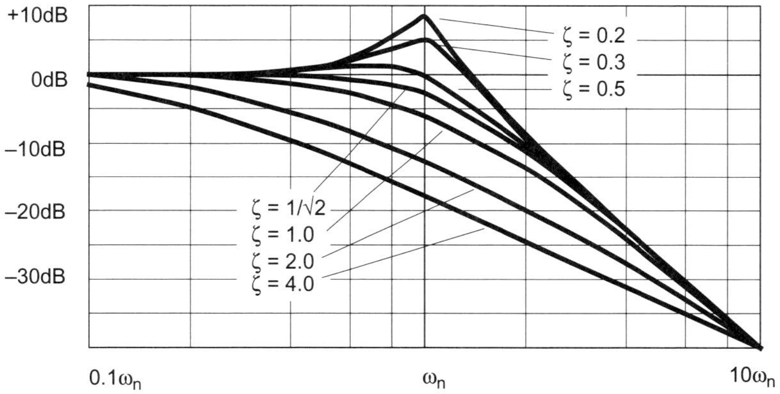

$$\omega_n = \frac{2\pi f}{10^{\left(\frac{A}{40}\right)}}$$

2. 부하저항 Z_{out}과 원하는 감쇠지수 ζ을 알아낸다. Z_{out}이 적절하게 명시되어 있다면 0.7에서 1 사이의 값을 갖는 것이 보통이다. 1보다 훨씬 큰 값은 과도한 저주파 감쇠를 유발하는 반면 0.7보다 훨씬 작으면 링잉과 삽입이득이 발생한다.
3. 앞에서 구한 값들을 사용하여 필요한 부품 값을 계산한다.

$$L = \frac{2 \cdot Z_{out} \cdot \zeta}{\omega_n}$$

$$C = \frac{1}{L \cdot \omega_n^2}$$

4. 필요한 경우, 계산된 부품 값이 시중에서 판매되는 표준값으로 나올 때까지 같은 과정을 되풀이한다.

D.7.2 임피던스가 필터의 삽입손실에 미치는 영향

표준 필터의 특성은 거의 대부분 신호원 임피던스와 부하 임피던스가 모두 50 Ω의 저항 성분만을 가진다는 조건을 전제로 하여 나타낸다. 그러나 실제 회로의 신호원 임피던스와 부하 임피던스는 이와는 다른 값을 가질 수 있다. 그런데 실제 회로 임피던스를 알 수 있고 그 값이 저항 성분뿐이라면 임피던스가 50 Ω일 때의 값으로부터 예상되는 실제 삽입손실을 계산할 수 있다. 계산 과정은 다음과 같다. 첫째, 다음 식을 사용하여 필터의 전달 임피던스 Z_T를 유도한다.

$$Z_T = \frac{25}{10^{\left(\frac{IL_{\mathrm{dB}}}{20}\right)} - 1}$$

여기서 IL_{dB}는 임피던스가 50 Ω일 때 명시된 삽입손실이다.

이제 값이 저항성 임피던스 Z_S(신호원)와 Z_L(부하) 값이 50 Ω이 아닐 때, 이 두 임피던스 사이에서 사용되는 필터의 삽입 손실은 다음 식으로 계산한다.

$$IL_{\mathrm{dB}} = 20\log\left[1 + \frac{Z_S \cdot Z_L}{Z_T \cdot (Z_S + Z_L)}\right]$$

신호원 임피던스와 부하 임피던스에 리액턴스 성분이 들어있으면 필터의 성능이 달라지므로 이 방정식을 사용할 수 없다.

D.8 푸리에 급수

좌우대칭인 사다리꼴 파형의 상승시간이 t_r, 주기가 T, 피크-대-피크 진폭이 I라고 할 때, 이 파형의 n차 고조파 전류는 다음 식으로 쓸 수 있다.

$$I(n) = 2I\left(\frac{t+t_r}{T}\right)\frac{\sin\left[\frac{n\pi}{T}(t+t_r)\right]}{\frac{n\pi}{T}(t+t_r)}\frac{\sin\left(\frac{n\pi}{T}t_r\right)}{\frac{n\pi}{T}t_r}$$

이 식에 대해 포락선(envelope, 싸개선) 그래프를 그려보면 다음과 같다.

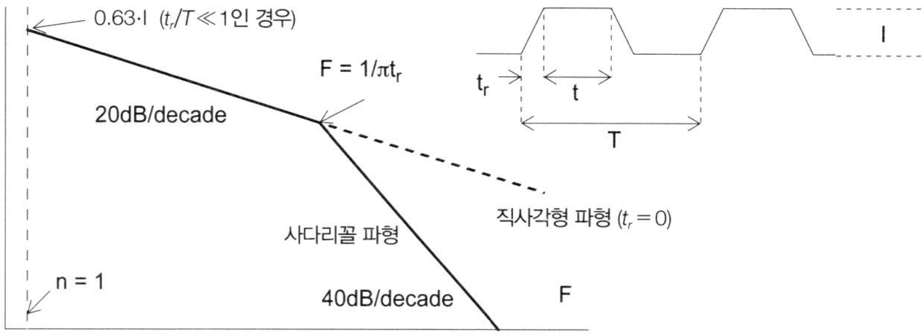

고조파 진폭의 직선 포락선 근사

다음 식은 푸리에 급수의 일반형이다[2].

$$f(t) = 0.5A_0 + \sum_{n=1}^{\infty} (A_n \cos\omega_n t + B_n \sin\omega_n t)$$

여기서 계수 A_n과 B_n은 다음 식으로 계산할 수 있다.

$$A_n = \frac{2}{T}\int_{-T/2}^{T/2} f(t)\cos\omega_n t dt$$

$$B_n = \frac{2}{T}\int_{-T/2}^{T/2} f(t)\sin\omega_n t dt$$

사다리꼴이 아닌 임의의 파형에 대해서는 이산 시간간격(discrete time interval)으로 샘플링을 하고 이산 푸리에 변환(discrete Fourier transform, DFT)을 취하는 방법으로 분석할 수 있다[4]. 이 방식에서는 위 식의 적분계산이 가중 유한급수 합으로 대체된다.

이 방식에서 시간축은 n/N이 된다. 여기서 N은 샘플의 총 개수이고 $x(n)$은 n번째 샘플의 샘플 값이다. m은 주파수 축을 나타낸다. DFT는 다음과 같이 $m = 0$(직류)에서 $m = (N/2) - 1$까지 각 이산 주파수에 대해 $A(m)$과 $B(m)$을 계산한다.

$$A(m) = \frac{1}{N}\sum_{n=0}^{N-1} x(n)\cos 2\pi m\left(\frac{n}{N}\right)$$

$$B(m) = \frac{1}{N}\sum_{n=0}^{N-1} x(n)\sin 2\pi m\left(\frac{n}{N}\right)$$

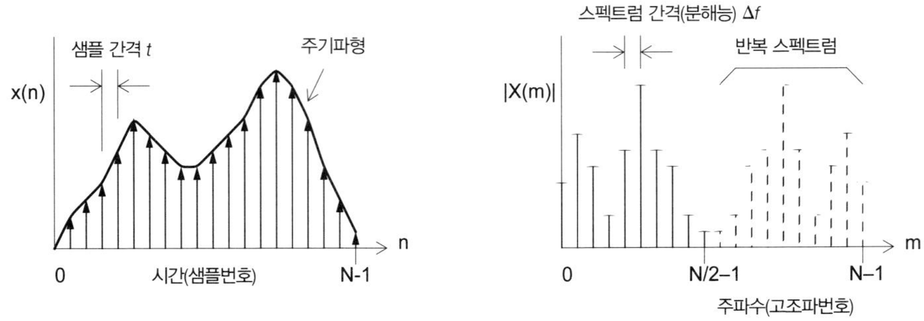

주파수 영역에서 스펙트럼 분해능(간격) Δf는 총 샘플시간의 역수인 $1/Nt$로, 시간영역에서 파형의 주기와 같다. $m=1$은 기본 주파수, $m=2$는 두 번째 고조파 주파수, $m=3$은 세 번째 고조파 주파수 …… 를 나타낸다. 스펙트럼 이미지는 $m=N/2$을 중심으로 대칭으로 나타나므로 분석 가능한 최대 고조파 주파수는 샘플 주파수와 기본 주파수의 곱의 절반인 $1/2t$이다.

EMC 작업에서 직류성분을 나타내는 $A(0)$와 $B(0)$는 무시하는 것이 보통이다. 실수성분과 허수성분 사이의 위상각을 나타내는 위상정보인 $\arg[A(m)+jB(m)]$도 마찬가지로 무시한다. 평균의 제곱 진폭

$$|X(m)|^2 = |A(m)|^2 + |B(m)|^2$$

은 m번째 고조파에서 전력을 나타낸다. 시간 영역의 샘플 $x(n)$의 배열에 대해 $X(m)$을 계산하는 프로그램은 쉽게 작성할 수 있다..

Appendix E

EU 및 EEA 국가

유럽 연합(The European Union)

1957년 로마 조약(Treaty of Rome)에 의해 '유럽 공동체(European Communities)'로 설립되었다.

* = 창립 회원국

가입한 국가	날짜
오스트리아	1995년
벨기에	*
불가리아	2007년
크로아티아	2013년
키프로스	2004년
체코	2004년
덴마크	1973년
에스토니아	2004년
핀란드	1995년
프랑스	*
독일	*
그리스	1981년
헝가리	2004년
아일랜드	1973년

이탈리아	*
라트비아	2004년
리투아니아	2004년
룩셈부르크	*
몰타	2004년
네덜란드	*
폴란드	2004년
포르투갈	1986년
루마니아	2007년
슬로바키아	2004년
슬로베니아	2004년
스페인	1986년
스웨덴	1995년
영국	1973년

유럽 경제 지역 (EEA)에는 위의 EU 회원국에 노르웨이, 아이슬란드, 리히텐슈타인이 추가된다. CENELEC에는 리히텐슈타인을 비롯해 스위스, 터키, FYR 마케도니아를 제외한 위의 모든 회원국이 포함된다.

2016년 EU 가입을 위해 협상중인 국가는 터키, 알바니아, 몬테네그로, 세르비아, FYR 마케도니아이다.

주요 용어, 법령, 조직

1장 개요

[용어]

전자파적합성 (Electromagnetic Compatibility, EMC)

전자파장해 (Electromagnetic Interference, EMI)

무선/전파 주파수 (Radio Frequency, RF)

휴대용 전자기기 (Portable electronic device, PED)

위험도 분석 (risk analysis)

통합 표준 (harmonized standard)

허용기준 (limits)

시스템 상호간 EMC (intra-system EMC)

시스템 내부 EMC (inter-system EMC)

상용 기성제품 (commercial-off-the-shelf, COTS)

정전 (interruption)

전압 강하 (voltage dip)

서지 (surge)

전압 변동 (fluctuation)

빠른 과도 과전압 (fast transient over-voltages)

무선/전파 주파수 전자기장 (radio frequency field)

정전기 방전 (electrostatic discharge, ESD)

보호비 (protection ratio)

산업용, 과학용, 의료용 (industrial, scientific and medical, ISM)

TV 화이트 스페이스 (TV White Space)

전력선 통신 Power line Telecommunication PLT / (미국) Power line communication PLC /(미국) 광대역 전력선 통신 Broadband over power line BPL

교류 주전원 (mains, power mains, main power)

적합성 추정 (presumption of conformity)

양호한 공학적 관행 (good engineering practices, GEP)
고정 설비 (fixed installation)
종방향 변환 손실 Longitudinal Conversion Loss, LCL
기술문서 (technical construction file, TCF)
규제기관 (competent body, CB)
전기폭발기기 (electro-explosive device, EED)
의도성 전자파장해 (intentional electromagnetic interference, IEMI)
국제전기기술용어집 (International Electrotechnical Vocabulary, IEV)
전자파 흡수율 (Specific Absorption Rate, SAR)
기본 제한 (basic restriction)
기준 레벨 (reference level)

[법령]

물리적 요인 지침 (Physical Agents Directive) 2004/40/EC
무선장비지침 (Radio Equipment Directive, RED) 2014/53/EU
작업에서의 전반적인 안전보건 지침 (Health and Safety at Work Directive] 89/391/EEC
영국 무선전신법 (Wireless Telegraphy Act, WTA)

[조직]

국제민간항공조종사협회 (International Federation of Air Line Pilots Association, IFALPA)
영국 민간항공관리국 (Civil Aviation Authority, CAA)
미국 항공우주국 (National Aeronautics and Space Administration, NASA)
미국 연방항공국 (Federal Aviation Administration, FAA)
미국 항공제도정비위원회 (Advisory and Rulemaking Committees, ARC)
미국 연방통신위원회 (Federal Communication Commission, FCC)
미국 식약청 (Food and Drug Administration, FDA)
미국 의료기기 · 방사선보건센터 Center for Devices and Radiological Health, CDRH)
영국 의약품 및 건강관리제품 규제기관 Medicines and Healthcare Products Regulatory Agency, MHRA)
영국 ofcom (Office of Communications, 방송통신 규제관련 정부기관)
영국 보건 안전관리국 (Health and Safety Executive)
유럽연합 집행위원회 (European Commission, EC)
유럽 전기통신표준협회 (European Telecommunications Standard Institute, ETSI)

유럽 전기기술표준화위원회 (European Committee for Electrotechnical Standardization, CENELEC)
유럽 표준화위원회 (European Committee for Standardization, CEN)
국제전기기술위원회 (International Electrotechnical Commission, IEC)
국제비전리방사보호위원회 (International Committee on Non-Ionization Radio Protection, ICNIRP)
국제전기통신연합 (International Telecommunication Union, ITU)

2장 EMC와 무선 지침

[용어]

새로운 접근법 (new approach)
가중 다수결 투표 (qualified majority voting)
유럽 연합 관보 (official journal of the European Union, OJEU)
적합성 신고(서) (Declaration of Conformity, DoC)
역내 시장을 위한 간소화 입법 (Simpler Legislation for the Internal Market, SLIM)
기능 안전 (functional safety)
인증 기관 (notified body, NB)
새로운 입법 체계 (New Legislative Framework, NLF)
전자파 방해 (electromagnetic disturbance)
필수 요건 (essential requirement)
유럽 경제 지역 (European Economic Area, EEA)
시장 출시 (placing on the market)
서비스 개시 (taking into service)
사전적합성 시험 (pre-compliance testing)
책임자 (responsible person)
양호한 전자파적합성 공학적 관행 (good EMC engineering practices)
무선 장비 (radio equipment)
무선 통신 (radio communication)
무선 측위 (radiodetermination)
전파 (radio wave)
소프트웨어 정의 무선 (Software Defined Radio, SDR)
전자파적합성 평가 (EMC assessment)

일반표준 (generic standard)

기본표준 (basic standard)

제품표준 (product standard)

제품군표준 (product family standard)

블루 가이드 (blue guide)

적합성 추정 (presumption of conformity)

[법령]

전자파적합성 지침 (EMC Directive, EMCD) 1판 89/336/EEC

전자파적합성 지침 (EMC Directive, EMCD) 2판 2004/108/EC

전자파적합성 지침 (EMC Directive, EMCD) 3판 2014/30/EU

무선 및 통신 단말장치 지침 (Radio and Telecomm Terminal Equipment Directive, R&TTED) 99/5/EC

새로운 접근법 지침 (New Approach Directive, NAD)

세계무역협정 (World Trade Agreement, WTA)

저전압 지침 (Low Voltage Directive, LVD) 2014/35/EU

[조직]

영국 통산산업부 (Department of Trade and Industry, DTI)

영국 전자파적합성 시험소협회 (EMC Test Laboratories Association, EMCTLA)

독일 전기기술자협회 (Verband Deutscher Elektrotrchniker, VDE)

유럽 행정협력단체 (ADministrative Co-Operation group, ADCO)

3장 국제 EMC 인증 요건

[용어]

상호인정협정 (Mutual Recognition Agreement, MRA)

적합성 평가기관 (Conformity Assessment Bodies, CAB)

연방정부규정집 (Code of Federal Regulation, CFR)

전기통신 인증기관 (Telecommunications Certifications Body, TCB)

검증 (Verification)

인증 (Certification)

표시 고시 (labeling notice, LN)

규정준수 마크 (regulatory compliance mark, RCM)

[법령]

캐나다 장해유발 장비표준 (Interference-Causing Equipment Standard, ICES)
중국 제품인증 강제규정 (Regulations for Compulsory Product Certification))
중국 강제제품인증 (China Compulsory Product Certification, CCC)
유라시아 경제연합 관세동맹 기술규정 (Customs Union Technical Regulations, CU TR)

[조직]

캐나다 산업부 (Industry Canada, IC)
호주 통신미디어청 (Australian Communications and Media Authority, ACMA)
뉴질랜드 무선 스펙트럼 관리청 (Radio Spectrum Management Agency)
호주 국립시험기관협회 (National Association of Testing Authorities, NATA)
유라시아 경제연합 (Eurasian Economic Union, EAEU)
러시아 국가표준화기구 GOST
일본 경제산업성 (Ministry of Economy, Trade and Industry, METI)
일본 정보기술기기에 의한 전파장해자주규제협의회 (情報処理装置等電波障害自主規制協議会) (Voluntary Control Council for Interference by Information Technology Equipment, VCCI)
대만 표준검험국 (經濟部標準檢驗局, Bureau of Standards, Metrology and Inspection, BSMI)
대한민국 국립전파연구원 (Radio Research Agency, RRA)

4장 상용 표준

[용어]

국가위원회 (National Committee, NC)
기술위원회 (Technical Committee, TC)
분과위원회 (Sub-Committee, SC)
통합 문서 (Harmonization document, HD)
야외시험장 (Open Area Test Site, OATS)
(전자파) 반무반사실 (Semi-Anechoic Chamber, SAC)
(전자파) 완전 무반사실 (Fully Anechoic Room, FAR)
TEM 셀 (Transverse Electromagnetic cell)
의사전원회로망 (Artificial Mains Network, AMN)

비대칭 의사회로망 (Asymmetric Artificial Network, AAN)
임피던스 안정화 회로망 (Impedance Stabilization Network, LISN)
GTEM 셀 (Giga-hertz TEM Cell)
정전기 방전 (Electrostatic discharge, ESD)
방사성 무선 주파수 전자기장 (Radiated Radio Frequency Field)
전기적 빠른 과도현상 (Electrical Fast Transient, EFT)
전원 주파수 자기장 (Power Frequency Magnetic Field)
결합/감결합 회로망(Coupling/Decoupling Network, CDN)
펄스 자기장 (pulse magnetic field)
감쇠 진동 자기장 (damped oscillatory magnetic field)
링파 (ring wave)
전기통신 네트워크 장비 (Telecommunication network equipment)
무선 장비 (Radio equipment)
의료 전기 장비 (Medical electrical equipment)
해상 항법 장비 (Marine navigation equipment)

[법령]

의료기기 지침 (Medical Devices Directive, MDD)
국제해양생명안전협약 (International Convention for Safety of Life at Sea, SOLAS)

[조직]

국제표준기구 (international standards organization, ISO)
TC77 (기술위원회 77, Electromagnetic Compatibility)
국제무선장해특별위원회 (Internationa Special Committee on Radio Interference, CISPR)
EMC 자문위원회 (Advisory Committee on EMC, ACEC)
영국표준협회 (British Standard Institution, BSI)

5장 기타 표준과 법령

[용어]

자동차 전기/전자 하위조립품 (electrical/electronic vehicle sub-assemblies, ESA)
애프터마켓 장비 (aftermarket equipment)
기술기관 (technical service)

플리커 (fliker)
격차 분석 (gap analysis)

[법령]

국제연합 유럽경제위원회 규정 10 (UNECE Reg. 10)
자동차 전자파적합성(EMC) 지침 (Automotive EMC Directive) 95/54/EC 1판
자동차 전자파적합성(EMC) 지침 (Automotive EMC Directive) 2004/104/EC 2판
미국 군사용 표준 (Military Standard, MIL STD) MIL STD 461
영국 군사용 표준 (Defence Standardization, Def Stan) DEF STAN 59-411
유럽 국방 조달 지침 (Defence Procurement Directive) 2009/81/EC
철도조합 표준 (Railway Group Standards, RGS)
철도안전관리규정 (Railway Safety Case, RSC)

[조직]

국제연합 유럽경제위원회 (United Nations Economic Commission for Europe, UNECE)
미국 자동차공학회 (American Society of Automotive Engineers, SAE)
유럽 공동감항당국 (European Joint Aviation Authorities. JAA)

6장 전자파적합성과 기능 안전

[용어]

기능 안전 (Functional safety)
안전 무결성 (Safety Integrity)
안전 무결성 수준 (Safety Integrity Level, SIL)
안전 고장 비율 (Safe Failure Fraction, SFF)
전기/전자/프로그램 가능 전자 (electrical/electronic/programmable electronic)
안전 관련 시스템 (safety-related system)
위험한 고장 (dangerous failure)

7장 RF 방출 시험

[용어]

스폿 주파수 수신기 (spot frequency receiver)
시간영역 수신기 (time domain receiver)

고속 푸리에 변환(FFT) 수신기 (Fast Fourier Transform(FFT) receiver)
스펙트럼 분석기 (Spectrum Analyzer)
잡음 지수 (noise figure, NF)
전치선택기 (preselector)
추적 발생기 (Tracking generator)
벡터 네트워크 분석기 (vector network analyzer)
첨두 검출기 (peak detector)
평균 검출기 (average detector)
준첨두 검출기 (quasi-peak detector)
RMS 검출기 (RMS detector)
RMS-평균 검출기 (RMS-average detector)
펄스 반복 주파수 (pulse repetition frequency, PRF)
전압정재파비 (Voltage Standing Wave Ratio, VSWR)
동조 다이폴 안테나 (tuned dipole antenna)
쌍원뿔/바이코니컬 안테나 (biconical antenna)
로그주기 안테나 (log periodic antenna)
바이로그 안테나 (BiLog antenna)
안테나 인자 (antenna factor, AF)
편파 (polarization)
동일 편파 (co-polarization)
교차 편파 (cross polarization)
루프 안테나 (loop antenna)
반빈루프 안테나 (Van Veen loop antenna)
모노폴 안테나 (monopole antenna)
혼 안테나 (horn antenna)
선로 임피던스 안정화 회로망 (Line Impedance Stabilization Network, LISN)
V-회로망 (V Network)
리미터 (limiter)
인공 손 (artificial hand)
흡수 클램프 (Absorbing clamp)
페라이트 클램프 (Ferrite clamp)
공통모드 흡수장치 (Common-Mode Absorbing Device, CMAD)
전자기 클램프 (EM clamp)

전류 프로브 (current probe)

근거리장 프로브 (near field prov

방사성 방출 (radiated emission)

시험장 감쇠 (Site Attenuation)

정규화 시험장 감쇠 (Normalized Site Attenuation, NSA)

전파 흡수체 (Radio Absorbing Material, RAM)

시험장 정재파비 (Site Voltage Standing Wave Ratio, SVSWR)

전도성 방출 (conducted emission)

더블 리지 도파관 혼 안테나 (double ridged waveguide horn antenna)

정규화 시험장 삽입손실 (Normalized Site Insertion Loss, NSIL)

흡수체 부착 차폐 인클로저 (Absorber-lined shielded enclosure, ALSE)

집적 회로 (Integrated circuit, IC)

측정 불확도 (measurement uncertainty)

기준 표준 안테나 (reference standard antenna)

표준 시험장 방법 (standard site method)

3개 안테나 방법 (three antenna method)

표준 불확도 (standard uncertainty)

합성 표준 불확도 (combined standard uncertainty)

확장 표준 불확도 (expanded standard uncertainty)

[조직]

영국 국립물리연구소 (National Physical Laboratory, NPL)

8장 내성 시험

[용어]

전도성 내성 (conducted susceptibility)

방사성 내성 (radiated susceptibility)

스트립 선로 (Stripline)

전자기장 균일성 (Field uniformity)

취약 주파수 (sensitive frequency)

전자기 클램프 (EM-clamp)

전류 주입 프로브 (Current Injection probe)

측정 불확도 버짓 (measurement uncertainty budget)

접촉방전 (contact discharge)

공기방전 (air discharge)

간접방전 (indirect discharge)

벌크 전류 주입 (Bulk Current Injection, BCI)

직접 전력 주입 (Direct Power Injection, DPI)

9장 저주파 현상 시험

[용어]

주전원 고조파 (mains harmonic)

플리커 (flicker)

교류 전원 (AC supply source)

가변 교류 단권변환기(Variable AC Autotransformer, VARIAC)

전류 변환기 (current transducer)

파형 분석기 (wave analyzer)

전문 장비 (professional equipment)

단락 회로비 (short-circuit ratio)

돌입전류 (Inrush current)

단기 플리커 (short-term flicker)

장기 플리커 (long-term flicker)

전압 변동 (voltage variation)

10장 시험 계획

[용어]

시험 계획 (test plan)

IEC 표준 구조 및 구분

전기전자 분야 표준을 담당하는 국제전기기술위원회(IEC)에서 개발되는 표준은 기본표준(basic standard), 일반표준(generic standard), 제품군표준(product family standard), 그리고 제품표준(product standard)으로 구분된다. 일반표준과 제품(군)표준에는 시험과 레벨의 목록이 나열되어 있으며 시험방법은 기본표준을 참조한다. 전자파적합성(EMC) 분야 표준을 구분하면 다음과 같다.

기본 표준(Basic Standard)

- 측정기기 및 측정 시험장 규격, 측정 방법과 통계적 처리 방법 등 일반표준, 제품(군) 표준에서 사용되는 전자파적합성(EMC) 평가 관련 기본적인 내용을 기술
- 해당 표준: CISPR 16 시리즈, IEC61000-4 시리즈 등

일반 표준(Generic Standard)

- 제품 표준이나 제품군 표준이 없는 제품에 대하여 적용하는 표준으로 기본적인 전자파적합성 규격을 기술
- IEC 전자파적합성 관련 IEC 표준에서는 대상 장비가 사용되는 전자파 환경(주거용, 상업용, 경공업용 및 산업용)을 구분하여 방출과 내성 표준으로 제정되어 있음.
- 해당 표준: IEC61000-6-1, IEC61000-6-2, IEC61000-6-3, IEC61000-6-4, IEC61000-6-8 등

제품군 표준 (Product Family Standard)

- 정보기기류, 방송수신기류, 가정용기기류, 멀티미디어기기류 등 특정한 제품군에 대해 기본표준의 내용을 근거로 측정기기, 측정방법 및 허용기준 등 전자파적합성 규격을 기술
- 해당 표준: CISPR11(ISM기기), CISPR13/20(방송수신기), CISPR12/25(자동차), CISPR14-1/2(가전기기), CISPR15(조명기기), CISPR22/24(ITE기기), CISPR32/35(멀티미디어기기) 등

제품 표준(Product Standard)

- 특정한 제품에 대해 기본표준의 내용을 근거로 측정기기, 측정방법 및 허용기준 등 전자파 적합성 규격을 기술
- 해당 표준: IEC60601−1−2 (의료기기), IEC6236 (전기철도), IEC61851−21 (전기차 충전시스템), IEC61400−40 (풍력에너지발전시스템), IEC 61547 (일반조명기기) 등

부속서(Annex) vs 부록(Appendix)

부속서(Annex)는 내용으로서는 본래 표준의 본문에 포함시켜도 되는 사항이지만, 표준의 구성상 특별히 추려서 본문에 준하여 정리한 것을 말한다. 부록(Appendix)은 표준으로 규정하고자 하는 사항은 아니나 표준을 보충하기 위해 작성한다. (출처: TTA 정보통신단체표준 작성요령)

규범 부속서(normative annex) vs 정보 부속서(informative annex)

IEC 표준에서는 규범 부속서(normative annex)와 정보 부속서(informative annex)를 사용하는데, 규범 부속서의 내용은 표준 본문과 동일한 효력을 가지는 내용이며 정보 부속서의 내용은 전체 표준을 이해하는데 필요하거나 추가적인 참고 내용이다.

약어 용어집

ACB	Association of Competent Bodies (Europe)
ACMA	Australian Communications and Media Authority
ADSL	Asymmetrical Digital Subscriber Line
AE	Associated (ancillary) equipment
ALSE	Absorber Lined Shielded Enclosure
AM	Amplitude modulation
AMN	Artificial Mains Network
ANSI	American National Standards Institute
ASIC	Application Specific Integrated Circuit
BBC	British Broadcasting Corporation
BCI	Bulk current injection
BPL	Broadband over Power Lines
BSMI	Bureau of Standards, Metrology and Inspection (Taiwan)
CAD	Computer-aided design
CB	Citizen's band
CBN	Common bonded network
CCC	China Compulsory Certification
CCTV	Closed circuit television
CDN	Coupling/decoupling network
CEN	European Committee for Standardization
CENELEC	European Committee for Electrotechnical Standardization
CISPR	International Special Committee for Radio Interference
CMAD	Common mode absorbing device
CMR	Common mode rejection
CW	Carrier wave (unmodulated continuous RF)
DIS	Draft International Standard
DTI	Department of Trade and Industry
E field	Electric field
EAEU	Eurasian Economic Union
EC	European Commission
EEA	European Economic Area
EED	Electro-explosive device
EEPROM	Electrically erasable programmable read-only memory

EFT/B	Electrical Fast Transient/Burst
EMC	Electromagnetic compatibility
EMCTLA	EMC Test Laboratories Association (UK)
EMF	Electromagnetic Fields
EMI	Electromagnetic interference
EMP	Electromagnetic pulse
EMR	Electromagnetic radiation
EOTC	European Organization for Testing and Certification
ESA	Electronic sub assembly
ESD	Electrostatic discharge
ETSI	European Telecommunications Standards Institute
EU	European Union
EUT	Equipment under test
FAR	Fully Anechoic Room
FCC	Federal Communications Commission (US)
FET	Field effect transistor
FEXT	Far-end crosstalk
FFT	Fast Fourier Transform
GDT	Gas discharge tube
GSM	Groupe Special Mobile
GTEM	Gigahertz TEM cell
H field	Magnetic field
HEMP	High-altitude Electromagnetic Pulse
HF	High frequency
HPEM	High Power Electromagnetic
HV	High voltage
I/O	Input/output
IC	Integrated circuit; also Industry Canada
ICNIRP	International Commission on Non-Ionizing Radiation Protection
IEC	International Electrotechnical Commission
IEEE-488	IEEE standard for data communications between test instruments
IEMI	Intentional EMI
IF	Intermediate frequency
IGBT	Insulated gate bipolar transistor
ISDN	Integrated Services Digital Network
ISM	Industrial, scientific and medical
ISN	Impedance stabilization network
ISO	International Standards Organization
ITE	Information technology equipment
ITO	Indium Tin Oxide

ITU	International Telecommunications Union
LAN	Local Area Network
LCL	Longitudinal Conversion Loss
LEMP	Lightning Electromagnetic Pulse
LF	Low frequency
LISN	Line impedance stabilizing network
LLA	Large Loop Antenna
LP	Log periodic
LPS	Lightning protection system
LRU	Line replaceable unit
LV	Low voltage
MDD	Medical Devices Directive
MESH-BN	Mesh bonded network
MF	Medium frequency
MOSFET	Metal oxide semiconductor FET
MOV	Metal oxide varistor
MS	Mains signalling
MV	Medium voltage
NATA	National Association of Testing Authorities, Australia
NEMP	Nuclear electromagnetic pulse
NEXT	Near-end crosstalk
NPL	National Physical Laboratory
NSA	Normalized Site Attenuation (also NSIL, Normalized Site Insertion Loss)
NVRAM	Non Volatile Random Access Memory
OATS	Open area test site
OEM	Original equipment manufacturer
OJEU	Official Journal of the European Union
PC	Personal computer
PCB	Printed circuit board
PEC	Parallel earth conductor
PFC	Power factor correction
PLC	Programmable logic controller
PLT	Power line telecommunication
PRF	Pulse repetition frequency
PSU	Power supply unit
PWM	Pulse width modulation
QP	Quasi-peak
RAM	Random access memory (also RF absorbent material)
RF	Radio frequency
RFI	Radio frequency interference

RMS	Root mean square
ROM	Read only memory
RTCA	Radio Technical Commission of America
SAE	Society of Automotive Engineers
SI	Statutory Instrument (also Système Internationale)
SIL	Safety Integrity Level
SMPS	Switched mode power supply
SMT	Surface mount technology
SPD	Surge protection device
STI	Surface transfer impedance
TCB	Telecommunications Certification Body (US)
TEM	Transverse electromagnetic mode
TETRA	Trans European Trunked Radio Access
THD	Total harmonic distortion
TTE	Telecommunications terminal equipment
TVS	Transient voltage suppressor
UART	Universal asynchronous receiver/transmitter
UKAS	United Kingdom Accreditation Service
USB	Universal Serial Bus
VCCI	Voluntary Control Council for Interference (Japan)
VDE	Verband Deutscher Elektrotechniker (Association of German Electrical Engineers)
VDR	Voltage dependent resistor
VDSL	Very high speed digital subscriber line
VDU	Visual display unit
VLSI	Very large scale integration
VSWR	Voltage standing wave ratio
ZnO	Zinc Oxide (varistor)

참고문헌

Books

[1] **BBC Radio Transmitting Stations 1991; BBC Television Transmitting Stations 1990**
BBC Engineering Information, White City, London

[2] **A Handbook of Fourier Theorems**
D C Champeney, Cambridge University Press, 1987

[3] **An Introduction to Applied Electromagnetism**
Christos Christopoulos, University of Nottingham, Wiley, 1990

[4] **Discrete Fourier Transforms and their Applications**
V Cízek, Adam Hilger, 1986

[5] **Electromagnetic Compatibility**
J J Goedbloed, Prentice-Hall, 1992, ISBN 0−13−249293−8

[6] **Inductance Calculations**
F W Grover, Van Nostrand, New York 1946

[7] **Engineering Electromagnetics**
William H Hayt, 5th edition, McGraw-Hill, 1988

[8] **Electronic Engineer's Reference Book**
F F Mazda (ed), 5th edition, Butterworth, 1983

[9] **Grounding and Shielding Techniques in Instrumentation**
Ralph Morrison, 3rd edition, Wiley, 1986

[10] **Noise Reduction Techniques in Electronic Systems**
Henry W Ott, 2nd edition, Wiley, 1988

[11] **Introduction to Electromagnetic Compatibility**
Clayton Paul, Wiley, 1992, ISBN 0−471−54927−4

[12] **Applied Electromagnetics**
Martin A Plonus, McGraw-Hill, 1978

[13] **Design Guide to the Selection and Application of EMI Shielding Materials**
TECKNIT EMI Shielding Products, 1991

[14] **Electromagnetic Compatibility in Power Electronics**
Laszlo Tihanyi, Butterworth Heinemann 1995, ISBN 0−7506−2379−9

[15] **Cable Shielding for Electromagnetic Compatibility**
Anatoly Tsaliovich, Van Nostrand Reinhold (Chapman & Hall) 1995, ISBN 0−442−01425−2

[16] **Coupling of External Electromagnetic Fields to Transmission Lines**
A A Smith, IBM, Wiley, 1977

[17] **Antenna Theory and Design**
W L Stutzman, G A Thiele, Wiley, 1981

[18] **The Circuit Designer's Companion**
T Williams, Elsevier, second edition 2005

[19] **EMC for Systems and Installations**
T Williams, K Armstrong, Newnes, 2000

Papers

[20] EMC antenna calibration and the design of an open space antenna range
M J Alexander, NPL, 1989 British Electromagnetic Measurements Conference, NPL, Teddington, 7–9 November 1989

[21] **Antenna related uncertainties in screened room emission measurements**
M J Alexander, NPL, IEE Colloquium on "EMC tests in screened rooms", 11th April 1995, IEE Colloquium Digest 1995/074

[22] **Power Distribution System (PDS) Design: Using Bypass/Decoupling Capacitors**
M Alexander, Xilinx, Application note XAPP623 (v2.0) April 5, 2004, www.xilinx.com

[23] **Printed Circuit Board (PCB) Power Delivery Network (PDN) Design Methodology**
Altera appliction note AN 574, May 2009

[24] **Decoupling Capacitor Design on PCBs to Minimize Inductance and Maximize EMI Performance**
B Archambeault, In Compliance, 30th April 2015, from incompliancemag.com/topics/design

[25] **EMC procedures in a BS5750 environment**
K Armstrong, Cherry Clough Consultants, Euro-EMC Conference proceedings, Sandown, UK, 4–6 October 1994

[26] **Very-Near-Field Solutions for Far-Field Problems**
S Attal, EMSCAN, EMC Europe 2013, Brugge, September 2–6 2013

[27] **A Novel Technique for Damping Site Attenuation Resonances in Shielding Semi-Anechoic Rooms**
B H Bakker, H F Pues, Grace NV, IEE 7th International Conference on EMC, York 28–31st August 1990 pp119–124

[28] **Improving the mains transient immunity of microprocessor equipment**
S J Barlow, Cambridge Consultants, IEE Colloquium, Interference And Design for EMC in Microprocessor Based Systems, London 1990

[29] **Long-term survey of the background electromagnetic environment in Switzerland**
J Baumann, G J Behrmann, H Garbe, Federal Office of Environment/EMC Baden, 10th International Symposium on EMC, Zurich, March 9–11, 1993

[30] **Practical Techniques to Avoid Instability Due to Capacitive Loading**
S Bendaoud, G Marino, Analog Dialogue 38–06, June 2004
http://www.analog.com/analogdialogue

[31] **A large loop antenna for magnetic field measurements**
J R Bergervoet, H van Veen, 8th International EMC Symposium, Zurich, March 1989

[32] **EMC measurement and models connecting the system level with the module level**
J R Bergervoet, Philips Journal of Research Vol 48 Nos 1–2 January 1994 (special issue on EMC), pp 63–81

[33] **Implementation of the EMC Directive in the UK**
A E J Bond, DTI, EMC 91 – Direct to Compliance, ERA Technology Conference, Heathrow, February 1991

[34] **EMC requirements for Avionics: RTCA/DO-160D, Change 1 and Change 2**
E J Borgstrom, TUV PS, ITEM 2002; available from www.rbitem.com

[35] **Coated Plastics Offer Shielding and Savings**
R Brander, P Kuzyk, R Bellemare, Enthone-OME, EMC Technology, July/August 1990, pp 37–40

[36] **Selling EMC in a large organization**
T E Braxton, AT&T Bell Labs, IEEE 1988 International Symposium on EMC, Seattle, August 1988

[37] **Protection Concepts in Telecommunication Equipment**
A Bremond, SGS-Thomson Microelectronics AN579/0393, in STM Protection Devices Databook, 2nd edition, March 1993

[38] **Electromagnetic compatibility of building cables**
K Bromley, BRE, IEE Proceedings-A, Vol 141 No 4, July 1994 (special issue on EMC), pp 263–265

[39] **Scan Speed Limits in Automated EMI Measurements**
E L Bronaugh, EMCO, IERE 5th International Conference on EMC, York, 1986

[40] **Radiated Emissions Test Performance of the GHz TEM Cell**
E L Bronaugh, J D M Osburn, EMCO, IEEE 1991 International Symposium on EMC, Cherry Hill, NJ, August 1991

[41] **Calculation of PCB Track Impedance**
A J Burkhardt, C S Gregg and J Staniforth, Polar Instruments Ltd, IPCC 1999; available from www.polar.co.uk

[42] **A Simple Way of Evaluating the Shielding Effectiveness of Small Enclosures**
D R Bush, IBM, 8th Symposium on EMC, Zurich, March 5–7 1989

[43] **Everybody needs standards**
I Campbell, BSI, IEE News 3rd October 1991 p 14

[44] **Recommendations for Control of Emissions with isoPower Devices**
M Cantrell, Analog Devices Application Note AN-0971, 2011

[45] **R&TTE Directive – Living up to its promise?**
B Cartman, EMCUK 2004 Conference, Newbury, 12th-13th October 2004, Session A

[46] **Designing for EMC with HCMOS Microcontrollers**
M Catherwood, Motorola Application Note AN1050, 1989

[47] **Coupling Reduction in Twisted Wire**
W T Cathey, R M Keith, Martin Marietta, International Symposium on EMC, IEEE, Boulder, August 1981

[48] **A Review of Transients and their Means of Suppression**

S Cherniak, Motorola Application Note AN-843, 1982

[49] **Numerical Modelling in EMC**
C Christopoulos (guest editor), University of Nottingham, International Journal of Numerical Modelling (special issue), Vol 4 No 3, September 1991

[50] **Happy medium**
C Christopoulos, J Dawson, IEE Review, November 2000, pp 29–32

[51] **Low RF emission applications with a P83CE654 Microcontroller**
M Coenen et al, Philips PCALE, Philips Semiconductors application note EIE/AN92001, April 1992

[52] **ESD Testing, Luck or Wisdom**
M Coenen, Philips SLE, EMC Europe 2000, 4th European Symposium on EMC, Brugge, September 11–15, 2000, pp 41–46

[53] **EMC Techniques for microprocessor software**
D R Coulson, DIRAC Ltd, EMC for the Small Business 1998, IEE Colloquium Digest 1998/420, 24th April 1998

[54] **Unscrambling the mysteries about twisted wire**
R B Cowdell, International Symposium on EMC, IEEE, San Diego, October 9–11 1979

[55] **Common Mode Filter Inductor Analysis**
L F Crane, S F Srebranig, Coilcraft, in Coilcraft Data Bulletin, 1985

[56] **Designing for compliance – parts 1–3**
J Curtis, Curtis-Strauss LLC, International Product Compliance, May-June, Sept-Oct and Nov-Dec 1998

[57] **Get Your Timing Right – Using Spread-Spectrum Clock Generators**
J Curtis, Curtis-Strauss LLC, International Product Compliance, Jan-Feb 1999 pp 15 – 22

[58] EMC of Printed Wiring Boards
B Danker, 11th International Zurich Symposium on EMC, March 1995, tutorial supplement

[59] **Alternative Methods of Damping Resonances in a Screened Room in the Frequency Range 30 to 200MHz**
L Dawson, A C Marvin, University of York, IEE 6th International Conference on EMC, York, 1988

[60] **Changes to Defence Standard 59–41**
P Dorey, TUV Product Service, A Hayward, Qinetiq, EMCUK 2005 Conference Proceedings, Newbury, 11th-12th October 2005 pp 143–145

[61] **Progress on The Development of Standards and Recommended Practices for CEM Computer Modelling and Code Validation**
A L Drozd, IEEE Symposium on EMC, Boston, August 18–22 2003, pp 313–316

[62] **The Use of Modelling in EMC Design**
P Duxbury, Flomerics, EMCUK 2005 Conference Proceedings, Newbury, 11th-12th October 2005 pp 13–16

[63] **Indium Tin Oxide for transparent EMC shielding and Anti-static applications**
J Eite, A G Spencer, Diamond Coatings Ltd, EMCUK 2004 Conference Proceedings,

Newbury, October 2004

[64] **Interference from mobiles**
Electronics Times, 23rd October 2000, p 47

[65] **Voltage Coefficient of Capacitance**
M Ellis, T Williams, EMC Journal January 2013

[66] **Cúk: the best SMPS?**
T S Finnegan, Electronics & Wireless World, January 1991, pp 69 – 72

[67] **Systems Installations EMC Considerations**
A Finney, GPT, Audio Engineering Society Conference, Will You be Legal?, London, 19th March 1991

[68] **Maintaining EMC in production**
M Fitzpatrick, Compaq, EMC 92 – Designing EMC into your product, ERA Technology Conference Proceedings 92–0011, Heathrow, 12–13 February 1992

[69] **Examination of the E-field distribution in the MEB 1750 GTEM cell**
S H Fletcher et al, NPL, Report CETM 17, National Physical Laboratory, Teddington, March 2000

[70] **Interference Immunity Tests for Nucleonic Instrumentation**
E P Fowler, UKAEA, Report no. AEEW-R919, April 1974

[71] **Superscreened cables**
E P Fowler, UKAEA, The Radio and Electronic Engineer, Vol 49 No 1, January 1979, pp38–44

[72] **The GTEM Cell concept: applications of this new EMC test environment to radiated emission and susceptibility measurements**
H Garbe, D Hansen, ABB, IEE 7th International Conference on EMC, York 28–31st Aug 1990 pp 152–156

[73] **Use of a Ground Grid to reduce Printed Circuit Board Radiation**
R F German, IBM, 6th Symposium on EMC, Zurich, March 5–7 1985

[74] **Effect of an Image Plane on Printed Circuit Board Radiation**
R F German, H W Ott, C R Paul, 1990 IEEE Symposium on EMC, Washington, August 21–23 1990 pp 284–291

[75] **Design Innovations Address Advanced CMOS Logic Noise Considerations**
M J Gilbert, National Semiconductor Application Note AN-690, 1990

[76] **Transients in Low-Voltage Supply Networks**
J J Goedbloed, Philips, IEEE Transactions on Electromagnetic Compatibility, Vol EMC-29, No 2 May 1987, pp 104–115

[77] **Characterization of Transient and CW Disturbances induced in Telephone Subscriber Lines**
J J Goedbloed, W A Pasmooij, Philips Research, IEE 7th International Conference on EMC, York 28–31st Aug 1990 pp 211–218

[78] **Progress in Standardization of CISPR Antenna Calibration Procedures**
J J Goedbloed, Philips Research, 11th International Symposium on EMC, Zurich, 7–9 March 1995

[79] **Screened Harness Systems**
M Green, Raychem Ltd, Suppression Components, Filters and Screening for EMC, ERA Seminar Proceedings Report no 86–0006, Session 3 May 1986

[80] **A Simple RF Immunity Test Set-up**
P Groenveld, A de Jong, Philips Research, IEEE 2nd Symposium on EMC, Montreux, June 28–30 1977, pp 233–239

[81] **A Broadband Alternative EMC Test Chamber Based on a TEM-Cell Anechoic Chamber Hybrid Concept**
D Hansen et al, ABB Ltd, IEEE 1989 International Symposium on EMC, Nagoya, Japan, 8–10 September 1989 pp 133–137

[82] **US Patent no 5,488,627**
K Hardin et al, Lexmark, January 30th 1996

[83] **Radiated Emission Measurements inside Shielded Enclosures**
A C Hayward, C Wickenden, DRA Aquila, IEE Colloquium on "EMC tests in screened rooms", 11th April 1995, IEE Colloquium Digest 1995/074

[84] **EMC related to the public electricity supply network**
G O Hensman, Electricity Council, EMC 89 – Product Design for Electromagnetic Compatibility, ERA Technology Seminar Proceedings 89–0001

[85] **Compliance Testing to IEC/EN 61000–4–8**
Hewlett Packard (now Agilent) Application Note 1319, July 1999

[86] **How Switches Produce Electrical Noise**
E K Howell, General Electric, IEEE Transactions on Electromagnetic Compatibility, Vol EMC-21, No 3 August 1979, pp 162–170

[87] **Circuit Board Decoupling Information**
T Hubing, Clemson University Vehicular Electronics Laboratory, available from www.cvel.clemson.edu/emc

[88] **A drive user's guide to installation and EMC**
IMO Precision Controls Ltd, March 1994

[89] **Survey of EMC measurement techniques**
G A Jackson, ERA Technology, Electronics & Communication Engineering Journal, March/April 1989, pp 61–70

[90] **On the Design and Use of the Average Detector in Interference Measurement**
W Jennings, H Kwan, DTI, 5th International Conference on EMC, York, 1986, IERE Conf Pub 71

[91] **Achieving Compatibility in Inter-Unit Wiring**
J W E Jones, Portsmouth Poly, 6th Symposium on EMC, Zurich, March 5–7 1985

[92] **Co-ordination of IEC standards on EMC and the importance of participating instandards work**
R Kay, IEC, IEE 7th International Conference on EMC, York 28–31st Aug 1990, pp 1–6

[93] **Recommendations for Control of Radiated Emissions with iCoupler Devices**
B Kennedy, M Cantrell, Analog Devices Application Note AN-1109, 2011

[94] **Magnetic Fields from Single-Core Power Cables – a Designer's Guide to Interference**

Effects
B Knox, M Coates, ERA Technology, ERA Report 99−0166R, May 1999

[95] **Power Supply Layout and EMI**
C Kueck, Linear Technology Application Note AN139, October 2012

[96] **Average Measurements using a Spectrum Analyzer**
S Linkwitz, Hewlett Packard, EMC Test & Design, May/June 1991 pp 34−38

[97] **The effects of ground screen termination on OATS site attenuation**
J S Maas, D D Hoolihan, IBM, IEEE 1989 National Symposium on EMC, Denver, May 1989

[98] **The Antenna Cable as a Source of Error in EMI Measurements**
J DeMarinis, DEC, International Symposium on EMC, IEEE, Washington, Aug 2−4 1988

[99] **Getting Better Results from an Open Area Test Site**
J DeMarinis, DEC, 8th Symposium on EMC, Zurich, March 1989

[100] **Convenient Current-Injection Immunity Testing**
R C Marshall, Protech, IEE 7th International Conference on EMC, York 28−31st Aug 1990, pp 173−176

[101] **Computer aided design for radio frequency interference reduction**
A C Marvin et al, University of York, IEE 7th International Conference on EMC, York 28−31st Aug 1990

[102] **Electromagnetic Interference Control Using Solid-State Technology**
E McCune, B Goedjen, Compliance Engineering European Edition, July/August 1995 pp 21−23

[103] **The FCC should fight for our right to TV White Space**
R M McDowell, Wired, 17th April 2015, available from www.wired.com

[104] **Coupling between Open and Shielded Wire Lines over a Ground Plane**
R J Mohr, IEEE Transactions on Electromagnetic Compatibility, Vol EMC-9 No 2, September 1967, Appendix 1

[105] **IEC TC77 EMC: "The United Nations" for EMC**
D Möhr, Secretary General TC77, EMC Europe 2000, 4th European Symposium on EMC, Brugge, September 11−15 2000

[106] **Transmission Line Effects in PCB Applications**
Motorola, Application Note AN1051, 1990

[107] **NMEA 2000 Standard for Serial-Data Networking of Marine Electronic Devices**
National Marine Electronics Association, NMEA 2000 Version 1.111, May 2003

[108] **Immunity of Optocouplers to Electromagnetic Disturbances**
V Brøndegaard Nielsen, DELTA, Denmark, report SPM-139 August 1997

[109] **A Structured Design Methodology for Control of EMI Characteristics**
U Nilsson, EMC Services AB, IEE 7th International Conference on EMC, York 28−31st Aug 1990

[110] **The Use of GTEM Cells for EMC Measurement**
A Nothofer et al, National Physical Laboratory/York EMC Services, NPL Measurement Good Practice Guide, 2005; available from publications page at www.npl.co.uk

[111] **Ground – A Path for Current Flow**
H W Ott, Bell Labs, International Symposium on EMC, IEEE, San Diego, October 9–11 1979

[112] **Controlling EMI by Proper Printed Wiring Board Layout**
H W Ott, Bell Labs, 6th Symposium on EMC, Zurich, March 5–7 1985

[113] **A Current Shaping Methodology for Low EMI Asynchronous Circuits**
D Panyasak, G Sicard, M Renaudin, TIMA Laboratory, 3rd International Conference on EMC of ICs, November 2002

[114] **Shielded Flat Cables for EMI and ESD Reduction**
C M Palmgren, 3M, International Symposium on EMC, IEEE, Boulder, August 1981

[115] **High Frequency Series Resonant Power Supply – Design Review**
R Patel, R Adair, Unitrode ST-A2, in Unitrode Applications Handbook, 1985

[116] **A comparison of emissions measurements in GTEM cells with open-area test sites and semi-anechoic chambers**
S J Porter et al, University of York, IEE 9th International Conference on EMC, Manchester, 5–7 September 1994

[117] **Effect of Pigtails on Crosstalk to Braided-Shield Cables**
C R Paul, Univ of Kentucky, IEEE Transactions on Electromagnetic Compatibility, Vol. EMC-22 No 3, August 80

[118] **Diagnosis and Reduction of Conducted Noise Emissions**
C R Paul, K B Hardin, IBM, International Symposium on EMC, IEEE, Washington, August 2–4 1988

[119] **A Comparison of the Contributions of Common-Mode and Differential-Mode Currents in Radiated Emissions**
C R Paul, Univ of Kentucky, IEEE Transactions on Electromagnetic Compatibility, Vol EMC-31 No 2 May 89

[120] **Radiated versus injected measurements: when are they equivalent?**
J Perini, Syracuse University, 10th International Zurich Symposium on EMC, 9–11 March 1993, pp 343–348; and
Radiated and injected tests: when are they equivalent? – part two
J Perini, Syracuse University, 11th International Zurich Symposium on EMC, 7–9 March 1995, pp 231–235

[121] **PCK2001 (CKBF) reduced EMI techniques**
Philips Semiconductors Logic Products Group AN247, May 1998

[122] **An Impact of Layer Stack-up on EMI**
S Radu et al, UMR, 1998 IEEE International Symposium on EMC, Denver, August 24–28 1998, pp 828–833

[123] **The approach to the implementation of the EMC Directive in Germany – problems and perspectives**
D Rahmes, BPT, EMC 91 – Direct to Compliance, ERA Technology conference, London, February 1991

[124] **The Electromagnetic Compatibility of Integrated Circuits – Past, Present and Future**

M Ramdani et al, IEEE Transactions on EMC, Vol 51 No.1, February 2009

[125] **Screening Plastics Enclosures**
I Rankin, PERA, Suppression Components, Filters and Screening for EMC, ERA Technology Seminar Proceedings 86-0006

[126] **Radiation Susceptibility of Digital Commercial Equipment**
W T Rhoades, Xerox, International Symposium on EMC, IEEE, Washington, August 1983

[127] **Testing Equipment Properly to the New Pulsed EMI Standards**
P. Richman, Keytek, IEEE International EMC Symposium, Anaheim, August 1992

[128] **EMC Measurement Uncertainties**
M F Robinson, British Telecom, 1989 British Electromagnetic Measurements Conference, NPL, Teddington, 7-9 November 1989

[129] **Shielding effectiveness of a rectangular enclosure with a rectangular aperture**
M P Robinson et al, University of York, Electronics Letters, 15th August 1996, Vol 32 No 17, pp 1559-1560; also published in a more thorough form in
Analytical Formulation for the Shielding Effectiveness of Enclosures with Apertures
M P Robinson et al, University of York, IEEE Transactions on EMC, Vol 40 No 3, August 1998, pp 240-248
Also see [50]; this work is also reported in various conference proceedings

[130] **Maintaining compliance with the EMC Directive in production**
S P Scott & D M Imeson, IBM UK, EMC 93 - Achieving whole-life EMC, ERA Technology Conference proceedings 93-0013, Heathrow, 18th February 1993

[131] **Plastics that conduct heat**
L M Sherman, Plastics Technology, June 2001

[132] **Electronic Medical Devices and EMI**
J L Silberberg, CDRH, Compliance Engineering - European Edition, 1995 Annual Reference Guide

[133] **Standard Site Method for Determining Antenna Factors**
A A Smith, IBM, IEEE Transactions on Electromagnetic Compatibility, Vol EMC-24 No 3, August 82

[134] **Guide for Common Mode Filter Design**
S F Srebranig, L F Crane, Coilcraft, in Coilcraft Data Bulletin, 1985

[135] **Designing for Electrostatic Discharge Immunity**
D M Staggs, EMCO, 8th Symposium on EMC, Zurich, March 1989

[136] **Ethics within the corporate structure**
D M Staggs, Dell Computer Corp, 1990 IEEE EMC Symposium, Washington, August 1990

[137] **Faster RFI field-strength measurements through prescanning with MDS clamp**
M Stecher, Rohde & Schwarz, News from Rohde & Schwarz No. 147 1995/1

[138] **The Generic Standards**
R Storrs, Televerket, EMC 91 - Direct to Compliance, ERA Technology conference, London, February 1991

[139] **Development of the generic standards**
R Storrs, Telia Research, IEE Proceedings – Science, Measurement & Technology, Vol 141 No 4, July 1994, pp 249–251

[140] **Demodulation RFI in inverting and non-inverting operational amplifier circuits**
Y-H Sutu, J J Whalen, SUNY, 6th Symposium on EMC, Zurich, March 1985

[141] **Radiated Emission, Susceptibility and Crosstalk Control on Ground Plane Printed Circuit Boards**
A J G Swainson, Thorn EMI Electronics, IEE 7th International Conference on EMC, York 28–31st August 1990 pp 37–41

[142] **Knowledge-based EDA for EMC**
S Tasker, Cadence, Electronic Engineering, September 1994 pp S51–52

[143] **Characterisation of the Shielding Effectiveness of Loaded Equipment Enclosures**
D W P Thomas et al, University of Nottingham, EMC York 99, Conference Publication 464 pp 89–94, IEE 12th-13th July 1999

[144] **RFI Susceptibility evaluation of VLSI logic circuits**
J G Tront, 9th Symposium on EMC, Zurich, March 1991

[145] **Design Philosophy for Grounding**
P C T Van Der Laan, M A Van Houten, 5th International Conference on EMC, York, 1986, IERE Conf Pub 71

[146] **Failure Modes and Fusing of TVS Devices**
Vishay General Semiconductor, Application Note 88440, August 2007

[147] **The Availability of Standards**
M C Vrolijk, Nederlandse Philips Bedrijven BV, EMC 91 – Direct to Compliance, ERA Technology, February 1991

[148] **Transmission Line Design Handbook**
B C Wadell, Artech House 1991

[149] **EMC Compliance and Interoperability Issues for Rail Vehicles**
K Webb, TUV PS, EMCUK 2005 Conference Proceedings, Newbury, 11th-12th October 2005 pp 108–113

[150] **Determining EMI in Microelectronics – A review of the past decade**
J J Whalen, SUNY, 6th Symposium on EMC, Zurich, March 5–7 1985

[151] **Characterisation of surge suppressors**
T Williams, Elmac Services, EMC Journal September 2012, available from www.elmac.co.uk

[152] **Practical production emissions testing: the golden product**
T Williams, Elmac Services, Euro-EMC 1992 Conference, Sandown, UK, 6–8 October 1992

[153] **Have you got the hump with conducted emissions testing?**
T Williams, Elmac Services, Approval, Nov/Dec 1996, pp 34–37

[154] **Uncertainties of immunity measurements**
T Williams & S Baker, Schaffner EMC Systems Ltd, Elmac Services, DTI-NMSPU project R2.2b1, 2002, downloadable from http://www.elmac.co.uk/papers01.htm

[155] **Simulating open area test site emission measurements based on data obtained in a novel broadband TEM cell**
P Wilson, D Hansen, D Koenigstein, ABB, IEEE 1989 National Symposium on EMC, Denver, May 1989

[156] **The development of EMI design guidelines for switched mode power supplies – examples and case studies**
M Wimmer, Schrack Elektronik AG, 5th International Conference on EMC, York, 1986, IERE Conf Pub 71

[157] **New aircraft developments influence indirect lightning test requirements**
N Wright, EMC Partner AG, EMCUK 2005 Conference Proceedings, Newbury, 11th-12th October 2005 pp 122–126

[158] **Spead Spectrum Clock Generation – Theory and Debate**
K Wyatt, Interference Technology 19th March 2013, from www.interferencetechnology.com

Official publications and standards

Standards that are individually discussed in the text are generally not referenced here. See Chapter 4 for more detail on EMC standards.

European standards

EN standards can be obtained from any European Member State's national standards organization

[159] **EN 50173–1: 2011 Information technology – Generic cabling systems – General requirements**

[160] **EN 50174–2: 2009 Information technology – Cabling installation – Installation planning and practices inside buildings**

[161] **EN 300127: 1999 Electromagnetic compatibility and Radio Spectrum Matters (ERM):** Radiated emission testing of physically large telecommunication systems

[162] **EN 50147–1: 1996 Anechoic chambers. Shield attenuation measurement**

[163] **EN 50160: 2010 Voltage characteristics of electricity supplied by public electricity networks**

[164] **EN 50289–1–6: 2002 Communication cables. Specifications for test methods. Electrical test methods. Electromagnetic performance**

[165] **CLC/TR 50427: 2004 Assessment of inadvertent ignition of flammable atmospheres by radio-frequency radiation. Guide**

[166] **CLC/TR 50426: 2004 Assessment of inadvertent initiation of bridge wire electroexplosive devices by radio-frequency radiation. Guide**

[167] **CLC/TR 50538: 2010 Guide to EMC Directive conformity of equipment designed for military purposes**

[168] **EN 50561–1: 2013 Power line communication apparatus used in low-voltage installations – Radio disturbance characteristics – Limits and methods of measurement – Part 1:Apparatus for in-home use**

International standards

IEC standards are available from http://www.iec.ch

[169] IEC50 (161): (BS4727 : Pt 1 : Group 09) Glossary of electrotechnical, power, telecommunication, electronics, lighting and colour terms: Electromagnetic compatibility

IEC 61000: Electromagnetic compatibility (see complete list in Table 4.3 on page 76)

[170] IEC 61000 part 2 section 1 (1990): Description of the environment – electromagnetic environment for low-frequency conducted disturbances and signalling in public power supply systems

[171] IEC 61000 part 2 section 2 (2002): Compatibility levels for low-frequency conducted disturbances and signalling in public low-voltage power supply systems

[172] IEC 61000–4–20: Electromagnetic compatibility (EMC) – Part 4–20: Testing and measurement techniques – Emission and immunity testing in transverse electromagnetic (TEM) waveguides

[173] IEC 61000 part 5–2 (1997): Installation and mitigation guidelines – earthing and cabling

[174] IEC 61000 part 5–7 (2001): Installation and mitigation guidelines – Degrees of protection by enclosures against electromagnetic disturbances (EM code)

[175] IEC 61508 (2010): Functional safety of electrical/electronic/programmable electronic safety-related systems (several parts)

[176] IEC TR 61917 (1998): Cables, cable assemblies and connectors – introduction to electromagnetic (EMC) screening measurements

[177] IEC 62153–4–X (2006): Metallic communication cable test methods – Part 4:Electromagnetic compatibility

[178] IEC 62305 part 4: 2006: Protection against lightning – Electrical and electronic systems within structures

[179] CISPR 11: 2004 Industrial, scientific and medical (ISM) radio-frequency equipment – Electromagnetic disturbance characteristics – Limits and methods of measurement

[180] CISPR 16–1–X Specification for radio disturbance and immunity measuring apparatus and methods: Part 1: Radio disturbance and immunity measuring apparatus

[181] CISPR 16–1–4 Ed 1.0 A1: 2004 Amendment to CISPR 16–1–4 New Clause 5.8: Test site suitability without ground plane

[182] CISPR 16–2–3 Ed.2: 2006 Specification for radio disturbance and immunity measuring apparatus and methods – Part 2–3: Methods of measurement of disturbances and immunity – Radiated disturbance measurements

[183] CISPR 16–4–2:2003 Specification for radio disturbance and immunity measuring apparatus and methods: Part 4–2: Uncertainties, statistics and limit modelling – Uncertainty in EMC measurements

[184] CISPR 22 Ed. 5 A1: 2005: Information technology equipment – Radio disturbance characteristics – Limits and methods of measurement Amendment 1: Emission limits and method of measurement from 1 GHz to 6 GHz

[185] CISPR/A/654/FDIS March 2006 Amendment 2 to CISPR 16–1–2 Ed.1: Update of

LISN(line impedance stabilization network) specifications

[186] TR CISPR 16-4-4: 2007 Ed.2: Statistics of complaints and a model for the calculation of limits for the protection of radio services

[187] CISPR/A/628/CD October 2005 (CISPR 16-1-1 Amd.2 f2 Ed.1.0): Weighting of interference according to its effect on digital communication services

[188] ISO TR 21730: 2005 Health informatics – use of mobile wireless communication and computing technology in healthcare facilities – recommendations for the management of electromagnetic interference with medical devices

[189] ISO/IEC 17025: 2005 General requirements for the competence of testing and calibration laboratories

[190] Guidance for users of the CISPR standards
CISPR, February 2015, available from www.iec.ch

European Directives and associated publications

[191] Council Directive of 3rd May 1989 on the approximation of the laws of the Member States relating to Electromagnetic Compatibility (89/336/EEC)
Official Journal of the European Communities No L 139, 23rd May 1989

[192] Guide to the implementation of Directives based on the New Approach and the Global Approach European Commission, Brussels, 2000; available from http://europa.eu.int/comm/enterprise/newapproach/newapproach.htm (the "Blue Guide")

[193] Guidelines on the application of Council Directive 89/336/EEC European Commission, Brussels, May 1997

[194] Directive 2004/108/EC of the European Parliament and of the Council of 15 December 2004 on the approximation of the laws of the Member States relating to electromagnetic compatibility and repealing Directive 89/336/EEC
OJEU No. L/390, pages 24-37, 31st December 2004

[195] Directive 2014/30/EU of the European Parliament and of the Council of 26 February 2014 on the harmonisation of the laws of the Member States relating to electromagnetic compatibility (recast)
OJEU No. L/96, pages 79-106, 29th March 2014

[196] Commission Directive 2004/104/EC of 14 October 2004 adapting to technical progress Council Directive 72/245/EEC relating to the radio interference (electromagnetic compatibility) of vehicles and amending Directive 70/156/EEC on the approximation of the laws of the Member States relating to the type-approval of motor vehicles and their trailers
OJEU No. L/337, pages 13-58, 13th November 2004

[197] Commission Communication in the framework of the implementation of the Council Directive 2004/108/EC ... (Publication of titles and references of harmonised standards under Union harmonisation legislation)
Official Journal of the European Union No C 14, 16th January 2015 pp 1-21 (this is the latest version at the time of writing: the list is updated occasionally and can be accessed via the Commission's web site, http://ec.europa.eu)

[198] Directive 2014/53/EU OF THE EUROPEAN PARLIAMENT AND OF THE

COUNCIL of 16 April 2014 on the harmonisation of the laws of the Member States relating to the making available on the market of radio equipment and repealing Directive 1999/5/EC
OJEU No. L/153, pages 62–106, 22nd May 2014

[199] **Directive 1999/5/EC of the European Parliament and of the Council of 9 March 1999 on radio equipment and telecommunications terminal equipment and the mutual recognition of their conformity**
OJEU No. L/91, pages 10–28, 7th April 1999

[200] **NEW LEGISLATIVE FRAMEWORK (NLF) ALIGNMENT PACKAGE, Proposal for a DIRECTIVE OF THE EUROPEAN PARLIAMENT AND OF THE COUNCIL on the harmonisation of the laws of the Member States relating to electromagnetic compatibility(recast)**
European Commission COM(2011) 765 final, 21st November 2011

[201] **DIRECTIVE 2013/35/EU OF THE EUROPEAN PARLIAMENT AND OF THE COUNCIL of 26 June 2013 on the minimum health and safety requirements regarding the exposure of workers to the risks arising from physical agents (electromagnetic fields)**
Official Journal of the European Union L 179/1–21, 29th June 2013

[202] **2005/292/EC: COMMISSION RECOMMENDATION of 6 April 2005 on broadband electronic communications through powerlines**
Official Journal of the European Union L 93/42–44, 12th April 2005

[203] **Guide for the EMC Directive 2004/108/EC**
21st May 2007, issued by the EC on the Europa website

[204] **Implementing the new Electromagnetic Compatibility (EMC) Directive 2004/108/EC in the United Kingdom: A Consultation Document**
UK Department of Trade and Industry, 3rd May 2006

[205] **Report on the xxth Joint Cross-Border EMC Market Surveillance Campaign...**
EMC Administrative Co-operation Group (ADCO); six reports available in 2016, from ec.europa.eu, look under EMC Directive/Guidance/ADCO Documents and Recommendations

[206] **EP opens option for a common charger for mobile phones**
European Commission Press Release, 13th March 2014, available from europa.eu/rapid

Miscellaneous official publications

[207] **BS7671: Requirements for electrical installations. IET Wiring Regulations**

[208] **Transmission aspects of unbalance about earth**
ITU-T Recommendation G.117, ITU, February 1996

[209] **The Expression of Uncertainty in EMC Testing**
UKAS Publication LAB 34, UKAS, Feltham, Edition 1 August 2002, from www.ukas.com

[210] **Electromagnetic compatibility of technical equipment**
Eurasian Economic Community Customs Union Technical Regulation TR TC 020/2011

[211] **Guidelines for Limiting Exposure to Time-varying Electric, Magnetic, and Electromagnetic Fields (up to 300 GHz)**
ICNIRP, Health Physics, Volume 74, Number 4: 494–522, April 1998; also available from www.icnirp.org

[212] **Electromagnetic Compatibility between Railway Infrastructure and Trains**
Railway Group Standard GE/RT8015, issue 1 October 2002, available from www.rgsonline.co.uk

[213] **Effects of Interference from Cellular Telephones on Aircraft Avionic Equipment**
Safety Regulation Group, Civil Aviation Authority, CAA PAPER 2003/3, 30 April 2003, available from www.caa.co.uk

[214] Flying with gadgets – The dos and don'ts of using mobile phones and electronic devices on board aircraft
CAP 1066, CAA In Focus, April 2014, available from www.caa.co.uk

[215] **Overview of techniques and measures related to EMC for Functional Safety**
IET, August 2013; available at the time of writing from www.theiet.org/factfiles, but expected to be published as an IET Code of Practice

[216] Emergency service radios and mobile data terminals: compatibility problems with medical devices
MHRA – Medicines and Healthcare products Regulatory Agency, DB 1999(02), May 1999, available from www.mhra.gov.uk

[217] **Electromagnetic Compatibility of Medical Devices with Mobile Communications**
MHRA – Medicines and Healthcare products Regulatory Agency, DB 9702, March 1997, available from www.mhra.gov.uk

[218] **Mobile communications interference**
MHRA – Medicines and Healthcare products Regulatory Agency, April 2006, available from www.mhra.gov.uk

[219] **Electromagnetic Compatibility**
Ministry of Defence Defence Standard 59–411, available from www.dstan.mod.uk

[220] **Lightning Strike Protection Requirements for Service Aircraft**
Ministry of Defence Defence Standard 59–113, 3rd March 2006, available from www.dstan.mod.uk

[221] **Power Line Telecommunications (PLT)**
Ofcom Statement, September 2009, with Addendum 22nd June 2010 and Supplement April 2011; available from www.ofcom.org.uk

[222] **Decision to make the Wireless Telegraphy (White Space Devices)(Exemption) Regulations 2015**
Ofcom Statement, 21st December 2015, available from www.ofcom.org.uk

[223] **Notice of proposals to make the Wireless Telegraphy (Control of Interference from Apparatus) Regulations 2015**
Ofcom Consultation, 5th January 2015, available from www.ofcom.org.uk

[224] **Decision to make the Wireless Telegraphy (Control of Interference from Apparatus) Regulations 2016**

Ofcom Statement, 24th March 2016, available from www.ofcom.org.uk

[225] **EMC Awareness**
Web pages of the former UK Radiocommunications Agency, available at the time of writing from http://www.ofcom.org.uk/static/archive/ra/topics/research/RAwebPages/Radiocomms/index.htm

[226] **Emissions tests on telecom ports as per CISPR 22 (EN 55022)**
EMCTLA Technical Guidance Note TGN 42, available from www.emctla.co.uk

US publications

[227] **Methods of Measurement of Radio-Noise Emissions from Low-Voltage Electrical and Electronic Equipment in the Range of 9kHz to 40GHz**
ANSI C63.4–2014

[228] **Guide for Construction of Open Area Test Sites for Performing Radiated Emission Measurements**
ANSI C63.7–2015

[229] IEEE Guide on the Surge Environment in Low-Voltage (1000V and Less) AC Power Circuits
IEEE C62.41.1–2002, IEEE
IEEE Recommended Practice on Characterization of Surges in Low-Voltage (1000V and Less) AC Power Circuits
IEEE C62.41.2–2002, IEEE

[230] **Requirements For The Control Of Electromagnetic Interference Characteristics Of Subsystems And Equipment**
Department Of Defense Interface Standard, MIL-STD-461G, 11th December 2015

[231] **Environmental Conditions and Test Procedures for Airborne Equipment**
RTCA/DO-160G, RTCA Inc., December 2010

[232] **Electromagnetic Compatibility Specification for Electrical/Electronic Components and Subsystems**
Ford Motor Company FMC1278, July 1 2015, available from www.fordemc.com

[233] **Recommendations on Expanding the Use of Portable Electronic Devices During Flight**
FAA Aviation Rulemaking Committee, September 30th 2013

[234] **Aircraft Electrical and Electronic System Lightning Protection**
FAA Advisory Circular 20–136B, 9th July 2011

[235] **Part 15 – Radio Frequency Devices**
Electronic Code of Federal Regulation, Title 47, Chapter I, Subchapter A, Part 15, from www.ecfr.gov

찾아보기

ㄱ

가로세로비 591
가변 교류 단권변압기 311, 326
가변속 구동기기 638
가역성 378
가장자리 전자기장 423
가장 좋은 EMC 관행 635
가중 다수결 투표방식 44
가중투표 115
가해기기 349
간접 방전 289
감쇠 진동 자기장 136
감쇠 진동파 295
감은도선 535
감응성 350
강철 589
개구부 591
개스킷 600
개장 574
검증 95
격자 접지구조 416
격차 분석 163
결합/감결합 회로망 135, 136, 280
결합계수 431
결합률 358
결합 커패시턴스 354
고속회복 다이오드 484
고유 임피던스 361, 587
고정설비 29, 48, 65, 71, 614
고조파 주파수 446
고차모드 593
공간간격 493
공급기 404
공기방전 286, 288
공기 종단망 647
공기종단망 648
공진 379, 433
공진점 412
공진주파수 593
공진 캐비티 383, 593
공통모드 363, 364, 373
공통모드 방사 451
공통모드 방출 모형 452
공통모드 전류 524
공통모드제거 544
공통모드 초크 566, 573
공통모드 커패시터 566
공통모드 필터링 551
공통모드 흡수기기 216
공통모드 흡수장치 215
공통 임피던스 351
공통 임피던스 결합 351, 406
공통접합망 617
과감쇠 570
과도신호 억제 577
과도신호 억제기 572
과도현상 383, 492
과도현상 억제기 496
관세동맹 기술규정 101
관통 563
관통 커패시터 563
관통형 커패시터 574
광결합기 520
광대역 전력선 통신 27
교류 주전원 26
교류 주전원 필터 564
교차편파 207
구리메움 430
구리주입 430
구리층 421
국가위원회 105
국립전파연구원 104
국방 조달 지침 162
국제무선장해특별위원회 106, 108, 109
국제민간항공조종자협회 5
국제비이온화방사방호위원회 38
국제비전리방사보호위원회 278
국제연합 유럽경제위원회 151
국제연합 유럽경제위원회 규정 10 149
국제 전기기술 용어집 3
국제전기기술 용어집 110
국제전기기술위원회 3, 105

국제전기통신연합 22
국제표준기구 105
국제 해양 생명 안전 협약 141
권선간 커패시턴스 477
권선 커패시턴스 479
귀환 전류 363, 372
규정준수 마크 99
규제(관할)기관 48
규제기관 33, 47, 79, 83, 98
그물 차단망 608
근거리장 361
근거리장 프로브 221
근단누화 357, 528
금속산화물 배리스터 577
금지불가인터럽트 507
기능안전 47, 173
기능용 대지접지 616
기본 EMC 표준 133
기본 제한 38
기본 주파수 446
기본 표준 88
기본표준 88, 119, 136, 224
기생성분 552
기생 커패시턴스 501
기술기관 150, 151
기술문서 33, 47, 48, 66, 70, 75, 82
기술위원회 105
기준 405
기준레벨 39
기준점 406
기준 표준 안테나 251
기체방전관 577
기초 대지접지 전극 649
깨끗한 상자/오염된 상자 608
깨끗한 상자/오염된 상자 방법 627
꼬인 도선쌍 526, 530
꼰도선쌍 543

ㄴ

낙뢰 방지 644
낙뢰보호 시스템 647
낙뢰보호시스템 618
낙뢰 보호용 대지접지 616
낙뢰 전자파 펄스 645
내성 377
누설 인덕턴스 537
누화 357, 426, 526
뉴질랜드의 당국은 무선 스펙트럼 관리청 99
뉴트럴 373

ㄷ

다리 417, 423, 424
다이렉트 오프라인 스위칭 전원공급기 397
다이폴 361
다점접지 414
다점접지 시스템 410
다중 브레이드 536
다중 접지 440
다중 커넥터 574
다중 커패시터 466
다층 기판 428
다층 세라믹 커패시터 552
단기 플리커 321
단락회로비 316
단일 브레이드 536
단자 블록 543
단자블록 608
대지접지 도체 620
대지접지선로 초크 572
대지접지 전극 647
대지접지 종단망 647
대지접지종단망 649
더블 리지 도파관 혼 안테나 243
더블-리지 도파관 혼 안테나 301
데이터 선로 필터 573
도통 전환 399
도통 전환 노치 399
독일전기기술자협회 73
돌입 전류 326
돌입전류 318
동시스위칭잡음 460
동일편파 207
동적 잡음마진 499
동조 다이폴 251
동조(조정) 다이폴 안테나 204
등가직렬저항 467
등전위 615
등전위 그물망 구조물 621
디바운싱 511
디커플링 472

ㄹ

라이브 373
래치업 498
러시아연방국가표준위원회 102
레일리 기준 362
레트로피트 574
렌츠 법칙 590
로그 주기 안테나 207, 243

로그주기 안테나 204, 205, 261
로드 덤프 387
루프 361
루프 안테나 208, 367
루프 인덕턴스 420
리드 인덕턴스 562
리미터 213
리본 케이블 545
리셋 504
링잉 461, 481
링파 136, 295

ㅁ

마이크로스트립 선로 431
마찰대전서열 388
마찰전하 388
메시 스크린 608
메커니즘 349
모노폴 209
모노폴(로드) 안테나 243
모노폴 안테나 209, 371
무선 및 통신 단말장비 지침 43
무선 및 통신 단말장비 지침 99/5/EC 48
무선 장비 139
무선장비 75
무선 장비 지침 55, 77
무선장비 지침 60, 76, 77, 78, 149
무선장비지침 37, 41, 43, 75
무선전신법 25, 45, 54
무선주파수 3
무선측위 75
무선통신 75
무전해 도금 605
물리적 요인 지침 2004/40/EC 41
뮤-메탈 536
뮤메탈 589
미국 군(사)용 표준 157
미국 식약청 9
미국연방통신위원회 8
미국 의료기기 · 방사선보건센터 9
미국자동차공학회 153
민간항공관리국 8, 164
밀러 커패시턴스 486

ㅂ

바리악 311, 326, 327
바운싱 511
바이로그 266
바이로그 안테나 204, 205, 207, 261, 266
바이코니컬 안테나 204, 205, 207, 243, 261, 301
반-무반사실 272
반무반사실 121, 229
반빈 루프 208
반사 586
반사손실 587
발생원 349
방사성 RF 140
방사성 내성 259
방사성 무선 주파수 전자기장 134
방사성 방출 225, 236, 238, 367
방사 전자기장 377
방열판 435
방출 350
방해유발 장비 표준 96
배리스터 496
배선 634
백셀 494, 540
백플레인 458
벌크 전류 주입 301, 302, 303
벌크헤드 563
벡터 네트워크 분석기 194
변동 17, 152
변압기 520
변환기 398, 439
병렬 대지접지 도체 531
병렬대지접지 도체 635
병렬접지 도체 626
보건안전관리국 41
보호비 20, 21
보호 트레이스 492
복합 포일 브레이드 536
부분 접지면 419
부족감쇠 570
부하 임피던스 550
분과위원회 105, 108
분할 403, 404, 433, 434
불안정성 471
불평형 366, 372, 439, 470, 517, 575
불평형 회로 527, 545
불확도 518
불확도 버짓 253, 254, 284, 285
블루 가이드 44, 88
블리더 저항 568
블리드 저항 568
비대칭 의사 회로망 218
비대칭 의사회로망 127
비자성체 589
빠른 과도 과전압 17
빠른 과도현상 387

ㅅ

사고제거 393
사이리스터 399
사전 적합성 233, 312
사전적합성 시험 62
산업, 과학, 의료 22
산업용, 과학용, 의료용 122
상승시간 446
상용 기성제품 16, 162
상용제품 242
상호 인덕턴스 353, 527
상호인정협정 94
상호 커패시턴스 354, 527
새로운 입법 체계 49, 73, 74, 84
새로운 접근법 44, 137, 149
새로운 접근법 지침 44, 54, 88
서비스 개시 54
서지 17, 27, 134, 140, 153, 292
서지보호부품 647
선로 임피던스 안정화 회로망 210
설계검토 656
설계 규칙 655
설치 인덕턴스 611
세계무역협정 55
소프트웨어 잠금 메커니즘 513
소프트웨어 정의 무선 78
소프트웨어 평균화 511
소형 루프 367
수직편파 266
수평편파 266
순간 과전압 497
순간 부족전압 497
순간전압강하 17
순간 정전 136
순간정전 326
슈퍼차폐 케이블 536
스위치방식 전원공급기 374
스위칭 스파이크 484
스위칭 에지 454
스타 대지접지 시스템 619
스탠드오프 스페이서 438
스토퍼 저항 456
스트랩 620
스트레이 커패시턴스 355, 376
스트레인 릴리프 클램프 543
스트립선로 260, 262, 266, 267, 431
스티어링 다이오드 496
스티칭 비어 433
스파크갭 577
스펙트럼 분석기 192, 195, 207, 446
스펙트럼 확산기법 457
스폿 주파수 수신기 190
슬롯 423, 591, 594
시간영역 446
시간 영역 수신기 191
시스템 EMC 350
시스템 간 EMC 70
시스템 내부 EMC 14, 70
시스템 내부의 EMC 613
시스템 내부 전자파 적합성 349
시스템 상호간 EMC 14, 15
시스템 상호간의 EMC 613
시스템 상호간 전자파 적합성 349
시장 출시 53
시트저항 607
시험계획 329
시험장 감쇠 225, 227
시험장 정재파비 231
신호 무결성 502
신호원 임피던스 550
신호 전류 363, 372
싱글엔드형 선로 431

ㅇ

아날로그 내성 원칙 515
아이리스 540
아일릿 421
안전 고장 비율 175
안전 관련 시스템 175
안전 무결성 174, 175, 178, 182
안전 무결성 수준 173, 174
안전용 대지접지 413, 615
안전용 대지접지 누설전류 479
안전용 접합 621
안정화 회로망 127
안테나 모드 365
안테나모드 363
안테나 인자 205, 261
애프터마켓 장비 150
야외시험장 121, 205, 225, 229, 335
양호도 620
양호한 EMC 공학적 관행 69
양호한 EMC 설계 관행 653
양호한 공학적 관행 29, 66, 69
언더댐핑 570
업무 필수 장비 646
에너지 387
에러 감지 511
역내 시장을 위한 간소화 입법 47
역률 교정 398

역회복 484
역회복 전이 473
연면간격 493
연면거리 495
연방정부 규정집 94
연방통신위원회 94
영국 국립물리연구소 224
영국민간항공관리국 7
영국의 방송통신 규제관련 정부기관 25
영국의 의약품 및 건강관리제품 규제기관 11
영국 통상산업부 67
영국표준협회 116
영상면 422, 486, 597
영상전류 598
오디오 정류 515
오류 창 500
오버댐핑 570
오실로스코프 446
오프콤 25
오피앰피 518
완속회복 다이오드 484
완전 무반사실 121, 122, 272
완충 부품 482
완충 커패시터 476
완충회로 476
외장강선 643
외장강선 케이블 643
외장철선 618
용량성 누화 527
워치도그 504
원거리장 361
원단누화 357, 528
위험도 분석 8, 174, 175, 182
위험한 고장 174
유도성 누화 528
유라시아 경제연합 101
유럽경제지역 53
유럽 공동항공당국 164
유럽연합 공식저널(관보) 48
유럽연합 관보 142
유럽연합의 공식저널(관보) 45, 81
유럽연합 집행위원회 29, 43
유럽 전기통신 표준협회 29
유럽전기통신표준협회 115
유럽 전기 표준화 위원회 29
유럽전기표준화위원회 115
유럽 표준화 기구 118
유전율 533
의도성 전자파장해 36
의료기기 지침 140
의료 전기 장비 140
의사전원 회로망 210
의사전원회로망 123, 124, 126, 127
이음매 594
인가 662
인공 손 215
인덕턴스 465
인듐 주석 산화물 607
인정 662
인증 95
인증기관 48, 51, 83, 164
인증시험 659
인클로저 365
인클로저 공진 593
인터럽트 511
인터페이스 403
인터페이스 접지 437
일반 표준 129
일반표준 86, 116, 119, 120, 128
일본 경제산업성 102
일점 대지접지 619
일점접지 488
일점접지 시스템 409, 414
임피던스 안정화 회로망 218, 220, 280

ㅈ

자기 선다발밀도 392
자기 유도 353
자기인증 659
자기장 359
자기장선다발 354
자동차 EMC 지침 95/54/EC 149
자동차 EMC 지침 2004/104/EC 150
자동차 전기/전자 하위조립품 149
자속 354
자속밀도 392
자연적 구조물 647
자유공간 532
자체공진 553
자체 공진주파수 464, 552
자체 시험 661
자체 인덕턴스 352, 552
자체인증 659
자체 커패시턴스 552
작업에서의 전반적인 안전보건 지침 41
잡음지수 193
장기 플리커 322
재초기화 514
재호출 512
저전압 지침 59, 77

저전압 지침 2014/35/EU 76
적층 구조 428
적층 세라믹 커패시터 465
적합성 신고 95
적합성 신고서 46, 59, 70, 101
적합성신고서 58
적합성 추정 29, 48, 81, 89
적합성 평가기관 94
전기용품안전법 103
전기 유도 354
전기장 359
전기적 빠른 과도현상 134, 140, 290
전기적으로 길다 533
전기적으로 짧다 533
전기/전자/프로그램 가능 안전 관련 시스템 175
전기/전자/프로그램 가능 전자 안전 관련 시스템의 기능 안전 174
전기통신 네트워크 장비 138
전기통신 인증기관 95
전기폭발기기 35
전기화학적 서열 603
전달 어드미턴스 539
전달 임피던스 408, 536, 624
전달함수 480
전도성 개스킷 436, 602
전도성 글랜드 540
전도성 내성 259
전도성 방출 234, 235, 238, 367
전도성 방출 시험 375
전도성 코팅 604
전력선 통신 27
전력선통신 25
전류 변환기 312
전류 주입 프로브 281
전류 프로브 217
전문 장비 316
전압 359
전압 강하 136, 326
전압강하 326
전압강하 및 정전 140
전압 변동 136
전압변동 26, 326, 394
전압 변화 152
전압 순간강하 26
전압 정재파비 250
전압정재파비 201
전압종속저항 577
전원공급제거비 472
전원레일 352
전원면 427, 432, 469
전원인가리셋 507
전원전압제거비 472
전원 주파수 자기장 135, 140
전위 359
전위 변화율 전극 649
전이시간 455
전이영역 361
전자기장 균일성 272, 273, 276
전자기 클램프 215, 281
전자파 360
전자파 반무반사실 335
전자파 방해 52
전자파 완전 무반사실 231
전자파 완전무반사실 230, 335
전자파의 전파속도 532
전자파 인체 흡수율 39
전자파 장해 3
전자파 적합성 3, 4, 189
전자파 흡수율 77
전치선택기 193, 195
전파 75
전파속도 533
전파지연시간 462
전파흡수체 229
절연 520
절연 변압기 374, 376
절연파괴 391
절점 주파수 450, 552
접점 바운스 582
접지 403
접지 구조 408
접지루프 619
접지면 418
접지면 플렉시 546
접지변동 502, 504
접지 상승 644
접지 원칙 414
접지 잡음 전압 373
접지 전위 상승 644
접지접속 405
접지 지도 413
접촉방전 286, 288
접촉전압 615
접합도선 502
접합 링 도체 618
정규화 시험장 감쇠 227
정규화 시험장 삽입손실 243
정보기술기기에 대한 장해 자율규제 협의회 103
정재파 383
정재파 패턴 534

정전 17, 26
정전기 방전 133, 140, 285, 286, 388, 491
정전기방전 17
제3판 EMC 지침인 2014/30/EU 50
제너 496, 577
제너 애벌린치 579
제품 표준 122, 136
제품표준 88, 116, 117, 119
제한기 213
조인트 595
종단변환손실 548
종방향 변환 손실 31, 524
종방향 손실 218
종방향 전압 528
좋은 EMC 관행 455, 498
좋은 관행 454, 487, 524, 544, 580
좋은 레이아웃 관행 491
주전원 고조파 309, 311
주파수 영역 446
준첨두 검출기 198
중국 강제 제품인증 97
중국은 제품인증 강제규정 97
중단 17, 326
직접 전력 주입 303, 305
진폭 스펙트럼 밀도 385
진행 감기 555
집적회로 245

ㅊ

차동모드 363, 373
차동모드 방사 449
차동모드 전류 524
차동모드 커패시터 566
차동모드 특성 임피던스 431
차동모드 필터링 551
차동선로 431
차등투표 115
차폐물 476
차폐 여부의 결정 586
차폐효과 538, 539, 588
책임자 66, 68
챔버 624
철도안전관리규정 167
철도조합 표준 167
첨두 검출기 198
체크섬 513
총고조파왜곡 396
최소 인덕턴스 491
추적 발생기 194, 195
축 회로 482
출시 53
취약 주파수 277
측정 불확도 247, 248, 299, 342, 343, 661
측정 불확도 버짓 201, 212
측정 소급성 662
층간 커패시턴스 427
층 감기 555

ㅋ

캐나다산업부 96
캐비닛 624, 635
캐비티 공진 383
커넥터 540
커패시턴스의 전압계수 554
케이블 공진 378
케이블 글랜드 629
케이블 등급 633
케이블 룸 633
케이블 방사 371
케이블 하니스 633
코어 포화 570
코팅 테이프 또는 포일 536
쿠폰 432
큐비클 624
크로메이트 변환 621
클리어런스 홀 421
클립온 페라이트 558

ㅌ

타이밍 지터 501
템셀 262
토큰 전달 512
통합문서 116
통합(조화) EN 표준 106
통합표준 13
투자율 533
트랙 임피던스 415
트랜스조브 496
트위스트 페어 530
특성임피던스 431

ㅍ

파고율 397
파동 임피던스 361, 587
파형 분석기 312
패러데이 법칙 354, 392
패치 안테나 369
퍼멀로이 589
펄스 반복 주파수 198
펄스 자기장 135

페라이트 556
페라이트 부가 케이블 547
페라이트 슬리브 556
페라이트 클램프 215, 220
페라이트 흡수 클램프 216
페룰 540
편파 207
평균 검출기 198
평면파 361, 588
평형 366, 439, 470
평형 회로 545
평형회로 517, 527
포일-브레이드 실드 케이블 495
포트 403
포화 561
폴드백 억제부품 581
표시고시 99, 100
표준검험국 104
표준불확도 253
표준 시험장 방법 251
표피 깊이 587
표피효과 419, 534
푸리에 변환 446
푸리에 스펙트럼 446
품질 관리 및 표준화를 위한 국가위원회 102
품질보증 665
풋프린트 필터 641
프로그램 카운터 505
프리프레그 435
플럭스 354
플럭스 밴드 475
플로팅 354
플리커 152, 309, 317, 395
피그테일 494, 541
피뢰시스템 647
피해기기 349
필수요건 44, 52, 70
필터 구조 550
필터링 549
핑거 스트립 600

ㅎ

하강시간 446
하향 도체 648
하향도체 647
하향 확산 458
합성표준불확도 253
항공제도정비위원회 8
항복전압 577
해상 항법 장비 141
허니콤 609
허니콤 패널 630
허용기준 13, 20, 108, 122, 131, 146, 154, 247
호주의 국립시험기관협회 100
호주 통신미디어청 99, 101
혼선 357, 426
혼성접지 시스템 410
혼 안테나 210
화이트 스페이스 24
확산 스펙트럼 457
확장표준불확도 253
회로기준 409
후면판 458
휴대용 전자기기 7
흡수 586
흡수손실 587
흡수체 부착 차폐 인클로저 245
흡수 클램프 215
흡수클램프 539

A

absorber-lined shielded enclosure, ALSE 245
absorbing clamp 372, 539
absorption 585
absorption loss 587
accreditation 662
ACMA 101
AC 전원 311
ADministrative Co-Operation group, ADCO 74
Advisory and Rulemaking Committees, ARC 8
Advisory Committee on EMC, ACEC 106
air discharge 286
air gap 494
air termination network 647, 648
aluminium foil shield 529
AMN 124, 126, 375
amplitude 446
analog-to-digital converter 439
antenna factor 205, 261
antenna mode 363, 365
aperture 391, 402, 404, 591, 624
armoured cable 643
armouring 618
Artificial hand 215
Artificial Mains Network, AMN 123, 210
aspect ratio 591
Asymmetrical Artificial Network, AAN 218
Asymmetric Artificial Network, AAN 127
audio rectification 515
Australian Communications and Media Authority,

ACMA 99
Automotive EMC Directive 149
average detector 198

B

backplane 429, 455, 458
backplate 574
backshell 494, 540
balance 366
balanced circuit 527
bare board 434
bare-board test 432
basic standard 88, 119, 136, 224
BCI 301, 302, 303
best EMC practice 635
biconical 243, 261
biconical antenna 204
biconical Antenna 261
bilog 261
BiLog 266
BiLog antenna 204
bleeder resistor 568
bleed resistance 566
block mains filter 564
blue guide 88
Blue Guide 44
body capacitance 380
bonding 402
bonding ring conductors, BRCs 618
bonding wire 457
bond wire 502
bounce 502
bouncing 511
BPL 27
braid 527
braided shield 529
breakdown 391
breakdown voltage 577
break frequency 552
breakpoint frequency 449
bridge 417, 423
British Standards Institution, BSI 116
Broadband over Power Line 27
brown-out 393
budget 284
buffering 439
Bulk Current Injection, BCI 303
bulkhead 563
Bureau of Standards, Metrology and Inspection, BSMI 104
buried plane 466

C

CAA 164
cable conduit 408
cable gland 629
cable harness 633
cable loom 633
CAD 677
calibration load 386
capacitive crosstalk 527
CB 48
CE101 396
CEN 81, 118
CENELEC 29, 81, 115
Center for Devices and Radiological Health, CDRH 9
Certification 95
certification body, CB 98
CFR 94
chassis 366
chassis plate 408, 438
checksum 513
China Compulsory Product Certification 97
chromate conversion 621
circuit reference 409
CISPR 108, 109
Civil Aviation Authority 7
Civil Aviation Authority, CAA 8
clean box/dirty box 608
clearance 493
clearance distance 391
clearance hole 421
clip-on ferrite 558
Code of Federal Regulations 94
combined standard uncertainty 253
commercial off the shelf 162
commercial-off-the-shelf 162
commercial off-the-shelf, COTS 242
commercial-off-the-shelf, COTS 16
Committee European de Normalisation Electrotechnique 29
common bonded network 648
Common Bonded Network, CBN 617
common impedance 351
common impedance coupling 351
common mode 363
Common Mode Absorbing Device, CMAD 216
common mode rejection 544
common mode rejection, CMR 516
commutation 393, 399

commutation notch 399
Competent Body 47
Competent Body, CB 33, 83
Competent Body; CB 79
composite foil and braid 536
computer-aided design 677
conducted emission 367
Conductive elastomer 602
conductive gasket 595
Conductively loaded urethane foam 602
conduit 535, 622
Conformity Assessment Bodies, CAB 94
connector shell 540
contact bounce 582
contact discharge 286
cooper balance 429
co-ordinator 653
co-polarization 207
copper layer 421
copper pour 430
COTS 162
coupling 349
coupling capacitance 354
coupling/decoupling network, CDN 135
Coupling/Decoupling Network, CDN) 280
coupling factor 358, 431
coupon 432
creepage 493
creepage distance 391, 493, 495
creepage path 494
crest factor 397, 570
critical section 404
critical track 428
cross polarization 207
crosstalk 357, 426, 526
Cuk circuit 482
current probe 217, 372
current transducer 312
Customs Union Technical Regulations 101

D

Damped oscillatory magnetic field 136
damped oscillatory wave 295
damping 569
dangerous failure 174
data line filter 573
de-bounding 511
declaration of conformity 58
Declaration of Conformity, DoC 95
declarations of conformity, DoC 46
decoupling 432
DEF STAN 59-411 157, 158, 159, 160, 178, 196, 300, 330
Department of Trade and Industry, DTI 67
design checklist 673
design review 656
dielectric strength 494, 554
differential line 431
differential mode 363
differential mode rejection 482
differentiator 447
dip 17, 394
dipole 361
direct-off-line switching supply 397
Direct Power Injection, DPI 303
DI 잡음 460
DoC 95, 101
dominant resonant mode 379
double ridged waveguide horn 243
double-sided copper clad 425
double-sided flexi 546
double-wound compensating choke 479
down-conductor 647
down-conductor network 648
down-spreading 458
DPI 305
drain wire 538, 545
dynamic impedance 463
dynamic switching current 450

E

earth 358, 373, 405
earth bonding bar 622
earth electrode 647
earthing 405
earthing bus 622
earth leakage 615
earth line choke 572
earth loop 619
earth termination network 647, 648
EC Declaration of Conformity 59
EC의 행정협력단체 74
EEA 53
EED 35
E/E/PE 175
EESeal® 575
EFT 153, 290, 387
electrical dimension 532
electrical/electronic/programmable electronic safety-related systems 174

electrical/electronic vehicle sub-assemblies, ESA 149
Electrical fast transient 134
Electrical Fast Transient 290
electrical length 461
electrically long 533
electrically short 533
electric field 354, 359
electric induction 354
electric potential 359
electrochemical series 601, 603
electro-explosive device, EED 35
electroless plating 605
Electromagnetic compatibility, EMC 3
electromagnetic disturbance 52
Electromagnetic interference, EMI 3
electromagnetic wave 360
electron 388
Electrostatic discharge 133
electro static discharge, ESD 285
electrostatic discharge, ESD 17
electrostatic screen 476
EMC 4
EMC assessment 80
EMC control plan 668
EMCD 77
EMC Directive, EMCD 43
EMC Directives, EMCD 664
EM clamp 215
EM-clamp 281
EMC Test Laboratories Association, EMCTLA 75
EMC 시험소협회 75
EMC 자문 위원회 106
EMC 조정자 653
EMC 지침 60, 77, 149
EMC 지침 89/336/EEC 43
EMC 지침 2004/108/EC 47
EMC 지침, 제1판 150
EMC 평가 80, 669
emission 350, 367
emission profile 481
EM wave 360
EN 50160 394
enclosure 365
epoxy glass 368, 370
equipment under test, EUT 479
equipotential 615
equivalent series resistance, ESR 467
error detection 511
ESD 389, 491
ETSI 29, 81, 115
Eurasian Economic Union, EAEU 101
European Commission 43
European Commission, EC 29
European Committee for Electrotechnical Standardization 115
European Telecommunications Standard Institute 29
European Telecommunications Standards Institute 115
EUT 375
expanded standard uncertainty 253
eyelet 421

F

Fabric over foam 602
falling time 446
FAR 121, 122, 125, 127, 335
far-end crosstalk, FEXT 357, 528
far field 361
fast logic family 454
fast recovery diode 484
fast transient burst 352
fast transient overvoltage 17
fault clearing 393
fault impedance 615
FCC 8
Federal Communications Commission, FCC 94
feed point 370
feedthrough 563
feedthrough capacitor 574
ferrite clamp 215
Ferrite loaded cable 547
ferrite sleeve 556
ferromagnetic material 589
ferrule 540
FFT 수신기 192, 240
fiberglass 432
fibreglass 547
filtering 549
finger strip 600
fit and forget 564
fixed-height 3-antenna method 252
fixed installation 29, 48, 614
fixed installations 65
flashover 645
flicker 395
floating 354
floating circuit 354
flood fill 430
fluctuation 17

flux 354
flux band) 475
foil-and-braid shielded cable 495
foldback suppressor 581
Food and Drug Administration, FDA 9
footprint filter 641
Form in Place (FiP) 602
foundation earth electrode 649
Fourier series 396
Fourier spectrum 368
Fourier transform 446
FR4 464
free space 360, 532
fringing field 423
front panel 564
fully anechoic room 272
Fully Anechoic Room, FAR 230, 231
functional safety 173
fundamental frequency 446

G

gap analysis 163
gas discharge tubes 577
gas discharge tubes, GDT 580
gate-to source capacitance 486
gauge conductor 618
generic standard 86, 88, 116, 119, 120
GEP 69
gland 540, 623
glass fiber 464
good EMC design practice 653
good EMC engineering practices 69
Good Engineering Practice, GEP 66
good engineering practices 29
good layout practice 491
good practice 454, 487, 524, 544, 580
GOST 102
gridded ground 416
grid structure 416
ground 403, 405
ground bounce 502, 504
ground connection 351
grounding 405
ground lift 644
ground loop 619
ground map 413
ground noise 371
ground plane 418
ground plane flexi 546
ground potential rise 644
ground system 409
GTEM 130, 223
GTEM 셀 223, 269, 306, 335
guard trace 492

H

half-bridge 486
harmonic frequency 446
harmonisation document 116
harmonized EN standard 106
harmonized standard 13
HD 116
Health and Safety at Work Directive 41
Health and Safety Executive 41
heat sink 429
heatsink 435
holding current 581
honeycomb 609
honeycomb panel 630
horizontal polarization 266
horn antenna 210
hot loop 485
humidity 389
hybrid grounding system 410
hybrid ground system 409

I

ICNIRP 278
iCoupler® 522
IEC 3
IEC61000 393
IEC 61000-3-2 396
IEMI 36
IEV 3
image current 598
image plane 422, 486, 597
imbalance 366
immunity 377
Impedance Stabilization Network, ISN 127, 218
impedance stabilizing network 280
impulse 447
indium tin oxide, ITO 607
industrial, scientific and medical, ISM 22
Industry Canada, IC 96
inlet connector module 564
inrush current 326
insertion gain 551
insertion loss 551, 570
instability 471
integrated circuit, IC 245

intentional EMI 36
interface 403, 523
interface ground 437
interference 349
Interference-Causing Equipment Standard, ICES 96
inter-layer capacitance 427
International Commission for Non-Ionizing Radiation Protection, ICNIRP 38
International Convention for Safety of Life at Sea, SOLAS 141
International Electrotechnical Commission 3
International Electrotechnical Commission, IEC 105
International Electrotechnical Vocabulary 3, 110
International Federation of Air Line Pilots Association, IFALPA 5
International Special Committee on Radio Interference 106
International Standards Organization, ISO 105
interruption 17
interruptions 26
inter-system EMC 14, 349, 613
interwinding capacitance 477
intra-system EMC 14, 349, 613
intrinsic impedance 361
iris 540
ISM 122
ISN 219
ISO-9000 667
isolating choke 434
isolating transformer 374
isolation 520
ITE, information technology equipment 395
ITU 22

J

JAA 164
joint 595
jump 428

K

knitted wire mesh 600
Knitted wire mesh 602

L

Labeling Notice, LN 99
laminated tape or foil 536
lapped wire 535
latch-up 497
layer winding 555
LCL 366, 524
lead 421, 552
lead frame 457
lead inductance 465, 562
leakage inductance 537
least inductance 491
Lenz's Law 590
Lexmark 457
light 396
Lighting Electromagnetic Pulse, LEMP 645
limit 13
limiter 213
linear power supply 404
Line Impedance Stabilization Network, LISN 210
line reactor 400
LISN 211, 242, 375
live 373
LN 100
load dump 387
local sink 497
locking mechanism 513
logic family 450
log periodic antenna 204, 261
longitudinal conversion loss 366
Longitudinal Conversion Loss 524, 548
longitudinal conversion loss, LCL 218
Longitudinal Conversion Loss, LCL 31, 548
longitudinal voltage 528
loop 361
loop antenna 367
low pass 550
Low Voltage Directive 59, 76
LPS 647
lumped element parameter 357
LVD 77

M

magnetic circuit 474
magnetic field 353, 359
magnetic flux 354, 589
magnetic flux density 392
magnetic induction 353
main power 26
mains coupling 358
mains distribution network 358
maximum propagation delay 450
measurement traceability 662
measurement uncertainty 247, 661
mechanism 349
Medical Devices Directive, MDD 140

Medicines and Healthcare Products Regulatory Agency, MHRA 11
mesh 619, 630
MESH-BN 617, 618
Mesh Bonding Network 618
mesh screen 608
metal gland ferrule 543
metal oxide varistor 577
microstrip line 431
Military Standard, MIL STD 157
Miller capacitance 486
MIL STD 461 160
MIL STD-461 300
MIL-STD-461 396
MIL-STD-461D 157
MIL-STD-461G 157, 161, 196
MIL-STD-462D 157
Ministry of Economy, Trade and Industry, METI 102
mission critical equipment 646
monopole 209
Mould in Place (MiP) 602
mounting inductance 611
MOV 579
multi-layer ceramic capacitor, MLCC 465
Multilayer ceramic capacitor, MLCC 552
multiple braid 536
multi-point ground system 409, 410
multiway connector 574
mu-metal 536, 589
mutual capacitance 354
mutual inductance 353
Mutual Recognition Agreement 662
Mutual Recognition Agreements, MRAs 94

N

NASA 7
National Association of Testing Authorities, NATA 100
National Committee, NC 105
National Physical Laboratory, NPL 224
natural components 647
NB 48, 51, 164
near-end crosstalk 548
near-end crosstalk, NEXT 357, 528
near field 361
neutral 373
New Approach 44, 137, 149
New Approach Directives 44, 88
New Approach Directives, NAD 54
New Legislative Framework, NLF 49, 73
NLF 51, 74, 84
noise figure, NF 193
noise profile 483
non-magnetic material 589
non-maskable interrupt 507
Normalized Site Attenuation, NSA 227
normalized site insertion loss, NSIL 243
Notified Body 665
Notified Body, NB 83
NSA[dB] 227
numerical modeling 431

O

OATS 121, 122, 125, 127, 223, 335
Ofcom, Office of Communications 25
Official Journal of the European Union, OJEU 81, 142
Official Journal of the European Union(OJEU) 45
OJEU 48
Open Area Test Site, OATS 225, 229
open site 205
opto-coupler 520
opto-isolator 439
Oriented wire 602
overdamping 570
overhead line 394

P

parallel earth conductor, PEC 531
Parallel Earth Conductor, PEC 635
parasitic 482
parasitic capacitance 501
partial ground plane 419
partitioning 403, 404
patch antenna 369
PCB 367, 369
PCB 레이아웃 방법 442
PCB 트랙 350
peak detector 198
PEC 626, 637
perfect insulator 389
permalloy 589
permeability 533
permittivity 533
phase 358, 399
Physical Agents Directive 41
physical dimension 532
physical length 370
pigtail 494, 541
placing on the market 53
plane wave 361, 588

plated through hole 422
PLC 27
PLT 25
point-of-load 485
POL 485
polarization 207
port 403
Portable electronic device, PED 8
potential grading electrode 649
Power Factor Correction, PFC 398
Power frequency magnetic field 135
Power Line Communications 27
Power Line Telecommunication 25
Power Line Telecommunication, PLT 27
power mains 26
power-on reset 507
power plane 369, 427, 432
power rail 352, 465
power supply rejection ratio, PSRR 472
pre-compliance 233
precompliance testing 62
pre-preg 435
preselector 193
presumption of conformity 29, 48, 81, 89
printed circuit board, PCB 414
product standard 117, 119
professional equipment 316
program counter 505
progressive winding 555
propagation delay 462
protection ratio 20, 21
PTH 422
Pulse magnetic field 135
pulse repetition frequency, PRF 198

Q

qualified majority voting 44
qualified weighted voting 115
quality factor 620
quasi-peak detector 198
quiet ground 542

R

radiated emission 367
Radiated radio frequency field 134
Radio Absorbing Material, RAM 229
Radio and Telecomm Terminal Equipment Directive, R&TTED 43
radio communication 75
radiodetermination 75
Radio Equipment 75
Radio Equipment Directive, RED 37, 41, 43
Radio Equipment Directives, RED 664
radio frequency field 17
radio frequency, RF 3
Radio Research Agency, RRA 104
Radio Spectrum Management Agency 99
Radio & Telecommunications Terminal Equipment, R&TTE 48
radio wave 75
Railway Group Standards, RGS 167
Railway Safety Case, RSC 167
Rayleigh criterion 362
RC 완충 회로망 582
RE 75
reciprocity 378
recursion 512
RED 55, 60, 75, 76, 77, 78
reference 405, 432
reference level 39
reference point 406
reference standard antenna 251
reflection 585
reflection loss 587
Regulations for Compulsory Product Certification 97
Regulatory Compliance Mark, RCM 99
re-initialization 514
relative permittivity 432
reservoir capacitor 375, 482
reset 504
residual current detector 421
resistivity 604
resonance 433
resonant cavity 383, 593
responsible person 66
retro-fit 574
return current 363, 372, 534
return path 355
reverse recovery 484
reverse recovery transition 473
RF 감응성 501
RF 전자기장 17
ribbon cable 545
ring 386
ringing 456, 461
ring wave 295
Ring wave 136
rise time 446
risk analysis 8, 174
RMS-average detector 199

RMS 검출기 199
RMS-평균 검출기 199
RoHS 600
root mean square 451
R&TTE 지침 55, 60, 117, 150
R&TTE 지침 1999/5/EC 75

S

SAC 121, 122, 125, 127, 335
SAE 153
Safe Failure Fraction, SFF 175
safety 409
safety bonding 621
safety earth 413, 476, 615
safety earth leakage current 479
Safety Integrity Level, SIL 173
sawtooth wave 446
screening 474
screening effectiveness 538
SDR 78
seam 624
segmentation 433, 434
self-capacitance 552
self inductance 352
self-inductance 464, 552
self resonant impedance, SRF 464
semi-anechoic chamber 229, 272
sensitive frequency 277
sheet resistance 604, 607
shield 372, 379, 405
shielded window 607
shielding 402, 408, 585
shielding effectiveness 538, 586
shielding effectiveness, SE 588
short-circuit ratio 316
short interruptions 136, 326
short-term overvoltage 497
short-term undervoltage 497
signal current 363, 372, 534
signal integrity 502
SIL 174
Simpler Legislation for the Internal Market 47
simultaneous switching noise, SSN 460
single braid 536
single-ended line 431
single point earth system 619
single point grounding 488
single point ground system 409
sink 391
sink point 491
site attenuation 225, 227
Site Voltage Standing-Wave Ratio, SVSWR 231
skin depth 587
skin effect 412, 534
slew-rate 454
SLIM 47
small loop 367
smoothing circuit 474
SMPS 375, 392, 458
snubber 482, 484
snubber capacitor 476
snubber circuit 476, 583
snubber network 582
soft recovery diode 484
software averaging 511
Software Defined Radio 78
source 349, 361
spark 389
spark gap 577
Specific Absorption Rate 39
Specific Absorption Rate, SAR 77
spectrum analyzer 446
spectrum spreading 457
spike 385, 456
Spiral wrap 602
spot frequency receiver 190
Spring finger stock 602
spurious resonance 411, 564
square wave 446
standard site method 251
standard uncertainty 253
standing wave 383, 593
standing wave pattern 534
standoff spacer 438
stand off voltage 579
star earth system 619
star washer 625
State Committee for Quality Control and Standardization 102
steady-state output load current 450
steel 589
steel wire armoured cable, SWA cable 536
steel wire armouring 643
steering diode 496
stopper resistor 457
strain relief clamp 543
strap 620
stray capacitance 355
stripline 260, 267, 431
sub-committee 108

Sub-Committee, SC 105
superposition 357
superscreened cable 536
suppressor 496
surface mounting 421
surface resistivity 389
surge 17, 385
Surge 134
surge production device, SPD 647
surges 27
susceptibility 350, 367
SVSWR 231, 232
SVSWR[dB] 232
SWA 643
Switched-Mode Power Supply, SMPS 374
switching edge 454
switching spike 484
switchmode boost converter 398

T

taking into service 54
TC77 106
TCF 48, 66, 75
Technical Committee, TC 105
Technical Construction File, TCF 33, 47, 669
Technical Service 150, 151
Telecommunications Certification Body, TCB 95
TEM 셀 122, 125, 130, 223, 246, 262, 268, 306
terminal block 543, 608
termination 461, 558
The Electrical Appliance and Material Safety Law 103
the lightning protection system, LPS 618
thermal pad 478
thermal polymer 478
threshold voltage 499
through hole 421, 424
thyristor 393, 497
thyristors 399
timing jitter 501
timing margin 458
token passing 512
toroid 392, 474
toroidal core 556
total harmonic distortion, THD 396
touch voltage 615
track 350
tracking generator 194
transfer admittance 539
transfer function 480
transfer impedance 406, 408, 536
transformer 520
transient 385
transient suppressor 567, 572
transition region 361
transition time 455
transmission line 357, 412, 461
transverse electromagnetic cell 262
transzorb 496
triboelectric charge 388
triboelectric series 388
tuned dipole antenna 204
TVS 579
TV 화이트 스페이스 25
twisted pair 526, 530, 543

U

U-bracket 623
unbalance 372
unbalanced circuit 527
uncertainty 518
uncertainty budget 201, 212
underdamping 570
UNECE 10 152
UNECE Reg 10 149
UNECE 규정 10 151
United Nations Economic Commission for Europe, UNECE 151
unshielded twisted pair 548
upset window 500
UTP 548
U형 브래킷 623

V

Van Veen loop 208
variable AC autotransformer, VARIAC 311
variable on-time converter 473
variable speed drive 395, 584
variable speed drive, VSD 638
VARIAC 326, 327
varistor 496
vector network analyzer 194
Verband Deutscher Elektrotrchniker, VDE 73
Verification 95
vertical polarization 266
via 428
victim 349
voltage 359
Voltage coefficient of capacitance 465
Voltage coefficient of capacitance, VCC 554

voltage-dependent resistors, VDR 577
voltage dip 326, 393
voltage dips 26
Voltage dips 136
voltage fluctuation 394
voltage fluctuations 26
Voltage Standing Wave Ratio, VSWR 201, 250
voltage variations 26, 136, 326
Voluntary Control Council for Interference, VCCI 103
V 회로망 211

W

watchdog 504
wave analyser 312
wave impedance 361
white space 24
White Space 25
winding capacitance 479
Wireless Telegraphy Act 45
Wireless Telegraphy (WT) Act 25
World Trade Agreement, WTA 55
WTA 54

X

X-Y 배선 시스템 417

Z

zener 496, 577
Zener avalanche 579
ZVEI 383

번호

2차 방전 391
3개 안테나 방법 252
3단자 커패시터 562
89/336/EEC 지침 45
89/391/EEC 지침 41
1999/5/EC 150
2009/81/EC 162
2014/30/EU 지침 52